生命科学名著

遗 传 学
从基因到基因组
（原书第六版）

Genetics: From Genes to Genomes
（Sixth Edition）

〔美〕L. H. 哈特韦尔　M. L. 戈德伯格　J. A. 菲舍尔　L. 胡德　编
于　军　主译

科学出版社
北京

图字：01-2018-4303号

内 容 简 介

《遗传学：从基因到基因组》（第六版）强调了遗传学的核心概念以及前沿发现、现代工具和分析方法，这些将使遗传学继续向前发展。第六版的作者们共同修订了每一章，不仅努力提供最新的信息，而且努力对复杂的概念提供连续性和尽可能清楚的解释。本书展示了大学本科遗传学教学的一种新尝试，也反映了作者们当前对生命分子基础的认知。

本书适合作为生命科学和医学相关专业的大专院校及研究所本科生和研究生的教材使用，也可以用于从事相关专业的科研人员对遗传学、分子生物学、基因组学和生物信息学等相关知识结构体系的系统更新。

图书在版编目（CIP）数据

遗传学：从基因到基因组：原书第六版 /（美）L.H.哈特韦尔（Leland Hartwell）等编；于军主译. —北京：科学出版社，2020.9
书名原文：Genetics: From Genes to Genomes (Sixth Edition)
（生命科学名著）

ISBN 978-7-03-063868-7

Ⅰ.①遗… Ⅱ.①L… ②于… Ⅲ.①遗传学 Ⅳ.①Q3

中国版本图书馆CIP数据核字(2019)第288298号

责任编辑：罗 静 岳漫宇 刘 晶／责任校对：严 娜
责任印制：吴兆东／封面设计：刘新新

科学出版社 出版
北京东黄城根北街16号
邮政编码：100717
http://www.sciencep.com
北京建宏印刷有限公司印刷

科学出版社发行 各地新华书店经销
*
2020年9月第 一 版 开本：889×1194 1/16
2024年3月第五次印刷 印张：44 3/4
字数：1 611 000
定价：298.00元
（如有印装质量问题，我社负责调换）

《遗传学：从基因到基因组》（原书第6版）
译者名单

主　　译：于　军

副 主 译：任鲁风　　郭海燕　　俞育德

其他译者：崔　丽　　蔡亦梅　　崔　鹏　　吴双秀　　李亚楠

　　　　　刘文文　　林　强　　贾善刚　　隋　硕　　王绪敏

　　　　　王琛瑜　　高　静　　杨　宇　　节俊尧　　魏清泉

　　　　　蒋莉娟　　刘元杰　　王　翀

关于作者

利兰·哈特韦尔（Leland Hartwell）博士是西雅图弗雷德·哈奇森癌症研究中心主席、主任，也是华盛顿大学的基因组科学教授。哈特韦尔博士的主要研究成果是鉴定控制酵母细胞分裂的基因，包括那些在分裂过程中必需的基因，以及那些保证基因组复制保真度所必需的基因。随后，其研究发现许多相同的基因控制人类的细胞分裂，并且常常是癌细胞改变的位点。哈特韦尔博士是美国国家科学院的成员，曾获得阿尔伯特·拉斯克基础医学研究奖、盖德纳基金会国际奖、遗传学协会奖章和2001年诺贝尔生理学或医学奖。

迈克尔·戈德伯格（Michael Goldberg）博士是康奈尔大学的一名教授，教授遗传学入门和人类遗传学。他是耶鲁大学的本科生，在斯坦福大学获得生物化学博士学位。戈德伯格博士在巴塞尔大学（瑞士）和哈佛大学的生物研究院进行博士后研究，在帝国理工学院（英国）学习时获得了美国国立卫生研究院Fogarty高级国际奖学金，在罗马大学（意大利）全职工作时获得Cenci Bolognetti基金会的奖学金。他目前的研究是利用果蝇遗传学工具和青蛙卵细胞提取物的生化分析来探讨其作用机制，来保证有丝分裂和减数分裂过程中细胞周期的适当进展和染色体的分离。

珍妮丝·菲舍尔（Janice Fischer）博士是得克萨斯大学奥斯汀分校的一名教授，她是一名获奖的遗传学老师和生物教学办公室主任。她在哈佛大学获得生物化学和分子生物学博士学位，并在加州大学伯克利分校和麻省理工学院怀特海德学院进行博士后研究。在她的研究中，菲舍尔博士首先用果蝇来确定组织特异性转录是如何工作的，然后研究泛素和内吞作用在发育过程的细胞信号转导中的作用。

李·胡德（Lee Hood）博士在约翰·霍普金斯医学院获得医学学士学位，在加州理工学院获得生物化学博士学位。他的研究兴趣包括免疫学、癌症生物学、发育和生物仪器的发展（例如，蛋白质测序仪和自动荧光DNA测序仪）。他早期的研究在揭示抗体多样性之谜中发挥了关键作用。最近，他提倡生物学和医学的系统方法论。胡德博士教授过分子进化、免疫学、分子生物学、基因组学和生物化学，并与人合著了生物化学、分子生物学和免疫学的教科书，以及人类基因组计划专著《编码密码》（The Code of Codes）。他是最早倡导人类基因组计划的人之一，并指导了一个联邦基因组中心对人类基因组进行测序。胡德博士目前是位于华盛顿西雅图的多学科系统生物学研究所的主席（和联合创始人）。胡德博士获得了多种奖项，包括阿尔伯特·拉斯克医学研究奖（1987年）、国家教师协会杰出服务奖（1998年）和勒梅尔逊/麻省理工发明奖（2003年）。他是2002年京都高级生物技术奖的获得者，这个奖项是为了表彰他在发展蛋白质和DNA合成仪以及测序技术方面的开创性工作，这些技术为现代生物学提供了技术基础。他深入参与K-12科学教育。他的爱好包括跑步、爬山和阅读。

前言

1. 作者序

遗传学这门科学的历史还不到150年，但它在此时间内取得的成就却令人叹为观止。格雷戈尔·孟德尔（Gregor Mendel）在1865年首次将基因描述为抽象的遗传单元，但他的工作被忽视了，直到1900年又被重新发现。1910～1920年，托马斯·亨特·摩尔根（Thomas Hunt Morgan）和他的学生提供了实验证据，证明基因存在于染色体中。到1944年，奥斯瓦尔德·艾弗里（Oswald Avery）和他的同事已经确定了基因是由DNA构成的。1953年，詹姆斯·沃森（James Watson）和弗朗西斯·克里克（Francis Crick）发表了他们开创性的DNA结构。值得注意的是，不到50年之后（2001年），一个国际研究小组破译了人类基因组中30亿个核苷酸的序列。20世纪的遗传学使鉴定单个基因成为可能，也使人们对其功能有了更多的了解。

今天，科学家们能够通过对许多生物的基因组进行测序而得到大量的遗传学数据。对这些数据的分析将使我们更深入地了解基因、蛋白质和其他复杂的分子间的相互作用，以及这些分子所在的分子网络之间的相互作用。寻找分析这些数据的新方法和工具，将是21世纪遗传学的重要组成部分。

我们的第六版《遗传学：从基因到基因组》强调了遗传学的核心概念、前沿发现、现代工具和分析方法，这些将使遗传学继续向前发展。

第六版的作者们共同修订了每一章，不仅努力提供最新的信息，而且是为了对复杂的概念提供连续性和尽可能清楚的解释。

2. 我们的焦点——一种整合的方法

《遗传学：从基因到基因组》展示了大学本科遗传学教学的一种新尝试，也反映了作者们当前对生命分子基础的认知。

我们整合了如下内容：

- **形式遗传学**：基因传递的规则。
- **分子遗传学**：DNA的结构，以及它如何指导蛋白质的结构。
- **数字分析和基因组学**：最近的技术，允许综合分析整个有机体的基因集及其表达。
- **人类遗传学**：基因如何影响健康和疾病，包括癌症。
- **生命形式的统一**：将来自许多不同生物的信息合成为相干模型。
- **分子进化**：生物系统、整个有机体和群体进化及分化的分子机制。

这种整合方法的优势在于：学完这本书的学生们将对遗传学有全面的认识，正如当今学术界和企业界的研究人员在实践中体会的那样。这些科学家正在迅速改变我们对包括我们自己在内的生命体的理解。最终，这项重要的研究可能实现替换或纠正有害基因的能力——正如作为学者的阿奇博尔德·加罗德（Archibald Garrod）在1923年将这些基因称为"天生的新陈代谢错误"，以及后来导致多种癌症的诸多遗传改变。

3. 遗传学的思维方式

现代遗传学是一门分子水平的科学，但对其起源和原理的了解是必需的。为了鼓励遗传学的思维方式，我们首先回顾孟德尔定律的原理和可遗传的染色体基础。然而，从一开始，我们的目标就是将生命体水平的遗传学与基本的分子机制相结合。

第1章通过总结我们所探索的主要生物学主题，介绍了这种整合的基础。在第2章中，我们将孟德尔关于豌豆性状遗传的研究与酶的作用联系起来，酶决定了豌豆是圆的还是皱的、是黄的还是绿的等。在同一章中，我们指出所有生物遗传模式的相关性。第3～5章包括孟德尔定律的扩展、遗传的染色体理论、基因连锁和定位的基础。从第6章开始，我们关注DNA的物理特性、突变，以及DNA如何编码、复制和传输生物信息。

从第9章开始，我们进入DNA分析的数字化革命，了解现代遗传学技术，包括基因克隆、PCR、微阵列和高通量基因组测序。我们探索生物信息学——一个新兴的分析工具，如何帮助发现基因组特征。这部分将在第11章结束，并以案例研究的形式介绍人类疾病基因的发现。

对分子和计算机技术的理解使我们在第12～15章中讨论染色体特性，并在第16、17章中为基因调控分析提供信息。第18章描述了科学家可以随意操纵基因组的最新技术，用于研究包括基因治疗在内的实际目的。第19章描述了在分子水平上使用遗传学工具来揭示真核生物发育的复杂相互作用。第20章解释了我们对遗传学的理解和分子遗传技术的发展是如何使我们了解癌症并在某些情况下治愈癌症的。

第21章和第22章讨论了群体遗传学，并讨论了分子工具如何提供物种亲缘性信息，以及随着时间的推移分子水平上的基因组变化。此外，我们解释了生物信息学如何与群体遗传学相结合，以了解复杂性状的遗传和追踪人类祖先。

在本书中，我们展示了该领域一些天才研究者的科学推理——从孟德尔到沃森和克里克，再到人类基因组计划的合作者们。我们希望学生读者能看到，遗传学不仅仅是一组数据和事实，也是依赖于杰出人士贡献的人类获得的宝贵资源。

4. 利于学生学习的特点

随着文本的数字成分变得越来越重要，让人兴奋的是，珍妮丝·菲舍尔作为教科书作者，同时承担数字编辑的角色！珍妮丝将确保重要的文本和数字配件之间的一致性。

我们付出了很大的努力来帮助学生对遗传学有更深入的了解。这本书的许多特点都是为了这个目的而发展起来的。

- **统一风格的遗传学** 本书有一个友好而引人入胜的阅读风格，帮助学生掌握整本书的种种概念。这种写作风格为学生提供了整本书的种种概念。
- **可视化遗传学** 本书利用高度专业化的艺术程序整合了照片和线条艺术，提供了一种最具吸引力的遗传学视觉呈现方式。我们的特色插图图例将复杂的过程分解成循序渐进的插图，使学生更容易理解。所有图例都以一致的颜色主题呈现——例如，所有代表磷酸盐基团的都是相同的颜色，所有代表mRNA的也是相同的颜色。
- **易学习** 我们的目的是将最前沿的内容解释给学生。对一些复杂的插图进行了修改和分解，以帮助学生理解这个过程。图例已被简化，只强调最重要的观点，在整本书中，主题和例子的选择都集中在最重要的信息上。
- **解决问题** 培养解决问题的能力对每个遗传学专业的学生来说都是至关重要的。作者在每一章的结尾都精心制作了习题集，让学生提高解决问题的能力。
- **习题精解** 这些包含完整答案的专题材料可为学生在逐步解决问题的过程中提供参考。
- **课后习题** 涉及各种各样难度的问题超过700个，这些难题都能培养出出色的解决问题的能力。这些问题是按章节组织的，为了便于教师和学生使用，每个章节的难度都是逐步增加的。由迈克尔·戈德伯格和珍妮丝·菲舍尔完全修订的在线学习指南和解决方案手册第6版提供了解决所有章节结尾问题的详细策略分析。

习题精解

I. 下图显示了来自UCSC基因组浏览器的屏幕截图，考察了人类基因组的*MFAP3L*基因编码区（注意：hg38是指人类基因组RefSeq的第38版）。如果你不记得浏览器如何展示基因组，请参阅图10.3底部的图标。

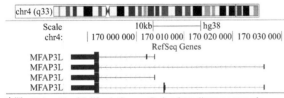

来源：University of California Genome Project, https://genome.ucsc.edu

 a. 用近似的术语描述*MFAP3L*的基因组位置。

 b. 基因是沿着*着丝粒*到端粒，还是从端粒到着丝粒的方向转录？

 c. 数据表明有多少种*MFAP3L* mRNA的可变剪接形式？

d. 数据说明*MFAP3L*有多少种不同的启动子？

e. *MFAP3L*基因显示编码了多少种不同的蛋白质？哪种可变剪接形式的mRNA编码哪种蛋白质？不同形式的N端、C端或中间位置是否有所不同？估计每种蛋白质含有多少个氨基酸。

解答

a. 该基因位于人类4号染色体的长（q）臂上；该位置由图的顶部的染色体展示（染色体组型图）上的细红色垂直线表示。这个位置（在一个叫做4q33的染色体分带）距染色体4小臂（从编号开始处）的端粒大约170Mb长度；该染色体的总长度约为190Mb。

b. 基因内含子内的箭头表明转录方向是从4q的端粒到4号染色体的着丝粒。

c. 数据指示出四种mRNA的可变剪接形式。在以下部分中，我们将从上到下依次标为A～D。

d. 数据表明有两个启动子：一个大致位于170 037 000

译者序

这是一本由四位遗传学家共同主编的遗传学教科书,其中的两位我曾常常称为"Lee"的作者(Leland和Leroy都可以昵称为Lee)曾是我在华盛顿大学(西雅图)做博士后研究时的"老师级"同事。李兰·哈特维尔(Leland H. Hartwell)和李洛·胡德(Leroy Hood)两位博士又都是我的博士后导师梅纳·欧森(Maynard V. Olson)博士的同时代人,也是我的好友、同事;后者还曾是我的系主任(建立时称为分子生物技术系,即Molecular Biotechnology;后来改为基因组科学系,即Genome Sciences)和在该校基因组中心工作时的上司。他们都和欧森博士一样,目睹或经历了"人类基因组计划"的准备期和执行期的工作,肩负过将遗传学领入基因组学时代的责任。

如果我们可以将遗传学划分为三个时间段——前DNA时代(1953年之前,以DNA双螺旋结构的发现为标志)、前HGP时代(1953～2003年;以人类基因组计划,即The Human Genome Project的实施和完成为标志)和后HGP时代(2003年之后),那么,这本书显然是总结了前两个时代遗传学的历史积累,也体现了"从基因到基因组"的过渡,这便是我们翻译这本书的第一个初衷——不是画句号,而是全面传承。我们翻译这本书的第二个初衷是要推动从物种基因组学到谱系基因组学的转折,呼唤学科汇聚和整合,促进新假说、新理论、新领域和新学科的创立及发展。这个新的转折,从根本上讲,是沿着两条主线,逐一地解决生命科学的诸多核心问题,并布局贯通生命科学横向、纵向和相互交织的核心理论体系,验证、践行这些理论的实验技术体系。

首先是主线问题,也就是拉马克主义(Lamarckism)和达尔文主义(Darwinism)两条主线在新知识体系中的地位问题。我们没有必要历史地回顾"拉-达思想"的起源和沿革,因为其中不仅有诸多的模糊概念,也充斥着非科学因素和局限于时代的种种谬误;但是却一定要厘清"中心法则"和"RNA世界"两个假说的最后妥协,要建立物种起源其实是生命的自组装和自组织的过程,也是基因、分子机制和细胞过程起源的

思想,还要揭示这些事件的可能分子细节在"拉-达思想"体系下的实质性归宿和关联,从而判断谱系系统变演(evolution)的证据和规律。以单一基因和单一物种为研究对象的时代,简单的从基因到基因组的研究模式也都会一去不复返了,等待我们的是生命科学的另一卷书,以及与经典遗传学相辅相承、贯通一线的新思想体系。这个体系其实已经萌芽很久了,我们缺的不是思想家,而是突破性技术、分析工具和第一手数据,三者在目前都是瓶颈,没有10～20年的时间是很难通过的。

其次是主线上下游和主线之间相互贯通的问题,也就是从基因型到表现型的关联,以及对这些关联性在分子水平上的详尽理解和解析。目前,在这样的思维范畴里面最为人熟知的有两个概念,一个是"多系统生物学"(systems biology),另一个是所谓的"组学"(omics)。因为工作的关系,我曾有幸在20世纪90年代初的时候当面向多系统生物学概念的提出者胡德博士请教个中的端倪,他的解释就是营造多学科科学家合作的环境,包括分子生物学、数学、计算机科学和工程学等领域的专家,大家来共同解决生物学面临的新问题。而后,他也确实践行了自己的这个思维框架,在西雅图成立了著名的多系统生物学研究所(the Institute of Systems Biology)。但是,就科学本身而言,这样的解释其实更像是提出实现这个科学构建目标的途径,而非新学科的内涵。这就促成了我后来提出的"五流"思维框架和"通生学"(holovivology;holo,全;vivo,活)的命名。"五流"思维框架与多系统生物学、各种组学及其组合等其实是有诸多不同的。第一是将生命现象在机制层面分为"五流",即信息流、操作流、平衡流、分室流和可塑流,并宣示五流之间的逻辑关系为:生命始于操作(started with operation),源于平衡(originated from homeostasis),传于信息(inherited through information),长于分室(grew as compartments),生于可塑(survived on plasticity)。第二是将五流与生物学的诸多细分学科交叉关联起来,包罗四大板块(plates):①信息流+可塑流:基因型-表型板块;②操作流+平衡流+分室流:分子细胞板块;

③平衡流＋分室流：生理解剖板块；④五流通悟：多系统整合板块。第三是将各个层面可无限细分的组学限定在五流框架之内，例如，转录组和蛋白质组都属于操作流，代谢组是平衡流的一部分，个体发育和细胞分化同属分室流等。第四是界定了遗传学和表观遗传学——遗传学是信息流的学问，表观遗传学则是关乎其他四流的学问；前者或将突破达尔文主义的主线，而后者则将诠释拉马克主义的现代思考和寻证。总之，生命科学"合久必分"的时代即将过去，"分久必合"的时代正在到来。

再有就是关于未来的生物学，即通生学的内涵，这门学问将解决生物学历史遗留的诸多核心问题。例如，RNA起源将取代DNA起源的假说，那么真核生物就不会是由细菌演变而来的了。谱系演变、分子机制和细胞过程的演变将辗压物种演变研究，达尔文"丢失的连接"（missing links）将被合理地解释。基因组的突变也不再被假定是随机的，其中相当的部分会被与拉马克主义的一些分子原理挂钩，如CpG序列密码和甲基化位点密码。显然，演变的模式也不再会是一种，会有鲁棒性（robustness）、易变性（variability）、多样性（diversification）和复杂性（complexity）等多种模型。基因结构的研究不仅会按谱系分类，也会在操作流层面寻求细胞水平的分子机制制约。可塑性研究还会将细胞的应激反应、细胞能量的平衡等与免疫系统和认知、衰老等生命诸多可塑性现象联系起来。在这样的研究范式下，遗传学将是通生学五流之信息流部分的前奏和引言。其实，在我们获取并分析人类和诸多大型动植物基因组序列的那些不眠之夜和兴奋的瞬间，一部新的遗传学续集和与之平行的五流分卷就已经诞生了。

最后是技术革命和新研究生态问题，亦即破解和认识生命原理的生态（ecosystems）和地貌（landscapes）将实现从宏观生物圈到微观生物圈，再到实观生物圈的全面拓展。通生学就是要突破微观生物圈的限制，增加时空的维度，实现单细胞、单分子的实时、定量参数测定。各学科领域新技术前沿的汇聚将成为实观技术发展的基础和限速步骤，而在这个多维的空间里，离子键（如氢离子和无机盐离子）和氢键（如水分子和生物大分子）都会被赋予作用力和空间概念，因为非共价相互作用只有从7PN（氢键）到150PN（生物素和其结合蛋白间的亲和力）（PN，pico-newton）的动态范围——只有令人惊讶的20倍左右的变化。分子间的弱力相互作用构成了生命细胞内的自组装和细胞间自组织的基础。然而目前我们对的生物学家对其的理解仍处在茫然不知所云的状况，而这仅仅是操作流科学命题的一部分。我们对平衡流的研究还刚刚起步，就是所谓的代谢组学和信号转导网络——连接基因与体内所有的物质及其量变的关系。新问题和新生态将呼唤新的技术革新和革命。

毫无疑问，我们的确面临一个生命科学发展的伟大转折。当我们面对过去200年来所积累的知识，或思考取舍，或扣问真伪，或感叹弗如，或拍案惊奇的时候，我们看到未来了吗？我们仔细地想象未来的"新面孔"是什么样了吗？准备好拥抱未来了吗？不怕，我们只有一个选择，那就是——走进新境界，看到新视野，运用新的思维框架。我们首先要吃透经典，吃透遗传学，不要偏离这个轨道；同时，我们更要开拓眼光，思考书本背后的故事，要欢迎新事物，推敲新原理（这些原理一定比这本书里说的更深、更难懂、更必要）。我作这个序的目的就是给大家打造一个"书架"，为未来留下空间，让大家有序地摆放新学到的知识。未来的50～100年是生命科学天翻地覆的时代，各位准备好了吗？请从这本书开始。

在这里，我们首先要特别感谢科学出版社的鼓励、耐心和支持，使这个项目能够顺利完成。我还要感谢任鲁风博士将这个项目扛下并主持任务的分解和完成，感谢所有参与翻译和校对的各位专业人士。感谢总校对郭海燕博士、崔丽女士和负责图片处理的李亚楠女士！

于 军

2019年7月28日北京

第六版的改变：分章节概述

与第五版相比，第六版有了很大的修改和更新。我们仔细检查了整个文本，尽可能地简单明了。我们一共制作了50多个新图形和表格，另外修改了100多个图形和表格。我们还编写了超过125个新的章节末问题，同时为清晰起见，修改了许多其他问题。整个解决方案手册和在线学习指南都进行了修正和修订，以使其更加清晰。我们添加了一些新的资料框，如快进、遗传学与社会，以及现代主题下的遗传学工具。第5版的第9章在第6版被分成两个单独的章节：第9章（DNA数字化分析）和第10章（基因组注释）。

除了大量的文本变化之外，作者还花了大量时间更新测试库和问题库的内容，以便与文本更紧密地对应。每一章还会有新的视频教程来讲解复杂的概念！

第六版的每一章都比第五版有了很大的改进。第六版中最重要的变化总结如下：

第3章　孟德尔定律的扩展
- 上位与互补的关系得到更清晰的解释。
- 为了清楚起见，关于双基因和多因子遗传的讨论现在分开了。
- 关于狗毛颜色的综合实例扩展到包括对各种基因活性的分子解释。

第4章　遗传的染色体学说
- 图和文字的改变阐明了每个染色单体都有着丝粒。
- 新"快进"框：在转基因小鼠中观察X染色体失活

第5章　染色体上基因的连锁、重组和作图
- 新"快进"框：定位产生单个人类精子的重组

第6章　DNA的结构、复制和重组
- 重组的DSB修复模型图的改进。
- 关于位点特异性重组的新章节。

第7章　基因剖析与功能：利用突变研究
- 对材料进行重新的认识和整理，将DNA序列改变机制的讨论从DNA修复机制中分离出来。

第9章　DNA数字化分析
- 改进了质粒克隆载体的描述。
- 重新解释配对末端全基因组鸟枪测序。

第10章　基因组注释
- 改进替代RNA拼接的描述。
- 制作蛋白质中一致氨基酸序列的新图解。
- 添加关于基因进化的新材料。

第12章　真核染色体
- 添加合成酵母染色体的新资料。

第15章　细胞器遗传
- 添加关于线粒体祖先概念的新快进框。

第17章　真核生物中的基因调控
- 新的"遗传学工具"框：Gal4/UAS$_G$二元基因表达系统
- 新的表观遗传学内容：环境获得的性状能遗传吗？
- 新的转录后调节内容：反式作用蛋白调节翻译

第18章　操纵真核生物的基因组
- 新的靶向诱变部分的内容：CRISPR/Cas9允许在任何生物体中进行靶向基因编辑。
- 新的"遗传学工具"框：细菌自身如何用CRISPR/Cas9预防病毒感染
- 新的"遗传学与社会"框：我们是否应该改变人类生殖系的基因组吗？

第19章　发育的遗传分析
- 果蝇身体模式的综合实例修正，以阐明同源基因在副节中的功能，并阐明成形素的概念。

第20章　癌症遗传学
- 阐明了突变导致癌症发展的事实。
- 改进了司机和乘客突变的解释。
- 增加了肿瘤基因组测序的覆盖范围和同一器官中不同癌症个体的突变异质性。

第22章　复杂性状的遗传学
- 修正了关于遗传力的部分以阐明：相关线和相关系数；如何利用不同类型的人类双胞胎研究来估计复杂数量性状和复杂离散性状的遗传力。
- 关于如何使用卡方检验来检验GWAS的独立性的新解释。

导览

1. 整合遗传学的概念

《遗传学：从基因到基因组》在介绍遗传学时采用了一种整合的方法，从而使学生对遗传学有了很强的掌握，就像今天学术界和企业界的研究人员所做的那样。原理是通过将例子、论文、案例历史和连接部分的文本联系起来，以确保学生充分理解主题之间的关系。

章节大纲
　　每一章开篇都简要概述了这一章的内容。

章 节 大 纲

18.1　创建转基因生物

18.2　转基因生物的用途

18.3　定向诱变

18.4　人类基因治疗

学习目标
　　学习目标出现在每个部分之前，并且被仔细地写下来，清晰地勾勒出预期。

18.2　转基因生物的用途

学习目标

1. 描述转基因如何能够明确哪个基因导致突变表型。
2. 总结转基因报告构建体在基因表达研究中的应用。
3. 讨论转基因生物如何产生人类健康所需蛋白质的实例。
4. 列举转基因生物的例子，并讨论其生产的利弊。
5. 解释利用转基因动物模拟人类功能获得性遗传疾病。

基本概念

- 人类在不理解遗传原理的情况下，在农作物种植和动物驯化方面进行了数千年的人工选择。
- 孟德尔培育了纯种品系的豌豆，这些豌豆的某些特征会在世代之间持续存在。
- 孟德尔发现豌豆在与具有其他性状的纯系杂交时，杂种后代通常具有双亲的特征。
- 在孟德尔实验中，互交受精产生的杂种后代具有相同的性状；这与亲本是父本还是母本无关。

基本概念
　　每节课结束后，最相关的内容将以简明扼要的陈述形式提供，以加强学生的关键概念和学习目标。

接下来的内容

遗传学是一门研究生物信息的学科，也是一门研究DNA和RNA分子的学科，这些分子通过储存、复制、传输、表达和进化信息来构建蛋白质。在分子水平上，所有的生物都是紧密相关的，因此，对模型生物的观察，如对比酵母和小鼠的不同，可以提供针对一般生物学原理以及人类生物学研究的依据。

值得注意的是，在DNA被发现的75年前，奥古斯汀修道士格雷戈尔·孟德尔（Gregor Mendel）在不了解遗传分子基础的情况下，描绘了基因遗传的基本规律。他通过观察几代豌豆（*Pisum sativum*）一些简单的性状，如花或种子的颜色实现了这一点。如今发现，他的结论适用于所有有性繁殖的生物体。第2章描述了孟德尔的研究和见解，奠定了遗传学领域的基础。

接下来的内容

每一章都以"接下来的内容"部分结束，作为刚完结的章节中的主题与即将到来的一章或几章中的主题之间的桥梁。这为学生提供了学习和建立各章联系的机会。

新！激动人心的修订内容

与第五版相比，第六版的每一章都有了很大的修改和更新：创造了50多个新图形和表格，修订了100多个；增加了超过125个新的章节结尾的问题，为了清晰起见，还修订了更多问题。整个解决方案手册和学习指南是由迈克尔·戈德伯格和珍妮丝·菲舍尔更新、修正及修订的。创造了几个新的资料框，包括快进、遗传学与社会、遗传学工具。在广度和清晰度方面，第5版的第9章在第6版被分为两个单独的章节：第9章（DNA的数字化分析）和第10章（基因组注释）。

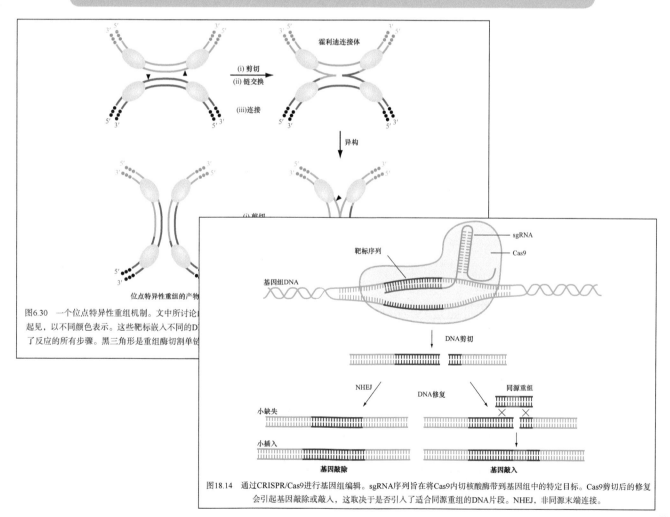

图6.30　一个位点特异性重组机制。文中所讨论[...]起见，以不同颜色表示。这些靶标嵌入不同的D[...]了反应的所有步骤。黑三角形是重组酶切割单链[...]

图18.14　通过CRISPR/Cas9进行基因组编辑。sgRNA序列旨在将Cas9内切核酸酶带到基因组中的特定目标。Cas9剪切后的修复会引起基因敲除或敲入，这取决于是否引入了适合同源重组的DNA片段。NHEJ，非同源末端连接。

快进

在转基因小鼠中观察X染色体失活

科学家们最近利用分子技术和转基因技术（类似于前面的"快进"信息栏"转基因小鼠证明*SRY*是雄性因子"）来可视化小鼠X染色体失活的模式。研究人员制造了XX只含有两种不同转基因的小鼠（在这种情况下，是来自不同物种的基因）。其中一个转基因是水母基因，它产生绿色荧光蛋白（GFP）；另一个是来自红珊瑚的基因，它能产生红色荧光蛋白（RFP）（图A）。

在XX小鼠中，*GFP*基因位于母系X染色体上，*RFP*基因位于父系X染色体上。细胞的克隆斑块可以是绿色的，也可以是红色的，这取决于形成斑块的原始细胞中哪个X染色体变成了巴氏小体（图B）。

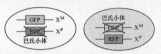

图A 转基因小鼠细胞在X染色体失活时发出绿色或红色的

不同的XX小鼠呈现不同的绿色和红色拼接模式，清楚地显示了X染色体失活的随机性。这些拼接图案反映了每个克隆斑块的创始人细胞中X染色体失活的细胞记忆。目前，遗传学家使用这些转基因小鼠来破译细胞如何"记住"每个细胞分裂后要灭活哪个X的基因细节。

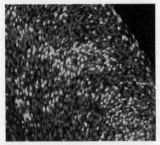

图B 转基因小鼠心脏细胞显示X失活的克隆拼接图。红

遗传学工具

细菌自身如何利用CRISPR/Cas9预防病毒感染

早在1987年，研究人员就在细菌基因组中发现了成簇序列重复（CRISPR）。当2005年发现其中一些序列起源于噬菌体基因组时，几位机敏的科学家就推测CRISPR可能介导细菌中的病毒免疫系统。在这种抵抗机制明确之前，这些想法在很大程度上被忽略了好几年。最终在2012～2013年，包括张锋、Jennifer Doudna和Emmanuelle Charpentier等在内的研究人员开发的一些能够使这种病毒免疫系统适应细菌细胞和真核生物的基因组工程的方法，被称为CRISPR的热点技术达到了全盛时期。

在细菌基因组的CRISPR位点，短的正向重复序列被独特的间隔序列以规则性间距中断（图A）。间隔区序列是宿主细菌捕获的噬菌体基因组片段，通过两种细菌编码的Cas蛋白（Cas1和Cas2）的作用整合到宿主基因组中。CRISPR阵列内的重复序列在捕获和整合过程中被这些内切核酸酶添加进去。

病毒免疫由从CRISPR阵列转录成称为crRNA前体的长RNA分子开始的步骤所引起，这些分子被加工成短的（24～48nt）所谓CRISPR RNA（crRNA）。在酿脓链球菌（*Streptococcus pyogenes*）中，这种大RNA的切割需要另一种称为tracrRNA（*trans-acting* CRISPR RNA，反式作用CRISPR RNA）的小RNA，其从宿主基因组中的一个基因转录而来（图A）。tracrRNA与crRNA前体中的重复序列形成互补碱基对。这些双链RNA区域成为内切核酸酶RNase III的底物，在这些位置的切割产生与Cas9蛋白复合的短crRNA。

当入侵的病毒将其双链DNA染色体注入宿主细胞时，一种 [遗传学与社会] 物协同剪切病 [菌] 体染色体中

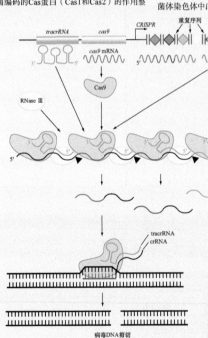

图A CRISPR/Cas9基因座给细菌接种疫苗以抵

遗传学与社会

人类微生物组计划

人类微生物组计划（HMP，图A）成立于2008年，由美国国立卫生研究院资助，是旨在了解人体与生活在人体中的数万亿微生物之间复杂关系的几个国际合作项目之一。

HMP已经实现了第一个目标，即描述构成人类微生物组的生物多样性。研究人员分析了全球250多名人体内不同部位的微生物宏基因组。研究的重点是这些细菌核糖体小亚基的16S rRNA编码基因序列，因为这些序列在不同的细菌种中存在很大差异，因此可以作为这些细菌的标记物。结果表明，一个人可以携带多达1000种不同的细菌种类，但人们在组成微生物群的细菌种类上存在很大差异。因此，似乎全世界有超过10 000种不同的细菌在人类体内寄生。HMP的研究人员已经对许多这类细菌的完整基因组进行了测序。

HMP的第二阶段始于2014年，其最终目标是确定微生物群的变化是否是人类疾病或其他重要特征的原因或影响。可能与微生物组相关的疾病包括癌症、痤疮、牛皮癣、糖尿病、肥胖症和炎症性肠病；一些研究人员认为，微生物的组成也可能影响宿主的心理健康。这些研究的第一步将是确定特定种类的微生物群

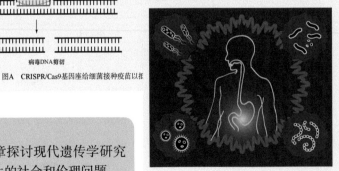

图A
© Anna Smirnova/Alamy RF

落与疾病状态之间是否存在统计相关性。例如，目前正在进行的一项HMP II期项目是对怀孕期间阴道宿主细胞和微生物的分析。将对大约2000名孕妇进行研究，并记录她们的出生结果。这个项目的目标是确定微生物种群的变化是否与早产或其他妊娠并发症有关。

当然，在微生物群落和疾病之间发现的任何相关性都不能证明因果关系。但即使与疾病状态相关的细菌不会导致疾病，这种相关性的存在也可能有助于诊断某些疾病。尽管如此，HMP最令人兴奋的潜在结果将是指出微生物体内的细菌是导致复杂疾病的因子。这些细菌将成为治疗药物的明显靶标，例如，针对这些由微生物专门制造的蛋白质的药物。

研究人员如何确定微生物群落与疾病之间的统计相关性是否反映了原因或影响？一种方法是详细调查微生物组和寄主的生物学特性是如何通过细菌和它们所定植的人类的相互作用而改变的。因此，科学家将鉴定细菌和人体细胞的转录组及蛋白质组是否、如何通过人体器官的细菌定植而发生改变。这些研究将进一步深入我们对代谢组学（表征人类血液中的代谢产物）的了解。

另一种更有效的确定微生物群变化因果关系的方法是使用在无菌环境中培养的无菌小鼠。令人惊讶的是，无菌小鼠虽然不正常，却能存活下来；它们的免疫系统发生了改变，皮肤状况很差，它们需要比正常的小鼠多吃一些热量才能保持正常的体重。研究人员可以用一种细菌或一个复杂的微生物群落在无菌小鼠体内繁殖，从而确定微生物群落如何影响生理状态。在本章最后的习题8允许你通过讨论最近在无菌小鼠身上进行的一项实验来探索这种方法，该实验询问微生物组是否与肥胖有因果关系。

如果微生物群落确实对人类的疾病状态有贡献，那么未来的治疗可能旨在改变常驻微生物组。因此，HMP的另一方面是研究人类干预可能如何改变细菌群落。饮食变化或膳食添加剂（如益生菌）对微生物体内持久改变的影响有多大？如果用抗生素治疗急性感染，细菌群落如何随时间变化？一些HMP项目已经在探索这些重要问题。

快进

这个特色框是用来将早期介绍的孟德尔定律与接下来的分子内容相结合的方法之一。

遗传学工具

目前的读物解释了遗传学家使用的各种技术和工具，包括生物学和医学中的应用实例。

遗传学与社会

戏剧性的文章探讨现代遗传学研究的多种应用所产生的社会和伦理问题。

2. 可视化遗传学

全彩色插图和照片使印刷文字生动起来。这些视觉强化支持并进一步阐明了贯穿全文的主题。

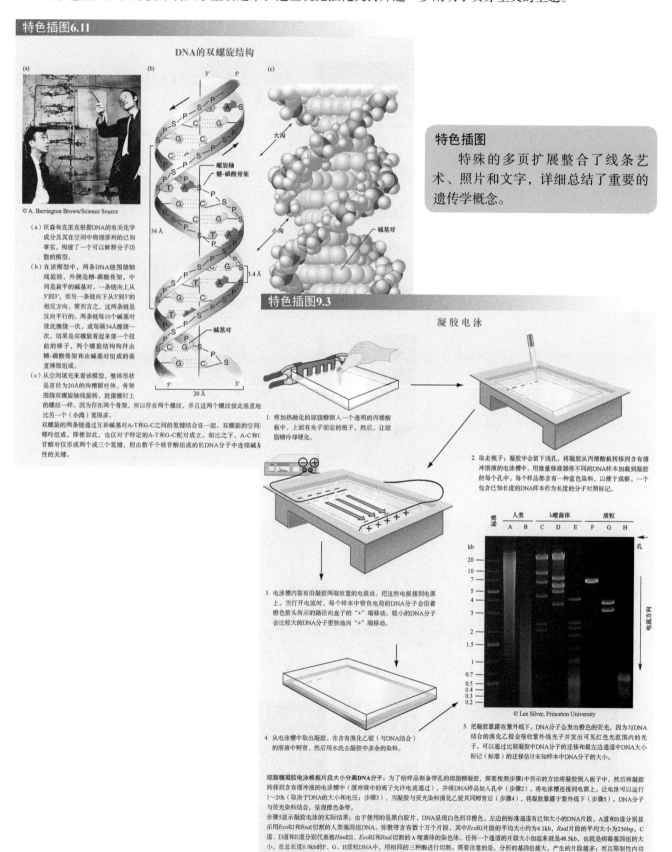

特色插图6.11

DNA的双螺旋结构

© A. Barrington Brown/Science Source

（a）沃森和克里克根据DNA的有关化学成分及其在空间中物理排列的已知事实，构建了一个可以解释分子功能的模型。

（b）在该模型中，两条DNA链围绕轴线旋转，外侧是糖-磷酸骨架，中间是扁平的碱基对。一条链向上从5'到3'，而另一条链向下从5'到3'的相反方向。简而言之，这两条链是反向平行的。两条链每10个碱基对彼此缠绕一次，或每隔34Å缠绕一次。结果是双螺旋看起来像一个扭曲的梯子，两个螺旋结构构件由糖-磷酸骨架和由碱基对组成的垂直梯级组成。

（c）从空间填充来看该模型，整体形状是直径为20Å的沟槽圆柱体。骨架围绕双螺旋轴线旋转，就像螺纹钉上的螺纹一样。因为存在两个骨架，所以存在两个螺纹，并且这两个螺纹彼此垂直地比另一个（小沟）宽得多。双螺旋的两条链通过互补碱基对A-T和G-C之间的氢键结合在一起。双螺旋的空间嘌呤组成，即便如此，也仅对于特定的A-T和G-C配对成立。相比之下，A-C和C-T苷酸对仅形成两个或三个氢键，但由数个核苷酸组成的长DNA分子中连续碱性的关键。

特色插图

特殊的多页扩展整合了线条艺术、照片和文字，详细总结了重要的遗传学概念。

特色插图9.3

凝胶电泳

1. 将加热融化的琼脂糖倒入一个透明的丙烯酸板中，上面有夹子固定的梳子，然后，让琼脂糖冷却硬化。

2. 取走梳子；凝胶中会留下浅孔。将凝胶从丙烯酸板转移到含有缓冲液溶液的电泳槽中。用微量移液器将不同的DNA样本加载到凝胶的每个孔中。每个样品都含有一种蓝色染料，以便于观察。一个包含已知长度的DNA样本作为长度的分子对照标记。

3. 电泳槽内装有沿凝胶两端放置的电极丝。把这些电极接到电源上。当打开电流时，每个样本中带负电荷的DNA分子会沿着橙色箭头所示的路径向盒子的"+"端移动。较小的DNA分子会比较大的DNA分子更快地向"+"端移动。

4. 从电泳槽中取出凝胶。在含有溴化乙锭（与DNA结合）的溶液中孵育，然后用水洗去凝胶中多余的染料。

5. 把凝胶暴露在紫外线下。DNA分子会发出橙色的荧光，因为与DNA结合的溴化乙锭会吸收紫外光子并发出可见红色光范围内的光子。可以通过比较凝胶中DNA分子的迁移和最左边通道中DNA大小标记（标准）的迁移估计未知样本中DNA分子的大小。

© Lee Silver, Princeton University

琼脂糖凝胶电泳根据片段大小分离DNA分子。为了给样品制备带孔的琼脂糖凝胶，需要按照步骤1中所示的方法将凝胶倒入板子中，然后将凝胶转移到含有缓冲液的电泳槽中（缓冲液中的离子允许电流通过）（步骤2）。将电泳槽连接到电源上，让电泳可以运行1~20h（取决于DNA的大小和电压）（步骤3）。当凝胶与荧光染料溴化乙锭共同孵育后（步骤4），将凝胶暴露于紫外线下（步骤5）。DNA分子与荧光染料结合，呈现橙色条带。

步骤5显示凝胶电泳的实际结果；由于使用的是黑白照片，DNA呈现白色而非橙色。左边的标准通道有已知大小的DNA片段。A道和B道分别显示EcoRI和RsaI切割的人类基因组DNA。弥散带含有数十万个片段，其中EcoRI片段的平均大小约为4.1kb，RsaI片段的平均大小为256bp。C道、D道和E道分别代表被HindIII、EcoRI和RsaI切割的λ噬菌体的染色体。任何一个通道的片段大小加起来就是48.5kb，也就是病毒基因组的大小。在总长度6.9kb的F、G、H质粒DNA中，用相同的三种酶进行切割。需要注意的是，分析的基因组越大，产生的片段越多；而且限制性内核酸酶识别位点的碱基越多，产生片段的平均长度越大。

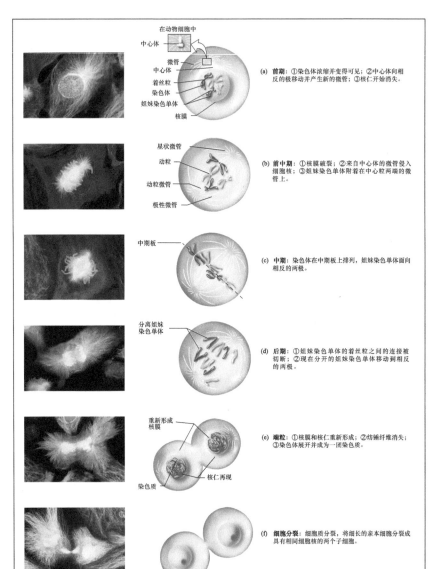

在动物细胞中
中心体
微管
中心体
着丝粒
染色体
姐妹染色单体
核膜

(a) 前期：①染色体浓缩并变得可见；②中心体向相反的极移动并产生新的微管；③核仁开始消失。

星状微管
动粒
动粒微管
极性微管

(b) 前中期：①核膜破裂；②来自中心体的微管侵入细胞核；③姐妹染色单体附着在中心粒两端的微管上。

中期板

(c) 中期：染色体在中期板上排列，姐妹染色单体面向相反的两极。

分离姐妹染色单体

(d) 后期：①姐妹染色单体的着丝粒之间的连接被切断；②现在分开的姐妹染色单体移动到相反的两极。

重新形成核膜
染色质
核仁再现

(e) 端粒：①核膜和核仁重新形成；②纺锤纤维消失；③染色体展开并成为一团染色质。

(f) 细胞分裂：细胞质分裂，将细长的亲本细胞分裂成具有相同细胞核的两个子细胞。

过程插图
按部就班的描述让学生对重要细节进行简要总结。

显微图
令人惊叹的显微照片让遗传学焕发生机。

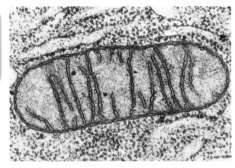

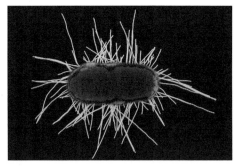

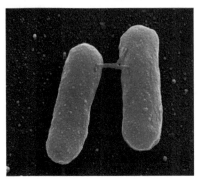

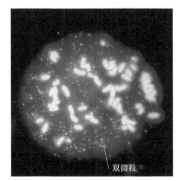

双微粒

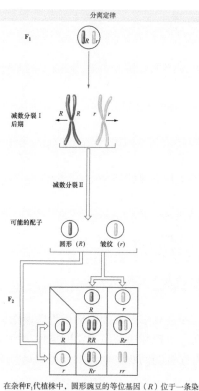

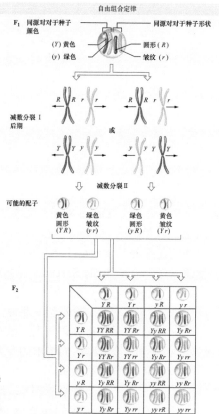

对比图

对比图列出了经常令人困惑的原理的基本区别。

在杂种F_1代植株中，圆形豌豆的等位基因（R）位于一条染色体上，皱纹豌豆的等位基因（r）位于其同源染色体上。两个同源染色体在减数分裂I前期到中期的配对，保证了同源染色体在减数分裂II结束时可产生两种类型的配子：一半有R，一半有r，但没有配子同时具有两个等位基因。因此，在减数分裂I期间同源染色体的分离相当于等位基因的顺序排列。如庞纳特方格所示，50% R和50% r卵与相同比例的R和r精子受精，导致F^2代孟德尔定律的比例为3:1。

习题精解

I.一个来自女性血液细胞的基因组DNA，通过一对代表基因组中独特基因座的引物进行PCR扩增。然后使用PCR引物中的一个作为测序引物对PCR产物进行Sanger法测序。下面的峰图显示了部分读取序列。

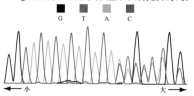

a. 哪种多态性最有可能被表示出来？

b. 根据你对题目a的回答，确定该女性在这个基因座的基因型。指出所有可以从等位基因及其5'→3'方向读取的核苷酸。

c. 什么样的分子事件可能产生这种多态性？

d. 如何知道在基因组的哪个位置上可以找到这个基因座？

e. 还有什么方法可以分析PCR产物来对这个基因座进行基因分型？

f. 假设你想根据图9.24所示的单分子DNA全基因组测序对这个基因座进行基因分型。用这种方法进行基因分型，只测一遍就够了吗？

复。你可以通过从19～22位减去ATGT来确定短等位基因的最后四个核苷酸，这就得到了TAGG。这样的SSR基因座的两个等位基因的序列（仅指示一条DNA链）是这样的：

等位基因1：5'...GGCACACACACACAATGTTAGG...3'
等位基因2：5'...GGCACACACACACACACAATGT...3'

c. 大多数SSR多态性的发生机制被认为是DNA聚合酶在DNA复制过程中的残留痕迹。

d. 你甚至在开始实验之前就知道了这个基因座的位置。这是因为你基于对整个人类基因组序列的认识设计PCR引物。

e. 多态性涉及重复单元数目的差异，因此这两个等位基因会产生长度不同的PCR产物。你可以通过PCR产物的凝胶电泳对该基因座进行基因型，如图11.12所示。

f. 从基因组DNA中直接对PCR产物进行桑格测序，可以得到包含两个等位基因的峰图。单分子DNA测序技术并非如此。如果一个人是杂合子，你需要从单个基因组DNA分子中获得足够的序列来确保你能同时看到两个等位基因。

II. 由于家庭规模小，很难获得准确的人类重组频率。一个有趣的方法能绕过这个问题，通过研究个体基因型的精子细胞，以获得大数据集的连锁研究。下表显示

3. 解决遗传学问题

学生评估和提高对遗传学的理解的最好方法是通过问题来练习。在每一章的结尾，习题集帮助学生评估他们对关键概念的理解，并允许他们将所学应用到实际问题中。

课后习题

问题按章节组织，并按难度增加的顺序组织，以帮助学生培养较强的解决问题的能力。

习题精解

习题精解提供理解问题解决过程所需的按部就班的指导。

致谢

　　创作这种规模的项目绝不仅仅是作者的工作。非常感谢我们的同事，他们回答了我们众多的问题，或者花时间与我们分享他们对改进上一版的建议。他们愿意分享他们的专业知识和期望对我们是巨大的帮助。

Charles Aquadro，康奈尔大学

Daniel Barbash，康奈尔大学

Johann Eberhart，得克萨斯大学奥斯汀分校

Tom Fox，康奈尔大学

Kathy Gardner，匹兹堡大学

Larry Gilbert，得克萨斯大学奥斯汀分校

Nancy Hollingsworth，石溪大学

Mark Kirkpatrick，得克萨斯大学奥斯汀分校

Alan Lloyd，得克萨斯大学奥斯汀分校

Paul Macdonald，得克萨斯大学奥斯汀分校

Kyle Miller，得克萨斯大学奥斯汀分校

Debra Nero，康奈尔大学

Howard Ochman，得克萨斯大学奥斯汀分校

Kristin Patterson，得克萨斯大学奥斯汀分校

Inder Saxena，得克萨斯大学奥斯汀分校

　　珍妮丝·菲舍尔和迈克尔·戈德伯格还想感谢他们在得克萨斯大学奥斯汀分校和康奈尔大学的遗传学专业的学生们提出的令人惊奇的问题。他们的许多观点影响了第六版。

　　特别感谢Kevin Campbell对第六版的大量反馈意见。我们还要感谢麦格劳-希尔的高技能出版专业人员，他们指导了《遗传学：从基因到基因组》（第六版）的开发和出版：感谢Justin Wyatt和Michelle Vogler的支持；感谢Mandy Clark的组织技巧和不懈的工作，把所有未解决的问题都解决掉；感谢Vicki Krug和整个制作团队对细节的认真关注和推进日程安排的努力。

目录

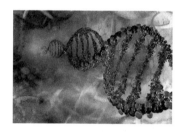

第三部分 遗传信息分析 / 271

第四部分 基因如何在染色体上传播 / 348

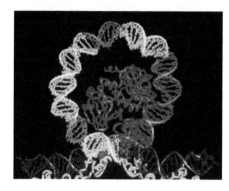

导言　21世纪的遗传学

第1章　遗传学：生物信息的研究

遗传学，是遗传的科学，其核心是研究生物信息。所有的生物以书中的字母和单词以及 DNA 分子中的核苷酸序列展示。

© James Strachan/Getty Images

章 节 大 纲

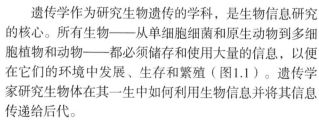

1.1　DNA：生命的基本信息分子

1.2　蛋白质：生命过程的功能分子

1.3　所有生命形式的分子相似性

1.4　基因组的模块化构建

1.5　现代遗传学技术

1.6　人类遗传学与社会

　　遗传学作为研究生物遗传的学科，是生物信息研究的核心。所有生物——从单细胞细菌和原生动物到多细胞植物和动物——都必须储存和使用大量的信息，以便在它们的环境中发展、生存和繁殖（图1.1）。遗传学家研究生物体在其一生中如何利用生物信息并将其信息传递给后代。

　　本书向您介绍了在21世纪早期的主要遗传学领域。几个广泛的主题在整个演讲中反复出现。首先，我们知道生物信息是在DNA中编码的，负责生物体许多功能的蛋白质就是从这个编码中构建的。其次，我们发现所有的生命形式在分子水平上是相关的。借助高速计算机和其他技术，我们现在可以在DNA序列水平上研究基因组。这些新方法揭示了基因组具有模块化结构，使得复杂性得以快速进化。最后，本书的重点是人类遗传学和遗传学研究在人类问题研究中的应用。

(a) 细菌　　(b) 小丑鱼　　(c) 狮子　　(d) 橡树

(e) 罂粟　　(f) 蜂鸟　　(g) 红眼树蛙　　(h) 人类

图1.1　DNA中的生物信息产生了巨大的生物多样性。

（a）：© Kwangshin Kim/Science Source；（b）：© Frank & Joyce Burek/Getty Images RF；（c）：© Carl D. Walsh/Getty Images RF；（d）：© Brand X Pictures/PunchStock RF；（e）：© H. Wiesenhofer/PhotoLink/Getty Images RF；（f）：© Ingram Publishing RF；（g）：来源：Carey James Balboa. https://en.wikipedia.org/wiki/File:Red_eyed_tree_frog_edit2.jpg；（h）：© Digital Vision RF

1.1　DNA：生命的基本信息分子

学习目标

1. 把DNA的结构与其功能联系起来。
2. 区分染色体、DNA、基因、碱基对和蛋白质。

进化的过程——生物体群体特征随时间的变化——经历了近40亿年的时间来完成惊人的储存、复制、表达和多样化生物信息过程，现在地球上的生物体能体现整个过程。线性**DNA**分子以**核苷酸**为单位存储生物信息。在每个DNA分子中，G、C、A和T这四个字母的序列决定了机体将产生哪些蛋白质，以及蛋白质合成将在何时、何地发生。这些字母指的是**碱基**——鸟嘌呤、胞嘧啶、腺嘌呤和胸腺嘧啶，它们是构成DNA的组成部分。DNA分子本身是携带G-C或A-T碱基对的双链核苷酸（图1.2）。这些合成的**互补碱基对**通过氢键结合在一起。双链DNA的分子**互补性**是其最重要的性质，也是理解DNA功能的关键。

虽然DNA分子是三维的，但它的大部分信息是一维的和数字化的。信息是一维的，因为它被编码为沿着分子长度的特定字母序列。信息是数字化的，因为每一个信息单元（DNA字母表的四个字母之一）都是离散的。由于遗传信息是数字化的，它可以像存储在DNA分子中一样容易地存储在计算机内存中。事实上，DNA测序仪、计算机和DNA合成器的综合能力使得以电子方式将基因信息从一个地方存储、解释、复制和传输到地球上的任何地方成为可能。

编码蛋白质的DNA区域称为**基因**。正如在字母表中字母的有限数量不限制一个人所能讲述的故事一样，

在遗传密码子表中密码子的有限数量也不限制蛋白质的种类，从而也不限制生物体基因信息所能定义的种类。

在生物体的细胞内，携带基因的DNA分子被组装成**染色体**——包含DNA和蛋白质的有机结构，它们对DNA的储存、复制、表达和进化进行包装及管理（图1.3）。生物体每个细胞中染色体的全部聚合体中的DNA就是它的**基因组**。例如，人类细胞包含24种不同的染色体，携带大约3×10^9碱基对和大约27 000个基因。在这个大小的基因组中可以编码的信息量相当于600万页的文本，其中每页包含250个单词，每个字母对应一个碱基对。

要追溯从计算机磁盘上容易储存的有限数量的遗传

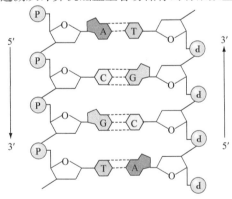

图1.2　互补碱基对是DNA分子的一个关键特征。单链DNA由核苷酸亚基组成，每个核苷酸亚基由脱氧核糖（白色五边形）、磷酸盐（黄色圆圈）和四种含氮碱基之一——腺嘌呤、胸腺嘧啶、胞嘧啶或鸟嘌呤（图中为淡紫色或绿色的A、T、C或G）组成。氢键（虚线）使A与T紧密结合，C与G紧密结合，因此两条链是互补的。标记为5′→3′的箭头表示这些线的方向相反。

图1.3 人类染色体。每条染色体包含数百到数千个基因。
©Biophoto Associates/Science Source

信息到一个能应用于人类的产品的漫长历程，我们接下来必须研究蛋白质，这是决定细胞、组织和有机体的复杂系统如何运作的主要分子。

基本概念

● DNA是由四个核苷酸组成的双链大分子，是遗传信息的宝库。
● DNA组成染色体（人类有24个不同类型），共同构成生物体的基因组。

● 人类基因组包含约2.7万个基因，其中大部分编码蛋白质。

1.2 蛋白质：生命过程的功能分子

学习目标

1. 比较DNA和蛋白质的化学结构。
2. 区分DNA和蛋白质的功能。

虽然没有一个单一的特征能把生命体与无生命的物质区分开来，但是我们不难确定一组物体中哪些是生命体。随着时间的推移，这些受物理和化学定律及遗传程序控制的生命体将能够自我繁殖。大多数生命体也会有一个精细复杂的结构，而且随着时间的推移会发生变化——有时是剧烈的变化，就像昆虫的幼虫蜕变成成虫一样。生命体的一个特征是具有行动的能力：动物会游泳、飞翔、行走或奔跑，而植物则朝着或远离光生长。生命体还有一个特点是有选择性地适应环境的能力。最后，生命体的一个关键特征是利用能量和物质来生长的能力，也就是说，把外来物质转化成它们自己身体部分的能力。进行这些转换的化学和物理反应称为新陈代谢。

生命体的大多数特性最终都来自于蛋白质分子，**蛋白质**是由数百到数千个**氨基酸**亚基串成长链组成的大分子多聚体。每个链折叠成一个由其氨基酸序列组成的特定三维构象（图1.4）。大多数蛋白质由20种不同的氨基酸组成。基因DNA中的信息通过遗传密码决定蛋白

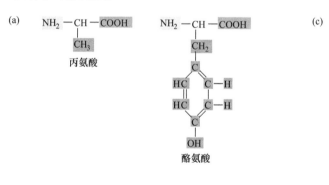

(a) 丙氨酸 酪氨酸

(c)

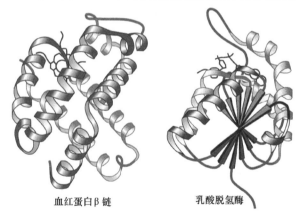

血红蛋白β链   乳酸脱氢酶

(b)
血红蛋白β链

MVHLTPEEKSAVTALWGKVNVDEVGGEALGRLLVVYPWTQRLFESFGDLFTPDAVMGNPKVKAHG
KKVLGAFSDGLAHLDNLKGTFATLSELHCDKLHVDPENFRLLGNVLVCVLAHHFGKEFTPPVQAA
YQKVVAGVANALAHKYH

乳酸脱氢酶

MATIKSELIKNFAEEEAIHHNKISIVGTGSVGVACAISILLKGLSDELVLVDVDEGKLKGETMDL
QHGSPFMKMPNIVSSKDYLVTANSNLVITAGARQKKGETRLDLVQRNVSIFKLMIPNITQYSPH
CKLLIVTNPVDILTYVAWKLSGFPKNRVIGSGCNLDSARFRYFIGQRLGIHSESCHGLILGEHGD
SSVPVWSGVNIAGVPLKDLNPDIGTDKDPEQWENVHKKVISSGYEVVKMKGYTSWGISLSVADLT
ESILKNLRRVHPVSTLSKGLYGINEDIFLSVPCILGENGITDLIKVKLTLEEEACLQKSAETLWEIQKELKL

A = Ala = 丙氨酸
C = Cys = 半胱氨酸
D = Asp = 天冬氨酸
E = Glu = 谷氨酸
F = Phe = 苯丙氨酸

G = Gly = 甘氨酸
H = His = 组氨酸
I = Ile = 异亮氨酸
K = Lys = 赖氨酸
L = Leu = 亮氨酸

M = Met = 甲硫氨酸
N = Asn = 天冬酰胺
P = Pro = 脯氨酸
Q = Gln = 谷氨酰胺
R = Arg = 精氨酸

S = Ser = 丝氨酸
T = Thr = 苏氨酸
V = Val = 缬氨酸
W = Trp = 色氨酸
Y = Tyr = 酪氨酸

图1.4 蛋白质是三维折叠的氨基酸多聚体。（a）两种氨基酸：丙氨酸和酪氨酸的结构式。所有氨基酸都有一个基本的氨基末端（—NH₂；绿色）和羧基末端（—COOH；蓝色）。特殊侧链（红色）决定了氨基酸的化学性质。（b）两种不同人类蛋白质的氨基酸序列：血红蛋白β链（绿色），乳酸脱氢酶（紫色）。（c）这些蛋白质的不同氨基酸序列决定了不同的三维形状。氨基酸链中的特定序列决定了蛋白质的精确三维形状。

质分子中氨基酸的顺序。

你可以把蛋白质想象成由20种不同颜色和形状的弹珠组成。如果你要把珠子按任何顺序排列，每串都要有上千颗珠子，然后根据珠子的顺序把链折成各种形状，你就能做出无数种不同的三维形状。三维蛋白质结构惊人的多样性产生了不同寻常的蛋白质功能，这是每个生物体复杂和适应行为的基础［图1.4（b）和（c）］。例如，血红蛋白的结构和形状允许它在血液中运输氧气并将其释放到组织中。相比之下，乳酸脱氢酶是一种将乳酸转化为丙酮酸的酶，是产生细胞能量的重要步骤。大多数与生命有关的特性都来自于生物体合成的蛋白质分子群，这些蛋白质分子符合生物体DNA中所包含的指令。

基本概念

● 蛋白质负责细胞和有机体的大部分生物学功能。
● 蛋白质是由氨基酸按线性顺序连接而成的大分子。
● 蛋白质中的氨基酸序列由DNA中的基因编码。

1.3 所有生命形式的分子相似性

学习目标

总结了生物共同起源的分子证据。

生物信息的进化是一个跨越地球40亿年历史的迷人故事。许多生物学家认为**RNA**是第一个出现的信息处理分子。与DNA非常相似，RNA分子也由四个亚单位组成：碱基G、C、A和U（代表尿嘧啶，它取代了DNA的T）。与DNA一样，RNA具有存储、复制和表达信息的能力；像蛋白质一样，RNA可以折叠成三种二聚体，产生能够催化生命化学反应的分子。事实上，你会了解到一些基因的最终功能是编码RNA分子而不是前体。然而，RNA分子本质上是不稳定的。因此，更稳定的DNA很可能取代了RNA的线性信息存储和复制功能，而蛋白质则以其强大的功能多样性，在很大程度上取代了RNA的三维折叠功能。通过这种分工，RNA主要成为将DNA中的信息转化为蛋白质中的氨基酸序列的中介［图1.5（a）］。把信息储存在DNA中与生物功能主要集中在蛋白质上的分离是如此的成功，以至于今天所有已知生物的起源都源于这种分子机制。

所有生命形式共同起源的证据都存在于它们的DNA序列中。所有生物体都使用基本相同的**遗传密码**，其中DNA和RNA字母表中四个字母的不同三重组合编码氨基酸字母表的20个字母［图1.5（b）］。

所有生物体之间的亲缘关系也很明显，这是通过比较功能相似的基因在完全不同的生物体中的表现而得出的。在细菌、酵母、植物、线虫、果蝇、小鼠和人类的

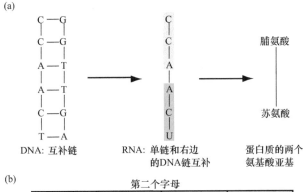

图1.5 RNA是DNA信息通过遗传密码子转化为蛋白质的中介。（a）DNA的线性碱基通过分子互补复制到RNA的线性碱基中。RNA的碱基一次读取三个（也就是三个一组）来编码蛋白质的氨基酸亚基。（b）《遗传密码字典》详细说明了RNA三联体与蛋白质的氨基酸亚单位之间的关系。

许多对应蛋白质的基因之间存在着惊人的相似性。例如，不同物种的细胞色素c蛋白中的大部分氨基酸都是相同的（图1.6），表明这些蛋白质都来自于一个共同的祖先蛋白。值得注意的是，这些细胞色素c蛋白中的一些氨基酸是不同的。原因是不同的**突变**，也就是说，当基因从有机体的一代传递到下一代时，核苷酸对会发生变化。这些突变在基因组中的积累是进化的主要驱动力。

尽管会发生DNA的突变并由此导致蛋白质序列的改变，但将一个生物体的基因植入另一个完全不同生物体的基因组中后，会发现它在新环境中能够正常工作。例如，帮助调节细胞分裂的人类基因可以取代酵母中的相关基因，使酵母细胞能够正常工作。

在观察眼睛发育的研究中，科学家发现了在这一生

酿酒酵母	GPNLHGIFGRHSGQVKGYSYTDANINKNVKW
拟南芥	GPELHGLFGRKTGSVAGYSYTDANKQKGIEW
秀丽隐杆线虫	GPTLHGVIGRTSGTVSGFDYSAANKNGVVW
黑腹果蝇	GPNLHGLFGRKTGQAAGFAYTDANKAKGITW
小鼠	GPNLHGLFGRKTGQAAGFSYTDANKNKGITW
智人	GPNLHGLFGRKTGQAPGYSYTAANKNKGIIW
	** * **. *. * *. *. *. ** *. *

酿酒酵母	DEDSMSEYLTNPKKYIPGTKMAFAGLKKEKDR
拟南芥	KDDTLFEYLENPKKYIPGTKMAFGGLKKPKDR
秀丽隐杆线虫	TKETLFEYLLNPKKYIPGTKMVFAGLKKADER
黑腹果蝇	NEDTLFEYLENPKKYIPGTKMIFAGLKKPNER
小鼠	GEDTLMEYLENPKKYIPGTKMIFAGIKKKGER
智人	GEDTLMEYLENPKKYIPGTKMIFVGIKKKEER
	.. * * * * * * * * * * *. . * . *

* 表示相同，. 表示相似

图1.6 不同物种基因产物的比较为生物体的亲缘关系提供了证据。这张图显示了6个物种中细胞色素c蛋白相同部分的氨基酸序列：酿酒酵母（酵母）、拟南芥（草本状开花植物）、秀丽隐杆线虫（线虫）、黑腹果蝇（果蝇）、小鼠（鼠）和智人（人类）。有关氨基酸名称的关键，请参阅图1.4（b）。

物信息水平上最显著的关联实例之一。昆虫和脊椎动物（包括人类）都有眼睛，但它们是完全不同的类型（图1.7）。生物学家长期以来一直认为眼睛的进化是独立发生的，在许多进化论教科书中，眼睛被作为趋同进化的一个例子，在这种进化中，由于自然选择的结果，不同物种中出现了结构上不相关但功能上类似的器官。直到科学家后来对一种名为*Pax6*的基因进行研究后才颠覆了这一观点。

*Pax6*基因的突变导致人类和小鼠眼睛的发育失败，分子研究表明，*Pax6*可能在所有脊椎动物眼睛发育的启动过程中发挥核心作用。值得注意的是，当人类*Pax6*基因在果蝇身体表面的细胞中表达时，会诱导大量的小眼睛在那里发育。结果表明，果蝇也有一种特殊的蛋白基因，其氨基酸序列与人类*Pax6*所指定的蛋白质序列虽然

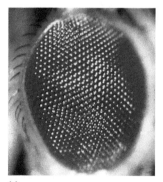
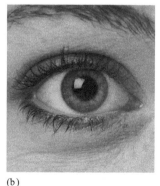

(a)   (b)

图1.7 昆虫的眼睛与人类有着共同的祖先。（a）蝇类眼睛；
（b）人类眼睛。

（a）：© Science Source；（b）：© Nick Koudis/Getty Images RF

距离较远，但明显相关；此外，果蝇基因的某些突变会导致动物失明。综上所述，这些结果表明，在6亿年的进化过程中，一个祖先基因作为启动眼睛发育的主要控制开关，虽然*Pax6*基因在人类和果蝇的谱系中积累了不同的突变，但在这两个不同的物种中仍然发挥着相同的功能。

从生物信息学的不同角度来讲，亲缘性和统一性的作用怎么强调也不过分。这意味着，在许多情况下，对被称为模式生物体的生物实验研究同样可以揭示人类的基因功能。也就是说，如果类似于人类基因功能的基因在果蝇或细菌等简单的模式生物中发挥作用，科学家就可以通过对这些可实验操作的生物模型的研究来揭示此基因在人体中发挥作用的过程。

基本概念

● 在分子水平上，生物体利用DNA和RNA制造蛋白质的方式表现出明显的相似性。
● 某些基因在许多物种的进化过程中一直存在。

1.4 基因组的模块化构建

学习目标

1. 描述新基因产生的机制。
2. 解释基因表达调控如何改变基因功能。

我们已经得知大约有27 000个基因参与人类的生存和进化。这么复杂的现象是如何产生的？当今的技术进步使研究人员能够完成许多生物体整个基因组的结构分析。所获得的信息表明，**基因家族**是通过原始基因的复制而产生的；复制过程中的突变可能导致两个拷贝体彼此分离（图1.8）。例如，在人类和黑猩猩中，四个不同的基因产生不同的视紫红质蛋白，这些蛋白质分别在不同视网膜细胞的感光细胞中表达。每一种蛋白质的功能都略有不同，四种视网膜细胞对不同波长和强度的光

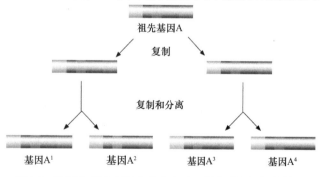

祖先基因A
复制

复制和分离

基因A¹   基因A²   基因A³   基因A⁴

图1.8 基因如何由复制和分化产生。祖先基因A包含外显子（绿色、红色和紫色），由蓝色内含子分隔。基因A被复制，产生两个原本相同的副本，但其中一个或两个（其他颜色）的突变会导致副本分离。更多的重复和分化产生了一系列相关的基因。

表1.1 生命进化的一些主要阶段的化石证据

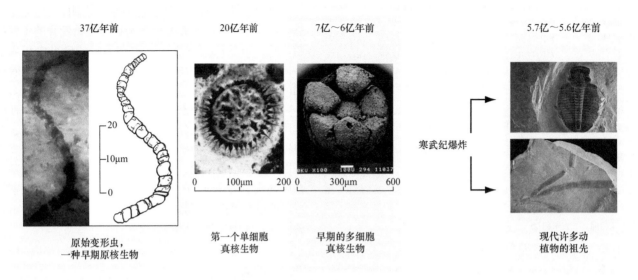

37亿年前	20亿年前	7亿~6亿年前	5.7亿~5.6亿年前
原始变形虫，一种早期原核生物	第一个单细胞真核生物	早期的多细胞真核生物	寒武纪爆炸 现代许多动植物的祖先

原核生物：© J.W. Schopf；真核生物：© Prof. Andrew Knoll；三叶虫：© Brand X Pictures/PunchStock RF；海绵：© Alan Sirulnikoff/Science Source

分别有反应，从而产生色觉。但这四个视紫红质基因是由一个单一的原始基因经多次重复产生的，随后在结构上表现出差异。

突变分离后的复制是具有新功能的新基因进化的基础。这一原理似乎适用于所有多细胞生物的基因组结构。大多数基因的蛋白质编码区域被细分为多达10个或更多的小片段（称为外显子），由不能进行蛋白质编码的DNA片段（称为内含子）分隔开，如图1.8所示。这种分子结构有助于不同的基因重组出不同的蛋白质，从而在进化过程中产生新的功能结构。这种重组的过程很可能在大约5.7亿年前促进了生命形式的快速多样化演化（见图1.8）。

遗传信息片段的复制和分化的巨大优势在生命进化史上是显而易见的（表1.1）。像细菌这样没有膜状细胞核的原核细胞大约是在37亿年前进化而来的；藻类等有一个膜状细胞核的真核细胞大约出现在20亿年前；多细胞真核生物出现在7亿~6亿年前。之后，大约在5.7亿年前，经历了2000万~5000万年这一相对较短的进化时间的寒武纪大爆发，多细胞生物分化成一系列令人眼花缭乱的有机体，其中包括原始脊椎动物。

有趣的是，多细胞生物如何能在短短2000万~5000万年间实现如此巨大的多样性？一部分原因是由于进行染色体信息编码的层级结构。外显子被排列成基因；基因复制和分化产生基因家族；基因家族有时会迅速扩展到包含数百个相关基因的**基因超家族**。例如，在小鼠和人类成年人中，免疫系统都是由一个基因超家族编码的，该家族由数百个密切相关但略有差异的基因组成。随着每一个较大的信息单元的相继出现，通过多个单基因的遗传进化获得了复制复杂信息结构的能力。

对于复杂的进化来说，更重要的可能是调控网络的快速变化，这些调控网络指定了基因在发育过程中的行为方式（即基因在何时、何地、表达到何种程度）。例如，双翅果蝇从一个四翅的祖先进化而来，不是因为基因编码结构蛋白的变化，而是因为调控网络的重新连接，将一对翅膀转换成两个被称为halteres的小型平衡器官（图1.9）。

图1.9 两翅和四翅果蝇。遗传学家把当代正常的双翅果蝇变成了四翅昆虫，类似于果蝇的进化前体。他们通过改变果蝇调控网络中的一个关键元素来实现这一目标。注意果蝇翅膀背后的棒状触角（箭头）。

两图：© Edward Lewis，California Institute of Technology

● 基因分化之后的复制是对新功能如何进化的一种解释。

● 外显子在真核生物中的再融合为基因组的快速分化提供了另一种机制。

● 影响基因调控的DNA变化（基因表达的地点、时间和程度）也会导致演化。

1.5 现代遗传学技术

学习目标

1. 解释技术进步如何加速基因组分析。
2. 比较从基因解剖和基因组测序中获得的知识。
3. 讨论基因组序列信息如何用于治疗或治愈疾病。

经过40多亿年的时间，通过基因信息的不断放大和细化，生物系统变得日益复杂。最简单的细菌细胞包含大约1000个基因，它们在复杂的网络中相互作用。酵母细胞是最简单的真核细胞，含有约5800个基因。线虫（蛔虫）含有大约20 000个基因，果蝇含有大约13 000个基因。人类含有大约27 000个基因；令人惊讶的是，开花植物拟南芥的基因数量和斑马鱼（*D. rerio*）的基因数量一样多，甚至会更多（图1.10）。每一种生物都为生物学研究提供了有价值的线索，使我们了解到在生物物种中存在着物种特异性。

1.5.1 生物模型的遗传研究揭示了生物过程

模式生物包括细菌、酵母、线虫、果蝇、拟南芥、斑马鱼和小鼠，对研究人员来说非常有价值，他们可以利用这些生物来分析基因组的复杂性。在遗传研究中使用的逻辑很简单：使模式生物中的基因失活，然后观察结果。

例如，视觉色素基因的缺失导致果蝇的眼睛是白色的，而不是正常的红色。因此，我们可以得出结论，该基因的蛋白产物在眼睛色素沉着中起着关键作用。遗传

学家从他们对模式生物体的研究中总结出了关于生命系统复杂性的详细过程。

1.5.2 全基因组测序可以识别导致疾病的突变基因

研究生物体遗传复杂性的另一种补充方法是，不要一次只研究一个基因，而是要观察整个基因组。**基因组学**的新工具，特别是高通量DNA测序仪，基本具备了测定任何生物的基因组的能力。事实上，上述模型物种和人类的代表性基因组的完整核苷酸序列都已确定。

2001年，人类基因组计划公布了人类基因组序列的第一份草稿，这是一项耗资30亿美元、耗时10多年才完成的伟大工程。从那时起，基因组测序技术的快速发展使得到2016年仅用几天时间就能确定一个人的基因组序列，且仅花费约1000美元。随着DNA测序技术的进步，分析序列数据的计算机算法也得到了发展，并建立了在线数据库，对个体基因组序列的差异进行分类。

没有一个例子比基因组测序技术在识别导致人类遗传疾病的基因突变方面的应用更能说明基因组测序技术的威力。对于由单个基因突变引起的疾病，通常可以通过测定少数人甚至单个人的基因组序列来确定相关基因。

在图1.11（a）所示的病例中，遗传学家分析了整个基因组序列，以发现一种名为小头畸形的罕见脑畸形疾病的基因突变。观察到的小头畸形的遗传模式表明，这是一种所谓的隐性疾病，也就是说，患者同时继承了两个突变基因副本，分别来自正常的父母。父母分别有一个正常的基因副本和一个突变副本，这就解释了为什么父母的大脑没有这种畸形。对来自同一家族的两名小头症儿童的基因组进行测序和分析后发现，这两名小头症儿童都存在一个罕见的基因突变，即*WDR62*基因中的四个碱基对缺失［图1.11（b）］。每个亲本都有一个正常的*WDR62*拷贝和一个碱基对缺失的拷贝［图1.11（b）］。随后，研究人员发现不同的小头症患儿家庭在同一基因上

微生物	大肠杆菌	酿酒酵母	秀丽隐杆线虫	拟南芥	黑腹果蝇	斑马鱼	小鼠
基因大小	4.6 Mb	12 Mb	100 Mb	125 Mb	130 Mb	1500 Mb	2700 Mb
蛋白质编码基因的数目（近似值）	4 300	5 800	20 000	27 000	13 000	36 000	25 000

图1.10 作为人类基因组计划的一部分，对7个模式生物的基因组进行测序。该图表以百万基因对（Mb）为单位表示基因组大小。最下面一行显示了每种生物体的大约基因数量。

大肠杆菌：© David M. Phillips/Science Source；酿酒酵母：© CMSP/Getty Images；秀丽隐杆线虫：© Sinclair Stammers/Science Source；拟南芥：来源：Courtesy USDA/Peggy Greb拍摄；黑腹果蝇：© Hemis.fr/SuperStock；斑马鱼：© A Hartl/Blickwinkel/agefotostock；小鼠：© imageBROKER/SuperStock RF

(a) 正常脑与小头畸形脑

正常

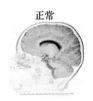

小头畸形

(b) 密切相关的小头畸形儿童也有相同的*WDR62*基因突变

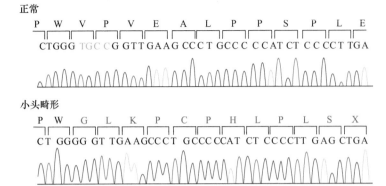

(c) 不同家庭小头畸形儿童*WDR62*基因的突变

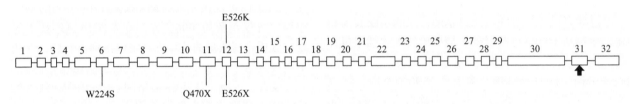

图1.11　经基因组测序鉴定的导致小头畸形的基因。（a）正常人和小头畸形患者大脑的磁共振图像。（b）*WDR62*基因正常和突变副本的序列分析。该突变是四种核苷酸TGCC（绿色）的缺失，导致该基因蛋白产物的氨基酸序列发生重大变化。每个三重序列上面的字母表示编码的氨基酸。（c）显示了五种不同家族中*WDR62*基因的不同突变。其中四种突变反映了该基因编码的蛋白质中单个氨基酸的特性。例如，W224S表示第224个氨基酸通常是W（色氨酸），但突变后变成了S（丝氨酸）。箭头指示的位置TGCC缺失突变如（b）所示。

存在不同的突变［图1.11（c）］，从而证实*WDR62*是小头症的致病基因。

1.5.3　基因疗法可能有助于治疗遗传性疾病

　　全基因组测序技术通过快速发现疾病基因给医学带来了革命性的变化。医生通过对疾病基因的检测可以告诉父母，他们的孩子是否可能患上小头症等严重损害身体健康的疾病，从而让父母考虑如何避免或为这种结果做好准备。此外，疾病基因的鉴定提供了有关该基因编码的蛋白质的信息，有时可以指导设计治疗该疾病的有效疗法。虽然这一策略还没有在小头畸形的治疗中应用，但它已经在开发治疗包括某些癌症在内的其他遗传疾病的药物方面发挥了巨大的价值。

　　过去几年取得的巨大进展让医学科学家们看到了希望，终有一天会实现通过修改受该疾病综合征影响的体细胞的基因来治疗遗传性疾病。其中有一种目前正在开发的方法叫做**基因疗法**，即科学家将正常的基因拷贝导入人体细胞，在那里，基因可以被表达，并替换基因组中突变的、无功能的对应基因。另一种非常新的基因治疗方法是基因编辑，研究人员将突变基因的碱基对序列修改为正常基因的碱基对序列。基因治疗和基因编辑已被用于模式生物，例如，在小鼠的研究中，科学家可以恢复基因的功能，甚至可以逆转疾病的过程，但这些技术在人体的应用仍处于非常早期的阶段。

基本概念

- 科学家通过分析模式生物的基因突变了解多种生物学过程的分子基础。
- 自动化测序和计算机分析已使快速测定基因组中的DNA序列成为可能，从而使研究人员能够分析导致遗传疾病的基因。
- 对疾病基因的了解，可以有助于父母做出明智的生育决定、允许制药公司设计有效的药物，并在未来使医学研究人员能够操纵体细胞基因来逆转疾病的发生。

1.6　人类遗传学与社会

学习目标

1. 描述可以从个体基因组序列中获得的信息类型。
2. 讨论应用个体基因组序列引发的社会问题。

在未来的25年里，遗传学家将鉴定出数百种基因的变异，这些变异导致人们容易罹患多种疾病：心血管疾病、癌症、免疫疾病、精神疾病和代谢疾病。一些突变会导致疾病的发生，就像刚才讨论的小头畸形的例子；还有一些基因突变只是会增加患病的风险。例如，改变β-globin基因的一个特定碱基对就会导致镰状细胞性贫血的发生，引起严重贫血，给患者带来痛苦。相比之下，乳腺癌1（*BRCA1*）基因的突变使携带该突变副本的女性患乳腺癌的风险增加到40%～80%。这种状态的出现是因为*BRCA1*基因与环境因素相互作用，环境因素会影响激活癌变状态的可能性，因为其他基因可以修改*BRCA1*基因的突变。

医生们能够使用DNA诊断技术（一套描述基因特征的技术）来分析个体的DNA，找出易患某些疾病的基因。有了这种基因图，医生就可以根据某些疾病的可能性写出一份可预测的健康史。

1.6.1 许多社会问题需要解决

虽然从严格的技术角度来看，生物信息与其他类型的信息相似，但在其意义和对个人以及对整个人类社会的影响方面，它是完全不同的。不同之处在于，每个人从出生起就具有独特的遗传特征。在每个个体的基因组中都储存着复杂的信息，这些信息或多或少地提供了对多种疾病的易感性或抵抗力，提供了表达许多生理和神经特性的潜力，这些特性使人们彼此区别开来。到目前为止，人们还没有发现这些信息。但如果研究继续以目前的速度进行，不到十年就有可能掌握一个人的基因组信息，而随着这些信息的出现，将会实现对未来的可能性和风险做出预测。

正如你将在本书的许多"遗传学和社会"方框中看到的，社会不仅可以使用遗传信息来帮助人们，而且可以限制人们的生活（例如，通过拒绝保险或就业）。而且，就像我们的社会尊重个人在其他领域的隐私权一样，它也应该尊重个人基因档案的隐私权，并反对所有可能的歧视。事实上，2008年美国联邦政府已经通过了《基因信息反歧视法》，禁止保险公司和雇主基于基因测试进行歧视。

人们针对详细基因图提出的另一个问题是对该信息的解释或误解。没有准确的解释，这些信息往好里说是无用的，往坏里说是有害的。正确解释遗传信息需要对诸如风险和概率等统计概念有一定的理解。例如，发现有上述*BRCA1*突变的妇女需要权衡预防性治疗（如乳房切除）的可能风险和益处，以及她们罹患乳腺癌的统计概率。为了帮助人们理解这些概念，在这一领域进行广泛的教育是必不可少的。

对许多人来说，新遗传学最可怕的潜力是基因治疗技术的发展，它可以改变或增加人类胚胎生殖细胞系（生殖细胞前体）内的基因。与之前描述的利用基因工程治疗非遗传性体细胞疾病不同，以这些方式被操纵的生殖系细胞可以在几代人之间遗传，因此有可能影响我们物种的进化。

一些人警告说，开发改变人类基因组的技术是不应该触碰的领域，他们认为，如果基因信息和技术被滥用，其后果是非常可怕的。为实现某种社会目的而使用遗传信息学的现象在20世纪初曾很流行，例如，对被认为是劣等的个体进行绝育，限制异族通婚，禁止某些种族移民。这些举措的依据是不科学的，而且是完全不可信的。

一些人认为我们不能重复过去的错误，但是如果新技术可以帮助儿童和成人过上更健康、更快乐的生活，我们就不能禁止这些技术的应用。大多数人都同意，我们正在经历的生物革命对人类社会的影响将超过过去任何一场技术革命，而教育和公开讨论是为这场革命的结果做好准备的关键。

本书对人类遗传学的关注展望了生物学和遗传学分析的新时代。这些新的可能性提出了严肃的道德和伦理问题。这本书的目的是希望教育年轻人正确地迎接即将面临的道德和伦理挑战。

基本概念

- 基因组序列不仅可以识别导致疾病的基因，还可以识别致使个体易于患病的基因。
- 对于社会，我们必须确保基因知识得到正确推广、个人隐私得到保护。

接下来的内容

遗传学是一门研究生物信息的学科，也是一门研究DNA和RNA分子的学科，这些分子通过储存、复制、传输、表达和进化信息来构建蛋白质。在分子水平上，所有的生物都是紧密相关的，因此，对模型生物的观察，如对比酵母和小鼠的不同，可以提供针对一般生物学原理以及人类生物学研究的依据。

值得注意的是，在DNA被发现的75年前，奥古斯汀修道士格雷戈尔·孟德尔（Gregor Mendel）在不了解遗传分子基础的情况下，描绘了基因遗传的基本规律。他通过观察几代豌豆（*Pisum sativum*）一些简单的性状，如花或种子的颜色实现了这一点。如今发现，他的结论适用于所有有性繁殖的生物体。第2章描述了孟德尔的研究和见解，奠定了遗传学领域的基础。

习题

词汇

1. 在右列中选择与左列中的术语最匹配的短语。

   a. 互补　　　1. 氨基酸的线性多聚体，可折叠成特定形状

   b. 核苷酸　　2. 不包含蛋白质编码信息的基因的一部分

   c. 染色体　　3. 一种核苷酸多聚体，在从DNA指令合成蛋白质的过程中起中介作用

   d. 蛋白质　　4. G-C和A-T碱基通过氢键在DNA中配对

   e. 基因组　　5. DNA序列的改变

   f. 基因　　　6. 含有蛋白质编码信息的基因的一部分

   g. 尿嘧啶　　7. 包含基因的DNA/蛋白质结构

   h. 外显子　　8. 用于单个功能的DNA信息，如蛋白质的产生

   i. 基因内区　9. 有机体遗传信息的全部

   j. DNA　　　10. 一种由核苷酸组成的双链多聚体，储存生物体的遗传蓝图

   k. RNA　　　11. DNA大分子的亚单位

   l. 突变　　　12. RNA中的四个碱基中唯一一个不在DNA中

1.1节

2. 如果一个DNA分子的一条链的碱基序列是5′-AGCATTAAGCT-3′，那么另一条互补链的碱基序列是什么？

3. 人类全基因组的大小约为30亿个碱基对，它包含约27000个基因组构成的23条染色体。

   a. 人类染色体大小不一。你能预测染色体的平均大小是多少吗？

   b. 假设基因在染色体间均匀分布，那么平均一个人类染色体包含多少个基因？

   c. 染色体中大约有一半的DNA含有基因。人类的基因平均有多大（碱基对）？

1.2节

4. 指出下列每个单词或短语是适用于蛋白质、DNA，还是两者兼有。

   a. 由一系列子单元组成的高分子

   b. 双链

   c. 4个不同的子单元

   d. 20个不同的子单元

   e. 由氨基酸组成的

   f. 由核苷酸组成的

   g. 包含用于生成其他大分子的代码

   h. 进行化学反应

5. a. 可能存在多少种由100个核苷酸组成的不同的DNA链？

   b. 可能存在多少种由100个氨基酸组成的不同的蛋白质？

1.3节

6. RNA与蛋白质具有折叠成复杂三维形状的能力。因此，RNA分子可以像蛋白质分子一样催化生化反应（也就是说，这两种分子都可以作为酶或生物催化剂）。这些说法并不适用于DNA。为什么有些RNA分子能起酶的作用而DNA分子不能呢？（提示：大多数RNA分子由单股核苷酸组成，而大多数DNA分子是由两股核苷酸组成的双螺旋）

7. 图1.4所示的人蛋白乳酸脱氢酶含有332个氨基酸。使用遗传密码编码这种蛋白质的基因部分的最小可能组合大小是多少？

8. a. 图1.5（b）所示的遗传密码表中是DNA还是RNA？

   b. 两种氨基酸分别都是由三个字母组成的。通过对应的字母来识别这两种氨基酸。

   c. 如果你知道蛋白质中氨基酸的序列，那么利用遗传密码表能推断出该蛋白质的基因中碱基对的序列吗？

9. 为什么科学家认为，地球上的所有生命形式都有一个共同的起源？

10. 为什么遗传学家通过研究酵母细胞、果蝇或者小鼠，能够了解人类基因和人类遗传学呢？

11. 科学家如何辨别细菌中的蛋白质和果蝇中的蛋白质是否有共同的来源？科学家如何确定这两种蛋白质具有共同起源？

12. 图1.6显示了几种不同生物体细胞色素c蛋白部分氨基酸序列。其中一些氨基酸用深橙色标出，一些用浅橙色标出，还有一些则完全没有标出。这三种氨基酸中哪一种对细胞色素c蛋白的生化功能最重要？

1.4节

13. 为什么科学家们认为新基因是由原始基因的复制和变异而产生的？

14. 解释基因的外显子/内含子结构如何在进化过程中促进新基因功能的产生。

15. 改变基因表达模式（基因产物产生的时间和细胞类型）的基因突变被认为是不同生物体进化的一个主

要因素。你希望同样的蛋白质在两种不同类型的细胞（例如，眼睛视网膜细胞和肌肉细胞中的细胞）中以同样的方式工作吗？即使蛋白质的基本机制始终保持不变，同样的蛋白质是否可能在眼细胞和肌肉细胞的不同生化途径中发挥作用？

1.5节

16. 单个斑马鱼基因由于突变失去功能，而具有这种突变的斑马鱼没有任何正常的水平条纹。对于下列每一项陈述，请指出该陈述是否一定正确、是否一定不正确，或者是否没有足够的信息来决定。

    a. 斑马鱼的生存需要正常的基因功能。

    b. 条纹的形成需要正常的基因功能。

    c. 色素沉积在条纹中需要正常的基因功能

    d. 斑马鱼只有在条纹形成时才需要这种基因

17. 在许多小头症患者的基因组中发现了 *WDR62* 基因的不同突变，进而使基因功能失活。这些信息为 *WDR62* 基因突变导致小头畸形提供了有力的支持。

    a. 人类基因组测序确定 *WDR62* 是人类基因组中大约 27000 个基因中的一个。你认为关于 *WDR62* 功能的哪些信息最初是从正常人类基因组的 DNA 序列中获得的？

    b. 鉴定 *WDR62* 为小头症基因提供了哪些额外信息？

c. 小鼠基因组中含有一种类似于人类 *WDR62* 的基因。在小鼠身上的实验表明，这种基因在小鼠大脑中表达。现在有一种技术可以让科学家们实现在小鼠身上制造出 *WDR62* 基因的两个正常拷贝被非功能性基因的突变拷贝所取代。为什么科学家想要研究小鼠的 *WDR62* 突变呢？

18. 研究人员已经成功地利用基因疗法来改善一些人类遗传疾病，方法是将一个正常的基因副本添加到细胞中，这些细胞的基因组最初只有该基因的非功能性突变副本。例如，由于缺乏一种称为RPE65的单一蛋白质而导致的失明，通过将一种正常的 *RPE65* 基因导入成人视网膜细胞，就能使这种失明得到逆转。

    a. 这种基因治疗方法的成功为我们了解RPE65蛋白在视网膜中的作用提供了线索。你认为RPE65是人类眼睛正常发育所必需的吗？

    b. 你能预料到将这种基因疗法应用于小头症等疾病治疗的潜在困难吗？

1.6节

19. 到这本书出版的时候，你很有可能花费正常的成本就能获得自己的基因组序列。你想要这个信息吗？解释影响你决定的因素（在你读完这本书之前，你可能无法回答这个问题）。

第一部分 基本原理：性状如何传播

第2章 孟德尔遗传法则

尽管孟德尔遗传定律可以预测个体拥有特定基因型的概率，但雄性配子和雌性配子的随机结合决定了该个体的实际遗传命运。

© Lawrence Manning/Corbis RF

章节大纲

2.1 遗传之谜

2.2 孟德尔遗传学分析

2.3 人类的孟德尔遗传

浏览全家福的时候很容易发现，孩子的特征往往和父母中的一位相似或者与父母特征的组合相似（图2.1）。还有些孩子和祖父母甚至曾祖父母相似，而和父母几乎没有相似点。是什么原因导致了外貌的异同和隔代相似的出现呢？

答案就在我们的**基因**及**遗传**之中。基因是生物信息和遗传的基本单位，遗传则是基因将生理特征、解剖学特征及行为特征等从亲代传递给后代的现象。我们每个人都是从单个的受精卵通过分裂、分化发育而来的。成年人体内共有约10^{14}（100万亿）个细胞，这些细胞行使不同的功能，控制着我们的外表。基因在世代间的传递

形成了可遗传的特征，这些特征多种多样，包括：随年龄增长的脱发趋势，头发、眼睛及皮肤的颜色，甚至对于某些癌症的易感性，等等。所有这些特征在家庭中都以可预测的形式进行遗传，这种遗传形式会导致遗传性状的出现或缺失。

遗传学是研究遗传的科学，致力于精确地解释生物结构及遗传的相关机制。在某些情况下，基因与性状之间的关系是非常简单的，例如，镰状细胞贫血症，这是由单个细胞中单个基因的改变所造成的红细胞血红素缺陷疾病。而在另一些情况下，基因与性状之间的关系则是异常复杂的。以面部特征的遗传为

图2.1　全家福。这是一个拥有四代人的大家庭。

© Bruce Ayres/Getty Images

图2.2　格雷戈尔·孟德尔。拍摄于1862年，手上拿的是他的实验植株。

© Science Source

图2.3　同物种父子间的相似与不同。一只拉布拉多犬和幼崽。

© Saudjie Cross Siino/Weathertop Labradors

例，我们认知中的面部特征是由众多基因调控大量分子共同作用而形成的。

格雷戈尔·孟德尔（Gregor Hendel，1822—1884；图2.2）是一位健壮的、戴眼镜的奥古斯丁修道士和植物育种专家，于19世纪中叶发现了经典的遗传学规律。他将他的发现于1866年公开发表，而这距离达尔文的《物种起源》刊印仅仅过去了7年。孟德尔生活和工作都在奥地利的布隆城（现捷克共和国的布尔诺），在这里他对豌豆的明显相对性状进行了研究，如花的紫色和白色、豌豆的绿色和黄色，通过这些研究，他总结出了遗传学规律，这使得他可以预测哪些性状在世代间会出现、消失以及重新出现。

孟德尔定律基于这样一个假设：可观察到的性状是由肉眼看不见的独立遗传单位决定的。我们现在称这些单位为基因。随着研究的深入和完善，基因的概念不断发生变化。目前，基因被认为是编码某一蛋白质或某些RNA的DNA片段。但在最初，基因是抽象的概念，它是想象中的以未知机制控制可见性状的无实体颗粒。

我们通过详细地介绍孟德尔遗传定律及其发现过程开始学习遗传学。在接下来的章节中，我们主要讨论孟德尔遗传定律的逻辑延伸，以及科学家后来是如何将遗传单元（基因）定义到实际的生物分子（DNA）之上的。

针对孟德尔的工作，我们提出了四个主题。第一，变异在自然界中广泛存在，如同一特征的不同表现形式，这种遗传多样性为生命的丰富多样提供了原材料。第二，可观察的变异对于基因在世代之间的传递十分重要。第三，变异并不是偶然发生的，相反，它是根据解释产生相似或不同的遗传规律而遗传的。例如，狗只能生狗，而现在已知的狗就有数百种，即便在同一个品种（比如拉布拉多）之内，遗传变异也是存在的。两只黑色的狗也可能诞下黑色、棕色及金色的幼犬（图2.3）。孟德尔的遗传见解可以帮忙解释这种现象。第四，孟德

尔遗传定律对于包括原核生物、豌豆及人在内的所有有性生殖生物均适用。

2.1　遗传之谜

学习目标

1. 将孟德尔的实验方法与现代科学探究的过程相联系。
2. 描述孟德尔豌豆杂交和自交实验。
3. 理解孟德尔通过可控豌豆杂交育种实验所获得的结论的重要性。
4. 预测孟德尔利用具有离散、互斥性状的纯种豌豆品系杂交的后代类型。

几个步骤可以帮助人们理解遗传现象：对生物群体进行长期的观察，如家族、牛群及玉米或者番茄的群体；将观察到的信息进行系统地记录和严格地分析；发展新的解释遗传现象起源及其关系的理论框架。19世纪中叶，孟德尔在研究过程中第一次将观察数据记录、分析，与理论相结合，并成功地探索到了遗传学的基础。在这之前的数千年里唯一的遗传实践是对驯化的植物和动物进行选择性培育，而这并不能确定每一次交配会产生怎样的后代。

2.1.1　人工选择是第一个应用的遗传学技术

遗传学的基本应用是人类文明重大转变背后的驱动力，猎人和采集者在村庄定居，并以牧羊人和农民的身份生存。甚至在有记载的历史之前，人们就已经在驯养植物和动物以供自己使用时实践了应用遗传学。以半驯化的狼为例，人们灭杀凶残的、难驯化的狼，而将机警的、友好的狼留下驯化并使之相互交配。通过这样的**人工选择**（即有目的地控制产生后代的亲本交配），驯化的狗（*Canis lupus familiaris*）逐渐从祖辈野生狼（*Canis* *lupus*）中分化出来。最早确认的狗骨是由在阿拉斯加出土的20 000年前的头骨确认的。在人工选择的指导下，数千年的进化中产生了大型犬大丹麦、小型犬吉娃娃及数百种其他品种的狗。早在10 000年前，人们就开始使用类似的遗传手段挑选培育具有经济价值的驯鹿、绵羊、山羊、猪和牛，从而为人们提供维持生命所需的肉、牛奶、兽皮及羊毛等。

农民们也对植物进行了人工选择：将种子从最强壮、最美味的个体中挑选并储存起来，在下一季种植中使用，最终获得了生长得更好、产量更高、更容易种植和收获的植株。通过这种方式，人们在亚洲的野生植物中逐渐筛选出了亚洲水稻、小麦、大麦、小扁豆及枣椰树；在美洲筛选出了玉米、南瓜、番茄、土豆及胡椒；在非洲筛选出了洋芋、花生及葫芦。之后，植物育种者在植物中发现了雄性和雌性的生殖器官从而开始了人工授粉。图2.4展示的是雕刻于公元前9世纪的亚述弗里兹雕塑，这也是人工授粉最早、最直观的记录。雕刻中表现的是牧师用选定的雄花花粉刷在枣椰树的雌花之上。通过这种人工选择的方法，早期的实践遗传学家培育了数百种不同的枣椰树，每种都有不同的可观察性状，包括果实的大小、颜色及味道等。1929年，一项对埃及三个绿洲的植物调查中发现了400种不同的枣椰树，20世纪的证据表明这些树的变异来源于自然和人工选择。

图2.4　应用遗传学已知的最早记录。这件有2800年历史的雕塑出土于亚述纳西帕尔二世（公元前883年到公元前859年）的西北宫殿，展示的是戴着鸟面具的牧师为枣椰树的雌株人工授粉的场景。

Image copyright © The Metropolitan Museum of Art. Image source: Art Resource, NY

2.1.2　目标性状的消失和再现

在孟德尔出生的1822年，奥地利人对遗传学的理解与古亚述人的理解差别并不大。在19世纪之前，植物和动物育种学家经常培育出具有亲本优势性状的品种。利用这些优质品种，他们可以培育生产出具有目标特性的食物和纤维。但是他们并不能理解这些优势性状为什么会消失，偶尔又会在部分子代中重新出现。

例如，选择育种实践中产生了一种有价值的美利奴绵羊，这种羊能够产生大量柔软、纤细的羊毛。但在1837年摩拉维亚羊饲养协会年会上，一位育种家的困惑反映了上面提到的情况。他拥有一只杰出的公羊，如果它的优势是由它的后代继承的，那这只羊是无价的；但"如果它们没有被遗传，那么它的价值就不超过羊毛、羊肉和羊皮的成本"，"那究竟是哪种情况呢？"根据会议的记录，当时的育种实践没有给出明确的答案。在这次羊饲养协会的会议上的总结发言中，Abbot Cyril Napp指出了一种可能的方向。他认为育种者可以通过解决以下三个基本问题来提高他们预测在后代出现的性状的可能性：遗传的是什么？它是怎样遗传的？偶然性在遗传里扮演什么样的角色？

这也是1843年21岁的孟德尔进入Abbot Cyril Napp主持的修道院时面临的困惑。尽管孟德尔在修道院接受的是神学训练，但在科学上，他并不是一个业余的爱好者。布隆城所在的摩拉维亚省是当时的学习和科学活动中心。孟德尔在1863年达尔文的《物种起源》被翻译成德语后不久就获得了一本。Abbot Napp非常认可孟德尔的能力，全资将他送到了他自己开课的维也纳大学。孟德尔选的课是混合课程：物理、数学、化学、植物学、古生物学和植物生理学。Christian Doppler——多普勒效应的发现者，也是他的老师之一。来自几个学科的思想交叉在孟德尔后来的发现中扮演了重要的角色。他回到布隆城一年后开始了生殖遗传实验。图2.5显示的是孟德尔的工作场地和使用过的显微镜。

2.1.3　孟德尔设计的新的方法

在孟德尔之前，错误的概念混乱了人们对遗传的思考，其中有两个错误概念特别具有误导性：其一是亲本之一对于后代的遗传特征影响最大，如1694年最早的显微学家Nicolaas Hartsoeker声称男性的精子中最先完全形成了一个小矮人（图2.6）；另一个极具欺骗性的概念是融合遗传，即亲本性状在后代中是混合且持续变异的，就像画家在画板上将蓝色和黄色混合成绿色一样。融合理论可能是由父母在他们的后代身上看到他们自己的性状的自然倾向而发展起来的。混合遗传理论虽然可以解释后代和亲本相似的现象，但无法解释兄弟姐妹之间生物学的明显差异，也无法解释大家庭中存在的持续性变异。

(a)   (b)

图2.5　孟德尔的花园和显微镜。（a）花园位于布隆城，是他所在的修道院的一部分。（b）孟德尔用这个显微镜检查植物的生殖器官，并对自然史产生了浓厚的兴趣。

（a）：© Biophoto Associates/Science Source；（b）：© James King-Holmes/Science Source

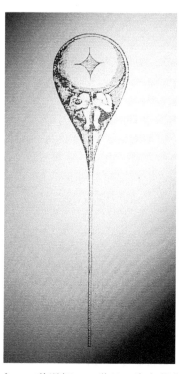

图2.6　小矮人：一种误解。19世纪，许多著名的显微镜学家坚信他们看到一个完全成形的微型胎儿蜷缩在一个精子的头部。

© Klaus Guldbrandsen/SPL/Science Source

孟德尔设计的实验将为Abbot Napp于15年前提出的问题提供精准、可验证的答案：遗传的是什么？它是怎样遗传的？偶然性在遗传里扮演什么样的角色？孟德尔突破性研究的一个关键部分就是他的实验设计。

孟德尔的实验和他之前的人们有什么不同？第一，他选择了豌豆（*Pisum sativum*）作为实验物种［图2.7（a）和（b）］，豌豆在布隆城长势良好，在同一朵花中拥有雄性和雌性生殖器官，并且通常是自体受精；在**自体受精（自交）**中花粉和卵细胞都来源于同一株植物。正是这种豌豆花的特殊结构使得以异体受精（杂交）替代自体受精变得容易了。异体受精（杂交）是将一株植株的花粉刷到另一株植株的雌蕊上的过程，如图2.7（c）所示。豌豆还有另一个优势，即孟德尔可以在一个相对短的生长周期内，在每个连续的世代中都可以获得大量的个体。相对而言，如果他选择羊作为研究对象，那每一代他只能获得极少个体，并且世代间隔可能是数年的时间。

第二，孟德尔选择了几组特殊性状作为研究对象——花的紫色和白色、豌豆的黄色和绿色。由于这种"非此即彼"的性状没有中间形式，使得孟德尔能够分辨出每个性状在世代间的传递（和这些**离散性状**相对应的是**连续性状**，如身高、人的肤色等，连续性状存在多

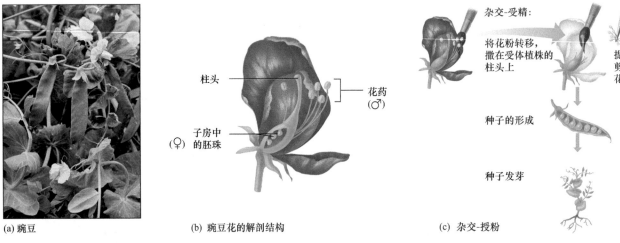

(a) 豌豆

(b) 豌豆花的解剖结构

(c) 杂交-授粉

柱头

花药
(♂)

子房中
(♀) 的胚珠

杂交-受精：

将花粉转移，
撒在受体植株的
柱头上

提前
剪去
花药

种子的形成

种子发芽

图2.7　孟德尔的实验物种：豌豆。（a）开白花的豌豆。（b）花粉在花药中发育成熟后落在连接着子房的柱头上，子房后来发育为豆荚。落在柱头上后，花粉开始沿着柱头生长花粉管，使花粉进入子房和胚珠结合，从而发生受精。（c）为了防止自交，育种家将在母本（此处的白花）产生成熟的花粉之前去除花药。用刷子将父本（紫花）的花粉刷在母本的柱头上。每一个受精的胚珠会发育成单个的豌豆（成熟的种子），之后能够发育成新的豌豆植株。发育自不同的花粉和胚珠的豌豆都在同一个豆荚中。

（a）：© Andrea Jones Images/Alamy

种中间形式性状）。

第三，孟德尔收集并培育了纯种的豌豆。这些**纯种繁育系**豌豆杂交产生的后代都带有亲本的特定性状，并且在世代的遗传中会持续出现。这些品系由于在数代之间只进行彼此间的交配，所以也称为同系杂交。孟德尔最多连续观察了纯种品系植株8个世代。开白花的植株往往产生开白花的后代；开紫花的植株也只产生开紫花的后代。孟德尔称稳定且互斥的特征（如紫色和白色的花、黄色和绿色的种子）为"相对性状"，并为他的研究确定了7个这样的组合（图2.8）。在实验中，他不仅为每对性状保留了纯种种子，也通过杂交产生与亲本性状不同的**杂种**。图2.8展示了孟德尔杂交实验中研究的品种表型。

第四，作为一名育种学家，孟德尔精确地控制了他的交配实验，并确保他观察到的性状来源于他进行的授粉实验。因此，他不辞辛苦地阻止任何外来花粉入侵，并确保了实验植株符合实验所要求的自花或异花授粉。这不仅使他可以针对所选性状进行可控繁殖，也可以进行**正反交**。在正反交中，他通过反转目标性状的父本和母本，从而确定目标性状是通过雄蕊的花粉还是雌蕊的卵细胞进行遗传。例如，他会利用紫花的花粉为白花雌蕊进行授粉，也可以利用白花的花粉给紫花的卵细胞受精。由于这些反转前后产生的后代性状分布是相似的，所以孟德尔得出亲本双方对于遗传的贡献率是相同的。他认为"无论亲本哪一株提供花粉，对于杂交品系的形成是无关紧要的"。

第五，孟德尔研究了大量的植株，对所有的后代进

行计数，并对其进行了数据分析，然后将他的计算结果与基于他的模型的预测结果进行了比较。孟德尔是第一位采用此方法进行遗传研究的人，无疑，他大学主修的物理和数学对于他的数量统计方法起着重要的作用。孟德尔对数据进行了仔细的分析，发现了遗传规律。

最后，孟德尔是一名杰出的实验学家，例如，在比较高植株和矮植株时，他确保矮植株充分远离高植株，使得矮植株的生长不会受到阻碍。最终，他将注意力移到了种子自身的性状，如颜色和形状，而非种子生成的植株的性状。通过这样的方式，他可以在修道院有限的花园空间观察更多个体，对一个生长周期杂交结果进行评估。

总之，孟德尔有意识地建立了一套"黑-白"的试验系统，并分析了该系统的工作原理。他没有研究培育优质羊的大规模变量，也没有关注种间差异的起源。相反，他将注意力放在仅拥有两种表型的相对性状，并提出了可以通过观察和计算来回答的问题。

基本概念

● 人类在不理解遗传原理的情况下，在农作物种植和动物驯化方面进行了数千年的人工选择。

● 孟德尔培育了纯种品系的豌豆，这些豌豆的某些特征会在世代之间持续存在。

● 孟德尔发现豌豆在与具有其他性状的纯系杂交时，杂种后代通常具有双亲的特征。

● 在孟德尔实验中，互交受精产生的杂种后代具有相同的性状；这与亲本是父本还是母本无关。

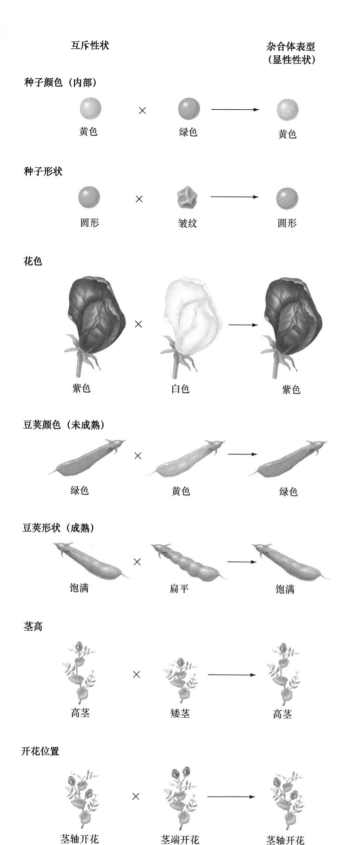

图2.8　由互斥性状亲本杂交产生后代性状。孟德尔实验用的7对互斥性状。每对杂交产生的杂合体只表现亲本中的一个。杂合体表现的亲本性状称为显性性状。

2.2　孟德尔遗传学分析

学习目标

1. 解释孟德尔分离定律及单基因杂种杂交体系的F_2中表型出现的显隐性比为3：1的原理。
2. 区分单基因杂种杂交和测交。
3. 解释孟德尔自由组合定律，以及双杂交F_2中9：3：3：1的表型比率如何为这一定律提供证据。
4. 解释后代的表型比率，从而推断出特定的性状是如何遗传的。
5. 利用简单的概率规则预测复杂多因子杂交后代的基因型和表型比率。
6. 理解最常见的显性和隐性等位基因的分子解释。

1865年，43岁的孟德尔在布隆城自然科学协会发表了名为"*Experiments on Plant Hybrids*"（植物杂交实验）的论文。尽管题目简单，但它却是一份非常清晰简洁的科学论文，论文中总结了孟德尔长达十年的原始观察和实验结果。在这篇论文中，孟德尔详细地描述了豌豆中可见性状的传播，定义了不可见但可用于逻辑推理的单元（基因），它们决定了这些可见性状的出现时间和频率，并通过简单的数学术语分析基因的行为，揭示以前未知的遗传原理。

在发表之后，这篇论文成为了现代遗传学的基石。它的目的是验证是否有一种"一般适用的规律能够控制杂交品系的形成和发展"。让我们来理解一下。

2.2.1　单基因杂种杂交揭示分离定律

分离出纯种品系的植株后，孟德尔对仅有一种性状不同（种子颜色或者茎长）的植株进行了一系列的杂交实验。在杂交中，亲本的一方表现出该性状的一种形式，另一方携带该性状的相对性状。图2.9显示了其中一种杂交的方案。例如，1854年早春，孟德尔种下了纯种的绿色豌豆和纯种的黄色豌豆植株，并成长为**亲代（P）**；春天开花后，利用黄色豌豆植株的花粉为绿色豌豆植株的雌蕊柱头授粉；也进行了反交，即利用绿色豌豆植株的花粉为黄色豌豆植株的雌蕊柱头授粉。秋天收获后，孟德尔将两种杂交产生的后代分别收集并统计分析。他发现两种杂交的后裔都是黄色的豌豆。

这些亲代（P）的后裔黄色豌豆被称为**子一代（F_1）**。为了研究绿色性状究竟是彻底消失还是仍然存在但是在F_1中被隐藏了，孟德尔种植黄色豌豆，获得F_1成熟体并进行自交。这种只涉及一种单一性状杂交体的实验通常被称为**单基因杂种杂交**。他之后收获并统计了子一代（F_1）产生的**子二代（F_2）**的性状。在子一代

代系

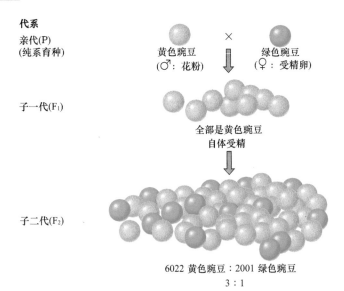

亲代(P)
(纯系育种)

黄色豌豆　　　　　绿色豌豆
(♂：花粉)　　　　　(♀：受精卵)

子一代(F₁)

全部是黄色豌豆
自体受精

子二代(F₂)

6022 黄色豌豆：2001 绿色豌豆
3：1

图2.9　单基因杂种杂交分析。纯种亲代植株通过异花授粉杂交产生了F₁杂交体，且性状与亲本之一相同。F₁植株自交产生了F₂，F₂的表型中出现了亲本中的两种表型，且比例是3：1。为简单起见，本图不展示结豌豆的植株及豌豆长成的植株。

（F₁）自交产生的后代（F₂）中，共获得了6022个黄色的豌豆及2001个绿色豌豆，接近3黄：1绿的比例；反交产生的F₁自交的结果比例与之相似。

1. 隐性性状的再现

在F₂中出现绿豌豆是证明融合遗传没有发生的直接证据。如果融合遗传发生的话，绿色性状会在杂交产生F₁的时候出现不可再现的丢失。相反，这些信息仍旧保存完好，并在F₂形成的时候重新出现并且产生了2001个绿色豌豆。这些绿色的豌豆和它们的祖辈绿色豌豆并没有不同。

孟德尔总结：黄色豌豆应该有两种，一种是亲本P，可以产生纯系后代；另一种是可以通过杂交产生绿色豌豆后裔的F₁。第二种豌豆中隐藏着绿色豌豆的信息。孟德尔将F₁表现的性状（在这个例子中为黄色种子）称为**显性性状**（见图2.8）；在F₁中隐藏又在F₂中重新出现的性状称为**隐性性状**。但如何解释F₂中的3：1的比例呢？

2. 基因：遗传的独立单位

为了解释所观察到的现象，孟德尔提出对于每种性状，每个植株都包含两份遗传单元的拷贝，其中一份来自于父本，另一份来自于母本。我们现在称之为**基因**。每份拷贝都决定着特定特点的表型。孟德尔收集的豌豆植株，每株都有两份控制种子颜色的基因拷贝、两份控制种子形状的基因拷贝、两份控制茎长的基因拷贝等。

孟德尔进一步提出，每一种基因都有不同的形式，而这些不同形式的组合决定了他所研究的不同特征。现

在我们将这些不同形式的基因称为**等位基因**。举例来讲，豌豆种子的黄色和绿色是等位基因；种子的圆粒和皱粒是等位基因。在孟德尔单基因杂种杂交实验中，等位基因中的一个是显性基因，另一个是隐性基因。在亲本P中，对于同一性状，一方携带两个显性等位基因；另一方携带两个隐性等位基因。在子一代（F₁）中，对于同一性状，则携带了一个显性基因和一个隐性基因。将同一性状同时携带两种不同等位基因的个体称为**单基因杂种**。

3. 分离定律

如果一株植株每个基因都含有两份拷贝，为什么只向后代传递一份呢？子代又是如何实现从两个亲本获得两个拷贝呢？孟德尔的植物生理学背景帮助他构建了繁殖背后的两个生物学机制：配子的形成和受精时配子的随机结合。

配子是在世代之间携带基因的特殊细胞，包括在雌性母本的胚珠形成的卵子和花粉粒内的精子细胞。孟德尔假设，在卵细胞和精子的形成过程中，亲本的每个基因的两份拷贝分离（或隔离）进入两个配子中。因此，每个配子都接受每个性状的一份等位基因［图2.10（a）］。所以每个卵子和每个精子只包含豌豆颜色的一份拷贝（或者是黄色，或者是绿色）。

(a) 每个性状的两个等位基因在配子形成过程中分离

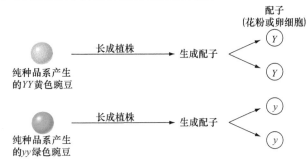

(b) 两个亲本的配子在受精的过程中随机结合

图2.10　分离定律。（a）在配子形成过程中，纯种品系的植物的两个完全相同的等位基因相互分离（隔离），所以每个花粉和卵细胞都只包含亲本等位基因中的一个。（b）具有互斥性状的亲本异花授粉和受精产生对该性状杂合的F₁杂合子。

对于豌豆颜色，*Yy*杂合子受精卵发育为黄色种子。

在受精的过程中，携带一个等位基因的精子与携带另一个等位基因的卵细胞随机结合，重新将每个性状的两份等位基因储存在受精卵细胞（**合子**）中［图2.10（b）］。如果携带黄色等位基因的精子和携带绿色等位基因的卵细胞结合，会生成杂合黄色豌豆，如具有相反性状纯种的亲本P杂交产生的F_1单杂合体；如果携带黄色等位基因的精子和携带黄色等位基因的卵细胞结合，则会产生黄色豌豆，这些黄色豌豆可以发育为与只产生黄色豌豆的亲本P相同的植株；最后，如果携带绿色等位基因的精子和携带绿色等位基因的卵细胞受精，则会产生且只产生与绿色豌豆的亲本P相同的植株。

孟德尔**分离定律**概括了遗传学的一般原理：每个性状的两个等位基因在形成配子的过程中相互分开，并在受精的过程中由两个来自父母双方的配子重新随机结合。本书中，**分离**是均等分离，即每个配子针对每个基因有且仅有一份拷贝。注意，分离定律将含有两份基因拷贝的生物体**体细胞**和只有一个基因拷贝的**配子**进行了明确的区分。

4. 庞纳特方格

图2.11展示了在配子形成过程中等位基因的分离和受精过程中等位基因的随机结合。孟德尔发明了一种符号系统，使他能够以同样的方式分析所有的杂交体系。他将所有的显性基因用大写字母A、B、C等表示，隐性基因用对应的小写字母a、b、c等表示。现代遗传学也采用这样的命名习惯来为豌豆和其他生物的等位基因命名，但是在命名的过程中，通常选用对目标性状有指向性的字母，例如，Y是指yellow（黄色）或者R是指round（圆粒）。在本书中，基因符号统一使用斜体表示。在图2.11中，我们用大写的Y来表示显性性状黄色，用小写的y表示隐性性状绿色。纯种亲本的基因型是YY（黄色）或者yy（绿色）。YY型亲本只能产生Y配

子，yy型亲本只能产生y配子。你可以从图解中看到，无论亲本哪一方提供等位基因，结果都是一样的，都只产生Yy型杂合体。

为了更好地展示Yy型的杂合体自交过程，我们使用了**庞纳特方格**（庞纳特方格是英国数学家Reginald Punnett于1906年引入的；图2.11）。该方格直观简洁地展示了配子的形成可能以及受精过程中可能发生的结合。如庞纳特方格第一行和第一列所示，每个杂合体按照1∶1的比例产生两种配子Y和y，因此一半的花粉和卵细胞携带Y，另一半携带y。

庞纳特方格的每个方格中，都有一个有色豌豆代表一次受精实践。受精时产生的后代是1/4的YY、1/4的Yy、1/4的yY及1/4的yy。由于孟德尔研究的性状的等位基因（卵细胞或花粉）的配子来源对等位基因的作用没有任何影响，所以Yy和yY是等价的。这意味着产生的后代中1/2是Yy黄色杂合体，1/4是YY黄色纯和体，1/4是yy绿色纯合体。这张图解释了在配子形成的过程中等位基因的分离、受精过程中的重新结合，以及在F_2中产生黄绿比3∶1的原因。

2.2.2 孟德尔的研究结果反映了概率的基本规则

人们可能没有意识到，庞纳特方格反映了概率的基本规则——乘法规则和加法规则。这是遗传杂交分析的核心。这些规则预测了特定结合发生的可能性。

1. 乘法规则

乘法规则是指两个相互独立的事件同时发生的概率等于两个事件独立发生概率的乘积：

事件1和事件2同时发生的概率=
事件1的概率×事件2的概率

连续抛硬币显然是独立事件；一个人掷一个硬币的结果，既不会增加也不会减少下一次掷硬币结果的概率。同时抛两枚硬币结果仍然是独立的，抛一枚硬币的结果并不会影响抛另一枚的结果。因此，给定组合发生的概率是它们独立发生概率的乘积。例如，两枚硬币同时朝上的概率是：

$$1/2 \times 1/2 = 1/4$$

与之类似的，卵细胞和精子的形成也是相互独立的；在杂合体植株生成配子的时候，配子有1/2的可能携带Y、1/2的可能携带y。由于受精是随机发生的，所以在同一受精卵中同时集中父本和母本等位基因的概率是两个目标基因独立进入精子概率的乘积。因此，求Y型卵细胞（一个事件产生）和Y型精子细胞（另一个独立事件产生）结合的概率，只需要1/2×1/2即可，这与图2.11庞纳特方格中YY的概率一致，这表明庞纳特方格是乘法规则的另一种表现形式。重要的是，庞纳特方格中每个方格代表一种等概率杂交结果（等概率受精事件），因为精子和卵子的两种类型的产生概率都是相等的。

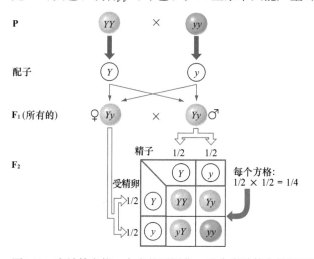

图2.11 庞纳特方格：杂交的可视化。这个庞纳特方格展示了F_1自交时的配子形成和受精的结果。F_2代黄色和绿色的比例应该是3∶1。

2. 加法规则

我们可以将随机受精的时刻描述为两个独立事件的同时发生，也可以说，两种不同的受精事件是互斥的。例如，如果Y和Y结合了，那在该合子中就不可能和y结合。概率的另一规则——**加法规则**，是指两件互斥事件发生的概率是单独发生概率之和。对于互斥事件：

事件1或2发生的概率=事件1的概率+事件2的概率

计算Yy杂合体自交后代的可能性，用1/4（母本Y和父本y）加上1/4（互斥事件母本y和父本Y）得到1/2，与庞纳特方格中的结果一致。

加法规则还可以用来预测子二代（F_2）中的黄色和绿色的比例。F_2中黄色豌豆种子的频率是1/4（YY型产生的概率）+1/4（Yy型产生的概率）+1/4（yY型产生的概率）=3/4，剩下1/4是绿色豌豆的概率，因此黄绿比=3/4比1/4，即3∶1。

2.2.3　分离定律的进一步实验验证

分离定律可以解释单基因杂种杂交实验中获得的数据，但孟德尔仍需要进一步的实验来验证该定律的准确性。孟德尔的假设（如图2.11总结），对F_2作了可检验的预测，即F_2中应该有两种黄色豌豆（YY和Yy）和一种绿色豌豆（yy），且F_2中YY型豌豆和Yy型豌豆的比例应该是1YY∶1Yy。

为了确认这些期望值，他让所有的F_2植株自交并统计了所产生的后代F_3（图2.12）。他发现F_2的所有绿色植株产生的后代F_3都是绿色种子，而这些F_3代自交产生的下一代F_4也全是绿色（图中未标明）。这正是我们和孟德尔所期待的携带有两份隐性基因拷贝的纯种品系。而黄色品系不同，在512株黄色种子发育而来的F_2植株中，有166株（约1/3）植株经过数个世代的检验，证明是纯种品系，剩下的352株（黄色种子的F_2植株的2/3）是杂合体，因为它们自交后仍产生黄绿比为3∶1的比例。因此，如孟德尔所预期，518株F_2黄色豌豆植株中，YY型和Yy型的比例确实是1∶2。

尽管针对豌豆7组性状的实验耗费了孟德尔数年时间，但他最终总结出了配子形成时，显性和隐性等位基因相互分离，又在受精的时候随机结合的规律，从而解释了他观察到所有杂合体自交都是3∶1比例的原因。他的研究结果也提出了对于未来植物和动物育种者十分重要的问题。植物表现的显性性状，如黄色的种子，可能是纯种品系YY，也可能是杂合体品系Yy，那如何区分它们呢？对于自交植物来讲，可以通过观察其自交后代的表型来确认。那么，对于无法自交的物种，要如何区分纯种品系和杂合体品系呢？

测交：确定基因型的方法

在揭示孟德尔的答案之前，我们先定义几个新的概念。**表型**是指在一定环境条件下，所表现出来的性状特征，如豌豆种子的黄色和绿色；表型对应的个体内的等位基因被称为**基因型**。YY或者yy基因型称为**纯合子**，因为决定指定性状的两个基因拷贝是相同的；相反，具有两个不同等位基因组成的基因型为**杂合子**，换句话说，它是该性状的杂合品系（图2.13）。拥有纯合子基因型的个体称为**纯合体**，拥有杂合子基因型的个体称为**杂合体**。

杂合子（即杂种）的表型决定了哪种等位基因是显性的：因为Yy型豌豆是黄色，黄色等位基因Y相对于绿色等位基因y是显性的。知道基因型和等位基因之间的显性关系之后，就可以准确地预测表型。相反，知道表型并不能预测基因型，因为同一个表型可能对应不止一个基因型，例如，黄色的豌豆对应的基因型可能是YY，也可能是Yy。

了解了这些区别，我们可以看看孟德尔为破译未知基因型而设计的实验方法。首先将显性性状对应的基因型称为Y−，横线代表另一个未知的等位基因，可能是Y，可能是y。孟德尔的方法称之为**测交**，即将拥有显性性状的个体和隐性性状的个体进行杂交，例如，将黄色种子发育来的植株（Y−）和绿色种子发育来的植株（yy）进行杂交。如图2.14所示，如果显性性状来源于纯合子YY基因型，那所有的后代都表现显性性状，即黄色；但如果基因型未知植株的基因型是杂合子Yy，那子代的表型应该是1/2的黄色种子和1/2的绿色种子。通

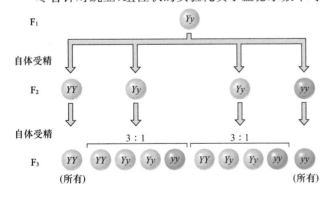

图2.12　F_2黄色豌豆有两种：纯合体和杂合体。经过两代的自交后，一对等位基因（Y和y）的分布。每一代的纯合个体都能繁殖，而杂合个体则不能。

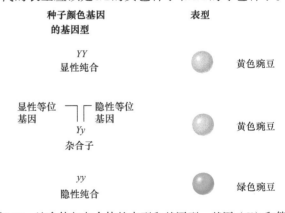

图2.13　纯合体与杂合体的表型和基因型。基因（Y）和等位基因（y）是完全显性，本图展示的是基因型和表型的关系。

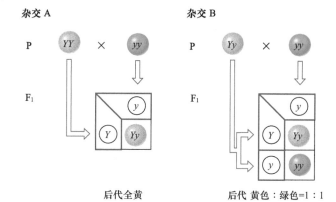

图2.14　如何通过测交确定基因型。一个基因型未知，表现显性性状的个体与隐性纯合子杂交。如果该未知个体是纯合体，那所有的后代都表现显性性状（杂交A）；如果是杂合体，则后代中一半表现显性性状，另一半表现隐性性状（杂交B）。

过这样的方法，测交可以确定显性性状对应的基因型，排除不确定性。

正如前面提到的，孟德尔有意地简化了遗传问题，关注只有两种形式的性状。他也成功地在玉米、大豆及紫茉莉（管状、开白色或亮红色花植物）中重复了他的单基因杂种杂交实验。这说明他关于基因的概念及分离定律几乎适用于所有有性生殖的生物。

2.2.4　双因子杂交实验解释自由组合定律

在通过单基因杂种杂交实验确定了基因遗传遵循分离定律后，孟德尔将注意力转移到了研究豌豆彼此无关联的多个性状的共同遗传问题上。他提出这样的问题：**双因子杂种**个体中两对等位基因是如何分离的，特别是两对等位基因都是杂合体的情况下。

为了构建双因子杂交体系，孟德尔将黄色圆粒（*YY RR*）纯合品系植株与绿色皱粒（*yy rr*）纯合品系植株进行杂交，之后获得了仅表现两个显性性状的双杂交子一代F_1（*Yy Rr*），即黄色圆粒（图2.15）。之后F_1进行自交获得F_2，孟德尔也无法预测此次杂交后代F_2的表型是会和最原始亲本相同的黄色圆粒或者绿色皱粒，还是会出现**亲代型**中完全没有的新组合，如黄色皱粒豌豆和绿色圆粒豌豆呢？这种表型重新组合的现象被称为**重组型**。

孟德尔对一次实验的F_2进行统计，共获得了315个黄色圆粒豌豆、101个黄色皱粒豌豆、108个绿色圆粒豌豆及32个绿色皱粒豌豆。这其中出现了黄色皱粒和绿色圆粒这样的重组性状，充分说明不同基因的等位基因发生了变化。

1. 自由组合定律

通过观察到的比例，孟德尔总结了发生这种改变的生物学机制——配子形成时不同基因对的等位基因发生了**自由组合**。因为调控豌豆颜色和豌豆形状的基因是

独立分离的，所以携带*Y*的配子分配到调控形状的等位基因*R*或*r*的可能性是相等的。因此，一个基因中特定等位基因的存在（如调控豌豆颜色的显性*Y*基因），并不能提供关于第二个基因中等位基因的任何信息。所以F_1代的每一个双基因杂合体可以产生4种配子：*YR*、*Yr*、*yR*和*yr*。在众多的配子中，这4种的比例完美接近1∶1∶1∶1，换句话说，每种重组的等位基因类型在花粉和卵细胞中都占1/4。"不同种类的生殖细胞（卵细胞或花粉）的平均产量是相同的"，这是孟德尔的另一种深刻见解。

在之后的受精过程中，4种卵细胞会和4种精子中的任意1种结合，共产生16种可能的受精卵。庞纳特方格是展现过程的一种简单明了的方法（图2.15）。与之前单基因杂交的庞纳特方格的应用逻辑相同（回顾

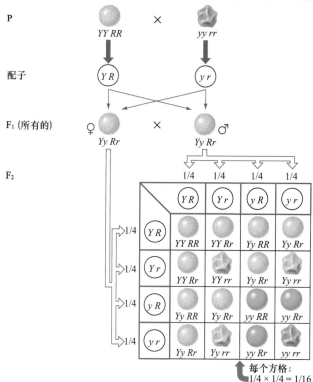

类型	基因型	表型	数量	表型比
亲代	*Y– R–*	黄色圆粒	315	9/16
重组	*yy R–*	绿色圆粒	108	3/16
重组	*Y– rr*	黄色皱粒	101	3/16
亲代	*yy rr*	绿色皱粒	32	1/16

黄（显性）绿（隐性）比 = 12∶4 或 3∶1
圆（显性）皱（隐性）比 = 12∶4 或 3∶1

图2.15　双杂交体系产生亲本性状和重组性状。在这个双杂交实验中，纯种品系亲本杂交产生单一基因型的F_1，F_1自交或者异花授粉产生的F_2中表型比为9∶3∶3∶1。

图2.11），图2.15中双基因杂交的庞纳特方格中有彩色豌豆的16个框中的每一个都代表了一个等概率的受精事件。每个方格概率相同，因为每个亲本产生的不同类型的配子的概率是相同的。因此，由乘法规则可知，每个方格代表的后代类型的概率是1/4×1/4=1/16。

根据图2.15，你会发现16种潜在的等位基因组合的概率是相同的。事实上，表中只有9种基因型：*YY RR*、*YY Rr*、*Yy RR*、*Yy Rr*、*yy RR*、*yy Rr*、*YY rr*、*Yy rr*及*yy rr*，因为等位基因的来源（卵细胞或精子）并不会影响结果。而观察这9种基因型所对应的特征，你会发现只有4种表型：黄色圆粒、黄色皱粒、绿色圆粒及绿色皱粒，且其概率分布为9：3：3：1。但如果只观察其中一种特征的话，你会发现他们完全符合孟德尔分离定律所预测的3：1的比例。在庞纳特方格中，颜色上是12个黄色对应4个绿色，形状上是12个圆粒对应4个皱粒。换句话说，每种特征的显性性状（黄色、圆粒）和隐性性状（绿色、皱粒）的比例都符合12：4或者3：1。这说明豌豆颜色基因的遗传并不会被形状基因所影响，反之亦然。

前面的分析成为孟德尔第二种一般遗传原理的基础，即**自由组合定律**：在配子形成过程中，不同等位基因的分离是相互独立的（图2.16）。它们的独立分离和受精过程中，配子的随机结合产生了实验中所观察到的表型。利用乘法规则可以计算独立事件发生的概率，使用数学的方法，根据两个分离比3：1，从而推导出试验中所观察到的9：3：3：1的表型比例。由于两组等位基因独立分离，所以黄绿比是3/4：1/4，同理，圆皱比也是3/4：1/4，为了计算两个独立事件在同一株植株中发生的概率，需要以下公式：

黄色圆粒的概率：$3/4 \times 3/4 = 9/16$
黄色皱粒的概率：$3/4 \times 1/4 = 3/16$
绿色圆粒的概率：$1/4 \times 3/4 = 3/16$
绿色皱粒的概率：$1/4 \times 1/4 = 1/16$

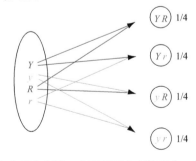

图2.16 自由组合定律。在双基因杂交体系中，每对等位基因在形成配子时的分离都是独立的。在配子中，Y和R或r分配到同一配子的概率是相同的（*YR=Yr*），y也是一样（*yR=yr*）。最终在群体中会产生4种比例相同的配子（*YR*、*Yr*、*yR*和*yr*）。

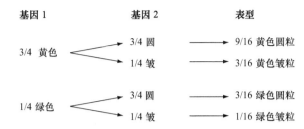

图2.17 用分支线图表示杂交体系。分支线图用一列代表一个基因，从而对结果中每种结果出现的可能性进行有依据的预测。此图展示双杂交体系的表型和比例与图2.15的庞纳特方格中的结果相同，所以这两种方法是等效的。

因此在F₂中，会出现9黄色圆粒：3黄色皱粒：3绿色圆粒：1绿色皱粒的比例。

2. 分支线图

另一个追踪遗传过程中潜在表型出现概率的便捷方法是绘制**分支线图**（图2.17）。分支线图的每一列都展示了一种基因的基因型和表型出现的概率。在图2.17中，第一列显示了两种可能的豌豆色表型；第二列是每种颜色对应的不同形状的比例。最终结果展示了表型比例为9：3：3：1。在后续学习中，你会发现在多基因杂种杂交中，分支线图比庞纳特方格更加便捷。

3. 双杂交体系的测交

双杂交体系可以应用于众多方面。例如，假如你在苗圃批发城工作，该批发城有三种纯系豌豆：黄色皱粒、绿色圆粒、绿色皱粒。你的任务是培育纯种的黄色圆粒豌豆。怎么办呢？

一个可行的办法是杂交纯种品系（*YYrr* × *yyRR*）产生双杂合子（*YyRr*）；之后双杂合子进行自交，仅对产生的黄色圆粒豌豆进行种植，获得成熟植株。但是这里面只有1/9基因型是*YYRR*的纯种品系能够满足你的要求。为了获得这些目标种子，需要将这些黄色圆粒植株和绿色皱粒（*yyrr*）植株进行测交，如图2.18所示。如果测交的结果全是黄色圆粒（测交A），那么这些亲本的黄色圆粒植株正是纯合体，符合你的要求，可以进行售卖；如果测交结果是1/2的黄色圆粒和1/2的黄色皱粒（测交B），或者1/2的黄色圆粒和1/2的绿色圆粒（测交C），那么这些测交实验的植株在一个性状上是纯合体，在另一个性状上是杂合体，可以舍弃；如果测交的结果是1/4的黄色圆粒、1/4的黄色皱粒、1/4的绿色圆粒及1/4的绿色皱粒的话，那这些植株在豌豆颜色和豌豆形状两个性状上都是杂合体。

2.2.5 利用孟德尔遗传定律计算概率并进行预测

孟德尔进行了一系列的双基因杂交，也进行了**多基因杂种杂交**：对于由具有三个或者多个无关联特征的亲本产生的F₁进行杂交。在这些实验中，他观察到数量和

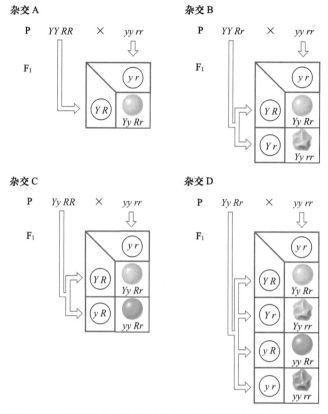

图2.18 双基因测交。涉及两对独立分离的等位基因的测试杂交产生了不同的、可预测的结果，这取决于被测试个体中两个相关基因的基因型。

比例都无限接近他根据自己发现的两个生物遗传规律所预测的结果。这两个规律是：同一基因的等位基因在形成卵细胞或精子的过程中相互分离；不同基因的等位基因彼此自由组合。孟德尔的遗传定律及结合概率的数学法则，为遗传学家提供了预测和解释基因杂交结果的有效工具。但是所有的工具都有自己的局限性。下面我们分析孟德尔分析的优势和局限性。

首先分析孟德尔分析的优势。利用简单的孟德尔分析方法可以对复杂杂交体系的后代表型进行准确的预测。例如，可以预测一个特定的基因型在一个包含几个独立的基因杂交体系中出现的概率。如果要预测四杂合体 $AaBbCcDd$ 自交后代中 $AAbbCcDd$ 出现的概率，可以使用庞纳特方格帮忙解决这个问题。由于每个特征都有两个不同的等位基因，所以精子和卵细胞的类型数等于2的特征数次方（ 2^n ，n 是特征的数目）。在这个四特征杂交体系中，经过计算，一共会产生 2^4 =16种配子。用庞纳特方格表示这个杂交体系，就会出现256（16×16）个方格。

你如果住在修道院并且有空闲时间的话，画庞纳特方格是可行的，但如果你在参加一小时的考试的话，这种方法就不可行。如果将这个四种等位基因杂交分成四个独立的单性状杂交的话，事情就简单多了。之前

的单体杂交后的基因型比例为1显性纯合子：2显性杂合子：1隐性纯合子= $\underline{1/4}$ ： $2/4$ ： $\underline{1/4}$ 。所以由多特征杂交体系产生 $AabbCcDd$ 的概率等于四个独立事件：AA（Aa杂交后代的1/4）、bb（1/4）、Cc（2/4）及 Dd（2/4）的乘积：

$$1/4 \times 1/4 \times 2/4 \times 2/4=4/256=1/64$$

庞纳特方格的答案与此一致，但是更费时间。

在基因型之外，你可能还想预测特定表型的出现比例。只要知道杂交体系中每对等位基因产生的表型比例后，就可用乘法规则来计算。例如，在多特征杂交体系中 $AaBbCcDd \times AaBbCcDd$ 的后代中有多少同时表现显性特征 A（基因型 AA 或 Aa=1/4+2/4，或3/4）、隐性特征 b（基因型 bb：1/4）、显性特征 C（基因型 CC 或 Cc=3/4）及显性特征 D（基因型 DD 或 Dd=3/4），你只需要将几个概率相乘：

$$3/4 \times 1/4 \times 3/4 \times 3/4=27/256$$

通过这种方法，利用概率规则可以预测每一种复杂杂交体系后代的可能性。

从这些例子中可以看出，遗传学中的特定问题适用特定的分析模式。根据以往的经验，庞纳特方格在只包含几个基因的简单杂交体系中比较适用，但会随着杂交体系的复杂化而变得笨拙。例如，之前的两个例子中，想知道复杂杂交体系中一个或多个后代的基因型或表型，直接计算是最有效的；但对于想要展示复杂杂交体系所有后代的组成，最适用的则是分支线图，分支线图能够有条理地追踪每一种可能性。

下面来解释孟德尔分析的局限性。如果和孟德尔一样去培育豌豆、玉米或者其他生物，你对每一代性状的观察计数发现和你的期望值都会有所偏差。怎么解释这种现象呢？一个很重要的因素就是偶然性，如同一般抛硬币实验中所观察到的。在每次抛硬币的过程中，正面朝上的概率与反面朝上的概率应该是相等的。但在现实中，你抛10次硬币，可能得到30%（3次）的正面和70%（7次）的反面，或者相反。当你抛100次的时候，才更可能得到50%正面和50%反面的结果。试验次数越多，偶然性对实验数据的影响越小。统计优势也是孟德尔对大量的豌豆植株进行实验的原因。

事实上，孟德尔遗传定律对生物群体的预测更加有效，但不会对单个个体进行预测。例如，对于占据整个苗圃的单杂合体杂交后代 F_2，我们可以预测 F_2 中有3/4表现显性性状，1/4表现隐性性状，但针对某一特定的 F_2 植株的表型则是无法预测的。在第5章，我们会讨论用数学方法来评估群体内个体样本中观察到的机会变异是否与遗传假设一致。

2.2.6 在1900年之前孟德尔的工作并没有被重视

孟德尔对遗传工作的见解是具有里程碑意义的突

破。通过对豌豆杂交的结果进行计数分析，他指出了基因（控制遗传中特定表型特征形成的独立单元）的存在。他的工作解释了隐藏性状的重新出现，反驳了融合遗传学说，更指出了父本和母本对于后代的遗传贡献率是相等的。他所建立的遗传模型是可实现的，以至于他可以通过观察和实验来检验基于它的预测。

除了Abbot Napp之外，孟德尔同时期的人都没有意识到孟德尔工作的重要性。孟德尔没有在著名的大学教书，在布尔诺之外也不为人所知。即便在布尔诺，当孟德尔将论文"*Experiments on Plant Hybrids*"呈交到自然科学协会时，会员们对他的发现也很失望。他们想要审阅和讨论的是有趣的变异体和可爱的花朵，而对他的数字分析置之不理。孟德尔的研究似乎远远领先于他所处的时代。但可悲的是，尽管孟德尔写信要求其他人重复自己的实验，但依旧没有人重复。在1866～1900年期间只有几篇引用了他的文章的文献，但只提及了他作为植物育种学家的专业，对他提出的定律只字未提。此外，在孟德尔发表他工作的时代，从没有人见过细胞的内部结构，更没有看到过携带基因的染色体，而这些都是之后几十年的事了（我们将在第4章介绍）。如果当时的科学家们见到过这些结构的话，那接受孟德尔的观点就容易多了，因为染色体是客观存在的，行为模式也与孟德尔预测的相同。

如果孟德尔的理论被更重视一点的话，可能就会对进化论的争论产生重要的影响。查尔斯·达尔文（Charles Darwin，1809—1882）由于对于生物变异的持续存在解释不足，在晚年饱受批评家的批评。达尔文将这种变异视为进化论的基石，他认为自然选择在给定的环境中会倾向于特定的变异。如果被选择的特征组合遗传到子代的话，这种变异的传递就会推动进化。但是他却不能解释这种传递是怎样进行的。如果达尔文了解孟德尔的理论的话，可能就不会陷入这样的境地。

孟德尔的理论被束之高阁长达34年，不被检验，不被承认，也不被应用。直到孟德尔去世16年以后的1900年，Carl Correns、Hugo de Vries及Erich von Tschermak各自独立地重新发现和解读了孟德尔的工作（图2.19）。最终科学界终于追上了孟德尔的脚步。十年间，研究者创造了一系列我们现在仍在使用的术语：表型、基因型、纯合子、杂合子、基因、遗传等，这些足以作为20世纪遗传学的标签。孟德尔的论文为新学科奠定了基础。他的原理和分析技术在今天依然被使用，指导着遗传学家和进化生物学家对基因变异的研究。

2.2.7　分子对表型的影响决定了等位基因是显性的还是隐性的

现在我们了解了基因编码细胞中产生的蛋白质（及RNA），这些蛋白质决定着细胞的结构和功能。最近人们确认了两种调控孟德尔实验中豌豆种子颜色和性状的基因。豌豆形状基因编码名为Sbe1的酶（淀粉分支酶1），该酶可以催化直链淀粉转化为支链淀粉［图2.20（a）］。显性等位基因*R*编码能够发挥活性的Sbe1酶，相对的，由隐性等位基因*r*导致酶缺失。所以*RR*纯合型豌豆产生了大量的支链淀粉，从而使豌豆能保持圆形。*rr*纯合型豌豆由于无法将直链淀粉转化为支链淀粉，从而合成大量的蔗糖。蔗糖累积导致渗透压升高，从而使幼种吸水。当豌豆成熟后开始失水、收缩、褶皱。显然，*Rr*杂合子能够产生足够的Sbe1来防止种子起皱。

豌豆颜色基因调控名为Sgr（Stay green）的酶。Sgr会在豌豆成熟时叶绿素Ⅱ的降解过程中发挥作用［图2.20（b）］。显性等位基因*Y*编码Sgr，而隐性等位基因*y*则不编码。纯合子*YY*和杂合子*Yy*型豌豆都是黄色，是因为它们能够产生足够的Sgr从而将所有的叶绿素Ⅱ分解；而纯合子*yy*型豌豆由于缺乏Sgr，无法降解叶绿素Ⅱ，所以呈绿色。

从这些分子发现中可以总结两个一般规律：第一，特定的基因决定着特定的蛋白质（这些案例中的酶），

(a) Gregor Mendel　　　(b) Carl Correns　　　(c) Hugo de Vries　　　(d) Erich von Tschermak

图2.19　遗传学开始于孟德尔定律的重新发现。在20世纪早期Correns、de Vries 和 von Tschermak各自独立得出了与孟德尔定律相同的结论。

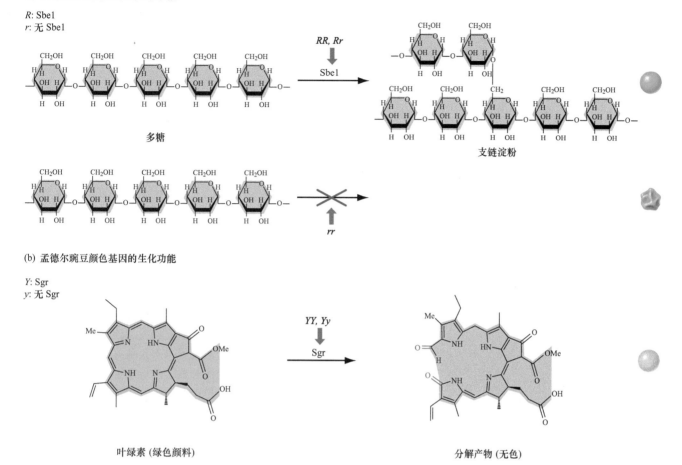

(a) 孟德尔豌豆形状基因的生化功能

R: Sbe1
r: 无 Sbe1

多糖

支链淀粉

(b) 孟德尔豌豆颜色基因的生化功能

Y: Sgr
y: 无 Sgr

叶绿素 (绿色颜料)

分解产物 (无色)

图2.20　孟德尔豌豆颜色和形状基因的分子解释。豌豆形状的R等位基因编码Sbe1酶，可以将直链淀粉转化为支链淀粉。r等位基因不产生Sbe1。在rr型豌豆中，直链淀粉的累积会造成豌豆起皱。豌豆颜色的Y等位基因编码Sgr酶，可以在豌豆成熟时叶绿素Ⅱ的降解过程中发挥作用，形成黄色豌豆。y等位基因不产生Sgr酶，所以叶绿素Ⅱ没有分解，豌豆仍然是绿色。

这些蛋白质依赖于各种生化通路发挥活性，并影响豌豆植株表型；第二，这些例子中可以看到一个共同模式，即显性基因编码正常功能的蛋白质，而隐性基因不编码功能蛋白。在第3章中，你会发现事实并非总是如此。这里的分子解释是一个基因对另一个基因（隐性）呈显性的一般原因。孟德尔实验所用的茎长和花色两个性状的基因最近也被确认。在这两个案例中，显性等位基因都编码正常的功能蛋白，而隐性基因不编码功能蛋白或编码的蛋白质功效低下。

基本概念

● 被称为基因的离散单元控制着遗传性状的出现，导致同一基因相对性状的基因称为等位基因。

● 有性生殖生物的体细胞中每个基因都有两份等位基因；这两份等位基因可能相同（纯合子），也可能不同（杂合子）。

● 基因型是指个体拥有的等位基因；表型是指个体表现出来的特征。

● 显性等位基因控制杂合子的性状表型；杂合子中的另一个等位基因是隐性的。在单基因杂种杂交中，显性性状和隐性性状在后代中的表型比例是3∶1。

- 等位基因会在生成配子的时候彼此分离，使得每个配子中只包含等位基因中的一个；在受精过程中，雄性配子和雌性配子会随机地结合。孟德尔将该过程称为分离定律。
- 基因间等位基因的分离都是相互独立的，孟德尔将这个过程称为自由组合定律。根据该定律，*AaBb* 的 F_1 双杂交产生的表型比为 9 (*A– B–*) : 3 (*A– bb*) : 3 (*aa B–*) : 1 (*aa bb*)。
- 通常，显性等位基因编码有功能的产物（蛋白质）；而隐性等位基因编码功效低或无功能蛋白，或者不编码蛋白。

2.3 人类的孟德尔遗传

学习目标

1. 分析人类系谱图，确定遗传疾病是显性遗传还是隐性遗传。
2. 解释为什么亨廷顿病是显性等位基因引起而囊性纤维化是隐性等位基因引起的。

尽管人类群体中存在众多可遗传性状，但这些性状并不符合简单的孟德尔模式。例如，你的眼睛是褐色的，但你的父母都是蓝色的眼睛；通常认为蓝色相对于褐色为隐性性状。那么仅凭这一点，是否就说明你是被领养的，或者你的父亲并不是你真正的父亲呢？这显然是不可能的，因为人眼睛的颜色是由多个基因共同调控的。

和眼睛颜色类似，大多数常见和明显的人类表型都是由多基因相互作用产生的。相对应的，人的单基因性状通常是一些能够导致残疾或危及生命的异常性状。例如，亨廷顿病会导致进行性智力缺陷和其他神经损伤，囊性纤维化可能会引起肺堵塞和呼吸衰竭。单个基因的缺陷等位基因会导致亨廷顿病；不同基因的等位基因缺陷是囊性纤维化的原因。表2.1列出了截至2016年人类已知的单基因或孟德尔法则的大约6000种特征中的一

些。如你所见，导致亨廷顿病的等位基因是显性，而该基因的正常（无疾病）等位基因为隐性；相反，引发囊性纤维化的等位基因是隐性的，正常（无疾病）等位基因是显性的。

2.3.1 家族系谱图有助于家族遗传性状研究

确定遗传缺陷的遗传模式并不容易，因为人类的遗传活动是不稳定的。人类的世代时间太长且家族规模较小，这使得统计分析变得困难；人们对于伴侣的选择不纯是基于遗传的考量。因此，人类中没有纯种品系，也无法控制交配。而且在人类中几乎找不到真正的子二代 F_2（孟德尔观察到的3 : 1比例的那一代，也是这一代使孟德尔推出了分离定律），因为亲兄弟姐妹之间几乎从不交配。

遗传学家通过与大量家庭或几代人组成的大家庭合作来解决这些难题。通过这种方式他们能够研究大量遗传相关的个体，从而建立特定遗传性状的遗传模式。家族史，亦称**系谱**，是一个家庭相关遗传特征的有序图，至少要追溯到两方的祖父母，而且最好是尽可能囊括多代人。通过孟德尔定律对系谱进行系统的分析，遗传学家可以判断一个性状是否由单个基因的等位基因决定，以及单基因性状是显性的还是隐性的。由于孟德尔定律的简单和直接，人们可以使用逻辑推理来判定该性状在人类中的遗传模式。

图2.21显示的是如何解读系谱图。方框（□）代表男性，圆圈（○）代表女性，菱形（◇）代表性别未知；如果家庭成员拥有特定性状，则用实心形状表示（如■），配偶间用短线相连（□—○），**近亲交配**则用双横线连接（□=○）；同一对夫妻的孩子按出生顺序从左到右依次用分支线连接（○□○），在左侧用罗马数字标明世代。

为了研究某种性状在人类家族的遗传模式，人类遗传学家必须使用能够提供充足信息的系谱图。例如，仅根据图2.21底部的系谱图所提供的信息，遗传学家无法

表2.1 人类中常见的单基因遗传疾病

疾病	效果	疾病的发生率
隐性遗传疾病		
地中海贫血症（16 或 11 号染色体）	血红蛋白减少；贫血；骨头和脾肿大	意大利人中 1/10
镰状细胞性贫血（11 号染色体）	血红蛋白异常；镰状红细胞；贫血，循环阻塞；疟疾抗性提升	非裔美国人中 1/625
囊性纤维化（7 号染色体）	细胞膜蛋白异常；黏液分泌过多；消化系统和呼吸系统衰竭	白人中 1/2000
泰－萨氏病（15 号染色体）	酶缺失；大脑脂肪堆积；累积破坏心理发育	东欧犹太人中 1/3000
苯丙酮尿症（PKU，12 号染色体）	酶缺失；心智缺陷	白人中 1/10 000
显性遗传疾病		
高胆固醇（19 号染色体）	缺失从血液中移除胆固醇的蛋白质；50 岁患心脏病	法国白人中 1/122
亨廷顿病（4 号染色体）	进行性精神和神经损伤；40 ～ 70 岁间出现神经功能障碍	白人中 1/25 000

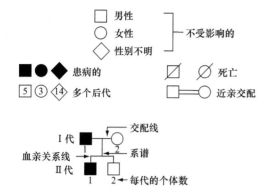

图2.21　系谱图中用的符号。在上面的系谱图中，Ⅰ-1是父亲；Ⅰ-2是母亲；Ⅱ-1和Ⅱ-2是他们的两个儿子；这位父亲和第一个儿子都是疾病患者。

确定造成该疾病的等位基因究竟是显性还是隐性。这两种可能都存在。如果该性状是显性，那么父亲和患病的儿子都是杂合体，而母亲和健康的儿子则是隐性纯合体；相反，如果该性状是隐性的，那么父亲和患病的儿子都是隐性纯合体，而母亲和健康的儿子则是杂合体。

更多的额外信息可以帮助消除这种不确定性。人类遗传学家尤其想知道，在这个家庭所处人群中，这个性状出现的频率是多少。如果这个性状在人群中很罕见，那控制该性状的等位基因在这个家庭里也就很罕见，而且最有可能的假设是有遗传不相关的人携带着这个等位基因。在图2.21中，只有父亲携带着一个显性致病等位基因，或者父母双方都携带隐性致病等位基因（父亲携带两份拷贝，母亲携带一份拷贝）。但是即便是"该性状是罕见的"这个信息也不足以让我们明确该性状是显性遗传的结论。图中系谱图的信息实在有限，我们也不能确定两个亲本是否是遗传无关的个体。稍后我们会详细地讨论，遗传相关的个体可能都从他们的共同祖先获得罕见的隐性等位基因。这个例子也解释了为什么人类遗传学家在收集信息的时候通常收集数代人的信息。

现在我们研究的是显性遗传疾病亨廷顿病和隐性遗传疾病囊性纤维化的家族系谱图。这两个疾病的遗传模式为系谱图提供了更丰富的线索，也使得遗传学家可以确定其他家庭成员的基因型。

2.3.2　垂直遗传模式通常是罕见的显性遗传特征

亨廷顿病是由纽约医生George Huntington命名的，他也是第一个描述亨廷顿病病例的人。亨廷顿病通常于中年发病，并逐渐摧残患者的身体和精神，主要症状包括智力衰退、严重抑郁和行动混乱，这些都是由神经细胞的逐渐死亡引起的。如果父母一方出现这样的症状，那他或她的孩子在成年后会有50%的概率患病。因为亨廷顿病在孩子出生时并没有迹象，直到成年后才发病，所以亨廷顿病也是**迟发性遗传疾病**。

如图2.22的亨廷顿病系谱，如何为每个家庭成员确定基因型呢？首先，需要确定致病的等位基因是显性还是隐性。一些线索显示亨廷顿病是单基因显性遗传病。每一位患者的父母至少有一方患有亨廷顿病，而且在几个世代中患者的比例大约在一半。患者的遗传通常是垂直的：追溯患者的祖先，往往每代人都至少有1人患病，从而使家庭成员中出现持续患病。当一种疾病在群体中是罕见的，垂直的遗传模式是该性状由显性等位基因控制的强有力的证据；它的相对性状的表现要求其他无相关人员携带有隐性等位基因（常见隐性性状也可能在每一代中出现，我们将在课后第40题计算该问题）。

在系谱图中追踪显性等位基因，可以将每一对患者和健康人的结合看成类似于测交。如果后代没有患病，那亲本中的患者为杂合体。作为练习，你可以根据图2.21的结果核对自己的基因型。

需要注意的是图2.22的图注部分，人类遗传学家使用的性状代表符号与孟德尔等位基因使用的符号不同。在人类基因型中，所有的等位基因都是大写。如果等位基因编码的是正常功能的基因产物，那在符号后加上标"+"；等位基因不编码基因产物或产物功能异常，有时候不加上标（如图2.22），有时候会用除了+以外的符号上标表示异常的等位基因（更多基因标注参见信息栏"遗传学与社会：发展遗传筛查指南"）。

与孟德尔豌豆基因一样，亨廷顿病的基因也已经确认，并且在分子水平开展了研究。事实上，这是第一个用来在分子层面确认致病基因的方法，该方法将在第11章中介绍。亨廷顿病基因产生的蛋白质称为Huntingtin或者Htt，是神经细胞正常生理功能必需的蛋白质。但该蛋白质在细胞中的确切作用还不为人知。显性致病基因（*HD*）编码缺陷Htt蛋白，会随着时间推移损伤神经细胞（图2.23）。

致病等位基因对正常等位基因是显性，因为正常功能的Htt蛋白的存在并不能阻止缺陷Htt蛋白损伤细胞。

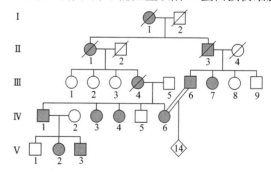

图2.22　亨廷顿病：罕见的显性疾病。所有填充符号所代表的个体都是杂合体（除了Ⅰ-1以外，对于显性的*HD*疾病等位基因来说，它可能是纯合子）；所有无填充符号表示的个体都是隐性的*HD*⁺正常等位基因的纯合子。在这14个血亲的孩子中，DNA检测显示有些是*HD HD*，有些是*HD HD*⁺，有些是*HD*⁺*HD*⁺。菱形掩盖了个人细节，以保护隐私。

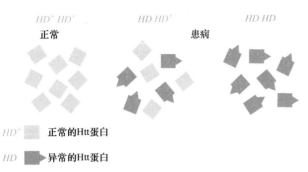

HD^+HD^+ 正常　　$HD\ HD^+$ 患病　　$HD\ HD$

HD^+ ▨ 正常的Htt蛋白

HD ➤ 异常的Htt蛋白

图2.23　为什么亨廷顿病的致病基因是显性。基因型为HD HD或$HD\ HD^+$的人们患有亨廷顿病，因为HD等位基因产生的异常Htt蛋白会损伤神经细胞。正常等位基因的纯合体（HD^+HD^+）只产生正常的Htt蛋白，所以不会患病。致病基因HD之所以是显性，是因为在杂合体（$HD\ HD^+$）中即便产生了正常的蛋白质，异常蛋白也会损伤神经细胞。$HD\ HD$纯合体存活也是可能的，因为异常蛋白保留了正常蛋白的部分功能。

值得注意的是，这种对亨廷顿病致病基因的解释只是众多能够解释致病基因对正常基因呈显性的分子机制中的一种。

亨廷顿病现今依然没有有效的治疗措施。而且由于亨廷顿病的迟发性，在20世纪80年代之前，亨廷顿病父母的孩子在中年（通常是成长到生育年龄）之前都无法确认自己是否携带亨廷顿病的基因（HD）。大部分患病的人们都是$HD\ HD^+$杂合体，所以他们的孩子在诊断之前有50%的概率遗传到HD，并有25%的概率将HD基因遗传给自己的孩子。

在20世纪80年代中期，伴随着基因等新知识的发展，分子遗传学家发展出了检测一个个体是否携带HD基因的DNA检测技术（该技术将在第11章介绍）。由于对该病缺乏有效的治疗手段，一些父母死于亨廷顿病的年轻人不愿接受检测，这样他们就不会过早地了解自己的命运。但是另一些高危群体使用这项技术检测HD基因，从而决定是否生孩子。如果检测结果显示亨廷顿病父母的孩子没有携带HD基因，那他或她就不可能患病或者将HD基因遗传给自己的后代；如果检测显示存在HD，那高危人群和他/她的伴侣可能会选择通过体外受精（IVF）技术，这项技术可以在胚胎早期确定胚胎基因型。通过IVF，只有缺少HD致病基因的胚胎被移植到母亲的子宫。

信息栏"遗传学与社会：发展遗传筛查指南"讨论了从家族谱系和分子检测中获得的信息所引发的社会和伦理问题。

2.3.3　罕见的隐性遗传病通常是水平的遗传模式

与亨廷顿病不同的是，大多数人体内的单基因疾病是隐性的。这是因为，除了迟发性性状之外，有害的显

性等位基因不太可能传递给下一代。例如，如果所有患有亨廷顿病的人群在10岁之前死亡，那这个疾病就会在人群中消失；相反，隐性疾病基因的携带者不会出现任何症状。

图2.24展示了三个囊性纤维化（CF）的系谱图。CF是美国白人儿童中常见的隐性遗传疾病。双份的隐性CF等位基因（即缺少CF^+等位基因）会引发致命的疾病，在这种疾病中，肺、胰腺和其他器官会被一种黏稠的、干扰呼吸和消化的黏液堵塞。每2000个美国白人中会有一个生来就患有囊性纤维化疾病，他们中只有10%能够活到30多岁。

CF系谱有两个显著的特征。家族中患病的患者通常是平辈人，即患有CF的患者的父母、祖父母及曾祖父母都没有出现这种疾病，而在他们的兄弟姐妹之间可能会出现患者。所以这种平行模式是隐性遗传系谱的特征。未患病的父母都是杂合的携带者：他们携带显性正常基因，从而掩盖了隐性缺陷基因的作用。据估计，美国有1200万人都是隐性缺陷基因CF的携带者。表2.2总结了从系谱图中获得的线索，可以帮助你确定一个性状究竟是显性还是隐性遗传。

CF系谱另一项特征是，许多生育患病儿童的夫妇都是血亲，也就是他们的结合属于近亲（双横线连接）。在图2.24（a）中，第五代的近亲婚配属于第三代表亲之间的婚配。当然，患者的父母也可能是两个

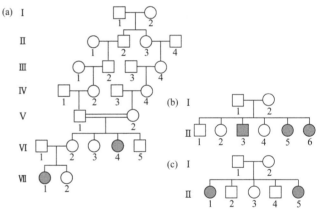

图2.24　囊性纤维化疾病：隐性疾病。在（a）中，两个患病的个人（Ⅵ-4和Ⅶ-1）是$CF\ CF$；也就是隐性疾病等位基因的纯合子。他们不受影响的父母必须是携带者，所以Ⅴ-1、Ⅴ-2、Ⅵ-1和Ⅵ-2都必须是$CF\ CF^+$，个人Ⅱ-2、Ⅱ-3、Ⅲ-2、Ⅲ-4、Ⅳ-2和Ⅳ-4可能也是携带者。我们无法确定哪位祖先（Ⅰ-1或Ⅰ-2）是携带者，因此我们将他们的基因型指定为CF^{+-}。由于CF等位基因相对较少，很可能Ⅱ-1、Ⅱ-4、Ⅲ-1、Ⅲ-3、Ⅳ-1和Ⅳ-3是CF^+CF^+纯合子。剩下的未受影响的人（Ⅵ-3、Ⅵ-5和Ⅶ-2）的基因型是不确定的（CF^{+-}）。（b）和（c）这两个家庭展示了横向的遗传模式。如果没有进一步的信息，每个血统中未受影响的儿童都必须被视为拥有一个CF^+-基因型。

遗传学与社会

发展遗传筛查指南

在20世纪70年代早期，美国发起了一项全国性的镰状细胞性贫血病的携带者筛查项目，这是一种隐性遗传疾病，大约每600名非裔美国人就有1名患者。这种疾病是由β-globin基因的$Hb\beta^S$的等位基因引起的；显性的正常等位基因是$Hb\beta^A$。由β-globin基因决定的蛋白质是携氧血红蛋白分子的组成部分。$Hb\beta^S$ $Hb\beta^S$纯合体的氧气供应不足，容易疲劳，而且经常会因循环系统的压力而导致心力衰竭。

这项全国筛查项目只是基于对血红蛋白迁移率的测试：健康人和"患者"的血红蛋白在凝胶中的移动速率不同。参与筛选项目的人可以通过测试结果来做出明智的生育决定。例如，一个健康的人，他知道自己是一个携带者（也就是说，他是$Hb\beta^S$ $Hb\beta^A$型杂合子），如果他的配偶是非携带者，他就不必担心会有一个患病的孩子。

最初的镰状细胞筛查计划，是基于异常血红蛋白的检测，但这项计划并不是很成功，其原因在很大程度上是由于缺乏足够的教育宣传。许多知道自己是携带者的人误以为自己得了这种病。此外，由于雇主和保险公司在获得了这些信息后，会使一些携带$Hb\beta^S$ $Hb\beta^A$型杂合子的人被剥夺工作或医疗保险，这是不可接受的。因此，公共关系和教育方面的问题使得一种可靠的筛选测试成为了存有争议和相互疏离的源头。

当今，由于能够直接评估基因型，高危家庭可能被筛查出的遗传疾病越来越多。因此，建立遗传筛选准则的需要变得越来越紧迫。几个相关的问题揭示了这个问题的复杂性。

1. 为什么要进行基因筛选？筛查的第一个原因是可以获得对个人有益的信息。举个例子，如果你在很小的时候就知道你有心脏病的遗传倾向，你就可以改变你的生活方式，从而提高你保持健康的机会。你也可以利用基因筛选的结果来做出明智的生育决定。

2. 基因筛查的第二个原因，往往与第一个原因相冲突，是为了使社会群体受益。例如，保险公司和雇主想知道谁会因各种遗传疾病而面临保险风险。

3. 有条件的话我是否应该进行基因筛查？目前对于大多数遗传性疾病，还没有治愈的方法。得知自己患有一种没有治疗手段的致命的迟发性疾病的心理负担可能是毁灭性的，所以一些人会选择不去检测；还有一些人可能由于宗教或身份的原因而拒绝检测。

4. 如果启动一项筛查项目，那谁应该接受检测？这个答案取决于测试的目的和花销。而且，该过程的成本必须与测试所提供的结果的有用性一起核算。在美国，白人和非裔美国人中有1/10的人患有囊性纤维化，而亚洲人中几乎没有人患病，那是所有种族都要接受测试还是仅仅测试白人？

5. 是否应该允许私人雇主和保险公司对他们的客户及雇员进行检测？一些雇主提倡通过基因筛查来减少职业病的发病率，他们认为可以利用基因检测的数据来确保员工不会被分配到可能会给他们造成伤害的环境中。反对者批评称，筛查侵犯了工人的权利，包括隐私权、增加工作场所的种族歧视，以及会为保险公司提供拒绝保险的借口。2008年，美国总统乔治·布什签署了《基因信息非歧视法》，该法案禁止美国保险公司和雇主根据从基因测试中获得的信息进行歧视（通过减少保险覆盖或不利的就业决定）。

6. 最后，人们应该如何接受测试结果的意义呢？在一个小社区的筛选项目中，当人们被确认是隐性的、威胁生命的血液疾病携带者，即β地中海贫血症，也会被排斥；结果，携带者最终彼此联姻。这只会使医疗问题变得更糟。相比之下，在意大利的费拉拉，每年都有30个新的β地中海贫血症病例报告，广泛的筛查结合密切的教育模式是很成功的，在20世纪80年代很少有新病例出现。

考虑到所有这些因素，你希望建立什么样的指导方针来确保在正确的时间将基因筛查提供给正确的人，并将从这种筛查中获得的信息用于正确的目的？

表2.2　如何区分系谱中的显性和隐性性状

显性性状	隐性性状
1. 患病子女的父母至少一个是患者	1. 患病个体可能是两个健康携带者的子女，特别是可能存在近亲关系
2. 显性遗传疾病表现出垂直遗传模式，在每一代人中都会出现	2. 两个患病个体的孩子一定患病
3. 两位患者如果都是杂合体的话，可能生育出健康的孩子	3. 罕见的隐性性状表现出一种水平的遗传模式：这种特征首先出现在一代人的几位成员中，而在前几代人身上则看不到
	4. 人群中的常见隐性遗传疾病可能表现垂直遗传模式

无关的携带者，但近亲之间基因相同，他们后代获得两份少见的等位基因的可能性比平均的可能性要高很多。无论他们是否相关，携带者父母都是杂合体。因此他们的后代中健康者和患者的比例是3∶1。从另一个角度来看，两个杂合携带者的后代中有1/4孩子可能是纯合的CF患者。

你可以通过为图2.24中每个人确定基因型来评估你对这种遗传模式的理解，然后根据标签检查你的答案。注意，对于个别个体，如图2.24（a）中的子一代的个体，虽然无法确定完整的基因型，但可以确定的是他们之间一定有携带者，从而能够提供最原始的CF基因，但是无法确定究竟是男性还是女性。和豌豆显性性状基因型一样，第二个不确定的等位基因用–表示。

在图2.24（a）中，无关的携带者Ⅵ-1和Ⅵ-2生下了患有CF的孩子。隐性遗传疾病出现不相关的携带者之间的这种婚姻有多大可能？答案取决于所涉及的基因和一个人出生的特定人群。如表2.1所示，遗传病的发病率（及其携带者的频率）在人群中存在显著的差异。这种差异反映了不同群体的遗传发展历程。遗传学中研究群体间差异的领域称为群体遗传学，对这一领域我们将在第21章进行介绍。请注意，在图2.24（a）中，一些无关的、未患病的人，如Ⅱ-1和Ⅱ-4，有考虑地嫁入了这个家庭。尽管她们很可能都是显性正常基因的纯合体（CF^+CF^+），但她们中也有很小的可能（大小取决于她们来源的人群）出现携带者。

1989年，基因研究员在发现了亨廷顿病基因不久之后，发现了囊性纤维化基因。正常的显性等位基因CF^+产生被称为囊性纤维化跨膜调节因子（CFTR）的蛋白质，该蛋白质在细胞膜上形成离子通道，能够控制氯离子进出细胞膜。隐性致病基因CF无法产生CFTR，或产生的蛋白质无功能或功效低下（图2.25）。由于渗透压的存在，水流在没有CFTR的条件下进入肺细胞。所以CF CF纯合体没有有功能的CFTR（或蛋白量不足），进而发展成为囊性纤维化。基因治疗——在患者肺细胞中插入正常等位基因CF^+——已经被用来尝试缓解该疾病的症状，但还没有取得成功。

尽管基因治疗失败了，但对囊性纤维化的基因的确定最近使得对特定等位基因突变患者可进行有效治疗。例如，在2015年，美国食品药品监督管理局批准了一种名为Orkambi®的鸡尾酒药物，它可以辅助这些等位基因之一特定缺陷的CFTR正常发挥功能。治疗囊性纤维化和其他遗传性疾病的方法将在后面的章节中讨论。

基本概念

- 在一个垂直的传递模式中，出现在受影响个体身上的一种性状也出现在父母双方中的一方，以及受影响父母的父母一方，依此类推。如果该性状是罕见的，那么具有垂直模式的系谱通常表明致病的等位基因是显性的。

- 在一个水平的传递模式中，出现在受影响个体中的特征可能不会出现在任何祖先中，但它可能出现在这些人的兄弟姐妹中。具有水平模式的系谱通常预示一种罕见的隐性致病基因。受影响的个体通常是近亲结婚的后代。

- 各种各样的生化事件可以解释为什么某些疾病的等位基因是显性的。在亨廷顿病的案例中，致病的HD等

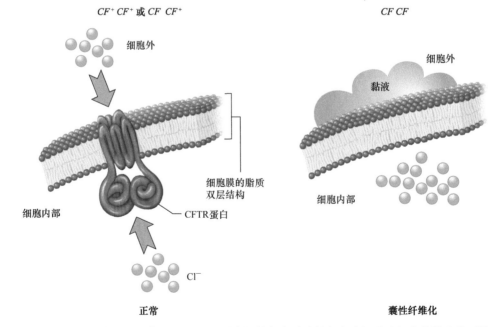

图2.25 为什么囊性纤维化的致病基因是隐性的。CFTR蛋白调控氯离子（绿色小球）通过细胞膜的跨膜运输。囊性纤维化基因的纯合子（CF CF）由于隐性基因或者不编码CFTR蛋白，或者编码异常蛋白（无功能或功效低下，图中未表示）而患病。致病基因CF是隐性基因，因为CF CF^+杂合体能够通过CF^+产生CFTR蛋白，从而使肺功能保持正常。

位基因编码了异常、有害的蛋白质，与正常的隐性等位基因所产生的蛋白质不同。

- 隐性疾病等位基因，就像导致囊性纤维化的*CF*等位基因一样，通常编码无功能或功效低下的蛋白质，而正常蛋白质是正常的显性等位基因所产生的。

接下来的内容

孟德尔回答了之前提出的三个问题。对于"遗传的是什么？"，孟德尔的答案是"等位基因"；对于"它是怎样遗传的？"，孟德尔的答案是"遗传遵循分离定律和自由组合定律"；对于"偶然性在遗传里扮演什么样的角色？"，他的答案是"对于每个个体来说，遗传是由偶然性决定的，但是在一个种群中，偶然性会在严格的概率下发挥作用"。

孟德尔在20世纪进行的长达10年的大量育种研究表明：孟德尔定律不仅适用于豌豆的7对互斥性状，而且对于众多有性生殖的植物和动物的大量性状都适用。但也有一些新的育种研究对遗传学提出了挑战。在某些物种的某些性状上，研究中出现了意料之外的比例，或者F_1和F_2后代中出现了与纯种品系亲本相似的新的表型。

这些现象并不能用孟德尔"性状是由两个等位基因（其中一个是完全显性，另一个是隐性）来决定的"这样的理论来解释。现在我们都知道，大多数常见性状包括人类的肤色、眼睛的颜色及身高等都是由两个或多个基因共同作用所决定的；我们也知道，在给定的群体中，某一基因的等位基因可能不只有2个。在第3章中我们将详细介绍如何对由复杂基因相互作用引发的性状或基因和环境相互作用产生的性状进行遗传分析，并对孟德尔定律进行扩展，而非否定。

习题精解

解决遗传问题

评估和提升对章节里的材料的理解，最好的办法就是将学到的知识运用到解题中去。遗传词汇的问题就像一个谜，你要慢慢地去解决它而不是被他所吓到。通过确认问题中的有效信息，再根据这些信息推导出更多的信息，利用遗传学原理和逻辑推理来找到答案。处理的问题越多，处理起来越得心应手。在处理问题的过程中，你不仅能巩固对遗传学概念的理解，还可以提升能够运用到其他科目中的分析技巧。

注意章节后的部分题目是用来引入补充的重要概念的，从而扩充内容。尽管如此，你还是可以通过阅读的逻辑推理来回答这些问题。

解决遗传学问题需要的不仅仅是把数字代入公式。每个问题都是独特的，需要对题目所提供的线索和所提出的问题进行有深度的评估。下面是在处理这些问题时可以遵循的一般指导原则：

a. 仔细阅读问题，了解相关概念。

b. 回归题目本身，标记题目提供的所有线索。例如，题目中可能会提供或暗示子代或亲代的基因型或表型。用符号表示已知信息，即为等位基因确定代表符号，用这些符号代表基因型；为题目中的杂交过程画图，标注基因型和表型。确保同一基因的两个等位基因的代表字母一定是相同的，不然的话会造成混乱。仔细区分字母的大小写，如*S*（*s*）或*C*（*c*）。

c. 重新评估问题并利用已知信息进行解题，确保答即所问。

d. 答题结束后进行检查，保证答案是正确的。常用的检查方法是逆推法，即根据答案往回逆推题目。

e. 解题和检查结束后，稍稍思考题目中涉及的是哪个概念，这对加深理解很有帮助。

在每一章节中，都会提供两三个问题的解题思路。

I. 猫的白斑是由显性基因*P*决定的，*pp*是纯色的。短毛是由显性基因*S*决定的，*ss*是长毛。一只长毛、白斑猫（母亲是纯色短毛猫）和一只短毛、纯色猫（母亲是纯色长毛猫）交配，求它们的后代可能的表型和比例。

解答

解这道题需要理解杂交中的显性和隐性、配子形成，以及两对等位基因的自由组合。

首先对已知信息进行整理：

母亲：	纯色、短毛	纯色、长毛
杂交：	Cat1	Cat2
	白斑、长毛　×　纯色、短毛	

能确定基因型吗？所有表现隐性性状的猫一定是隐形纯合子，所以所有的长毛都是*ss*型，所有的纯色都是*pp*型。Cat1是长毛，所以一定是*ss*；它是白斑，那隐性可能是*PP*或*pp*；但它的母亲是纯色*pp*，只能形成*p*型配子，所以它的基因型只能是*Pp*；综合以上信息，Cat1的全基因型是*Pp ss*。与之类似，Cat2是纯色，所以它一定是隐性纯合*pp*；它是短毛，可能的基因型是*SS*或*Ss*；又因为它母亲是长毛*ss*，所以只能产生携带隐性等位基因*s*的配子，所以它的基因型一定是*Ss*；综上，Cat2的全基因型*pp Ss*。

所以杂交体系为*Pp ss*（Cat1）和*pp Ss*（Cat2）杂交。为了预测子代基因型，首先确定两只猫所能产生的所有的配子基因型，然后利用庞纳特方格确定后代的所有基因型。Cat1（*Pp ss*）产生*Ps*和*ps*两种配子，且产生的概率相同。Cat2（*pp Ss*）产生*pS*和*ps*两种配子，概率也相同。所以它们交配产生四种等可能的后代：*Pp Ss*（白斑、短毛）、*Pp ss*（白斑、长毛）、*pp Ss*（纯色、短毛）及*pp ss*（纯色、长毛）。

	Cat1	
	Ps	*PS*
Cat2　*pS*	*Pp Ss*	*pp Ss*
ps	*Pp ss*	*pp ss*

你也可以用乘法规则替代庞纳特方格来解决这个问题。原理是相同的：父母产生的配子的概率是相同的，且结合是随机的。

Cat1		Cat2		
配子		配子		后代
1/2 *P s*	×	1/2 *p S*		1/4 *Pp Ss* 白斑、短毛
1/2 *P s*	×	1/2 *p s*		1/4 *Pp ss* 白斑、长毛
1/2 *p s*	×	1/2 *p S*		1/4 *pp Ss* 纯色、短毛
1/2 *p s*	×	1/2 *p s*		1/4 *pp ss* 纯色、长毛

Ⅱ. 番茄的红色对于黄色是显性性状；紫茎对于绿茎是显性性状。有一个杂交体系产生了305个红色、紫茎植株；328个红色、绿茎植株；110个黄色、紫茎植株；97个黄色、绿茎植株。请问杂交系亲本可能的基因型是什么？

解答

解决这道题需要理解双杂交品系的自由组合定律及单杂交的概率计算。

确定等位基因的代表字母：

R=红色，*r*=黄色

P=紫茎，*p*=绿茎

在遗传问题中，子代的比例能够反映亲代的基因型。你通常需要计算出后代的数量，并大致估算出每一个不同种类的后代的比例。对于这道题中涉及的两个遗传性状可以分别考虑。在果实颜色上，840株后代中结红色果实的有305+328=633株，（633/840）的比值接近3/4。接近1/4的植株结黄色果实［(110+97=207) / 840］。从孟德尔的工作中可以知道3∶1的表型比例是由同一个基因的杂合体植株杂交产生的。所以亲本关于颜色的基因型一定是*Rr*。

对于茎的颜色来讲，840株中有（305+110=415株）是紫茎。紫茎（415株）和绿茎（328+97=425株）各占一半。而1∶1的表型比例来源于杂合子和隐性纯合子的杂交体系（也叫测交）。

亲本关于茎的颜色的基因一个是*Pp*，另一个是*pp*。所以亲本的基因型是*Rr Pp* × *Rr pp*。

Ⅲ. 泰-萨氏病是一种隐性致命疾病，会导致早期的神经

退化。这种病在人类总体上来讲很罕见，但在德系犹太人中出现的频率很高。一位舅舅患病的母亲试图确定她和丈夫的孩子患病的概率。已知她的父亲没有患病，所处的人群也不是高危人群；她丈夫的妹妹患此病早逝。

a. 为题目中涉及的任务绘制系谱图，并尽可能标出基因型；

b. 计算该夫妻第一个孩子患病的概率。

解答

这个问题涉及显隐性及概率。首先绘制系谱图，然后用指定的字符尽可能多地确定个体基因型：

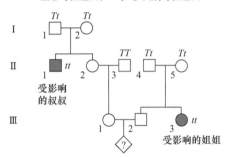

T=正常等位基因；*t*=泰-萨氏病等位基因

两位患者：母亲舅舅（Ⅱ-1）和父亲妹妹（Ⅲ-3）的基因型是*tt*。因为母亲的舅舅是患者，所以他的父母一定是杂合子。

这位丈夫（Ⅲ-3）有个妹妹患此病去世，所以他的父母（Ⅱ-4和Ⅱ-5）一定是杂合体。最后，由于Ⅱ-3个体来源是非高危人群，所以他最可能的基因型是*TT*。

接下来需要确定的是Ⅲ-1和Ⅲ-2的孩子（即Ⅳ-1）患病（*tt*）的概率。要做到这一点，二人必须都是*Tt*，不能是*tt*。若Ⅲ-1是*Tt*，那Ⅱ-2必须是*Tt*。计算Ⅱ-2是*Tt*的概率比较麻烦。首先，两个杂合子（*Tt*）的女儿是*Tt*的概率是1/2，后代的比例是1 *TT*∶2 *Tt*∶1 *tt*。但是在这个案例中，你需要考虑额外的信息：Ⅱ-2是健康者，所以基因型*tt*被排除。只剩1 *TT*∶2 *Tt*，即Ⅱ-2有2/3的概率是*Tt*。在这种情况下，Ⅱ-2将*t*传递给Ⅲ-1的概率是1/2。所以Ⅲ-1是*Tt*的概率为1/2 × 2/3=1/3。

Ⅲ-2是*Tt*的概率是多少呢？他的父母都是杂合体，且他没有患病。所以利用相似的逻辑可以推出Ⅲ-2是*Tt*的概率为2/3。

所以Ⅲ-1和Ⅲ-2都是*Tt*的概率是：2/3 × 1/3=2/9。两个*Tt*父母的孩子基因型是*tt*的概率是1/4。所以这对夫妻（Ⅲ-1和Ⅲ-2）第一个孩子（Ⅳ-1）是患者的概率是：2/9 × 1/4=1/18。

习题

词汇

1. 在右列中选择与左列中的术语最匹配的短语。

a. 表型	1. 给定基因有两个确定的等位基因
b. 等位基因	2. 杂合体表现的表型对应的等位基因
c. 自由组合	3. 基因的不同形式
d. 配子	4. 观察到的特征
e. 基因	5. 两个基因杂合体的交配
f. 分离	6. 一种基因的等位基因与其他基因的等位基因随机分离
g. 杂合体	7. 每个基因只有一份拷贝的生殖细胞
h. 显性	8. 在杂合子中不表现性状的对应的等位基因
i. F₁	9. 不确定的基因型个体与隐性纯合体杂交
j. 测交	10. 同一基因有两份不同的等位基因的个体
k. 基因型	11. 决定一个性状的可遗传实体
l. 隐性	12. 单个个体含有的等位基因
m. 双因子杂交	13. 等位基因分开进入两个不同的配子
n. 纯合体	14. 亲代 P 的后代

2.1节

2. 在数千年的育种实践中，育种学家们为什么没有发现性状是由离散单元（基因）支配的原理？

3. 描述孟德尔发现遗传原理所用的豌豆的特点及优势，并考虑根据之前所提属性在人类中进行类似的遗传实验是难还是简单。

2.2节

4. 白化的玉米锦蛇和正常颜色的玉米锦蛇交配，后代是正常颜色。如果这些子代互相交配产下了32条正常色的玉米锦蛇和10条白化蛇。

   a. 如何确定这些蛇的颜色是由单基因控制的？

   b. 哪一个表型是由显性等位基因控制的？

   c. 一条正常色的雌蛇进行测交。杂交产生了10条正常色的蛇和11条白化后代。求亲本和后代的基因型。

5. 两只短毛猫交配产生了6只短毛猫和2只长毛猫。这些信息反映了毛的长度是怎样的遗传特征？

6. 斑疹是在人类身上发现的一种疾病，有一小块皮肤缺乏色素沉着。这种情况是由于色素产生细胞在发育过程中无法正常迁移引起的。两个患有斑疹的成年人生了两个孩子，一个患有斑疹，另一个是正常肤色。

a. 斑疹是显性还是隐性性状？凭什么线索进行这样的判断？

b. 亲本基因型是什么？

7. 作为一名果蝇遗传学家，你可以保留具有特定基因型的果蝇。现在你有一只正常翅（显性性状）的果蝇。短翅果蝇的翅长基因是隐性纯合子。为了确定正常翅果蝇的翅长基因是纯合还是杂合，请设计杂交品系，并确定杂交过程中产生的后代的基因型。

8. 变异的黄瓜植株在成熟时花朵不能开放。杂交可以通过人工授粉用其他植株的花粉为它授粉。当闭花 × 开花杂交时，所有的F_1后代都是能开放的。F_2植株有145株开放，59株闭花。闭花 × F_1的杂交结果是81株开花和77株闭花。请问闭花性状是怎样遗传的？说明理由。

9. 在特定的小鼠群体中，某些个体表现出"短尾"表型，这是种显性遗传的性状。一些个体表现出"疏尾"的隐性性状，这种特征会影响皮毛的颜色。哪个性状更容易通过选择育种从群体中消除？为什么？

10. 在人类群体中，酒窝属于单基因控制的显性性状。

    a. 一个没有酒窝的男性和有酒窝的女性结合，该女性的母亲没有酒窝，问：他们的孩子有酒窝的概率是多少？

    b. 一个有酒窝的男性和一个没有酒窝的女性生了一个没有酒窝的孩子，问：该男子基因型是什么？

    c. 一个有酒窝的男性和一个无酒窝的女性生了8个孩子，且都有酒窝，问：能否确定该男子基因型？为什么？哪种基因型的可能性更大？为什么？

11. 野草植株中，一些拟南芥品系在生长季早期开花，另一些品系则在晚期开花。四种不同品系的拟南芥（1~4）杂交，由此产生的后代列表如下：

杂交	后代
1 × 2	77 晚期：81 早期
1 × 3	134 晚期
1 × 4	93 晚期：32 早期
2 × 3	111 晚期
2 × 4	65 晚期：61 早期
3 × 4	126 晚期

    a. 解释不同开花时期的遗传学基础。你怎么知道在这群植物中，开花的时间特征会受到单个基因的影响？哪个等位基因是显性，哪个是隐性？

    b. 为四种植株确定基因型。

    c. 1~4植株自交后代的表型和比例是什么？

12. 美国原住民中，耳垢有两种形式：干性和黏性。有遗传学家通过观察不同的性状之间的婚配及其后代的性状，对该性状进行了研究。他的观察如下：

亲代	配对数	后代	
		黏性	干性
黏性 × 黏性	10	32	6
黏性 × 干性	8	21	9
干性 × 干性	12	0	42

　　a. 耳垢的遗传模式是什么？

　　b. 表中数据为什么没有3∶1或者1∶1的比例？

13. 假设你刚买了一匹基因型未知的黑色种马，和红色母马交配后，母马生下了一对双胞胎，一匹是红色，一匹是黑色。假设马的毛色是单基因遗传，能否根据以上交配结果判断毛色的遗传方式？你能设计什么样的交配方案来解决这个问题？

14. 如果掷一次骰子，掷出以下结果的可能性是多少：（a）一个6；（b）一个偶数；（c）一个可以被3整除的数；（d）掷两个骰子，出现两个6的可能性是多少；（e）两个骰子一个偶数一个奇数的可能性多少；（f）两个数一致的可能性；（g）两个数都大于4的可能性是多少？

15. 一套标准的扑克牌有四种花色（红色有红桃和方块，黑色有黑桃和草花）。每种花色都有13张牌：A、2、3、4、5、6、7、8、9、10及人头牌（J、Q和K）。单独抽一张牌：抽到人头牌的概率多大？红色牌的概率？红色人头牌的概率？

16. 以下基因型的女性能产生多少种遗传不同的卵子？

　　a. $Aa\ bb\ CC\ DD$

　　b. $AA\ Bb\ Cc\ dd$

　　c. $Aa\ Bb\ cc\ Dd$

　　d. $Aa\ Bb\ Cc\ Dd$

17. 在以下四种杂交体系中，产生性状和父母一方或两方相同的孩子的概率是多少？每种杂交产生的后代有多少不同的表型？

　　a. $Aa\ Bb\ Cc\ Dd\ \times\ aa\ bb\ cc\ dd$

　　b. $aa\ bb\ cc\ dd\ \times\ AA\ BB\ CC\ DD$

　　c. $Aa\ Bb\ Cc\ Dd\ \times\ Aa\ Bb\ Cc\ Dd$

　　d. $aa\ bb\ cc\ dd\ \times\ aa\ bb\ cc\ dd$

18. 一个基因型为$a\ B\ C\ D\ E$的精子和基因型为$a\ b\ c\ D\ e$的卵子结合受精，受精卵的基因型是什么？受精卵发育成成鼠后产生的精子或卵细胞的基因型是什么？

19. 你的朋友怀了三胞胎，她认为三个孩子都是儿子、都是女儿、2个儿子1个女儿和2个女儿1个儿子的概率相等。她的想法是否正确？请解释（假设三胞胎来自于三个受精卵，男孩和女孩的概率相等）。

20. 半乳糖血症是一种人类隐性遗传疾病，可以通过限制饮食中的乳糖和葡萄糖来治疗。Susan Smithers和她的丈夫都是半乳糖血症基因的杂合携带者。

　　a. Susan怀了一对双胞胎，如果是异卵双胞胎，那两个孩子都是患病女孩的概率是多少？

　　b. 如果是同卵双胞胎，那两个孩子都是患病女孩的概率是多少？

　　接下来的c～g部分，假设孩子中没有双胞胎。

　　c. 如果Susan和她丈夫生了四个孩子，这些孩子都没有患病的概率是多少？

　　d. 如果夫妻生了四个孩子，至少有一个孩子患病的概率是多少？

　　e. 如果夫妻生了四个孩子，前两个孩子患病、后两个孩子不患病的概率是多少？

　　f. 如果夫妻生了三个孩子，其中两个患病、另一个健康的概率是多少（无论长幼）？

　　g. 如果夫妻生了四个患病孩子，下一个孩子患病的概率是多少？

21. 白化病是色素缺乏的疾病，在人类中的表现是白头发、白皮肤及粉色的眼睛。该性状是隐性基因控制的。两个健康的父母生了一个白化病的孩子。父母的基因型是什么？下一个孩子患病的概率是多少？

22. 两株黄色圆粒豌豆长成的植株进行杂交，产生了以下种子：156个黄色圆粒和54个黄色皱粒。请问亲本基因型是什么（黄色和圆粒都是显性性状）？

23. 一个三年级的学生决定为她的学校科学课培育豚鼠。她在宠物商店买了一只皮毛光滑的黑色雄鼠和已知皮毛粗糙的白色雌鼠。她想观察这些性状的遗传模式，但在第一胎只有8只皮毛粗糙的黑色豚鼠；令她沮丧的是，第二胎是7只皮毛粗糙的黑色豚鼠。很快第一胎开始生F_2代，它们的皮毛开始多样了。不久获得了125只F_2豚鼠，其中8只是皮毛光滑的白色豚鼠，25只是皮毛光滑的黑色豚鼠，23只是皮毛粗糙的白色豚鼠，69只是皮毛粗糙的黑色豚鼠。

　　a. 皮毛颜色和质感是怎样遗传的？请说明理由。

　　b. 如果这个女生将F_2中的白色光滑皮毛的雌鼠和雄鼠杂交，后代可能的表型比例是什么？

24. 纯种黄色皱粒植株和绿色圆粒植株杂交产生的F_1自交，产生了一个有7个F_2豌豆的豆荚（黄色和圆粒是显性性状）。7个豌豆都是黄色圆粒的可能性是多少？

25. 阿丘综合征（对强光的反应）和下巴颤栗（由焦虑引起）都是人类的显性性状。

    a. 两个基因都是杂合子的父母的第一个孩子是患有阿丘综合征但没有下巴颤栗的可能性是多少？

    b. 第一个孩子没有阿丘综合征也不患下巴颤栗的可能性是多少？

26. 一株高茎、绿豆荚、顶生紫花的植株和一株矮茎、黄豆荚、腋生白花的植株杂交，F_1代都是高茎、腋生紫花，豆荚都是绿色。

    a. F_2的表型是什么？

    b. F_1植株和亲本中的矮茎植株杂交，后代的表型和比例如何？

27. 下表中展示了不同品系曼陀罗的杂交结果。这些曼陀罗主要涉及紫花或白花，以及多刺豆荚或光滑豆荚。请确定这些性状中的显性性状及每组杂交品系亲本的基因型。

亲代	后代			
	紫花多刺	白花多刺	紫花光滑	白花光滑
a. 紫花多刺 × 紫花多刺	94	32	28	11
b. 紫花多刺 × 紫花光滑	40	0	38	0
c. 紫花多刺 × 白花多刺	34	30	0	0
d. 紫花多刺 × 白花多刺	89	92	31	27
e. 紫花光滑 × 紫花光滑	0	0	36	11
f. 白花多刺 × 白花多刺	0	45	0	16

28. 对于株高、豆荚形状及花的颜色都是杂合子的豌豆进行自交。后代中包含：272个高茎、豆荚饱满及开紫花的植株；92个高茎、豆荚饱满及开白花的植株；88个高茎、豆荚扁平及开紫花的植株；93个矮茎、豆荚饱满及开紫花的植株；35个高茎、豆荚扁平及开白花的植株；31个矮茎、豆荚饱满及开白花的植株；29个矮茎、豆荚扁平及开紫花的植株；11个矮茎、豆荚扁平及开白花的植株。在该体系中的显性基因是哪些？

29. 在黑腹果蝇中，以下基因及变体是已知的：

    翅形：小翅是隐性等位基因t；正常翅是显性等位基因T。

    眼睛性状：窄小眼睛是隐性等位基因n；正常（卵形）眼睛是显性等位基因N。

确认以下杂交品系中亲本的基因型。

	雄性			雌性		后代
	翅膀	眼睛		翅膀	眼睛	
1	小	卵形	×	小	卵形	78 只小翅，卵形眼睛 24 只小翅，窄小眼睛
2	正常	窄小	×	小	卵形	45 只正常翅，卵形眼睛 40 只正常翅，窄小眼睛 38 只小翅，卵形眼睛 44 只小翅，窄小眼睛
3	正常	窄小	×	正常	卵形	35 只正常翅，卵形眼睛 29 只正常翅，窄小眼睛 10 只小翅，卵形眼睛 11 只小翅，窄小眼睛
4	正常	窄小	×	正常	卵形	62 只正常翅，卵形眼睛 19 只小翅，卵形眼睛

30. 根据27题中获得的信息，回答以下问题：

    a. 基因型$Tt\ nn$的雌性果蝇与基因型$Tt\ Nn$的雄性果蝇交配，它们产生两种性状都是正常性状的后代的概率是多少？

    b. 这个杂交体系的后代的表型有哪些？如果获得200个子代，每种表型有多少？

31. 回顾孟德尔对于豌豆的黄色和绿色表型，回答以下问题：

    a. 由控制豌豆颜色表型的基因所编码的蛋白质的生化功能是什么？

    b. 一个基因的无效基因不编码任何正常基因所编码的正常生化功能的蛋白质。那么Y和y两个等位基因哪个是无效基因？

    c. 从生物化学的角度解释，为什么Y基因对y基因是显性？

    d. 为什么yy型豌豆是绿色的？

    e. 基因所编码的蛋白质的总量大致与细胞或个体所携带的基因拷贝数呈正相关。那么根据纯合子YY、杂合子Yy及纯合子yy进行推断，产生黄色豌豆所需的Sgr酶（豌豆颜色基因产生）的数量是多少？

    f. Sgr酶不是豌豆植株生长所必需的，但生物的基因组中包含大量的个体生存所需的必需基因。对于这类基因，正常基因和无效基因的杂合体可以生存，但无效基因的纯合体会在含有无效基因的雌雄配子结合受精后不久就会死去。结合e的答案，思考生物每个基因都有两份拷贝的优势。

    g. 你认为同一个豆荚中的豌豆是否会有不同的表型？为什么？

    h. 你认为豆荚和其中的豌豆的颜色是否会出现不同？为什么？

32. 如果豌豆颜色基因（Y，y）和豌豆形状基因（R，r）不进行自由组合，相反，等位基因自亲本遗传时是作为一个单元进行遗传的，那么图2.25所示的孟德尔双因子杂交中的F_2的基因型和表型的比例会是什么？

33. 回顾孟德尔获得的高茎和矮茎的纯系豌豆植株，其杂交后代全部为高茎植株（图2.8）。单基因杂种杂交的F_2中出现高茎和矮茎3：1的比例，说明豌豆茎长性状是由单基因控制的。控制该性状的基因已经确认，该基因编码G3βH酶，能够催化附图中的反应。该反应的产物是一种生长激素，能够促进植株长高，该激素称为赤霉素。能够解释显性基因（L）和隐性基因（l）的最可能的解释是什么？

前体　　　　　　　　　　　赤霉素

34. 控制孟德尔豌豆植株花色（紫色或白色）的基因也已经确认。花色基因编码一种名为bHLH的蛋白质。该蛋白质是细胞合成三种酶（DFR、ANS及3GT）所必需的。这三种酶如附图所示，在紫色花青素的合成通路中发挥功能。

    a. 请解释控制豌豆花色的显性基因（P）和隐性基因（p）出现不同的原因？
    b. 根据图中所给的生化通路，是否还存在其他基因可以控制豌豆的花色？

2.3节

35. 根据以下系谱图，确定遗传模式是显性遗传还是隐性遗传，说明判断理由。确定所有患病者和携带者的基因型。

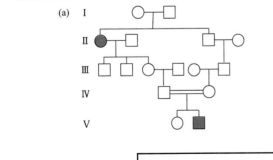

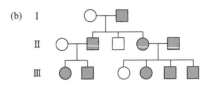

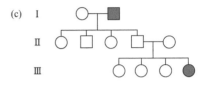

36. 观察以下皮肤松弛症系谱图。皮肤松弛症是由于结缔组织紊乱导致皮肤被褶皱覆盖的疾病。

    a. 假设该性状属于完全外显且十分罕见，那么该病的遗传模式是什么？
    b. 个体Ⅱ-2是携带者的概率为多少？
    c. 个体Ⅱ-3是携带者的概率为多少？
    d. 个体Ⅲ-1是患者的概率为多少？

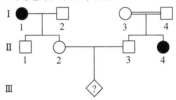

37. 一对年轻的夫妇去看基因咨询师，因为他们每个人都有一个患有囊性纤维化疾病的兄弟姐妹（囊性纤维化疾病是隐性疾病，且两人及其父母都没有患病）。

    a. 这对夫妻中女性是携带者的概率为多少？
    b. 他们的孩子患有囊性纤维化的概率为多少？
    c. 他们的孩子携带囊性纤维化基因的概率为多少？

38. 亨廷顿病是一种罕见的、致命的神经退行性疾病。这种疾病的患者，通常在40多岁时开始出现症状。亨廷顿病是由显性等位基因造成的。Joe在20岁的时候得知他父亲患有亨廷顿病。

    a. Joe也患病的概率是多少？
    b. Joe和他的新婚妻子一直渴望建立一个家庭。他们第一个孩子患病的概率是多少？

习题34的图

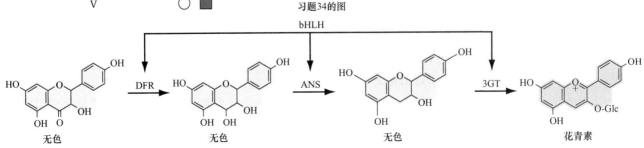

无色　　　　　　　无色　　　　　　　无色　　　　　　　花青素

39. 下面系谱图中的疾病是显性还是隐性？为什么？根据系谱图的信息，判断该疾病是罕见疾病还是常见疾病？为什么？

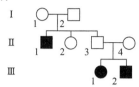

40. 图2.22展示了一个亨廷顿病系谱图，该家族来源于委内瑞拉马拉开波湖附近的一个小村庄。这个村庄是由一小群移民建立的，他们的后代仍然聚集在这个村庄里。亨廷顿病基因在这个村子里仍然很普遍。
　　a. 为什么仅根据系谱图无法最终确认亨廷顿病究竟是显性还是隐性基因造成的？
　　b. 你能从家族的历史中收集到任何可能暗示这种疾病是由显性基因而不是隐性等位基因造成的信息吗？

41. 回顾图2.24（a）的囊性纤维化系谱图，回答以下问题：
　　a. 假设第Ⅰ代中某个个体是CF携带者，而所有外来人员都不是携带者，请问第Ⅴ代近亲结婚的夫妻的孩子患有囊性纤维化的概率是多少（假设二人还没有生孩子，所以不知道Ⅵ-1是患者）？
　　b. 假设第Ⅰ代中某个个体是CF携带者，且人群中携带者的比例是1/1000，且已知Ⅵ-4是患病者，请问Ⅶ-1患病的概率是多少？

42. 两个近亲的共同祖父有遗传性血色素沉着症，这是一种隐性的疾病，会导致体内铁的异常积累。但这两个表亲及其亲戚都没有患病。
　　a. 如果这两个表亲结婚并生下了一个孩子，这个孩子患病的概率是多少？假设这两个表亲的父母是无关且不患病的。
　　b. 如果你知道每10个健康人（包括两个表亲的父母）中就有1个是携带者，你的计算会发生什么变化？

43. 患有甲髌综合征的人，往往膝盖骨或者指甲发育不良或者缺乏。患有黑尿症的人往往有患有关节炎，而且尿液在空气中会发黑。甲髌综合征和黑尿症都是罕见表型。在下面的系谱图中，红色竖线代表患有甲髌综合征，绿色横线代表患有黑尿症。
　　a. 甲髌综合征和黑尿症可能的遗传模式是什么？图中有确定表型的个体的基因型是什么？
　　b. Ⅳ-2和Ⅳ-3的孩子同时患有甲髌综合征和黑尿症的概率是多少？只患甲髌综合征的概率是多少？

只患黑尿症的概率是多少？两者都不患的概率是多少？

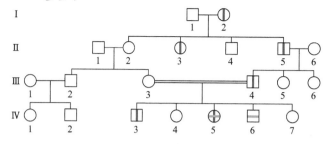

44. 中指毛发（手指中间的毛发）是由显性等位基因 *M* 造成的。隐性纯合体（*mm*）的手指中间是没有毛发的。在1000个父母手指中间都有毛发的家庭中，1853个孩子表现了这一性状，而209个没有。请解释这个结果。

45. 一位亨廷顿病的男性患者（杂合体 *HD HD⁺*）和一位正常女性生下两个孩子，
　　a. 只有第二个孩子患病的概率是多少？
　　b. 两个孩子中只有一个患病的概率是多少？
　　c. 两个孩子都不患病的概率是多少？
　　d. 假设夫妻二人生下10个孩子，重新回答a～c。
　　e. 10个孩子中有4个是患者的概率为多少？

46. 请解释为什么囊性纤维化致病基因（*CF*）对正常基因（*CF⁺*）呈隐性，而亨廷顿病致病基因（*HD*）对正常基因（*HD⁺*）呈显性？

47. 以下系谱展示的是苏格兰红发遗传家庭。红发是由纯合隐性基因*MC1R*引起的。尽管红发在世界范围内是很罕见的，但在苏格兰却是十分常见的。事实上，苏格兰无红发的人群中40%都是红发基因携带者。
　　a. 为什么红发在这个系谱中表现为水平遗传模式，尽管该性状是由隐性基因引起的？
　　b. 假设Ⅲ-2个体和一个非近亲的苏格兰女人（Ⅲ-1）生下一个孩子，那么这个孩子（Ⅳ-1）红头发的概率是多少？
　　c. 第一对表亲Ⅲ-9和Ⅲ-10的孩子（Ⅳ-2）是红头发的概率是多少？

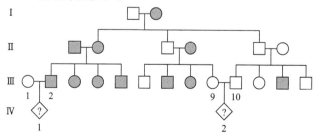

第3章 孟德尔定律的扩展

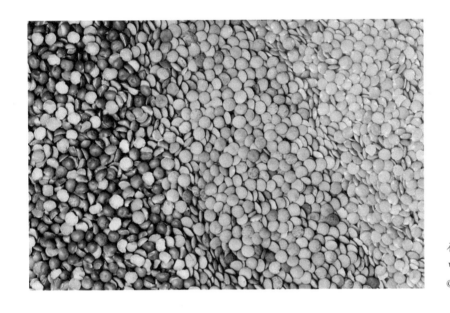

在这一组绿色、棕色和红色的扁豆中，有的种子有斑点，有的则没有。
© PhotoLink/Getty Images RF

大部分人类特征与孟德尔所考察的豌豆性状不同，它们无法被简单归纳为两组相对表型。这些复杂的性状，如肤色和发色、身高、运动能力等，似乎与孟德尔的分析背道而驰。世界上很多粮食作物所表现出的性状同样如此，它们的大小、形状、肉质和营养成分有天壤之别。

扁豆（*Lens culinaris*）为这一差异做出了形象的说明。扁豆是一种豆科植物，生长在世界上的许多地方，富含蛋白质和碳水化合物。成熟的扁豆植株能够结出含有两颗小种子的小型豆荚，这些种子可以磨粉食用，或用来做汤、沙拉和炖肉。扁豆颜色和图案的变化之大令人叹为观止（图3.1），而商人们总是力图培育出各式各样的扁豆，以适应不同文化的菜肴。但纯种扁豆之间相互杂交的结果是惊人的。例如，纯黄褐色和纯灰色的扁豆杂交会产生全棕色的子一代F_1，当这些杂交自体受精时，F_2植株不仅产生棕褐色、灰色和棕色的小扁豆，而且还产生绿色的小扁豆。

从20世纪初的十年开始，遗传学家就在孟德尔3∶1表型比率的指导下，利用大量的动植物进行育种试验。如果试验中表现出的性状符合孟德尔定律，则可以假定它们是由单基因决定，且该基因有显性和隐性等位基因。然而，许多性状却并不符合这一定律。一些性状无法观察到确定的显性和隐性，或者在某个特别的杂种中能发现两个以上的等位基因（见图3.1）。一些性状是

图3.1　一些表型变异对孟德尔的分析形成挑战。扁豆呈现出复杂的斑点图型，这些图型是由含两对以上等位基因的基因控制的。

© Jerry Marshall

由两个基因决定的；还有一些性状是多因素的，即由数个不同的基因或基因与环境的相互作用决定。扁豆种子的颜色就是一个多因子性状，因为颜色受多个基因控制。

性状是在错综复杂的相互作用中产生的，所以它们不会总是完全符合孟德尔比率。但是对孟德尔假说的简单扩展则能说明基因型和表型之间的关系，对观察到的偏差做出解释，且不会对孟德尔的基本定律构成挑战。

育种研究的一个普遍问题是：为了厘清生命世界中数量庞大的表型变异，遗传学家通常需要控制单次观察研究中变量的数量。孟德尔就是通过采用一个或数个性状不同的纯种同系豌豆来实现这一目的的，这样才能观察到单个基因的作用。20世纪的遗传学家同样利用同系的果蝇、小鼠和其他实验生物来研究特定的性状。当然，遗传学家不能用这种方法研究人类。由于人类避免了近亲繁殖，研究人员无法在人类身上进行合乎伦理的繁殖实验。因此，许多人类变异的遗传基础至今仍是个迷。20世纪70年代出现的分子生物学为遗传学家解开人类性状的复杂谜团提供了新的工具，这在以后的章节中将有所涉及。

3.1　单基因遗传的孟德尔定律

学习目标

1. 将等位基因的相互作用分为完全显性、非完全显性或共显性。
2. 确认子代性状比例，可以推测隐性致命等位基因的存在形式。
3. 从杂交结果预测一个基因在群体中是多态的还是单态的。

William Bateson是孟德尔的早期拥护者，他对这一理论进行过注释，并创造了一些术语，如遗传学（genetics）、等位基因（allelomorph，后简写为

allele）、纯合子和杂合子。Bateson在1908年的一次讲座中呼吁观众"珍惜你们的异常特征！……不要掩盖这些特征，要时常关注它们。异常特征就像盖大楼时砖砌得很粗糙的那部分，它会提醒你这样的情况还有很多，而且哪儿需要修补。"简单的孟德尔比率如果出现稳定的例外情况，则这些情况反映出可能存在单基因遗传以外的模式。Bateson和其他早期遗传学家捕捉到了这些模式的重要性，将孟德尔分析的范围进行了扩展，并对基因型和表型之间的关系有了更深的理解。现在我们来看看20世纪对孟德尔分析的主要扩展。

3.1.1　显性并非总是完全的

对显性和隐性普遍认可的操作定义取决于两个纯种交配产生的子一代F₁。如果子一代被研究的性状与一个亲本相同，则该亲本携带的这一等位基因相对另一个亲本未在子一代中表现出来的基因而言是显性的。例如，当纯种白色和纯种蓝色交配时，如果产生白色的子一代F₁，则基因中的白色等位基因对蓝色等位基因就是显性的；如果产生蓝色的子一代F₁，则蓝色等位基因就对白色等位基因是显性的（图3.2）。

孟德尔在得出其比率和定律时，描述和依赖的是完全显性，但这不是他所观察到的唯一一种显性。在图3.2所示的两种情况下，一个基因中没有一个等位基因是完全显性的。如图所示，纯和品系杂交得到的后代可有与亲本双方都不同的表型。现在我们来说明这些表型是如何产生的。

1. 不完全显性：杂合子F₁与两个纯种亲本都不相同

纯种晚开花与纯种早开花的豌豆杂交得到开花时间处于这两个极端之间的子代F₁。这只是诸多**不完全显性**实例中的一个，在这些实例中，杂合子不同于纯种亲本中的任何一方。不同于纯种亲本的子代F₁所显现的表

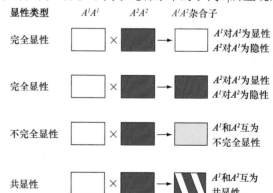

图3.2　不同的显隐性关系。杂合子的表型表明同一个基因中两个等位基因间的显隐性关系（图中标记为A¹和A²）。当杂合子与两个纯种亲本之一相同时，是完全显性。当杂合子与亲本中任何一个都不同时，是不完全显性，新表型通常介于两个亲本之间。当杂合子同时具有两个亲本的性状时，是共显性。

型通常具有介于双方之间的性状。这样，在不完全显性遗传时，亲本的等位基因彼此间既不是显性，也不是隐性，两者都对F₁的表型产生影响。孟德尔观察到，当他为杂交研究培育各种类型的纯种豌豆时，一些植物在两个纯种之间开花，但他没有探究其中的含义。花期不在他详细分析的7个性状之列，因为对豌豆来说，什么时候开花不像种子大小或花朵颜色那样是容易区分的性状。

很多植物种类的花色都可以用来作为不完全显性的显著实例。以小花金鱼草为例，纯种红花植株和纯种白花植株杂交的后代会开出粉色的花朵，就好像画家把红色和白色颜料混合而得到粉色〔图3.3（a）〕。如果让粉花F₁自交，则产生的子代F₂有红花、粉花和白花，其比例为1∶2∶1〔图3.3（b）〕。这是普通单基因F₁自交常见的基因型比率。需要注意的是，因为杂合子不同于任何一个纯合子，表型比率是基因型比率的精确反映。

(a) **金鱼草**(*Antirrhinum majus*)

(b) **不完全显性的庞纳特方格**

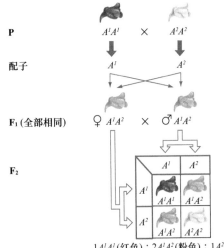

1*A¹A¹*(红色) : 2*A¹A²*(粉色) : 1*A²A²*(白色)

图3.3　粉花是不完全显性的结果。（a）金鱼草的不同花色反映出一对等位基因的活动。（b）纯种红色和白色的金鱼草杂交产生的子代F₁开粉花。F₂的花色中，红色、粉色和白色的比例为1∶2∶1。这一比例意味着一个基因的等位基因决定着三种花色。

（a）：© Henry Hemming/Getty Images RF

对不完全显性这一类型最简单的生化解释是，基因中的每个等位基因都在红色形成的过程中指定了某种形式的具有酶作用的蛋白质分子。白色等位基因（A^2）不产生功能酶，而红色等位基因（A^1）产生功能酶。这样，若金鱼草每个细胞有两个红色等位基因（A^1A^1），能产生双倍数量的红色酶，得到足够的红色素使花朵呈全红色。在杂合子（A^1A^2）中，每个细胞复制了一个红色等位基因，结果，产生的色素只够使花朵呈粉色。在白色等位基因的纯合子（A^2A^2）中，由于没有功能酶，也就没有红色素，所以花朵呈白色。

2. 共显性：子代F₁表现出亲本双方的性状

纯种斑点扁豆和纯种麻点扁豆杂交产生的杂合子既有斑点，又有麻点〔图3.4（a）〕。这些子代F₁是不符合完全显性的第二个重要实例。后代同时具有亲本双方的特征，这意味着斑点和麻点等位基因之间既非显性，也非隐性关系。因为杂合子均等地呈现出两种性状，这些等位基因被定义为**共显性**。斑点/麻点F₁自交产生的后代F₂中，斑点、斑点/麻点和麻点的比例为1∶2∶1。这些后代F₂中的孟德尔比率（1∶2∶1）确定了斑点和麻点性状是由一个基因中的等位基因依次决定的。因为杂合子能够区别于两个纯合子，所以表型和基因型比率相吻合。

就人类而言，一些用来区分红细胞类型的膜结合型分子显示出共显性。例如，基因（I）决定着能从红细胞产生薄膜的糖聚合物的存在，它含有等位基因I^A和I^B。每个等位基因对一个形式略有不同的酶进行编码，这些酶能够产生形式略有不同的复合糖。在杂合子个体中，红细胞表面既有I^A决定的糖，也有I^B决定的糖，然而纯合子个体的细胞却只表现出I^A产物或I^B产物中的一个〔图3.4（b）〕。如此例所示，当两个等位基因都产生功能性基因产物时，它们通常在分子水平上分析的表型中是共显性的。

图3.2归纳了在颜色变化上所反映出的表型的完全显性、不完全显性和共显性之间的区别。显隐性关系的决定因素在于子代F₁所呈现的表型。在完全显性的情况下，子代F₁与纯种亲本中的一个相同。如第2章所述，完全显性使得F₂的表型比率为3∶1。在不完全显性的情况下，子代与任何一个亲本都不像，因此不呈现纯种性状。在共显性的情况下，亲本双方的表型同时出现在子代F₁上。不完全显性和共显性都产生1∶2∶1的比率。

3. 孟德尔分离定律依然成立

一个基因中等位基因的显隐性关系不影响等位基因的传递。一个基因中的等位基因之间究竟是完全显性、不完全显性还是共显性，取决于等位基因所决定的蛋白质种类和这些蛋白质在细胞中的生化功能。但是，这些表型的显隐性关系与配子形成时等位基因的分离无关。

(a) 共显性的扁豆表皮图样

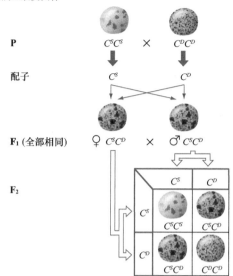

$1C^SC^S$（斑点）：$2C^SC^D$（斑点/麻点）：$1C^DC^D$（麻点）

(b) 共显性的血型等位基因

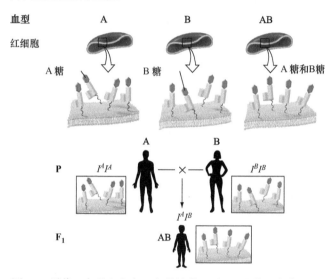

图3.4　子代F_1表现出亲本双方的性状。（a）纯种斑点扁豆和纯种麻点扁豆杂交得到的杂合子既有斑点，又有麻点。每个基因型都有其相应的表型，所以F_2比率为1：2：1。（b）血型等位基因I^A和I^B是共显性的，因为杂合子I^AI^B的红细胞表面有两种糖。

正如孟德尔所提出的那样，细胞仍然携带每个基因的两个副本，且这些副本是一对相同或不同的等位基因，它们在配子形成时分离。无论这两个等位基因是否相同，受精过程都会将两个等位基因还原到每个细胞。这样，显隐性关系的变化并不背离孟德尔分离定律。确切地说，它们反映出基因产物控制表型产生的不同方式，提高了对可见的基因传递结果进行解释和根据表型推断基因型的复杂程度。

3.1.2　含有两个以上等位基因的基因

孟德尔所分析的二者之一的性状是由包含两个等位基因的基因所控制的。但对很多性状来说，存在两个以上的可能性。这里，我们来看以下三个性状：人类的ABO血型、扁豆种子的表皮图案和人类的组织相容性。

1. ABO血型

一个A型血的人和一个B型血的人所生的孩子在一些情况下可能既不是A型或B型血，也不是AB型血，而是第四种血型——O型。原因何在？ABO血型的基因含有三个等位基因：I^A、I^B和i［图3.5（a）］。等位基因I^A决定催化A糖的酶，故而产生A型血；等位基因I^B编码催化B糖的酶，故而产生B型血；i不产生功能性的糖催化酶。等位基因I^A和I^B都对i显性，因此O型血是等位基因i的纯合性结果。

由图3.5（a）可见，A型血来自两种基因型I^AI^A或I^Ai。B型血与此类似，由I^BI^B或I^Bi产生。AB型血来自两个等位基因I^AI^B的结合。

(a)

基因型	相应的表型：细胞的分子类型
I^AI^A I^Ai	A
I^BI^B I^Bi	B
I^AI^B	AB
ii	O

(b)

血型	血清中的抗体
A	对B型血的抗体
B	对A型血的抗体
AB	对A型血或B型血都没有抗体
O	对A型血和B型血都有抗体

(c)

受体的血型	供体的血型（红细胞）			
	A	B	AB	O
A	+	－	－	+
B	－	+	－	+
AB	+	+	+	+
O	－	－	－	+

图3.5　ABO血型由一个基因中的三个等位基因决定。（a）6种基因型产生4种血型的表型。（b）血清中含有外来红细胞分子的抗体。（c）如果一个受体的血清对供体红细胞中的糖有抗体，则受体和供体的血型是不相容的，且在输血的过程中会发生红细胞凝血。在这个表格中，加号（＋）代表相容，减号（－）代表不相容。供体血液中的抗体通常不会造成问题，因为输入的抗体数量很小。

我们可以从这些观察中得出一系列结论。第一，如前文所述，一个已知基因可能有两个以上的等位基因或复等位基因；在我们所举例子中，这一系列等位基因用 I^A、I^B 和 i 表示。

第二，尽管ABO血型基因有三个等位基因，每个人只携带其中两个——I^AI^A、I^BI^B、I^AI^B、I^Ai、I^Bi、ii。这样，就存在6种可能的ABO血型。因为每个个体携带的基因中不超过两个等位基因，无论一个序列中有多少等位基因，孟德尔分离定律都不受影响，因为在有性繁殖的生物体中，一个基因中的两个等位基因在配子形成的过程中分离。

第三，一个等位基因是显性还是隐性并不是与生俱来的，而是取决于第二个等位基因。换句话说，显隐性关系对一对等位基因来说是唯一的。在我们的例子中，I^A 对 i 完全显性，但与 I^B 共显性。鉴于这些显隐性关系，I^A、I^B 和 i 可能的6种基因型可以产生4种不同的表型，即A型血、B型血、AB型血和O型血。在此背景下就不难理解为何A型血和B型血的父母会生出O型血的孩子：父母必定是杂合子 I^Ai 和 I^Bi，孩子从双方都得到一个 i 等位基因。

对ABO血型系统遗传学的理解已经产生了深远的医学和法律影响。血型匹配是成功输血的先决条件，因为人们会对外来血细胞分子产生抗体。例如，一个细胞中只有A分子的人对B分子产生抗体；只有B细胞的人对A分子产生抗体；AB型血的人对两种分子都没有抗体；O型血的人对A分子和B分子都有抗体［图3.5（b）］。这些抗体可导致人体对外来分子产生凝血［图3.5（c）］。因此，O型血的人历来被认为是万能献血者，因为他们的红细胞不携带会激起受体抗体攻击的表面分子。相反，AB型血的人被认为是万能受血者，因为他们既没有A抗体，也没有B抗体，如果这些抗体存在，会进攻输入的血细胞表面分子。

关于ABO血型的信息还可以在法庭上用作法律依据，用来排除亲子关系或有罪的可能性。例如，在亲子关系中，如果母亲是A型血，而孩子是B型血，按照逻辑，孩子的 I^B 等位基因一定来自父亲，而父亲的基因型可能是 I^AI^B、I^BI^B 或 I^Bi。1944年，女演员琼·巴里（Joan Barry，A型血）起诉查理·卓别林（Charlie Chaplin，O型血），要求他抚养一个孩子（B型血），并声称他是孩子的父亲。科学证据表明查理不可能是孩子的父亲，因为他明显是 ii，不可能携带等位基因 I^B。这一证据被法庭采纳，但陪审团却不相信，查理被判赔付抚养费。今天，DNA分子基因分型（"DNA指纹识别"见第11章）为亲子关系、有罪或无罪判定提供了更有力的工具，而陪审团仍常常很难评价此类证据。

2. 扁豆种子的表皮图案

扁豆为复等位基因提供了另一个例子。种子表皮

图案的基因有5个等位基因：斑点、麻点、光洁（无图案）和两种大理石纹。所有图案的纯种之间相互杂交（大理石纹-1×大理石纹-2，大理石纹-1×斑点，大理石纹-2×斑点，等等）厘清了可能的成对等位基因的显隐性关系，并发现了等位基因从最强显性到最强隐性的一个**优势系列**。例如，大理石纹-1和大理石纹-2杂交，或大理石纹-1与斑点或麻点或光洁杂交，能在 F_1 中产生大理石纹-1表型，且在 F_2 中对其他任何一个表型产生一定比例的大理石纹-1。这些结果说明大理石纹-1等位基因对其他4个等位基因中的每一个都完全显性。

其他4个表型的类似杂交所揭示的优势系列见图3.6。只有在将两个等位基因进行比较时谈及显隐性关系才有意义。因为一个等位基因，如大理石纹-2，可

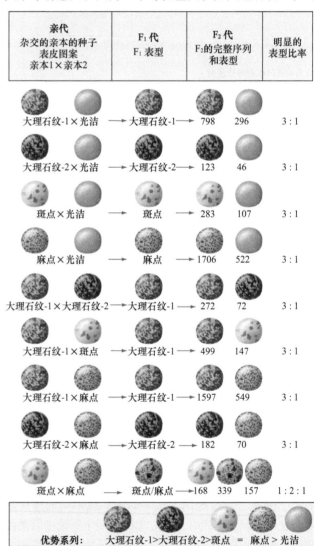

图3.6　如何确定复等位基因间的显隐性关系。有不同表皮图案的纯种扁豆种子成对杂交，且子代 F_1 自交以产生 F_2 代。这些杂交所产生的 F_2 单因子杂合体的3∶1或1∶2∶1比率说明一个基因的不同等位基因决定着所有这些性状。子代 F_1 的表型确定了显隐性关系（如图中所示）。斑点和麻点等位基因是共显性的，但它们都对大理石纹隐性，且对光洁显性。

对第二个等位基因（大理石纹-1）隐性，但对第三个和第四个显性（麻点或光洁）。所有被测试的关于扁豆种子表皮图案的成对等位基因都在 F_2 中产生 3∶1 的比率（除产生共显性才有的 1∶2∶1 表型比率的斑点 × 麻点外），说明这些扁豆表皮图案都是由相同基因的不同等位基因决定的。

3. 人类的组织相容性

在一些复等位基因系列中，每个等位基因都与其他各个等位基因共显性，这样，每个独特的基因型就会产生一个独特的表型。分子水平决定的性状尤其如此。一个极端的例子是一组被称为组织相容性抗原的三个主要基因，他们对人类和其他哺乳动物的一系列相关的细胞表面分子进行编码。除红细胞和精子外，所有的人体细胞都携带组织相容性抗原，它在促进适当的免疫反应方面发挥着至关重要的作用，这种免疫反应能在消灭入侵者（如病毒或细菌）的同时保持自身组织完好无损。因为这三个主要的组织相容性基因（在人体中被称为 *HLA-A*、*HLA-B* 和 *HLA-C*）每个都有 400～1200 个等位基因，每个个体中不同的等位基因组合能产生大量的细胞表面分子的表型变异。除同卵双胞胎（即单卵）外，没有两个人的细胞表面携带同一系列的组织相容性抗原。

这些蛋白质的极端变异具有重要的医学意义，因为人体可以产生出不同于自身组织相容性抗原的抗体，而这些抗体可以导致对移植器官的排异反应。因此，医生试图将移植供体和受体的组织相容性抗原匹配到最接近的程度。患者家属通常是最好的器官供体，因为两个人之间的基因关系越近，他们拥有相同 *HLA* 等位基因的可能性就越大。

3.1.3　突变是新等位基因的来源

一个等位基因片段中的多个等位基因是如何产生的？答案是，遗传物质的随机变化，**即突变**，这在自然界中是自然发生的。一旦突变发生在配子细胞中，它们就会被稳定地遗传。产生表型的突变是可以被统计到的，统计结果表明它们的发生率很低。配子携带一个特定基因新突变的概率从万分之一到百万分之一不等。这一变化幅度是由不同基因的不同突变比率导致的。

突变是基因遗传过程中的正常现象。例如，如果一个突变使一个在正常情况下产生黄色酶的基因发生改变，转而产生绿色酶，新表型（绿色）使我们能够识别出新突变的等位基因。事实上，至少需要两个不同的等位基因，即一定量的变异，才能"看到"基因的传递。这样，在分离研究中，基因学家只能通过变异来分析基因，他们无法跟踪研究一个只有一种形式的基因。如果所有的豌豆都是黄色的，孟德尔就无从解释种子颜色性状的基因传递模式。我们将在第 7 章中详细讨论突变。

1. 等位基因频率和单态基因

因为每个生物体都会携带单个基因的两个副本，所以可以通过将个体数量乘以 2 来计算给定种群中某个基因的副本数量。基因中一个等位基因在基因副本总数中占有的百分比称为**等位基因频率**。一个群体中最常见的等位基因通常被称为**野生型等位基因**，常用一个上标的加号表示（ $^+$ ）。如果一个等位基因在群体中出现的频率大于 1%，这个等位基因就被认为是野生型的。同样，群体中的罕见等位基因被称为**突变型等位基因**（请注意，野生型和突变型等位基因的定义并不是静态的。一个由新诱发的突变导致的突变型等位基因可能数量增多，并在一段时间后成为野生型）。

以鼠类为例，决定体表颜色的主要基因之一是 *agouti* 基因。野生型等位基因（*A*）使每根毛发呈现黄色和黑色的混合色，这样混合色的皮毛从远处看上去是深灰色，或 *agouti* 色。研究人员在实验室中为 *agouti* 基因确定了 14 种可分辨的突变基因，其中的一个基因型（ a^t ）是野生型隐性，产生黑色的背部皮毛和黄色的腹部皮毛；另一个基因型（ *a* ）也是隐性的，产生纯黑色的被毛（图 3.7）。在大自然中，野生型 *agouti*（ *AA* ）容易存活并繁殖，而黑色背毛或纯黑色的突变（ $a^t a^t$ 或 *aa* ）却很少能存活下来，因为黑色皮毛使它们很难逃过捕食者的眼睛。因此，A 的存在频率高达 99%，而且是鼠类的 *agouti* 基因中唯一的野生型等位基因。这种只有一个常见野生型等位基因的基因是**单态的**。

2. 等位基因频率和多态基因

与此相反，一些基因有不止一个常见的等位基因，这些基因是**多态的**。例如，在 ABO 血型系统中，三个等位基因 I^A 、 I^B 和 i 在大部分人群中都有相当可观的比例。尽管这三个等位基因都可以被看成是野生型，遗传学家却通常将一个多态基因的高频率等位基因称为**常见变异**。一些罕见基因是多态的，且在群体中能找到数以百计的等位基因变体。我们在前文中讨论过人类的 *HLA* 组织相容性基因，它对蛋白质表面进行编码，以帮助免疫系统对抗细菌和病毒等致病入侵者。我们暴露在许多病原体中，一些科学家认为进化过程有利于新 *HLA* 基因的出现，这样，单个病原体才无法消灭整个人类。也就是说，至少一些有独特 *HLA* 基因的个体可以抵抗任何病原体的侵入。

3.1.4　一个基因可能决定多个特征

孟德尔定律源于一个基因决定一个性状的研究，但是他在细致的观察中，也注意到了不同情况的存在。在列举用来进行豌豆试验的性状时，孟德尔指出特定的种子表皮颜色通常与特定的花色有关。

这种一个基因决定一系列互不相同且看上去毫不相关的特征的现象称为**多效性**。现在的遗传学家已知一个

(a) 小鼠（*Mus musculus*）的体表颜色

$a^t a^t$　　　　　　　　　　　*aa*

A-

(b) *agouti*基因的等位基因

基因型	表型
A-	深灰
$a^t a^t$	黑/黄
aa	黑
$a^t a$	黑/黄

(c) 优势系列的证据

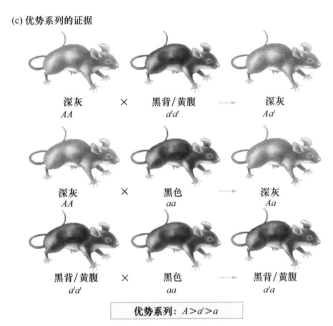

深灰　　　×　　　黑背/黄腹　　　→　　　深灰
AA　　　　　　　$a^t a^t$　　　　　　　　$A a^t$

深灰　　　×　　　黑色　　　→　　　深灰
AA　　　　　　　*aa*　　　　　　　　*Aa*

黑背/黄腹　　　×　　　黑色　　　→　　　黑背/黄腹
$a^t a^t$　　　　　　　*aa*　　　　　　　　$a^t a$

优势系列：$A > a^t > a$

图3.7　鼠类的*agouti*基因：一个野生型等位基因，多个突变基因。（a）黑背，黄腹（左上）；黑色（右上）；深灰色（下）。（b）*agouti*基因中等位基因的基因型和相应的表型。（c）纯种系之间的杂交产生优势系列。F₁代（图中未显示）纯种之间交配产生的表型比率为3∶1的F₂代，说明*A*、a^t和*a*实际上是同一个基因的等位基因。

（a，左上）：© McGraw-Hill Education. Jill Birschbach拍摄. Arranged by Alexandra Dove, McArdle Laboratory, University of Wisconsin-Madison；（a，右上、下）：© Charles River Laboratories

基因决定一种特定的蛋白质（或RNA），而且一个基因产物能对一个有机体产生一连串的影响，所以我们能够理解多效性是如何产生的。以新西兰的毛利人为例，许多有呼吸问题的人同时也有生殖问题。这些人表现出一种**综合征**，即一组常常同时出现的问题。研究人员发现问题的根源在于一个基因的隐性等位基因。这个基因的正常显性等位基因决定纤毛和鞭毛（它们是一些细胞

表面延伸出的毛发状结构）活动所需的蛋白质。对于隐性等位基因纯合型的人，在正常情况下本该清理气管的纤毛和本该推动精子的鞭毛都不能发挥有效作用。这样，一个基因决定一种蛋白质，而这种蛋白质既影响呼吸系统，也影响生殖系统。大部分蛋白质在不同组织中活动，可以影响多种生化过程，所以几乎任何一个基因的突变都会产生多种效应。

1. 隐性致死等位基因

在等位基因中发生的一种重要变异不仅产生一个可见的表型，而且影响生存能力。孟德尔认为所有的基因型都有同样的生存能力，也就是说，它们存活的可能性是相同的。如果所有基因型的生存能力都不同，而且某个等位基因的大部分纯合子在发芽或出生前死亡，就无法统计它们。这种致命性会改变F₂预期的1∶2∶1基因型比率和3∶1表型比率。

以鼠类体表颜色的遗传为例。如上文所述，携带野生型*agouti*基因（*AA*）的小鼠有带黄色条纹的黑色皮毛，看上去是深灰色。A^Y是*agouti*基因14个已知的突变等位基因之一，它使小鼠的颜色更浅，几乎呈黄色。纯种*AA*小鼠与黄色小鼠交配，其后代中两种体表颜色的比例通常为1∶1［图3.8（a）］。由此，我们能得出三个结论：①所有的黄色小鼠尽管没有表现出*agouti*表型，但都携带野生型*A*等位基因；②黄色对*agouti*显性；③所有的黄色小鼠都是$A^Y A$杂合子。

需要再次注意的是，显性和隐性是针对每一对等位基因来定义的。尽管如此，如前文所述，*agouti*（*A*）对黑色皮毛的突变a^t和*a*显性，它依然可以对黄色皮毛的等位基因隐性。在前面的杂交种，黄色小鼠是$A^Y A$杂合子，而深灰色小鼠是*AA*纯合子。迄今尚无例外。但两只黄色小鼠杂交却产生一个不对等的表型比例，即黄色和深灰色为2∶1［图3.8（b）］。在这些后代中，深灰色小鼠交配说明所有的深灰都是纯种，所以能产生*AA*纯合子。但是，后代中没有出现纯种的黄色小鼠。当黄色小鼠互相交配时，它们总是不断产生2/3的黄色和1/3的灰色后代，其比例为2∶1，所以黄色小鼠一定是杂合子（$A^Y A$）。简言之，我们不可能得到纯种黄色小鼠（$A^Y A^Y$）。

我们该如何解释这一现象？图3.8（b）的庞纳特方格给出了答案。A^Y等位基因的一个副本产生黄色皮毛，而两个副本对携带它们的动物来说是致命的。这意味着A^Y等位基因影响两个不同的性状：在决定体表颜色时对*A*显性，但在产生致命性方面对*A*隐性。像A^Y这样对纯合子的生存有消极影响的等位基因被称为**隐性致死等位基因**。请注意，同样的两个等位基因（A^Y和*A*）从不同的表型角度看时，可以表现出不同的显隐性关系，我们将在后文中对此再次进行讨论。

因为A^Y等位基因的黄色皮毛是显性，所以可以很容

(a) 所有的黄色小鼠都是杂合子

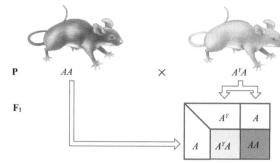

P　　AA　　×　　$A^Y A$

F₁

	A^Y	A
A	$A^Y A$	AA

(b) 两个 A^Y 副本导致致命性

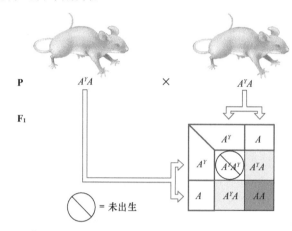

P　　$A^Y A$　　×　　$A^Y A$

F₁

	A^Y	A
A^Y	$A^Y A^Y$	$A^Y A$
A	$A^Y A$	AA

⊘ = 未出生

图3.8　A^Y 是一个多向性隐性致死等位基因。（a）同系深灰色小鼠和黄色小鼠交配产生的后代中黄色和深灰色的比例为1:1。因此，黄色小鼠是 $A^Y A$ 杂合子，而且对体表颜色这一性状来说，A^Y（黄色）对 A（深灰色）显性（请注意，我们假定如果 $A^Y A^Y$ 小鼠存活，它们的体表颜色同 $A^Y A$ 小鼠）。（b）黄色小鼠不能繁殖。在黄黄杂交中，黄色和深灰色后代2:1的比例说明 A^Y 等位基因是隐性致死的。

易在小鼠中发现特定隐性致死等位基因的携带者。但是对大量的隐性致死突变来说却并非如此，因为它们通常不在其他性状方面同时表现出可见的显性表型。致死突变可产生于许多不同的基因，因此大部分动物，包括人类，都携带一定的隐性致死突变。除在近亲婚配（即在近亲属之间的婚配）时产生一些罕见的纯合性情况外，这些突变一般不会显现出来。如果一个突变产生的等位

基因阻碍重要分子的产生，纯合子个体就无法获得这些至关重要的分子，也就无法存活。与此相反，携带一个有害突变副本和一个野生型等位基因的杂合子能产生正常分子野生型数量的50%，通常足以维持正常的细胞过程，也就能维持生存。

2. 延迟的致死性

在前文中，我们讨论了导致纯合子在产前，即在子宫内死亡的隐性等位基因。但是在一些突变下，纯合子在出生时可能存活，却随后死于基因缺陷导致的有害结果。患有泰-萨氏病（家族黑蒙性白痴）的人类婴儿就是一个例子。看起来正常的新生儿到五六个月时仍很健康，但随后却出现失明、麻痹、精神损伤和神经系统恶化等症状。这些疾病通常会导致婴儿在6岁时死亡。泰-萨氏病的原因是缺乏一种叫做己糖胺酶A的活性溶酶体酶，结果导致神经细胞内有毒排泄物的积聚。在全球范围内，泰-萨氏病的发病率约为1/35000，但在东欧血统的犹太人中发病率却为1/3000。在美国，对携带者的可靠检测、遗传咨询和教育项目已几乎消灭了这一疾病。

导致产前死亡或儿童早期死亡的隐性等位基因只能通过杂合携带者传递给后代，因为被这一基因影响的纯合子早在能够婚配前就死亡了。但是，对于导致成年人死亡的晚发性疾病，纯合患者可以在病情恶化前将致死等位基因传递下去。退化病弗里德赖希共济失调就是一个例子：一些纯合子先是在30～35岁时表现出共济失调（肌肉协调的丧失）的症状，然后约5年后死于心脏衰竭。

导致晚发致命性的显性等位基因也可以被遗传给后代。图2.22对亨廷顿病作了解释说明。相比之下，如果一个显性等位基因导致的致死性发生于胎儿发育期或儿童早期，这一等位基因就不会被遗传下来，所以所有的显性早期致死突变等位基因都一定是新的突变。

表3.1总结了孟德尔关于显性、一个基因的等位基因数量和生存能力，以及每个基因对表型影响的基本假定，并将这些假定与后世学者在20世纪对他的扩展进行了比较。通过仔细进行可控的单基因杂种杂交，后辈遗传学家分析了单个基因的等位基因的传递模式，这对分离定律先是挑战，后又给予了肯定。

表3.1　由一个基因决定的性状：关于3:1单基因杂种比率的表型对比

孟德尔的描述	扩展	扩展对杂合子表型的影响	扩展对 F₁×F₁ 杂交结果比率的影响
完全显性	不完全显性 共显性	不同于任何一个纯合子	表型比率同基因型比率，为1:2:1
两个等位基因	复等位基因	表型的多样性	一系列3:1或1:2:1比率
所有等位基因的生存能力相同	隐性致死等位基因	杂合子存活，但很多可见的表型	2:1而不是3:1
一个基因决定一种性状	多向性：一个基因影响多个性状	被不同方式影响的数个性状，取决于显隐性关系	取决于各个性状间显隐性关系的不同比率

3.1.5　一个综合实例：镰状细胞病可以解释对孟德尔单基因遗传观点的数个扩展

镰状细胞病是由非正常的血红蛋白分子导致的。血红蛋白由两种多肽链——α珠蛋白和β珠蛋白组成，它们分别由不同的基因决定：$Hb\alpha$决定α珠蛋白，$Hb\beta$决定β珠蛋白。正常红细胞包含数以百万计的血红蛋白分子，它们能将肺里的氧气传到全身各个组织。

1. 复等位基因

β珠蛋白基因有一个正常的野生型等位基因（$Hb\beta^A$）来产生功能完善的β珠蛋白，且目前明确的突变等位基因有近400个。一些突变等位基因使血红蛋白无法携带足够的氧气，还有一些阻碍β珠蛋白的产生而导致一种叫做β地中海贫血的溶血疾病。我们将在此讨论β珠蛋白基因最常见的突变等位基因$Hb\beta^S$，它造成一种不正常的多肽，导致红细胞的镰型化［图3.9（a）］。

2. 多效性

受β珠蛋白基因的等位基因$Hb\beta^S$影响的性状不止一个［图3.9（b）］。纯合$Hb\beta^SHb\beta^S$个体红细胞中的血红蛋白分子在释放氧气后会经历一个异常的转化过程。它们在细胞质中本应是可溶的，却因聚合而形成长纤维，使红细胞扭曲变形成镰状，而非正常的双面凹陷的圆形［图3.9（a）］。变形的红细胞阻塞小血管，减少流入

身体组织的氧气，并造成肌肉痉挛、呼吸急促和疲劳。这些镰状细胞同时也是脆弱而易破碎的。破碎的细胞会被起吞噬作用的白细胞消耗，导致红细胞数量过低，这种情况被称为贫血。

从积极方面看，纯合$Hb\beta^SHb\beta^S$不会患疟疾，因为导致这种疾病的有机体——镰状疟原虫能在正常红细胞中迅速繁殖，却无法在镰状细胞中繁殖。镰状疟原虫感染会导致镰状细胞在疟疾有机体开始繁殖前就破碎。

3. 隐性致命性

隐性$Hb\beta^S$等位基因纯合的人通常因循环系统的压力而导致心脏衰竭。许多镰状细胞患者在儿童期、青春期或成年早期死亡。

4. 不同的显隐性关系

将镰状细胞等位基因的杂合携带者（细胞中含有一个$Hb\beta^A$和一个$Hb\beta^S$等位基因的个体）与纯合$Hb\beta^A$ $Hb\beta^A$（正常）个体和$Hb\beta^S$ $Hb\beta^S$（患病）个体进行比较，可以区分镰状细胞不同表型时不同的显隐性关系［图3.9（b）］。

在分子水平，即β珠蛋白产生时，两个等位基因表现为$Hb\beta^A$和$Hb\beta^S$共显性。在细胞水平，即它们对红细胞形状的影响，等位基因$Hb\beta^A$和$Hb\beta^S$表现为完全显性或共显性，取决于海拔。在正常氧气条件下，大部分杂合

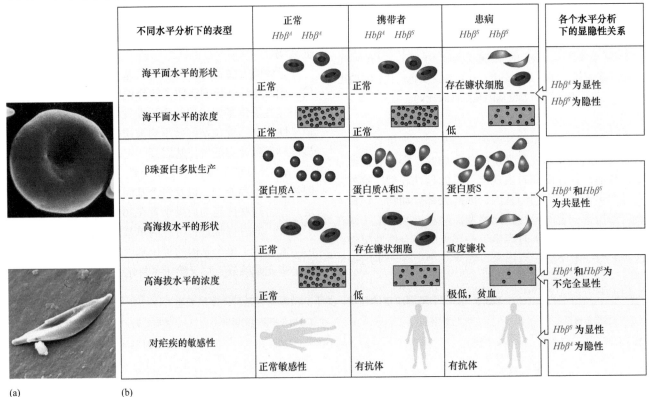

（a）　　　　　（b）

图3.9　镰状细胞性贫血的多向性：显隐性关系随表型变化。（a）在扫描电镜照片中，一个正常的红细胞（上）可以很容易地区别于镰状细胞（下）。（b）不同水平的分析确定不同的表型。$Hb\beta$基因的等位基因$Hb\beta^S$和$Hb\beta^A$之间的显隐性关系随表型变化，有时也随环境变化。

（a，上）：©BSIP/newscom；（a，下）：来源：Janice Haney Carr/CDC

子的红细胞呈正常的双面凹陷的性状（$Hb\beta^A$对$Hb\beta^S$显性）；但是当氧气水平下降时，一些$Hb\beta^A Hb\beta^S$细胞中出现镰状（$Hb\beta^A$和$Hb\beta^S$为共显性）。第二次世界大战期间，一些是杂合携带者的士兵在乘飞机跨越太平洋时就因此表现出了镰状细胞贫血症的症状。

考虑到疟疾的抗性特点，等位基因$Hb\beta^S$对等位基因$Hb\beta^A$显性。原因在于像前文介绍过的$Hb\beta^S Hb\beta^S$细胞一样，被感染的$Hb\beta^A Hb\beta^S$细胞在疟疾有机体开始繁殖前就已破碎，所以它们对疟疾有抗体。但对杂合子而言，幸运的是，在贫血或死亡的表型方面，$Hb\beta^S$对$Hb\beta^A$隐性。这一观察的必然结果是，在正常环境条件下对总体健康的影响和对红细胞数量的影响方面，等位基因$Hb\beta^A$对$Hb\beta^S$显性。

这样，对β珠蛋白及其他基因而言，显性和隐性是特定于每一对等位基因和考察表型的生理学水平，而不是在孤立情况下等位基因的固有性质。因此，在讨论显隐性关系时，必须定义好针对这一分析的特定表型。

等位基因$Hb\beta^A$和$Hb\beta^S$之间复杂的显隐性关系有助于解释本来有害的等位基$Hb\beta^S$为何广泛存在于一些人群中。在疟疾流行的地区，杂合子比任何一种纯合子都能更好地生存，并把他们的基因传递下去。$Hb\beta^S Hb\beta^S$个体通常死于镰状细胞病，而基因型为$Hb\beta^A Hb\beta^A$的个体常常死于疟疾。但是相对而言，杂合子对这两种疾病都是免疫的，所以在疟疾流行的热带环境下，两个等位基因同时存在的概率很高。我们将在第21章关于人口遗传学的内容中对这一现象进行大量详细的探讨。

基本概念

- 单个基因的两个等位基因可以表现出完全显性，这时杂合子与显性纯合子亲本相同；也可以表现为不完全显性，这时杂合子呈现出介于两个亲本之间的表型；还可以表现为共显性，这时杂合子呈现两个纯合子亲本的表型。
- 突变使单个基因产生新的等位基因。一个等位基因在群体中的频率大于1%时为野生型等位基因；频率低的等位基因为突变型等位基因。
- 当单个基因存在两个及以上的野生型等位基因（常见变异）时，该基因为多态基因。只有一个野生型等位基因的基因为单态基因。
- 在多效性方面，一个基因决定多个性状。两个等位基因之间的显隐性关系因性状不同而变化。
- 携带导致无法产生关键功能的隐性致死等位基因的纯合子将死亡。如果一个隐性致死等位基因对一个可见性状有显性作用，纯合子杂交后2/3的存活后代将表现出这一性状。

3.2 双基因遗传的孟德尔定律

学习目标

1. 从杂交结果判断一个性状是由单个基因还是两个基因控制的。
2. 从杂交结果推断不同基因的等位基因之间是否存在相互作用，包括相加、上位、冗余和互补。

两个基因能以多种方式相互作用来决定一个性状，如花色、种子表皮、鸡的羽毛、狗的皮毛或植物叶片的形状。在与孟德尔相似的双因子杂种杂交中，每种类型的相互作用产生其特有的表型比率。在下文的例子中，每两个基因的等位基因是完全显性（如A和B）和隐性（a和b）的。为简单起见，我们有时用显性等位基因的符号来称呼一个基因，如基因A。此外，我们把等位基因A的蛋白质产物称为蛋白质A（非斜体字），且在适当时把等位基因a的蛋白质产物称为蛋白质a（非斜体字）。

3.2.1 控制单个性状的两个基因之间的相加作用可以产生新的表型

在第1章中，我们讨论了黄褐色和灰色扁豆的杂交，其F₁代全是棕色，F₂代有棕色、黄褐色、灰色和绿色的扁豆种子。实验结果显示，F_2代四种颜色种子的比例为9棕色:3黄褐色:3灰色:1绿色［图3.10（a）］，由此不难理解F_2代为何会产生四种颜色。回顾第2章可以发现这一比例与孟德尔在观察两个独立基因的双因子杂合体杂交时对其F_2代的分析相同。在孟德尔的研究中，四组植物都由表现出两个无关性状的植物组成。但对于扁豆，我们只观察一个性状，即种子的颜色。对平行比率最简单的解释为，两个不同类型基因的基因型组合起来并以相加的方式相互作用，从而产生扁豆种子颜色这一表型。

不同类型扁豆植株的F_2代自交得到的结果支持双基因解释。F_2代绿色个体通过自交说明它们是纯种的，产生的F_3代全是绿色。黄褐色个体产生的后代或者全是黄褐色，或者是黄褐色和绿色的混合。灰色产生全灰色后代，或者灰色和绿色混合。棕色F_2代个体自交可产生四种可能的结果：全棕色、棕色加黄褐色、棕色加灰色，或四种颜色都有［图3.10（b）］。双基因假说解释了以下问题：

- 只存在一种绿色基因型：纯种*aa bb*；
- 存在两种黄褐色基因型：纯种*AA bb*，以及黄褐色和绿色产生的*Aa bb*；
- 存在两种灰色基因型：纯种*aa BB*，以及灰色和绿色产生的*aa Bb*；

(a) 关于扁豆表皮颜色的双因子杂种杂交

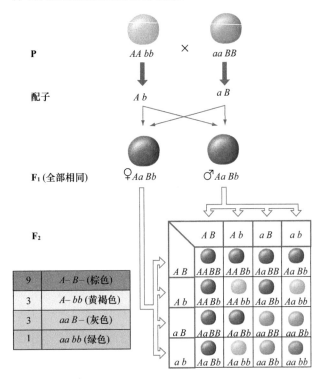

9	A- B-(棕色)
3	A- bb (黄褐色)
3	aa B-(灰色)
1	aa bb (绿色)

(b) F₂自交产生F₃

F₂个体的表型	观察到的F₃表型	F₂群体的预期比例*
绿色	绿色	1/16
黄褐色	黄褐色	1/16
黄褐色	黄褐色、绿色	2/16
灰色	灰色、绿色	2/16
灰色	灰色	1/16
棕色	棕色	1/16
棕色	棕色、黄褐色	2/16
棕色	棕色、灰色	2/16
棕色	棕色、灰色、黄褐色、绿色	4/16

*F₂的这一基因型比率（1：1：2：2：1：1：2：2：4）与F₂表型比率
（9棕色：3黄褐色：3灰色：1绿色）相同。

(c) 根据选择的杂交区分出显隐性关系

纯种亲本的种子表皮颜色	F₂ 表型和频率	比率
黄褐色 × 绿色	231 黄褐色，85 绿色	3：1
灰色 × 绿色	2586 灰色，867 绿色	3：1
棕色 × 灰色	964 棕色，312 灰色	3：1
棕色 × 黄褐色	255 棕色，76 黄褐色	3：1
棕色 × 绿色	57 棕色，18 灰色 13 黄褐色，4 绿色	9：3：3：1

图3.10　两个基因如何相互作用来产生扁豆的种子颜色。（a）纯种黄褐色和灰色扁豆杂交，所有的F₁代都是棕色，但F₂子代中出现了四种不同的表型。F₂的9：3：3：1的表型比率表明种子表皮颜色是由两个不同类型的基因决定的。（b）指定表型的F₂植株自体受精产生F₃的预期结果。第三列表示能够产生预期中的F₃表型所需的F₂群体的比例。（c）包括纯种亲本系在内的其他两代杂交也支持双基因假说。在此表中，F₁代被省略。

● 存在四种棕色基因型：纯种AA BB，棕色和黄褐色产生的AA Bb，棕色和灰色产生的Aa BB，以及能产生四种颜色的扁豆的双因子杂种Aa Bb。

总之，对于决定种子颜色的两个基因，必须同时存在两个显性等位基因才能产生棕色（A- B-）；一个基因的显性等位基因产生黄褐色（A- bb）；另一个基因的显性等位基因产生灰色（aa B-）；完全没有显性等位基因时（即两个都是隐性）产生绿色（aa bb）。这样，四种**基因型类别**分别产生四个颜色表型，这些基因型类别是根据是否存在两个基因的显性等位基因来定义的：①两个都存在（A- B-）；②存在一个（A- bb）；③存在另一个（aa B-）；④都不存在（aa bb）。注意，符号A-表示这个基因的第二个等位基因可以是A或a，而符号B-表示第二个等位基因是B或b。只有在双基因系统下，且两个基因的等位基因之间的显隐性关系是完整的，F₂代9个不同的基因型才能被分为4个表型分类。对不完全显性或共显性而言，就不能这样简单地对F₂的基因型进行分类，因为它们产生的表型不止4个。

不同颜色的扁豆继续杂交证明了双基因假说［图3.10（c）］。纯种黄褐色和纯种灰色扁豆产生F₂的表型比率为9棕色：3黄褐色：3灰色：1绿色，这说明不仅两个基因的显性和隐性等位基因能独立组合和通过相互作用产生种子颜色，而且每个基因型类别（A- B-、A- bb、aa B-和aa bb）决定一个特定的表型。

如何用这两个基因蛋白质产物的相互作用来解释9：3：3：1表型比率呢？我们无法对这一问题给出确切的答案，因为尚未在分子水平确定控制扁豆种子颜色的基因，且它们发挥作用的生化途径也是未知的。但是关于其他植物种子颜色遗传机制方面的知识可以让我们为扁豆的这一系统建立一个合理的模型（图3.11）。这一模型解释了9：3：3：1比率的一个重要含义：两个控制同一性状且独立归类的基因可能以独立的生化途径相互作用，所以在这一实例中，黄褐色（一个生化途径的产物）+灰色（另一个生化途径的产物）=棕色。

3.2.2　上位性：一个基因的等位基因可以掩盖另一个基因的等位基因的表型效应

当两个基因控制一个性状时，四个孟德尔基因型类别却产生不足四个能被观察到的表型，因为一个基因掩盖了其他基因的表型效应。一个基因的等位基因隐藏另一个基因等位基因效应的这种基因间的相互作用叫做**上位性**。起掩盖作用的等位基因对被掩盖的基因（下位基因）起上位作用。

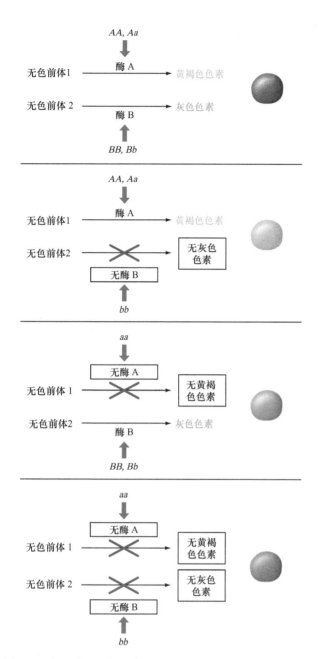

图3.11　扁豆种子颜色遗传的生化模型。种子有一个不透明的外层（种皮）和一个内层（子叶）。如果种皮有颜色，子叶中的绿色叶绿素是看不到的。等位基因A编码酶A，等位基因a不产生这种酶。另一个基因的等位基因B编码另一种酶，b不产生这种酶。如果黄褐色和灰色色素同时存在，种子看起来是棕色。如果两种酶都不存在（aa bb），则种皮无色素，所以子叶中的绿色叶绿素能透过种皮显现出来。9：3：3：1比率表明基因A和基因B以独立的生化途径发挥作用。

1. 隐性上位

　　我们将在此列举三个例子来解释**隐性上位**，即一个基因的隐性等位基因的纯合性掩盖另一个基因的作用。换言之，当一个个体是第一个基因的上位隐性等位基因纯合型时，其表型不受第二个基因（下位）的等位基因的影响。本节最后一个例子将描述一种惊人的现象，即

决定性状的两个基因之间的隐性上位性是相互的。

　　黄色拉布拉多犬　拉布拉多犬的光滑、短毛体表有黑色、巧克力色和黄色［图3.12（a）］。最终呈现的颜色取决于两个不同类别的体表颜色基因的等位基因之间的组合［图3.12（b）］。当第一个基因的显性等位基因E存在时，第二个基因的显性等位基因B决定黑色，且隐性bb纯合体是巧克力色。但是，两个隐性等位基因（ee）掩盖了黑色和巧克力色等位基因的任何组合而呈现黄色。这样，隐性ee纯合基因型对第二个下位基因B的任意等位基因组合都起上位性。

(a) 巧克力色、黄色和黑色拉布拉多犬

(b) 表现出隐性上位的双因子杂交

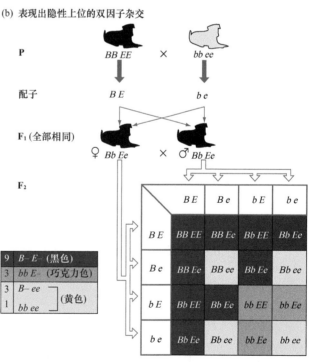

图3.12　隐性上位决定拉布拉多犬的体表颜色。（a）拉布拉多犬的颜色。（b）黄色拉布拉多犬是隐性等位基因e纯合体，等位基因e掩盖了第二个体表颜色基因的等位基因B或b的作用。对于含有等位基因E的拉布拉多犬，B-基因型产生黑色，而bb基因型产生棕色。

　　（a）：© Vanessa Grossemy/Alamy

让我们深入观察这一现象。纯种黑犬（*BB EE*）和一种纯种黄犬（*bb ee*）杂交产生的双因子杂种F₁代是黑色的。双因子杂种F₁代之间杂交产生的F₂代中黑色（*B-E-*）、棕色（*bb E-*）和黄色（*-- ee*）的比例为9∶3∶4〔图3.12（b）〕。注意，只有三种表型类别，因为不含显性等位基因*E*的两个基因型类别（三个*B- ee*和一个*bb ee*）都产生黄色表型。这样，F₂代隐性上位的比例为9∶3∶4，4是3（*B- ee*）+1（*bb ee*）组合。因为*ee*基因型掩盖了其他体表颜色基因的影响，我们无法根据黄色拉布拉多的外表判断它的*B*基因座上的基因型究竟是*B-*（黑色）还是*bb*（巧克力色）。

科学家能够比较精确地解释基因*B*和*E*不同等位基因发挥作用的生化途径（图3.13）。犬类的体表颜色来自一个共同前体合成的两个色素：叫做真黑素的深色色素和叫做褐黑素的浅色色素。当拉布拉多犬有等位基因*E*的至少一个副本时，生成的蛋白质E就会使这些犬只有真黑素，而没有褐黑素。真黑素的合成及其在毛发中的沉着需要等位基因*B*生成的蛋白质，而等位基因*b*生成的蛋白质效率不足。因此，巧克力色的*E- bb*犬毛发中的真黑素比拥有至少一个等位基因*B*的黑犬（*E- B-*）少。但在缺少蛋白质E（在*ee*犬身上）时，由于只合成了褐黑素，犬只呈现黄色。在图3.13中可以很容易地看到为什么*ee*对基因*B*的两个等位基因都是上位：*ee*犬没有真黑素，所以无论这些犬只是*B-*还是*bb*，它们都是黄色的。

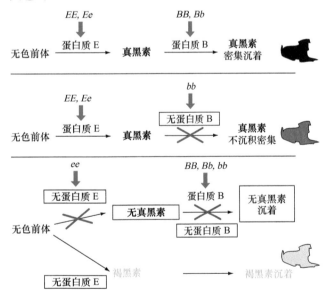

图3.13　拉布拉多犬体表颜色的生化解释。蛋白质E刺激一种从无色前体生成真黑素的酶。当蛋白质E存在时，只产生真黑素。蛋白质B使真黑素密集沉着，所以毛发呈黑色。没有蛋白质B时色素沉着不密集，则产生棕色（巧克力色）毛发。当没有蛋白质E时，合成的不是真黑素，而是褐黑素（黄色色素）。纯合*ee*犬总是黄色，无论基因*B*是哪种基因型。其原因在于蛋白质B只作用于真黑素，而*ee*犬没有真黑素。

人类的孟买血型　对隐性上位的理解有助于我们解开人类遗传学的有趣难题。在一些罕见情况下，都是O型血的父母，其后代却既可能是A型血（基因型*Iᴬi*），也可能是B型血（基因型*Iᴾi*）。这一现象发生的原因在于一种叫做孟买表型（因其发现于印度孟买）的极端罕见性状，表面上看起来像O型血。如图3.14（a）所示，孟买表型产生于第二个基因的突变隐性等位基因（*hh*）间的纯合，这一突变等位基因掩盖了ABO等位基因任何可能存在的作用。

它在分子水平的作用如下〔图3.14（a）〕。在决定血型的红细胞表面分子的构建中，A型个体产生一种将多糖A添加到被称为H物质的糖聚合物上的酶；B型个体产生另一种形式的酶，将多糖B添加到糖聚合物H上；O型个体既不产生A添加酶，也不产生B添加酶，

(a) 孟买表型的分子基础

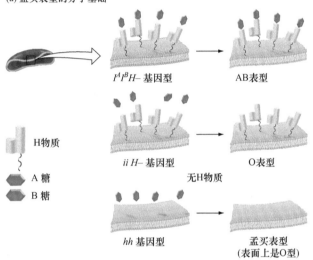

(b) 上位如何导致ABO血型的意外遗传模式

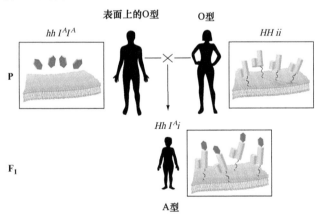

图3.14　人类的隐性上位导致一种罕见的血型。（a）孟买等位基因*h*的纯合体对决定ABO血型的*I*基因上位。*hh*个体无法产生在红细胞表面添加A或B糖的H物质。（b）因为*h*对*I*上位，罕见个体尽管有等位基因*Iᴬ*或*Iᴾ*，也可能看上去是O型血。当被掩盖的等位基因*I*在*Hh*后代中表现出来时，这些人可能会对孩子的血型感到惊讶。

(a) 香豌豆（*Lathyrus odoratus*）

(b) 显示交互隐性上位的双因子杂交

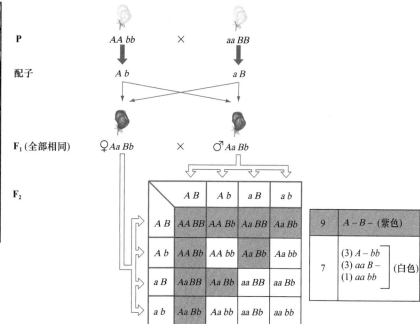

	A B	*A b*	*a B*	*a b*
A B	*AA BB*	*AA Bb*	*Aa BB*	*Aa Bb*
A b	*AA Bb*	*AA bb*	*Aa Bb*	*Aa bb*
a B	*AaBB*	*Aa Bb*	*aa BB*	*aa Bb*
a b	*Aa Bb*	*Aa bb*	*aa Bb*	*aa bb*

9	*A – B –* (紫色)
7	(3) *A – bb* (3) *aa B –* (1) *aa bb* (白色)

图3.15 香豌豆紫色花朵所需的两个基因的显性等位基因。（a）白色和紫色香豌豆花。（b）F₂植株紫色和白色9：7的比率说明，至少需要每个基因的一个显性等位基因才能产生紫色。

© William Allen/National Geographic Creative

所以它的H物质暴露在其红细胞膜中。所有的A、B或O型血的人都携带至少一种第二个基因的显性野生型*H*等位基因，因此能产生一些H物质。与之相反，罕见的孟买表型个体第二个基因的基因型是*hh*，根本不产生H物质。这样，即使这些人产生添加A或B到多糖基的酶，他们也没有能够被添加的H物质。因此，孟买表型个体表面上是O型血。由于这一原因，H物质基因的隐性*h*等位基因纯合会掩盖*ABO*基因的作用，使基因型*hh*对等位基因*I^A*、*I^B*和*i*（除*ii*外）的任何组合都是上位的。

一个携带*I^A*、*I^B*，或同时携带*I^A*和*I^B*，但又是H物质基因*hh*纯合的人可能在表面看来是O型血，但他/她能够在精子或卵子中传递等位基因*I^A*或*I^B*。例如，一个后代有*ABO*基因的一个等位基因*I^A*，同时从父亲遗传的H物质基因的隐性等位基因*h*，从母亲遗传的等位基因*i*和显性等位基因*H*，那么这个后代是A型血（基因型*I^Ai Hh*），尽管双亲中没有一个是A或AB型血〔图3.14（b）〕。

白色香豌豆花 William Bateson在20世纪最初十年中对两种纯种百花香豌豆进行了杂交〔图3.15（a）〕。令人颇为意外的是，所有的F₁代都开紫色的花〔图3.15（b）〕。新的杂种自交产生的F₂代中，紫色和白色的比例为9：7。如何解释这一现象？两个基因共同作用产生紫色的香豌豆花，且每个基因一定存在一个显性等位基因来产生相应的颜色。

图3.16是对上述结果简单的生化假说。因为需要两

个酶来催化连续的生化反应才能把一个无色前体变为紫色色素，所以只有能产生两种所需酶的活化形式的*A-*

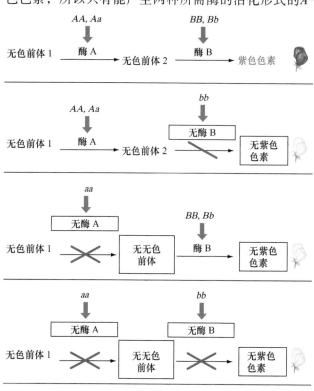

图3.16 香豌豆后代颜色交互隐性上位的生化解释。由两个基因的显性等位基因所产生的酶都是产生色素所必需的。这两个基因的隐性等位基因都不产生酶。在*aa*纯合体中没有产生中间的前体2，所以即使有酶B也不能产生紫色色素。

B-基因型类别才能产生彩色的花朵。其他三种基因型类别（A- bb、aa B-和aa bb）在表型方面被归为一类，因为它们缺少一种能够促使形成任何表型功能的酶，也就不能产生彩色，而同白色是一样的。显而易见，9：7比率中的7包含F$_2$的9：3：3：1比率中的3：3：1。

9：7比率是这种**交互隐性上位**的表型特征，两个基因的显性等位基因共同作用（A- B-）来产生颜色或其他性状，而其他三组基因型类别（A- bb、aa B-和aa bb）不产生性状［图3.15（b）］。考虑到与等位基因A或等位基因B有关的表型是紫色，我们可以说aa对B上位，且bb对A上位。如果香豌豆是aa或bb，那么无论它是否含有另一个基因的显性等位基因，花都会是白色的。

2. 显性上位

显性等位基因也可以造成上位性。显性上位取决于相关生化过程的细节，并可以表现为两个不同的表型比率中的一个。

南瓜的果实颜色　有两个基因影响南瓜的果实颜色［图3.17（a）］。其中一个基因的显性等位基因（A-）决定黄色，而隐性等位基因纯合体（aa）是绿色的。第二个基因的显性等位基因（B-）决定白色，而bb果实可能是黄色或绿色，最终结果取决于第一个基因的基因型。两个基因相互作用，B的存在掩盖A-或aa

的作用而产生白色果实，所以B-对基因A的任何基因型都是上位。隐性等位基因b对基因A影响的果实颜色不起作用。一个基因的显性等位基因掩盖另一个基因作用的上位性叫做**显性上位**。白色F$_1$双因子杂种杂交产生的F$_2$的表型比率为12白：3黄：1绿［图3.17（a）］，其中12包含两个基因型类别：9A- B-和3aa B-。

南瓜的基因A和基因B尚未在分子层面被确定，而且它们相互作用的生化途径未知。但是，基于对其他植物相似现象的了解，可以得出支持12：3：1表型比率的可能的生化途径，见图3.17（b）。

鸡的羽毛颜色　在一些鸡类的羽毛颜色上可以观察到明显的显性上位的不同比率［图3.18（a）］。白色来亨鸡有一个决定羽毛颜色的双显性的基因型AA BB；白色怀安多特鸡是两个基因隐性等位基因（aa bb）的纯合体。这两种纯种白色的鸡杂交产生全白色的双因子杂种（Aa Bb）F$_1$代，但F$_2$代中就出现了彩色的鸡，而且白色和彩色的比例是13：3［图3.18（a）］。我们可以通过假设B对A上位的这种显性上位来解释这一比例。等位基因A只在没有B时才产生颜色，且等位基因a、B和b不产生颜色。这一相互作用的特点是13：3的比率，因为基因型类别9A- B-、3aa B-和1aa bb都产生同一个表型——白色。支持鸡羽毛颜色13：3比率的生

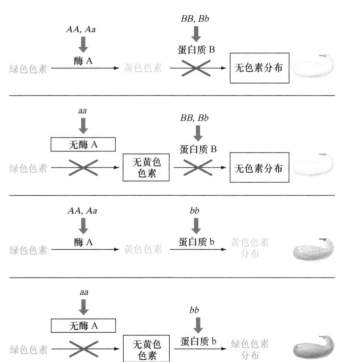

图3.17　显性上位可能形成12：3：1的表型比率。（a）南瓜的显性等位基因B产生白色果实，并足够掩盖等位基因A和a任何组合的作用。因此，黄色（A-）或绿色（aa）只能在bb个体中表现出来。（b）等位基因A编码酶A，而等位基因a不编码酶。所以，A-南瓜有黄色色素，aa南瓜有绿色色素。这两种色素的分布都由被第二个基因的正常（野生型）等位基因b编码的蛋白质b决定。但是，突变显性等位基因B编码这个蛋白质非正常的形式B，即使有正常的蛋白b存在，也能阻止色素的分布。所以，南瓜必须有蛋白质b而不是蛋白质B（基因型bb）才能显示颜色。

(a) B对A上位

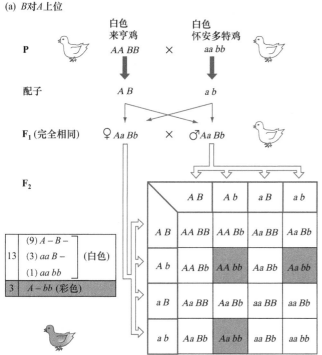

(b) 对鸡羽毛颜色的显性上位的生化解释

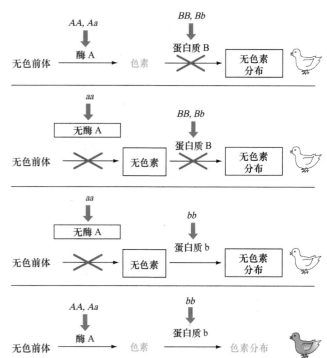

图3.18　显性上位也可能产生13：3的表型比率。（a）白色来亨鸡和白色怀安多特鸡的双因子杂种杂交产生的F₂代中，白色和彩色的比例为13：3。出现这一比率的原因在于产生颜色需要至少一个A副本和没有B副本的情况。（b）合成色素需要等位基因A编码的酶A。等位基因a不编码酶。羽毛中的色素分布取决于第二个基因的正常（野生型）等位基因b编码的蛋白质b。

　　但是，即使有正常的蛋白质b存在，突变显性等位基因B也会编码阻碍色素分布的非正常形态的蛋白质。

化途径见图3.18（b）。

3. 上位性的重点

　　我们讨论过的隐性和显性上位的实例中有以下重点：

● 上位性是不同基因的等位基因间的相互作用，而不是相同基因的等位基因间的作用。

● 在双因子杂种杂交中，上位性导致的F₂表型比率取决于特定等位基因的功能和基因参与的特殊生化途径。

　　在拉布拉多犬和香豌豆的隐性上位实验中，两个基因的完全显性等位基因产生正常发挥作用的蛋白质，而隐性等位基因无功能或产生功能微弱的蛋白质。尽管如此，在拉布拉多犬和香豌豆两个实验中，双因子杂种杂交的F₂代的表型比率也不同，这是因为它们经过的生化过程不同。同理，两个显性上位实验（南瓜和鸡的颜色）由于不同的生化过程而产生了不同的F₂代表型比率。

● 隐性上位通常表明两个基因的显性等位基因以同样的途径发挥作用来达到共同的结果。在拉布拉多犬实验中，B和E共同作用来产生黑色毛发。

● 显性上位通常表明两个基因的显性等位基因有相反的功能。在南瓜和鸡颜色的实验中，基因B的显性等位

基因阻碍色素的分布，而色素的合成取决于基因A的显性等位基因。

3.2.3　冗余：一个过程中有一个或多个基因是多余的

　　玉米有两个基因A和B控制叶片的发育。植株只要有显性等位基因A或显性等位基因B中的一个（A- B-、A- bb或aa B-），就能长出正常的宽叶。但是两个显性等位基因都没有的植株（aa bb）的叶片是窄的，因为它含有的细胞很少［图3.19（a）］。考虑到只有在同时缺少A和B基因时（aa bb）叶片才会畸形，表明**冗余基因作用**的F₂的表型比率是15：1［图3.19（b）］。

　　由显性等位基因编码的蛋白质（A和B）通过复杂的过程使特定细胞成为叶片的一部分（图3.20）。也就是说，只要其中一个过程发挥作用，就会长出正常的宽叶。

　　在这种情况下，冗余基因通常会产生几乎一样的蛋白质来发挥发挥同样的作用。有机体为何会有两个基因在起同样的作用？一种回答是，冗余基因是在基因复制的进化过程中偶然产生的，这一点将在第10章进行解释。

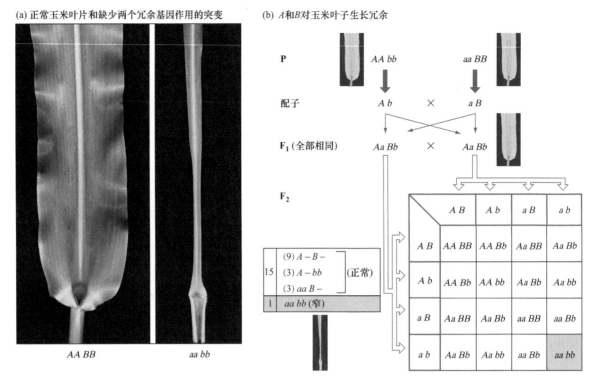

图3.19 冗余基因造成15∶1的表型比率。（a）正常玉米叶片（*AA BB*）和同时缺少显性等位基因*A*和*B*的叶片（*aa bb*）。（b）对玉米而言，显性等位基因*A*或*B*中的一个就能满足正常叶片的生长。只有同时缺少两个等位基因（*aa bb*）才会导致畸形的窄叶，其在双因子杂种杂交F₂代中的比率为15∶1。

（a）：© Dr. Michael J. Scanlon, Cornell University

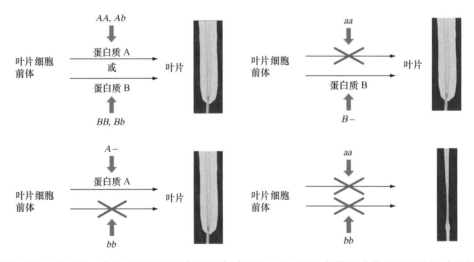

图3.20 冗余基因作用的生化解释。等位基因*A*和*B*控制的蛋白质以独立的过程发挥作用来使细胞成为叶片的部分。隐性等位基因*a*和*b*不控制蛋白质。因为任何一个过程都是足够的，只有同时缺少两个等位基因的植株才会长出窄叶。

3.2.4 总结：不同的生化过程可以产生孟德尔比率的任何变式

到此为止，我们了解了两个独立归类的基因相互作用来决定一个性状时，F₂代四个孟德尔基因型的9∶3∶3∶1比率可以产生不同的表型比率，具体取决于基因作用的性质。其结果可能是四个基因型类别组合成四个、三个或两个表型。表3.2总结了其中一些可能的情况，将表型比率与其所反映的基因现象相关联。

如表3.2所示，基因的野生型和突变等位基因以许多不同的生化过程参与作用而产生特定的F₂表型比率，如9∶7或12∶3∶1，理解这一点是非常重要的。因此，当在一个杂交中观察到特定的比率时，尽管能排除一些可能性，也无法推断它所经历的生化过程。反过来讲，正如你将在本章最后看到的习题部分，如果生化过程已

表3.2　二基因作用总结

基因作用	双因子杂种杂交 F_1 代产生 F_2 代的基因型比率					F₂表型比率
	实例	$A\text{–}B\text{–}$	$A\text{–}bb$	$aaB\text{–}$	$aabb$	
相加：四个明显的 F_2 表型	扁豆：种子表皮颜色［见图3.10（a）］	9	3	3	1	9∶3∶3∶1
隐性上位：纯合型一个基因的隐性等位基因掩盖了另一个基因的两个等位基因	拉布拉多犬：体表颜色［见图3.12（b）］	9	3	3	1	9∶3∶4
交互隐性上位：纯合型一个基因的隐性等位基因掩盖了另一个基因的显性等位基因	香豌豆：花色［见图3.15（b）］	9	3	3	1	9∶7
显性上位Ⅰ：一个基因的显性等位基因隐藏了另一个基因两个等位基因的作用	西葫芦：颜色［见图3.17（a）］	9	3	3	1	12∶3∶1
显性上位Ⅱ：一个基因的显性等位基因隐藏了另一个基因显性等位基因的作用	鸡的羽毛颜色［见图3.18（a）］	9	3	3	1	13∶3
冗余：只需要两个基因之一的显性等位基因来产生表型	玉米：叶片发育［见图3.19（b）］	9	3	3	1	15∶1

知，你可以准确预测包含决定性状的基因杂交所产生的后代中的表型比率。

3.2.5　不完全显性或共显性可以扩展表型变化

我们确定了双基因遗传的多个变化：

- 不同基因的等位基因能以相加的形式相互作用来产生新的表型；
- 一个基因的等位基因能够掩盖另一个基因等位基因的作用（上位）；
- 不同基因可能有冗余作用，所以任一基因的一个显性等位基因都足够产生一个特定的正常表型。

除第一个外，不同基因所有的相互作用都可能使四个孟德尔基因型类别中的两个或以上基因型合并表现为一个表型类别。例如，当基因冗余时，$A\text{-}\ B\text{-}$、$A\text{-}\ bb$和$aa\ B\text{-}$有同样的表型。为简便起见，在研究这些类别时我们选取的例子中每对基因的一个等位基因对另一个完全显性。但是，对基因相互作用的任何类型而言，一个或两个基因的等位基因可能显示出不完全显性或共显性，且这些可能的情况增加了表型的多样性。例如，图3.21显示双因子杂种杂交两个基因的不完全显性不会导致数个基因型类别重叠为一个，而是造成扩展，即双因子杂种杂交F_2的9个基因型分别与不同的表型相符合。

对图3.21表型的简单生化解释与图3.3（b）的不完全显性相同，在后者中所产生的红色素的量与酶的量是成比例的。这里的不同之处在于，紫色的色素沉着需要A和B两种酶的作用，其中一种酶比另一种酶更有效，导致一个基因（在本例中是A基因）比另一个基因对紫色表型的贡献更大。

尽管变异的可能性是多种多样的，但没有一个观察到的偏离孟德尔表型比率的现象与孟德尔的分离和独立分类的遗传规律相矛盾。根据他的理论，每个基因的等位基因仍然是分离的。多个基因的等位基因之间的相互作用使人们更难以解开基因型与表型之间的复杂关系。

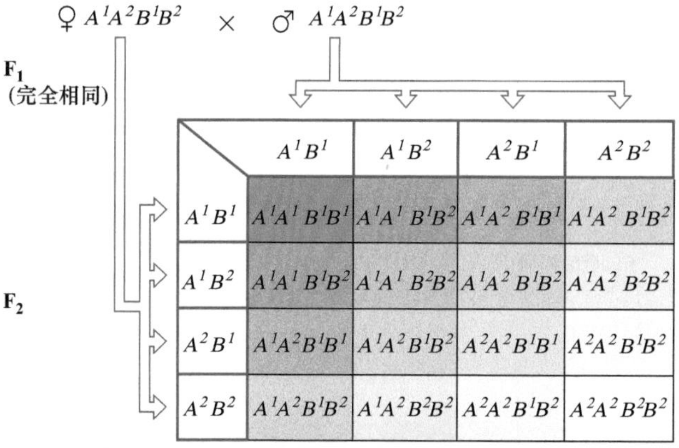

1	$A^1A^1\ B^1B^1$	紫色色调9
2	$A^1A^1\ B^1B^2$	紫色色调8
2	$A^1A^2\ B^1B^1$	紫色色调7
1	$A^1A^1\ B^2B^2$	紫色色调6
4	$A^1A^2\ B^1B^2$	紫色色调5
1	$A^2A^2B^1B^1$	紫色色调4
2	$A^1A^2\ B^2B^2$	紫色色调3
2	$A^2A^2B^1B^2$	紫色色调2
1	$A^2A^2B^2B^2$	紫色色调1（白色）

图3.21　不完全显性时，两个基因间的相互作用可以产生一个性状的9个不同表型。在此例中，两个基因产生紫色色素。第一个基因的等位基因A^1和A^2呈不完全显性，第二个基因的等位基因B^1和B^2也是如此。每个基因的两个等位基因可以产生三个不同表型，所以双杂合体能产生9种（3×3）不同颜色，其比率为1∶2∶2∶1∶4∶1∶2∶2∶1。

3.2.6 育种研究帮助遗传学家确定究竟是一个或两个基因决定一个性状

遗传学家是如何确定某个特定性状是由一个基因的等位基因造成的，还有由两个基因以某种方式相互作用而造成的？育种试验通常可以解决这一问题。来自某种遗传模式的表型比率（例如，9：7或13：3比率说明有两个基因在相互作用）可以提供第一条线索并支持一些假设。进一步的育种研究能够表明哪种假设是正确的。

例如，纯种白色的白化病小鼠与纯种棕色小鼠交配产生黑色杂种；黑色F₁杂交产生90个黑色、30个棕色和40个白化病后代。这些表型的遗传结构是什么？我们可以假定看到的是隐性上位的9：3：4比率，并假设两个相互作用的基因（称它们为B和C）在控制颜色。在这一模式中，每个基因有完全显性和隐性的等位基因，且一个基因的纯合型隐性对另一个基因的两个等位基因都是上位〔图3.22（a）〕。这一想法是行得通的，但这不是与数据一致的唯一假设。

我们可以用一个基因的活动〔图3.22（b）〕来解释这一数据，即比率为90：30：40的160个后代。根据这一单基因假设，白化病是一个等位基因的纯合体（B^1B^1），棕色小鼠是第二个等位基因的纯合体（B^2B^2），而黑色小鼠是拥有新表型的杂合体（B^1B^2），因为B^1和B^2是不完全显性。在这一体系下，黑色（B^1B^2）和黑色（B^1B^2）交配应该产生1 B^2B^2棕色：2 B^1B^2黑色：1 B^1B^1白化病，或40个棕色：80个黑色：40个白化病。单个基因遗传可能获得30个棕色、90个黑色和40个白化病吗？直观地讲，答案是肯定的，因为40：80：40和30：90：40两个比率的差别不是很大。众所周知，抛100次硬币的结果并不总是50次正面：50次反面，有时偶然会出现60：40的情况。所以，我们该如何区分双基因和单基因模式？

答案是我们可以用其他类型的杂交来证实或反驳这些假设。例如，如果单基因假设是正确的，与亲代交配相同的F₂白化病和纯种棕色小鼠的交配能够产生全部都是黑色的纯合体〔棕色（BB）×白化病（bb）=

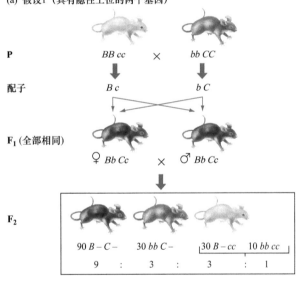

(a) 假设1（具有隐性上位的两个基因）

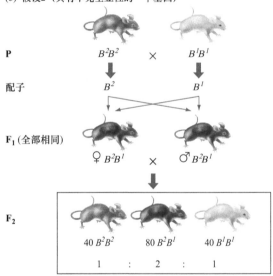

(b) 假设2（具有不完全显性的一个基因）

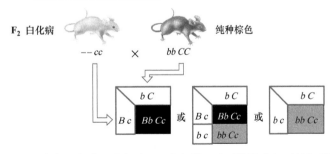

如果两个基因的假设是正确的

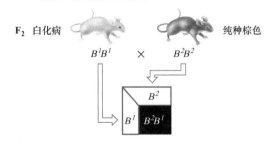

如果单基因假设是正确的

图3.22　特定的育种试验有助于证实假设。这两种模式都可以解释观察小鼠体表颜色这一实验所得到的结果。（a）在一个假设中，具有隐性上位的两个基因相互作用产生9：3：4的比率。（b）在另一个假设中，等位基因之间呈不完全显性的一个基因产生所观察到的结果。在这些模型之间做出选择的一种方法是将数只白化F₂小鼠与真正繁殖的棕色小鼠杂交。双基因模型根据B基因上cc白化病的基因型预测了几种不同的结果。单基因模型预测所有杂交的后代都全部是黑色。

全部黑色（Bb）］［图3.22（b）］。但如果双基因假设是正确的，且白化病基因的隐性突变（称为C）对基因*B*的所有表达都是上位时，纯种棕色（*bb CC*）和F₂白化病（-- *cc*）的不同交配会产生不同的结果：所有后代都是黑色；后代一半黑色、一半棕色；所有后代都是棕色。具体结果取决于白化病在基因*B*上的基因型［图3.22（a）］。事实上，在实际进行实验时，实验结果的多样性证实了双基因假设。

3.2.7 基因座异质性：几个基因中任何一个的突变都可能导致相同的表型

近50个含有突变等位基因的不同基因可能导致人类耳聋。许多基因控制产生听力的发育途径，这个途径中任何一部分，如中耳的一小块骨头的功能丧失都可以导致耳聋。换句话说，需要具备这50个基因中每一个的显性野生型等位基因来产生正常听力。这样，耳聋是一种**异质性状**，即数个基因中任何的一个突变都可以导致同样的表型。在前文中［图3.15（b）］我们了解到香豌豆花的白色也是一种异质性状；*AA bb*和*aa BB*等不同基因的隐性、无功能等位基因的杂合体都是白色。

1. 人类系谱中基因座异质性的证据

基因座异质性是指两个或以上基因中任何一个突变都导致同样突变表型的一种性状性能。对许多家族系谱的深入研究可以揭示基因座异质性是否能够解释一个性状的遗传模式。以耳聋为例，某个耳聋男性和某个耳聋女性如果有孩子，就可以确定他们携带的是同一个基因的突变还是不同基因的突变。如果他们只有听力正常的孩子，父母则非常可能携带两个不同基因的突变，且孩子分别有这两个基因的一个正常野生型等位基因［图3.23（a）］。与之相反，如果他们所有的孩子都耳聋，则他们的父母可能都是同一个基因突变的纯合体，而且他们所有的孩子也都是同一突变的纯合体［图3.23（b）］。

2. 互补和互补测试

图3.23所示的方法用于说明某一特定表型是由相同基因还是不同基因的突变所决定，这一方法是一种实验性遗传工具自然产生的形式，称为**互补测试**。简单来说，当两个分离育种系出现相同的隐性表型时，遗传学家想要知道这两个系的表型是否是由同一个基因的突变导致的。为了解答这一问题，他们分别选取两个种系被影响的个体进行交配，如果得到两个突变的（从父母双方各得一个）后代表现出野生型表型，则发生了**互补**。对互补的观察意味着原始突变影响两个不同的基因，且对这两个基因来说，一个亲本的正常等位基因可以提供另一个亲本相同基因的突变等位基因所不能提供的功能。注意，互补的发现意味着我们所谈论的性状必

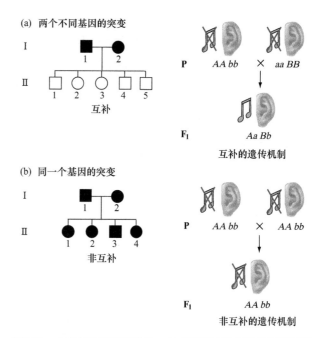

图3.23　人类的基因座异质性：很多基因的突变都可能导致耳聋。（a）双方耳聋的父母可能有听力正常的后代，如果父母是不同基因隐性突变的纯合体。（b）双方耳聋且有同一基因突变的父母生育的孩子可能全部都耳聋。

须是异种的。

我们在前文的图3.15（b）中看到了互补的例子。其中，白色亲本植株是合成紫色色素所必需的不同基因无功能等位基因的纯合体。F₁是紫色的，因为每个亲本的配子都提供了另一方所缺少的野生型等位基因。在图3.23（a）中的耳聋系谱中，耳聋父母的所有孩子都有正常的听力，这是对上述现象的另一个例证。与之相反，如果被影响的亲本所产生的后代表现出突变表型，则没有发生互补。每个后代都得到了同一个基因的两个隐性突变等位基因——从父母双方各得一个［图3.23（b）］。没有互补不能排除一个性状是异种的可能性，只能说明某个杂交中的亲本拥有同一个基因的突变等位基因。

你可以通过一种被称为眼皮白化病（OCA）的白化病来考察对基因座异质性和互补性这两个相关概念的理解。遗传了这一条件的人的皮肤、毛发和眼睛里没有色素，或只有很少量的色素［图3.24（a）］。图3.24（b）所示的水平遗传模式表明OCA是由一个基因的隐性等位基因决定的，而白化病家族成员是这一等位基因的纯合体。在1952年的一篇关于白化病的论文中，一个家庭中父母都有白化病，但三个孩子有正常的色素［图3.24（c）］。你将如何解释这一现象？

答案是，白化病是基因座异质性的又一个实例：数个基因中任何一个的突变等位基因都可以导致这一疾病。论文中这对父母的婚配实际上无意中成为了一个互补测试。观察到的互补表明白化病父母中的一方是基因

(a) 眼皮白化病（OCA）

(b) OCA是隐性的

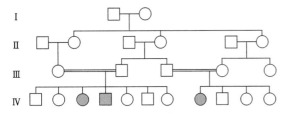

(c) 白化病的互补

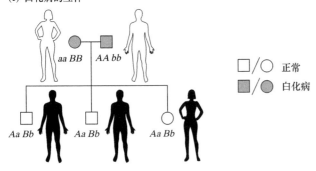

□／○	正常
■／●	白化病

图3.24 家族系谱有助于解开眼皮白化病（OCA）的遗传基础。（a）一个患有白化病的尼日利亚女孩和她的姐姐正在庆祝全非运动会。（b）一个家庭中OCA遗传的跟踪系谱表明这一性状是隐性的。（c）一个白化病父母和非白化病孩子的家庭说明任一基因的一个隐性等位基因纯合体都可以导致OCA。

（a）：© Radu Sigheti/Reuters

A中OCA所致突变的纯合体，而另一方是另一个基因B中的OCA所致突变的纯合体。

基本概念

- 两个基因可以相互作用来影响一个性状；这些相互作用可以通过根据孟德尔原则预测的比率来考察。
- 9:3:3:1表型比率通常表明两个基因以独立的生化过程发生作用，且它们的等位基因以相加的形式相互作用。
- 在上位性中，一个基因的等位基因能够掩盖另一个基因的等位基因所导致的性状。

- 当基因对一个性状表现出冗余时，任一基因的一个显性且功能正常的等位基因就足够产生正常的表型。
- 许多基因表现出基因座异质性，这时数个基因中任何一个突变的纯合体都可以产生相同的突变表型。
- 互补发生在有相同突变表型的纯种亲本的后代身上，且这些亲本是不同基因的隐性、无功能等位基因的纯合体，这些基因的产物以共同的途径发生作用。

3.3 多因子遗传的孟德尔定律

学习目标

1. 探讨导致拥有相同基因型的不同个体表现出不同表型的因素。
2. 解释孟德尔遗传学是如何与许多特征相符的，例如，人类的身高和肤色表现出持续的变异。

许多性状的遗传事实上是非常复杂的，无法简单地用一个或两个基因以符合孟德尔原则的模式发挥作用来解释。当然，这一复杂性的原因之一是影响特定性状的基因不止两个。但第二个原因在于基因不是唯一的参与者，环境和偶然事件有时可以对本来由基因决定的性状产生重大影响。我们将在本节讨论**多因素性状**，即由数个不同基因，或基因与环境相互作用来决定的性状。

3.3.1 相同基因型并不总产生相同的表型

在对基因相互作用的讨论中，到目前为止我们研究了确定由一个基因型造成一个表型的例子。但实际情况并非总是如此。有时一个基因型完全没有被表现出来，也就是说，即使存在这个基因型，也没有出现预期的表型。有时，一个基因型导致的性状在不同个体上以不同的程度或不同的方式表现。改变基因型的表型表达的因素包括修饰基因、环境和机遇。这些因素提高了解释育种试验的难度。

1. 外显率和表现度

眼部癌症最大的恶性肿瘤之一——成视网膜细胞瘤，是由一个基因的显性突变导致的，但携带这一突变等位基因的人中只有75%会患病。遗传学家用**外显率**这一术语来描述拥有特定基因型的个体中表现出预期表型的个体比率。外显率可以是完全的（100%），如孟德尔所研究的性状；或不完全的，如成视网膜细胞瘤，后者的外显率约为75%。

一些患有成视网膜细胞瘤的人只有一只眼睛受影响，而另一些有这一表型的个体双眼都患病。**表现度**是指特定基因型表现为表型的程度或强度。表现度是可变的，如成视网膜细胞瘤（单眼或双眼患病）；或恒定的，如豌豆颜色（所有的yy豌豆都是绿色）。成视网膜细胞瘤的不完全外显率和可变表现度主要是机遇造成的，但在其他情况中，是其他基因和（或）环境造成了

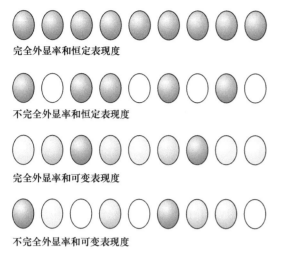

完全外显率和恒定表现度

不完全外显率和恒定表现度

完全外显率和可变表现度

不完全外显率和可变表现度

图3.25　表型可以在外显率和表现度上呈现出变化。当拥有一个基因型的个体有同样的表型（绿色）时，这个基因型是完全外显的。一些基因型是不完全外显的，即有相同基因型的个体中一些表现出表型，而另一些则没有。基因型也可能呈现出不同的表现度，即具有相同基因型的个体可能表现出不同程度的性状。

表型变化。图3.25以图形形式总结了完全外显率、不完全外显率、可变表现度和恒定表现度的区别。

2. 修饰基因

　　并不是所有影响性状外观的基因对表型的贡献都是一样的。主要基因有很大的影响，而**修饰基因**具有更细微的次要影响。修饰基因可以改变其他基因的等位基因所产生的表型。主要基因和修饰基因之间没有正式区别，而是在两者之间存在一个连续统一体，且断点是随机的。科学家有时把影响已知基因作用的未知修饰基因称为**遗传背景**。

　　在影响小鼠尾巴长度的修饰基因中，决定尾巴长度基因的突变等位基因T导致正常的野生型长尾变短。但不是所有携带突变T的小鼠都有相同的尾巴长度。从几个近亲系的比较可以得出这一可变表现度是由修饰基因导致的。在一个近亲系中，携带突变T的小鼠尾巴长度约为正常尾巴长度的75%；在另一个近亲系中，小鼠尾巴长度是正常长度的50%；在第三个近亲系中，小鼠尾巴长度只有野生型尾巴的10%。无论环境如何（如食物、笼子的温度或草垫），一个近亲系中每一个个体都有相同长度的尾巴，因此基因学家得出的结论是突变小鼠尾巴的长度是由基因，而不是环境或机遇决定的。不同近亲系极可能携带修饰基因的不同等位基因，而正是修饰基因在突变T存在时决定尾巴会有多短，也就是说，这些近亲系有不同的遗传背景。

3. 环境对表型的作用

　　温度是环境对表型产生可视作用的因素之一。例如，温度对暹罗猫独特的体表颜色模式有影响（图3.26）。

(a)

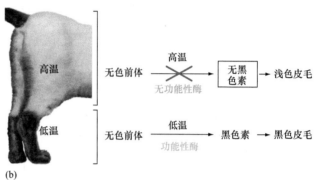

(b)

图3.26　温度影响暹罗猫的体表颜色。（a）一只暹罗猫。（b）黑色素只在温度较低的身体末梢产生。发生这种现象是因为暹罗猫是一种突变的纯合体，这种突变所决定的产生黑色素的酶对温度变化很灵敏。

（a）：© Renee Lynn/Science Source

这些家猫是一个基因的众多等位基因中的一个纯合体，而这个基因编码一种能催化黑色素产生的酶。不同的*Siamese*等位基因产生的酶的形式在猫的正常体表温度下不产生功能，它只在猫身体末梢体温较低的部分变得活跃，从而促进黑色素的产生，使猫的耳朵、鼻子、爪子和尾巴变黑。所以，这种酶对温度变化很灵敏。在气候温和的正常环境条件下，暹罗表型在不同的猫身上从表现度方面看变化不大。但我们可以想象一种与众不同的表型的表达（没有黑色的身体末梢）出现在近赤道沙漠中，那里四周的温度等于或高于正常体温。

　　温度也可以影响存活能力。在一种实验室培育的果蝇（*Drosophila melanogaster*）中，一些个体在18～29℃下正常发育和繁殖；但如果温度高于这一范围，在短时间内它们会发生可逆性麻痹；如果保持高温数小时，它们会死亡。这些昆虫携带*shibire*基因的一个感温等位基因，这个等位基因影响神经细胞传递的一个关键性蛋白质。这种等位基因被称为**条件致死**，因为它只在特定条件下才致死。昆虫能够存活的温度范围被称为**允许条件**；高于这一范围的致死温度被称为**限制条件**。这样，在一个温度下，等位基因产生一个与野生型没有区别的表型，而在另一个温度下，同样的等位基因产生一个突变（这里指的是致死）。携带野生型*shibire*等位基因的果蝇即使在较高温度下也能存活。一些突变只有在特定条件下才致死这一事实是环境可以影响一个表型外显率的例证。

即使在基因正常的个体中，暴露于化学物质或其他环境因素也可能产生与特定基因的突变等位基因引起的表型类似的结果。以这种方式产生的表型变化被称为**拟表型**。从定义上看，拟表型不是遗传现象，因为它不是基因变化的结果。在人类中，20世纪60年代因孕妇摄取镇静剂萨利多胺而出现一种称为短肢畸形的罕见显性性状拟表型。这种药物阻碍原本正常胎儿的四肢发育，其结果与短肢畸形导致的突变相似。这一问题被发现后，萨利多胺退出了市场。

某些类型的环境变化可能对生物体的生存能力有积极的影响。在下面的例子中，医学科学的直接应用人为地降低了突变表型的外显率。患有苯丙酮尿症（PKU）这种隐性疾病的儿童，除非进行特殊的饮食，否则会出现一系列神经系统问题，包括抽搐、癫痫和精神障碍。突变*PKU*等位基因纯合体，使编码苯丙氨酸羟化酶的基因失去活性。这种酶能正常地将氨基酸苯丙氨酸转化为氨基酸酪氨酸。这种酶的缺乏使苯丙氨酸积聚，导致神经系统问题。当今，一种可靠的血液检测技术可以检测到新生儿的这一问题。只要发现了携带*PKU*的新生儿，医生就会开具不含苯丙氨酸的保护性食谱。这一食谱必须同时提供足够的热量来防止婴儿体内蛋白质的分解，从而释放体内的有害氨基酸。这样的食疗只是环境的一个简单变化，却使许多PKU婴儿成长为健康的成年人。

最后，美国的两大头号杀手疾病——心血管疾病和肺癌也同样能够解释环境是如何通过影响外显率和表现度来改变表型的。人们可能因遗传而具有罹患心脏病的倾向，但饮食和锻炼等环境因素也能影响这一疾病的发病率（外显率）和严重度（表现度）。而且，一些人生来就在遗传学上倾向于罹患肺癌，但他们是否会患病（外显率）在很大程度上取决于他们是否选择了吸烟。

因此，生物体环境的各个方面，包括温度、饮食和运动，都与其基因型相互作用，从而产生表型。表型是决定植物或动物外貌及其行为方式性状的最终组合。

4. 随机事件对外显率和表现度的作用

携带视网膜母细胞瘤突变的患者是否会有这种表型的早期症状，或癌症影响单眼还是双眼，取决于随机发生的其他影响遗传的因素。如果这些影响遗传的因素改变特定体细胞的第二个等位基因，就会罹患视网膜母细胞瘤。引发这种疾病的随机事件包括宇宙射线(人类经常暴露于其中)，它会改变视网膜细胞的遗传物质，或

导致视网膜细胞分裂时发生错误。偶然事件提供了使正常视网膜细胞变为癌细胞所必需的第二个因素，即成视网膜细胞瘤基因第二个副本的突变。因此，成视网膜细胞瘤这一表型是特定基因中的特定遗传突变的结果，但这一疾病的不完全外显率和可变表现度取决于影响某些细胞中另一个等位基因的随机基因事件。我们将在第20章正式讨论基因型和表型之间的关系，以及它们对癌症的作用。

修饰基因、环境和机遇通过作用于不完全外显率和可变表现度来产生表型变化。外显率的可能性和表现度的水平无法从原始的孟德尔关于分离和自由组合的原则中得出，它们是通过观察和计数以经验的方式确立的。

3.3.2 孟德尔原则也可以解释连续变异

在孟德尔的试验中，豌豆植株高度是由一个基因的两个分离等位基因决定的（野生豌豆的植株高度是由许多基因决定的，但在孟德尔的自交群体中，除一个例外，所有这些基因的等位基因都是不变的）。这些等位基因造成的各种表型能够明确区分高矮。因此，豌豆植株高度被称为**不连续性状**（或**离散性状**）。与之相反，人类群体不是近亲繁殖的，人的身高由许多不同基因的等位基因决定，这些基因之间及它们与环境的相互作用产生连续的表型变异；因此，人类身高是**连续性状**（或**定量性状**）的一个实例。对人类群体而言，个体身高在一个范围内变化，并在图表上呈钟形曲线［图3.27（a）］。事实上，包括身高、体重和肤色在内的许多人类性状都呈现连续变异，而非孟德尔所分析的非此即彼的性状。

连续性状通常是融合和非融合的。试想一下肤色，例如，非洲人和北欧人结婚所生孩子的肤色通常是其父母肤色的融合。这些F1个体后代的肤色变化范围很大：一些可能像其原始北欧父辈一样浅，一些像原始非洲父辈一样深，但大多数介于这两者之间［图3.27（b）］。正由于此，早期基因学家才不太容易接受孟德尔的分析。因为他们研究的是远交群（在许多基因的等位基因方面都有区别的个体所组成的群体），这些科学家在正常的健康人身上很难找到非此即彼的孟德尔性状的例子。

但是到1930年，对玉米和烟草的研究确切证明可以通过增加影响表型的基因数量来对连续变异进行孟德尔解释。基因越多，表型类别越多，且呈现为连续的变异就越多。

假设这样一个例子：有一系列影响架菜豆高度的基因（*A*、*B*、*C*……），每个基因有两个等位基因：一个对高度没有影响的等位基因0和一个使植株高度增加一个单位的等位基因1。所有等位基因都对同一基因的另一个等位基因不完全显性。所有基因决定的表型

(a)

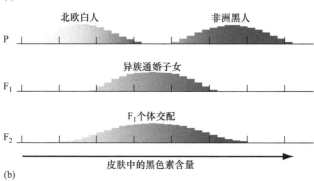

(b)

图3.27　人类的连续特征。（a）在纽约市第五大道一英里赛跑开始时，女运动员证明身高是一种不断变化的特征。（b）大多数F$_1$代后代的肤色通常介于亲本的极端之间，而F$_2$代表现出更广泛的连续变异分布。

（a）：© Rudi Von Briel/PhotoEdit

都是相加的。只携带每个高度基因中等位基因0的纯种植株和只携带每个高度基因中等位基因1的纯种植株进行两代杂交后会产生什么结果？如果只有一个基因负责高度，且环境作用可以被忽视，F$_2$群体可以被分为三类：高度为0的纯合A^0A^0植株（它们俯卧在地面上）、高度为1的杂合A^0A^1植株、高度为2的纯合A^1A^1植株〔图3.28（a）〕。高度在三个表型类别中的分布无法形成一个连续的曲线。但对两个基因而言，F$_2$代中出现5个表型类别〔图3.28（b）〕；对三个基因而言，出现7个表型类别〔图3.28（c）〕；对四个基因而言，出现9个表型类别（图中未显示）。

因此，由三或四个基因产生的分布开始接近连续变异，如果我们再加上环境变化这一影响因素，就会出现一条更平滑的曲线。毕竟我们希望豌豆植株在肥沃的土壤、充足的阳光和水分条件下苗壮成长。环境因素通过增加每个基因类别表现度的变化，使阶梯式的柱状图变为连续的曲线。此外，一些有两个以上等位基因的基因〔图3.28（d）〕、不同基因对表型的不同影响率、与修饰基因的相互作用和机遇都可能导致更多变化。因此，从我们已知的基因型和表型之间的关系来讲，可以看出依据孟德尔原则发挥作用的少量基因如何能够轻易产生连续变异。

连续（或定量）性状在一定范围内变化，并可以被测量，如用毫米测量烟草花、用公升测量一头牛每天的产奶量，或用米测量一个人的身高。连续性状通常是多基因的，即由多个基因控制，而且表现出很多等位基因

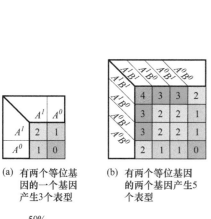

(a) 有两个等位基因的一个基因产生3个表型

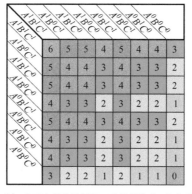

(b) 有两个等位基因的两个基因产生5个表型

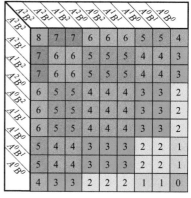

(c) 有两个等位基因的三个基因产生7个表型

(d) 有三个等位基因的两个基因产生9个表型

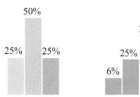

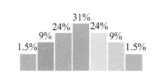

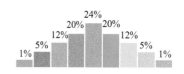

图3.28　连续变异的孟德尔解释。基因或等位基因越多，可能的表型类别就越多，也就越类似于连续变异。在这些例子中，几对不完全显性的等位基因有相加作用。下图中的百分比表明每个基因型出现的频率，即它在整个群体中所占的比例。

遗传学与社会

疾病预防和隐私权

在所收集到的最庞大的一个人类系谱中，一组研究人员从一些有亲属关系的个体与他们的祖先——一对于1459年死于法国北部小镇的夫妻之间追踪到了一种跨越5个世纪的失明遗传系谱。现在有至少30 000名法国人是那对15世纪夫妻的后代，而且在法国少年型青光眼的患者中将近一半的人属于这一直系血统。这一性状的庞大家谱［贴在办公室的墙上超过100英尺（1英尺＝0.3048m）长］表明基因缺陷符合由一个基因的显性等位基因决定的简单的孟德尔遗传模式（图A）。这一系谱同样表明显性基因缺陷表现为不完全外显。不是所有得到这一显性等位基因的人都会失明；这些视力正常的携带者可能会在不知不觉中把导致失明的等位基因遗传给孩子。

不幸的是，人们直到视力恶化时才会知晓他们患有这种疾病。那时他们的视纤维已经受不可逆的损害，失明是不可避免的。令人惊奇的是，阻止神经恶化的药物治疗在20世纪80年代晚期却造成了一个困

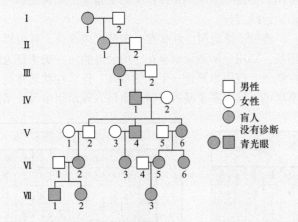

图A 显示少年型青光眼遗传的系谱。家族系谱中的一小部分：七代人以上的水平遗传模式表明一个基因的显性等位基因导致少年型青光眼。V-2没有患青光眼，紧随其后的VI-2又患有这一疾病，这说明该性状是不完全外显的。

境。由于需要在即将发生的失明症状表现出来之前开始有效的治疗，所以关于家族系谱的信息就能够帮助医生锁定高危人群，即使他们的父母都没有失明。因此，对庞大的家庭历史数据进行汇编的研究人员希望给医生提供其所在地区的高危个体的名单，这样，医生就能对他们进行检测并提供必要的医疗建议。但法国一部确立已久的保护个人隐私的法律禁止向公众发布基因系谱中的人名。法国政府机关在解释这部法律时声称，如果公开青光眼系谱中的人名，这一疾病的潜在携带者可能会在求职或投保方面遭遇歧视。

这样，法国面临一个严重的伦理问题：一方面，公布名单可以拯救数以千计的人，使他们免于失明；另一方面，为保护个人隐私而制定的法律阻止这些人名的散布。当时，法国政府采取的解决方案是一个公众教育项目，旨在警示公众关注这一问题，使得相关家庭可以寻求医疗建议。这一方法解决了法律问题，却在医学问题的处理方面成效甚微，因为许多被这一基因影响的个体没有参与教育项目。

到1997年，分子遗传学家已经确定了导致幼年青光眼的显性突变等位基因。这种基因形成一种叫做肌钙蛋白的蛋白质，其在眼睛中的正常功能目前还不清楚。突变等位基因编码一种肌纤蛋白，它会错误地折叠并在眼液进入血液流动的狭窄通道中非正常积聚。错误折叠的肌纤蛋白阻碍过剩玻璃体的流出，并导致眼压升高（青光眼），最终损害视神经，造成失明。

近期，关于肌纤蛋白基因中特定致病突变的研究促使基于对基因型直接分析的诊断测试得到发展（我们将在第11章中介绍直接基因型分析的方法）。这些基于DNA的测试不仅可以锁定高危个体，还能够推动病害治理，在视神经永久损害前发现突变等位基因使及时治疗成为可能。将来如果这样的治疗足够廉价，法国的伦理困境将得到解决。医生可以将其列为常规测试，并对所有新生儿采用，这样就能立即发现几乎所有受影响的儿童，也就不再需要系谱中的个人信息了。

的相加作用，这就在群体中形成了变化的可能性。单个群体所遇到的不同环境甚至会造成更多的变化。我们将在第22章详细讨论定量的多因素性状。

3.3.3 一个综合实例：数个基因的多个等位基因决定狗的体表颜色

驯养犬有不同的颜色和斑纹。前文介绍过的拉布拉多犬的基因E和B（回顾图3.13）只是控制狗的体表颜色和斑纹的至少12个基因中的2个。这些基因中7个基因（E、B、A、K、D、S和M）的作用是被研究得最多的。表3.3列举了这些基因编码的蛋白质，以及在驯养犬身上发现的不同等位基因的性质。

1. 基因A、E和K控制从产生真黑素到产生褐黑素的转换

被称为黑素细胞的皮肤细胞使色素沉积在狗的每一根毛发中。黑素细胞能产生一个黑色色素（真黑素）或一个浅色色素（褐黑素）。基因E编码的MC1R蛋白跨越细胞膜，并进行一个转换来决定黑素细胞产生哪种色素［图3.29（a）］。只有当MC1R被激活时，黑素细胞

表3.3　一些影响驯养犬体表颜色和斑纹的基因

基因	蛋白质	等位基因的显隐性序列	表型
色素类型转换基因			
基因 A（Agouti）	Agouti 标志的蛋白质（ASIP）	$A^y > a^w > a^t > a$	A^y：浅黄褐色（毛发上有很多浅色色素） a^w：灰色（深色毛发上有浅色条纹） a^t：黄褐色腹部（只有腹部毛发有一些浅色色素） a：黑色或棕色（毛发中没有浅色条纹）
基因 E（Extension）	黑素皮质素受体（MC1R）	$E^m > E > e$	E^m：浅黄褐色或斑纹上的黑条纹 E：真黑素（黑色）和褐黑素（黄色）色素 e：只有褐黑素（奶白色、黄褐色、红色）
基因 K（Kurokami）	β- 防御素	$K^b > K^{br} > K^y$	K^b：单色 K^{br}：斑纹 K^y：基因 A 的斑纹正常表现
稀释基因			
基因 D（Dilute）	黑素亲和素（MLPH）	$D > d$	D：颜色不稀释 d：颜色稀释
基因 B（Brown）	与酪氨酸有关的蛋白质（TYPR1）	$B > b$	B：黑色：真黑素密集沉着 b：棕色：真黑素沉着不密集
色素细胞发育和存活基因			
基因 S（Spotting）	小眼相关转录因子（MITF）	$S > S^p$	S：无白色斑纹 S^p：白底色上有彩色斑点
基因 M（Merle）	前黑素体蛋白质（PMEL）	$M^1 = M^2$	M^1：体表颜色稀释（纯合体有各种健康问题） M^2：正常颜色

才会产生真黑素；在MC1R未激活时产生褐黑素。附近皮肤细胞的两个蛋白质通过将MC1R固定在细胞表面来控制MC1R的激活与否。ASIP与MC1R的结合（由基因 A 指定）导致了MC1R的失活，但是当β-防御素（由基因 K 指定）成功地阻断ASIP与MC1R的结合时，MC1R被激活。在不同犬种中发现的基因 E、A 和 K 的不同等位基因形成不同的毛发颜色和不同的色素分布模式。

如前文所述，拉布拉多犬有两个不同的基因 E 的等位基因，基因 E 影响MC1R，而基因 e 无功能。所有的拉布拉多犬都是影响不活跃的ASIP蛋白的基因 A 的等位基因 a 的纯合体，也是产生功能性β-防御素的基因 K 的等位基因 K^b 的纯合体。基因型为 E- 的拉布拉多犬产生真黑素，因为MC1R存在并被 K^b β-防御素蛋白质激活〔图3.29（b）〕。这些 E- 犬是黑色还是巧克力色，取决于其基因 B 的等位基因（如后文所述）。与之相反，ee 拉布拉多犬的黑素细胞没有MC1R，所以无法激活MC1R；只能产生褐黑素，所以犬是黄色（ee 犬的特定黄色是从奶白色到红色的变化，这一颜色是由其他没有在分子水平得到确认的基因控制的）。

其他犬种有基因 A、E 和 K 的不同等位基因。基因 A 的四个不同等位基因形成一个显性序列（表3.3）。如前文所述，等位基因 a 产生一个无功能蛋白质。其他三个等位基因产生的蛋白质通过不同的效率或在犬的不同身体位置控制色素开关。尽管狗的基因 A 与小鼠的基因

A 相同（回顾图3.7），但等位基因 A^y 的表型各异。与小鼠不同，狗可能是 $A^y A^y$ 纯合体，全身呈一种称为浅黄褐色的棕色，因为它们的毛发在真黑素的基础上有很多褐黑素。等位基因 a^w（像小鼠的等位基因 A）使狗全身呈灰色（agouti）。在agouti狗（或小鼠）身上，毛发主要是黑色兼有一条黄色条纹。在这两个物种中，等位基因 a^t 在腹部产生浅色毛发，在背部产生纯黑色毛发。

基因型 ee 对 A^y、a^w h 和 a^t 上位，因为这些基因 A 表型需要毛发有黑色色素。一些犬种有基因 E 的等位基因 E^m，它对 E 和 e 都是显性，并形成黑色的掩盖色（图3.30）。等位基因 E^m 编码一种形式的MC1R来产生比正常情况更多的真黑素，且鼻口附近的黑素细胞对真黑素增多的这一作用最敏感。

基因 K 有三个等位基因来决定基因 A 的斑纹是否可见，在此我们将探讨其中的两个。拉布拉多犬的等位基因 K^b 编码一种所有黑素细胞都会产生的β-防御素，并超过等位基因 A 产生的所有不同的ASIP蛋白质。因此，在 K^b- 犬身上无论是否存在ASIP，都总是产生真黑素。如果一只 E- 犬同时也是 K^b- 犬（如黑色或巧克力色的拉布拉多犬），则这只犬是纯黑色，与基因 A 的等位基因无关，因为 K^b 对基因 A 的所有等位基因上位。与之相反，等位基因 K^y 产生的β-防御素有时使ASIP抑制MC1R，这时产生褐黑素。所以 $K^y K^y$ 纯合体表现出与基因 A 的等位基因 A^y、a^w 或 a^t 相对应的浅黄褐色、灰色或黄褐色。

(a) 黑素细胞中真黑素和褐黑素之间的转换

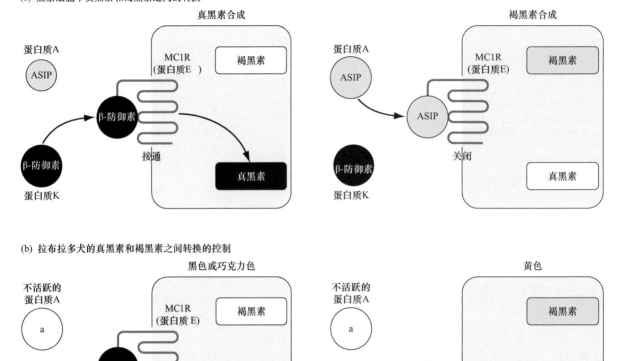

(b) 拉布拉多犬的真黑素和褐黑素之间转换的控制

aa KᵇKᵇ E–   *aa KᵇKᵇ ee*

图3.29 基因*E*、*A*和*K*控制黑素细胞中浅色和深色色素合成之间的转换。MCR1被基因*E*影响。（a）左图：β-防御素（由*K*基因指定）在与MC1R结合中击败了ASIP，并激活了MC1R；黑素细胞产生真黑素（深色色素）。右图：当ASIP（由基因*A*编码）在MC1R固定上超过β-防御素时，黑素细胞产生褐黑素（浅色色素）。当被ASIP固定时，MCR1不表达。（b）左图：拉布拉多犬的等位基因*Kᵇ*所产生的β-防御素总是固定MC1R，因其表达强于等位基因*a*产生的ASIP。所以，真黑素被合成，且狗是黑色或巧克力色（取决于其基因*B*的等位基因）。右图：黄色拉布拉多犬的黑素细胞缺少MC1R（它们的等位基因*ee*无功能），所以只能产生褐黑素。

掩盖色(*Eᵐ*–)   花斑(*sᵖsᵖ*)   杂斑(*MᴵM²*)

图3.30 犬类体表颜色模式是一个多基因性状。决定三种犬类体表颜色模式的主要等位基因。

（左）：© Tierfotoagentur/Alamy；（中）：© Vanessa Grossemy/Alamy；（右）：© Martin Rogers/Getty Images

2. 基因*B*和*D*控制所有色素的沉着

基因*B*编码TYRP1——真黑素合成和黑素细胞中色素沉着所需的一种多功能蛋白质。等位基因*B*产生全功能的TYRP1，而等位基因*b*编码一种活性较弱的TYRP1。如前文所述，*E*-*B*-拉布拉多犬是黑色，因为真黑素密集沉着；而*E*-*bb*犬是棕色，因为产生的真黑素少且沉着不密集。因为TYRP1的作用取决于是否存在MC1R（由基因*E*产生），*ee*对*B*和*b*都是上位（回顾图3.12和图3.13）。

基因*D*编码黑素亲和素（MLPH）——色素沉着所需的另一种蛋白质。基因*D*的隐性等位基因编码一种形式的MLPH，其功能效率低于显性等位基因编码的MLPH。*dd*纯合体中MLPH活性较低，这使色素沉着更少，并因此导致其他基因编码的颜色被弱化。显性（正常）等位基因（*D*）不弱化颜色。例如，*E*-*B*-*D*-犬是黑色的，而*E*-*B*-*dd*犬是浅黑色。

3. 基因*S*和*M*控制斑点

基因*S*隐性等位基因的纯合犬（即*S^pS^p*）是白色并伴有大块其他颜色的斑点，这种模式被称为花斑（图3.30）。犬只要有一个显性等位基因*S*就不会是花斑。基因*S*控制一种称为MITF的蛋白质，它是一种转录因子，用于表达（转录）控制色素产生所需酶的各种基因。等位基因*S^p*产生一种比正常形式活性低的MITF。只有低水平MITF的黑素细胞前体细胞死亡，导致皮肤上出现白色部分，那里没有黑素细胞，也就没有色素。有时，黑素细胞前体细胞偶然有充足的MITF而存活，从而产生有颜色的斑点；这些颜色是由除*S*以外的其他基因决定的。

第二个基因称为*M*，同样控制色素沉积的模式，并有共显性的等位基因*M^1*和*M^2*。等位基因*M^2*是正常的，它编码真黑素沉积所需的一种称为PMEL的蛋白质。等位基因*M^1*产生非正常的蛋白质，它干扰真黑素沉积并因此弱化颜色。*M^1M^2*杂合体（被称为杂斑犬）表现为被弱化颜色的斑点（*M^1*表型）和正常颜色的斑点（*M^2*表型）（图3.30）。繁育人员无法将两只杂斑犬交配，因为基因*M*是多向性的。等位基因*M^1*导致隐性症状，即所谓的双杂斑犬（*M^1M^1*）有包括听力和视力缺陷在内的严重健康问题。产生这些视力和听力问题的原因在于非正常的PMEL蛋白导致视网膜和耳内色素细胞死亡。

犬类体表颜色的这个例子说明了变异的可能性，而这些基因只占已知的影响体表颜色的基因数量的一半。令人惊奇的是，这只是冰山的一角。犬类和人类都有约27 000个基因，在表型表现上将这些基因的各种等位基因联系起来的相互作用的数量如果不是数以亿计，也有百万之众。个体之间变异和多样性的可能性确实令人惊讶。

基本概念

- 在不完全外显时，一个表型在有相同基因型的个体中表现率不足100%。
- 一个连续性状可以有两个极端表达之间的任意程度。这种类型的性状大多是多基因的，即由多个基因相互作用来控制。
- 环境和偶然事件可以与基因相互作用来影响许多所谓的多因子性状的表达。

接下来的内容

孟德尔从简单但基础的现象中发现遗传机制，他的成功在于通过以小见大的实验来研究变异的遗传基础。孟德尔研究的只是一个物种中同系群体的几个性状。他针对每一个性状采取一个基因，该基因由一个完全显性和一个完全隐性等位基因来决定两种能够彼此区分或不连续的性状。显性和隐性等位基因都显示出完全外显率，其在表现度方面的区别可忽略不计。

在20世纪的最初十年，许多生物学家质疑孟德尔分析的普遍适用性，因为它似乎并不能很好地解释大部分动植物性状遗传模式的复杂性或产生连续变异的机制。但将其稍加扩展就能证明连续变异的遗传基础，并为本章中所描述的看起来不符合孟德尔分析的情况提供了解释。每个扩展都对孟德尔分析的范围有所扩大，并加深了我们对变异的遗传基础的理解，且无论观察范围有多广，孟德尔体现在其第一分离定律中的基础结论总是成立的。

那么关于基因独立组合的孟德尔第二定律呢？事实证明，其应用范围不像分离定律那么广泛。许多基因确实独立组合，但有些基因并非如此；更确切的说，是两个基因结合起来，并同时遗传给下一代。对这一事实的理解来自于将孟德尔的遗传单位［基因锁定为特定细胞器（染色体）］的研究。为了介绍研究人员如何推论出基因由染色体传递，第4章将确立包括等位基因分离在内的遗传的物理基础，并将解释为何一些基因独立组合，而另一些基因却并非如此。

习题精解

Ⅰ. 假设你在宠物店购买了一只白化病小鼠（基因型*cc*）。等位基因*c*对其他体表颜色基因上位。你如何确定这只小鼠的棕色基因座上的基因型？（在有色小鼠身上，*BB*和*Bb*是黑色，*bb*是棕色）

解答

这一问题需要了解基因相互作用，特别对上位的正确理解。我们可以通过设计能够找出答案的杂交实验来解释。为了确定是否存在基因*B*的等位基因，需要排除基因型*cc*的障碍作用。因为只有隐性的*c*等位基因是上位的，当*C*等位基因存在时，不会发生上位。为了在交配中引入等位基因*C*，你用来与白化病小鼠交配的实验小鼠的基因型可以是*CC*或*Cc*（如果小鼠是*Cc*，一半后代将是白化病并无法提供有效信息，但这一杂交中的非白化病小鼠能够提供很多信息）。实验小鼠的基因*B*携带什么等位基因？为了弄清楚这一点，需要用每个可能的基因型来评估预期结果。

实验小鼠基因型		白化病小鼠	预期的非白化病后代
	×	*BB*	全是黑色
BB	×	*Bb*	全是黑色
	×	*bb*	全是黑色
	×	*BB*	全是黑色
Bb	×	*Bb*	3/4 黑色, 1/4 棕色
	×	*bb*	1/2 黑色, 1/2 棕色
	×	*BB*	全是黑色
bb	×	*Bb*	1/2 黑色, 1/2 棕色
	×	*bb*	全是棕色

你可以从这些假设的杂交中发现基因型为*Bb*或*bb*的实验小鼠会对三种可能的白化病小鼠基因型产生确切结果。但*bb*实验小鼠更有用，且不确切的结果更少。首先，确定基因型为*bb*的小鼠更容易，因为棕色小鼠一定是这种纯合隐性基因型。其次，当你使用*bb*实验小鼠时，三种可能的基因型产生的结果完全不同（与之相反，无论白化病小鼠是*Bb*还是*bb*，*Bb*实验小鼠都能同时产生黑色和棕色后代，唯一有区别的特征是表型比率）。为了确定白化病小鼠的全部基因型，你需要将其同棕色小鼠（可能是*CC bb*或*Cc bb*）杂交。

Ⅱ. 在一种特殊的观赏花卉中，野生花的颜色为深紫色，属纯合体。一种纯种突变植株的花朵色素沉积减少，呈淡紫色。另一种纯种突变植株的花朵没有色素沉积，呈白色。当第一种突变的淡紫色花朵植株与第二种突变的白色花朵植株杂交时，所有的F₁植株都开紫花。然后F₁植株自交产生F₂代，277个F₂植株中紫色、白色和淡紫色的比率为157∶71∶49。

　a. 解释花色是如何遗传的。这一性状是由单一基因的等位基因控制的吗？

　b. 如果淡紫色的F₂植株自交会产生什么样的后代？

解答

　a. 单基因遗传的模式中有与这些数据相符的吗？可以观察到F₁植株与亲本双方都不同，F₂代由三种不同表型组成，由此可以排除完全显性。F₂植株中三种表型的比率类似共显性和不完全显性所预期的1∶2∶1比率，但该结果说明紫色植株是杂合体。这与所给信息，即紫色植株是纯种相矛盾。现在来考虑两个基因的可能性。两个基因杂合的植株杂交（*W*和*P*），F₂代中基因型*W- P-*、*W- pp*、*ww P-*和*ww pp*的比率应为9∶3∶3∶1（其

中连字符号表示等位基因既可以是显性，也可以是隐性）。9∶3∶3∶1比率的任何组合中有与此例中F₂代的比率相近的吗？数字与9∶4∶3比率最接近。什么假设能够支持两个基因型的合并（3+1）？如果*w*对基因*P*上位，则基因型类别*ww P-*和*ww pp*有相同的白色表型。根据这一解释，淡紫色F₂中有1/3是*WW pp*，其余2/3是*Ww pp*。

　b. 自交时*WW pp*植株只产生淡紫色（*WW pp*）后代，而*Ww pp*植株产生的后代中淡紫色（*W- pp*）和白色（*ww pp*）的比率是3∶1。

Ⅲ. 亨廷顿病是人类的一种罕见显性遗传疾病，会导致神经系统产生不可逆的发育迟缓。该疾病显示了所谓的年龄依赖外显率，也就是说，亨廷顿病基因型的人表达该表型的概率随年龄而变化。假设遗传亨廷顿病等位基因的人中有50%在40岁时表现出症状。苏珊是一位年龄为35岁的女性，其父患有亨廷顿病。她目前没有表现出症状。苏珊在5年内表现出症状的概率是多少？

解答

　这一问题包含概率和外显率。苏珊表现出疾病症状需要两个条件。她有一半的概率（50%）从父亲遗传突变等位基因，如果她真的遗传到了该疾病的等位基因，又有一半的概率（50%）在40岁时表现出这一表型。因为这些是独立事件，概率是单个概率的乘积，或者说是1/4。

习题

词汇

1. 在右列中选择与左列中的术语最匹配的短语。

　a. 上位　　　　1. 影响不止一个表型的一个基因

　b. 修饰基因　　2. 一个基因的等位基因掩盖另一个基因的等位基因的作用

　c. 条件致命　　3. 两个亲本的表型都表现在F₁杂种中

　d. 允许条件　　4. 一个基因中可继承的变化

　e. 降低的外显率　5. 一个基因，其等位基因改变由其他基因的作用而产生的表型

　f. 多因素性状　6. 拥有某个特定基因型的个体只有不足100%表现出该表型

　g. 不完全显性　7. 使条件致命得以存活的环境条件

　h. 共显性　　　8. 由至少两个基因的等位基因相互作用或基因与环境相互作用产生的性状

　i. 突变　　　　9. 由相同基因型的个体表现出强度不同的相关表型

　j. 多向性　　　10. 在一些情况下（如高温）致命，但在其他情况下可存活的基因型

　k. 可变表现度　11. 与所有纯合体都不同的杂合体

3.1节

2. 在紫茉莉花中，红花等位基因对白花等位基因不完全显性，所有杂合体开粉花。下列杂交的后代中花朵颜色成什么比例：（a）粉×粉，（b）白×粉，（c）红×红，（d）红×粉，（e）白×白，（f）红×白？如果你特别想产生粉花，这些杂交中哪一个最有效？

3. 图3.3中金鱼草的Aa杂合体是粉色，而AA纯合体是红色。但孟德尔的豌豆花中Pp杂合体与PP纯合体一样都是紫花（图2.8）。假设等位基因A与等位基因P编码功能酶，等位基因a和p不编码蛋白质，请解释为什么基因A的等位基因和基因P的等位基因相互作用如此不同。

4. 回顾第2章（图2.20），孟德尔的基因R控制一种称为Sbe1的形成支链淀粉的酶。显性等位基因（R）产生蛋白质，隐性等位基因（r）无功能。当研究圆形或褶皱豌豆的表型时，R对r完全显性：RR和Rr豌豆都是圆形，rr豌豆是褶皱的。假设所述表型是豌豆中Sbe1蛋白分子的平均值。你如何描述这里R和r之间的显隐性关系？

5. 在果蝇（*Drosophila melanogaster*）中，黑色体表（ebony）由等位基因e决定。等位基因e^+产生正常野生型、蜂蜜色体表。在两个等位基因的杂合体（但不是e^+e^+杂合体）中，可以在胸部看到被称为三叉戟的黑色斑纹，但身体其他部分是蜂蜜色的。因此e^+和e是不完全显性。
   a. 当雌性e^+e^+果蝇与雄性e^+e果蝇杂交，其后代有黑色三叉戟斑纹的概率是多少？
   b. 有三叉戟斑纹的果蝇互相交配，300个后代中有几个三叉戟、几个ebony体表，以及几个蜂蜜色体表？

6. 两个有黄色花朵的植物杂交产生80个后代，其中，38个开黄花，22个开红花，20个开白花。如果假设花色的这一变异是单基因座上的遗传，与各个花色相应的基因型是什么？如何描述花色的遗传？

7. 在萝卜中，颜色和形状各由一个单基因座控制，每个单基因座上有两个不完全显性的等位基因。颜色可能是红色（RR）、紫色（Rr）或白色（rr），而形状可以是长（LL）、椭圆（Ll）或圆（ll）。两个基因座杂合体的两个植株杂交产生的后代会有怎样的表型类别和比例？

8. 两个野生豆科类植物杂交，其中一个有白花和长豆荚，另一个有紫花和短豆荚。F_1代自交，F_2代有301个长紫、99个短紫、612个长粉、195个短粉、295个长白和98个短白。这些性状是如何遗传的？

9. 假设下列情形不涉及孟买表型（如果你已提前阅读了3.2节）：
   a. 如果一个女孩是O型血，她父母的基因型和相应的表型是什么？
   b. 如果一个女孩是B型血，且她的母亲是A型血，她父亲的基因型和相应的表型是什么？
   c. 如果一个女孩是AB型血，且她的母亲也是AB型血，不可能是该女孩父亲的男性的基因型和相应的表型是什么？

10. 除ABO基因（I）之外，人类的数个基因在红细胞表面产生可识别抗原。基因MN和Rh就是其中两例。基因座Rh上有一个积极等位基因或一个消极等位基因，其中积极等位基因对消极等位基因显性。M和N是基因MN的共显性等位基因。下表列出了几位母亲和她们各自的孩子，请在右列的男性中为每对母子选择相应的父亲，假设每个男性都只有一个孩子。

	母亲	孩子	父亲
a.	O M Rh（积极）	B MN（消极）	O M Rh（消极）
b.	B MN Rh（消极）	O N Rh（消极）	A M Rh（积极）
c.	O M Rh（积极）	A M Rh（消极）	O MN Rh（积极）
d.	AB N Rh（消极）	B MN Rh（消极）	B MN Rh（积极）

11. 决定扁豆种子表皮图案的基因的等位基因有以下显隐性序列：大理石纹＞斑点＝麻点（共显性等位基因）＞光洁。大理石纹等位基因的纯合植株与斑点等位基因的纯合植株杂交，麻点纯合植株与光洁纯合植株杂交。第一个杂交产生的F_1代与第二个杂交产生的F_2代交配。
   a. 这两种F_1交配后产生的表型及其比例是什么？
   b. 两个原始亲本杂交产生的F_1代有什么表型？

12. 一名同学告诉你无法知道图3.4（a）中的斑点和麻点扁豆图案是否由于单个基因的共显性等位基因（C^S和C^D）产生。他说斑点是由基因S控制的，该基因的完全显性等位基因S控制斑点的产生，隐性等位基因s不控制斑点。他还说麻点是由另一个基因D控制的，其中的完全显性等位基因D控制麻点，隐性等位基因d控制无麻点。如果他是正确的，图3.4（a）中的信息是否符合他的观点？请说明理由。

13. 在一个野兔群体中，你发现三种不同的体表颜色表型：chinchilla（C）、himalaya（H）和Albino（A）。为研究体表颜色的遗传，你将每个野兔个体杂交，并将结果记录在了下表中。

杂交编号	亲本表型	后代表型
1	H × H	3/4 H：1/4 A
2	H × A	1/2 H：1/2 A
3	C × C	3/4 C：1/4 H
4	C × H	全部都是 C
5	C × C	3/4 C：1/4 H
6	H × A	全部都是 H
7	C × A	1/2 C：1/2 A
8	A × A	全部都是 A
9	C × H	1/2 C：1/2 H
10	C × H	1/2 C：1/4 H：1/4 A

a. 关于这一野兔群体的体表颜色遗传你能得出什么结论？

b. 确定这10个杂交中每个亲本的基因型。

c. 如果将杂交9和10的chinchilla亲本再次杂交，会得到怎样的后代，其比例又是什么？

14. 在苜蓿中，叶片形状是由单基因决定的，该基因有数个相关的等位基因，它们呈一定的显隐性序列，该基因不是多向性的。这一基因的7个等位基因已知；决定一种形状缺失的一个等位基因对其他6个等位基因隐性，这6个等位基因各自产生一种不同的形状。等位基因的所有杂合体组合都显示出完全显性。

a. 7个等位基因都存在的苜蓿群体中有多少种可能的叶片形状（包括形状缺失）？

b. 最多有几个基因型与一个表型对应？有只能被一个基因型代表的表型吗？

c. 在一片土地上尽管能找到少量植株代表了所有可能的形状，但你发现大部分苜蓿植株的叶片缺少一种形状。请解释这一现象。

15. 有一个卷曲翅膀等位基因（Cy）和一个正常翅膀等位基因（Cy⁺）的果蝇有卷曲翅膀。当两个卷曲翅膀的果蝇杂交时，产生203只卷曲翅膀和98只正常翅膀的果蝇。事实上，卷曲翅膀果蝇的所有杂交几乎都产生同样的卷曲，这是后代的正常比率。

a. 这些后代中的大致表型比率是多少？

b. 请解释这一数据。

c. 如果一只卷曲翅膀果蝇与一只正常翅膀果蝇杂交，产生的180只后代中两种类型的数量各有多少？

16. 在一些植物，如番茄和矮牵牛花中，有100多种已知等位基因的高度多态不亲和性基因S阻碍自交，且促进远系繁殖。在这种形式的不相容中，一个植株无法接受携带同它的任一不亲和性等位基因相同的等位基因的精子。例如，当花粉携带不亲和性基因的等位基因S¹的精子，并落在同样携带等位基因S¹的植株的柱头（雌性器官）上时，该精子无法使这一植株的任何卵细胞受精（出现这一现象的原因在于柱头上的花粉颗粒无法长出花粉管使精子与卵细胞结合）。指出下列杂交是否能产生后代，如果能，则列出这些后代所有可能的基因型。

a. ♂ S¹ S² × ♀ S¹ S²

b. ♂ S¹ S² × ♀ S² S³

c. ♂ S¹ S² × ♀ S³ S⁴

d. 解释这一不亲和性机制如何阻碍植物自交。

e. 这一不亲和性系统如何确保所有的植株都是基因S不同等位基因的杂合体？

f. 如何得知豌豆不受这种不亲和性机制的影响？

g. 解释进化为何有利于新的不亲和性等位基因的出现，从而使番茄和矮牵牛花群体中的基因更加多态。

17. 在一种热带鱼中出现了一种称为蒙特苏马的橙色和黑色品种。当两个蒙特苏马杂交时，后代中2/3是蒙特苏马，1/3是野生型深灰绿色。蒙特苏马是一个单基因性状，且蒙特苏马鱼从不是纯种的。

a. 解释这里的遗传模式，并证明你的解释如何说明所给的表型比率。

b. 在同样的物种中，鱼鳍形态细胞被一个名为f的隐性等位基因纯合体从正常变为褶皱。当正常鱼鳍纯合体的蒙特苏马鱼与绿色褶皱鱼鳍的鱼杂交时，会得到什么样的后代？其比例是什么？

c. 题目b中的两个蒙特苏马后代杂交后产生的后代中表型比率是什么？

18. 基因SMARCAD1的正常和无功能突变等位基因杂合的人患有一种被称为皮纹病的疾病。皮纹病有时也被称为移民延迟疾病，因为没有指纹的人在取得护照时会遭遇困难。不存在无功能突变等位基因的纯合体，因为他们从未出生。请描述SMARCAD1的突变和野生型等位基因的显隐性关系。

19. 一位血液学家在20世纪60年代根据福格特（Fugate）家庭圣经和肯塔基州佩里县的历史记录建立了Troublesome Creek的蓝色人种系谱。Fugate家族的许多成员有蓝色皮肤，这是一种罕见但无害的疾病，被称为高铁血红蛋白症。这一系谱中的其他人嘴唇和

© James Devaney/Getty Images

指尖是蓝色的，但他们身体的其他部位正常。蓝色是由于缺乏心肌黄酶NADH的功能，这种酶可以修复被氧化损坏的血红蛋白。未被修复的血红蛋白积聚产生蓝色色素。

a. 在该系谱的基础上描述心肌黄酶NADH基因的野生型和突变等位基因之间的显隐性序列。

b. 该系谱列出了有蓝色嘴唇和指尖的人，但这一历史记录是不完整的。图表中有这一表型的人还有哪些？对存在的可能性进行解释（如果你已读过3.3节，假设蓝色嘴唇和指尖的表型是完全外显的）。

c. 这一系谱中的一对婚配可能是同族婚姻，在图中用一条水平虚线和一条水平实线表示。之所以不确定，是因为历史记录未说明第一行左面的Martin Fugate的妻子Mary〔Mary（？）〕姓Ritchie

还是Smith，或者都不是。请解释基因学家为何认为Mary可能姓Ritchie或Smith。

d. 该系谱中所有的蓝人（患有高铁血红蛋白症的人）都姓Fugate，但蓝色突变并不是起源于Fugate家族。是哪些（个）人将突变的心肌黄酶NADH等位基因带进了Fugate家族？

3.2节

20. 一只有walnut鸡冠形态的公鸡与一只有single鸡冠形态的母鸡杂交，后代F_1都有walnut鸡冠。当F_1的雄性和雌性彼此交配时，F_2代中有93个walnut鸡冠和11个single鸡冠，但也有29只鸡有一种称为rose的新型鸡冠，32只鸡有另一种称为pea的鸡冠。

a. 解释鸡冠形态是如何遗传的。

b. 有rose鸡冠的纯合体母鸡和有pea鸡冠的纯合体公鸡杂交会产生什么后代？F_2代的表型及其比率如何？

c. 一只walnut公鸡和一只pea母鸡杂交，其后代由12只walnut鸡、11只pea鸡、3只rose鸡和4只single鸡组成。其亲本可能的基因型是什么？

d. 另一只walnut公鸡和rose母鸡杂交，所有的后代都是walnut。其亲本可能的表型是什么？

21. 一匹黑色母马与一匹栗色公马杂交产生红棕色的公马和母马。这两个后代进行数次交配，产生的后代有四种体表颜色：黑色、红棕色、栗色和肝色。将第三代的一匹肝色公马与第一代黑色母马杂交产生一匹黑色马驹，将第三代的一匹肝色母马与第一代栗色公马产生一匹栗色马驹。请解释体表颜色是如何在这些马匹中遗传的。

习题19的图

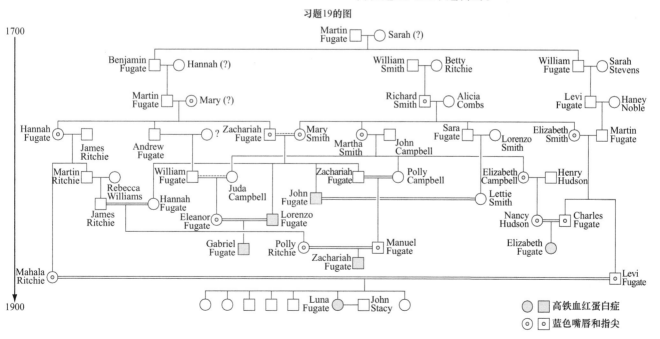

22. 用有颜色填充的形状图案表示耳聋个体。
    a. 研究该系谱并解释耳聋是如何遗传的。
    b. 第V代个体的基因型是什么？他们为什么不耳聋？

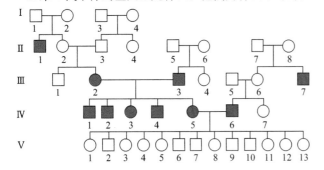

23. 你将两种纯种意大利青瓜进行杂交，其中一个有绿色果实，另一个有黄色果实。F_1全是绿色的，但当它们杂交时，F_2中绿色和黄色的比率为9:7。
    a. 请解释这一结果。两个亲本基因型是什么？
    b. 说明F_1植株测交后代的表型及其比率。
    c. 描述观察到的上位互动。
    d. 假设显性等位基因编码功能酶，且隐性等位基因无功能。请给出能够解释基因相互作用的生化过程。
    e. 将两种不同的纯种黄色意大利青瓜杂交能得到全部为绿色的后代吗？亲本和后代的基因型是什么？
    f. 假设野生型意大利青瓜是绿色的，如何解释题目e的F_1中出现的现象？

24. 两种纯种白花（*Illegitimati noncarborundum*）植株交配，所有的F_1都是白花。F_1自交得到126个白花和33个紫花植株。
    a. 你如何描述花色的遗传？请描述特定等位基因如何互相影响并因此影响表型。
    b. 将白花F_2植株自交，后代中有3/4是白花，1/4是紫花。白花F_2植株的基因型是什么？
    c. 将紫花F_2植株自交，后代中有3/4是紫花，1/4是白花。紫花F_2植株的基因型是什么？
    d. 将两个白花F_2植株杂交，后代中有1/2是紫花，1/2是白花。两个白花F_2植株的基因型是什么？

25. 假设图3.16所示的生化过程中的中间物无色前体2是蓝色，而不是无色。
    a. F_2的表型比率是什么？（蓝色与紫色有明确的区分）
    b. 请描述与这一新的表型比率相应的基因相互作用的类型。

26. 请解释上位和显性之间的区别。二者分别涉及几个基因座？

27. 显性等位基因H减少果蝇身体上刚毛的数量，从而产生无毛表型。在纯合体中，H是致命的。显性等位基因S不影响刚毛的数量，除非存在H，这时单个等位基因S抑制无毛表型并因此恢复刚毛数量。但是S也对纯合体致命。
    a. 两个都携带被抑制的等位基因H的正常果蝇杂交，其存活的后代中有正常刚毛的个体和无毛个体的比率是什么？
    b. 当上一杂交中的无毛后代与题目a中的正常亲本果蝇（即携带被抑制的等位基因H的果蝇）杂交，后代将有怎样的表型比率？

28. 分泌腺（基因型SS和Ss）在唾液和其他体液中分泌A型血和B型血抗原，而非分泌腺（ss）无此功能。如果以唾液分类时，I^AI^BSs女性与I^AI^BSs男性的后代中各种血型的表型比率是什么？

29. 正常情况下，紫罗兰有带深棕色斑纹的黄色花瓣和笔直的茎。假如你发现了一个植株有白色花瓣、无斑纹和俯卧的茎，你要进行怎样的实验才能确定这一非野生型表型是由数个不同的突变基因决定，还是由单个基因座上等位基因的多向性作用决定？请解释你的实验如何解决这一问题。

30. 一名B型血的女性有一个A型血孩子，她的丈夫是O型血。愤怒的父亲认为孩子不是自己的，尽管他的妻子声称自己是无辜的。你认为妻子犯有通奸罪吗？请解释。

31. 下表显示一个系谱中个体的血样对抗A血清和抗B血清的反应。抗A这一行的一个加号（+）表示该个体的红细胞被抗A血清凝结，所以该个体有A抗原；一个减号（-）表示没有凝结。同样的符号也被用于说明对B抗原的试验。

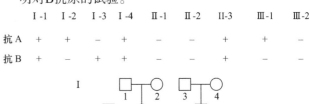

	I-1	I-2	I-3	I-4	II-1	II-2	II-3	III-1	III-2
抗A	+	+	-	-	-	+	-	+	-
抗B	+	-	+	+	-	-	+	-	-

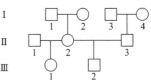

    a. 根据表中的数据推断每一个个体的血型。
    b. 根据这些数据尽可能精确地指出各血型匹配的基因型，并解释系谱所示的遗传模式。假设所有的基因型关系都如系谱所示（即没有错误的亲子关系）。

32. 三种产生白粒玉米穗的纯种玉米互相杂交，每个杂交产生的F_1都是红粒，而F_2代中观察到的红粒和白粒的比率为9∶7。杂交结果见下表。

	F_1	F_2
白-1 × 白-2	红	9红∶7白
白-1 × 白-3	红	9红∶7白
白-2 × 白-3	红	9红∶7白

　　a. 有几种基因决定这三个品种的玉米穗颜色？

　　b. 定义一种符号，并指出纯种白-1、白-2和白-3基因型。

　　c. 用图表解释白-1和白-2的杂交，并指出F_1和F_2的基因型和表型。解释所观察到的9∶7比率。

33. 小鼠的基因*agouti*的等位基因A^Y是一个隐性致死等位基因，但它是显性并决定黄色体表。基因*agouti*杂合（基因型A^YA）和基因*albino*杂合（Cc）的小鼠，与基因*agouti*杂合（基因型A^YA）的albino小鼠（cc）杂交的后代有怎样的表型及比率？

34. 一名爱好钓鱼的学生从卡尤加湖中钓出了一条不寻常的鲤鱼——这条鱼身上没有鱼鳞。她决定调查一下这种奇怪的无鳞表型是否有遗传基础。因此，她找了一些有野生型鱼鳞表型（鱼身被排列整齐的鱼鳞覆盖）的纯种近交鲤鱼，并将它们与无鳞鲤鱼杂交。令她感到惊奇的是，F_1后代由两种比率为1∶1的鲤鱼组成，一种是野生型鲤鱼，另一种鲤鱼的身体两侧各有呈线状排列的一条鱼鳞。

　　a. 有两个等位基因的单个基因能导致这一结果吗？为什么？

　　b. 继第一次杂交之后，该学生将F_1的线型鱼鳞鲤鱼互相杂交，其后代由4种表型组成：线型鱼鳞、野生型鱼鳞、无鳞和分散鱼鳞（即少量鱼鳞不规则分布于体表）。这些表型相应的比率为6∶3∶2∶1。这些表型是由几个基因决定的？

　　c. 同时，该学生将F_1代有野生型表型的鲤鱼互相杂交，并观察到其后代中野生型鱼鳞和分散鱼鳞的比率为3∶1。有几个基因及其等位基因来决定野生型鱼鳞和分散鱼鳞的区别？

　　d. 该学生通过将这些分散鱼鳞的鲤鱼同纯种野生型鲤鱼杂交来证实题目c中的结论。请用图表说明该杂交中的亲本、F_1和F_2的基因型及表型，并指出观察到的比率。

　　e. 该学生试图通过育种来产生纯种无鳞鲤鱼，但她发现这是不可能的。每当她将两条无鳞鲤鱼杂交时总是得到无鳞和分散鱼鳞的后代，其比率为2∶1（这些杂交中的分散鱼鳞鲤鱼是纯种的）。

请用图表说明无鳞×无鳞杂交中该基因的表型和基因型，并解释这一变化了的孟德尔比率。

　　f. 现在该学生认为她能够解释所有的实验结果。请用图表说明该学生在题目b中所进行的线型×线型杂交的基因型。给出在其后代中所观察到的4种表型的基因型，并解释6∶3∶2∶1比率。

35. 假设一种植物的蓝色花朵是由两个基因*A*和*B*控制的。显性等位基因*A*和*B*编码的蛋白质通过以下过程发挥作用。从一个无色前体产生蓝色色素同时需要蛋白质A和B。蛋白质A和B还分别独立抑制从另一个无色前体产生蓝色色素，也就是说，蛋白质A或B其中的一个就足以抑制从前体2产生蓝色色素。隐性突变等位基因*a*和*b*不编码蛋白质。两种不同的纯种突变白花植株杂交时可以观察到互补，所以所有的F_1都是蓝色。

　　a. 每种白花突变和F_1的基因型是什么？

　　b. 如果F_1自交，F_2将有怎样的表型比率？

36. 该问题旨在考察孟德尔9∶3∶3∶1比率变化的可能的生化解释。除有特别说明外，化合物1、2、3、4及其混合物都有不同的颜色，A和B是生化过程中催化所指步骤的酶。等位基因*A*和*B*分别编码功能酶A和B，它们对不编码任何相应酶的等位基因*a*和*b*完全显性。如果存在功能酶，则假设箭头左面的化合物能被完全转化为箭头右面的化合物。每个生化过程中*Aa Bb* × *Aa Bb*形式的双因子杂种杂交的后代会产生怎样的表型比率？

　　a. 独立的生化过程

　　b. 冗余过程

　　c. 连续过程

　　d. 同时需要酶A和B来催化所指的反应

　　e. 分支过程（假设有足够进行两个过程的化合物1）

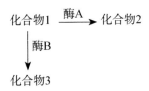

f. 现在请思考与题目a类似的独立生化过程，但化合物2的存在掩盖了其他所有化合物产生的颜色。

g. 接下来请思考题目c的连续过程，但化合物1和2的颜色相同。

h. 最后请思考以下过程。这里的化合物1和2有不同的颜色，*A*编码的蛋白质阻碍化合物1向化合物2的转化。*B*编码的蛋白质阻碍蛋白质A的作用。

37. 请思考你对第36题的答案，F_2代中9∶3∶3∶1比率的特定变化能让你推断出决定这些表型的特定生化机制是如何运行的吗？与之相反，如果已知基因相互作用的一种生化机制，你能预测F_2代的表型比率吗？

3.3节

38. 你抓到了两只从动物设施的实验兽笼中逃跑的小鼠（一雌一雄），一只是黄色，另一只是棕色agouti（agouti毛发有带状的黄色，而非agouti毛发是单色的）。你已知这批小鼠只有三种决定体表颜色的基因及其等位基因：基因*A*的agouti（*A*）或非agouti（*a*）或黄色等位基因（A^Y）（$A^Y>A>a$；A^Y是隐性致死）；基因*B*的黑色（*B*）或棕色（*b*）等位基因（$B>b$）；以及基因*C*的白化病（*c*）或非白化病（*C*）等位基因（$C>c$；*cc*对其他所有表型上位）。但你不知道自己抓到的小鼠携带的具体是哪个基因的哪种等位基因，为了决定基因型，你将这两只小鼠进行交配。第一次生育产生了三只小鼠：一只白化病，一只棕色（非agouti），第三只是黑色agouti。

a. 你抓到的两只小鼠有基因*A*、*B*和*C*的哪些等位基因？

b. 两只亲本生育了几次后得到了很多后代。这些后代群体会有多少种不同的体表颜色表型（总数）？这些表型及其基因型是什么？

39. 图3.21和图3.28（b）都显示了由两个基因控制的性状，每个基因都有两个不完全显性的等位基因。但图3.21中的基因相互作用产生了9种不同的表型，而图3.28（b）所示的情况只产生了5种可能的表型类

别。如何解释表型变化数量的这一区别？

40. 果蝇的三个基因影响一个特定的性状，产生野生型表型需要每个基因的一个显性基因。

a. 如果你将三重杂合果蝇杂交，其后代中会产生什么表型比率？

b. 你将某个特定的野生型雄性果蝇依次与三个实验品种杂交，在与一个实验品种（*AA bb cc*）的杂交中只有1/4的后代是野生型，在与另外两个实验品种（*aa BB cc*和*aa bb CC*）的杂交中有一半的后代是野生型。该野生型雄性的基因型是什么？

41. 园艺花卉蛾蝶花（*Salpiglossis sinuata*）有很多不同的颜色。将纯种亲本进行数次杂交来产生F_1，然后将F_1自交来产生F_2。

亲本	F_1表型	F_2表型
红 × 蓝	全红	102 红、33 蓝
淡紫 × 蓝	全淡紫	149 淡紫、51 蓝
淡紫 × 红	全青铜色	84 青铜色、43 红、41 淡紫
红 × 黄	全红	133 红、58 黄、43 蓝
黄 × 蓝	全淡紫	183 淡紫、81 黄、59 蓝

a. 提出一种假设用来解释蛾蝶花的花色遗传。

b. 给出5个杂交的亲本、F_1代和F_2代的基因型。

c. 纯种黄色和纯种淡紫色植株杂交，所有的F_1后代都是青铜色。如果用这些F_1来产生F_2，会得到什么表型及其比率？有没有一种基因型能产生一种无法从之前的实验中预测的表型？如果有，它是如何改变F_2的表型比率的？

42. 毛地黄有三种不同的花瓣表型：白色红点（WR）、深红（DR）和浅红（LR）。通过纯种DR和LR品种两代杂交可以区分出两种不同的纯种WR品种（WR-1和WR-2）：

亲本	F_1	F_2		
		WR	LR	DR
1　WR-1 × LR	全是WR	480	39	119
2　WR-1 × DR	全是WR	99	0	32
3　DR × LR	全是DR	0	43	132
4　WR-2 × LR	全是WR	193	64	0
5　WR-2 × DR	全是WR	286	24	74

a. 关于毛地黄的花瓣表型遗传你可以得到什么结论？

b. 将基因型分别对应于与4种纯种亲本（WR-1、WR-2、DR和LR）。

c. 杂交1的F_2代中的WR植株与LR植株杂交，产生的500个后代中有253个WR、124个DR和123个LR植株。该WR×LR杂交中亲本的基因型是什么？

43. 在一种果蝇中，任意两个有多毛翅膀的果蝇（翅膀边缘非正常地长有额外的细小绒毛）交配总是产生多毛翅膀和正常翅膀的果蝇，且其比例为2∶1。现在，你将这种多毛翅膀的果蝇同4种正常翅膀的果蝇杂交，其结果见下表。假设只存在多毛翅膀基因的两个等位基因（一个是多毛翅膀，另一个是正常翅膀），4种正常翅膀果蝇的基因型是什么？

正常翅膀果蝇的类型	与多毛翅膀果蝇杂交所得的后代	
	正常翅膀的比例	多毛翅膀的比例
1	1/2	1/2
2	1	0
3	3/4	1/4
4	2/3	1/3

44. 如下图所示，拟南芥（*Arabidopsis thaliana*）在正常情况下有4种不同的器官：萼片（叶片）、花瓣、花粉囊（雄性性器官）和心皮（雌性性器官）。右图所示的突变品种呈非正常的花朵形态——这种花朵全部由萼片组成！三个基因（分别为*SEP1*、*SEP2*和*SEP3*）在生化过程中冗余地发生作用来产生萼片、花粉囊和心皮。正常的花朵形态只需要这些基因的一个显性且功能正常的等位基因：*SEP1*（*A*）或*SEP2*（*B*）或*SEP3*（*C*）。这些基因的隐性突变等位基因（*a*、*b*或*c*）不编码蛋白质。

a. 下图中突变植株的基因型是什么？

b. 在*AA bb cc* × *aa BB CC*三基因杂种杂交中，所有的F₁代都是*Aa Bb Cc*，F₂代中正常植株的比例是多少？

c. 请提出一种模式来解释阿拉伯芥的基因组如何获得了三种冗余基因。

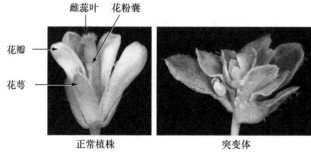

正常植株　　　　突变体

© Sandra Biewers, www.sysflo.edu

45. 一对夫妻想要知道他们未出生的孩子患有手裂畸形的概率，这位准父亲患有该疾病，他在下文所示的系谱中由一个箭头指出（该箭头表明他是一名渊源者——一个家庭中首先引起医护工作者注意该疾病的人）。下图所示的这种性状在人群中非常罕见，且这对准父母之间没有亲属关系。

a. 该性状的遗传模式是什么？

b. 该性状的外显率有多大［即一个系谱中表现出该性状的个体（分子）在该系谱中无论是否有该性状但已知确实携带决定这一性状的基因型的个体（分母）中的比例？］

c. 根据上述题目b的答案，你会如何告知这对父母关于他们未出生的孩子患有手裂畸形的概率？

d. 为什么孩子被影响的概率实际上低于你对题目c的答案？你需要指出与数据相符合的最低概率。

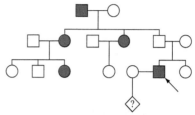

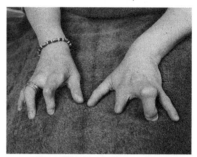

© Maria Platt-Evans/Science Source

46. 该问题说明了为什么经典基因学家在DNA分析出现之前通常需要研究表现出完全外显率的性状。图3.15所示的香豌豆的基因型类别*A- B-*在正常情况下产生紫花，且其他所有基因型类别都产生白花。

a. 如果亲本是*AA bb* × *aa BB*，假设完全外显，则F₂的表型比率是多少？

b. 现在假设只有75%的*A- B-*个体有紫花（即该性状的外显率是75%），则F₂的表型比率又是多少？

c. 在进行这些杂交时，什么样的结果（除意外的F₂比率以外）可以说明紫花表型的外显率是不完全的？

47. 球形红细胞症是一种遗传性血液疾病，它使红细胞呈球形，而不是两面凹形。这一疾病由显性等位基因遗传，*ANK1*（无功能突变等位基因）对*ANK1⁺*显性。患有球形红细胞症的人的脾脏会将球形红细胞当作有缺陷的细胞，并将其从血液流动中移除，从而导致贫血。不同人的脾脏移除球形红细胞的效率不同。有球形红细胞的人中一些有严重的贫血，而一些人的贫血则较轻，还有一些人的脾脏功能很差以至于根本没有贫血症状。在考察2400个有基因型*ANK1 ANK1⁺*的人时，发现他们所有人都有球形红细胞，2250人有不同程度的贫血，150人没有症状（假设不存在*ANK1 ANK1*纯合型的人）。

a. 对球形红细胞携带者的这一描述说明了不完全外显，还是可变表现度，或是两者都有？请解释你的答案。你能从这些数据中得到测量外显率或表现度的数值吗？

b. 请为球形红细胞症提供一种治疗建议，并描述该疾病的不完全外显率和（或）可变表现度如何影响这种治疗。

48. 家族性高胆固醇血症（FH）是一种遗传性的人类疾病，它会导致高于正常值的血清胆固醇水平［测量单位是每分升血液中的胆固醇毫克数（mg/dl）］。血清胆固醇水平两倍于正常值的人患心脏病的可能性比胆固醇正常的人高25倍。血清胆固醇水平三倍于正常值甚至更高的人动脉严重阻塞，而且几乎都会在20岁前去世。以下系谱显示了4个日本家庭中FH的发生情况：

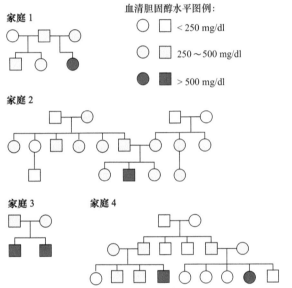

血清胆固醇水平图例：

○ □ < 250 mg/dl

○ □ 250～500 mg/dl

● ■ > 500 mg/dl

a. 基于这些数据，FH最可能的遗传模式是什么？这些系谱中存在不符合你的假设的个体吗？哪些特殊情况能够解释这些个体的存在？

b. 为什么相同表型类别（无色、黄色或红色符号）中的个体表现出如此不同的血清胆固醇水平？

49. 你与两名无亲属关系的患者取得了联系，他们表现出一种你认为是非常罕见的表型——足底有一个黑点。根据一项医学报告，该表型在每100 000人中才能发现一例。这两名患者给你提供了家庭历史数据，你据此得出了如下系谱。

a. 考虑到这一性状是罕见的，你认为它的遗传是显性还是隐性？会出现哪些作用于遗传的特殊情况？

b. 哪些未表现出性状的家庭成员一定携带这一突变等位基因？

c. 如果该性状在人群中是非常常见的，你能为该遗传提出哪种另外的解释？

d. 基于题目c中的新解释，哪些未表现出性状的家庭成员一定携带本该导致该性状的基因型？

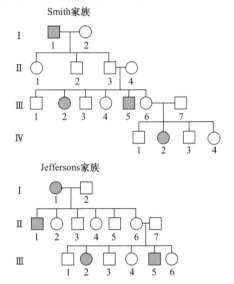

Smith家族

Jeffersons家族

50. 多囊性肾病是一种导致肾脏中出现大量囊肿的显性性状，该疾病会最终引起肾衰竭。一对都没有多囊性肾病的夫妻生下了一个患有该疾病的孩子。哪种可能性能够解释这一结果？

51. 同卵（单卵）双胞胎有相似但不完全相同的指纹。考虑到同卵双胞胎所有基因的所有等位基因都相同，请解释这一结果如何成为可能？

© McGraw-Hill Education/Gary He　　© The Print Collector/Getty Images

52. 根据文中所介绍的7个体表颜色基因（见表3.3）为图3.12（a）中的每一种拉布拉多犬各给出一种可能的基因型。请注意拉布拉多犬是纯种单色的，没有斑点或眼圈。请解释你在确定基因型时遇到的不明情况。

第4章　遗传的染色体学说

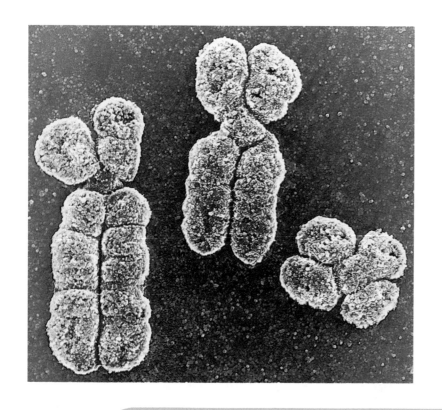

这三条人类染色体中的每一条都携带着数百个基因。
© Adrian T. Sumner/Stone/Getty Images

章节大纲

把植物和动物的球形细胞放置在显微镜下观察，染色体看起来像颜色鲜艳的线状体。正常人类细胞的细胞核携带23对染色体共46条。在这23对染色体中存在明显的大小和形状差异，但在每一对中，两条染色体似乎完全匹配（唯一的例外是男性的一对性染色体，分别为X和Y，它们构成了差异很大的一对）。

唐氏综合征是第一个发现的不是由基因突变引起的，而是由于染色体数目异常引起的人类遗传疾病。患有唐氏综合征的儿童在每个体细胞核中含有47条染色体，由于多了一条非常小的21号染色体，因此称为21三体综合征，引起了异常的表型，包括比正常人更扁平的枕骨、异常大的舌头、由海马和一些大脑其他区域异常发育引起的学习障碍，以及更容易患呼吸道感染、心脏病、快速衰老和白血病的倾向（图4.1）。

一个正常大小和形状的染色体的额外拷贝如何导致如此广泛的表型效应？答案分为两部分。首先，染色体是负责传递遗传信息的细胞结构。在本章中，我们描述了遗传学家如何得出结论——染色体是基因的载体，这一概念被称为**遗传的染色体学说**。答案的第二部分是，正确的发育不仅取决于遗传物质的存在类型，还取决于遗传物质的含量。因此，在细胞分裂过程中控制基因传递的机制必须警惕地保持每个细胞的染色体数目。

细胞分裂通过精确的染色体分配机制进行，有丝分裂（用于体细胞）和减数分裂（用于配子——卵子和精子）。当这套机制不能正常运作，染色体分布的错误会对个体的健康和生存产生严重影响。例如，唐氏综合征是减数分裂过程中染色体分离失败的结果。减数分裂误差导致携带额外染色体21的卵子或精子，如果是在受精时掺入受精卵，则通过有丝分裂传递给发育中胚胎的每个细胞。三体染色体（三个染色体而不是两个染色体）

图4.1 唐氏综合征：一条额外的21号染色体具有广泛的表型后果。21三体综合征通常会导致身体外观和学习潜力的变化。许多患有唐氏综合征的儿童，如照片中心的五年级学生，可以充分参与定期活动。

可以与其他染色体一起出现，但在几乎所有这些情况下，该病症会产前致死并导致流产。

关于减数分裂和有丝分裂的讨论中出现了两个主题。首先，在配子形成过程中对染色体的直接显微观察，使得20世纪早期的研究人员认识到染色体行为与孟德尔基因的行为相互印证，染色体可能携带遗传物质。这种染色体遗传理论于1902年提出，并在接下来的15年中，主要通过利用果蝇进行巧妙的实验得到证实。其次，染色体理论将基因的概念从抽象粒子转变为物理现实——一部分的染色体，可以被看到且可被操纵。

4.1 染色体：基因的载体

学习目标

1. 根据染色体的数量和来源，区分体细胞、配子和受精卵。
2. 区分同源和非同源染色体。
3. 列出姐妹染色单体和非姐妹染色单体之间的差异。

婴儿出生时被问到的第一个问题——是男孩还是女孩？人们的认知里承认男性和女性通常是相互排斥的特征，如孟德尔豌豆的黄色与绿色。更重要的是，在人类和大多数其他有性繁殖的物种中，两性之间存在大约为1∶1的比例。雄性和雌性都产生专门用于繁殖（精子或卵子）的细胞作为下一代的物理连接。在弥补世代之间的差距时，这些**配子**必须各自贡献一半的遗传物质来繁殖正常、健康的儿子或女儿。无论配子的哪一部分携带这种材料，它的结构和功能必须能够解释决定男女性别的功能，以及通常观察到的男女比例为1∶1的情况。性别决定的这两个特征是最早发现细胞遗传的线索之一。

4.1.1 基因驻留在细胞核中

性别和生殖之间特定联系的性质一直是一个谜，直到1667年，最早和最精明的显微镜专家之一Anton van Leeuwenhoek发现精液含有精子（字面上是精子动物）。他想象这些微观生物可能会进入卵子并以某种方式实现受精，但是过了200年后才确认了这个假设。

然后，在1854年开始的20年间（大约在同一时间孟德尔开始了他的豌豆实验），研究青蛙和海胆受精的显微镜学家观察了雄性和雌性配子的结合，并在一系列图纸中记录了该过程的细节。这些图纸及后来的显微照片（通过显微镜拍摄的照片）清楚地表明，卵子和精子核是母体和父体共同形成的配子细胞产生的。这一观察意味着细胞核中的某些东西含有遗传物质。在人类中，配子的核心直径小于2μm。确实值得注意的是，世代之间的遗传联系被包装在如此小的空间内。

4.1.2　基因驻留在染色体中

一些依赖于显微镜技术创新的进一步研究表明，核内较小的离散结构是遗传信息的储存库。例如，在19世纪80年代，一种新发现的有机和无机染料的组合揭示了细胞核内长而明亮的染色线状体，我们称之为**染色体**（字面上是被染色的物体）。在不同种类的细胞分裂过程中跟踪染色体的运动已经可能实现了。

在胚胎细胞中，染色体线在细胞分裂之前纵向分裂成两个，并且两个新形成的子细胞中的每一个接收每个分裂线的一半。细胞分裂后的核分裂导致两个子细胞含有与原始亲本细胞相同数量和类型的染色体，称为**有丝分裂**（来自希腊语mitos的意思是*丝*，-osis的意思是形成或增加）。

在产生雄性和雌性配子的细胞中，构成每对配子的染色体相互分离，因此得到的配子仅从每个染色体对接收一条染色体。产生卵子或精子细胞的核分裂称为**减数分裂**（来自希腊语diminution，意思为缩减）。

1. 受精：单倍体配子结合产生二倍体受精卵

在20世纪的第一个十年，细胞学家——用显微镜研究细胞结构的科学家，发现受精卵中的染色体实际上由两组配对的染色体组成，一组由母系配子提供，另一组由父系配子提供。相应的母系和父系染色体的大小及形状相似，形成一对（有一个例外，即性染色体，我们将在后面的部分讨论）。

仅携带一组染色体的配子和其他细胞称为**单倍体**（来自希腊语single）。受精卵和其他携带两组配对染色体的细胞是**二倍体**（源自希腊语double）。正常单倍体细胞的染色体数目用简写符号n表示。正常二倍体细胞的染色体数目为$2n$。图4.2显示了果蝇的二倍体细胞及其产生的单倍体配子，其中$2n=8$，$n=4$。在人类中，$2n=46$；$n=23$。

你可以看到，在减数分裂和配子形成过程中染色体数目减半，然后在受精时两个配子的染色体结合，通常使一个物种的所有个体的染色体数目保持在$2n$。每对染色体在减数分裂过程中必须彼此分离，这样单倍体配子才会有一套完整的染色体。受精形成受精卵后，有丝分裂的过程确保发育个体的所有体细胞具有相同的二倍体染色体组。

2. 物种的染色体数量和形状的变化

科学家会在细胞生长和分裂的特定时刻分析一个细胞的染色体组成，此时是在细胞核分裂之前染色体最明显的时候。此时称为中期（后面详细描述），单个染色体已经从细线复制并浓缩成紧凑的棒状结构。现在，每条染色体都由两条完全相同的染色体组成，这两条染色体被称为**姐妹染色单体**（图4.3）。

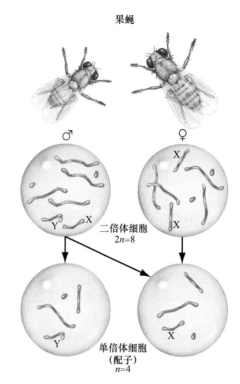

果蝇

图4.2　二倍体与单倍体：$2n$与n。果蝇体细胞是二倍体：它们携带着每条染色体的母本和父本。减数分裂产生单倍体配子，每个染色体只有一个拷贝。在果蝇中，二倍体细胞有8条染色体（$2n=8$），配子有4条染色体（$n=4$）。注意，这张图中的染色体是在它们复制之前绘制的。X染色体和Y染色体决定个体的性别。

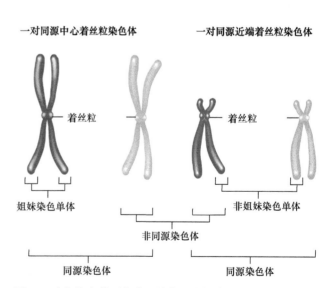

图4.3　中期染色体可按着丝粒位置进行分类。在细胞分裂之前，每个染色体复制成两个姐妹染色单体，在它们的着丝粒上连接。在高度浓缩的中期染色体中，着丝粒可以出现在中间（中心染色体）附近，非常接近末端（近端染色体），或者介于两者之间。在二倍体细胞中，每对染色体中的一条同源染色体来自母本，另一条来自父本。

姐妹染色单体彼此连接的具体位置称为**着丝粒**。每个姐妹染色单体都有自己的着丝粒（图4.3），但在复制的染色体中，两个姐妹着丝粒被拉得很紧，以至于它们形成一个收缩区，在这个收缩区中它们无法相互分辨，即使在扫描电子显微镜中获得的图像中也是如此（见本章开头的图片）。

遗传学家经常根据着丝粒的位置描述染色体（图4.3）。在**中着丝粒染色体**中，着丝粒或多或少位于中间；在近端染色体中，着丝粒非常靠近一端。因此，染色体总是具有由着丝粒分开的两个臂，但是两个臂的相对大小可以在不同的染色体中变化。

中期细胞可以固定，并用几种染料中的一种染色，这些染料突出染色体并突出着丝粒。染料还产生由较亮和较暗区域组成的特征条带图案。在大小、形状和条带上匹配的染色体被称为**同源染色体**或**同源物**。每对中的两个同源物含有相同的基因组，尽管其中一些基因可能携带不同的等位基因。等位基因之间的差异发生在分子水平，并且不会在显微镜下显示。

图4.3介绍了本书中使用的符号系统，使用颜色表示染色体之间的相关程度。因此，相同重复的姐妹染色单体出现在相同颜色的相同阴影中。同源染色体携带相同的基因，但可能在特定等位基因的识别上有所不同，它们被标注成同一颜色的不同深浅（浅色或深色）。携带完全不相关的遗传信息集的**非同源染色体**以不同的颜色出现。

为了研究单个生物的染色体，遗传学家将染色的染色体的显微照片排列在尺寸逐渐减小的同源对中以产生**核型**。核型装配现在可以通过计算机图像分析来加速和自动化。图4.4为人类男性的核型，46条染色体排列在22对配对染色体和1对非配对染色体中。配对的44对染色体称为常染色体。在这个男性核型中，有两条不匹配

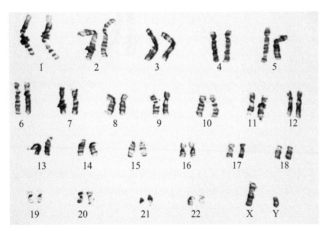

图4.4　人类男性的核型。中期人类染色体的照片是成对的，按大小递减排列。在一个正常的人类男性核型中，存在22对常染色体，以及一个X染色体和一个Y染色体（2n=46）。同源染色体具有相同的暗带和亮带特征。

© Scott Camazine & Sue Trainor/Science Source

的染色体被称为性染色体，因为它们决定了个体的性别（我们将在后面的章节中更详细地讨论性染色体）。

现代DNA分析方法可以揭示同源染色体对的母源染色体和父源染色体之间的差异，从而可以追踪导致个别患者唐氏综合征的额外21号染色体的起源。在80%的情况下，第三条染色体21来自卵子；20%来自精子。在"遗传学与社会"信息栏"产前基因诊断"中描述了医生如何使用核型分析及一种称为羊膜穿刺术的技术，在受孕后的三个月时诊断唐氏综合征。

通过对成千上万正常个体的核型分析，细胞学家已经证实，每个物种的细胞都携带着一个独特的二倍体染色体数目。例如，孟德尔豌豆在每个二倍体细胞中含有7对（14条）染色体，果蝇（*Drosophila melanogaster*）携带8条染色体（4对），通心粉小麦有28条（14对），巨型红杉树22条（11对），金鱼94条（47对），狗78条（39对），人46条（23对）。染色体的大小、形状和数量的差异反映了组装的遗传物质的差异，这些差异决定了每个物种的特征及功能。如这些图所示，染色体的数量并不总是与生物体的大小或复杂性相关。

在下一节中，你将看到染色体携带着关于个体性别的信息，这一发现使我们认识到染色体携带着决定所有特征的基因。

> **基本概念**
> ● 染色体是专门用于遗传物质储存和传播的细胞结构。
> ● 基因位于染色体上，在细胞分裂和配子形成过程中随染色体一起传递。
> ● 体细胞携带精确数目的同源染色体对，这是该物种的特征。
> ● 在二倍体生物中，一对同源染色体中的一个是母系同源，另一个是父系同源。

4.2　性染色体与性别决定

> **学习目标**
> 1. 通过X染色体和Y染色体的不同组合方式预测人的性别。
> 2. 描述人类性逆转的基础。
> 3. 比较不同生物的性别测定方法。

Walter S. Sutton是20世纪初哥伦比亚大学的一名年轻的美国研究生，他是最早意识到特定染色体携带着决定性别信息的细胞学家之一。在一项研究中，他从大腹杆蚱蜢（*Brachystola magna*；图4.5）体内获得细胞，并观察到它们通过进行减数分裂产生精子。他观察到，在减数分裂之前，大腹杆蚱蜢睾丸内的前体细胞总共含有24条染色体。其中，22条配对染色体是常染色体。剩下的两条染色体是不匹配的，他称其中较大的为X染色

遗传学与社会

产前基因诊断

利用观察染色体和基因DNA的新技术，现代遗传学家可以直接定义个体的基因型。医生可以使用这种基本策略在出生前诊断婴儿是否会在出生时具有遗传病。最初用于产前诊断的方法是获得可以分析DNA和染色体的基因型的胎儿细胞。获得这些细胞最常用的方法是**羊膜穿刺术**（图A）。为了执行这个程序，医生将针穿过孕妇的腹壁插入胎儿正在生长的羊膜囊中；这个程序是在女性最后一次月经后约16周进行的。通过超声成像来引导针头的位置，医生将胎儿悬浮在注射器中的羊水抽出一部分。这种液体含有被称为羊膜细胞的活细胞，是由胎儿分泌脱落的。当置于培养基中时，这些胎儿细胞会经历几轮有丝分裂并增加数量。一旦有足够的胎儿细胞可用，临床医生就会观察这些细胞中的染色体和基因。在后面的章节中，我们描述了能够直接检测构成特定疾病基因的DNA的技术。

羊膜穿刺术还可以通过染色体核型分析诊断唐氏综合征。由于唐氏综合征的风险随着母亲年龄的增长

而迅速增加，北美超过一半的35岁以上孕妇目前正在接受羊膜穿刺术。虽然这种核型分析的目的通常是了解胎儿是否为21号染色体的三体，但在检查核型时可能会发现染色体数目或形状上的许多其他异常。

最近，科学家已经能够从母亲的血液中分析胎儿的基因型，而不需要获取胎儿细胞。这一过程之所以成为可能，是因为母亲的血液中含有无细胞的胎儿DNA。胎儿细胞渗入母亲的血液，然后分解，释放出DNA。现代DNA测序技术使遗传学家不仅可以对特定疾病相关的等位基因进行基因型分析，甚至可以确定胎儿的整个基因组序列。从母亲血液中提取胎儿DNA的分析仍处于实验阶段，但在不久的将来，它可能会取代羊膜穿刺术，因为从母亲血液中提取血液既便宜又无创。妊娠16周时流产的正常风险为2%～3%，而羊膜穿刺术会将这一风险提高约0.5%（平均每200次穿刺术中发生1次手术风险）。相反，从母亲的血液中分析无细胞DNA不会对胎儿造成伤害。

羊膜穿刺术和无细胞胎儿DNA分析用于产前诊断的可行性与流产的个人和社会问题密切相关。大多数羊膜穿刺术的实施都是基于这样一种理解，即如果胎儿的基因型表明他患有唐氏综合征等遗传病，那么他将被流产。一些反对堕胎的准父母仍然选择进行羊膜穿刺术，以便更好地为受影响的孩子做准备，但这种情况很少见。

堕胎辩论的伦理和政治方面影响产前诊断的许多实际问题。例如，父母必须决定哪些基因条件足够严重，他们才愿意堕胎。从经济的角度来看，社会必须决定谁应该为产前诊断程序买单。在目前的实践中，羊膜穿刺术的风险和成本通常限制了其应用，仅适用于35岁以上的妇女或由于家族史而使胎儿具有可检测遗传条件的高风险的母亲。然而，在不远的将来，决定产前检查频率的个人和社会方式可能需要进行彻底的改革，因为诸如无细胞胎儿DNA分析等技术进步将把成本和风险降到最低。

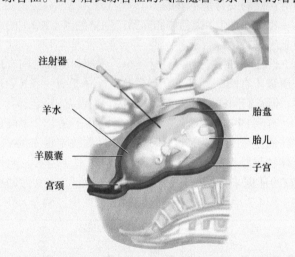

图A　通过羊膜穿刺术获得胎儿细胞。医生将针插入羊膜囊（超声成像辅助），并将含有胎儿细胞的羊水提取到注射器中。

注射器

羊水

羊膜囊

宫颈

胎盘

胎儿

子宫

体，较小的为Y染色体。

减数分裂后，这些睾丸内产生的精子有两种类型：其中一半有11条常染色体加X染色体，而另一半有11条常染色体加Y染色体。相比之下，该物种的所有雌性所产的卵子都携带一组11+X染色体，就像在第一类精子中发现的染色体一样。当一个带有X染色体的精子与一个卵子受精时，就会产生一只雌性蝗虫；当含有Y的精子与卵子融合时，就会产生XY雄性。因此Sutton认为X染色体和Y染色体决定性别。

几位研究其他生物体的研究人员很快证实，在许多有性繁殖的物种中，两种截然不同的染色体，即**性染色体**，提供了性别决定的基础。一种性别携带同一染色体的两个副本（配对），而另一种性别携带每种类型的性染色体中的一种（不配对）。例如，正常人类女性的细胞含有23对染色体。每对染色体的两条染色体，包括决定性别的X染色体，它们在大小和形状上几乎是相同的。然而，在男性中，有一对不匹配的染色体，其中较大的是X染色体，较小的是Y染色体

图4.5 大腹杆蚱蜢。在这对交配伴侣中，较小的雄性跨在雌性身上。

©L. West/Science Source

(a)

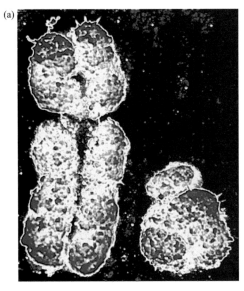

(b)

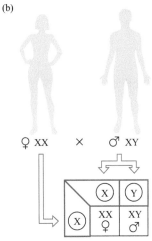

图4.6 X染色体和Y染色体决定人类的性别。（a）这张彩色显微图显示了左边的人类X染色体和右边的人类Y染色体。（b）儿童只能从母亲那里得到X染色体，但他们可以从父亲那里继承X或Y染色体。

（a）：© Biophoto Associates/Science Source

［图4.4和图4.6（a）］。除了在性染色体上的这种差异，这两种性别在任何一对染色体上都是无法区分的。因此，遗传学家可以将女性指定为XX，男性指定为XY，并将有性生殖表示为XX和XY之间的简单杂交。

如果性别是由一对在配子形成过程中分裂到不同细胞的性染色体决定的遗传特征，XX×XY杂交既可以解释性别的互斥性，也可以解释男女比例接近1：1，这是性别决定的特征［图4.6（b）］。如果染色体携带的信息定义了两种截然不同的性别表型，我们可以很容易地推断，染色体也携带着指定其他特征的遗传信息。

4.2.1 在人类中*SRY*基因决定雄性

正如刚刚看到的，人类和其他哺乳动物的一对性染色体在雌性（XX）身上是相同的，但在雄性（XY）身上是不同的。研究表明，在人类中，Y的存在与否才是真正起作用的因素；也就是说，任何携带Y染色体的人看起来都像男性。例如，拥有两个X染色体和一个Y染色体（XXY）的罕见人类是男性，他们表现出某些统称为克兰费尔特综合征的异常。克兰费尔特综合征的雄性通常又高又瘦，不育，有时表现出智力迟钝。这些个体是男性，说明在Y染色体存在的情况下，两条X染色体对女性的发育是不够的。

相反，携带X染色体和非第二性染色体（XO）的人类是患有特纳综合征的女性。特纳女性通常不育，缺乏第二性征（如阴毛），身材矮小，颈部和肩部之间有皮肤褶皱（有蹼的颈部）。尽管这些个体只有一条X染色体，但它们同样发育成雌性，因为它们没有Y染色体。

直到1990年，研究人员发现，并不是整个Y染色体，而是一个名为*SRY*（**Y染色体性别决定区**）的Y染色体特异性基因才是决定男性性别的主要因素。暗示*SRY*的证据来自所谓的**性逆转**：XX男性和XY女性的存在（图4.7）。在许多性逆转的XX男性中，两条X染色

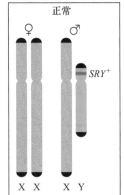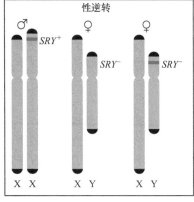

图4.7 性逆转。性逆转的XX男性的X染色体上有一部分Y基因，包括*SRY*基因。性逆转的XY女性在Y染色体上缺少*SRY*基因，要么是因为它已经被X染色体的一部分取代，要么是因为它已经被突变灭活。

体中的一条携带着Y染色体的一部分。虽然在不同的XX雄性中，Y染色体的不同部分在X染色体上被发现，但始终存在一个特定的基因——*SRY*。相反，性逆转的XY女性总是有一个Y染色体缺乏功能*SRY*基因；包含*SRY*的Y染色体部分要么被X染色体的一部分替换，要么包含*SRY*的非功能性突变体拷贝（图4.7）。后来的小鼠实验证实，*SRY*确实决定雄性。在"快进"信息栏中利用转基因小鼠实验进行了说明，证明*SRY*是雄性因子。

*SRY*是Y染色体上约110个蛋白编码基因之一。Y染色体的两端称为**假常染色体区（PAR）**，因为同源

DNA序列存在于X染色体的两端（图4.8）。这两个PAR（PAR1和PAR2）总共包含大约30个基因，在X和Y染色体上都发现了它们的副本。

然而，大多数Y染色体被称为男性特异性区域（MSY）（图4.8）；只有部分*MSY*基因的功能被了解。MSY包括4个Y特异性（因此也包括男性特异性）基因：*SRY*和3个精子形成所需的基因。MSY这个名字有点误导人，因为MSY中的8个基因也存在于X染色体上，但与*PAR*基因不同的是，它们并不在X或Y的一个区域内组合在一起。这8个*MSY*基因影响着全身细胞和

快进

转基因小鼠证明*SRY*是雄性因子

几乎所有哺乳动物的Y染色体上都已鉴定出与人类*SRY*基因相似的基因。1991年，研究人员利用小鼠转基因技术，明确表明*SRY*基因是决定雄性的关键因素。转基因小鼠的基因组中含有来自另一个个体甚至是另一个物种的基因副本。这样的基因被称为转基因。基因工程的一个重点是转基因的操作和插入技术。

为了确定*SRY*基因是否有助于雄性小鼠的成活率，研究人员想要将小鼠*SRY*基因的拷贝体导入雌性

（XX）染色体小鼠的基因组中。如果*SRY*基因是雄性的决定性因素，那么含有*SRY*基因的XX只小鼠仍然是雄性。

首先，科学家们利用克隆技术分离出小鼠*SRY*基因的DNA，这将在后面的章节中讨论。接下来，使用一种称为原核注射的方法，在它们的一个常染色体上产生含有*SRY*基因的转基因小鼠。为了进行原核注射，研究人员从已交配的雌性小鼠体内收集了许多受精卵，并将数百份*SRY*基因DNA（图A）注入精子或卵核（受精卵中称为原核）。原核中的酶将DNA整合到基因组中的随机位置（图A）。

在被注射的受精卵发育成早期胚胎后，它们被植入代孕母亲体内。当小鼠出生时，从它们的尾巴上取下细胞，用分子生物学技术检测*SRY*转基因的存在。

图B右侧为本研究获得的转基因小鼠（*SRY*转基因）。虽然它的染色体是XX，但它的表型是雄性。这一结果最终证明，*SRY*基因是决定雄性的重要因素。

SRY 基因 DNA

注射到受精卵
的原核中

↓

SRY

将*SRY*基因DNA随机整合到染色体

↓

测试尾细胞是否存在*SRY*转基因

图A　使用原核注射法产生小鼠*SRY*基因转基因。

（1）：© Brigid Hogan, Howard Hughes Medical Institute, Vanderbilt University；（2）：© Charles River Laboratories

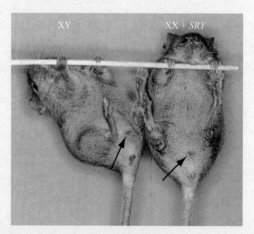

图B　一只XX小鼠*SRY*转化为表型雄性。右边的转化XX小鼠和左边的正常XY同窝出生的小鼠都有正常的雄性生殖器。箭头指向阴茎。

© Medical Research Council/Science Source

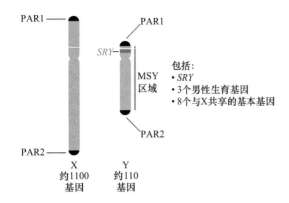

图4.8 人类性染色体既有共同的基因，也有独特的基因。PAR1和PAR2（黑色）是X染色体和Y染色体的同源区域，共包含约30个基因。MSY区域包含男性自身所需的基因（*SRY*）、男性生育所需的基因，以及与X共享的必需基因是男性生存所需的，因为仅使用它们的X连锁的对应基因不能产生足够的蛋白质。

组织的功能。事实上，这些与X共享的*MSY*基因中有几个对男性的生存能力至关重要，因为如果没有Y连锁拷贝，X染色体上的单个基因拷贝就不能提供足够的蛋白质（女性通常同时表达这8个基因的X连锁拷贝的等位基因，因为这些基因逃避了本章后面描述的现象）。

X染色体包含约1100个基因，其中大部分与性别无关；它们调节男性和女性所需蛋白质的合成。

为什么拥有*SRY*基因意味着你是男性，而没有*SRY*基因意味着你是女性？受精后大约6周，SRY蛋白激活XY（或性逆转的XX）胚胎的睾丸发育。胚胎睾丸分泌激素，刺激男性性器官的发育，阻止女性性器官的形成。在缺乏SRY蛋白的情况下，卵巢代替睾丸发育，而其他女性性器官则是自然发育的。

4.2.2　物种在性别决定机制上差异很大

其他物种在这种XX染色体对XY染色体的性别决定策略上表现出变异。例如，在果蝇中，虽然正常的雌性是XX，正常的雄性是XY（见图4.2），但最终决定性别的是X染色体的数量（而不是Y的存在与否）。人类和果蝇对相同的性别染色体异常互补的不同反应

（表4.1）表明，果蝇和人类的性别决定机制不同。XXY果蝇是雌性的，因为它们有两条X染色体；而XXY人类是雄性的，因为它们有一条Y染色体。相反，因为它们有一个X染色体，XO果蝇是雄性的；而因为它们缺少一个Y染色体，XO人类是雌性的。

性别决定的XX=女性／XY=男性策略绝不是普遍的。例如，在某些种类的蛾子中，雌性是XX，而雄性是XO。在秀丽隐杆线虫（线虫的一种）中，雄性也类似于XO，但XX个体不是雌性；相反，它们利用的是同时产生卵子和精子的雌雄同体。在鸟类和蝴蝶中，雄性有匹配的性染色体，而雌性有一组不匹配的；在这类物种中，遗传学家将性染色体表示为男性的ZZ和女性的ZW。具有两种不同性染色体的性别称为异配子性别，因为它产生两种不同类型的配子；相反，具有两个相似性染色体的性别是同配子性别。异配子性别的配子在雄性的情况下可能包含X或Y，在雌性的情况下可能包含Z或W；同性配子只包含X（人类）或Z（鸟类）。其他的变异包括蜜蜂和黄蜂复杂的性别决定机制，其中雌性是二倍体，雄性是单倍体；此外，某些鱼类的系统，性别是由环境的变化决定的，如温度的波动。表4.2总结了一些惊人的多样性，不同的物种解决了个体性别分配的问题。

尽管物种之间存在许多差异，早期的研究人员得出结论：染色体可以携带指定性别特征的遗传信息，也可能携带许多其他特征。Sutton和其他染色体理论的早期追随者认识到，生命本身的延续因此依赖于染色体在细胞分裂过程中的适当分布。在接下来的章节中，你将会看到染色体在有丝分裂和减数分裂过程中的行为，正是携带基因的细胞结构所期望的。

基本概念

- 许多有性繁殖的生物体都具有决定性别的特定染色体。
- 在人类中，男性的性别决定是由一种叫做*SRY*的Y连锁基因触发的；女性性别决定在XX各胚胎中默认发生。
- 性别决定机制差异显著；在一些物种中，性别是由环境因素决定的，而不是由特定的染色体决定的。

表4.1　果蝇和人类的性别决定

| | 性染色体补体 | | | | | | |
	XXX	**XX**	**XXY**	**XO**	**XY**	**XYY**	**OY**
果蝇	死亡	正常的雌性	正常的雌性	雄性不育	正常的雄性	正常的雄性	死亡
人类	近正常雌性	正常的雌性	克兰费尔特综合征的雄性（不育）；高，瘦	特纳女性（无菌）；短，蹼颈	正常的雄性	正常或接近正常的雄性	死亡

注：人类能够比果蝇更好地忍受额外的X染色体（如XXX），因为在人类中，除了一条X染色体外，所有的X染色体都变成了巴氏小体，本章稍后将对此进行讨论。完全缺失X染色体对果蝇和人类都是致命的。在这两种物种中，额外的Y染色体几乎没有影响。虽然果蝇的Y染色体不能决定Y是否像雄性，但它对雄性的生育能力是必要的，因此XO果蝇是不育的雄性。

表4.2　性别决定机制

	♀	♂
人类和果蝇	XX	XY
飞蛾和秀丽隐杆线虫	XX（秀丽隐杆线虫中的雌雄同体）	XO
鸟和蝴蝶	ZW	ZZ
蜜蜂和黄蜂	二倍体	单倍体
蜥蜴和鳄鱼	凉爽的温度	温暖的温度
龟和海龟	温暖的温度	凉爽的温度
小丑鱼	老龄	成龄

注：在前三排的物种中，性别是由性染色体决定的。排在后四行的物种有两种性别相同的染色体，而性别是由环境或其他因素决定的。小丑鱼（最下面一排）随着年龄的增长会经历从雄性到雌性的性别转变。

4.3　有丝分裂：维持染色体数目的细胞分裂

学习目标

1. 描述有丝分裂过程中的关键染色体行为。
2. 图示有丝分裂过程中决定染色体运动的力和结构。

受精卵是一个单一的二倍体细胞，它通过100多代细胞的不断分裂来保持其遗传特性的稳定，从而保证婴儿的足月出生。随着新生儿成长为蹒跚学步的幼儿、青少年和成年人，更多的细胞分裂促进了持续的生长和成熟。有丝分裂是一种细胞机制，它通过细胞的传代来保存遗传信息，细胞核的分裂以相等的方式将染色体分配给两个子细胞。通过所有这些代细胞保存遗传信息。在本节中，我们将仔细研究有丝分裂的核分裂如何与细胞生长和分裂的整体计划相适应。

如果通过显微镜观察一个细胞的历史，你会发现，在观察的大部分时间里，染色体就像一团被**核膜**包裹着的极其精细的、缠绕在一起的线，此时的状态叫做**染色质**。染色质的每条螺旋线主要由DNA（携带遗传信息）和蛋白质组成（如第12章所述，它作为打包和管理该信息的框架）。你还能分辨一两个染色质较暗的区域，称为**核仁**（单个核仁，字面意思是小核）；核仁在核糖体的制造中起着关键的作用，核糖体是一种在蛋白质合成中起作用的细胞器。在细胞分裂之间的这段时间内，染色质核内存在着细胞生长和存活所必需的大量不可见的活动。这种活动的一个特别重要的部分是所有染色体物质的精确复制。

如果继续观察，你会发现在细胞生命历史上很短的一段时间内，核环境发生了巨大的变化：染色质浓缩成离散的线，然后每条染色体进一步浓缩成双棒，在它们的着丝粒处夹在一起，可以在核型分析中识别（回顾图4.3）。双峰中的每根杆状体称为**染色单体**，如前所述，它是与之相连的另一个姐妹染色单体的完全复制。继续观察将会发现，双染色体开始在细胞内部相互竞争，最终在细胞的中央排列。在这一点上，每条染色体的姐妹染色单体分离到现在正在伸长的细胞的相对两极，在那里它们成为相同的染色体组。这两组完全相同的细胞最终都被包裹在一个单独的细胞核中。因此，这两个被称为子细胞的细胞在基因上是相同的。

细胞生长（体积增大）和分裂（一个细胞分裂成两个）的重复模式称为**细胞周期**（图4.9）。细胞周期只有一小部分在分裂（或**M期**）中度过，分裂之间的时期称为间期。

4.3.1　在间期，细胞生长和复制染色体

间期由三个阶段组成：**G_1期**（间期1）、**S期**（合成期）和**G_2期**（间期2）（图4.9）。G_1期从一个新细胞的诞生一直持续到染色体复制的开始；对于遗传物质来说，这是一个染色体既不重复也不分裂的时期。在这段时间里，细胞通过利用来自基因的信息来制造和组装正常运作所需的材料，从而实现了大部分的生长。G_1期的长度变化比细胞周期的任何其他阶段都要大。例如，在人类胚胎细胞的快速分裂中，G_1期只有几个小时。相比

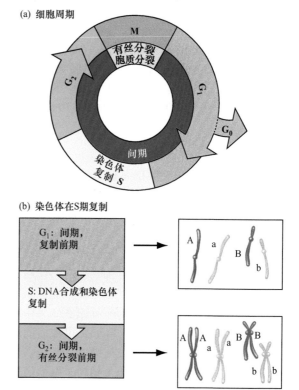

图4.9　细胞周期：间期与有丝分裂的交替。（a）染色体在合成期间（S期）复制形成姐妹染色单体；姐妹染色单体在有丝分裂期间（M期）与子细胞分离。大多数细胞生长发生在S期和M期之间的间隙，称为G_1期和G_2期。在多细胞生物中，一些最终分化的细胞在G_0停止分裂并停止生长。（b）间期由G_1期、S期和G_2期共同组成。

之下，成熟的脑细胞在静止状态G_1期即G_0期中停止分裂，在人的一生中通常不会再分裂。

S期是细胞通过合成DNA来复制其遗传物质的时间。在复制过程中，每条染色体都产生双倍的、相同的姐妹染色单体，当染色体在有丝分裂期浓缩时，染色单体就会变得可见。这两条姐妹染色单体在着丝粒处保持着连接（注意，只要姐妹染色单体之间的连接保持不变，这种连接结构就被认为是单个染色体）。染色体在S期的复制是关键的；遗传物质必须精确复制，以便两个子细胞都能接收到相同的染色体组。

G_2期是染色体复制到有丝分裂开始之间的间隔。在此期间，细胞可能生长（通常小于G_1期）；它还合成对有丝分裂的后续步骤至关重要的蛋白质。

此外，在间期，许多生化过程中至关重要的微管阵列在细胞核外可见。微管从一个称为**中心体**的单一组织中心向细胞质辐射，通常位于核膜附近。在动物细胞中，每个中心体的可辨认核心是一对被称为**中心粒**的黑色小染色体［图4.10（a）］；植物的微管组织中心不含中心粒。在间期的S期和G_2期，中心体复制，产生两个仍然非常接近的中心体。

4.3.2 在有丝分裂过程中，姐妹染色单体分离，形成两个子细胞核

虽然核分裂和细胞分裂事件作为一个动态和连续的过程发生，科学家在分析过程中，以可见的细胞学事件为标志划分了不同的阶段。图4.10中艺术家的草图展示了蛔虫的这些阶段，蛔虫的二倍体细胞只包含4条染色体（2对同源染色体）。

1. 前期：染色体浓缩［图4.10（a）］

在整个间期，细胞核保持完整，染色体是染色质难以分辨的聚集体状态。在**前期**（源自希腊语pro-的意思），单个染色体从未分化的染色质中逐渐出现或**浓缩**，标志着有丝分裂的开始。每一个浓缩染色体已经在间期复制成两条姐妹染色单体，姐妹染色单体分别附着在它们的着丝粒上。因此，在蛔虫细胞的这一阶段，共有4条染色体和8条染色单体。

单个染色体阵列的逐渐出现是一个真正令人印象深刻的事件。间期DNA分子长可达34cm，可浓缩成离散染色体，其长度以微米（百万分之一米）为单位。这个过程相当于把一根200m长的细绳（相当于两个足球场那么长）压成一个8mm长、1mm宽的圆柱体。

另一个可见的染色质变化也发生在前期：染色较深的核仁开始分解消失，导致核糖体的制造停止了，这提供了一个迹象，表明一般的细胞新陈代谢停止了，因此细胞可以把能量集中在染色体运动和细胞分裂上。

前期的一些重要事件发生在细胞核外的细胞质中。

在复制的间期，光学显微镜下可以清楚地观察到中心体分离为两个独立的个体。与此同时，间期起支撑作用的长而稳定的微管消失了，取而代之的是一组动态微管，这些微管从中心体组织中心迅速生长和收缩。中心体继续分开，围绕着核膜向细胞核的两端移动，这显然是由两个中心体延伸出来的相互交错的微管之间施加的力推动的。

2. 前中期：纺锤体形态［图4.10（b）］

前中期（中期之前）开始于核膜的破坏，这使得微管从两个中心体延伸到细胞核。染色体通过**动粒**附着在这些微管上，是在染色单体的着丝点区域起运输作用的一种结构。每个动粒都含有蛋白质，这些蛋白质起着分子马达的作用，使染色体能够沿着微管滑动。当染色单体的动粒在前中期最初与微管接触时，基于动粒的运动将整个染色体向微管放射的中心体移动。从两个中心体生长出来的微管通过首先连接到随机选择的两个姐妹染色单体之一的动粒来捕获染色体。因此，有时可以观察到在每个中心体附近聚集的染色体群。在前中期的这个早期阶段，对于每个染色体，一个染色单体的动粒与一个微管相连，但姐妹染色单体的动粒保持不相连。

在前中期，三种不同类型的微管纤维共同形成**有丝分裂纺锤体**。所有这些微管都起源于中心体，中心体作为纺锤体的两极。在染色单体的动粒和动粒之间延伸的微管称为**动粒微管**，或着丝粒纤维。每个中心体指向细胞中央的微管是**极性微管**；极性微管起源于相对的中心体，在细胞赤道附近交叉。最后，短的**星状微管**从中心体向细胞外周延伸。

在前中期结束之前，每条染色体之前未连接的姐妹染色单体的动粒与从相反的中心体延伸出来的微管相关联，使一个姐妹染色单体面对细胞的一个极点，另一个面对相反的极点。实验操作表明，如果两个纺锤体都附着在同一极的微管上，则构型不稳定；其中一个动粒从纺锤体分离出来，直到与另一极的微管相结合。连接姐妹染色单体的两个纺锤体方向相反是唯一稳定的排列方式。

3. 中期：染色体在细胞赤道处排列［图4.10（c）］

在**中期**，姐妹染色单体与反向的两个纺锤体之间的连接启动了一系列的相互挤压的运动，导致染色体向假想的赤道移动，赤道位于两极之间。假想的中线称为**中期板**。当染色体沿着中期板排列时，将姐妹染色单体拉向相对两极的力处于平衡状态，这种平衡是由染色体之间的张力维持的。张力来自于姐妹染色单体被拉向相反的方向，而它们仍然通过着丝粒的紧密结合相互连接。张力通过将染色体恢复到两极之间等距离的位置，来平衡任何从中期板移开的机会。

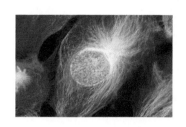
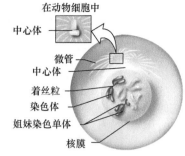

在动物细胞中

中心体

微管
中心体
着丝粒
染色体
姐妹染色单体
核膜

(a) **前期**：①染色体浓缩并变得可见；②中心体向相反的极移动并产生新的微管；③核仁开始消失。

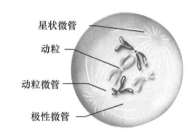

星状微管
动粒
动粒微管
极性微管

(b) **前中期**：①核膜破裂；②来自中心体的微管侵入细胞核；③姐妹染色单体附着在中心粒两端的微管上。

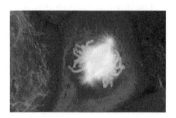
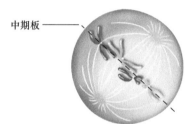

中期板

(c) **中期**：染色体在中期板上排列，姐妹染色单体面向相反的两极。

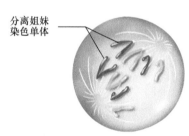

分离姐妹染色单体

(d) **后期**：①姐妹染色单体的着丝粒之间的连接被切断；②现在分开的姐妹染色单体移动到相反的两极。

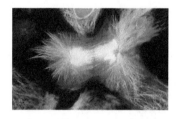
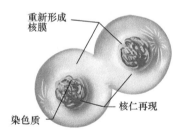

重新形成核膜

核仁再现
染色质

(e) **端粒**：①核膜和核仁重新形成；②纺锤纤维消失；③染色体展开并成为一团染色质。

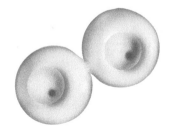

(f) **细胞分裂**：细胞质分裂，将细长的亲本细胞分裂成具有相同细胞核的两个子细胞。

图4.10　有丝分裂维持了两个子细胞核与母细胞的染色体数目相等。在蝾螈肺细胞左边的显微照片中，染色体呈蓝色，微管呈绿色或黄色。注意，图中是蛔虫细胞（2n=4）。

（a）～（f）：© Photomicrographs by Dr. Conly L. Rieder, Wadsworth Center, Albany, New York 12201-0509

4. 后期：姐妹染色单体向相反的纺锤体极移动[图4.10(d)]

几乎同时切断所有染色体的姐妹染色单体之间的着丝粒连接，表明正在进行细胞分裂的**后期**（希腊语ana-意思是"向上"，此处是向两级移动）。姐妹染色单体的分离允许每个染色单体被拉向纺锤体极，纺锤体通过动粒微管与之相连；当染色单体向两极移动时，它的动粒微管缩短。由于染色单体的臂部落后于动粒，具有中心动粒的染色单体在后期具有V型特征。姐妹染色单体与从相反纺锤体极点发出的微管的连接意味着向一个极点迁移的基因信息与向相反极点迁移的对应基因信息完全相同。

5. 末期：两个细胞核中包含相同的染色体组[图4.10(e)]

有丝分裂过程中染色体和细胞核的最终转化发生在**末期**（来自希腊语的telo-，意为"结束"）。末期就像前期的倒带。纺锤体纤维开始分散；在每一极的染色单体群周围形成核膜；一个或多个核仁重新出现。以前的染色单体现在作为独立的染色体发挥作用，它浓缩（散开）并溶解成一团缠结的染色质。此时，一个细胞核分裂成两个相同细胞核的有丝分裂过程结束。

6. 细胞分裂：细胞质分裂[图4.10（f）]

在细胞分裂的最后阶段，在末期出现的子细胞核被包裹在两个独立的子细胞中。分裂的最后阶段称为**胞质分裂**（字面意思是细胞运动）。在胞质分裂过程中，拉长的母细胞分裂成两个较小的独立子细胞，具有相同的细胞核。胞质分裂通常开始于后期，但直到末期才完成。

细胞完成胞质分裂的机制在动物和植物中是不同的。在动物细胞中，胞质分裂依赖于一个**收缩环**，这个收缩环将细胞挤压成两半，类似于拉动一根绳子使一袋弹珠的开口闭合[图4.11（a）]。有趣的是，一些形成收缩环的分子也参与了肌肉收缩的机制。在细胞被刚性细胞壁包围的植物中，靠近赤道的细胞内形成一个膜状的圆盘，称为细胞板，然后迅速向外生长，从而将细胞一分为二[图4.11（b）]。

在胞质分裂过程中，大量重要的细胞器和其他细胞成分，包括核糖体、线粒体、膜结构（如高尔基体）和叶绿体（在植物中），必须被分配给新生的子细胞。完成这一任务的机制似乎并没有预先决定哪个细胞器将用于哪个子细胞。相反，由于大多数细胞含有这些细胞质结构的许多副本，每个新细胞必然会接收到每个组成部分中的至少几个。这种原始结构的补体足以维持细胞，直到合成活动可以用细胞器重新填充细胞质。

有时胞质分裂并不会立即跟随细胞核分裂，其结果是一个细胞包含一个以上的细胞核。有两个或两个以上细胞核的动物细胞称为**合胞体**。就像人类和许多其他

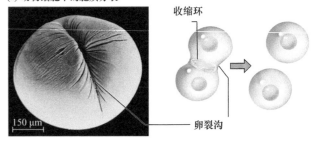

(a) 动物细胞中的胞质分裂

收缩环

150 μm

卵裂沟

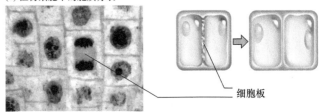

(b) 植物细胞中的胞质分裂

细胞板

图4.11 胞质分裂：细胞质分裂，产生两个子细胞。（a）在分裂青蛙受精卵的过程中，细胞外围的收缩环收缩形成一条沟，最终将细胞挤压成两半。（b）在这个分裂洋葱根细胞的过程中，在细胞赤道附近开始形成的细胞板向外围扩展，将两个子细胞分开。

（a）：© Don W. Fawcett/Science Source；（b）：© McGraw-Hill Education/Al Telser

动物精子的前体一样，果蝇的早期胚胎是多核合胞体（图4.12）。多核植物组织称为**共核细胞**；椰奶是一种由辅细胞组成的营养丰富的食品。

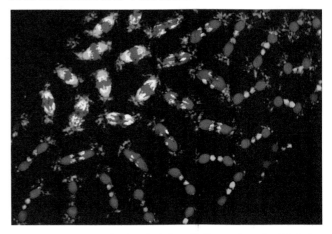

图4.12 如果细胞分裂不伴随有丝分裂，一个细胞可能含有许多细胞核。在已受精的果蝇卵中，有丝分裂发生了13轮，但没有细胞分裂。其结果是一个含有数千个细胞核的单细胞合胞体胚胎。这张照片显示了一个分裂细胞核的胚胎的一部分；染色体是红色的，纺锤体是绿色的。左上核为中期核，右下核为后期核。细胞膜最终围绕这些细胞核生长，将胚胎分裂成细胞。

© Dr. Byron Williams/Cornell University

4.3.3　调控检查点确保染色体的正确分离

细胞周期是一系列精确协调的复杂程序。在高等生物中，细胞分裂的决定取决于两个内在因素，一个是细胞内部的条件（细胞内有足够大小的细胞进行分裂），另一个是来自环境的信号（激素信号或与邻近细胞的接触），这些信号鼓励或抑制分裂。通常是在 G_1 期间期，细胞启动分裂的程序之后就会正常按照程序进行。许多程序的**检查点**（细胞评估前一步结果的时刻）调控细胞周期按照顺序进行（图4.13）。例如，在检查点中起作用的一种酶监视DNA复制，以确保细胞在所有染色体完成复制之前不会开始有丝分裂。如果这个关键点不存在，每个细胞周期至少有一个子细胞会丢失DNA。

在检查点的分子基础的第二个例子中，即使一个没有附着在纺锤体纤维上的动粒也会产生一个分子信号，阻止所有染色体的姐妹染色单体在着丝粒处分离。这个信号使分裂后期的启动依赖于所有染色体在中期之前的正确排列。由于这种细胞周期检查点，每个子细胞都可靠地接收到正确数目的染色体。

有丝分裂机制的崩溃会产生分裂错误，对细胞产生至关重要的后果。例如，染色体分离不当会导致严重的功能障碍，甚至导致子细胞的死亡。破坏有丝分裂结构的基因突变，如纺锤体、着丝点或中心体，是不恰当分离的一个来源。其他问题发生在细胞分裂失常的细胞中，如检查点。这些细胞可能无休止地进行分裂，导致

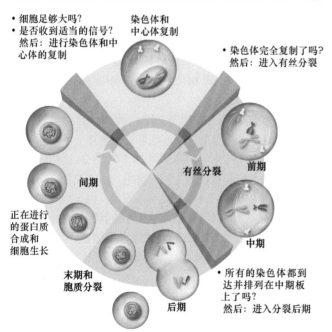

• 细胞足够大吗？
• 是否收到适当的信号？
然后：进行染色体和中心体的复制

染色体和中心体复制

• 染色体完全复制了吗？
然后：进入有丝分裂

间期

有丝分裂

前期

中期

正在进行的蛋白质合成和细胞生长

末期和胞质分裂

后期

• 所有的染色体都到达并排列在中期板上了吗？
然后：进入分裂后期

图4.13　检查点有助于调节细胞周期。细胞检查点（红色楔）确保细胞周期中的重要事件以适当的顺序发生。在每个检查点上，单元格确定之前的事件是否已经完成，然后才能继续单元格周期的下一个步骤（为了简单起见，我们只显示每个细胞的两条染色体）。

肿瘤。我们将在第20章详细介绍细胞周期调控、检查点调控和癌症形成。

基本概念

● 二倍体细胞通过有丝分裂产生相同的二倍体后代细胞。
● 在中期，姐妹染色单体被它们的动粒拉向相反的纺锤体极；这些向极的力是平衡的，因为染色单体在它们的着丝粒上是连接的。
● 在后期开始，姐妹着丝粒之间的连接被切断，因此姐妹染色单体分离并向相反的纺锤体两极移动。
● 细胞周期检查点有助于确保染色体的正确复制和分离。

4.4　减数分裂：染色体数目减半的细胞分裂

学习目标

1. 描述导致单倍体配子的减数分裂过程中的关键染色体行为。
2. 比较有丝分裂和减数分裂期间的染色体行为。
3. 解释同源染色体的独立排列，以及在第一次减数分裂过程中的交叉是如何促进配子的遗传多样性的。

在胚胎细胞分裂的多轮过程中，大多数细胞要么通过刚才描述的有丝分裂细胞周期生长和分裂，要么停止生长并进入 G_0 停滞期。这些有丝分裂和 G_0 停滞期的细胞就是所谓的**体细胞**，其后代在个体的一生中继续构成每个有机体组织的绝大部分。然而，在动物胚胎发育的早期，有一组特殊形式的细胞，即**生殖细胞**：在配子的产生过程中具有特殊作用的细胞。生殖细胞在植物中出现较晚，是在花的发育过程中，而不是在胚胎发生过程中。生殖细胞形成生殖器官——动物的卵巢和睾丸或开花植物的子房和花药，在那里最终经历减数分裂，形成两种特殊类型的细胞，即配子（卵子和精子），配子含有其他体细胞一半的染色体。

单倍体配子在受精时结合产生二倍体后代，携带双亲的遗传组合。因此有性生殖需要单倍体和二倍体细胞世代交替。如果配子是二倍体而不是单倍体，每一代的染色体数目就会加倍。以人类为例，如果每个细胞的亲代有92条染色体，子代就有184条，依此类推。减数分裂阻止了这种致命的染色体指数级积累。

4.4.1　在减数分裂期间，染色体只复制一次，而细胞核分裂两次

与有丝分裂不同，减数分裂由两个连续的核分裂组成，称为**减数分裂 I** 和**减数分裂 II**。每一轮，细胞都经历一个前期、中期、后期和末期。在减数分裂 I 期间，

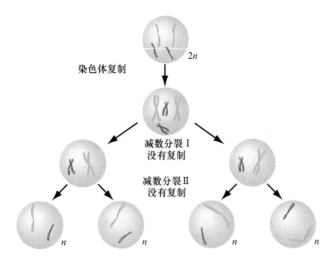

染色体复制

减数分裂Ⅰ
没有复制

减数分裂Ⅱ
没有复制

图4.14　减数分裂概述：染色体复制一次，细胞核分裂两次。在这幅图中，每个染色体对的所有4条染色单体都显示在相同颜色的同一阴影中。注意，染色体在减数分裂Ⅰ之前复制，但在减数分裂Ⅰ和减数分裂Ⅱ之间不复制。

母核分裂成两个子核；在减数分裂Ⅱ期间，两个子核各自分裂，形成四个核（图4.14）。这四个核是减数分裂的最终产物，由于细胞分裂发生在两轮分裂之后，它们被分裂成四个独立的子细胞。染色体在减数分裂Ⅰ开始时复制，但在减数分裂Ⅱ时不复制，这就解释了为什么配子包含体细胞染色体数量的一半。仔细观察每一轮减数分裂揭示了配子接收完整的单倍体染色体的机制。

4.4.2　在减数分裂Ⅰ期间，同源染色体配对、交换部分，然后分离

减数分裂事件在核分裂中是独特的（图4.15，减数分裂Ⅰ）。这个过程开始于染色体的复制，之后每个染色体由两个姐妹染色单体组成。减数分裂Ⅰ的一个关键是观察到这些姐妹染色单体的着丝粒在整个分裂过程中保持连接，而不是像有丝分裂那样彼此分离。

随着减数分裂Ⅰ的进行，同源染色体在细胞赤道上排列，形成一种耦合，确保在分裂后期染色体正确分离。此外，在同源染色体穿过赤道面对面的时间里，每一对同源染色体的母本和父本染色体可以部分交换，沿着染色体在不同的基因上创造新的等位基因组合。随后，两条同源染色体被拉到纺锤体的相对两极，每条染色体仍然由两条姐妹染色单体组成，它们在着丝粒处相连。因此，在第一次减数分裂结束时，同源染色体（而不是有丝分裂中的姐妹染色单体）分裂成不同的子细胞。有了这个概述，为了更仔细地观察减数分裂Ⅰ的具体事件，科学家分析了一个动态的、持续的细胞过程，并分解成容易描绘的、传统的几个阶段。

1. 前期Ⅰ：同源体凝聚成对，发生交换

前期Ⅰ的关键事件之一是染色质的浓缩、同源染色

体的配对，以及这些配对的同源染色体之间遗传信息的相互交换。图4.15为前期Ⅰ的概念图；然而，研究表明，在不同的物种中，减数分裂的顺序可能有所不同。这些复杂的过程可能需要几天、几个月甚至几年的时间才能完成。例如，在包括人类在内的几个物种的雌性生殖细胞中，减数分裂在前期Ⅰ阶段暂停多年，直到排卵（我们将在4.5节进一步讨论）。

细线期（leptotene，来自希腊语，意思是瘦而纤细）是前期Ⅰ的第一个可定义的子阶段，是长而细的染色体开始变粗的时间［图4.16（a）］。每个染色体在前期Ⅰ（如有丝分裂）之前已经复制，因此有两个姐妹染色单体附着在它们的着丝粒上。然而，在这一点上，这些姐妹染色单体是如此紧密地结合在一起，以至于它们不能作为单独的个体。

偶线期（zygotene，希腊语中意为"接合"）开始于每条染色体寻找它的同源染色体时，匹配的染色体在一个称为**联会**的过程中被压缩在一起。"拉链"本身是一种复杂的蛋白质结构，称为**联会复合体**，它以惊人的精确度排列同源染色体，并列排列染色体对的相应基因区域［图4.16（b）］。

粗线期（pachytene，希腊语中意为"厚"或"脂肪"）开始于联会的完成，此时同源染色体沿着它们的长度联会在一起。每一对联会染色体都被称为**二价染色体**（因为它包含两条染色体），或者**四价染色体**（因为它包含四条染色单体）。二价染色体的一半是来自母体的染色体，另一半是来自父体的染色体。因为X染色体和Y染色体不完全相同，所以它们不能完全匹配。然而，图4.8所示的假常染色体区域提供了X染色体和Y染色体之间的一小段相似性，使它们能够在雄性减数分裂Ⅰ期相互配对。

在粗线期，称为**重组节**的结构开始沿着联会复合体出现，并在这些结节处发生非姐妹染色单体（即母系和父系）之间的部分交换［详见图4.16（c）］。这样的交换被称为**交换**，它导致遗传物质的**重组**。由于交换，染色单体可能不再是纯粹的母本或父本；但是，由于没有遗传信息增加或失去，所以所有染色单体保持其原始大小。

二倍体（源自希腊语，意为"两倍的"或"双倍的"）的信号是联会复合体的逐渐溶解和同源染色体区域的轻微分离［见图4.16（d）］。尽管如此，每一个二价染色体的同源染色体排列紧密，沿着它们的长度间隔称为**交叉**，这代表交换发生的位置。

终变期（源自希腊语，意为"双重运动"）伴随着染色单体的进一步浓缩。由于染色单体的增粗和缩短，现在可以清楚地看到，每个四分体由四个单独的染色单体组成；或者从另一个角度来看，一个二价染色体的两条同源染色体都是由两个姐妹染色单体在着丝粒处结合而成［见图4.16（e）］。已经历交换的非姐妹染色单

特色插图 4.15

减数分裂：一个二倍体细胞产生四个单倍体细胞

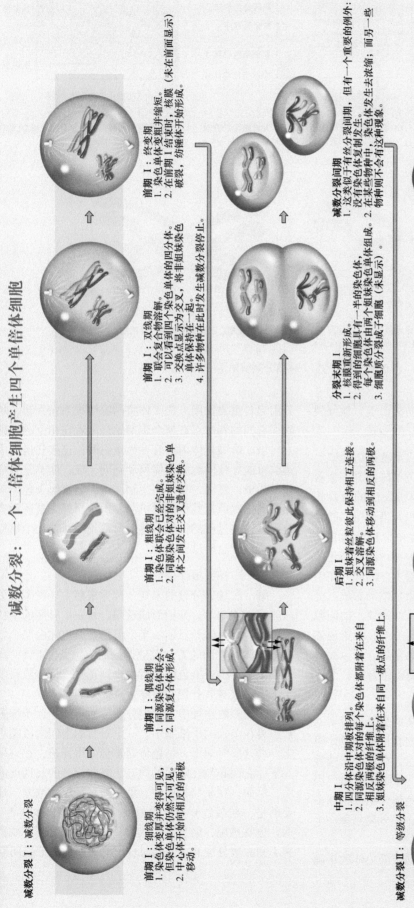

减数分裂 I：减数分裂

前期 I：细线期
1. 染色体变厚并变得可见，但染色单体仍然不可见。
2. 中心体开始向相反的两极移动。

前期 I：偶线期
1. 同源染色体联会。
2. 同源复合体开始形成。

前期 I：粗线期
1. 染色体联会已经完成。
2. 同源染色体的非姐妹染色单体之间发生交叉和遗传交换。

前期 I：双线期
1. 联会复合体分解。
2. 可以看到四个染色单体的四分体。
3. 交换点显示为姐妹染色单体保持在一起。
4. 许多物种在此时发生减数分裂停止。

前期 I：终变期
1. 染色单体变粗并变短。
2. 在前期 I 结束时，核膜破裂，纺锤体开始形成。（未在前面显示）

中期 I
1. 四分体沿中期板排列。
2. 同源染色体对的每个染色体都附着在相反两极的纺锤体的纤维上。
3. 姐妹染色单体附着在来自同一极点的纤维上。

后期 I
1. 姐妹着丝粒彼此保持相互连接。
2. 交叉溶解。
3. 同源染色体移动到相反的两极。

分裂末期 I
1. 核膜重新形成。
2. 得到的细胞具有一半的染色体，每个染色体由两个姐妹染色单体组成。
3. 细胞质分裂产生两个细胞（未显示）。

减数分裂间期
1. 这类似于有丝分裂间期，但有一个重要的例外：没有发生染色体复制。
2. 在某些物种中，染色体发生去浓缩；而另一些物种则不会有这种现象。

减数分裂 II：等级分裂

前期 II
1. 染色体浓缩。
2. 中心粒向两极移动。
3. 核膜在前期 II 期结束时破裂（未显示）。

中期 II
1. 染色体在中期板上排列。
2. 姐妹染色单体附着在纺锤丝上。

后期 II
1. 姐妹着丝粒相互分离，允许姐妹染色单体移动到相反的两极。

分裂末期 II
1. 染色体开始解开。
2. 核膜和核仁（未显示）重新形成。

胞质分裂
1. 细胞质分裂，形成四个新的单倍体细胞。

图 4.15　为了帮助可视化染色体，图中是简化为两种方式：（1）在减数分裂的前期同期并未显示核膜。（2）染色体在合子上显示为完全浓缩；实际上，直到运动过程才能达到完全浓缩。

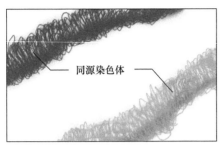

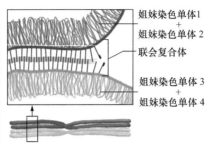

姐妹染色单体1
+
姐妹染色单体2
联会复合体
姐妹染色单体3
+
姐妹染色单体4

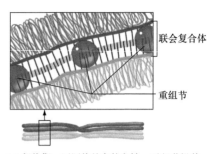

联会复合体
重组节

(a) **细线期**：线状染色体开始浓缩和增厚，成为可见的离散结构。虽然染色体已经复制，但在显微镜下还不能看到每条染色体的姐妹染色单体。

(b) **偶线期**：染色体清晰可见，并开始沿着突触复合体与同源染色体配对，形成二价体或四价体。

(c) **粗线期**：同源物的完整突触。重组节沿着联会复合体出现。

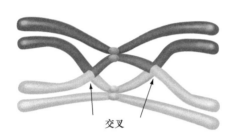

交叉

(d) **双线期**：二价染色体略微分开，但同源染色体由于交换位点的重组而保持连接(交叉)。

(e) **终变期**：二价染色体进一步浓缩。

图4.16　非常高倍下减数分裂前期Ⅰ。

体仍然保持密切相关的交叉。发育末期类似于有丝分裂的前中期：核膜破裂，纺锤体的微管开始形成。

2. 中期Ⅰ：成对的同源体从相对的两极附着在纺锤体上

在有丝分裂过程中，每条姐妹染色单体都有一个着丝点，这个着丝点与从相反的纺锤体极发出的微管相连。在减数分裂Ⅰ，情况是不同的。姐妹染色单体的着丝粒融合，所以，每个染色体只包含一个功能的着丝粒。在**中期Ⅰ**（见图4.15，减数分裂Ⅰ），同源染色体的着丝粒从相反的纺锤体极附着在微管上。因此，在中期排列的染色体中，母源性和父源性染色体的着丝点受到来自相反纺锤体极的拉力，而在交叉纺锤体上的同源体之间的物理连接平衡着这一拉力。每一个二价染色体的排列和连接独立于每一个其他二价染色体，所以面对每一极的染色体是母系和父系起源的随机组合。

3. 后期Ⅰ：同系物向相反的纺锤体极移动

在**后期Ⅰ**开始时，连接同源染色体的交叉体溶解，这使得母系同源体和父系同源体开始向相反的纺锤体极移动（见图4.15，减数分裂Ⅰ）。注意，在第一次减数分裂后期，姐妹着丝粒不像有丝分裂时那样分离。因此，每一对同源染色体中，有一条染色体由两条姐妹染色单体组成，在它们的着丝粒处连接，并分离到每一个纺锤体极上。

交换重组在第一次减数分裂中对同源染色体的正确分离起着重要作用。交叉体将同源体维系在一起，从而确保它们的着丝点在整个中期始终附着在相反的纺锤体上。当二价染色体内没有发生重组时，连接和运输中的错误可能导致同源染色体移动到同一极，而不是分离到相反的极。然而，在一些生物体中，非重组染色体的适当分离仍然通过其他配对机制发生。研究人员还没有完全理解这些过程的性质，他们目前正在评估几个模型，以此来解释这些过程。

4. 末期Ⅰ：核膜重新形成

第一次减数分裂的末期，称为**末期Ⅰ**，发生在染色体向两极移动时，开始形成核膜。每一个早期的子核含原母核染色体数目的一半，但每条染色体由两个姐妹染色单体在它们的着丝粒处连接而成（见图4.15，减数分裂Ⅰ）。由于染色体数目减少到正常二倍体数目的一半，第一次减数分裂常被称为**减数分裂**。

在大多数物种中，细胞分裂遵循末期Ⅰ，子细胞核被包裹在单独的子细胞中。一个短暂的中间阶段随后发生。在这段时间里，染色体通常会变得稀疏，在这种情况下，它们必须在随后的第二次减数分裂的前期重新浓缩。然而，在某些物种中，染色体只是保持浓缩。最重要的是，在减数分裂Ⅰ和减数分裂Ⅱ的中间期不存在S期；也就是说，染色体在减数分裂间期不复制。减数分裂Ⅰ和减数分裂Ⅱ之间相对较短的时期称为**分裂间期**。

4.4.3　在减数分裂 II 期，姐妹染色单体分离产生单倍体配子

第二次减数分裂（减数分裂 II）的过程与有丝分裂非常相似，但由于每个分裂细胞核中的染色体数目已经减少了一半，因此产生的子细胞是单倍体。在减数分裂 I 产生的两个子细胞中，每一个都发生同样的过程，在第二轮减数分裂结束时产生 4 个单倍体细胞（见图 4.15 减数分裂 II）。

1. 前期 II：染色体浓缩

如果染色体在前一间期发生浓缩，则在**前期 II** 也发生浓缩。在前期 II 结束时，核膜破裂，纺锤体组织重新形成。

2. 中期 II：染色体排列在中期板上

姐妹染色单体的着丝点附着在纺锤体的相对两极所发出的微管纤维上，就像在有丝分裂中期一样。然而，**中期 II** 的两个显著特征将其与有丝分裂区分开来。第一，染色体数目是同一物种有丝分裂中期染色体数目的一半。第二，在大多数染色体中，两个姐妹染色单体不再完全相同，因为在减数分裂 I 期间发生交换重组。姐妹染色单体仍然含有相同的基因，但它们可能携带不同的等位基因组合。

3. 后期 II：姐妹染色单体向相反的纺锤体极移动

就像在有丝分裂中，姐妹着丝粒之间的连接断开，使得姐妹染色单体在**后期 II** 向相反的纺锤体两极移动。

4. 末期 II：核膜重新形成，细胞分裂随之发生

在**末期 II** 中，每个子核周围都形成膜，细胞分裂将每个核置于一个单独的细胞中。结果是 4 个单倍体配子。注意，在减数分裂 II 结束时，每个子细胞（即每个配子）的染色体数目与分裂开始时的亲本细胞相同。因此，减数分裂 II 被称为**均等分裂**。

4.4.4　减数分裂中产生的有缺陷的配子

任何减数分裂过程中的分离错误都会在下一代中导致异常，如三体综合征。例如，如果染色体对的同源体在减数分裂 I 期没有分离（这一错误称为不分离），它们可能一起存在到同一个极点，最终成为同一个配子的一部分。这样的错误可能在受精过程中产生许多的三体。正如我们已经提到的，大多数人体内的常染色体三体在子宫内是致命的；一个例外是 21 号染色体三体，它是唐氏综合征的遗传基础。和 21 号染色体三体一样，额外的性染色体也可能是存在的，会导致各种精神和身体上的异常，如克兰费尔特综合征（见表 4.1）。

4.4.5　减数分裂有助于遗传多样性

一个物种中不同基因组合的范围越广，个体携带等位基因组合的可能性就越大，这些基因组合能够在不断变化的环境中生存。减数分裂的两个方面有助于种群的遗传多样性。首先，由于在第一次减数分裂过程中，随机决定哪一个父系同源体或母系同源体迁移到两极，不同的配子携带着不同的母系和父系染色体组合。图 4.17（a）显示了同源迁移的不同模式如何在配子中产生不同的亲本染色体混合。这种随机的独立组合所产生的潜在变异量随染色体数目的增加而增加。例如，在蛔虫中，$n=2$［染色体补体如图 4.17（a）所示］，随机组合的同源体只能产生 2^2 或 4 种配子。然而，在 $n=23$ 的人体中，仅这个机制就可以产生 2^{23}，或者超过 800 万种基因不同的配子。

减数分裂的第二个特征，是基因信息在前期 I 阶段通过交换重组，确保配子具有更丰富的遗传多样性。由于交换重组的母源和父源基因，每个不同配子中的每条染色体都可能由不同的母源和父源等位基因组合而成［图 4.17（b）］。

当然，有性繁殖增加了另一种产生遗传多样性的方式。在受精过程中，大量基因多样化的精子中的任何一个都可以使具有其独特基因结构的卵子受精。因此，除

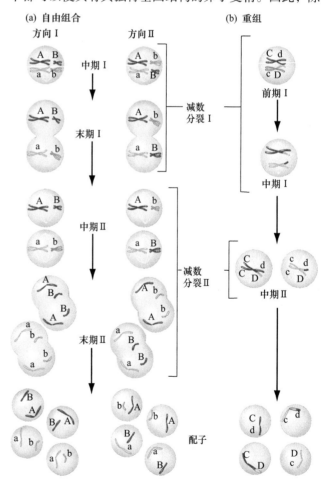

图 4.17　减数分裂如何促进遗传多样性。（a）非同源染色体的独立分类引起的变异据基因组中染色体数目的增加而增加。（b）同源染色体之间的交换确保每个配子是唯一的。

了同卵双胞胎之外，世界上60亿人的基因都是独一无二的，这并不奇怪。

4.4.6 有丝分裂和减数分裂：一个比较

有丝分裂发生在所有类型的真核细胞（即细胞核有膜的细胞）中，是一种保持遗传现状的保守机制。有丝分裂后的细胞分裂通过增加细胞数量来生长。它还促进植物的根、茎和叶不断替换，促进动物的血细胞、肠组织和皮肤的再生。

另一方面，减数分裂只发生在有性繁殖的生物体中，也就是生殖器官中产生单倍体配子的少数特殊生殖细胞中。它不是一个保守的机制；相反，减数分裂引起的广泛组合变化是促进进化的遗传变异的一个来源。表4.3显示了这两种细胞分裂机制的显著差异。

基本概念

- 减数分裂，染色体复制一次（减数分裂前），但细胞核分裂两次（减数分裂Ⅰ和Ⅱ）。
- 在中期Ⅰ，同源染色体连接到相反的纺锤体极点。每对同源染色体的独立排列确保了不同染色体上携带的基因的独立分类。
- 在第一次减数分裂过程中，交换维持同源染色体之间的连接，直到后期Ⅰ，并有助于配子的遗传多样性。
- 姐妹染色单体在减数分裂Ⅱ期间彼此分离，因此配子只有每个染色体的一个副本。
- 受精：卵子和精子的结合——使染色体的二倍体数目（$2n$）恢复到受精卵时的数目。
- 减数分裂过程中的错误可能产生染色体缺失或增加的配子，这通常对后代是致命的。

4.5 配子形成

学习目标

1. 比较人类卵子和精子的形成过程。
2. 在配子发生的不同阶段，区分人类生殖系细胞的性染色体互补。

在所有有性繁殖的动物中，胚胎生殖细胞（统称**生殖系**）经历一系列有丝分裂，产生一系列特殊的二倍体细胞，然后通过减数分裂产生单倍体细胞。与其他生物学过程一样，人们已经观察到这种普遍模式的许多变化。在一些物种中，减数分裂产生的单倍体细胞是配子本身；而在另一些物种中，这些细胞必须经过特定的分化才能实现这一功能。此外，在某些生物体中，一次减数分裂的4个单倍体产物并不都变成配子。因此配子的形成（或**配子发生**）产生单倍体配子，不仅以减数分裂事件本身为标志，而且以减数分裂之前和之后的细胞事件为标志。在这里，我们通过对人类卵子和精子形态的描述来说明配子发生。本书中对其他几个生物体配子形成的细节进行了具体的实验研究讨论。

4.5.1 人类的卵子发生过程是由每个原始卵母细胞产生一个卵子

人类卵子形成的最终产物是一个巨大的、营养丰富的**卵子**，其储存的资源可以维持早期胚胎的发育。这个过程被称为**卵子发生**（图4.18），开始于卵巢中的二倍体生殖细胞，称为**卵原细胞**，通过有丝分裂迅速繁殖，产生大量的**初级卵母细胞**，然后进行减数分裂。

对于每一个初级卵母细胞，减数分裂Ⅰ导致两个大小不同的子细胞的形成，因此这种分裂是不对称的。这些细胞中较大的是**次级卵母细胞**，接受95%以上的细胞质。另一个小的姐妹细胞被称为第一**极体**。在减数分裂Ⅱ期间，次级卵母细胞经历另一次不对称分裂，产生一个大的单倍体和一个小的单倍体的第二极体。第一极体通常会阻碍它的发育。这两个小的极体显然没有任何功能，并最终解体，留下一个大的单倍体卵子作为功能配子。因此，在一次减数分裂的三个（或偶尔四个）产物中，只有一个作为雌性配子。一个正常的人类卵子携带22条常染色体和1条X染色体。

卵子发生始于胎儿。怀孕6个月后，胎儿卵巢完全形成，包含约50万个初级卵母细胞，这些卵母细胞在前期Ⅰ的二倍体亚期被捕获。这些细胞的同源染色体固定在结合处，几十年来一直被认为是雌性能产生的唯一卵母细胞。如果是这样的话，一个女孩生来就拥有她所拥有的所有卵母细胞。值得注意的是，最近的研究对这一长期存在的理论提出了质疑。科学家已经证明，从成年卵巢中取出的生殖系前体细胞可以在培养皿中产生新的卵子。然而，目前还不清楚这些卵子是否具有功能，也不知道这些生殖系细胞是否能在成年人体内产生正常卵子。

从12岁左右的青春期开始，到35～40年后的更年期，大多数女性每个月释放一个初级卵母细胞（来自备用卵巢），大约相当于在生殖年龄释放480个卵母细胞。剩余的初级卵母细胞在更年期解体。排卵时，释放的卵母细胞完成减数分裂Ⅰ，并一直持续到减数分裂Ⅱ的中期。如果卵母细胞受精，也就是被精子细胞核穿透，它就会迅速完成减数分裂Ⅱ。精子和卵子的核膜溶解，使它们的染色体形成合子的单倍体细胞核，受精通过有丝分裂产生一个功能胚胎。相反，未受精的卵母细胞在月经周期的月经期排出体外。

30多岁、40多岁和50多岁女性卵子减数分裂完成前的很长一段时间，可能有助于观察到母亲年龄与减数分裂错误之间的相关性，包括产生三倍体的情况。例如，25岁左右的女性患21号染色体三体的风险非常小；在这

表4.3　比较有丝分裂和减数分裂

有丝分裂	减数分裂
在体细胞和种系前体细胞中发生 单倍体和二倍体细胞可以进行有丝分裂 一轮分裂	作为性周期的一部分，在生殖细胞中发生 两轮分裂——减数分裂 I 和减数分裂 II 只有二倍体细胞经历减数分裂
 有丝分裂之前是S期 （染色体重复）	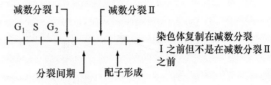 染色体复制在减数分裂 I 之前但不是在减数分裂 II 之前
 同源染色体不配对	 在减数分裂前期，同源染色体沿着它们 的长度配对(突触)
同源染色体之间的遗传交换非常罕见	 在减数分裂前期，同源染色体之间发生交换
 姐妹染色单体在中期期间从相反的 极附着到纺锤纤维	 减数分裂中期，同源染色体(不是姐妹染色 单体)附着在相反的两极的纺锤丝上
 姐妹染色单体的着丝粒在后期开始时分开	 姐妹染色单体的着丝粒在减数分裂过程中 保持紧密连接
	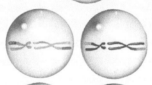 减数分裂中期，姐妹染色单体附着在 相反的两极的纺锤丝上
	 姐妹染色单体的着丝粒在减数分裂 后期开始分离

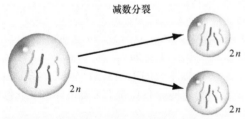

有丝分裂产生两个新的子细胞，它们彼此和原始细胞
完全相同，因此有丝分裂在基因上是保守的

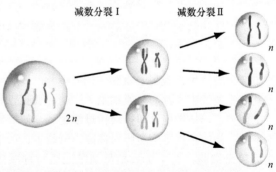

减数分裂产生四个单倍体细胞，其中一个(卵子)或全部(精子)
可以成为配子。由于减数分裂导致组合变化，所以这些细胞
彼此之间或原始细胞之间都不相同

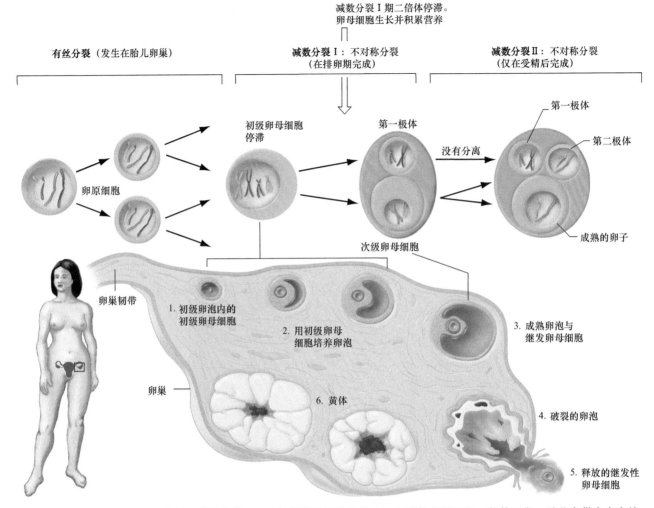

图4.18　在人类，卵子的形成始于胎儿卵巢，在减数分裂Ⅰ的前期停止。在减数分裂Ⅰ的二倍体亚期，胎儿卵巢中含有约 500 000 个初级卵母细胞。如果卵子在月经周期中受精，减数分裂就完成了。减数分裂产生的三个细胞中，只有一个是功能配子，即卵子。

个年龄段出生的孩子中，只有0.05%患有唐氏综合征。然而，在生育后期，风险迅速上升；35岁时，这一比例为0.9%，45岁时为3%。如果减数分裂在母亲出生之前就完成了，你就不会想到这种与年龄相关的风险增加。

4.5.2　人类精子发生过程中，每个原始精母细胞产生四个精子

精子的产生，或**精子发生**（图4.19），开始于男性睾丸的生殖细胞（称为**精原细胞**）。精原细胞有丝分裂产生许多二倍体细胞，即**初级精母细胞**。与初级卵母细胞不同，初级精母细胞经历对称减数分裂Ⅰ，产生两个**次级精母细胞**，每个次级精母细胞经历对称减数分裂Ⅱ。在减数分裂结束时，每个原始精母细胞产生四个等价的单倍体**精子细胞**。然后，这些精子细胞发育成具有鞭状特征的尾巴，并将所有的染色体物质集中在一个头部，从而成为有功能的成熟**精子**。人类精子比受精卵小得多，含有22个常染色体和X或Y染色体。

精子产生的时间与卵子形成的时间有很大的不同。减数分裂允许原代精母细胞转变为精子细胞，这种分裂只在青春期开始，但减数分裂会持续整个人的一生。整个精子形成过程需要48～60天：减数分裂Ⅰ需要16～20天，减数分裂Ⅱ需要16～20天，精子细胞成熟为功能齐全的精子需要16～20天。在青春期后的每个睾丸中，总是有数百万精子在产生，而一次射精就能含有多达3亿个精子。在一个人的一生中，可以产生数十亿个精子，这些精子几乎均等地分布在带有X染色体和Y染色体的精子中。

基本概念

- 二倍体生殖细胞前体通过有丝分裂增殖，然后进行减数分裂产生单倍体配子。

- 人类女性出生时卵母细胞处于减数分裂前期Ⅰ。减数分裂在排卵时恢复，但直到受精后才完成。精子的形成从青春期开始，并持续到人类男性的一生。

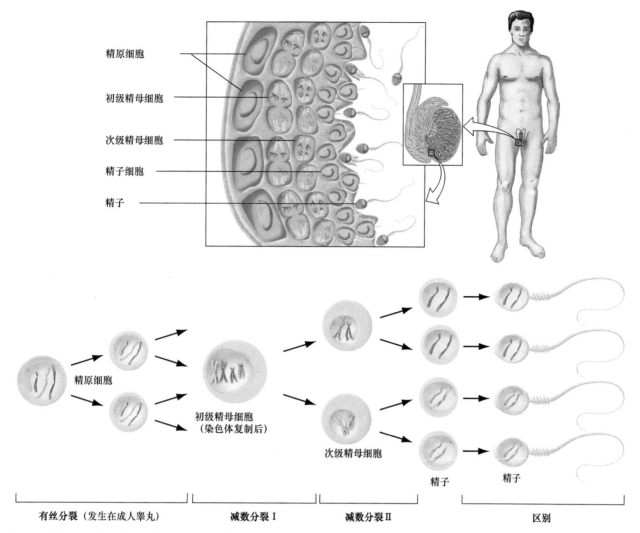

图4.19　青春期后人类精子在睾丸中不断形成。精原细胞位于人类睾丸中精小管的外部。一旦它们分裂产生初级精母细胞，随后的精子发生阶段（精母细胞的减数分裂和精子细胞成熟为精子）依次发生在更靠近小管中央的地方。成熟的精子被释放到射精管的中心腔。

- 卵子发生的两个减数分裂是不对称的，因此初级卵母细胞产生一个卵子。精子发生的两个减数分裂是对称的，所以一个初级精母细胞产生四个精子。
- 所有人类卵母细胞都含有一条X染色体；人类精子要么含有X染色体，要么含有Y染色体。

4.6　染色体理论验证

学习目标

1. 描述解释孟德尔第一定律和第二定律的减数分裂的关键事件。
2. 从杂交的结果中推断一个特征是否与性别有关。
3. 预测与性染色体不分离相关的表型。

到目前为止，我们已经提出了两条支持染色体遗传理论的间接证据。第一，性形态的表型与特定染色体的遗传有关。第二，随着时间的推移，有丝分裂、减数分裂和配子发生的事件确保了一个物种所有成员体细胞中的染色体数目是恒定的；人们期望遗传物质表现出这种稳定性，即使在繁殖方式非常不同的生物体中也是如此。对染色体理论的最终接受依赖于研究人员在间接证据之外，对两个关键点进行严格的论证：①基因的遗传与染色体的遗传在每个细节上是一致的；②特定染色体的传播与性别决定以外的特定性状的传播是一致的。

4.6.1　孟德尔定律与减数分裂过程中的染色体行为有关

Walter Sutton在1902～1903年首次概述了染色体遗传理论，建立在德国的Theodor Boveri、美国纽约的E. B. Wilson等人的理论思想和实验结果的基础上。在1902年的一篇论文中，Sutton推测，"在减数分裂（即减数分裂Ⅰ）过程中，父本染色体和母本染色体成对组合以及随后的分离……可能构成孟德尔遗传定律的物理基础"。1903年，他提出染色体携带孟德尔的遗传单位，原因如下：

1. 每个细胞包含两种染色体的拷贝，以及两种基因的拷贝。

2. 与孟德尔的基因一样，染色体的补体在代代相传的过程中似乎没有发生变化。

3. 在减数分裂过程中，同源染色体配对，然后分离到不同的配子，就像每个基因的替代等位基因分离到不同的配子一样。

4. 每一对染色体的母本和父本不考虑任何其他同源染色体对的组合而移动到相反的纺锤体极，就像不相关基因的替代等位基因独立排列一样。

5. 在受精过程中，一个卵子的染色体组与随机遇到的精子的染色体组结合，就像从父母一方获得的等位基因与来自另一方的等位基因随机结合一样。

6. 在所有受精卵来源的细胞中，一半的染色体和一半的基因来自母体，另一半来自父体。

表4.4的两部分说明了遗传的染色体学说与孟德尔分离和自由组合定律之间的密切关系。如果孟德尔的豌豆形状和豌豆颜色的基因被分配到不同的染色体上（即非同源染色体），染色体的行为与基因的行为是平行的。Sutton对这些相似之处的观察使他提出染色体和基因在某种程度上是物理连接的。减数分裂确保每个配子只包含一个二价染色单体，因此该染色单体上的任何基因只有一个等位基因［表4.4（a）］。减数分裂过程中两个二价染色体的独立行为意味着不同染色体上携带的基因将会独立地组合成配子［表4.4（b）］。

从图4.17（a）可以看出，在减数分裂的过程中，有两对不同的染色体对，你可能想知道，交换是否废除了孟德尔定律和染色体运动之间的明确对应关系。答案是否定的。同源染色体对的每条染色单体只包含一个给定基因的副本，每对同源染色体中只有一条染色单体被合并到每个配子中。由于替代等位基因即使在交换发生后仍然存在于不同的染色单体上，所以根据孟德尔第一定律，替代等位基因仍然分离到不同的配子上。

此外，由于在减数分裂过程中，非同源染色体的方向是完全随机的，正如孟德尔第二定律所要求的那样，即使发生交换，不同染色体上的基因也会独立排列。在图4.17（a）中，你可以看到，如果不进行重组，非同源染色体的两种随机比对都只产生四种配子类型中的两种：*AB*和*ab*代表一个方向，*Ab*和*aB*代表另一个方向。通过重组，图4.17（a）中等位基因的每一个排列实际上可能产生所有四种配子类型［设想在图4.17（a）中交换切换*a*和非姐妹染色单体的位置］。因此，非同源染色体的随机排列和交换都导致了独立的分类现象。

4.6.2　特定的性状通过特定的染色体传播

一个理论的命运取决于它的预测能否被证实。因为基因决定性状，染色体携带基因的预测可以通过育种实验来验证，这将显示特定染色体的传播是否与特定性状的传播相一致。细胞学家知道，一对染色体，即性染色体，决定了一个人是男性还是女性。其他性状是否也存在类似的相关性？

1. 果蝇X染色体上决定眼睛颜色的基因

托马斯·亨特·摩尔根（Thomas Hunt Morgan）是一位接受胚胎学训练的美国实验生物学家，他领导的研究小组的发现最终为染色体理论奠定了坚实的实验基础。摩尔根之所以选择黑腹果蝇作为研究对象，是因为它非常多产，而且繁殖时间非常短，从受精卵发育成能够产生数百个后代的成熟成体只需要12天。摩尔根给他的果蝇喂香蕉泥，把它们放在空牛奶瓶里，空牛奶瓶的盖子上盖着棉絮。

1910年，一只白眼睛的雄性出现在一群有着砖红色眼睛的果蝇中间。一种基因突变明显改变了决定眼睛颜色的基因，使其从正常的野生型红色等位基因变成了产生白色的新等位基因。当摩尔根让白眼雄果蝇和它的红眼姐妹交配时，所有F$_1$代果蝇的眼睛都是红色的；红色等位基因明显优于白色等位基因（图4.20，杂交A）。

摩尔根为果蝇遗传学家建立了一套命名模式，他将导致白色眼睛的异常性状的基因命名为白色基因，因为突变揭示了它的存在。白色基因的正常野生型等位基因（简写为w^+）代表砖红色的眼睛，而对应的突变型w等位基因则代表白色的眼睛。上标+表示野生类型。通过将基因名称和缩写写成小写，摩尔根表示突变的w等位基因对野生型w^+是隐性的。如果果蝇突变导致显性非野生型表型，则基因名称的第一个字母或其缩写大写；因此，被称为*Bar*的眼睛突变对野生型*Bar*$^+$等位基因占主导地位（参见附录中"基因命名指南"）。

然后，摩尔根将F$_1$代的红眼雄性与它们的红眼姐妹杂交（图4.20，杂交B），得到预测的红眼与白眼比例为3∶1的F$_2$代。但这一模式中有个奇怪的地方：在红眼的后代中，雌性与雄性的比例是2∶1，而所有的白眼后代都是雄性。这一结果与第2章和第3章中讨论的孟德尔性状在两性间的平等传播显著不同。在这些果蝇中，雄性后代和雌性后代的眼睛颜色比例并不相同。

通过将F$_2$红眼雌性与它们的白眼兄弟交配（图4.20，杂交C），摩尔根获得了一些白眼雌性，然后他将一只白眼雌性与一只红眼野生型雄性交配（图4.20，杂交D），结果只有红眼雌性后代和白眼雄性后代。在杂交D中看到的图案被称为**交叉遗传**，因为雄性从它们的母亲那里继承眼睛的颜色，而雌性从它们的父亲那里继承

表4.4　染色体遗传理论如何解释孟德尔定律

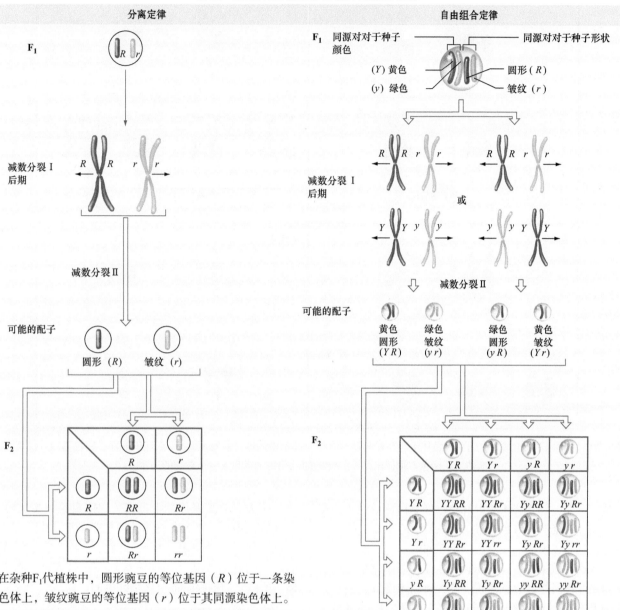

| 分离定律 | 自由组合定律 |

在杂种F₁代植株中，圆形豌豆的等位基因（R）位于一条染色体上，皱纹豌豆的等位基因（r）位于其同源染色体上。两个同源染色体在减数分裂Ⅰ前期到中期的配对，保证了同源染色体在减数分裂Ⅱ结束时可产生两种类型的配子：一半有R，一半有r，但没有配子同时具有两个等位基因。因此，在减数分裂Ⅰ期间同源染色体的分离相当于等位基因的顺序排列。如庞纳特方格所示，50% R和50% r卵与相同比例的R和r精子受精，导致F₂代孟德尔定律的比例为

$$3 : 1 。$$

一对同源染色体携带种子形状的基因（等位基因R和r）。第二对同源染色体携带种子颜色基因（等位基因Y和y）。每个同源对在减数分裂Ⅰ的中期板上随机排列，独立于其他同源对。因此，在后期Ⅰ中，任何两对染色体向两极迁移的两种可能性是相同的。因此，一个双杂交个体将产生四种同样可能的配子类型。庞纳特方格表明，由非同源染色体携带的性状的独立分类产生的孟德尔定律比例为

$$9 : 3 : 3 : 1 。$$

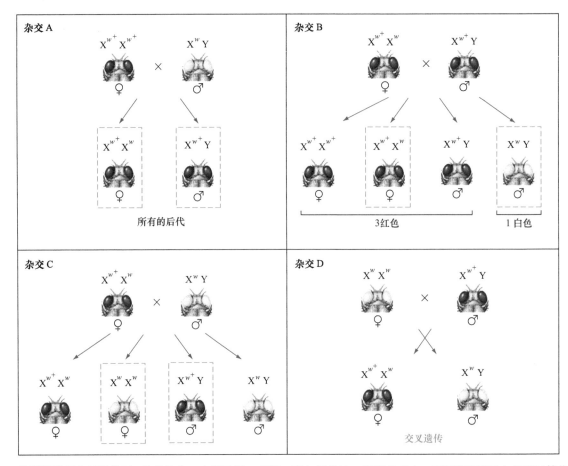

图4.20 果蝇眼睛颜色基因位于X染色体上。在托马斯·亨特·摩尔根的这一系列杂交中，X连锁解释了白色基因等位基因的遗传。用绿色点框标出的A、B和C的后代是本系列下一个杂交的亲本。

眼睛的颜色。注意图4.20中红色雌性×白色雄性（杂交A）与白色雌性×红色雄性（杂交D）的互交结果并不相同，这与孟德尔的发现再次形成对比。

从这些数据中，摩尔根推断出果蝇眼睛颜色的白色基因是**X连锁**的，也就是说，由X染色体携带（注意，基因和等位基因的符号是斜体的，但染色体的符号不是）。Y染色体不携带这种眼睛颜色基因的等位基因。因此，雄性只有一个基因副本，它们从它们的母亲那里继承，连同它们唯一的X染色体；它们的Y染色体一定来自它们的父亲。因此，雄性的眼睛颜色基因是**半合子**的，因为它们的二倍体细胞有一半的等位基因由雌性携带在她的两条X染色体上。

如果雄性X染色体上的单一白色基因是野生型的 w^+ 等位基因，那么它就会有红色眼睛和一个可以写成 $X^{w^+}Y$ 的基因型〔这里我们指定染色体（X或Y）及其携带的等位基因，以强调某些基因是X连锁的〕。与 $X^{w^+}Y$ 雄性相比，半合子的 $X^w Y$ 雄性会有白色的眼睛。有两条X染色体的雌性可以是三种基因型之一：$X^w X^w$（白眼），$X^w X^{w^+}$（红眼，因为 w^+ 对 w 占优势），或 $X^{w^+} X^{w^+}$（红眼）。如图4.20所示，摩尔根认为眼睛颜色的基因与X染色体有关，这一假设解释了他的育种实验的结果。例如，交叉遗传发生是因为白眼母亲（$X^w X^w$）的雄性后代中唯一的X染色体必须携带 w 等位基因，这样雄性后代就会是白眼。相反，因为红眼父亲（$X^{w^+}Y$）的雌性后代必须从父亲那里得到一个带有 w^+ 的X染色体，所以它们的眼睛都应该是红色的。

2. 从不分离性分析验证染色体理论

虽然摩尔根的研究有力地支持了眼睛颜色的基因存在于X染色体上的假设，他自己也一直在质疑染色体理论的有效性，直到他的一名优秀学生Calvin Bridges，发现了另一个关键证据。Bridges重复了摩尔根在白眼雌性和红眼雄性之间的杂交实验，但这次他做的实验规模更大。不出所料，这个杂交后代主要由红眼雌性和白眼雄性组成。然而，大约每2000名雄性中就有1名眼睛是红色的，而雌性中有一小部分眼睛是白色的。

Bridges假设，这些例外是由于在雌性减数分裂过程中X染色体无法分离的罕见事件而产生的。他称这种染色体分离的失败为不分离。导致不分裂的错误可能发生在减数分裂 I 或减数分裂 II 期间，但在任何一种情况下，不分离都会导致一些卵子有两个X染色体，而另一些则没有。如图4.21（a）所示，这些染色体异常的卵子受精可以产生四种类型的受精卵：XXY（两个X染色

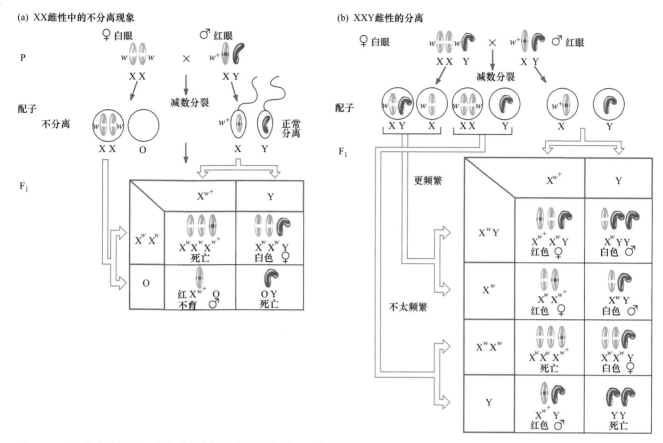

图4.21 不分离连接蛋白：减数分裂中罕见的错误有助于证实染色体理论。（a）XX雌虫不分离的罕见事件产生XX和O卵。正常分离的结果在雌性没有显示。XO雄性果蝇是不育的，因为缺失的Y染色体是雄性果蝇繁殖所必需的。（b）在XXY雌性中，这三条性染色体可以以两种方式配对和分离，产生具有不同寻常的性染色体互补的后代。

体来自卵子，一个Y染色体来自精子），XXX（两个X来自卵子，一个X来自精子），XO（精子中唯一的性染色体，卵子中没有性染色体），OY（唯一的性染色体来自精子）。

当Bridges在他的大型杂交中检测了罕见的白眼雌性的性染色体时，他发现它们确实是XXY个体，它们一定从白眼的X^wX^w母亲那里得到了两条X染色体和两个w等位基因。杂交后代中出现的特殊红眼XO雄性个体；它们的眼睛颜色表明它们一定是从它们X^w^+Y父亲那里获得了唯一的性别染色体。在这项研究中，白色基因等位基因的传递遵循了X染色体在罕见减数分裂错误中的预测行为，表明X染色体携带眼睛颜色的基因。这些结果也表明，含有两个不正常的性染色体核型（XXX和OY）的受精卵在胚胎发育过程中死亡，因此不会产生后代。

因为XXY白眼睛雌性有三条性染色体，而不是正常的两条，Bridges推断它们会产生四种卵子：XY和X，或XX和Y［图4.21（b）］。你可以想象这四种卵子的形成，当三条染色体配对并在减数分裂过程中分离时，两条染色体必须走到一极，另一条染色体必须走到另一极。对于这种分离，只有两种结果可能：一个X和

Y走向一个极点，另一个X走向另一个极点（产生XY和X配子）；或者两个X走到一个极点，Y走到另一个极点（产生XX和Y配子）。这两种情况中的第一种更常见，因为当两个相似的X染色体配对时，确保它们在第一次减数分裂时到达相反的两极。第二种可能性较小，只有当两条X染色体不能配对时才会发生。

Bridges下一步预测，这四种卵细胞通过正常精子从雌性XXY受精卵受精，将在后代中产生一系列与特定眼睛颜色相关的性染色体核型。Bridges分析了大量后代的眼睛颜色和性染色体，证实了他的所有预测。例如，他在细胞学上表明，图4.21（b）中所有从十字架上出现的白眼雌性都有两条X染色体和一条Y染色体，而一半的白眼雄性有一条X染色体和两条Y染色体。Bridges的艰苦观察提供了令人信服的证据，证明特定的基因确实存在于特定的染色体上。

4.6.3 染色体理论整合了基因行为的许多方面

孟德尔假设基因位于细胞中。染色体理论将这些基因分配到细胞内一种特定的结构中，并将替代等位基因解释为同源染色体的物理匹配部分。在此过程中，该理论解释了孟德尔定律。减数分裂的机制确保了同源染色

体的匹配部分会分离到不同的配子上（除非在罕见的不分离的情况下），解释了孟德尔第一定律预测的等位基因分离。由于每个同源染色体对在减数分裂Ⅰ中独立于其他染色体对排列，不同染色体上携带的基因将独立排列，正如孟德尔第二定律所预测的那样。

染色体理论也能够解释通过突变产生新等位基因，这是一种特定基因（即染色体的特定部分）的自发变化。如果一个突变发生在生殖系中，它可以传给后代。

最后，通过胚胎和出生后的有丝分裂细胞的分裂，多细胞生物中的每个细胞都接收到与受精卵受精时从卵子和精子获得的相同的染色体，因此，每个基因都具有相同的父、母等位基因。这样，一个人的基因组（染色体和他或她携带的基因）在一生中保持不变。

基本概念

- 同源染色体在减数分裂时进入子细胞的分离解释了孟德尔第一定律。
- 解释了孟德尔第二定律：在减数分裂过程中，同源染色体相互独立排列，非姐妹染色单体相互交换。
- 在性别决定为XX/XY的生物体中，男性的X连锁基因是半合子，而女性有两个副本。

4.7 人类的性别连锁和双性性状

学习目标

1. 通过系谱分析确定人类性状是X连锁还是常染色体。
2. 解释人类细胞如何补偿X连锁基因在XX和XY细胞核中的剂量差异。

一个不能分辨红色和绿色的人，几乎不可能分辨出花园花束中的玫瑰是鲜红还是洋红，以及树叶中精致的绿色，或者通过把红色的金属线和绿色的金属线连接起来来完成一个复杂的电路。这样的人很可能遗传了某种形式红绿色盲，这是一种家族遗传的隐性疾病，主要影响男性。在北美和欧洲的白种人中，8%的男性有这种视力缺陷，而只有0.44%的女性有这种视力缺陷。图4.22向具有正常色觉的读者展示了红绿色盲患者实际看到的东西。

1911年，E. B. Wilson——遗传染色体理论的贡献者，将色盲遗传的家族研究与当时关于X染色体和Y染色体在性别决定中的作用的知识结合起来，首次将人类基因分配给特定的染色体。他说，红绿色盲的基因存在于X染色体上，因为这种疾病通常由外祖父通过未受感染的母亲传给大约50%的外孙。

在Wilson完成基因分配的几年后，系谱分析证实了各种形式的血友病或出血病（血液不能正常凝结）也

(a)

(b)

图4.22 红绿色盲是人类的一种X连锁隐性遗传疾病。对于一个拥有正常色觉（a）或一种红绿色盲（b）的人来说，世界是什么样子的？

两图：承蒙Vischeck提供色差模拟(www.vischeck.com)；承蒙NASA提供图片

源于X染色体的突变，从而产生一种相对罕见的隐性特征。在这种情况下，罕见的意思是在人群中不常见。通过正在审查的家族史，包括英国维多利亚女王的后代［图4.23（a）］，表明相对罕见的X连锁性状在男性中出现的频率比在女性中出现的频率要高，而且往往会跳过几代人。表4.5总结了系谱中X连锁隐性遗传的线索。

与色盲和血友病不同，X染色体上已知的罕见突变中，有一些（尽管很少）是野生型等位基因的显性突变。在这种显性的X连锁突变中，表现出异常表型的女性多于男性。这种现象的发生是因为受影响男性的所有女儿都患有这种疾病，但没有一个儿子会有这种情况，而受影响女性的一半儿子和一半儿女将获得显性等位基因，因此显示出表型（见表4.5）。维生素D抵抗性佝偻病，或低磷血症，是一个与X染色体相关的显性遗传特征的例子。图4.23（b）显示了受该疾病影响的一个家庭的谱系。

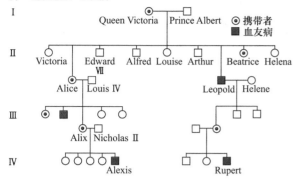

(a) X连锁隐性：血友病

Queen Victoria　Prince Albert　⊙ 携带者　■ 血友病

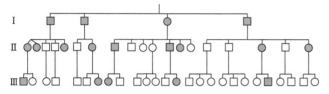

(b) X连锁显性：低磷血症

图4.23 X连锁性状可能是隐性的，也可能是显性的。
（a）显示维多利亚女王家族中隐性X连锁血友病遗传的谱系。（b）显示显性X连锁特性低磷血症遗传的谱系，通常称为维生素D抵抗性佝偻病。

表4.5　谱系模式表明性别相关的遗传

X 连锁隐性特征

1. 这种特征出现在男性身上的数量要多于女性，因为女性必须获得两份这种罕见缺陷等位基因的副本才能显示这种表型，而只有一个拷贝的半合子雄性即会显示出来。

2. 这种突变永远不会从父亲传给儿子，因为儿子只能从父亲那里得到一条 Y 染色体。

3. 受感染的男性会将这种与 X 染色体相关的突变基因传给他所有的女儿，而这些女儿也是携带者。这些雌性携带者的每一个儿子都有一半的机会继承有缺陷的等位基因，从而获得这种特征。

4. 当基因突变从祖父传给携带者的女儿，再传给孙子时，这种特征往往会跳过一代人。

5. 当受感染雄性的姐妹是携带者时，这种特征会在后代中出现。如果她是，她的每个儿子都有一半的机会被选中。

6. 对于罕见的受感染（纯合子）的雌性，她所有的儿子都将受到影响，她所有的女儿都将成为携带者。

X 连锁显性特征

1. 女性比男性表现出更多的异常特征。

2. 只要受影响的男性有女儿时，这种特征就会在每一代人身上体现出来。

3. 患病男性的所有女儿都会受到影响，但是儿子都不会被影响。这一标准是区分 X 连锁显性性状和常染色体显性性状的最有效的标准。

4. 受影响女性的儿子和女儿各有一半的机会受到影响。

5. 对于不完全显性的 X 连锁性状，携带这种基因的女性可能比携带有缺陷等位基因的男性表现得不那么极端。

Y 连锁特征

1. 这种特征只出现在男性身上。

2. 受影响男性的所有男性后代都会表现出这种特征。

3. 雌性不仅没有表现出这种特征，而且也无法传播。

4.7.1 在XX人类女性中，有一个X染色体是失活的

性别决定的XX和XY系统给人类细胞带来了一个奇怪的问题，需要一种叫做**剂量补偿**的解决方案。如前所述，X染色体包含大约1100个基因，它们所指定的蛋白质需要在男性和女性细胞中以相同的数量存在。为了补偿雌性细胞有两个X连锁基因副本而雄性细胞只有一个，XX细胞使其两条X染色体中的一条失活。失活的X染色体上几乎所有的基因都是关闭的，因此无法产生基因产物。X染色体失活发生在受精后两周左右，此时XX人类胚胎仅由500～1000个细胞组成。每个细胞随机选择一个X染色体浓缩成所谓的**巴氏小体**，从而使其失活。巴氏小体是以发现它们的细胞学家Murray Barr的名字命名，在经DNA染色处理的间期细胞中呈黑色的小染色体，该染色体在光学显微镜下可见（图4.24）。

每个胚胎细胞独立地"决定"哪个X染色体将不被激活——从母亲那里继承的X染色体还是父亲那里继承的X染色体。一旦做出了决定，它就会以无性繁殖的方式延续下去，这样，一个特定胚胎细胞有丝分裂所产生的数百万个细胞都会将同一条X染色体浓缩成一个巴氏小体［图4.25（a）］。因此，人类女性是由细胞拼凑而成的，一些细胞含有来自母体的活性X染色体，另一些细胞含有来自父方的活性X染色体［图4.25（b）］。在"快进"信息栏中，转基因小鼠中可视化X染色体失活的实验解释了科学家最近如何在小鼠体内外开发可视化技术，表达X染色体上的基因的克隆细胞块。

X染色体失活现象可能对X连锁基因控制的性状产生有趣的影响。当女性在一个X连锁基因上杂合时，她们身体的一部分实际上是一个等位基因的半合子，而另一个等位基因的部分在基因功能上是半合子的。此外，对于一个等位基因或另一个等位基因，哪些身体部位在功能上是半合的是随机的；即使是拥有所有基因相同等位基因的同卵双胞胎，也会有不同的X染色体失活模式。在图4.25（b）中，X连锁隐性性状无汗性表皮发育

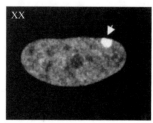

图4.24 XX核型细胞中的密集染色颗粒是巴氏小体。箭头所指的是经过DNA染色处理的XX细胞核中的巴氏小体。在这张图片中，巴氏小体呈明亮的白色。与其他染色体不同，巴氏小体高度浓缩并附着在核膜上。XY细胞没有巴氏小体。

引自：Hong et al. (17 July 2001), "Identification of an autoimmune serum containing antibodies against the Barr body," *PNAS*, 98(15): 8703-8708, Fig 1A-B. ©2001 National Academy of Sciences, U.S.A.

快进

在转基因小鼠中观察X染色体失活

科学家们最近利用分子技术和转基因技术（类似于前面的"快进"信息栏"转基因小鼠证明*SRY*是雄性因子"）来可视化小鼠X染色体失活的模式。研究人员制造了XX只含有两种不同转基因的小鼠（在这种情况下，是来自不同物种的基因）。其中一个转基因是水母基因，它产生绿色荧光蛋白（GFP）；另一个是来自红珊瑚的基因，它能产生红色荧光蛋白（RFP）（图A）。

在XX小鼠中，*GFP*基因位于母系X染色体上，*RFP*基因位于父系X染色体上。细胞的克隆斑块可以是绿色的，也可以是红色的，这取决于形成斑块的原始细胞中哪个X染色体变成了巴氏小体（图B）。

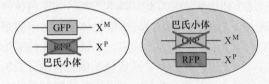

图A　转基因小鼠细胞在X染色体失活时发出绿色或红色的反应。小鼠携带一个绿色（GFP）转基因插入母系X染色体（X^M），以及父系X染色体上的一个红色（RFP）转基因（X^P）。X^P被灭活的细胞（顶部）发出绿色；当X^M失活时，细胞会发出红色（底部）。

不同的XX小鼠呈现不同的绿色和红色拼接模式，清楚地显示了X染色体失活的随机性。这些拼接图案反映了每个克隆斑块的创始人细胞中X染色体失活的细胞记忆。目前，遗传学家使用这些转基因小鼠来破译细胞如何"记住"每个细胞分裂后要灭活哪个X的基因细节。

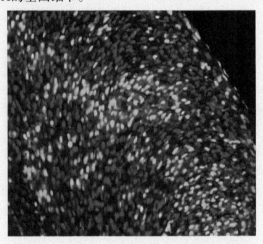

图B　转基因小鼠心脏细胞显示X失活的克隆拼接图。红色或绿色细胞斑块代表初始细胞的后代，它们随机灭活了其中的一个X染色体。

© Hao Wu and Jeremy Nathans, Molecular Biology and Genetics, Neuroscience, and HHMI, Johns Hopkins Medical School

(a) 细胞分裂后X染色体失活的持续存在

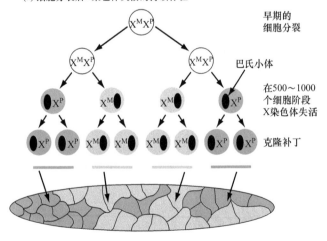

(b) X染色体失活导致杂合基因型的女性

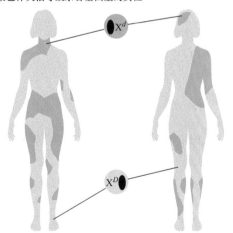

图4.25　X染色体剂量补偿使人类女性成为X连锁基因表达的完整产物。（a）在胚胎发生的早期，每个XX细胞将随机选择的X染色体浓缩成巴氏小体（黑色椭圆形），使其失活。相同的X染色体在每个细胞的所有后代中仍然是巴氏小体。X^M=母亲的X染色体；X^P=父亲的X染色体。（b）此处显示的双胞胎是X连锁隐性无汗性外胚层发育不良的杂合子（*Dd*），阻止汗腺的发育。蓝色皮肤上的斑点缺少汗腺，因为带有野生型等位基因（*D*）的染色体是失活的，而隐性的*d*等位基因是无功能的。

不良的杂合子中，有缺失汗腺的皮肤斑块与正常皮肤斑块点缀；斑块的表型取决于哪条X染色体失活。每个贴片都是皮肤细胞的克隆，这些细胞来自于一个胚胎细胞，这个胚胎细胞决定使X染色体中的一条失活。在第二个例子中，X连锁隐性血友病等位基因杂合的女性被称为疾病等位基因的携带者，即使她们可能有一些血友病的症状。病情的严重程度取决于灭活疾病等位基因的细胞和灭活正常等位基因的细胞的特定随机模式。在第3章中，我们讨论了偶然事件如何通过基因影响表型；X失活就是这样一个事件的完美例子。

回想一下，X染色体的两个顶端，即假常染色体区（PAR），也包含存在于Y染色体顶端的基因（图4.8）。为了平衡这些基因在XX和XY细胞中的剂量，巴氏小体X染色体上的PAR基因逃脱失活。剂量补偿的这一特征至少可以部分解释为什么XXY雄性（克兰费尔特综合征）和XO雌性（特纳综合征）具有异常的形态学特征。虽然XXY雄性的两条X染色体中的一条变成了巴氏小体，但是Klinefelter雄性在PAR区域有三种（而不是正常的两种）基因。XO细胞中的单个X染色体并没有变成巴氏小体，但是这些细胞只有一个PAR基因（而不是女性的两个XX）。

X染色体失活在哺乳动物中很常见，我们将在后面的章节中介绍这一过程的分子细节。尽管如此，重要的是要认识到，其他生物体以其他方式补偿性别染色体的差异。例如，果蝇会使XY（雄性）细胞中的单个X染色体极度活跃，因此大多数X染色体基因产生的蛋白质是雌性X染色体的两倍。相反，秀丽隐杆线虫（*C. elegans*）降低了XX雌雄同体中每条X染色体相对于XO雄性中单个X染色体的基因活性水平。

4.7.2 男性特征和男性生育能力是人类唯一已知的Y型关联特征

理论上，由Y染色体突变引起的表型也应该通过谱系分析来识别。这些特征会从一个受影响的父亲遗传给他所有的儿子，并从他们遗传给所有未来的男性后代。雌性既不表现也不传播Y连锁表型（见表4.5）。然而，除了确定男性本身，以及对精子形成和男性生育能力的贡献之外，在人类身上还没有发现明确的与Y连锁相关的可见特征。已知Y连锁性状的缺乏反映了一个事实，正如前面提到的，小的Y染色体包含很少的基因。事实上，人们认为Y染色体对表型的影响有限，因为正常的XX女性在没有Y染色体的情况下表现得非常好。

4.7.3 常染色体基因有助于两性性状的形成

并不是所有产生两性差异的基因都位于X染色体或Y染色体上。一些常染色体基因控制出现在一种性别而不是另一种性别的性状，或在两种性别中表达不同的性状。

限性性状影响一种结构或过程，这种结构或过程只存在于一种性别中，而不存在于另一种性别中。限性性状的基因突变只能影响表达这些结构或过程的性别的表型。限性性状的一个生动例子发生在纯合的雄性果蝇身上，这种果蝇具有常染色体隐性突变，这影响了变异雄性在交配时收缩阴茎和释放握在雌性生殖器上的螯的能力。突变的雄性在交配后很难与雌性分开。在极端的情况下，两只果蝇会一同死去。由于雌性缺乏阴茎和螯，纯合的黏着突变体雌性可以正常交配。

从性性状在两性中都有表现，但由于激素的差异，这些性状在两性之间的表达可能有所不同。斑秃是一种头发过早地从头顶脱落而不是从两侧脱落的情况（图4.26），是一种从性性状的人类特征。虽然斑秃是一种复杂的特征，可以受到许多基因的影响，一个常染色体基因似乎在某些家庭发挥重要作用。在这些家族中，因秃顶等位基因杂合的男性在20多岁时就会脱发，而杂合的女性则没有明显的脱发现象。相反，两性的纯合子都变成秃顶（尽管纯合子女性的秃顶通常比纯合子男性晚得多）。这种从性性状在男性中占主导地位，而在女性中则是隐性的。

4.7.4 性别决定通路基因突变可导致中间性障碍

我们之前已经看到，Y染色体上的SRY基因对雄性是至关重要的，因为它在胚胎发生的早期就开始了睾丸的发育。但是许多基因的功能是睾丸发育所必需的，或者是依赖于睾丸中产生的激素来发育性器官的后续事件所必需的。这些基因有些是常染色体的，有些是X连锁

(a)　　　　　　　　　　　(b)

图4.26　男性型秃发，从性性状。（a）约翰·亚当斯（1735—1826），美国第二任总统，约60岁。（b）约翰·昆西·亚当斯（1767—1848），约翰·亚当斯之子，美国第六任总统，年龄相仿。父子遗传表明，亚当斯家族男性型秃发可能是由一种常染色体基因的等位基因决定的。

（a）：© Bettmann/Corbis；（b）：© The Corcoran Gallery of Art/Corbis

的；在这两种情况下，XY个体中任何一种基因的等位基因突变都可能具有不寻常的两性间表型。

在一个重要的例子中，雄激素受体的X连锁*AR*基因的等位基因发生非功能突变的XY人群患有一种称为完全雄激素不敏感综合征（CAIS）的疾病。这些XY个体的睾丸产生荷尔蒙睾丸酮，但是如果没有雄激素受体，雄激素就没有作用。没有雄激素受体，这些人既不能发育男性生殖器（阴茎和阴囊），也不能发育男性内部管道系统（输精管、精囊和射精管）；相反，他们的外生殖器假设默认的女性状态（阴唇和阴蒂）。然而，睾丸会产生另一种激素，阻止女性体内管道系统的形成（包括输卵管、子宫和阴道）。其结果是，患有CAIS的人外表上是女性，但由于缺乏内部管道系统，他们没有任何性别。

基本概念

● 与性别相关（X染色体相关）的性状表现出性别特异性的遗传模式，因为儿子总是继承父亲的Y染色体，而女儿总是继承父亲的X染色体。

● 随机失活的母亲或父亲的X染色体在XX细胞，确保男性和女性哺乳动物细胞表达相同数量的蛋白质编码的大多数X连锁基因。

● 基因的突变（无论是常染色体的还是X染色体连锁的）在男性和女性身上都有不同的表现。

接下来的内容

摩尔根和他的学生（被统称为果蝇组）承认孟德尔遗传学可以独立于染色体而存在。"我们经常被问到，为什么会把染色体拖进来？我们的答案是，因为染色体提供了孟德尔定律所要求的机制，由于越来越多的信息表明染色体是孟德尔定律的载体，对如此明显的关系视而不见是愚蠢的。此外，作为生物学家，我们对遗传感兴趣的主要不是数学公式，而是关于细胞、卵子和精子的问题。"

果蝇组继续发现除了白眼睛外，还有几个X连锁突变。一种使身体变黄而不是棕色，另一种使翅膀变短，还有一种使身体的鬃毛变弯而不是笔直。这些发现提出了几个引人注目的问题。第一，如果所有这些特征的基因在X染色体上都是物理上联系在一起的，这种联系会影响它们独立排序的能力吗？第二，每个基因都有一个确切的染色体吗？如果有，这个特定的位置会影响它的传播吗？在第5章中，我们描述了如何根据已知的果蝇群体和其他物种等减数分裂期间染色体的运动，分析同一染色体上基因的传播模式，以及它们如何利用获得的信息将基因定位到特定的染色体位置。

习题精解

Ⅰ. 在人类，16号染色体有时在靠近着丝粒的长臂上有一个严重染色的区域。这种特征可以通过显微镜看到，但对携带这种特征的人的表型没有影响。当这种"斑点"存在于16号染色体的一个特定副本上时，它是该染色体的一个不变的特征，并且是可遗传的。

一对夫妇怀上了一个孩子，但胎儿出现了多种异常并流产了。当对胎儿的染色体进行研究时，发现它有三个16号染色体副本（16号染色体是三体的），三个16号染色体中有两个有大的斑点。母亲的两个16号染色体同源体都没有斑点，但父亲的斑点是杂合的。哪个亲本经历了非正常分离？是在哪个减数分裂期发生的？

解答

这个问题需要对减数分裂过程中不分离的现象有所了解。当单个染色体包含一些能使同源染色体区别于另一个同源染色体的特征时，通过减数分裂可以遵循这两个同源体的路径。因为胎儿有两条带有斑点的16号染色体，我们可以得出结论，即额外的染色体来自父亲（唯一有斑点染色体的亲本）。

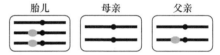

因此减数分裂过程中肯定发生了染色体的非正常分离，正常的减数分裂会产生只有一个染色体16的配子；胎儿也只能有一个带有斑点的16号染色体。

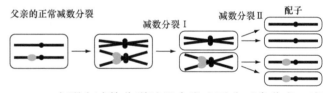

在哪个减数分裂过程中发生了非正常分离？当减数分裂Ⅰ发生不分离时，同源染色体不能分离到相对的两极。如果这种情况发生在父亲身上，带有斑点的染色体和正常的16号染色体就会分裂成同一个细胞（次级精母细胞）。减数分裂Ⅱ发生后，由该细胞产生的配子将携带两种类型的染色体。如果这样的精子使一个正常的卵子受精，受精卵将有两个正常16号染色体的副本和一个带有斑点的染色体副本。

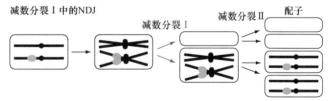

另一方面，如果父亲在含有斑点16号染色体的次级精母细胞减数分裂Ⅱ期间不发生分离，则会产生带

有两个斑点染色体副本的精子。与正常卵子受精后，结果将是在这种自然流产中看到的合子类型。

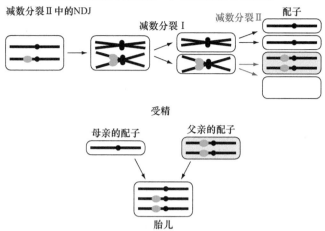

因此，不分裂发生在减数分裂Ⅱ的父亲。

Ⅱ.（a）对于隐性X连锁致死基因，正常雄性小鼠和雌性小鼠杂合而成的后代，你希望它们的性别比例是多少？（b）对于隐性Z连锁致死等位基因，正常母鸡和公鸡杂合的杂交后代的期望性别比是多少？

解答

这个问题涉及与性别有关的遗传和性别决定。

a. 小鼠性别决定系统为XX=雌性，XY=雄性。正常雄性小鼠（$X^R Y$）×杂合雌性小鼠（$X^R X^r$）会产生$X^R X^R$、$X^R X^r$、$X^R Y$和$X^r Y$小鼠。$X^r Y$会导致小鼠死亡，所以雌性和雄性的比例是2∶1。

b. 鸟类的性别决定系统为ZZ=雄性，ZW=雌性。一只正常的母鸡（$Z^R W$）×一只杂合公鸡（$Z^R Z^r$）会产生$Z^R Z^R$、$Z^R Z^r$、$Z^R W$和$Z^r W$鸡。因为$Z^r W$后代不能存活，雌性和雄性的比例是1∶2。

Ⅲ. 父亲是色盲的女性与父亲是色盲的男性交配。

a. 他们的后代有什么表型？

b. 如果一个正常人的父亲是色盲，你会怎么想？

解答

这个问题涉及与性别有关的遗传。

a. 该女子的父亲具有$X^{cb} Y$基因型。因为这个女子必须从她父亲那里继承一个X，她一定有X^{cb}染色体，但因为她有正常的色觉，她的另一条X染色体一定是X^{CB}。与她交配的男性具有正常的色觉，因此具有$X^{CB} Y$基因型。他们的孩子可能是$X^{CB} X^{CB}$（正常女性）、$X^{CB} X^{cb}$（携带者女性）、$X^{CB} Y$（正常男性）或$X^{cb} Y$（色盲男性）的概率相同。

b. 如果一个有正常色觉的人的父亲是色盲，X^{cb}染色体不会传给他，因为男性不会从父亲那里继承X染色体。该男子具有$X^{CB} Y$基因型，不能将色盲等位基因遗传。

习题

词汇

1. 在右列中选择与左列中的术语最匹配的短语。

a. 减数分裂		1. X 和 Y
b. 配子		2. 没有性别差异的染色体
c. 染色体组型		3. 复制染色体的两个完全相同的部分之一
d. 有丝分裂		4. 纺锤体极上的微管组织中心
e. 间期		5. 经历减数分裂的睾丸细胞
f. 合胞体		6. 胞质分裂细胞质的分裂
g. 结合		7. 受精时结合的单倍体生殖细胞
h. 性染色体		8. 含有一个以上细胞核的动物细胞
i. 胞质分裂		9. 同源染色体的配对
j. 后期		10. 一个二倍体细胞产生两个二倍体细胞
k. 染色单体		11. 染色体在一个细胞中的排列
l. 常染色体		12. 细胞周期中染色体不可见的部分
m. 着丝粒		13. 一个二倍体细胞产生四个单倍体细胞
n. 中心体		14. 减数分裂产生的不形成配子的细胞
o. 极体		15. 有丝分裂时姐妹染色单体分开的时间
p. 精母细胞		16. 姐妹染色单体之间最紧密连接的部位

4.1节

2. 人类每个体细胞有46条染色体。

a. 孩子从父亲那里得到多少染色体？

b. 每个体细胞中有多少常染色体和多少性染色体？

c. 人类卵子中有多少染色体？

d. 人类卵子中有多少性染色体？

4.2节

3. 下图显示了一个特定物种雄性的中期染色体。这些决定核型的染色体，还没有形成一定大小的染色体对。

a. 有多少条染色体？

b. 有多少染色单体？

c. 有多少着丝粒？（将每一个姐妹着丝粒分开计数）

d. 显示了多少对同源染色体？

e. 图上有多少条染色体是具中间着丝粒的？近着丝粒端吗？

f. 在这个物种中，性别决定的可能模式是什么？你认为这个物种中雌性的核型会有什么不同？

4. 由于X染色体突变而发生性逆转的XX男性，如图4.7所示，当他们想要孩子时，往往会了解到自己的情况，并发现自己不育。你能解释一下为什么它们是不育的吗？

5. 研究人员最近发现，SRY蛋白的唯一功能是激活假定性腺中的一种名为*Sox9*的常染色体基因（在它"决定"成为睾丸或卵巢之前）。

 a. 对于*Sox9*的非功能性突变等位基因，XY个体纯合子的性别是什么？请解释一下。

 b. 根据你对题目a的回答，为什么*SRY*而不是*Sox9*被认为是男性的决定因素？（提示：如果你做了一个实验，就像在"快进"信息栏"转基因小鼠证明*SRY*是雄性因子"，如果你用的是*Sox9*转基因而不是*SRY*，你认为会发生什么？）

4.3节

6. 一个有14条染色体的橡树细胞发生有丝分裂，形成了多少子细胞？每个细胞的染色体数目是多少？

7. 指出编号为i~v的细胞分别与有丝分裂的哪个阶段相匹配：

 a. 后期

 b. 前期

 c. 中期

 d. G_2

 e. 末期/胞质分裂

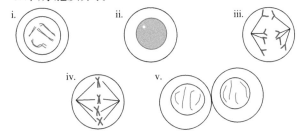

8. a. 细胞周期的四个主要阶段是什么？

 b. 间期包括哪些阶段？

 c. G_1、S和G_2的区别是什么？

9. 回答细胞周期每个阶段（G_1、S、G_2、前期、中期、后期、末期）的问题。如果需要，使用箭头指示在特定的细胞周期阶段发生的改变（例如，1→2或yes→no）。

 a. 在这个阶段，每条染色体由多少条染色单体组成？

 b. 有核仁吗？

 c. 有丝分裂纺锤体是组织吗？

 d. 核膜存在吗？

10. 你能想出什么方法来防止基因组是单倍体的细胞发生有丝分裂吗？

4.4节

11. 一个有14条染色体的橡树细胞经历减数分裂，这个过程会产生多少个细胞？每个细胞的染色体数目是多少？

12. 哪一种细胞分裂（有丝分裂、减数分裂Ⅰ、减数分裂Ⅱ）使染色体数目减少一半？细胞分裂的哪一种类型是还原性的？细胞分裂的哪一种类型是等分的？

13. 在适当的情况下，尽量使用下列词语完成下列陈述：有丝分裂，减数分裂Ⅰ（第一次减数分裂），减数分裂Ⅱ（第二次减数分裂），没有（不是有丝分裂或减数分裂Ⅰ或减数分裂Ⅱ）。

 a. 纺锤体组织存在于细胞的_____。

 b. 染色体复制发生在_____。

 c. 单倍体细胞中由_____产生的细胞的染色体数是n。

 d. 二倍体细胞中由_____产生的细胞的染色体数是n。

 e. 同源染色体配对经常发生在____期间。

 f. 非同源染色体配对经常发生在____期间。

 g. 在____时期物理重组导致了重组子代的产生。

 h. 姐妹着丝粒的分离发生在____期间。

 i. 在____时期非姐妹染色单体存在于同一细胞中。

14. 图a~e所示的5个细胞均来自同一个体。区分每个细胞是在有丝分裂、减数分裂Ⅰ，还是减数分裂Ⅱ。下列情况分别处于细胞分裂的哪个阶段？这个有机体中的n代表什么？

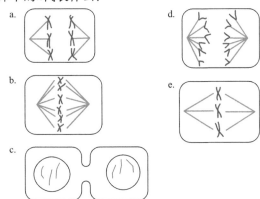

15. 1905年，Nettie Stevens发表了对细胞分裂中染色体的首次微观观察。由于当时很难复制照片，她将这些观察用素描的形式记录了下来。图中显示的是黄粉虫完全正常的细胞分裂。以今天的标准来看，当时的技术相对简单，还不能观察到确定存在的染色体结构。

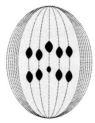

 a. 尽可能详细地描述图中所示的细胞分裂的种类和阶段。

 b. 图中不能解答关于染色体结构的什么问题？

 c. 正常黄粉虫配子中有多少条染色体？

16. 一个人同时具有两种常染色体遗传特征。一种是白化病的隐性条件（等位基因*A*和*a*），这种白化病基因在离中心体长臂的着丝粒附近被发现。另一个特征是显性遗传性亨廷顿病（*HD*和*HD*⁺等位基因）。亨廷顿病基因位于一个具有中间着丝粒的常染色体臂的端粒附近。画出这个人的两个相关染色体的所有拷贝，因为它们将出现在：（a）有丝分裂中期，（b）减数分裂Ⅰ，（c）减数分裂Ⅱ。在每张图中，假设没有发生重组，在每个染色单体的两个基因的等位基因上标记位置。

17. 假设：（i）每个同源染色体对中的两条染色单体携带某些基因的不同等位基因；（ii）不发生交换，那么一对人类夫妇可能生育多少个不同基因的后代？这两个假设（i或ii）哪一个更现实？

18. 在多毛苔藓群落中，单倍体染色体数为7。单倍体雄性配子与单倍体雌性配子融合形成二倍体细胞，分裂并发育成多细胞孢子体。孢子体的细胞经过减数分裂产生单倍体细胞，称为孢子。单个孢子包含一组所有的染色体都来自雄性配子的染色体的概率是多少？（假设没有发生重组）

19. 你能想到在基因组总是单倍体的生物体中有什么能阻止减数分裂发生吗？

20. 姐妹染色单体在有丝分裂中期通过内聚蛋白复合物结合在一起，形成橡皮筋样的环，将两个姐妹染色单体捆绑在一起。内聚素环既存在于着丝粒，也存在于沿着染色体长度分布的许多位置。环在有丝分裂后期开始时被蛋白酶破坏，使姐妹染色单体分离。

 a. 姐妹染色单体之间的内聚蛋白复合物也负责维持同源染色体在一起，直到减数分裂Ⅰ后期。基于

这一点，下面的两个图（i或ii）中哪个正确地表示了减数分裂i的前期到中期染色单体的排列？解释一下。

 b. 你对题目a的回答能否推断出着丝粒内聚蛋白复合物与沿着染色体臂的内聚蛋白复合物的性质？提出一个分子假说来解释你的推论。

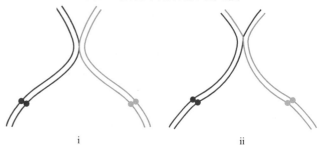

21. 在雄性减数分裂过程中，X染色体和Y染色体的假常染色体区（PAR）使性染色体配对和结合。考虑到*SRY*基因在PAR1附近的位置，你能否提出一种机制来解释图4.7中突变的X和Y染色体（X的一部分在Y上，Y的一部分在X上）是如何在减数分裂过程中出现的？

22. 值得注意的是，鸭嘴兽有10条性染色体，是所有哺乳动物中数量最多的。雌性鸭嘴兽有5对不同的X染色体（X1~X5），而雄性鸭嘴兽有5条（X1~X5）X染色体，还有5条不同的Y染色体（Y1~Y5）。在雄性减数分裂过程中，5条X染色体总是在一个配子中，而5条Y染色体总是在另一个配子中。为了实现正常分离，在减数分裂前期，性染色体形成一条长链，其排列顺序为X1 Y1 X2 Y2 X3 Y3 X4 Y4 X5 Y5，其中染色体通过假常染色体区（PAR）结合在一起。

 a. 必须存在多少个不同的PAR才能形成这些链？（提示：要回答这个问题，请尝试绘制染色体链）

 b. 从配对能力的角度，解释人类和鸭嘴兽性染色体的结构差异。

4.5节

23. 黑猩猩的体细胞含有48条染色体。

有多少染色单体和染色体存在于：（a）有丝分裂的后期，（b）减数分裂Ⅰ后期，（c）减数分裂Ⅱ后期，（d）有丝分裂G₁前期，（e）有丝分裂G₂前期，（f）减数分裂Ⅰ的G₁前期，（g）减数分裂Ⅰ前期？

有多少染色单体或染色体存在于：（h）在S期之前的卵母细胞，（i）精子细胞，（j）在排卵前被抑制的初级卵母细胞，（k）受精前抑制的次级卵母细胞，（l）第二极体，（m）黑猩猩的精子细胞？

24. 在人类：
    a. 有多少精子是由100个初级精母细胞发育而来的?
    b. 有多少精子是由100个次级精母细胞发育而来的?
    c. 有多少精子是由100个精子单体发育而来的?
    d. 有多少卵子是由100个初级卵母细胞发育而来的?
    e. 有多少卵子是从100个次级卵母细胞发育而来的?
    f. 100个极体发育出多少卵子?

25. 女性有时会患上卵巢的良性肿瘤，称为卵巢畸胎瘤或皮样囊肿。这种肿瘤通常开始于初级卵母细胞，从它的前期Ⅰ停止并在卵巢内完成减数分裂Ⅰ（正常情况下，减数分裂Ⅰ直到排卵时初级卵母细胞从卵巢排出后才会消失）。次级卵母细胞就像胚胎一样发育。然而，发育的紊乱导致了肿瘤的发生，并且在肿瘤内发现了分化的二倍体组织，如牙齿、头发、骨骼、肌肉和神经等。如果一个基因型为Aa的女性形成了一个皮样囊肿，假设没有重组，囊肿可能的基因型是什么?

26. 在某些火鸡品种中，未受精的卵子有时会发育成孤雌生殖，产生二倍体后代（女性有ZW、男性有ZZ性染色体。假设WW细胞无法存活）。根据下面关于孤雌生殖如何发生的各个模型，预估在孤雌生殖后代中看到什么性别分布?
    a. 卵子是由从未经历减数分裂的卵母细胞发育而来。
    b. 卵子经过减数分裂，然后复制染色体成为二倍体。
    c. 卵子经过减数分裂Ⅰ，染色单体分离形成二倍体。
    d. 卵子经历减数分裂，然后随机地与它的三个极体中的一个融合（这个场景假设第一个极体经历减数分裂Ⅱ）。

4.6节

27. 想象一下，你有两种纯种金丝雀，一种长着黄色的羽毛，另一种长着棕色的羽毛。在这两个品系的杂交中，黄色的雌性×棕色的雄性只生出棕色的子代，而棕色的雌性×黄色的雄性只能生出棕色的雄性和黄色的雌性。提出一个假设来解释种现象。

28. 在蜜蜂中发现了一种被称为单倍体-二倍体的性别鉴定系统。雌性是二倍体，雄性（雄蜂）是单倍体。雄性后代是未受精卵发育的结果。精子是由雄性的有丝分裂和雌性的受精卵产生的。象牙眼是蜜蜂的隐性特征；野生型眼睛是棕色的。
    a. 象牙眼的蜂王和棕色眼的雄蜂会生出什么后代? 为受精卵和非受精卵所产生的后代提供基因型和表型。
    b. 题目a中与棕色眼睛的雄蜂交配时，产生的雌性后代是什么表型?

29. 在果蝇中，常染色体隐性棕色眼睛颜色突变与X染色体隐性朱红突变和常染色体隐性猩红突变均表现出相互作用。纯合子为褐色，半合子或纯合子为朱红色的果蝇有白色眼睛的后代。同时，纯合子果蝇的棕色和鲜红色突变体也能产生白色眼睛的后代。预测与下列亲本杂交的F_1和F_2后代：
    a. 朱红色的雌性×棕色的雄性
    b. 棕色的雌性×朱红色的雄性
    c. 鲜红色的雌性×棕色的雄性
    d. 棕色的雌性×鲜红色的雄性

30. 棒状羽毛是鸡的Z连锁显性特征。
    a. 棒状羽毛的母鸡与非棒状羽毛的公鸡杂交，会有什么样的后代?
    b. 通过题目a杂交产生的F_1公鸡的姐妹之一是什么表型?

31. 当Calvin Bridges观察到大量白眼雌性果蝇和红眼雄性果蝇杂交的后代时，他在这些后代中发现了非常罕见的白眼雌性和红眼雄性。他证明这些异常是由于不分离造成的，这样，白眼的雌性从卵子中得到两个X、从精子中得到一个Y，而红眼的雄性则没有从卵子中得到性染色体、从精子中得到一个X。如果这些不分离事件发生在雄性亲代身上，会产生什么后代呢? 它们的眼睛会是什么颜色?

32. 在一小瓶果蝇中，一名做研究的学生注意到有几只雌性果蝇（但没有雄性果蝇）有袋状翅膀，每个袋状翅膀都由一个充满液体的大水泡组成，而不是通常光滑的翅膀叶片。当袋翅雌虫与野生型雄虫杂交时，后代中1/3为袋翅雌虫，1/3为正常翅雌虫，1/3为正常翅雄虫。解释这种结果产生的原因。

33. 1919年，Calvin Bridges开始研究一种引起果蝇眼呈伊红的X连锁隐性突变。在一种真正的红眼睛果蝇繁殖环境中，他注意到一些罕见的变种，它们的眼睛颜色比红眼睛浅得多。通过将这些变种杂交，他能够培育出真正的奶油眼品种。现在，这种奶油色眼睛的雄性与真正繁殖的野生型雌性之间进行了杂交。所有F_1代均为红（野生型）眼。当F_1果蝇杂交时，F_2后代有104只红眼雌性果蝇、52只红眼雄性果蝇、44只伊红眼雄性果蝇和14只奶油眼雄性果蝇。假设这些数字是8∶4∶3∶1的比例。
    a. 制订一个假设来解释F_1和F_2的结果，将表型分配给所有可能的基因型。
    b. 如果是纯种的红眼雄性和纯种的白眼雌性亲代之间的杂交，你对F_1代和F_2代有什么预测?

c. 如果是纯种的红眼雌性和纯种的白眼雄性亲代之间的杂交，你对F₁代和F₂代有什么预测？

34. 在果蝇中，一个黄体雄性果蝇和一个野生型的雌性果蝇之间杂交。F₁代由野生型雄性和野生型雌性组成。将F₁雄性与雌性杂交，F₂后代由16只黄体残翅雄性、48只黄体残翅正常雄性、15只棕体残翅雄性、49只野生型雄性、31只棕体残翅雌性和97只野生型雌性组成。根据这些结果解释这两个基因的遗传。

35. 正如我们在本章中学到的，托马斯·亨特·摩尔根研究的果蝇白色突变体与野生型呈X连锁隐性遗传。当携带该突变的纯种白眼雄性与纯种紫眼雌性杂交时，所有F₁后代都具有野生型（红色）眼睛。当F₁代杂交时，F₂代出现的比例为3/8野生型雌性：1/4白眼雄性：3/16野生型雄性：1/8紫眼雌性：1/16紫眼雄性。

a. 提出一个假说来解释这些眼睛颜色的遗传。
b. 如果亲代杂交发生逆转，预测F₁和F₂后代（如果亲代是纯种白眼雌性和纯紫眼雄性之间的杂交）。

4.7节

36. 下面是一个家族的谱系，其中发现了一种罕见的色盲遗传（填充符号）。尽可能多地标出系谱中所有个体的基因型。

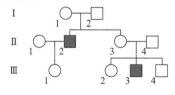

37. 接下来的四个谱系中的每一个都代表了一个人类家族，在这个家族中，一种基因疾病正在分离。受影响的个体用填充符号表示。其中一种疾病为常染色体隐性遗传，一种为X连锁隐性遗传，一种为常染色体显性遗传，另一种为X连锁显性遗传。假设这四种性状在种群中都是罕见的，并且完全外显。

a. 说明下列谱系的遗传模式，并给出你的解释。
b. 对于每一个谱系，他们的孩子（由六边形表示）患这种疾病的概率是多少？

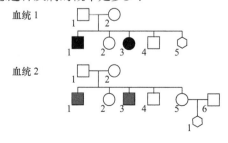

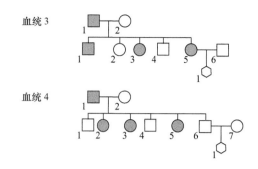

38. 接下来的谱系表明，在一群霍皮印第安人中，白化病的发生非常频繁。假设该性状是完全外显的（所有携带可能导致白化病的基因型的个体都会表现出这种情况）。

a. 白化病是由隐性等位基因还是显性等位基因引起的？
b. 基因是与性别相关的还是与常染色体相关的？下列个体的基因型是什么？
c. 个人 I-1
d. 个人 I-8
e. 个人 I-9
f. 个人 II-6
g. 个人 II-8
h. 个人 III-4

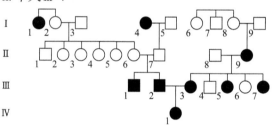

39. 杜氏肌营养不良（DMD）是由一种相对罕见的X连锁隐性等位基因引起的。它引起进行性肌肉萎缩，通常导致患者在20岁前死亡。在这个疾病中，受影响的患者是由导致DMD的等位基因的杂合型或纯合型引起的。

a. 如果一个未患病女人的哥哥患有此种疾病，那么这个女人的第一个儿子患病的概率是多少？
b. 如果她的第一个儿子患病，那么她第二个儿子患病的概率是多少？
c. 一个未患病男人的兄弟患有此种疾病，那这个男人的孩子患病的概率是多少？
d. 一个患病的男人与未患病的表妹结婚；而且该家族没有任何DMD病史。如果这名男子的母亲和他妻子的母亲是姐妹，那么这对夫妇的第一个孩子患病的概率是多少？患病女孩的概率呢？未患病孩子的概率呢？
e. 如果题目d所述夫妇的双亲为兄妹（而非姐妹），

这对夫妇的第一个孩子是患病男孩的概率是多少？患病女孩的概率呢？未患病孩子的概率呢？

40. 负责DMD的X连锁基因编码一种叫做抗肌萎缩蛋白的蛋白质，这种蛋白质是肌肉功能所必需的。抗肌萎缩蛋白不被分泌，而是留在产生它的细胞中。根据你对巴氏小体的了解，你认为携带隐性DMD疾病等位基因杂合子的女性可能在身体的哪些部位患病，哪些部位不患病？

41. 当男性携带了凝血因子Ⅷ的一种X连锁基因的非功能性隐性突变等位基因时，会患有血友病。因子Ⅷ通常由骨髓细胞（和其他专门细胞）产生并分泌到血清中。

a. 你认为携带血友病等位基因的女性杂合体是在身体的某些部位有血友病而在其他部位没有吗？

b. 如果这样一个女性血友病携带者被割伤，她的血液凝结（形成血块）的速度是快还是慢？还是与正常的因子Ⅷ等位基因纯合体的凝结时间差不多？在雌性杂合体中，凝血速度会有显著的差异吗？

42. 在观察转基因小鼠X染色体失活的"快进"信息栏中，假设研究人员观察了早期小鼠胚胎中少于500个胚胎细胞的绿色和红色荧光蛋白的表达。他们观察到什么模式？（假设转基因使基因产物处于早期发展阶段）

43. 以下是五代患有先天性多毛症的家族谱系，这种罕见的疾病会导致个体出生时面部和上半身的毛发异常丰富。谱系中的两个小黑点表示流产。

a. 假设这个家族中多毛症的遗传完全外显，你能得出什么结论？

b. 在什么基础上可以排除其他遗传模式？

c. Ⅲ-2和Ⅲ-9有多少个亲本有孩子？

44. 考虑以下来自人类家庭的血统，其中包括一名患有克林费特综合征的男性（携带XXY异常染色体的个

体；用阴影方块表示）。其中，A和B分别为X连锁G6PD基因的共显性等位基因。每个个体（A、B或AB）的表型都显示在谱系上。说明三个例子中，克兰费尔特综合征患儿的父亲或母亲是否发生不分离。你能分辨出不分离发生在第一次分裂还是第二次分裂吗？

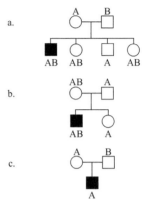

45. 几种不同的抗原可以在血液检测中检测到。对每个个体进行了以下四个特征测试：

ABO 类型　　　　　（I^A和I^B共显性，i隐性）

Rh 类型　　　　　（Rh^+优于Rh^-）

MN 类型　　　　　（M和N共显性）

Xg$^{(a)}$ 类型　　　[$Xg^{(a+)}$优于$Xg^{(a-)}$]

所有这些血型基因都是常染色体的，除了Xg$^{(a)}$，它是X连锁的。

	ABO	Rh	MN	Xg$^{(a)}$
妈妈	AB	Rh$^-$	MN	Xg$^{(a+)}$
女儿	A	Rh$^+$	MN	Xg$^{(a-)}$
所谓的父亲1	AB	Rh$^+$	M	Xg$^{(a+)}$
所谓的父亲2	A	Rh$^-$	N	Xg$^{(a-)}$
所谓的父亲3	B	Rh$^+$	N	Xg$^{(a-)}$
所谓的父亲4	O	Rh$^-$	MN	Xg$^{(a-)}$

a. 如果有的话，这些所谓的父亲中谁是真正的父亲？

b. 如果女儿患有特纳综合征（XO个体中出现的异常表型），你对题目a的回答会发生变化吗？如果是这样，你的答案是什么？

习题43的图

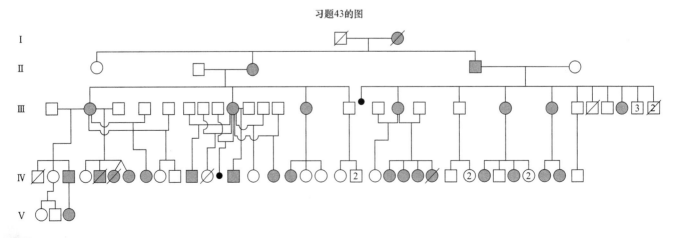

46. 在题目e的谱系中描述了在城市动物园繁殖的白虎的祖先。白虎用不加阴影的符号表示（正如你所看到的，在这个谱系中有相当多的近亲繁殖。例如，白虎Mohan和他的女儿交配）。在回答以下问题时，假设白色是由单个基因的等位基因差异决定的，并且该特征是完全外显的。通过引用谱系中的相关信息来解释你的答案。

  a. 白色的被毛颜色可能是由一个Y连锁等位基因引起的吗？

  b. 白色的被毛颜色可能是由显性的X连锁等位基因引起的吗？

  c. 白色的被毛颜色可能是由显性常染色体等位基因引起的吗？

  d. 白色的被毛颜色可能是由隐性的X连锁等位基因引起的吗？

  e. 白色的被毛颜色可能是由隐性常染色体等位基因引起的吗？

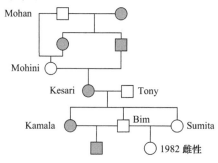

47. 下面的谱系显示了一个特定家族中各种癌症的遗传。分子分析（在后面的章节中描述）表明，除了一个例外，这个谱系中发生在患者身上的癌症与一种名为BRCA2的罕见基因突变有关。

  a. 哪个个体是与BRCA2突变无关的特殊癌症患者？

  b. 就其致癌作用而言，BRCA2基因突变是显性的还是隐性的？

  c. BRCA2基因可能存在于X染色体、Y染色体还是常染色体？你能确定携带BRCA2的染色体的分配吗？

  d. 癌症表型的外显率是完整的还是不完整的？

  e. 癌症表型的表达是不变的还是可变的？

  f. 与BRCA2突变相关的表型是限性性状还是从性性状？

  g. 你如何解释第一代和第二代没有出现癌症患者的现象？

48. 1995年，医生报告了一个中国家庭，其中色素性视网膜炎（视网膜进行性变性导致失明）只影响男性。受影响男性的6个儿子都受影响，但受影响男性的5个女儿（以及这些女儿的所有孩子）都未受影响。

  a. 这种遗传模式的视网膜色素变性是由出完全显性的常染色体突变引起的可能性有多大？

  b. 还有什么其他的可能性可以解释这个家族遗传性视网膜色素变性吗？你认为这些可能性中哪一个最有可能？

49. 在猫身上，X连锁橙色基因的显性O等位基因产生橙色皮毛；该基因的隐性o等位基因产生黑色皮毛。玳瑁色猫的皮毛有橙色斑纹和黑色斑纹交替出现。大约90%的玳瑁猫是雌性。

  a. 解释为什么玳瑁色猫几乎都是雌性的。

  b. 什么类型的杂交会产生雌性玳瑁色猫？

  c. 提出一种假说来解释雄性玳瑁色猫的起源。

  d. 斑点猫（大多数是雌性）有白色、橙色和黑色的皮毛。提出一种关于斑点猫来源的假说。

Tortoiseshell　　　　　Calico

© naturepl/SuperStock

习题47的图

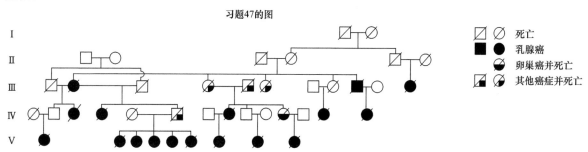

111

50. 在有袋类动物中，如负鼠或袋鼠，X失活选择性地使父亲的X染色体失活。

a. 如果一个雌性有袋动物的纯合子与一个雄性的杂合子交配产生一个控制皮毛颜色的X连锁基因的突变等位基因，那么就可以预测两性后代可能的皮毛颜色。

b. 如果一个雄性有袋动物的半合子与一个雌性纯合子交配产生了该基因的另一种野生型等位基因，则可以预测其后代可能的两性被毛颜色。

c. 为什么隐性和显性这两个术语在描述有袋类动物的控制被毛颜色的X连锁基因等位基因时没有被提及？

d. 为什么有袋类动物杂合子的X连锁皮毛颜色基因的两个等位基因没有出现与前面问题中描述的玳瑁猫一样的两种不同颜色呢？

51. 下面的系谱图显示了一个家族，其中许多个体受到一种叫做Leri Weill软骨发育不良（LWD）的疾病的影响。LWD患者由于腿骨畸形导致身材矮小；一些人的臂骨也是畸形的。导致LWD的突变基因在1998年被鉴定为*SHOX*，是位于X染色体和Y染色体的假常染色体区（PAR1）的基因。

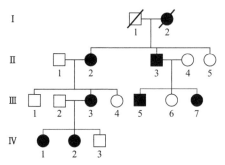

a. 引起LWD的*SHOX*等位基因是显性的还是隐性的？解释一下（注：不涉及性逆转）。

b. 尽管*SHOX*位于X染色体上，但对于X连锁等位基因来说，该谱系是不典型的。该谱系的哪些特征与X连锁不相容？

c. 对于系谱中已被分离的个体，确定*SHOX*病等位基因是在X染色体上还是在Y染色体上。

d. 解释系谱中*SHOX*（疾病）等位基因和*SHOX*⁺（正常）等位基因的遗传规律。

e. 图Ⅲ-5个体中显示了Y染色体的交换事件。通过图表可以确定单个Ⅱ-3的生殖系细胞中X和Y染色体上的*SHOX*（疾病）和*SHOX*⁺（正常）等位基因的位置，以及Y上的*SRY*⁺等位基因的位置。

第5章 染色体上基因的连锁、重组和作图

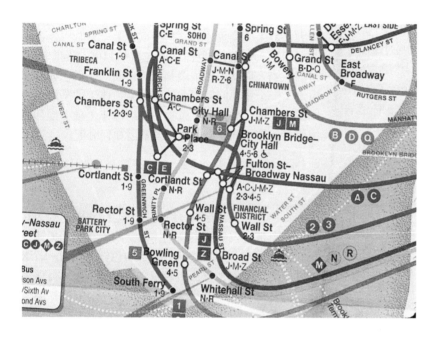

地图绘制物体的空间关系，比如地铁沿线的地铁站位置。遗传图描绘基因在染色体上的位置。
© Rudy Von Briel/PhotoEdit

章节大纲

5.1 基因连锁和重组

5.2 重组：减数分裂过程中染色体交换的结果

5.3 作图：基因在染色体上的定位

5.4 卡方检验和连锁分析

5.5 真菌的四分体分析

5.6 有丝分裂重组和遗传嵌合体

1928年，医生们完成了一个四代谱系来追踪两种已知的X连锁性状：红绿色盲和A型血友病（一种更为严重的X连锁形式的出血性疾病）。此家族的外祖父同时具有这两种性状，这意味着他的单个X染色体携带两个相应基因的突变等位基因。正如所料，他的儿子和女儿都没有出现色盲和血友病，但是两个孙子和一个曾孙遗传了这两种X连锁的病症［图5.1（a）］。实际上，没有任何一个后代只表现出单独的性状，说明这两个突变

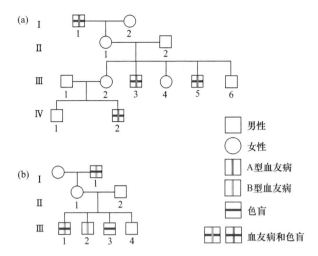

图5.1 谱系表明色盲和两种类型的血友病是X连锁性状。（a）红绿色盲和A型血友病的传递。这些性状通过谱系传递，表明它们的遗传连锁。（b）红色绿色盲和B型血友病的传递。尽管两个基因都是X连锁的，但III代的4个孙子中仅有一个同时遗传了两个突变等位基因。这两个谱系表明，色盲基因接近A型血友病基因，但远离B型血友病基因。

等位基因在减数分裂期间不能自由组合。相反的，它们在一代配子形成过程中一起传递，然后进入形成下一代的配子中，产生具有同时携带色盲和血友病基因X染色体的孙子和重孙子。一起传递的基因往往表现出**遗传连锁**。

相反，另外一个追踪色盲和B型血友病（同由X染色体上的突变引起的）的谱系则揭示了不同的遗传模式。患有B型血友病和色盲的祖父有4个孙子，但只有其中一个同时患两种疾病。在这个家族中，色盲和血友病的基因似乎是自由组合的，在男性后代中以大致相同的概率产生了两种特征的所有4种可能的组合：正常视力和正常血液凝固，色盲和血友病，色盲和正常凝血，以及正常视力和血友病［图5.1（b）］。因此，尽管这两个基因的突变等位基因在祖父的同一条X染色体上，但它们必须分开以产生孙子III-2和III-3。这种同一染色体上的基因分离是**重组**的结果，即在后代中产生上一代中未见到的新基因组合（注意重组子代可以有两种方式：本章即将讨论的在配子形成过程中同一染色体上基因重组，或在第4章中描述的非同源染色体上的自由组合基因）。

当我们追踪连接在同一染色体上的基因的传递时，我们应该牢记两个主题。首先是两个基因分离得越远，通过重组分离的可能性就越大。从这个一般规则可以推断A型血友病的基因可能非常接近红绿色盲的基因，因为如图5.1（a）所示，两者很少分开。相比之下，B型血友病的基因必须远离色盲基因，因为如图5.1（b）所示，这两个基因的等位基因的新组合经常出现。第二个主题是遗传学家可以使用有关基因在传递过程中分离频率的数据来映射基因在染色体上的相对位置。这种映射是整理和追踪复杂遗传网络组成部分的关键；遗传学家在分子水平上分离和表征基因的能力也至关重要。

5.1 基因连锁和重组

学习目标

1. 定义关于基因座和染色体的连锁。
2. 区分亲代配子和重组配子。
3. 从双杂交后代中子代的比例推断两个基因是否连锁。
4. 解释如何用测交提供证据来推断基因是否连锁。

如果人类约有27 000个基因，但只有23对染色体，则大多数人类染色体必须携带成百上千个基因。正如第4章所述，人类X染色体的确包含约1100个蛋白质编码基因。当人们认识到很多基因位于同一条染色体时，就引发了一个重要问题：如果不同染色体上的基因因为非同源染色体在减数分裂过程中在纺锤体上独立排列而自由组合，那么同一染色体上的基因如何分配？

5.1.1 同一染色体上的基因不能自由组合，而是相互连锁

我们首先用X连锁的果蝇基因进行分析，因为它们是第一个被定位到特定染色体的基因。在我们概述各种杂交时，请记住雌性携带两个X染色体，因此每个X连锁基因有两个等位基因。相反的，雄性只有一个X染色体（来自母本），因此这些基因只有一个等位基因。

我们首先看决定果蝇眼睛颜色和体色的两个X连锁基因。这两个基因被认为是**同线基因**，因为它们位于同一染色体上。第4章介绍了白色基因，即显性野生型等位基因w^+显示红色眼睛，而隐性突变等位基因w赋予白色眼睛。黄体色基因的等位基因是y^+（褐体色的显性野生型等位基因）和y（黄体色的隐性突变等位基因）。为避免混淆，请注意小写的y和y^+表示黄色基因的等位基因，而大写的Y表示Y染色体（不携带任何眼睛或身体颜色的基因）。另需注意斜线符号（/），该符号用于分隔位于一对染色体的基因（在本例中为X和Y染色体，或者一对X染色体或同源常染色体）。因此wy/Y表示具有携带w和y的X染色体以及Y染色体的雄性基因型；在表型上这个雄性有白色的眼睛和黄色的身体。

1. 通过分析双因子杂合子检测连锁

携带突变型白眼和野生型褐体色（$w\,y^+/w\,y^+$）的雌性与携带野生型红眼和突变型黄体色（w^+y/Y）的雄性的杂交中，F_1后代为正常红眼的褐色雌性（$w^+y^+/w\,y$）和突变白眼的褐色雄性（$w\,y^+/Y$）（图5.2）。请注意雄性后代看起来像它们的母亲，因为雄性的表型直接反映了它们从母本那里得到的单个X染色体的基因型。与

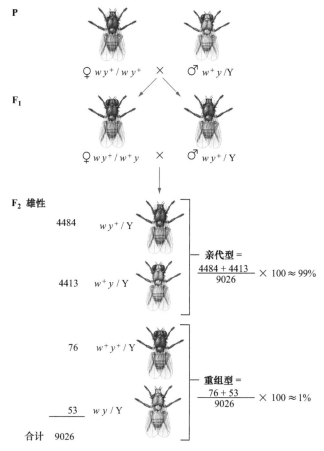

P

$♀ w y^+ / w y^+$　×　$♂ w^+ y / Y$

F_1

$♀ w y^+ / w^+ y$　×　$♂ w y^+ / Y$

F_2 雄性

4484　　$w y^+ / Y$

4413　　$w^+ y / Y$

亲代型 =
$\dfrac{4484 + 4413}{9026} \times 100 ≈ 99\%$

76　　$w^+ y^+ / Y$

53　　$w y / Y$

重组型 =
$\dfrac{76 + 53}{9026} \times 100 ≈ 1\%$

合计　9026

图5.2 当基因连锁时，亲本组合数量超过重组型。双杂合子 $w y^+ / w^+ y$ 的 F_1 雌性产生四种类型的雄性后代。看起来像 F_1 雌性的父亲（$w^+ y / Y$）或母亲（$w y^+ / Y$）的 F_2 雄性是亲代型。剩余的 F_2 雄性（$w^+ y^+ / Y$ 或 $w y / Y$）是重组型。紧密连锁的基因产生了比重组型更多的亲代型。

此不同的是 F_1 雌性从母本那里接受了 w 和 y^+，从父本那里接受了 x^+，因此是双因子杂合子。这些 F_1 雌性的每个 X连锁基因都有两个等位基因，分别来源于亲本，每对等位基因的优势关系决定雌性表型。

现在来讨论与同一染色体上基因分配问题相关的重要交叉。如果果蝇的这两个决定眼睛和身体颜色的基因如孟德尔第二定律预测的那样自由组合，双杂交 F_1 雌性应该产生四种配子，在X染色体上具有四种不同的基因组合——$w y^+$、$w^+ y$、$w^+ y^+$ 和 $w y$。这四种类型的配子应该以相同的频率出现，即比例为 $1:1:1:1$。如果以这种方式发生，大约一半的配子将是两种**亲代型**，携带有 P代原始雌性的 $w y^+$ 等位基因组合或 P代原始雄性的 $w^+ Y$ 等位基因组合。其余一半的配子将是两种**重组型**，其中重组产生 $w^+ y^+$ 或 wy 等位基因组合，这在 F_1 代雌性的 P代亲本中未出现。

我们可以通过计算 F_2 代中不同类型的雄性后代来观察这四种配子是否是 $1:1:1:1$ 的比例，因为这些雄性从它们的母本配子中获得了唯一的X连锁基因。图5.2的

底部描述9026只 F_2 雄性的育种研究结果。通过双杂合子 F_1 雌性配子传递的4个X连锁基因组合的相对数目与预期自由组合的 $1:1:1:1$ 比率具有显著偏差。到目前为止，最大数量的配子携带亲本组合 $w y^+$ 和 $w^+ y$。在所有被统计的9026只雄性蝇中，有8897只或几乎99%具有这些基因型。相比之下，新组合 $w^+ y^+$ 和 $w y$ 只占稍多于总数的1%以上。

我们可以以两种方式解释基因为什么不能自由组合。$w y^+$ 和 $w^+ y$ 为优选组合可能是因为在这些特定等位基因之间存在一些固有的化学亲和力。或者，这些等位基因组合可能最常出现，因为它们是亲代型。也就是说，F_1 雌性从其P代母亲继承了 w 和 y^+，从其P代父亲继承了 w^+ 和 y，那么 F_1 雌性更可能将这些等位基因的亲本组合而不是重组组合传递给自己的后代。

2. 连锁：亲本类配子的优势

第二组涉及相同基因但具有不同分配方式等位基因的杂交解释了为什么双杂交 F_1 雌性不能产生四种比例为 $1:1:1:1$ 的配子类型（参见图5.3中的杂交系列B）。在第二组杂交中，最初的亲代包括红眼棕体雌性（$w^+ y^+ / w^+ y^+$）和白眼黄体雄性（wy / Y），所得到的 F_1 雌性全部是 $w^+ y^+ / wy$ 双杂合子。为了找出这些 F_1 雌性产生的配子种类和比例，我们需要看看能说明问题的 F_2 雄性。

如图5.3中的杂交系B所示，$w^+ y / Y$ 和 $w y^+ / Y$ 是占比为略微超过总数1%的重组体，而 wy / Y 和 $w^+ y^+ / Y$ 是父母组合，累计占比接近总数的99%。我们可以看到在这个杂交系中 w^+ 和 y 或者 y^+ 和 w 并不是优选关联。相反，比较这两个特定的X染色体基因的杂交实验表明，所获得的各种后代的频率取决于 F_1 雌性中等位基因的原始排列。为了更加直观地比较，我们将图5.2重新绘制为图5.3中的杂交系A。在这两个实验中都需要注意到的是，在 F_2 代中最常出现的是最初出现在P代中的**亲代级**，**重组级**出现的次数较少。重要的是要认识到，亲本配子和重组配子或双杂合子 F_1 雌性后代的指定是可控的，即由其从每个亲本获得的特定等位基因组合决定。

当基因自由组合时，F_2 子代中亲本和重组型的数目是相等的，因为双重杂合 F_1 个体产生所有四种类型配子具有相等数目。通过比较，当具有亲本基因型的 F_2 子代的数目超过具有重组基因型的 F_2 子代的数目时，两个基因被认为是**连锁**的。大多数时候基因表现为就像彼此连接一样，而不是自由组合。位于果蝇X染色体上的眼睛和身体颜色的基因是连锁概念的极端例证。这两个基因结合太紧密，以至于等位基因的亲本组合——$w y^+$ 和 $w^+ y$（图5.3交叉系）或 $w^+ y^+$ 和 wy（交叉系列B），每形成100个配子中才产生1个重组型。换句话说，这两个紧密连锁的亲本等位基因组合在100次遗传中有99次是共同遗传的。

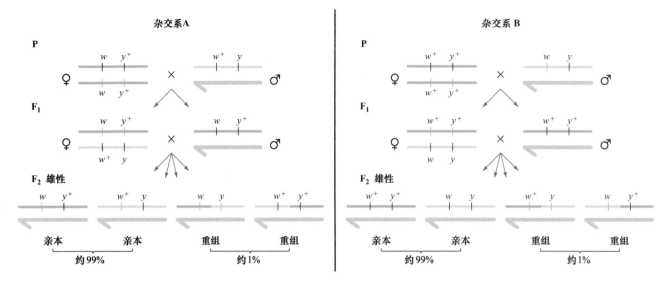

图5.3　亲本和重组的指定与过去的历史相关。图5.2已在此重新绘制为杂交系A，以便于与杂交系B比较，其中双杂合子F₁雌性接受白色和黄色基因的不同等位基因组合。注意两个杂交系中的亲代级和重组级彼此相反。尽管如此，重组型和亲代型的百分比在两个实验中都是相似的，表明重组的频率与等位基因的排列无关。

3. 连锁程度的基因对特异性变异

连锁并非总是如此紧密。人们在果蝇的X染色体上还发现了微型翅膀（*m*）的突变。正常翅膀（w^+m^+/w^+m^+）的红眼雌性和微型翅膀的白眼雄性（*w m* / Y）杂交产生的F₁代都具有红眼正常翅膀。双杂合子F₁雌性的基因型为$w^+m^+/ w m$。在F₂代雄性中，67.2%是亲代型（w^+m^+和*w m*），而其余32.8%是重组体（*w m⁺* 和w^+m）。

在F₂基因型中，亲本组合的优势表明这两个基因是连锁的：等位基因的亲本组合经常一起传递。但与眼睛颜色*w*基因和身体颜色*y*基因之间99%的连锁相比，*w*与*m*的联系并不那么紧密。颜色和翅膀大小的亲本组合在每100个配子中大约有33个（而不是1个）重组。

4. 常染色体性状连锁

每个常染色体连锁基因都有一个完全显性和一个完全隐性等位基因，不会如孟德尔比值9：3：3：1的比例那样进行无相互作用的独立遗传分配。由于四个可能的配子类型（*A B*、*A b*、*A B*和*a b*）由亲本双方以相同频率产生，孟德尔在双杂交实验的F₂中观察到9：3：3：1的表型比。相同数量的四个配子类型（自由组合）意味着庞纳特方格16个格子中的每一个F₂都具有1/16的相同受精频率（见图2.15）。

如果孟德尔的两个基因连锁，由于亲本配子的频率比重组配子更高，F₂中的表型比将不再是9：3：3：1。图5.4显示了如果F₁双杂合子均为连锁基因*A B* / *a b*的结果：9/16和1/16表型的F₂数量升高；3/16表型的F₂数量降低。相反，如果父母的等位基因配置不同（*A b* / *A b* × *a B* / *a B*），并且F₁因此是*A b* / *a B*，那么两个3/16基因型类别将增加，9/16和1/16表型将降低（未显示）。因

此，连锁解除了9：3：3：1表型比的基础。亲本产生不同数量的四种配子类型，因此图5.4庞纳特方格中的每个格子将不再代表相同的受精机会。

5.1.2　测交简化连锁检测

20世纪早期的遗传学家很难解释如图5.4所示涉及常染色体基因的杂交，因为很难追踪等位基因来自哪个亲本。例如，图5.4中具有基因型*A-B-*的所有F₂将具有相同的表型，但它们可能来自两个亲本配子（深蓝色方块）、两个重组配子（浅蓝色方块），或者一个亲本配子和一个重组配子（中蓝色方块）。然而，通过建立包含其一为隐性纯合亲本的两个基因的测交（下一章详述），遗传学家可以很容易地分析由双杂合亲本配子导致的基因重组。

例如，果蝇携带的常染色体的体色基因（除了X连锁的*y*基因外）野生型呈棕色，该基因的隐性突变导致黑色（*b*）。同一常染色体上的第二个基因有助于确定果蝇翅的形状，野生型具有直边，隐性突变（*c*）产生弯曲。图5.5描绘了两个纯种繁殖品系之间的杂交：具有直翅膀的黑体雌性（*b c⁺* / *b c⁺*）和具有弯曲翅膀的褐体雄性（*b⁺c* / *b⁺c*）。所有的F₁子代都是双重杂合子（*b c⁺/ b⁺c*），并且是表型上的野生型。

在F₁雌性与*b c* / *b c*雄性的测交中，所有后代接受来自其父本的隐性等位基因*b*和*c*。因此，后代的表型表明从母本获得的配子种类。例如，具有正常翅膀的黑蝇将是基因型*b c⁺/ b c*，因为其从父本获得*bc*组合，所以必须从母本获得*bc⁺*。如图5.5所示，约有77%的测交后代获得了亲本基因组合（即通过其父母的配子传递给F₁雌性的等位基因组合），而其余23%为重组体。由于亲本

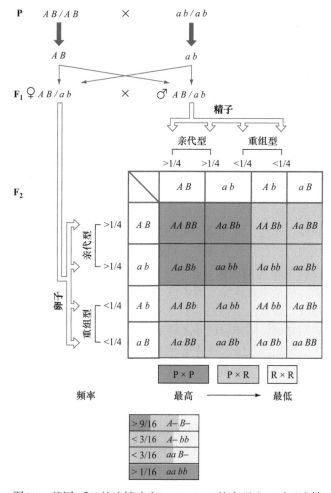

图5.4 基因A和B的连锁改变9：3：3：1的表型比。对于连锁基因，F₂基因型类别最常出现亲代型频率的增加和其他类型频率的降低。图中所示的AB/ab双杂交中，F₂中的A–B–和aa bb类具有比较高的频率，而另外两个类别（A–bb和aa B–）的频率低于9：3：3：1比。注意庞纳特方格中蓝色的深浅和框的相对大小，表示特定基因型类别在F₂代中出现的频率。

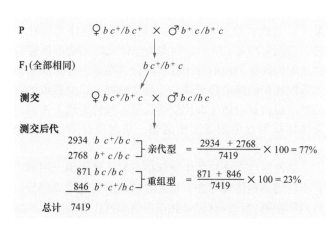

图5.5 常染色体基因连锁。测交实验显示果蝇体色（b）和翅型（c）基因的重组频率是23%。由于亲代型数量超过重组型，b基因和c基因遗传连锁且位于同一条常染色体。

型的数量超过了重组型，可以推测常染色体黑体基因和弯曲翅膀基因是连锁的。

基本概念

● 同一染色体上的非自由组合基因被认为是连锁的。
● 亲本配子包含从祖父或祖母一起遗传的等位基因；重组配子包含从祖父和祖母遗传的等位基因。
● 连锁的标志是双杂合子产生的亲本配子比重组配子更多，因此涉及连锁基因的双杂交的后代比例不是9：3：3：1。
● 测交利用子代表型和基因型的唯一对应关系阐明基因连锁。

5.2 重组：减数分裂过程中染色体交换的结果

学习目标

1. 解释重组发生的物理过程。
2. 描述减数分裂染色体分离时相互交叉的作用。
3. 讨论重组频率与染色体上分离两个基因座的图距之间的关系。
4. 解释为什么任何两个基因之间的重组频率都低于50%。

理解同一染色体上具有物理连接的基因如何一起传播并显示遗传连锁是非常容易的，而理解为什么所有连锁基因总是在足够大的样本群体中显示一些重组则并不容易。染色体是否参与一个物理过程进行连锁基因的重新组织，导致了我们所谓的重组？这个问题的答案不仅仅是基因的传递倾向，更提供了衡量染色体上基因对之间相对距离的基础。

1909年，比利时细胞学家Frans Janssens描述了他在光镜中观察到的第一次减数分裂前期的结构。他称这些结构是交叉，如第4章所述，似乎代表同源染色体的非姐妹染色单体交换的区域（见图4.16）。摩尔根结合遗传和细胞学数据推断，通过光学显微镜观察到的交叉是导致基因重组的染色体断裂和交换位点。

5.2.1 同源染色体之间的相互交换是重组的物理基础

摩尔根认为减数分裂过程中染色体的物理断裂和重新接合是遗传重组的基础，这似乎是合理的。尽管Janssens的交叉可以被解释为这一过程的标志，但在1930年之前没有人能够看到实际发生的同源染色体之间的交换。鉴定**物理标记**或细胞学可见的异常使得从一代到下一代跟踪特定的染色体部位成为可能，也使得研究人员能够将关于重组的逻辑推论转化为来自实验证据的事实。

1931年，研究玉米的Harriet Creighton和Barbara Mc-Clintock以及研究果蝇的的Curt Stern发表了实验结果，证明基因重组确实取决于母本和父本染色体之间的部分相互交换。例如，Stern培育的雌性果蝇具有两条不同的X染色体，每条染色体在其一端附近含有一个独特的物理标记。这些雌性果蝇同时也是两个X连锁的**遗传标记**的双重杂合子。该X连锁基因的等位基因可以作为参考点来确定特定的后代是否为基因重组的结果。

图5.6显示了这些杂合子雌性的染色体。一个X染色体携带可产生肾形（Bar）康乃馨色眼睛（深红宝石色，简称car）的突变，并且具有物理可见的由于X染色体的末端断裂，附着于常染色体导致的不连续性标记。另一条X染色体对于car和Bar基因都具有野生型等位基因（+），其物理标记由连接到X染色体着丝粒的部分Y染色体组成。

图5.6阐明了这些car Bar / car⁺bar⁺雌性的染色体是如何遗传给雄性后代的。根据实验结果，所有显示由一种或另一种亲本基因组合（car bar或car⁺ Bar⁺）确定的表型的儿子具有与母亲中的原始X染色体之一在结构上无法区分的X染色体。然而在那些表现出康乃馨色眼睛颜色和正常眼睛形状（car Bar⁺/ Y）的重组子代雄性中，标记同源X染色体的末端异常特征的可识别交换伴随着基因重组。因此，这些证据将基因重组实例与特定染色体的特殊标记部分的交换联系起来。该实验完美地证明了遗传重组与减数分裂期间同源染色体之间的片段相互交换有关。

5.2.2　为什么重组？

在第4章中，我们讨论了重组的一个优势是为地球上的生物提供可测量的进化时间：重组通过改变同

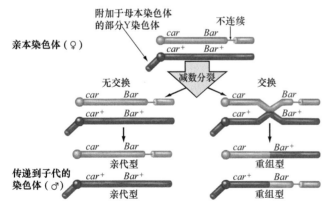

图5.6　证据表明基因重组来自于同源染色体互相交换。在果蝇X染色体上的car和Bar基因之间的遗传重组伴随着在显微镜中可观察到的物理标记的交换。注意，这仅是对交换的简化描述，因为基因重组实际上发生在每个染色体复制成姐妹染色单体之后。

源染色体之间基因的等位基因来促成遗传多样性（见图4.17）。然而，交换还会发挥另一种更重要的作用，即确保染色体在父母及其后代之间进行传播时可以正确分离。正如你所看到的，如果没有发生重组，那么在减数第一次分裂过程中染色体不分离将是经常发生的，而且物种不能在连续的世代中保留相同数量的染色体。

问题在于正确的染色体分离需要将同源染色体拉到纺锤体的相反两极，这要求同源染色体不仅在前期彼此配对，而且要在中期过程中具有相互的物理连接，直到后期分离。只有当同源染色体被拉向相反方向时仍然具有物理连接，减数第一次分裂的纺锤体才能对染色体施加张力。如果没有张力，同源染色体不会"知道"它们连接到相反的纺锤体极点。因此，在没有张力的情况下，两条染色体通常被来自于纺锤体同一极点的纺锤丝连接，并且发生染色体不分离。那么，在减数分裂I的后期之前，同源染色体之间是如何物理连接的呢？

根据图4.16，联会复合体或重组节可能会被认为是同源染色体之间的必要物理连接。图5.7（a）显示了这些结构在前期I（粗线期子阶段）中间的实际荧光显微照片。红色表示帮助同源染色体彼此配对的联会复合体。尽管染色体的DNA未在此图中显示，但每条红线代表已被复制为姐妹染色单体的两条同源染色体组成的二价体（四分体）。嵌在联会复合体间隔中的是包含催化染色体交换的酶的重组节，其中一种蛋白质被标记为绿色。然而，与预期相反的是，联会复合体和重组节都不能将同源染色体连接直到后期I开始，原因在于这些结构会随着前期I结束而消失。

图5.7（b）和（c）说明即使在联会复合体和重组节已经解体时，同源染色体仍然彼此连接。正如第4章所讨论的，交叉标记着发生在前期I的实际重组位点（来自同源染色体的非姐妹染色单体相互交换的位置）。然而，交换本身不足以将同源染色体连接在一起。如图5.7（c）所示，同源染色体之间的物理连接包含被称为黏连蛋白的分子复合物，其在染色体复制后不久后即连接姐妹染色单体。一旦交换发生，交换点远端的黏连蛋白复合体（即比交换点离着丝粒更远）使同源染色体排列在中期赤道板两侧，从而确保染色体分离正确。

黏连蛋白在染色体生物学中具有多种作用。例如，它不仅沿染色体臂存在，也是着丝粒的关键组成部分。我们将在第12章详细讨论黏连蛋白如何在有丝分裂和减数分裂期间连接姐妹染色单体。

图5.7（a）和（b）中所示的每个二价体至少含有一个重组节或交叉的事实强调了交换对染色体正确分离的重要性。实际上，几乎所有有性繁殖的生物体中都会发生被称为干涉的机制来确保每对染色体至少进行一次

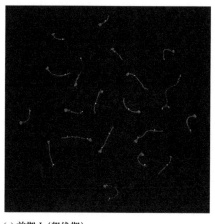
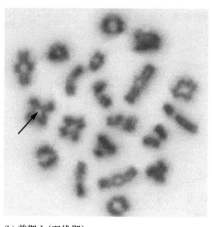
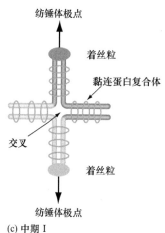

(a) 前期 I（粗线期）　　　　　(b) 前期 I（双线期）　　　　　(c) 中期 I

图5.7　重组有助于确保染色体在减数分裂 I 期的正确分离。（a）减数分裂 I 中期的小鼠初级精母细胞染色体。红色表示联会复合体的蛋白质成分，绿色表示重组节成分，蓝色表示着丝粒成分。尽管很难观察到，每个二价体都具有至少一个重组节。（b）减数分裂 I 后期的小鼠染色体（终变期）。请注意每个二价体至少有一个交叉（箭头指向一个示例），表示交换发生的时间较早。（c）减数分裂 I 中期沿二价染色体臂形成的黏连蛋白复合体（橙环）的示意图；未标记着丝粒处的黏连蛋白。远离交叉点的黏连蛋白复合体将姐妹染色单体连接在一起。指向极点的箭头表示拉开同源染色体的力。

（a）：© Dr. Paula Cohen & Dr. Miguel Angel Brieño-Enríquez, The Cohen Lab, Center for Reproductive Genomics, Cornell University, Ithaca, NY；（b）：© Dr. Paula Cohen & Dr. Kim Holloway, The Cohen Lab, Center for Reproductive Genomics, Cornell University, Ithaca, NY

交换，从而防止非罕见错误下的任何染色体不分离。我们将在本章后面更详细地讨论干涉。

5.2.3　重组频率反映两个基因之间的距离

摩尔根认为交叉代表染色体之间物理交换位点，并认为这种交换可能导致重组，这使他提出下列逻辑推论：因为基因沿着染色体线性排列，所以不同的基因对呈现出不同的连锁频率。两个基因在染色体上越接近，它们被染色体切割和重组事件所分离的机会就越小。换言之，如果我们假定交叉可以在染色体上的任何地方以相同的概率形成，那么两个基因之间发生交换的概率随着它们之间距离的增加而增加。因此，基因重组的频率也将随着基因之间的距离的增加而增加。

为了说明这一点，想象一下在墙上钉一根10英寸（25.4cm）长的带有小黑点的色带，然后反复掷飞镖来看切割色带的位置。你将发现实际上每一个飞镖都会将色带两端的黑点分开，而很少有飞镖能将几个彼此相邻的特定点分开。

摩尔根的学生之一Alfred H. Sturtevant将此想法更深入一步。他提出重组型占总后代数量的百分比，即**重组频率（RF）**，可用于衡量同一染色体上任何两个基因之间的物理距离。Sturtevant任意定义一个RF百分点为沿着染色体的度量单位，另一位遗传学家继摩尔根之后将该单位命名为**厘摩（cM）**。遗传图绘制者通常将一个厘摩作为一个**图距单位（m.u.）**。尽管这两个术语是可以互换的，但研究人员根据他们的实验生物体倾向于使用其中一个。例如，果蝇遗传学家使用图距单位，

而人类遗传学家使用厘摩。在Sturtevant的系统中，1%RF=1cM=1m.u.。

前面分析的果蝇的两对X连锁基因可展示Sturtevant的方案如何工作。因为决定眼睛颜色（w）和体色（y）的X连锁基因在F_2子代中有1.1%发生重组，所以它们距离1.1m.u.［图5.8（a）］。相反，决定眼睛颜色（w）和翅膀尺寸（m）的X连锁基因具有32.8的重组频率，因此距离32.8m.u.［图5.8（b）］。

当我们思考双杂合体的生殖细胞个体进行减数分裂时，很容易理解为什么重组配子的比例是一个能衡量两个基因之间距离的指标。如果基因A和B在染色体上紧靠在一起，通常将进行如图5.9（a）所示的**无交换**减数分裂（**NCO减数分裂**）。一个双杂合子（如$A\ B/a\ b$）的NCO减数分裂将产生四个亲本配子［图5.9（a）］。有时两个基因会在减数分裂期间发生**单交换（SCO减数分裂**），产生两个重组和两个亲本配子［图5.9（b）］。由于染色体的大部分长度位于基因A和B之间的区域之

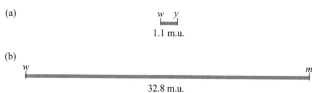

(a)　　　　　w　y　　　1.1 m.u.

(b)　w　　　　　　　　　　　　m　　　32.8 m.u.

图5.8　重组频率是遗传图的基础。（a）基因w和y的雌性双杂合子产生的1.1%配子是重组的。因此，重组频率（RF）为1.1%，并且基因相距约1.1个图距单位（m.u.）或1.1厘摩（cM）。（b）w和m基因之间的距离更长：32.8m.u.（或32.8cM）。

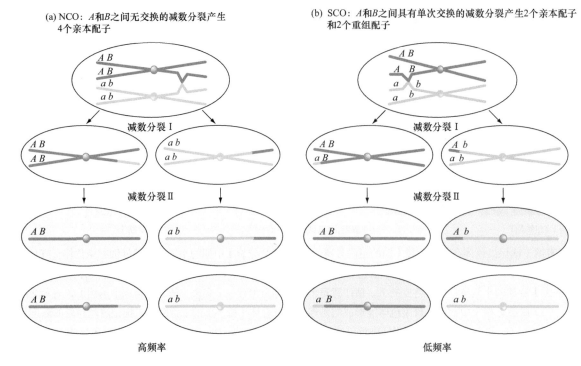

(a) NCO：*A*和*B*之间无交换的减数分裂产生4个亲本配子

(b) SCO：*A*和*B*之间具有单次交换的减数分裂产生2个亲本配子和2个重组配子

减数分裂 I

减数分裂 II

高频率

低频率

图5.9　两个连锁基因产生的重组配子频率低于亲本配子。（a）大多数减数分裂在紧密连锁的基因*A*和*B*之间没有交换，产生4个亲本配子（橙色）。（b）减数分裂时，*A*和*B*之间有时会发生单次交换，产生2个重组配子（蓝色）和2个亲本配子（橙色）。

外，因此这些交换很少见。随着两个基因之间的距离增加，SCO减数分裂的频率和重组配子的比例都会增加。

图5.9还可以解释为什么两种类型的亲本配子（本例中为*A B*和*a b*）以大致相同的频率产生，以及为什么两种类型的重组配子（*A b*和*a B*）出现的数量也是大致相等的。只要两个非姐妹染色单体不在基因*A*和*B*之间交换，就会产生两种亲本染色体。同样，每当两个非姐妹染色单体在两个基因之间进行交换，也会同时产生两种重组型。

作为度量单位，地图单元仅是重组概率指标，用于反映基因间的距离。根据这个指标，*y*和*w*基因比*m*和*w*基因更接近。遗传学家使用这一逻辑将数以千计的遗传标记映射到果蝇的染色体上，用紧密连锁的标记逐步构建重组图。

5.2.4　两个基因之间的重组频率总是低于50%

如果连锁的定义是重组型的比例小于亲代型，则小于50%的重组频率表示连锁。但是如果存在大致相同数量的亲代型和重组型后代，我们如何得出基因的相对位置？是否曾经发生过重组体是大多数的情况？

我们已经知道一种可以产生50%重组频率的情况。位于不同（即非同源）染色体上的基因由于下述两个原因将服从孟德尔独立分类法。首先，两个染色体在减数分裂 I 期间以相同的概率排列在纺锤体上。因此，当对许多减数分裂的产物进行统计时，亲本和重组配子的数量将是相等的［图5.10（a）］。其次，如果在基因和

着丝粒之间发生交换，那么减数分裂将产生两个亲本和两个重组配子［图5.10（b）］。因此，如果基因A和B在非同源染色体上，双杂合子将产生频率大致相等的所有四种可能类型的配子（*A B*、*A b*、*a B*和*a b*）。

重要的是，实验已经证实位于相同染色体上相距很远的基因也具有约50%的重组频率。为了理解上述观点的真实性，我们需要考虑在测交实验中参与配子池计数的不同的减数分裂。当两个基因在同一条染色体上非常接近时，可能只发生两种减数分裂：没有交换的减数分裂［图5.9（a）和图5.11中的NCO减数分裂］和较少的SCO减数分裂［图5.9（b）和图5.11中的SCO减数分裂］。NCO减数分裂只产生亲本配子，而SCO减数分裂产生50%重组配子。这些间隔很小的基因是连锁的，因为一些减数分裂（NCO）不能制造任何重组型配子。

当两个基因距离较远时，SCO变得更加频繁，并且在一些减数分裂中也可能发生A与B之间的**双交换**（**DCO**减数分裂）（图5.11）。DCO减数分裂可以是四种不同类型之一；两个、三个或全部四个非姐妹染色单体都可以交换。由于四个DCO减数分裂概率相同，DCO产生的重组配子的平均比例为50%（见图5.11底部的等式）。三重交换、四重交换等也是如此（未显示）。因此，即使两个基因在相同的染色体上分离得足够远以至于在每次减数分裂中它们之间至少发生一次交换，由双杂合子产生的配子库仅有50%重组型。现在你可以看到，如果同一染色体上的两个基因相距甚远以至于没有NCO减数分裂发生，那么这些基因的等位基因

(a) 自由组合

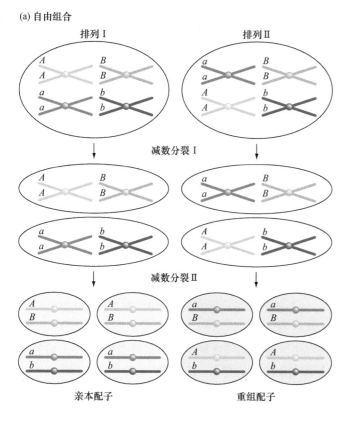

(b) 基因和着丝粒之间发生交换

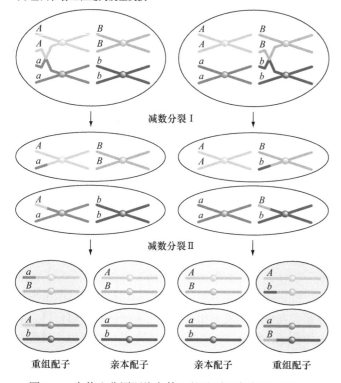

图5.10　为什么非同源染色体上的基因双杂交RF=50%。
（a）非同源染色体相对于彼此随机排列，使得减数分裂产生
的所有亲本配子（左）或所有重组配子（右）具有相同的频
率。（b）在基因和着丝粒之间发生一次交换的减数分裂生成
具有相同频率的所有四种配子类型。

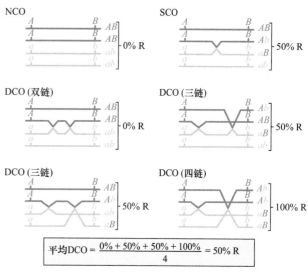

$$平均DCO = \frac{0\% + 50\% + 50\% + 100\%}{4} = 50\% R$$

图5.11　位于同一染色体的双基因杂交的减数分裂可能性。
在A和B之间没有交换（NCO）的减数分裂产生所有亲本染
色体。在A和B之间的SCO减数分裂产生一半亲本和一半重组
（R）染色体。同样有可能进行四种DCO类型的减数分裂，
并且它们总计产生一半亲本和一半重组配子（下图）。在双
链DCO事件中，一对非姐妹染色单体经历两个交换。在任一
种三链DCO中，一种同源染色体的单个染色单体与另一种同
源染色体的两个染色单体中的每一个进行交换。在四链DCO
中，每对非姐妹染色单体重组。

将自由组合，就好像它们位于不同的染色体上一样。

尽管在染色体上相距很远的两个基因之间的杂交可
能根本不显示任何连锁，但是如果可以将每个广泛分离
的基因与一个或多个常见中间体联系起来，则可以证明
它们位于同一染色体上。表5.1总结了两个基因的相对
位置与通过重组频率估算出是否存在连锁的关系。

表5.1　连锁基因和非连锁基因的属性

连锁基因
亲代型＞重组型（RF＜50%）
连锁基因必须在同一染色体上同线并且足够靠近在一起，因此它们不能独立地分配。
非连锁基因
亲代型=重组型（RF=50%）
当两个基因位于不同的染色体上，或当它们在同一染色体上相距足够远且每个减数分裂中它们之间至少发生一次交换。

基本概念

- 当同源染色体的染色单体在减数分裂Ⅰ前期进行部分
  交换时发生重组。

- 交换有助于建立需要分离的同源染色体之间的物理连接。

- 重组频率（RF）表示两种基因一起传播的频率。对于
  连锁基因，RF＜50%。

- 如果两个连锁基因距离足够接近，则减数分裂时不进行交换。
- 当两个基因位于不同的染色体上或者两个同线性基因相距甚远，且每个减数分裂中至少存在一个交换时，则最大RF为50%（独立分类）。

5.3 作图：基因在染色体上的定位

学习目标

1. 使用两点杂交数据建立相对基因位置。
2. 根据三点测交数据对遗传图进行优化。
3. 解释遗传图（图距单位）如何与实际物理距离（DNA碱基对）相关。
4. 描述连锁群与染色体之间的关系。

地图是空间中物体相对位置的图像。无论是描绘纽约大都会艺术博物馆的平面布局、罗马广场的布局，还是欧洲铁路提供的城市分布，地图都将测量结果转化为空间关系模式并在原始数据的基础上增加新层次的距离含义。将基因分配到特定染色体上称为**基因座**的遗传图也不例外。通过将遗传数据转化为空间排列，遗传图提高了我们预测特定性状遗传模式的能力。

遗传学家一直痴迷于基因定位，因为了解基因的位置就能鉴定与基因相对应的染色体DNA片段。在本书后面的章节中，你将了解如何使用基因的位置来分离它的DNA，以及分子遗传学家如何使用基因的DNA来了解基因的功能。

我们已经知道重组频率（RF）是两个基因沿染色体分开的距离的量度。我们现在将研究如何对来自一次两个和三个基因的多杂交数据进行编译并比较，以及生成准确和全面的基因/染色体图。

5.3.1 两点杂交的比较建立了相对的基因位置

摩尔根的学生A.H. Sturtevant在他的高年级本科毕业论文中提出疑问，从大量的两点杂交（每次跟踪两个基因的杂交）获得的数据是否支持基因沿着染色体形成特定的线性序列这一观点？Sturtevant从果蝇中的X连锁基因开始验证。图5.12（a）列出了他的几个两点杂交的重组数据。回想一下，产生1%重组子代的两个基因之间的距离（RF为1%）为1m.u.。

使用三个基因w、y和m来作为Sturtevant推理的一个例子。如果这些基因排列成一行（而不是更复杂的分支结构），则其中一个基因必须位于中间，两侧各有另外一个。最大的遗传距离应该属于最外侧的两个基因，并且这个值应该大致等于中间基因与每个外部基因的距离之和。Sturtevant获得的数据与此设想一致，意味着w位于y和m之间［图5.12（b）］。请注意这张遗传图从左

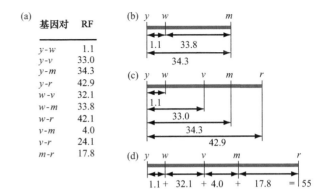

图5.12 通过比较两点杂交来定位基因。（a）Sturtevant关于果蝇中X连锁基因对之间的距离数据。（b）因为y和m之间的距离大于w和m之间的距离，所以基因的顺序必须是y-w-m。（c）和（d）果蝇X染色体上5个基因的图谱。从左到右的方向是随机的。注意，r基因的位置取决于它的计算方式。最好的遗传图是通过将（d）中的许多小的中间距离相加得到的。

到右的方向是随机选择的，如果将图5.12（b）中的遗传图描绘为y在右侧而m在左侧，也是同样正确的。

Sturtevant按照上述同样的方法对每组3个基因进行分析，建立了其研究过的果蝇X染色体上所有基因的自洽顺序［图5.12（c）］；从左到右的排列仍是任意选择］。检查三种基因的每种组合的数据后，我们可以断定这种排序是合理的。使用重组数据获得基因位置的简单线性图的事实支持基因沿染色体以特定的线性顺序存在的观点。

两点杂交的局限

尽管基因的成对作图非常重要，但其仍然存在一些缺点限制了其应用。首先，在一次只涉及两个基因的杂交中，可能难以确定某些非常靠近的基因对的顺序。例如，在y、w和m作图时，34.3m.u.分离外部基因y和m，而中间基因w和外部基因m几乎具有同样大的距离（33.8m.u.）［图5.12（b）］。在能够确信y和m真正的距离更远之前，即排除34.3和33.8之间的小差异不是取样误差之前，必须检查大量的果蝇并对数据进行统计检验，如将在下一节中进行讨论的卡方检验。

Sturtevant作图方法的第二个问题是其遗传图中的实际距离与应有距离不相符，甚至不能达到近似相符。举一个例子，假设位于地图最左侧的y基因的基因座被视为位置0［图5.12（c）］。然后，w基因位于位置1m.u.附近，m位于34m.u附近。但是能产生退化（非常小的）翅膀的r基因突变又位于哪里呢？根据图5.12（a）中其与y的距离数推断，我们将它放在位置42.9［图5.12（c）］。然而，如果我们将它的位置计算为从图5.12（a）中显示的所有中间距离的加和，也就是说，即y↔w、w↔v、v↔m和m↔r的总和，r的位置变为1.1+32.1+4.0+17.8=55.0［图5.12（d）］。如何解释这

种差异，以及这两个位置的哪一个更接近事实？三点杂交能帮助解答上述问题。

5.3.2 三点杂交提供更快和更准确的作图

通过同时分析三个标记，可以从一组杂交中获得足够的信息来定位三个基因的相互关系。为了描述这个过程，我们看一下果蝇的常染色体上连接的三个基因。

将具有退化翅膀（*vg*）、黑体（*b*）和紫色眼睛（*pr*）突变的纯合雌性与野生型雄性交配［图5.13（a）］。所有的三重杂合子F₁后代都具有正常表型（无论雄性和雌性），表明突变是常染色体隐性。在F₁雌性与具有退化翅膀、黑体和紫色眼睛的雄性测交中，后代具有代表8种不同基因型的8种不同表型。图5.13（a）中所列出的每种表型分类中的基因顺序是完全随机的。因此，可以用*b vg pr*或*vg pr b*来代替相同的基因型。请记住，一开始我们不知道基因顺序，推测此顺序是作图研究的目的。

在分析数据时，我们一次查看两个基因（重组频率总是一对基因的函数）。对于*vg*和*b*这对基因，亲本组合是*vg b*和*vg⁺b⁺*；重组体是*vg b⁺*和*vg⁺b*。为了确定某一特定类别的后代是否为*vg*和*b*的亲本或重组体，我们不关心果蝇是*pr*还是*pr⁺*。因此，对于图距单位最接近的 $\frac{1}{10}$，*vg ↔ b*距离是（根据子代总数中重组体百分比计算）

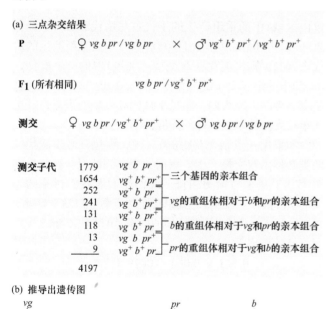

(a) 三点杂交结果

P	♀ *vg b pr / vg b pr*	×	♂ *vg⁺ b⁺ pr⁺ / vg⁺ b⁺ pr⁺*

F₁ (所有相同)   *vg b pr / vg⁺ b⁺ pr⁺*

测交   ♀ *vg b pr / vg⁺ b⁺ pr⁺*   ×   ♂ *vg b pr / vg b pr*

测交子代	1779	*vg b pr*	⎤ 三个基因的亲本组合
	1654	*vg⁺ b⁺ pr⁺*	⎦
	252	*vg b⁺ pr⁺*	⎤ *vg*的重组体相对于*b*和*pr*亲本组合
	241	*vg⁺ b pr*	⎦
	131	*vg b pr⁺*	⎤ *b*的重组体相对于*vg*和*pr*亲本组合
	118	*vg⁺ b⁺ pr*	⎦
	13	*vg b pr⁺*	⎤ *pr*的重组体相对于*vg*和*b*亲本组合
	9	*vg⁺ b⁺ pr⁺*	⎦
	4197		

(b) 推导出遗传图

vg   *pr*   *b*

12.3 m.u.   6.4 m.u.   = 18.7 m.u.

17.7 m.u.

图5.13 三点杂交的分析结果。（a）F₁雌性*vg*、*b*和*pr*基因同时杂合的三点测交的结果。（b）中间的基因必须是*pr*，因为最长的距离在另外两个基因*vg*和*b*之间。通过将较短的中间距离相加来计算可获得最准确的图距，因此18.7m.u.比17.7m.u.更准确地判断了*vg*和*b*之间的遗传距离。

$$\frac{252+241+131+118}{4197}\times100=17.7\text{m. u.}\ (vg \leftrightarrow b\ 距离)$$

类似的，由于*vg-pr*基因对的重组体是*vg pr⁺*和*vg⁺pr*，此对基因之间的距离是

$$\frac{252+241+13+9}{4197}\times100=12.3\text{m. u.}\ (vg \leftrightarrow pr\ 距离)$$

*b-pr*基因对之间的距离是

$$\frac{131+118+13+9}{4197}\times100=6.4\text{m. u.}\ (b \leftrightarrow pr\ 距离)$$

这些重组频率显示*vg*和*b ar*相隔最大距离（17.7m.u.，与12.3和6.4相比），因此必须是外侧基因，*pr*基因位于中间［图5.13（b）］。但就像Sturtevant分析的X连锁的*y*和*r*基因一样，分离外部*vg*和*b*基因（17.7）的距离不等于两个中间距离的总和（12.3+6.4=18.7）。在下一节中，我们将知道这种差异的原因是发生了罕见的双交换。

1. 双交换更正

图5.14描绘了F₁雌性的*vg*、*pr*和*b*三个基因杂合的同源常染色体。仔细检查染色体可知产生可观察到的后代种类和数量所必须发生的交换种类。在该图和随后的图中，当每对同源染色体有四个染色单体时，所描绘的染色体处于减数分裂Ⅰ的晚前期/早中期。正如我们先前所提出并在第6章中更加严格证明的，前期Ⅰ是重组发生的阶段。请注意，区域1是*vg*和*pr*之间的空间，*pr*和*b*之间的空间是区域2。

回想一下我们早期进行测交，其后代可分为8组（参见图5.13）。果蝇的两个最大的群体携带与P代中它们的祖父母相同的基因配置：*vg b pr*和*vg⁺b⁺pr⁺*，因此它们代表了亲代型［图5.14（a）］。接下来的*vg⁺b pr*和*vg b⁺pr⁺*两组由*vg*和*pr*之间的区域1交换产生的互逆产物重组体构成［图5.14（b）］。类似地，包含*vg⁺b pr⁺*和*vg b⁺pr*的两个组则必须是由*pr*和*b*之间的区域2中的重组产生的［图5.14（c）］。

但是，由罕见的*vg b pr⁺*和*vg⁺b⁺pr*重组体组成的两个最小的群体呢？什么样的染色体交换可以解释它们？最有可能的是，它们是由两个不同的交换事件同时发生的，一个在区域1中，另一个在区域2中［图5.14（d）］。尽管在它们之间发生了两次而不是一次交换，由这样的双交换产生的配子仍然具有亲本配置的外部基因*vg*和*b*。

由于双交换的存在，在前面章节中计算的结果*vg↔b*距离为17.7m.u.并不能反映出产生所观察到的后代配子的所有重组事件。为纠正这种疏漏，有必要通过增加双交换来调整重组频率，因为双交换组中的每个个体都是*vg*和*b*之间两次交换的结果。修正的距离是

$$\frac{252+241+131+118+13+13+9+9}{4197}\times100=18.7\text{m.u.}$$

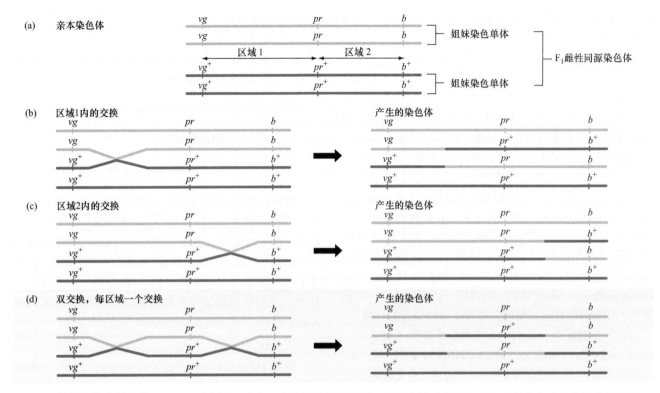

图5.14 推断交换事件的位置。一旦确定了三点杂交中涉及的基因顺序，就很容易确定哪些交换事件会产生特定的重组配子。注意，需要双交换来产生配子，其中，中间的基因相对于末端基因的亲本组合已经重组。这些事件包括部分（d）图中的双链DCO及三链DCO（未显示）。

因为你已经考虑了区域1中发生的所有交换及区域2中的所有交换，因此这个值是有意义的。结果证明，现在vg和b之间的修正距离18.7m.u.与vg和pr（区域1）之间、pr和b（区域2）之间的距离之和完全相同。

如前所述，当Sturtevant最初通过两点杂交将几个X连锁基因定位在果蝇中时，翅（r）基因的基因座是不明确的。涉及y和r的两点杂交给出了重组频率42.9，但所有基因的中间距离之和为55.0（请查阅图5.12）。这种差异是因为两点杂交忽略了可能发生在y和r基因之间的大区间中的双交换。这些较小中间距离的总和数据可捕获y和r基因对之间的至少一部分双交换重组。此外，每个较大的距离比较小的距离更可能包含双交点，因此较小距离本质上更准确。

请注意，即使像vg、pr和b这样的三点杂交也忽略了在区域1中发生两个重组事件的可能性。为了获得最大的准确性，最好使用多个距离较近的基因构建一个图谱。

2. 干涉：比预期更少的双重交换

在三个连锁基因杂交产生的8个可能的基因型类别中，两个亲代级包含最大数量的子代，而由双交换产生的两个双重组级数量总是最小的（参见图5.11）。通过观察它们发生的可能性，我们可以理解这种双交换子代是最罕见的原因。如果染色体区域1中的交换不影响区域2中交换的概率，则两者同时发生的概率是它们各自

概率的乘积（回顾第2章中的乘法规则）。例如，如果仅由区域1中的重组产生的子代占总后代的10%（即如果区域1为10m.u.），并且单独区域2中由重组产生的后代占20%，则可能存在双交换（区域1中的一个事件，区域2中的第二个）的概率是0.10 × 0.20＝0.02或2%。这是有道理的，因为两个罕见事件同时发生的可能性甚至比单独发生的罕见事件的可能性小。

如果用三点杂交获得8类后代，则包含最少后代的两类必然由双交换产生。然而，观察到的双交换的数字频率几乎从未与预测相符。我们来看看我们讨论的杂交的实际数字。vg和pr之间单交换的概率是0.123（对应于12.3m.u.），pr和b之间单交换的概率是0.064（6.4m.u.）。双交换的概率是

$$0.123 \times 0.064＝0.0079＝0.79\%$$

但是实际观察到的双交换概率（见图5.11）是

$$\frac{13+9}{4197} \times 100 ＝0.52\%$$

如果两次交换是独立事件，则观察到的双交换数量少于预期数量这一事实表明，一次换的发生降低了在染色体的邻近部分发生另一次交换的可能性。这种交换并非独立发生的现象，称为**染色体干涉**。

如图5.7所示，干涉的存在可能是为了确保每对同源染色体经历至少一次交换。至关重要的是，每一对同

源染色体都进行一个或多个交换，因为这样的事件有助于染色体在第一次减数分裂期间在赤道板上正确地定向。事实上，没有交换的同源染色体对经常分离不当。如果在每个减数分裂过程中只有有限数量的交换可以发生，并且干涉降低了大染色体上交换的数量，那么剩余的交换更可能发生在小染色体上。这增加了每个同源对上至少发生一次交换的概率。虽然干涉的分子机制尚不清楚，但最近的实验表明干涉是由联会复合物介导的。

干涉不均匀，即使对同一染色体的不同区域也可能有所不同。研究人员可以通过首先计算**并发系数**来定量测量不同染色体间期的干涉量，其定义为实验中观察到的双交换的实际频率与基于独立预期的双交换的实际频率之间的比值。

$$并发系数 = \frac{实际频率}{预期频率}$$

对于 vg、pr 和 b 参与的三点杂交，并发系数是

$$\frac{0.52}{0.79} = 0.66$$

干涉本身的定义为：

$$干涉 = 1 - 并发系数$$

此例中，干涉为

$$1 - 0.66 = 0.34$$

为了理解干涉的含义，有必要对比有无干涉进行时发生的事件。如果干涉为 0，则观察到的双交换的频率等于期望值，并且染色体的相邻区域中的交换互相独立发生。如果干涉是完全的（即干涉 = 1），则实验后代中不会发生双交换，因为一次交换有效地防止了另一次交换。例如，在小鼠的特定三点杂交中，左侧（区域 1）的基因对的重组频率为 20，而右侧（区域 2）的基因对的重组频率也是 20。没有干涉时，在这个染色体区间中双交换的预期概率是

$$0.20 \times 0.20 = 0.04 或 4\%$$

但是当调查人员观察到这个杂交体的 1000 个后代时，他们没有发现双重组体，而不是预期的 40 个。

3. 一种确定中间基因的方法

三点杂交中 8 种可能类型后代中比例最小的是含有由双交换产生的双重组的两种。即使不计算任何重组频率，也可以使用这些双交换类别中的等位基因组合来确定三个基因中的哪一个位于中间。

再次思考 vg、pr 和 b 基因的三点测交的后代。F_1 雌性是 $vg\ pr\ b\ /\ vg^+pr^+b^+$。如图 5.14（d）所示，在 F_1 代的三杂交雌性中，由双交换产生的测交子代从其携带等位基因组合 $vg\ pr^+b$ 和 $vg^+pr\ b^+$ 的母本接受配子。在这些个体中，vg 和 b 基因的等位基因保留其亲本关系（$vg\ b$ 和 vg^+b^+），而 pr 基因已经与其他基因（$pr\ b^+$ 和 pr^+b，$vg\ pr^+$ 和 vg^+pr）重组。在所有三点杂交中也是如此：在由双交换形成的配子中，相对于其他两个基因的亲本配置，进行重组的等位基因必须是中间的配子。

5.3.3　三点杂交：一个综合的例子

用于查看双重组体以发现哪个基因与其他两个基因重组的技术，即使在存在其他困难的情况下也能立即说明基因顺序。思考 Sturtevant 在其原始测绘实验中发现的三个 X 连锁基因 y、w 和 m（见图 5.12）。由于 y 与 m 之间的距离（34.3 m.u.）略大于 w 与 m 之间的距离（33.8 m.u.），因此他推断 w 是中间的基因。但由于这两个数字之间的差别很小，他的结论受统计显著性的影响。但是，如果我们观察 y、w 和 m 后面的三点杂交，这些问题就会消失。

图 5.15 列出了 y、w 和 m 基因杂合子雌性所产生的雄性子代的类别和数量。由于这些雄性后代从它们的母亲获得它们唯一的 X 染色体，因此它们的表型直接指示了杂合雌性产生的配子。在图表的每一行中，基因都是随机列出，并不代表实际距离信息。正如你所看到的，表格顶部列出的两类后代数量超过了其余六类，这表明所有三种基因都相互关联。此外，这些最大的群体，即亲代级显示杂合雌性的两条 X 染色体是 $w^+y\ m$ 和 $w\ y\ m^+$。

在图 5.15 中的雄性后代中，代表双交换的两个最小类别具有携带 $w^+y\ m^+$ 和 $w\ y^+m$ 组合的 X 染色体，其中 w 等位基因相对于 y 和 m 的组合重新组合。因此 w 基因必须位于 y 和 m 之间，从而验证 Sturtevant 的原始评估。

根据 w、y、m 的三点杂交来完成作图，y 和 m 之间的距离（区域 1）可计算为

$$\frac{49 + 41 + 1 + 2}{6823} \times 100 = 1.3\ m.u.$$

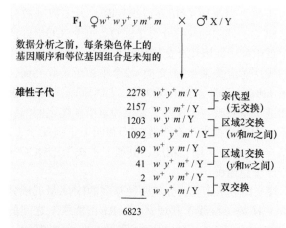

图 5.15　三点杂交如何验证 Sturtevant 的果蝇 X 染色体图。亲代型对应于 F_1 雌性中的两条 X 染色体。双重组型的基因型显示 w 必须是中间的基因。

w和m之间的距离为

$$\frac{1203+1092+2+1}{6823}\times100=33.7\text{m.u.}$$

y和m之间的遗传距离是二者之和：

$$1.3+33.7=35.0\text{m.u.}$$

请注意，你还可以通过两次双交换直接计算y和m之间的距离，以说明这两个基因之间检测到的重组事件总数。

RF=(1203+1092+49+41+2+2+1+1)/6823 × 100=35.0m.u.

该方法与两个中间距离（区域1+区域2）的总和相同。

5.3.4 遗传图如何与物理现实相关联？

在本书中通篇介绍的许多类型的实验令人震惊地发现，通过重组作图显示的基因顺序总是反映这些基因沿着染色体DNA分子的顺序。相反，基因之间的实际物理距离（即分离它们的DNA的量）并不总是与遗传图距离线性对应。

1. 通过重组频率低估基因间的物理距离

你已经看到，两个基因之间的DCO可能在测交实验中未被发现，导致两个基因之间的交换数量计数不足，因此低估了它们之间的距离。如果两个基因足够接近以至DCO不经常发生，这并非大问题。然而，随着两个基因之间的距离增加，双重交换和多重交换发生的频率足以影响重组频率与图距之间的关系。这种关系不能是线性的，因为正如我们已经看到的那样，无论两个基因在同一染色体上相距多远，两点杂交的RF不能超过50%。

再看图5.11，可以很容易地看出DCO如何因RF低估基因距离。当基因A和B靠得很近时，大多数减数分裂都是NCO，偶尔的减数分裂是SCO。每个SCO恰好产生两个重组配子，因此在交换数和重组配子数之间存在完美的线性对应关系（1个交换：2个重组子）。然而，当基因A和B分开时，会出现DCO。四个同样频繁的DCO（四链）中只有一个保留了交换和重组配体之间的线性关系：两个交换发生在四链DCO和四个重组配子（2个交换：4个重组）中。相反，其他三种类型的DCO导致少于四个重组配子。

图5.16显示了作为分离两种基因的DNA量的函数：实际交换数（绿线）和观察到的RF（紫线）之间的差异。正如你所看到的，这两幅图对于5m.u.及其以下的距离几乎是相同的。在遗传距离这样小的情况下，在两点杂交看到的RF是对物理距离的精确测量。两条曲线随着距离越来越远，所以RF在遗传距离大于5m.u.时变得不太精确。

遗传学家已经开发了称为映射函数的数学方程，以

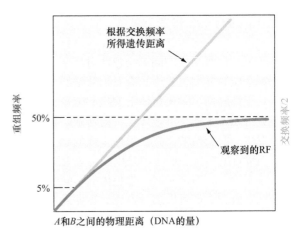

图5.16　重组频率低估了交换频率。当基因A和B靠近在一起时，实际观察的测交RF（紫色）和交换频率（绿色）的曲线几乎是重合的。随着两个基因相距甚远，RF值越来越低估实际的交换频率；最终不会发生NCO，并且将观察到50%的最大RF。绿线代表交换频率的一半，因为每个SCO产生1/2亲本和1/2重组染色体。

补偿相关重组频率与物理距离相关的不准确性。然而，对于大距离的修正顶多是不精确的，因为映射函数是基于不完全正确的简化假设。因此，创建精确地图的最佳方式是将许多较小的间隔相加，通过与共同中间体的连接来定位广泛分离的基因。随着越来越多的新发现的基因被包括在内，地图可以不断细化。

2. 非均匀交换频率

尽管迄今为止我们已经假定交换在染色体上的任何两个碱基对之间发生的可能性相同，但重组实际上并不是随机的。例如，在人类DNA中，大多数交换发生在所谓的**重组热点**中——DNA重组的频率远高于平均值的小区域。如图5.17所示，在之间有热点的基因对（A和B）在遗传图上（以m.u.为单位）比另一个没有热点的基因对（B和C）相距更远，尽管分离每个基因对的物理距离（以bp为单位测量）是相同的。由于热点相对比较频繁（人类染色体中每50 000bp出现一个热点），重组频率仍然是大多数基因之间物理距离的合理估计。

重组频率也可能具有物种差异性。最近对几种生物基因组的完整DNA序列的阐明，使得研究人员能够比

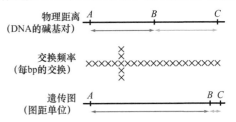

图5.17　重组热点。基因A和B、基因B和C由相同数量的碱基对分开。因为A和B位于重组热点的侧翼，它们看起来比遗传图上的基因B和C更远。

较基因与遗传图距之间的物理距离。他们发现在人类基因组中，图距单位平均对应约100万个碱基对。然而，在酵母中，每段DNA长度的重组频率比人类高得多，因此一个图距单位大约为2500个碱基对。虽然图距单位可用于估计生物体基因之间的相对距离，但1%RF可以反映不同生物体中具有极大不同DNA的范围。

重组频率有时甚至在一个物种的两性之间也会变化。人类女性生殖系的交换频率比男性高出两倍。这一事实意味着相同的两个基因通过测量雌性减数分裂中的RF而产生的遗传图距大约是测量男性减数分裂期间的交换得到的距离的两倍。"快进"信息栏"产生单个人类精子染色体的交换作图"解释了新技术如何分析个体人类精子基因组的DNA序列。研究人员现在可以直接在单个精子的每条染色体上检测交换。这些分析的结果显示，人类精子中的大多数染色体仅经历了一次交换。

果蝇提供了一个极端的例子：在雄性减数分裂期间没有发生重组。如果你回顾本章已经讨论的例子，你会发现它们都测量双重杂合果蝇雌性后代之间的重组。本章末尾的问题19显示了遗传学家如何利用果蝇雄性中不存在的重组来快速确定在相同染色体上相隔很远的基因确实是同线性的。

5.3.5 多因素杂交有助于建立连锁群

通过连锁关系链接在一起的基因统称为**连锁群**。当足够的基因被分配到特定的染色体时，术语"染色体"

快进

产生单个人类精子染色体的交换作图

使用将在第9～11章中描述的DNA分析技术，科学家现在可以检查单个精子的整个基因组的碱基对序列。在一项此类研究中，通过比较男性体细胞中每对同源染色体的DNA序列与同一男性产生的单个精子的DNA序列，研究人员可以找到男性初级精母细胞中发生的特定重组事件。

任何人从他或她的父亲或母亲遗传的同源染色体在每1000个碱基对中约有1个不同。不同基因组中的碱基对差异称为SNP（单核苷酸多态性）。通过比较许多个体的基因组序列，已经鉴定了基因组中大约50 000 000个位置通常可以发生SNP。SNP的不同碱基对序列被认为是SNP基因座的不同等位基因（图A）。研究人员可以对SNP基因座进行归零，并确定基因组中存在数百万个SNP的等位基因。

为了绘制重组位点，首先科学家开发出新的技术来从二倍体体细胞中分离出单个染色体。一旦分离，可以确定各个同源物的SNP等位基因（图A）。

接下来，研究人员确定了哪些SNP等位基因存在于个体精子基因组中。然后，通过比较单个精子中每个染色体上存在的SNP等位基因与人体细胞的每个同源物上的相应SNP等位基因（在减数分裂期间交换之前）来显示交换的位置（图B）。通过分析91种不同精子的交换，研究人员发现每个配子中每个染色体发生约1次交换，并检测到交换热点。

从这项研究中获得的信息和其他类似信息对于研究重组生物化学的科学家是有用的。此外，你将在本书后面的章节中看到，确定单个染色体和单个配子基因组的碱基对序列的能力在突变和人类进化的研究中具有广泛的应用。

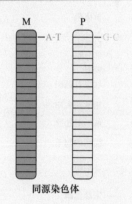

图A　同源物的DNA序列显示SNP基因座。在特定的SNP基因座处，母本（M）和父本（P）同源物可以具有不同的等位基因（例如，A-T碱基对或G-C碱基对）。

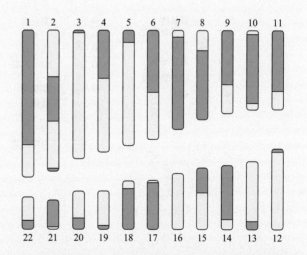

图B　单个精子常染色体的交换图。描绘了精子的常染色体（染色体1～22），其中深蓝色和浅蓝色区域对应于人体细胞中的不同同源物（参见图A）。大多数染色体是单交换的产物；在这个例子中，染色体2和染色体10是例外。

和"连锁群"成为同义词。如果你能证明基因A与基因B、B到C、C到D、D到E有关，你可以得出结论：所有这些基因都是同线性的。当基因组的遗传图变得如此密集以至于有可能显示染色体上的任何基因与同一染色体上的另一基因连锁时，连锁群的数量等于该物种中同源染色体对的数量。人类有23个连锁群，小鼠有20个，果蝇有4个（图5.18）。

　　沿着染色体的总遗传距离可能远远超过50m.u.，该数据通过在基因之间增加许多短距离而获得。例如，两个长的果蝇常染色体都略高于100m.u.（图5.18），而最长的人类染色体约为270m.u.。然而，回想一下，即使是最长的染色体，位于两端的基因之间的成对杂交也不会产生超过50%的重组后代。

　　连锁作图具有非常重要的实际应用。例如，"快进"信息栏"基因定位可能导致囊性纤维化的治愈"描述了研究人员如何利用连锁信息为这种重要的人类遗传疾病基因定位。

基本概念

● 通过成对分析重组频率，一系列两点杂交可确定连锁基因的顺序及它们之间的距离。

● 三点测交可以改善图距并揭示交换干涉的存在，这种现象在所有染色体之间分布，在每一次减数分裂中出现有限数量的交换。

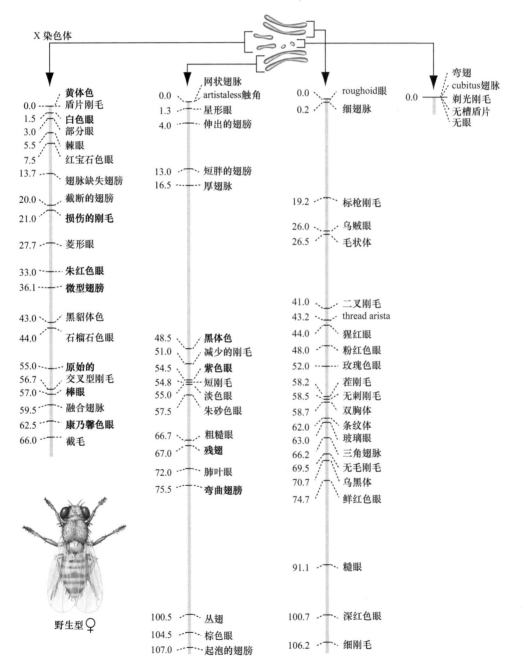

图5.18　果蝇（*Drosophila melanogaster*）有四个连锁群。果蝇的遗传图显示影响身体形态的许多基因的位置，包括本章中用作示例的那些（以粗体突出显示）。因为已经绘制了如此多的果蝇基因，所以四条染色体中的每一条都可以表示为单个连锁群。

快进

基因定位可能导致囊性纤维化的治愈

在1938年首次描述囊性纤维化症状之后的40年中，没有分子线索（没有可见的染色体异常伴随着疾病传递，患病个体没有携带可识别的蛋白质缺陷）表明该疾病的遗传原因。因此，对于2000年出生患有这种疾病的白种美国人来说，没有有效的治疗方法，其中大多数人在30岁之前就已经死亡。然而，在20世纪80年代，遗传学家能够将最近发明的直接观察DNA的技术与连锁分析构建的图谱结合起来，以确定囊性纤维化基因的精确染色体位置或基因座。

囊性纤维化基因的绘制者面临着巨大的任务。他们正在寻找一种编码未知蛋白质的基因，这种基因甚至尚未被分配到染色体上。它可能位于人类细胞中23对染色体中的任何位置。

- 对许多家族谱系的综述证实，囊性纤维化最有可能由单个基因（*CF*）决定。调查人员收集了来自47个家庭的两名或更多受影响儿童的白细胞，从106名患者、94名父母和44名未受影响的兄弟姐妹中获取遗传数据。

- 研究人员接下来试图发现是否有任何其他特征可靠地传播囊性纤维化。易于获得的血清酶对氧磷脂酶的分析表明其基因（*PON*）确实与*CF*连锁。起初，这种知识并没有那么有用，因为*PON*还没有被分配到染色体上。

- 然后，在20世纪80年代早期，遗传学家基于新技术开发了大量DNA标记，使他们能够识别遗传物质的变异。DNA标记是代表特定基因座的DNA片段，其具有可识别的变异。根据孟德尔定律，这些等位基因变异是分离的，这意味着你可以像任何基因一样跟随它们的传播。第11章更详细地解释了DNA标记的发现和使用；目前，重要的是要知道它们存在并且可以被识别。

- 到1986年，数百种DNA标记的连锁分析显示，一种称为D7S15的标记，已知位于7号染色体的长臂上，与*PON*和*CF*连锁。研究人员计算了重组频率，发现从DNA标记到*CF*的距离为15cM；从DNA标记到*PON*的距离为5cM；从*PON*到*CF*的距离为10cM。他们得出结论：三个基因座的顺序是*D7S15-PON-CF*（图A）。因为*CF*可以在DNA标记的两个方向中的任何一个15cM处，所以研究区域大约为30cM。此外，因为人类基因组由大约3000cM组成，所以这一连锁分析步骤将搜索范围缩小到人类基因组的1%，在7号染色体的一个小区域内。

- 最后，研究人员发现了与7号染色体长臂上的其他几种标记的连锁，称为*J3.11*、*βTR*和*met*。结果发现两个标记与*CF*分开的距离仅为1cM。现在可以将*CF*置于7号染色体长臂（带7q31，图A）的带31中。到1989年，研究人员利用这种作图信息，根据其位置识别和克隆*CF*基因。

- 1992年，研究人员发现*CF*基因指定了一种细胞膜蛋白，可调节氯离子流入和流出细胞（参见图2.25）。这种知识已成为开辟离子流的新药物治疗，以及将*CF*基因的正常拷贝引入CF患者细胞的基因疗法的基础。尽管只是在发展的早期阶段，这种基因治疗仍然有希望最终治愈囊性纤维化。

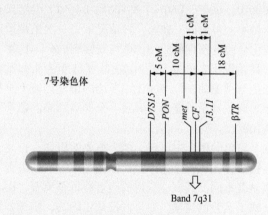

图A　分子标记如何帮助定位囊性纤维化（*CF*）基因。

- 虽然遗传图提供了染色体上基因排列的准确图像，但基因间测得的距离可能会有误差。
- 连锁群中的基因根据定义是同线性的。当具有足够的定位基因后，整个染色体将成为一个单一的连锁群。

5.4　卡方检验和连锁分析

学习目标

1. 解释卡方检验的目的。
2. 讨论零假设的概念及其在数据分析中的应用。
3. 根据卡方检验评估实验数据的显著性。

你如何从一个特定的实验中知道两个基因是自由组合还是连锁？乍一看，这应该不是问题。区分这两种可能性涉及的直接计算基于由观察结果充分支持的假设。为了独立地分配基因，双杂交F_1雌性产生相同数目的四种类型的配子，因此一半的F_2子代是亲本类，另一半是重组类。相反，对于连锁基因，根据定义，两种类型的亲代级总是超过F_2代中的两种类型的重组级。

问题在于，因为实际的遗传传播是基于偶然事件的，所以在一项甚至是无连锁的特定研究中，自由组合基因产生的比例可能会与1：1：1：1有偏差，就像抛硬币10次一样，可能很容易得到6头和4尾（而不是预测的5和5）。因此，如果分析两个基因传递的育种实验，具有不同于自由组合基因所具有的亲本和重组体的相等比率，那么我们是否可以肯定这两个基因是连锁的？相反，结果也可能是统计学上可接受的基于自由组合非连锁基因的预期平均值的机会波动？这些问题在连锁不是那么紧密的情况下变得更加重要，因此即使基因是连锁的，重组级的百分比也接近50%。

5.4.1 卡方检验评估预测值与观察值之间差异的显著性

为了回答这些问题，统计学家设计了几种不同的方法来量化实验观察到的偏离特定假设预测值的偏差可能仅仅偶然发生的可能性。其中一种概率方法被被称为拟合优度的**卡方检验**。该测试测量观察结果与预测结果的符合程度，其目的是说明实验人群的大小（样本大小）是统计显著性的重要组成部分。为了理解样本量的作用，让我们先回顾一下投掷硬币的方法，然后再考察卡方检验的细节。

在投掷10次硬币时，受概率的影响，6头（60%）和4尾（40%）的结果并不出乎意料。然而，如果投掷硬币1000次，600头（60%）和400尾（40%）的结果在直觉上是不太可能的。在第一种情况下，一次抛硬币结果的变化会改变预期的5：5比率与观察到的6：4比率。在第二种情况下，需要产生100次从尾部变为头部抛掷才能产生与预测的500：500比率所述的偏差。概率事件可以合理地（甚至可能的）导致一个偏离预测的数字，但不是100。

这个简单的例子中出现了两个重要的概念。首先，单独比较百分比或比率绝不会让你确定观测数据是否与预测值显著不同。其次，获得的绝对数量很重要，因为它们反映了实验的规模。如果假设是正确的，则样本量越大，观察到的百分比就越接近实验假设所预测的值。因此卡方检验总是用数字（实际数据）而不是百分比或比例来计算。

卡方检验不能证明一个假设，但它可以让研究人员拒绝假设。出于这个原因，卡方检验的一个关键先决条件是构建一个**零假设**——一个可能被测试驳斥并导致明确的数值预测的模型。尽管当代遗传学家使用卡方检验来解释许多种基因实验，但他们最常使用它来证明从育种实验中获得的数据是否支持两个基因连锁的假设。然而基因A和B连锁的一般假设存在一个问题，那就是在育种数据方面没有准确的预测结果。原因如我们所见，重组体的频率随着每个连锁基因对而变化。

相反，基因A和B没有连锁的另一种假设产生了一个精确的预测：不同基因的等位基因将自由组合，并在测交中产生1：1：1：1的子代类型比例。因此，无论何时遗传学家想要确定两个基因是否连锁，他或她实际上都会测试观察到的数据是否与无连锁的零假设一致。如果卡方检验显示观察到的数据与自由组合所期望的数据显著不同，即它们的差异不能合理地归因于偶然的机会，那么研究人员可以拒绝无连锁的零假设并接受这是两个连锁基因的替代方案。

"遗传学工具"信息栏"拟合优度的卡方检验"中提出了这种分析的一般方案。计算的最终结果是确定数值概率（即**p**值），即观察到的一组特定的实验结果显示与特定假设预测的值有偏差。如果概率很高，那么被测试的假设很可能解释了数据，观察到的与预期结果的偏差被认为是不重要的；如果概率很低，则观察到的与预期结果的偏差变得很大，发生这种情况时，所考虑的假设不太可能解释数据，并且该假设可能被拒绝。

理解为什么使用无连锁（RF=50%）的零假设而不是特定程度的连锁（特定RF＜50%）的零假设是非常重要的。如前所述，卡方检验可以允许拒绝零假设，但不能证明这一点。这个事实解释了为什么遗传学家测试RF=50的零假设，而不是假设RF等于50以下的某个特定数字，比如38，尽管两种模型都提供了具体的数值预测。如果实验值的偏差相对于被测试的假设是微不足道的（高p值），那么结果可能与该模型一致，但它们也可能与另一个未经测试的假设（RF=50%）一致。因此，非显著性的结果是无效的。现在假设实验值与RF=38的预测的偏差是显著的（低p值），以便你可以拒绝该假设。这些信息同样没有用处，因为除了图距不是38m.u.以外，你不会得到任何关于这两个基因的相对位置的信息。只有一个结果具有实际价值：如果你可以拒绝两个基因不相关的零假设（RF=50%），那么你已经了解到它们必须是同线的，并且足够接近才能进行遗传连锁。

5.4.2 卡方检验应用于连锁分析：一个例子

图5.19描绘了如何将卡方检验应用于从测交实验获得的两组数据，证明基因A和B是否连锁。标记为O的列包含来自每个实验的实际数据——四种后代类型中的每一种的数量。在第一个实验中后代的总数是48，所以基于非连锁的零假设，每个后代类别的期望值（E）可以简单地计算为48/4=12。现在，对于每个后代类别，将其观测值与预期值的偏差的平方除以期望值，并将计算结果列在$(O-E)^2/E$栏中。所有四个商都相加得到卡方值（χ^2）。在实验1中，χ^2=6.17。

接下来确定此实验的**自由度（df）**。自由度是一个考虑了独立变化参数数量的数学概念。在这个例子中，

子代类型		实验 1			实验 2		
		O	E	(O–E)²/E	O	E	(O–E)²/E
亲代型	A B	18	12	36/12	36	24	144/24
	a b	14	12	4/12	28	24	16/24
重组型	A b	7	12	25/12	14	24	100/24
	a B	9	12	9/12	18	24	36/24
总计		48	48	74/12	96	96	269/24
				↓			↓
				$\chi^2 = 6.17$			$\chi^2 = 12.3$
df = 3				p＞0.10			p＜0.01

图5.19　应用卡方检验确定两个基因是否连锁。零假设是指这两个基因是不连锁的。对于实验1，$p＞0.05$，因此不可能拒绝原假设。对于实验2，数据集大小为两倍，$p＜0.05$，因此大多数遗传学家会拒绝原假设，并以超过95%的置信度确定基因是连锁的。

后代分为四类。对于其中三个类别，后代的数量可以是任何值，只要它们的总和不超过48个。然而，一旦这些值中的三个固定，第四个值也是固定的，因为所有四个类别中的总数必须等于48。因此，四个类别的自由度要比类别的数量少一个，即df=3。接下来，查阅卡方表（表5.2）$\chi^2 = 6.17$和df=3。你发现相应的p值大于0.10。从大于0.05的任何p值可以得出结论，在这个实验的基础上不可能拒绝零假设，这意味着这个数据集不足以证明A和B之间的连锁。

如果你使用相同的策略计算总共有96个后代的第二个实验中观察到的数据的p值，你会发现p值小于0.01（图5.19）。在这种情况下，你可以考虑观察值与预期值之间的差异。因此，你可以拒绝自由组合的零假设，并得出结论：基因A和B可能是连锁的。

统计学家已经任意选择0.05的p值作为显著性和非

遗传学工具

拟合优度的卡方检验

使用卡方检验拟合优度和评估其结果的一般方案可以在一系列步骤中说明。在实际卡方计算之前有两个准备步骤。

1. 使用从育种实验中获得的数据来回答以下问题：

a. 分析的后代（事件）总数是多少？

b. 有多少种不同的后代（事件）？

c. 在每个类型中，观察到的后代（事件）的数量是多少？

2. 如果零假设（此处为非连锁）正确，则计算每个类型预期的后代（事件）数量。为此，将由零假设预测的分数（此处为每种可能后代类型的1/4）乘以后代的总数。你现在已准备好进行卡方计算。

3. 为了计算卡方，从一类后代开始。从观察到的数字中减去预期数量，以获得与类别的预测值的偏差。将结果平方并将此值除以预期数。对所有类型执行此过程，然后对各个结果求和。最终结果是卡方（χ^2）值。该步骤由以下等式总结：

$$\chi^2 = \Sigma \frac{（观察值 - 期望值）^2}{期望值}$$

式中，Σ代表所有类型的总和。

4. 接下来考虑自由度（df）。df是实验中独立变化参数数量的量度（见文本）。自由度的值比类型的数量少一个。因此，如果N是类型的数量，那么自由度（df）=N–1。如果有四个类，则有三个df。

5. 将卡方值与df一起使用以确定p值：期望值与实验观察值的偏差是偶然发生的概率事件的可能性。虽然p值是通过数值分析得出的，但遗传学家通常通过快速搜索不同自由度的临界χ^2值表来确定该值，如表5.2所示。

6. 评估p值的显著性。你可以将p值视为零假设为真的概率。大于0.05的值表明，即使零假设实际为真，重复相同大小的实验20次（或超过5%），也可能偶然获得一次观察值与预测值的偏差；因此，数据对于拒绝零假设并不重要。统计学家任意选择0.05的p值作为拒绝或不拒绝零假设之间的界限。p值小于0.05意味着你可以认为偏差是显著的，你可以拒绝零假设。

表 5.2　临界卡方值

自由度	p值						
	不能拒绝零假设				拒绝零假设		
	0.99	0.90	0.50	0.10	0.05	0.01	0.001
	χ^2值						
1	—	0.02	0.45	2.71	3.84	6.64	10.83
2	0.02	0.21	1.39	4.61	5.99	9.21	13.82
3	0.11	0.58	2.37	6.25	7.81	11.35	16.27
4	0.30	1.06	3.36	7.78	9.49	13.28	18.47
5	0.55	1.61	4.35	9.24	11.07	15.09	20.52

注：位于该表的绿色区域的χ^2值允许以＞95%的置信度拒绝零假设，并且假设重组实验是连锁的。

显著性之间的界限。低于这个数值表明，如果零假设为真，那么100个样本中通过随机抽样获得相同结果的机会将少于5个。因此，小于0.05的p值表明数据显示与预测值的显著重大偏差足以拒绝具有超过95%置信度的零假设。更保守的科学家通常将显著性边界设置为p=0.01，因此只有当他们的置信度大于99%时才会拒绝零假设。

相反，大于0.01或0.05的p值不一定意味着两个基因非连锁，这可能只意味着样本量不足以提供答案。随着更多的数据出现，如果非连锁的零假设是正确的，p值通常会上升；如果存在连锁，则p值会下降。

请注意在图5.19中，第二组数据中的所有数字都是第一组数据中的数字的两倍，并且比例保持不变。因此，通过将样本量从48人增加到96人，观察值与期望值之间可能从无显著性差异变为有显著性差异。换句话说，样本量越大，与预期结果发生一定百分比的偏差的可能性就越小。根据这一点即可知道，在分析少于10个的小样本时使用卡方检验是不恰当的。这个问题一直困扰人类遗传学家，因为人类家庭只生育少量的儿童。为了在人类中获得合理的连锁研究样本量，科学家通常汇集来自大量家庭谱系的数据，并使用另外一种称为Lod得分的统计分析（见第11章）。

我们再次强调，卡方检验并非证明是否连锁。它所做的是定量衡量实验数据可以用特定假设来解释的可能性。因此，卡方检验是对显著性的一般统计的检验；它可以用于许多不同的实验设计和假设，而不是用于证明是否连锁。只要有可能提出一个零假设，以及具有定义了预测值的一组数据类别集合，就可以很容易地确定观察到的数据是否与假设一致。

当实验导致拒绝零假设时，你可能需要确认一个替代方案。例如，如果你正在测试两个相反的性状是否由单个基因的两个等位基因分离而产生，那么你会期望F_1杂合体和隐性纯合子之间的测交产生后代中两个性状的比率为1:1。相反，如果你观察到比例为6:4，并且卡方检验产生的p值为0.009，则可拒绝零假设（1:1比率）。但你仍然面临一个问题：缺乏1:1的比率意味着什么？存在两种选择：①具有两种可能基因型的个体不具有同等存活率；②不止一个基因影响该性状。卡方检验不能告诉你哪种可能性是正确的，你必须进一步研究这个问题。本章最后的问题说明了与遗传有关的卡方检验的几个应用。

● 零假设是导致离散数值预测的模型。

● 拟合优度的卡方检验有助于通过比较不同类别子代数量的观察值与期望值之间的差异来帮助确定两个基因是否不连锁并因此自由组合。

● 概率值（p）衡量的是单独偶然发生偏离预测值的可能性；当p<0.05时，零假设被拒绝。

5.5 真菌的四分体分析

学习目标

1. 解释术语四分体在适用于特定真菌产生子囊时的含义。
2. 区分亲代双型（PD）、非亲代双型（NPD）或四型（T）。
3. 描述如何使用PD和NPD的相对数量来建立连锁。
4. 解释有序和无序四分体分析如何映射基因和（有序四分体）着丝粒的位置。

对于果蝇、小鼠、豌豆、人和其他二倍体生物，每个个体只代表每个亲本在单一减数分裂事件中产生的四种潜在配子中的一种。因此，到目前为止，我们关于连锁、重组和映射的介绍取决于通过检查由大量减数分裂产物（即大群体中的随机联合）产生的二倍体后代的表型而得出的推论。对于这样的二倍体生物，我们不知道哪些（如果有的话）父母的其他后代产生于在相同减数分裂中产生的配子。由于这种限制，二倍体生物中减数分裂随机产物的分析必须基于大量群体的统计抽样。

相比之下，各种真菌为遗传分析提供了独特的机会，因为它们将每种减数分裂的所有四种单倍体产物置于**子囊**中。这些单倍体细胞或**子囊孢子**（也称为单倍孢子或简单孢子）可以作为有活力的单倍体个体发芽并存活，这些单倍体个体通过有丝分裂自我延续。这种单倍体真菌的表型是它们基因型的直接表现，没有显性的并发症。

图5.20显示了两种真菌物种在囊内保存减数分裂产物的生命周期。一种是通常在超市销售并有助于面包的质地、形状和风味的单细胞面包酵母（*Saccharomyces cerevisiae*）；它在每个减数分裂中产生4个子囊孢子。另一种霉菌是使面包不可食用的粗糙链孢菌（*Neurospora crassa*）；它在每个减数分裂中也产生4个子囊孢子，但是在减数分裂完成时，4个单倍体子囊孢子中的每一个立即通过有丝分裂分裂产生4对总共8个单倍体细胞。因为它们来自有丝分裂，每对链孢菌子囊孢子中的两个细胞具有相同的基因型。

酵母和链孢菌属的单倍体细胞通常通过有丝分裂繁殖（即无性繁殖）。然而，有性生殖是可能的，因为单倍体细胞有两种交配类型，相反，交配类型的细胞可以融合形成二倍体合子（图5.20）。在酵母中，这些二倍体细胞是稳定的，并且可以通过连续的有丝分裂周期繁殖。诸如由基本营养素稀缺等所引起的压力将诱导酵母的二倍体细胞进入减数分裂。在面包霉菌中，二倍体合子立即进行减数分裂，因此二倍体状态只是短暂的。

单倍体酵母和霉菌的突变影响许多不同的性状，包

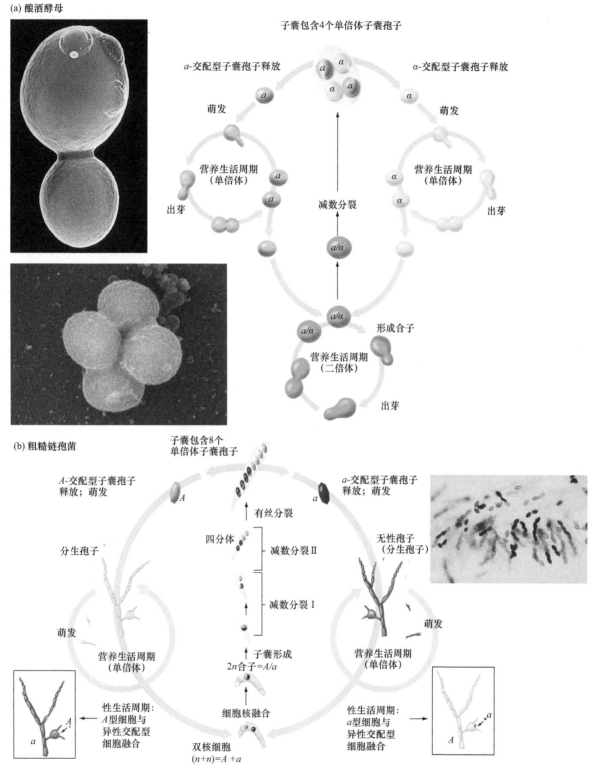

(a) 酿酒酵母

子囊包含4个单倍体子囊孢子

a-交配型子囊孢子释放

α-交配型子囊孢子释放

萌发

萌发

营养生活周期
（单倍体）

营养生活周期
（单倍体）

出芽

减数分裂

出芽

形成合子

营养生活周期
（二倍体）

出芽

(b) 粗糙链孢菌

子囊包含8个
单倍体子囊孢子

A-交配型子囊孢子
释放；萌发

a-交配型子囊孢子
释放；萌发

有丝分裂

四分体

减数分裂Ⅱ

无性孢子
（分生孢子）

分生孢子

减数分裂Ⅰ

萌发

萌发

营养生活周期
（单倍体）

子囊形成
2*n*合子=*A/a*

营养生活周期
（单倍体）

性生活周期：
*A*型细胞与
异性交配型
细胞融合

细胞核融合

性生活周期：
*a*型细胞与
异性交配型
细胞融合

双核细胞
(*n*+*n*)=*A* + *a*

图5.20　酿酒酵母（*Saccharomyces cerevisiae*）和面包霉菌（*Neurospora crassa*）的生命周期。酿酒酵母和粗糙链孢菌都具有两种交配类型，可以融合形成经历减数分裂的二倍体细胞。（a）酵母细胞可以作为单倍体或二倍体无性生长。二倍体细胞中的减数分裂产物是4个单倍体子囊孢子，其在无序的酵母菌囊中随机排列。（b）链孢菌中的二倍体状态仅存在一小段时间。在链孢菌的减数分裂之后是有丝分裂，在子囊中产生8个单倍体子囊孢子。链孢菌子囊中孢子的有序排列反映了减数分裂和有丝分裂纺锤体的几何形状。图（a）中显示出芽酵母细胞（有丝分裂，顶部）和酵母四分体（底部）的照片的放大倍数远大于图（b）中显示脉孢菌子囊的照片。

括细胞的表型和它们在特定条件下生长的能力。例如，具有*his4*突变的酵母细胞在不存在组氨酸的情况下不能生长，而具有*trp1*突变的酵母在没有外源氨基酸色氨酸的情况下不能生长。专门从事酵母研究的遗传学家设计了与果蝇和小鼠的基因略有不同的基因展示系统。他们使用大写字母（*HIS4*）来指定显性等位基因，使用小写字母（*his4*）来表示隐性等位基因。对于我们将要讨论的大多数酵母基因的野生型等位基因是占显性的，也可以用速记+替代表示，而隐性等位基因的符号仍然是小写缩写（*his4*）（请参阅基因命名准则）。但请记住，显性或隐性只与二倍体酵母细胞有关，而与仅携带一个等位基因的单倍体细胞无关。

5.5.1 一个子囊包含一次减数分裂的所有产物

在单个子囊中组合4个子囊孢子（或4对子囊孢子）称为**四分体**。请注意，这是术语四分体的第二个含义。在第4章中，四分体是在减数分裂I的前期和中期期间的四个同源染色单体（每个染色体中有两个）。在这里，它是单个减数分裂的四个产物在囊中结合在一起。由于二价的四种染色单体产生了四种减数分裂产物，四分体的两种含义指的是几乎相同的物体。酵母制造**无序四分体**；也就是说，四种减数分裂产物（孢子）随机排列在子囊内。粗糙链孢菌产生**有序四分体**，四对或八个单倍孢子排成一行。

为了分析无序和有序四分体，研究人员可以释放每个子囊的孢子，在适当条件下诱导单倍体细胞发芽，然后分析所得单倍体培养物的基因组成。他们以这种方式收集的数据使他们能够确定单一减数分裂的四种产物，并将它们与许多其他不同减数分裂的四种产物进行比较。有序四分体提供了另一种可能性。借助解剖显微镜，研究人员可以按照子囊内发生的次序恢复子囊孢子，从而获得对作图有用的附加信息。我们首先看看酵母四倍体中随机排列的孢子分析。然后我们使用链孢菌作为的模式生物来描述从有序四分体的微量分析中收集附加信息。

5.5.2 四分体可以分为亲代双型（PD）、非亲代双型（NPD）或四型（T）

当双杂合的二倍体酵母细胞被诱导进行减数分裂时，无论这两个基因是否位于同一染色体，都可以产生三种四分体类型。考虑图5.21中的杂交，其中相反交配类型的单倍体细胞（a对α）和两个基因的交替等位基因交配形成*Aa Bb*二倍体。一种可能性是所得四分体中的全部四种孢子将具有亲本配置的等位基因，这样的四分体被称为**亲代双型（PD）**。第二种四分体称为**非亲代双型（NPD）**，含有四种重组孢子，每种类型有两种。最后一种可能性是**四型（T）**四分体，它包含四种

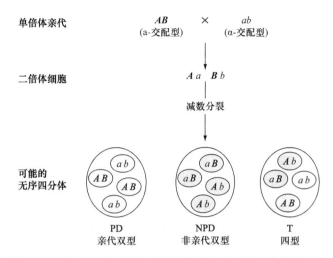

图5.21 通过双杂合酵母的减数分裂产生的三种四分体类型。无论基因*A*和*B*是否在同一染色体上、它们是否连锁，都可以产生所有三种类型。亲本孢子是橙色，重组孢子是蓝色。

不同的孢子——两种重组体（每种类型之一）和两种亲本（每种类型之一）。请注意，每个酵母菌中的孢子没有按照任何顺序排列（图5.21）。将四分体分类为PD、NPD或T，仅基于子囊中亲本和重组孢子的数目。

5.5.3 通过计算每个四分体类型的数量来确定重组频率

为了确定图5.21中两个基因之间的RF，你可以先释放出所有孢子，合并孢子并分析它们以确定哪些是亲本，哪些是重组体。在这种情况下，RF等于重组孢子的数量除以计数的孢子总数（亲本加重组体）。

或者，当你确定每个孢子的基因型时，你可以跟踪哪些孢子来自相同的子囊，并计数每种类型的四分体（PD、NPD或T）的数量。当使用后一种方法时，重组频率仅仅是NPD型四分体的数量（它们中的所有孢子都是重组的；图5.21）加上T型四分体数量的一半（其中一半的孢子是重组的；图5.21）除以计数的四分体总数。

$$RF=[NPD+1/2\,(T)]/四分体总数$$

任何一种方法都将计算出相同的RF值。然而，将真菌杂交产物分析为四分体具有几个优点。其中一些是技术性的；例如，在某些真菌中，四分体分析使你能够确定基因与着丝粒之间的距离。但更重要的是，对四分体的分析可以让你更深入地了解减数分裂事件。理解四分体分析的最好方法是研究当双杂合体中的两个基因位于不同染色体上以及它们在同一染色体上时，如何产生不同的四分体类型。

1. 位于不同染色体的非连锁基因：PD=NPD

当诱导杂合二倍体酵母细胞位于不同染色体上的两个基因进行减数分裂时，会产生什么样的四分体？考虑携带突变型*his4*和野生型*TRP1*等位基因的a-交配型的单

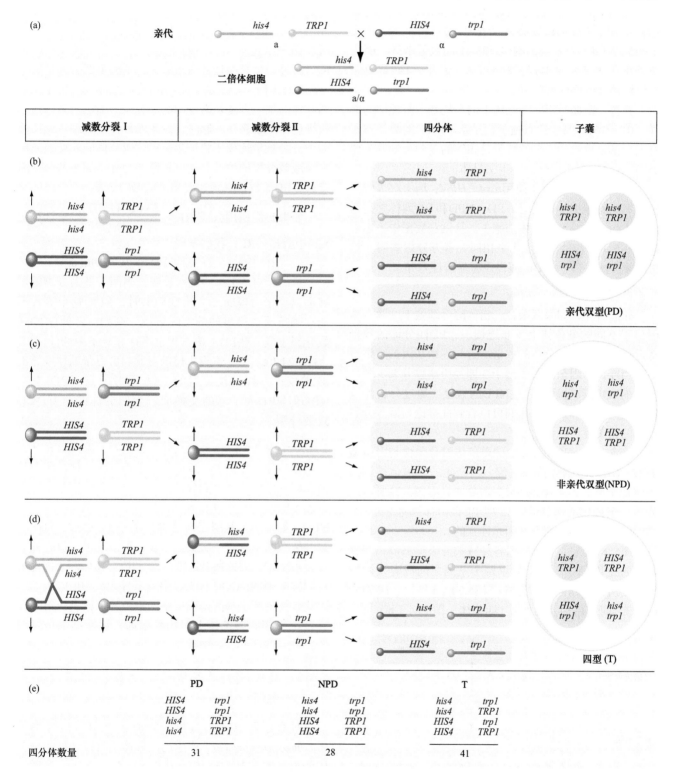

倍体酵母菌株，与具有*HIS4 trp1*基因型的相反交配型α
菌株之间的交配。如图5.22（a）所示，将得到的a/α二
倍体细胞是*his4 / HIS4*；*trp1 / TRP1*［基因型中的分号
（；）将非同源染色体上的基因分开］。

可以发生三种不同类型的减数分裂，其中每种产生
不同的四分体类型。在减数分裂Ⅰ期间，同源染色体的两
个随机排列之一会产生一个PD四分体［图5.22（b）］。
另一种具有相同概率的染色体排列产生一个NPD四分体

图5.22 当两个基因位于不同的染色体上时，减数分裂如何产生三种四分体。（a）亲代杂交。（b）和（c）是在没有重组的
情况下，两对染色体的相同概率的两种排列方式产生PD或NPD四分体。只有当基因与其相应的着丝粒重组时才产生T四分体，
如（d）中所示。（e）中的数值数据显示两个基因非连锁时PD四分体的数量约等于NPD四分体的数量。在（b）～（d）中，
亲代型孢子是橙色的，重组型孢子是蓝色的。

［图5.22（c）］。T四联体仅由一个基因和着丝粒之间的交换产生［图5.22（d）］。

这些结果揭示了关于四分体的两个重要事实。首先，由于图5.22（b）和（c）中显示的减数分裂事件具有相同的可能性，因此当两个基因位于不同染色体上时，PD的数量将等于NPD的数量。T的产生［图5.22（d）］不会影响PD和NPD的数量平等，因为两种染色体排列发生T的概率相同。因此，T减数分裂同样地消耗PD和NPD产量。

其次，正如对不同染色体上的等位基因所预期的那样，RF=50%。其中所有孢子都是亲本的PD的数量与所有孢子都是重组的NPD的数量是相等的。剩余的四分体类型T包含一半重组体和一半父母体。

图5.22（e）显示了使用his4 / HIS4；trp1 / TRP1二倍体的实验数据（请注意，PD、NPD和T的列标题是指四分体而不是单个单倍体细胞）。从这些数据中，你可以看到PD和NPD的数量几乎相同。卡方分析表明，结果与本实验中PD=NPD的假设没有显著性差异。

2. 连锁基因：PD ＞＞ NPD

如前所述，如果双杂合二倍体酵母细胞中的两个基因位于不同的染色体上（非连锁），PD四分体的数量将近似等于NPD四分体的数量。这与连锁基因的结果不同。当连锁基因杂交形成孢子（即经历减数分裂）时，产生的PD的数量远远超过NPD的数量。通过分析涉及连锁基因的实际杂交，我们可以看到此推论与减数分裂过程的相关性。

将含有arg3和ura2突变的单倍体酵母菌株与野生型ARG3 URA2单倍体菌株交配。当产生的二倍体被诱导形成孢子时，所产生的200个四分体具有图5.23所示的分布。正如你所看到的，127个PD四分体远远超过3个NPD四分体表明这两个基因是连锁的。

图5.24展示了如何根据各种减数分裂类型解释观察到的特定四分体类型。如果两个基因之间没有发生交换，则所得的四分体将是PD［图5.24（a）］。ARG3和URA2之间的单交换会产生T四分体［图5.24（b）］。

但是双交换呢？正如你前面所看到的（图5.11），根据所参加交换的染色单体，实际上有四种不同的可能性，并且每一种应该以相同的频率出现。只涉及两个染色单体的双交换生成一个PD四分体［图5.24（c）］。三链双交换可以按图5.24（d）和（e）所示的两种方式出现并都将生产一个T四分体的结果。最后，如果所有四种染色单体参与两个交换（一个交换涉及两条链，而另一个交换是另两条链），则所得四分体是NPD［图5.24（f）］。因此，如果两个基因连锁，产生NPD四联体的唯一方法是通过四链双交换。当两个基因在一条染色体上紧靠在一起时，发生四种任一类型双交换的减数分裂数量远少于将产生PD和T四分体的非交换或单交换减数分裂的数量。这就解释了为什么如果两个基因连锁，PD的数量必须大大超过NPD的数量。

如果我们使用公式 $RF=\dfrac{[NPD+(1/2)T]}{四分体总量}$ 来计算图5.23中数据的RF，我们发现

$$RF=[3+(1/2)70] / 200 \times 100=19 m.u.$$

然而，对图5.24的观察表明，当两个基因分离得足够远以至于出现DCO并出现NPD时，RF的这个等式不能准确反映交换事件的实际数量。例如，即使DCO减数分裂生成一些PD，该方程也不计算分子中的任何PD［图5.24（c）］。本章末尾的习题44可以帮助你推导出RF的校正方程。校正后的RF方程考虑到因PD ＞＞ NPD但NPD大于零的交换而产生四分体的所有DCO减数分裂。

3. 在单个染色体上相距很远的两个基因：PD=NPD

在四分体分析中，就像集体连锁分析一样，两个基因在同一染色体上可能分开很远，以至于它们与不同染色体上的两个基因没有区别：在以下两种情况下，PD=NPD。如果两个基因在染色体上分离得足够远，每次减数分裂期间至少有一次交换。在这种情况下，没有减数分裂是NCO，因此所有PD四分体和所有NPD四分体都自同样频率的DCO［图5.24中的事件（c）和（f）］。因此，无论两个基因是位于不同染色体上而自由组合，或者位于相同染色体上但相距很远，最终结果是相同的：PD=NPD和RF=50%。

5.5.4 有序四分体有助于对比着丝粒进行基因定位

对有序四分体的分析，如面包霉菌粗糙链孢菌（Neurospora crassa）产生的四分体，可以让你将染色体的着丝粒与其他遗传标记进行比对，这些信息通常无法从无序酵母四分体中获得。如前所述，不同交配类型的单倍体链孢菌细胞（A和a）在受精融合后，二倍体合子在狭窄的子囊内进行减数分裂［见图5.20（b）］。在减数分裂完成时，四个单倍体产物中的每一个都进行

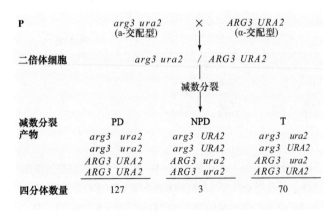

P	arg3 ura2 (a-交配型)	×	ARG3 URA2 (α-交配型)

减数分裂

二倍体细胞		arg3 ura2 / ARG3 URA2	

减数分裂

减数分裂产物	PD	NPD	T
	arg3　ura2	arg3　URA2	arg3　ura2
	arg3　ura2	arg3　URA2	arg3　URA2
	ARG3　URA2	ARG3　ura2	ARG3　ura2
	ARG3　URA2	ARG3　ura2	ARG3　URA2
四分体数量	127	3	70

图5.23　当基因连锁时，PD超过NPD。

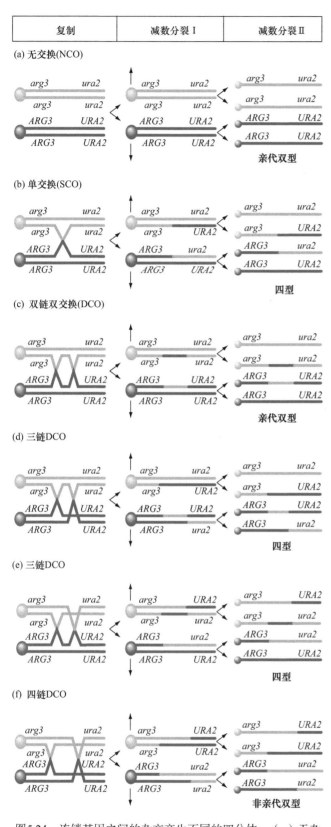

图5.24 连锁基因之间的杂交产生不同的四分体。（a）无杂交时PD数量升高。（b）两个基因单交换产生四型（T）。（c）取决于参与交换的染色单体，连锁基因之间的双重交换可以产生PD、T或NPD四分体。

一次有丝分裂产生包含**八分体**单倍体的子囊孢子。在此时间点解剖子囊可确定八个单倍体细胞中的每一个的表型。

子囊的横截面直径非常小，细胞不能相互滑动。此外，在受精后的每一次分裂中，心轴的微管纤维从平行于子囊长轴的中心体向外延伸（图5.25）。这有两个重要的影响。首先，当四种减数分裂产物中的每一种产生一次有丝分裂时，产生的两种基因相同的细胞彼此相邻。由于这一特征，从子囊的两端开始，可以将八分体子囊孢子的细胞计算为四个细胞对，并将其分析为四分体。其次，从子囊内四个子囊孢子对的精确定位，可以推断出在两个减数分裂期间每个同源染色体对的四个染色单体的排列。

考虑单个基因的等位基因分离所产生的四分体有助于理解子囊孢子几何形状的遗传因果关系（在下面的讨论中，你会看到链孢菌遗传学家使用类似果蝇符号的等位基因，详见《基因命名指南》）。突变型白色等位基因（ws）将野生型黑色的子囊孢子颜色改变为白色。由于着丝粒的分离，在不存在重组的情况下两个等位基因（ws⁺和ws）在第一次减数分裂时彼此分开。第二次减数分裂和随后的有丝分裂产生子囊，其中前四个子囊孢子具有一种基因型（如ws⁺），后四个孢子基因型为ws。前四位是ws⁺还是最后四位为ws（反之亦然），取决于中期I中随机排列的携带该基因的同源染色体相对于发育着的子囊的长轴方向。

因此，在第一次减数分裂中单个基因的两个等位基因的分离可由子囊指示，其中划在子囊第四个和第五个孢子之间的假想线清楚地分离带有两个等位基因的单倍体产物。这种子囊显示**第一次分裂（MI）分离模式**［图5.26（a）］。

现在假设在减数分裂I期间，交换发生在白孢子基因和着丝粒之间的杂合子中。如图5.26（b）所示，这

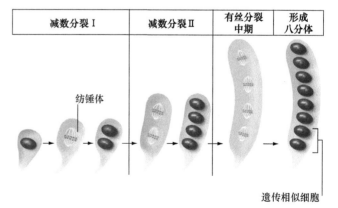

图5.25 有序四分体的形成。纺锤体平行于链孢菌的长轴生长，并且细胞不能彼此滑动。因此，子囊孢子的顺序反映了减数分裂纺锤体的几何形状。在减数分裂后，每个单倍体细胞经历有丝分裂，产生八细胞的子囊（八分体）。八分体由四对细胞组成；每对中的两个细胞是遗传相似的。

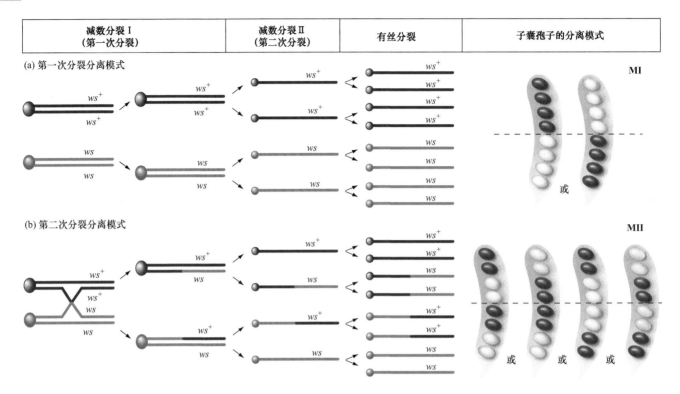

减数分裂 I （第一次分裂）	减数分裂 II （第二次分裂）	有丝分裂	子囊孢子的分离模式

图5.26　有序子囊中的两种分离模式。（a）在基因和着丝粒之间没有交换的情况下，基因的两个等位基因将在第一次减数分裂时分离。结果是MI分离模式，其中每个等位基因出现在仅位于通过子囊中部的假想线一侧的孢子中。（b）基因和着丝粒之间的交换产生MII分离模式，其中两个等位基因出现在中线的同一侧。

可能导致四种同样可能的子囊孢子排列，每种排列取决于两个减数分裂期间四种染色单体的特定取向。在所有四种情况下，ws⁺和ws孢子都位于子孢子4和5之间的假想线的两侧，因为仅有一种等位基因的细胞直到第二次减数分裂结束才出现。携带这种孢子构型的八分体显示**第二次分裂（MII）分离模式**。

因为MII分离模式是由基因和着丝粒之间发生交换的减数分裂引起的，所以具有这种模式的子囊的相对数量可以用来确定基因与着丝粒的距离。在显示MII分离的子囊中，一半的子囊孢子来源于已交换部分的染色单体，而另一半来自未参与交换的染色单体［图5.26（b）］。为了计算基因与着丝粒之间的距离，可简单地将MII八分体的百分比除以2：

基因↔着丝粒距离=(1/2) MII /总四分体数 × 100。

5.5.5　四分体分析：一个数值例子

在一个实验中，将链孢菌属的*thr⁺ arg⁺*野生型菌株与*thr arg*双突变体杂交。在没有氨基酸苏氨酸的情况下，*thr*突变体不能生长，而*arg*突变体不能在没有氨基酸精氨酸来源的情况下生长；携带两种基因的野生型等位基因的细胞可以在不含有两种氨基酸的培养基中生长。从这个杂交中，获得了105个八分体，此处作为四分体。如图5.27（a）所示，这些四分体分为7个不同的组——A、B、C、D、E、F和G。对于这两个基因中的每一个，我

们现在都可以找到基因和着丝粒之间的距离。

为了对*thr*基因进行此操作，我们计算该基因的MII分离模式的四分体数量。通过四分体中间画出一条假想的线，我们看到B、D、E和G组中的四分体是MII分离的结果，而其余的则显示MI分离模式。*thr*与着丝粒距离是：

MII分离模式比例的半数=

$$\frac{(1/2)(16+2+2+1)}{105} \times 100 = 10\,\text{m.u.}$$

类似地，*arg*基因的MII四分体在C、D、E和G组中，因此*arg*和着丝粒的距离是：

$$\frac{(1/2)(11+2+2+1)}{105} \times 100 = 10\,\text{m.u.}$$

为了确定*thr*和*arg*基因是否连锁，我们需要以不同的方式评估7个四分体组，查看两个基因的等位基因组合，以查看该组中的四联体是否是PD、NPD或T。之后我们推断是否PD >> NPD。再次参考图5.27（a），我们发现A和G组是PD，因为所有的子囊孢子都显示亲本组合，而具有四个重组孢子的E和F组是NPD。PD因此是72+1=73，而NPD是1+2=3。从这些数据中我们可以得出结论：两个基因是连锁的。

*thr*和*arg*之间的遗传距离是多少？我们需要获得T和NPD四分体的数量才能进行计算。在B、C和D组中发

(a) 链孢菌杂交

四分体群体	A	B	C	D	E	F	G
分离模式	*thr arg*	*thr arg*	*thr arg*	*thr arg⁺*	*thr arg⁺*	*thr⁺ arg⁺*	*thr arg*
	thr arg	*thr⁺ arg*	*thr arg⁺*	*thr arg⁺*	*thr arg⁺*	*thr⁺ arg⁺*	*thr⁺ arg*
	thr⁺ arg⁺	*thr arg⁺*	*thr⁺ arg*	*thr⁺ arg*	*thr⁺ arg*	*thr arg*	*thr arg⁺*
	thr⁺ arg⁺	*thr⁺ arg⁺*	*thr⁺ arg⁺*	*thr⁺ arg*	*thr⁺ arg*	*thr arg*	*thr⁺ arg⁺*
群体数量	72	16	11	2	2	1	1

(b) 对应的遗传图

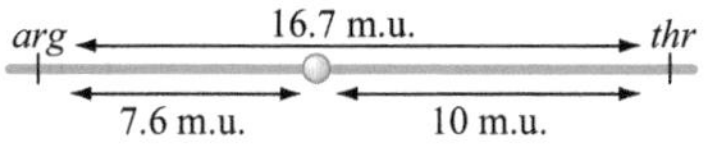

arg ←————— 16.7 m.u. —————→ *thr*
←— 7.6 m.u. —→ ○ ←—— 10 m.u. ——→

图5.27 有序四分法的遗传作图：一个例子。（a）在有序四分体分析中，四分体的分类不仅根据PD、NPD或T，而且还根据它们是否显示MI或MII分离模式。该表中的每个条目代表实际链孢菌八分体中的一对相邻的遗传相同孢子，红点表示子囊的中间。（b）源自（a）部分数据的遗传图。有序四分体分析可以确定着丝粒的位置及基因之间的距离。

现四型，并且我们已经知道E组和F组携带NPD。使用前述用于酵母图距的同一公式，

$$RF = \frac{NPD + 1/2 T}{四分体总数} \times 100$$

我们得到：

$$RF = \frac{3 + (1/2)(16 + 11 + 2)}{105} \times 100 = 16.7 \text{m.u.}$$

由于*thr*和*arg*之间的距离大于从着丝粒和任一基因的距离，因此着丝粒必须位于*thr*和*arg*中间，产生图5.27（b）所示的图谱。由于该公式并未考虑所有双交换，由上式计算的两个基因之间的距离（16.7m.u.）小于两个基因↔着丝粒距离（10.0+7.6=17.6m.u.）。与往常一样，通过添加更短的间隔来计算地图位置会生成最准确的遗传图。基因↔着丝粒距离更短时，则会比本例中所计算的*thr / arg*距离更准确。

表5.3总结了在产生有序和无序四分体的真菌中定位基因的程序。

表5.3 四分体分析法则

无序和有序四分体

一次考虑两个基因，区分PD、NPD和T四分体

　　如果PD >> NPD，则基因连锁

　　如果PD ≈ NPD，则基因自由组合（非连锁）

若连锁，则两个基因的图距

$$= \frac{NPD + (1/2)T}{四分体总数} \times 100$$

有序四分体

基因和着丝粒之间的遗传距离

$$= \frac{(1/2)MII}{四分体总数} \times 100$$

- 四分体是由真菌单次减数分裂形成的一个子囊中的四个单倍体孢子组。
- 在亲代双型（PD）中，四分体有四个亲本孢子；在一个非亲代双型（NPD）中，四分体含有四个重组孢子；在四分体（T）中，子囊含有两种不同的亲本孢子和两种不同的重组孢子。
- 当双杂交产生孢子时，如果PD四分体与NPD四分体相等，则所讨论的基因是不连锁的；当PD远超过NPD时，这些基因就是连锁的。
- 无序四分体分析揭示了连锁基因和它们之间的图距；有序四分体的分析可进一步确定基因和着丝粒之间的距离。

5.6 有丝分裂重组和遗传嵌合体

学习目标

1. 解释有丝分裂重组如何形成称为孪生斑的嵌合体条件。
2. 描述酵母中的扇形菌落及其在评估有丝分裂重组中的意义。

遗传物质的重组是减数分裂的关键特征。因此，真核生物表达特异性启动减数分裂重组的各种酶（将在第6章中描述）并不令人惊讶。重组也可能发生在有丝分裂期间。然而，与减数分裂中发生的不同，有丝分裂交换是由染色体复制错误或偶然暴露于破坏DNA分子的辐射引发的，而不是由明确定义的细胞程序引发的。因此，有丝分裂重组是一种罕见的事件，在一百万个体细胞分裂中发生频率不会超过一次。尽管如此，酵母细胞群的生长或复杂多细胞生物体的发育涉及很多细胞分裂，遗传学家可以常规地检测这些罕见的有丝分裂事件。

5.6.1 孪生斑标示有丝分裂重组引起的镶嵌现象

1936年，果蝇遗传学家Curt Stern通过观察果蝇中的孪生斑推断存在有丝分裂重组。**孪生斑**是指是邻近的组织岛，彼此以及与周围的组织都不同。独特的斑块产生于具有隐性表型的纯合细胞中，该细胞在显示显性表型的普通杂合细胞群体中生长。在果蝇中，黄色（*y*）突变将体色从正常的棕色变为黄色，而焦刚毛（*sn*）突变导致身体鬃毛变短而卷曲，而不是长而直的。这两个基因都是X连锁的。

在他的实验中，Stern检查了基因型为*y sn⁺ / y⁺ sn*的XX果蝇雌性。这些双杂合子在外观上一般都是野生型的，但Stern注意到有些果蝇携带黄体色斑块，其他一些具有小面积的焦刚毛，甚至还有一些显示出孪生斑：

相邻的黄体色斑块细胞和带有焦刚毛细胞（图5.28）。他认为伴随果蝇发育的有丝分裂中错误可能导致这些**嵌合体**动物含有不同基因型的组织。单个黄色或焦刚毛的斑块可能由染色体丢失或有丝分裂不分离产生。这些有丝分裂的错误将产生仅含有*y*（但不包含*y⁺*）或*sn*（但

不包含*sn⁺*）等位基因的XO细胞；这种细胞会显示出一种隐性表型。

孪生斑必须有不同的起源。Stern推断它们代表了*sn*基因和着丝粒之间有丝分裂交换的相互作用产物。其机制如下：在二倍体细胞的有丝分裂期间，极少的同源染色体在染色体复制后彼此配对。当染色体配对时，非姐妹染色单体进行了部分交换。配对是短暂的，并且同源染色体很快恢复其在有丝分裂中期平板上的独立位置。在那里，两条染色体可以以两种方式相对排列〔图5.29（a）〕。其中一种取向会产生两个对两个基因都保持杂合的子细胞，因此与周围的野生型细胞没有区别。然而，另一个方向将产生两个纯合的子细胞：一个是*y sn⁺ / y sn⁺*，另一个是*y⁺sn / y⁺sn*。因为两个子细胞彼此相邻，因此随后的有丝分裂会产生*y*和*sn*组织的邻近斑块（即孪生斑）。请注意，如果在*sn*和*y*之间发生交换，可能会形成黄色组织的单个斑点，但不能以这种方式生成相互交错的斑点〔图5.29（b）〕。

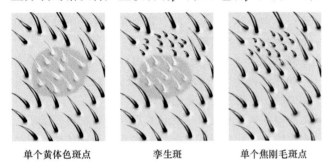

| 单个黄体色斑点 | 孪生斑 | 单个焦刚毛斑点 |

图5.28 孪生斑：一种遗传镶嵌现象。在*y sn⁺/ y⁺sn*果蝇雌性中，大部分身体是野生型，但有时会出现呈现黄色或有焦刚毛的异常斑块。在某些情况下，黄色和焦刚毛彼此相邻，这种现象称孪生斑。

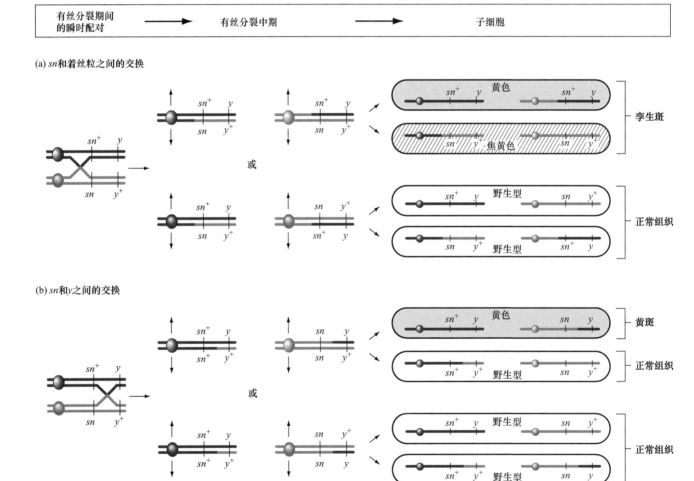

图5.29 有丝分裂交换。（a）在*y sn⁺/ y⁺sn*雌性果蝇中，着丝粒和*sn*之间的有丝分裂交换可以产生两个子细胞，一个是*y*纯合子，另一个是*sn*纯合子，可以发展成相邻的异常斑块（孪生斑）。这一结果取决于后期染色单体的特定分布（上图）。如果染色单体以相同概率的相反方向排列，则仅产生表型正常的细胞（底部）。（b）*sn*和*y*之间的交换可以产生单个黄色斑块。然而，如果*sn*基因比*y*基因更接近着丝粒，那么这些雌性中的单个有丝分裂交换不能产生单个焦刚毛斑点。

5.6.2　扇形酵母菌可起源有丝分裂重组

对一个或多个基因杂合的二倍体酵母细胞以**扇形**表现出有丝分裂重组，即菌落的部分基因型与本菌落其他细胞的基因型不同。如果将基因型为*ADE2 / ade2*的二倍体酵母细胞置于培养皿上，其有丝分裂后代将生长成菌落。通常，这样的菌落会呈现白色，因为显性野生型*ADE2*等位基因指定该颜色。然而，许多菌落将包含二倍体*ade2 / ade2*细胞的红色扇区（图5.30）。这些细胞是红色的，因为腺嘌呤生物合成途径中的一个区域导致它们积累红色色素。红色扇区起因于*ADE2*基因与其着丝粒之间的有丝分裂重组（纯合*ADE2 / ADE2*细胞也会同时产生，但因为两种细胞都是白色的，所以无法区分其与杂合子）。

相对于整个菌落大小的红色扇区的大小表明何时发生有丝分裂重组。如果红色扇区相对较大，在细胞分裂早期阶段发生有丝分裂重组，从而导致子细胞长时间增殖。如果红色扇区很小，则重组发生在后期。

5.6.3　有丝分裂重组具有显著的结果

本章末尾的习题51说明了遗传学家如何使用有丝分裂重组来获得关于基因相对于彼此和着丝粒位置的信息。有丝分裂杂交在发育研究中也具有重要价值，因为它可以产生不同细胞，具有不同基因型的动物（见习题52和第19章）。最后，正如"遗传学与社会"信息栏中对"有丝分裂重组和癌症形成"的解释那样，有丝分裂重组可以对人类健康产生重大影响。

> **基本概念**
> ● 孪生斑是一种遗传镶嵌现象；当有丝分裂重组产生具有互惠突变基因型和表型的两个细胞克隆时，这些斑点发生。
> ● 有丝分裂重组也可在二倍体酵母中产生扇形菌落，其中部分菌落具有可识别的突变表型。

接下来的内容

医学遗传学家利用他们对连锁、重组和映射的知识来理解本章开头所示的家谱图（见图5.1）。红绿色盲的X连锁基因必须与A型血友病的基因非常接近，因为两者紧密结合。事实上，这两个基因之间的遗传距离只有3m.u.。图5.1（a）中的样本量非常小，以至于谱系中的个体都不是重组型。相反，即使B型血友病基因座也位于X染色体上，它与红绿色盲位点相距足够远，以致两个基因经常重组。色盲和B型血友病基因在小样本中似乎是遗传上不相关的［如图5.1（b）］，但分离两个基因的实际重组距离约为36m.u.。家谱图指出两种不同形式的血友病，一种与色盲密切相关，另一种几乎没有联系，提供了表明血友病是由多种基因决定的线索之一（图5.31）。

连锁和重组在生命形式中是普遍的，因此必须赋予生物体重要的优势。遗传学家认为，连锁提供了将完整

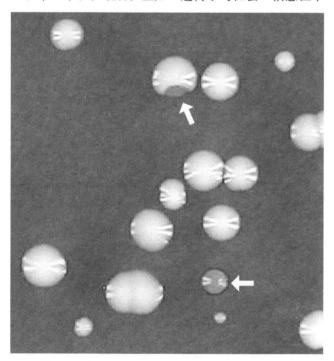

图5.30　二倍体酵母菌落生长过程中的有丝分裂重组可以产生多个扇区。箭头指向由*ADE2 / ade2*杂合子形成的大的红色
*ade2 / ade2*扇区。

图片引自B.A. Montelone, Ph.D. and T.R. Mnney, Ph.D

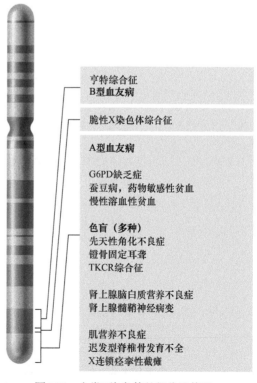

亨特综合征
B型血友病

脆性X染色体综合征

A型血友病

G6PD缺乏症
蚕豆病，药物敏感性贫血
慢性溶血性贫血

色盲（多种）
先天性角化不良症
镫骨固定耳聋
TKCR综合征

肾上腺脑白质营养不良症
肾上腺髓鞘神经病变

肌营养不良症
迟发型脊椎骨发育不全
X连锁痉挛性截瘫

图5.31　人类X染色体的部分遗传图。

遗传学与社会

有丝分裂重组和癌症形成

人类的一些肿瘤可能由于有丝分裂重组而出现，如视网膜母细胞瘤。回顾第3章关于外显率和表现力的讨论，视网膜母细胞瘤是一种眼癌。视网膜母细胞瘤基因（RB）位于13号染色体上，其中正常的野生型等位基因（RB^+）编码调节视网膜生长和分化的蛋白质。眼睛中的细胞需要至少一个正常野生型等位基因的拷贝以维持对细胞分裂的控制。因此，正常的野生型RB^+等位基因被称为肿瘤抑制基因。

具有视网膜母细胞瘤遗传倾向的人出生时只有正常RB^+等位基因的一个功能性拷贝；它们的第二个13号染色体上要么携带一个无功能的RB^-等位基因，要么完全不携带RB基因。如果诱变剂（如辐射）或基因复制或分离中的错误破坏或移除任一眼睛视网膜细胞中剩余的单个正常基因拷贝，则视网膜母细胞瘤肿瘤将在该部位发生。在一项对视网膜母细胞瘤具有遗传易感性的人的研究中，从眼肿瘤中取出的细胞是RB^-纯合子，而来自同一人的白细胞是RB^+/ RB^-杂合子。如图A所示，RB基因与携带该基因的染色体着丝粒之间的有丝分裂重组提供了一种机制；通过该机制，RB^+/ RB^-个体中的细胞可以变成RB^-/ RB^-。一旦产生纯合RB^-细胞，它就会不受控制地分裂，导致肿瘤形成。

只有40%的视网膜母细胞瘤病例遵循上述情况，另外60%发生在出生时具有两个正常拷贝的RB基因的人中。在这样的人中，需要两个突变事件才能导致癌

症。其中第一个必须将RB^+等位基因转换为RB^-，而第二个可能是有丝分裂重组，产生成为癌细胞的子细胞，因为它们对于新突变的非功能性等位基因是纯合的。

有丝分裂重组在视网膜母细胞瘤形成中的作用有助于解释该疾病的不完全外显率和可变表达性。出生及具有RB^+/ RB^-杂合子的人可能会也可能不会发展为该病症（不完全外显率）。如果像往常一样，它们可能会在一只或两只眼睛中出现肿瘤（可变表现力）。这一切都取决于是否发生以及在身体的哪些细胞中发生有丝分裂重组（或影响13号染色体的一些其他"纯合"事件）。

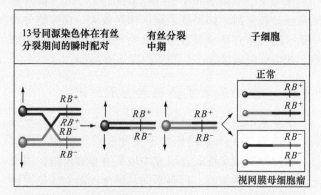

图A　有丝分裂交换如何导致癌症。在RB^-/ RB^+杂合子中视网膜生长期间的有丝分裂重组可以产生RB^-/ RB^-子细胞，其缺乏功能性视网膜母细胞瘤基因并因此分裂失控。RB基因与其着丝粒之间必须发生交换。此图仅显示了产生该结果的染色单体的排列。

基因的有利组合传递给后代的可能性，而重组产生新的等位基因组合的灵活性。一些新的组合可以帮助物种适应不断变化的环境条件，而成功测试的组合则通过遗传保留下来。

迄今为止，这本书已经研究了基因和染色体是如何传播的。尽管这些知识非常重要且有用，但仅包含很少量的关于遗传物质的结构和作用模式的知识。在后面的章节（第6～8章）中，我们进行遗传分子——DNA水平的分析。

习题精解

Ⅰ. 人类X染色体上的XG基因座具有两个等位基因——XG^+和XG。XG^+等位基因导致红细胞上出现Xg表面抗原，而隐性XG等位基因不会出现抗原。XG基因座与STS基因座相距10m.u.。STS^+等位基因产生正常活性的类固醇硫酸酯酶，而隐性STS等位基因会导致

缺乏类固醇硫酸酯酶活性和鱼鳞病（鳞状皮肤）。患有鱼鳞病且无Xg抗原的男性有一个Xg抗原的正常女儿。该女儿怀孕了。

a. 如果孩子是男孩，他缺少Xg抗原并患有鱼鳞病的概率是多少？

b. 这个男孩患有抗原和鱼鳞病的概率是多少？

c. 如果男孩患有鱼鳞病，那么他患Xg抗原的概率是多少？

解答

a. 这个问题需要了解连锁如何影响配子的比例。减数分裂过程中的重组影响等位基因的传递，需首先指定该受影响的个体（本问题中的女儿）的基因型。她从父亲遗传的X染色体（患有鱼鳞病，没有Xg抗原）必须是STS XG（因为她父亲只有一条X染色体，所以在减数分裂期间没有重组可以分离基因）。因为女儿是正常的并且具有Xg抗原，所以她的另一条X染色体（遗传自她的母亲）

必须包含*STS*⁺和*XG*⁺等位基因。她的X染色体可以表示为：

$$\frac{STS \qquad XG}{STS^{+} \qquad XG^{+}}$$

因为*STS*和*XG*基因座在染色体上相距10m.u.，重组频率为10%。90%的配子将是亲本：*STS XG*或*STS*⁺*XG*⁺（每种类型45%）；10%将是重组：*STS XG*⁺或*STS*⁺*XG*（每种类型的5%）。儿子的表型直接反映了他母亲的X染色体的基因型。因此，他缺乏Xg抗原并患有鱼鳞病（基因型：*STS XG* / Y）的概率是45/100。

b. 他将获得抗原和鱼鳞病（基因型：*STS XG*⁺/ Y）的概率是5/100。

c. 存在两类含有鱼鳞病等位基因的配子：*STS XG*（45%）和*STS XG*⁺（5%）。如果配子总数为100个，那么50个将具有*STS*等位基因。在那些配子中，5个（或10%）具有*XG*⁺等位基因。因此，具有STS等位基因的儿子将具有Xg抗原的概率为1/10。

II. 具有野生型外观但三个常染色体基因杂合的果蝇雌性与显示下列三种相应常染色体隐性性状的雄性交配：玻璃状眼睛、煤色体和条纹胸部。这种杂交的1000个后代分布在以下表型类别中：

表型	数量
野生型	27
条纹胸部	11
煤色体	484
玻璃状眼睛，煤色体	8
玻璃状眼睛，条纹胸部	441
玻璃状眼睛，煤色体，条纹胸部	29

a. 根据这些数据绘制遗传图。

b. 绘制雌性亲本中两条同源染色体上等位基因的排列。

c. 外观正常且具有与上述杂交中的雌性相同染色体的雄性与显示玻璃状眼睛、煤色体和条纹胸部的雌性交配。在产生的1000个后代中，指出将获得的各种表型类别的数量。

解答

下述一种处理三点杂交的逻辑方法。

a. 指定等位基因：

t⁺=野生型胸部		*t*=条纹胸部	
g⁺=野生型眼睛		*g*=玻璃眼睛	
c⁺=野生型体色		*c*=煤色体	

在解决三点杂交时，指定产生每组个体的事件类型和从母亲获得的配子的基因型〔父本配子只包含这些基因的隐性等位基因（*t g c*）。这些来自父亲的等位基因允许与隐性母体等位基因相关的特征出现在后代中〕。

子代	数量	事件类型	基因型
1. 野生型	27	单交换	*t*⁺*g*⁺*c*⁺
2. 条纹胸部	11	单交换	*t g*⁺*c*⁺
3. 煤色体	484	亲本	*t*⁺*g*⁺*c*
4. 玻璃状眼睛，煤色体	8	单交换	*t*⁺*g c*
5. 玻璃状眼睛，条纹胸部	441	亲本	*t g c*⁺
6. 玻璃状眼睛，煤色体，条纹胸部	29	单交换	*t g c*

挑选亲代型很容易。如果所有其他类别都很少，那么两个最丰富的类别是那些未经过重组的基因组合。接下来，应该存在两组表型，一组对应于第一和第二基因之间的单一交换，另一组对应于第二和第三基因之间的单一交换。最后，应该有一对包含由双交换产生的小类。在这个例子中，在双交换类中没有发现果蝇，这可能是两个缺失的表型组合：一个是玻璃状眼睛，另一个是煤色体和条纹胸部。

观察最丰富的类别，以确定雌性杂合亲本中每条染色体上的等位基因。一个亲本类具有煤色体的表型（484只果蝇），因此雌性中的一条染色体必须含有*t*⁺、*g*⁺和*c*等位基因（请注意，等位基因的顺序是未知的）。另一个亲代型是玻璃状眼睛和条纹胸部，对应于具有*t*、*g*和*c*⁺等位基因的染色体。

为了确定基因的顺序，将*t*⁺*g c*⁺双交换类（在数据中未见）与最相似的亲本型（*t g c*⁺）进行比较。*g*和*c*的等位基因保留其亲本关联（*g c*⁺），而*t*基因已经与双重组中的其他基因重组。因此，*t*基因在*g*和*c*之间。

为了完成作图，计算中间基因和末端每个基因之间的重组频率。对于*g*和*t*，等位基因的非亲本组合在2类和4类中，因此RF=(11+8) / 1000=19/1000，或1.9%。对于*t*和*c*，1类和6类是非父母的，因此RF=(27+29) / 1000=56/1000，或5.6%。

基因图如下：

b. 确定了每条染色体上的等位基因（*c*、*g*⁺、*t*⁺和*c*⁺、*g*、*t*）之后，现在也可确定基因座的顺序。等位基因的排列可以表示如下：

$$\frac{c \qquad t^{+} \qquad g^{+}}{c^{+} \qquad t \qquad g}$$

c. 因为没有发生重组，具有与初始雌性相同基因型的雄性（*c t*⁺*g*⁺/ *c*⁺*t g*）仅产生两种类型的配子：亲代型*c t*⁺*g*⁺和*c*⁺*t g*。因此，与纯合隐性雌性交配所预期的后代是500个煤色体和500个玻璃状眼睛的条纹胸部果蝇。

III. 当野生型链孢菌株（ad^+leu^+）与无腺嘌呤或亮氨酸（ad^-leu^-）则不能生长的双突变菌株杂交时，获得以下子囊。仅显示由最终有丝分裂产生的每个孢子对中的一个成员，因为一对中的两个细胞具有相同的基因型。总子囊=120。

孢子对	子囊类型				
1~2	ad^+leu^+	ad^-leu^-	ad^+leu^+	ad^-leu^-	ad^-leu^+
3~4	ad^+leu^+	ad^-leu^-	ad^+leu^-	ad^-leu^+	ad^+leu^-
5~6	ad^-leu^+	ad^+leu^-	ad^-leu^-	ad^+leu^-	ad^+leu^-
7~8	ad^-leu^+	ad^+leu^-	ad^-leu^-	ad^+leu^+	ad^-leu^-
总计	30	30	40	2	18

a. 什么遗传事件导致两个基因的等位基因在第二次减数分裂时分离到不同的细胞？这个事件何时发生？

b. 为两个基因和相关的着丝粒提供最佳可能的图谱。

解答

这个问题需要了解四分体分析和产生有序子囊中所见模式的过程（减数分裂）。

a. 基因和着丝粒之间的交换引起第二次减数分裂时等位基因的分离。交换事件本身发生在减数分裂的前期Ⅰ。

b. 使用有序四分体（或有序八分体），你可以确定两个基因是否连锁、两个基因之间的距离，以及每个基因与基因所在染色体着丝粒之间的距离。首先指出所示的五类子囊。第一类是PD；第二类是NPD；最后三类是T型子囊。接下来确定这些基因是否连锁。PD的数量=NPD的数量，因此基因没有连锁。当基因非连锁时，T型子囊由基因和着丝粒之间的交换产生。观察leu基因，在第三和第四种子囊类型中存在该基因的MII模式。因此，MII子囊的分数是：

$$\frac{40+2}{120}\times100=35\%$$

因为产生这些T型子囊的减数分裂中只有一半的染色单体参与交换，所以leu和着丝粒之间的图距是35/2或17.5 m.u.。第四种和第五种类型的子囊显示了ad基因的MII模式：

$$\frac{2+18}{120}\times100=16.6\%$$

将16.6%除以2得到ad基因↔着丝点图距为8.3 m.u.。这两个基因图如下：

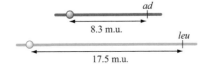

习题

词汇

1. 从右列中选择与左列中的术语最匹配的短语。

a. 重组	1. 用于测试观察结果与预期结果之间拟合的统计方法
b. 连锁	2. 含有四种不同基因型孢子的子囊
c. 卡方检验	3. 沿着染色体的一次交换使得附近的第二次交换概率降低
d. 交叉	4. 当两个基因座在少于50%的配子中重组时
e. 四型	5. 基因在染色体的相对位置
f. 基因座	6. 观察到的双交换与预期的双交换的比率
g. 并发系数	7. 由具有不同基因型的细胞组成的个体
h. 干涉	8. 通过同源物之间的部分交换形成新的遗传组合
i. 亲代双型	9. 当基因的两个等位基因在第一次减数分裂时分离到不同的细胞
j. 子囊孢子	10. 只含有两种非重组孢子的子囊
k. 第一次分裂分离	11. 在同源物之间发生交换的位置形成的结构
l. 嵌合体	12. 囊中包含的真菌孢子

5.1节

2. a. 一只来自粗糙眼睛种群真实遗传后代的雄性果蝇与一只来自标枪刚毛种群真实遗传后代的雌性果蝇交配。粗糙眼睛和标枪刚毛都是常染色体隐性突变性状。F_1后代都有正常的眼睛和刚毛。该杂交的F_1雌性与同时具有粗糙眼睛和标枪刚毛的雄性交配。写下所有可能的后代表型类别，并指出每个类别是重组型还是亲代型。

b. 题目a中的杂交产生了以下后代：77只粗糙眼睛和正常刚毛；76只野生型（正常眼睛和刚毛）；74只普通眼睛和标枪刚毛；73只粗糙眼睛和标枪刚毛。控制这些特征的基因是否可能连锁，或者它们是否自由组合？为什么？

c. 假设你将题目a中杂交得到的F_1雌性与野生型雄性交配。为什么这个杂交不能获得两个基因的连锁信息？

d. 假设你将来自标枪刚毛种群真实遗传后代的雌性果蝇与粗糙眼睛且标枪刚毛的雄性交配。为什么这个杂交不能获得两个基因的连锁信息？

3. 利用现代分子方法，现在可以从非常少量的组织（如毛囊或甚至单个精子）中检查DNA序列中的变异（参见"快进"信息栏"产生单个人类精子染色体的交换作图"）。你可以将这些变异视为染色体上特定位点的等位基因（基因座）。例如，在不同精子中的同源常染色体上的相同位置（称为 B）的 AAAAAAA、AAACAAA、AAAGAAA 和 AAATAAA 可称为基因座 B（B^1、B^2 等）的等位基因 1、2、3 和 4。John 的两个基因座 B 和 D 的基因型是 B^1B^3 和 D^1D^3。John 的父亲是 B^1B^2 和 D^1D^4，而他的母亲是 B^3B^3 和 D^2D^3。

　　a. John 可以产生的父母型精子的基因型是什么？

　　b. John 可能产生的重组型精子的基因型是什么？

　　c. 在 100 个精子样本中，约有 51 个精子被发现为 B^1 和 D^1，而剩下的 49 个精子是 B^3D^3。你能否断定 B 和 D 基因座是连锁或自由组合的？

4. 图 5.4 中的棋盘图显示了如果两个基因（A 和 B）连锁并且 P 代杂交为 $A B / A B \times a b / a b$，那么孟德尔的双杂交结果将如何改变。

　　a. 如果 F_1 生产的配子中有 80% 是亲本，那么 F_2 每个表型的频率是多少？

　　b. 假设原始的 P 代杂交为 $A b / A b \times a B / a B$，重新回答题目 a。

5.2节

5. 在小鼠中，X 连锁基因 *Greasy* 的显性等位基因 *Gs* 产生有光泽的毛皮，而隐性野生型 Gs^+ 等位基因决定正常毛皮。X 连锁的 *Broadhead* 基因的显性等位基因 *Bhd* 引起骨骼异常，包括宽头和口鼻，而隐性野生型 Bhd^+ 等位基因产生正常骨骼。将两个基因的两个等位基因杂合的雌性小鼠与野生型雄性交配。在该杂交的 100 个雄性后代中，49 个具有光泽的毛皮，48 个具有骨骼异常，2 个具有光泽的毛皮和骨骼异常，1 个是野生型。

　　a. 图解杂交描述并计算两个基因之间的距离。

　　b. 如果此杂交有 100 个雌性后代，结果又将如何？

6. 在果蝇中，来自真实繁育种群具有覆盆子色眼睛的雄性与来自真实繁育种群具有紫貂色身体的雌性交配。在 F_1 代中，所有雌性都有野生型眼睛和身体颜色，而所有雄性都有野生型眼睛但是有紫貂色身体。当 F_1 雄性和雌性交配时，F_2 代由 216 只具有野生型眼睛和身体的雌性，223 只有野生型眼睛和紫貂色身体的雌性，191 只有野生型眼睛和紫貂色身体的雄性，188 只有覆盆子色眼睛和野生型身体的雄性，23 只具有野生型眼睛和身体颜色的雄性，27 只有覆盆子色眼睛和紫貂色身体的雄性组成。通过绘制杂交图并计算任何相关的图距来解释这些结果。

7. 如果人类 a 和 b 基因座距离 20m.u.，$A B / a b$ 女性与一个 $a b / a b$ 男性交配所得的第一个孩子是 $A b / a b$ 的可能性是多少？

8. $CC\ DD$ 和 $cc\ dd$ 个体彼此杂交，并且 F_1 代与 $cc\ dd$ 亲本回交。得到 997 $Cc\ Dd$、999 $cc\ dd$、1 $Cc\ dd$ 和 3 $cc\ Dd$ 后代。

　　a. c 和 d 基因座相隔多远？

　　b. $CC\ dd \times cc\ DD$ 杂交产生的 F_1 与 $cc\ dd$ 回交产生的后代类型和频率分别是多少？

　　c. 在典型的减数分裂中，基因 C 和 D 之间发生了多少次交换？

　　d. 假设 C 和 D 基因座位于同一染色体上，但题目 b 所描述的测交后代是 498 $Cc\ Dd$、502 $cc\ dd$、504 $Cc\ dd$ 和 496 $cc\ Dd$。你对题目 c 部分的回答如何变化？

9. 在小鼠中，编码血红蛋白 β 珠蛋白链的常染色体基因座与白化病基因座相距 1m.u.。假设目前在人类中也是如此。镰状细胞贫血症是 β 珠蛋白基因中特定突变的纯合性的结果。

　　a. 患有白化病的男性和患有镰状细胞贫血症的女性生育一个儿子。儿子会形成什么样的配子？比例是多少？

　　b. 正常男性和女性生育的女儿患有白化病和镰状细胞性贫血。女儿会形成什么样的配子？比例是多少？

　　c. 如果题目 a 中的儿子长大后与题目 b 中的女儿结婚，那么他们的孩子同时患有白化病和镰状细胞贫血病的概率是多少？

10. 在一个特定的人类家庭中，John 和他的母亲都有短指症（罕见的常染色体显性等位基因导致短指）。John 的父亲患有亨廷顿病（另一种罕见的常染色体显性遗传等位基因）。John 的妻子表型正常且已怀孕。继承亨廷顿病等位基因（HD）的人中有 2/3 在 50 岁时出现症状，John 已 50 岁并且没有任何症状。短指病是 90% 外显率。

　　a. John 父母的基因型是什么？

　　b. John 有哪些可能的基因？John 有多大可能拥有这些基因型？

　　c. 如果这两个基因没有连锁，孩子在 50 岁时表达短指症和亨廷顿病的概率是多少？

　　d. 如果这两个基因连锁且相距 20m.u.，你对题目 c 部分的答案将如何变化？

11. 白化兔（缺乏色素）对于隐性 c 等位基因是纯合的（C 允许色素形成）。对于隐性 b 等位基因纯合的兔子产生棕色色素，而具有至少一个*B*拷贝的兔子产生黑色色素。真实繁育种群的棕色兔子与还是*BB*的白化病兔子杂交。将全部为黑色的F₁兔子与双隐性（*bb cc*）杂交，获得的后代是34黑色、66棕色和100白化。

　　a. 如果*b*和*c*基因座没有连锁，那么表型的比例是多少？

　　b. 这两个基因座有多远？

12. 在玉米中，等位基因*A*允许花青素（蓝色）色素沉积在籽粒（种子）中，而*aa*植物具有黄色籽粒。在第二个基因中，*W-*产生光滑的籽粒，而*ww*籽粒则起皱。将具有蓝色光滑籽粒的植株与具有黄色皱纹谷粒的植株杂交，后代由1447蓝色光滑、169蓝色皱纹、186黄色光滑和1510黄色皱纹组成。

　　a. *a*和*w*基因座是否连锁？若连锁，距离多远？

　　b. 蓝色光滑亲代的基因型是什么？包括等位基因的染色体排列。

　　c. 如果将从蓝色皱纹后代种子生长的植株与从黄色光滑的F₁种子生长的植株杂交，预期得到哪种种类的玉米？它们的比例是多少？

13. 如果*a*和*b*基因座相距40cM，且*AA BB*个体和*aa bb*个体交配：

　　a. F₁个体会以什么比例生产哪些配子？在F₂代中预期的比例是什么样的表型（假设两个基因完全显性）？

　　b. 如果原来的杂交是*AA bb × aa BB*，F₁会出现什么配子比例？F₂代的结果是什么？

14. 对于下述一个或两个基因（即*Aa*或*Aa Bb*）是杂合的个体之间的F₁交配产生大量后代，写出不同种类表型的数量，不包括性别。没有基因相互作用意味着由一个基因确定的表型不受另一个基因的基因型的影响。

　　a. 一个基因；*A*对于*a*完全显性。

　　b. 一个基因；*A*和*a*共显性。

　　c. 一个基因；*A*对于*a*不完全显性。

　　d. 两个非连锁基因且无基因相互作用；*A*对于*a*完全显性，*B*对于*b*完全显性。

　　e. 两个连锁基因相距10m.u.；无基因相互作用；*A*对于*a*完全显性，*B*对于*b*完全显性。

　　f. 两个非连锁基因且无基因相互作用；*A*和*a*共显性，*B*对于*b*不完全显性。

　　g. 两个连锁基因相距10m.u.，*A*对于*a*完全显性，*B*对于*b*完全显性；并且*aa*和基因*B*的等位基因之间存在隐性上位性。

　　h. 两个非连锁的重复基因（即*A*和*B*执行相同的功能）；*A*和*B*分别对*a*和*b*完全显性。

　　i. 两个连锁基因相距0m.u.；无基因相互作用；*A*对于*a*完全显性，*B*对于*b*完全显性（存在两种可能的答案）。

15. 已知某DNA变异与人类中罕见的常染色体显性疾病相关，因此可以用作跟踪疾病等位基因遗传的标记。在信息家族中（其中一个亲本是已知染色体排列的疾病等位基因和染色体上DNA标记的双杂合子，并且他或她的配偶不具有与相同的DNA突变等位基因），这种作为胎儿疾病预测因子的标记物的可靠性与DNA标记物和引起疾病的基因之间的图距有关。

　　想象一下，患有该疾病男性（基因型*Dd*）对于DNA变异的*V¹*和*V²*形式是杂合的，在与*D*等位基因相同的染色体上形成*V¹*并且在与*d*相同的染色体上形成*V²*。他的妻子是*V³V³ dd*，其中*V³*是DNA标记的另一个等位基因。通过羊膜穿刺术对胎儿进行分型显示胎儿具有DNA标记的*V²*和*V³*变体。如果在*D*基因座和标记基因座之间的两点杂交处测量的距离是：（a）0m.u.，（b）1m.u.，（c）5m.u.，（d）10m.u.，（e）50m.u.，胎儿有多少可能遗传疾病等位基因*D*？

16. 图5.7（a）显示了小鼠初级精母细胞中减数分裂Ⅰ前期的染色体。

　　a. 你怎么会立刻知道这个图显示的是小鼠的减数分裂，而不是人类？（提示：在小鼠中，*n*=20）

　　b. 大多数小鼠染色体是中间着丝粒还是近端着丝粒？解释说明。

　　c. 总共有多少染色单体在图5.7（a）中表示？

　　d. 图5.7（a）中的X-Y二价体在哪里（注意：小鼠性染色体只有一个假常染色体区域，而不是像人类中的两个）？请绘图显示此二价体（X和Y染色体）、这些染色体着丝粒的位置及假常染色体区域。

　　e. 解释哺乳动物性染色体的假常染色体区域在减数分裂期间确保适当的性染色体分离的重要性。

17. 图5.7（b）显示了已发生过重组事件的小鼠初级精母细胞中的二价体，通过出现单个交叉来表示。图5.7（c）中的示意图形象描绘了黏连蛋白复合物如何参与将同源染色体保持在二价内。使用绘图解释为什么连接同源染色体的关键黏连蛋白复合物是位于交叉远端（即远离着丝粒）的那些，而不是位于交叉近端的那些（即着丝粒和交叉之间）。

5.3节

18. 朱砂眼（*cn*）和残刚毛（*rd*）是果蝇的常染色体隐性性状。将纯合的野生型雌性与残刚毛朱砂眼雄性杂交，然后将F_1雄性与F_1雌性杂交以获得F_2。在获得的400个F_2后代中，292个为野生型，9个为朱砂眼，7个为残刚毛，92个为残刚毛和朱砂眼。解释这些结果并估计*cn*和*rd*基因座之间的距离。

19. 果蝇的常染色体隐性*dp*等位基因（*dumpy*）产生短而弯曲的翅膀，常染色体隐性等位基因*bw*导致棕色眼睛。使用具有两种杂合基因的雌性的测交中，获得以下结果：

野生型翅膀，野生型眼睛	178
野生型翅膀，棕色眼睛	185
短化的翅膀，野生型眼睛	172
短化的翅膀，棕色眼睛	181

    在使用这两种基因杂合的雄性的测交中，获得了一组不同的结果：

野生型翅膀，野生型眼睛	247
短化的翅膀，棕色眼睛	242

    a. 你能从第一次测交中得出什么结论？

    b. 你能从第二次测交中得出什么结论？

    c. 如何协调题目a和题目b中显示的数据？ 你能利用这两组数据之间的差异来设计对果蝇同线性的一般测试吗？

    d. 短化与褐色之间的遗传距离为91.5m.u.，如何衡量这个数值？

20. 从一系列两点杂交，获得了豌豆中同线性基因*A*、*B*、*C*和*D*的以下图距：

$B \leftrightarrow C$	23m.u.
$A \leftrightarrow C$	15 m.u.
$C \leftrightarrow D$	14m.u.
$A \leftrightarrow B$	12m.u.
$B \leftrightarrow D$	11m.u.
$A \leftrightarrow D$	1m.u.

    卡方检验不能拒绝基因*E*与任何其他四个基因无连锁的零假设。

    a. 绘制一个杂交方案，可以确定$B \leftrightarrow C$图距。

    b. 绘制可以从该组数据获得的最佳遗传图。

    c. 解释地图中的任何不一致或未知的信息。

    d. 哪些额外的实验可以解释这些不一致或含糊之处？

21. 酿酒酵母（*Saccharomyces cerevisiae*）染色体Ⅲ上的四种不同基因（*MAT*、*HIS4*、*THR4*和*LEU2*）的图距已确定：

$HIS4 \leftrightarrow MAT$	37cM
$THR4 \leftrightarrow LEU2$	35cM
$LEU2 \leftrightarrow HIS4$	23cM
$MAT \leftrightarrow LEU2$	16cM
$MAT \leftrightarrow THR4$	20cM

    染色体上基因的顺序是什么？

22. 在毛地黄的管状花中，野生型为红色，而称为白色突变的植株产生白色花；一种叫做异常花的突变导致茎顶端的花朵很大（盆状花）；另一种矮化突变会影响茎长。你将一种白花植物（否则表型为野生型）转变为矮化和盆状花植物，但具有野生型红花色。所有的F_1植物都很高，有正常的白色花朵。你将一个F_1植株与矮化和盆状花的亲代回交，你会看到图表中显示的543后代（仅显示突变特征）。

矮化，盆状花	172
白色花	162
矮化，盆状花，白色花	56
野生型	48
矮化，白色花	51
盆状花	43
矮化	6
盆状花，白色花	5

    a. 哪些等位基因占优势？

    b. 原始杂交中父母的基因型是什么？

    c. 绘制一张遗传图，显示这三个基因座的连锁关系。

    d. 数据是否提供干涉证据？ 如果是，则计算并发系数和干涉值。

23. 在果蝇中，一个基因的隐性等位基因*mb*导致刚毛缺失，第二个基因的隐性等位基因*e*导致乌木体色，第三个基因的隐性等位基因*k*导致肾形眼睛（所有三个基因的显性野生型等位基因用+上标表示）。在随后的表格中进行三个不同的P代杂交，然后将来自每个杂交所得的F_1雌性与所涉及的两个隐性等位基因的纯合雄性进行测交。下表列出测交后代的表型。绘制解释所有数据的最佳遗传图。

亲代杂交	F_1雌性的测交后代	
$mb^+ mb^+, e^+ e^+ \times mb\, mb, e\, e$	正常刚毛，正常体色	117
	正常刚毛，乌木体色	11
	刚毛缺失，正常体色	15
	刚毛缺失，乌木体色	107
$k^+ k^+, e\, e \times k\, k, e^+ e^+$	正常眼睛，正常体色	11
	正常眼睛，乌木体色	150
	肾形眼睛，正常体色	144
	肾形眼睛，乌木体色	7

续表

亲代杂交	F_1雌性的测交后代	
	正常刚毛，正常眼睛	203
$mb^+mb^+, k^+k^+ \times mb\,mb, k\,k$	正常刚毛，肾形眼睛	11
	刚毛缺失，正常眼睛	15
	刚毛缺失，肾形眼睛	193

24. 带有粉红色花瓣、黑色花药和长茎的金鱼草可自我繁殖。从得到的种子中获得650株成年植物。这些后代的表型列于此处。

78	红色	长	棕褐色
26	红色	短	棕褐色
44	红色	长	黑色
15	红	短	黑色
39	粉红色	长	棕褐色
13	粉红色	短	棕褐色
204	粉红色	长	黑色
68	粉红色	短	黑色
5	白色	长	棕褐色
2	白色	短	棕褐色
117	白色	长	黑色
39	白色	短	黑色

a. 用P表示一个等位基因，p表示另一个等位基因，指示花的颜色是如何遗传的。

b. 这650种植物中红色：粉红色：白色的理论比值是多少？

c. 花药颜色和茎长度如何遗传？

d. 初始植物的基因型是什么？

e. 这三个基因中的哪些显示出独立的分配？

f. 对于任何连锁的基因，指出原始金鱼草中同源染色体上等位基因的排列，并估计基因之间的距离。

25. 果蝇的3个常染色体基因具有如下的遗传图：

a		b		c
	20m.u.		10m.u.	

a. 当$a^+b^+c^+/a\,b\,c$雌性与$a\,b\,c/a\,b\,c$雄性杂交时，提供以下表型分类中预期的果蝇数量。假设计数1000只果蝇，并且该区域不存在干涉。

a^+	b^+	c^+
a	b	c
a^+	b	c
a	b^+	c^+
a^+	b^+	c
a	b^+	c^+
a^+	b	c^+
a	b^+	c

b. 如果杂交反转，$a^+b^+c^+/a\,b\,c$雄性与雌性$a\,b\,c/a\,b\,c$杂交，你会在相同的表型分类中看到多少只果蝇？

26. 对具有独立表型效应的三个常染色体隐性突变［螺纹触角（th）、毛状体（h）和猩红眼（st）］中的每一个杂合的雌性果蝇与显示所有三种突变表型的雄性测交。这个测交的1000个后代是：

螺纹触角，毛状体，猩红眼	432
野生型	429
螺纹触角，毛状体	37
螺纹触角，猩红眼	35
毛状体	34
猩红眼	33

a. 展示三重杂合雌性中相关染色体上等位基因的排列。

b. 绘制解释这些数据的最佳遗传图。

c. 计算任何相关的干涉值。

27. 将表达常染色体隐性突变sc（scute，盾片刚毛）、ec（echinus，棘眼，眼睛面积特大）、cv（cross-veinless，翅上横脉缺失）和b（黑色）的雄性果蝇与表型野生型雌性杂交，并获得列出的3288个后代（仅显示突变特征）。

653	黑色，盾片刚毛，棘眼，翅脉缺失
670	盾片刚毛，棘眼，翅脉缺失
675	野生型
655	黑色
71	黑色，盾片刚毛
73	盾片刚毛
73	黑色，棘眼，翅脉缺失
74	棘眼，翅脉缺失
87	黑色，盾片刚毛，棘眼
84	盾片刚毛，棘眼
86	黑色，翅脉缺失
83	翅脉缺失
1	黑色，盾片刚毛，翅脉缺失
1	盾片刚毛，翅脉缺失
1	黑色，棘眼
1	棘眼

a. 绘制母本基因型。

b. 绘制基因座遗传图。

c. 数据是否提供干涉证据？计算证明。

28. a. 在果蝇中，基因型为$A\,b/a\,B$的F_1杂合子之间的杂交总是产生相同的F_2后代表型比例，而不管两个基因之间的距离（假设两个常染色体基因完全占优势）。这个比例是多少？如果F₁杂合子是 *A B* / *a b*，情况也是如此吗？（提示：请记住，在果蝇中，在精子发生过程中不会发生重组）

b. 如果基因型为 *A b* / *a B* 的F₁小鼠杂合子进行杂交，则F₂后代中的表型比率将随着两个基因之间的图距而变化。有没有一种简单的方法来估计基于F₂表型频率的图距（假设重组率在雄性和雌性中是相等的）？如果小鼠F₁杂合子是 *A B* / *a b*，你能以相同的方式估计图距吗？

29. 弗吉尼亚烟草的纯种育种植株具有确定叶形态（*M*）、叶色（*C*）和叶大小（*S*）的显性等位基因。卡罗莱纳植株对于这三种基因的隐性等位基因是纯合的。这些基因在同一染色体上排列如下：

现在两种植株之间的F₁杂合子与卡罗莱纳植株回交。假设没有干涉：

a. 对于所有三种性状，有多少比例的回交后代与弗吉尼亚植株相似？

b. 在这三种性状中，有多少比例的回交后代与卡罗莱纳植株相似？

c. 什么比例的回交后代将具有弗吉尼亚植株的叶形态和叶片大小，以及卡罗莱纳植株的叶色？

d. 什么比例的回交后代将具有弗吉尼亚植株的叶形态和叶色，以及卡罗莱纳植株的叶片大小？

30. 在人类中，重组频率和DNA序列长度之间的相关性平均为每1%RF对应100万bp。在绘制亨廷顿病基因（*HD*）的过程中，发现*HD*与称为G8的DNA标记物连接，RF为5%。令人惊讶的是，当最终鉴定出*HD*基因时，发现其与G8的物理距离约为500 000bp，而不是预期的500万bp。如何解释观察到的这种现象？

31. 以下列出四个果蝇突变，包含突变的符号、基因名称和突变表型：

等位基因符号	基因名称	突变表型
dwp	*dwarp*	矮小的身体，扭曲的翅膀
rmp	*rumpled*	皱巴巴的鬃毛
p	*pallid*	苍白的翅膀
rv	*raven*	黑眼睛和身体

进行以下杂交并获得相应后代：

杂交#1：矮小，皱巴巴雌性 × 苍白，黑眼睛和身体雄性

→ 矮小，皱巴巴雄性和野生型雌性

杂交 #2：苍白，黑眼睛和身体雌性 × 矮小，皱巴巴雄性

→ 苍白，黑眼睛和身体雄性和野生型雌性

杂交#1的雌性F₁代被杂交到一个真正繁殖的矮小的、皱巴巴的、苍白翅膀的雄性身上。获得的1000个后代如下：

苍白	3
苍白，黑眼睛和身体	428
苍白，黑眼睛和身体，皱巴巴	48
苍白，皱巴巴	23
矮小，黑眼睛和身体	22
矮小，黑眼睛和身体，皱巴巴	2
矮小，皱巴巴	427
矮小	47

绘制这四个基因的最佳图谱，包括所有相关数据。在适当的情况下计算干涉值。

32. a. 从定性的角度解释图5.7（a）如何表明小鼠染色体上存在干涉。

b. 如果你可以检查许多类似于图5.7（a）的照片，你将如何应用统计数据来提供小鼠减数分裂过程中存在干涉的证据？（无需方程式；只需概述所涉及的逻辑）

33. 小鼠雄性遗传图的总长度为1386cM，但在雌性中测量为1817cM。如果图5.7（a）显示代表所有初级精母细胞的前期Ⅰ，你期望在有代表性的前期Ⅰ初级卵母细胞中发现多少重组节？

34. "快进"信息栏"产生单个人类精子染色体的交换作图"描述了科学家如何使用来自同一个人的约100个单精子的全基因组DNA测序来定位参与这些精子生成的交换。为了确定在人的初级精母细胞中发生重组的亲本染色体的序列，这些研究人员分离并测序了来自人体细胞的单个染色体的DNA。然而，虽然这最后一步提供了有用的证据数据，但实际上对于确定该男性遗传的每条染色体的两个DNA序列（一个来自他的母亲，一个来自他的父亲）并不是必需的。相反，正如你将要证明的那样，这些信息可以从约100个单精子的DNA序列中推断出来。

a. 绘制该同源的常染色体SNP基因座，其中男性是杂合的，并且假设中间SNP基因座与其侧翼的每一个分开25m.u.。对图中三个基因座中的每一个使用你选择的等位基因。

b. 为简单起见，假设干涉=1。现在，仅考虑这三个基因座，你会看到多少种不同类型的精子？频率是多少？

c. 鉴于"快进"信息栏中显示的结果，解释为什么在这种情况下干涉=1的假设是合理的。

d. 解释如何设计一个计算机程序，可以重建人体细胞中每条染色体的DNA序列，给出其产生的100个单精子的DNA序列。

5.4节

35. 孟德尔获得的数据是否符合他的假设？例如，孟德尔从$Yy\ Rr$个体的自交中获得315个黄色圆形、101个黄色皱纹、108个绿色圆形和32个绿色皱纹种子（总共556个）。他的隔离和自由组合的假设预测在这种情况下比例为9:3:3:1。使用卡方检验确定孟德尔的数据是否与他预测的显著不同（在孟德尔时代，卡方检验并不存在，因此他无法根据自己的假设检验自己的数据）。

36. 两个基因控制玉米蛇的颜色如下：$O\text{-}B\text{-}$蛇为棕色，$O\text{-}bb$蛇为橙色，$oo\ B\text{-}$蛇为黑色，$oo\ bb$蛇为白化。一只橙色蛇与黑色蛇交配，获得了大量的F_1后代，所有这些都是棕色的。当F_1蛇相互交配时，它们产生了100个棕色、25个橙色、22个黑色和13个白化后代。

a. F_1蛇的基因型是什么？

b. 如果这两个基因座自由组合，F_2蛇中会有多少比例的不同颜色？

c. 如果发生自由组合，观察到的结果是否与预期显著不同？

d. 观察值和期望值之间的差异是偶然发生的概率是多少？

37. 将表现为正常步态的纯种小鼠与表现为舞蹈步态的小鼠杂交。F_1小鼠，均表现出正常的步态。

a. 如果舞蹈步态是由单个基因的隐性纯合等位基因引起的，那么F_2小鼠中表现为舞蹈步态的小鼠的比例是多少？

b. 如果小鼠必须是两个不同基因的隐性等位基因纯合子才能具有跳舞表型，那么如果这两个基因没有连锁，F_2中表现为舞蹈步态的比例是多少？（假设步态正常的群体中的所有小鼠都是显性等位基因的纯合子）

c. 当获得F_2小鼠时，观察到42只表现为正常步态，8只表现为舞蹈步态。使用卡方检验确定这些结果是否更适合单基因模型。

5.5节

38. 基因型$a+c$的链孢菌与基因型$+b+$的链孢菌杂交（这里，+是野生型等位基因的简写）。获得以下四分体（注意列出了子囊中四个孢子对的基因型，而不是

列出所有八个孢子）：

a. 有多少细胞发生减数分裂以产生这些数据？

b. 给出最好的遗传图来解释这些结果，表明基因之间、每个基因与着丝粒之间的所有相关遗传距离。

c. 绘制可以产生列表中最右边的三个四分体的减数分裂图。

$a+c$	$a\ b\ c$	$++c$	$+b\ c$	$a\ b+$	$a+c$
$a+c$	$a\ b\ c$	$a+c$	$a\ b\ c$	$a\ b+$	$a\ b\ c$
$+b+$	$+++$	$+b+$	$+++$	$++c$	$+++$
$+b+$	$+++$	$a\ b+$	$a++$	$++c$	$+b+$
137	141	26	25	2	3

39. 在具有基因型$a\ f\ g$的一个单倍体酵母菌株和具有基因型$\alpha\ f^+g^+$的另一个单倍体菌株之间进行杂交（a和α是交配型）。将得到的二倍体形成孢子，并分析101个所得单倍体孢子的随机样品。发现以下基因型频率：

α	f^+	g^+	31
a	f	g	29
a	f	g^+	14
α	f	g	13
a	f^+	g	6
α	f	g^+	6
a	f^+	g^+	1
α	f	g	1

a. 绘制杂交中涉及的基因座。

b. 假设所有三个基因都位于同一染色体臂上，特定的子囊可能含有$\alpha\ fg$孢子而不是af^+g^+孢子吗？如果是这样，请绘制可能产生这样一个子囊的减数分裂图。

40. 将需要甲硫氨酸和赖氨酸才能生长的酵母菌株（$met^-\ lys^-$）和另一种酵母菌株（$met^+\ lys^+$）进行杂交。解剖了100个子囊，并从每个子囊中的四个孢子都生长成菌落。测试来自这些菌落的细胞在含有基本培养基（min）、min+赖氨酸（lys）、min+甲硫氨酸（met）或min+lys+met的培养皿上生长的能力。根据此分析，子囊可分为两组：

第1组：在89个子囊中，来自四个孢子菌落的两个的细胞可以在所有四种培养基上生长，而另外两个孢子菌落只能在min+lys+met板上生长。

第2组：在11个子囊中，来自四个孢子菌落之一的细胞可以在所有四种培养皿上生长。来自四个孢子菌落中的第二个的细胞可以仅在min+lys板和min+lys+met板上生长。来自四个孢子菌落中的1/3的细胞只能在min+met板和min+lys+met板上生长。来自剩余菌落的细胞只能在min+lys+met板上生长。

a. 在两组子囊中，每个孢子的基因型是什么？

b. *lys* 和 *met* 基因是否连锁？如果是这样，它们之间的图距是多少？

c. 如果你可以将这个分析扩展到更多的子囊，你最终会发现一些具有不同模式的子囊。对于这些子囊，描述四种孢子的表型。将这些表型列为解剖孢子在四种培养皿上形成菌落的能力。

41. 在链孢菌（*Neurospora*）中进行两次杂交，涉及交配型基因座和 *ad* 或 *p* 基因。在两种情况下，交配型基因座（*A* 或 *a*）是其分离得分的基因座之一。一个杂交是 *ad A* × *ad⁺a*（杂交 i），另一个是 *p A* × *p⁺a*（杂交 ii）。杂交 i 可以得到 10 个亲本双型、9 个非亲代双型和 1 个四型子囊。杂交 ii 的结果是 24 个亲本双型、3 个非亲代双型和 27 个四型子囊。

a. 交配型基因座与其他两个基因座之间的连锁关系是什么？

b. 尽管这两个杂交是在链孢菌中进行的，但你不能使用给出的数据来计算任何这些基因的着丝粒与基因距离。为什么？

42. 表明在以下基因型的酿酒酵母 a /α 二倍体形成孢子后具有 0、1、2、3 或 4 个活孢子的四分体的百分比：

a. 真实育种系的野生型菌株（在生存所必需的任何基因中没有突变）。

b. 具有单个必需基因的无效（完全失活）突变的杂合菌株。

对于该问题的其余部分，考虑 *a* × *b* 的酵母菌株之间的杂交，其中 *a* 和 *b* 都是由不同基因突变而成的温度敏感突变株。杂交在许可（低温）条件下进行。指出随后在限制性（高温）条件下测量的具有 0、1、2、3 或 4 个活孢子的四分体的百分比。

c. *a* 和 *b* 是不连锁的，相距着丝粒都是 0m.u.。

d. *a* 和 *b* 是不连锁的；*a* 距着丝粒是 0m.u.，而 *b* 距着丝粒是 10m.u.。

e. *a* 和 *b* 相距 0m.u.。

f. *a* 和 *b* 相距 10m.u.。假设 *a* 和 *b* 之间的所有交换都是 SCO（单交换）。

g. 在题目 f 中，如果在 *a* 和 *b* 之间发生四链 DCO（双交换），那么所得到的四分体中有多少孢子在高温下会存活？

43. *a*、*b* 和 *c* 基因座都在酵母的不同染色体上。当 *ab⁺* 酵母与 *a⁺b* 酵母杂交并分析所得的四分体时，发现非亲代双型四分体的数量等于亲代双型的数目，但根本没有四型子囊。另一方面，在 *ac⁺* 与 *a⁺c* 杂交后形成的四分体中观察到许多四型子囊，并且在 *b c⁺* 与 *b⁺c* 杂交后观察到许多四型子囊。解释这些结果。

44. 这个问题将引导你在酵母四分体分析中推导出 RF 的校正方程，该方程考虑了双交换（DCO）减数分裂。缺乏组氨酸（*his⁻*）无法生长的酵母菌株与缺乏赖氨酸（*lys⁻*）无法生长的酵母菌株交配。交配所得的 400 个无序四分体中有 233 个是 PD、11 个是 NPD、156 个是 T。

a. PD、NPD 和 T 四分体中有哪些类型的孢子？

b. *his* 和 *lys* 基因是否连锁？如何获知？

c. 用简单的等式 RF=100 × [NPD+(1/2) T] /四分体总数，计算 *his* 和 *lys* 基因之间的图距单位距离。

d. 如果考虑可能发生的所有类型的减数分裂事件（参见图 5.24），你可以看到你在题目 c 中所做的计算可能会大大低估 RF。什么类型的减数分裂（NCO、SCO 或 DCO）在这个杂交中产生了每种四分体类型？

e. 你在题目 c 中使用的简单 RF 方程对于产生每种类型四分体的减数分裂事件有什么不正确的假设？这些假设何时才能正确？

f. 使用你对题目 d 的答案来确定产生 400 个四分体的 NCO、SCO 和 DCO 减数分裂的数量。

g. 使用你对题目 f 的答案写出一个将 DCO 减数分裂的数量与各种四分体类型的数量联系起来的一般方程。然后编写另一个通用方程，计算以各种四分体类型的数量为函数的 SCO 减数分裂的数量。

h. 根据你对题目 f 的答案，计算 *his* 和 *lys* 之间每个减数分裂（*m*）的平均交换数。

i. 使用你对题目 h 答案，写出 *m* 与 NCO、SCO 和 DCO 减数分裂的关系等式。

j. RF 和 *m* 之间有什么关系？

k. 使用你对题目 j 的答案，根据 SCO、DCO 和 NCO 减数分，写出 RF 的校正公式。

l. 使用你对题目 g 的答案，根据各种四分体类型的数量，重写题目 k 中的校正 RF 方程。

m. 你刚才在题目 l 中写的公式是 RF 的校正公式，它考虑了双交换，否则就会被忽略。使用这个改进的公式重新计算比题目 c 中更准确的 *his* 和 *lys* 基因之间的距离。

45. a. 在有序四分法分析中，你可以在基因和着丝粒之间观察到的最大 RF 是多少？〔提示：如果基因与着丝粒距离足够远，你会在基因和着丝粒之间观察到什么样的 RF，以便在每次减数分裂中它们之间至少发生一次交换（通常不止一次交换）〕

b. 是否存在一个基因和着丝粒不连锁？请说明。

c. 假设在有序四分体分析中，你观察到基因和着丝粒之间的 RF 为 30%。鉴于你对题目 a 的回答，请考虑30m.u.是基因和着丝粒之间距离的准确估计吗？

46. 一个研究小组选择了三个独立的链孢菌Trp⁻单倍体菌株，每个菌株在没有氨基酸色氨酸的情况下都不能生长。他们首先将这三种菌株与相反交配型的野生型菌株交配，然后分析所得的八分体。对于所有三个交配，每个八分体中的四个孢子对中的两个可以在基本培养基上生长（即在没有色氨酸的情况下），而另外两个孢子对不能在该基本培养基上生长。

   a. 你能从这个结果中得出什么结论？

   在突变菌株1和2与野生型的交配中，一些八分体最顶层的两对中的一个具有可以在基本培养基上生长的孢子，而该八分体最顶层的两对中的另一个则具有不能在基本培养基上生长的孢子。在突变菌株3与野生型的交配中，最顶层的两对中的所有孢子都可以在基本培养基上生长，或者所有孢子都不能在基本培养基上生长。

   b. 你能从这个结果中得出什么结论？

   研究人员接着为每种突变菌株制备了两种不同的培养物：这些培养物中的一种是交配型A，另一种是交配型a。他们以成对的方式交配这些菌株，解剖得到的八分体，并确定有多少个体孢子可以在基本培养基上生长。结果显示在这里。

交配	具有x个可在基本培养基生长的孢子的八分体的比例/%				
	x=0	2	4	6	8
1×2	78	22	0	0	0
1×3	46	6	48	0	0
2×3	42	16	42	0	0

   c. 对于表中三个交配中的每一个，100个八分体中有多少是PD、NPD及T？

   d. 绘制解释所有前述数据的遗传图。假设样本量足够小，以至于没有八分体是双交换的结果。

   e. 尽管这个问题描述了链孢菌的杂交，但这种情况无助于将表中的交配呈现为有序的八分体，为什么？

   f. 为什么你可以从表中的交配获得基因↔着丝粒距离，即使数据没有呈现为有序的八进制数据？

5.6节

47. 置于固体琼脂上的单个酵母细胞通过有丝分裂产生约包含10⁷个细胞的菌落。具有ade2基因突变的单倍体酵母细胞将产生红色菌落；ade2⁺是白色菌落。由具有ade2⁺/ ade2⁻基因型的二倍体酵母细胞形成的一些菌落在白色菌落内含有红色区域。

   a. 如何解释该现象？

   b. 尽管白色菌落的大小大致相同，但一些白色菌落内的红色区域的大小差别很大。为什么？你是否预计大部分红色区域相对较大或相对较小？

48. 图5.29显示有丝分裂重组导致在细胞周期的G₂阶段（染色体复制后）发生单斑点或孪生斑。然而，因为它通常由染色体断裂的罕见随机事件引发，所以有丝分裂重组也可以在S期之前的G₁中发生。当有丝分裂重组发生在G₁而不是G₂的情况下，重新绘制图5.29，并说明为什么任何此类事件不能产生单个斑点或孪生斑。

49. 二倍体酵母菌株具有野生型表型，但具有以下基因型：

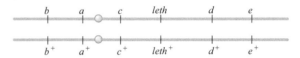

   a、b、c、d和e均表示产生可见表型的隐性等位基因，而leth表示隐性致死突变。所有基因都在同一条染色体上，a与着丝粒紧密（用小圆圈表示）相连。在该细胞中有丝分裂重组导致的扇区中可以发现以下哪种表型？①a；②b；③c；④d；⑤e；⑥b e；⑦c d；⑧c d e；⑨d e；⑩a b。假设双重有丝分裂交换太罕见而无法观察到。

50. 在果蝇中，黄色基因（y）靠近近端着丝粒X染色体长臂的端粒，而损伤的刚毛（sn）基因位于同一X染色体臂的中间附近。在基因型y sn / y⁺ sn⁺的雌性果蝇的翅膀上，很少能找到其中一小部分细胞具有损伤的刚毛的黄色组织斑块。

   a. 你怎么解释这个现象？

   b. 你会在基因型为y⁺ sn / y sn⁺的雌性翅膀上发现类似的斑块吗？

51. 神经纤维瘤是当基因型为NF1⁺/ NF1⁻的皮肤细胞失去NF1⁺等位基因时可能出现的皮肤肿瘤。这种野生型等位基因编码功能性蛋白质（称为肿瘤抑制因子），而NF1⁻等位基因编码非功能性蛋白质。

   基因型NF1⁺/ NF1⁻的患者在皮肤的不同区域中具有20个独立的肿瘤。从该患者的正常非癌细胞以及来自20个肿瘤中的每一个的细胞中取样。通过称为凝胶电泳的技术分析这些样品的提取物，该技术可以检测四种不同蛋白质（A、B、C和D）的变体形式，所有蛋白质均由与NF1位于同一常染色体上的基因编码。每种蛋白质具有由不同等位基因编码的慢（S）和快（F）形式（例如，Aˢ和Aᶠ）。在正常组织的提取物中，发现了所有四种蛋白质的慢速和快速变体。在肿瘤的提取物中，12个样本仅具有蛋白A和D的快速变体，但是同时具有蛋白B和C的快速和慢速变体；6个具有蛋白A的快速变体，但是具有蛋白B、C和D的快速和慢速变体；剩下的2个肿瘤提取物只有蛋白A的快速变异体、蛋白B的慢速变体、蛋白C的快速和慢速变体、蛋白D的快速变体。

a. 假设所有肿瘤都是由相同的机制产生的，本章描述的哪种遗传事件可能导致所有20个肿瘤？

b. 绘制描述这些数据的遗传图，假设这个小样本代表了可能由该患者中相同机制形成的所有类型的肿瘤。显示哪些基因是位于两条同源染色体上的等位基因。指示可以估计的所有相对距离。请注意，*NF1*是你可以通过这种方式绘制的基因之一。

c. 在该患者中可导致神经纤维瘤的另一种机制是产生具有45个而不是正常46个染色体的细胞的有丝分裂错误。这种机制如何导致肿瘤？从上述结果来看，你怎么知道这20个肿瘤中没有一个是由这种有丝分裂错误形成的？

d. 你能想到可能产生所述结果的任何其他类型的错误吗？

52. 理解发育遗传基础的两个重要方法是有丝分裂杂交和利用能使水母在黑暗中发光称为*GFP*（用于绿色荧光蛋白）的水母基因。通过本书后面描述的重组DNA技术，你可以将水母*GFP*基因插入到生物体的基因组中，基因将在显微镜中发绿光，而没有*GFP*基因的那些将不会发绿光。

小细胞（*smc*）隐性突变纯合子小鼠死于早期胚胎，因为它们的细胞在达到正常大小之前过早分裂。

你想设计一个携带一个拷贝*GFP*基因的*smc*杂合子的小鼠，在其中可以通过有丝分裂重组在成年小鼠中产生克隆。所设计的这个小鼠，每个克隆中不显示绿色的每个细胞对于*smc*突变来说都是纯合的。下图显示了你设计的小鼠中的上皮细胞区域。你将看到一些正常大小的单元格和其他小单元格。你还将看到三种不同颜色的细胞：空白、弱发光细胞（浅绿色）和明亮发光细胞（深绿色）。该小鼠上皮细胞中的大多数细胞具有正常大小和微弱发光。上皮还含有三个细胞克隆（1、2和3），由于有丝分裂重组的发生而具有不寻常的外观。

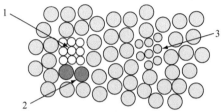

a. 在你设计的小鼠中显示染色体和着丝粒，等位基因*smc+*和*smc*，以及*GFP+*（*GFP*基因存在）和*GFP−*（*GFP*基因缺失）。（提示，这只小鼠携带*GFP*基因的一个拷贝，并且对于*smc*是杂合的。通过有丝分裂重组产生的每个克隆中非绿色的每个细胞应该是*smc*突变的纯合子）

b. 为什么需要使用有丝分裂重组来研究成年小鼠中*smc+*的功能？

c. 为什么你会看到三种不同颜色的细胞？

d. 为什么克隆1和2彼此相邻？

e. 在题目a的遗传图上，放置一个箭头以显示可能产生克隆1和2的有丝分裂重组事件的位置。

f. 为什么克隆1中存在的细胞多于克隆2中的细胞？

g. 在题目a的遗传图上，放置一个箭头以显示可能产生克隆3的有丝分裂交换的位置。

第二部分　基因是什么，它们是做什么的

第 6 章　DNA 的结构、复制和重组

DNA的双螺旋结构为数十亿年来遗传信息的代代相传提供了解释。

© Adrian Neal/Getty Images RF

章节大纲

6.1　DNA 作为遗传物质的实验依据

6.2　沃森和克里克的双螺旋 DNA 模型

6.3　核苷酸序列中的遗传信息

6.4　DNA 的复制

6.5　DNA 水平的同源重组

6.6　位点特异性重组

在将近40亿年的时间里，双链**DNA**分子担任着遗传信息的载体。它存在于最早的单细胞生物体中，也存在于此后的所有其他生物体中。在这么长的一段时间里，硬件——分子本身的结构没有改变。相比之下，进化过程已经形成并大大扩展了软件，即分子储存、表达和传递遗传信息的程序。

在缺少或没有氧气的特殊条件下，DNA可以承受各种温度、压力和湿度，并且可以保持数百、数千甚至

数万年的相对完整。分子侦探已经找到证据——来自38 000年前的尼安德特人骨骼的DNA（图6.1）。令人惊奇的是，这种古老的DNA仍然带有可读序列——可破译信息的碎片，它们能作为观察长期消失物种中基因的时间机器。与来自活体人群的同源DNA片段进行比较，从而确定推动进化的精确突变。

例如，尼安德特人和人类DNA的比较工作，帮助人类学家解决了关于两者遗传关系的长期争论。证据表明，尼安德特人和我们自己的物种——智人，在60万～80万年前拥有一个共同的祖先。尼安德特人的祖先大约在40万年前迁移到欧洲，而我们自己的祖先仍留在非洲。直到4万年前，当智人首次抵达欧洲时，这两个群体仍然没有联系。在几千年内，尼安德特人已经灭绝。然而，他们最近恢复的DNA表明，在尼安德特人与智人共同生活在欧洲的一万年中，发生了一些杂交；1%～4%的现代非非洲人的基因可以追溯到尼安德特人。

弗朗西斯·克里克（Francis Crick）是DNA双螺旋结构的共同发现者，也是20世纪领先的分子生物学理论家，他写道：“几乎所有的生命都是在分子水平上被设计出来的，如果不认识分子，我们就只能粗略地理解生命本身。”因此，我们这一章主要是DNA作为遗传物质的研究。

当我们将分析扩展到分子水平时，请牢记两个重要主题。首先，DNA的遗传功能直接来自其分子结构——原子在空间中的排列方式。其次，DNA的所有遗传功能都依赖于与其相互作用并读取它携带信息的特殊蛋白质，因为DNA本身是化学惰性的。事实上，DNA所缺乏的化学反应性使其能成为生物体内遗传信息长期维护的理想物理容器，以及它们的非生命遗骸。

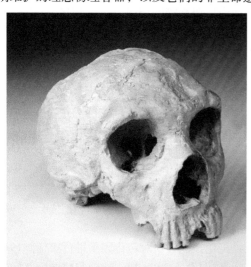

图6.1 来自古代的DNA仍然携带信息。分子生物学家成功地从38 000年前的尼安德特人头骨中提取并确定了DNA序列。这些发现证明了DNA作为遗传分子的化学稳定性。

© DEA Picture Library/De Agostini/Getty Images

6.1 DNA作为遗传物质的实验依据

学习目标

1. 描述DNA的化学成分。
2. 总结在染色体中定位DNA的方法。
3. 解释Avery和他同事如何演示细菌转化，并解释这一发现的重要性。
4. 描述赫尔希（Hershey）和蔡斯（Chase）的搅拌器实验，以及实验结果对DNA功能的揭示。

在20世纪初，遗传学家并不知道DNA是遗传物质。50多年来相关实验所得的结果使科学界确信DNA是遗传分子。我们现在提出证据的关键部分。

6.1.1 染色体中定位DNA的化学研究

1869年，Friedrich Miescher从人体白细胞核中提取出一种弱酸性、富含磷的物质，命名为核质。它不同于之前报道的任何化合物。核质的主要成分是DNA，尽管它也含有一些污染物。DNA完整的化学名称是**脱氧核糖核酸**，反映了该物质的三个特征：它其中一种成分是称为脱氧核糖的糖；它主要存在于细胞核中；它是酸性的。

通过化学方法从核质中纯化DNA后，研究人员证实DNA只包含四个不同的化学结构单元连接成的长链（图6.2）。这四种成分属于一类化合物，称为**核苷酸**；连接一个核苷酸与另一个核苷酸的键是共价**磷酸二酯键**；这些由核苷酸构成的链条是一种**多聚体**。

1923年首次报道的一个方法使得有可能发现细胞DNA所在的位置，即根据其发明者命名的福尔根（Feulgen）反应，该方法依赖于一种可以将DNA染成红色的化学物质。在被染色的细胞中，染色体变红，而细胞的其他区域保持相对无色。该反应显示DNA几乎仅位于染色体内。

DNA是染色体成分的发现本身并不能证明该分子与基因有任何关系。典型的真核生物染色体还含有更大量的蛋白质。由于蛋白质由20种不同的氨基酸构成，而DNA仅由4种不同的核苷酸构成，许多研究人员认为蛋白质更具有多样性，更适合作为遗传物质。这些科学家认为，尽管DNA是染色体结构的重要组成部分，但它很难控制基因的复杂性。

6.1.2 细菌转化暗示DNA作为遗传物质

一些研究最终促使人们认为DNA是携带遗传信息的化学物质。其中最重要的是使用单细胞细菌作为实验生物的研究。细菌将其遗传物质携带在位于细胞内的单个环状染色体中，而不被包围在核膜中。只有一条染色体，细菌不会经历减数分裂产生子细胞，它们也不会通

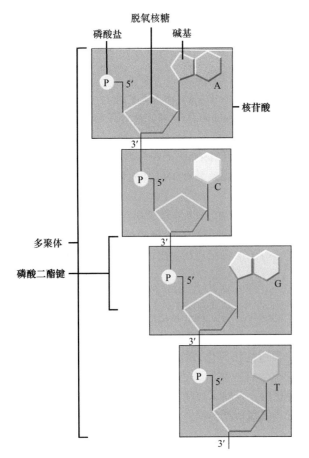

图6.2　DNA的化学成分。DNA分子的单链由一串核苷酸（蓝色框）组成。每个核苷酸由与无机磷酸盐（黄色圆圈）连接的脱氧核糖（棕褐色五边形）和四个含氮碱基（紫色或绿色多边形）中的一个组成。磷酸二酯键连接彼此的核苷酸，将一个核苷酸的磷酸基团连接到前一核苷酸的脱氧核糖上。

过有丝分裂将其复制的染色体分配给子细胞；相反，它们通过一个称为二分裂的过程进行分裂。尽管存在这些明显的差异，但至少在20世纪上半叶，一些研究人员认为细菌的遗传物质可能与真核生物中的遗传物质相同。

与任何物种一样，对细菌进行遗传研究的一个先决条件是，在一个种群的个体中发现一种特性的替代形式。在1923年对实验室培养基中培养的肺炎链球菌细菌的研究中，Frederick Griffith区分了两种细菌形式：平滑（S）和粗糙（R）型。S是野生型，S突变产生R。从观察和生化分析中，Griffith认为S型之所以看起来光滑，是因为它们合成了围绕成对细胞的多糖荚膜，而R型作为S型的突变体自发产生，不能形成荚膜多糖，因此R型的菌落具有粗糙的表面（图6.3）。我们现在知道R型的产生是因为缺乏合成荚膜多糖所必需的酶。因为多糖荚膜有助于保护细菌免受动物的免疫反应影响，因此S型细菌具有毒性并杀死大多数接触它们的实验室动物［图6.4（a）］；相反，R型细菌不能引起感染［图6.4（b）］。在人类中，有毒的S型肺炎链球菌可引起肺炎。

图6.3　平滑（S）和粗糙（R）型肺炎链球菌菌落。

引自：Arnold et al., "New associations with Pseudomonas luteola bacteremia: A veteran with a history of tick bites and a trauma patient with pneumonia," The Internet Journal of Infectious Diseases, 2005, 4(2): 1-5, Fig. 1 © & Courtesy of Dr. Forest Arnold, University of Louisville. 使用获许可

1. 转化现象

1928年，Griffith发表了令人惊讶的发现：死细菌细胞的遗传信息可以通过某种方式传递给活细胞。他正在研究两种类型的肺炎链球菌细菌——活的R型和热灭活的S型。当注射到实验室小鼠中时，热灭活的S型和活的R型都不会产生感染［图6.4（b）和（c）］，但是两者的混合物可以杀死动物［图6.4（d）］。此外，从死亡动物的血液中回收的细菌是S型［图6.4（d）］。

物质改变生物体遗传特征的能力被称为**转化**。来自热灭活的S型细菌的某种物质必然是将活的R型细菌转化为S型，且这种转化是永久的，并且很可能是遗传的，因为培养基中生长的所有后代细菌都是S型。

2. DNA作为转化的活性剂

1929年，另外两个实验室重复了这些结果，并且在1931年，Oswald T. Avery实验室的研究人员发现他们可以在不使用任何动物的情况下实现转化，只需将R型细菌在存在灭活的S型菌的组分的培养基［图6.5（a）］中培养即可。Avery接着开始了一项将近15年的工作，其重点是："试着在复杂的混合物中找到有效成分！"换句话说，即试着在细菌提取物中找出无害R型细菌转化为致病性S型细菌的可遗传物质。Avery称他正在寻找转变因子，并花了很多年时间试图纯化它，以便能够明确地识别。他和他的同事最终准备了一个有形的、具有活性的转化因子。在程序的最后环节，从冰冷的乙醇溶液中制成了一个白色的条状物质，并在玻璃搅拌棒周围缠绕，形成几乎纯粹的转化因子——纤维团［图6.5（b）］。

一旦纯化，就必须对转化因子进行表征。1944年，Avery与两位同事（Colin MacLeod和Maclyn McCarty）发表了旨在确定转化要素化学成分的实验的累积发现［图6.5（c）］。在这些实验中，纯化的转化因子在6亿倍的极高稀释度下仍是活跃的。研究人员将几乎是纯的DNA暴露于各种酶中，以观察除DNA之外的某些分

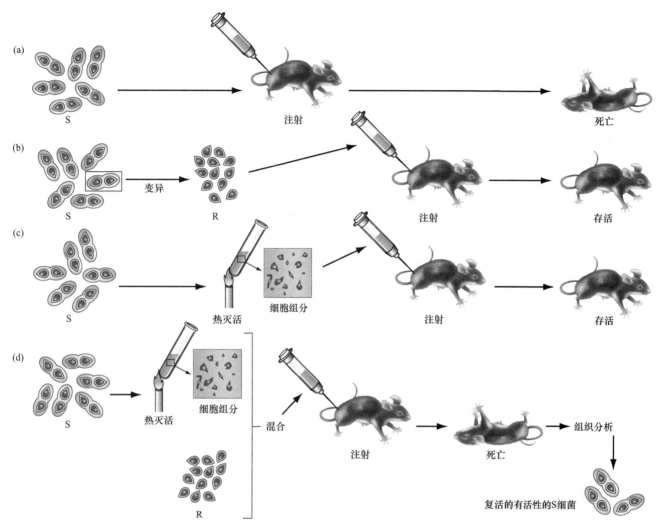

图6.4　转化实验。（a）S型细菌具有毒性，注射入小鼠后会引起致命的感染。（b）自身注射R型突变体不会引起感染并杀死小鼠。（c）同样，注射热灭活的S型细菌不会引起致命的感染。（d）然而，注射与热灭活的S型菌株混合的活R型细菌可以导致致死性感染；死亡的宿主小鼠的血液中含有活的S型细菌。

子是否可能导致转化。能降解RNA、蛋白质或多糖的酶都对转化成分没有影响，但降解DNA的酶完全破坏了转化因子的活性。初步公布的结论是，转化因子似乎是DNA。在给兄弟的信中，Avery更进一步透露这种转化因子"可能是一个基因"。

尽管该论文具有丰富具体的证据，但科学界的许多人仍然反对DNA是遗传分子的观点。他们认为，也许Avery的结果反映了污染物的作用；或许遗传转化根本没有发生，相反，纯化的材料以某种方式触发了转化细菌表型的生理转换。当时不相信这些发现的科学家仍然认为蛋白质是遗传物质的主要候选者。

6.1.3　DNA（而不是蛋白质）解释了病毒的传播

不是每个人都持有这种怀疑态度。艾尔弗雷德·赫尔希（Alfred Hershey）和玛莎·蔡斯（Martha Chase）预计，他们可以通过用**噬菌体**病毒感染细菌细胞来评估DNA和蛋白质在基因复制中的相对重要性。

病毒是最简单的生物体。结构和功能上，它们介于能够自我复制的活细胞和蛋白质等大分子之间。由于病毒是利用宿主细胞本身的分子机制进行自我复制和生长，所以病毒本身很小且携带很少的基因。对于多数种类的噬菌体，每个颗粒由重量大致相等的蛋白质和DNA组成［图6.6（a）］。这些噬菌体颗粒只有在感染细菌细胞后才能自我繁殖。感染后30min，细胞破裂，数百个新制造的噬菌体溢出［图6.6（b）］。问题是：什么物质含有用于产生新噬菌体颗粒的信息——DNA还是蛋白质？

随着1939年电子显微镜的发明，人们可以看到单个噬菌体，并且令人惊讶的是，电子显微照片显示整个噬菌体不会进入它感染的细菌。相反，一种称为菌蜕的病毒空壳仍然附着在细菌细胞壁的外表面上。因为空的噬菌体外壳仍留在细菌细胞外，一名研究人员将噬菌体颗粒比作与细胞表面结合的微小注射器，并将含有病毒复制所需信息的材料注入宿主细胞。

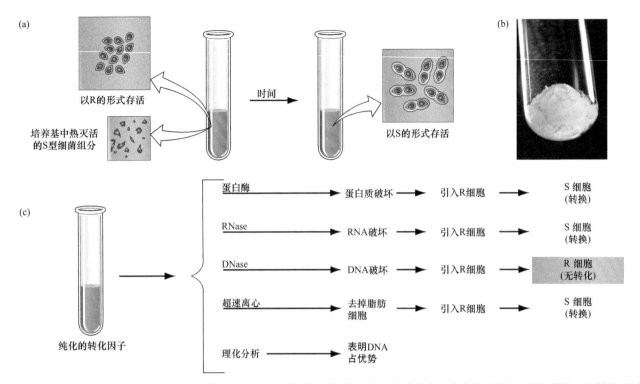

图6.5 转化因子是DNA。（a）细菌转化发生在含有热灭活的S型细菌残余的培养基中。来自热灭活的S型细菌的一些转化因子被活R型细菌吸收，将它们转化（转变）成毒性S型菌株。（b）从人白细胞中提取的纯化DNA。（c）转化因子的化学分馏。用DNA降解酶处理纯化的DNA破坏了其引起细菌转化的能力，而用破坏其他种类的大分子的酶处理对转化因子没有影响。

（b）：© Phanie/Science Source

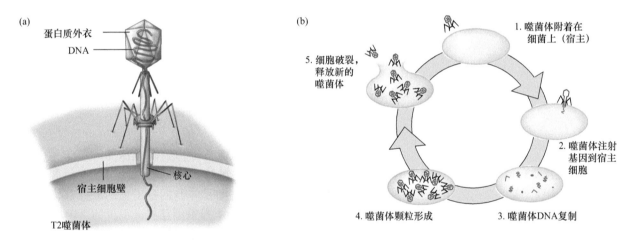

图6.6 病毒实验提供了令人信服的证据，表明基因是由DNA构成的。（a）和（b）噬菌体T2的结构和生命周期。噬菌体颗粒由蛋白质外衣和DNA组成。病毒附着在宿主细胞细菌上，并通过细菌细胞壁将其基因（DNA）注入宿主细胞的细胞质中。在宿主细胞内，这些基因指导新噬菌体DNA和蛋白质的形成，这些噬菌体DNA和蛋白质组装成后代噬菌体，当细胞破裂时释放到环境中。

在1952年著名的瓦氏高速捣碎器（Waring blender）实验中，赫尔希和蔡斯测试了这样一种观点，即细胞壁上留下的菌蜕是由蛋白质组成的，而注射的物质是由DNA组成的（图6.7）。一种称为T2的噬菌体作为它们的实验系统。赫尔希和蔡斯在细菌中生长了两套独立的T2并分别保存在两种不同的培养基中，一种注入放射性标记的磷（^{32}P），另一种注入放射性标记的硫（^{35}S）。因为蛋白质含有硫但不含磷，而DNA含有磷但不含硫，生长在^{35}S上的噬菌体会产生放射性标记的蛋白质，而生长在^{32}P上的颗粒则具有放射性DNA。当噬菌体感染具有细菌细胞的新鲜培养物时，放射性标签将作为每种材料定位的标记。

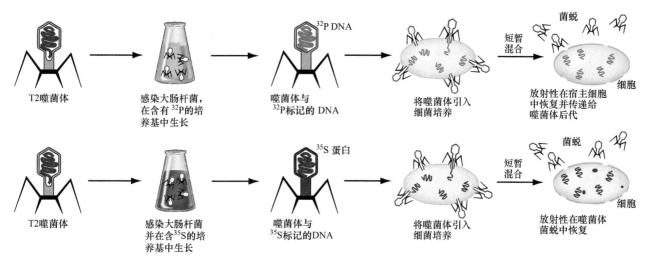

图6.7 赫尔希-蔡斯瓦氏高速捣碎器实验。用^{32}P标记的DNA（橙色）或用^{35}S标记的蛋白质（紫色）的T2噬菌体颗粒用于感染细菌细胞。短暂孵化后，赫尔希-蔡斯在瓦氏高速捣碎器中摇动培养物，并将样品在离心机中旋转，以将空病毒菌蜕与较重的感染细胞分离。大部分的^{35}S标记的蛋白质保留在菌蜕中，而大多数^{32}P标记的T2 DNA存在于沉淀的感染细胞中。

将一种新鲜的细菌培养物暴露于^{32}P标记的噬菌体并将另一种培养物暴露于^{35}S标记的噬菌体后，赫尔希和蔡斯使用瓦氏高速捣碎器破坏结合体系，有效地将病毒菌蜕与携带病毒基因的细菌分开。然后将培养物离心，被分离的较重的感染细菌最后在管底部形成沉淀，被分离的较轻的噬菌体菌蜕悬浮在上清液中。大多数放射性^{32}P（在DNA中）进入沉淀，而大部分放射性^{35}S（在蛋白质中）保留在上清液中。该结果证实细胞外菌蜕确实主要是蛋白质，而注射的病毒材料中用于繁殖更多噬菌体的主要是DNA。含有放射性标记的噬菌体DNA的细菌的行为与正常的噬菌感染的细菌一样，产生和排出数百个子代颗粒。根据这些观察结果，赫尔希和蔡斯得出结论：噬菌体基因是由DNA构成的。

赫尔希-蔡斯实验虽然不如Avery的方案严谨，但却产生了巨大的影响。在许多研究者的心目中，它证实了Avery的结果并将其扩展到病毒颗粒。现在的焦点是DNA。

基本概念

● DNA是核苷酸通过磷酸二酯键连接成的多聚体。核苷酸由脱氧核糖、磷酸和四种含氮碱基中的一种组成。

● DNA几乎仅位于细胞核内的染色体中。

● Avery和他的同事表明，从S型（有毒）细菌中纯化的DNA制剂可以将R型（非毒力）细菌转化为S型；这一结果是DNA作为遗传物质的有力证据。

● 赫尔希和蔡斯在只含有^{35}S（标记蛋白）或^{32}P（标记DNA）的情况下培养T2噬菌体。他们发现^{32}P标记的病毒性DNA指导产生更多病毒颗粒。

6.2 沃森和克里克的双螺旋DNA模型

学习目标

1. 描述沃森-克里克DNA结构模型的主要特征。
2. 解释双螺旋内两条DNA链的反向平行极性是什么意思。
3. 区分DNA的不同结构形式。

在适当的实验条件下，纯化的DNA分子可以在纤维中彼此对齐以产生有序结构。正如水晶枝形吊灯散射光线可以在墙壁上产生独特的图案一样，DNA纤维散射X射线也可以产生特有的衍射图案（图6.8）。知识渊博的X射线晶体学家可以解释DNA的衍射图案，以推断出分子三维结构的某些外貌。1951年春天，23岁的詹姆斯·沃森（James Watson）得知DNA可以产生衍射图

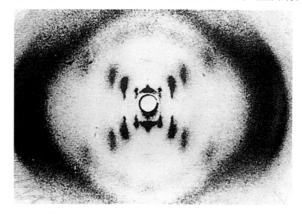

图6.8 X射线衍射图反映了DNA的螺旋结构。由有序排列的DNA纤维产生的X射线衍射图的照片，由Rosalind Franklin和Maurice Wilkins在1952年末拍摄。X射线横向图案表明DNA是螺旋形的。

© Science Source

案，他意识到它"必须有一个可以用直接方式解决的规则结构。"

在本节中，我们分析DNA的三维结构，首先查看核苷酸构建模块的重要细节；然后了解这些亚基如何在多核苷酸链中连接在一起；最后，两条链如何结合形成双螺旋。

6.2.1 核苷酸是DNA的基本单位

DNA是由称为**核苷酸**的亚基组成的长多聚体。每个核苷酸由一个脱氧核糖、一个磷酸盐和四种含氮碱基之中的一个组成。这些化学成分的详细知识及其结合方式在沃森-克里克模型构建中发挥了重要作用。

1. 核苷酸的组成部分

图6.9描述了脱氧核糖、磷酸盐和四种含氮碱基的化学组成和结构，这些成分如何结合形成核苷酸，以及磷酸二酯键如何将核苷酸连接成DNA链。含氮碱基的中心环结构中的每个单独的碳或氮原子被赋予数字：1~9表示位于**嘌呤**，1~6表示位于**嘧啶**。通过使用

特色插图6.9

详细了解DNA的化学成分

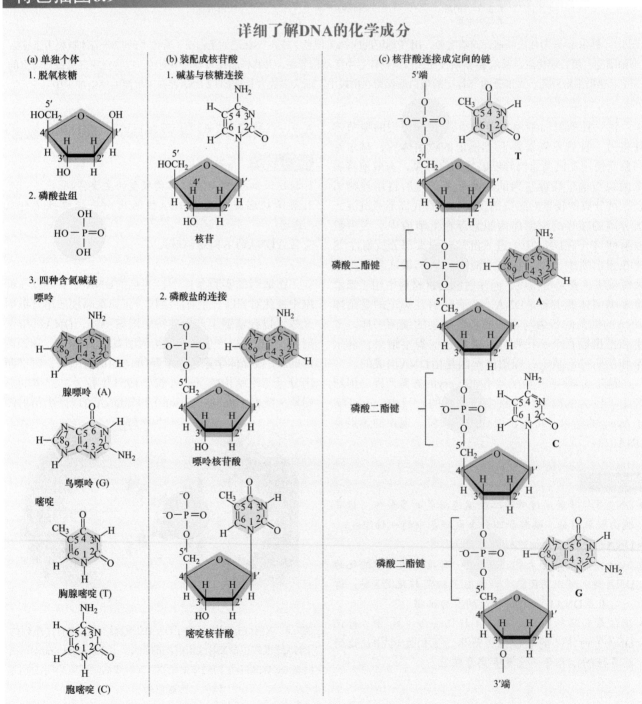

1′～5′的素数，脱氧核糖的碳原子与核苷酸碱基内的原子进行区分。碱基与脱氧核糖的1′碳的共价连接形成核苷。向5′碳上添加磷酸基团形成完整的核苷酸。

2. 连接核苷酸以形成DNA链

如图6.9所示，由许多核苷酸组成的DNA链具有**极性**：总体方向。磷酸二酯键总是在一个核苷酸的3′碳和下一个核苷酸的5′碳之间形成共价连接。核苷酸基本单位的一致取向给出了链的总体方向，使得单链的两个末端在化学上是不同的。

在5′端，末端核苷酸的糖具有游离的5′碳原子，不与另一核苷酸连接，从这点上看它是游离的。根据DNA的合成或分离方式，**5′端**核苷酸的5′碳可带有一个羟基或一个磷酸基团。在链的另一端——**3′端**，最末端核苷酸的3′碳原子是游离的。沿着两端之间的链，这种5′→3′极性从核苷酸到核苷酸是保守的。按照惯例，DNA链以其碱基描述，以5′→3′方向从左向右书写（除非另有说明）。例如，图6.9（c）中描绘的链将是5′TACG 3′。

3. DNA的信息内容

信息只能按符号序列编码，符号序列的顺序根据要传送的消息而变化。没有这种序列变异，就没有携带信息的潜力。由于DNA骨架上交替的糖和磷酸对于DNA链中每个核苷酸在化学上是相同的，所以核苷酸之间的唯一区别在于含氮碱基的特性。因此，DNA中的遗传信息必须由A、G、T和C碱基序列的变异组成。从DNA碱基的四字母语言构建的信息类似于由26个字母的英语或法语或意大利语字母构建的信息。正如你可以以不同的方式组合字母表中的26个字母来生成书的单词，同样，非常长的核苷酸序列中的四个碱基的不同组合也可以编码用于构建生物体的信息。

6.2.2　DNA螺旋由两个反向平行链组成

在帮助我们对生物现象进行理解方面，沃森和克里克对DNA分子结构的发现与达尔文的自然选择进化理论和孟德尔的遗传定律的贡献是等同的。沃森-克里克结构首先体现在一个表面上类似于学龄前儿童的拆装玩具的模型中，它是基于对当时可用的所有化学和物理数据的解释。1953年4月，沃森和克里克在*Nature*杂志上发表了他们的研究成果。

1. 来自X射线衍射的证据

具有取向特性的DNA纤维的衍射图谱本身不包含足以揭示结构的信息。例如，由强度和位置构成X射线数据的衍射斑点的数量（见图6.8）远低于定向DNA分子中所有原子的未知坐标数。尽管如此，这些照片确实为训练有素的人们揭示了丰富的结构信息。Rosalind Franklin和Maurice Wilkins拍摄的优秀X射线图像显示该

分子呈螺旋状；沿螺旋轴的重复单元之间的间距为3.4Å（3.4×10^{-10}m）；螺旋每34Å完成一次转弯；并且分子的直径为20Å。该直径大约是单个核苷酸宽度的两倍，表明DNA分子可能由两个并排的DNA链组成。

2. 互补碱基配对

如果DNA分子含有两个并列的核苷酸链，那么是什么力量将这些链结合在一起？Erwin Chargaff为此提供了一个重要的线索，他的数据来自不同物种的DNA的核苷酸组成。尽管碱基的相对量有很大变化，但A与T的比值与1∶1没有显著差异，并且G与C的比值在每种生物中也相同（表6.1）。沃森认为A-T和G-C大约1∶1的比率反映了分子内在结构的重要方面。

表6.1　Chargaff关于各种生物体DNA中核苷酸碱基组成的数据

	DNA中碱基的百分比/%				比值	
生物	A	T	G	C	A∶T	G∶C
大肠杆菌	24.7	23.6	26.0	25.7	1.05	1.01
酿酒酵母	31.3	32.9	18.7	17.1	0.95	1.09
秀丽隐杆线虫	31.2	29.1	19.3	20.5	1.07	0.96
黑腹果蝇	27.3	27.6	22.5	22.5	0.99	1.00
小鼠	29.2	29.4	21.7	19.7	0.99	1.10
人	29.3	30.0	20.7	20.0	0.98	1.04

注意，即使任何一个核苷酸的水平在不同生物中是不同的，但A的水平总是约等于T和G的水平总是类似于C。此外，嘌呤的总量（A+G）几乎总是等于嘧啶的总量（C+T）。

为了用A和T之间、G和C之间的化学亲和力来解释Chargaff的比率，沃森用硬纸板剪成正常细胞环境中假设的化学形式的碱基。然后他试图以各种组合拼接它们，就像拼图游戏中的碎片一样。他知道嘌呤和嘧啶上的原子在分子相互作用中起着至关重要的作用，因为它们可以参与**氢键**的形成：弱的静电键导致反应基团之间部分共享氢原子（图6.10）。沃森看到A和T可以配对在一起，从而在它们之间形成两个氢键。如果G和C类似地配对，则氢键也可以容易地连接携带这两个碱基的核苷酸（沃森最初在G和C之间设置了两个氢键，但实际上有三个）。值得注意的是，两对（A-T和G-C）具有基本相同的形状。这意味着两对可以在两个糖-磷酸骨架之间以任何顺序排列而不会扭曲结构。这种**互补碱基配对**也解释了Chargaff比率——总是等量的A和T以及G和C。注意，这两个碱基对都由一个嘌呤和一个嘧啶组成。

克里克将化学事实与X射线数据联系起来，认识到由于核苷酸中碱基-糖键的几何结构，只有当碱基连接到以相反方向运行的骨架时，沃森配对方案中碱基的方向才会出现。图6.11说明并解释了1953年4月提出的沃森-克里克模型：DNA双螺旋。

图6.10　互补碱基配对。一条链上的A可以与另一条链上的T形成两个（非共价）氢键。一条链上的G可以与另一条链上的C形成三个氢键。A-T和G-C碱基对的大小及形状是相似的，这使得它们在双螺旋的两个主骨架之间有相同的空间。

特色插图6.11

DNA的双螺旋结构

© A. Barrington Brown/Science Source

（a）沃森和克里克根据DNA的有关化学成分及其在空间中物理排列的已知事实，构建了一个可以解释分子功能的模型。

（b）在该模型中，两条DNA链围绕轴线旋转，外侧是糖-磷酸骨架，中间是扁平的碱基对。一条链向上从5′到3′，而另一条链向下从5′到3′的相反方向。简而言之，这两条链是反向平行的。两条链每10个碱基对彼此缠绕一次，或每隔34Å缠绕一次。结果是双螺旋看起来像一个扭曲的梯子，两个螺旋结构构件由糖-磷酸骨架和由碱基对组成的垂直梯级组成。

（c）从空间填充来看该模型，整体形状是直径为20Å的沟槽圆柱体。骨架围绕双螺旋轴线旋转，就像螺钉上的螺纹一样。因为存在两个骨架，所以存在两个螺纹，并且这两个螺纹彼此垂直地移位。主干的这种位移产生两个沟槽，一个（**大沟**）比另一个（**小沟**）宽得多。

双螺旋的两条链通过互补碱基对A-T和G-C之间的氢键结合在一起。双螺旋的空间限制要求每个碱基对必须由一个小的嘧啶和一个大的嘌呤组成，即便如此，也仅对于特定的A-T和G-C配对成立。相比之下，A-C和G-T配对不适合并且不能形成氢键。尽管任何一个核苷酸对仅形成两个或三个氢键，但由数千个核苷酸组成的长DNA分子中连续碱基对之间的这些连接的总和是该分子的巨大化学稳定性的关键。

6.2.3　双螺旋可以采用其他形式

沃森和克里克通过建立模型来得到DNA结构的双螺旋模型，而不仅仅是通过数据直接确定结构。尽管沃森写道"这般美丽的结构必须存在，"但是结构之美并不一定证明其正确性。在提出时，其正确性的最有力证据是其物理合理性、与所有现有数据的化学和空间兼容性，以及解释许多生物现象的能力。

1. B型DNA和Z型DNA

大多数天然存在的DNA分子具有沃森和克里克提出的构型。这种分子称为**B型DNA**；它们向右螺旋[图6.12（a）]。然而，DNA结构比最初假设的更具多态性。例如，一种核苷酸序列，其中螺旋向左螺旋并且主链呈Z字形，DNA呈现所谓的**Z型**。研究人员在体外观察到了多种不寻常的非B型结构（在试管里、玻璃片上）。他们推测其中一些可能至少在活细胞中短暂出现。例如，有一些证据表明Z型DNA存在于某些活体的染色体中。Z型和其他不寻常的构象是否具有任何生物学作用仍有待确定。

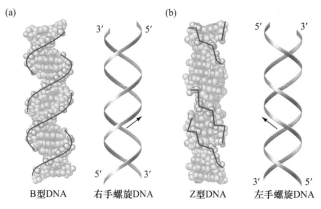

(a)　B型DNA　右手螺旋DNA　　Z型DNA　左手螺旋DNA

图6.12　Z型DNA是双螺旋的一种变体。（a）典型的沃森-克里克B型DNA形成具有光滑骨架的右手螺旋。（b）Z型DNA是左手螺旋的，并且具有不规则的骨架。

2. 线性和环状DNA

所有真核生物的核染色体都是长的线性双螺旋，但是一些较小的染色体是环状的[图6.13（a）和（b）]。这些包括原核细菌的染色体、细胞器的染色体（如在真核细胞内发现的线粒体和叶绿体），以及一些病毒的染色体（包括可以在动物和人类中引起癌症的乳多泡病毒）。这种环状染色体由共价闭合的双链环状DNA分子组成。尽管这些环状双螺旋的两条链都没有末端，但这两条链的极性仍然是反向平行的。

3. 单链和双链DNA

在一些病毒中，遗传物质由相对较小的单链DNA分子组成。一旦进入细胞内，单链就作为制备第二条链的模板（模式），然后所得的双链DNA控制更多病毒颗粒的产生。携带单链DNA的病毒的实例是噬菌体φX174和M13，以及哺乳动物细小病毒，其与人类的胎儿死亡和自然流产有关。在φX174和M13中，单个DNA链呈共价闭合的环形；在细小病毒中，它是线性的[图6.13（c）和（d）]。不同的B和Z构型、分子的环化、复制和表达之前单股转换为双重的螺旋，这些都是双螺旋主题的微小变化。尽管经过实验确定的细节偏离，沃森-克里克双螺旋仍然是思考DNA结构的模型。该模型描述了通过数十亿年的进化保存的分子的那些特征。

6.2.4　DNA结构是遗传功能的基础

没有用于分析碱基序列的复杂计算工具，人们就无法区分细菌DNA和人类DNA。原因是所有DNA分子具有相同的一般化学性质和物理结构。相比之下，蛋白质是一组更加多样化的分子，其结构和功能复杂得多。在对双螺旋结构的发现的描述中，Crick提到了这种差异，他说，"DNA本质上是相比于高度进化的蛋白质不那么复杂的分子，因此我们更容易揭示它的秘密。"

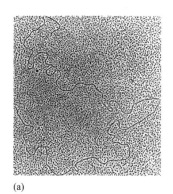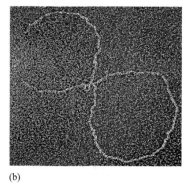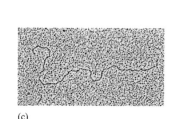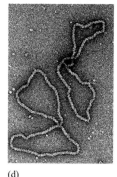

(a)　　　　　　(b)　　　　　　(c)　　　　　　(d)

图6.13　DNA分子可以是线性或环状、双链或单链。天然存在的DNA分子的电子显微照片：（a）长的线性双链的人染色体片段；（b）环状双链乳多泡病毒染色体；（c）线性单链细小病毒染色体；（d）环状单链噬菌体M13染色体。

DNA的四个基本秘密体现在以下四个问题中：

（1）分子如何携带信息？

（2）如何复制这些信息以便传给后代？

（3）什么机制允许信息改变？

（4）DNA编码信息如何控制表型的表达？

DNA的双螺旋结构为这些问题提供了可能的答案，赋予分子作为遗传材料执行所有关键功能的能力。

在本章的其余部分，我们描述DNA的结构如何使其携带遗传信息、如何高保真度地复制遗传信息，并通过重组来组织信息。对于如何通过突变改变信息及信息如何确定表型是第7章和第8章的主题。

基本概念

● DNA分子是由两条反向平行链组成的双螺旋，在每一条链中，核苷酸通过磷酸二酯键连接。互补碱基A与T、G与C之间的氢键将两条链连接在一起。

● 反向平行是指一条链以5′→3′方向取向，而另一条互补链以3′→5′方向取向。

● 大多数真核生物具有双链线性DNA，但原核生物、叶绿体和线粒体，以及一些病毒具有双链环状DNA。某些其他病毒含有单链DNA，可以是线性或环状的。

6.3 核苷酸序列中的遗传信息

学习目标

1. 解释DNA如何储存复杂的信息。

2. 比较蛋白质获取DNA信息的两种方式。

3. 描述DNA和RNA之间的结构差异。

DNA的信息内容存在于碱基序列中。每个链中的四个碱基就像字母表中的字母，它们可以以任何顺序相互连接，不同的序列拼出不同的"单词"。每个单词都有自己的含义，即它自身对表型的影响。例如，AGTCAT意味着一件事，而CTAGGT意味着另一件事。虽然DNA只有四个不同的字母或构建块，但是在核苷酸长链中不同组合和因此得到的不同信息组的可能性是惊人的。例如，一些人类染色体由2.5亿个核苷酸的链组成，由于不同的碱基可以以任何顺序延伸，所以这些链可以含有$4^{250\,000\,000}$个（也就是1后面跟着150 515 000个0）潜在的核苷酸序列中的任何一个。

6.3.1 大多数遗传信息从解旋的DNA链中读取

解旋的DNA分子从两条链上暴露出碱基序列（图6.14）。蛋白质读取单个DNA链中的信息，合成一段与该特定序列互补的RNA（称为转录的过程）或DNA（称为复制的过程）。

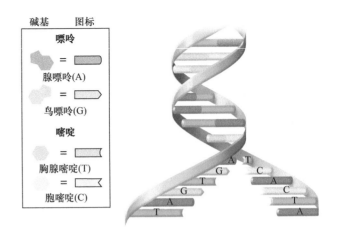

图6.14　DNA以其碱基序列存储信息。部分解开的DNA双螺旋。注意，在分子的双链和未缠绕区域中可获得不同的结构信息。

6.3.2 一些遗传信息可以从非解旋的DNA中获得

一些蛋白质可识别并结合双链DNA中的特定碱基对序列（图6.15）。这些信息匹配主要来源于大沟和小沟中四种碱基之间的差异。在这些沟槽中，碱基周围的原子是暴露的，特别是在大沟，这些原子可以呈现出提供化学信息的空间模式。蛋白质可以在不解旋的情况下获取这些信息从而感知DNA碱基序列。序列特异性DNA结合蛋白包括打开和关闭基因的转录因子（第16章和第17章），以及在特定位点切割DNA的细菌限制酶（第9章）。

6.3.3 在某些病毒中，RNA是遗传信息的储存库

DNA携带所有细胞形式生物和许多病毒的遗传信息。原核生物如大肠杆菌（*Escherichia coli*）在双链、

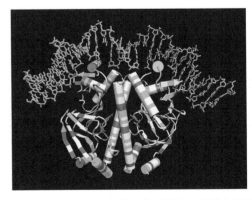

图6.15　蛋白质与DNA中的特定序列结合。计算机图形展示大肠杆菌分解代谢基因激活蛋白（CAP）与DNA（绿色和橙色）结合。CAP的结构显示为一系列圆柱和带。CAP可以识别双螺旋DNA主要沟槽中的特定位点。

© Dr. Tim Evans/Science Source

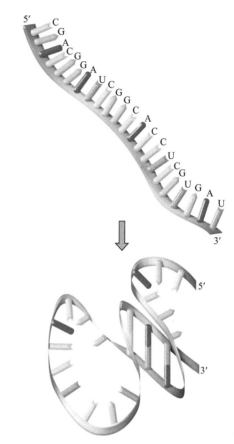

图6.17 RNA分子的复杂折叠模式。大多数RNA分子是单链的，但是足够柔韧，使得一些区域可以折回并与同一分子的其他部分形成碱基对。

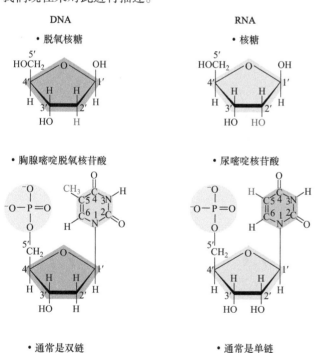

图6.16 DNA和RNA化学结构的差异。磷酸二酯键将核糖核苷酸连接成RNA链，该链与DNA在三个方面不同。

共价闭合的环状染色体中携带它们的DNA。真核细胞将其DNA包装在双链线性染色体中。DNA病毒以单链或双链、环状或线性的小分子携带DNA。

相比之下，反转录病毒（包括引起脊髓灰质炎和艾滋病的反转录病毒）则使用**核糖核酸**或**RNA**作为其遗传物质。

RNA和DNA之间的差异

RNA与DNA有三个主要的化学差异（图6.16）。首先，RNA的名字取自**核糖**，而不是DNA中的脱氧核糖。其次，RNA含有尿嘧啶（U）而不是胸腺嘧啶（T）；U像T一样，与A碱基配对。最后，大多数RNA分子是单链的，含有比核染色体中发现的非常长的DNA分子少得多的核苷酸。

在单链RNA分子内，折叠可以将两个相反方向的区域聚集在一起，所述区域携带互补的核苷酸序列以在分子内形成短的碱基配对。这意味着，与相对简单的双螺旋DNA分子相比，许多RNA具有复杂的结构，即短的双链片段中穿插着单链环（图6.17）。

RNA具有与DNA相同的能力来携带其碱基序列中的信息，但它不如DNA稳定。除了作为一系列病毒的遗传物质外，RNA还在所有细胞中发挥几种重要功能。例如，它参与基因表达和蛋白质合成，如第8章所述。RNA在DNA复制中也起着令人惊讶的重要作用，我们现在来对此进行描述。

基本概念

- DNA以四个碱基的序列携带数字化信息。
- DNA的碱基序列可以在复制或转录过程中从单个解旋的链中读取。此外，专门的蛋白质可识别并结合双链DNA沟槽中的短碱基序列。
- RNA含有核糖而不是脱氧核糖，用尿嘧啶（U）代替胸腺嘧啶（T）；它通常也是单链而不是双链。

6.4 DNA的复制

学习目标

1. 描述DNA半保留复制的关键步骤。
2. 解释Meselson-Stahl重氮试验如何表明DNA复制是半保留的。
3. 总结DNA聚合酶复制DNA所需的关键因素。
4. 概述DNA复制过程的步骤，以及它们与DNA聚合酶需求的关系。
5. 讨论细胞保存DNA遗传信息准确性和完整性的三种方法。

作为科学文献中最著名的忽略事件之一，沃森和克里克在他们1953年的论文末尾提出双螺旋结构："我们注意到，这种特殊的碱基配对方式立刻显示出一种可能的遗传物质复制机制"。正如第4章所看到的，这种复制必须先于有丝分裂中染色体从一代到下一代的传递过程，它也必须是染色体复制的基础。在每次有丝分裂之前，允许两个子细胞接受来自母细胞的完整的遗传信息。

6.4.1 概述：互补碱基配对确保半保留复制

在由沃森和克里克假定的复制过程中，双螺旋展开以暴露每条DNA链中的碱基。然后，两条分离的链中的每一条充当**模板**或分子模具，用于合成新的第二条链（图6.18）。新复制的链以互补碱基的形式与原先的双链上暴露的碱基相对排列。也就是说，原始链上一个位置的A表示在新形成的链上的相应位置上添加了T；原始链上的T表示添加A；类似地，G对应C，C对应G，如互补碱基配对所要求的那样。

一旦适当的碱基与其互补序列对齐并形成氢键，酶通过磷酸二酯键将碱基的核苷酸与前一核苷酸连接，最终将全新的核苷酸序列连接成连续的链。这种DNA链分离、互补碱基配对和随后连接成核苷酸链

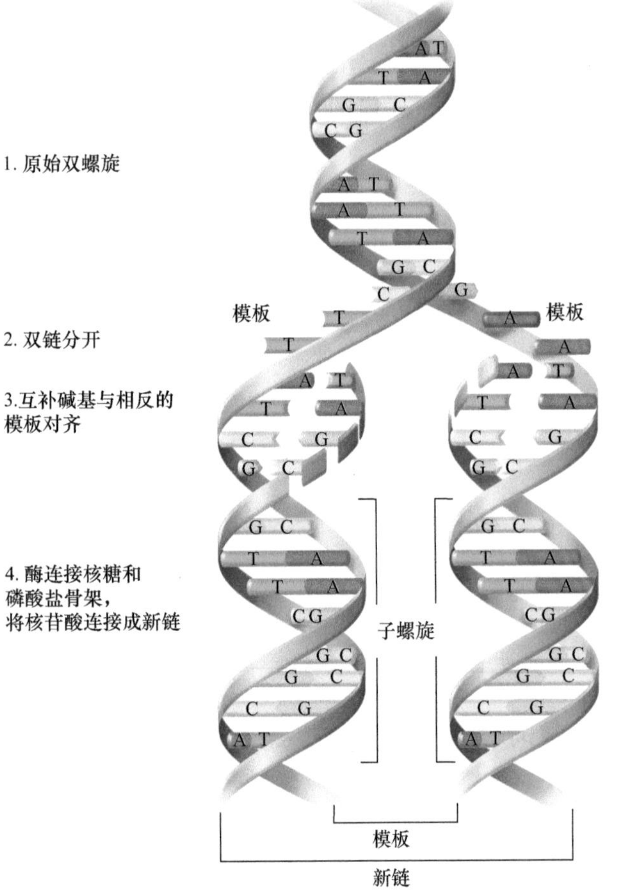

图6.18 沃森和克里克假设的DNA复制模型。双螺旋的解旋允许两个亲本链分别作为通过互补碱基配对合成新链的模板。最终结果：单个双螺旋转化为两个相同的子双螺旋。

的机制产生两个子双螺旋，每个双螺旋含有一条完整的原始DNA链（该链是保守的）和一条完全新的链［图6.19（a）］。由于这个原因，这种双螺旋复制模式被称为**半保留复制**：复制过程中每个新双螺旋的一条链从母体分子得来，而另一条链是新合成的。

沃森和克里克的提议并不是唯一可以想象的复制机制。图6.19（b）和（c）说明两种可能的替代方案。通过全保留复制，两个子双螺旋中的一个完全由原始DNA链组成，而另一个螺旋由两个新合成的链组成。通过分散复制，两个子双螺旋都将携带新合成的和原始的核苷酸片段。这些替代方案不太令人满意，因为它们没有立即在碱基序列中复制信息的机制。

6.4.2 重氮实验证实了半保留复制

1958年，Matthew Meselson和Franklin Stahl进行了一项实验，证实了DNA复制的半保守性质（图6.20）。该实验依赖于能够区分预先存在的亲本DNA和新合成的DNA。为了实现这一点，Meselson和Stahl通过利用DNA的嘌呤和嘧啶碱基含有氮原子的事实来控制掺入新形成的链中的核苷酸的同位素组成。他们在培养基上培养了多代大肠杆菌，其中所有氮都是正常同位素^{14}N，以此作为对照。他们又在培养基上培养了多代

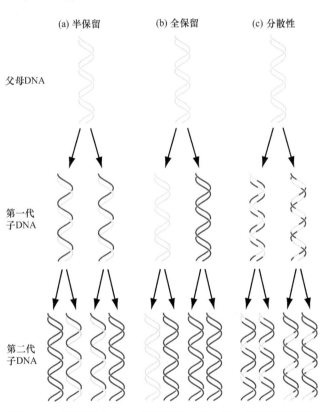

图6.19 三种可能的DNA复制模型。来自原始双螺旋的DNA是蓝色的；新合成的DNA是品红色的。（a）半保留复制（沃森-克里克模型）。（b）全保留复制：亲本双螺旋保持完整；一对子双螺旋的两条链是新合成的。（c）分散复制：两个子双螺旋的两条链都含原始和新合成的材料。

其他培养物的大肠杆菌，其中唯一的氮源是重同位素 ^{15}N。在重同位素培养基上生长几代后，这些细菌细胞的DNA中基本上所有氮原子都被标记（即含有）^{15}N。然后将这些培养物中的一些细胞转移到新培养基中，其中所有氮都是 ^{14}N。转移后合成的任何DNA都含有较轻的同位素。

Meselson和Stahl从培养于不同氮同位素培养基的细胞中分离出DNA，然后将这些DNA样品进行平衡密度梯度离心，这是他们刚刚开发的分析技术。在试管中，他们将DNA溶解在高密度氯化铯（CsCl）的溶液中，并在超速离心机中以非常高的速度（约50 000r/min）旋转这些溶液。在2～3天的时间内，在离心力（大约是250 000g）作用下形成稳定的CsCl浓度梯度，具有最高浓度的CsCl在管的底部。管中的DNA在其自身密度等于CsCl的密度的位置处形成一个清晰的条带。因为含有 ^{15}N 的DNA比含有 ^{14}N 的DNA密度更大，纯 ^{15}N DNA将形成比纯 ^{14}N DNA更低的条带，即更接近管的底部（图6.20）。

如图6.20所示，当具有纯 ^{15}N DNA的细胞转移到 ^{14}N 培养基中并允许分裂一次时，所得的第一代细胞的DNA形成的条带密度介于纯 ^{15}N DNA和纯 ^{14}N DNA之间。一个合乎逻辑的推论是这些细胞中的DNA含有等量的两种同位素。该发现使全保留模型无效，该模型预测的结果是仅出现纯 ^{14}N 和纯 ^{15}N 而没有中间的条带。相反，从 ^{14}N 培养基中经历第二轮分裂的第二代细胞中提取的DNA产生两个可观察的条带，一个密度对应于等量的 ^{15}N 和 ^{14}N，另一个密度为纯 ^{14}N。该结果使分散模型无效，该模型预测只有一个条带在原始生成的两个条带之间。

Meselson和Stahl的观察结果只能与半保留复制的推论一致。在从 ^{15}N 转移到 ^{14}N 培养基后的第一代中，每个子DNA分子的两条链中的一条带有重同位素标记；另一条是新合成的链，携带较轻 ^{14}N 同位素，密度介于 ^{15}N DNA和 ^{14}N DNA之间的条带表示该链中同位素进行了混合。在转移后的第二代中，一半DNA分子具有一条 ^{15}N 链和一条 ^{14}N 链，而剩余的一半携带两条 ^{14}N 链。两个可观察的条带（一个在混合位置，另一个在纯 ^{14}N 位置）反映了这种混合。通过确认半保留复制的预测，Meselson-Stahl实验反驳了全保留复制和分散复制的替代方案。我们现在知道DNA的半保留复制几乎是普遍存在的。让我们准确地考虑在有丝分裂细胞周期中半保留复制与真核细胞中染色体结构的关系（回顾

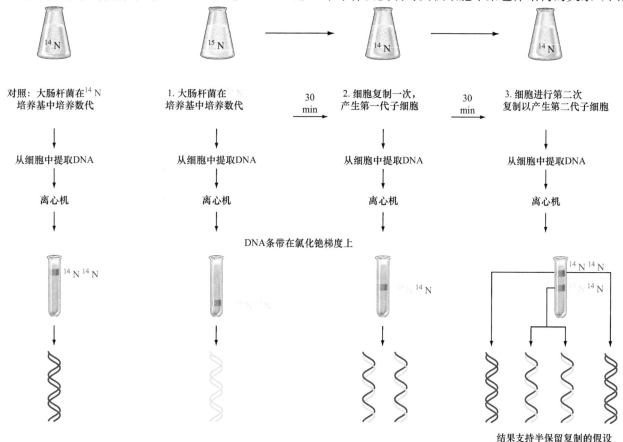

图6.20　Meselson-Stahl实验如何证实半保留复制。（1）大肠杆菌细胞在重 ^{15}N 培养基中生长。（2）和（3）将细胞转移到 ^{14}N 培养基中并使其分裂一次或两次。当来自这些细胞复制产物中的每一种的DNA在氯化铯梯度中离心时，提取的DNA的密度符合半保留复制模式的预测，如图的底部所示，其中蓝色表示重DNA，品红表示轻DNA。结果与DNA复制的全保留和分散模型不一致（与图6.19比较）。

图4.9）。在间期早期，每个真核染色体含有单个连续的线性双螺旋DNA。

之后，在间期的S期部分，细胞半保留地复制双螺旋；在这种半保留复制之后，每个染色体由两个在其着丝粒处连接的姐妹染色单体组成。每个姐妹染色单体是DNA的双螺旋，具有一条亲本DNA链和一条新合成的DNA链。在有丝分裂结束时，每一个子细胞从母细胞接收一套姐妹染色单体。这个过程在有丝分裂细胞分裂期间保留了等数量、同一套染色体，因为两个姐妹染色单体在碱基序列上彼此相同，并且与原始亲本染色体相同。

6.4.3　DNA聚合酶具有严格的操作要求

沃森和克里克的半保留复制模型是一个很容易理解的概念，但它发生的生化过程非常复杂。任何时候将DNA和核苷酸混合，复制都不会自发发生。相反，它

发生在细胞周期的一个精确时刻，取决于相互作用的调控元件网络，需要相当大的能量输入，并涉及细胞分子机制的复杂阵列，包括关键酶**DNA聚合酶**。这些突出的细节主要是在Arthur Kornberg的实验室中推断出来的，他因此工作而获得诺贝尔奖。Kornberg小组从大肠杆菌的复制过程中对其中的各个成分进行了纯化。值得注意的是，它们最终能够在含有纯化酶和DNA模板、引物（定义见后）和核苷三磷酸的试管中引发活细胞外特定遗传信息的复制。

尽管DNA复制的生物化学过程在单一细菌物种被阐述明了，但其基本特征是保守的，就像所有生物体内的DNA结构一样。在自然界中发现，合成每个DNA分子所需要的能量都来自于四种为DNA链形成提供碱基的脱氧核糖核苷三磷酸（dATP、dCTP、dGTP和dTTP；或作为通用术语的dNTP）相关的高能磷酸键。如图6.21所示，这种保守的生物化学特征意味着DNA合

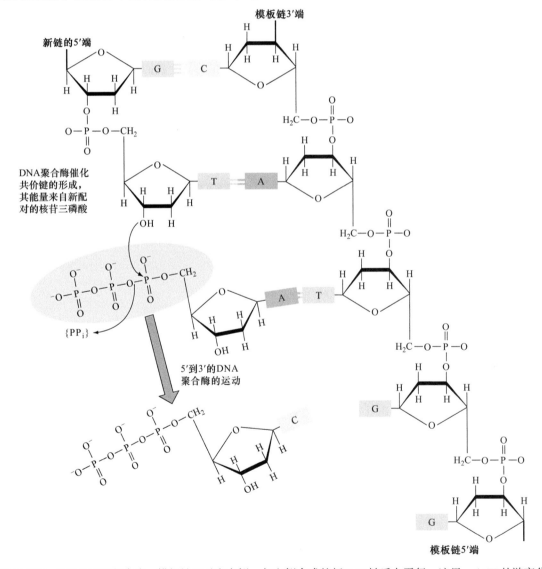

图6.21　DNA以5′→3′的方向进行合成。模板链显示在右侧，与左侧合成的新DNA链反向平行。这里，dATP的游离分子与模板链上的互补胸腺嘧啶碱基形成氢键。DNA聚合酶（黄色）切割第一和第二磷酸基团之间的dATP。该裂解释放的能量用于前一核苷酸的末端3′-OH基团与dATP底物的第一个磷酸之间形成共价磷酸二酯键。焦磷酸盐（PPi）作为副产物释放。

成只能通过向现有多核苷酸的3'端添加核苷酸来进行。获得通过切断dNTP底物分子的三磷酸酯臂所释放的能量，DNA聚合酶催化形成新的磷酸二酯键。一旦形成该键，酶就继续通过互补碱基配对结合下一个核苷酸。

除了DNA聚合酶之外，还需要许多蛋白质来参与DNA复制。但是，将在下面看到DNA复制最重要的特征反映了DNA聚合酶作用的三个严格要求（图6.22）。

（1）四个dNTP。

（2）单链模板。必须解开双链DNA，并且DNA聚合酶沿着模板链以3'→5'方向移动。

（3）具有游离3'羟基的**引物**。DNA聚合酶连续向增长的DNA链的3'端添加核苷酸（也就是说，DNA聚合酶仅在5'→3'方向合成DNA）。然而，DNA聚合酶不能在新链中建立第一个链接。因此，聚合必须从引物开始，引物是一些短的单链DNA或RNA分子，其长度为几个核苷酸长，与模板链的一部分碱基配对。

6.4.4　DNA复制是一个严格控制的复杂过程

DNA聚合酶形成磷酸二酯键只是活细胞内发生DNA复制高度协调过程的一个组成部分。如图6.23所示，整个分子机制有两个阶段：起始，蛋白质打开双螺旋并准备进行互补碱基配对；延伸，蛋白质将正确的核苷酸序列连接成新的DNA双螺旋。由于聚合酶功能的严格生化机制，DNA复制变得复杂。DNA聚合酶只能通过向DNA链的3'羟基添加核苷酸来延长现有的DNA链，如图6.21和图6.22所示。然而，在图6.23（a）中称为**复制叉**的两个Y型区域，DNA的反向平行链逐渐展开。结果，一条新合成的链（**前导链**）可以连续生长到每个叉口处。但是另一条新的链（**后随链**），由同一个叉上的另一个模板链合成，只能随着越来越多的模板在叉上展开，生成被称为**冈崎片段**的片段［图6.23（b）］。这些片段必须在此过程的后期连接在一起。

如图6.23所示，DNA复制依赖于许多不同蛋白质的协调活性，包括两种不同的DNA聚合酶，称为pol I和pol III（pol是聚合酶的缩写）。Pol III在产生新的互补DNA链中起主要作用，而pol I填补了新合成的冈崎

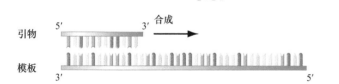

图6.22　DNA聚合酶的要求。为了合成DNA，DNA聚合酶需要单链DNA模板，可以是RNA或DNA的引物，以及游离的脱氧核糖核苷三磷酸（dNTP）。DNA聚合酶按照模板中互补核苷酸的指示，依次将核苷酸添加到引物的3'端。

片段之间的间隔。**DNA解旋酶**解开双螺旋有助于启动过程。一组特殊的单链DNA结合蛋白可以保持DNA解旋状态。称为**引发酶**的一种酶，产生RNA引物以启动DNA合成。在延伸期间，DNA连接酶将冈崎片段连接在一起。

生物化学家和遗传学家花了很多年才发现许多蛋白质的紧密协作如何推动DNA复制。今天，科学家认为这种程序化的分子相互作用是细胞中许多生化过程的基础。在这些过程中，一组蛋白质中的每个蛋白质都执行特殊功能，如同装配线上的工人，合作制造复杂的大分子。

从复制起点开始的DNA解旋产生两个叉状结构［图6.23（a）］。因此，复制通常是双向的，随着展开的进行，复制叉在相反的方向上移动。在每个分支处，聚合酶复制两个模板链，一个是连续的，另一个是不连续的冈崎片段［图6.23（b）］。

在环状的大肠杆菌染色体中，只有一个复制起点［图6.24（a）］。当它的两个分叉以相反的方向移动时，在复制起点周围的圆圈的大约一半处的指定终止区域相遇，复制完成［图6.24（d）~（f）］。

毫不奇怪，复制叉上双螺旋的局部展开会影响整个染色体。在大肠杆菌里，共价闭合环状染色体上的展开部分会使分子的其余部分变形和扭曲［图6.24（b）］。过度缠绕则减少了转向B型DNA的螺旋数量。染色体通过扭转自身来适应扭曲的变形。你可以通过设想一根卷起来的电话线在使用时过度缠绕在一起来想象这种效果。DNA分子的额外扭曲称为**超螺旋**。复制叉的移动导致更多超螺旋。

如果不加以控制，这种累积的超螺旋将使染色体紧紧缠绕在一起，以至于阻碍复制叉的进展。一组被称为**DNA拓扑异构酶**的酶有助于通过切割一条或两条DNA链来解开超螺旋，即切割连接两个核苷酸之间的糖-磷酸骨架［图6.24（c）］。就像电话线可以解开并恢复其正常的卷曲模式一样，超螺旋DNA链在解开之后，可以彼此相对旋转，从而恢复每10.5个核苷酸对一个螺旋转角的正常卷曲密度。因此，拓扑异构酶的活性通过防止超螺旋在复制叉前面积累而允许在整个染色体上进行复制。复制环状双螺旋有时会产生缠绕的子分子，其完全分离也取决于拓扑异构酶活性［图6.24（e）和（f）］。

在更大的真核细胞线性染色体中，双向复制大致如上所述，但是开始于许多复制起点。多个起点确保在分配的时间内（即在细胞周期的S期间内）完成复制。另外，因为后随链是由冈崎片段组合形成的，所以线性染色体末端的复制也存在问题。但是真核生物染色体已经进化出了称为**端粒**的特殊终止结构，这确保了每个线性染色体两端的维持和精确复制（第12章介绍了真核生物染色体复制的细节）。

特色插图6.23

DNA复制的机制

（a）起始：准备双螺旋以用作模板。起始开始于在称为**复制起点**的特定短核苷酸序列处解旋双螺旋。从起始蛋白开始，几种蛋白质与起点结合，启动子吸引**DNA解旋酶**，解旋双螺旋。DNA区域的开放产生两个称为**复制叉**的Y形区域，一个位于未缠绕区域的任一端，即**复制泡**。单链将作为合成新DNA链的**模板**。

称为**DNA聚合酶Ⅲ**的酶复合物将核苷酸添加到预先存在核酸链的3′端。对现有核酸链的要求意味着必须有其他物质来启动即将构建的新核苷酸链。在活细胞中，其他物质是短链的RNA，称为**RNA引物**，由引发酶合成。

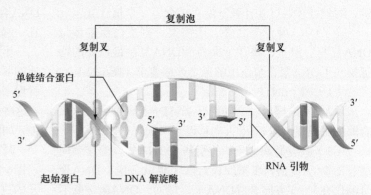

（b）延伸：将正确的核苷酸序列连接成连续的新DNA链。通过互补碱基配对，模板链中碱基的顺序指定新形成链中碱基的顺序。DNA聚合酶Ⅲ通过形成磷酸二酯键催化新核苷酸与前一核苷酸的连接，该过程称为**聚合**。DNA聚合酶Ⅲ首先将正确配对的核苷酸连接到RNA引物的3′羟基末端，然后继续将适当的核苷酸添加到生长链的3′端。结果，正在构建的DNA链以5′→3′方向生长，而DNA聚合酶分子实际上沿着反向平行模板链以3′→5′方向移动（以下三个图仅显示左复制叉中发生的事件）。

随着DNA复制的进行，解旋酶逐渐地打开双螺旋。DNA聚合酶与叉结构的移动方向相同，以合成**前导链**。然而，第二个新DNA链，即**后随链**的合成是有问题的。后随链的极性与前导链相反，然而DNA聚合酶仅在5′→3′方向上起作用。那么它们是怎么工作的呢？

答案是后随链在正常的5′→3′方向上不连续地合成大约1000个碱基的小片段，称为**冈崎片段**。

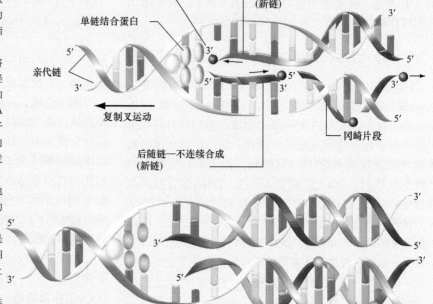

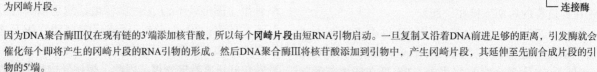

因为DNA聚合酶Ⅲ仅在现有链的3′端添加核苷酸，所以每个**冈崎片段**由短RNA引物启动。一旦复制叉沿着DNA前进足够的距离，引发酶就会催化每个即将产生的冈崎片段的RNA引物的形成。然后DNA聚合酶Ⅲ将核苷酸添加到引物中，产生冈崎片段，其延伸至先前合成片段的引物的5′端。

最后，**DNA聚合酶Ⅰ**和其他酶取代了连接冈崎片段和DNA的RNA引物，与**DNA连接酶**共价地将连续的冈崎片段连接成一条连续的DNA链。

6.4.5　必须保持遗传信息的完整性

DNA是大多数生物体的结构和功能所需的大量信息的唯一储存库。在某些物种中，这些信息可能存在多年，或者在被要求产生后代之前可能会多次复制。在储存期间和配子产生之前，生物体必须保护信息的完整性，因为即使是最微小的变化也可能带来灾难性的后果，如引起严重的遗传疾病甚至死亡。每种生物都以三种重要方式确保其DNA的信息保真度。

● 冗余。双螺旋中的任何一条链都可以指定另一条链的序列。这种冗余为检查和修复由于存储期间的化学改变或复制机制的罕见故障引起的错误提供了基础。

● 细胞复制机制的非凡精确度。进化已经完善了DNA复制的细胞机制，使得复制过程中的错误极为罕见。例如，DNA聚合酶已获得校对能力，以防止不匹配的核苷酸加入一条新的DNA链；因此，只有当游离核苷酸的碱基与亲本链上的互补碱基能正确配对时，游离的核苷酸才会在生长的链上黏附。我们将在第7章中研究这种校对机制。

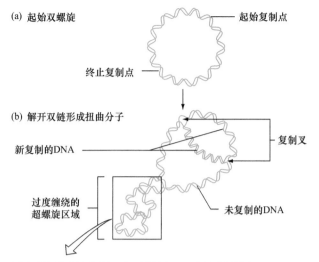

(a) 起始双螺旋　　　　　　　起始复制点

终止复制点

(b) 解开双链形成扭曲分子

新复制的DNA　　　　　　　复制叉

过度缠绕的
超螺旋区域　　　　　　　　未复制的DNA

(c) 拓扑异构酶通过破坏、解开和缝合DNA来松弛超螺旋

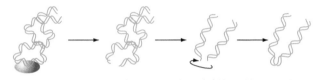

1. 拓扑异构酶在　2. DNA被拓扑异　3. 切开链旋转　4. 被切开的链尾端
切开DNA的位置　　构酶切开　　　　松弛　　　　　重新被连接

(d) 复制是双向的

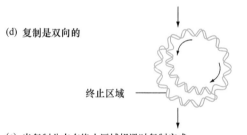

终止区域

(e) 当复制分支在终止区域相遇时复制完成

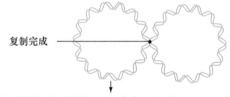

复制完成

(f) 拓扑异构酶将缠绕的子代染色体分开，产生两个子代分子

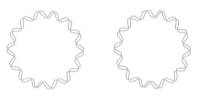

图6.24　环状细菌染色体的双向复制：概述。（a）和（b）复制从单一来源向两个方向进行，产生两个复制叉，它们围绕圆圈以相反方向移动。在复制叉处局部解开DNA会在复制叉前面的DNA中产生超螺旋扭曲。（c）拓扑异构酶的作用有助于减少这种超螺旋。（d）和（e）当两个复制叉在终止区域相遇时，整个染色体完成复制。（f）拓扑异构酶分离两个子代染色体。

● 修复DNA化学损伤的酶。该细胞中有一系列用于修复几乎所有可以想象的化学损伤的酶。我们将在第7章中描述这些酶是如何进行校正的。

所有这些保障措施有助于确保DNA中包涵的信息在一代代细胞的传递过程中完好无缺。然而，正如接下来我们看到的，现有信息的新组合会由于重组而自然产生。

基本概念

● DNA分子通过半保留复制进行复制；两条DNA链分开，每条链都可以作为合成新互补链的模板。

● DNA聚合酶通过在生长的DNA链的3'端连续添加核苷酸，以5'→3'方向合成DNA。

● DNA聚合酶需要：①供应四种脱氧核糖核苷三磷酸；②单链DNA模板；③具有游离3'羟基的DNA或（在细胞中）RNA的引物。

● 在DNA复制叉上，DNA聚合酶连续合成一条新链（前导链），而另一条（后随链）合成为多个冈崎片段，然后通过DNA连接酶连接。

● DNA中信息的完整性和准确性通过两条链中的冗余、合成DNA的酶的精确度，以及修复DNA损伤的酶的作用来保持。

6.5　DNA水平的同源重组

学习目标

1. 总结来自四分染色体分析的证据，证实重组发生在四链阶段并涉及相互交换。

2. 解释我们如何知道DNA在重组过程中发生的断裂和重新连接现象。

3. 列出分子水平重组的关键步骤。

4. 解释为什么重组事件并不总是导致染色体互换。

5. 描述异源双链区域的错配修复如何导致真菌四联球菌中的基因转换。

突变是所有新等位基因的最终来源，是发生在染色体上任何特定核苷酸对的罕见现象。因此，在有性繁殖物种中产生基因组多样性的最重要机制是已经存在的等位基因的新组合的产生。这种类型的多样性增加了在变化环境中生存和繁殖时，至少一些交配双亲的后代将有机会继承最适合的等位基因。

已存在的等位基因的新组合来自两种不同类型的减数分裂事件：①自由组合，其中每对同源染色体通过随机纺锤体附着而不受其他对的影响而分离；②交换，其中两个同源染色体部分交换。自由组合可以产生在不同染色体上携带新基因等位基因组合的配子，但对于同一染色体上的基因，单独的自由组合将仅保留现有的等位

171

基因组合。然而，交换可以产生连锁基因的新等位基因组合。因此，交换的进化补偿了染色体内基因连锁的显著缺点。

历史上，遗传学家使用重组这个术语来表示通过任何方式产生新的等位基因组合，包括自由组合。但在本章的其余部分，我们更狭义地使用**重组**来表示通过同源染色体之间的遗传交换而产生的新等位基因组合。在本讨论中，我们将交换的产物称为**重组体**，亦即携带来自不同同源等位基因的混合染色体。

在真核生物中，重组除了产生新的等位基因组合之外，还具有额外的基本功能：它有助于确保在减数分裂期间染色体正确的分离。第4章已经描述了交换与姐妹染色单体粘连相结合如何在前期I和中期I期间将同源染色体保持为二价体。如果同源物不能重组，它们通常不能将自己定向到减数分裂的相反极点，这将导致不分离。

当我们在分子水平上检查重组时，我们首先看一下建立交换基本参数的实验。然后我们将描述交换事件的分子细节。

6.5.1 四分染色体分析说明了重组的关键方面

你在第5章中看到，一些真菌如酵母和脉孢菌产生的子囊在一个囊中含有单个减数分裂的所有产物，即四分染色体。对这些四分体的分析使遗传学家能够推断出关于重组的基本信息。

1. 证据表明重组发生在四分体阶段

回想一下，在四分染色体分析中，两个基因之间联系的标志是产生的NPD四分体很少：PD及T的数量总是大于NPD的数量。这一结果是有道理的，因为所有SCO和一些DCO减数分裂产生T，而只有1/4的稀有DCO产生NPD（回顾图5.23和图5.24）。

在杂交中实际观察到的极少数NPD确定重组发生在染色体复制后，每对同源物存在4个染色单体〔图6.25（a）〕。如果重组在染色体复制之前发生，则每个单独的交换事件（即每个SCO）将产生四个重组染色单体并产生NPD四分体；这样用于重组的模型将不能解释任何T四分体〔图6.25（b）〕。

2. 证据表明重组通常是相互的

第5章的讨论假设重组是相互的，同源染色体的非姐妹染色单体交换部分是相等的。也就是说，无论如何，从一个染色单体中丢失，从另一个中获得，反之亦然。我们知道，从四分染色体分析的结果，可以看出这种假设是合理的。

假设你在*A B*和*a b*酵母菌株的杂交中跟踪连锁基因*A*和*B*。如果在减数分裂期间的重组是相互的，则具有重组子代的每个四分体应该包含相同数量的两类重

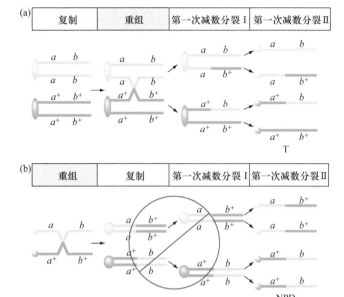

图6.25 染色体复制后的重组。（a）因为重组在染色体复制后发生，所以含有重组孢子的大多数四分体是T。（b）经证实的模型。如果在染色体复制之前发生重组并且假设两个基因相关联，则含有重组孢子的大多数四分体将是NPD而不是T。

组体。观察结果证实了这一预测：每个T四分体携带一个*A b*和一个*a B*孢子，而每个NPD四分体含有两个每种类型的重组体（回想图5.24）。因此，我们可以得出结论：减数分裂重组几乎总是相互的。我们说"总是"，因为正如你将在本章后面看到的那样，很少有例外情况，其中的四分体不能被分类为PD、NPD或T。这些特殊的四分体帮助科学家理解重组机制的关键特征。

6.5.2 重组过程中DNA分子断裂和重新连接

当通过光学显微镜观察时，带有物理标记的重组染色体似乎是由两条同源染色体在重新连接时发生断裂和部分交换而形成的（见图5.7）。因为重组染色体与所有其他染色体一样，都是由长DNA分子组成的，合乎逻辑的期望是它们应该在分子水平上显示出这种断裂和重新连接的一些物理迹象。为了评估这一假设，研究人员选择了一种细菌病毒Lambda作为模式生物。Lambda在这项特殊研究中具有独特的实验优势：它的重量约为DNA的一半，因此整个病毒的密度反映了其DNA的密度。

实验技术在原理上与Meselson和Stahl用于监测DNA复制过程中DNA密度变化的技术相似。然而，在这种情况下，研究人员（Matthew Meselson再次与另一位合作者Jean Weigle合作）监测了DNA密度以观察重组。他们使用了两种基因标记的细菌病毒株来跟踪重组。他们在具有碳和氮的重同位素的培养基中培养野生型菌株（*A B*），并且在含有这些原子的正常轻同位素的培养基中培养具有两个基因（*a b*）突变的菌株（图6.26）。

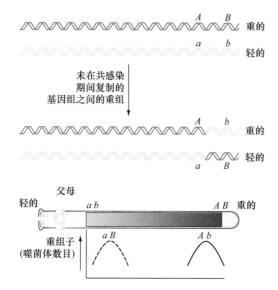

图6.26　重组过程中DNA分子断裂并重新连接。Meselson和Weigle用两种不同的遗传标记的噬菌体λ菌株感染大肠杆菌细胞，这些菌株先前在重（^{13}C和^{15}N）或轻（^{12}C和^{14}N）同位素存在下生长。在轻培养基上生长后，它们在CsCl密度梯度上旋转后代噬菌体。一些$A\,b$基因重组体（但几乎没有$a\,B$重组体）具有与$A\,B$亲本几乎相同的重密度。

然后，Meselson和Weigle感染了在正常（轻同位素）培养基中生长的细菌细胞，每种细胞都感染了两种病毒株。在允许噬菌体复制、重组并将其重新包装成病毒颗粒后，实验者分离了从裂解细胞释放的病毒并按密度梯度来分析它们。

对于实验设计来说，重要的是基因A和B都接近病毒染色体的一端（图6.26）。这个想法基于一些原始的噬菌体染色体在轻同位素培养基中进行复制之前会经历重组。

例如，一些重$A\,B$染色体会与轻$a\,b$染色体重组。如果通过双链DNA分子的断裂和再结合发生交换，那么来自裂解细胞的一些$A\,b$重组噬菌体的密度几乎与$A\,B$的亲本噬菌体的密度一样重（图6.26）。相反，基因型$a\,B$的重组体几乎不由重DNA组成。

因为噬菌体已经在轻质培养基中复制，所以可以在整个梯度中发现重组噬菌体。然而，关键结果是，确实在最重的密度附近发现了大部分$A\,b$重组体及$A\,B$亲本分子。只有当$A\,b$染色体主要由双螺旋重DNA组成时才有意义，正如图6.26所示的染色体断裂和再结合所预期的那样。

6.5.3　在分子水平上交换：一个模型

大部分在酵母中进行的生化实验使我们了解了减数分裂重组的分子机制。研究人员发现，蛋白质Spo11在启动酵母中的减数分裂重组中起着至关重要的作用，它与线虫、植物、果蝇和哺乳动物中减数分裂重组所必需的蛋白质同源。这一发现表明，图6.27中详细介绍的重

组机制——称为双链断裂修复模型，在整个真核生物的进化过程中得到了保护。

在图中，我们关注两个非姐妹染色单体，即使重组发生在四分体阶段。此外，我们使用重组事件这一术语来描述Spo11启动的分子过程，无论它是否导致交换。正如你将要看到的，重组事件的分子细节是，交换（非姐妹染色体的双链DNA的相互交换）仅在某些时候由Spo11介导的过程中产生。

1. 启动重组

当Spo11在四种染色单体中的一种中发生双链断裂时，减数分裂重组事件开始（图6.27，步骤1）。接下来，在一个叫做切除的过程中，一个**外切核酸酶**（一种从DNA分子末端去除核苷酸的酶）从裂解的两侧降解一条DNA链，留下3′单链尾（图6.27，步骤2）。在下一组称为**链入侵**的反应中，一条单链尾取代了非姐妹染色单体上的反应链（图6.27，步骤3）。链的侵入导致**异源双链**区的形成（来自希腊语"异构"，意思是其他或不同），其中DNA分子由来自每个非姐妹染色体的一条链组成（图6.27，步骤3）。

在图6.27的步骤3结束时形成的分子中间体可能有两种不同的命运。步骤4～6中描述的一条路径导致交换。步骤4′～5′中所示的第二种途径不产生交换，但所得的染色单体之一具有异源双链区。

2. 交换路径

在步骤3中被链入侵取代的链现在与另一个3′单链尾形成第二个异源双链体（图6.27，步骤4）。DNA合成延长的两个3′尾取代了被外切核酸酶降解的DNA，**DNA连接酶**重新密封DNA骨架（图6.27，步骤4）。结果是两个非姐妹染色单体在两个**霍利迪连接体**互锁（图6.27，步骤5）。霍利迪体彼此远离，从而扩大了它们之间的异源双链——一个称为**分支迁移**的过程（图6.27，步骤5）。

现在，两个非姐妹染色单体必须分开。每个霍利迪连接体，两个染色单体通过切割和连接两条DNA链而分离。如图6.27（步骤6）所示，当切割不同的DNA链并在每个连接体通过**解离酶**和连接酶重新连接时，产生交换（和侧翼等位基因的重组）。因为解离酶几乎总是切割所有四条DNA链，所以双霍利迪连接体处的分解通常会导致交换。

3. 非交换途径

由Spo11启动的重组也可以通过称为**抗交换解旋酶**的酶的作用而不产生交换。解旋酶有助于将非侵染性染色单体中的入侵链解开，从而中断霍利迪连接体的形成（图6.27，步骤4′）。注意，尽管该途径的最终结果是没有交换（步骤5′），但是所得的染色单体之一仍然包含异源双链体区域。

特色插图6.27

分子水平的重组模型

步骤1 双链断裂形成。在减数分裂前期，Spo11蛋白通过切割DNA两条链上相邻核苷酸之间的磷酸二酯键，在其中一条染色单体上产生双链断裂（注意，只显示了两个正在进行重组的非姐妹染色单体）。

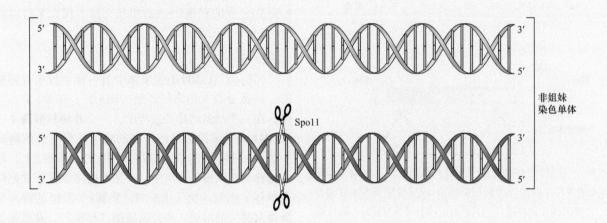

步骤2 切除。**外切核酸酶**降解断裂每侧的5′端以产生两个3′单链尾。

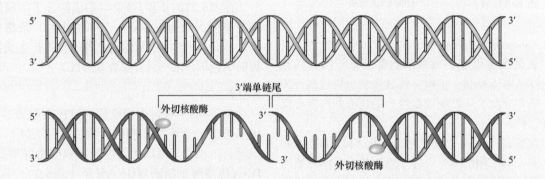

步骤3 第一条链入侵。蛋白质Dmc1（橙色椭圆形）与其他蛋白质（未显示）合作，帮助其中一条尾侵入并打开另一条染色单体的双螺旋。然后Dmc1沿着双螺旋移动，将其打开。入侵链扫描瞬间展开的DNA双链体中的碱基序列。一旦发现足够长度的互补序列，两条链就形成由数十个氢键维持的**异源双链体**。被入侵尾部置换的链形成**D环**（用于置换环），其通过复制蛋白A（RPA）（黄色椭圆）的结合而稳定。

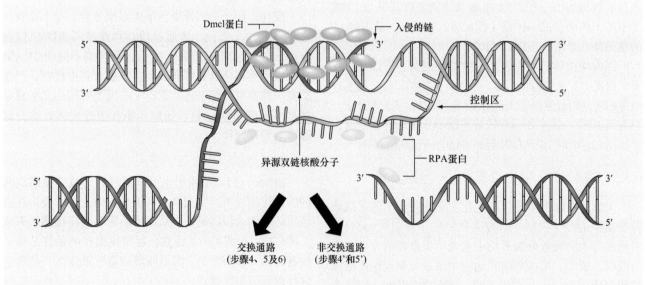

特色插图6.27（续）

交换途径

步骤4　形成双霍利迪连接体。添加到入侵3'尾的新DNA（顶部的蓝点）扩大了D环，直到被置换链上的单链碱基与非姐妹染色单体上的3'尾形成互补碱基对。添加到后一尾部的新DNA（底部的蓝点）在底部染色单体上重新产生DNA双链体。在原始断裂的每一侧，新合成的DNA的3'端与切除后留下的5'端相邻，并且**DNA连接酶**形成磷酸二酯键以重新连接DNA链而不损失或获得核苷酸。由此产生的X形结构被称为**霍利迪（Holliday）连接体**，以科学家Robin Holliday的名字命名，是他首先提出X形结构作为重组的关键中间体存在。

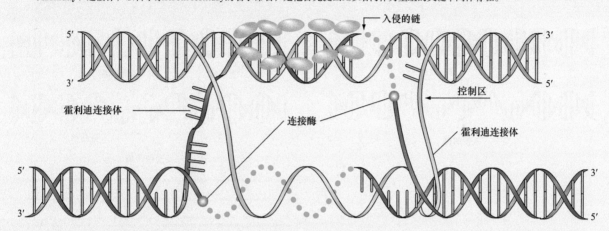

步骤5　分支迁移。两条入侵的链倾向于通过与它们侵入的亲本双螺旋的互补链碱基配对而形成拉链。DNA双螺旋在这个双拉链动作前打开，沿着图中箭头的方向移动，两个新生成的异源双链分子在它后面重新缠绕。因此，分支迁移将两个DNA分子的异源双链区域从数十个碱基对延长至数百或数千个。

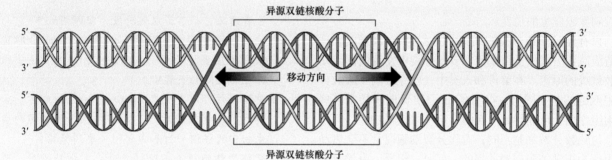

步骤6　双霍利迪连接中间体的分解。两个互锁的非姐妹染色单体必须解开。被称为**解离酶**的酶（未显示）在每个霍利迪连接处通过断裂两条DNA链来实现分离；随后通过DNA连接酶（未显示）重新连接链。每个连接处都有不同的蓝色和红色链被切割；一个连接处在由黄色箭头指示的链被切割，并且由绿色箭头指示的链在另一个连接处被切割。在每个连接处，剪切并重新连接链，使得红色DNA连接到蓝色DNA，反之亦然。交换结果是因为四股中的每一股都被切割一次并重新加入。注意在底部的图中，两种重组染色单体都具有短的异源双链区。

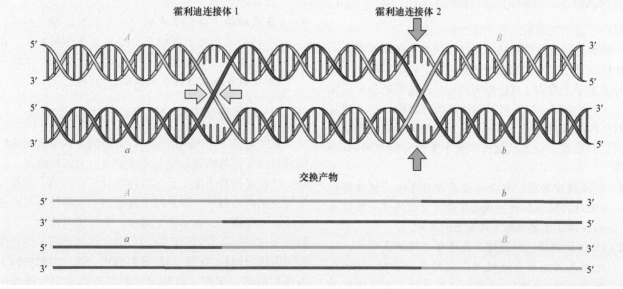

特色插图6.27（续）

非交换途径

步骤4' 链位移和退火。正如在交换途径的步骤4中，使用非姐妹染色单体（蓝色）作为模板，首先通过DNA合成（蓝点）延伸入侵链（箭头）。但接下来，一种**抗交换解旋酶**（未显示）解开入侵链和非姐妹染色单体从而产生中间体。

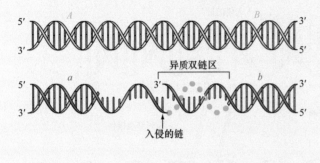

步骤5' DNA合成和连接。通过DNA合成（红点）填充双链DNA序列中的剩余间隙，并且DNA连接酶形成磷酸二酯键以重新连接DNA链。结果是没有交换，但是异源双链区仍然保留在一个染色单体中。

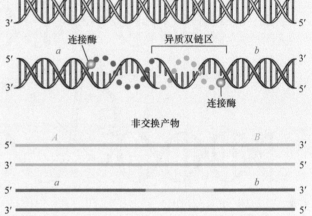

4. 控制重组发生的位置和时间

只有经过减数分裂的细胞才能表达Spo11蛋白，这是造成减数分裂的重组率比在有丝分裂中发现的高出几个数量级的原因。在酵母和人类中，已经绘制了减数分裂中双链的断裂图谱，很明显Spo11更倾向于切割某些基因组序列，从而导致交换的热点（回想图5.17）。

与减数分裂细胞不同，有丝分裂细胞通常不会启动重组作为正常细胞周期计划的一部分；相反，有丝分裂细胞中的重组是DNA受到环境的破坏的结果。正如你将在第7章中看到的那样，例如，X射线和紫外线会导致双链断裂或单链切口。细胞的酶促机制可用于修复受损的DNA位点，而重组是该过程的副作用。

5. 摘要：目前同源重组分子模型的证据

减数分裂重组的双链断裂修复模型于1983年提出，远在任何重组中间体的直接观察之前。科学家现在已经在分子水平上看到了双链断裂的形成，这些断裂的切除产生了3'单链尾，以及双霍利迪连接体结构。已经建立的双链断裂修复模型，解释了从遗传和分子研究中获得的大部分数据，以及从遗传实验中推导出的重组的6个特性。

（1）同源物理断裂，部分交换并重新连接。用噬菌体λ进行的Meselson-Weigle实验为重组的这一关键方面提供了重要证据（回顾图6.26）。

（2）DNA复制后，非姐妹染色单体之间发生交换。当连锁基因的酵母通过双杂交形成孢子时，T四分体的出现和NPD的稀有性只有重组发生在四链时

才有意义，而不是双链阶段（回顾图6.25）。

（3）破损和修复产生重组的互逆产物。酵母和脉孢菌四分体几乎总是NPD、PD或T，因为互逆重组体存在于相同的子囊中。

（4）重组事件可以发生在DNA分子的任何地方。如果观察了足够多的后代，则可以在各种不同的实验生物中的任何一对基因之间观察到交换。

（5）交换的精确性（不获得或者丢失核苷酸对）可以防止在该过程中发生突变。遗传学家最初通过观察重组通常不会引起突变这一现象来推断交换的精确性；今天，我们通过DNA序列分析知道这是正确的。

（6）**基因转换**（杂合子中的一个等位基因转换为另一个的物理变化）有时是由于重组事件而发生。在下一节中，你将看到如何通过在重组事件期间所形成的异源双链现象来解释基因转换。

6.5.4 异源双链DNA修复可导致基因转换

正如孟德尔所预测的那样，酵母四分体分析使我们能够看到等位基因等量地分离成配子。大多数情况下，在一个特定的基因座上，二倍体杂合子产生两个含有一个等位基因的孢子，以及两个含有另一个等位基因的孢子（2∶2分离）。在一个子囊中，有了同时检测一个减数分裂过程中所有四个产物的机会，从而发现了四分体很少表现出的3∶1或1∶3的分离模式，这一现象打破了孟德尔的第一定律。这些罕见的四分体是重组过程中

异源双链体形成的结果。产生这些四分体的现象被称为基因转换。

1. 异源双链体中碱基错配

用于重组的分子模型包括异源双链区的形成，这是因为重组DNA分子的两条链不会断裂并且重新加入双螺旋上的相同位置。此外，通过分支迁移，异源双链区域可以扩展到数百甚至数千个碱基对。异源双链的名称不仅因为两条DNA链来自不同的非姐妹染色单体，而且因为链的碱基配对可能产生错配，使其中的一个或几个碱基不互补。如果异源双链区域在基因内并且基因的母本和父本等位基因不同，则可能导致基因转换。

2. 通过错配修复进行基因转换

错配的异源双链分子不会持续很长时间。相同的DNA修复酶可以修复复制过程中的矩形不匹配（将在第7章讨论），也在重组过程中纠正异源双链。修复酶的工作结果取决于它们改变的链。例如，图6.28中的G-A不匹配可以变成G-C或T-A，并且T-C不匹配可以修复为G-C或T-A（斜体表示改变的碱基）。因此，对于在异源双链体处产生的两个错配，存在四种可能的修复结果。其中两个异源双链被修复以产生相同的碱基对，可能导致基因转换。如图6.28所示，假设异源双链体内的碱基对差异是两个等位基因B和b之间的分子差异。一个非姐妹染色单体一开始是B，另一个一开始是b。基因转换的结果是两个染色单体最终都具有相同的等位基因——两者都是B或b。

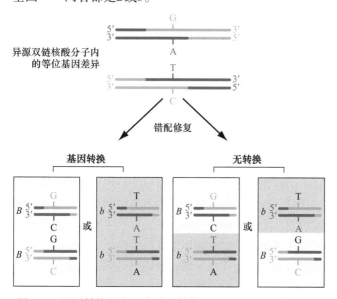

图6.28　基因转换的发生方式。等位基因B和b的区别在于一对碱基对；其中B是G-C（黄色），b是T-A（灰色）。如果基因B在重组事件后在异源双链区内，则错配碱基的修复可以将B转化为b，反之亦然。当DNA修复（黑色）改变碱基时，基因转换均来自相同的染色单体。注意，蓝色和红色线是单个DNA链。

3. 酵母和脉孢菌子囊中的基因转换

在酵母和脉孢菌中基因转换是显著的，因为单一减数分裂的所有产物都保持在一个子囊里。基因转换可能被检测为异常的子囊，既不是PD，也不是NPD，也不是T。回想一下图5.22，*AB* / *ab*二倍体酵母细胞，其中*A*和*B*是连锁基因，可以产生三种类型中任何一种的四分体。所有这三种四分体类型共有的一个关键特征是*A*∶*a*或*B*∶*b*等位基因的比例总是2∶2。然而，罕见的*b*转化为*B*导致四分体既不是PD，也不是NPD，也不是T，因为*B*∶*b*等位基因的比例是3∶1（图6.29）。

基因转换通常与侧翼等位基因的交换相关联支持了基因转换是由于重组事件期间异源双链体形成所致的观点。例如，假设在*ABC* / *abc*二倍体酵母的减数分裂过程中，在基因*A*和基因*C*之间发生重组事件，使得基因*B*在异源双链体区域内（图6.29）。基因*B*任一侧的霍利迪连接体的分解导致侧翼基因*A*和*C*的等位基因之间的交

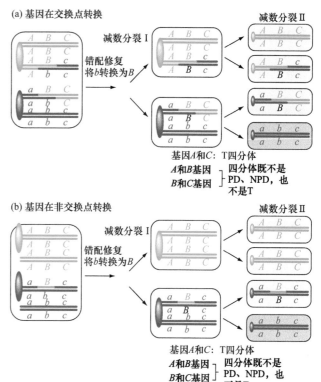

图6.29　酵母四分体中基因转换的检测。在整个图中，蓝色和红色线代表单个DNA链。（a）*ABC* / *abc*二倍体酵母细胞在减数分裂期间的重组产生异源双链区，其中每条DNA链具有基因*B*的不同等位基因。通过错配修复（黑*B*）将*b*转化为*B*导致异常四分体，*B*∶*b*等位基因的比例为3∶1而不是2∶2。在这种情况下，重组事件导致侧翼基因*A*和*C*的等位基因交换并因此重组。四分体是与*A*和*C*有关的T。（b）这里，重组事件由非交换途径产生。因为不发生交换，所以得到的四分体是与基因*A*和*C*有关的PD。然而，异源双链区域的错配修复将*b*转化为*B*，因此该四分体还显示*B*∶*b*的比例为3∶1。

换重组。随后对含有基因B的异源双链区域的DNA修复可导致基因转换，产生一个$B:b$或$b:B$显示$3:1$分离比的四分体［图6.29（a）］。

读者应该注意到，由进入非交换途径的重组事件产生的异源双链核酸分子也可以产生具有$3:1$分离模式的四分体。在这种情况下，发生基因转换，但不伴随侧翼基因等位基因的重组［图6.29（b）］。

基本概念

- 在四分体分析中，T的存在和观察到的极低数量的NPD确定了重组在染色体复制后发生，此时每对同源物含有四个染色单体。T和NPD四分体表现出相同数量的两类重组体，表明相互交换。
- 染色体部分的交换期间发生重组涉及DNA分子的破坏和重新连接。
- 在分子水平上，减数分裂前期的交换需要在两个霍利迪连接体之间形成异源双链DNA，并通过内切核酸酶和DNA连接酶分解连接体。
- 重组事件仅在部分时间内导致交换，因为解旋酶可以在霍利迪连接体形成之前解开染色单体。
- 基因转换是将杂合子中的一个等位基因在物理上转变为另一个等位基因的过程，这为重组事件期间异源双链体的形成提供了证据。

6.6 位点特异性重组

学习目标

1. 绘制位点特异性重组的可能结果。
2. 列出必须引入的组件，以将位点特异性重组导入新发现的生物体中。
3. 对比Spo11和Cas9这两种能够催化双链断裂形成的酶的功能。

如前一节所述，同源重组从先前存在的DNA分子开始，将它们分开，然后重新连接以形成新的DNA序列。然后，自然选择测试这些新的DNA分子是否有能力帮助那些在改变了环境情况下繁殖和存活下来的生物体。在一群生物体中产生的DNA分子类型越多，后代中个体继续存在的可能性就越大。因此，同源重组几乎可以在基因组中大量位点的任何一个上随机发生，也可能在任何两个相邻的核苷酸对之间发生，这并不奇怪。通过这种方式，同源重组有助于产生具有巨大的多样性的染色体碱基序列来用于自然选择。

6.6.1 重组酶催化特定DNA序列之间的重组

与这种近乎随机的同源重组相反，在一些生物中发现有**位点特异性重组**系统可以在特定的DNA序列上促进DNA分子的破坏和重新连接。位点特异性重组是仅在两个通常小于200个碱基对长度的特定DNA靶位点之间发生的交换。位点特异性重组在分子水平上比在前一节中讨论的同源重组简单得多。特别地，在大多数位点特异性重组系统中，逻辑上称为**重组酶**的单一蛋白质足以催化该过程的所有断裂和连接步骤。如果你对此好奇，图6.30描述了一类这种重组酶的作用方式。

生物体中包括某些种类的噬菌体，利用位点特异性重组这种方法将它们小的环状基因组**整合**（掺入）到宿主细菌的染色体中［图6.31（a）］。通过这种方式，噬菌体DNA与细菌染色体一起"搭便车"：当宿主DNA复制时，整合的噬菌体基因组也复制。

位点特异性重组对于**切除**的逆过程也很重要，其中整合在单个染色体中的两个靶位点之间的DNA被移除后产生两个独立的DNA分子［图6.31（b）］。如果已经将噬菌体基因组整合到宿主染色体中，则使噬菌体基因组自身解脱然后并入病毒颗粒中，这个切除过程是至关重要的。

位点特异性重组系统的第三个潜在结果是位于两个靶位点之间的DNA片段的**倒位**［图6.31（c）］。可以想象，这种倒位可能构成同一染色体的两种构型之间的分子转换。中间段在一个状态中朝向一个方向，在另一个状态中朝向另一个方向。

如果在两个同源染色体的相同位置上发现靶位点，则可发生位点特异性重组的最终模式。重组酶对这些靶位点的作用将导致在非姐妹染色单体上产生区域的重排，并导致染色体重组［图6.31（d）］。据我们所知，在自然使用位点特异性重组的生物体中通常不会遇到这种情况。然而，遗传学家可以通过这种排列的靶位点生成有机体，也可以生成重组酶蛋白。该技术特别适用于在这些界定的位置以高频率发生的有丝分裂交换。

1. 科学家可以利用Flp／FRT和Cre／loxP位点特异性重组系统来打开和关闭基因

位点特异性重组仅是某些生物的特性，其在这些生物中的使用通常局限于非常特殊的过程，如噬菌体整合或切除。如果位点特异性重组不是像同源重组这样的普遍现象，为什么我们会将它告诉你？答案是，遗传学家现在可以向各种物种输出位点特异性重组，这些研究人员发现这种重组非常有用。通过将基因序列添加到基因组中，遗传学家可以精确控制基因组重组的发生位置。通过调节重组酶的产生，研究人员可以确定在什么时间点、什么组织中发生了位点特异性重组。

本书后面的章节讨论了两个这样的系统位点特异性重组：Flp重组酶／FRT位点（Flp／FRT），通常用于在酵母细胞中复制小环状DNA（质粒）；Cre重组酶/loxP位点（Cre／loxP），是一种叫做P1的噬菌体在生命周期的几个阶段所需的。

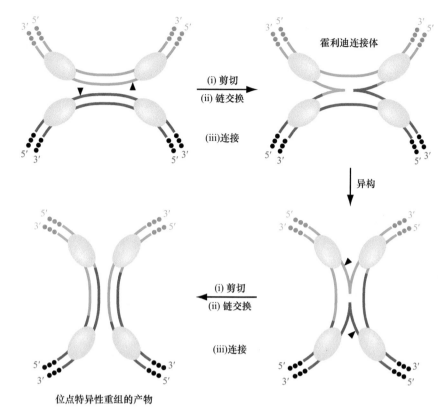

图6.30　一个位点特异性重组机制。文中所讨论的Cre和Flp酶的功能如图所示。红色和蓝色靶DNA序列彼此相同，但为了清楚起见，以不同颜色表示。这些靶标嵌入不同的DNA分子（黑色和灰色点）。重组酶四聚体的亚基是黄色椭圆形；这种酶催化了反应的所有步骤。黑三角形是重组酶切割单链DNA的位点。注意，霍利迪连接中间体的拆分涉及最初未切割的蓝色和红色DNA链的切割。

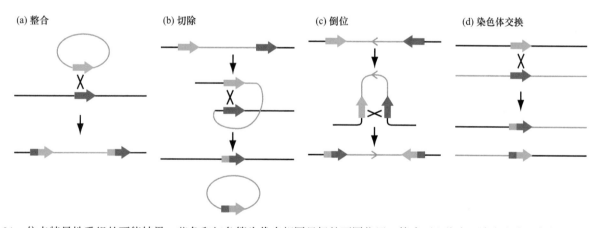

图6.31　位点特异性重组的可能结果。蓝色和红色箭头代表相同目标的不同位置；箭头可以指向两个方向中的任何一个，因为目标位置是不对称的。嵌入靶位点的单个黑色和灰色线是双链DNA。

基因工程的这些功能有几个目的。利用位点特异性重组，研究人员可以在特定时间或特定组织中打开或关闭生物体内特定基因的表达。此外，由于位点特异性重组可以在几乎所有细胞类型中高效发生，遗传学家可以使用该方法诱导有丝分裂重组，从而可靠地在杂合生物体内产生纯合突变细胞的克隆。通过进行这些操作，科学家现在可以提出关于特定基因在生物生命过程中所起作用的重要问题，如从单个细胞（受精卵）发育成多细胞生物；第18章和第19章将详细描述这些问题。

2. CRISPR-Cas9诱导的重组是操纵基因组的有力工具

将位点特异性重组导入新生物的一个重要限制是需要将靶序列引入基因组，但在大多数情况下，研究人员不能将这些靶位点引导到预选的基因组区域。相反，靶位点会被整合到随机位置，然后科学家们在最有利的位置搜索有目标位点的菌株。

最近发展起来的杰出方法，使研究人员几乎可以以任何能够想象的方式精确地改变基因组。一种特别令人兴奋的技术是基于称为CRISPR的小RNA和一种叫做Cas9的酶（它是在少数细菌中产生的）。在本书的前部分详细描述这种方法还为时过早，但可以暂时告诉你，CRISPR可以将Cas9导向复杂基因组中的任何特定DNA序列。重要的是，Cas9是一种在DNA中产生双链断裂的酶。正如我们在前一节中所看到的，双链断裂的形成（通过Spo11）启动了同源重组的过程；换句话说，双链断裂引起重组。

因为CRISPR / Cas9在由CRISPR RNA序列确定的特定基因组位置处引起双链断裂，所以研究人员现在可以诱导在基因组的任何特定位置以高频率发生重组。如第18章所示，这种重组使科学家能够以任何所需的方式改变断点附近的DNA序列。这种新发现的改变基因组的能力的潜在意义是惊人的。仅举一个例子，这种精确的基因组编辑将允许开展基因治疗，诸如患有囊性纤维化遗传疾病的患者，可以将其体细胞基因组中的突变等位基因转变为野生型等位基因。

基本概念

- 位点特异性重组是由重组酶催化的两个短DNA靶位点之间的交换。
- 研究人员可以将目标位点和相应的重组酶基因导入生物体的基因组中，以促进在基因组的特定位置、特定时间和特定组织中发生位点特异性重组。

- CRISPR / Cas9系统可以在基因组的几乎任何位置诱导双链断裂。这些双链断裂是重组的事实支持科学家进行断裂附近的基因组编辑。

接下来的内容

用于DNA结构的沃森-克里克模型是20世纪最重要的一个生物学发现，澄清了遗传物质如何实现其携带和准确复制信息的基本功能：每个DNA分子都带有大量的、有各种潜在排列可能性的四个核苷酸构件（A、T、G和C）。该模型还提出了碱基互补性如何为正确的DNA复制提供机制。我们进一步了解DNA的结构是如何能够重组母系和父系染色体的遗传信息。

与其携带信息的能力不同，DNA复制和重组的能力不仅仅是DNA分子本身的特性。相反，它们依赖于细胞的复杂酶促机制。但即使它们依赖于许多复杂组合的不同蛋白质，复制和重组都以极高的保真度发生——通常不会获得或丢失单个碱基对。然而，偶尔会出现的错误，提供了进化的遗传基础。基因内发生的DNA复制或重组错误有时会引起表型的显著变化。基因突变是如何产生的？我们是如何理解基因的不同等位基因通过它们指定的蛋白质产生表型效应的？

我们在第7章开始会回答这些问题。我们首先描述导致突变的分子过程。接下来，你将看到科学家使用突变来确定基因在实际上是什么（DNA中碱基对的线性序列），以及基因的作用（它编码产生蛋白质的信息）。

习题精解

```
5' TAAGCGTAACCCGCTAA      CGTATGCGAAC      GGGTCCTATTAACGTGCGTACAC 3'
3' ATTCGCATTGGGCGATT      GCATACGCTTG      CCCAGGATAATTGCACGCATGTG 5'
```

Ⅰ. 想象一下，图中显示的双链DNA分子在序列中由空格表示的位置断裂，并且在断裂被修复之前，断裂之间的11个碱基对DNA片段被反转（倒位）。修复后的分子的碱基序列是什么？解释你的推理。

解答

要回答这个问题，你需要记住所涉及的DNA链的极性。

顶部链的极性从左到右为5′→3′。反转区域必须以相同的极性重新连接。标记反转区域内链的极性。为了在顶部链上保持5′→3′的极性，反转的片段也必须翻转，因此以前在底部的链现在位于顶部。

```
5' TAAGCGTAACCCGCTAAGTTCGCATACGGGGTCCTATTAACGTGCGTACAC 3'
3' ATTCGCATTGGGCGATTCAAGCGTATGCCCCAGGATAATTGCACGCATGTG 5'
```

Ⅱ. 最近发现了一种感染人淋巴细胞的新病毒。可以使用培养的淋巴细胞作为宿主细胞在实验室中培养病毒。使用放射性标签设计一个实验，告诉你病毒是否含有DNA或RNA。

解答

利用你对DNA和RNA之间差异的了解来回答这个问题。RNA含有尿嘧啶而不是DNA中发现的胸腺嘧啶。你可以设置两种培养基，一种在培养基中添加放射性尿嘧啶，另一种培养基中添加放射性胸腺嘧啶。在病毒感染细胞并产生更多新病毒后，收集新合成的病毒。确定哪种培养物产生放射性病毒。如果病毒含有RNA，则在收集的含有放射性尿嘧啶培养基中生长的病毒将具有放射性，但在放射性胸腺嘧啶中生长的病毒将不具有放射性。如果病毒含有DNA，则从含有放射性胸腺嘧啶的培养物中收集的病毒将具有放射性，但来自放射性尿嘧啶培养物的病毒则不具有放射性。（你也可以考虑使用放射性标记的核糖或脱氧核糖来区分含RNA和DNA的病毒。从技术上讲，这不起作用，因为放射性糖在被掺入核酸之前被细胞处理，从而模糊了结果）

III. 如果在S期将人体细胞培养物（例如，HeLa细胞）暴露于³H-胸苷，那么放射性如何在中期的一对同源染色体上分布？放射性是否在：（a）一个同系物的一个染色单体中，（b）一个同源物的染色单体，（c）两个同源物中的一个染色单体，（d）两个同源物的染色单体，（e）其他一些模式？选择正确答案并解释你的推理。

解答

这个问题需要应用你对DNA分子结构和复制的了解以及它与染色单体和同源物的关系。DNA复制发生在S期，因此³H-胸苷将掺入新的DNA链中。染色单体是一种复制的DNA分子，每个新的DNA分子都含有一条新的DNA链（半保守复制）。放射性将在两种同源物的染色单体中（答案d）。

习题

词汇

1. 在右列中选择与左列中的术语最匹配的短语。

a. 转化	1. 复制过程中合成的不连续的链
b. 噬菌体	2. DNA亚基核苷酸中的糖
c. 嘧啶	3. 双环的含氮碱基
d. 脱氧核糖	4. 将双螺旋的两条链维持在一起的非共价键
e. 氢键	5. Meselson-Stahl实验
f. 互补碱基	6. Griffith实验
g. 起点	7. 真核染色体末端结构
h. 冈崎片段	8. 两个含氮碱基通过氢键配对
i. 嘌呤	9. 催化特异性位点重组
j. 拓扑异构酶	10. 含一个环的碱基
k. 半保留复制	11. 解旋双链中复制开始位置的短序列
l. 后随链	12. 感染细菌的病毒
m. 端粒	13. 通过一条链的不连续复制形成的短DNA片段
n. 重组	14. 参与控制DNA超螺旋的酶

6.1节

2. Griffith在他1928年的实验中证明，细菌菌株可以进行遗传转化。有证据表明DNA是导致这种转化现象的原因。Avery、MacCleod和McCarty进行了什么关键的实验来证明DNA是从粗糙细胞到光滑细胞的遗传变化的原因？

3. 在细菌转化过程中，进入细胞的DNA不是完整的染色体；相反，它由随机生成的染色体DNA片段组成。在一个转化实验中，供体DNA来自细菌菌株$a^+b^+c^+$，受体为$a\,b\,c$，55%成为a^+的细胞也转化为c^+，但只有2%的a^+细胞转化为b^+。基因b或c哪个更接近基因a？

4. 氮和碳在蛋白质中比硫更丰富。为什么赫尔希和蔡斯在他们的实验中使用放射性硫代替氮和碳来标记其噬菌体的蛋白质部分，以确定亲本蛋白质或亲本DNA是否是后代噬菌体繁殖所必需的？

6.2节

5. 如果人类DNA中30%的碱基是A，（a）C的百分比是多少？（b）T的百分比是多少？（c）G的百分比是多少？

6. 关于双链DNA，下列哪一项陈述是正确的？
   a. A+C=T+G
   b. A+G=C+T
   c. A+T=G+C
   d. A／G=C／T
   e. A／G=T／C
   f. (C+A)／(G+T)=1

7. 想象一下，你有三个含有相同纯化的双链人类DNA溶液的试管。将管1中的DNA暴露于破坏糖-磷酸（磷酸二酯）键的试剂中。将管2中的DNA暴露于会破坏碱基与糖结合的键的试剂中。将管3中的DNA暴露于破坏氢键的试剂中。处理后，三管中分子的结构有何不同？

8. 从X射线晶体学数据中获得了关于DNA结构的哪些信息？

9. 引起囊性纤维化的人类基因的一条DNA链的一部分是：

   5′.....ATAGCAGAGCACCATTCTG.....3′

   写下该基因的另一条DNA链的相应区域的序列，注意极性。给定序列中之前和之后的点代表什么？

10. 当双链DNA分子暴露于高温时，两条链分开，分子失去其螺旋形式。我们说DNA已经变性了（当DNA暴露于酸性或碱性溶液时也会发生变性）。

    a. 随着DNA溶液的温度升高，含有许多A-T碱基对的DNA区域首先变性。考虑到DNA分子的化学结构，为什么你认为富含A-T的区域首先变性？

    b. 如果温度降低，原始DNA链可以再退火或复性。除了完整的双链分子外，当在电子显微镜下检查分子时，可以看到这里所示类型的一些分子。你怎么解释这些结构？

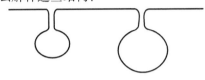

11. 以DNA为遗传物质的特定病毒具有以下比例的核苷酸：20% A、35% T、25% G和20% C。你如何解释这一结果？

6.3节

12. DNA的基础结构非常简单，仅由四个可能的构建块组成。

    a. 如果DNA结构如此简单，DNA如何携带复杂的遗传信息？

    b. 这些构建块是什么？可以将每个块细分为更小的单元吗？如果可以，它们是什么？什么样的化学键连接构建块？

    c. RNA的基础结构与DNA的结构有何不同？

13. 感染植物细胞的RNA病毒在进入植物细胞后被复制到DNA分子中。第一条DNA链中的碱基序列是什么，是否与此处显示的病毒RNA部分互补？

    5′ CCCUUGGAACUACAAAGCCGAGAUUAA 3′

14. 细菌转化和噬菌体标记实验证明DNA是细菌和含DNA病毒的遗传物质。一些病毒不含DNA但在噬菌体颗粒内部具有RNA。一个例子是烟草花叶病毒（TMV），它感染烟草植物，在叶片中引起病变。存在两种不同的TMV变体，其在病毒颗粒中具有可以区分的不同形式的特定蛋白质。通过混合纯化的蛋白质和RNA，可以在体外（在试管中）重建TMV。然后，重建的病毒可用于感染宿主植物细胞并产生新一代病毒。设计一项实验，证明RNA而不是蛋白质是TMV中的遗传物质。

15. CAP蛋白显示与图6.15中的DNA结合。CAP结合DNA中的特定碱基对序列（N=任何碱基）：

    5′ TGTGANNNNNNTCACA 3′
    3′ ACACTNNNNNNAGTGT 5′

    a. 在具有随机碱基序列和相同数量的A-T和G-C碱基对的长双链DNA分子中，CAP可以结合多少种不同的DNA序列？

    b. 在同一个DNA分子中，任何类型的CAP结合位点存在的频率如何？特定类型呢？

    c. CAP蛋白以二聚体形式结合DNA；两个相同的CAP蛋白亚基彼此结合，再结合DNA。你能否发现CAP结合的DNA位点的特征，表明两个相同的蛋白质亚基结合DNA？（提示：尝试在每条链上读取5′→3′方向的序列）

    d. CAP蛋白与DNA的大沟结合。你认为CAP需要DNA解旋酶来结合DNA吗？

6.4节

16. 在Meselson和Stahl的密度转换实验中（如图6.20所示），描述在以下每种情况下你期望的结果：

    a. 在^{14}N上进行两轮DNA合成后的全保留复制。

    b. 在^{14}N上进行三轮DNA合成后的半保留复制。

    c. 在^{14}N上进行三轮DNA合成后的分散复制。

    d. 在^{14}N上进行三轮DNA合成后的全保留复制。

17. 当Meselson和Stahl在^{15}N培养基中培养大肠杆菌多代，然后将细胞转移到^{14}N培养基培养一代时，他们发现细菌在平衡密度离心后，DNA条带的密度介于纯^{15}N DNA和纯^{14}N DNA之间。当他们让细菌在^{14}N培养基中再复制一次时，他们观察到一半的DNA保持在中等密度，而另一半则是纯^{14}N DNA的密度。在^{14}N培养基中进一步生长后，他们会看到什么？再经过两代呢？

18. 如果你将人体组织培养细胞（如HeLa细胞）暴露于^{3}H-胸苷，就像它们进入S期一样，然后从细胞中清洗掉这些物质并让它们经过第二个S期，再观察染色体，你认为^{3}H如何分布在一对同源染色体上？（忽略重组可能对此结果产生影响）放射性是在：（a）一个同源物的一个染色单体中，（b）一个同源物的两个染色单体，（c）两个同源物中的一个染色单体，（d）两种同源物的染色单体，（e）其他一些模式？选择正确答案并解释你的推理（这个问题扩展了习题精解Ⅲ中开始的分析）。

19. 使用两个复制叉绘制复制泡，并标记复制起点、前导链、后随链，以及图中所示的所有链的5′端和3′端。

20. a. 在自然界中是否存在任何链的核酸，其中部分链是DNA，部分是RNA？如果是这样，描述何时合成这种核酸链。RNA成分是5′端还是3′端？

    b. 冈崎片段中的RNA引物通常非常短，小于10个核苷酸，有时长度为2个核苷酸。这个事实告诉你关于引发酶的持续合成能力，即相对于酶与模板和合成分子分离，酶继续聚合的相对能力如何？哪种酶可能具有更高的持续合成能力，是引发酶还是DNA聚合酶Ⅲ？

21. 如图6.21所示，DNA聚合酶切割核苷三磷酸（其中三个磷酸基团连接到脱氧核糖的5′碳原子上的核苷酸）中的磷酸基团之间的高能键。当将新核苷酸掺入生长链中时，该酶利用该能量催化磷酸二酯键的形成。

    a. 这些信息如何解释DNA链在5′→3′方向复制过程中会生长？

    b. 连接酶连接冈崎片段的作用如图6.23所示。请记住，这些片段只有在其末端的RNA引物被去除后才能连接。鉴于此信息，推断其形成由DNA连接酶催化的化学键的类型，以及是否需要能量来源来促进该反应。解释为什么需要DNA连接酶而不是DNA聚合酶来连接冈崎片段。

22. 在该问题的最后显示了DNA复制开始区域中DNA链之一的碱基与粗体互补碱基的引物序列是什么（表示序列的5′端和3′端）。

    5′ AGGCCTCG**AATTCGTATA**GCTTTCAGAAA 3′

23. 可以在电子显微镜中观察DNA中的复制结构。正在复制的区域显示为气泡。

    a. 假设双向复制，这个DNA分子中有多少个复制起点？

    b. 有多少复制叉？

    c. 假设所有复制叉都以相同的速度移动，最后激活了哪个复制起点？

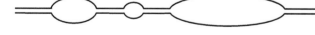

24. 表明以下每种在DNA复制中的作用：（a）拓扑异构酶，（b）解旋酶，（c）引物酶，（d）连接酶。

25. 绘制在双链线性染色体末端发生的复制图。用引物显示前导和后随链（表明链的5′端和3′端）。在染色体末端产生两条DNA链的拷贝会遇到什么困难？

26. 图6.18描述了沃森和克里克关于DNA的双螺旋结构如何解释DNA复制的初步建议。根据我们目前的

知识，该图包含一个由于过度简化而导致的严重错误。确定此图的问题。

27. 研究人员发现，在动物病毒SV40的环状DNA染色体复制过程中，两个新完成的子双螺旋缠绕在一起。如果环状DNA要分开会发生什么？

28. DNA合成仪是一种利用自动化学合成产生任何给定序列的DNA短链的机器。你已使用该机器合成以下三种DNA分子：

    （DNA 1）5′ CTACTACGGATCGGG 3′
    （DNA 2）5′ CCAGTCCCGATCCGT 3′
    （DNA 3）5′ AGTAGCCAGTGGGGAAAAACCCCACTGG 3′

    现在，你可以将DNA分子单独或组合添加到含有DNA聚合酶、dATP、dCTP、dGTP和dTTP的反应管中，缓冲溶液可使DNA聚合酶发挥作用。对于每个反应管，指示DNA聚合酶是否会合成任何新的DNA分子；如果是，则写出任何此类DNA的序列。

    a. DNA 1加DNA 3

    b. DNA 2加DNA 3

    c. DNA 1加DNA 2

    d. 只有DNA 3

6.5节

29. 用两种类型的噬菌体λ共感染细菌细胞：一种携带c^+等位基因，另一种携带c等位基因。细胞裂解后，收集子代噬菌体。当使用单个这样的子代噬菌体感染新的细菌细胞时，在极少数情况下观察到一些所得的噬菌体后代是c^+而其他的是c。解释这个结果。

30. 已经分离出具有突变体$spo11^-$等位基因的酵母菌株。突变等位基因无功能；它不会产生Spo11蛋白。你认为这种突变株的表型是什么？

31. 想象一下，你已经完成了两种酵母菌株之间的杂交，其中一种酵母具有基因型$A B C$，另一种具有$a b c$，其中字母是指按照给定顺序的三个相当紧密连锁的基因。你检查了这个杂交产生的许多四分体，你发现两个不包含预期的两个B和两个b孢子。在四分体Ⅰ中，孢子是$A B C$、$A B C$、$a B C$和$a b c$。在四分体Ⅱ中，孢子是$A B C$、$A b c$、$a b C$和$a b c$。这些不寻常的四分体是如何产生的？

32. 下图显示的脉孢菌八分体来自a^+和a^-菌株之间的杂交。

    a. 这是MI还是MII八分体或两者都没有？请说明。

    b. 绘制这个八分体的产生图。

c. 是否有可能观察到脉孢菌中异源双链体形成的证据，即使是基因在八分体形成过程中没有发生转换？请说明。

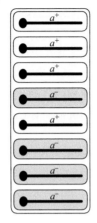

33. 从$e^+f^+g^+$和$e^-f^-g^-$神经孢子菌株的杂交开始，这些连锁基因之间的重组产生了一些含有以下有序孢子组的八分体。

$$e^+f^+g^+$$
$$e^+f^+g^+$$
$$e^-f^-g^+$$
$$e^-f^-g^+$$
$$e^-f^-g^-$$
$$e^-f^-g^-$$
$$e^-f^-g^-$$
$$e^-f^-g^-$$

a. 重组在哪里开始？

b. 基因e和g之间是否发生了交换？请说明。

c. 为什么最终的比例是$2 f^+ : 6 f^-$，而不是$4 e^+ : 4 e^-$和$4 g^+ : 4 g^-$？

d. 你是否可以将这些不寻常的八分体描述为所涉及的三个基因中的任何一个的MI或MII？请说明。

34. 在图6.27的步骤6中，解离酶几乎总是在两个霍利迪连接中间体（蓝色链和红色链）上切掉所有四条DNA。说明这一事实的另一种方式是酶以不同方式切割霍利迪连接体1和2处的DNA，如图中连接体1处的黄色箭头和连接体2处的绿色箭头所示。但很少情况下，解离酶反而以相同的方式切割两个霍利迪连接体的DNA（两个连接体的黄色箭头或两个连接体的绿色箭头）。换句话说，在两个连接体，切割相同的红色链和相同的蓝色链。这种罕见的解离酶行为会产生什么结果？

6.6节

35. 图6.31显示了位点特异性重组的四种潜在结果，这取决于重组酶的靶位点的相对排列。同源重组（在没有特异性靶位点和重组酶的情况下）是否也会导

致所有相同类型的结果？如果是这样，遗传学家使用同源重组和位点特异性重组有何不同？

36. 列出的用于位点特异性重组的每个底物（a~f）也是在这些底物中的不同基质上发生的位点特异性重组的产物。使每个底物（a~f）与其产物（a~f）匹配。

a. 具有两个相同方向的靶位点的线性DNA

b. 具有两个相反方向的靶位点的线性DNA

c. 具有两个相同方向的靶位点的环状DNA

d. 具有两个相反方向的靶位点的环状DNA

e. 具有一个靶位点的环状DNA和具有一个靶位点的线性DNA

f. 两个环状DNA，每个都有一个目标位点。

37. 第5章中的习题52讨论了使用有丝分裂重组来研究小鼠发育过程中称为smc的基因的功能。该想法是在smc^+/smc^-杂合子的细胞中的有丝分裂重组可以产生来源于smc^-突变纯合的子细胞的组织的克隆。你可以通过GFP没有绿色荧光来识别这个克隆中的细胞。

a. 有丝分裂重组是一种罕见的事件，使研究人员很难找到smc^-/smc^-克隆进行研究。解释为什么科学家可能希望对同一只小鼠进行X射线检查，以增加找到所需克隆的频率。在小鼠发育的哪个阶段，研究人员会将这些动物暴露在X射线下？

b. 诱导有丝分裂重组的更有效方式是构建包含Flp / FRT系统的小鼠（Flp是酵母细胞中的重组酶，可促进特定34碱基对长DNA序列的两个相同拷贝之间的位点特异性重组，称为FRT位点）。假设这些小鼠具有可指定Flp重组酶蛋白的转基因，那么相对于smc基因和GFP基因，FRT位点应该放在哪里？

c. 在题目b中，为了确保小鼠的每个细胞都不会发生有丝分裂重组，你将如何处理flp编码基因？（这种预防措施是必要的，因为具有许多smc^-/smc^-纯合子细胞的小鼠在成年之前可能会死于胚胎）

38. 假设你可以给野生型小鼠受精卵注射特定CRISPR RNA和Cas9酶。RNA指导Cas9酶在你认为可能导致遗传性疾病的基因内产生双链断裂。粗略地画出你如何同时注射另一个核酸分子（此处为双链DNA）以利用同源重组，以便你可以将该基因的野生型等位基因转换为特定的突变等位基因。

39. ΦC31是一种感染链霉菌属细菌的噬菌体。噬菌体基因组中的一个基因特异于称为ΦC31整合酶的重

组酶，其通过与图6.30中所示的重组酶略有不同的机制起作用。最重要的是，两个靶DNA序列彼此不同。一个名为*attP*，长是39个碱基对，在环状噬菌体染色体上发现；而另一个*attB*长34个碱基对，位于更大的环状细菌染色体上。大致在两个目标中间的两个碱基对是相同的。在发生重组的情况下，*attP*和*attB*的DNA序列彼此完全不同。

a. 绘制ΦC31整合酶的反应图。这种反应如何对噬菌体的生命周期起重要作用？

b. 使用你刚绘制的图表，解释为什么ΦC31整合酶不能逆转反应。

c. 现在考虑如何利用这种特异性位点重组将来自另一物种（转基因）的基因置于果蝇等实验生物的基因组中。假设你可以制作任何你想要的DNA序列，并且可以将这些DNA序列引入果蝇中注射生殖细胞。为什么ΦC31整合酶介导的反应的不可逆性对于将转基因置于果蝇基因组中是有价值的？

d. 噬菌体ΦC31最终必须逆转这种反应。为什么？你如何看待噬菌体能够实现这种逆转？

40. Cre是由噬菌体P1中的基因编码的重组酶。Cre酶促进了来自相同噬菌体的称为loxP的34bp长DNA序列的两个拷贝之间的位点特异性重组。

　　研究人员使用Cre / loxP位点特异性重组系统，使小鼠纯合子仅在特定组织中删除特定基因。你将在第18章中看到，科学家首先制作了一个小鼠，其中一对loxP位点以特定方式配置，与待删除的基因相关。

a. 绘制一个图表，显示loxP位点的配置，这些位点可以通过位点特异性重组来删除基因。

b. 还有哪些研究人员需要将其引入小鼠基因组以产生小鼠，其中只有一个组织是基因缺失的纯合子？

c. 你认为为什么科学家会想要产生像这样的小鼠？

d. 与由ΦC31整合酶催化的*attP*和*attB*位点处的DNA重排不同（在习题39中描述），由Cre重组酶引起的DNA重排是可逆的。为什么？

e. 为什么Cre / loxP介导的重组的可逆性不会干扰使用Cre / loxP系统产生缺失的小鼠组织？

41. 与Cre / loxP重组一样，由Flp / FRT系统介导的位点特异性重组是可逆的。为什么这个事实不会干扰习题37中描述的实验？

第7章　基因剖析与功能：利用突变研究

在钢琴键盘上演奏的音阶和染色体上的基因都是一系列产生信息的简单线性元素（琴键或核苷酸对）。错误的音符或改变的核苷酸对会引起人们对音阶或基因结构的注意。

© Ingram Publishing RF

人类3号染色体含有约2.2亿个碱基对，携带约1600个基因（图7.1）。染色体长臂上的某个位置存在视紫红质基因，视紫红质是一种活跃在视网膜视杆细胞中的光敏蛋白。视紫红质基因决定低强度光的感知。携带该基因的正常野生型等位基因的人在昏暗的房间和夜间的道路上看得很清楚。然而，视紫红质基因中的一个简单变化，即突变会降低光感，足以导致夜盲症。基因的其他改变导致杆细胞的破坏，致使完全失明。到目前为止，医学研究人员已经确定了视紫红质基因中超过30种突变，它们以不同的方式影响视力。

视紫红质基因的情况说明了一些非常基本的问题。3号染色体上2.2亿个碱基对中的哪一个组成了视紫红质基因？构成该基因的碱基对如何沿着染色体排列？一个基因怎么能维持如此多的突变，导致这种不同的表型效应？

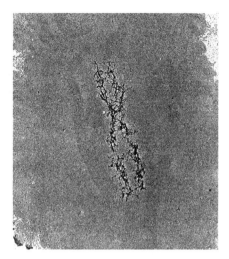

图7.1　每个人类染色体的DNA都包含成百上千个基因。这条人类染色体的DNA被放大了5万倍。没有拓扑符号显示基因在DNA中的位置。中间较暗的染色体状结构是一组连接着DNA的蛋白质。

© Dr. Don Fawcett/J.R. Paulson & U.K. Laemmli/Science Source

在本章中，我们描述了遗传学家在20世纪50年代和60年代进行的巧妙实验，因为他们检查了突变、基因、染色体和表型之间的关系，以便在分子水平上了解基因是什么以及它们如何发挥作用。

我们可以从这些研究人员的巧妙工作中认识到三个主题。第一，突变是碱基序列中可遗传的变化，可以影响表型。第二，是在物理上的，基因通常是染色体离散区域中特定的蛋白质编码DNA区段（我们现在知道一些基因可以编码各种不会转化为蛋白质的RNA）。第三，基因不仅仅是字符串上的一个珠子，只能作为一个整体改变，只有一种方式，正如一些人所想的那样；相反，基因是可分割的，并且每个基因的亚基，即DNA的单个核苷酸对，可以独立地突变，并且可以彼此重组。

通过提供基因型如何影响表型的生物化学解释，了解基因是什么以及它们如何工作，加深了我们对孟德尔遗传学的理解。例如，视紫红质基因中的一个突变导致视紫红质蛋白构建中一个特定氨基酸被另一个氨基酸取代。这种单一取代改变了视紫红质的三维结构，从而改变了蛋白质吸收光子的能力，最终改变了人们感知光的能力。

7.1　突变：遗传分析的主要工具

学习目标

1. 区分体细胞和种系细胞中突变的影响。
2. 描述四种类型的点突变：转换、颠换、缺失和插入。
3. 总结与突变率差异相关的因素。
4. 解释波动测试和影印培养法如何表明突变是随机和自发产生的。

我们在第3章中看到，具有一个共同等位基因的基因是单态的，而在自然群体中具有几个常见等位基因的基因是多态的。野生型等位基因这一术语对单态基因有明确的定义，在观察的群体中，大多数染色体上被发现的等位基因是野生型的。在多态性基因的情况下，定义不太直接。一些遗传学家认为频率大于1%的所有等位基因都是野生型，而另一些则认为群体中存在相当高频率的许多等位基因作为常见变异，并保留野生型等位基因仅用于单态基因。

7.1.1　突变是DNA碱基序列的变化

将基因的野生型等位基因（无论定义如何）改变为不同等位基因的突变称为**正向突变**。得到的新突变等位基因可以是原始野生型等位基因的隐性或显性。当突变对野生型等位基因进行隐性突变时，遗传学家通常将正向突变表示为$A^+ \to a$，而当突变对野生型等位基因进行显性突变时，通常将突变表示为$b^+ \to B$。突变还可以导致新的突变等位基因在称为**回复突变**或**逆转**的过程中恢复为野生型（$a \to A^+$或$B \to b^+$）。在本章中，我们使用加号（+）指定野生型等位基因，无论是隐性还是显性突变等位基因。

孟德尔最初通过可见的表型效应定义基因——黄色或绿色、圆形或皱纹，即它们的可替代的等位基因。事实上，他知道基因存在的唯一方法是因为7种特定豌豆基因的替代等位基因是通过突变而产生的。突变可发生在体细胞或生殖系细胞中。孟德尔豌豆植物中的突变是可遗传的，因为它们发生在植物的生殖系细胞中，因此通过配子传播。接近一个世纪之后，对DNA结构的了解澄清了这种突变是DNA碱基序列的遗传变化。因此，DNA在携带遗传信息的同一地点（其碱基序列）具有遗传变异的潜力。

7.1.2　突变可以通过它们如何改变DNA来分类

当DNA分子一条链中的某个位置的碱基被另外三个碱基中的一个取代时，称为**置换**［图7.2（a）］；DNA复制后，一个新的碱基对将出现在子双螺旋中。取代可以细分为：转换，指其中一个嘌呤（A或G）取代另一个嘌呤或一个嘧啶（C或T）取代另一个嘧啶；颠换，指其中嘌呤变为嘧啶，反之亦然。

其他类型的突变重新排列DNA序列，而不仅仅是改变碱基对的身份。当一个或多个核苷酸对的区段从DNA分子中丢失时就发生**缺失**；插入恰好相反，是添加一个或多个核苷酸对［图7.2（b）和（c）］。缺失和插入可以像单个碱基对一样小，也可以像兆碱基一样大（即数百万个碱基对）。大的缺失和插入只是一些复杂的突变，可以通过改变染色体上基因的顺序、基因组中的基因数量，甚至生物体中的染色体数量来重组基因

启动顺序

T C T C G C A T G G T A G G T
A G A G C G T A C C A T C C A

碱基序列的突变类型和效应

(a) 置换

翻译：嘌呤为嘌呤，嘧啶为嘧啶

T C T C G C A T A G T A G G T
A G A G C G T A T C A T C C A

转录：嘌呤为嘧啶，嘧啶为嘌呤

T C A C G C A T C G T A G G T
A G T G C G T A G C A T C C A

或者

T C T C G C A T T G T A G G T
A G A G C G T A A C A T C C A

(b) 缺失

T C T C T G G T A G G T
A G A G A C C A T C C A

G C A
C G T

(c) 插入

A A T
T T

T C T C A A G C A T G G T A G G T
A G A G T T C G T A C C A T C C A

图7.2 点突变按其对DNA的影响分类。

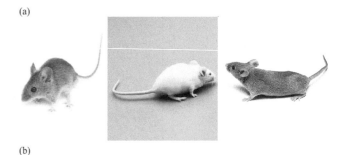

(a)

(b)

基因座[a]	所测试的配子数目	突变的数量	突变率 $(\times 10^{-6})$
a^- (白色)	67 395	3	44.5
b^- (棕色)	919 699	3	3.3
c^- (无刺)	150 391	5	33.2
d^- (稀疏)	839 447	10	11.9
ln^- (灰色)	243 444	4	16.4
	2 220 376	25	11.2 (平均值)

[a]突变表现为从野生型到隐性等位基因。

图7.3 自发突变率。（a）野生型（左）和突变型小鼠被毛颜色：白化（中）和棕色（右）。（b）5个被毛颜色基因从野生型到隐性突变等位基因的突变率。利用高自交系野生型小鼠与纯合子小鼠进行配对，获得隐性被毛颜色等位基因。具有突变被毛颜色的后代表明，近交系小鼠产生的配子中存在隐性突变。

（a，左）：© imageBROKER/SuperStock RF；（a，中，右）：© Charles River Laboratories

组。我们将在第13章讨论所有这些一次影响许多基因的染色体重排。在这里，我们将重点放在影响DNA中一个或几个碱基对的**点突变**（转换、颠换和缺失或插入）上。因此，一次只改变一个基因。

基因组中只有一小部分突变实际上以影响基因功能的方式改变基因的核苷酸序列。通过将一个等位基因改变为另一个，这些突变改变了基因蛋白质产物的结构或数量，并且蛋白质结构或数量的修饰可以影响表型。其他突变要么以不影响其功能的方式改变基因，要么改变基因之间的DNA。我们在第11章中讨论了没有可观察到的表型后果的突变；这种突变对于绘制基因和跟踪个体之间的差异是非常宝贵的。在本章的其余部分，我们将重点放在那些对基因功能有影响并因此影响表型的突变上。

7.1.3 自发突变的发生率非常低

修改基因功能的突变很少发生，遗传学家必须检查来自以前同源种群的大量个体，以检测反映这些突变的新表型。在一项正在进行的研究中，专门的研究人员监测了数百万只特殊繁殖小鼠的毛色，并发现，平均而言，每100万个配子中大约有11个特定基因突变为隐性等位基因（图7.3）。对其他几种多细胞真核生物的研究也得出了类似的结果：每个基因每个配子的平均自发突变率为 $2 \times 10^{-6} \sim 12 \times 10^{-6}$ 个。

从不同的角度来看突变率，你可以推算出个体基因中可能存在多少突变。研究发现，你只需将每个基因每

个配子 $2 \times 10^{-6} \sim 12 \times 10^{-6}$ 个突变的倍数乘以27 000，即目前对人类基因组中基因数量的估计，就可以得到每个单倍体基因组有0.05～0.30个突变的答案。这种非常粗略的计算意味着平均而言，每3～20个人类配子中就会出现一个影响表型的新突变。

1. 不同的基因，不同的突变率

虽然每个配子的每个基因的平均突变率是 $2 \times 10^{-6} \sim 12 \times 10^{-6}$，但是这个数字掩盖了不同基因的突变率的相当大的变化。许多生物的实验表明，每个基因每个配子的突变率范围，从小于 10^{-9} 到大于 10^{-3}。同一生物体内不同基因突变率的变化反映了基因大小的差异（较大的基因是维持更多突变的较大靶标），以及特定基因对引起突变的各种机制的易感性的差异。

2. 多细胞生物中的突变率高于细菌

细菌的平均突变率估计在 $10^{-8} \sim 10^{-7}$ 个的范围内。虽然这里的单位与用于多细胞真核生物的单位略有不同（因为细菌不产生配子），但多细胞真核生物中的平均突变率似乎仍远高于细菌。主要原因是在受精卵形成和减数分裂之间发生了许多细胞分裂，因此配子中出现的突变实际上可能在配子形成之前发生了许多细胞世代。换句话说，突变积累的机会更多。

一些科学家推测，多细胞生物的二倍体基因组允许

它们在配子中耐受相对较高的突变率，因为受精卵必须在两个配子的同一基因中接受隐性突变才能发生任何有害影响。相比之下，一种细菌只受到一个突变的影响，该突变破坏了其唯一的基因拷贝。

3. 基因功能：容易破坏，难以恢复

在小鼠毛色研究中，当研究人员允许兄弟姐妹小鼠纯合为五个突变毛色基因之一的隐性突变等位基因相互交配时，他们可以通过检查F₁后代来估计回归率〔图7.4（a）〕。任何表达特定毛色的显性野生型表型的后代都必然携带具有回复突变的基因。基于对数百万F₁后代的观察计算显示，每个基因每个配子的回复突变率为0～2.5×10^{-6}；从基因到基因，回归率有所不同。然而，在这项研究中，逆转率明显低于正向突变率，这很可能是因为虽然存在许多破坏基因功能的方法，但一旦中断，最多有几种方法可以恢复功能〔图7.4（b）〕。

(a) 罕见的白化病基因回复突变

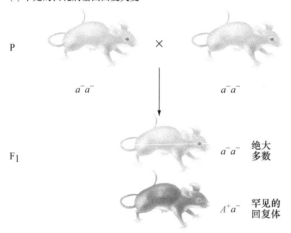

(b) 正向突变率高于回复突变率

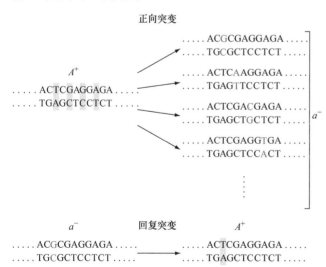

图7.4　回复体的检测。（a）野生型等位基因（A^+）隐性突变的罕见逆转株被检测为白化（a^-a^-）小鼠的野生型灰色（A^+a^-）后代。（b）正向突变率通常远高于逆转率。许多不同的突变可以破坏一个基因的功能，而最多只有少数突变可以恢复先前失活基因的功能。

对于大多数类型的突变，回归率显著低于正向突变率的结论都适用。在一个极端的例子中，超过几个核苷酸对的缺失永远不会恢复，因为从基因组中消失的DNA信息不能自发地再现。

4. 人类精子中的突变率高于人类卵子

将在后面的章节中详细解释的新技术使研究人员能够确定成千上万人的整个基因组的DNA序列。通过比较父母及其子女的基因组序列，科学家们非常精确地测量了人类的突变率。他们发现平均值约为每个配子每亿个碱基对有一个突变。因为单倍体人类基因组大约3×10^9bp，每个配子平均包含大约30个突变，每个小孩包含大约60个突变（即60个碱基对与其父母基因组中的任何一个不同）。你应该注意这个数字包括所有DNA变化，只有极少数影响表型。

有趣的是，每个人中的60多个新突变中的大部分都来自精子而不是卵子。最近，基因组测序技术的进步使得对单个精子中包含的单倍体基因组进行测序成为可能（参见第5章中"快进"信息栏"绘制产生单个人类精子染色体的交换图谱"）。通过比较来自同一个人的100多个个体精子的基因组序列，发现每个碱基对的突变率为2×10^{-8}～4×10^{-8}，这表明儿童中出现的大多数新突变来自精子而不是卵子。

精子比卵母细胞携带更多突变的想法是有道理的。原因是生产人类精子比人类卵子需要更多轮细胞分裂，这为突变的发生提供了更多机会。回忆一下第4章，人类雌性生来就拥有它们所产生的所有原始卵母细胞。据估计，雌性受精卵的生殖系细胞仅需要进行24轮有丝分裂就能产生所有这些卵母细胞。另一方面，雄性生殖细胞在整个生命过程中不断地进行有丝分裂。从雄性受精卵开始，在13岁时产生精子的细胞分裂数估计为36。此后，在雄性种系中每年发生约23轮有丝分裂，这意味着在20岁时，细胞产生特定精子的谱系经历了200次分裂；30岁时430次分裂。因此，在人类中，后代中发现的大多数新突变来自精子而不是来自卵子。而且，父亲年龄越大，他的精子中就会发现更多的突变。

7.1.4　自发突变来自随机事件

因为影响基因的自发突变很少发生，所以很难研究产生它们的事件。为了克服这个问题，研究人员将细菌作为实验生物的首选。很容易培养出数百万个体，然后通过庞大的种群快速搜索，找到少数带有新突变的个体。在一项研究中，研究人员在含有足够用于生长的营养成分及大量杀菌物质（如抗生素或噬菌体）的琼脂表面，涂抹野生型细菌。尽管大多数细菌细胞死亡，但少数细菌表现出对杀菌物质的抗性，并继续生长和分裂。由多轮二分裂产生的单一抗性细菌的后代形成了一堆在遗传上相同的细胞，称为**菌落**。

出现的少数杀菌剂抗性菌落令人费解。菌落中的细胞是以某种方式改变了它们的内部生物化学，从而对抗生素或噬菌体产生了救命的反应吗？或者它们是否带具有抗药性的可遗传的突变？如果它们确实带有突变，这些突变偶然发生在连续发生的随机自发事件中，甚至在没有杀菌物质的情况下，或者它们只是出现在环境信号的响应中（在这种情况下，添加了杀菌剂）？

1943年，Salvador Luria和Max Delbrück设计了一项实验来检验细菌耐药性的起源（图7.5）。根据他们的推理，如果噬菌体抗性菌落对噬菌体的感染有直接反应，那么含有相同数量细胞的细菌悬浮液在分散的培养皿中扩散时会产生相似的、少量的抗性菌落，这些培养基充满了噬菌体。相反，如果抗性来自即使不存在噬菌体时自发发生的突变，那么当在不同的培养皿上铺展时，不同的液体培养物将产生非常不同数量的抗性菌落。原因在于，理论上，赋予抗性的突变可以在培养物生长期间的任何时间出现。如果突变早期发生，它发生的细胞将在培养前产生许多突变后代；如果它发生在以后，当平台期时间到来时，将会有更少的突变后代存在。平台期后，这些数值差异将表现为在不同培养皿中生长的抗性菌落数量的波动。

这种**波动测试**的结果很清楚：大多数平板支持零到几个抗性菌落，但少数几个具有数百个抗性菌落。根据不同培养皿中抗性菌落数量的显著波动的观察结果，

Luria和Delbrück得出结论：细菌耐药性是由暴露于噬菌体之前存在的突变引起的。然而，在暴露之后，培养皿中的杀菌剂变成选择性试剂，其杀死非抗性细胞，仅允许预先存在的抗性细胞存活。图7.6说明了研究人员如何使用另一种技术（称为**影印培养法**）更直接地证明在细胞遇到选择抗性的杀菌剂之前发生了赋予细菌抗性的突变。

这些关键实验表明细菌对噬菌体和其他杀菌剂的抗性是突变的结果，并且这些突变在特定基因中不会作为对环境变化的定向反应而出现。相反，突变是随机过程自发发生的，随机过程可能随时发生并在任何地方改变基因组。然而，一旦发生这种随机变化，它们通常保持稳定。如果是Luria-Delbrück实验的抗性突变体，例如，在不含噬菌体的培养基中生长了许多代，但它们仍能对这种杀菌病毒产生抗性。

接下来我们将描述可能导致突变的多种随机事件。我们还讨论了细胞如何应对这些事件并最大限度地减少突变的产生。

基本概念

● 突变是DNA碱基序列的遗传改变。

● 点突变改变一个或几个碱基对；它们包括置换（转换和颠换）和缺失或插入。

● 自发突变率较低，因不同基因和生物而异。

(a) 关于杀菌剂耐药性起源的两种假说

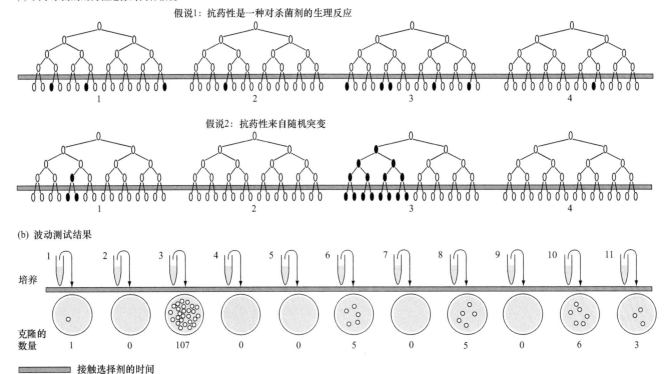

(b) 波动测试结果

图7.5 Luria-Delbrück波动实验。（a）假说1：如果只是在接触杀菌剂后才产生耐药性，则所有同等大小的细菌培养物应产生大致相同数量的耐药性菌落。假说2：如果在接触杀菌剂之前出现随机的耐药突变，那么在不同的培养中耐药菌落的数量应该有很大的差异（波动）。（b）实际结果显示，大的波动表明，细菌的突变作为自发的错误发生，与暴露于选择剂无关。

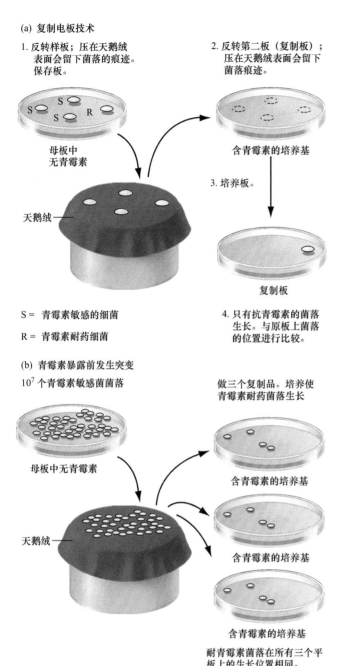

(a) 复制电板技术

1. 反转样板；压在天鹅绒表面会留下菌落的痕迹。保存板。

2. 反转第二板（复制板）；压在天鹅绒表面会留下菌落痕迹。

含青霉素的培养基

3. 培养板。

母板中无青霉素

天鹅绒

复制板

4. 只有抗青霉素的菌落生长。与原板上菌落的位置进行比较。

S = 青霉素敏感的细菌

R = 青霉素耐药细菌

(b) 青霉素暴露前发生突变

10⁷个青霉素敏感菌菌落

做三个复制品。培养使青霉素耐药菌落生长

母板中无青霉素

含青霉素的培养基

天鹅绒

含青霉素的培养基

含青霉素的培养基

耐青霉素菌落在所有三个平板上的生长位置相同。

图7.6 复制平板法验证了细菌耐药性是预先存在突变的结果。（a）将主板按压到天鹅绒的表面上，使每个菌落的细胞转移到天鹅绒表面。研究人员追踪主板上哪些菌落可以在复制平板上生长（这里，只有抗青霉素的菌落）。（b）不含青霉素的培养平板上的菌落依次转移到含有青霉素的三个复制平板中。耐药菌落在所有三个复制平板上都以相同的位置生长，这表明在接触抗生素之前，主板上的一些菌落就含有多个耐药细胞。

●细胞分裂越多，突变在基因组中积累的可能性就越大。
●波动测试和影印培养实验的结果显示，在杀菌剂暴露之前，细菌细胞中随机出现抗性突变。

7.2 改变DNA序列的分子机制

学习目标

1. 概述可通过破坏DNA产生突变的自然过程。
2. 解释DNA复制中的错误如何导致突变。
3. 定义诱变剂并描述诱变剂如何用于基因研究。
4. 描述Ames试验如何检测潜在的致癌物质。

一个可遗传突变的产生是几个竞争过程的结果：突变、修复和复制（图7.7）。首先必须发生随机事件来改变DNA。两种不同的事件引发DNA变化：DNA可能被化学反应或辐射损坏；或者在复制过程中复制DNA时会发生错误。

当DNA变化首次发生时，它们还不是真正的突变，而只是潜在的突变。原因是它们中的大多数被细胞内的各种酶系统快速修复。这些DNA修复机器正在进行DNA复制的持续竞赛（图7.7）。如果在下一轮DNA复制之前修复受损的DNA或错误掺入的核苷酸，则序列被校正并且不会导致突变。然而，如果修复酶在下一轮DNA复制之前没有纠正问题，则突变在双螺旋的两条链中永久地建立，并且产生了一个可遗传的突变结果。

在本节中，我们描述了一些可以改变DNA序列的最重要的机制。本章的后续部分将讨论生物系统进化的各种生物化学途径，以最大限度地减少这些DNA改变的致突变后果。

7.2.1 自然过程通过DNA损伤引起自发突变

对DNA的化学和物理攻击非常频繁。遗传学家估计，例如，来自脱氧核糖-磷酸骨架的嘌呤碱基A或G的水解在每个人细胞中每小时发生1000次。这种DNA改变称为**脱嘌呤**［图7.8（a）］。因为得到的脱嘌呤位点不能指定互补碱基，DNA复制过程引入与脱嘌呤位点相对的随机碱基，导致新合成的互补链中3/4的突变。

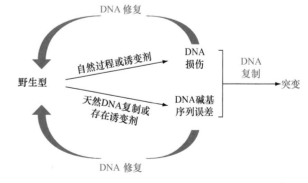

图7.7 当DNA复制比DNA修复快时，点突变就产生了。发生在DNA中的突变只有在DNA修复不能在下一轮DNA复制前修复突变时才具有遗传性。

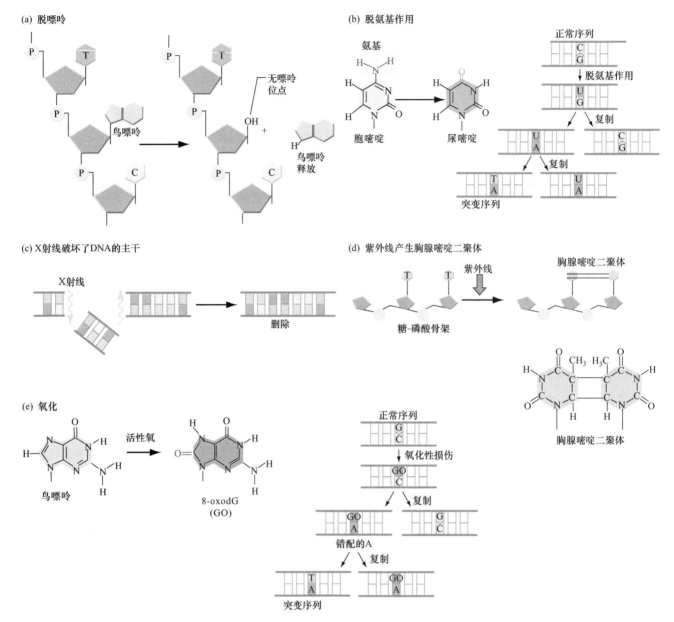

图7.8 自然过程如何改变储存在DNA中的信息。（a）在脱嘌呤过程中，A或G碱基的水解作用会使DNA链带有未指定的碱基。（b）在脱氨过程中，从C中去除一个氨基引发了DNA复制后的转录过程。（c）X射线破坏了糖-磷酸盐的主链，从而将DNA分子分裂成更小的碎片，这些碎片可能被错误地连接在一起。（d）紫外线（UV）辐射使相邻的T形成二聚体，从而破坏基因信息的读取。（e）辐射引起自由基的形成（如带有不成对电子的氧分子），从而改变单个碱基。在这里，改变的碱基与A的配对创造了一个转录，把G-C碱基对变成T-A碱基对。

另一种可以修饰DNA信息含量的天然过程是**脱氨作用**，即去除氨基（—NH₂）基团。脱氨基可以将胞嘧啶（C）改变为尿嘧啶（U），尿嘧啶是在RNA中发现但未在DNA中发现。因为U与A而不是G配对，脱氨基之后的复制可能会在未来几代DNA分子中将C-G碱基对改变为T-A对［图7.8（b）］；这种C-G到T-A的变化是一种转换突变。

其他攻击包括：自然发生的辐射，如宇宙射线和X射线，它们会破坏糖-磷酸盐骨架［图7.8（c）］；紫外线，使相邻的胸腺嘧啶残基与**胸腺嘧啶二聚体**化学地连接［图7.8（d）］；四个碱基中的任何一个的氧化损伤［图7.8（e）］。如果在DNA复制之前没有修复，所有这些变化都会永久地改变DNA分子的信息含量。

7.2.2 DNA复制中的错误也会导致自发突变

如果由于某种原因细胞机器在复制期间包含不正确的碱基，例如，C与A相对应而不是预期的T，那么在下一个复制周期中，其中一个子DNA将具有正常的A-T碱基对，而另一个将有一个突变体G-C。在细菌和人体细胞中仔细测量体内复制的保真度，表明这种误差非常罕见，每10^9个碱基对中发生不到一次。该速率相当于输入整本书1000次，同时只输入一次打字错误。考虑到螺旋展开、碱基配对和聚合的复杂性，这种精确度令人惊讶。细胞如何避免大多数DNA复制错误，以及DNA被复制时会发生什么样的错误？

1. DNA聚合酶的校对功能

复制机器通过连续的校正阶段使错误率最小化。在试管中，DNA聚合酶以复制的每10^6个碱基中大约一个错误的错误率复制DNA。该速率比细胞所达到的速率差1000倍。尽管如此，它的含量仍然很低，而且只有当聚合酶出错时，聚合酶分子才会以核酸酶的形式提供校对/编辑功能。所述核酸酶在聚合酶出错时变得活跃。聚合酶分子的这种核酸酶部分，称为$3'{\to}5'$外切核酸酶，识别错配的碱基并将其切除，使聚合酶在下次尝试时正确复制核苷酸（图7.9）。如果没有核酸酶部分，DNA聚合酶在复制的每10^4个碱基中就会出现一个错误，因此这种编辑功能可以将复制的保真度提高100倍。

体内DNA聚合酶是复制系统的一部分，复制系统包括许多其他蛋白质，它们共同将错误率提高10倍，使其达到细胞获得的保真度的约100倍。细胞100倍保真率取决于称为甲基定向错配修复的备用系统，该系统通知并纠正新复制的DNA中的残留错误。当我们描述细胞在突变发生后尝试纠正突变的各种方式时，我们将在本章后面介绍这种修复系统的细节。

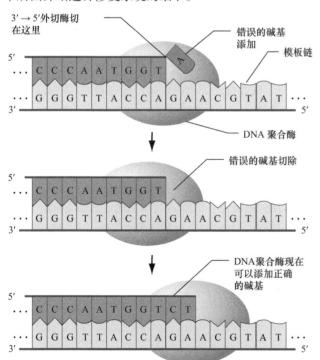

图7.9　DNA聚合酶的校对功能。如果DNA聚合酶在其合成的链的3'端添加了一个错误的核苷酸，酶的$3'{\to}5'$的外切酶活性就会移除这个核苷酸，使酶有第二次机会添加正确的核苷酸。

2. 碱基互变异构

DNA聚合酶可能出错的一个原因是碱基的**互变异构化**。四种碱基中的每一种都具有两种**互变异构体**，相似的化学形式不断地相互转化。互变异构体之间的平衡使得每个碱基几乎总是以A对T和G对C的形式存在。但是，如果DNA聚合酶到达时模板链中的碱基以其稀有的互变异构形式存在，则错误的碱基将被掺入新合成的链中，因为稀有的互变异构体配对与正常形式不同［图7.10（a）］。如果错误掺入的核苷酸在下一轮复制之前未通过错配修复进行校正，则会发生点突变［图7.10（b）］。

3. 不稳定的三核苷酸重复

1992年，分子遗传学家在人类中发现了一种完全出乎意料的突变类型：CGG基础三联体的过度扩增通常只连续重复几次到50次。例如，如果基因的正常等位基因携带5个连续重复的基础三联体CGG（即一条链上的

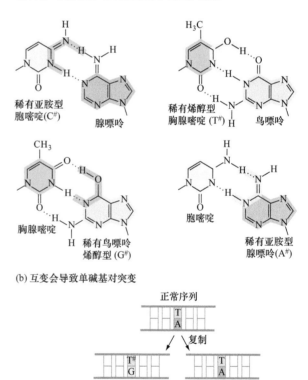

(a) 稀有互变异构形式的碱基改变了碱基配对能力

稀有亚胺型胞嘧啶($C^\#$)　　腺嘌呤

稀有烯醇型胸腺嘧啶 ($T^\#$)　　鸟嘌呤

胸腺嘧啶　　稀有鸟嘌呤烯醇型 ($G^\#$)

稀有亚胺型腺嘌呤($A^\#$)　　胞嘧啶

(b) 互变会导致单碱基对突变

正常序列
复制
G的错误插入相反的烯醇形式的T
复制
突变序列

图7.10　碱基互变异构化如何引起突变。（a）四种碱基的稀有互变异构体的配对能力不同于通常的碱基。（b）在罕见的烯醇形式中，T使DNA聚合酶在互补链中插入G。如果不匹配的T∶G碱基对在下一轮复制之前没有修复回到T∶A，则会在一个子DNA分子的两条链上建立一个T∶A-C∶G的过渡突变。

CGGCGGCGGCGGCGG），则异常等位基因可连续携带200个重复。几种其他三核苷酸（CAG、CTG、GCC和GAA）的重复也可能是不稳定的，使得重复的数量通常在单个个体的不同体细胞中增加或减少。在配子生产过程中也会出现不稳定性，从而导致从一代到下一代的重复次数发生变化。

现在已经在约20种不同的人基因中发现了**不稳定的三核苷酸重复**序列，所有这些基因都与神经退行性疾病有关。在所有情况下，重复扩增超过一定数量会导致致病等位基因。"快进"信息栏"三核苷酸重复疾病：亨廷顿病和脆性X综合征"解释了三核苷酸重复疾病可以根据重复序列相对于指定蛋白质产物的基因部分的位置细分为两组。其中一个例子是脆性X综合征，这是男孩最常见的智力残疾形式；另一组以亨廷顿病为代表，这是第2章讨论的一种神经系统疾病。

两组三核苷酸重复疾病的一般特征是在特定位置的重复次数越多，发生扩张和收缩的可能性越大。因为较大的重复数意味着更多的不稳定性，一些具有中间数量的三核苷酸重复的等位基因表现为所谓的**突变前等位基因**［图17.11（a）］。例如，在脆性X综合征中，具有置换等位基因的个体具有正常表型，但扩增的重复数意味着这种突变前等位基因在复制期间极有可能扩增或收缩。因此，突变前等位基因的携带者很可能给他们的

(a) 重复次数(CGG)的效果

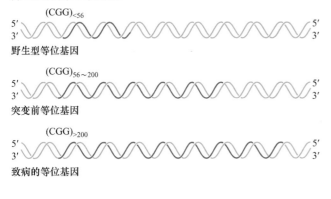

(b) 脆性X染色体谱系

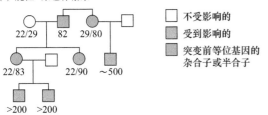

图7.11　脆性X综合征的遗传。（a）脆性X综合征的野生型、突变前和致病等位基因在CGG三核苷酸重复数中的差异。疾病等位基因是无功能的。突变前等位基因提供正常的基因功能，但在女性生殖细胞的DNA复制过程中，它们有很高的三重重复扩增的可能性。（b）对于突变前等位基因，正常的雌性杂合子可能产生具有扩增的三重重复数的配子。

孩子提供了新的疾病等位基因（具有更多的重复序列）［图7.11（b）］。

研究人员并不完全了解三核苷酸重复疾病的一个奇怪特征：特定基因的突变前等位基因倾向于在雄性或雌性种系中扩展，但不是两者都扩大。例如，在图7.11（b）中，你可以看到导致脆性X综合征的等位基因是从具有突变前等位基因的母亲遗传的，但是具有突变前等位基因的父亲产生的精子中重复数量并未明显增加。奇怪的是，对于亨廷顿病而言，情况正好相反：疾病等位基因几乎总是起源于雄性（而不是雌性）种系。

多种生化机制可能是三核苷酸重复扩增和收缩的原因。一种特别充分表征的机制是在DNA复制过程中**滑动错配**。DNA聚合酶经常在重复区域复制时暂停，这允许一条DNA链（新合成的链或模板链）相对于另一条DNA链滑动（图7.12）。因为序列包含重复序列，所以滑移链和另一条链不能配对，从而形成环路。在另一轮DNA复制后，这种错配可导致两条DNA链中三核苷酸重复数的扩增或收缩。

7.2.3　诱变剂诱发突变

突变使得遗传分析成为可能，但大多数突变以如此低的速率自发出现，研究人员一直在寻找可控制的方法来增加它们发生的概率。摩尔根果蝇研究组的原始成员H. J. Muller首先展示了这一点：暴露于高于天然水平的X射线剂量会增加果蝇的突变率（图7.13）。

Muller将雄性果蝇暴露于越来越大剂量的X射线，然后将这些雄性与雌性交配，其中一条X染色体含有易于识别的显性突变，导致Bar眼。这条X染色体（称为平衡器）也进行了染色体重排，称为倒位，阻止其与其他X染色体交换（第13章解释了这种现象的细节）。这次交配的一些F_1代的雌性是杂合子，从它们的父系那里携带了一个突变的X，从它们的母系那里携带了一个带有条形标记的X。如果X射线在父系衍生的X染色体上的任何地方诱导隐性致死突变，那么这些F_1雌性将无法产生非Bar眼雄性。因此，简单地通过注意非Bar眼雄性的存在与否，Muller可以确定X染色体上超过1000个基因中是否发生了突变，这些基因对果蝇的生存能力至关重要。他得出结论：X射线剂量越大，隐性致死突变的频率越高。

任何使突变频率高于自发率的物理或化学试剂称为**诱变剂**。研究人员使用许多不同的诱变剂来产生突变用于研究。以DNA结构的沃森-克里克模型为指导，他们可以在分子水平上理解大多数诱变剂的作用。例如，Muller用于在X染色体上诱导突变的X射线可以破坏DNA链的糖-磷酸骨架，有时断裂双螺旋的两条链上的相同位置。多个双链断裂产生DNA片段化，并且片段的不正确缝合可以导致小的缺失［综述图7.8（c）］、

三核苷酸重复疾病：亨廷顿病和脆性X综合征

由具有不稳定三核苷酸（三联体）重复基因引起的大约20种已知的神经发生性疾病分为两类：**polyQ疾病**和**非polyQ疾病**（其中Q是氨基酸谷氨酰胺的符号）。在polyQ疾病基因中，重复的三联体总是CAG；而在非polyQ疾病基因中，三核苷酸重复可以是CGG、CTG、GCC或GAA。两种类型的三联体重复疾病的特征在于重复序列对基因功能的影响。在polyQ疾病中，具有过多三联体重复的疾病等位基因编码异常蛋白质。非polyQ疾病等位基因不编码蛋白质或编码的蛋白质量减少。两类三联体重复疾病的差异由两个最著名的例子说明：亨廷顿病，一种polyQ疾病；脆性X综合征，一种非polyQ疾病。

亨廷顿病发病率全世界约为万分之一。症状通常始于40岁左右，包括肌肉协调困难、认知能力下降和精神问题。你在第2章中看到，亨廷顿病是通过常染色体显性突变等位基因（*HD*）遗传的。虽然正常*HD*⁺等位基因具有6~28个CAG重复，但HD疾病等位基因具有扩增的重复区域，其具有36个或更多个CAG重复。*HD*基因中CAG运行在可读框（ORF）中，其包含从其组成氨基酸构建蛋白质的实际说明。

每个CAG规定氨基酸谷氨酰胺（Q）应添加到HD蛋白中，因此正常蛋白质在其所谓的polyQ区域中具有连续6~28个Q氨基酸（图A）。具有36个或更多重复的*HD*等位基因编码突变的HD蛋白，其具有对神经细胞有毒的扩展的polyQ区（由突变前等位基因编码的蛋白质正常运作但等位基因具有不稳定的重复序列）。科学家尚不了解HD在神经细胞中的正常功能或突变HD蛋白有毒的原因。

像HD一样的PolyQ疾病等位基因被称为功能获得性突变体，因为它们指定的蛋白质的功能与相应的野生型蛋白质的功能定性不同。许多典型的功能获得突变体，polyQ疾病等位基因显示显性遗传，因为突变体polyQ蛋白即使在正常蛋白质存在下也是有毒的。

非polyQ疾病的例子是脆性X综合征，这是遗传性智力残疾的主要原因，影响约4000名男性中的1名和8000名女性中的1名。该疾病是由称为FMR-1的X连锁基因（用于脆性X智力迟钝-1）中的CGG重复区域扩增引起的。

FMR-1的CGG位于ORF外部的基因区域，称为5′ UTR（图B）。正常*FMR*-1⁺基因具有6~55个CGG重复；将重复数目扩展至200个CGG或更多则导致*FMR*-1疾病等位基因不能产生FMR-1蛋白。没有FMR-1蛋白，神经细胞不能正确形成称为突触的连接。

所有非polyQ疾病的共同特征是三联体位于ORF外部基因中的一部分。非polyQ疾病基因中扩增的重复序列通常会阻止蛋白质的产生，因此非polyQ疾病基因是失去功能的等位基因。因为对于疾病等位基因杂合的雌性大多数时间至少具有一些疾病症状，所以脆性X综合征显示X连锁显性遗传，具有不完全外显率和可变表达性。其他非polyQ疾病等位基因可能显示显性遗传或隐性遗传模式，这取决于是否需要两剂或一剂正常基因产物来避免疾病症状。

三联体重复疾病说明了关于突变的两个基本原则。首先，突变可能影响基因产物的性质（polyQ疾病）或基因产物的量（非polyQ疾病）。其次，某些DNA序列在特殊情况下可以以惊人的高频率突变，如亨廷顿病或脆性X综合征的突变前等位基因。这两个原则将成为后续章节中的重要主题。

息肉病：亨廷顿病

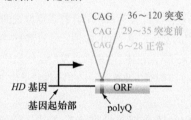

图A　亨廷顿病：一种polyQ疾病。*HD*基因有一系列CAG重复序列，在可读框（ORF）中指定了谷氨酸（Q）。*HD*疾病等位基因通过扩增的多聚区直接合成一种突变的、有毒的HD蛋白。具有中间数量CAG的突变前等位基因产生正常功能的蛋白质，但该等位基因不稳定。

非polyQ疾病：脆性X综合征

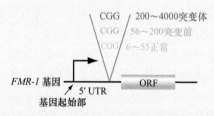

图B　脆性X综合征：一种非polyQ疾病。*FMR-1*基因在ORF外的5′非翻译区（5′ UTR）有大量CGG重复。*FMR-1*疾病等位基因有一个扩大的重复数，这阻止了基因蛋白质产物的合成。具有中间数量CGG的突变前等位基因可以产生正常数量的蛋白质，但是这些等位基因是不稳定的。

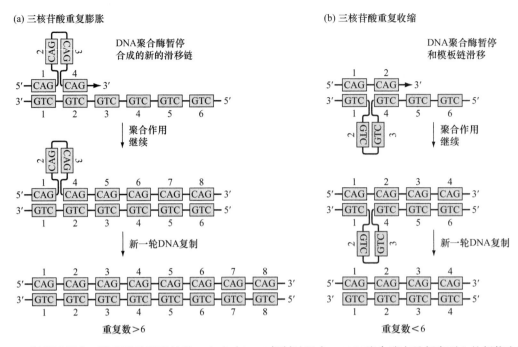

图7.12 在DNA复制过程中三核苷酸的错配扩增。（a）在DNA复制过程中，DNA聚合酶在重复序列上的暂停允许新合成的DNA链（蓝色）相对于模板链（灰色）发生滑移。由于重复，滑移链仍然可以与模板配对，DNA聚合反应可以继续。另一轮的DNA复制将在双链DNA中建立额外的重复。（b）同样，模板链相对于新合成的DNA链的滑移也会导致重复序列的缺失。

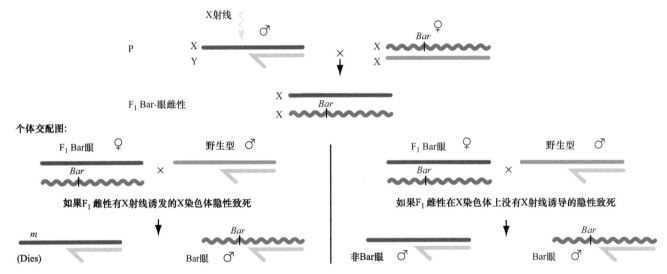

图7.13 暴露于X射线会增加果蝇的突变率。雌性F₁有一个受辐射的父系X染色体（红线）和一个含有条形标记的母系平衡器X染色体（蓝色波浪线）。这两条染色体不能重组，因为平衡器染色体阻止重组的发生。单个的F₁雌性，每只都有一条来自父系的X射线暴露的X染色体，然后分别与野生型雄性交配。如果任何一个F₁雌性的父系X染色体有X射线诱发的隐性致死突变（m），她只能生出Bar眼子代（左图）。如果X染色体没有这样的突变，这个F₁雌性将同时生出Bar眼和非Bar眼的子代（右图）。

大的缺失和其他重排（将在第13章中讨论）。

诱变的另一种分子机制涉及称为**碱基类似物**的诱变剂，其在化学结构上与正常的含氮碱基非常相似，复制机器可以将它们掺入DNA中［图7.14（a）］。因为碱基类似物可以具有互变异构形式，其配对性质不同于它取代的碱基，所以类似物可以在下一轮DNA复制中合成的互补链上引起碱基取代。

其他化学诱变剂通过直接改变碱基的化学结构和性质产生置换［图7.14（b）］。同样，当改变的碱基导致在随后的一轮复制过程中掺入不正确的互补碱基时，这些变化的作用在基因组中变得固定。

另一类化学诱变剂由称为**嵌入剂**的化合物组成：扁平的平面分子可以将自身夹在连续的碱基对之间，破坏复制机制，产生单个碱基对的缺失或插入［图7.14（c）］。由于这个原因，嵌入剂二氨基吖啶通常用于遗传研究。

诱变剂类型	诱变剂的化学作用
(a) 取代碱基： 碱基类似物的化学结构 几乎与DNA碱基相同	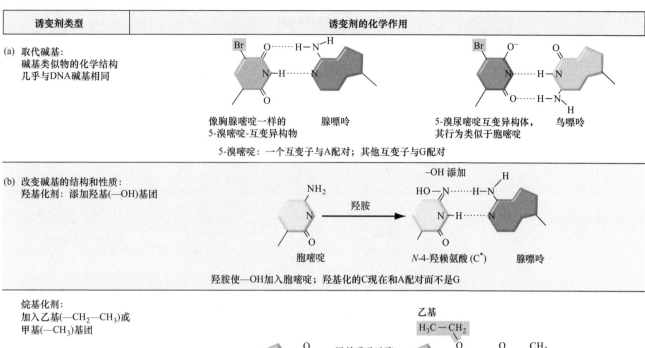

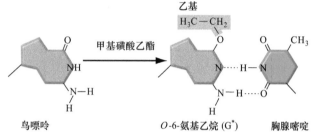

| (c) 碱基之间插入：
插入剂 |  |

图7.14　诱变剂如何改变DNA。（a）与DNA结合的碱基类似物可能发生异常配对，导致复制过程中错误的核苷酸被添加到相反的链上。（b）一些诱变剂改变碱基的结构，使它们在下一轮复制中不恰当地配对。（c）插入剂的大小和形状与双螺旋的碱基对大致相同。它们与DNA结合产生单碱基对的插入或缺失。

诱变剂是如何诱导突变的

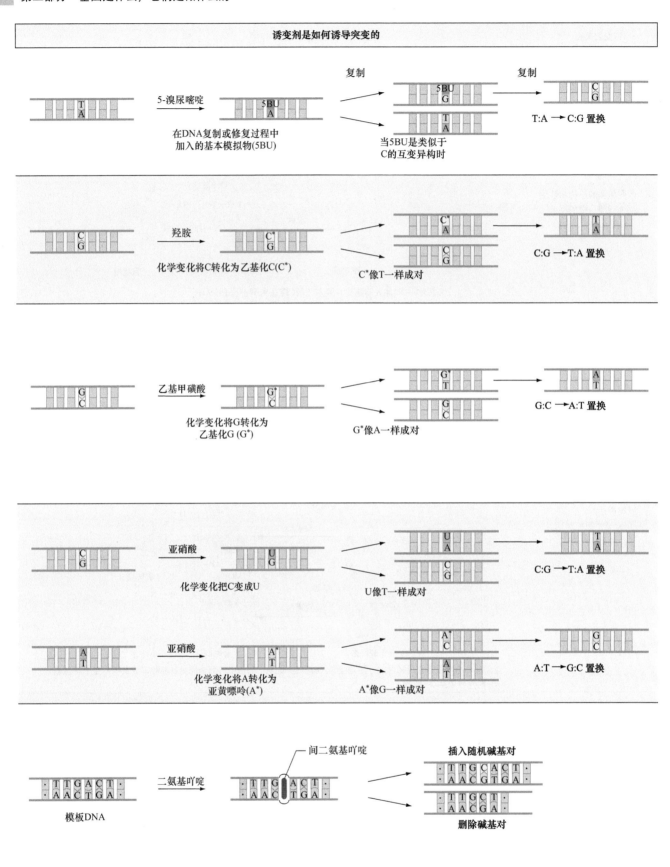

图7.14（续） 诱变剂如何改变DNA。

7.2.4　许多致突变物是致癌物质

虽然只有在种系中发生的突变才能传递给下一代，但体细胞突变仍然可以对健康和生存产生影响。例如，有助于调节细胞周期的基因中的体细胞突变可能导致癌症。出于这个原因，许多诱变剂充当致癌物质（致癌剂）。

美国食品药品监督管理局试图通过使用Ames试验来筛选导致细菌细胞突变的化学物质，从而识别潜在的致癌物质（图7.15）。该测试询问特定化学物质是否可以诱导细菌鼠伤寒沙门氏菌的特殊组氨酸突变株（His⁻）的组氨酸回复体（His⁺）。His⁺回复体可以从环境中的简单化合物合成它们所需的所有组氨酸，而原始的His⁻突变体不能产生组氨酸，因此它们只有在提供组氨酸时才能存活。

Ames试验的优点是只有回复体可以在不含组氨酸的培养皿上生长，因此有可能从最初的His培养物中检测大量细胞，以找到由所述化学物质诱导的稀有His⁺回复体。为了增加突变检测的灵敏度，在Ames测试系统

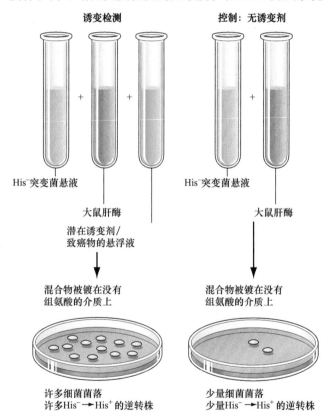

图7.15　Ames试验确定了潜在的致癌物。研究人员将一种化合物与一种His⁻品系的鼠伤寒沙门氏菌细胞和一种大鼠肝酶溶液（有时可以将无害的化合物转化为诱变剂）混合进行测试。只有His⁺逆转株在没有组氨酸的培养皿中能够生长。如果这个培养皿（左下）比含有未暴露细胞的对照培养皿（同样不含组氨酸）含有更多的His⁺逆转株（右下），这种化合物就被认为是诱变剂和潜在致癌物。培养皿上的稀有逆转株代表了自发突变的速率。

中使用的His⁻菌株含有第二个突变，其使DNA修复系统失活（将在下一部分中描述），从而防止由潜在诱变剂引起的突变的即时修复。细菌还携带第三个突变，导致细胞壁缺陷，使受试化学品更容易进入细胞内部。因为大多数引起细菌突变的药剂也会破坏高等真核生物的DNA，任何增加细菌突变率的诱变剂都可能导致人类和其他哺乳动物的癌症。然而，哺乳动物具有能够灭活危险化学品的复杂代谢过程。另一方面，哺乳动物中的其他生物化学事件可以从非危险化学品中产生诱变物质。为了模拟哺乳动物代谢的作用，毒理学家经常通过Ames试验将大鼠肝酶溶液加入到分析的化学物质中（图7.15）。

由于这种模拟并不完美，美国食品药品监督管理局的代理人最终会评估Ames试验鉴定的细菌诱变剂是否会通过将试剂包含在实验动物的饮食中而导致啮齿动物的癌症。

基本概念

● 某些天然药物可诱发自发突变。这些试剂包括辐射（如X射线和紫外线）和破坏DNA的化学反应（如脱氨和氧化）。

● DNA复制错误是自发突变的另一个来源。许多这些错误是由三核苷酸重复的碱基互变异构或扩增/收缩引起的。

● 致突变物是将突变频率提高到自发率以上的试剂。在研究中，诱变剂可以帮助产生感兴趣的突变用于进一步研究。

7.3　DNA修复机制

学习目标

1. 列出细胞可以用改变或损坏的核苷酸修复DNA的机制。

2. 比较同源重组和非同源末端连接机制修复双链断裂的结果。

3. 解释当发生复制错误时，甲基定向错配修复如何区分修复哪条链。

4. 陈述为什么细胞仅使用某些DNA修复系统作为最后的手段。

5. 描述指定DNA修复因子的基因突变对人类健康的潜在影响。

回想一下图7.7，如果在DNA复制发生之前修复新的DNA损伤，染色体中就不会发生突变。事实上，细胞已经进化出多种酶系统，这些系统定位并修复受损的DNA，从而大大减少突变的发生。这些修复系统的组合必须非常有效，因为几乎所有基因观察到的自发突变率都非常低。

7.3.1　一些DNA碱基损伤可以逆转

细胞含有各种酶系统，可以快速直接地逆转某些种类的核苷酸改变。例如，如果错误地将甲基或乙基加到鸟嘌呤中［如图7.14（b）所示］，烷基转移酶可以除去它们以重新形成原始碱基。

在第二个实例中，光解酶识别通过暴露于紫外线产生的胸腺嘧啶二聚体［综述图7.8（d）］并通过分裂胸腺嘧啶之间的化学键来逆转损伤。有趣的是，光解酶仅在可见光存在下起作用。在进行DNA修复工作时，它与称为发色团的小分子结合，吸收光谱可见光范围内的光；然后酶利用发色团捕获的能量来分裂胸腺嘧啶二聚体。因为它在黑暗中不起作用，所以光解酶机制被称为光修复。

7.3.2　损坏的基座可以拆除和更换

许多修复系统使用同源依赖性修复的一般策略，它们首先从含有改变的核苷酸的DNA链中去除小区域，然后使用另一条链作为模板来重新合成去除的区域。该策略利用双螺旋结构的一个巨大优势是：如果一条链维持损伤，细胞可以使用与未损伤链的互补碱基配对来重新创建原始序列。

1. 碱基切除修复

在这种类型的同源依赖性修复机制中，称为DNA糖基化酶的酶从其核苷酸的糖中切割出改变的含氮碱基，释放碱基并在DNA链中产生脱嘌呤或脱嘧啶（AP）位点（图7.16）。不同的糖基化酶切割特定的受损碱基。碱基切除修复在从DNA中去除尿嘧啶方面特别重要［回想一下，尿嘧啶通常由胞嘧啶的天然脱氨作用产生；综述图7.8（b）］。在这个修复过程中，当尿嘧啶-DNA糖化酶将尿嘧啶从糖中除去，留下AP位点后，酶AP内切酶在AP位点的DNA主链上形成一个缺口。其他酶（称为DNA外切核酸酶）攻击切口并从其附近移除核苷酸以在先前受损的链中产生间隙。DNA聚合酶通过复制未损坏的链填充间隙，在过程中恢复原始核苷酸。最后，DNA连接酶密封新修复的DNA链的骨架。

2. 核苷酸切除修复

该途径（图7.17）消除了基因切除无法修复的改变，因为细胞缺乏识别问题碱基的DNA糖基化酶。核苷酸切除修复取决于含有多于一种蛋白质分子的酶复合物。在大肠杆菌中，这些复合物由三种可能的蛋白质中的两种组成：UvrA、UvrB和UvrC。其中一个复合物（UvrA+UvrB）对DNA进行不规则性巡查，检测破坏沃森-克里克碱基配对的病变，从而扭曲双螺旋（如尚未通过光修复校正的胸腺嘧啶二聚体）。第二个复合体（UvrB+UvrC）在受损侧翼的两个位置切割受损的链。

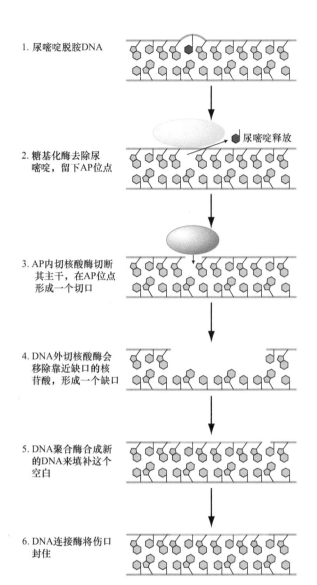

1. 尿嘧啶脱胺DNA

2. 糖基化酶去除尿嘧啶，留下AP位点

　尿嘧啶释放

3. AP内切核酸酶切断其主干，在AP位点形成一个切口

4. DNA外切核酸酶会移除靠近缺口的核苷酸，形成一个缺口

5. DNA聚合酶合成新的DNA来填补这个空白

6. DNA连接酶将伤口封住

图7.16　碱基修复移除受损的碱基。糖基化酶（浅绿色椭圆形）清除异常碱基［如胞嘧啶脱胺形成的尿嘧啶（红色）］，留下AP位点。AP核酸内切酶（紫色椭圆形）切断糖-磷酸的主链，形成一个缺口。外切核酸酶将裂口扩展成缺口，缺口由DNA聚合酶以正确的DNA链（深绿色）填充。在DNA连接酶作用下重新形成正确的DNA链。

这种双切割切除受损链的短区域并留下间隙，该间隙将被DNA聚合酶填充并用DNA连接酶密封。

7.3.3　两种重要机制可以修复双链断裂

我们以前已经看到X射线可以引起双链断裂，其中双螺旋的两条链在附近的位置被破坏［参见图7.8（c）］。双链断裂代表一种特别危险的DNA损伤类型，因为如果不能正确修复，这种染色体断裂不仅会导致点突变，还会导致大的缺失和其他类型的染色体重排。

生物体进化至少两种不同的修复双链断裂的方法也就不足为奇了。这些机制之一——**同源重组（HR）**，使用互补碱基配对来精确修复断裂而不损失或获得核苷

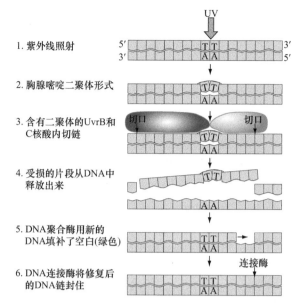

1. 紫外线照射

2. 胸腺嘧啶二聚体形式

3. 含有二聚体的UvrB和C核酸内切链 切口 切口

4. 受损的片段从DNA中释放出来

5. DNA聚合酶用新的DNA填补了空白(绿色)

6. DNA连接酶将修复后的DNA链封住 连接酶

图7.17 核苷酸切除并修复受损的核苷酸。一个由UvrA和UvrB蛋白组成的复合体（未显示）扫描DNA，寻找由DNA损伤引起的畸变，如胸腺嘧啶二聚体。在受损部位，UvrA与UvrB分离，允许UvrB（红色）与UvrC（蓝色）结合。这些酶准确地将DNA的四个核苷酸切到损伤的一边，将七个核苷酸切到另一边，释放出一小段单链DNA。DNA聚合酶重新合成缺失的DNA链（绿色），DNA连接酶再重新密封已修复的DNA链。

酸。第二种途径称为**非同源末端连接（NHEJ）**，可以将甚至彼此不相邻的DNA末端聚集在一起，并且在该过程中可能丢失或添加少量碱基对。

用于修复双链断裂的两种系统都具有重要的实际意义，因为它们是用于基因组编辑的新的有效策略（以特定方式改变生物体基因组）的基础。我们将在第18章中描述这些用于修改基因组的令人兴奋的方法，但是在这里获得关于这些修复机制如何工作的一些想法将会有所帮助。

1. 通过同源重组（HR）修复双链断裂

你会记得减数分裂重组的第一步是双链断裂的形成，并且通过链入侵，经历重组的细胞最终使用同源染色体作为模板修复这种双链断裂（综述图6.27）。有丝分裂细胞可以使用大部分相同的酶促机制进行同源重组，以修复由X射线暴露引起的双链断裂。HR系统可以使用同源染色体或更常见的姐妹染色单体作为修复模板。如果同源染色体充当模板，则断裂的修复导致有丝分裂重组。然而，寻找同源物是低效的，因此通过重组的修复通常发生在细胞周期的G₂期（即染色体复制后）的姐妹染色单体之间。在这种情况下，断裂的修复不会产生有丝分裂重组，因为破碎的染色单体和模板染色单体碱基对序列是相同的。

2. 通过非同源末端连接（NHEJ）修复双链断裂

NHEJ机制是HR的替代物，其对于修复在细胞周期的G_1期期间形成的双链断裂（即在姐妹染色单体可用作同源重组的模板之前）尤其重要。参与NHEJ的蛋白质在断裂位点与DNA末端结合并保护末端免受核酸酶的影响。NHEJ蛋白也桥接两端，允许它们通过DNA连接酶缝合在一起（图7.18）。

你应该注意到，因为NHEJ不涉及DNA同源性，它可以将任何DNA末端（除了端粒，其受到保护免于该途径）连接在一起，即使这些末端在最初的基因组中彼此不相邻。因此，如果基因组遭受多于一个双链断裂，NHEJ可能会将错误的末端连接在一起，导致染色体重排，如倒位或大的缺失。NHEJ的另一个特性是，虽然这种机制通常是准确的，但它有时会导致断裂末端连接在一起的DNA序列发生微小变化。在NHEJ过程中，DNA外切核酸酶和DNA聚合酶可以在断裂的末端起作用，在DNA连接酶将它们密封在一起之前去除或添加一些碱基对。由NHEJ导致的错误相对较少，但是当我们在本书后面的第18章中讨论基因组编辑技术时会发现，它们确实会发生并将变得具有重要意义。

7.3.4 错配修复纠正了DNA复制中的错误

DNA聚合酶在复制DNA方面非常准确，但DNA复制系统所犯的错误仍然是大多数细胞所能容忍的100倍。称为**甲基定向错配修复**的备份修复系统几乎可以纠正所有这些错误（图7.19）。由于错配修复仅在DNA复制后才有效，因此该系统需要解决一个难题。假设已复制G-C对以产生两个子分子，其中一个具有正确的G-C碱基对，另一个具有不正确的G-T。错配修复系统可以很容易地识别不正确匹配的G-T碱基对，因为不正确的

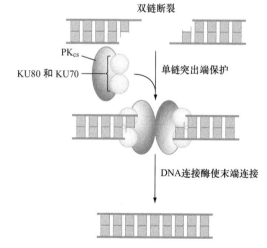

图7.18 非同源末端连接修复断裂的双链。蛋白质KU70、KU80和PKCS（在哺乳动物细胞中）与DNA末端结合，保护它们免受降解，并把它们聚集在一起，这样DNA连接酶就可以修复磷酸二酯主链。

碱基配对会扭曲双螺旋，导致异常凸起和凹陷。但是系统如何知道是否将该对更正为G-C或A-T？

　　细菌通过在特定位置的亲本DNA链上放置一个区别标记来解决这个问题：GATC序列发生的每个地方，腺嘌呤甲基化酶在A上放置甲基［图7.19（a）］。复制后不久，旧模板链带有甲基标记，而含有错误核苷酸的新子链尚未标记［图7.19（b）］。大肠杆菌中的一对蛋白质，称为MutL和MutS，检测并结合错配的核苷酸。MutL和MutS指导另一种蛋白MutH在最近的甲基化GATC对面的位置切割新合成的DNA链；MutH可以区分新合成的链，因为它的GATC不是甲基化的［图7.19（c）］。然后DNA外切核酸酶去除切口和刚好超出错配的位置之间的所有核苷酸，在新的未甲基化链上留下间隙［图7.19（d）］。DNA聚合酶现在可以使用旧的甲基化链作为模板重新合成信息，然后DNA连接酶密封修复的链。随着复制和修复的完成，酶用甲基标记新链，使其亲本来源在下一轮复制中显而易见［图7.19（e）］。

　　真核细胞也有错配校正系统，但我们还不知道该系统如何区分模板与新复制的链。与原核生物不同，真核生物中的GATC没有用甲基标记，真核生物似乎没有与MutH密切相关的蛋白质。一个可能有趣的线索是真核生物中的MutS和MutL蛋白与DNA复制因子相关；也许这些相互作用可能有助于MutS和MutL识别要修复的链。

7.3.5　易错修复系统是最后的保障

　　刚刚描述的修复系统在修复DNA损伤方面非常准确，因为它们可以用未损坏的链的互补拷贝替换受损的核苷酸，或者将断裂的链重新连接在一起。然而，细胞有时会暴露于这些高保真修复系统无法处理的诱变剂水平或类型。例如，强光剂量的紫外线可能会产生比细胞更多的胸腺嘧啶二聚体。任何未修复的损伤都会对细胞分裂造成严重后果；特别是，通常用于复制的DNA聚合酶将在这种病变处停滞，因此细胞不能增殖。这些细胞可以启动紧急反应，让它们克服这些问题，从而生存和分裂，但它们在这种情况下进行的能力是以将新突变引入基因组为代价的。

1. 使用sloppy DNA聚合酶

　　细菌中的一种紧急修复，称为**SOS系统**（在莫尔斯码遇险信号之后），依赖于容易出错（或sloppy）的DNA聚合酶。这些易错的DNA聚合酶不能用于正常的DNA复制；它们仅在DNA损伤的情况下产生。损伤诱导的、易于出错的DNA聚合酶被复制叉吸引，这些复制叉已经在未修复的受损核苷酸位点处停滞。在那里，酶将随机核苷酸添加到与受损碱基相对的合成链中。

(a) 亲本链用甲基标记
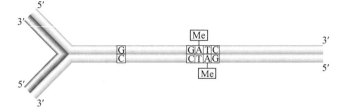

(b) MutS和MutL识别复制DNA的错配

(c) MutL招募MutH加入GATC；MutH在甲基标记对面的链上形成一个缺口(短箭头)
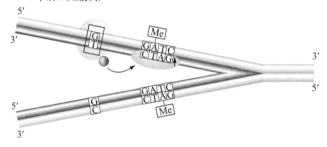

(d) DNA外切酶(未显示)从未甲基化的新链上切除DNA
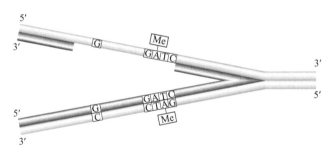

(e) 新合成的DNA链的修复和甲基化
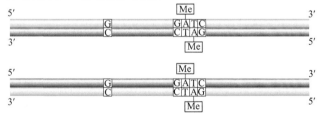

图7.19　在细菌中，甲基定向的错配修复纠正了复制中的错误。亲本链为淡蓝色，新合成的链为品红色。MutS蛋白为绿色，MutL为深蓝色，MutH为橙色。详情见正文。

因此，SOS聚合酶允许具有受损DNA的细胞分裂成两个子细胞，但因为在每个位置，易错的聚合酶仅在1/4的时间内恢复正确的核苷酸，所以这些子细胞的基因组携带新的突变。在细菌中，许多诱变剂的诱变作用或者取决于SOS系统，或者通过SOS系统增强。

2. sloppy修复双链断裂

另一种紧急修复系统，即**微同源介导的末端连接（MMEJ）**，处理未通过同源重组或NHEJ校正的危险双链断裂。MMEJ的机制类似于NHEJ的机制（先前在图7.18中显示），除了在MMEJ中，断裂的DNA末端在断裂的任一侧（切除）被酶切断。切除暴露了断裂两侧的互补DNA序列（微观同源）的小单链区域，有助于将末端结合在一起。

因为在切除期间在双链断裂的位点处去除核苷酸，MMEJ导致重新连接的DNA中数十至数百个碱基对的缺失。这些缺失比有时由NHEJ产生的少数碱基对的小缺失更长。

7.3.6　编码DNA修复蛋白的基因突变影响人类健康

DNA修复机制几乎在所有物种中以某种形式出现。例如，人类具有6种蛋白质，其氨基酸与大肠杆菌错配修复蛋白MutS的氨基酸约有25%相同。DNA修复系统因此非常陈旧，并且必须在35亿年前的生命出现后很快发展。一些科学家认为，当植物开始向大气中沉积氧气时，DNA修复变得至关重要，因为氧气有助于形成可以破坏DNA的自由基。

与DNA损伤修复缺陷相关的许多已知的人类遗传性疾病揭示了这些机制对于生存的重要性。在一个实例中，患有着色性干皮病的患者的细胞缺乏进行核苷酸切除修复的能力；这些人对于编码通常在该修复系统中起作用的酶的7种基因中的任何一种的突变是纯合的。结果，不能有效地除去由紫外线引起的胸腺嘧啶二聚体。除非这些人避免全部暴露在阳光下，否则他们的皮肤细胞会开始积聚突变，最终导致皮肤癌（图7.20）。

在另一个例子中，研究人员最近了解到，人类遗传性结直肠癌的形式与人类基因的突变有关，这些突变与编码错配修复蛋白MutS和MutL的大肠杆菌基因密切相关。在一个实例中，乳腺癌基因*BRCA1*和*BRCA2*（其中任一个的突变与女性乳腺癌的高风险相关）编码通过同源重组在双链断裂修复中起作用的蛋白质。第20章更详细地讨论了DNA修复与癌症之间的迷人联系。

7.3.7　DNA修复不能100%高效

"略微犯错的能力是DNA真正的奇迹。如果没有这个特殊的属性，我们仍然是厌氧菌，而且不会有现在的生活。"在这两句话中，杰出的医学家和自诩为"生

图7.20　着色性干皮病患者皮肤病变。这种遗传性疾病是由于在核苷酸切除修复系统中缺少一种关键酶而引起的。

© Barcroft Media/Getty Images

物学观察者"的Lewis Thomas承认，DNA的变化背后的表型变异是自然选择已经作用数十亿年来推动进化的原材料。

正如Thomas博士的诗句所暗示的那样，突变的必要性是根本性的：没有突变，生命早就会消失，因为它无法应对环境的变化。因此DNA修复过程必须小心谨慎。它们必须足够有效，以保护基因组免受大量对DNA的攻击，这些攻击始终在发生，但生命的传播需要将一些突变传递给后代。

基本概念

- 细胞具有许多不同的酶系统，可通过修复DNA损伤或复制错误来最大限度地减少突变。
- 对基因组特别危险的双链断裂，可通过同源重组（HR）或非同源末端连接（NHEJ）进行修复。
- DNA复制错误的纠正需要错配修复系统选择正确的链来改变。细菌通过用甲基标记亲本链来完成这项任务。
- 如果正常的修复机制被过多的DNA损伤所淹没，那么细胞就可以调动容易出错的DNA修复系统。
- 指定参与DNA修复的蛋白质的基因突变通常会导致人类疾病，包括癌症。
- 突变是进化的"原料"。虽然许多突变是有害的，但罕见的突变可能赋予选择性优势。

7.4 突变对基因结构的影响

1. 描述互补测试及其结果如何区分单个基因的突变和不同基因的突变。
2. 解释Benzer的实验结果如何揭示噬菌体T4中的*rII*区域含有两个基因，每个基因由许多核苷酸对组成。
3. 讨论Benzer如何使用缺失来绘制*rII*区域的突变。

遗传学完全依赖于突变，因为我们只能通过其突变体的表型效应来追踪杂交中的基因。在20世纪50年代和60年代，科学家们意识到他们也可以使用突变来了解染色体上的DNA序列如何构成单个基因。这些研究人员希望在单个基因中收集大量突变，并分析这些突变如何相互排列。为了使这种方法获得成功，他们必须确定各种突变事实上都在同一基因中。这不是一项简单的工作，如下列情况所示。

早期的果蝇遗传学家发现大量的X连锁隐性突变影响了正常的红色野生型眼睛颜色（图7.21）。其中第一个被发现的是摩尔根研究小组研究的著名的白色眼睛。其他的突变导致眼睛出现了各种各样的颜色：暗色调，如石榴石色和红宝石色；朱红色、樱桃红色和珊瑚色等鲜艳的色彩；更轻的色素，包括杏色、浅黄色和康乃馨色。这些各种各样的眼睛颜色构成了一个难题：是突变导致了一个基因的多个等位基因，还是影响了一个以上的基因？

7.4.1 互补测试揭示了两个突变是在单个基因还是在不同基因中

研究人员通常将基因定义为指导分子产物外观的功能单元，而分子产物反过来又促成特定的表型。他们可以使用这个定义来确定两个突变是在同一基因中，还是在不同基因中。

如果个体中的两个同源染色体各自带有隐性野生型突变，且突变位于不同基因中，那么个体将具有正常表型。这样的结果称为**互补**。正常的表型发生是因为几乎

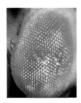

图7.21　果蝇眼睛颜色的突变产生多种表型。携带不同X连锁眼睛颜色突变的果蝇。从左至右分别是红宝石色、白色和杏黄色；最右边的一只是野生型眼睛。

（所有）：© Science Source

所有隐性突变都会破坏基因的功能。通过产生足够的两种基因产物以产生正常表型，两种同源物中的每一种上的显性野生型等位基因可以弥补或补充另一种染色体中的缺陷［图7.22（a），左］。

相反，如果两个同源染色体上的隐性突变在同一基因中，则该个体中不存在该基因的野生型等位基因，并且基因的突变拷贝都不能执行正常功能。结果是不会发生互补，也不会产生正常的基因产物，因此会出现突变表型［图7.22（a），右］。具有讽刺意味的是，一组彼此不相互补充的突变被称为**互补组**。遗传学家经常使用互补组作为基因的同义词，因为互补组中的突变都影响相同的功能单元，因此也影响相同的基因。

以基因作为功能单元的简单测试可以确定两个隐性突变是否是同一基因的等位基因。你只需检查杂合个体的表型，其中特定染色体的一个同源物携带一个突变，另一个同源物携带另一个突变。如果表型是野生型，则突变不能在同一基因中。这种技术称为**互补测试**。例如，因为同时为石榴石和红宝石（石榴石红宝石$^+$/石榴石$^+$红宝石）杂合的雌性果蝇具有野生型砖红色眼睛，可以得出结论：导致石榴石和红宝石颜色的突变相互补充，因此在不同的基因中。

事实上，补体测试表明，石榴石色、红宝石色、朱红色和康乃馨色的色素沉着是由不同基因的突变引起的。但携带突变产生白色、樱桃红色、珊瑚色、杏色和浅色型的染色体不能相互补充。因此，这些突变构成单个基因的不同等位基因。在观察到第一次突变后，果蝇遗传学家将该基因命名为白色或*w*基因；他们将野生型等位基因命名为w^+，将各种突变命名为w^1（由T. H. Morgan发现的原始白眼突变，通常简称为w）、$w^{樱桃红色}$、$w^{珊瑚色}$、$w^{杏黄色}$和$w^{浅黄色}$。例如，$w^1/w^{杏黄色}$雌性的眼睛是稀释的杏色；因为这种杂合子的表型不是野生型，这两种突变是等位基因。图7.22（b）说明了研究人员如何在**互补表**中整理来自许多互补测试的数据。这样的表有助于可视化大量突变体之间的关系。

在果蝇中，*w*基因的突变在X染色体的同一区域非常接近映射，而其他与性别相关的眼睛颜色基因的突变位于染色体的其他位置［图7.22（c）］。这一结果表明，基因不是脱节的实体，部分从染色体的一端扩散到另一端；事实上，每个基因仅占据染色体的相对较小的离散区域。在分子水平上定义基因的研究表明，大多数基因由1000～20 000个连续碱基对（bp）组成。在人类中，最短基因中约有500个碱基对长基因控制着组蛋白的产生，而迄今为止最长的基因是Duchenne肌营养不良症（DMD）基因，其长度超过200万核苷酸对。所有已知的人类基因都介于这两个极端之间。为了正确看待这些数字，人类染色体长度平均约为1.3亿个碱基对。

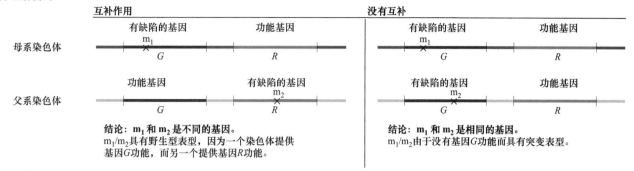

(a) 互补测试

结论：**m₁ 和 m₂ 是不同的基因。**
m₁/m₂ 具有野生型表型，因为一个染色体提供基因 G 功能，而另一个提供基因 R 功能。

结论：**m₁ 和 m₂ 是相同的基因。**
m₁/m₂ 由于没有基因 G 功能而具有突变表型。

(b) 补充表：果蝇的 X 连锁眼睛颜色突变

突变	白色	深红色	红宝石色	朱红色	樱桃红色	珊瑚色	杏黄色	浅黄色	肉红色
白色	−	+	+	+	−	−	−	−	+
深红色		+	+	+	+	+	+	+	
红宝石色			−	+	+	+	+	+	
朱红色				−	+	+	+	+	
樱桃红色					−	−	−	−	+
珊瑚色						−	−	−	+
杏黄色							−	−	+
浅黄色								−	+
肉红色									

(c) 遗传图：果蝇眼睛颜色的 X 连锁突变

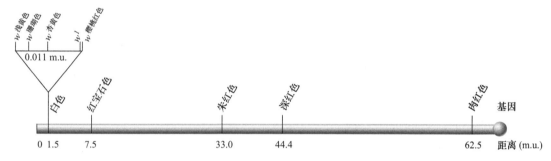

图7.22　果蝇眼睛颜色突变的互补测试。（a）杂合子在一条染色体上有一个突变（m₁），在其同源染色体上有一个不同的突变（m₂）。如果突变发生在不同的基因中，则杂合子为野生型；这些突变相互补充（左图）。如果两种突变都涉及同一基因，则表型为突变体；这些突变并不互相补充（右图）。只有当两个突变都是隐性的野生型时，互补测试才有意义。（b）本互补表显示了眼睛颜色的5个互补组（5个不同基因）。加号（+）表示与野生型眼睛颜色的突变组合；这些突变是互补的，因此存在于不同的基因中。有些突变不能互补，因此是白色基因的等位基因。（c）重组图谱显示，不同基因的突变往往相距很远，而同一基因的不同突变却非常接近。

7.4.2　基因是一组可以独立突变并相互重组的核苷酸对

尽管互补测试可以区分不同基因中的突变和同一基因中的突变，但它并未阐明基因结构如何适应不同的突变，以及这些不同突变如何以不同方式改变表型。每个突变是否以特定方式在一次中风中改变整个基因，或者它是否只改变基因的特定部分而其他突变会改变其他部分？

在20世纪50年代后期，美国遗传学家 Seymour Benzer 使用重组分析显示两个不相互补的突变，因此已知在同一基因中，实际上可以改变该基因的不同部分。他推断，如果一个基因由分开的可变亚基组成，则应该有可能在这些亚基之间的基因内发生重组。因此，在同一基因中携带不同突变的同源染色体之间，理论上可以产生野生型等位基因（图7.23）。

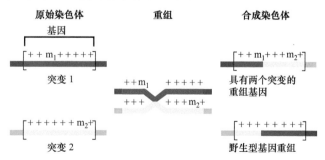

图7.23　基因内重组如何产生野生型等位基因。假设一个基因，由括号之间的区域表示，由许多可以独立突变的位点组成。突变 m₁ 和 m₂ 在同一基因不同位点的重组产生一个野生型等位基因和一个包含这两种突变的互惠等位基因。

因为影响单个基因的突变可能非常接近，所以有必要检查大量的后代，以观察它们之间的一个交换事件。因此，实验系统的分辨率必须非常高，允许快速检测罕见的遗传事件。对于他的实验生物，Benzer选择了噬菌体T4——一种感染大肠杆菌细胞的病毒［图7.24（a.1）］。因为感染细菌的每个T4噬菌体在不到1h内产生100～1000个后代，因此Benzer可以很容易地产生足够的稀有重组体用于他的分析［图7.24（a.2）］。此外，通过利用某些T4突变的特性，他设计了仅允许重组噬菌体而非亲代噬菌体增殖的条件。

1. 实验系统：噬菌体T4的*rII*突变

即使噬菌体太小而没有电子显微镜的帮助，也可以通过一种简单的技术用肉眼检测它们的存在［图7.24（a.3）］。为此，研究人员将一群噬菌体颗粒与更多数量的细菌混合在熔化的琼脂中，然后将该混合物倒入已经含有底层营养琼脂的培养皿中。未感染的细菌细胞在整个顶层生长，形成乳白色的活细菌菌苔。然而，如果单个噬菌体感染该菌苔某处的单个细菌细胞，则细胞产生并释放感染相邻细菌的后代病毒颗粒，其反过来产生并释放更多的噬菌体后代。随着病毒颗粒的每次释放，细菌宿主细胞死亡。顶层中的琼脂可防止噬菌体颗粒扩散到很远的位置。因此，噬菌体感染、复制和释放的几个循环在菌苔中产生圆形清除区域，称为**斑块**，没有活细菌细胞。将噬菌体与细菌混合以在培养皿上产生菌苔和菌斑的过程称为plating噬菌体。

大多数斑块含有100万至1000万单一噬菌体的后代，这些噬菌体最初感染培养皿上该位置的细胞。将含有噬菌体的溶液连续稀释，使得可以测量特定斑块中噬菌体的数量并得到一定数量的病毒颗粒［图7.24（a.4）］。

当Benzer首次寻找与噬菌体T4相关的遗传特征时，他发现，当加入大肠杆菌B菌株时，突变体产生比野生型噬菌体更清晰圆润的边界［图7.24（b）］。由于斑块形态的这些变化是由宿主细菌的异常快速裂解引起的，因此Benzer将突变r命名为快速裂解。许多r突变映射到称为*rII*区域的T4染色体区域，这些被称为*rII*突变。

*rII*突变的另一个特性使它们成为Benzer进行遗传**精细结构作图**（基因内突变的定位）的理想选择。野生型*rII*⁺噬菌体在大肠杆菌B菌株和称为大肠杆菌K(λ)菌株的细胞上形成正常形状和大小的斑块。然而，*rII*突变体具有改变的宿主范围；它们不能与大肠杆菌K(λ)细胞形成斑块，尽管如我们所见，它们与大肠杆菌B细胞产生大的、异常不同的斑块［图7.24（b）］。*rII*突变体不能感染K(λ)株细胞的原因目前Benzer尚不清楚，但这种特性使他能够开发出一种非常简单有效的*rII*⁺基因功能检测方法，以及一种检测罕见基因内（在同一基因内）重组事件的巧妙方法。

2. *rII*区域有两个基因

在他能够检查同一基因中的两个突变是否可以重组之前，Benzer必须确定他真的在研究单个基因中的两个突变。为了证实这一点，他针对噬菌体T4的两个重要特征进行了定制的互补测试：它们是**单倍体**（即每个菌体携带一条T4染色体，因此噬菌体每个基因都有一个拷贝），它们可以仅在宿主细菌中复制。因为T4噬菌体是单倍体，Benzer需要确保两个不同的T4染色体进入相同的细菌细胞以测试突变之间的互补。在他的互补测试中，他同时用两种类型的T4染色体感染大肠杆菌K(λ)细胞———一种携带一个*rII*⁻突变，另一种携带不同的*rII*⁻突变，然后寻找细胞裂解［图7.24（c.1）］。为了确保这两种噬菌体能够感染几乎每种细菌细胞，他添加了比细菌更多的噬菌体。

当用Benzer的方法测试时，如果两个*rII*⁻突变位于不同的基因中，它们将相互补充：每个突变的T4染色体将提供一个野生型*rII*⁺基因功能，弥补其他染色体中缺乏该功能并导致裂解。另一方面，如果两个*rII*⁻突变位于同一基因中，它们将无法补充：不会出现斑块，因为任何突变染色体都不能提供缺失的功能。

许多对*rII*⁻突变的不同测试表明它们分为两个互补组：*rIIA*和*rIIB*。然而，Benzer必须满足一个最终的实验要求：为了使互补测试有意义，他必须确保不能互补的*rII*⁻突变对每个都是隐性的野生型，并且彼此不相互作用产生对野生型显性的*rII*⁻表型。他通过对照试验检查了这些点，在对照实验中，他将*rIIA*⁻或*rIIB*⁻突变对重组在同一条染色体上（如下一节所述），然后用这些双重*rII*⁻突变体同时感染大肠杆菌K(λ)，用野生型噬菌体［图7.24（c.2）］。如果突变是隐性的并且彼此不相互作用，则细胞会裂解，在这种情况下，互补测试将是可解释的。

实际互补测试和对照实验之间的显著区别在于两个*rII*⁻突变的位置。在互补测试中，一个*rII*⁻突变位于一条染色体上，而另一个*rII*⁻突变位于另一条染色体上［图7.24（c.1）］；以这种方式排列的两个突变被认为是**反式构型**。在对照试验中［图7.24（c.2）］，两个突变位于同一染色体上，即所谓的**顺式构型**。完整的测试，包括互补测试和对照试验，被称为顺反测试。在完整的试验中，两个在反式中不产生裂解但在顺式时产生裂解的突变存在于相同的互补组中。Benzer称顺式反式测试确定的任何互补组为**顺反子**，一些遗传学家仍然使用这个术语作为基因的同义词。由于知道*rII*基因座由两个基因（*rIIA*和*rIIB*）组成，Benzer可以在同一基因中寻找两个突变，然后看它们是否重组产生野生型后代。

3. 单个基因中不同突变之间的重组

当Benzer感染大肠杆菌B株细菌时，同一基因携带不同突变的噬菌体混合物（如*rIIA₁*和*rIIA₂*），他确实观

特色插图7.24

Benzen如何分析T4噬菌体的*rII*基因

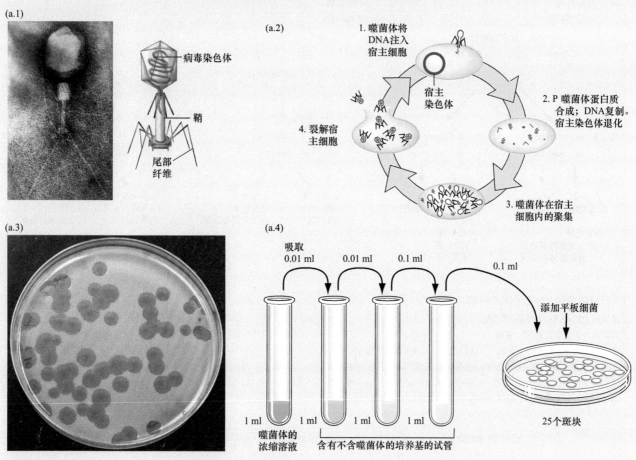

(a.1)

病毒染色体
鞘
尾部纤维

(a.2)
1. 噬菌体将DNA注入宿主细胞
宿主染色体
2. P 噬菌体蛋白质合成；DNA复制。宿主染色体退化
3. 噬菌体在宿主细胞内的聚集
4. 裂解宿主细胞

(a.3)

(a.4)
吸取
0.01 ml　　0.01 ml　　0.1 ml　　　0.1 ml
添加平板细菌
1 ml　　1 ml　　1 ml　　1 ml
噬菌体的浓缩溶液
含有不含噬菌体的培养基的试管
25个斑块

(a.1): © Science Source; (a.3): © McGraw-Hill Education/Lisa Burgess

（a）T4噬菌体研究

1. T4噬菌体（放大约10万倍），并进行渲染。病毒染色体包含在一个蛋白头部。噬菌体颗粒的其他蛋白质部分包括帮助噬菌体附着于宿主细胞的尾部纤维和鞘，鞘是将噬菌体染色体注入宿主细胞的导管。

2. T4噬菌体的裂解周期。单个噬菌体颗粒感染宿主细胞；噬菌体DNA利用宿主细胞的机制复制并指导病毒蛋白质的合成；新的DNA和蛋白质组装成新的噬菌体颗粒。宿主细胞最终裂解后，可向环境中释放多达1000个噬菌体后代。

3. 清除细菌细胞菌苔上的噬菌体斑块。将噬菌体和大量细菌的混合物倒入培养皿中。未受感染的细菌细胞生长，产生乳白色的菌苔。被一个噬菌体感染的细菌会分解并释放出后代噬菌体，从而感染邻近的细菌。几个感染周期会形成一个空斑，这是一个圆形的清除区，包含数百万个基因相同的噬菌体。

4. 用连续稀释法计数噬菌体。一小份浓缩的噬菌体溶液样本被转移到含有新鲜培养基的试管中，再将一小份稀释后的样本被转移到另一管新鲜培养基中。这个过程的连续重复增加了稀释的程度。当最终稀释的样品与溶化的琼脂中的细菌混合时，产生了无数的菌斑，从这些菌斑中可以推断出起始溶液中噬菌体的数量。本例中原1ml溶液中含有约2.5×10^7噬菌体。

（b）T4噬菌体*rII⁻*突变体的表型特征

1. *rII⁻*突变体在大肠杆菌B细胞上形成的斑块比*rII⁺*野生型噬菌体形成的斑块更大、更清晰（边缘更锋利）。

2. *rII⁻*突变体对发现罕见的重组事件特别有用，因为它们的宿主范围发生了改变。相比于*rII⁺*野生型噬菌体，*rII⁻*突变体不能在大肠杆菌菌株K(λ)宿主细菌的菌苔中形成斑块。因为*rII⁺*重组噬菌体可以在大肠杆菌K(λ)中形成斑块，那么即使单个的*rII⁺*重组噬菌体与数以百万计的*rII⁻*噬菌体一起裂解也可以被识别出来。

(b.1)
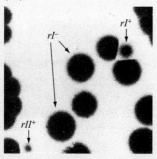
rI⁺
rI⁻
rII⁺

(b.1): © Seymour Benzer

(b.2)

T4 菌株	大肠杆菌菌株	
	B	K(λ)
rII⁻	大, 不同的	没有斑块
rII⁺	小, 模糊	小, 模糊

特色插图7.24（续）

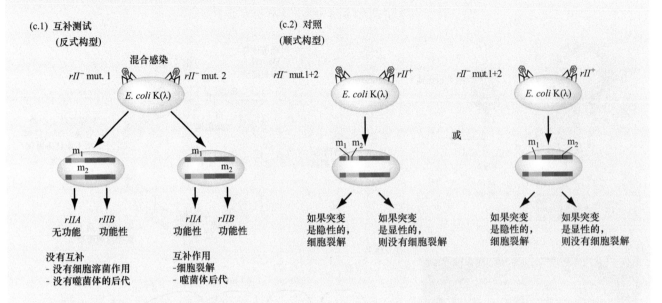

(c.1) 互补测试
(反式构型)

(c.2) 对照
(顺式构型)

（c）T4噬菌体*rII*⁻突变体之间的自定义互补测试

1. 过量的大肠杆菌K(λ)细胞同时感染两种不同*rII*⁻突变体（m₁和m₂）。在细胞内，这两个突变将是反式的；也就是说，它们位于不同的染色体上。如果这两种突变是在同一基因上，它们会产生相同的功能，不能互相补充，因此不会产生后代噬菌体。如果这两种突变发生在不同的基因（*rIIA*和*rIIB*）中，它们将相互补充，导致后代产生噬菌体和细胞裂解。

2. 这个互补测试的一个关键点是同时感染大肠杆菌的K(λ)野生型T4，以及一个T4菌株，当m₁和m₂对不能互补时，它们被重新组合到同一条染色体上，这两种突变将是顺式的。噬菌体后代的释放表明，这两种突变都是隐性的野生型，而且突变的相互作用方式不会阻止细胞产生后代噬菌体。只有当两个突变都是隐性的野生型时，互补测试才有意义。

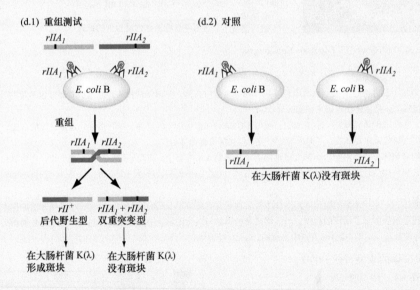

(d.1) 重组测试

(d.2) 对照

（d）检测同一基因的两个突变之间的重组

1. 大量的大肠杆菌B细胞感染了两种不同的*rIIA*⁻突变体（*rIIA₁*和*rIIA₂*）。如果两种*rIIA*突变之间没有发生重组，所有的后代噬菌体都将是*rII*⁻突变。如果两个突变之间发生重组，其中一个产物将是*rII*⁺重组，而相互作用的产物将是同时含有*rIIA₁*和*rIIA₂*的双突变体。随后当噬菌体后代感染大肠杆菌K(λ)细菌，只有*rII*⁺重组能够形成斑块。

2. 作为对照，大肠杆菌B细胞只感染了一种突变体（*rIIA₁*和*rIIA₂*）。唯一能产生的*rII*噬菌体是该突变的逆转株。这样的可逆反应是非常罕见的，在大多数重组测试中可以忽略不计。即使这两个*rIIA*突变位于相邻的碱基对中，获得的*rII*⁺重组的数量也比单个突变体感染的细胞产生的*rII*⁻逆转株的数量高出100多倍。

察稀有*rII*⁺后代的出现［图7.24（d.1）］。他知道这些野生型后代是由重组引起的，而不是来自回复突变，因为他观察到的*rII*⁺噬菌体颗粒的频率（即使很少见），远远高于用单独的突变体感染B株细菌产生的后代中*rII*⁺回复体的频率［图7.24（d.2）］。

这些实验是可能的，因为Benzer设计了稀有*rII*⁺重组体的**选择**。在这种情况下，唯一的幸存者就是那些你想要确认的稀有个体。Benzer鉴定稀有*rII*⁺重组子代的选择条件是在大肠杆菌K(λ)上铺板。Benzer可以在含有大肠杆菌K(λ)菌苔的单个培养皿上测定含有数万个噬菌体后代的噬菌体裂解物。因为裂解物中的*rII*⁻噬菌体都不能形成斑块，所以即使其中的单个*rII*⁺重组体也可以被鉴定为斑块。

根据对*rII*基因的观察，Benzer得出了三个关于基因结构和功能的结论：①一个基因由不同的部分组成，每个部分都可以发生变异；②同一基因中不同可变位点之间可发生重组；③基因只有在其所有成分都是野生型时才能发挥其正常功能。从我们现在所知的DNA的分子结构来看，这一切都很有意义：不同的可变单元是构成基因的碱基对。

7.4.3 基因是核苷酸对的离散线性集合

组成一个基因的多个核苷酸对是排列成连续的一排，还是以精确的模式分散在基因组周围？影响基因功能的各种突变会改变许多不同的核苷酸，还是基因中的一小部分？

1. 使用缺失近似映射突变

为了回答关于基因中核苷酸排列的这些问题，Benzer最终获得了成千上万的自发和诱变诱导的*rII*⁻突变，他需要将它们相互映射。

为了通过比较所有可能的两点杂交来映射千个突变体的位置，Benzer将不得不设置100万（$10^3 \times 10^3$）个交配。但是通过利用具有大量缺失的噬菌体菌株，他可以以更少的杂交获得相同的信息。

这些大的缺失是沿着DNA分子去除许多连续核苷酸对的突变。在携带突变的噬菌体和携带相应区域缺失的噬菌体之间的杂交中，不会出现野生型重组后代，因为染色体不会在突变位置携带适当的信息。但是，如果突变位于从同源染色体中缺失的区域之外，可以出现野生型后代［图7.25（a）］。无论突变是影响一个还是几个核苷酸的点突变，或者本身是一个大的缺失，都是如此。因此，任何未被鉴定的突变和已知的缺失之间的杂交，提供了一种快速找到突变的大致位置的方法，可以立即揭示该突变是否位于从其他噬菌体染色体中缺失的区域。从而提供了快速找到突变的一般位置的方法。

使用一系列重叠缺失，Benzer将*rII*区域划分为一系列相对较小的区域或区间。然后，他可以通过观察点突

变是否重组以在与一系列缺失杂交时产生*rII*⁺后代，将任何点突变分配到一个区间［图7.25（b）］。

Benzer通过重组分析在噬菌体T4的*rII*基因座中绘制了1612个自发点突变和几个缺失。他首先使用重组来确定缺失之间的关系。然后，他通过观察哪些缺失可以与每个点突变体重组以产生野生型后代，找到了个体点突变的大致位置。

2. 确定*rII*⁻突变之间的RF以进行精确定位

Benzer接着进行了重组测试，以测量他通过缺失定位发现的点突变对之间的遗传距离，这些突变位于染色体的同一小区域。任何两个*rII*⁻突变体之间的距离可以简单地通过计算来自噬菌体杂交的一份裂解物中的*rII*⁺和总噬菌体的数量来测量。RF（以图距为单位）只是*rII*⁺重组体的数量［大肠杆菌K(λ)上的斑块］除以噬菌体的总数（大肠杆菌B上的斑块），乘以2以计算*rII*⁻必须存在但不易检测的双突变体互惠重组体：

RF=2×大肠杆菌K(λ)斑块数/大肠杆菌B斑块数

Benzer结合了缺失映射和RF计算的结果，生成了*rII*区域的精细结构作图［图7.25（c）］。请注意，*rIIA*⁻互补组中的所有点突变都映射到*rII*区域的一侧，并且所有*rIIB*点突变都映射到另一侧。

3. DNA核苷酸如何组织成基因

Benzer知道T4基因组中所有定位基因之间的遗传距离加起来约为1500m.u.。他还知道T4染色体构成了大约169 000bp的DNA，所以他可以计算出噬菌体T4，1m.u.对应于169 000/1500=113bp。他在任何一对*rII*⁻突变体之间测量的最低RF为0.02m.u.，其代表约2bp。因此，Benzer推断突变可以由甚至单个核苷酸对的变化引起，并且重组可以在相邻的核苷酸对之间发生。根据观察到*rII*区域内的突变形成自洽的线性重组图，他得出结论：基因由DNA内的连续线性核苷酸对序列组成。此外，根据观察到的*rIIA*基因中的突变位置与*rIIB*基因的突变位置不重叠，他确定构成这两个基因的核苷酸序列是分开的和不同的。因此，基因是位于染色体的离散区域内的线性核苷酸对集合，其作为一个功能单元发挥作用。

4. 突变的热点

基因中的一些位点比其他位点更频繁地自发突变，因此被称为**突变热点**［图7.25（c）］。热点的存在表明某些核苷酸可以比其他核苷酸更容易改变。用诱变剂处理也会出现热点，但由于诱变剂对特定核苷酸具有特异性，因此各种诱变剂出现的高度可变位点通常位于基因的不同位置而不是自发突变产生的热点。

核苷酸在化学上是相同的，无论它们位于基因内还是位于基因之间的DNA中。此外，正如Benzer的实验所暗示的那样，负责突变和重组的分子机制不能区分基因

(a) 使用缺失进行快速基因组作图

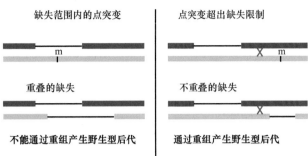

(b) 增加分辨率时的部分*rIIA*缺失图谱

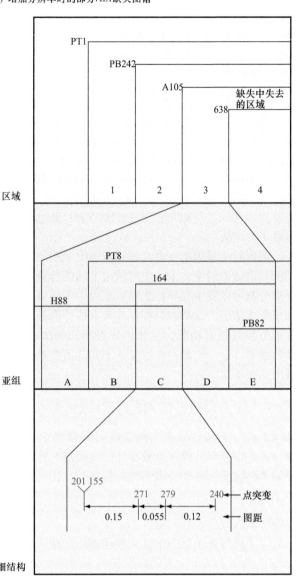

(c) *rII* 区域的精细结构

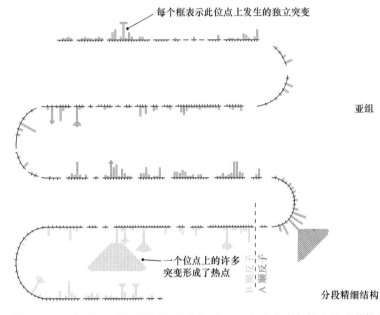

图7.25 T4噬菌体*rII*基因的精细结构作图。（a）点突变与缺失的噬菌体杂交去除突变处的DNA不能产生野生型重组。如果两个不同的缺失突变相互重叠，情况也是如此。（b）大量缺失将*rII*基因座分成区域；更精细的缺失将每个区域划分为子区域。点突变，如271（底部红色），如果不与缺失PT1、PB242或A105重组，但与缺失638（顶部）重组，则映射到区域3。点突变可以使用其他缺失（中间）映射到区域3的子区域。重组测试将点突变映射到相同的子区域（底部）。点突变201和155不能重组产生野生型重组，因为它们可以产生相同的核苷酸对。（c）Benzer精细结构图。热点是具有许多独立突变的位置，它们之间不能重新结合。

内和基因间的核苷酸。基因内的DNA和基因外的DNA之间的主要区别在于构成基因的核苷酸阵列已经进化出决定表型的功能。接下来，我们描述遗传学家如何发现这种功能。

基本概念

- 互补测试确定在同一基因或不同基因中是否发生两种不同的隐性突变。
- 在DNA水平上，基因是染色体离散区域中核苷酸对的线性序列，赋予特定的功能单位。

- 重组可以发生在任何两个核苷酸对之间，无论它们是否在同一基因内。

7.5 突变对基因功能的影响

学习目标

1. 解释精氨酸营养缺陷型分析如何暗示单个基因对应于单一酶。
2. 描述如何使用错义突变来证明基因决定蛋白质的氨基酸序列。
3. 区分蛋白质的一级、二级、三级和四级结构。

孟德尔的实验证实，个体基因可以控制一个可见的特征，但他的定律并没有解释基因如何实际控制特征的外观。在20世纪上半叶，研究人员仔细研究了由突变引起的生化变化，以努力了解基因型-表型连接。

在1902年进行的第一项研究中，英国医生Archibald Garrod博士表明，一种被称为尿黑酸尿症的人类遗传疾病由常染色体基因的隐性等位基因决定。Garrod分析了家族谱系，并对有或没有这种特性的家庭成员进行了生化分析。患有尿黑酸尿症的人的尿液在暴露于空气时变黑。Garrod发现，一种称为尿黑酸的物质，在接触氧气后会变黑，会在尿潴留患者的尿液中积累。尿黑酸尿症患者能把他们摄入的均质钛酸全部排出，而没有这种疾病的人即使在摄入这种物质后也不会在他们的尿液中排出任何均质钛酸。

根据这些观察结果，Garrod得出结论：患有尿黑酸尿症的人无法将正庚酸代谢为正常人产生的分解产物（图7.26）。由于生物细胞内的许多生化反应都是由酶催化的，因此Garrod假设缺乏分解尿酸的酶是导致尿黑酸尿症的原因。在没有这种酶的情况下，尿黑酸积聚并导致尿液在与氧气接触时变黑。他把这种情况称为天生的新陈代谢错误。

Garrod研究了其他几种先天性代谢缺陷，并提出所有这些都是由于突变导致特定基因无法产生特定生化反应所需的酶。在今天的术语中，该基因的野生型等位基因将允许产生功能性酶（在尿嘧啶尿的情况下，该酶是纯尿酸氧化酶），而突变体等位基因则不然。因为杂合子中的单个野生型等位基因产生足够的酶以防止尿黑酸

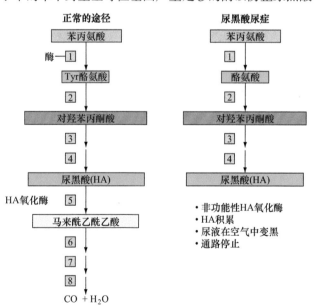

图7.26 尿黑酸尿症：先天性代谢紊乱。人体内通过均质钛酸（HA）降解苯丙氨酸和酪氨酸的生化途径。在尿黑酸尿症患者中，HA羟化酶没有作用，所以它不能催化HA转化成马来酰乙酸。结果，氧化成黑色化合物的透明质酸在尿液中积聚。

的积累并因此阻止尿嘧啶尿的状态，所以突变等位基因是隐性的。

7.5.1 基因包含产生特定酶的信息：一种基因一种酶假说

在20世纪40年代，George Beadle和Edward Tatum对面包霉菌（*Neurospora crassa*）（其生命周期在第5章中描述）进行了一系列实验，证明了基因与催化特定生化反应的酶之间的直接关系。他们的策略很简单：首先分离出许多破坏氨基酸精氨酸合成的突变，精氨酸是脉孢菌生长所需的化合物。他们接下来假设不同的突变阻断了特定**生化途径**中的不同步骤：有序的反应系列允许脉孢菌从环境中获得简单分子并逐步转化为连续更复杂的分子，最终产生精氨酸。

1. 一种基因一种酶的实验证据

图7.27（a）说明了Beadle和Tatum为检验他们的假设而进行的实验。他们首先获得了一组诱变剂诱导的突变，阻止了脉孢菌合成精氨酸。具有这些突变中的任何一种的细胞不能制备精氨酸，因此只有在补充了精氨酸的情况下才能在含有盐和糖的基本培养基上生长。需要补充野生型菌株不需要的物质的营养突变微生物被称为**营养缺陷型**。刚才提到的细胞是精氨酸营养缺陷型（相比之下，不需要添加物质的细胞是该因子的**原养型**。更一般地说，原养型是指可以在基本培养基上生长的野生型细胞）。重组分析位于营养缺陷型基因组的四个不同区域中的精氨酸阻断突变，并且互补测试显示四个区域中的每一个与不同的互补组相关。在这些结果的基础上，Beadle和Tatum得出结论，至少有四个基因支持精氨酸合成的生化途径。他们命名了四个基因：*ARG-E*、*ARG-F*、*ARG-G*和*ARG-H*。

他们接下来询问是否任何突变的脉孢菌菌株能够在导致精氨酸而不是精氨酸本身的生化途径中补充有三种已知中间体（鸟氨酸、瓜氨酸和精氨基琥珀酸盐）中的任何一种的基本培养基中生长。该测试将验证能够将中间化合物转化为精氨酸的脉孢菌突变体。Beadle和Tatum编制了一个表格，描述了哪些精氨酸营养缺陷型突变体能够在补充了每种中间体的基本培养基上生长［图7.27（b）］。

2. 结果解释：基因编码酶

在这些结果的基础上，Beadle和Tatum提出了一种神经孢子细胞如何合成精氨酸的模型［图7.27（c）］。在生物化学反应的线性进展中，细胞通过其基本培养基的成分构建精氨酸，每个中间体既是上一步的产物，又是下一步的底物。精确排序的序列中的每个反应都由特定的酶催化，并且每种酶的存在取决于四种*ARG*基因之一。

(a) 精氨酸营养物质的分离

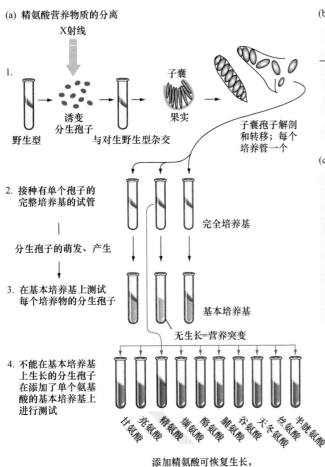

(b) 在极少量培养基中加入营养物质后的生长反应

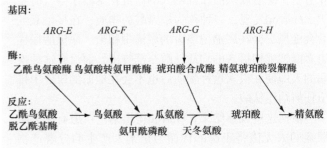

突变株	补充				
	无	鸟氨酸	瓜氨酸	琥珀酸	精氨酸
野生型: Arg⁺	+	+	+	+	+
ARG-E⁻	−	+	+	+	+
ARG-F⁻	−	−	+	+	+
ARG-G⁻	−	−	−	+	+
ARG-H⁻	−	−	−	−	+

(c) 推断生化途径

基因:

ARG-E　　*ARG-F*　　*ARG-G*　　*ARG-H*

酶:

乙酰鸟氨酸酶　鸟氨酸转氨甲酰酶　琥珀酸合成酶　精氨琥珀酸裂解酶

反应:

乙酰鸟氨酸　　　　鸟氨酸 → 瓜氨酸　　　琥珀酸　　　　精氨酸
脱乙酰基酶　　氨甲酰磷酸　　天冬氨酸

图7.27　一种基因一种酶假说的实验支持。（a）Beadle和Tatum将一株经X射线诱变的链孢霉属（*Neurospora*）菌株与另一株菌株配对，并分离出在完全培养基上生长的单倍体子囊孢子。不能在基本培养基上生长的培养物是营养突变体。能在基本培养基和精氨酸上生长的营养突变体是精蛋白-生长营养体。（b）野生型和突变株在精氨酸途径中添加在中间体的基本培养基上生长的能力。（c）四个*ARG*基因中的每一个都有一种酶，这种酶可以将代谢途径中的一个中间产物转化为下一个中间产物。

　　一个基因中的突变在特定步骤阻断该途径，因为该细胞缺乏相应的酶，因此不能自身制备精氨酸。用封闭反应之外发生的任何中间体补充培养基可恢复突变体的生长，因为生物体具有将中间体转化为精氨酸所需的所有酶。补充缺失酶之前发生的中间体不起作用，因为突变细胞不能将中间体转化为精氨酸。

　　每个突变都会消除细胞产生能够催化某种反应的酶的能力。然后，通过推断，每个基因控制酶的合成或活性，或如Beadle和Tatum所述，"一种基因一种酶"。当然，基因和酶不是一回事；相反，基因中的核苷酸序列包含以某种方式编码酶分子结构的信息。

　　虽然Beadle和Tatum研究的精氨酸途径分析很简单，但生化途径的研究并不总是那么容易解释。一些生化途径不是逐步反应的线性进展。例如，如果不同的酶作用于相同的中间体以将其转化为两种不同的终产物，则发生支化途径。如果细胞需要这两种终产物进行生长，则编码合成中间体所需的任何酶的基因中的突变将使细胞依赖于两种终产物的补充。第二种可能性是细胞可以使用两种独立的平行途径中的任何一种来合成所需的最终产物。在这种情况下，在一种途径中编码酶的基因中的突变将没有效果。只有具有影响两种途径的突变的细胞才会显示异常表型。

　　即使有这样的非线性进展，细致的遗传分析也可以基于Beadle和Tatum对基因指定蛋白质的认识来揭示生化途径的本质。

7.5.2 基因指定多肽链中氨基酸的同一性和顺序

　　虽然"一种基因一种酶"假说是理解基因如何影响表型的重要进展，但它过于简单化了。并非所有基因都控制着生化途径中活性酶的构建。酶只是一类蛋白质分子，细胞含有许多其他种类的蛋白质。其他类型包括为细胞提供形状和刚性的蛋白质、将细胞输入和输出细胞的蛋白质、帮助DNA折叠成染色体的蛋白质，以及充当激素信使的蛋白质。基因指导所有蛋白质、酶和非酶的合成。此外，正如我们接下来看到的，基因实际上决定了多肽的构建，并且因为一些蛋白质由多于一种类型的多肽组成，所以不止一种基因决定了这些蛋白质的构建。

1. 蛋白质：通过肽键连接的氨基酸的线性多聚体

　　蛋白质是由称为**氨基酸**的结构单元组成的多聚体。细胞主要使用20种不同的氨基酸来合成它们所需的蛋白质。所有这些氨基酸都具有某些基本特征，由NH₂—CHR—COOH的通式表示［图7.28（a）］。顾名思义，—COOH组分，也称为羧酸，是酸性的；—NH₂组分，也称为氨基，是碱性的。R指的是区分每种氨基酸的侧链［图7.28（b）］。R基团可以像氢原子一样简单

(a) 一般氨基酸结构

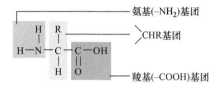

(c) 罕见的氨基酸

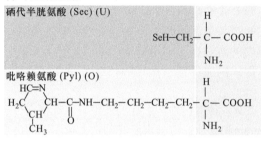

(d) 肽键的形成

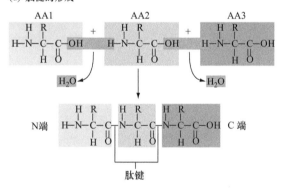

(b) 带有非极性R基团的氨基酸

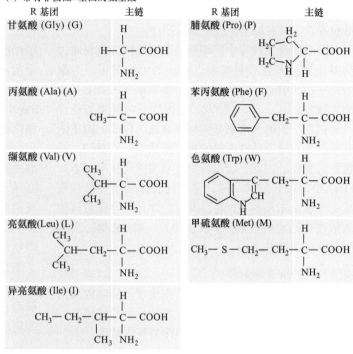

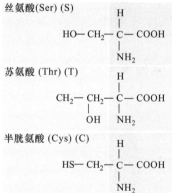

图7.28　蛋白质是由肽键连接的氨基酸链。（a）氨基酸包含一个基本氨基（—NH₂），一个酸性羧基（—COOH），以及22个不同的侧链（R）中的一个。（c）硒代半胱氨酸和吡咯赖氨酸是只在少数蛋白质或特定生物体中发现的氨基酸。（d）一个氨基酸的—COOH和下一个氨基酸的—NH₂之间形成共价氨基键（肽键）时，将失去一个水分子。多肽，如图中所示的三肽，具有极性；它们从一个N端（带有一个游离氨基）延伸到一个C端（带有一个游离羧基）。

（在氨基酸甘氨酸中），或与苯环（在苯丙氨酸中）一样复杂。一些侧链是相对中性和非反应性的，另一些是酸性的，还有一些是碱性的。

除了20种常见氨基酸外，在特定情况下还可以将两种稀有氨基酸掺入蛋白质中［图7.28（c）］。已知极少数蛋白质（人类仅25种）含有硒代半胱氨酸。吡咯赖氨酸仅存在于某些原核生物的蛋白质中。

在蛋白质合成过程中，细胞的蛋白质构建机制通过构建共价**肽键**来连接氨基酸，所述共价肽键将一个氨基酸的—COOH基团连接到下一个氨基酸的—NH₂基团［图7.28（d）］。以这种方式连接的一对氨基酸是二肽；连接在一起的几个氨基酸构成寡肽。构成蛋白质的氨基酸链含有通过肽键连接的数百至数千个氨基酸，并且被称为**多肽**。因此，蛋白质是氨基酸的线性多聚体。与DNA中的核苷酸链一样，多肽具有化学极性。首先合成的多肽的末端称为**N端**，因为它含有不与任何其他氨基酸连接的游离氨基。多肽链的另一端是**C端**，因为它含有游离羧酸基团。

2. 突变可以改变氨基酸序列

每种蛋白质由独特的氨基酸序列组成。使结构蛋白赋予细胞形状或允许酶催化特定反应的化学性质是蛋白质中氨基酸的特性、数量和线性顺序的直接结果。

如果基因决定蛋白质，那么至少一些突变可能是基因的变化，这会改变该基因指定的蛋白质中正常的氨基酸序列。在20世纪50年代中期，Vernon Ingram开始确定特定突变在相应蛋白质中引起的变化。利用刚刚开发的用于确定蛋白质中氨基酸序列的技术，他将血红蛋白（HbA）的正常成人形式的氨基酸序列与导致镰状细胞贫血（HbS）的突变纯合子血液中的血红蛋白的氨基酸序列进行了比较。值得注意的是，他发现野生型和突变型蛋白之间只有一个氨基酸差异［图7.29（a）］。血红蛋白由两种类型的多肽组成：所谓的α链和β链。来自β链N端的第六个氨基酸在正常个体中是谷氨酸，而在镰状细胞患者中是缬氨酸。

因此，Ingram证实，用一种氨基酸取代另一种氨基酸的突变有能力改变血红蛋白的结构和功能，从而改变从正常到镰状细胞性贫血的表型［图7.29（b）］。我们现在知道谷氨酸→缬氨酸的变化会影响血红蛋白在红细胞内的溶解度。在低氧浓度下，溶解性较差的镰状细胞形式的血红蛋白聚集成长链，使红细胞变形［图7.29（a）］。

因为患有各种遗传性贫血症的人也有血红蛋白分子缺陷，Ingram和其他遗传学家能够确定大量不同的突变如何影响血红蛋白的氨基酸序列［图7.29（c）］。大

(a) 从突变到表型

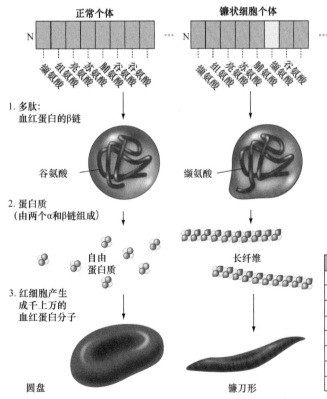

(b) 镰状细胞性贫血是多效性贫血

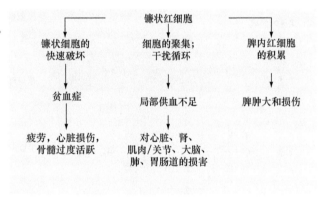

(c) 链替换/变异

正常 (HbA)	1	2	3 ⋯ 6	7 ⋯ 26	63 ⋯ 67 ⋯ 125 ⋯ 146					
正常 (HbA)	Val	His	Leu	Glu	Glu	Glu	His	Val	Glu	His
HbS	Val	His	Leu	Val	Glu	Glu	His	Val	Glu	His
HbC	Val	His	Leu	Lys	Glu	Glu	His	Val	Glu	His
HbG San Jose	Val	His	Leu	Glu	Gly	Glu	His	Val	Glu	His
HbE	Val	His	Leu	Glu	Glu	Lys	His	Val	Glu	His
HbM Saskatoon	Val	His	Leu	Glu	Glu	Glu	Tyr	Val	Glu	His
Hb Zurich	Val	His	Leu	Glu	Glu	Glu	Arg	Val	Glu	His
HbM Milwaukee 1	Val	His	Leu	Glu	Glu	Glu	His	Glu	Glu	His
HbD β Punjab	Val	His	Leu	Glu	Glu	Glu	His	Val	Gln	His

（表头行：氨基酸的位置）

图7.29 镰状细胞性贫血和其他贫血症的分子基础。（a）由于β链N端的第六个氨基酸谷氨酸被缬氨酸替换，影响了血红蛋白的三维结构。血红蛋白结合聚集状态的突变β链，导致红细胞呈现镰刀状。（b）镰状红细胞具有多种表型效应。（c）其他由β链基因突变引起的贫血症。

多数改变的血红蛋白仅有一个氨基酸的变化。在患有贫血症的各种患者中，改变通常发生在不同的氨基酸中，但偶尔两个独立的突变导致相同氨基酸的不同取代。遗传学家使用术语**错义突变**来描述一种氨基酸替代另一种氨基酸导致的遗传改变。

7.5.3　蛋白质的氨基酸序列决定了它的三维结构

尽管蛋白质结构具有统一性——由肽键连接的一串氨基酸，但每个多肽都可以折叠成独特的三维形状。生物化学家经常区分四种蛋白质结构：一级、二级、三级和四级。这些中的前三个适用于任何一条多肽链，而第四级描述蛋白质复合物内多个多肽之间的关联。

1. 一级、二级和三级蛋白质结构

多肽内的氨基酸的线性序列是其**一级结构**。每个独特的主要结构限制了链如何在三维空间中自我排列。因为区分22种氨基酸的R基团具有不同的化学性质，所以当与其他氨基酸接近时，一些氨基酸形成氢键或静电

键。例如，非极性氨基酸可能通过相互作用而相互关联，这种相互作用使它们在局部疏水区域不被水吸收。作为另一个实例，两个半胱氨酸氨基酸可通过其—SH基团的氧化形成共价二硫键（—S—S—）。

所有这些相互作用［图7.30（a）］有助于使多肽稳定在特定的三维构象中。主要结构［图7.30（b）］通过生成**二级结构**来确定三维形状，即生成具有特征几何的局部区域［图7.30（c）］。一级结构还负责其他折叠和扭曲，其与二级结构一起产生整个多肽的最终三维**三级结构**［图7.30（d）］。正常的三级结构——长链氨基酸在生理条件下在三维空间中**自然折叠**的方式被称为多肽的天然构型。各种力，包括氢键、静电键、疏水相互作用和二硫键有助于稳定天然构型。

值得强调的是，一级结构（多肽中的氨基酸序列）直接决定二级和三级结构。链折叠成其天然构型所需的信息是其氨基酸的线性序列所固有的。

在该原理的一个实例中，当暴露于尿素和巯基乙

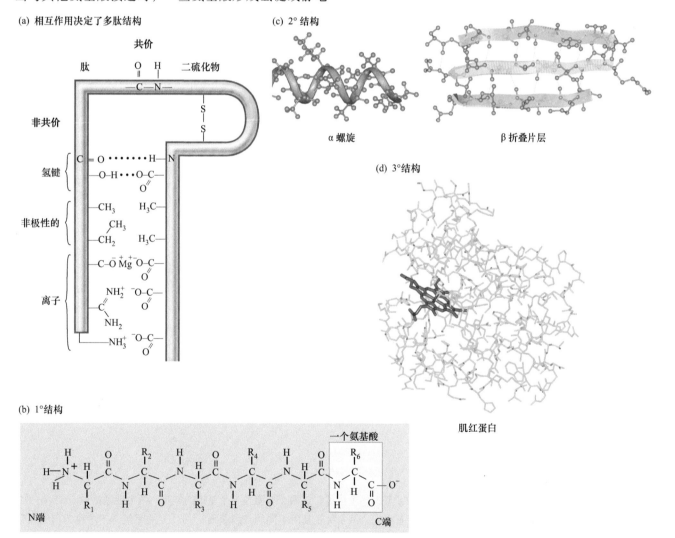

(a) 相互作用决定了多肽结构

(c) 2° 结构

α 螺旋　　　　β 折叠片层

(d) 3°结构

肌红蛋白

(b) 1°结构

N端　　　　　　　　　　　　　　一个氨基酸　　　　　　C端

图7.30　多肽水平的结构。（a）共价和非共价相互作用决定多肽的结构。（b）多肽的主要（1°）结构是其氨基酸序列。（c）局部形成二级（2°）结构如α螺旋和β折叠。（d）三级（3°）结构是一个多肽的完整三维排列。在这幅肌红蛋白的图中，携带氧气的含铁血红素是红色的，而多肽本身是绿色的。

醇，或增加热量或pH时，许多蛋白质展开或**变性**。这些处理破坏了通常稳定二级和三级结构的相互作用。当条件恢复正常时，一些蛋白质在没有其他药剂帮助的情况下自发地重新折叠成其天然构型。除了一级结构之外，不需要其他信息来实现这种蛋白质的适当三维形状。

你应该知道，一些蛋白质在变性后不能自行重新折叠成正确的三级结构。这些蛋白质的正确折叠需要其他称为**分子伴侣**的蛋白质，这些蛋白质有助于稳定天然构型。由于升高的温度导致蛋白质展开，许多分子伴侣是当生物体暴露于高温时产生的热激蛋白。这些热激蛋白可保护细胞免受高温条件下蛋白质错误折叠的损害。但即使对于需要伴侣来实现其天然构型的蛋白质，其氨基酸序列决定了最终的三维结构。

2. 四级结构：多体蛋白

某些蛋白质，如促进黑白视觉的视紫红质，由单一多肽组成。然而，许多其他的蛋白质，如晶状体蛋白，它为我们眼睛的晶状体或前面描述的血红蛋白分子提供刚性和透明性，是由两种或多种以特定方式结合的多肽链组成的［图7.31（a）、（b）］。聚集体中的各个多肽称为**亚基**，亚基的复合物通常称为**多体**。多体中亚基的三维构型是复杂蛋白质的**四级结构**。

稳定多肽天然形式的作用力（即氢键、静电键、疏水相互作用和二硫键）也有助于维持四级结构。如图7.31（a）所示，在一些多体中，两个或更多个相互作用的亚基是相同的多肽。这些相同的链由一个基因决定。相比之下，在其他多体中，不止一种多肽构成蛋白质［图7.31（b）］。这些多体中的不同多肽由不同基因决定。

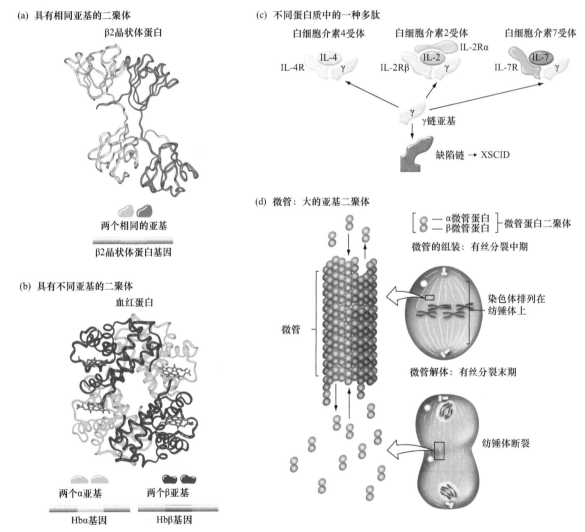

图7.31　多体蛋白。（a）β2晶状体蛋白含有一种亚基的两个拷贝；这两个亚基是一个基因的产物。两个亚基的肽骨架以不同深浅的紫色显示。（b）血红蛋白由两种不同的亚基组成，每一种亚基由不同的基因编码。（c）免疫系统分子中称为白细胞介素（IL）的三种不同的蛋白受体，紫色）都含有一个共同的γ链（黄色），加上其他受体多肽（绿色）。突变γ链三种受体的功能导致了XSCID。（d）一个α微管蛋白（红色）和一个β微管蛋白（蓝色）多肽结合形成微管蛋白二聚体。许多微管蛋白二聚体形成一个微管。有丝分裂纺锤体是许多微管的集合体。

由单个基因突变引起的仅一种亚基的改变可以影响多体的功能。例如，成人血红蛋白分子由两个α亚基和两个β亚基组成，每个亚型由不同的基因决定——一个用于α链，一个用于β链。Hbβ基因中的突变导致β链中第6位的氨基酸转换造成镰状细胞贫血。

类似地，如果几种多体蛋白共有共同的亚基，则编码该亚基的基因中的单个突变可同时影响所有蛋白质。一个例子是小鼠和人类的X连锁突变，它使几种不同的蛋白质失去能力，这些蛋白质都被称为白细胞介素（IL）受体。因为所有这些受体对于抵抗感染和产生免疫力的免疫系统细胞的正常功能是必需的，所以这一突变导致危及生命的病症，称为X连锁的严重联合免疫缺陷［XSCID；图7.31（c）］。

复杂蛋白质的多肽可以组装成能够随细胞需要而变化的极大结构。例如，在有丝分裂期间构成纺锤体的微管是主要由两种多肽组成的庞大组合：α-微管蛋白和β-微管蛋白［图7.31（d）］。细胞可以将这些亚基组织成非常长的中空管，其在细胞周期的不同阶段根据需要生长或收缩。

3. 一种基因一种多肽

因为不止一种基因控制着一些多体蛋白的产生，并且因为并非所有蛋白质都是酶，所以"一种基因一种酶"假说不足以定义基因功能。更准确的陈述是"一种基因一种多肽"，每个基因控制特定多肽的构建。正如你将在第8章中看到的那样，即使这种重新配置也不包含所有基因的功能，因为所有生物中的某些基因都不能确定蛋白质的构建；相反，它们指定了未翻译成多肽的RNA。

关于基因和多肽之间的联系的知识使遗传学家能够分析单个基因中的不同突变如何产生不同的表型。如果每种氨基酸对蛋白质的三维结构具有特定的作用，那么改变多肽链中不同位置的氨基酸可以以不同方式改变蛋白质功能。例如，大多数酶具有执行酶任务的活性位点，而蛋白质的其他部分支持该位点的形状和位置。改变活性位点氨基酸同一性的突变可能比影响活性位点外氨基酸的突变具有更严重的后果。某些种类的氨基酸取代，例如，用具有酸性侧链的氨基酸取代具有碱性侧链的氨基酸，比保留原始氨基酸的化学特征的取代更可能损害蛋白质功能。

一些突变不影响蛋白质的氨基酸组成，但仍然产生异常表型。如将在第8章中讨论的，这种突变改变了通过破坏负责将基因解码成多肽的生化过程而产生的正常多肽的量。

基本概念

- 大多数基因指定多肽中氨基酸的线性序列；该序列决定了多肽的三维结构，从而决定了它的功能。

- 错义突变改变多肽中单个氨基酸的身份。
- 多体蛋白包括两种或更多种多肽（亚基）。如果这些亚基不同，它们必须由不同的基因编码。

7.6 综合示例：影响视力的突变

学习目标

1. 描述人类视觉中四种光感受器蛋白的功能。
2. 概述编码光感受器的基因是如何通过祖先基因的复制和分化进化而来的。
3. 解释光感受器基因的突变如何导致不同的视力缺陷。

研究人员首次描述了近200年前人类的颜色感知异常。从那时起，他们发现了大量改变人类视觉的突变。通过检查与每个突变相关的表型，然后直接观察与突变遗传相关的DNA改变，他们已经了解了很多关于影响人类视觉感知的基因和它们决定的蛋白质的功能。

使用人类受试者进行视力研究有几个优点。首先，人们可以识别和描述他们所看到的方式的变化，从红色的细微差异，到红色和绿色之间没有看到任何差异，再到根本看不到任何颜色。其次，高度发达的精神物理学为准确定义和比较表型提供了敏感的、非侵入性的测试。最后，由于视觉系统中的遗传变异很少影响一个人的生命期或繁殖能力，因此随着时间的推移，产生许多改变视觉感知的新等位基因的突变仍然存在于人群中。

7.6.1 视网膜细胞含有光敏蛋白

人们通过眼睛后部视网膜的神经细胞（神经元）感知光线［图7.32（a）］。这些神经元有两种类型：视杆细胞和视锥细胞。这些视杆细胞占所有光接收神经元的95%，受到一系列波长的弱光的刺激。在更高的光照强度下，视杆细胞变得饱和，不再向大脑发送有意义的信息。当视锥细胞接管时，处理亮光的波长，使我们能够看到颜色。

视锥细胞有三种形式：第一种专门用于接收红灯，第二种用于接收绿色，第三种用于接收蓝色。对于每个感光细胞，接收行为包括从特定波长的光吸收光子，将关于那些光子的数量和能量的信息转换成电信号，并通过视神经将信号传输到大脑。大脑整合了三种视锥细胞的信息，使人类能够区分超过100万种颜色。

1. 四种相关蛋白质具有不同的光敏感性

接受光子并触发视杆细胞信息处理的蛋白质是视紫红质。它由一条含有348个氨基酸的多肽链组成，这些氨基酸在细胞膜上来回蜿蜒［图7.32（b）］。链中的一个赖氨酸与视黄醛结合，视黄醛是一种实际吸收光子的类胡萝卜素色素分子。视网膜附近的氨基酸构成视紫红质的活性位点；通过以特定方式定位视网膜，那些氨

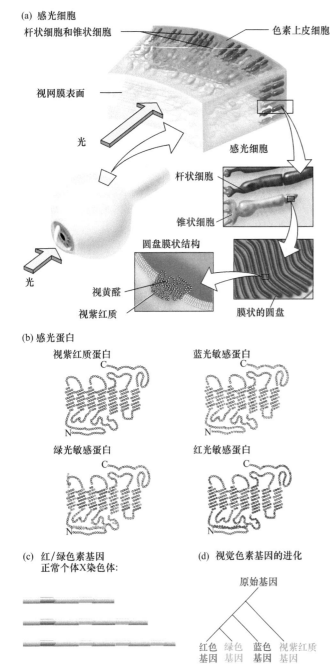

(a) 感光细胞

杆状细胞和锥状细胞

色素上皮细胞

视网膜表面

光

感光细胞

杆状细胞

锥状细胞

圆盘膜状结构

视黄醛

视紫红质

膜状的圆盘

光

(b) 感光蛋白

视紫红质蛋白　　　蓝光敏感蛋白

绿光敏感蛋白　　　红光敏感蛋白

(c) 红/绿色素基因
正常个体X染色体：

(d) 视觉色素基因的进化

原始基因

红色　绿色　蓝色　视紫红质
基因　基因　基因　基因

图7.32　视觉的细胞和分子基础。（a）视网膜中的杆状细胞和锥状细胞携带膜结合的感光细胞。（b）杆状细胞的感光细胞是视紫红质。锥状细胞中的蓝、绿、红受体蛋白与视紫红质有关。彩色的点是氨基酸，在视紫红质和图示的蛋白质之间有所不同。（c）X染色体上有1个红色素基因和1～3个绿色素基因。（d）视紫红质和三种颜色受体的基因可能是从一个原始的光感受器基因通过三次基因复制进化而来，随后发生复制体的分离。

基酸决定了它对光的反应。每个视杆细胞在其特化膜中含有大约1亿个视紫红质分子。正如你在本章开头所了解的那样，控制视紫红质生成的基因位于3号染色体上。

接收并启动蓝色视锥细胞中光子加工的蛋白质是

视紫红质的亲缘蛋白，其也由含有348个氨基酸并且还包含一个视网膜分子的单个多肽链组成。蓝色接收蛋白中348个氨基酸有不到一半与视紫红质中的相同；其余的是不同的，并解释了蛋白质的特殊光接收能力［图7.32（b）］。蓝色蛋白的基因位于7号染色体上。

与视紫红质相似的是红色和绿色锥体中的红色和绿色接受蛋白质。这些也是与视网膜结合并嵌入细胞膜的单一多肽，尽管它们在364个氨基酸长度上都略大［图7.32（b）］。与蓝色蛋白质一样，红色和绿色蛋白质与近半数氨基酸中的视紫红质不同；它们在364个氨基酸中只有15个不同。然而，即使这些小的差异也足以区分红色和绿色视锥细胞的光谱灵敏度。红色和绿色蛋白质的基因都以串联的头对尾排列方式存在于X染色体上。大多数人的X染色体上有一个红色基因和1～3个绿色基因［图7.32（c）］。

2. 视紫红质基因家族的进化

视紫红质和三种视紫红质相关的光感受器蛋白在结构和功能上的相似性表明编码这些多肽的基因是由一系列基因复制事件引起的，其中复制的拷贝随后通过突变的积累而发散。许多促进颜色能力的突变必须为其承载者提供选择性优势。

生物学家可以从基因和蛋白质产物的相关性推断出这些重复的进化历史。红色和绿色基因是最相似的，每百个中不到5个核苷酸。这一事实表明，只有在相对较近的进化过去，它们才会相互分歧。红色或绿色蛋白质与蓝色蛋白质的氨基酸相似性不太明显，视紫红质和任何颜色感光体之间的相关性甚至更低，反映了早期的重复和发散事件［图7.32（d）］。

7.6.2　视紫红质基因家族的突变如何影响我们看到的方式

编码视紫红质和三色光感受器蛋白的基因中的突变可以通过许多不同的机制改变视觉。这些突变包括改变单个蛋白质中单个氨基酸的身份的点突变，以及可以增加或减少光感受器基因数量的较大像差。

1. 视紫红质基因的突变

视紫红质基因中至少29个不同的单核苷酸取代引起称为视网膜色素变性的常染色体显性遗传病，其开始于早期丧失杆功能，随后是周边视网膜的缓慢进行性退化。图7.33（a）显示了受这些突变影响的氨基酸的位置。这些氨基酸变化导致异常的视紫红质蛋白质不能正确折叠，或者一旦折叠就不稳定。虽然正常视紫红质是视杆细胞膜的基本结构元件，但这些非功能性突变蛋白保留在细胞体内，在那里它们仍然不能插入膜中。不能将足够的视紫红质掺入其膜中的杆状细胞最终死亡。根据视杆细胞死亡的数量，会出现部分或完全失明。

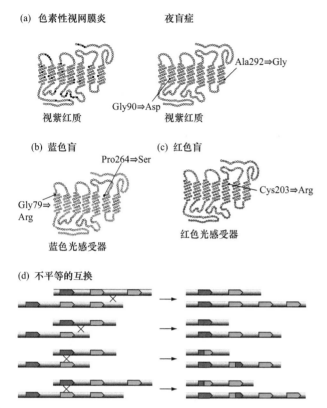

(a) 色素性视网膜炎 夜盲症

视紫红质 Ala292⇒Gly 视紫红质
Gly90⇒Asp

(b) 蓝色盲 (c) 红色盲
Pro264⇒Ser
Gly79⇒ Arg Cys203⇒Arg
蓝色光感受器 红色光感受器

(d) 不平等的互换

图7.33 突变如何调节光和颜色感知。（a）氨基酸替换（黑点）破坏视紫红质的三维结构导致视网膜色素变性。其他替换作用减弱视紫红质对光的敏感性，导致夜盲症。（b）蓝色色素的替换会产生三色色盲。（c）红色色盲可由破坏红色感光细胞稳定性的特殊突变引起。（d）红色和绿色基因之间的不平等互换可以改变基因数量，并产生指定的杂交光感受器蛋白基因。

视紫红质基因的其他突变导致严重的夜盲症［图7.33（a）］。这些突变改变了蛋白质的氨基酸序列，因此触发视觉级联所需的刺激阈值增加。随着阈值的变化，非常暗淡的光线不再足以启动视觉。

2. 视锥细胞色素基因突变

由视锥细胞色素基因突变引起的视力问题不如由视杆细胞视紫红质基因中的类似缺陷引起的视力问题严重。最有可能的是，这种差异的发生是因为视杆细胞构成一个人的光接收神经元的95%，而视锥细胞只占约5%。7号染色体上的蓝色基因中的一些突变会导致三色盲，这是分辨颜色的能力缺陷，这些颜色仅在它们包含的蓝光量方面不同［图7.33（b）和图7.34］。X染色体上红色基因的突变可以改变或消除红色蛋白质功能，因此改变或消除红色视锥细胞对光的敏感性。例如，红色接收蛋白中从半胱氨酸到精氨酸间第203位核酸的改变，破坏了支持蛋白三级结构所需的一个二硫键［参见图7.33（c）］。没有这种结合，蛋白质不能稳定地保持其天然构型，并且具有突变的人有红色盲。

图7.34 患有三色色盲的人眼中的世界。与图4.22对照。
色差模拟由Vischeck（www.vischeck.com）提供。图片由NASA提供。

3. 红色和绿色基因之间的不等交换

色觉正常的人有一个红色基因；这些正常个体中的一些也具有单个相邻的绿色基因，而其他的具有两个甚至三个绿色基因。红色和绿色基因的DNA序列有96%相同；不同的绿色基因，99.9%相同。

它们的接近性和高度同源性使得这些基因异常容易在减数分裂重组中出现错误，称为**不等交换**。当同源染色体在减数分裂期间相关时，彼此相邻的两个密切相关的DNA序列，如红色和绿色光感受器基因，可以错误地彼此配对。如果在错配序列之间发生重组，则可以删除、添加或改变光感受器基因。

各种不等交换事件产生的DNA不含红色基因、没有绿色基因、绿色基因的各种组合或杂合红绿基因［参见图7.33（d）］。如前所述，这些不同的DNA组合解释了红绿色感知中的大多数已知畸变，其余异常源自点突变。因为红色和绿色的准确感知取决于处理的红光和绿光的不同比例，没有红色或没有绿色基因的人将红色和绿色视为相同的颜色（见图4.22）。

> **基本概念**
>
> - 人类的视觉色素由视杆细胞中的蛋白质视紫红质，以及视锥细胞中的蓝色、红色和绿色敏感光感受器组成。
> - 视紫红质家族的四个基因是通过连续几轮基因复制和分化从祖先的光感受器基因进化而来的。
> - 视紫红质基因突变可能会破坏视杆功能，导致失明。视锥细胞光感受器基因的突变导致各种形式的色盲。

接下来的内容

对突变的仔细研究表明，基因是可变元件的线性阵列，其指导多肽中氨基酸的组装。可变元件是DNA的核苷酸构建块。

生物学家称基因中核苷酸序列与多肽共线性中氨基酸的顺序相似。在第8章中，我们解释了共线性是如何从碱基配对、遗传密码、特定酶和核糖体等大分子组装引起的，这些组件指导信息从DNA通过RNA流向蛋白质。

习题精解

I. 想象一下，10只独立分离的隐性致死突变（l^1、l^2、l^3 等）在小鼠中定位于7号染色体。你通过交配带有这些致死突变的杂合子的所有成对组合进行互补测试，并通过检查怀孕雌性的死胎来评估缺乏互补。图表中的+表示两个生育补充，并且没有找到死胚胎。−表示发现了死胚胎，其发生率约为1/4（预计杂合小鼠之间的杂交会产生纯合隐性，显示1/4胚胎中的致死表型）。每个杂交的亲本杂合子的致死突变列于图表的顶部和左下方（即，l^1表示杂合子，其中一条染色体携带l^1突变，同源染色体是野生型）。

	l^1	l^2	l^3	l^4	l^5	l^6	l^7	l^8	l^9	l^{10}
l^1	−	+	+	+	+	−	−	+	+	+
l^2		−	+	+	+	+	+	+	+	−
l^3			−	−	−	+	+	−	−	+
l^4				−	−	+	+	−	−	+
l^5					−	+	+	−	−	+
l^6						−	−	+	+	+
l^7							−	+	+	+
l^8								−	−	+
l^9									−	+
l^{10}										−

10 个致死突变代表了多少个基因？什么是互补组？

解答

此问题涉及将互补概念应用于一组数据。有两种方法可以分析这些结果。你可以专注于相互补充的突变，得出结论是：它们位于不同的基因中，并开始在不同的基因中创建突变列表。或者，你可以专注于彼此不互补的突变，因此是相同基因的等位基因。当涉及几个突变时，后一种方法更有效。例如，l^1不补充l^6和l^7。这三个等位基因位于一个互组中。l^2不补充l^{10}；他们是第二个互补小组。l^3不与l^4、l^5、l^8或l^9互补，因此它们形成第三个互补组。存在三个互补组（还要注意，对于每个突变体，携带相同等位基因的个体之间的杂交导致没有互补，因为产生了隐性致死突变的纯合子）。三个互补组由：① l^1、l^6、l^7；② l^2、l^{10}；③ l^3、l^4、l^5、l^8、l^9组成。

II. W、X和Y是生化途径中的中间体（按此顺序），其产物是Z。Z^-突变体存在于5个不同的互补组中。$Z1$突变体将在Y或Z上生长，但不会在W或X上生长。$Z2$突变体将在X、Y或Z上生长。$Z3$突变体将仅在Z上生长。$Z4$突变体将在Y或Z上生长。最后，$Z5$突变体将生长在W、X、Y或Z上。

a. 根据阻止的步骤对5个互补组进行排序。

b. 这些遗传信息揭示了导致X转化为Y的酶的性质是什么？

解答

这个问题要求你了解生化途径中的互补和基因与酶之间的联系。

a. 生化途径代表生产产品必须发生的有序反应集。该问题给出了产生产物Z的途径中的中间体的顺序。沿途缺乏任何酶将导致Z^-的表型，但是该阻断可以发生在沿着途径的不同位置。如果突变体在给予中间体化合物时生长，则酶促（并因此基因）缺陷必须在产生该中间体化合物之前。在Y或Z上生长（但不在W或X上）的$Z1$突变体必须在产生Y的酶中具有缺陷。$Z2$突变体在X之前具有缺陷；$Z3$突变体在Z之前有缺陷；$Z4$突变体在Y之前有缺陷；$Z5$突变体在W之前具有缺陷。五个互补组可以按生物化学途径内的活性顺序放置如下：

$$\xrightarrow{\ Z5\ } W \xrightarrow{\ Z2\ } X \xrightarrow{\ Z1,\ Z4\ } Y \xrightarrow{\ Z3\ } Z$$

b. 突变体$Z1$和$Z4$影响相同的步骤，但由于它们处于不同的互补组中，我们知道它们位于不同的基因中。突变$Z1$和$Z4$可能在编码多亚基酶的亚基的基因中，所述多亚基酶将X转化为Y；或者，可存在X和Y之间当前未知的额外中间步骤。

习题

词汇

1. 以下是突变的列表。对于所描述的每个特定突变，指出右侧列中的哪些术语适用，作为突变的描述或作为可能的原因。右列中的多个术语可以应用于左列中的每个语句。

1. 野生型基因中的A-T碱基对变为G-C对	a. 过渡
2. 将A-T碱基对更改为T-A对	b. 碱基替代
3. 序列AAGCTTATCG改为AAGCTATCG	c. 颠换
4. 序列CAGCAGCAGCAGCAGCAG更改为CAGCAGCAGCAGCAGCAGCAGCAGCAG	d. 缺失
5. 序列AACGTTATCG改为AATGTTATCG	e. 插入
6. 序列AACGTCACACACACATCG改为AACGTCACATCG	f. 脱氨基作用
	g. X射线照射
7. 序列AAGCTTATCG改为AAGCTTTATCG	h. 嵌入
	i. 错配

7.1节

2. 什么解释可以解释以下非常罕见的特征谱系？要尽可能具体。你怎么能区分这些解释？

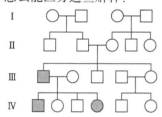

3. 此处给出来自三个独立分离的突变体的基因的一条链的DNA序列（5′端在左侧）。利用这些信息，该地区野生型基因的序列是什么？

突变体1 ACCGTAATCGACTGGTAAACTTTGCGCG
突变体2 ACCGTAGTCGACCGGTAAACTTTGCGCG
突变体3 ACCGTAGTCGACTGGTTAACTTTGCGCG

4. 在哺乳动物中，常染色体隐性突变的产生速率的测量几乎完全在小鼠中进行，而在小鼠和人类中已经进行了许多显性突变产生速率的测量。你认为这种差异的原因是什么？

5. 在几年的时间里，一家大医院跟踪记录了显示特征性软骨发育不全的婴儿的出生数量。软骨发育不全是一种非常罕见的常染色体显性疾病，导致侏儒症、身体比例异常。在出生12万人之后，有人指出27名婴儿出生时患有软骨发育不全。一位医生有兴趣确定这些矮小婴儿中有多少是由新突变导致的，以及该地理区域的明显突变率是否高于正常水平。他查看了27个矮人出生的家庭，发现4个矮小的婴儿有一个矮小的父母。这个人群中软骨发育不全基因的表观突变率是多少？是异常高还是低？

6. 假设你想研究控制细菌细胞表面结构的基因。你决定首先通过与细胞表面结合的噬菌体分离对细菌感染具有抗性的细菌突变体。选择过程很简单：从培养皿中的敏感细菌培养物中扩散细胞，将它们暴露在高浓度的噬菌体中，并挑选生长的细菌菌落。为了建立选择，你可以：①在许多不同的平板上从敏感细菌的单一液体培养物中涂抹细胞，并挑选每个抗性菌落；②开始培养许多不同的培养物，每个培养物从一个敏感细菌菌落中生长，从每个培养物中扩散一个平板，然后从每个培养板中挑选一个突变体。哪种方法可以确保你分离出许多独立的突变？

7. 在遗传学实验室中，Kim和Maria用特定的强毒噬菌体感染了大肠杆菌培养物中的样本。他们注意到大多数细胞被裂解，但有一些幸存下来。他们样本的存活率约为1×10^{-4}。Kim确信噬菌体诱导了细胞的抗性，而Maria认为抗性突变体可能已经存在于他们使用的细胞样本中。早些时候，对于不同的实验，他们将大肠杆菌的稀释悬浮液涂布在大培养皿中的固体培养基上，并且在看到大约10^{5}个菌落长大后，他们将该平板复制在另外三个平板上。Kim和Maria决定使用这些平板来测试他们的理论。他们将噬菌体的悬浮液吸移到三个复制板的每一个上。如果Kim正确，他们应该怎么理解？如果Maria是对的，他们应该怎么理解？

8. 波动试验的结果（图7.5）被解释为：在11个培养管的每一个中预先存在不同数量的突变细菌，因为突变在每个培养物生长期间的不同时间自发产生。然而，另一种可能性是平板上菌落数量的差异仅仅是由于培养皿支持菌落生长的能力的差异。例如，可能选择剂或培养基中的营养物不均匀地分布在浇注到培养皿中的融化的琼脂上。你可以做些什么实验来确定培养皿中的差异是否是实验中的一个因素？

9. 下面的谱系显示了一种完全渗透、显性特征的遗传，称为釉质发育不全，影响牙齿的结构和完整性。从受影响的个体III-1和III-2获得的血液的DNA分析显示，在第二代任何父母的血液DNA中都没有看到ENAM常染色体基因的两个拷贝之一中存在相同的引起疾病的突变。解释这个结果，引用图4.19和图7.5。你认为这种类型的继承模式是罕见还是常见？

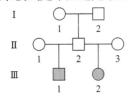

10. 自闭症是一种神经系统疾病，被认为是由一种或多种基因的突变等位基因引起的。科学家们一直在想为什么被诊断为自闭症的孩子数量在十年内急剧增加，从2002年的1/500上升到2012年的1/88。研究人员现在认为他们可能至少找到了部分答案：男人在越来越老的年龄养育孩子。发表在2012年*Nature*杂志上的一篇论文显示了父亲年龄与自闭症发病率之间的相关性；母亲的年龄不是一个因素。这一观察结果如何为自闭症发病率的明显增加提供可能的解释？

11. 与第3章中的黄色拉布拉多猎犬一样，金毛猎犬通常是纯黄色的。所示的金毛猎犬脸上有一个非常罕见的黑色标记。解释这只狗外观的遗传基础。仅考虑表3.3中列出的*E*和*B*基因（另见图3.12和图3.13）。（另请注意，黑色标记不是面具）

© Sally MacBurney

7.2节

12. 记住，平衡染色体可防止平衡器与其正常同系物之间重组染色体的恢复。为什么平衡X染色体对Muller实验的设计至关重要（图7.13）？（提示：回答这个问题的最好方法是考虑没有平衡器的实验结果）

13. 图7.14显示了诱变剂5-溴尿嘧啶、羟胺、乙基甲烷磺酸盐和亚硝酸诱导的碱基取代的实例。哪些诱变剂会导致转换？哪些引起颠换？

14. 图7.14（a）显示诱变剂5-溴尿嘧啶（5-BU）类似于T或C，取决于其互变异构状态。该图首先显示5-BU作为T样互变异构体掺入DNA中，但随后在下一轮

DNA复制过程中其状态变为C样互变异构体。结果是T：A→C：G取代。假设在两轮复制过程中5-BU的互变异构状态被逆转，会导致什么样的突变？

15. 所谓的双向诱变剂可以诱导特定的突变和（当随后加入染色体携带该突变的细胞时）恢复原始DNA序列的突变逆转。相反，单向诱变剂可诱导突变，但不能诱导这些突变的确切逆转。根据图7.14，下列哪种诱变剂可分为单向和双向？
    a. 5-溴尿嘧啶
    b. 羟胺
    c. 乙基甲烷磺酸盐
    d. 亚硝酸
    e. 二氨基吖啶

16. 1967年，J. B. Jenkins用诱变剂乙基甲烷磺酸盐（EMS）处理野生型雄性果蝇，并将它们与纯合子雌性交配产生一种称为矮胖的隐性突变，导致翅膀缩短。他发现一些F₁后代有两个野生型翅，一些有两个短翅，一些有一个短翅和一个野生型翅。在第二次杂交中，当他将单个F₁果蝇与两个短翅膀交配成矮胖的纯合子时，他惊奇地发现，这些交配中有一小部分产生了所有的短翅后代。
    a. 根据图7.14所示EMS的作用机制解释这些结果。
    b. 第二个杂交的短翅后代是否应该有一个或两个短翅？为什么？

17. 将通过Ames试验鉴定的特定诱变剂注射到小鼠中会引起许多肿瘤的出现，表明该物质是致癌的。将来自这些肿瘤的细胞注射到未暴露于诱变剂的其他小鼠中时，几乎所有新小鼠都会发展成肿瘤。然而，当携带诱变剂诱导的肿瘤的小鼠与未暴露的小鼠交配时，实际上所有后代都是无肿瘤的。为什么肿瘤可以水平转移（通过注射细胞）而不是垂直转移（从一代到下一代）？

18. 当Ames试验中使用的His⁻沙门氏菌菌株暴露于物质X时，没有看到His⁺回复体。然而，如果将大鼠肝上清液与物质X一起加入细胞中，则确实会发生回复体。物质X是否是人体细胞的潜在致癌物质？请说明。

19. Ames试验使用回复率（His⁻至His⁺）来测试化合物的致突变性。
    a. 一种已知的诱变剂，如二氨基吖啶，是否有可能无法恢复Ames试验中使用的特定His⁻突变体？你如何看待Ames测试旨在解决此问题？

b. 你能想到一种方法来使用正向突变（His⁺到His⁻）测试化合物的致突变性吗？（提示：考虑使用图7.6中的影印培养技术）

c. 鉴于前向突变率远远高于回归率，为什么Ames试验使用回归率来测试致突变性？在考虑以下两个问题时，请参考三核苷酸重复疾病：亨廷顿病和脆性X综合征。

20. 导致脆性X综合征的突变*FMR-1*等位基因被认为是X连锁显性的，具有不完全外显率和可变表达性。为什么大多数女性对于一个突变体和一个正常等位基因是杂合的，至少有一些这种疾病的症状？

21. 物理学家史蒂芬·霍金因其关于黑洞的理论而闻名，他因肌萎缩侧索硬化而活到70岁，这是一种瘫痪的神经退行性疾病，通常在更年轻的时候致命。最近，遗传学家发现ALS的一个主要原因是六核苷酸重复（5′-GGGGCC-3′）的异常扩增，该重复位于基因可读框（ORF）之外的位置，称为*C9ORF72*。单个扩增的等位基因足以引起ALS，但疾病等位基因占优势的原因尚不清楚。一些实验结果支持等位基因产生含有扩增重复序列的毒性RNA的理论。如果这个理论是正确的，突变*ALS*等位基因在哪些方面类似于导致亨廷顿病的突变等位基因？它在哪些方面类似于导致脆性X综合征的突变等位基因？

7.3节

22. 黄曲霉毒素B₁是一种高度致突变和致癌的化合物，由某些真菌产生，可以感染花生等作物。黄曲霉毒素是一种大而庞大的分子，与鸟嘌呤（G）化学键合形成黄曲霉毒素-鸟嘌呤加合物，如下图所示（在图中，黄曲霉毒素是橙色的，鸟嘌呤碱基是紫色的）。这种加合物扭曲DNA双螺旋并阻止复制。

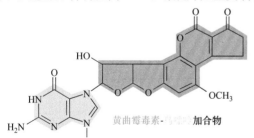

黄曲霉毒素-鸟嘌呤加合物

a. 什么类型的DNA修复系统最有可能参与修复DNA暴露于黄曲霉毒素B₁所造成的损害？

b. 最近的证据表明，鸟嘌呤和黄曲霉毒素B₁的加合物可以攻击连接它与脱氧核糖的键；这解放了加合基，形成了一个脱嘌呤的位点。这些新信息如何改变你对题目a的回答？

23. 在人DNA中，70%随后是鸟嘌呤的胞嘧啶残基（所谓的CpG二核苷酸，其中*p*表示这两个核苷酸之间磷酸二酯键中的磷酸）被甲基化形成5-甲基胞嘧啶。如下图所示，如果5-甲基胞嘧啶进行自发脱氨，则它会变成胸腺嘧啶。

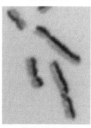

脱氨基作用

5-甲基胞嘧啶 胸腺嘧啶

a. 甲基化CpG二核苷酸是人类DNA中点突变的热点。你能提出一个解释原因的假设吗？

b. 简化假设人类DNA具有相同数量的C-G和A-T碱基对，并且人类DNA序列是随机的，你期望在人类基因组中找到基因序列CpG的频率如何？

c. 事实证明，即使考虑到人类DNA的实际GC含量（约42%），人类DNA中CpG的频率也远低于题目b计算的预测频率。解释为什么会出现这种情况。

24. 溴脱氧尿苷（BrdU）是一种合成的核苷，可以掺入新合成的DNA中代替胸腺嘧啶（T）。研究人员可以将BrdU添加到细胞生长的培养基中，然后通过用BrdU特异性抗体染色，检测其在染色体中的存在。

a. 左下图显示了在BrdU存在下生长一段时间的体细胞分离的中期染色体。较深的染色表明更多的BrdU。这些细胞在BrdU存在下生长了多少细胞？

b. 所谓的花斑染色体（类似于图右侧的那些）可以从与左图完全相同的细胞中分离出来，如果细胞在染色体准备分析前几小时暴露在X射线中，X射线诱导DNA中的双链断裂。你在这些花斑染色体中见证了什么样的修复过程？

c. 在细胞周期的哪个点发生了题目b所述的修复过程？请说明。

常规染色体　　　花斑染色体

d. Bloom综合征是一种常染色体隐性遗传疾病，其特点是身材矮小、面部特征独特、癌症风险增加。右边的图实际上显示了Bloom综合征患者的细胞在BrdU中生长的情况，细胞的数量是适当的；即使细胞未经受X射线照射，几乎所有这些细胞都显示出花斑染色体。你认为Bloom综合征基因（称为*BLM*⁺）的野生型等位基因所指定的蛋白质的功能是什么？

7.4节

25. 动物的白化病是由合成黑色素所需的几种常染色体基因之一的隐性突变引起的，黑色素是许多皮肤和眼睛色素的化学前体。白化动物是由于基因的隐性突变而产生的，这种基因突变需要不同的途径，如产生所有皮肤色素的细胞的发育途径。假设你有两只白色的蜂鸟（一只雄性和雌性）进行交配。假设所有相关突变都是罕见的、常染色体的和隐性的野生型等位基因，你会期望它们的后代在以下条件下看起来是什么样子的：

   a. 它们都是白化病患者。

   b. 它们都是白毛的。

   c. 一个是白化病，另一个是白毛的。

26. a. 在图7.22（b）中，你对于由a⁺表示的后代的表型是什么？请说明。

   b. 在同一图中，a⁻表示后代的表型怎么样？请说明。

27. 想象一下，你在厨房里抓到了一只雌性白化小鼠，并决定把它留给宠物。几个月后，在关岛度假时，你抓到了一只雄性白化小鼠，并决定将它带回家进行一些有趣的基因实验。你想知道这两只小鼠是否因为同一基因的突变而都是白化病。你能做些什么来找出这个问题的答案？假设两个突变都是隐性的。

28. 研究影响植物拟南芥叶片形状的基因的植物育种者发现了6个独立的隐性突变，导致植物具有锯齿状而非光滑边缘的不寻常叶片。研究人员开始用这些突变体进行互补测试，但由于温室发生事故，有些试验无法完成。可以完成的互补测试的结果显示在下表中。

	1	2	3	4	5	6
1	−	+	−		+	
2						
3			−			
4				−		
5					−	+
6						−

   a. 确切地说，在我们所做实验的表格中如何填充加号（+）或减号（−）呢？+代表什么？−代表什么？为什么表中的一些框是绿色的？

b. 假设没有并发症，你对未执行的互补测试的结果有何期望？也就是说，通过在每个空白框中放置一个a⁺或a⁻来完成表格。

c. 在这组突变体中代表了多少个基因？哪些基因突变？

29. 在人类中，白化病通常以常染色体隐性方式遗传。第3章的图3.24（c）显示了一个谱系，其中两个白化病父母有几个孩子，而没有一个是白化病。

   a. 根据互补测试解释这个谱系。

   b. 很难找到人类谱系的例子，如图3.24（c），实际上代表了互补测试。原因是人类的大多数遗传条件都很罕见，因此具有相同病症的无关人群不太可能交配。在没有互补测试的情况下，可以进行哪些类型的实验来确定特定人类疾病表型是否可能由多个基因的突变引起？

   c. 互补测试要求待测试的两个突变都是野生型隐性。假设两个显性突变导致相似的表型。你怎么能确定这些突变是否会影响相同的基因或不同的基因？

30. a. Seymour Benzer对噬菌体T4 *rII*区域的精细结构分析在很大程度上取决于缺失分析，如图7.25所示。但是为了进行这种缺失分析，Benzer必须知道哪些*rII*⁻噬菌体菌株是缺失的，哪些是点突变。你认为他如何能够将*rII*⁻缺失与点突变区分开来？

   b. 图7.25（c）显示了Benzer在*rII*区域中点突变的精细结构。该图的一个关键特征是热点的存在，Benzer将其解释为特别容易发生突变的核苷酸对。Benzer怎么解释热点中的所有独立突变都是由于同一个核苷酸对的突变？

31. a. 你有一个含有5ml噬菌体溶液的试管，你想估计试管中噬菌体的数量。假设管实际上包含总计150亿个噬菌体，设计一个连续稀释实验，可以让你估计这个数字。理想情况下，你计算的最终含有斑块的平板应包含10个以上且少于1000个斑块。

   b. 当你按照题目a中的连续稀释法计算噬菌体时，假设涂平板效率为100%；也就是说，培养皿上的斑块数量恰好代表了与涂平板细菌混合的噬菌体数量。有没有办法测试只有一定比例的噬菌体颗粒可以形成斑块的可能性（这样涂平板效率会低于100%）？为什么假设任何斑块是由一个噬菌体颗粒而不是多个噬菌体颗粒引发的？

32. 你发现了5个不能在大肠杆菌K(λ)上生长的T4 *rII*⁻突变体。你将两种突变体的所有可能组合混合在一起

（如下图所示），将混合物加入大肠杆菌K(λ)中，并评估混合物生长和产生斑块的能力（在图表中以a+表示）。

	1	2	3	4	5
1	−	+	+	−	+
2		−		+	+
3			−	+	
4				−	+
5					−

a. 通过这种分析确定了多少基因？

b. 哪些突变体属于相同的互补组？

33. 果蝇的玫瑰色基因（ry）编码一种叫做黄嘌呤脱氢酶的酶。ry突变纯合的果蝇表现出玫瑰色的眼睛颜色。制备杂合雌性，其在一个同源物上具有$ry^{41}\ Sb$而在另一个同源物上具有$Ly\ ry^{564}$，其中ry^{41}和ry^{564}是ry的两个独立分离的等位基因。Ly［Lyra（窄）翅膀］和Sb［Stubble（短）刷毛］分别是ry左侧和右侧的基因的显性突变等位基因。这些雌性现在与ry^{41}纯合的雄性交配。在100 000个后代中，8个具有野生型眼睛、Lyra翅膀和Stubble刷毛，而其余的则有玫瑰色的眼睛。

a. 这两个ry突变相对于侧翼基因Ly和Sb的顺序是多少？

b. ry^{41}和ry^{564}之间的遗传距离是多少？

34. 噬菌体T4的9个rII⁻突变体用于大肠杆菌K(λ)宿主的成对感染。这些噬菌体中的6个突变是点突变；其他3个是缺失。双重感染细胞大量产生子代噬菌体的能力在下表中评分。

	1	2	3	4	5	6	7	8	9
1	−	−	+	+				+	+
2		−						+	+
3			−		+		+		
4				−	+		+		
5					−		+	+	
6						−			
7							−	+	+
8								−	
9									−

然后将相同的9种突变体用于大肠杆菌B宿主的成对感染。现在对随后裂解大肠杆菌K(λ)宿主的后代噬菌体的产生进行评分。在表中，0表示后代不会在大肠杆菌K(λ)细胞上产生任何斑块；−意味着只有极少数后代噬菌体产生斑块；+意味着许多后代产生斑块（超过−的情况下的10倍）。

	1	2	3	4	5	6	7	8	9
1	−	+	+	+	+	+		+	+
2		−	+	+	+	+	+	+	
3			0	−	+	0	+		
4				−	+	+			
5					−	+	+		
6						0	0	+	
7							0	+	+
8								+	
9									−

a. 哪三个突变体是三个缺失？你使用什么标准来得出结论？

b. 如果你知道突变9位于rIIB基因中，请绘制可能的最佳遗传图来解释数据，包括所有点突变的位置和三个缺失的程度。

c. 你对题目b中的回答应该保留一个不确定性。你怎么能解决这种不确定性？

35. 在单倍体酵母菌株中，发现了8个隐性突变，导致需要氨基酸赖氨酸。发现所有突变以大约1×10^{-6}的频率恢复，除了突变5和6没有恢复。在a和携带这些突变的α细胞之间进行交配。在没有赖氨酸的情况下，所得二倍体菌株在基本培养基上生长的能力如下图所示（+表示生长，−表示没有生长）。

	1	2	3	4	5	6	7	8
1	−	+	+	+	+	+		+
2	+	−	+	+	+	+	+	+
3	+	+	−					+
4	+	+		−				+
5	+	+			+	−		+
6	+	+				−		
7		+					−	+
8	+	+	+	+	+	+	−	

a. 这些数据揭示了多少补充组？哪个点突变在哪个互补组中找到？现在诱导相同的二倍体菌株形成孢子。绝大多数产生的孢子都是营养缺陷型；也就是说，当在基本培养基（不含赖氨酸）上涂平板时，它们不能形成菌落。然而，特定二倍体可以产生稀有孢子，当在基本培养基（原养型孢子）上涂平板时，这些孢子确实形成菌落。下表显示（＋）或（−）是否在各种二倍体细胞孢子形成时形成任何原养型孢子。

	1	2	3	4	5	6	7	8
1	−	+	+	+	+	−	+	+
2	+	−	+	+	+	+	+	+
3	+	+	−	+	−	+	+	+
4	+	+	+	−	+	+	+	+
5	+	+	−	+	−	+	+	+
6	−	+	+	+	+	−	+	+
7	+	+	+	+	+	+	−	+
8	+	+	+	+	+	+	+	−

b. 当刚才讨论的二倍体孢子形成期间产生原养型孢子时，你通常会在含有这种原养型孢子的任何四分体中看到营养缺陷型与原养型孢子的比例是多少？解释你期望的比例。

c. 使用来自该问题所有部分的数据，绘制研究中的8个赖氨酸营养缺陷型突变的最佳图谱。显示所涉及的任何缺失的程度，并指出各种互补组的边界。

36. 在习题24中，你了解到Bloom综合征是一种常染色体隐性遗传疾病，其特征在于花斑染色体的频率高（在BrdU生长后检测到）。这些染色体是由高水平的染色体断裂引起的，然后通过同源重组进行修复。在一些患者中，每个细胞都有许多花斑染色体。在其他患者中，大多数细胞具有许多花斑染色体，但是大约10%的细胞令人惊讶地没有。

a. 什么类型的事件产生在某些Bloom综合征患者中10%的细胞没有花斑染色体？（提示：想想重组。）这些缺乏花斑染色体的细胞的存在对这些患者携带的Bloom综合征基因的等位基因有什么影响？

b. 两种类型的Bloom综合征患者以何种方式反映互补测试的结果？

c. 为什么在题目a中描述的事件可能发生在Bloom综合征患者中？

d. 你在题目a中描述的事件与产生花斑染色体的事件有什么不同？

e. 你在题目a中描述的事件可能发生在细胞周期的 G_1 期间吗？G_2 期间呢？

f. 产生没有花斑染色体的细胞的事件是非常罕见的，即使在Bloom综合征患者中也发生在不到百万分之一的细胞分裂中。然而，令人惊讶的是，某些患者中大约10%的细胞缺乏花斑染色体。这两个陈述如何同时成立？

7.5节

37. 粗糙脉孢菌（*Neurospora crassa*）中精氨酸生物合成

的途径涉及几种产生一系列中间体的酶。

$$ARG\text{-}E \quad\quad ARG\text{-}F$$
$$N\text{-乙酰鸟氨酸} \longrightarrow \text{鸟氨酸} \longrightarrow \text{瓜氨酸}$$

$$\longrightarrow \text{精氨基琥珀酸盐} \longrightarrow \text{精氨酸}$$
$$ARG\text{-}G \quad\quad ARG\text{-}H$$

a. 如果你在 $ARG\text{-}E^-$ 和 $ARG\text{-}H^-$ 脉孢菌菌株之间进行杂交，那么在亲本ditype和非亲本ditype asci中 Arg^+ 和 Arg^- 孢子的分布是什么？按照它们在子囊中出现的顺序给出孢子类型。

b. 对于题a答案中的每个孢子，你可以在培养基中提供哪些营养成分来促进孢子生长？

38. 在玉米蛇中，野生型颜色为棕色。一个常染色体隐性突变导致蛇变成橙色，另一个突变导致蛇变为黑色。一条橙色蛇与一条黑色蛇杂交，F_1 后代全部变成棕色。假设所有相关基因都是不连锁的。

a. 如果存在一种色素途径，则指出在该杂交的 F_2 代中你期望的表型和比例，橙色和黑色是棕色途径中的不同的中间体。

b. 如果橙色色素是一种途径的产物，黑色色素是另一种途径的产物，棕色是将两种色素混合在蛇皮中的效果，请指出在 F_2 代中你期望的表型和比例。

39. 在具有二倍体基因组的某些开花植物物种中，有四种酶参与花色的产生。编码这四种酶的基因位于不同的染色体上。涉及的生化途径如下；该图显示两种不同的酶中的任一种都足以将蓝色颜料转化为紫色颜料。

$$\text{白色} \to \text{绿色} \to \text{蓝色} \rightrightarrows \text{紫色}$$

真实遗传的绿花卉植物与真实遗传的蓝花植物交配。所得 F_1 代中的所有植物都具有紫色花。允许 F_1 植物自体受精，产生 F_2 代。显示P、F_1 和 F_2 植物的基因型，并指出哪些基因指定了哪些生化步骤。确定具有以下表型 F_2 植物的比例：白色花朵、绿色花朵、蓝色花朵和紫色花朵。假设绿色花序亲本仅在该途径的单个步骤中是突变体。

40. 中间体A、B、C、D、E和F都存在于相同的生化途径中。G是该途径的产物，突变体1～7都是 G^-，意味着它们不能产生物质G。下表显示了哪些中间体将促进每种突变体的生长。按照它们在通路中的出现顺序排列中间体，并指示每个突变菌株被阻断的途径中的步骤。表中的+表示如果给出该物质，该菌株将生长，O表示缺乏生长。

突变体	补充						
	A	B	C	D	E	F	G
1	+	+	+	+	+	O	+
2	O	O	O	O	O	O	+
3	O	+	+	O	+	O	+
4	O	+	O	O	+	O	+
5	O	+	+	O	+	O	+
6	+	+	+	+	+	+	+
7	O	O	O	O	O	O	+

41. 在以下每个杂交方案中，将两个真正繁殖的植物菌株杂交以制备F_1植物，所有这些植物都具有紫色花。然后将F_1植物自体受精以产生F_2后代，如此处所示。

杂交测试	亲代	F_1	F_2
1	蓝 × 白	全紫	9紫 : 4白 : 3蓝
2	白 × 白	全紫	9紫 : 7白
3	红 × 蓝	全紫	9紫 : 3红 : 3蓝 : 1白
4	紫 × 紫	全紫	15紫 : 1白

a. 对于每个杂交，解释花色的继承。

b. 对于每个杂交，显示可以解释数据的可能的生化途径。

c. 这些杂交中的哪一个与潜在的生化途径相容，仅涉及由具有两个不同亚基的酶催化的单一步骤（这两个亚基都是酶活性所需的）？

d. 对于四个杂交中的每一个，如果所有相关基因紧密相关，你对F_1和F_2代的期望是什么？

42. 氨基酸谷氨酰胺（Gln）和脯氨酸（Pro）的生物合成途径涉及一种或多种常见中间体。分离编号为1～7的营养缺陷型酵母突变体，其需要谷氨酰胺或脯氨酸或两种氨基酸用于其生长，如下表所示（+表示生长；－无生长）。还测试了这些突变体在中间体A～E上生长的能力。这些中间产物在谷氨酰胺和脯氨酸途径中的顺序是什么？在通路的哪一点上被突变体阻断？

突变体	A	B	C	D	E	Gln	Pro	Gln+Pro
1	+	−	−	−	+	−	+	+
2	−	−	−	−	−	−	+	+
3	−	−	+	−	−	−	−	+
4	−	−	−	+	−	+	−	+
5	−	−	+	−	−	−	+	+
6	+	−	−	−	+	−	+	+
7	−	+	−	−	−	+	−	+

43. 测试以下互补的大肠杆菌突变体在四种已知的胸腺嘧啶前体A～D上的生长。

突变体	产物				
	A	B	C	D	胸腺嘧啶
9	+	−	+	+	+
10	−	−	+	−	+
14	+	+	+	−	+
18	+	+	+	+	+
21	−	−	−	−	+

a. 显示四种前体和最终产物胸腺嘧啶的简单线性生物合成途径。指出五个突变中的每个突变阻断哪个步骤。

b. 在以下双突变体中会积累什么样的前体：9和10？10和14？

44. 1952年，英国医学杂志的一篇文章报道了从几个患有X连锁隐性血友病的人中获得的血浆行为的有趣差异。当混合在一起时，来自某些个体组合的无细胞血浆可在试管中形成凝块。例如，下表显示了来自4名血友病患者的各种血浆组合中是否可形成（+）或不形成（−）血栓的情况：

1和1	−	2和3	+
1和2	−	2和4	+
1和3	+	3和3	−
1和4	+	3和4	−
2和2	−	4和4	−

这些数据告诉了你什么关于血友病个体遗传的情况？这些数据是否允许你排除任何控制血液凝固的生化途径的模型？

45. 人类常染色体基因的突变导致一种称为冯维勒布兰德病（vWD）的血友病。该基因指定了一种巧妙地称为冯维勒布兰德因子（vWF）的血浆蛋白。vWF稳定因子Ⅷ，一种由野生型血友病A基因指定的血浆蛋白。需要因子Ⅷ来形成血凝块。因此，在没有vWF的情况下，因子Ⅷ被迅速破坏。

以下哪项可能成功用于治疗血友病患者的出血事件？治疗会立即起作用还是仅在蛋白质合成需要一些延迟后才能起作用？治疗只会产生短期或长期影响吗？假设所有突变都是无效的（即突变导致基因编码的蛋白质完全缺失）并且血浆是无细胞的。

a. 从正常血液输入血浆进入vWD患者

b. 从vWD患者输入血浆到不同的vWD患者

c. 从血友病A患者输入血浆到vWD患者

d. 从正常血液输入血浆进入血友病A患者

e. 从vWD患者输入血浆到A型血友病患者

f. 从血友病A患者输入血浆到不同的A型血友病患者

g. 将纯化的vWF注射到vWD患者体内

h. 将纯化的vWF注射到血友病A患者体内

i. 将纯化的因子Ⅷ注射到vWD患者体内

j. 将纯化的因子Ⅷ注射到血友病A患者体内

46. 制备的抗体识别6种蛋白质，这些蛋白质是秀丽隐杆线虫单细胞胚胎内复合物的一部分。母本产生的蛋白质被认为是从胚胎的内表面开始逐步组装成卵子中的结构。该抗体用于检测由突变母体产生的胚胎中的蛋白质位置（对于编码每种蛋白质的基因是纯合隐性）。秀丽隐杆线虫母本是自受精的雌雄同体，因此在受精过程中不会引入基因的野生型拷贝。在下表中，*表示蛋白质存在且在胚胎表面，−表示蛋白质不存在，+表示蛋白质存在但不存在于胚胎表面。假设所有突变都阻止相应蛋白质的产生。

蛋白质基因突变	蛋白质生成与定位					
	A	B	C	D	E	F
A	−	+	*	+	*	+
B	*	−	*	*	*	*
C	*	+	−	+	*	+
D	*	+	*	−	*	+
E	+	+	+	+	−	+
F	*	+	*	*	*	−

完成下图，通过在每个圆圈中写下适当蛋白质的字母，显示假设蛋白质复合物的结构。用箭头标记的两种蛋白质可以彼此独立地组装成复合物，但是两者都需要向复合物中添加后续蛋白质。

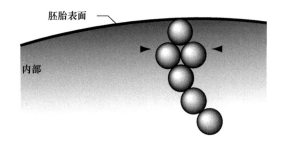

外部

胚胎表面

内部

47. 成人血红蛋白是具有四种多肽的多体蛋白，两种是α珠蛋白，其中两种是β珠蛋白。

a. 需要多少个基因来定义血红蛋白的结构？

b. 如果一个人的野生型等位基因是杂合的，并且等位基因将产生的氨基酸替换为α珠蛋白和β珠蛋白，那么在人的红细胞中会发现多少种不同种类的血红蛋白？假设所有等位基因都以相同水平表达。

48. 图7.27（b）中的每个互补组（ARG-E、ARG-F、ARG-G和ARG-H）可以在一个独特的补充子集上生长。为什么这四个子集是唯一观察到的子集？例如，为什么没有观察到互补组表现得像下表所示的四个假设？[符号如图7.27（b）：+表示增长，−表示没有增长]

假设突变系	增补物				
	无	鸟氨酸	瓜氨酸	精氨酸琥珀酸	精氨酸
野生型：Arg⁺	+	+	+	+	+
AGE-I⁻	−	+	−	+	+
AGR-J⁻	−	−	+	−	+
ARG-K⁻	−	+	−	−	+
ARG-L⁻	−	+	+	−	+

7.6节

49. 除了主要的成人血红蛋白，HbA含有两个α珠蛋白链和两个β珠蛋白链（α₂β₂），还有一个由两条α链和两条δ链（α₂δ₂）组成的微小血红蛋白HbA₂。β和δ珠蛋白基因串联排列并且高度同源。绘制由β和δ基因之间不等交换事件引起的染色体。

50. 大多数哺乳动物，包括新世界灵长类动物，如marmosets（一种美洲产小型长尾猴），都是二色视者：它们只有两种视紫红质相关的颜色受体。人类和大猩猩等旧世界灵长类动物是具有三种颜色受体的三色视者。大约6500万年前，灵长类动物与其他哺乳动物产生差异，而旧世界和新世界灵长类动物大约相差3500万年。

a. 使用此信息，在图7.32（d）中定义任何可以追溯事件的时间跨度。

b. 一些新世界猴子具有常染色体颜色受体基因和单个X连锁颜色受体基因。X连锁基因具有三个等位基因，每个等位基因指定对不同波长的光响应的光感受器（三个波长都不同于常染色体颜色受体识别的波长）。在这些猴子中如何继承色觉？

c. 人类和其他哺乳动物中约95%的光接收神经元是含有视紫红质的视杆细胞，视紫红质是一种对许多波长的低水平光有反应的色素。其余5%的光接收神经元是具有色素的视锥细胞，其响应特定波长的高强度光。这些事实对最早的哺乳动物的生活方式有何建议？

51. 人类通常是三色视者；我们有三种不同类型的视网膜锥体，每种视网膜锥体含有红色、绿色或蓝色视紫红质样光感受器蛋白。原因是大多数人在X染色体上有红色和绿色光感受器的基因，在常染色体上有蓝色光感受器基因。我们的大脑整合了每种锥体的信息，使我们可以看到大约一百万种颜色。一些科学家认为罕见的人可能是四色，也就是说，他们有四种不同的锥体。这些人，如果他们存在，可能会发现1亿种颜色！对于题目a和b，假设每个X染色体具有一个红色和一个绿色光感受器蛋白基因。对于所有部分，假设突变等位基因可以产生具有改变的光谱灵敏度的光感受器。

a. 解释为什么科学家们期望比男性更多的女性是四色视者。

b. 在X连锁的红色/绿色色盲中，红色或绿色光感受器基因的突变导致视紫红质样蛋白质具有改变的光谱敏感性。突变感光体对正常红色和绿色光感受器之间的波长敏感。为什么科学家认为一个有红色/绿色色盲的儿子的女性比一个儿子视力正常的女性更容易成为四色视者？

c. 建议基于图7.33（d）的方案可以解释极为罕见的雄性可能是四色视者。

第 8 章　基因表达：从 DNA 到 RNA 再到蛋白质的信息流动

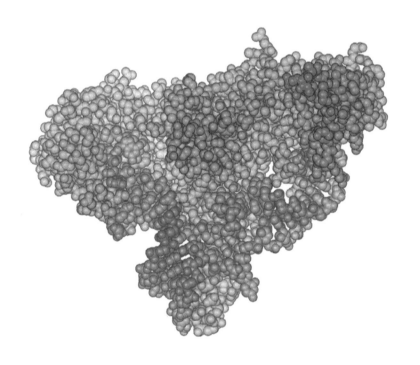

氨酰 tRNA 合成酶（红色）识别特定的 tRNA（蓝色）并将其与相应的氨基酸（未显示）结合的能力，是将核酸语言转化为蛋白质语言的分子机制的核心。

章 节 大 纲

8.1　遗传密码

8.2　转录：从 DNA 到 RNA

8.3　翻译：从 mRNA 到蛋白质

8.4　原核生物与真核生物中的基因表达差异

8.5　突变对基因表达和功能的影响

自1990年以来，确定各种生物体基因组的完整核苷酸序列的工作一直在努力进行中。这一付出了巨大努力的工作比许多科学家预想的还要成功。截止到2016年写这篇文章的时候，已经有超过8100个不同物种的基因组DNA序列被存储在数据库中，另外，超过3.5万个物种的测序项目正在进行中。有了这些序列信息，遗传学家可以参考遗传密码（将核苷酸序列与氨基酸序列等同起来的密码）来确定基因组的哪些部分可能是基因。因此，现代遗传学家可以发现决定表型的所有多肽的数量和氨基酸序列。由此，DNA序列的获得为科学家探索生物体在分子水平上的生长和发育打开了新大门。

在本章中，我们描述了进行**基因表达**的细胞机制，遗传信息可以被理解为表型。尽管有些细节可能看起来很复杂，但基因表达的整个过程是简洁而直接的：在每个细胞内，遗传信息从DNA到RNA再到蛋白质。这一说法是由Francis Crick于1957年提出的分子生物学的中心法则。正如Crick解释的那样，"一旦信息传递到蛋白质中，就无法再返回。"

中心法则认为遗传信息有两个不同的阶段（图 8.1）。将 DNA 中的信息转换为 RNA 中的等同产物被称为**转录**。转录的产物是一个**转录物**，即原核生物中的**信使 RNA（mRNA）**分子和真核生物中经过处理后成为mRNA 的 RNA 分子。

在基因表达的第二阶段，细胞机制将mRNA中的核苷酸序列解码成氨基酸序列（**多肽**），这一过程被称为**翻译**。它发生在称为**核糖体**的分子工作平台上，核糖体由蛋白质和**核糖体RNA（rRNA）**组成。翻译取决于被称为**遗传密码**的字典，它定义了每种氨基酸的三个核苷酸的特定序列。翻译也需要**转运RNA（tRNA）**，小的RNA适配分子将特定的氨基酸放置在生长多肽链的正确位置。

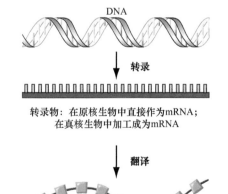

图8.1　基因表达：遗传信息的传递从DNA通过RNA转化为蛋白质。在转录中，RNA聚合酶复制DNA产生一组RNA转录物。在翻译中，细胞器遵循遗传密码的规则，使用mRNA的指令合成多肽。

中心法则不能解释所有基因的行为。像Crick自己也意识到，许多基因被转录成从未翻译成蛋白质的RNA。你将在本章看到许多非翻译的RNA对基因表达的各个步骤至关重要。编码rRNA和tRNA的基因属于这一组。

我们对基因表达的讨论一般分为四个主题。第一，从DNA到RNA、从RNA到蛋白质、互补碱基的配对是信息传递的关键。第二，极性（方向性）DNA、RNA和多肽有助于指导基因表达的机制。第三，像DNA复制和重组一样，基因表达也需要能量的输入，以及特定蛋白质、RNA和大分子复合体的参与，如核糖体。第四，改变遗传信息或者阻碍其表达传递的突变可对表型产生显著的影响。

8.1　遗传密码

学习目标

1. 解释建立一个由三个核苷酸组成的序列（一个三联体密码子）作为DNA与蛋白质编码基本单位的过程。
2. 总结证据表明基因中的核苷酸序列与蛋白质中的氨基酸序列是相关联的。
3. 定义阅读框，并讨论其对遗传密码的意义。
4. 描述确定哪些密码子与氨基酸相关、哪些是终止密码子的相关实验。
5. 解释如何使用突变来验证遗传密码。
6. 讨论遗传密码几乎具有普遍性的证据，并列举一些例外。

代码是将一种语言中的信息与另一种语言中的信息等同起来的符号系统。遗传密码的一个有用的类比是莫尔斯码，它使用点和划线，通过无线电或电报线传送信息。点-划线符号的各种分组表示英语字母表中的26个字母。因为存在比两个符号（点或划线）更多的字母，所以以各种组合将一个、两个、三个或四个点或破折号分组表示单个字母。例如，C的符号是划线点划线点（—·—·），O的符号是划线划线划线（———），D是划线点点（—··），E是单点（·）。因为从一到四个符号中的任何一个都指定一个字母，所以莫尔斯码需要一个暂停符号（实际上是很短的时间间隔）来表示一个字母结束和下一个字母开始的位置。

8.1.1　核苷酸的三重密码子代表单个氨基酸

核酸的语言由四种核苷酸组成——DNA语言中是A、G、C、T；RNA语言中是A、G、C、U；而蛋白质的语言用氨基酸写成。解读核苷酸序列如何确定多肽中氨基酸顺序的第一个障碍是确定存在多少个氨基酸字母。

沃森和克里克在当地一家酒吧吃午饭时，列出了一份现已被人们接受的清单，上面列出了直接由DNA编码的20种常见氨基酸。他们通过分析多种天然存在的多肽的已知氨基酸序列创建了这份列表。仅存在于少量蛋白质或仅存在于某些组织或生物体中的氨基酸不符合标准构建模块；沃森和克里克正确地假设了当蛋白质合成后进行化学修饰时，大多数这类氨基酸都会产生。相比之下，大多数蛋白质中都含有氨基酸。接下来的问题是：四个核苷酸如何编码20种氨基酸？

和莫尔斯码一样，这四个核苷酸通过A、G、C和T（在DNA中）或A、G、C、U（在RNA中）的特定基团编码20个氨基酸。研究人员最初通过演绎推理得出每组字母的数量，后来通过实验证实了他们的猜测。他们推断，如果只有一个核苷酸代表一种氨基酸，那么只有四种氨基酸才有信息：A编码一个氨基酸，G编码第二个氨基酸，依此类推。如果每个氨基酸都有两个核苷酸，那么就有$4^2=16$个双重态组合。

当然，如果密码由含有一个或两个核苷酸的组组成，那么它将有4+16=20个组，并且可以解释所有的氨基酸，但是如果没有任何氨基酸产生表示暂停，暂停是一个组结束和下一个组开始的位置所需的。连续三个核苷酸的组将提供$4^3=64$个不同的三联体组合，足以编码所有氨基酸。如果代码由双联体和三联体组成，表示暂停的信号将是必要的。但是，如果三联体的机制非常可靠，那么只有三联体密码就不需要暂停符号。

这种推理虽然产生了假说，但并不能被证明。然而，事实证明，本章后面描述的实验确实证明三个核苷酸的组代表了全部20种氨基酸。每个核苷酸三联体被称为**密码子**。由定义其三个核苷酸的碱基指定的每个密码子指定一种氨基酸。例如，GAA是谷氨酸（Glu）的密码子，GUU是缬氨酸（Val）的密码子。因为密码只在基因表达的翻译部分起作用，也就是说，在mRNA解码为多肽的过程中，遗传学家通常以A、G、C、U的RNA语言呈现密码，如图8.2所示。说到基因，他们可以用T代替U，在DNA语言中显示相同的密码。

如果知道一个基因或其转录物中的核苷酸序列及相应多肽中的氨基酸序列，那么就可以推断出遗传密码，而无需了解底层细胞机制究竟是如何工作的。虽然现在已有测定核苷酸和氨基酸序列的技术，但当研究人员在20世纪五六十年代试图破解遗传密码时，情况并非如此。那时候，他们可以建立一个多肽的氨基酸序列，但不是DNA或RNA的核苷酸序列。由于无法读取核苷酸序列，科学家使用了各种遗传和生化技术来探究密码。他们从研究单个基因中的不同突变如何影响该基因多肽产物的氨基酸序列开始。通过这种方式，他们能够利用异常现象（特定突变）来理解正常现象（基因和多肽之间的一般关系）。

第一个字母	第二个字母 U	第二个字母 C	第二个字母 A	第二个字母 G	第三个字母
U	UUU Phe	UCU Ser	UAU Tyr	UGU Cys	U
U	UUC Phe	UCC Ser	UAC Tyr	UGC Cys	C
U	UUA Leu	UCA Ser	UAA 终止	UGA 终止	A
U	UUG Leu	UCG Ser	UAG 终止	UGG Trp	G
C	CUU Leu	CCU Pro	CAU His	CGU Arg	U
C	CUC Leu	CCC Pro	CAC His	CGC Arg	C
C	CUA Leu	CCA Pro	CAA Gln	CGA Arg	A
C	CUG Leu	CCG Pro	CAG Gln	CGG Arg	G
A	AUU Ile	ACU Thr	AAU Asn	AGU Ser	U
A	AUC Ile	ACC Thr	AAC Asn	AGC Ser	C
A	AUA Ile	ACA Thr	AAA Lys	AGA Arg	A
A	AUG Met	ACG Thr	AAG Lys	AGG Arg	G
G	GUU Val	GCU Ala	GAU Asp	GGU Gly	U
G	GUC Val	GCC Ala	GAC Asp	GGC Gly	C
G	GUA Val	GCA Ala	GAA Glu	GGA Gly	A
G	GUG Val	GCG Ala	GAG Glu	GGG Gly	G

图8.2　遗传密码：61个密码子代表20种氨基酸，而3个密码子代表终止。要读取密码，找到左栏中的第一个字母，顶部的第二个字母，右栏中的第三个字母；这个阅读对应于沿着mRNA的5′到3′方向。

8.1.2　基因的核苷酸序列与编码多肽的氨基酸序列共线

如你所知，DNA是一种线性分子，碱基对在错综复杂的链上延伸。相比之下，蛋白质具有复杂的三维结构。即便如此，如果展开并从N端向C端延伸，蛋白质具有一维线性结构——氨基酸的特定一级序列。如果一个基因中的信息与其对应的蛋白质是共线的，那么从基因的开始到结束，DNA中碱基的连续顺序将编码从延伸的蛋白质的一端到另一端的氨基酸的连续顺序。

20世纪60年代，Charles Yanofsky是第一个将基因突变图与特定氨基酸置换的图谱进行比较的人。他开始通过生成大量的Trp^-大肠杆菌营养缺陷型突变体，其携带色氨酸合成酶亚单位*trpA*基因突变进行研究。在色氨酸合成酶的一个亚基的*trpA*基因中携带突变的大肠杆菌。接下来他做了这些突变的精细结构图，类似于噬菌体T4的*rII*区的Benzer's精细结构图，这在第7章讨论过。然后Yanofsky纯化并测定突变色氨酸合成酶亚基的氨基酸序列。

如图8.3（a）所示，Yanofsky的数据显示，通过重组定位在基因DNA内的突变顺序确实与产生的突变蛋白中发生的氨基酸置换的位置呈共线性。通过仔细分析他的结果，Yanofsky推导出核苷酸和氨基酸之间关系的另外两个关键特征。

1. 密码子是由多个核苷酸组成的证据

　　Yanofsky观察到，改变不同核苷酸对的点突变可能影响相同的氨基酸。在图8.3（a）所示的一个例子中，突变23将野生型多肽链211位的甘氨酸（Gly）改变为精氨酸（Arg），而突变46在相同位置产生谷氨酸（Glu）。在另一个例子中，突变78将234位的甘氨酸改变为半胱氨酸（Cys），而突变58在相同位置产生天冬氨酸（Asp）。这些都是**错义突变**，将一种氨基酸的密码子改变为指定不同氨基酸的密码子。

　　在这两种情况下，Yanofsky发现在改变相同氨基酸一致性的两个突变之间可以发生重组；这样的重组会产生野生型色氨酸合成酶基因［图8.3（b）］。因为重组的最小单位是碱基对，所以两个能够重组的突变必须在不同的核苷酸中（尽管在附近）。因此，密码子必须包含一个以上的核苷酸。

2. 证明每个核苷酸只是一个密码子的一部分

　　如图8.3（a）所示，Yanofsky描述的色氨酸合成酶基因中的每个点突变仅改变了一个氨基酸。在许多其他基因中检测到的点突变也是如此，如控制视紫红质和血红蛋白的人类基因（见第7章）。因为仅改变单个核苷酸对的点突变只影响多肽中的单个氨基酸，所以基因中的每个核苷酸必须只影响单个氨基酸的特性。相反，如果一个核苷酸不止是一个密码子的一部分，那么该核苷酸的突变可能会影响一个以上的氨基酸。

8.1.3　不重叠的三联体密码子被设置在阅读框中

　　虽然指定20个氨基酸的最有效代码要求每个密码子有3个核苷酸，但也有可能出现更复杂的情况。1955年，Francis Crick和Sydney Brenner在研究最初由Seymour Benzer描述的噬菌体T4 *rIIB*基因突变时，获得了令人信服的证据，证明了遗传密码的三重性质。他们用原黄素诱导突变，原黄素是一种插入诱变剂，可以将自身插入堆叠在DNA分子中心的配对碱基之间［回顾图7.14（c）］。Crick和Brenner的最初假设是，原黄素会像其他诱变剂一样起作用，引起单碱基置换。如果这是真的，就有可能通过与其他可能恢复野生型DNA序列的诱变剂的治疗产生逆反应。

　　令人惊讶的是，在使用已知会导致核苷酸置换的其他诱变剂治疗后，具有原黄素诱导突变的基因并没有恢复到野生型。只有进一步暴露于原黄素，才会导致原黄素诱导的突变恢复到野生型。Crick和Brenner必须先解释这一观察结果，然后才能进行他们的噬菌体实验。凭着敏锐的洞察力，他们正确猜测原黄素不会引起碱基置换；相反，它会导致单个碱基对的插入或缺失。这一假说解释了为什么碱基置换诱变剂不能引起原黄素诱导的突变逆转。

1. 三联体密码的证据

　　Crick和Brenner用一种特殊的原黄素诱导的*rIIB⁻*突

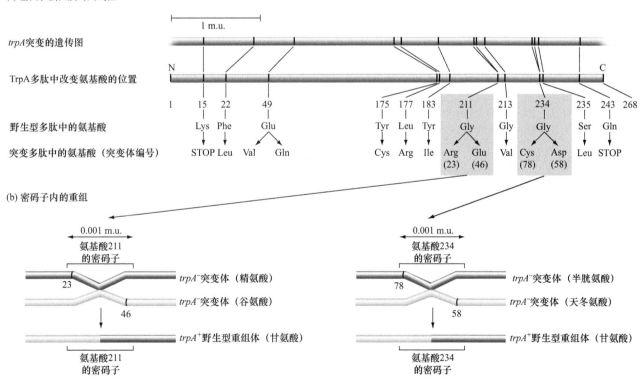

（a）基因和蛋白质的共线性

（b）密码子内的重组

图8.3　基因中的突变与编码多肽中的氨基酸序列呈共线性。（a）大肠杆菌的*trpA*基因遗传图与突变色氨酸合成酶蛋白中氨基酸置换位置之间的关系。（b）密码子必须包含两个或更多碱基对。当两个在同一位置具有不同氨基酸的突变株杂交时，重组可产生野生型等位基因。

变开始他们的实验，他们称之为FC0。接下来，他们用更多的原黄素处理这种突变株，以分离出一个rIIB⁺回复体［图8.4（a）］。通过与野生型噬菌体T4重组，Crick和Brenner能够证明该反应物的染色体实际上包含两种不同的rIIB⁻突变［图8.4（b）］：一个是原来的FC0突变；另一个是新诱导的FC7。这两种突变本身都会产生突变表型，但它们同时出现在同一基因中会产生rIIB⁺表型。Crick和Brenner推断，如果第一个突变是单个碱基对的添加，用符号（+）表示，那么抵消突变一定是一个碱基对的缺失，用（-）表示。通过一个突变消除同一基因中另一个突变的基因功能的恢复被称为**基因内抑制**。

Crick和Brenner不仅认为每个密码子是三个核苷酸，而且每个基因都有一个单一的起始点。这个起始点

建立了一个阅读框：将核苷酸按顺序分成三组，以在得到的多肽链中生成正确的氨基酸顺序［图8.4（a）］。将改变核苷酸分组为密码子的变化称为**移码突变**；它们将所有密码子的阅读框转移到插入或缺失点以外，几乎取消了多肽产物的功能。

如果密码子从固定的起始点依次读取，缺失（-）可以抵消插入（+）以恢复阅读框［图8.4（a）］。需要注意的是，只有在蛋白质功能不需要编码在两个符号相反的突变体之间的多肽片段时，该基因才会恢复其野生型的活性，因为在双突变体中，该区域会有一个不合适的氨基酸序列。此外，不正确的氨基酸不能阻止蛋白质折叠成功能构象。

Crick和Brenner意识到他们可以在rIIB中使用+和-突变来检验密码子确实是核苷酸三联体的假设。如果密

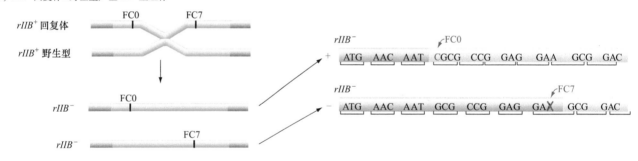

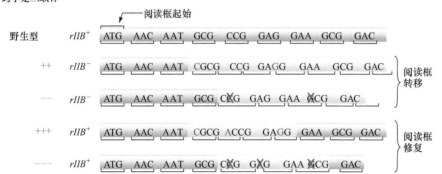

图8.4　噬菌体T4 rIIB基因中移码突变的研究表明，密码子由三个核苷酸组成。（a）用原黄素处理通过插入单个核苷酸在一个位点（FC0）产生rIIB⁻移码突变；插入下游的所有密码子的阅读框移位（黄色）。第二次暴露导致第二次突变（FC7）、同一基因内单个核苷酸的缺失，其通过恢复正确的阅读框（绿色）来抑制FC0。（b）当反应物与野生型菌株杂交时，交换将两个rIIB⁻移码突变（FC0和FC7）分离到单独的DNA分子上。因此，向rIIB⁻表型的逆转是基因内抑制的结果。（c）当重组到单个DNA分子上时，两个添加（++）或两个缺失（--）突变不提供rIIB⁺功能，但三个相同符号的突变（+++或---）恢复阅读框。

码子由三个核苷酸组成，那么在同一基因中组合两个相同符号（++或－－）的不同 *rIIB*⁻ 突变不应导致基因内抑制（一种 *rIIB*⁺ 表型）。然而，三种+突变或三种-突变的组合有时会导致 *rIIB*⁺ 可逆反应。结果验证了上述预测的正确性［图8.4（c）］。

2. 大多数氨基酸由多个密码子组成的证据

如图8.4（c）所示，只有在相反符号的两个移码突变之间的区域中，基因仍然决定氨基酸的出现（即使这些氨基酸与正常蛋白质中出现的氨基酸不同）时，才会发生基因内抑制。如果基因的框化部分通过引入一个不对应于任何氨基酸的三联体来编码指令用于停止蛋白质合成，那么就不可能产生功能性多肽。原因是在补偿突变可以重建正确的阅读框之前，多肽合成将停止。

基因内抑制经常发生，这一事实表明，某些氨基酸的编码包含不止一个密码子。如前所述，有20种常见氨基酸，但有 $4^3=64$ 种不同的三核苷酸组合。如果每个氨基酸仅对应于单个密码子，那么将存在64–20=44个可能不编码氨基酸的三联体。这些非编码三联体将充当终止信号并阻止进一步的多肽合成。在这种情况下，超过一半的移码突变（44/64）将导致蛋白质合成在突变后的第一个密码子处停止，并且延伸蛋白质的机会将随着每个额外的氨基酸指数的减少而减少，导致很少发生基因内抑制。然而，我们已经看到一个符号的许多移码突变可以通过另一个符号的突变来抵消。通过重组频率估计的这些突变之间的距离在某些情况下足够编码超过50个氨基酸，这仅在64个可能的三联体密码子中的大多数都能编码氨基酸时才是可能的。因此，Crick和Brenner的数据为遗传密码**简并**的观点提供了强有力的支持：在大多数情况下，两个或多个核苷酸三联体指定了20个氨基酸中的一个（参见图8.2中的遗传密码）。

8.1.4　破解密码：哪些密码子代表哪种氨基酸？

虽然刚才描述的基因实验对遗传密码的性质有了一定的验证，但它们并没有建立特定密码子和特定氨基酸之间的对应关系。mRNA的发现和合成简单mRNA分子技术的发展为研究人员可以在试管中制造简单的蛋白质提供了可能。

1. 信使RNA的发现

在20世纪50年代，研究人员将真核细胞暴露于标记有放射性的氨基酸中，并观察到将放射性氨基酸结合到多肽中的蛋白质的合成发生在细胞质中，即使这些多肽的基因被隔离在细胞核中。从这一发现中，他们推断出中间分子的存在，这种中间分子在细胞核中制造并能够将DNA序列信息传递到细胞质，在那里它可以指导蛋白质的合成。RNA是这种携带中间信息的分子的主要候选者。

由于RNA具有与DNA链碱基配对的潜力，人们可以想象细胞器以类似于DNA复制的方式将DNA链复制成RNA的互补链。使用放射性尿嘧啶（仅在RNA中发现的碱基）在真核生物中进行的后续研究表明，尽管分子在细胞核中合成，但至少其中一些分子迁移至细胞质。迁移到细胞质的那些RNA分子是信使RNA或mRNA，如图8.1所示。它们从DNA序列信息的转录起源于细胞核，然后传递（加工后）到细胞质，在那里它们决定蛋白质合成过程中氨基酸的顺序。

2. 使用合成的mRNA和体外翻译

对mRNA的了解是两个实验突破的框架，导致了遗传密码的破译。首先，生物化学家获得了细胞提取物，其通过添加mRNA在试管中合成多肽。他们将这些提取物称为体外翻译系统。第二个突破是开发能够合成仅含有少量已知组成密码子的人工mRNA的技术。当添加到体外翻译系统中时，这些简单的合成mRNA指导简单多肽的形成。

1961年，Marshall Nirenberg和Heinrich Matthaei将一种合成polyU（5′... UUUUUUUUUUUUUUUU ... 3′）mRNA加入到源自大肠杆菌的无细胞翻译系统中。对于polyU mRNA，苯丙氨酸（Phe）是掺入所得多肽中的唯一氨基酸［图8.5（a）］。因为UUU是polyU中唯一可能的三联体，UUU是苯丙氨酸的唯一密码子。以类似的方式，Nirenberg和Matthaei显示CCC编码脯氨酸（Pro），AAA是赖氨酸（Lys）的密码子，GGG编码甘氨酸（Gly）［图8.5（b）］。

化学家Har Gobind Khorana后来用重复的二核苷酸制备了mRNA，如polyUC（5′... UCUCUCUC ... 3′）；重复的三核苷酸，如polyUUC；重复的四核苷酸，如polyUAUC，并用它们指导合成稍微复杂的多肽。如图8.5（b）所示，他的结果限制了编码的可能性，但仍存在一些模糊性。例如，polyUC编码多肽N...SerLeuSerLeuSerLeu...C，其中丝氨酸和亮氨酸相互交替。尽管mRNA仅含有两个不同的密码子（5′ UCU 3′和5′ CUC 3′），但是对应于丝氨酸和亮氨酸的密码子并没有明显区别。

Nirenberg和Philip Leder在1965年通过实验解决了这些不确定的问题，他们在实验中添加了长度仅为3个核苷酸的短合成mRNA，其中含有与氨基酸连接的tRNA的体外翻译系统，20个氨基酸中只有一个是放射性的。然后他们通过过滤器倒入合成含有mRNA和tRNA附着的放射性标记氨基酸的翻译系统的混合物（图8.6）。携带氨基酸的tRNA通常直接通过过滤器。然而，如果携带氨基酸的tRNA与核糖体结合，它将黏附在过滤器中，因为这种较大的携带tRNA的氨基酸和小mRNA的核糖体复合物不能通过。

Nirenberg和Leder使用这种方法来观察哪种小mRNA导致包埋放射性标记的氨基酸。例如，他们从Khorana

(a) poly-U mRNA 编码聚苯丙氨酸

分析合成的
放射性多肽

合成
mRNA

体外翻译系统加
放射性氨基酸

(b) 分析编码的可能性

合成 mRNA	多肽合成
	含有一种氨基酸的多肽
poly-U UUUU …	Phe-Phe-Phe …
poly-C CCCC …	Pro-Pro-Pro …
poly-A AAAA …	Lys-Lys-Lys …
poly-G GGGG …	Gly-Gly-Gly …
二核苷酸重复	含有交替氨基酸的多肽
poly-UC UCUCUC …	Ser-Leu-Ser-Leu …
poly-AG AGAGAG …	Arg-Glu-Arg-Glu …
poly-UG UGUGUG …	Cys-Val-Cys-Val …
poly-AC ACACAC …	Thr-His-Thr-His …
三核苷酸重复	三种多肽，每种具有一个氨基酸
poly-UUC UUCUUCUUC …	Phe-Phe…. 和 Ser-Ser…. 和 Leu-Leu….
poly-AAG AAGAAGAAG …	Lys-Lys…. 和 Arg-Arg…. 和 Glu-Glu….
poly-UUG UUGUUGUUG …	Leu-Leu…. 和 Cys-Cys…. 和 Val-Val….
poly-UAC UACUACUAC …	Tyr-Tyr…. 和 Thr-Thr…. 和 Leu-Leu….
多核苷酸重复	具有四个氨基酸重复单元的多肽
poly-UAUC UAUCUAUC …	Tyr-Leu-Ser-Ile-Tyr-Leu-Ser-Ile…
poly-UUAC UUACUUAC …	Leu-Leu-Thr-Tyr-Leu-Leu-Thr-Tyr…
poly-GUAA GUAAGUAA …	无
poly-GAUA GAUAGAUA …	无

图8.5 遗传学家如何使用合成的mRNA来限制编码可能性。
（a）poly-U mRNA产生聚苯丙氨酸多肽。（b）多核苷酸编码简
单多肽。一些合成的mRNA，如poly-GUAA，在所有三个阅
读框中都含有终止密码子，因此仅指定短肽的构建。

早期的工作中知道CUC编码丝氨酸或亮氨酸。当他们
将合成三联体CUC添加到体外系统中，其中放射性氨
基酸是丝氨酸时，该tRNA附着的氨基酸通过过滤器，
因此过滤器没有发出辐射（图8.6）。但当他们将相同
的三联体添加到放射性氨基酸为亮氨酸的系统时，过
滤器点亮了放射性，表明附着在tRNA上的放射性标记
的亮氨酸与核糖体mRNA复合物结合并被卡在过滤器中
（图8.6）。因此，CUC编码亮氨酸而不是丝氨酸。Ni-
renberg和Leder使用这种技术来确定遗传密码表中显示
的大多数密码子-氨基酸对应关系（见图8.2）。

3. 极致：mRNA中的5′→3′对应于多肽中的N端至C端

在使用合成mRNA的研究中，当研究人员将6个核
苷酸长的5′ AAAUUU 3′添加到体外翻译系统时，产物N

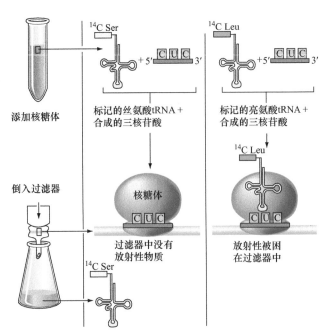

图8.6 用迷你mRNA破解遗传密码。Nirenberg和Leder将含
有已知序列的三核苷酸与含有氨基酸的tRNA的混合物（其
中只有一种氨基酸具有放射性）添加到含有核糖体的体外
提取物中。如果三核苷酸指定了这种氨基酸，则放射性负载
tRNA与核糖体形成复合物，核糖体可以被捕获在一个过滤
器上。此处显示的实验表明密码子CUC指定亮氨酸而非丝氨
酸。

Lys-Phe C出现，但没有出现N Phe-Lys C。因为AAA是
赖氨酸的密码子而UUU是苯丙氨酸的密码子，这个结
果意味着最接近mRNA的5′端的密码子编码最接近相应
多肽的N端的氨基酸。类似地，最靠近mRNA的3′端的
密码子编码最接近所得多肽的C端的氨基酸。

为了理解参与基因表达的大分子的极性如何相互
关联，请记住，尽管该基因是DNA双螺旋的一部分，
但两条链中只有一条作为mRNA的模板，该链称为**模
板链**。另一条链是**RNA样链**，因为它具有与RNA相
同的极性和序列（用DNA语言书写）。请注意，一些
科学家使用术语有义链或编码链作为RNA样链的同义
词；在这些备选命名法中，模板链可以是反义链或非
编码链。图8.7显示了基因DNA的相应极性、该DNA的
mRNA转录物和所得多肽。

4. 无义密码子和多肽链终止

尽管由Khorana合成的大多数简单、重复的RNA非
常长并因此产生非常长的多肽，但是少数没有。这些
RNA具有停止构建多肽链的信号。事实证明，三种不
同的三联体（UAA、UAG和UGA）不对应于任何氨基
酸。当这些密码子出现在框架中时，翻译停止。如何确
立这一事实，研究人员考虑以poly-GUAA作为一个例子
［综述图8.5（b）］。该mRNA不会产生长多肽，因为
在所有可能的阅读框中，它含有**终止密码子UAA**。

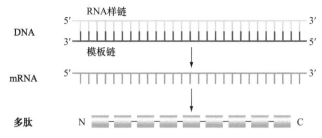

图8.7 DNA、mRNA和多肽极性的相关性。DNA的模板链与RNA样DNA链和mRNA互补。mRNA中的5′→3′方向对应于多肽中的N端→C端方向。

Sydney Brenner通过巧妙的实验帮助证实了终止密码子的身份，这些实验涉及一个名为*m*的T4噬菌体基因中的点突变，编码噬菌体头部胶囊的蛋白质成分。如图8.8（a）所示，Brenner确定某些突变等位基因（m^1～m^6）编码的截断多肽比野生型M蛋白短。Brenner发现每个截断蛋白质C端的最终氨基酸将在正常的全长蛋白质中被一个密码子指定的氨基酸所遵循，该密码子与单个核苷酸的三联体UAG不同。这些数据表明每个*m*突变体都有一个点突变，它将氨基酸的密码子改变为终止密码子UAG。这种突变被称为**无义突变**，因为它将表示氨基酸（有义密码子）的密码子改变为不含氨基酸（无义密码子）的密码子（并非巧合的是，所有截断突变体都具有无义突变，其中密码子被改变为特定的终止密码子——在本例中为UAG。本章末尾的习题56解释了为什么会出现这种情况）。

Brenner后来确定突变m^1～m^6的精细结构图以线性方式对应于截断的多肽链的大小［图8.8（b）］。例如，m^6编码的M蛋白比m^5编码的M蛋白更短是有意义的，因为m^6无义突变比m^5更接近阅读框的开头。

Brenner还分离出类似的无义突变组，将UAA和UGA定义为终止密码子。由于历史原因，研究人员经常将UAG称为琥珀密码子，UAA作为赭石密码子，UGA作为蛋白石密码子。这种命名法的历史基础是根据早期研究者之一的姓氏——伯恩斯坦，是德语里"琥珀"的意思，赭石和蛋白石源于它们与琥珀作为次级宝石材料的相似性。

8.1.5 遗传密码：概要

遗传密码是一个完整的、未删节的字典，将核酸的四字母语言与蛋白质的20个字母的语言等同起来。以下列表总结了遗传密码的主要功能和特点：

1. 三联密码子：如图8.2所示，代码显示每个mRNA密码子中三个核苷酸的5′→3′序列；也就是说，所描绘的第一个核苷酸位于密码子的5′端。

2. 密码子是不重叠的。例如，在mRNA序列5′ GAAGUUGAA 3′中，前三个核苷酸（GAA）形成

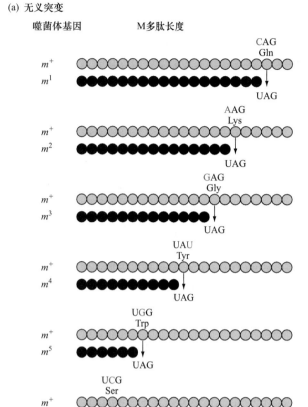

图8.8 Sydney Brenner的实验表明UAG是一个停止信号。（a）T4噬菌体m^+基因编码多肽M，其氨基酸用蓝色圆圈表示。突变等位基因m^1～m^6直接合成截断的M蛋白（黑色圆圈）。在每个阻遏蛋白中，紧随最终氨基酸之后的氨基酸由一个三联体编码，该三联体由一个单核苷酸从UAG中分离出来。（b）m^1～m^6突变的遗传图位置与相应截断的M蛋白的大小共线。

一个密码子；核苷酸4～6（GUU）形成第二个；等等。每个核苷酸仅是一个密码子的一部分。

3. 该代码包括三个停止或无意义的密码子：UAG、UAA和UGA。这些密码子通常不编码氨基酸，因此终止翻译。

4. 该代码是简并的，意味着不止一个密码子可以指定相同的氨基酸。然而，该代码是明确的，因为每个密码子仅指定一个氨基酸。

5. 细胞机器从建立阅读框的固定起始点扫描mRNA。正如我们稍后将看到的，核苷酸三联体AUG，其指定在阅读框中出现的氨基酸甲硫氨酸，也用作**起始密码子**，标记在mRNA中特定多肽开始编码的位置。

6. 密码子和氨基酸的相应极性：沿着mRNA沿5′→3′方向移动，每个连续密码子被顺序解码成氨基酸，从N

端开始并向所得多肽的C端移动。

7. 突变可以以三种方式修饰在核苷酸序列中编码的信息。移码突变是通过改变阅读框改变多肽构建的遗传指令的核苷酸插入或缺失。错义突变将一个氨基酸的密码子改变为不同氨基酸的密码子。无义突变将氨基酸的密码子改变为终止密码子。

8.1.6 多肽突变的影响有助于验证代码

通过将密码子分配给氨基酸首先破解遗传密码的实验都是使用无细胞提取物和合成mRNA的体外研究。因此出现了一个逻辑问题：活细胞是否按照相同的规则构建多肽？早期的证据表明它们确实来自分析突变如何实际影响基因编码多肽的氨基酸组成的研究。大多数诱变剂改变密码子中的单个核苷酸。因此，大多数改变单个氨基酸同一性的错义突变应该是单核苷酸取代，并且这些取代的分析应该符合代码。例如，Yanofsky在大肠杆菌色氨酸合成酶基因中发现了两个*trpA*⁻营养缺陷型突变，它们在同一位置（多肽中的氨基酸211）产生两个不同的氨基酸［精氨酸（Arg）和谷氨酸（Glu）］链［图8.9（a）］。根据代码，这两种突变都可能是由GGA密码子中的单碱基变化引起的，通常在211位插入甘氨酸（Gly）。

更具信息性的是随后由Yanofsky分离的这些突变的*trpA*⁺回复体。如图8.9（a）所示，基因中的单碱基取代也可以解释这些回复体中的氨基酸变化。注意，这些取代中的一些将Gly恢复至多肽的211位置，而其他取代将氨基酸（如Ile、Thr、Ser、Ala或Val）置于色氨酸合成酶分子中的该位点。将这些其他氨基酸置换为多肽链中第211位的Gly，与酶的功能相容（即在很大程度上保留）。

Yanofsky通过分析色氨酸合成酶基因的原黄素诱导的移码突变，获得了更好的证据，即细胞在体内使用遗传密码［图8.9（b）］。他首先用原黄素处理大肠杆菌种群以产生*trpA*⁻突变体。随后用更多的原黄素处理这些突变体在后代中产生了一些*trpA*⁺回复突变体。对于回复体最可能的解释是，它们的色氨酸合成酶基因携带单碱基对缺失和单碱基对插入（−+）。在确定由回复菌株产生的色氨酸合成酶的氨基酸序列后，Yanofsky发现他可以使用遗传密码通过假设回复体具有特定的单碱基对插入来预测已发生的精确氨基酸改变和特定的单碱基对缺失［图8.9（b）］。

Yanofsky的结果不仅证实了氨基酸密码子的分配，还证实了代码的其他参数。只有当密码子不重叠并且从固定的起点读取时，他的解释才有意义，没有暂停或逗号分隔相邻的三联体。

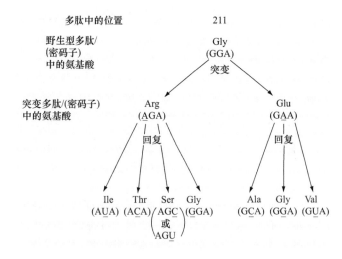

(a) 改变*trpA*⁻突变和*trpA*⁺回复体中的氨基酸

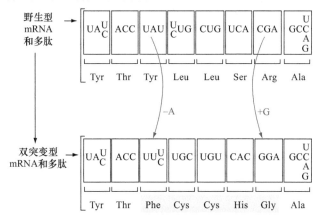

(b) 伴随基因内抑制的氨基酸改变

图8.9 遗传密码的实验验证。（a）单碱基取代可以解释由*trpA*⁻突变和*trpA*⁻逆转引起的氨基酸取代。（b）遗传密码预测单碱基对缺失和抑制插入所引起的氨基酸改变（黄色）。

8.1.7 遗传密码几乎是通用的，但不完全是通用的

我们现在知道，今天几乎所有活着的细胞都使用相同的一套遗传密码。这种一致性的一个早期迹象是来自一种生物的翻译系统可以使用来自另一种生物的mRNA将遗传信息转换成编码的蛋白质。例如，兔血红蛋白mRNA，当注射到青蛙卵中或添加到小麦胚芽的无细胞提取物中时，指导兔血红蛋白的合成。通过对DNA和蛋白质序列的比较，我们发现几乎所有生物体中密码子和氨基酸的遗传密码都是完全一致的。

1. 保护遗传密码

代码的普遍性表明它在生命历史的早期就已经进化了。这种密码一旦出现，在数十亿年的时间里保持不变，部分原因是进化中的生物体对变化几乎没有容忍

度。基因密码的一个单一变化可能会破坏细胞中成百上千种蛋白质的产生，这些蛋白质从复制所需的DNA聚合酶，到基因表达所需的RNA聚合酶，再到构成有丝分裂纺锤体的丝管蛋白。

2. 特殊的遗传密码

研究人员非常惊讶地发现了编码通用性的一些例外。在称为纤毛虫的单细胞真核原生动物的某些物种中，密码子UAA和UAG是大多数生物体中的无义密码子，它们指定氨基酸谷氨酰胺；在其他纤毛虫中，UGA是大多数生物中的第三个终止密码子，它指定了半胱氨酸。纤毛虫使用剩余的无义密码子作为终止密码子。

线粒体是真核细胞内的一种半自治的自分泌细胞器，是形成ATP的场所。每个线粒体都有自己的染色体和表达基因的装置（将在第15章详细描述）。例如，在酵母的线粒体中，CUA指定苏氨酸而不是亮氨酸。密码子的另外一个特点是，某些原核生物有时使用三重UAG来指定稀有氨基酸吡咯赖氨酸的插入［参见图7.28（c）和本章末尾习题57］。

迄今为止提供的实验证据有助于确定几乎通用的遗传密码。尽管破解了密码使人们能够理解基因和蛋白质之间信息传递的大致过程，但是这些结果并没有确切解释细胞机制是如何完成基因表达的。这个问题是我们关注的焦点，因为我们将在下一章中介绍转录和翻译的细节。

> **基本概念**
>
> ● 几乎通用的遗传密码由64个密码子组成，每个密码子由三个核苷酸组成。61个密码子指定氨基酸，而UAA、UAG、UGA三个是终止密码子。该代码是简并的，多个密码子可以指定同一个氨基酸。
> ● 密码子AUG指定甲硫氨酸；它还用作起始密码子，建立阅读框架，将核苷酸组成连续的、不重叠的密码子三联体。
> ● 错义突变改变了密码子，因此它指定了不同的氨基酸；移码突变改变了突变后所有密码子的阅读框架；无义突变将氨基酸的密码子改变为终止密码子。

8.2　转录：从DNA到RNA

> **学习目标**
>
> 1. 描述转录的三个阶段：起始、延伸和终止。
> 2. 比较原核生物和真核生物中的转录起始。
> 3. 列出真核生物在转录后加工mRNA的三种方式。

转录是核糖核苷酸在互补碱基配对引导下聚合产生基因RNA转录物的过程。RNA转录物的模板是构成该基因的DNA双螺旋中的一条链。

8.2.1　RNA聚合酶合成拷贝基因的单链RNA

图8.10描述了转录的基本组成部分，并说明了在大肠杆菌中发生的这一过程中的关键事件。这个图示将转录分为起始、延伸和终止的连续阶段，以下四点尤为重要。

1. **RNA聚合酶**催化转录。
2. 靠近基因起始处的DNA序列，称为**启动子**，是RNA聚合酶开始转录信号。大多数细菌基因启动子在两个短区中的每一个中具有几乎相同的核苷酸序列［图8.11（a）］。这些是RNA聚合酶与启动子进行紧密接触的位点。
3. RNA聚合酶在5′→3′的方向上将核苷酸添加到生长中的RNA多聚体中，这种核苷酸添加反应的化学机制类似于DNA复制过程中核苷酸之间形成磷酸二酯键（综述图6.21）。但有一个例外，转录使用核糖核苷三磷酸（ATP、CTP、GTP和UTP）代替脱氧核糖核苷三磷酸。每个核糖核苷三磷酸中高能键的水解提供了延伸所需的能量。
4. 给予RNA聚合酶转录终止信号的RNA产物序列称为**终止子**。

当你观察图8.10时，请记住，一个基因由两条反向平行的DNA链组成，如前所述。其中一个RNA样链具有相同的极性和序列（除了T代替U），作为新出现的RNA转录物。第二个模板链具有相反的极性和互补序列，使其能够作为制作RNA转录物的模板。当遗传学家提到基因的序列时，他们通常指的是RNA样链的序列。

8.2.2　真核生物和原核生物的转录起始不同

尽管所有生物中所有基因的转录大致遵循图8.10所示的一般模式，但原核生物和真核生物在重要细节上有所不同。在真核生物中，启动子比细菌中的启动子更复杂，存在三种不同类型的RNA聚合酶可以转录不同类别的基因。其中之一是真核生物RNA聚合酶Ⅱ（polⅡ），它转录编码蛋白质的基因。图8.11（b）说明了允许polⅡ启动转录的真核基因DNA区域的一般结构。与原核生物的一个关键区别是，被称为增强子的序列可以远离启动子成千上万个碱基对，这也是真核生物基因高效转录所必需的。

第16章和第17章将描述原核细胞和真核细胞如何利用这些变异及其他变异来控制特定基因的表达时间、地点和水平。最后，"遗传学与社会"信息栏"HIV和反转录"描述了艾滋病病毒如何利用一种特殊的转录形式（称为**反转录**），从RNA模板出发构建双链DNA。

转录的结果是被称为**初级转录物**的单链RNA（见图8.10和图8.11）。在原核生物中，转录产生的RNA是指导蛋白质合成的实际mRNA。在真核生物中，大多数

特色插图8.10

细菌细胞转录

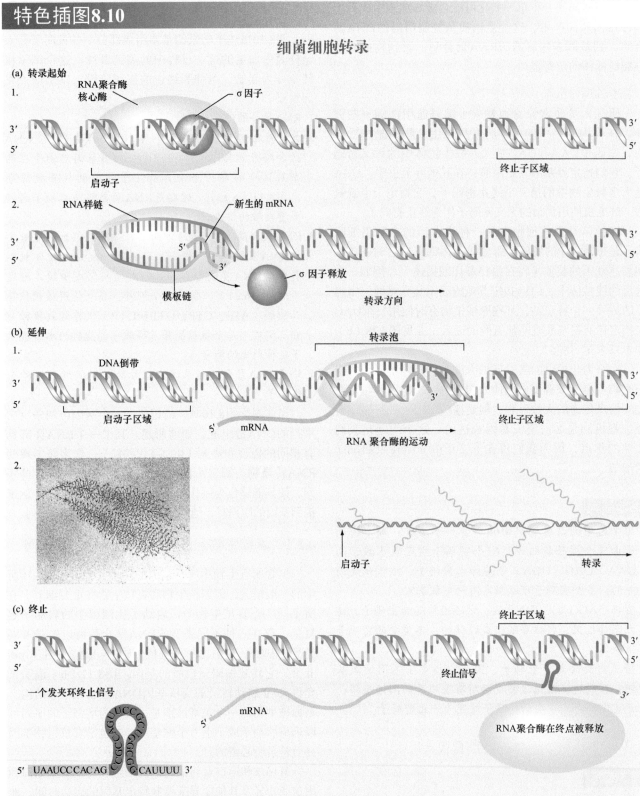

(b.2)：© Professor Oscar Miller/SPL/Science Source

（a）转录起始

1. RNA聚合酶与待复制基因起始处的双链DNA结合。RNA聚合酶识别并结合**启动子**，即转录起始位点附近的特殊DNA序列。虽然特定的启动子差异很大，但大肠杆菌中的所有启动子含有两个6～10个碱基对的特征性短序列［图8.11（a）］。在细菌中，完整的RNA聚合酶（全酶）由一种核心酶加上一种只参与启动的σ（Sigma）亚基构成。σ亚基减少了RNA聚合酶对DNA的一般要求，但同时增加了RNA聚合酶对启动子的亲和力。

2. 在与启动子结合后，RNA聚合酶展开双螺旋的一部分，在模板链上暴露未配对的碱基。RNA聚合酶全酶和未缠绕的启动子之间形成的复合物称为开放启动子复合物。该酶识别模板链并选择要复制的两个核苷酸。在与这两个核苷酸碱基配对的指导下，RNA聚合酶在新RNA的5′端比对前

特色插图8.10（续）

两个核糖核苷酸。转录为mRNA的5′端的DNA是该基因的5′端。然后RNA聚合酶在前两个核糖核苷酸之间形成磷酸二酯键。此后不久，RNA聚合酶释放σ亚基，标志着起始的结束。

（b）延伸：构建该DNA的RNA副本

1. 当释放σ亚基时，RNA聚合酶失去其对启动子序列的亲和力，并恢复其对任何DNA增强的广义亲和力。这些变化使得核心酶能够离开启动子而仍然与基因结合。核心酶沿着染色体移动，展开DNA以暴露模板的下一个单链区域。该酶通过将正确的核糖核苷酸添加到生长链的3′端来扩展RNA。当酶以5′→3′方向延伸mRNA时，它沿着DNA模板链以反向平行的3′→5′方向移动。RNA聚合酶以每秒约50个核苷酸的平均速度合成RNA。

RNA聚合酶解除的DNA区域是**转录泡**。在气泡内，新生的RNA链保持与DNA模板的碱基配对，形成DNA-RNA杂交体。然而，在气泡背后已经转录的那些基因部分中，DNA双螺旋重新形成，置换RNA，其作为具有游离5′端的单链悬挂在转录复合物外。

2. 一旦RNA聚合酶离开启动子，其他RNA聚合酶分子就可以进入以启动转录。如果启动子非常强，即如果它能够快速吸引RNA聚合酶，那么许多酶分子可以同时转录它。在这里，我们展示了电子显微照片和专家对几种RNA聚合酶同时转录的解释。这个基因的启动子非常接近于从DNA转录来的最短的RNA出现的地方。

在讨论基因结构时，遗传学家经常使用RNA聚合酶的方向作为参考。例如，如果你从A点基因的5′端开始，沿基因向与RNA聚合酶相同的方向移动到B点，那么将向**下游**移动。相反，如果你从B点开始并向与A点相反的方向移动，那么将向**上游**行进。

（c）终止：转录的结束

表示转录结束的RNA序列称为**终止子**。存在两种类型的**终止子**：①内源终止子，其导致RNA聚合酶核心酶自身终止转录；②外源终止子，其需要额外的蛋白质（特别是称为Rho的多肽）来进行终止。所有终止子，无论是内在的还是外在的，都是mRNA中从基因转录的特定序列。终止子通常形成**发夹环**（也称为**茎环**），其中mRNA内的核苷酸与同一分子中的互补核苷酸配对。终止后，RNA聚合酶和完整的RNA链都从DNA中释放出来。

初级转录物在迁移到细胞质以指导蛋白质合成之前在细胞核中进行RNA**加工**。正如我们在下一节中看到的，这种处理在复杂生物的进化中发挥了基础性作用。

8.2.3 在真核生物中，转录后的RNA加工产生成熟的mRNA

真核生物中的一些RNA加工只修饰了初级转录物的5′端或3′端，使mRNA其余部分的信息内容保持不变。其他的处理过程会从原始转录物的中间删除信息块，因

(a) 细菌基因中的转录起始区

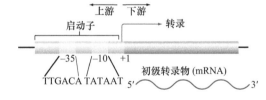

(b) polⅡ转录真核基因中的转录起始区

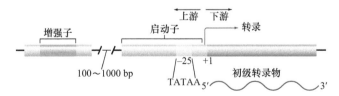

图8.11　细菌和真核基因的控制区。仅显示RNA样链的序列；编号从最初转录的核苷酸（+1）开始。（a）大肠杆菌中的所有启动子共享RNA聚合酶识别启动子所必需的两条不同的短链核苷酸（黄色）。显示了这些短区域中最常见的核苷酸共有序列。（b）由RNA polⅡ转录的真核基因有一个启动子，还有一个或多个称为增强子（橙色）的远距离DNA元件，与帮助转录的蛋白质因子结合。

此成熟mRNA的内容与原始基因中完整的DNA核苷酸对相关，但不完全相同。

1. 添加5′端甲基化帽和3′端poly-A尾

真核mRNA的5′端的核苷酸是与分子其余部分反向的G；它通过三磷酸连接与初级转录物中的第一个核苷酸相连。这种"反向G"不是从DNA转录而来的。相反，在转录物的前几个核苷酸聚合后，一种特殊的加帽酶将其添加到初级转录物中。然后，称为甲基转移酶的酶将甲基（—CH₃）基团加到反向G和RNA中的一个或多个后续核苷酸上，形成所谓的**甲基化帽**（图8.12）。

与5′甲基化帽一样，大多数真核mRNA的3′端不是由该基因直接编码的。在大多数真核mRNA中，3′端由100～200个称为**poly-A尾**（图8.13）的A组成。尾的添加需要两步。首先，核糖核酸酶裂解原始转录物，形成一个新的3′端；切割取决于序列AAUAAA，其在添加尾的位置上游11～30个核苷酸的含poly A的mRNA中发现。接下来，poly A聚合酶将A添加到通过切割暴露的3′端。

出乎意料的是，甲基化帽和poly A尾对于将mRNA有效翻译成蛋白质是至关重要的，尽管两者都没有帮助特定氨基酸。最近的数据表明特定的真核翻译起始因子与5′帽结合，而poly A结合蛋白与mRNA的3′端尾部结合。在许多情况下，这些蛋白质的相互作用将mRNA分子形成圆形。这种循环既加强了翻译的初始步骤，又通过延长mRNA作为信使的时间来稳定细胞质中的mRNA。

2. 通过RNA剪接，删除初级转录物中的内含子

20世纪70年代后期，在研究人员开发出能够分析DNA和RNA核苷酸序列的技术之后，另一种RNA加工

遗传学与社会

HIV和反转录

引起艾滋病的人类免疫缺陷病毒（HIV）是历史上被最深入分析的病毒。从30多年的实验室和临床研究中，研究人员发现，每个病毒颗粒都是一个粗糙的球体，外边是一个蛋白质基质的外膜，蛋白质基质内部包裹着一个截短的锥形核心（图A）。在核心中存在着一个布满酶的基因组：两条相同的单链RNA与一种不同寻常的DNA聚合酶（称为**反转录酶**）的许多分子相关联。

在感染过程中，艾滋病病毒与人类免疫系统的细胞结合并将其锥形核心注入细胞（图B）。接着，病毒利用反转录酶将其RNA基因组复制到宿主细胞的细胞质中，形成双链DNA分子。然后双螺旋进入细胞核，另一种被称为整合酶的酶把它们插入到宿主染色体中。一旦整合到宿主细胞染色体中，病毒基因组可以做两件事。它可以利用宿主细胞的蛋白质合成机制来制造数百个新的病毒颗粒，这些病毒颗粒会从母体细胞中分裂出来，带走细胞膜的一部分。这个过程有时会导致宿主细胞死亡，削弱人体的免疫系统。另外，艾滋病病毒基因组可以潜伏在宿主染色体内，然后当宿主细胞分裂时，病毒基因组将被复制和传播到两个新的细胞中。

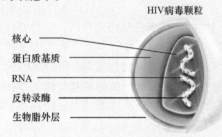

HIV病毒颗粒

核心
蛋白质基质
RNA
反转录酶
生物脂外层

图A　AIDS病毒的结构。

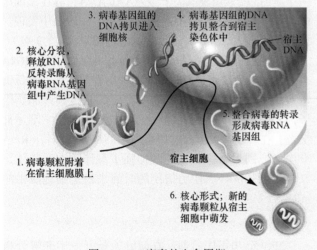

3. 病毒基因组的DNA拷贝进入细胞核

4. 病毒基因组的DNA拷贝整合到宿主染色体中

宿主DNA

2. 核心分裂，释放RNA，反转录酶从病毒RNA基因组中产生DNA

5. 整合病毒的转录形成病毒RNA基因组

1. 病毒颗粒附着在宿主细胞膜上

宿主细胞

6. 核心形式；新的病毒颗粒从宿主细胞中萌发

图B　AIDS病毒的生命周期。

这一生命周期的事件使HIV成为一种**反转录病毒**：一种RNA病毒在感染宿主细胞后，将其自身的单链RNA复制成DNA的双螺旋，然后病毒酶（整合酶）整合到宿主染色体中。

反转录是反转录病毒生命周期的基础，它与遗传信息的单向DNA-RNA-蛋白质流动不一致。因为它是如此的出人意料，当威斯康星大学的Howard Temin和当时在麻省理工学院工作的David Baltimore首次报道反转录现象时，这种观点在科学界遇到了巨大的阻力。然而，现在已是一个既定的事实。反转录酶是一种值得注意的DNA聚合酶，它可以从RNA或DNA模板构建DNA聚合物。

反转录酶除了具有全面的复制能力外，还有一个在大多数DNA聚合酶中没有的特征：不准确。正如我们在第7章中看到的，正常的DNA聚合酶复制DNA的错误率是每复制100万个核苷酸中出现一个错误。然而，反转录酶在每结合5000个核苷酸中就会引入一个突变。

艾滋病毒利用这种变异能力，获得了一种战术上的优势，战胜了其宿主机体的免疫反应。免疫系统的细胞通过增殖来应对病毒颗粒的增殖，从而克服艾滋病毒的入侵。这些数字令人震惊。在每个患者的感染过程中，每天会有从1亿到10亿个艾滋病毒颗粒从受感染的免疫系统细胞中释放出来。只要免疫系统足够强大，能够承受这种攻击，它就会做出反应，每天产生多达20亿个新细胞。许多新的免疫系统细胞会产生针对病毒表面蛋白质的抗体。

但是，当免疫反应清除了携带目标蛋白的病毒颗粒时，结合了对当前免疫反应有抵抗力的新蛋白形式的病毒颗粒出现了。经过多年复杂的追踪、捕获和对免疫系统的破坏，这种变异病毒逃脱了宿主的免疫反应，占据了上风。因此，艾滋病毒反转录酶的固有变异性，在病毒的进化过程中增强了竞争能力，加强了它对人类生命和健康的威胁。

这种固有的变异破坏了控制艾滋病的两种潜在的治疗方法：药物和疫苗。美国批准的一些治疗HIV感染的抗病毒药物——AZT（zidovudine）、ddC（dideoxycytidine）和ddI（dideoxyinosine）——通过干扰反转录酶的作用来阻止病毒的复制。每一种药物都与四种核苷酸中的一种相似，当反转录酶将其中一种药物分子而不是真正的核苷酸合并到正在生长的DNA聚合物中时，这种酶就不能进一步延伸链了。然而，高剂量的药物是有毒的，因此只能在不破坏所有病毒颗粒的低剂量下使用。由于这种限制和病毒的高突变率，突变的反转录酶很快出现，甚至在药物存在的情况下也能起作用。

同样，研究人员在开发有效疫苗方面也遇到了困难。即使一种疫苗可以对一种、两种甚至几种HIV蛋白产生巨大的免疫反应，这种疫苗也可能只在短时间内有效——直到足够的突变积累起来使病毒具有抵抗力。

由于这些原因，艾滋病病毒很可能不会完全屈服于针对其生命周期不同阶段活性蛋白的药物或疫苗。然而，这些治疗工具的组合已被证明在延长艾滋病患者的生命方面非常有效。2013年，接受联合治疗的艾滋病患者的平均寿命达到正常寿命的三分之二。作为鸡尾酒疗法的新药物包括蛋白酶抑制剂，它可以阻止产生病毒外壳蛋白所需的酶的活性，也就是可以阻

止病毒进入人类细胞及病毒整合的酶蛋白抑制剂的药物。

由反转录酶维持的突变自我防护能力，无疑是艾滋病毒成功的主要原因之一。具有讽刺意味的是，它也可能为其被征服提供了基础。研究人员正在研究当病毒增加其突变负荷时会发生什么。如果反转录酶的误差率决定了宿主体内病毒种群的大小和完整性，那么急剧加速的诱变可能会使病毒超过允许其正常工作的错误阈值。换句话说，太多的突变可能会破坏病毒的传染性、毒性或繁殖能力。如果遗传学家能够弄清楚如何做到这一点，他们可能会给人类免疫系统带来战胜病毒所需的优势。

技术开始通用。使用我们在第9章中描述的这些技术，他们开始将真核基因与从中衍生的mRNA进行比较。他们的期望是，就像在原核生物中一样，基因RNA样链的DNA核苷酸序列与mRNA核苷酸序列相同（除了U取代RNA中的T）。令人惊讶的是，研究人员发现许多真核基因的DNA核苷酸序列比它们相应的mRNA序列长得多。这一事实表明RNA转录物除了接受甲基化帽和poly A尾外，还进行了广泛的内部加工。

在人类基因DMD中观察到一个初级转录物和mRNA之间的长度差异的极端例子，该基因是负责编码

蛋白质抗肌萎缩蛋白的。DMD基因的异常是遗传性疾病杜氏肌营养不良症（DMD）的基础。DMD基因长度为250万个核苷酸或2500kb，而相应的mRNA长度约为14 000个核苷酸或14kb。显然，该基因含有成熟mRNA中不存在的DNA序列。最终在成熟mRNA中的那些基因区域分散在整个2500kb的DNA中。

外显子与内含子　在基因DNA和成熟mRNA中均被发现的序列称为**外显子**（表达区域）。在基因DNA中发现但在成熟mRNA中没有的序列被称为**内含子**（干预区域）。内含子中断或分离实际上最终成熟为mRNA的

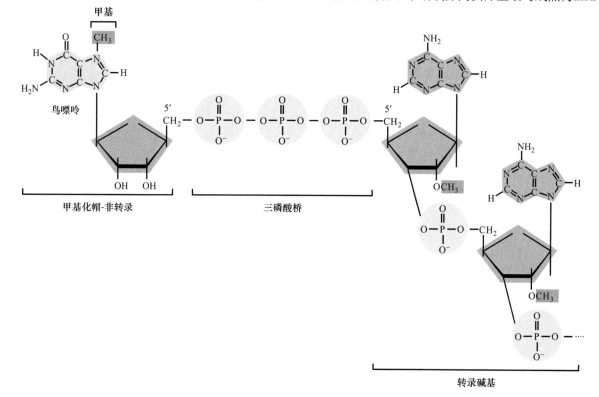

图8.12　真核mRNA的5′端甲基化帽的结构。加帽酶通过三磷酸连接将反向G连接到初级转录物的第一个核苷酸上。然后甲基转移酶将甲基（橙色）添加到该G和首先从DNA模板转录的一个或两个核苷酸中。

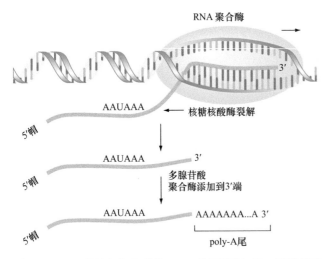

图8.13　RNA剪接如何为真核mRNA的3′端添加尾。核糖核酸酶在初级转录物的特定环境中识别AAUAAA，并在下游切割11～30个核苷酸的转录物以产生新的3′端。然后poly A聚合酶在这个新的3′端添加100～200个A。

外显子序列。

图8.14所示的胶原蛋白基因（结缔组织中丰富的蛋白质）有两个内含子。相比之下，*DMD*基因有超过80个内含子；平均内含子长度为35kb，但其中一个内含子长达400kb。人类中的其他基因通常具有更少的内含子，而少数没有（并且内含子的范围从50bp到超过100kb）。相反，外显子的大小从大约50bp到几千碱基不等。在*DMD*基因中，外显子平均长度为200bp。与外显子相比，内含子中观察到的更大的尺寸变异反映了内含子不编码多肽并且不出现在成熟mRNA中的事实。结果，对内含子的大小和碱基序列的限制较少。

成熟的mRNA必须含有翻译成氨基酸的所有密码子，包括起始密码子和终止密码子。此外，成熟mRNA在其5′端和3′端具有未翻译的序列，但是其在调节翻译效率中起重要作用。这些序列称为**5′和3′非翻译区（5′和3′UTR）**，分别位于甲基化帽后面和poly A尾之前［图8.14（a）］。除了帽和尾区域，成熟mRNA中的所有序列，包括所有密码子和UTR，都必须从基因的外显子转录。

内含子可以在任何位置打断一个基因，甚至在构成一个密码子的核苷酸之间。在这种情况下，密码子的三个核苷酸存在于两个不同的（但连续的）外显子中。你还应该注意到，由于内含子可以中断5′和（或）3′ UTR，起始密码子并不总是在第一个外显子中，终止密码子也不总是在最后一个外显子中。

细胞如何从编码序列被内含子中断的基因中产生成熟的mRNA呢？答案是细胞首先制作含有所有基因内含子和外显子的初级转录物，然后通过**RNA剪接**从初级转录物中去除内含子，该过程删除内含子并将连续的外显子连接在一起形成仅由外显子组成的成熟mRNA

［图8.14（a）］。因为初级转录物的第一个和最后一个外显子成为mRNA的5′端和3′端，而所有插入的内含子都被剪切出来，一个基因必须有至少一个外显子而不是内含子。为了构建成熟mRNA，剪接必须非常精确。例如，如果内含子位于密码子内，则剪接必须除去内含子并重构密码子而不破坏mRNA的阅读框。

RNA剪接的机制　图8.15说明了RNA剪接是如何工作的。初级转录物中的三种短序列——**剪接供体、剪接受体和分支位点**，有助于保证剪接的特异性。这些位点可以切断一个内含子与之前和之后的外显子之间的连接，然后加入之前距离较远的外显子。

剪接机制涉及初级转录物中的两个连续剪切，第一个切口在剪接供体部位，在内含子的5′端。在第一次剪切之后，新的内含子的5′端通过新的2′,5′磷酸二酯键，与位于内含子内的分支位点处的A结合，形成所谓的套索。第二个切口在剪接受体位点，在内含子的3′端；在这个切口除去内含子。废弃的内含子被降解、相邻外显子的精确拼接最终完成了内含子去除的过程（图8.15）。

SnRNP和剪接体　剪接通常需要一个复杂的核内机器，称为**剪接体**，这确保了所有的拼接反应都是一致的（图8.16）。剪接体由称为小核糖蛋白或snRNP（发音为"snurps"）的四个亚基组成。每个snRNP含有一个或两个100～300个核苷酸长度的小核RNA（snR-NA），与离散颗粒中的蛋白质相关。某些snRNA可以与初级转录物中的剪接供体和剪接受体序列碱基配对，因此这些snRNA在将一个内含子两侧的外显子聚集在一起时起到重要作用。

鉴于剪接体结构的复杂性，值得注意的是，一些初级转录物可以在没有剪接体或任何其他因子的帮助下将它们自我剪接。这些罕见的初级转录物起**核酶**的作用：RNA分子可以作为酶并催化特定的生化反应。

这可能看起来很奇怪，真核基因包含的DNA序列是在剪接出mRNA之前翻译，因此不编码氨基酸。目前也没有人确切知道内含子存在的原因。有一个假设提出内含子使得负责编码蛋白质功能模块的各种外显子构件的基因组装成为可能。这种类型的组装允许外显子进行改组以产生新基因，这一过程可能在复杂生物的进化中起关键作用。外显子作为模块的提议很有吸引力，因为很容易理解外显子改组潜力的选择性优势。然而，它仍然是一个没有证据的假设；内含子可能是通过科学家尚未想象的方式建立起来的。

3. 可变剪接：来自相同初级转录物的不同mRNA

有时RNA剪接将剪接供体和剪接受体连接在一个内含子的两端，导致内含子被移除，两个相邻的外显子融合在一起。然而，RNA剪接在发育过程中常常受到调控，因此在某些时间或某些组织中，一些剪接信号可能

(a) 胶原基因：结构与表达

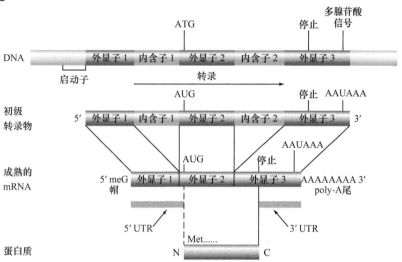

(b) 胶原基因的DNA、mRNA和多肽序列

RNA-like strand 5′...ACAACACTAGGTATAAAGCGGAAGTGGTGGCTTTAAAAT**CACTTGGCTTCTAAAGTCCAGTGACAG**GTAAGGTTCTCGTTACTTCCGTCTC
Template strand 3′...TGTTGTGATCCATATTTCGCCTTCACCACCGAAATTTTA**GTGAACCGAAGATTTCAGGTCACTGTC**CATTCCAAGAGCAATGAAGGCAGAG
mRNA 　　　　　　　　　　　　　　　　　　　　　　　　　5′帽 - **CACUUGGCUUCUAAAGUCCAGUGACAG**
　　　　　　　　　　　　　　　　　　　　　　　　　　　　　　　5′ UTR

TTACTAAGATTTGATTACTTTTAG**AAAAATGACCGAAGATCCAAAGCAGATTGCCCAGGAGACTGAGGTTGAATTCTGCCAACACAGATCAAATGGACTTTGGGATGAG**
AATGATTCTAAACTAATGAAAATC**TTTTTACTGGCTTCTAGGTTCGTCTAACGGGTCCTCTGACTCCAACTTGTGTCTAGTTTACCTGAAACCCTACTC**
　　　　　　　　　　　　　　AAAAAUGACCGAAGAUCCAAAGCAGAUUGCCCAGGAGACUGAGGUUGAAUUCUGCCAACACAGAUCAAAUGGACUUUGGGAUGAG
多肽 　　　　　　　　　　　　　**MetThrGluAspProLysGlnIleAlaGlnGluThrGluValGluPheCysGlnHisArgSerAsnGlyLeuTrpAspGlu**

TATAAGAGAGTATGTTTTTTTTGTTGAATAATTTTAATTTTTAGTTAAATGTTTGATTTCAG**TTCCAAGGAGTTTCTGGAGTTGAAGGACGTATCAAGAGAGACGCATAT**
ATATTCTCTCATACAAAAAAACAACTTATTAAAAATTAAAATCAATTTACAAACTAAAGTC**AAGGTTCCTCAAAGACCTCAACTTCCTGCATAGTTCTCTCTGCGTATA**
UAUAAGAGA　　　　　　　　　　　　　　　　　　　　　　　　　　　　**UUCCAAGGAGUUUCUGGAGUUGAAGGACGUAUCAAGAGAGACGCAUAU**
TyrLysArg　　　　　　　　　　　　　　　　　　　　　　　　　　　　**PheGlnGlyValSerGlyValGluGlyArgIleLysArgAspAlaTyr**

CACCGTAGCCTCGGAGTTTCTGGTGCTTCCCGCAAGGCTCGTCGTCAATCTTATGGAAATGACGCTGCTGTCGGAGGATTCGGTGGATCATCTGGAGGATCATGCTGC
GTGGCATCGGAGCCTCAAAGACCACGAAGGGCGTTCCGAGCAGCAGTTAGAATACCTTTACTGCGACGACAGCCTCCTAAGCCACCTAGTAGACCTCCTAGTACGACG
CACCGUAGCCUCGGAGUUUCUGGUGCUUCCCGCAAGGCUCGUCGUCAAUCUUAUGGAAAUGACGCUGCUGUCGGAGGAUUCGGUGGAUCAUCUGGAGGAUCAUGCUGC
HisArgSerLeuGlyValSerGlyAlaSerArgLysAlaArgArgGlnSerTyrGlyAsnAspAlaAlaValGlyGlyPheGlyGlySerSerGlyGlySerCysCys

TCATGCGGATCTCCAGGACAAGCTGGAGCACCAGGACAAGATGGAGAGAGTGGATCCGAGGGAGCTTGCGATCACTGCCCACCACCACGTACCGCTCCAGGAGCTATT
AGTACGCCTAGAGGTCCTGTTCGACCTCGTGGTCCTGTTCTACCTCTCTCACCTAGGCTCCCTCGAACGCTAGTGACGGGTGGTGGTGCATGGCGAGGTCCTCGATAA
UCAUGCGGAUCUCCAGGACAAGCUGGAGCACCAGGACAAGAUGGAGAGAGUGGAUCCGAGGGAGCUUGCGAUCACUGCCCACCACCACGUACCGCUCCAGGAGCUAUU
SerCysGlySerProGlyGlnAlaGlyAlaProGlyGlnAspGlyGluSerGlySerGluGlyAlaCysAspHisCysProProProArgThrAlaProGlyAlaIle

CCAGGGGCGTATTAAGCGCTTCAATGACATCTCATTTGATTCTTTATCTCATTTTGTGTATGAAAACGAACACACTTAGAATTTAATACCTAAAACGATATTCTCAA
GGTCCCCGCATAATTCGCGAAGTTACTGTAGAGTAAACTAAGAAATGAGTAAAACACATACTTTTTGCTTGTGTGAATCTTAAATTATGGATTTTGCTATAAGAGTT
CCAGGGGCGUAUUAAGCGCUUCAAUGACAUCUCAUUUGAUUGUUUAUCUCAUUUUGUGUAUGAAAACGAACACACUUAGAAUUUAAUACCUAAAACGAUAUUCUCAA
ProGlyAlaTyrStop　　　　　　　　　　　　　　　　　　　　　　　　　　3′ UTR

GAATAGTGGAATAAATGATTTCATTACAAATTTGAAATTGAATAAGACAAATGTGATATGAAAGTATAATAGGAATTTCCACGGAGAGTTAAACGTATGAGACAC...3′
CTTATCACCTTATTTACTAAAGTAATGTTTAAACTTTAACTTATTCTGTTTTACACTATACTTTCATATTATCCTTAAAGGTGCCTCTCAATTTGCATACTCTCTG...5′
GAAUAGUGGAAUAAAUGAUUUCAUUACAAAUUUGAAAUUGAAUAAGACAAAUGUGAUAUGAAAGUAUAAUAGGAAUUUGAAAUUGAAAAAAAAAAAAAAAAAA...3′
　　　　　　3′ UTR 　　　　　　　　　　　　　　　　　　　　　　　poly-A尾

图8.14　典型真核基因的结构和表达。（a）胶原基因及其产物的标志性示意图。外显子显示为红色，内含子显示为绿色，基因的非转录部分显示为蓝色。成熟mRNA是在初级转录物处理之后得到的；将内含子剪接出来，加入5′端甲基化G帽，并在3′端加入poly A尾。5′非翻译区（5′UTR）位于5′端和起始密码子（AUG）之间，3′非翻译区（3′UTR）位于终止密码子和mRNA的3′端poly A尾之间（橙色条）。（b）核苷酸水平上的相同基因。颜色与（a）部分相同，只是成熟的mRNA以紫色显示以强调。mRNA中的AAUAAA poly A添加信号加下划线。内含子可以发生在基因转录部分的任何地方，包括密码子或任一UTR内。

(a) 短序列决定了剪接发生的位置

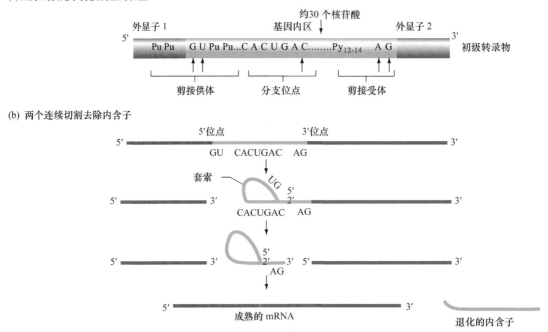

图8.15　RNA加工如何剪接内含子并连接相邻的外显子。外显子是红色，而内含子是绿色的。（a）剪接需要初级转录物中的三个短序列。①剪接供体位点发生在外显子的3′端邻接内含子的5′端的位置。在大多数剪接供体位点中，开始内含子的GU二核苷酸（箭头）在任一侧与少数嘌呤（Pu；即A或G）侧接。②剪接受体位点位于内含子的3′端，与下一个外显子连接。内含子的最终核苷酸总是AG（箭头），通常在12～14个嘧啶（Py；即C或U）之前。③位于剪接受体上游约30个核苷酸的内含子内的分支位点必须包含A（箭头）并且通常富含嘧啶。（b）两个连续切割，第一个在剪接供体位点，第二个在剪接受体位点，去除内含子，允许相邻外显子的精确剪接。

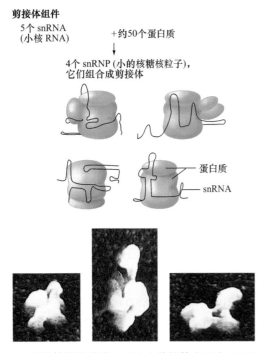

图8.16　剪接体催化剪接。（上）剪接体由四个snRNP亚基组装而成，每个亚基含有一个或两个snRNA和几种蛋白质。（下）在电子显微镜中观察三个剪接体。

会被忽略。例如，剪接可以发生在一个内含子的剪接供体位点和下游不同内含子的剪接受体位点之间。这种**可变剪接**产生不同的mRNA分子，这些mRNA分子可能编码具有不同氨基酸序列和功能的相关蛋白（尽管部分重叠）。实际上，可变剪接可以调整原始转录物的核苷酸序列，从而产生不止一种多肽。可变剪接在很大程度上解释了人类基因组中的27 000个基因如何编码存在于人类细胞中的数十万种不同蛋白质。

在哺乳动物中，编码抗体重链的基因的可变剪接决定了抗体蛋白是否嵌入B淋巴细胞的膜中，使其形成或转而分泌到血液中。抗体重链基因有8个外显子和7个内含子；6号外显子内有一个剪接供体位点。为了制备膜结合抗体，除了6号外显子的右侧部分之外的所有外显子都连接起来以产生编码疏水（疏水的，亲脂质的）C端的mRNA（图8.17）。对于分泌的抗体，仅将前6个外显子（包括6号外显子的右侧部分）拼接在一起以制备编码具有亲水C端的重链的mRNA。这两种mRNA是通过可变剪接形成的，因此它们编码的蛋白质略有不同，这些蛋白质被定向到身体的不同部位。

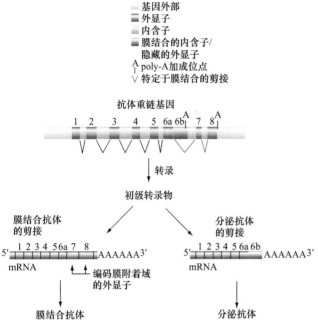

图8.17　可以从相同的初级转录物产生不同的mRNA。抗体重链的初级转录物的可变剪接产生编码不同种类抗体蛋白的mRNA。

基本概念

● 转录是RNA聚合酶从DNA模板合成单链初级转录物的过程。
● 转录起始需要一个称为启动子的DNA序列，启动子发出RNA聚合酶开始复制的信号。在真核生物中，启动需要另外的DNA序列，称为增强子。
● 在转录延伸期间，RNA聚合酶以5′→3′方向向延长的RNA链添加核苷酸。
● RNA转录物中的终止子控制RNA聚合酶停止转录。
● 在原核生物中，初级转录物是信使RNA（mRNA）。
● 在真核生物中，转录后的RNA加工产生成熟的mRNA；当通过剪接连接外显子时，通过添加5′帽和poly A尾以及内含子的切除来修饰RNA转录物。
● 外显子可以以其他方式拼接在一起；可变剪接产生不同的mRNA序列，因此产生来自相同初级转录物的不同多肽。

8.3　翻译：从mRNA到蛋白质

学习目标

1. 将tRNA的结构与其功能联系起来。
2. 描述翻译的关键步骤，并说明该过程如何依赖于核糖体。
3. 列出翻译后处理的三种类型，并提供每种类型的例子。

翻译是mRNA中核苷酸序列指导相应多肽中正确氨基酸序列组装的过程。翻译发生在核糖体上，核糖体

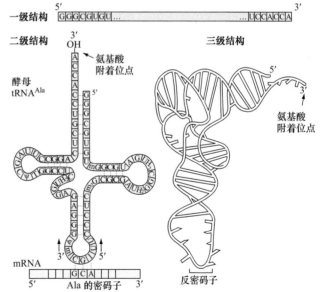

协调携带特定氨基酸的tRNA的运动与mRNA的遗传指令。当我们检查细胞的翻译机制时，我们首先描述了tRNA和核糖体的结构与功能；然后解释这些组件在翻译过程中是如何相互作用的。

8.3.1　转移RNA介导mRNA密码子转化为氨基酸

mRNA密码子的核苷酸三联体与它们指定的氨基酸之间不存在明显的化学相似性或亲和力。相反，**转移RNA（tRNA）**充当衔接分子，其介导信息从核酸到蛋白质的转移。

1. tRNA的结构

tRNA是长度为74～95个核苷酸的短的单链RNA分子。tRNA中的几个核苷酸含有通过主要的A、G、C和U核苷酸的酶促改变产生的化学修饰碱基。每个tRNA携带一个特定的氨基酸，并且对于遗传密码指定的常见的20个氨基酸，所有细胞必须具有至少一个tRNA。tRNA的名称反映了它携带的氨基酸。例如，tRNA^{Gly}携带的氨基酸是甘氨酸。

如图8.18所示，可以在三个水平上考虑tRNA分子的结构。
（1）tRNA的核苷酸序列构成一级结构。
（2）tRNA单链内的短互补区域可以彼此形成碱基对，以形成特征性的立体形状；这是tRNA的二级结构。
（3）在三维空间中折叠创建了一个看起来像紧凑字母L的三级结构。

在L形结构的一端，tRNA携带**反密码子**，即与mRNA密码子互补的三个核苷酸，指定tRNA携带的氨

图8.18　tRNA的结构。tRNA的核苷酸序列（一级结构）折叠形成特征性的二级和三级结构。反密码子和氨基酸附着位点位于L形三级结构的相对两端。tRNA的几个不寻常的碱基，表示为I、ψ、UH$_2$、mI、m$_2$G和mG，是A、G、C和U的酶促修饰变体。

基酸（图8.18）。反密码子从不与tRNA的其他区域形成碱基对；它总是可以与互补的mRNA密码子碱基配对。与其他互补碱基序列一样，在核糖体配对期间，反密码子和密码子链彼此反向平行。例如，如果反密码子是3′ CCU 5′，则互补mRNA密码子是5′ GGA 3′，指定甘氨酸。在L形结构的另一端，发现tRNA链的5′端和3′端（图8.18），有适当的氨基酸连接到tRNA的3′端。

2. 氨酰tRNA合成酶：遗传密码的分子翻译

　　氨酰tRNA合成酶将tRNA与对应于反密码子的氨基酸连接。这些酶具有非常特殊的特性，能够识别包括反密码子在内的特定tRNA的独特特征，同时也能识别相应的氨基酸（见本章开篇图）。

　　事实上，氨酰tRNA合成酶是唯一能同时识别核酸和蛋白质的分子。通常，对于20种常见氨基酸中的每一种，都存在一种氨酰tRNA合成酶。每种合成酶仅对一种氨基酸起作用，但该酶可识别对该氨基酸特异的几种不同的tRNA。图8.19显示了建立氨基酸与其相应tRNA的3′端之间的共价键的两步过程。与其氨基酸共价偶联的tRNA称为**负载tRNA**。氨基酸和tRNA之间的键包含大量的能量，这些能量后来被用来驱动肽键的形成。

3. 密码子和反密码子碱基配对的关键作用

　　当适当的氨基酸附着在一个tRNA上时，该氨基酸本身在决定它在一个生长的多肽链中何处结合时并没有发挥重要的作用。相反，tRNA的反密码子和mRNA

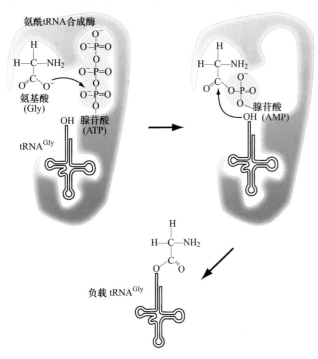

图8.19　氨酰tRNA合成酶将tRNA与其相应的氨基酸连接。氨酰tRNA合成酶具有氨基酸、相应的tRNA和ATP的识别位点。合成酶首先激活氨基酸，形成AMP-氨基酸。然后酶将氨基酸的羧基从AMP转移到tRNA 3′端的核糖的羟基（—OH）上，产生负载tRNA。

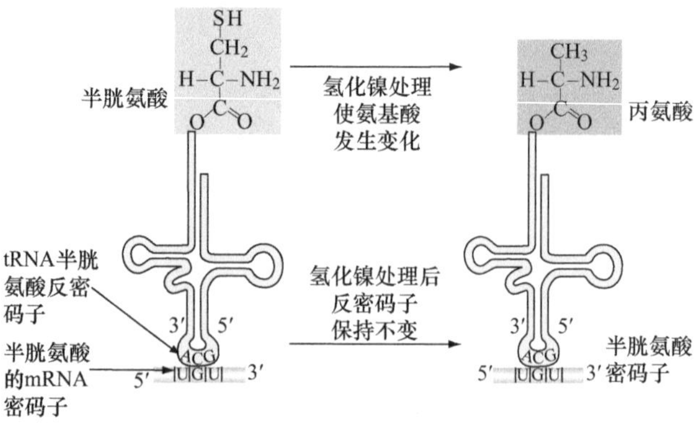

图8.20　mRNA密码子和tRNA反密码子之间的碱基配对决定了添加哪种氨基酸到正在生长的多肽中。具有半胱氨酸反密码子但带有丙氨酸的tRNA，只要出现半胱氨酸的mRNA密码子，就会添加丙氨酸。

的密码子之间的特异性相互作用决定了这一点。一个简单的实验证明了这一点（图8.20）。研究人员可以对负载tRNA进行化学处理，在不改变tRNA结构的情况下，改变其携带的氨基酸。一种方法是利用丙氨酸取代tRNA^{Cys}携带的半胱氨酸。当研究人员将带有丙氨酸的tRNA^{Cys}添加到无细胞翻译系统时，无论mRNA是否含有与tRNA^{Cys}反密码子互补的半胱氨酸密码子，系统都会将丙氨酸掺入生长的多肽中。

4. 摆动：一个tRNA，多个密码子

　　尽管对于20种常见氨基酸存在至少一种tRNA，但是细胞不一定携带能与遗传密码中的所有61种可能的密码子三联体互补配对的反密码子tRNA。例如，大肠杆菌产生79种不同的tRNA，含有42种不同的反密码子。虽然这个集合中的79个tRNA中有几个显然具有相同的反密码子，但61个tRNA中还有61–42=19个没有潜在的反密码子。因此，19个mRNA密码子将不会在大肠杆菌tRNA集合中找到互补的反密码子。如果其mRNA中的某些密码子无法找到具有互补反密码子的tRNA，生物体如何构建合适的多肽？

　　答案是，一些tRNA可以识别出它们所携带氨基酸的多个密码子。也就是说，这些tRNA的反密码子可以与同一氨基酸的多个密码子相互作用，这符合遗传密码的退化性质。弗朗西斯·克里克（Francis Crick）阐述了一些管理密码子和反密码子之间混杂碱基配对的规则。

　　Crick首先推断，许多密码子中的3′核苷酸不会增加密码子的特异性。例如，5′ GGU 3′、5′ GGC 3′、5′ GGA 3′和5′ GGG 3′都编码甘氨酸（综述见图8.2）。只要前两个字母是GG，密码子中的3′核苷酸是U、C、A还是G无关紧要。对于由四种不同密码子编码的其他氨基酸也是如此，例如，缬氨酸，其中前两个碱基必须是GU，但第三个碱基可以是U、C、A或G。

对于由两个不同密码子指定的氨基酸，密码子的前两个碱基总是相同的，而第三个碱基必须是两个嘌呤中的一个（A或G）或两个嘧啶中的一个（U或C）。因此，5′ CAA 3′和5′ CAG 3′都是谷氨酰胺的密码子；5′ CAU 3′和5′ CAC 3′都是组氨酸的密码子。如果Pu代表嘌呤，Py代表嘧啶，则CAPu代表谷氨酰胺的密码子，而CAPy代表组氨酸的密码子。

实际上，tRNA反密码子的5′核苷酸通常可以与mRNA密码子的3′位置中的一种以上的核苷酸配对（回想一下，在碱基配对后，反密码子中的碱基反向平行于密码子中的碱基）。带有特定氨基酸的单个tRNA因此可识别该氨基酸中的几个，甚至所有密码子。密码子中3′核苷酸与反密码子中5′核苷酸之间碱基配对的这种灵活性称为**摆动**［图8.21（a）］。密码子的前两个位置的正常碱基配对与第三个位置的摆动的组合阐明了为什么单个氨基酸的多个密码子通常以相同的两个字母开始。

摆动的一个重要方面是反密码子5′端某些碱基的化学修饰（摆动位置）［图8.21（b）和（c）］。tRNA的摆动位置中的A几乎总是被修饰为肌苷（I），并且摆动位置中的U总是以三种可能的方式之一被修改。相比之下，反密码子摆动位置的G总是未经修饰，而C的修饰仅发生在某些细菌物种的tRNA中。摆动碱基通过特异性酶修饰，所述特定酶在通过转录合成后作用于tRNA。

图8.21（c）中的抖动规则界定了反密码子序列与摆动碱基的修饰保持了遗传密码的一致性。例如，甲硫氨酸（Met）由单个密码子（5′ AUG 3′）指定。因此，Met特异性tRNA必须在其反密码子的5′端具有C（5′ CAU 3′）或修饰为xm⁵U的U，因为这些是该位置上可以碱基配对的唯一核苷酸。相比之下，在反密码子的5′位置上，一个带有修饰核苷酸肌苷（I）的单一异亮氨酸特异性tRNA可以识别异亮氨酸的所有三个密码子（5′ AUU 3′、5′ AUC 3′和5′ AUA 3′）。

5. 硒代半胱氨酸的特殊tRNA

大多数mRNA仅参与含有20种常见氨基酸的蛋白质的合成。细菌和真核生物中的异常mRNA指导硒蛋白的合成，其含有氨基酸硒代半胱氨酸（Sec），有时称为氨基酸21。硒蛋白是罕见的；在人类中已知的只存在25种。

如图8.22所示，专用的硒代半胱氨酸tRNA（tRNA^Sec）被丝氨酸tRNA合成酶识别并带有丝氨酸。随后，修饰酶将Ser转化为Sec。带有Sec的电荷tRNA可与5′ UGA 3′三联体相互作用，这些三联体仅在含有称为Sec插入序列（SECIS）元件的特殊结构的mRNA中发现。SECIS元件是mRNA的区域，其通过分子内互补碱基配对形成特定的茎-环（发夹）结构（图8.22）。该茎环阻止在UGA三联体处终止多肽合成，否则其将充当终止密码

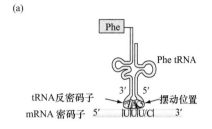

(a)

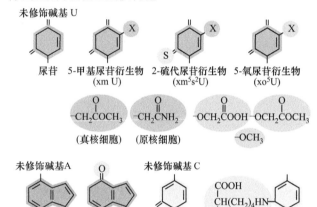

(b)

摆动的规则		
反密码子 5′端	能够 配对	密码子 3′端
G		U, C
C		G
I		U, C, A
xm⁵U		G
xm⁵s²U		A, G
xo⁵U		A, G, U, (C)
k²C		A

(c) 在反密码子摆动位置的修饰碱基

未修饰碱基 U

尿苷　5-甲基尿苷衍生物（xm⁵U）　2-硫代尿苷衍生物（xm⁵s²U）　5-氧尿苷衍生物（xo⁵U）

—CH₂COCH₃（真核细胞）　—CH₂CNH₂（原核细胞）　—OCH₂COOH　—OCH₂COCH₃　—OCH₃

未修饰碱基A　　腺苷酸　肌苷（I）　未修饰碱基C　胞嘧啶核苷　赖氨酸（k²C）（细菌）

图8.21 摆动：一些tRNA识别相同氨基酸的多个密码子。（a）这里显示的反密码子5′端的G可以在密码子的3′端与U或C配对。（b）该表显示了反密码子5′端核苷酸的配对可能性（摆动位置）。xo⁵U很少配对C。k²C仅在某些细菌中发生。（c）反密码子中修饰碱基的化学结构。

子。带有Sec的tRNA的反密码子与mRNA中的UGA三联体结合，允许将Sec掺入多肽产物中。

8.3.2 核糖体是多肽合成的位点

核糖体以各种方式促进多肽合成。第一，它们识别出表示翻译起始的mRNA特征。第二，它们通过稳定tRNA和mRNA之间的相互作用，帮助确保准确解释遗传密码；没有核糖体，仅由三个碱基对介导的密码子-反密码子识别将是非常弱的。第三，核糖体提供连接增长的多肽链中的氨基酸的酶活性。第四，通过沿mRNA分子5′→3′移动，它们依次暴露mRNA密码子，确保氨

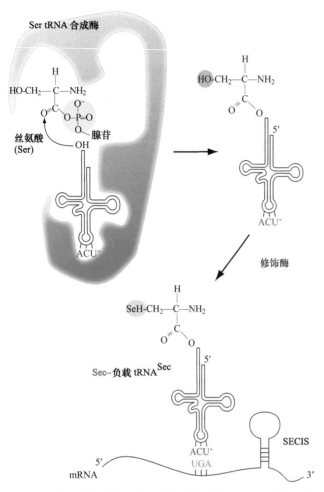

图8.22 稀有蛋白质如何掺入硒代半胱氨酸。tRNA^Sec携带的反密码子5′ UCA 3′的丝氨酸被修饰为硒代半胱氨酸（Sec）。带有Sec的tRNA仅在具有下游SECIS元件的稀有mRNA中识别三联体UGA。该tRNA的摆动位置中的U以不寻常的方式被修饰（表示为U^），因此它仅识别A。

基酸的线性添加。第五，核糖体通过从mRNA指导多肽构建和从多肽产物本身解离两方面来帮助终止多肽合成。

1. 核糖体的结构

在大肠杆菌中，核糖体由三种不同的核糖体RNA（rRNA）和52种不同的核糖体蛋白组成［图8.23（a）］。这些组分结合形成两个不同的核糖体亚基，称为30S亚基和50S亚基（S表示与亚基的大小和形状相关的沉降系数；30S亚基小于50S亚基）。在翻译开始之前，两个亚基在细胞质中作为单独的实体存在。翻译开始后不久，它们聚在一起重建一个完整的核糖体。真核生物核糖体比原核生物核糖体具有更多的成分，但它们仍然由两个可解离的亚基组成。

2. 核糖体的功能域

小的30S亚基是最初与mRNA结合的核糖体的一部

(a) 核糖体具有由RNA和蛋白质组成的两个亚基

完整的核糖体	亚基	核苷酸	蛋白质
原核的	50S	23S rRNA 3000 核苷酸 5S rRNA 120 核苷酸	31
70S	30S	16S rRNA 1700 核苷酸	21
真核的	60S	28S rRNA 5000 核苷酸 5.8S rRNA 160 核苷酸　5S rRNA 120 核苷酸	~45
80S	40S	18S rRNA 2000 核苷酸	~33

(b) 核糖体的不同部分具有不同的功能

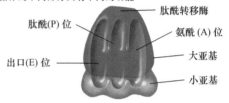

肽酰转移酶
肽酰(P) 位
氨酰 (A) 位
出口(E) 位
大亚基
小亚基

图8.23 核糖体：多肽合成的位点。（a）核糖体具有两个亚基，每个亚基由rRNA和各种蛋白质组成。（b）小亚基最初与mRNA结合。大亚基贡献肽酰转移酶，其催化肽键的形成。两个亚基一起形成A、P和E tRNA结合位点。

分。较大的50S亚基贡献了一种称为**肽酰转移酶**的酶，它催化形成连接相邻氨基酸的肽键［图8.23（b）］。小亚基和大亚基都有助于三个不同的tRNA结合区域，称为**氨酰（或A）位、肽酰（或P）位和出口（或E）位**。最后，分布在两个亚基上的核糖体的其他区域充当一些在翻译中起作用的其他蛋白质的接触点。

利用X射线晶体学和电子显微镜技术，研究人员获得了核糖体复杂结构的非常详细的视图。图8.24显示了接近完成mRNA翻译的核糖体内部；核糖体向外延伸的部分被计算去除，因此你可以更好地看到占据E位和P位的tRNA。

通过这个例子，你可以看到rRNA占据了核糖体中心部分的大部分空间，而各种核糖体蛋白则聚集在外部。令人惊讶的是，在翻译过程中形成肽键的区域附近没有发现蛋白质。这一发现支持了生物化学实验的结论，即肽酰转移酶实际上是大亚基rRNA的功能，而不是核糖体的任何蛋白质组分。换句话说，rRNA充当将氨基酸连接在一起的核酶。

在翻译期间，核糖体与各种蛋白质短暂结合，这些蛋白质有助于该过程的进行。如图8.24显示，翻译晚期，即当完成的多肽从核糖体释放时，名为释放因子的蛋白质与核糖体的A位结合。值得注意的是，释放因子可以与A位相关联，因为该蛋白质的一部分以模仿tRNA结构的方式在三维空间中折叠。

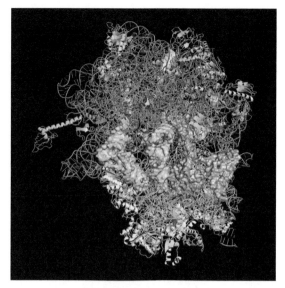

图8.24　一个活动的细菌核糖体的高分辨率视图。大的子单元位于顶部；其23S和5S rRNA成分为亮蓝色，各种蛋白质成分为亮绿色。小亚基位于底部，16S rRNA为灰色，其蛋白质成分为aqua。两个tRNA分子是金色的，其中tRNA位于E位左侧，tRNA位于P位右侧。A位被粉红色的蛋白质释放因子占据。在tRNA和释放因子的底部附近可以看到mRNA中的一些核苷酸（红色）。在图8.25（c）的左图所示的终止阶段，这个核糖体在tRNA从E位弹出之前的翻译阶段发挥作用。

© Yuxin Mao, Ph.D., Cornell University, Ithaca, NY

8.3.3　核糖体和负载tRNA合作将mRNA翻译成多肽

与转录的情况一样，翻译由三个阶段组成：**起始阶段**，其为多肽合成设定阶段；**延伸阶段**，在此过程中氨基酸被添加到正在生长的多肽中；**终止阶段**，使多肽合成停止并使核糖体释放完整的氨基酸链。图8.25说明了该过程的细节，重点关注细菌细胞中发生的翻译。在查看图时，请注意以下有关翻译期间信息流的要点：

- 第一个被翻译的密码子，即**起始密码子**，是在基因阅读框5′端的特殊环境中设置的AUG（从未精确地位于mRNA的5′端）。
- 一种特殊的起始tRNA识别起始密码子，它携带有称为甲酰甲硫氨酸（fMet）的修饰形式的甲硫氨酸。
- 核糖体以5′→3′方向沿着mRNA移动，逐步显示连续的密码子。
- 在翻译的每个步骤中，多肽通过添加到链中下一个氨基酸的C端进行不断生长。
- 当核糖体到达基因阅读框内3′端的UAA、UAG或UGA无义密码子时，翻译终止。

这些点解释了共线性的生化基础，即mRNA中5′→3′方向与所得多肽中N端→C端方向之间的对应关系。

在延伸期间，翻译机器每秒向生长链增加2～15个氨基酸。原核生物的速度较快，真核生物的速度较慢。在这样的速率下，构建平均大小为300个氨基酸的多肽（来自平均长度约为1000个核苷酸的mRNA）可能需要20s或长达2.5min。

图8.25中省略了一些细节，以便你可以在翻译过程中专注于流程。但是该图未描绘蛋白质翻译因子所起的重要作用，其有助于将mRNA和tRNA移植到核糖体上的适当位置。一些翻译因子也将GTP带到核糖体上。GTP中高能键的水解有助于驱动某些分子运动，包括核糖体沿mRNA的易位。

8.3.4　翻译后多肽可被修饰

蛋白质结构在翻译完成时并不是一成不变的。几个不同的过程可能随后改变多肽的结构。切割可以从多肽中去除氨基酸，如N端fMet，或者它可以从一个较大的翻译产物中产生几个较小的多肽［图8.26（a）］。在后一种情况下，在将其切割成较小多肽之前制备的较大多肽通常称为**多蛋白**。此外，一些蛋白质以酶原的非活性形式合成，其通过酶促切割激活，从而消除N端前置。

向特定氨基酸中酶促添加化学成分，如磷酸基团、碳水化合物、脂肪酸或甚至其他小肽，也可以在翻译后修饰多肽［图8.26（b）］。对多肽的这种改变称为**翻译后修饰**。蛋白质的翻译后变化非常重要，例如，许多酶的生化功能直接取决于磷酸基团的添加（或有时去除）。翻译后修饰可以改变蛋白质折叠的方式、与其他蛋白质相互作用的能力、稳定性、活性，或其在细胞中的位置。

基本概念

- 翻译是核糖体根据mRNA中的说明合成蛋白质的过程。核糖体具有tRNA（A、P和E位）的特异性结合位点，并提供肽酰转移酶，即在氨基酸之间形成肽键的核酶。
- 转移RNA（tRNA）是将mRNA密码子与核糖体上的氨基酸连接的衔接子。氨酰tRNA合成酶将正确的氨基酸与其相应的tRNA连接。
- 每个tRNA具有与mRNA密码子互补的反密码子，其指定特定的氨基酸。由于摆动，tRNA可识别多于一个密码子。
- 当负载tRNA^{fMet}（或tRNA^{Met}）在核糖体P位结合起始密码子AUG时，翻译起始开始。
- 在延伸期间，与P位处的tRNA连接的氨基酸同A位处与tRNA连接的氨基酸形成肽键。然后核糖体沿着mRNA以5′→3′的方向移动到下一个密码子。
- 当核糖体遇到mRNA中的框内终止密码子时发生终止。
- 翻译后加工酶可以切割多肽或向其中添加化学成分。

特色插图8.25

核糖体上mRNA的翻译

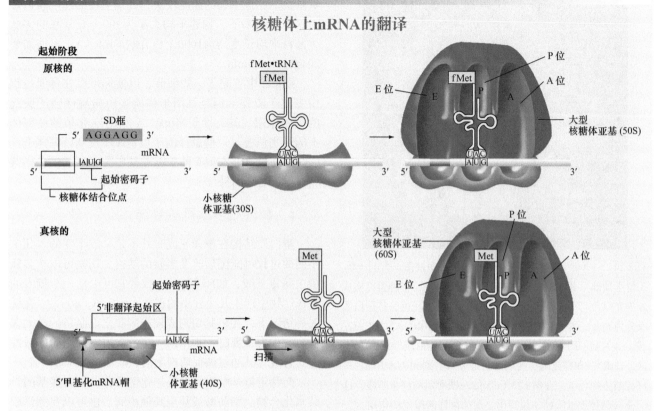

（a）**起始**：设定多肽合成的阶段。mRNA的前三个核苷酸不是第一个密码子。相反，一个特殊的信号表明mRNA翻译应该从哪里开始。在原核生物中，这个信号是**核糖体结合位点**，它有两个重要的元素。第一个是6个核苷酸的短序列，通常是5′...AGGAGG...3′，命名为**SD框**。mRNA的核糖体结合位点中的第二个元件是三联体5′ AUG 3′，其用作起始密码子。

特殊启动子tRNA的5′ CAU 3′反密码子识别核糖体结合位点中的AUG。引发剂tRNA携带**N-甲酰基甲硫氨酸（fMet）**——一种修饰的甲硫氨酸，其氨基末端被甲酰基封闭。带有未修饰的甲硫氨酸的不同tRNA识别位于mRNA阅读框内的AUG密码子；这种tRNA无法启动翻译。

在启动期间，30S核糖体亚基中16S rRNA的3′端与mRNA的SD框（未显示）结合，fMet tRNA与mRNA的起始密码子结合，并且大的50S核糖体亚基与小亚基结合，使核糖体变圆。在启动结束时，fMet tRNA位于完成的核糖体的P位。称为**起始因子**的蛋白质（未显示）在起始过程中起暂时作用。

在真核生物中，小核糖体亚基首先与成熟mRNA的5′端的甲基化帽结合。然后小亚基迁移到起始位点——通常是它遇到的第一个AUG，因为它以5′→3′的方向扫描mRNA。真核生物中的起始tRNA携带未修饰的甲硫氨酸（Met）而不是fMet。

（b）**伸长率**：向生长的多肽添加氨基酸。称为**延伸因子**的蛋白质（未显示）将合适的tRNA引入核糖体的A位。这种负载tRNA的反密码子必须识别mRNA中的下一个密码子。核糖体同时在其P位保持起始tRNA，在其A位保持第二个tRNA，使得肽酰转移酶可以催化两个tRNA携带的氨基

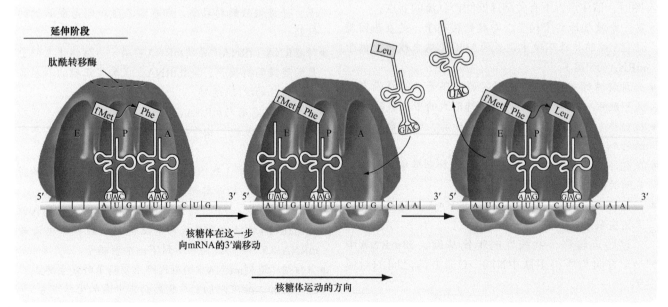

特色插图8.25（续）

酸之间的肽键的形成。结果，A位的tRNA现在带有两个氨基酸。该二肽的N端是fMet或Met；C端是第二个氨基酸，其羧基保持与其tRNA共价连接。

形成第一个肽键后，核糖体在伸长因子的帮助下移动，暴露下一个mRNA密码子。随着核糖体的移动，不再携带氨基酸的起始tRNA转移到E位，携带二肽的另一个tRNA从A位转移到P位。

空A位现在接收另一种tRNA，其同一性由mRNA中的下一个密码子决定。不负载的起始tRNA从E位突出并离开核糖体。

然后，肽酰转移酶催化第二肽键的形成，产生在其C端与目前在A位中的tRNA连接的三个氨基酸链。随着每一轮核糖体运动和肽键形成，肽链延长一个氨基酸。注意，每个tRNA从A位移动到P位再到E位（除了起始tRNA，其首先进入P位）。

因为核糖体将氨基酸添加到生长链的C端，所以多肽合成从N端进行到C端。结果，原核生物中的初始fMet（真核生物中的Met）将是蛋白质加工之前所有完成的多肽的N端氨基酸。此外，核糖体必须沿5′→3′方向沿mRNA移动，以使多肽可以在N端→C端方向上生长。

一旦核糖体移动远离mRNA的核糖体结合位点，该位点就可以被其他核糖体接近。事实上，几种核糖体可以同时对相同的mRNA起作用。从相同mRNA翻译的几个核糖体的复合物称为**多核糖体**。该复合物允许从单个mRNA同时合成多肽的多个拷贝。

(c) **终止**：核糖体释放完整的多肽。没有正常的tRNA（除了tRNA^Sec）携带与三个无义（终止）密码子UAG、UAA和UGA中的任何一个互补的反密码子。因此，当无义密码子进入核糖体的A位时，没有tRNA可以与该密码子结合。相反，称为**释放因子**的蛋白质识别终止密码子并停止多肽合成。同样的tRNA及从核糖体分离出来的mRNA解离成大大小小的亚基。

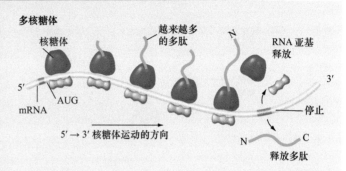

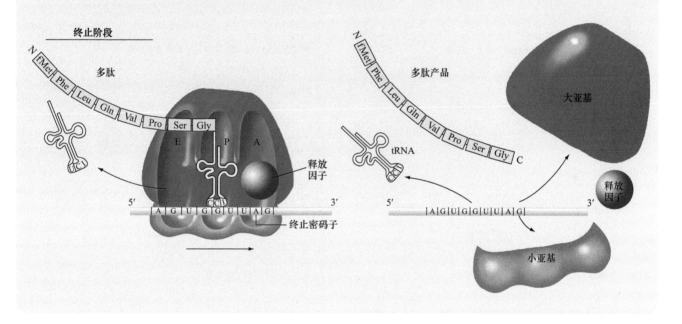

8.4　原核生物与真核生物中的基因表达差异

学习目标

1. 解释细胞核膜对真核生物基因表达的影响机制。
2. 讨论真核转录中增强子序列的作用。
3. 描述原核与真核生物的翻译起始差异。
4. 列举只出现在真核生物中而原核生物中不存在的mRNA的形成步骤。

真核生物与原核生物中的转录和翻译过程大部分具有相似性，它们的具体差异主要表现在以下几点：①真核生物中存在着细胞核膜；②真核生物具有RNA聚合酶，借以识别启动子来开启转录的特异性复杂机制；③翻译开始方式的变化与差异；④在真核生物中需要附加的转录物处理。

8.4.1　在真核生物中，细胞核膜阻止了转录和翻译过程的耦合

在大肠杆菌和其他原核生物中，转录发生在没有核膜分隔的开放的细胞内空间。翻译过程在同一个开放空间发生，并且有时会直接与转录过程偶联发生（表8.1）。这个偶联效应的发生可能是因为当核糖体沿mRNA移动时，转录以相同的5′→3′方向延伸

表8.1　原核生物与真核生物在基因表达细节上的差异

	原核生物	真核生物
概述	1. 无核。转录和翻译发生在相同的细胞区室中，翻译通常与转录偶联。 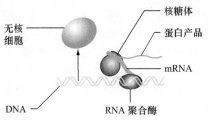	1. 细胞核由核膜与细胞质分开。转录发生在细胞核中，而翻译发生在细胞质中。转录和翻译的直接偶联是不可能的。 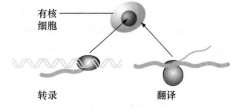
	2. 基因不分为外显子和内含子。 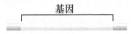	2. 基因的 DNA 由内含子分隔的外显子组成；外显子通过转录后剪接进行保护，从而删除内含子。 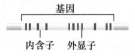
转录	1. 一种由 5 个亚基组成的 RNA 聚合酶。	1. 几种 RNA 聚合酶，每种含有 10 个或更多亚基；不同的聚合酶转录不同的基因。
	2. 起始所需的 DNA 序列位于启动子附近。	2. 转录起始通常需要远离启动子的增强子序列。
	3. 启动子不在染色质中。 **无启动子的核小体**	3. 转录起始需要启动子清除染色中清除以允许获得 RNA 聚合酶。 
	4. 初级转录物是实际的 mRNA；它们在 5′ 端有一个三磷酸起始，在 3′ 端没有尾。 	4. 初级转录物经过加工产生成熟的 mRNA，其 5′ 端具有甲基化帽，3′ 端具有 poly-A 尾。 
翻译	1. 独特的起始 tRNA 携带甲酰甲硫氨酸。	1. 起始 tRNA 携带甲硫氨酸。
	2. mRNA 具有多个核糖体结合位点（RBS），因此可以指导几种不同多肽的合成。 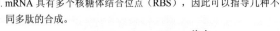	2. mRNA 只有一个起始位点，因此只能指导一种多肽的合成。 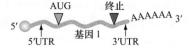
	3. 小核糖体亚基立即与 mRNA 的核糖体结合位点结合。 	3. 小核糖体亚基首先与成熟 mRNA 的 5′ 端的甲基化帽结合，然后扫描 mRNA 以发现核糖体结合位点。 

mRNA，在DNA转录的过程中，导致核糖体在RNA聚合酶的作用下开始转录部分mRNA。

转录与翻译的结合对原核生物基因表达的调控具有重要意义。例如，我们在第16章描述的一种叫做衰减的重要调控机制中，一些mRNA的翻译速率直接决定了相应基因转录到这些mRNA中的速率。

这种偶联效应不能在真核生物中发生，因为细胞核膜将细胞核中的转录部位与细胞质中的翻译部位进行了物理分隔。因此，真核生物中的翻译过程只能通过一些间接的方式影响基因转录的速率。

8.4.2 远程增强子序列与染色质的相互作用影响真核启动子

真核生物中，启动子被RNA聚合酶识别转录的过程会被两种在原核生物中不存在的情况影响（见表8.1）。首先，如图8.11所示，RNA聚合酶与启动子相互作用的稳定性往往受到位于启动子远处的增强子序列的影响。在原核生物中，调控转录的DNA序列都更接近启动子。其次，真核染色体紧密缠绕在称为染色质的DNA/蛋白质复合物中的组蛋白上。为了被RNA聚合酶识别，真核基因的启动子必须首先从染色质中解开。有趣的是，从启动子中清除组蛋白是增强子的重要功能（组蛋白和染色质及其在转录中的作用将在第12章和第17章中讨论）。

8.4.3 原核生物与真核生物的翻译启动不同

在原核生物中，翻译始于mRNA上的核糖体结合位点，其由与起始AUG密码子相邻的称为SD框的短的特征性核苷酸序列限定［回顾图8.25（a）］。没有什么

可以阻止mRNA具有多于一个核糖体结合位点，实际上，有很多原核信息都是**多顺反子**的：它们包含了几个基因的信息（有时被称为顺反子），这些基因都可以在它们自己的核糖体结合位点上开始完成独立的翻译（表8.1）。

相比之下，在真核生物中，小的核糖体亚基与成熟mRNA的5′端甲基化帽结构结合后通过非翻译区迁移到起始位点。该位点几乎总是核糖体亚基遇到的第一个AUG密码子，因为它沿着5′→3′方向移动或扫描mRNA［见图8.25（a）和表8.1］。因为这种扫描机制，在真核生物中的起始仅在mRNA的单个位点发生，并且每个mRNA是**单顺反子**的——它包含仅翻译单一多肽的信息。

原核生物和真核生物翻译之间的另一个区别在于起始tRNA的组成。前面已经提到，在原核生物中，这种tRNA携带一种被称为N-甲酰甲硫氨酸的修饰形式的甲硫氨酸；而在真核生物中，它带有未经修饰的甲硫氨酸（见表8.1）。因此，真核多肽在翻译后其N端就具有Met（而不是fMet）。然而，原核生物和真核生物通过翻译后切割通常会产生不再具有N端fMet或Met的成熟蛋白质［见图8.26（a）］。

8.4.4 真核mRNA需要比原核mRNA更多的加工

表8.1回顾了原核生物与真核生物之间基因结构和表达的重要差异。内含子中断了真核生物基因，使得初级转录物的剪接对于真核基因表达是必需的。在真核生物而不是原核生物中发生的其他类型的RNA加工分别在mRNA的5′端和3′端添加甲基化帽和poly-A尾。

(a) 酶促切割可以去除氨基酸、分裂多蛋白或激活酶原

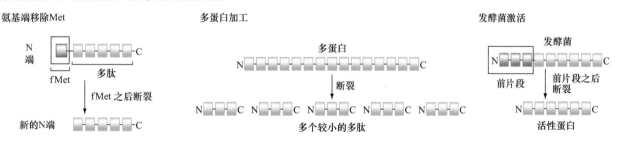

(b) 添加化学成分可能会改变蛋白质结构、活性或细胞位置

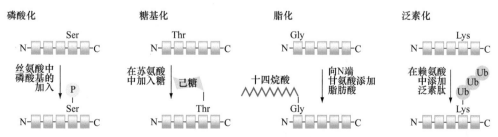

图8.26 翻译后加工可以修饰多肽结构。（a）酶促切割将许多蛋白质加工成它们的成熟形式。（b）酶向特定氨基酸添加各种官能团。

基本概念

- 在原核生物中，转录和翻译同时发生。在真核生物中，核膜将转录限制在细胞核中，mRNA仅在转运到细胞质后开始翻译。

- 在真核生物中，转录起始涉及远离启动子的增强子序列。此外，真核染色体的染色质必须解开以允许RNA聚合酶进入。

- 原核mRNA是多顺反子的，使得核糖体可以从单个mRNA翻译几种不同的多肽。真核生物具有单顺反子mRNA，只能翻译单个蛋白质。

- 在原核生物中，核糖体与邻近AUG起始密码子的称为SD框的序列结合。在真核生物中，小核糖体亚基在5′帽处结合并迁移直至遇到起始位点。

- 在原核生物中，初级转录物mRNA可以直接进行翻译。在真核生物中，初级转录物需要通过添加5′帽和poly-A尾以及内含子的去除翻译成成熟mRNA。

8.5　变突对基因表达和功能的影响

学习目标

1. 比较沉默突变、错义突变、无义突变和移码突变，以及它们如何改变基因产物。
2. 讨论编码序列之外可能影响基因表达的突变。
3. 解释为什么大多数功能丧失等位基因（亚形态或无定形）对野生型等位基因是隐性的，但有些是不完全显性或显性的。
4. 对比超变形、新变形和反效变形的功能等位基因的作用。
5. 列举可能对基因表达产生全局影响的突变。

我们已经看到DNA中的信息是基因表达的起点。细胞将该信息转录成mRNA，然后将mRNA信息翻译成蛋白质。改变DNA核苷酸对的突变可以修饰基因表达的任何步骤或产物。

8.5.1　基因编码序列中的突变可能会改变基因产物

由于遗传密码的性质，基因氨基酸编码外显子的突变会产生一系列反响［图8.27（a）］。

1. 沉默突变

代码简并性的一个结果是，一些称为**沉默突变**的突变可以将密码子改变为完全相同氨基酸的突变密码子。大多数沉默突变改变了密码子的第三个核苷酸，即相同氨基酸的大多数密码子不同的位置。例如，密码子从GCA变成GCC后仍将在蛋白质产物中产生丙氨酸。因为沉默突变不改变编码多肽的氨基酸组成，所以这种突变通常既不影响基因表达也不影响表型。

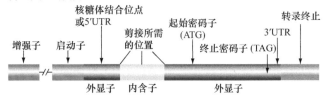

（a）基因编码序列中的突变类型

野生型 mRNA	5′	ATG	GGA	GCA	CCA	GGA	CAA	GAU	GGA	3′
野生型多肽	N	Met	Gly	Ala	Pro	Gly	Gln	Asp	Gly	C

沉默突变　ATG GGA GCC CCA GGA CAA GAU GGA
　　　　　Met Gly Ala Pro Gly Gln Asp Gly

错义突变　ATG GGA GCA CCA AGA CAA GAU GGA
　　　　　Met Gly Ala Pro Arg Gln Asp Gly

无义突变　ATG GGA GCA CCA GGA UAA GAU GGA
　　　　　Met Gly Ala Pro Gly 终止

移码突变　ATG GGA GCC ACC AGG ACA AGA UGGA
　　　　　Met Gly Ala Thr Arg Thr Arg Trp

（b）编码区外突变

增强子　启动子　核糖体结合位点或5′UTR　剪接所需的位置　起始密码子（ATG）　终止密码子（TAG）　3′UTR　转录终止

外显子　内含子　外显子

图8.27　基因突变如何影响其表达。（a）基因编码序列的突变。沉默突变不会改变蛋白质的一级结构。错义突变将一种氨基酸替换为另一种氨基酸。无义突变通过用终止信号替换密码子来缩短多肽。移码突变改变了添加或删除下游的阅读框。（b）编码区外的突变也可以破坏基因表达。

2. 错义突变

将密码子改变为不同氨基酸的突变密码子的突变称为**错义突变**。如果被取代的氨基酸具有与其取代氨基酸类似的化学性质，那么这种变化可能对蛋白质功能几乎没有影响。这种突变是**保守置换**。例如，将天冬氨酸的GAC密码子改变为谷氨酸的GAG密码子的突变是一种保守置换，因为这两种氨基酸都有酸性的R基团。

相比之下，**非保守置换**，即引起性质迥异的氨基酸取代的错义突变，可能会产生更明显的后果。将天冬氨酸的GAC密码子更改为丙氨酸的GCC密码子（丙氨酸是一种不带电荷的非极性R基团的氨基酸）就是一个非保守置换的例子。

任何错义突变对表型的影响都很难预测，因为它取决于特定氨基酸替代如何改变蛋白质的结构和功能。

3. 无义突变

无义突变将一个氨基酸指定密码子变为一个提前终止密码子。因此，无义突变导致突变密码子编码的氨基酸与正常多肽的C端之间缺乏所有氨基酸的截短蛋白的产生。

4. 移码突变

移码突变是由编码序列内核苷酸的插入或缺失引起的。如前所述，如果插入或缺失的核苷酸的数目不能被

3整除，则插入或缺失将使突变下游的阅读框偏离。结果，移码突变通常导致截短的蛋白质形成（因为过早出现终止密码子），其C端具有不正确的氨基酸。

8.5.2　编码序列外的突变也可以改变基因表达

产生变异表型的突变不限于密码子的改变。因为基因表达依赖于除实际编码序列之外的几种信号，所以任何这些关键信号的变化都可能破坏该过程〔图8.27（b）〕。

我们已经知道基因DNA中的启动子和终止信号调节RNA聚合酶启动及停止转录。启动子序列的变化使RNA难以或不可能使聚合酶与启动子结合，从而减少或阻止转录。同样地，破坏它们不被转录因子识别的增强子中的突变也减少了真核基因的转录。终止信号中的突变可以减少产生的mRNA的量，从而减少基因产物的数量。

在真核生物中，大多数初级转录物具有剪接受体位点、剪接供体位点和分支位点，其允许剪接以在成熟mRNA中精确地连接外显子。任何一个站点的更改都可能会阻碍拼接。在某些情况下，结果将是不存在成熟mRNA，因此没有多肽。在其他情况下，剪接错误可以产生异常剪接的编码蛋白质改变形式的mRNA。

成熟的mRNA具有核糖体结合位点和框内终止密码子，它们指示翻译的开始和停止位置。影响核糖体结合位点的突变会降低mRNA对小核糖体亚基的亲和力；这种突变可能会降低翻译效率，从而降低多肽产物的量。停止密码子的突变会产生比正常蛋白质更长的不稳定或无功能的蛋白质。

8.5.3　大多数影响基因表达的突变会降低基因功能

突变通过改变蛋白质的氨基酸序列或产生的基因产物的量来影响表型。在前面描述的许多方式中，编码区内部或外部的任何降低或消除蛋白质活性的突变都是**功能缺失突变**。

1. 隐性功能缺失等位基因

完全阻断蛋白质功能的功能丧失等位基因称为**无效突变**或**无定形突变**。对于蛋白质编码基因，突变阻止多肽的合成或促进不能执行任何功能的蛋白质的合成。

很容易理解为什么无定形等位基因通常对野生型等位基因是隐性的。考虑A^+/a^1杂合子，其中野生型A^+等位基因产生功能性蛋白质，而无效a^1等位基因则不产生（图8.28）。如果由单个A^+等位基因产生的蛋白质的量〔通常（但不总是）在A^+/A^+细胞中产生的量的一半〕高于足以满足细胞的正常生化要求的阈值量，则A^+/a^1杂合子的表型将是野生型。绝大多数基因都以这种方式起作用，A^+/A^+细胞实际上能产生正常表型所需蛋白质量

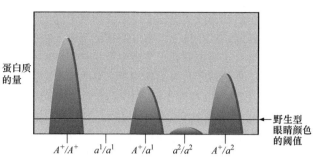

图8.28　为什么大多数功能缺失的突变等位基因相对于野生型等位基因是隐性的。粉红色椭圆表示果蝇中称为黄嘌呤脱氢酶的量。果蝇只需要野生型菌株（A^+/A^+）中产生的酶的10%即可具有正常的眼睛颜色。空等位基因a^1和亚型等位基因a^2对野生型是隐性的，因为A^+/a^1或A^+/a^2杂合子具有足够的酶用于正常的眼睛颜色。

的两倍多。由于这个原因，孟德尔的绿豌豆颜色或皱豌豆形状的等位基因可能是无效等位基因，并且对野生型等位基因是隐性的（回顾图2.20）。

亚效突变是一种功能缺失的等位基因，它产生较少的野生型蛋白质或功能不如野生型蛋白质的突变蛋白质（图8.28中的a^2）。由于无定形等位基因通常是隐性的，因此亚效等位基因通常对野生型等位基因是隐性的。

2. 不完全显性功能缺失等位基因

一些等位基因组合产生的表型随着功能基因产物的量不断变化，导致不完全显性。例如，单一色素生成基因中的功能丧失突变可以产生红色到白色的花色谱，白色是由于生化途径中某种酶的缺乏而产生的（图8.29）。考虑编码酶R的基因的三个等位基因：R^+指定野生型酶的量，R^{50}产生正常量的相同酶的一半（或具有正常活性水平一半的改变形式的全部量），R^0是无效等位基因。R^+/R^0杂合子产生粉红色的花，其颜色在红色和白色之间，因为R^+/R^+酶活性水平的一半不足以产生完整的红色。将R^+或R^0与R^{50}等位基因组合产生红色和粉红色之间或粉红色和白色之间的色素沉着。

3. 特殊的显性功能缺失等位基因

由于表型对产生的功能性蛋白质的量非常敏感，即

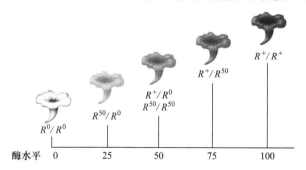

图8.29　当表型随蛋白质功能水平不断变化时，导致不完全显性。

使相对较小的两倍或更少的变化也会导致不同表型之间的转换。因此，产生低于正常量的功能基因产物的功能丧失突变杂合子可能看起来与野生型生物不同。遗传学家使用术语**单倍体不足**来描述相对罕见的情况，即为其中一个野生型等位基因不能提供足够的基因产物来避免表型突变。人类中单倍体不足基因的数量大约为800个。人类单倍体不足基因的一个例子是*GLI3*，其编码对手指足趾正常生长有重要作用的转录因子。*GLI3*中功能丧失突变的杂合性导致一种形式的多指畸形——额外的手指和脚趾的生长（图8.30）。

8.5.4　特殊的功能获得等位基因几乎总是占主导地位

由于有许多方法可以干扰基因产生足够数量的活性

正常等位基因 (*GLI3*⁺)	V	T	K	K	Q	R	G	D
	GTC	ACC	AAG	AAG	CAG	CGA	GGG	GAC

（643 位处 ↓）

突变等位基因 (*GLI3*)	GTC	ACC	AAG	AAG	CAG	TGA	GGG	GAC
	V	T	K	K	Q	终止		

642

图8.30　单倍体不足：一些功能丧失的突变等位基因对野生型等位基因具有显性。人类*GLI3*基因是单倍体不足的。*GLI3*/*GLI3*⁺杂合子具有额外的手指和脚趾，这种情况称为多指。一个特定的突变体*GLI3*等位基因是无义突变，其将密码子643从精氨酸（R）改变为停止（野生型GLI3蛋白有1580个氨基酸）。

© Dinodia/agefotostock.com

蛋白的能力，所以大多数基因中的大多数突变都是功能缺失的等位基因。然而，罕见的突变可以增强蛋白质的功能，赋予蛋白质新的活性，或作为**功能获得等位基因**在错误的时间或地点表达蛋白质。由于单个这样的等位基因本身通常会产生一种蛋白质，即使在正常蛋白质存在的情况下，这种蛋白质也能改变表型，所以这些不寻常的功能获得等位基因几乎总是占野生型等位基因的主导地位。许多显性突变等位基因在纯合时是致死的。

1. 超形态等位基因

超形态突变是产生比野生型等位基因更正常的蛋白质产物或更有效的突变蛋白质的突变。例如，人类*FGFR3*基因的高度变异导致软骨发育不全，这是最常见的侏儒症形式［图8.31（a）］。*FGFR3*基因编码抑制骨生长的信号蛋白（成纤维细胞生长因子受体3）。FGFR3蛋白通常仅在称为FGF（成纤维细胞生长因子）的小蛋白与其结合时才被激活［图8.31（b）］。大多数患有软骨发育不全的人携带称为*FGFR3*^(G480R)的突变等位基因编码FGFR3蛋白，其中精氨酸代替氨基酸序列480位置的正常甘氨酸。这种单一的氨基酸变化导致突变蛋白即使在不存在FGF的情况下也会被激活。因此，突变蛋白是一种组成型活性受体，它一直处于被激活状态［图8.31（c）］。超形态等位基因（*FGFR3*^(G480R)）对野生型等位基因具有显性作用，因为即使存在正常蛋白质，突变蛋白仍保持活性并继续抑制骨生长。

2. 新形态等位基因

一类罕见的显性功能获得等位基因来自产生新型表型的**新形态突变**。一些新形态等位基因产生具有新功能的突变蛋白，而另一些则导致基因在不适当的时间或地点产生正常蛋白（**异位表达**）。

显性的亨廷顿病等位基因（*HD*）是产生突变蛋白的新形态等位基因的一个例子。回忆第7章中的"快进"信息栏"三核苷酸重复疾病：亨廷顿病和脆性X综合征"，*HD*⁺是polyQ型三核苷酸重复基因。突变HD蛋白具有大量的谷氨酰胺（Q）氨基酸，并且由于未知原因，这种突变HD蛋白引起神经变性。HD疾病等位基因对正常等位基因具有显性作用，因为正常HD蛋白（具有较少Q）的存在不会阻止突变HD蛋白损伤神经细胞。

果蝇基因*Antennapedia*的*Antp*^(Ns)突变等位基因是一个表达正常蛋白质的新形态等位基因的明显例子。果蝇是*Antp*^(Ns)/*Antp*⁺杂合子，它们的头部有两条腿代替触角［图8.32（a）］。*Antp*基因编码一种促进腿部发育的蛋白质；相应地，野生型等位基因*Antp*⁺在将成为果蝇腿的组织中表达。基因转录控制区内的一个突变反而导致*Antp*^(Ns)等位基因在注定要成为触角的组织中表达正常蛋白［图8.32（b）］。*Antp*^(Ns)占主导地位是因为*Antp*⁺等位基因不能阻止Antp蛋白在通常注定成为触角的细胞中异位表达。

(a) 软骨发育不全

(b) 正常的FGFR等位基因　　　**(c) 超形态等位基因 FGFR^{G480R}**

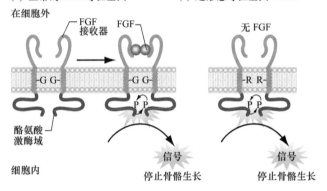

图8.31　一些超形态等位基因编码过度活跃的蛋白质。
（a）软骨发育不全是一种侏儒症，是由*FGFR3*基因的显性变态突变等位基因*FGFR3*^G480R^引起的。（b）*FGFR3*基因编码二聚体跨膜受体蛋白，其通常仅在与小蛋白激素FGF结合时才被激活。一个活化的FGFR3亚基的酪氨酸激酶结构域将磷酸基团（黄色圆圈中的磷酸基团）添加到另一个亚基，反之亦然。这些磷酸化作用引发了最终阻止骨骼生长的信号。
（c）无论是否存在FGF，突变FGFR3^G480R^蛋白始终被激活，导致骨骼发育不良。

（a）：© Frazer Harrison/Getty Images

3. 反效等位基因

　　一些显性的突变等位基因编码的蛋白质不仅不能提供野生型蛋白质的活性，而且还阻止正常蛋白质起作用。这些等位基因被称为**显性失活**或**反效等位基因**。

　　如果以一种编码多肽的基因为例，它与四亚基酶中的其他三种相同多肽相结合，四个亚基都是相同基因的产物。如果一个显性突变等位基因*D*指导一个毒性亚基的合成，其存在于多聚体中，甚至作为四个亚基中的一个，废除酶的功能，那么仅由功能性野生型*d*^+^亚基组成

(a) 显性的新型等位基因*Antp*^Ns^引起触角到腿的转换

$Antp^+/Antp^+$ 　　　　　　　$Antp^{Ns}/Antp^+$

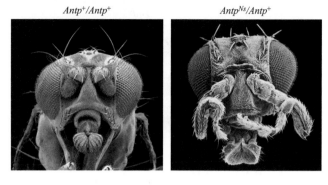

(b) *Antp*^Ns^ 异位表达Antp蛋白

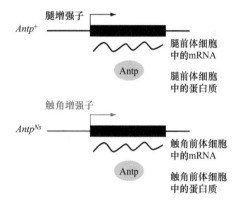

图8.32　新形态等位基因可以异位表达正常蛋白质。（a）果蝇触角足基因中的新形态显性突变（*Antp*^Ns^）产生了两条腿从头部长出的果蝇（右）；左图显示的是正常的果蝇头部。
（b）*Antp*^Ns^具有突变的转录控制区域，其导致通常预定成为触角的细胞中的腿部决定性Antp蛋白的异位表达。

（a，左）：© Eye of Science/Science Source；（a，右）：© Juergen Berger/Science Source

的活性四聚体只占所有四聚体的1/16［图8.33（a）］。因此*D*/*d*^+^杂合子中的总酶活性远低于野生型*d*^+^/*d*^+^纯合子中的总酶活性。小鼠中*Axin*基因的*Kinky*等位基因导致畸形（扭曲）的尾巴，就是一个具有这种作用机制的显性负突变的例子［图8.33（b）］。

8.5.5　突变的影响难以预测

　　如前所述，大多数突变构成功能缺失等位基因。原因是氨基酸序列的许多变化可能破坏蛋白质的功能，而且基因调控位点的大多数改变（如启动子）将使这些位点效率降低。尽管如此，基因中几乎任何位置的突变都很少导致功能的获得。

　　即使你知道突变如何影响基因功能，你也不能总是预测突变等位基因是否会相对野生型等位基因显性或隐性（表8.2）。虽然大多数功能丧失突变是隐性的，并且几乎所有功能获得突变都占主导地位，但这些一般化的例外情况也确实存在。其原因在于，二倍体生物中基

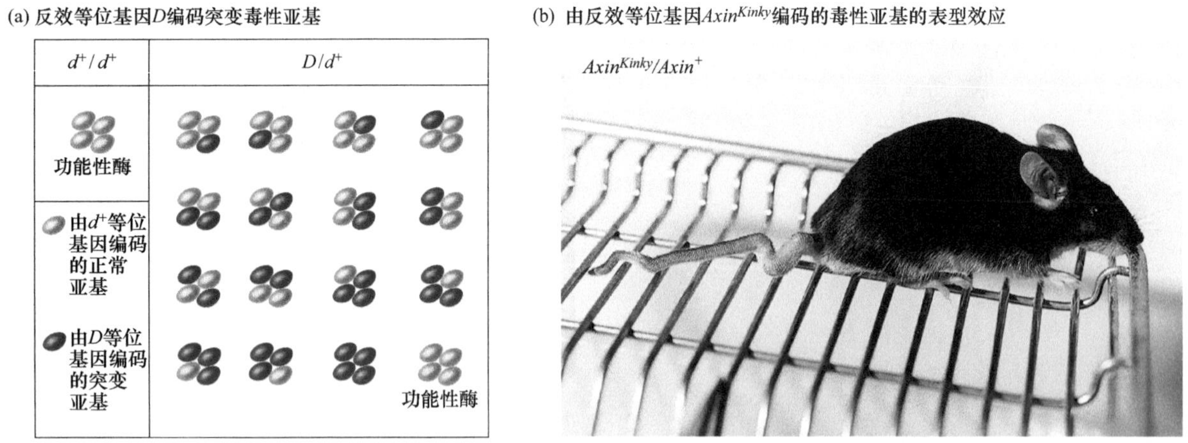

(a) 反效等位基因D编码突变毒性亚基　　　　　　(b) 由反效等位基因Axin^{Kinky}编码的毒性亚基的表型效应

图8.33　为什么一些显性突变基因是反效等位基因。（a）对于由单个基因编码的四个亚基组成的蛋白质，显性失活突变可以使每16个多聚体中的15个失活。（b）小鼠Axin基因（Axin^{Kinky}）的Kinky等位基因是一种显性负性突变，导致尾部扭曲。Axin蛋白是蛋白质复合物的亚基；Axin^{Kinky}编码的蛋白质可以防止复合物发挥作用。

(b)：© Tom Vasicek

表8.2　突变分类对蛋白质功能的影响

	功能缺失		功能获得		
突变类型	无效等位基因（无效）	亚效等位基因（不足）	超形态等位基因	新形态等位基因	反效等位基因（显性失活）
发生概率	常见	常见	少见	少见	少见
可能的显隐性关系	通常为隐性；如果表型随基因产物不断变化，则可能不完全显性；单倍体不足时可能显性		通常为显性或不完全显性	通常为显性	通常为显性或不完全显性

因的野生型和突变等位基因之间的显性关系取决于突变对蛋白质生产或活性的影响程度，而表型则完全取决于蛋白质的正常野生型水平。

8.5.6　编码实现表达的分子的基因突变可能具有全局效应

基因表达取决于令人惊讶的蛋白质及RNA的数量和种类，每种蛋白质和RNA由单独的基因编码。所有蛋白质（RNA聚合酶、核糖体蛋白亚基、氨酰tRNA合成酶等）的基因转录和翻译过程都相同。所有rRNA、tRNA和snRNA的基因都是转录但未翻译的**非编码基因**。几乎所有这些基因的突变，无论是蛋白质编码还是非编码，都会对表型产生显著影响。

1. 影响基因表达机制的致死突变

编码实现基因表达的基因（如核糖体蛋白或rRNA）的功能突变缺失，在纯合子中往往是致死的，因为这种突变会对细胞中所有蛋白质的合成产生不利影响。即使基因表达所需的一些蛋白质或RNA的量减少50%，也会产生严重的后果。例如，在果蝇中，编码各种核糖体蛋白的许多基因中的无效突变在纯合时是致死的。由于单倍体不足，杂合子中的相同突变导致显性的微小表型，其中细胞的缓慢生长延迟了果蝇的发育。

2. tRNA基因中的抑制突变

如果不止一个基因编码相同的分子在基因表达中起作用，那其中的一个突变不一定是致命的，甚至可能是有利的。例如，细菌遗传学家发现某些tRNA基因的突变可以抑制其他基因中无义突变的影响。具有这种效应的tRNA基因突变产生**无义抑制因子tRNA**。

例如，在色氨酸合酶基因中具有框内UAG无义突变的其他野生型大肠杆菌群体。该群体中的所有细胞都形成截短的、无功能的色氨酸合酶，因此色氨酸营养缺陷型（Trp⁻）不能合成色氨酸［图8.34（a）］。然而，随后将这些营养缺陷型暴露于诱变剂会产生一些带有两个突变的Trp⁺细胞：其中一个是原始色氨酸合酶的无义突变，另一个是编码氨基酸酪氨酸的tRNA的基因突变。tRNA基因的突变抑制了无义突变的作用，恢复了色氨酸合酶基因的功能。

如图8.34（b）所示，这种无义抑制的基础是tRNA^{Tyr}突变改变了一种反密码子，该反密码子将酪氨酸密码子识别为与UAG终止密码子互补的反密码子。因此，突变tRNA可以在框内UAG无义突变的位置处将酪氨酸插入多肽中，从而允许细胞至少产生一些全长酶。类似地，其他tRNA基因的反密码子突变可以抑制UGA或UAA密码子的无义突变。

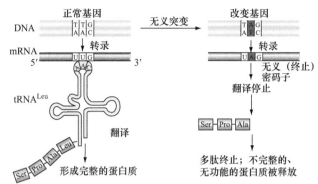

(a) 无义突变

正常基因 → 无义突变 → 改变基因

DNA: T|T|G / A|A|C → T|A|G / A|T|C

转录

mRNA 5' UUG 3' tRNA^Leu

翻译

Ser-Pro-Ala-Leu

Ser-Pro-Ala

形成完整的蛋白质

转录

UAG

无义（终止）密码子

翻译停止

Ser-Pro-Ala

多肽终止；不完整的、无功能的蛋白质被释放

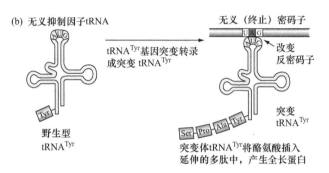

(b) 无义抑制因子tRNA

无义（终止）密码子

UAG

改变反密码子

tRNA^Tyr基因突变转录成突变 tRNA^Tyr

Tyr

野生型 tRNA^Tyr

突变 tRNA^Tyr

Ser-Pro-Ala-Tyr

突变体tRNA^Tyr将酪氨酸插入延伸的多肽中，产生全长蛋白

图8.34 无义抑制。（a）无义突变会生成终止密码子导致截短、无功能多肽的产生。（b）tRNA基因中的第二个无义抑制突变导致响应终止密码子添加氨基酸，从而产生全长多肽。

只有当突变同时满足以下两个条件时，tRNA基因中具有无义抑制突变的细胞才能存活。首先，细胞必须具有能够在突变改变其反密码子之前对同一密码子进行识别的其他tRNA。如果没有这样的tRNA，细胞就无法插入合适的氨基酸（如酪氨酸的密码子）。其次，抑制性tRNA必须仅对通常在mRNA编码区末端发现的终止密码子作无效应答。若非如此，抑制性tRNA将在细胞中造成严重破坏，产生一系列比正常情况更长的异常多肽。细胞防止这种可能性的一种方法是在许多基因的末端连续放置两个终止密码子。因为抑制tRNA在这两个密码子处插入氨基酸的机会非常低，仅会产生少量的延伸蛋白。

基本概念

- 基因编码序列中的点突变可以修饰多肽产物的氨基酸序列。
- 编码序列外的突变可以通过改变蛋白质产生的数量、时间或地点来修饰基因表达。
- 功能丧失突变减少或消除基因的表达。大多数功能丧失等位基因对野生型等位基因是隐性的。当表型随基因产物的量不断变化时，功能丧失等位基因可能表现出不完全显性。在单倍体不足的情况下，基因产物正常量的一半不足以产生正常表型，因此功能丧失的突变等位基因具有显性效应。

- 罕见的功能获得型突变会增加蛋白产量、合成变异蛋白，或者在错误的环境中产生正常蛋白质。大多数功能获得等位基因对野生型等位基因是显性的。
- 突变对野生型是显性还是隐性的取决于蛋白质产物的改变程度以及表型对异常基因功能的敏感程度。
- 基因表达机制分子的突变通常是致命的，除非是产生无义抑制因子tRNA的tRNA基因突变。

接下来的内容

对基因表达的知识使我们能够重新定义基因的概念。基因不仅仅是被转录成mRNA密码子的DNA，这些mRNA密码子指定了特定多肽的氨基酸。相反，基因是作为多肽产物需要表达的所有DNA的序列。除了所有这些特征外，真核基因还含有从带有内含子的初级转录物，将内含子剪接出去才能制备成熟的mRNA。因为有内含子的存在，大多数真核生物的基因要比原核生物基因长很多。即使含有内含子，单个基因的核苷酸对也仅仅在构成基因组的染色体中占有非常小的比例。人类基因的长度平均为16 000个核苷酸对。但单倍体人类基因组在23条染色体中共分布着大约30亿个核苷酸对，每个染色体平均含有1.3亿个核苷酸对。

在第9章、第10章和第11章中，我们描述了研究人员如何分析大部分基因组染色体中的遗传信息，试图去发现DNA的哪些部分是基因以及这些基因如何影响表型。他们通过将DNA剪切成可操作的片段进行分析，同时对片段进行复制以获得足够的材料用于研究，并将片段表征到核苷酸序列的水平。然后，科学家们试图通过确定片段之间的空间关系来重建整个基因组的DNA序列。最后，他们利用这些知识来检验使个体具有独特性的基因组变异。

习题精解

I. 遗传学家检查了各种大肠杆菌突变体中特定蛋白质的氨基酸序列。正常酶中第40位的氨基酸是甘氨酸。下表显示了遗传学家在六种突变形式的酶中在氨基酸位置40处发现的取代结果。

突变1	半胱氨酸
突变2	缬氨酸
突变3	丝氨酸
突变4	天冬氨酸
突变5	精氨酸
突变6	丙氨酸

已确定每种情况下碱基置换都在DNA中发生，哪些突变体能够与突变1重组形成野生型基因？

解答

参见遗传密码表（参见图8.2）确定碱基置换。

原始的甘氨酸可以被GGU、GGC、GGA和GGC编码。突变1使第40号氨基酸变成了半胱氨酸，它的密码子是UGU或者UGC。可以确定编码密码子中第一个位置碱基对发生了变换（G-C转换成T-A），因此原始甘氨酸密码子必须是GGU或GGC。缬氨酸（突变2）的密码子是GUN（N代表任意一种碱基）假设为单碱基突变，那么缬氨酸的密码子就是GUU或者GUC，碱基对的变化就一定是第二位置的G-C转换成A-T。如果只改变一个碱基使甘氨酸突变成丝氨酸（突变3），也就是密码子GGU或GGC变成AGU或者AGC，第一个位置的碱基对发生置换（G-C转换成T-A）。天冬氨酸（突变4）的密码子是GAU或GAC，所以突变4是第二个位置的碱基对G-C转换成A-T的结果。精氨酸（突变5）被密码子CGN编码，所以突变5是第一个位置的碱基对发生了G-C到C-G的颠换。丙氨酸（突变6）密码子是GCN，所以突变6是第二个位置的碱基对发生了G-C到C-G的颠换。突变2、4和6影响不同于突变1影响的碱基对，因此它们可以与突变1重组。

总之，在该位置的野生型和突变基因的RNA样链上的核苷酸序列必须是：

野生型	5′ G G T/C 3′
突变 1	5′ T G T/C 3′
突变 2	5′ G T T/C 3′
突变 3	5′ A G T/C 3′
突变 4	5′ G A T/C 3′
突变 5	5′ C G T/C 3′
突变 6	5′ G C T/C 3′

Ⅱ. 形成SV40肿瘤病毒基因组的双链环状DNA分子可以变性为单链DNA分子。因为两条链的基础组成不同，所以可以根据它们的密度将链分成两条链，分别称为W（atson）和C（rick）。

当将单链的每种纯化制剂与来自感染病毒的细胞的mRNA混合时，在RNA和DNA之间形成杂交体。对这些杂交更仔细的分析表明，与W制剂杂交的RNA不同于与C制剂杂交的RNA。请问关于不同类别RNA的转录模板是什么？

解答

在回答这个问题之前，首先需要了解转录和双螺旋中DNA链的极性。一些基因使用DNA的一条链作为模板；其他人使用相反的链作为模板。由于DNA链的极性不同，一组基因将在圆形DNA上以顺时针方向转录（如使用W链作为模板），另一组将以逆时针方向转录（用C链作为模板）。

Ⅲ. 对人血红蛋白感兴趣的遗传学家发现了大量的突变形式。这些突变蛋白中的一些具有正常大小（但含有氨基酸置换），而其他突变蛋白由于缺失或无义突变而变短。第一个超长实例被命名为Hb Constant Spring，其中β-珠蛋白具有其所有正常氨基酸，以及在蛋白质正常C端后连接的几个额外氨基酸。

a. 对其起源最合理的解释是什么？

b. Hb Constant Spring是否有可能未能将内含子拼接而产生？

c. 估计可以在突变蛋白的C端添加多少额外氨基酸。

解答

为了回答这个问题，需要理解翻译和RNA剪接的原理。

a. 因为存在蛋白质C端的延伸，所以突变可能影响终止（无义）密码子而不影响RNA的剪接。这种改变可能是基础改变或移码或删除改变或去除终止密码子。超出正常终止密码子的mRNA中的信息将被翻译，直到达到mRNA中的另一个终止密码子。

b. 只有在终止密码子之前的位置存在内含子并且突变阻止内含子从成熟mRNA中去除时，剪接缺陷才能解释Hb Constant Spring。在这种情况下，内含子中的核苷酸将作为三联体在框内读取，直至达到终止密码子。特定位置存在内含子的必要性使得这种情况比题目a部分更不可能。

c. 无论对Hb Constant Spring蛋白的解释是终止密码子的改变还是剪接的改变，都可以通过假设它们由随机DNA序列编码来估计添加到蛋白末端的氨基酸的数量。在遗传密码中，64个三联体中的3个（21个中约1个）是终止密码子。因此粗略估计，需在突变蛋白末端添加约21个氨基酸，直到阅读框遇到终止密码子。

习题

词汇

1. 在右列中选择与左列中的术语最匹配的短语。

a. 密码子	1. 从初级转录物中去除对应于内含子的碱基序列
b. 共线性	2. UAA，UGA，UAG
c. 阅读框	3. 与初级转录物具有相同碱基序列的 DNA 链
d. 移码突变	4. 其上附着了适当的氨基酸的 tRNA 分子
e. 遗传密码的简并性	5. 表示一个氨基酸的一组三个 mRNA 碱基
f. 无义密码子	6. 大多数氨基酸不是由单个密码子指定的

g. 起始密码子

7. 使用 DNA 链的核苷酸序列中的信息来指定 RNA 链的核苷酸序列

h. 模板链

i. RNA 样链

8. 将三种 mRNA 碱基分组为密码子

9. 特定环境的 AUG

j. 内含子

10. 多肽中氨基酸的线性序列对应于基因中核苷酸对的线性序列

k. RNA 剪接

11. 从相同的初级转录物产生不同的成熟 mRNA

l. 转录

12. 在编码序列中添加或删除三个碱基对以外的多个碱基对

m. 翻译

13. 基因内的碱基对序列，其不由成熟 mRNA 中的任何碱基表示

n. 可变剪接

14. 具有与初级转录物互补的碱基序列的 DNA 链

o. 负载 tRNA

15. 使用 mRNA 分子的核苷酸序列中编码的信息来指定多肽分子的氨基酸序列

p. 反转录

16. 以 RNA 为模板合成 DNA

8.1节

2. 将左栏中的假设与产生它的右栏中的观察相匹配。

a. DNA 和蛋白质之间存在中间信使

1. 影响相同氨基酸的两个突变可以重组以产生野生型

b. 遗传密码是不重叠的

2. 基因中的一个或两个碱基缺失（或插入）会破坏其功能；三个碱基缺失（或插入）通常与功能兼容

c. 密码子不只含有一个核苷酸

3. 含有某些密码子的人工信息比不含这些密码子的信息产生更短的蛋白质

d. 遗传密码基于三联体

4. 蛋白质合成发生在细胞质中，而 DNA 存在于细胞核中

e. 存在终止密码子来终止翻译过程

5. 具有不同碱基序列的人工信息在体外翻译系统中产生不同的蛋白质

f. 一个蛋白质的氨基酸序列基于对应 mRNA 的基本序列

6. 单碱基取代仅影响蛋白质链中的一个氨基酸

3. 如何根据遗传密码的下列模型读取人工 mRNA？

$$5'...GUGUGUGU...3'$$

a. 双碱基，不重叠

b. 双碱基，重叠

c. 三碱基，不重叠

d. 三碱基，重叠

e. 四碱基，不重叠

4. 例子中显示了 T4 *rIIB* 基因的一部分序列，其中 Crick 和 Brenner 已经重组了一个 "+" 和一个 "–" 突变（下面已给出 DNA 的 RNA 样链）。

野生型　5' AAA AGT CCA TCA CTT AAT GCC 3'
突变型　5' AAA GTC CAT CAC TTA ATG GCC 3'

a. 突变 DNA 中的+突变和–突变在哪里？

b. 双突变体产生野生型斑块。这种双突变体中发生了哪些氨基酸的改变？

c. 如何解释双突变体中的氨基酸不同于野生型序列，而噬菌体具有野生型表型？

5. 考虑图 8.4 中的 Crick 和 Brenner 的实验，这表明遗传密码基于核苷酸三联体。

a. Crick 和 Brenner 获得了 FC0 的基因内抑制子 FC7，即在 FC0 突变附近的 *rIIB* 基因中第二个位点的突变。描述 *rIIB* 基因中的一种不同类型的突变，是研究人员可能通过用 proflavin 处理 FC0 突变体并寻找恢复的 *rIIB⁺* 功能而恢复的。

b. Crick 和 Brenner 如何区分题目 a 中描述的事件和 FC7 等基因内抑制子的区别？

c. 当通过重组将 FC7 与 FC0 分离时，结果是两个 *rIIB⁻* 突变噬菌体：一个是 FC7，另一个是 FC0。他们如何区分 FC7 和 FC0 重组体？

d. 解释 Crick 和 Brenner 如何获得不同的缺失（–）或添加（+）突变，从而获得图 8.4（c）所示的各种组合，如 ++、––、+++ 和 –––？

6. 人的 β-珠蛋白基因 $Hb\beta^S$（镰状细胞）等位基因将 β-珠蛋白链中的第 6 个氨基酸从谷氨酸变为缬氨酸。在 $Hb\beta^C$ 中，β-珠蛋白中的第 6 个氨基酸从谷氨酸变为赖氨酸。β-珠蛋白基因图中这两个突变的顺序是什么？

7. 下图描述了噬菌体 φX174 的 *A* 基因部分和 *B* 基因起始的 mRNA 序列。在这种噬菌体中，一些基因在重叠阅读框中被读取。例如，*A* 基因的编码用于部分 *B* 基因，但阅读框被一个碱基置换。这里显示的是带有所示蛋白 A 和 B 密码子的单个 mRNA。

```
aa#  5   6   7   8   9  10   11  12  13  14  15  16
A    AlaLysGluTrpAsnAsnSerLeuLysThrLysLeu
mRNA GCUAAAGAAUGGACAACUCACUAAAAACCAAGCUG
B          MetGluGlnLeuThrLysAsnGlnAla
aa#        1   2   3   4   5   6   7   8   9
```

鉴于以下氨基酸（aa）的变化，指出在 mRNA 中发生的碱基变化以及对其他蛋白质序列的后果。

a. 蛋白 A 中第 10 位的 Asn 变为 Tyr。

b. 蛋白 A 中第 12 位的 Leu 变为 Pro。

c. 蛋白 B 中第 8 位的 Gln 变为 Leu。

d. 重叠阅读框的出现在自然界非常罕见。当它确实发生时，重叠的程度不是很长。你认为为什么是这种情况？

8. 部分蛋白质的氨基酸序列已经确定：

N . . . Gly Ala Pro Arg Lys . . . C

使用诱变剂proflavin在编码该蛋白的基因中诱导了突变。可以纯化得到突变蛋白并确定其氨基酸序列。突变蛋白的氨基酸序列与前面序列中野生型蛋白从蛋白N端到甘氨酸的氨基酸序列完全相同。从这种甘氨酸开始，氨基酸的序列改变为如下：

N . . . Gly His Gln Gly Lys . . . C

使用氨基酸序列，可以确定来自编码该蛋白的野生型基因的14个核苷酸的序列。这是什么序列？

9. 图8.5所示的结果可能让你感到不协调，因为许多缺乏AUG起始密码子的合成RNA（如poly-U）在体外被翻译成多肽。这项实验之所以可能，是因为Marshall Nierenberg发现试管中高浓度的Mg^{2+}，远高于细胞中发现的Mg^{2+}，使得核糖体能够在RNA分子上的任何位置启动翻译。在高和低Mg^{2+}浓度下，用以下每种合成mRNA预测体外翻译的结果：

a. poly-UG (UGUGUG . . .)

b. poly-CAUG (CAUGCAUGCAUG . . .)

c. poly-GUAU (GUAUGUAUGUAU . . .)

10. 识别遗传密码中的所有氨基酸指定密码子，其中点突变（单个碱基改变）可以产生无义密码子。

11. 在合成如图8.5所示的确定序列的RNA分子的技术发明之前，用未定义序列的合成mRNA进行类似的实验。例如，仅由U和G组成的RNA可以在体外合成，但它们将具有随机序列。假设在含有三倍于GTP的UTP反应混合物中合成一组随机序列RNA，并且所得RNA在体外翻译。

a. RNA中存在多少个不同的密码子？

b. 在合成的多肽中有多少不同的氨基酸？

c. 为什么你对题目a和b的回答不一样？

d. 你希望多久能在题目a中找到每个密码子？

e. 你希望以何种比例找到多肽中的每个氨基酸？

f. 如果你做了这个实验，即合成了含有U：G比例为3：1的随机序列RNA，并且在知道遗传密码表之前对产生的多肽中每个氨基酸的量进行了定量，结果会告诉你什么？

12. 特定的蛋白质在其主要结构内具有氨基酸序列

N . . . Ala-Pro-His-Trp-Arg-Lys-Gly-Val-Thr . . . C

一位研究影响这种蛋白质的突变的遗传学家发现，其中几个突变体产生了在该区域内终止的缩短的蛋白质分子。其中之一——His成为末端氨基酸。

a. 什么DNA单碱基改变会导致蛋白质终止于His残基？

b. 在编码这种蛋白质的DNA序列中，你会看到哪些其他潜在的位点，其中单个碱基对的突变会导致翻译的提前终止？

13. 有多少个可能的可读框（没有终止密码子的框）存在延伸通过以下序列？

5' . . . CTTACAGTTTATTGATACGGAGAAGG . . . 3'
3' . . . GAATGTCAAATAACTATGCCTCTTCC . . . 5'

14. a. 在图8.3中，物理图（碱基对的数量）并不完全等同于遗传图（图距单位）。请解释这种明显的差异。

b. 在图8.3中，哪个区域显示重组频率最高？哪个最低？

15. Charles Yanofsky分离出许多不同的trpA⁻突变体（图8.3）。

a. 解释他如何使用复制平板鉴定大肠杆菌的Trp⁻营养缺陷型（回顾图7.6）。

b. 假设TrpA酶在色氨酸生物合成途径中的作用是已知的，解释Yanofsky如何在Trp⁻营养缺陷型中鉴定出trpA⁻突变体（提示：回忆第7章中Beadle和Tatum关于一种基因一种酶的实验）。

16. 这里给出了从起始密码子开始的一段mRNA的序列，以及来自几个突变株的相应序列。

正常　　　AUGACACAUCGAGGGGUGGUAAACCCUAAG...
突变体1　AUGACACAUCCAGGGGUGGUAAACCCUAAG...
突变体2　AUGACACAUCGAGGGUGGUAAACCCUAAG...
突变体3　AUGACGCAUCGAGGGGUGGUAAACCCUAAG...
突变体4　AUGACACAUCGAGGGGUUGGUAAACCCUAAG...
突变体5　AUGACACAUUGAGGGGUGGUAAACCCUAAG...
突变体6　AUGACAUUUACCACCCCUCGAUGCCCUAAG...

a. 指示各自存在的突变类型，并在每种情况下将序列的突变部分翻译成氨基酸序列。

b. 用EMS（乙基甲烷磺酸盐；见图7.14）处理可以回复哪些突变？用原黄素呢？

17. 你确定了一个基因的原黄素产生的等位基因，该基因产生110个氨基酸的多肽，而不是通常的157个氨基酸的蛋白质。在对这个突变等位基因进行广泛的proflavin诱变后，你能够在编码蛋白质N端的序列和原始突变之间找到位于基因部分的一些基因内抑制子，但是在原始突变和编码蛋白质通常C端的序列之间的区域没有抑制子。你认为这是什么原因？

18. 使用重组DNA技术（将在第9章中描述），可以从任何来源获取基因的DNA并将其置于酵母细胞核中的染色体上。当你将人类基因的DNA放入酵母细胞染色体中，改变后的酵母细胞可以制造出人类蛋白质。但是当你移除通常存在于酵母线粒体染色体上的基因的DNA，并将其放在细胞核中的酵母染色体上时，酵母细胞就不能合成正确的蛋白质，尽管该基因来自同一个生物体。你需要做些什么来确保这样的酵母细胞能够制造出正确的蛋白质？

8.2节

19. 描述转录中需要互补碱基配对的步骤。

20. 第6章和第7章解释说，DNA聚合酶犯的错误要么通过DNA复制过程中的校对机制纠正，要么通过复制完成后运行的DNA修复系统纠正。DNA复制的总错误率约为1×10^{-10}，也就是1000万个碱基对中的一个错误。RNA聚合酶也有一定的校对能力，但转录的整体错误率明显更高（1×10^{-4}，或每10 000个核苷酸中有一个错误）。为什么生物体能够忍受比DNA复制更高的转录错误率呢？

21. 基因F的编码序列在附图中从左到右读取。基因G的编码序列从右向左读取。DNA的哪条链（顶部或底部）作为每个基因转录的模板？

22. 如果将人类基因的mRNA与同一种基因的基因组DNA混合，让RNA和DNA通过碱基互补形成杂交分子，你会在电子显微镜中看到什么？你的图片应该包括涉及DNA链（模板和RNA样）及mRNA的杂交。

23. 在研究特定人类酶的正常和突变形式时，遗传学家遇到了一种特别有趣的突变形式的酶。正常酶长227个氨基酸，但突变酶长312个氨基酸。额外的85个氨基酸在正常序列的中间作为一个区段出现。插入的氨基酸与正常蛋白质序列没有任何对应关系。对这种现象有什么可能的解释？

24. 果蝇基因Dscam1编码支配神经元连接的神经细胞（神经元）表面的蛋白质。每个神经元在其表面上都有一个存在的数万个Dscam1蛋白。神经元表达的

特定Dscam1蛋白被认为是唯一标记细胞以确定它将生长的轴突和树突的路径。真核基因是单顺反子。那么单个Dscam1基因如何编码数以万计的不同蛋白质？

8.3节

25. 描述翻译中需要互补碱基配对的步骤。

26. 尽可能准确地定位下图所示列出的项目。有些项目未显示。（a）DNA模板链的5′端；（b）mRNA的3′端；（c）核糖体；（d）启动子；（e）密码子；（f）氨基酸；（g）DNA聚合酶；（h）5′非编码区；（i）着丝粒；（j）内含子；（k）反密码子；（l）N端；（m）负载tRNA的5′端；（n）RNA聚合酶；（o）负载tRNA的3′端；（p）核苷酸；（q）mRNA帽；（r）肽键；（s）P位点；（t）氨酰-tRNA合成酶；（u）氢键；（v）外显子；（w）5′ AUG 3′；（x）潜在的摆动交互。

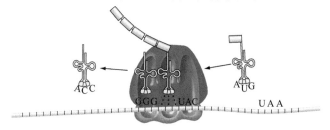

27. 关于习题26的图示：
    a. 正在表示哪个进程？
    b. 图中增长链中下一个要加入的构件是什么？在这个增长链的哪一端将添加这个构建模块？完成后，链中会有多少构建模块？
    c. 哪些其他的构建模块具有已知的标识？
    d. 你能给这个图增加什么细节吗？在真核细胞和原核细胞中会有什么不同？

28. a. 可以存在具有反密码子序列5′IAA的tRNA吗？如果有，它将携带哪种氨基酸？
    b. 针对反密码子序列$5'xm^5s^2UAA$回答同样的问题。

29. 对于习题28的题目a和题目b，考虑编码tRNA的基因的DNA序列。tRNA基因的RNA样链与tRNA的反密码子对应的序列是什么？这些相同的三个核苷酸的基因的模板链的序列是什么？

30. 记住tRNA的摆动碱基是反密码子的5′碱基：
    a. 在人类tRNA中，最初用A在摆动位置转录的所有可能的反密码子的序列是什么？（假设这个A总是被修改为I）

b. 在人类tRNA中，最初用U在摆动位置转录的所有可能的反密码子的序列是什么？（注：任何在摆动位置带有U的单一类型的tRNA只能以单一方式修饰）

c. 题目b中每个反密码子的摆动如何被修改并且仍然与遗传密码一致？

d. 人类基因组中必须存在的不同tRNA基因的理论最小数目是多少（假设xo⁵U只与A、G或U配对）。

31. 人类基因组包含大约500个tRNA基因。

a. 你认为这些tRNA基因中的每一个都有不同的功能吗？

b. 你能解释一下为什么人类基因组会进化以便容纳如此多的tRNA基因吗？

32. 编码在有丝分裂纺锤体中发现的蛋白质的酵母基因由研究有丝分裂的实验室克隆。该基因编码477个氨基酸的蛋白质。

a. 该酵母基因的蛋白质编码部分的核苷酸最小长度是多少？

b. 这里给出了含有酵母基因编码区中间的外显子中一条DNA链的部分序列。基因的这个区域的mRNA的核苷酸序列是什么？展示链的5′和3′的方向性。

5′ GTAAGTTAACTTTCGACTAGTCCAGGGT 3′

c. 这部分酵母有丝分裂纺锤体蛋白的氨基酸序列是什么？

33. 这里显示了编码小蛋白Met Tyr Arg Gly Ala的完整真核基因的序列。模板链上的所有序列都被转录成RNA。

5′ CCCCTATGCCCCCCTGGGGGAGGATCAAAACACTTACCTGTACATGGC 3′
3′ GGGGGATACGGGGGGACCCCCTCCTAGTTTTGTGAATGGACATGTACCG 5′

a. 哪条链是模板链？转录这个基因的时候，RNA聚合酶在哪个方向（从右到左或从左到右）沿着模板移动？

b. 该基因的加工mRNA分子中核苷酸的序列是什么？表明该mRNA的5′和3′极性。

c. 该基因中的单碱基突变导致肽Met Tyr Thr的合成。这个突变基因产生的mRNA的核苷酸序列是什么？

34. 按照它们将出现在基因组中的顺序和RNA聚合酶沿着基因行进的方向排列下面的真核基因元件列表。假设基因的单内含子打断可读框。请注意，其中一些名称是缩写的，因此不能区分DNA与RNA中的元素。例如，剪接供体位点是转录到剪接供体位点的DNA序列的缩写，因为剪接发生在基因的RNA

转录物，而不是基因本身。遗传学家为简单起见经常使用这种速记，尽管它不精确。（a）剪接供体位点；（b）3′UTR；（c）启动子；（d）终止密码子；（e）添加甲基化帽的核苷酸；（f）起始密码子；（g）转录终止子；（h）剪接受体位点；（i）5′UTR；（j）poly-A添加位点；（k）剪接分支位点。

35. 关于习题34中的真核基因元件列表：

a. 列表中的哪些元素名称是缩写？（也就是说，这些元素中的哪一个实际上出现在基因的初级转录物或mRNA中，而不是基因本身中）

b. 列表中的哪些元素部分或完全存在于该基因的第一外显子（或从该外显子转录的RNA）中？哪些在第二外显子中？哪些在内含子中？

36. β2晶状体晶体蛋白的人类基因具有下列成分。数字代表组成特定组分的核苷酸对。为简单起见，假定不涉及选择性拼接。

5′ UTR	174
第一外显子	119
第一内含子	532
第二外显子	337
第二内含子	1431
第三外显子	208
第三内含子	380
第四外显子	444
第四内含子	99
第五外显子	546
3′ UTR	715

回答以下有关β2晶状体晶体蛋白基因、初级转录物和基因产物的问题。应该用列表中的11个组件中的一个来回答，或者不用任何组件来回答。假设poly-A尾含有150个A。

a. β2晶状体晶体蛋白基因有多少bp（碱基对）？

b. β2晶状体晶体蛋白在碱基中的初级转录物有多大？

c. β2晶状体晶体蛋白在碱基中的成熟mRNA有多大？

d. 你在哪里能找到编码起始密码子的碱基对？

e. 你在哪里能找到编码终止密码子的碱基对？

f. 你在哪里能找到编码5′帽的碱基对？

g. 你在哪里能找到构成启动子的碱基对？

h. 哪个内含子打断了3′非编码区？

i. 你在哪里能找到编码C端的序列？

j. 你在哪里能找到编码poly-A尾的序列？

k. 基因的编码区有多少bp（碱基对）？

l. β2晶状体晶体蛋白中有多少个氨基酸？

m. 哪个内含子打断了一个密码子？

n. 哪个内含子位于密码子之间？

o. 你会在哪里找到指定poly-A添加位点？

你在几个不同人的晶状体形成细胞中发现少量的多肽，其N端与正常晶状体晶体蛋白相同，但C端不同。多肽长114个氨基酸，其中94个与正常蛋白共享，其余20个是无关的部分。这种114个氨基酸的蛋白质的产生没有突变参与。

p. 概述产生这种蛋白质的过程的假设。你的假设应该解释为什么94个氨基酸与正常的β2晶状体晶体蛋白相同。

q. 解释为什么你会期望像上面描述的114-mer这样的多肽平均会有20个氨基酸的无关序列。

8.4节

37. 在原核生物中，搜索DNA序列中的基因包括扫描DNA序列以获得长的可读框（即不被终止密码子打断的阅读框）。这种方法在真核生物中能看到什么问题？

38. a. 图8.2所示的遗传密码表既适用于人类，也适用于大肠杆菌。假设你已经从人类基因组中纯化了一段含有编码胰岛素的全部基因的DNA。你现在把这块DNA转化到大肠杆菌中。为什么含有人胰岛素基因的大肠杆菌细胞实际上不能制造胰岛素？

b. 制药公司实际上已经能够获得制造人胰岛素的大肠杆菌细胞；这样的胰岛素可以从细菌细胞中纯化出来，用于治疗糖尿病患者。制药公司如何能够制造出可生产胰岛素的细菌工厂？

39. a. 很少有真核生物基因含有连续超过25个A或T的片段，但几乎所有的真核生物mRNA都有连续超过100个A的片段。这是怎么回事呢？

b. 科学家们知道指导细菌基因转录终止的核苷酸序列，但他们一般对真核细胞中指导转录终止的核苷酸序列的性质知之甚少。解释此陈述的依据。

40. 解释翻译起始的差异如何表明真核mRNA是单顺反子而原核mRNA可能是多顺反子？

8.5节

41. 你认为以下每种类型的突变会产生非常严重的影响、轻微的影响，还是根本没有影响？

a. 在编码蛋白质N端附近氨基酸的序列中发生的无义突变

b. 在编码蛋白质C端附近氨基酸的序列中发生的无义突变

c. 在编码蛋白质N端附近氨基酸的序列中发生的移码突变

d. 在编码蛋白质C端附近氨基酸的序列中发生的移码突变

e. 沉默突变

f. 保守性错义突变

g. 影响蛋白质活性位点的非保守性错义突变

h. 不在蛋白质的活性位点的非保守性错义突变

42. 无效突变是有价值的遗传资源，因为它们允许研究人员在完全缺乏特定蛋白质的情况下确定生物体发生了什么。然而，确定突变是否代表基因的无效状态往往不是一件小事。

a. 遗传学家有时对二倍体生物中的一个等位基因的无效性判定使用以下测试：如果在等位基因的纯合子中看到的异常表型与在杂合子中看到的异常表型相同（其中一条染色体携带有问题的等位基因，而同源染色体已知完全缺失该基因），则该等位基因为无效。这个测试的基本原理是什么？

b. 你能想到其他方法来确定一个等位基因是否代表一个特定基因的空状态吗？

43. 以下是在一个基因中发现的突变列表，该基因有60多个外显子，编码一个非常大的含有2532个氨基酸的蛋白质。指出每个突变是否可引起mRNA大小或量的可检测变化和（或）蛋白产物大小或量的可检测变化（大小或数量的可检测变化必须大于正常值的1%）。你能预料到哪种变化？

a. Lys576Val（将氨基酸576从赖氨酸变为缬氨酸）

b. Lys576Arg

c. AAG576AAA（将密码子576从AAG改变为AAA）

d. AAG576UAG

e. Met1Arg（这种突变至少存在两种可能的情况）

f. 启动子突变

g. 一个碱基对插入到密码子1841中

h. 密码子779的缺失

i. IVS18DS、G-A、+1（该突变改变了基因第18内含子中的第一个核苷酸，导致第18外显子与第20外显子拼接，从而跳过第19外显子）

j. poly-A添加位点缺失

k. 5'端UTR中的G置换成A

l. 在第6个内含子中插入1000个碱基对（这种特殊的插入不会改变剪接）

44. 进一步考虑习题43中描述的突变：

a. 哪些突变可能是无效突变？

b. 哪种突变最有可能导致相对于野生型等位基因显隐性的等位基因？

c. 哪种突变可能导致等位基因相对野生型等位基因显显性？

45. Adermatoglyphia（前面在第3章的习题18中描述）是一种极其罕见的情况，人们出生时没有指纹；地球上只有四个家庭已知有这种情况。该病以常染色体显性遗传方式遗传，是由于4号染色体上称为*SMARCAD1*的基因发生点突变。

下图显示，在四个家族的每一个家族中都发现了不同的点突变，均位于*SMARCAD1*相同内含子的5′端附近。所有四种突变均阻止皮肤特异性转录物的表达，该转录物独特地包含外显子1——该转录物的第一个外显子；没有其他*SMARCAD1* mRNA含有这个外显子。在该图中，外显子1的RNA样链中的最后三个碱基是阴影的，而内含子1的前5个碱基是无阴影的。

外显子 1	基因内区 1
正常 CTG	GTAAGT
家庭 1 CTG	TTAAGT
家庭 2 CTG	GCAAGT
家庭 3 CTG	GTAACT
家庭 4 CTG	ATAAGT

a. 在所示序列上游的外显子1中通常不存在ATG序列。皮肤特异性mRNA的哪一部分对应于外显子1？

b. 基因表达的哪些方面可能最直接受到这些突变的影响？

c. 这些突变更可能导致功能丧失还是功能获得？

46. 一种叫做*SCN9A*的人类基因中极其罕见的突变的纯合子，对疼痛完全不敏感（先天性疼痛不敏感或CPA）和完全缺乏嗅觉（嗅觉丧失）。*SCN9A*基因编码一种钠通道蛋白，该蛋白是将身体中特定神经的电信号传递到大脑所需的。感觉不到疼痛是一种危险的情况，因为人们无法感觉到受伤。

*SCN9A*基因有26个外显子，编码1977个氨基酸的多肽，在3个不同的系谱中进行血缘交配，导致个体出现CPA嗅觉丧失。在家族1中，外显子15中G到A的转变产生了898个氨基酸的截短蛋白质；在家族2中，单个碱基的缺失导致766个氨基酸的多肽；而在家族3中，外显子10的C到G颠换产生458个氨基酸的蛋白质。

a. 假设三种SCN9A突变中的每一种是如何影响基因结构的：为什么每种情况下都会产生截断的蛋白质？

b. 这些突变等位基因是如何导致功能丧失或功能获得的，它们是无定形的、超形态的、亚效的、新形态的，还是反效的？

c. 用分子术语解释为什么CPA嗅觉丧失是一种隐性病症？

47. 在第7章的习题21中了解到，神经退行性疾病ALS可能是由称为*C9ORF72*的基因的可读框（但在第一个内含子内）之外的六核苷酸重复区（5′-GGGGCC-3′）的扩增引起的。虽然正常的*C9ORF72*等位基因有2个C23拷贝的六核苷酸重复单位，但显性致病等位基因有数百甚至数千个拷贝。

研究人员观察到，*C9ORF72*致病等位基因的第一个内含子不仅从DNA的正常模板链转录，而且也从非模板链转录。更不寻常的是，这两种类型的重复区转录物在所有6个阅读框中以一种不依赖AUG的方式被翻译，这一过程称为重复相关的非ATG翻译，或RAN翻译。这些发现导致了这样的假设：由重复序列产生的蛋白质可能对ALS有贡献。

a. 什么多肽是由重复区转录物制成的？

b. 根据RAN翻译假说，为什么致病的*C9ORF72*等位基因对正常等位基因为显性？

c. 如果它们是无定形的、亚形态的、超形态的、新形态的或反形态的，你将如何分类它们导致功能丧失或功能增益的突变等位基因（注意：可能有多个答案）。

48. 当携带*met*营养缺陷型突变的单倍体酵母培养物的100万个细胞铺在缺乏甲硫氨酸（met）的培养皿上时，有5个菌落生长。你可以预期，在缺乏甲硫氨酸的培养基上，原来的*met*突变被逆转（通过碱基改变回到原来的序列）的细胞会生长，但其中一些明显的逆转可能是由于不同基因中的突变以某种方式抑制了原来的*met*突变。你如何能够确定你的5个菌落中的突变是由于原始*met*突变的精确回复，还是由于另一个染色体上的基因产生了抑制突变？

49. 为什么Tyr tRNA合成酶的无义抑制因子tRNA^{Tyr}带有酪氨酸，尽管它有一个突变的不能识别酪氨酸密码子的反密码子？（提示：参见图8.19）

50. 突变的*B. adonis*细菌具有插入谷氨酰胺（Gln）以匹配UAG（但不是其他无义）密码子的无义抑制因子tRNA。该物种不会将摆动位置C残基修饰为k^{2}C，也没有tRNA^{Pyl}（见习题57）。

a. 抑制tRNAfi的反密码子是什么？标出5′和3′端

b. 假设只涉及单碱基对的改变，野生型tRNA^{Gln}编码基因的模板链的序列被改变以产生抑制子？

c. 野生型 *B. adonis* 细胞中可能存在的 tRNA^Gln 基因的最小数目是多少？描述相应的反密码子。

51. 你正在研究一种细菌基因的突变，该基因编码一种其氨基酸序列已知的酶，在野生型蛋白中，脯氨酸是来自氨基末端的第5个氨基酸。在一个非功能性酶的突变体中，你在第5位发现了一个丝氨酸。你对这个突变体进行进一步的诱变并回收三种不同的菌株。菌株A在第5位具有脯氨酸，其作用与野生型菌株相似。菌株B在第5位具有色氨酸，并且也像野生型一样起作用。菌株C在任何温度下都没有可检测到的酶功能，你不能回收任何类似酶的蛋白质。诱变菌株C并回收一株具有酶功能的菌株（C-1）。C-1中负责酶功能恢复的第二个突变不在酶基因座上。

a. 在这个位置野生型基因的两条链的核苷酸序列是什么？

b. 为什么菌株B具有野生型表型？为什么5位的丝氨酸的原始突变体缺乏功能？

c. C株突变的性质是什么？

d. C-1中出现的第二个突变是什么？

52. 另一类抑制突变（本章没有描述）是抑制错义突变的突变。

a. 为什么携带这种错义抑制突变的细菌菌株通常比携带无义抑制突变的菌株生长得更慢？

b. 在编码基因表达所需的成分的基因中，你能想象出什么其他类型的突变，使这些基因会抑制蛋白质编码基因中的错义突变？

53. 本章没有描述的另一类抑制突变是 tRNA 基因中的突变，可以抑制移码突变。对于能够抑制涉及插入单

个碱基对的移码突变的 tRNA 来说，这是真的吗？

54. 已知至少有一种无义抑制因子 tRNA 可以抑制多种类型的无义密码子。

a. 这种抑制性 tRNA 的反密码子是什么？

b. 它会抑制哪些终止密码子？

c. 这种 tRNA 是否也可能起到错义突变抑制因子的作用？

55. 一位研究者想要研究细菌中的 UAG 无义抑制突变。在一种细菌中，她能够选择两种不同的这种类型的突变体，一种在 *tRNA^Tyr* 基因中，另一种在 *tRNA^Gln* 基因中，但是在另一种细菌中，即使经过非常广泛的努力，她也无法获得任何这样的无义抑制突变。什么可以解释这两个物种之间的区别？

56. 图8.8中描述的 Brenner 的 *m* 突变噬菌体（$m^1 \sim m^6$）在抑制子（*su^-*）突变细菌中生长时被抑制；它们产生了像野生型 M 蛋白一样发挥功能的全长 M 蛋白。

a. 你认为什么基因是 *su^-* 细菌中的突变体？

b. 当 *m^-* 噬菌体在 *su^-* 细菌菌株中繁殖时，并非所有由突变 *m* 等位基因产生的蛋白质都与野生型 M 蛋白相同。它们有何不同？

57. 在某些细菌种类中，有时称为氨基酸22的吡咯赖氨酸（Pyl）通过不寻常的遗传密码的使用而被整合到多肽中：Pyl 由某些稀有基因的可读框中间的 UAG 三联体指定。这些细菌具有吡咯赖氨酸 tRNA 合成酶，其将 Pyl 连接至具有反密码子 5′ CUA 3′ 的 tRNA（见附图）。为了将 Pyl 掺入到蛋白质中，负责 Pyl 的 tRNA^Pyl 必须在翻译终止前到达核糖体。

a. 解释 Pyl 规范的机制与硒代半胱氨酸（Sec）掺入的机制不同的两种方式。

习题57的图

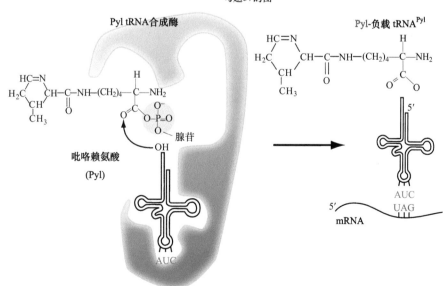

b. Pyl规范的机制如何类似于无意义抑制？（见图8.34）

58. 刀豆氨酸是一种类似于精氨酸的氨基酸（见附图），一般由一些植物合成。通常，在不产生刀豆氨酸、精氨酸氨酰tRNA合成酶的植物或动物中不能区分刀豆氨酸和精氨酸，所以tRNA^{Arg}能够识别负载刀豆氨酸。在蛋白质中掺入刀豆氨酸代替精氨酸会引起错误折叠，破坏蛋白质的结构和功能。

a. 你能想到为什么植物会进化出制造刀豆氨酸的能力吗？

b. 你认为植物如何使刀豆氨酸消除其毒性？

c. 一种特殊的藤蔓豆科植物*Dioclea megacarpa*，能够制造刀豆氨酸，但仍然有单一的昆虫捕食者——甲虫*Caryedes brasiliensis*。甲虫将卵放在藤蔓成熟的果实上，孵化后，甲虫幼虫在果实中生活，直至成熟为成虫。你认为甲虫是如何逃避刀豆氨酸的毒性的？

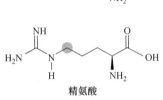

刀豆氨酸

精氨酸

Dioclea megacarpa

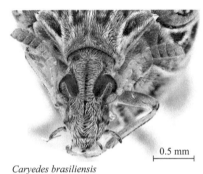

Caryedes brasiliensis

第三部分　遗传信息分析

第9章　DNA 数字化分析

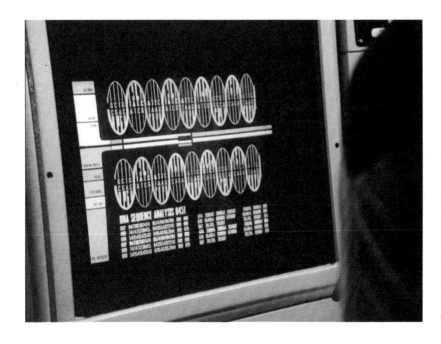

1989年，当《星际迷航：下一代》（*Star Trek: The Next Generation*）中的一集在虚拟的电脑屏幕上展示了这张DNA序列的照片时，测定人类基因组的序列似乎是科幻小说领域的一个遥远梦想。令人惊讶的是，第二年启动的人类基因组计划在不到15年后实现了这个目标。

© CBS Photo Archive/Getty Images

章节大纲

9.1　DNA 片段化

9.2　DNA 片段克隆

9.3　DNA 测序

9.4　基因组测序

自19世纪中叶以来，三大进步从根本上改变了遗传学领域：孟德尔在19世纪60年代发现的遗传学基本原理；沃森和克里克在1953年阐明的DNA结构；从1990年到现在的人类基因组计划。在这一章和接下来的一章中，我们将会讨论人类基因组计划和**基因组学**领域（基因组研究）。

启动**人类基因组计划**是为了测序和分析人类基因组，并与几个模式生物的基因组协同分析。**基因组**是一个生物染色体DNA序列中包含的全部数字化信息。单倍体人类基因组包含约30亿个核苷酸对。

在人类基因组计划开始之前，基因组的巨大规模使许多生物学家将对其测序的目标视为科幻小说，只有在遥远的未来才能实现。尽管如此，一些科学家还是可以预见到非常快速和可靠的自动化（高通量）DNA测序方法的出现，以及捕获、存储和分析涉及的海量数据所需的计算工具。在这些论点的推动下，美国政府机构于

1990年同意在预期的15年时间内投入30亿美元，以完成人类基因组测序。一些国际组织也加入了这个计划。

值得注意的是，到2001年2月，研究人员已经能够确定人类基因组的框架序列。在这个草图中，序列上有一些空白，并且还没有达到适当的准确度（错误率为1/10 000或更低）。其后不久的2003年得到了覆盖97%基因组的准确序列，比原计划提前了两年。1998年，私人公司Celera承诺用更低的成本在三年内完成基因组草图，并采用一种新的测序策略，推动了前期工作的完成。国际社会对基因组计划的支持将时间表提前了几年。

人类基因组计划项目开发的技术和方法也促进了对人类以外的许多物种的基因组测序工作的开展。到2016年，已经完成了8100多个不同物种的全基因组测序，在微生物学和植物生物学等许多领域的研究中都发生了革命性的变化。这些生物基因组序列的可用性反过来通过鉴定在进化系中保守的基因和其他DNA元件，对于理解人类基因组有重要益处。

在本章中，我们描述了科学家为确定人类基因组序列而开发的方法。基因组测序背后的思路其实并不十分复杂。首先，基因组的研究人员将基因组分割成更小的片段，然后通过制作所谓的重组DNA分子来分离和扩增（即克隆）单个片段。接下来，科学家们确定基因组中单个纯化的、片段很小的DNA序列。最后，计算机程序分析数以百万计的这些片段的序列，以重建这些片段起源的全基因组序列。

9.1　DNA 片段化

学习目标

1. 区分限制性内切核酸酶消化的DNA和机械剪切的DNA。
2. 描述某些限制性内切核酸酶如何产生具有黏性末端的DNA片段，而另一些限制性内切核酸酶产生平端片段。
3. 根据给定的限制性内切核酸酶，计算消化人类基因组DNA所产生的DNA片段的平均大小和数量。
4. 总结凝胶电泳分离DNA片段的过程。

每一个完整的二倍体人类细胞，包括红细胞的前体，都携带着两组几乎相同的30亿个碱基对的信息，当它们解链时，长度可达2m。这些大量的材料和信息，很难作为一个整体来研究。为了降低它的复杂性，研究人员首先将基因组切成可以单独分析的小碎片。实现这一目标的一种策略是使用酶在特定的DNA序列上切割基因组；另一种技术是利用机械力剪切基因组DNA，在基因组随机位置上进行片段化。这两种方法都有各自的用途。

9.1.1　限制性内切核酸酶在特定位点切割基因组

研究人员使用限制性内切核酸酶在特定位置切割细胞核中释放的DNA。这种特定的切割产生适合于操作和表征的片段。**限制性内切核酸酶**识别基因组中所有位置的特定碱基序列，然后在该序列处切断两个磷酸二酯键，即每条链的糖-磷酸骨架。由限制性内切核酸酶切割产生的片段被称为**限制性片段**，而切割DNA的行为通常被称为**消化**。

限制性内切核酸酶来源于细菌细胞，并可从细菌细胞中纯化。正如"遗传学工具"信息栏"科学中的意外发现：限制性内切核酸酶的发现"中所解释的：这些酶消化病毒DNA以保护原核细胞免受病毒感染。细菌通过选择性地将甲基（—CH$_3$）添加到其基因组DNA的限制性识别位点来保护它们自己的基因组免受限制酶的消化。在试管中，细菌的限制性内切核酸酶能够识别从任何其他生物体中分离的DNA中的4～8个碱基对的靶序列，并在这些位点处或位点附近切割DNA。表9.1列出了近300种常用限制性内切核酸酶中仅10种的名称、识别序列和微生物来源。

表9.1　十个常用的限制性内切核酸酶

酶	识别位点序列	微生物来源
*Taq*I	5′ TCGA 3′ 3′ AGCT 5′	水生栖热菌YTI
*Rsa*I	5′ GTAC 3′ 3′ CATG 5′	球形红假单胞菌
*Sau*3AI	5′ GATC 3′ 3′ CTAG 5′	金黄色葡萄球菌3A
*Eco*RI	5′ GAATTC 3′ 3′ CTTAAG 5′	大肠杆菌
*Bam*HI	5′ GGATCC 3′ 3′ CCTAGG 5′	芽孢杆菌
*Hind*III	5′ AAGCTT 3′ 3′ TTCGAA 5′	流感嗜血杆菌
*Kpn*I	5′ GGTACC 3′ 3′ CCATGG 5′	肺炎克雷伯菌
*Cla*I	5′ ATCGAT 3′ 3′ TAGCTA 5′	阔显核菌
*Bss*HII	5′ GCGCGC 3′ 3′ CGCGCG 5′	芽孢杆菌
*Not*I	5′ GCGGCCGC 3′ 3′ CGCCGGCG 5′	诺卡氏菌属

遗传学工具

科学中的意外发现：限制性内切核酸酶的发现

大多数克隆和分析DNA片段的工具与技术都来自对细菌和感染它们的病毒的研究。例如，分子生物学家观察到，病毒能在一种细菌中大量繁殖，而在另一种亲缘关系密切的菌株上却生长得很差。在研究这种差异的原因时，这些科学家发现了限制性内切核酸酶。

要了解这个故事，必须知道，研究人员会根据"平板效率"来比较病毒增殖率：病毒颗粒进入宿主细菌并复制，导致细菌溶解并释放病毒后代的比例。这些后代继续感染邻近的细胞，而这些细胞又分解并释放更多的病毒颗粒。当一个培养皿被一层连续的细菌细胞所覆盖时，活跃的病毒感染就会形成一个明显的斑点或菌斑，代表此处的细菌被清除了（见图7.24）。在大肠杆菌C株上生长的λ病毒的平板效率接近1.0（图A.1）。这意味着100个原始病毒颗粒会在大肠杆菌平板上造成近100个菌斑。

同一病毒在大肠杆菌K12上的平板效率仅为$1/10^4$，或者说0.0001。这种一个菌株阻止感染病毒复制的能力被称为**限制**。

限制很少是绝对的。尽管生长在大肠杆菌K12上的λ病毒几乎不会产生子代（病毒会感染细胞，但无法在细胞内复制），但少数细胞内的一些病毒颗粒确实会成功增殖。如果继续在大肠杆菌K12上检测这些子代病毒，平板效率接近1.0。在限制宿主上生长可以改变一种病毒，使其后代在同一宿主上更高效地生长，这种现象被称为**修饰**。

限制和修饰的机制是什么？对细菌感染后的病毒DNA的追踪研究发现，在限制过程中，病毒DNA断裂和降解（图A.2）。科学家发现最初进行断裂的酶是一种内切核酸酶，这是一种破坏磷酸二酯键的酶，通常在病毒染色体的特定位置上进行双链切割。由于这种断裂限制了病毒DNA的生物学活性，研究人员称这种酶为限制性内切核酸酶。

随后的研究表明，在宿主细胞中复制时，少量的病毒DNA逃脱了消化，继续产生新的病毒颗粒，并通过添加甲基的方式进行了修饰（图A.3）。研究人员将这种在特定DNA序列上添加甲基的酶命名为**修饰酶**。

生物学家已经在许多菌株中发现了互补的限制性修饰系统。该系统的纯化成为重组DNA技术的支柱：用于在体外克隆、绘图和链接时，切割DNA所用的限制性内切核酸酶的动力（见表9.1）。

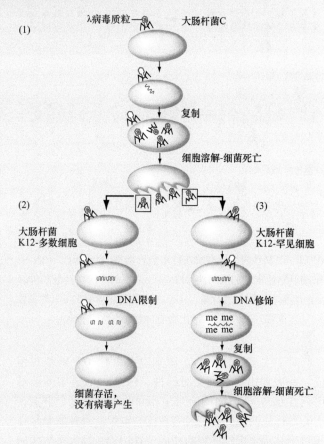

图A　自然界中限制性内切核酸酶/修饰系统的运作。（1）大肠杆菌C菌株没有限制性内切核酸酶/修饰系统，易受λ噬菌体感染。（2）与此相反，大肠杆菌K12菌株通常能抵抗曾感染大肠杆菌C菌株产生的病毒颗粒的感染。大肠杆菌K12的细胞能产生*Eco*RI限制性内切核酸酶，这种酶在λDNA基因表达之前就能将其剪切。（3）在极少的K12细胞中，修饰酶在λDNA中添加甲基基团（me），保护DNA不受限制性内切核酸酶的影响。修饰后的λDNA可以复制，当甲基化标记在DNA复制过程中被复制时，容易在K12细胞上形成菌斑的子代病毒就产生了。

这个科学上意外发现的例子揭示了分配与监督研究经费的管理者与开展研究的科学家之间的争论。

研究人员并没有着手寻找限制性内切核酸酶；他们不可能知道这些酶会是他们的发现之一。相反，他们试图了解病毒在细菌中感染和增殖的机制。在此过程中，他们发现了限制性内切核酸酶及其工作原理。政府的经费管理人员通常希望将研究经费直接用于紧迫的健康或农业问题，而科学家往往呼吁将资金广泛分配给所有研究新颖的生物学现象的项目。这两种观点的有效性表明，需要一种平衡的方法对待研究活动的资助。

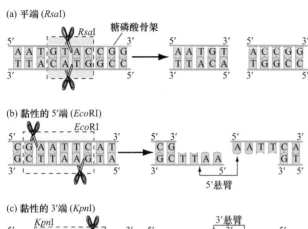

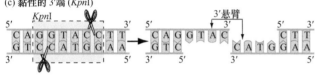

图9.1　限制性内切核酸酶在特定位置切割DNA分子，产生平末端或黏性末端的限制性片段。（a）限制性内切核酸酶*Rsa*I会产生平末端限制性片段。（b）*Eco*RI产生含有5′突出的黏性末端。（c）*Kpn*I产生含有3′突出的黏性末端。

对于大多数这些酶，识别位点由4~6个碱基对组成，并表现出一种回文对称性，两条DNA链中的碱基序列在从5′→3′方向阅读时是相同的。由于这个事实，中心对称线两侧的碱基对是彼此的镜像。每种酶总是在相对于其特定识别序列的相同位置切割，且大多数酶的切割方式有两种：要么直接穿过对称线上的两条DNA链产生**平端**的片段；要么由一个或多个碱基在对称线的相反方向上均匀位移，产生单链端的片段（图9.1）。遗传学家通常把这些突出的单链称为**黏性末端**。因为具有黏性，它们能与来自相同限制性内切核酸酶切割的任何生物的DNA互补序列发生配对。

9.1.2　限制性内切核酸酶作用于大的识别位点产生较大的DNA片段

研究人员经常需要产生特定长度的DNA片段，较大的DNA片段用来研究一个染色体区域的组织结构，较小的DNA片段用于检查一个完整的基因，还有更小的片段用于DNA序列分析（即确定一个DNA片段中碱基的精确序列）。为了制造这些不同大小的片段，科学家们可以用识别不同序列的限制性内切核酸酶切割DNA。

如果做两个简化的假设，可以估计出一个特定的限制性内切核酸酶产生片段的平均长度：第一，四个碱基中的每一个都以相同的比例出现，使得基因组由25%的A、25%的T、25%的G和25%的C组成；第二，在DNA序列中这四种碱基是随机分布的。这些假设使得能够利用通用公式4^n估计任意长度的识别位点之间的平均距离，其中n是位点中的碱基数［图9.2（a）］。

根据4^n公式，识别四碱基序列5′ GTAC 3′的*Rsa*I将平均每隔4^4个碱基切割一次，即每隔256bp切割一次，产生平均长度为256bp的片段。相比之下，识别六碱基序列5′ GAATTC 3′的*Eco*RI将平均每隔4^6个碱基或每隔4096bp切割一次；由于1000bp=1kb，所以研究人员通常将这个大数近似表示为4.1kb。类似地，识别八碱基序列5′ GCGGCCGC 3′的*Not*I，平均每4^8bp或每65.5kb切割一次。然而，需要注意的是，由于任何酶的限制位点之间的实际距离相差很大，所以这里提到的三种酶产生的片段中，很少有片段长度精确到256bp、4.1kb或65.5kb。

一旦知道用特定的限制性内切核酸酶产生片段的平均长度，还可以估计通过用该酶处理基因组可以得到的片段数量。例如，已知*Rsa*I平均每隔4^4（256）bp切割基因组，如果在适当条件下，将单倍体人类基因组的30亿个碱基暴露给*Rsa*I足够的时间，就能确保基因组中的所有识别位点都被切割，并且将得到：

$$\frac{3\,000\,000\,000bp}{约256bp} = 约12\,000\,000个平均约256bp的片段$$

相比之下，*Eco*RI平均每隔4^6（4096）bp切割DNA，或每4.1kb切割DNA。如果将单倍体人类基因组的30亿个碱基暴露给*Eco*RI切割，就会得到：

$$\frac{3\,000\,000\,000bp}{约4100bp} = 约700\,000个平均约4.1kb的片段$$

如果将同一单倍体人类基因组暴露于八碱基切割的*Not*I，其平均每4^8（65 536）bp或65.5kb切割DNA，就会得到：

（a）　计算平均限制片段大小

1. 在基因组中给定的位置找到4碱基识别位点的概率=

$$1/4 \times 1/4 \times 1/4 \times 1/4 = 1/256$$

2. 找到6碱基识别位点的概率=

$$1/4 \times 1/4 \times 1/4 \times 1/4 \times 1/4 \times 1/4 = 1/4096$$

3. 找到8碱基的识别位点的概率=

$$(1/4)^8 = 1/65\,536$$

（b）

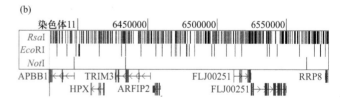

图9.2　识别位点中碱基对的数量决定了产生片段的平均大小。（a）*Rsa*I识别并切割4bp位点，*Eco*RI切割6bp位点，*Not*I切割8bp位点。（b）人类11号染色体上一个200kb区域的*Rsa*I、*Eco*RI和*Not*I限制性位点，以及该区域内基因的名称和位置。顶部的数字标记间隔为50kb。

$$\frac{3\,000\,000\,000bp}{约\,65\,500bp} = 约46\,000个平均约65.5kb的片段$$

图9.2（b）总结了这些关系，描述了用这三种不同的限制性内切核酸酶切割人类基因组的一小部分（仅包含7个基因）的结果。显然，与识别较小位点（如*Rsa*I识别的4bp位点）的酶相比，识别较大位点（如*Not*I的8bp位点）的酶产生数量较少且平均长度更大的片段。

9.1.3　机械剪切力在随机位置破坏DNA

在本章的后面部分将看到，某些类型的实验需要随机切割DNA，以便在给定的样本中，不同的基因组拷贝将在不同的位置被破坏，而不是像限制性内切核酸酶一样，总在相同的位置切割。DNA的随机切割可以通过使分子经受机械应力来实现，例如，在高压下让样本通过非常细的针，或通过超声（即超声波能量的应用）实现。通过将DNA分子的不同部分拉向不同的方向，这些机械力可以在随机位置上破坏磷酸二酯键，从而使样品中的DNA片段化。研究人员可以通过改变机械应力的大小来获得不同长度的片段，例如，高能超声可产生更小的片段。

机械剪切产生的DNA片段的末端有时是平的，或者可能有突出的单链区。即使是后者，这些突出的单链与限制性内切核酸酶产生的黏性末端也是不同的，因为它们由随机序列组成，因此与其他单链不互补。尽管如此，分子生物学家已经开发出了更简便的技术，可以将任何类型的DNA末端转换成任何所需类型的末端。因此，通过任何过程获得的所有DNA片段最终都可以以类似的方式使用。

9.1.4　凝胶电泳根据大小分离DNA片段

为了分析样本中的DNA，生物学家采用了一种叫做**电泳**的技术，即带电分子在电场中的运动。生物学家利用电泳分离许多不同类型的分子，例如，不同长度的DNA、DNA与蛋白质，或者不同的蛋白质。在这一部分中，我们将重点讨论其在不同长度DNA片段凝胶分离中的应用（图9.3）。

为了进行这种分离，首先，将含有DNA分子的溶液加入多孔凝胶状基质的一端，即样品孔中，然后将凝胶放入缓冲液中，并把两端分别连接到电源的正负极之间建立电场。电场使样品孔中的所有带电分子向相反电荷的电极方向迁移。因为DNA骨架中的所有磷酸基团在接近中性pH的溶液中携带净负电荷，所以DNA分子被拉向带有正电荷的方向。

几个变量决定了DNA分子（或任何其他分子）在电泳过程中移动的速率，分别是：在凝胶上施加电场的强度；凝胶的组成；单位体积DNA分子的电荷（称为电荷密度）；分子的物理尺寸。这些变量中唯一不同的是在特定凝胶中迁移的线性DNA片段的大小。原因是所有的DNA分子都受到相同的电场和凝胶基质的作用，它们都具有相同的电荷密度（因为所有核苷酸对的电荷几乎相同）。因此，只有大小差异会导致不同的线性DNA分子在电泳过程中以不同的速度迁移。

线性DNA分子越长，它的无规卷曲所占的体积就越大。一个分子占据的体积越大，在凝胶基质中找到一个大到足以挤过去的孔的可能性越小，它就会越频繁地撞到基质中。分子撞击基质的频率越高，其迁移率就越低（也称为移动性）。因此，在任何给定的电泳时间内，较小的DNA比较大的DNA离样品孔的距离更远。

电泳完成时，将凝胶与DNA结合荧光染料溴化乙锭孵育。当未结合的染料被冲走后，将凝胶放置在紫外线下，很容易使DNA可视化，结合到DNA片段上的染料发出橙色的光。可以通过比较它们的迁移距离与在凝胶的相邻孔道上进行电泳的已知标记片段的迁移距离，确定DNA分子在凝胶上的实际大小。

图9.3（步骤5）展示了通过分析不同的DNA样本得到的结果的类型。如果一个基因组很小，如构成细菌λ噬菌体的染色体长48.5kb，那么*Eco*RI限制性内切核酸酶消化该DNA后将产生少量的、可以通过凝胶电泳很容易彼此区分的离散带，其总长度为48.5kb。相比之下，当用相同的酶处理人类基因组DNA的样本时，对产生的数十万个不同片段进行电泳，将得到以平均片段大小为中心的弥散带（如前所述，*Eco*RI约为4.1kb）。通过机械力随机打断DNA也会产生一种片段的分布，片段的平均大小将反映出施加到样品上的剪切力的强度（未显示）。

DNA分子的大小范围从小于10bp的小片段到平均长度为130 000 000bp的整个人类染色体。没有一种分离方法能在这么大的范围内分离分子。为了检测不同大小范围内的DNA分子，研究人员使用的各种方案主要基于两种凝胶：聚丙烯酰胺凝胶（由丙烯酰胺单体之间的共价键形成），有助于区分较小的DNA片段（小于1kb）；琼脂糖凝胶，适合于如图9.3中观察到的小于20kb的较大片段（由琼脂糖聚合物非共价联结而成）。

基本概念

- 限制性内切核酸酶在特定的序列位置剪切DNA分子；机械剪切在随机位置打断DNA。
- 当切割基因组DNA时，酶产生的片段会更大。
- 某些限制性内切核酸酶可以产生具有相同黏性末端的片段。
- 凝胶电泳根据大小分离DNA片段。片段越小，它在凝胶中迁移得越远。

特色插图9.3

凝胶电泳

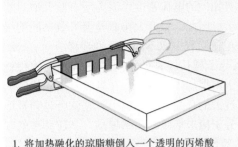

1. 将加热融化的琼脂糖倒入一个透明的丙烯酸板中，上面有夹子固定的梳子，然后，让琼脂糖冷却硬化。

2. 取走梳子；凝胶中会留下浅孔。将凝胶从丙烯酸板转移到含有缓冲溶液的电泳槽中。用微量移液器将不同的DNA样本加载到凝胶的每个孔中。每个样品都含有一种蓝色染料，以便于观察。一个包含已知长度的DNA样本作为长度的分子对照标记。

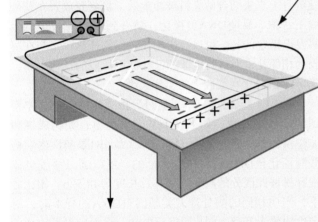

3. 电泳槽内装有沿凝胶两端放置的电极丝。把这些电极接到电源上。当打开电流时，每个样本中带负电荷的DNA分子会沿着橙色箭头所示的路径向盒子的"+"端移动。较小的DNA分子会比较大的DNA分子更快地向"+"端移动。

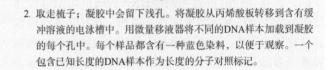

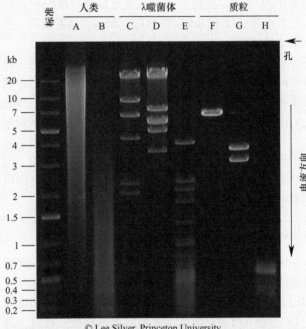

© Lee Silver, Princeton University

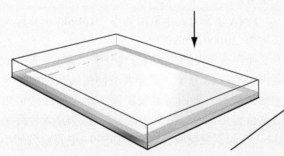

4. 从电泳槽中取出凝胶。在含有溴化乙锭（与DNA结合）的溶液中孵育，然后用水洗去凝胶中多余的染料。

5. 把凝胶暴露在紫外线下。DNA分子会发出橙色的荧光，因为与DNA结合的溴化乙锭会吸收紫外线光子并发出可见红色光范围内的光子。可以通过比较凝胶中DNA分子的迁移和最左边通道中DNA大小标记（标准）的迁移估计未知样本中DNA分子的大小。

琼脂糖凝胶电泳根据片段大小分离DNA分子。 为了给样品制备带孔的琼脂糖凝胶，需要按照步骤1中所示的方法将凝胶倒入板子中，然后将凝胶转移到含有缓冲液的电泳槽中（缓冲液中的离子允许电流通过），并将DNA样品加入孔中（步骤2）。将电泳槽连接到电源上，让电泳可以运行1～20h（取决于DNA的大小和电压；步骤3）。当凝胶与荧光染料溴化乙锭共同孵育后（步骤4），将凝胶暴露于紫外线下（步骤5）。DNA分子与荧光染料结合，呈现橙色条带。

步骤5显示凝胶电泳的实际结果；由于使用的是黑白胶片，DNA呈现白色而非橙色。左边的标准通道有已知大小的DNA片段。A道和B道分别显示用*Eco*RI和*Rsa*I切割的人类基因组DNA。弥散带含有数十万个片段，其中*Eco*RI片段的平均大小约为4.1kb，*Rsa*I片段的平均大小为256bp。C道、D道和E道分别代表被*Hind*III、*Eco*RI和*Rsa*I切割的λ噬菌体的染色体。任何一个通道的片段大小加起来就是48.5kb，也就是病毒基因组的大小。在总长度6.9kb的F、G、H质粒DNA中，用相同的三种酶进行切割。需要注意的是，分析的基因组越大，产生的片段越多；而且限制性内切核酸酶识别位点的碱基越多，产生片段的平均长度越大。

9.2　DNA片段克隆

学习目标

1. 绘制用限制性内切核酸酶和DNA连接酶制备重组DNA分子的过程。
2. 描述科学家如何制备重组DNA分子的细胞克隆。
3. 对比质粒载体与BAC或YAC载体的用途（细菌或酵母人工染色体）。
4. 解释为什么基因组DNA文库需要比单个基因组等价物包含更多的菌落。

图9.3中，*Eco*RI切割人类DNA产生的成千上万的不同DNA片段弥散带表明，动物、植物，甚至像大肠杆菌这样的微小生物的基因组都非常复杂，以至于只能通过一次研究一小块来理解它们。理想情况下，只希望从这些片段中纯化出一个小片段，然后继续扩增这个特定的DNA片段——也就是说，制作许多相同的DNA拷贝。扩增可以获得足够的DNA用来研究，最明显的一类分析是确定构成这一特定片段的核苷酸序列。如果可以分别对成百上千个片段进行测序，最终可能找出基因组的整个DNA序列。

使用活细胞从复杂混合物中分离出DNA的单个片段，并对该片段进行许多精确复制的过程称为**分子克隆**。这项技术是人类基因组计划早期成功的关键。最近开发了一些成熟的方法，以避免在确定基因组序列时需要进行分子克隆，其中一些技术将在后面的章节中介绍。然而，分子克隆在今天仍然是许多重要的DNA分析和操作方法的组成部分。

分子克隆由两个基本步骤组成。首先，DNA片段被插入到称为**克隆载体**的特殊染色体载体中，这确保了单个DNA插入片段的运输、复制和纯化。在第二步中，载体和插入片段的结合体被转运到活细胞中，然后细胞对这些分子进行复制。因为给定片段的所有拷贝都是相同的，所以被复制的一组DNA分子称为**DNA克隆**。DNA克隆可以被纯化并马上用于研究，也可以作为克隆的文库储存在细胞或病毒中以备将来分析之用。现在介绍分子克隆的每个步骤。

9.2.1　将插入片段连入载体产生重组DNA分子

人类基因组DNA的小片段不能在细胞中自我复制。为了使复制成为可能，需要将每个片段拼接到一个载体上。载体必须包含两种特殊的DNA序列：一种是为载体和插入其中的外源DNA提供复制手段；另一种是通过赋予宿主细胞可检测的特性来向研究者提供载体存在的信号。载体还必须具有明显的物理特征，如大小或形状，通过这些特征可以从宿主细胞的基因组中纯化出来。有几种类型的载体正在使用，每一种载体都像一条小染色体，能够接受外源DNA插入片段并独立于宿主细胞的基因组进行复制。载体与插入片段（来自两个不同来源的DNA）的切割和连接，产生了一个**重组DNA分子**。

1. 黏性末端和碱基配对

黏性末端的两个特征为高效地产生载体-插入片段重组体提供了基础：第一，单链突出部分可用于碱基配对；第二，无论DNA的来源是什么（细菌或人类），用相同的酶产生的两个黏性末端总是相容的，即在序列上是互补的。

为了制备重组DNA分子，需用产生基因组DNA片段的相同的限制性内切核酸酶切割载体，然后在DNA连接酶存在的情况下将酶切后的载体和基因组DNA混合在一起（图9.4）。互补的黏性末端将形成碱基配对，连接酶通过在相邻核苷酸之间形成磷酸二酯键来稳定该分子（一个来自载体，另一个来自基因组DNA插入物）。

实验室技术可以提高分子克隆的效率和通用性。例如，某种程序可以阻止两个或更多的基因组片段相互连接而不是与载体相连。其他方法是将载体分子在不插入基因组DNA的情况下使自身重新连接的概率降至最低。然而，也可以进行其他操作，将没有黏性末端的基因组DNA片段连接到载体上。这些技术确保了研究人员能够可靠地制备他们想要的分子克隆。

2. 载体选择

现有的载体在生物学特性、携带能力及可感染的宿主类型上各不相同。不同类型的载体具有不同的实验用途。

最简单的载体是被称为**质粒**的双链环状DNA，它可以进入多种细菌细胞内并独立于细菌染色体进行复制［图9.4（a）］。最常用的质粒含有一个**多位点人工接头**，它是一个短的、合成的DNA序列，包含许多不同的限制性内切核酸酶的限制位点［图9.4（a）］。每个位点在多位点人工接头中只存在一个，但在质粒载体的其他地方不存在。该多位点人工接头在酶的选择上提供了灵活性。暴露于任何一个多位点人工接头上的限制性内切核酸酶可以在相应的识别位点打开载体，允许用同一酶切割的外源DNA片段插入，同时不会将质粒分裂成许多碎片［图9.4（b）和（c）］。质粒载体只能携带小于20kb长度的相对较小的外源DNA片段。

每个质粒载体携带一个复制起点和特定抗生素的抗性基因［图9.4（a）］。复制起点使质粒能够在细菌内独立复制。抗性基因赋予宿主细胞在含有特定抗生素的培养基中生存的能力，因此，抗性基因使得实验者能够只选择含有质粒的细菌细胞后代。抗生物抗性基因和其他载体基因，使得有可能挑选出含有特定DNA分子的

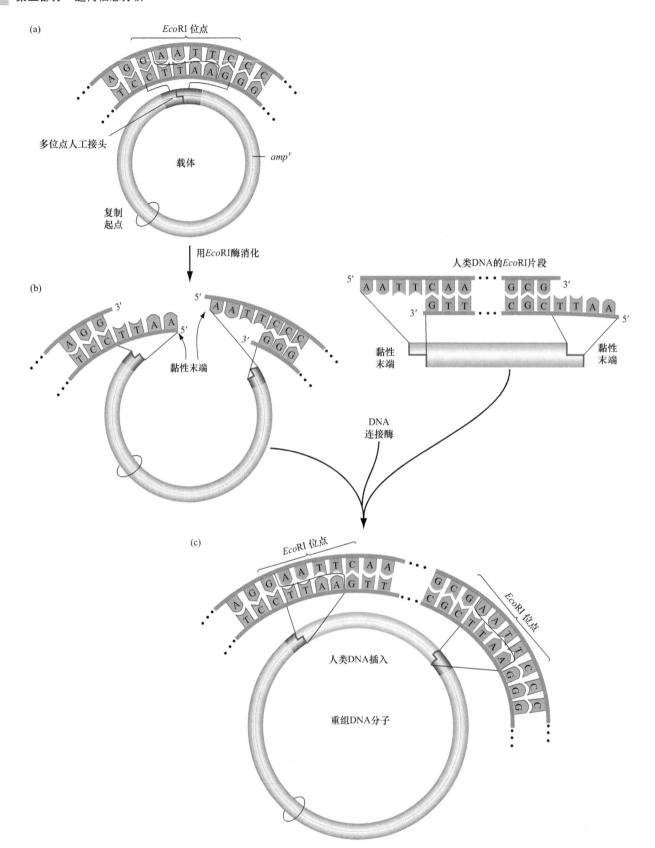

(a)

*Eco*RI 位点

多位点人工接头

载体

amp^r

复制起点

用*Eco*RI酶消化

(b)

3'

5'

黏性末端

5'

3'

人类DNA的*Eco*RI片段

5'

3'

黏性末端

黏性末端

3'

5'

DNA连接酶

(c)

*Eco*RI 位点

人类DNA插入

*Eco*RI 位点

重组DNA分子

图9.4 用质粒载体构建重组DNA分子。（a）质粒载体包括三个主要特征：①复制起点；②对氨苄青霉素（橙色）等抗生素具有耐药性的可选择标记基因；③一个合成的多位点人工接头（紫色），含有质粒特有的限制酶酶切位点，如*Eco*RI。（b）*Eco*RI在其单个识别位点切割质粒载体，打开质粒圆环。*Eco*RI在许多位点切割人类基因组DNA，产生一组混合片段，图中仅显示了一个片段（绿色）。载体和人类基因组片段都有相同的黏性末端。（c）酶切质粒和人类基因组DNA片段在DNA连接酶的存在下混合在一起，DNA连接酶将它们缝合，形成环状重组DNA分子。注意，重组DNA现在有两个*Eco*RI的位点。

细胞，这被称为**选择性标记**。质粒还满足了载体的最终要求——易于纯化。利用大小和其他差异的优势，有几种技术可以从细菌宿主基组DNA中纯化出质粒。

最大容量的载体是人造染色体，即结合了复制和分离元件的重组DNA分子，当进入宿主细胞时，它们表现得像正常染色体一样。一个细菌人工染色体（BAC）可以容纳300kb的插入片段。酵母人工染色体（YAC）可以容纳更大的DNA片段（最多2Mb）。除了在分子克隆方面的应用，YAC还可以帮助研究者分析染色体的功能元件，如着丝粒。因此，我们将会在关于真核染色体的第12章中更详细地讨论YAC。

9.2.2　宿主细胞接受并扩增重组DNA

虽然每种类型的载体以略微不同的方式发挥作用并进入特定的宿主，但是进入宿主细胞并利用细胞环境进行自我复制的方式对于所有载体来说都是相同的。图9.5揭示了科学家如何获得含有重组DNA分子的大肠杆菌细胞，在重组DNA分子中，人类DNA片段被连接到质粒载体中。该过程开始于用相同的限制性内切核酸酶切割载体和人类基因组DNA，然后在DNA连接酶的存在下将它们混合在一起，产生成千上万个不同的重组DNA，每个重组DNA含有不同的人类基因组片段［图9.5（a）］。然后，研究人员必须将这些分子引入大肠杆菌中，这样每个细胞只含有单一类型的重组DNA。

1. 宿主细胞转化

转化，是一个细胞或有机体吸收外来DNA分子，改变该细胞或有机体的遗传特征的过程。现在描述的方法类似于Avery和他的同事所做的转化实验，即确定DNA是遗传分子（回顾图6.4），但是这里提出的方法更有效。

首先将重组DNA分子添加到对抗生素氨苄青霉素敏感的特制大肠杆菌的悬浮液中。在有利于进入的条件下，例如，将菌液悬浮在冷的$CaCl_2$溶液中，或用高压电击处理后的溶液（一种称为电穿孔的技术），约1000个细胞中就有一个会有质粒进入［图9.5（b）］。这些操作增加了细菌细胞膜的渗透性，本质上是形成临时的穿孔，允许DNA进入。由于任何一个质粒随机进入一个细胞的概率很低（0.001），因此两个质粒同时进入一个细胞的概率是微不足道的（0.001 × 0.001＝0.000 001）。

2. 转化细胞的识别与分离

为了识别含有质粒的0.1%的细胞，将细菌-质粒混合物倒入含有琼脂、营养素和氨苄青霉素的平板上。只有被含有氨苄青霉素耐药性的质粒转化的细胞才能在抗生素的作用下生长和繁殖［图9.5（b）］。质粒的复制起点使它能够独立于细菌染色体在细菌细胞中复制；事

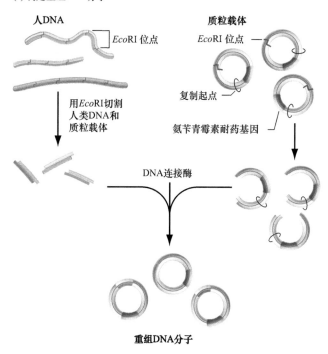

(a) 构建重组DNA分子

人DNA　　　　　　　　　　质粒载体
　　　　　　EcoRI 位点　　　　　　EcoRI 位点

　　用EcoRI切割　　　　　　复制起点
　　人类DNA和
　　质粒载体　　　　　　　　氨苄青霉素耐药基因

　　　　　　　　DNA连接酶

　　　　　　　重组DNA分子

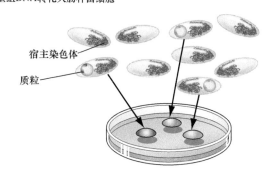

(b) 重组DNA转化大肠杆菌细胞

宿主染色体

质粒

将大肠杆菌镀在含有氨苄青霉素的培养基上。
只有含有质粒的细胞才能生长

图9.5　重组DNA分子克隆。（a）重组DNA结构。用限制性内切核酸酶切割基因组DNA可产生许多片段，每个片段都能形成不同的重组DNA分子。（b）获得含有重组质粒的细菌细胞克隆。重组DNA[来自（a）部分]被添加到对氨苄青霉素敏感的大肠杆菌细胞中。只有重组质粒转化的细胞（或者比较罕见的是没有外来DNA插入的自连载体）才能在含有氨苄青霉素的培养皿上生长。平板上的每个菌落都含有数百万个相同的后代，它们来自用单个重组DNA分子转化而来的单个细菌细胞。

实上，大多数质粒复制得非常好，以至于单个细菌细胞最终可能产生数百个相同拷贝的质粒。

每一个含有质粒的活的细菌细胞会在琼脂平板上繁殖并产生一个独特的斑点，由几千万个基因相同的细胞组成。整体菌群被认为是一个**细胞克隆**。这样的克隆生长到直径约1mm的时候就可以被识别。一个菌落中的几百万个相同的质粒分子组成了一个**DNA克隆**［图9.5（b）］。

9.2.3 文库是克隆片段的集合

从任何生物的DNA一步一步得到单个纯化的DNA片段是一个漫长而乏味的过程。幸运的是，科学家们不必每次从相同的生物体中纯化新的基因组片段时都回到第一步。相反，他们可以构建一个**基因组文库**——一个长寿命的细胞克隆集合，它将整个基因组中的每个序列插入到一个合适的载体中（图9.6）。与传统的书籍库一样，基因组文库存储了大量的信息以供检索。当重组DNA构建的最初步骤完成时，剩下的唯一困难的任务是确定文库中的众多克隆中哪个包含感兴趣的DNA序列，这使得在晚期阶段开始一个新的克隆项目成为可能。一旦正确的细胞克隆被识别出来，它可以被扩增以产生大量所需的基因组片段。

如果用一种限制性内切核酸酶消化一个细胞的基因组，并且以100%的效率将每个片段与载体相连，然后把所有这些重组DNA分子以100%的效率转化到宿主细胞中，所产生的克隆集将代表整个基因组（以一种片段的形式）。一个假设的细胞克隆集合，仅包含整个基因组每条序列的一个拷贝，这将是一个单独的、完整的基因组文库。

在这个假设的文库中有多少个克隆？如果从一个单倍体人类精子的3 000 000kb的DNA开始，并可靠地将其切割成一系列150kb的限制性片段，将产生3 000 000/150=20 000个基因组片段。如果把这些片段中的每一个放入BAC克隆载体中，然后将其转化到大肠杆菌宿主细胞，将创造出一个含有20 000个克隆的完美文库，它们一同携带了基因组中的每个基因座。这个完美文库中的克隆数定义了一个**基因组当量**。为了找到构成任何文库的一个基因组当量的克隆数，只需将基因组的长度（这里是3 000 000kb）除以文库载体所携带的插入片段的平均大小（在本例中是150kb）。

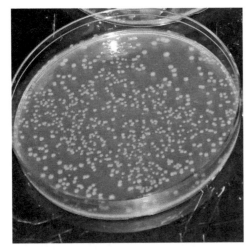

图9.6 人类基因组DNA文库的一部分。这些平板上的每个菌落都含有由不同的人类基因组片段组成的不同的重组质粒。

© McGraw-Hill Education. Lisa Burgess拍摄

在现实生活中，不可能获得完美的文库。克隆的每一步都远没有达到100%的效率，单个细胞的DNA不能为该过程提供足够的原材料。因此，研究人员必须从一个特定组织或生物体的数百万个细胞中获取DNA。如果用这些DNA只收集一个基因组当量的克隆（BAC载体的人类文库中的20 000个克隆）来制作基因组文库，那么一些人类DNA片段将出现不止一次，而其他的DNA片段根本不会出现。如果包含4～5个基因组当量，那么基因组的每个区域（基因座）平均会产生4～5个克隆，任何单个基因座至少出现一次的概率将为95%。

基本概念

- 为了形成重组DNA分子，DNA连接酶将限制性内切核酸酶切割的具有相同黏性末端的载体和基因组DNA片段连接在一起。
- 载体包括一个DNA复制起点和一个可选择的标记，如抗生素抗性基因。质粒载体用于小DNA片段插入（<20kb），而BAC或YAC载体可以携带更大的插入片段。
- 重组DNA被转化到宿主细胞内。当一个转化细胞长成一个细胞克隆时，克隆中的每个细胞都有相同的重组DNA。
- 基因组文库作为一个随机DNA片段的集合，包含了一个物种的整个基因组；需要建立多个基因组当量文库来确保基因组所有部分的代表性。

9.3 DNA测序

学习目标

1. 解释DNA聚合酶、模板和引物在Sanger测序反应中的作用。
2. 描述双脱氧核糖核苷酸在产生DNA片段用于分析中的作用。
3. 将DNA测序过程中获得的荧光峰图解析为具有适当极性的核苷酸序列。

在图9.6中，可以看到数千个独立克隆的平板，这些克隆中含有部分人类基因组测序文库。每个克隆含有不同的重组DNA分子，每个重组DNA分子的质粒载体连接着一个不同的人类基因组DNA片段。注意，菌落在平板上是随机分布的，因此它们在平板上的排列与它们在基因组中的相对顺序没有对应关系。那么，怎样才能分辨出哪个克隆包含了哪个人类DNA片段呢？

随着技术的发展，回答这个问题最简单的方法就是对每个克隆中的人类DNA插入片段进行测序。目前应用最广泛的DNA测序技术是基于Fred Sanger在20世纪70年代中期开发的一种原始方法。Sanger获得的两项诺贝尔奖之一就是因为该工作（另一项是因为他测定了胰岛素的氨基酸序列）。桑格的方法很容易实现自动化，满足人类基因组中30亿个核苷酸的测序需求。

9.3.1　Sanger测序依赖于DNA聚合酶

Sanger的测序技术是基于他对DNA在细胞中复制方式的了解。大家应该还记得第6章讲过DNA聚合酶催化DNA的复制。如图9.7（a）所示，该酶的最低要求是：①一个**模板**，即一条需要复制的单链DNA；②**脱氧核糖核苷三磷酸**（dATP、dCTP、dGTP和dTTP），是合成新DNA的基本构建单元；③一个**引物**，即一种短的单链DNA分子（一个寡核苷酸），它与模板的一部分互补，并提供DNA聚合酶以连接新核苷酸的游离3′端。

用Sanger的方法对DNA进行测序，需要一个模板，它的部分序列是已知的，但其余的序列是未知的（因为这正是需要确定的）。重组质粒DNA的一条链可以充当这样的模板：载体的DNA序列已知（在文库的所有克隆中都是相同的），但不知道基因组DNA插入片段的序列（这在不同的克隆中是不同的）〔图9.7（a）〕。

接下来，需要一个短的寡核苷酸引物，该引物与未知的人类DNA插入片段相邻的载体上的已知序列互补〔图9.7（a）〕。引物是在DNA合成仪中定制的，这些机器可以制造大量长达100个碱基的任何给定的DNA寡核苷酸。用户只需将期望的核苷酸序列键入控制DNA合成仪的计算机中，然后机器利用化学反应将这些核苷酸按适当的顺序串在一起。可以设计引物，因为已经知道了载体的序列，它是由另一种化学技术决定的（这里没有描述），不需要先验知识。

Sanger测序允许图9.7（a）中的模板和引物通过**杂交**的过程相互作用：单链DNA或RNA分子倾向于通过碱基对互补产生双螺旋。为了制作模板，可以简单地从一个特定的克隆中繁殖并纯化双链重组DNA，然后通过提高温度将DNA融化成单链，从而破坏原本使得双链聚合在一起的氢键。虽然DNA片段的两条链都存在于一个典型的DNA样本中，但是只有一条被用作测序的模板。这时加入大量预先制作的引物，随着混合物温度的逐渐降低，引物和重组DNA模板链的互补核苷酸之间会形成氢键。在DNA合成仪中制造的引物必须足够长，以确保它只与模板中的一个互补序列形成稳定的双链区域（即退火）。通常引物长度为7～25个碱基。引物和模板的相互作用为DNA聚合酶发挥功能创造了底物〔图9.7（a）〕。

9.3.2　Sanger测序产生单链DNA片段的嵌套集

为了揭示分离的DNA分子中碱基的顺序，Sanger测序利用DNA聚合酶产生一系列的单链片段，其

中每个片段的一部分与DNA模板的未知部分互补〔图9.7（b）〕。每个片段与前后片段之间只有一个核苷酸的差异，这样的一组分级片段被称为嵌套阵列。这些片段的一个关键特征是每个片段都可以根据其末端的3′碱基来区分。因此，每个片段有两个特征属性——相对长度和4个可能的终止核苷酸之一。

创建嵌套阵列的测序程序开始于在退火后的模板和引物中加入DNA聚合酶，同时加入校准后的8种核苷三磷酸的混合物〔图9.7（b）〕。其中4个是正常的脱氧核糖核苷三磷酸——dATP、dCTP、dGTP和dTTP。其他4种是不常见的，并以较低的浓度添加，它们是**双脱氧核糖核苷三磷酸**（有时仅仅称为**双脱氧核苷酸**）——ddTAP、ddCTP、ddGTP和ddTTP〔图9.7（c）〕。在DNA聚合过程中，这些双脱氧核苷酸缺少形成磷酸二酯键的3′羟基（回顾图6.21）。此外，每个双脱氧核苷酸都用一种不同颜色的荧光染料标记，例如，ddATP可以携带一种绿色荧光染料，ddCTP携带紫色染料等。

测序反应管中含有数十亿个来源相同的杂交DNA分子，其中寡核苷酸引物已经杂交在模板DNA链的同一位置上。在每个分子上，引物为DNA聚合酶延伸提供了3′端。聚合酶将核苷酸添加到与样品的模板链互补的生长链中。核苷酸会持续加入，直到偶然地，一个双脱氧核苷酸替代一个正常核苷酸加入到生长链中。双脱氧核苷酸的3′羟基的缺失阻止了DNA聚合酶与任何其他的核糖核苷酸形成磷酸二酯键，结束了对该新DNA链的合成〔图9.7（b）〕。

当反应完成时，通过高温变性，新合成的链从模板链中释放出来。结果是产生了一组嵌套的片段，它们都具有相同的5′端（引物的5′端），但有不同的3′端。这组片段中每个片段的长度和荧光颜色由最后一个结合的核苷酸决定，即片段中的终止单链的双脱氧核苷酸〔图9.7（b）〕。

9.3.3　DNA片段的荧光显示核苷酸序列

生物学家们通过聚丙烯酰胺凝胶电泳分析测序反应产生的DNA片段混合物，该凝胶可以分离长度只差一个核苷酸的DNA分子〔图9.7（b）、（d）和（e）〕。凝胶由一台DNA测序仪检测，该测序仪配有激光（激活双脱氧核苷酸的荧光标记）及一种灵敏的检测器（可以分辨所产生的彩色荧光）。当每一个DNA片段经过激光照射时，它就会发出4种荧光颜色中的一种，这种荧光颜色是由附着在链3′端的双脱氧核苷酸上的染料决定的。每个连续的荧光信号代表比前一条链长一个核苷酸的链。

检测器将信号相关的信息传送给计算机，计算机将它们显示为一系列不同颜色的峰图〔图9.7（f）〕。DNA测序仪中的计算机具有碱基读取软件，可将峰图

特色插图9.7

自动化Sanger测序

（a）模板与引物杂交。克隆的重组DNA变性（融解成单链），利用热量将连接两条链的氢键分开。其中一条链作为**模板**。重组DNA与一个**寡核苷酸引物**混合（提前由DNA合成仪产生），引物序列与模板链载体部分约20个互补碱基。随着温度的降低，模板和引物退火（杂交）在一起。

（b）产生一套嵌套的聚合产物。模板-引物杂交物现在与DNA聚合酶、大量的四种**脱氧核苷三磷酸（dNTP）**和少量的四种**双脱氧核苷三磷酸（ddNTP）**混合。每个ddNTP都有不同颜色的荧光标记。DNA聚合酶通过在引物的3'端依次加入核苷酸，合成与模板互补的DNA新链。当一个双脱氧核苷酸加入链中时，合成终止。该反应生成了一组嵌套的产物，每个产物都有相同的5'端和不同的3'端。3'端的双脱氧核苷酸的颜色编码了每个产物。在将新合成的DNA从模板中融解下来后，这些产物在一种特殊的凝胶上进行电泳，这种凝胶可以通过一个核苷酸的差异分离大小不同的

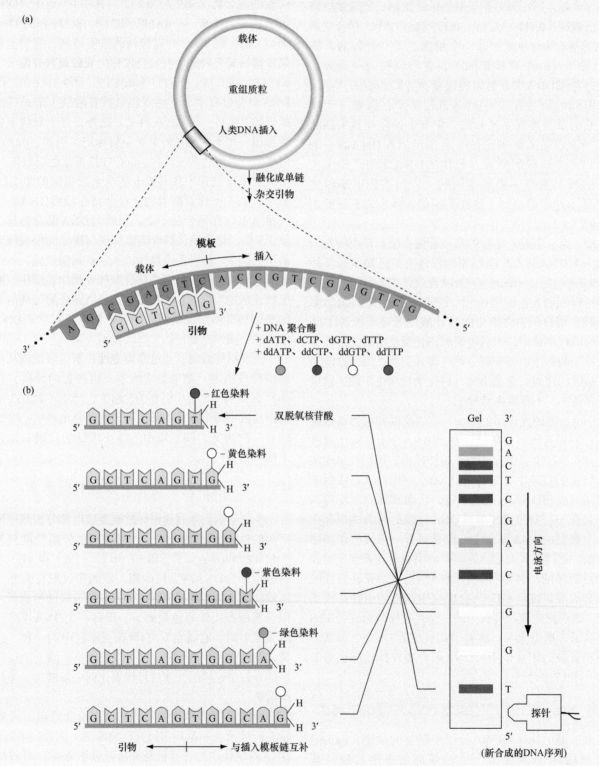

特色插图9.7（续）

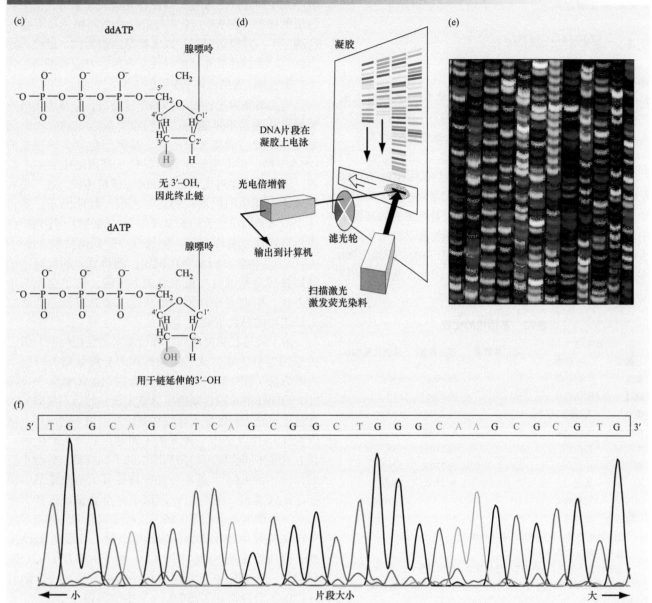

(c)　ddATP

腺嘌呤

无 3′–OH，
因此终止链

dATP

腺嘌呤

用于链延伸的3′–OH

(d)　凝胶

DNA片段在
凝胶上电泳

光电倍增管

输出到计算机

滤光轮

扫描激光
激发荧光染料

(e)

(f)

5′ T G G C A G C T C A G C G G C T G G G C A A G C G C G T G 3′

←— 小　　　　　　　　　　片段大小　　　　　　　　　大 —→

DNA。当每个片段经过激光束时，末端碱基的颜色就会被检测并记录下来。（c）双脱氧核苷酸的结构。由于ddNTP在脱氧核糖的3′碳原子上缺少一个羟基基团，DNA聚合酶无法将任何核苷酸添加到3′端有双脱氧核苷酸的链上。（d）分析凝胶上嵌套的产物。（e）测序凝胶图像。每道显示了用不同的样本获得的序列。（f）一条凝胶道的DNA序列痕迹。原始数据由四种不同颜色的峰值表示。在这里，为了便于显示，用黑色替代黄色。碱基读取软件将新合成的DNA链生成一个文本序列。从一个反应中可以读出近1000个碱基。

（e）：© Jean Claude Révy/ISM/Phototake；（f）：承蒙Joshua J. Filter, Cornell University, Ithaca, New York提供

转译为特定的碱基并产生一个包含新合成的DNA中的A、C、G和T序列的数字文件，称为一个**读长**。当然，这个序列与所分析的模板链是互补的。

　　自20世纪90年代后期以来，DNA测序仪可以从任何一个样本中测定700～1000个碱基。这些机器还可以在单独的凝胶通道上同时运行数百个样本，每个样本都由单独的荧光检测器记录［图9.7（d）和（e）］。因此，一台运行数小时的机器可以确定数十万个DNA序列信息的碱基。

基本概念

● 在Sanger DNA测序中，被测序的DNA分子作为DNA聚合酶合成DNA的模板。

● Sanger DNA测序需要一个短的寡核苷酸引物与模板杂交。DNA聚合酶通过在3′端添加与模板互补的核苷酸来延伸引物。

● 在自动化DNA测序中，当DNA聚合酶结合了一个有荧光标记的双脱氧核苷酸时，链合成终止。

● 聚合反应产生的DNA片段在凝胶上按大小进行分离，

通过检测器读取每个片段3′端的荧光标记的颜色，以确定核苷酸序列。

9.4　基因组测序

学习目标

1. 解释为什么重建基因组序列需要单个DNA序列之间的重叠。
2. 描述基因组测序的分级策略和鸟枪策略之间的差异。

基因组的范围从最小的已知微生物基因组的700 000个碱基对（700kb）到分布在人类的23条染色体上的30亿个碱基对（3千兆碱基对，或3Gb），甚至更大的基因组中。表9.2给出了代表性的微生物、植物和动物的基因组大小。准确地说，人类基因组比大肠杆菌的基因组大700多倍，是巴黎粳稻的基因组的1/45。因此，基因组的信息含量不一定与生物体的复杂性成正比。

表9.2　基因组的比较

微生物		染色体数量[a]	基因数量[b]	基因长度/Mb
类型	物种			
细菌	大肠杆菌	1	约4400	4.6[d]
酵母	酿酒酵母	16	约6000	12.5
蠕虫	秀丽隐杆线虫	6	约22000	100.3
果蝇	黑腹果蝇	4	约17000	122.7
拟南芥	拟南芥	5	约28000	135
鼠	小鼠	20	约27000	2700
人	人类	23	约27000	3300
肺鱼	石花肺鱼	14	？？	133000
树冠植物	衣笠草	5[c]	？？	152400

[a] 如无特别指明，代表单倍染色体补体。
[b] 包括非蛋白质编码基因。
[c] 该物种为八倍体；5是基本染色体数量（见第13章）。
[d] 大肠杆菌基因组大小不一；4.6Mb是一个具有代表性的长度（参见第14章）。

包括人类基因组在内的一些基因组的巨大尺寸，对基因组的最终表征和分析提出了重大挑战。如果任何一次DNA测序最多可以产生1000个碱基的信息，那么需要至少300万个这样的序列来确定人类基因组的整个序列。事实上，这是一个严重的低估，因为正如之前所讨论的，需要从基因组文库中至少测定5倍于此数量的克隆，以确保有95%的概率使基因组的每个部分都出现一次。怎么可能做这么多的DNA测序呢？如何处理获得的海量数据？如何在完整的基因组中找出这数百万个1000碱基的片段是如何排列的？

目前用于复杂基因组测序方法的基本概念，被称为**全基因组鸟枪策略**。这个概念很容易解释：确定每个长度约为1000碱基的DNA序列，这些序列来自一个基因组文库的数百万个BAC（细菌人工染色体）克隆上的随机人类基因组DNA插入片段的两端（配对末端），然后寻找序列之间的重叠，以便将其组装起来重建整个基因组的序列（图9.8）（"鸟枪"是指随机选择克隆进行测序）。理想情况下，以人类基因组为例，最终的输出将是24条核苷酸序列的线性字符串，对应每条染色体（常染色体、X染色体和Y染色体）。

当人类基因组计划于1990年启动时，全基因组鸟枪策略被认为是不可能的。人们很早就认识到的一个问题是：正如后面将要讨论的，基因组包含多种重复的DNA序列，每个重复序列可以位于基因组中的多个位置。许多重复序列比典型的1000bp读长还长。这一事实导致不可能用随机读长组装基因组。其原因是，来自一个特定基因组位置的长重复序列一侧的唯一序列不可能出现在该重复序列另一侧的唯一序列读长中［图9.9（a）］。科学家们最终认识到，随机克隆的配对末端测序将使全基因组鸟枪策略成为可能。这里会介绍这种方法，但首先要介绍一个在这一概念突破之前研究人员使用的替代策略。

为了绕过长重复序列存在所带来的装配问题，第一批基因组科学家尝试了一种被称为**分级策略**的分而治之的方法（图9.8）。他们首先通过在BAC载体中克隆200～300kb的片段将基因组分成大块，然后用策略（未在这里讨论）确定插入片段在原始基因组中的顺序。基因组DNA片段是用一种方法（如超声处理）产生的，该方法在不同位置上切割基因组的不同拷贝，导致重叠的片段（图9.8）。这些方法允许研究人员确定最小的一组BAC克隆，它们可以用最小的重叠量覆盖整个基因组（所谓的最小重叠区域）。科学家们随后确定了每个BAC克隆中最小重叠区域的整个插入片段的DNA序列，以便重建基因组（图9.8）。由于大多数BAC克隆只包含一个特定重复元件的单一拷贝，所以一次组装一个BAC克隆避免了图9.9（a）中的问题。

尽管分级方法最终获得成功，但一个名为塞罗拉的私营机构却让科学界大吃一惊，它同时承担并利用全基因组鸟枪策略对人类基因组进行测序，当时很多人认为这种策略毫无希望。如前所述，塞罗拉公司成功的关键是进行**配对末端测序**，即它们从每个BAC克隆获得两条测序序列，分别来自插入片段的两端［图9.9（b）和（c）］。配对末端测序为赛罗拉公司的科学家提供了一个信息——每个BAC克隆的两个序列必定是来自基因组的同一个区域，而且间隔200～300kb。如图9.9（b）所示，该信息使得科学家们能够正确地排列重复元件侧翼的唯一序列。

全基因组鸟枪策略与分级方法相比有两个重要的优点。首先，鸟枪法不需要耗时的BAC克隆比对以产生重叠区域。其次，鸟枪法的过程可以高度自动化。塞罗拉公司投资了一个包含数百个由机器人控制DNA测

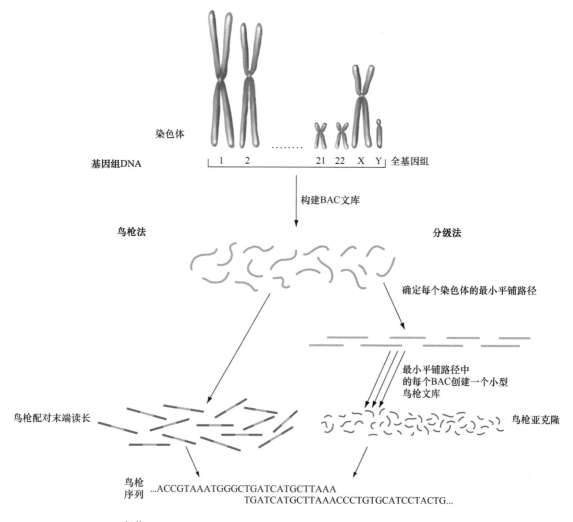

图9.8　基因组测序策略。在全基因组鸟枪方法中（塞罗拉公司），BAC文库由片段化的基因组DNA构成。数百万个克隆的两端被直接测序；通过计算机寻找这些序列之间的重叠，并将基因组序列组装起来。较为系统但效率较低的分级方法采用中间步骤，对基因组文库的BAC克隆进行特征化（插入片段为200～300kb），以确定最小重叠区域。路径中的每个BAC克隆都被分割成更小的片段，形成一个小型鸟枪文库，并对小型文库中的DNA进行测序。计算机重新组装每个BAC克隆的序列，然后寻找BAC克隆之间的重叠以重新组装完整的基因组序列。

序仪的机构，机器人首先从基因组文库的克隆中制备DNA，将这些DNA放入测序反应中，然后将反应液放入测序仪中。这种自动化使塞罗拉公司能够以相对便宜的成本获得所需的数百万条DNA序列读长，从而提供约10倍的基因组当量覆盖率。DNA测序仪将数据传输到一个中央超级计算机，其复杂的软件能将所有这些序列组装到染色体上。全基因组鸟枪法的相对效率如此之高，因此基于这种方法的改良版本已成为基因组测序的标准方法。

基本概念

● 全基因组鸟枪测序的策略是从机械剪切的基因组DNA构建的文库中随机选择成百上千个克隆，对插入片段进行测序，以确保片段之间的重叠。

● 对DNA插入片段的两端进行测序（配对末端测序），为基因组组装提供了有用的信息。

接下来的内容

人类基因组计划并没有终止于对DNA序列的30亿个碱基对的测定。这个项目的一个重要的任务是解读所获的大量信息。在所有这些A、C、G和T中，基因在哪里？蛋白质编码基因的序列是什么？这些基因编码的RNA序列是什么？这些蛋白质和RNA潜在的功能是什么？哪些DNA序列构成了染色体的其他重要特征，如着丝粒和端粒？在下一章中，将会解释科学家们如何识别基因组的功能元件，以及他们的发现如何在DNA序列的水平上揭示人类基因组的结构。

(a) 重复元件长度超过序列读长时会阻止人类基因组鸟枪测序的组装

正确组装

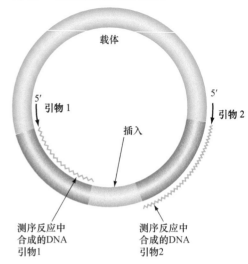

(b) 从BAC完成的配对末端读取序列

(c) 配对末端测序允许正常组装包含重复序列的基因组

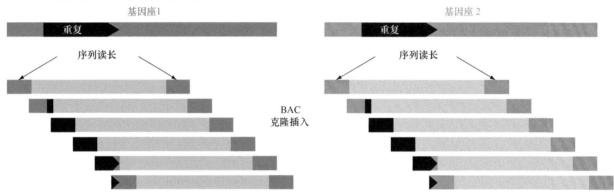

图9.9 全基因组鸟枪测序。（a）重复元件长度超过测序读长时会阻止人类基因组鸟枪测序的组装，因为不可能知道重复序列不同拷贝两侧的哪些唯一序列（绿色或橙色）是在一起的。（b）配对末端测序法。将一个重组BAC克隆融成单链，在一个反应中与引物1杂交，在另一个反应中与引物2杂交。这些引物与载体的序列相对应，位于人类DNA插入片段的两侧。这两个引物分别与重组DNA的两条链杂交，并且是定向的，因此DNA聚合酶可以从人类DNA插入片段的两端合成DNA［注意，如（c）部分所示，插入片段的浅绿色部分实际上比深绿色部分长得多］。（c）配对末端测序允许正确组装包含重复序列的基因组，因为成对的读长将包括重复序列两侧的唯一序列。换句话说，唯一序列读长（右侧绿色或橙色的框）必须对齐，因此包含重复序列的读长（左侧绿色和黑色或橙色和黑色的框）也必须对齐。

习题精解

Ⅰ. 下图显示了质粒克隆载体pBR322的图谱，标出了氨苄青霉素（amp）和四环素（tet）抗性基因的位置，以及两个独特的限制酶识别位点（一个是EcoRI，另一个是BamHI）。用EcoRI和BamHI酶消化该质粒载体，并将大的EcoRI-BamHI载体片段纯化。同时用相同的酶消化人类基因组DNA。将质粒载体和人基因组片段混合连接后，转化一株对氨苄青霉素敏感的大肠杆菌，并选择耐氨苄青霉素的菌落。

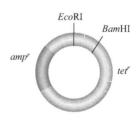

a. 如果对所有选定的氨苄青霉素抗性菌株进行四环素抗性检测，预计结果如何？为什么？

b. 为什么EcoRI位点不能位于氨苄青霉素耐药基因中？

c. 绘制两个寡核苷酸引物的位置和方向示意图，用这两个引物可以对以上方法产生的任何重组DNA分子中的人类DNA插入片段的两端进行测序。

d. 为什么用这种方式建立的文库不能代表一个基因组当量？

解答

这个问题需要理解载体，以及载体利用限制性内切核酸酶产生的黏性末端结合DNA的过程。

a. 在大肠杆菌中复制的质粒必须是圆形的，在这种情况下，只有插入片段与切割后的载体DNA结合才能形成圆形分子。如果没有插入片段，切割后的载体是无法重新连接的，因为*Bam*HI和*Eco*RI切割的黏性末端不能互补配对。因此，所有抗氨苄青霉素的菌落都含有连接到载体*Bam*HI-*Eco*RI切割位点的人类DNA片段（同样含有*Bam*HI-*Eco*RI末端）。在*Bam*HI-*Eco*RI位点克隆的片段干扰并失活了四环素抗性基因。所有的氨苄青霉素抗性克隆都对四环素敏感。

b. 如果氨苄青霉素抗性基因含有一个*Eco*RI位点，而四环素抗性基因含有一个*Bam*HI位点，克隆的过程会同时破坏这两个基因的活性。因此，将无法选择出被重组DNA分子转化的细菌细胞。

c. 引物必须位于人类基因组DNA插入片段的两侧（粉红色），如下图所示。

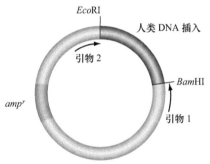

d. 很偶然的，人类基因组的某些区域可能会连续出现两个*Eco*RI位点而中间没有*Bam*HI位点，其他区域会出现两个*Bam*HI位点而中间没有*Eco*RI位点。当用两种酶同时切割这些区域时，产生的片段将不会具有插入对应载体所需的两种不同的黏性末端。因此，这种方法无法将人类基因组的部分区域克隆到载体中。

Ⅱ. 在基因组测序过程中，计算机正试图将以下6个

DNA序列组装成重叠群（即从重叠克隆中获得的连续序列片段）：

5′ AGCAAATTACAGCAATATGAAGAGATC 3′
5′ AAAATGCCCTAAAGGAAATGAGATTTT 3′
5′ TGATCTCTTCATATTGCTGTAATTTGC 3′
5′ TCCTTTTAAAAATCTCATTTCCTTTAG 3′
5′ TACAGCAATATGAAGAGATCATACAGT 3′
5′ AAATGCCCTAAAGGAAATGAGATTTTT 3′

a. 这组DNA序列代表了多少个重叠群？每个重叠群的序列是什么？

b. 其中一些序列在重叠区域是互补的，而另一些序列虽然重叠但代表相同的DNA链。这怎么可能？

c. 如果这些序列都是随机从人类基因组中产生出来的，那么为什么希望它们之间不会相互重叠呢？

d. 如果你有足够多的序列读长来覆盖人类基因组的所有碱基对，那么会有多少个重叠群呢？

解答

a. 有两个重叠群。

序列1、3、5

5′ AGCAAATTACAGCAATATGAAGAGATCATACAGT 3′
3′ TCGTTTAATGTCGTTATACTTCTCTAGTATGTCA 3′

序列2、4、6

5′ TCCTTTTAAAAATCTCATTTCCTTTAGGGCATTTT 3′
3′ AGGAAAATTTTTAGAGTAAAGGAAATCCCGTAAAA 5′

这些片段的编写方向并不重要。

b. 你正在测序的是不同却重叠的DNA分子克隆。DNA克隆以随机的方向与载体连接，连接方向决定了哪条DNA链被用作模板。因此，一些序列读取相同的链但从不同的地方开始，而另一些序列读取互补链。

c. 如果在整个30亿个碱基的人类基因组中，你只有6个短序列，那么这几个序列都随机来自基因组同一个小的区域的可能性将是微乎其微的。因此，人类基因组的6个随机序列应该不会重叠。显然，这些序列不是随机产生的，而是经过选择的（例如，这些序列可能是特定的人类DNA插入片段连接在BAC载体上制成的迷你文库中产生的）。

d. 每个人类染色体都是一个重叠群。人类男性基因组序列有24个重叠群，女性基因组序列有23个重叠群。

习题

词汇

1. 在右列中选择与左列中的术语最匹配的短语。

a. 寡核苷酸	1. 载体上的基因用于转化体分离		
b. 载体	2. 一个给定物种的一组 DNA 片段，插入载体中		
c. 黏性末端	3. 克隆载体中的合成 DNA 元件，含有唯一的限制性位点用于外源 DNA 插入		
d. 重组 DNA	4. 单链 DNA 分子之间的紧密结合		
e. 双脱氧核糖核苷三磷酸	5. 利用分子大小分离 DNA 的方法		
f. 基因组文库	6. 在复制期间被 DNA 聚合酶延伸的寡核苷酸		
g. 基因组当量	7. 含有来自两个生物的遗传物质		
h. 凝胶电泳	8. DNA 片段的数量，其聚合长度足以包含一个特定生物体的整个基因组		
i. 可选择性标记	9. 在限制性片段末端发现的短的单链序列		
j. 杂交	10. 一个可以被仪器合成的短的 DNA 片段		
k. 引物	11. DNA 链终止单元		
l. 多位点人工接头	12. 用于运输、复制和纯化 DNA 片段的 DNA 分子		

在解决本章的问题时，除非另有说明，做一个简单的假设：碱基对序列是随机的，并且A-T和G-C碱基对的数目是相等的。

9.1节

2. 下面列出的每种限制性内切核酸酶：

（ⅰ）用以下酶消化人类基因组（ 3×10^9 个碱基）约产生多少限制性片段？（ⅱ）估算以下酶消化产生的人类基因组片段的平均长度。（ⅲ）说明用下列限制性内切核酸酶消化产生的人类DNA片段的末端是具有5′突出的黏性末端，还是3′突出的黏性末端或平端？（ⅳ）如果这种酶产生黏性末端，那么在人类基因组的所有片段上产生的所有末端的突出是否都是相同的？（每个酶的识别序列用括号表示，5′端写在左边。N表示四种核苷酸中的任一种；R是嘌呤，即A或G；Y是嘧啶，即C或T。^表示切割位点）。

a. *Sau*3A （^GATC）

b. *Bam*HI （G^GATCC）

c. *Hpa*II （C^CGG）

d. *Sph*I （GCATG^C）

e. *Nae*I （GCC^GGC）

f. *Ban*I （G^GYRCC）

g. *Bst*YI （R^GATCY）

h. *Bsl*I （CCNNNNN^NNGG）

i. *Sbf*I （CCTGCA^GG）

3. 图9.2中限制性片段平均大小的计算是基于假设：DNA中的四种核苷酸是均等的。然而，许多基因组在一定程度上富集了某些核苷酸。举个例子，人类基因组含有29.6% A、29.6% T、20.4% C和20.4% G。有了这些更准确的信息，对前面习题2中用酶（a~i）切割人类基因组所产生片段的平均大小进行重新估算。

4. 用*Eco*RI完全消化以下DNA序列（5′ G^AATTC 3′）。这个反应会产生多少个DNA分子？写出所产生的DNA分子的完整序列（从5′→3′的方向）。与随机核苷酸序列构成的DNA相比，这个序列哪里很不寻常（尽管并非不可能）？

5′ AGATGAATTCGCTGAAGAACCAAGAATTCGATT 3′

3′ TCTACTTAAGCGACTTCTTGGTTCTTAAGCTAA 5′

5. 为什么在电泳过程中，较长的DNA分子比较短的DNA分子移动得慢？

6. 需要不同平均孔径的琼脂糖凝胶来分离不同大小的DNA分子。例如，与8500bp和8600bp片段的最佳分离相比，1100bp和1200bp片段的最佳分离需要平均孔径更小的凝胶。你认为科学家们是如何制备不同的平均孔径凝胶的？（提示：琼脂糖凝胶的制作方法与果冻等凝胶甜点类似）

7. 下图为两种不同的限制性内切核酸酶消化的两种DNA样品，凝胶电泳显示溴化乙锭染色带。其中一种是人类基因组DNA，另一种是能感染大肠杆菌的一种噬菌体（细菌病毒）的小基因组。其中一个限制

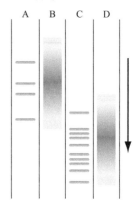

性内切核酸酶是*Eco*RI（5′ G^AATTC 3′），另一种是*Hpa*II（5′ C^CGG 3′）。对于凝胶（A～D）上的四个通道，确定所分析的是两个DNA样本中的哪一个，以及使用了哪个限制性内切核酸酶来消化该DNA。箭头表示电泳方向。

8. 线性噬菌体 λ 的基因组DNA的两端各有一个20个碱基的单链延伸（这些是黏性末端，但不是由限制性内切核酸酶消化产生的）。这些黏性末端可以连接形成一个环形的λDNA。在一系列单独的试管中，线性或环形的DNA被*Eco*RI、*Bam*HI或两种酶的混合物完全消化。结果显示如下。

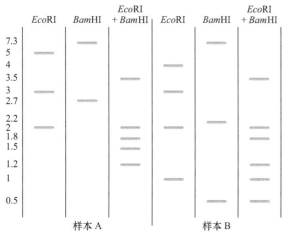

a. 哪个样本（A或B）代表环状DNA分子？你如何知道？

b. 线性 λ DNA分子的总长度是多少？

c. 环状 λ DNA分子的总长度是多少？

d. 画出环状和线性 λ DNA分子的示意图，标出*Eco*RI和*Bam*HI位点的位置。

9. 考虑部分限制性消化的情况，基因组DNA暴露在有限数量的限制性内切核酸酶环境中一个非常短的时间内。

a. 产生的片段是更长还是更短，还是与完全消化产生的片段大小相同？

b. 如果你从含有数百万细胞的组织样本中制备基因组DNA，这些细胞的DNA部分消化产生的片段是相同的还是不同的？

10. 本章提到，分子生物学家们已经开发出了高超的技术，可以将任何类型的DNA末端转换成任何其他类型的DNA末端。在这个问题中，考虑到基因组DNA被机械剪切成随机的片段。这些片段有些是平末端的，有些具有5′端突出，其他的具有3′端突出。

a. 任何一个基因组DNA片段的两端必须是同一类型吗？

b. 解释为什么5′或3′端的突出不是黏性末端。

c. 研究人员可以使用DNA聚合酶（加上4种dNTP）或核酸酶S1将带有突出的末端转化为平末端，后者能够降解DNA的单链区域，但不能降解双链区域。DNA聚合酶可以将哪种类型的突出末端（5′或3′）转化为平端？如果是S1核酸酶呢？

9.2节

11. a. 分子克隆的目的是什么？

b. 载体中可选择标记起什么作用？

c. 质粒载体中复制起点的作用是什么？

d. 克隆载体为什么有多位点人工接头？

12. 下列哪一种酶是合成重组DNA分子所必需的？这些酶在这个过程中的作用是什么？

a. DNA聚合酶

b. RNA聚合酶

c. 限制性内切核酸酶

d. DNA连接酶

e. 氨酰-tRNA合成酶

f. 肽酰转移酶

g. 反转录酶

13. 两种不同的限制性内切核酸酶是否有可能将人类基因组切成完全相同数量的片段，且片段大小分布也完全相同（这两种酶产生的片段末端不能被DNA连接酶连接在一起）？请解释一下。

14. 一个质粒载体pBS281被*Bam*HI切割（5′ G^GATCC 3′），该酶只识别DNA分子中的一个位点。人类DNA被*Mbo*I消化（5′ ^GATC 3′），该酶在人类DNA中有多个识别位点。现在将这两个被消化的DNA连接一起。只考虑那些与人类DNA片段结合的pBS281分子。关于这两种DNA分子之间的连接，回答以下问题。

a. 在pBS281与所有可能的人类DNA片段之间的连接中，*Mbo*I能够切割的比例是多少？

b. 在pBS281与所有可能的人类DNA片段之间的连接中，*Bam*HI能够切割的比例是多少？

c. 在pBS281与所有可能的人类DNA片段之间的连接中，*Xor*II能够切割的比例是多少？（5′ C^GATCG 3′）

d. 在pBS281与所有可能的人类DNA片段之间的连接中，*Bst*YI能够切割的比例是多少？（5′ R^GATCY 3′）（R和Y分别代表嘌呤和嘧啶）

e. 在人类染色体DNA的切割位点不是*Bam*HI的情况下，能被*Bam*HI切割的比例是多少？

15. 用一个长度为4271bp的pMBG36的质粒载体构建重组DNA分子。pMBG36质粒包含一个多位点人工接头，含有一些限制性内切核酸酶的唯一位点，包括 *Bam*HI（5′ G^GATCC 3′）和 *Eco*RI（5′ G^AATTC 3′）。pMBG36的多位点人工接头的序列如下图所示，图中的点表示大部分没有显示的载体区域。现在用 *Eco*RI切割pMBG36载体，然后插入之前习题4中同样用 *Eco*RI切割的DNA片段。

5′ ...CGGATCCCCTAAGATGAATTCCGCGCGCATCGGC.. 3′

3′ ...GCCTAGGGGATTCTACTTAAGGCGCGCGTAGCCG.. 5′

   a. 尽可能地写出合成的重组DNA分子的DNA序列。有两种可能的答案，只需要展示一个。

   b. 为什么题目a有两种可能的答案？

   c. 在题目a答案的重组DNA分子中，有多少个 *Bam*HI的识别位点？

   d. 如果用 *Bam*HI切割这个重组DNA分子并将切割物跑电泳，会看到多少条带？它们的大小是多少？

   e. 在题目a答案的重组DNA分子中，有多少个 *Eco*RI的识别位点？

   f. 如果用 *Eco*RI切割这个重组DNA分子并将切割产物跑电泳，会看到多少条带？它们的大小是多少？

16. 假设正在使用的一个质粒克隆载体的多位点人工接头上没有 *Eco*RI位点（5′ G^AATTC 3′），因为载体上特殊的耐药性基因中包含 *Eco*RI位点。

   a. 如何使用以下两种寡核苷酸（和连接酶）将一段 *Eco*RI的插入片段连接到 *Bam*HI位点（5′ G^GATCC 3′）切割的载体中？

          5′ GATCCGGGGGGGGGG 3′

          5′ AATTCCCCCCCCCCG 3′

   b. 重组DNA包含多少个 *Eco*RI位点？包含多少个 *Bam*HI位点？

   c. 在题目a中，使用了两个寡核苷酸来产生所谓的接头。接头也可以用于将平末端插入片段与黏性末端酶切割的载体连接在一起。设计一个接头，允许将平末端插入片段连接到载体的多位点人工接头的 *Bam*HI位点上。

    （注：两个平末端的DNA片段可以连接在一起，尽管反应的效率远远低于黏性末端连接）

17. 作为一名专门研究金鱼草的分子生物学家和园艺家，你已经决定建立一个基因组文库来描述金鱼草花色基因的特征。

   a. 你希望文库中有多少个基因组当量，能保证在95%的可信度条件下，拥有包含你文库中每个基因的克隆？

   b. 为了筛选得到这个数量的基因组当量，如何确定独立克隆的数量？

18. 假设你正在构建BAC载体的人类基因组文库，其中人类DNA片段平均为100 000bp。

   a. 你需要构建的重组BAC的最小数目是多少，才能有大于零的机会拥有一个完整的文库——也就是说该文库代表整个基因组？

    下面这个简单的统计公式可以确定一个基因组文库的大小（即需要得到的独立重组克隆的数量），以确定文库代表了整个基因组的可能性。

$$N = \frac{\ln(1-P)}{\ln(1-f)}$$

    式中，N为独立重组克隆数；P是基因组中任何特定部分至少出现一次的概率；f是单个重组克隆中的基因组片段（注：ln是自然对数，有时也写作 $\log_e$）。

   b. 计算题目a中描述的基因组文库的 f 值。

   c. 需要多少个不同的重组BAC克隆才能有99%的概率代表基因组中特定的100 000bp区域？如果是99.9%的概率呢？

   d. 题目c中的每一个答案对应多少个基因组当量？

   e. 假设将人类DNA插入片段与BAC载体连接后转化大肠杆菌，发现只有3万个耐药克隆被重组质粒转化。基因组中任一特定的100 000bp区域在重组质粒中出现的概率是多少？

   f. 如果想构建一个完整的人类基因组文库，包含尽可能少的独立重组克隆，应该调整的关键变量是什么？

    利用质粒载体进行分子克隆的一个难点是酶切载体可以在不插入基因组DNA的情况下被DNA连接酶重新封闭。接下来的两个问题探讨了解决方法。

19. 大肠杆菌的 *lacZ* 基因编码β-半乳糖苷酶，可催化一种无色化合物X-gal转化为蓝色的产物。分子生物学家利用了这一特性，构建了包含 *lacZ* 基因的质粒载体，基因中间有一个 *Eco*RI位点（见下图）。在用 *Eco*RI切割这个载体后，科学家将其与 *Eco*RI消化的人类基因组DNA连接起来，将合成分子转化到对氨苄青霉素敏感的大肠杆菌细胞中，并将这些细胞置于含有氨苄青霉素和X-gal的平板上。在这个平板上生长的一些菌落是白色的，而另一些是蓝色的，为什么？

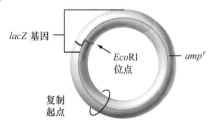

20. 你的本科研究导师给你布置了一项任务：插入一个*EcoRI*消化的青蛙DNA片段到习题19所示的载体中。导师建议你用*EcoRI*消化质粒之后，应该用碱性磷酸酶处理质粒。这种酶去除可能位于DNA链5′端的磷酸基。然后将青蛙DNA的片段添加到载体中，并用DNA连接酶将两者连接起来。

　　你不太明白导师的推理，所以你做了两个连接反应：一个是用碱性磷酸酶处理的质粒，另一个没有这样处理。除此之外，连接混合物都是一样的。连接反应完成后，用连接的一小部分产物转化大肠杆菌，并将细菌涂布在含有氨苄青霉素和X-gal的平板上。第二天，你在用碱性磷酸酶处理过的质粒平板上观察到100个白色菌落和1个蓝色菌落，在未用碱性磷酸酶处理过的质粒平板上观察到100个蓝色菌落和1个白色菌落。

　　a. 解释两个平板上看到的结果。

　　b. 为什么导师的建议是好的？

　　c. 为什么通常用碱性磷酸酶处理质粒载体，而不是用连接的DNA片段？

9.3节

21. 下列哪种酶是DNA测序所需要的？这些酶在该过程中的作用是什么？

　　a. DNA聚合酶

　　b. RNA聚合酶

　　c. 限制性内切核酸酶

　　d. DNA连接酶

　　e. 氨酰-tRNA合成酶

　　f. 肽酰转移酶

　　g. 反转录酶

22. 使用引物5′ GCCTCGAATCGGGTACC 3′对质粒载体制成的重组DNA分子的部分人类DNA插入片段进行测序。这里显示了自动化DNA序列分析的结果。峰的高度并不重要。（A=绿色；C=紫色；G=黑色；T=红色）

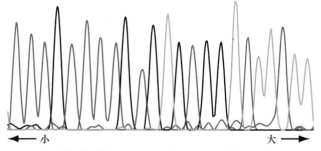

　　a. 写出你能确定的所有人类DNA核苷酸的序列，指出该序列的5′→3′方向。

　　b. 你在题目a中写出来的序列是测序反应中合成的

新DNA链的一部分，还是所使用的模板链的一部分？

　　c. 如何设计测序反应所需的引物？ 以图9.7为指导，绘制待测序的重组DNA分子图，说明人和载体的序列、引物的位置和方向，以及在测序反应中将合成的新DNA的位置和方向。

　　d. 展示测序反应中合成的最小DNA分子的全部序列，该分子含有双脱氧鸟嘌呤（ddG），指出该分子的5′→3′方向和ddG的位置。

　　e. 如果不小心将dATP遗漏在反应之外，那么数据将有何不同？

9.4节

23. a. 若要使基因组文库对整个基因组测序有用，为什么通常会通过机械剪切力（如超声）来分割基因组DNA，而不是用限制性内切核酸酶？

　　b. 假设需要建立一个基因组文库来确定一个新发现的生物体基因组的完整序列，但是没有现成的超声破碎仪。解释如何使用两种或两种以上的限制性内切核酸酶来建立文库，其克隆可以被测序以便计算机组装基因组序列。

　　c. 假设只有一种限制性内切核酸酶，想要建立一个基因组文库用于组装基因组序列。如何才能达到这个目标呢？（提示：见习题9）为了构建这个文库，最好使用识别四碱基、六碱基还是八碱基DNA序列的限制性内切核酸酶呢？

24. 习题15展示了质粒载体pMBG36的部分序列。假设将*EcoRI*消化的一个基因组的片段插入到*EcoRI*消化的pMBG36载体中来构建一个基因组文库。写出两个不同的引物序列，可以用它们（在不同的反应中）对库中所有克隆的两端进行测序。根据所给的信息，这些引物应尽可能长。

25. 真核生物基因组充满了重复序列，这使得用序列组装基因组变得困难。例如，CTCTCTCT... 这样的序列（双核苷酸序列CT的串联重复）存在于许多染色体区域，每个位置的CT重复单元的数量不定（n）。尽管有这些困难，科学家们仍然可以使用图9.9所示的配对末端的测序策略来组装基因组。换句话说，它们可以通过定义基因组插入片段的大小来创建文库，然后对单个克隆的两端进行测序。

　　下列是在一个基因组计划中分析的来自6个克隆片段的12条DNA序列。1 A和1 B代表克隆1的两端序列，2 A和2 B代表克隆2的两端序列，依此类推。克隆1~4来自一个基因组插入片段的长度约为2kb的文库，而克隆5和6的插入片段长约4kb。所有这些序列的5'端都在左边而3'端在右边。为了简化分析，假设这些序列一起代表了两个基因组位点（基因座、单基因座）每个位置包含一个$(CT)_n$重复，并且这12条序列中的每一条序列仅与另外一条序列重叠。

1A: CCGGGAACTCCTAGTGCCTGTGGCACGATCCTATCAAC

1B: AGGACTCTCTCTCTCTCTCTCTCTCTCTCTCTCTCTCT

2A: GTTTTTGAGAGAGAGAGAGAGAGAGAGAGACCTGGGGG

2B: ACGTAGCTAGCTAACCGGTTAAGCGCGCATTACTTCAA

3A: CTCTCTCTCTCTCTCTCTCTCAAAAACTATGGAAATTT

3B: TAGTGATAGGTAACCCAGGTACTGCACCACCAGAAGTC

4A: GGCCGGCCGTTGTTGACGCAATCATGATTTAATGCCG

4B: TCATGGGAGAGAGAGAGAGAGAGAGAGAGAGAGAGAGA

5A: TAGTGCCTGTGGCACGATCCTATCAACTAACGACTGCT

5B: AAGGAAAGGCCGGCCGTTGTTGACGCAATCATGATTT

6A: CAGCAGCTAGTGATAGGTAACCCAGGTACTGCACCACC

6B: GGACTATACGTAGCTAGCTAACCGGTTAAGCGCGCATT

a. 画出两个基因座的模式图，显示重复DNA的位置，以及12条DNA序列的相对位置和方向。

b. 如果可能的话，指出两个基因座各含有多少CT重复单元。

c. 这些数据是否与另一种假设相符，即这些克隆实际上代表一个基因座的两个等位基因，它们在CT重复单元数量上有何不同？

第 10 章　基因组注释

当基因组序列被确定后，研究者需要确认在数十亿碱基对中哪些区域是功能元件，如基因。

© fredex/Shutterstock RF

　　尽管测定人类基因组的30亿碱基对序列是一件惊人的成就，但却只是人类基因组计划的第一步。仅凭核苷酸序列本身并不能回答某些关键问题：基因在哪里？基因的数目有多少？基因的产物是什么？除基因外，基因组中还有什么？基因和其他基因组元件在染色体上如何排布？是如何沿染色体组织的？没有这些答案，我们就无法开始理解人类基因型（即人类基因组序列）是如何决定人类表型的复杂性的。

　　我们将在本章描述人类基因组的**注释**，即解析出哪些DNA完成哪些任务的流程。注释的流程需要汇总多种研究手段的数据，包括各种各样的分子实验，以及用于分析获得的海量数据的复杂计算机算法。本章内容中的一节将说明人类以外的其他物种基因组序列为人类基因组的注释提供了重要的线索。接下来我们将描述一些人类基因组计划中的重要发现，以便你能够从整体上想象这30亿个核苷酸是如何组织的。

　　本章内容的关键点是介绍基于互联网的资源，特别是美国国立卫生研究院下属的国家生物技术信息中心

（NCBI）搭建的大型数据库，你可以亲自使用它来检索人类基因组和其他已测序的基因组。本章最后以一个完整的事例阐明人类基因组序列是如何帮助我们理解被称为血红蛋白病的遗传性疾病的本质，这种疾病会破坏我们血液携氧能力。

10.1　在基因组中发现基因

学习目标

1. 解释为什么一个长的可读框表明存在编码蛋白质的外显子。
2. 描述科学家如何通过识别存在于广泛分化物种基因组中的保守序列来预测基因的位置。
3. 探讨反转录酶在cDNA文库构建中的应用。
4. 比较从基因组和cDNA文库所获得的信息。

基因是基因组的关键功能元件。在本节中，我们将重点放在在基因组DNA序列中定位基因的方法。你会发现，对人类基因组基因注释有用的信息可以在基因组本身的序列、人类以外物种的基因组序列及人类细胞中RNA分子的表征中找到。这些方法已经成功地定位和鉴定了人类基因组中超过27 000个基因。尽管做了所有这些努力，但任务仍然没有全部完成，某些基因无疑仍有待被发现。

10.1.1　可读框帮助定位蛋白质编码基因

寻找潜在的蛋白质编码基因外显子区域的方法之一，是通过扫描基因组DNA序列寻找长**可读框（ORF）**。可读框是一段具有三联体阅读框的核苷酸片段，且不被终止密码子打断。正如你记得的第8章中关于遗传密码的讨论，四种核苷酸可以排列成$4^3=64$个可能的三联体密码子，其中3个（DNA序列为TAA、TAG和TGA）代表终止密码子。因此，非常粗略地估计，如果查看以任何一个核苷酸起始的随机序列构成的DNA，你将平均在大约$64/3\approx21$个三联体密码子后遇到一个终止密码子。如果该核苷酸起始的阅读框含有显著超过21个不含有终止密码子的三联体，则该区域中的DNA很可能不是一组随机的核苷酸，而是实际编码蛋白质中的氨基酸（图10.1）。

该方法有效但并非完美。基因组是如此之大，以至于某些非基因区域可能偶然包含一个长的ORF。另一方面，由于高等真核生物中的许多基因被内含子打断，一些蛋白质编码外显子非常小，以至于除非有其他附加信息，否则不会被识别为ORF。

对于可能有助于计算机程序识别基因的附加信息，其中之一是内含子/外显子边界上的剪接受体和剪接供体位点由特殊的一致序列组成（回顾图8.15）。因此，基因组分析程序可以将潜在的外显子连接在一起，并检查是否会产生提示基因的长ORF。

10.1.2　用全基因组比较分析辨别自然选择进化中保守的基因组元件

在第9章中描述的用于基因组测序的全基因组鸟枪法非常成功，已经被科学家用来破译不同物种的数千个基因组。研究人员可以利用大量的信息来寻找在不同生物体中相似的DNA区域。这些区域通常（尽管不总是）对应于基因。

比较基因组的理由可以追溯到查尔斯·达尔文。在DNA双螺旋被发现的近一个世纪之前，他提出了从已灭绝祖先进化的物种，是通过一种称为"兼变传衍"过程。我们现在知道，经历传衍变化的实质是定义生物体基因组的DNA序列。这些变化是DNA中发生的随机突变。**自然选择**是将赋予携带者个体优势的突变在整个群体中传播，而有害突变将消失的过程。对于我们的挑战是在DNA水平上追踪这种分子进化。

1. 找到保守的DNA序列

如何分辨两个来源的DNA序列的相似性是由偶然还是共同起源造成的？作为零假设的一个例子，对于一个指定的50bp长度随机产生的序列，计算一个独立衍生的DNA片段随机出现与这个序列100%一致的概率。长度为n的任意DNA序列出现的概率是0.25（特定位点出现某一碱基的频率）的50次幂（所需的独立事件次数），即$(0.25)^{50}=8\times10^{-31}$。这个概率几乎接近于零，这否定了零假设，并告诉我们，自然界中发现的两个完全匹配的50bp DNA序列几乎肯定来自同一祖先序列，而非偶然造成。

阅读框 1 → 5′ ...CCG ATG CTG AAT AGC GTA GAG GTT AGG TAA TCA TCA... 3′
阅读框 2 → 5′ ... CGA TGC TGA ATA GCG TAG AGG TTA GGT AAT CAT CA... 3′
阅读框 3 → 5′   GAT GCT GAA TAG CGT AGA GGT TAG GTA ATC ATC A... 3′

3′ ...GGC TAC GAC TTA TCG CAT CTC CAA TCC ATT AGT AGT ...5′ ← 阅读框 4
3′ ...GG CTA CGA CTT ATC GCA TCT CCA ATC CAT TAG TAG ... 5′ ← 阅读框 5
3′ ...G GCT ACG ACT TAT CGC ATC TCC AAT CCA TTA GTA ... 5′ ← 阅读框 6

图10.1　可读框（ORF）。任何DNA序列都可以在6个不同的阅读框中读取（3个来自一条链，3条来自另一条链）。不受终止密码子（红色）干扰的阅读框是ORF。长ORF表明该区域可能是蛋白质编码外显子的一部分。在此示例中，仅打开一个阅读框（框架5）。

DNA片段被认为是另一个物种中DNA片段的**同源物**，当两个DNA片段被证明来自共同祖先的同一DNA序列时，其中一个DNA片段被称为另一个DNA片段的同源物。对于完全匹配的约50bp长度或更长的序列，证据是清楚的。但对于不完全匹配的DNA区域同源性的证据，需要更复杂的统计分析，这项任务很容易通过专门的生物信息学程序执行。当在许多不同物种中发现DNA序列的同源物时，该序列被认为是**保守的**。

2. DNA序列保守性的情况

传统的系统发育树，如图10.2（a）所示，是通过比较基因组DNA序列来制作的。系统发育树描述了多个物种的彼此相关性，分支点代表一系列嵌套的共同祖先。当人类与其他代表性的脊椎动物进行整体基因组比较时，人基因组与黑猩猩和猴子的序列保守性比率非常高，但随着对共同祖先的回溯，人与其他物种的序列保守性逐渐降低［图10.2（b）］。在超过4亿年的进化距离上，鱼类基因组仅含有2%的人类基因组相似序列；相反，当比较仅限于人的蛋白编码序列时，整个脊椎动物进化中的保守性仍然很高，超过82%。

导致功能性DNA序列（如蛋白质编码区）功能破坏的突变可能会降低生物体进化的适应性。因此，对比没有表型决定贡献的非功能序列，功能重要的序列进化得慢。非功能序列的无约束分化将最终消除共同祖先存在的证据。因此，全基因组比较可以通过序列保守性来区分功能与非功能DNA序列。

利用计算机化的基因组可视化工具，可以直观地探索不同进化尺度下基因组中的DNA序列保守性。在图10.3中显示了跨物种同源性分析的一个例子，限制在含四个基因的100kb区域内。该图的下排显示了人类基因组中四个基因的位置和外显子/内含子结构。在该行上方是三种代表性脊椎动物基因组序列的同源性图谱，高度保守的DNA序列用暗线或暗块表示。

从人类和黑猩猩物种之间的密切关系来看，人类基因组序列几乎完全存在于黑猩猩基因组的整个区域。小鼠代表的其他哺乳动物中，整个区域的保守性也很明显，但模式存在波动性，表明小的保守区域之间散布着小的非保守区域。

当我们在系统发育尺度上跨到更远的鱼类时，我们可以更清楚地区分受到进化限制的序列与不受限制的序列。特别要注意的是，在所示的四个基因中，有三个基因的大部分蛋白编码区在所列的物种中都是高度保守的（图10.3）。这种保守性表明三种基因编码的蛋白质产物对所有脊椎动物的存活至关重要。然而，在斑马鱼中未发现第四个基因的同源物，表明其功能对于鱼类是不必要的。人与小鼠或斑马鱼基因组之间的同源区在内含子、外显子的非编码部分（对应于基因的5′UTR和3′UTR）和基因间区中出现的频率要低得多。

在很长的进化时期内的序列保守性（例如，从人与

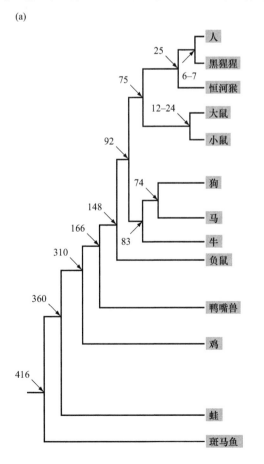

(a)

(b)

学名	通用名	1	2
Homo sapiens	人	100%	100%
Pan troglodytes	黑猩猩	93.9%	96.58%
Macaca mulatta	恒河猴	85.1%	96.31%
Rattus norvegicus	大鼠	35.7%	94.47%
Mus musculus	小鼠	37.6%	95.36%
Canis familiaris	狗	55.4%	95.18%
Equus caballus	马	58.8%	92.70%
Bos taurus	牛	48.2%	94.78%
Monodelphis domestica	负鼠	11.1%	91.43%
Ornithorhynchus anatinus	鸭嘴兽	8.2%	86.43%
Gallus gallus	鸡	3.8%	88.61%
Xenopus tropicalls	蛙	2.6%	87.44%
Danio rerio	斑马鱼	2.0%	82.38%

图10.2 人（*H. sapiens*）和其他脊椎动物之间的物种相关性和基因组保守性。（a）系统发育树显示了代表物种分化的分支点；每个分支点的数字代表了与当前相差的百万年距离单位。（b）人与其他脊椎动物的基因组相关性。第1列数字显示了被比较物种中发现的完整人类基因组序列的相似比例；第2列数字显示在被比较物种中发现的人蛋白质编码序列的相似比例。

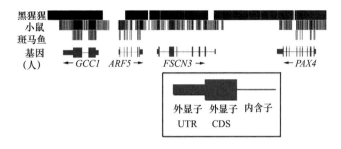

图10.3 人类基因组100 kb区域的同源图。黑色区域在人类基因组和指定物种的基因组之间是同源的。人类和斑马鱼之间保守的大多数DNA序列都存在于编码蛋白质的外显子中。外显子之外的一些序列也受到进化约束，这表明它们可能发挥当前未知的功能。

小鼠或鱼类最后一个共同祖先所处的时期到现在）通常用于预测基因的位置。然而，例外不可避免：在编码区以外偶尔也能够找到保守的DNA序列。这些保守性的特点有力地说明，它们同样拥有一个受进化限制的功能——即便在大多数情况下，我们还是不知道这些功能可能是什么。科学家们正在积极探索这些保守的非编码序列的潜在作用，例如，一些可能具代表性的增强子元件（参见图8.11），其能够帮助确定何时及何处将附近的基因转录为mRNA。

10.1.3 寻找基因最直接的方法是定位转录区域

多数基因编码蛋白质，而其他一些基因不产生蛋白质，如rRNA和tRNA。然而，所有的基因都能被转录生成RNA，即使某些RNA不被翻译。如果你知道某个基因产生的RNA序列，那么很容易通过寻找与RNA互补的DNA序列来发现其在基因组中的位置。事实上，这种定位基因的方法很有效，因为RNA可以被大量地纯化，如rRNA（它们是构成核糖体的一部分，可从其他RNA中分离出来）。

相比之下，大多数mRNA在细胞中的含量相对稀少，不容易被纯化。此外，虽然存在直接测定RNA核苷酸序列的技术，但它们不易获取且较DNA测序难以实施。因此，研究mRNA的最简单方法是将它们反转录到DNA序列，克隆其DNA分子，然后使用之前描述的基因组DNA测序方法对这些克隆进行测序。

1. 构建cDNA文库

为了从mRNA序列产生DNA克隆，研究人员依靠一系列体外反应来模仿**反转录病毒**的部分生命周期。反转录病毒（包括导致艾滋病的HIV病毒），以RNA分子作为遗传信息的传递者。反转录病毒的遗传信息传递还需要某些特殊的酶，我们称之为**RNA依赖的DNA聚合酶**，或简称**反转录酶**（参见第8章中标题为"HIV

和反转录"的"遗传学与社会"信息栏）。在感染细胞后，反转录病毒使用反转录酶将其单链RNA复制到一条**互补DNA（cDNA）**链中。反转录酶也可以作为DNA依赖的DNA聚合酶，产生与第一个cDNA链互补的第二条DNA链（其序列相当于原RNA模板序列）。最后，反转录病毒RNA染色体的双链DNA拷贝整合到宿主细胞的基因组中。虽然cDNA的命名最初是指与RNA分子互补的单链DNA，但现在指的是衍生自RNA模板的任何DNA分子（单链或双链形式）。

现在，让我们看看如何使用反转录酶为特定细胞类型中所有mRNA生成cDNA拷贝（以血红细胞前体为例）。首先用简单的化学方法分离这些细胞中所有的RNA分子［图10.4（a）］。

接下来，由于mRNA仅占细胞内所有RNA的一小部分（1%～5%，取决于细胞类型），因此希望将mRNA与含量更丰富的rRNA和tRNA分离。这一目的可以通过真核细胞中的mRNA 3′端多腺苷酸尾（poly-A尾）来实现。mRNA可以通过多聚体腺苷酸尾与寡胸腺嘧啶（oligo-dT，含有约20个胸腺嘧啶的单链DNA片段）杂交。因此可以将mRNA结合到联有oligo-dT的磁珠，而其他种类的RNA将不与磁珠结合。这种相互作用为分离技术（未显示）提供了基础，使你可以获得纯化的mRNA制备产物。该产物包含了血红细胞前体中表达的所有mRNA［图10.4（a）］。

向上述总mRNA中加入反转录酶、足够量的四种脱氧核糖核苷三磷酸和用于启动聚合的引物，产生与mRNA模板结合的单链cDNA［图10.4（b）］。在该反应中使用的引物也为oligo-dT，以便从所有mRNA的3′端启动第一条cDNA链的合成。合成完成后，可以通过高温加热将mRNA-cDNA杂交体**变性（分离）**成单链状态。添加RNase酶可以消化原始RNA链，留下完整的单链cDNA［图10.4（c）］。大多数单链cDNA可以在其3′端折叠起来形成瞬时的发夹环，用作合成第二条cDNA链的引物。现在，在必要的脱氧核糖核苷三磷酸存在下添加DNA聚合酶，为刚合成的单链cDNA模板［图10.4（d）］产生第二条cDNA链。最终产物为双链cDNA分子。

使用限制性内切核酸酶和连接酶将双链cDNA插入合适的载体［图10.4（e）］，然后将该插入重组载体转染到合适的宿主细胞内，获得双链cDNA片段文库。每个单个克隆中的cDNA片段将对应样本（红细胞前体）中的一个mRNA分子。需要着重注意的是，这个**cDNA文库**只包含来自样本细胞内活跃转录并翻译成蛋白的外显子区域。另外，cDNA文库中的克隆不含内含子序列，因为成熟的mRNA不含内含子。

此外还应该了解，来源于红细胞前体细胞的cDNA文库中，很多克隆对应于样本中高表达的mRNA，少数

(a) 血红细胞前体

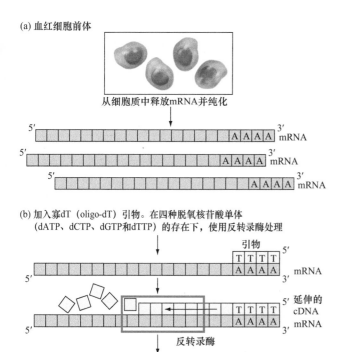

从细胞质中释放mRNA并纯化

(b) 加入寡dT（oligo-dT）引物。在四种脱氧核苷酸单体
（dATP、dCTP、dGTP和dTTP）的存在下，使用反转录酶处理

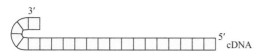

反转录酶

(c) 用RNase使cDNA-mRNA杂合体变性并消化mRNA。cDNA的
3′端折叠回自身并充当引物

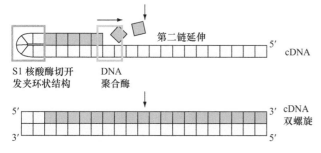

(d) 在四种脱氧核苷酸和DNA聚合酶存在下，第一条cDNA链作为
合成第二条cDNA链的模板

S1 核酸酶切开发夹环状结构　DNA聚合酶

(e) 将cDNA片段插入载体中

图10.4　通过RNA转录物生成cDNA。（a）从血红细胞前体获得mRNA。（b）使用反转录酶和oligo-dT引物产生cDNA-mRNA杂合体。（c）加热混合物以分离mRNA和cDNA链，然后去除mRNA转录物。cDNA链的3′端随机结合相同链内的互补核苷酸，形成可引发DNA聚合的发夹环。（d）产生与第一条链互补的第二条cDNA链。核酸酶S1用于切割发夹环状结构。（e）将新产生的双链DNA分子插入载体中进行克隆。

克隆反映了其对应的基因处于低表达水平。

2. 基因组与cDNA文库

图10.5比较了基因组和cDNA文库。基因组文库中的克隆均等地代表DNA的所有区域，并在每个克隆区域中显示基因组完整的样貌。cDNA文库中的克隆揭示了基因组的哪些部分用于在特定组织中产生蛋白质。特定基因的mRNA的丰度也有一些指示作用（尽管不完全准确），对应其细胞中相应蛋白质产物的相对含量。

如前所述，制备cDNA文库的主要目的之一是通过查找转录区（基因）来注释基因组。这个想法非常简单：你可以确定许多cDNA克隆的序列，然后将这些cDNA序列与基因组进行比较。cDNA和基因组之间的一致区域代表基因的外显子，并且完整cDNA的序列（对应全长mRNA复制）可以用于确定相应基因的外显子/内含子结构。

虽然通过比较cDNA和基因组序列来注释基因组的基本思想很简单，但将其付诸实践并不是一件容易的事。由于某些基因很少或仅在某些组织类型中表达，因

随机100kb基因组区域

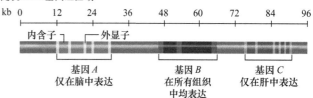

来自该区域的20kb插入片段基因组文库的克隆

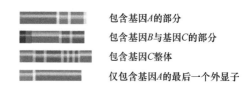

来自cDNA文库

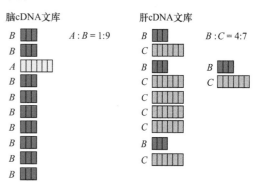

图10.5　比较基因组和cDNA文库。多细胞生物体的每个组织都可以产生相同的基因组文库，且该文库中的DNA片段整体上携带有基因组的所有DNA。平均而言，基因组文库的克隆所代表的每个基因座都有相同的序列覆盖深度。相反，多细胞生物体中的不同组织产生不同的cDNA文库。cDNA文库的克隆仅代表在该组织中转录的基因组区域。特定片段出现在cDNA文库中的频率与该组织中相应mRNA的水平成比例。

此基因组科学家需要制备多组织来源的mRNA，生成多个cDNA文库，并对数百万个cDNA克隆进行测序。因此，一些不常表达的基因可能在基因组数据库中尚未被识别。

3. cDNA与可变剪接

可变剪接对基因组注释提出了额外的挑战，这对于预测蛋白质组（即生物体中制造的所有蛋白质）的氨基酸序列尤其重要。问题是单个初级转录物可以以多种不同方式剪接，部分方式可最终生成蛋白质，导致一个基因结构产生不同的蛋白质产物（综述见图8.17）。

由于cDNA文库克隆代表了一个独立的成熟mRNA，因此可以通过对许多单独克隆测序来解决由可变剪接造成的上述问题。cDNA的分析得益于以下事实：初级转录物的可变剪接通常以细胞类型特异的方式进行，从而允许不同种类的细胞产生不同的（尽管相关的）蛋白质。这一事实也迫使遗传学家需要使用多种不同组织的mRNA制备文库并测序cDNA。cDNA序列将揭示哪些外显子出现在特定细胞类型的剪接后的mRNA中，进而预测存在于这些组织中的蛋白质氨基酸序列（图10.6）。

基本概念

- 基因组DNA中长的可读框（ORF）通常用于识别编码蛋白质的外显子。
- 远缘物种基因组之间的保守DNA序列通常对应于基因结构的外显子区域。
- 反转录酶从mRNA反转录产生互补DNA（cDNA），因此cDNA克隆只代表基因的外显子区域。
- cDNA序列揭示了初级转录物在给定的细胞类型中如何被剪接，进而可以推断在该细胞类型中相对应的蛋白质氨基酸序列。

10.2 基因组结构和进化

学习目标

1. 讨论基因组中基因的排布，包括基因数目、转录方向和基因密度。
2. 解释基因复制和分化是如何导致基因家族和假基因形成的。
3. 列出基因组在进化时间内可以改变的三种方式。
4. 分别在DNA、RNA和蛋白质水平上描述从若干基因中产生复杂性产物的机制。

人类和其他物种的完整基因组序列为理解基因组的组成和进化打开了一扇新的大门。我们对基因组序列的详细了解已经深刻地改变了生物学的实践应用。现在，我们简要地描述一些来自于这些基因组项目的主要结论和惊人的发现，内容主要集中在以下三个问题：基因在

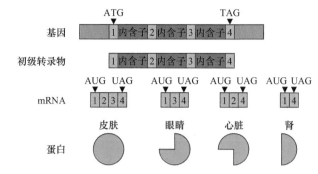

图10.6 可变剪接使人类基因组注释复杂化。初级转录物中的外显子（橙色）和内含子（红色）可以可变剪接，通常以细胞类型特异的方式进行；结果导致相同的基因可以表达不同的蛋白质。研究人员通过对来自许多不同组织的文库中的多个cDNA克隆进行测序来分析可变剪接。

基因组中是如何排列的？基因和基因组在进化过程中是如何变化的？具有相对少量基因的基因组如何产生构成生物体（包括人类）的大量复杂的表型？

10.2.1 基因组中的基因排列不是统一的

在人类基因组测序完成后，令人震惊的是当时仅仅发现了大约27 000个基因。在这些基因中，其中大约19 000个能够编码蛋白质，其余的仅能表达RNA而不被翻译成蛋白质，例如，参与翻译过程的rRNA和tRNA，以及在剪接体中发挥功能的snRNA。整体基因的数目远远低于预期。在人类基因组计划启动前，预估的基因数目达到100 000或者更多。这些预估的数目是基于人类拥有比简单模式生物（如细菌、酵母、线虫和果蝇）更大的生物复杂性，因此所需的基因数目要更多。虽然人类基因组确实有比这些生物体更多的基因，但基因数量的差异并不像人们想象的那么大（综述见表9.2）。因此，必定还有除了改变基因数目之外的机制，能够支持起后生动物（多细胞动物）的复杂性。

在进化过程中，基因组总长度的变化远远大于基因数量的变化（特别是比较以人和鼠为例的哺乳动物的基因组与以蠕虫和果蝇为例的模式真核生物基因组；见表9.2）。这种普遍的现象是有道理的，因为**外显子组**是基因组的一部分，即所有已知基因的外显子只占基因组的一小部分，在人类基因组中占1.5%～2.0%。相反，绝大多数DNA序列存在于内含子、基因间区、可以在染色体间移动位置的转座子，以及像着丝粒和端粒这样的结构中。

因此，不同物种的基因组的巨大变化主要来源于外显子组区域外的非编码DNA的扩增和收缩，而非基因数量或大小的变化。例如，半数或更多的人类基因组区域由转座子组成，转座子通常被认为是自私或寄生的DNA，它们利用我们的基因组作为宿主进行自身扩增。再如，人类基因组还包含许多简单序列重复（如

CGCGCGCGCG等）。

在本节中，我们将重点放在仅占基因组一小部分的基因区域上，重点是那些编码蛋白质的基因。后面的章节将更详细地描述其他染色体元件的DNA序列特征，已为我们所了解的染色体元件包括着丝粒、端粒和转座因子。但是，你应该知道，人类基因组的很大一部分是我们所未知的"暗物质"区域。这些区域中的一部分可能有目前未知的功能，但大部分可能实际上根本没有功能，仅仅是进化过程中随机事件的残留痕迹。

1. 多数基因的转录方向随机

学生有时会假设染色体上的所有基因的转录方向都相同，总是使用双链DNA中的同一条链作为转录模板。这种假设完全错误。如先前图10.3中所示，相邻基因可以相对于彼此以相同或相反的方向转录，或相对于整个染色体向着丝粒或端粒方向进行转录。图10.3中的基因图通常用箭头指示基因转录的5′→3′方向（即RNA聚合酶将基因信息从DNA复制到RNA中时的移动方向）。

相邻的基因可以以相反的方向进行转录，因此RNA聚合酶使用染色体沃森链作为某些基因的转录模板，而另一些基因以Crick链为转录模板。对于大多数基因，转录的方向似乎是随机选择的，或至少没有明确的可识别模式。然而，在少量的基因组特殊区域中，例如，包含在本章后面描述的血红蛋白基因的区域，基因调控的特定机制要求相邻的基因具有相同的转录方向。

2. 多样的基因密度

人类基因组平均的基因密度略低于每100kb DNA含有一个基因（3 000 000kb基因组中有27 000个基因）。然而，这个粗略的平均数掩盖了基因在基因组不同区域装配的潜在差异性。某些染色体上的某些区域基因数量较多，密集排布的基因之间的非基因区很小。人类基因组中基因最密集的区域是6号染色体上长达700kb的一段区域，其中包含60个基因，这些基因编码具有不同功能的组织相容性蛋白（图10.7）。

其他地区，称为**基因沙漠**，包含很少基因或不包含基因。人类基因组中已知最大的沙漠区是5号染色体上长5.1Mb的一段区域，这个区域不包含任何一个可鉴别的基因结构。一些基因沙漠中的基因稀少是由于它们包含所谓的大基因，大基因的细胞核转录物可以跨越500kb或更长的染色体DNA。人类最大的基因是编码抗肌萎缩蛋白的基因，其大小为2.3Mb，大部分区域是内含子。有趣的是，因为大基因只能通过产生巨大的初级转录物来表达，所以它们的转录不能在快速分裂的细胞中完成。因此，许多大基因只能在不分裂的神经元中表达。目前可能还有一些大基因没有被科学家发现，因为这些基因可能很少被转录成RNA。

一个尚未解决的根本问题是基因密集和（或）基因贫乏的区域是否具有生物学意义。这些基因密度的变化是有功能的，还是反映了形成染色体结构的进化事件中的随机波动？

10.2.2 进化导致的基因组变化

基因组不断地经历许多种不同方式的DNA序列变化，这为自然选择提供了原料。在本书的早期章节中，你已经看到了一些可以改变现有基因的核苷酸序列的事件，特别是，环境诱变和DNA复制错误可以导致核苷酸的置换。这些点突变在基因内的积累肯定会随着时间的推移改变基因的功能。然而，正如我们现在所描述的，对人类和其他物种基因组的分析表明，进化也可以通过重新排列DNA区段（而非局限于单个核苷酸位点）来创造新的基因并重新组织基因组结构。在进化的时间范围内，多种过程增加了基因组可塑性。

1. 结构域架构的变化

基因组注释结果揭示了外显子通常编码离散的**蛋白质结构域**。每个蛋白质结构域是在三维空间中折叠的氨基酸的线性序列，以作为单一功能单元。具有多个外显子的基因通常编码含有多个结构域的蛋白质，就好像火车的车厢。每个列车由许多不同的车厢组成，每种类型的车厢（发动机、平车、餐车、尾车）都具有独立的功能。不同的列车可以携带不同的车厢组合，从而实现不同功能。类似地，许多基因由编码蛋白结构域的多个外显子组成。在进化过程中，外显子的改组、添加或缺失可以产生新的基因，其蛋白质产物具有新的**结构域框**

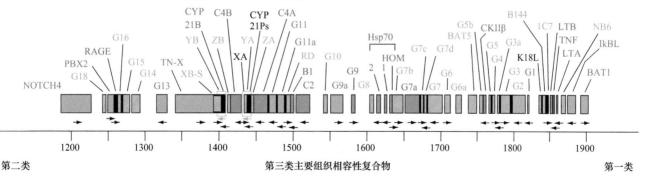

图10.7 人类主要组织相容性复合物（MHC）的Ⅲ类基因区域。这个密集的700kb区域包含60个基因（彩色框）。基因下方的箭头指示每个基因的转录方向；如图10.3所示，一些基因在一个方向上转录而另一些基因在相反方向上转录。

架，拥有不同顺序、不同数目的多种结构域，因此可以在细胞和生物体中发挥新的作用。

图10.8示例了一个与各种转录因子相关的结构域。转录因子是能够与某些DNA区域（如控制邻近基因转录的增强子）结合的蛋白质。外显子随着进化的重排产生了不同的转录因子，这些转录因子具有不同的结构域，使得这些蛋白质能够识别特定的DNA序列，并且能与其他蛋白质等辅助因子进行独特的相互作用。

如果通过计算机分析发现新蛋白质或相应的新基因含有某一个结构域，已知该结构域在其他蛋白质中发挥特定作用，那么生物学家可能会通过类比来猜测新蛋白质的功能。例如，许多包含同源域（特定DNA结合基序）的蛋白质是对多细胞生物发育很重要的转录因子。计算机算法通过将基因相应的氨基酸序列与已知的同源域的氨基酸序列进行比较和相似性搜索，确定特定基因编码一个含同源域的蛋白质（图10.9）。

RNA剪接的机制有助于真核基因组中的外显子重排（从而产生新基因），因为重排不必是精确的。如图10.10所示，假设一个基因的某个外显子加上其侧翼内含子被移动到另外一个基因的内含子区域中。不管移动到内含子中的哪个位置，这个外显子现在都可以与第二个基因的外显子通过剪接结合在一起，产生一个mRNA分子。

2. 基因家族

基因家族是在序列和功能上紧密相关的一组基因，这些基因家族在整个基因组中有很多。例如，编码血红蛋白（在我们血液中负责运输氧气）的基因家族（图10.11）；帮助我们抵御感染的免疫球蛋白（抗体）基因家族；对我们的嗅觉至关重要的嗅觉受体家族。

通过使用生物信息学，研究人员可以了解每个基因家族都是通过祖先基因的**复制和分化**过程进化而来的。复制事件中的两个DNA序列产物最初是一样的，最终随着积累不同突变而发生分化（图10.12）。额外数轮复制和分化事件进一步增加相关基因的数量。例如，人类基因组含有10个血红蛋白基因家族的功能基因，而嗅觉受体家族有大约1000个基因。复制和分化的过程对于产生新的进化原材料至关重要。一旦一个基因复制了，只要两个拷贝或其中一个满足对原基因的需求，分化就允许基因的这两个拷贝或其中一个承担新的特殊但相关的功能。

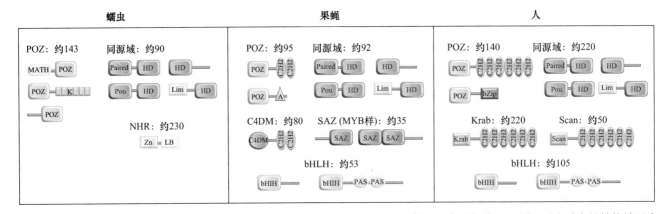

图10.8 转录因子的结构域组成。蛋白质结构域用标记为POZ、HD（同源域）等的彩色图标表示。同一蛋白质内的结构域用水平线连接。由于进化过程中蛋白质结构域的重新混排，转录因子的数量和类型在不同物种之间差异很大。例如，蠕虫产生大约143种含有POZ结构域的不同转录因子，这里显示了3种；而果蝇产生约93种含POZ结构域的蛋白质，本图显示了2种。图示某些结构域负责结合DNA，其他结构域协助蛋白质-蛋白质相互作用。

一致序列	RRRKRTAYTRYQLLELEKEFHFNRYLTRRRRIELAHSLNLTERQVKIWFQNRRHKWKKEN
Ubx	RRRGRQTYTRYQTLELEKEFHTNHYLTRRRRIEMAHALSLTERQIKIWFQNRRMKLKKEI
Abd-A	RRRGRQTYTRFQTLELEKEFHFNHYLTRRRRIEIAHALSLTERQIKIWFQNRRMKLKKEL
Abd-B	VRKKRKPYSKFQTLELEKEFLFNAVSKQKRWILMRNAQSLTERVIKIWFQNRRMKNKKNS
lab	NNSGRTNFTNKQLTELEKEFHFNRYLTRRRRIEIANTLQLNETQVKIWFQNRRMKWKKEN
pb	PRRLRTAYTNTQLLELEKEFHTNKYLCRPRRIEIAASLDLTERQVKVWFQNRRMKHKRQT
Dfd	PKRQRTAYTLHQILELEKEFHYNRYLTRRRRIEIAHTLVLSERQIKIWFQNRRMKWKKDN
Scr	TKRQRTSYTRYQTLELEKEFHFNRYLTRRRRIEIAHALSLTERQIKIWFQNRRMKWKKEN
Antp	RKRGRQTYTRYQTLELEKEFHFNRYLTRRRRIEIAHALSLTERQIKIWFQNRRMKWKEIN

图10.9 同源结构域一致序列。对于生物体的所有已知的同源结构域中的给定位置，用氨基酸的一致序列表示在该位置中最常见的氨基酸组成。随后的行显示了9种果蝇蛋白在同源结构域中与一致序列（紫色字母序列）的匹配情况，这些蛋白质在动物发育方面有着重要的影响（这些基因和蛋白质将在第19章讨论）。

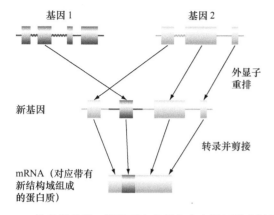

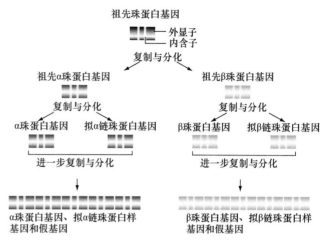

图10.12 珠蛋白基因家族的进化。祖先基因的复制，以及随后的复制产物分化，建立了α珠蛋白和β珠蛋白谱系。在各自单独的谱系中进一步的多轮重复和分化产生了当前的珠蛋白基因家族中的基因和假基因成员。

图10.10 外显子重排。假设两个基因在内含子区域中被打断并如图所示连接在一起。无论在内含子的哪个位置被打断，新的重排基因都将转录产生一个初级转录物，进而可以被剪接成编码新蛋白质的成熟mRNA。如果不同的外显子编码不同的蛋白质结构域，蛋白质的结构域组成可以在进化过程中发生变化，如图10.8中的转录因子所示。

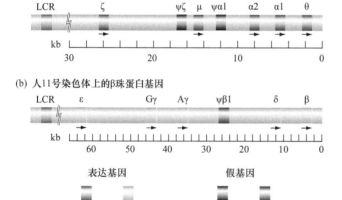

图10.11 多个编码人血红蛋白多肽的基因位于基因组中的两个基因成簇区中。（a）α珠蛋白基因座位置的示意图。5个功能基因用紫色框表示，2个假基因用黑框表示。所有这些基因都以相同的方向转录（图上从左到右）。红色框是本章后面描述的基因座控制区（LCR）。（b）β珠蛋白基因座位置的示意图。该基因簇具有5个功能基因（绿色）和1个假基因（棕色）。

这些家族的基因可以聚集在一条或分散在几条染色体上。在血红蛋白基因家族中，16号染色体上的α珠蛋白基因簇（也称为α珠蛋白基因座）包含5个功能基因，而11号染色体上的β珠蛋白基因簇（β珠蛋白基因座）也有5个基因（见图10.11）。与拟β链珠蛋白基因序列相比，所有拟α链珠蛋白基因的序列之间更相似，反之亦然。拟β链珠蛋白基因长度是完全相同，并且5个拟β链珠蛋白基因中的每一个基因所含的两个内含子均在同一位置上；事实上，多个拟α链珠蛋白基因所含的两个内含子也在同一位置。

上述比较表明，所有的珠蛋白基因可以追溯到单个祖先DNA序列（见图10.12）。几亿年前，这个祖先的珠蛋白基因发生复制，其中一个拷贝移到另一个染色体。随着时间的推移，两个拷贝分别产生了α系和β系。然后，每个系的拷贝进一步复制，由此产生在目前排列在人类基因组中的一串拟α链和拟β链的珠蛋白基因。通过比较不同生物体的基因组，可以估计复制事件的发生时间。例如，人类和黑猩猩的β珠蛋白基因簇以相同的顺序具有相同的基因，但是一些其他灵长类动物少一个拟β链基因。因此，β珠蛋白基因簇中的最后一个基因复制事件必定发生在人类与黑猩猩的共同灵长类祖先中。

基因家族的存在需要引入新术语的定义来描述组成家族基因的关系（图10.13）。**直系同源基因**存在于两个不同物种中，它们来自两物种共同祖先的同一个基因；（通常但并不总是）直系同源基因保持相同的功

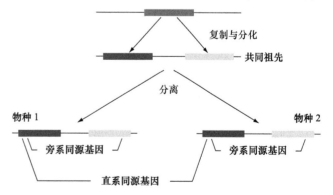

图10.13 基因家族的命名。直系同源基因是通过物种形成事件所分离生成。而旁系同源基因是通过基因复制事件所生成。无论分离的机制如何，同源基因是指来源于同一祖先DNA序列的彼此相关的一组基因。据此，本图中显示的所有基因都是同源的。

能。人类和黑猩猩中的ε珠蛋白基因是直系同源，因为ε基因已经存在于它们的最后共同祖先中。相反，**旁系同源基因**是由复制产生的；这个术语通常用来表示基因家族的不同成员。因此，β人珠蛋白基因座中的δ珠蛋白和ε珠蛋白基因［图10.11（b）］是紧密的旁系同源，它们与α珠蛋白基因簇中基因是亲缘关系更远的旁系同源。最后，**同源性**是所有进化相关序列的概括性术语，因此，所有物种中的所有血红蛋白基因都是同源的，但与肌红蛋白基因的同源性较弱。与红细胞中的血红蛋白相比，肌红蛋白基因在肌肉组织中编码亲缘关系较远的携氧蛋白。

基因复制过程既产生多个多功能的血红蛋白基因，也产生了一些最终失去生物学功能的基因。后面的这个结论是分子遗传学家基于下述结果推论出的：α珠蛋白基因座内的两个额外的α珠蛋白基因相似序列和β珠蛋白基因座内的一个的β珠蛋白基因相似序列失去了表达能力（见图10.11）。其阅读框被移码突变、错义突变和无义突变所打断，并且控制基因表达的区域已经失去了关键的DNA信号。尽管与功能基因序列相似，但没有相应功能，因此这些序列被称为**假基因**。在所有高真核基因组中的许多基因家族中都存在有假基因。有趣的是，在人类和黑猩猩基因组的β基因簇中发现相同假基因带有几乎相同的、导致基因失活的突变，表明产生假基因的复制事件及许多破坏其功能的突变，一定存在于两个物种的共同灵长类祖先中。

由于假基因无功能，因此其突变不受选择压力作用，以比功能基因的编码或调控序列快得多的速度积累突变。最终，几乎所有的假基因序列突变超过一个临界值，导致不可能再追溯到源头的功能基因。因此，连续突变可以将一个功能序列转变成一个本质上的DNA随机序列。

3. 原发新基因

在任何已测序的基因组中，大多数注释基因能归属于基因家族，也能在许多远缘相关物种中找到同源基因。然而，通过基因组测序发现的许多基因在任何其他物种中缺乏同源物，或者只有在近缘物种中具有同源物。例如，人类基因组中有几百个基因是人类特有的。没有同源基因的基因称为**原发新基因**（*de novo* gene）。拉丁语中“*de novo*”的意思是“来源于新的”。

原发新基因是近期从祖先的基因间序列进化而来的年轻基因。存在两种不同的原发新基因通过突变进化的机制：某一转录的基因间区通过突变获得ATG启动子，因此生成了短可读框（ORF）［图10.14（a）］；或通过存在于基因间区内的不转录的小ORF获得了转录调控序列［图10.14（b）］。

与年轻基因起源于短ORF的假设相符的是：与大多数有同源物的祖先基因相比，原发新基因更小并且结构

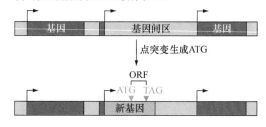

（a）转录的基因间区DNA获得了ORF

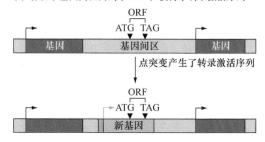

（b）存在于基因间区内的小ORF，获得了转录激活序列

图10.14　原发新基因的起源。没有同源物的基因通过以下任一种方式产生：（a）能够被转录的基因间区DNA序列突变能够产生ATG启动子，因此生成了一个小的ORF；（b）存在于基因间区内的不转录的小ORF，通过突变获得了转录激活序列。

更简单（拥有更少的外显子和可变剪接事件）。由于原发新基因编码的蛋白质与蛋白质组中的其他蛋白质完全不同，因此科学家认为它们可能在促进不同形态进化的过程中十分有用。

4. 染色体重排

8500万年前分化的小鼠和人类基因组，不仅在单个基因序列中呈现出惊人的相似性和差异性，而且在染色体的基因排布上也表现出惊人的相似性和差异性。在大约180个染色体同源区段中发现了相似的基因排布，这些区段的大小从24kb到90.5Mb不等，平均长度为17.6Mb（图10.15）。在连锁基因座的这些区段（称之为**同线区域**）中，基因的排布顺序在人和小鼠中非常相似。然而在两物种染色体上，这些区段的排布顺序完全不同。就好像一个基因组被切割成180个不同大小的片段，然后随机组装成另一个基因组。

不同物种中存在两个或两个以上的连锁基因座的区域，称之为保守的同线性区域。这种区域也存在于4亿年前分化的人和河豚鱼基因组中。然而，在这种情况下，同线区域相对较小，平均长度只有约250kb。

进化过程中的染色体片段的明显切割和重组是由基因组中的**染色体重排**事件造成的。例如，一些称之为**易位**的重排将染色体的一部分与另一个非同源染色体的片段相连接。被称为**倒位**的重排将染色体的某一区域相对于同一染色体其他区域进行180°的颠倒。两个物种分化时间越远，其各自所在的谱系积累的改变基因顺序的染

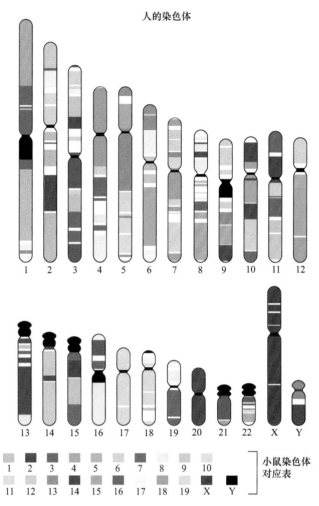

人的染色体

小鼠染色体对应表									
1	2	3	4	5	6	7	8	9	10
11	12	13	14	15	16	17	18	19	X	Y

图 10.15　人和小鼠基因组的同线区域。与小鼠基因组相比，用颜色区段标示带有至少两个保守基因顺序的人类基因组区段。图片下方图例中每一个颜色对应小鼠的一个染色体。

色体重排事件越多。随着物种间进化距离的增加，同线区域的平均长度变小。

我们将在第 13 章中详细讨论引起染色体重排的机制及这些重排的遗传后果。

10.2.3　相对较少的基因能够产生巨大的表型复杂性

从父母那里继承的大约 27 000 个基因和环境因素，如何产生出人类生物体的惊人复杂性？生物学家目前的研究距离解决这一问题仍为时尚早。但其中要研究的一个问题是这 27 000 个基因如何产生大量的构成人体细胞的不同蛋白质。

蛋白质的多样性在很大程度上源于组合机制，这种机制将 DNA 或 RNA 序列以不同的方式组装在带有相同遗传信息的特定细胞中。组合放大的结果是由于以许多不同的方式组合一组基本元素的潜力。例如，一个简单的老虎机包含 3 个轮子，每个轮子带有 7 个不同的符号，但是从这的 21 个组合的基本元素（7+7+7），它可以生成 343 种不同的组合（7^3 或 $7 \times 7 \times 7$）。在生物学中，组合扩展可以共同发生在 DNA 和 RNA 水平上。

另一个导致蛋白质多样性的因素是蛋白质在翻译后受到多个分子修饰。这些修饰能够改变蛋白质的结构和功能。

1. DNA 水平的组合策略

在 DNA 水平上，研究得最为透彻的一个组合扩展示例是 T 细胞受体基因，该基因由多种基因片段组成，这些基因片段在一类体细胞（T 细胞）中重新排列，而在生殖细胞或任何其他类型的细胞中不发生重排（图 10.16）。人 T 细胞受体家族具有 45 个功能可变（V）基因片段、2 个功能多样性（D）基因片段、11 个功能连接（J）基因片段和 2 个几乎相同的恒定（C）片段。在单个 T 细胞中，任何 D 片段都可以先通过删除插入的 DNA 与任意 J 片段连接。接下来，这种 D-J 结合片段同样通过缺失中间 DNA 区域的方式连接到任何 V 片段，产生完整的 V-D-J 外显子。这种组合过程可以产生 990 个不同的 V-D-J 外显子（$45 \times 2 \times 11 = 990$），但在给定的一个 T 细胞中，只能发生其中一次这种功能性重排过程。因此，基于单个基因内的 58 个基因元件（45+2+11），组合的连接机制可以产生 990 种不同类型的 T 细胞受体蛋白。

T 细胞受体能够与被称为抗原的外来分子结构相互作用。与抗原的识别能够驱动 T 细胞分裂并扩张其数量到 1000 倍以上。抗原驱动的扩张以有丝分裂方式产生具有相同遗传信息的细胞克隆，这一过程是每个免疫应答的关键步骤。在少数原始 T 细胞群体中，特定的组合基因排列随机产生 T 细胞受体，更精确地与特定抗原相匹配。与抗原结合后，随即触发带有紧密抗原匹配受体的细胞的克隆扩增，通过这种方式扩增有用的组合信息。

生殖细胞系 DNA

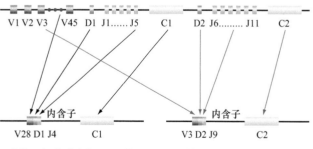

图 10.16　人 T 细胞受体 β 链基因。在生殖系和大多数体细胞中，该基因由约 45 个 V 元件、2 个 D 元件、约 11 个 J 元件和 2 个几乎相同的 C（恒定）区域组成。在 T 细胞发育阶段，任意 D 可以与任意 J 结合。随后，任意 V 可以与任意 D-J 结合。最后，重排的 V-D-J 外显子与 C 外显子通过剪接相连。通过单个基因的连续重排，可以产生近 1000 种不同类型的 β 受体链，不同 T 细胞可以选择其中一种进行表达。

由于特定的T细胞增殖（带有特定的V-D-J重排并编码与当前所识别的抗原匹配度最好的受体），免疫应答的特异性和强度随着时间的推移而增加。

2. RNA水平的组合策略

RNA外显子以不同的顺序剪接（即"可变剪接"），这种方式的组合策略可以增加信息和产生多样性。不同启动子区域的转录起始可以产生带有不同数目外显子的转录物，进一步增加结果的多样性。

我们以三个neurxin基因说明上述的两种RNA水平组合策略（图10.17），neurexin基因能够编码蛋白产物将神经元在突触处结合在一起。每一个neurexin基因包含两个启动子区（产生α和β类mRNA）和5个可变剪接位点。总体上，这三个基因能产生超过2000个不同的可变剪接的mRNA产物。研究的关键问题包括其中有多少剪接异构体编码功能不同的蛋白质（而非功能相同的蛋白质），以及不同的异构体是否代表不同的指向来告诉神经元在胚胎发育过程中的去向。通过观察许多cDNA克隆的序列，科学家已经发现了一些在特定的神经组织亚群中存在的剪接异构体，表明这种组合策略对于神经系统的构成很重要。

3. 蛋白质的翻译后修饰

人类蛋白质可以被超过400多种不同的化学反应来修饰，每种化学反应都能够改变蛋白质的功能。如图8.26所示例子，翻译后修饰包括蛋白质裂解和蛋白质磷酸化等反应。典型的人类细胞可能有5万种不同类型的mRNA（许多基因的初级转录物在单个细胞类型中被可变剪接），而蛋白质可能有100万种。因此，相比对应的更简单的模式生物，人类细胞可产生更多类型的蛋白质修饰。

10.2.4　基因组序列研究揭示来自共同祖先的进化过程

所有生物体都具有相似的遗传成分，可用于完成基本的细胞过程。这一结论强烈支持以下观点：我们和其他生物体都起源于单一的、偶然的、导致生命起源的生化反应。基本遗传成分的相似性也证实，对模式生物中

恰当的生物系统的分析可以为相应的系统如何在人类中发挥作用提供基本见解。

> **基本概念**
> - 最复杂的基因组中仅含有令人惊讶的很少的基因数目（人类基因组中约有27000个基因）。
> - 基因密度在基因组内变化很大，反映了内含子大小和基因间的差异。
> - 在基因组的大多数区域中，个体基因的方向（即基因转录的方向）似乎是随机选择的。
> - 新基因可以在进化过程中产生：①外显子重排，这可以改变蛋白质的结构域；②复制和分化产生基因家族；③基因间区从头突变。
> - DNA水平和RNA水平上的组合策略，以及蛋白质的翻译后修饰，允许从单个基因产生高度多样化的基因产物。
> - 基因组的比较确定所有目前生物来自同一共同祖先。

10.3　生物信息学：信息技术与基因组

> **学习目标**
> 1. 解释物种参考序列与生物信息学研究的相关性。
> 2. 描述BLAST搜索在比较基因组学中的用途。

在2016年撰写本文时，包括人类在内的超过8000个物种的基因组已经被进行了DNA序列分析，并且这个数字在不断增加。研究人员可获得的序列数据量惊人。科学家必须依靠计算机来存储和帮助解释这些海量的信息。计算机用于信息存储和处理的数字语言非常适合处理天然存在于基因组内的A、T、C、G编码。这四个值可以用二进制代码（00、01、10和11）表示。

自动化DNA测序技术的出现，孕育了20世纪80年代在生物数据获取领域的革命性发展，与此同时，信息技术领域也发生了革命性进展。互联网与个人计算机的携手出现，实现了在实验室间的电子数据的快速传输。将DNA测序仪的输出直接导入电子存储中变成一项简单的任务，从中可以对序列进行分析并传输给其他科学家。

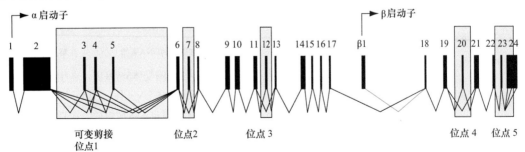

图10.17　人neurexin基因的组成。人类基因组有三个neurexin编码基因。每个基因具有2个用于启动mRNA合成的启动子（α和β）和5个RNA可变剪接位点。蓝色矩形表示受可变剪接影响的外显子。图顶部的数字标记单个外显子的序号。

GenBank（基因库） 数据库由美国国立卫生研究院于1982年建立，目前仍是最广泛使用的序列数据在线存储库。这些信息来自世界各地的分子生物学实验室，它们将序列以电子化方式存入GenBank。自成立以来，GenBank数据库的大小每18个月翻一番，因此到2016年它包含了超过3000亿个注释的核苷酸序列信息。GenBank的强大之一在于，世界上任何拥有互联网连接的人都可以轻松访问这个令人不可思议的信息库。

10.3.1 生物信息学为基因组的可视化和分析提供工具

生物信息学 是利用计算方法（专门的软件）来破译生物体系统所含的带有生物学意义的信息科学。本节提供了一些生物信息学工具的例子，这些工具可以通过任一网页浏览器进行访问，用于检查并解释公共的基因组数据。

1. 物种参考序列（RefSeq）

比较不同实验室所产生的含有DNA序列的实验数据，需要使用一种普遍认可的分析标准。这个任务由 **物种参考序列（RefSeq）** 所完成。RefSeq是一个单一、完整的物种基因组注释版本。RefSeq由国家生物技术信息中心（National Center for Biotechnology Information，NCBI；网址为http://www.ncbi.nlm.nih.gov）维护，该中心成立于1988年，负责监管GenBank和其他公共生物信息数据库，并开发用于分析、系统化和传播数据的生物信息学应用程序。RefSeq不需要来自单一个体，也不需要包含物种成员中最常见的遗传变异；相反，它只是一个随意但充分描述的样例，所有来自该物种的新序列都可以与其比较。

2. 基因和基因组的可视化

已经开发的几种基于网络的程序，允许用户可视化检查基因组数据。其中的一个是UCSC基因组浏览器（https://genome.ucsc.edu/），它可以显示RefSeq基因及其相关的注释，显示外显子/内含子结构和蛋白质编码区域的位置等特征。图10.3显示了基因组浏览器的输出，关注了含有四个基因的人类基因组的100kb区域。转录单元在图的底部用大的蓝色箭头表示，描绘了基因的范围、转录方向和每个基因的外显子/内含子结构（外显子的显示比内含子宽）。研究人员可以调整浏览器的显示方式，以显示更多的其他感兴趣的基因组特征，如可变剪接异构体、重复DNA序列的位置、与其他生物基因组的相似性，以及可能的转录调控元件的位置。

10.3.2 BLAST搜索自动发现同源序列

假设你已经确定了一个来自果蝇（*Drosophila*）的

Query	688	GPLTASYKSDEIKHLIRALFQDTDWRAKAITQI	720
		GPL A++ S E+K LIRALFQ+T+ RA A+ +I	
Sbjct	583	GPLAAAFSSSEVKALIRALFQNTERRAAALAKI	615

图10.18 BLAST搜索的输出结果。程序用于寻找与一个果蝇蛋白质相关的人类蛋白质。查询显示了果蝇蛋白序列的一部分（来自氨基酸688~720）；目标（Sbjct）表示通过搜索发现的人蛋白质中的相应氨基酸。这些氨基酸中的一部分在果蝇和人的蛋白质中是相同的。标有加号（+）的位置是指保守置换，取代的氨基酸具有相似的化学性质。在某些位置上的氨基酸非常不同，表明该位置上这些特定氨基酸对蛋白质功能不是至关重要的。

目的基因。你想知道人类基因组是否含有这个基因的同源物。你可以使用的一种NCBI程序，叫做BLAST（Basic Local Alignment Search Tool，局部比对搜索工具），它允许你找到与任何给定核苷酸或氨基酸序列相关的核苷酸或氨基酸序列。图10.18显示了BLAST搜索的典型输出，在这种例子中，寻找与感兴趣的果蝇蛋白质有相似性的人类蛋白质。Query是指已知的序列。这里，果蝇蛋白质的氨基酸序列用单字母代码表示。目标（Subject）是BLAST程序发现的同源序列，即本例中相关的人类蛋白质。查询和目标之间的行表示保守氨基酸，+表示保守氨基酸置换（即错义取代，指一个氨基酸被具有相似化学性质的不同氨基酸取代）。

要了解生物信息学程序（如Genome Browser和BLAST搜索工具）的强大功能，你需要自己访问和使用它们。本章末尾的习题23和24包含了一些简单的练习，涉及使用几个庞大的基因组数据库。

基本概念

- 可自由在线访问的生物信息学应用为探索基因组数据提供了途径。
- 基因组浏览器显示RefSeq基因组内基因的排列和结构。
- BLAST搜索允许对跨多个物种的特定DNA或氨基酸序列进行快速自动匹配，用于分析进化关系。

10.4 综合实例：血红蛋白基因

学习目标

1. 讨论为什么在不同发育阶段产生不同的血红蛋白对人类是有利的。
2. 解释血红蛋白基因的成簇分布如何影响细胞调控基因表达的策略。
3. 预测α-和β-簇中特定突变的表型危害性。

我们血液的鲜艳红色源于维持生命的携氧能力。反过来，这种能力来源于数十亿个红细胞，每个红细胞都含有近2.8亿分子的蛋白色素，即血红蛋白［图10.19（a）］。

正常的成人血红蛋白分子由四条多肽链组成：两条α珠蛋白链和两条β珠蛋白链，各自围绕一个称为血红素基团的含铁小分子结构［图10.19（b）］。血红素中的铁原子维持与氧气的可逆相互作用：紧密地结合时，将氧气从肺部运送到身体组织中；在需要氧气时松散地结合，将氧气释放。精致折叠α链和β链保护含铁的血红素免受细胞内部物质的影响。每个血红蛋白分子可以携带多达四个氧原子，每个血红素一个，这些氧化的血红素赋予了本身色素分子鲜红色，从而也让携带它们的血细胞变成鲜红色。

10.4.1 不同的血红蛋白在不同的发育阶段进行表达

遗传决定的血红蛋白分子组成在人类发育过程中会发生几次变化，使分子能够将其氧运输功能调整到胚胎、胎儿、新生儿和成人的不同环境中［图10.19（c）］。在受孕后的前5周，红细胞携带胚胎血红蛋白，其由两条α样ζ链和两条β样ε链组成。此后，在整个剩下的妊娠期间，细胞含有胎儿血红蛋白，其由两条真正的α链和两条β样γ链组成。然后，在出生前不久，由两条α链和两条β链组成的成人血红蛋白的生成开始增加。当婴儿达到3个月大时，他或她的几乎所有血红蛋白都是成人型。

血红蛋白各种形式的进化将在不同发育阶段向个体细胞输送氧气的能力最大化。对于早期胚胎，胎盘的功能尚未完整，在母体循环中获得的氧气最少。相比成人血红蛋白，胚胎和胎儿血红蛋白进化成更紧密结合的氧气，因此，促进了母体氧气向胚胎或胎儿的转移。所有血红蛋白都将氧气释放到细胞中，细胞的氧气含量甚至低于任何气体来源。出生后，当肺中大量存在氧气时，成人血红蛋白（相对宽松的氧结合动力学）可以最有效地将氧气输送到其他器官。

我们已知血红蛋白基因出现在两个基因簇中：16号染色体上大约28kb的α珠蛋白基因座和11号染色体上大约45kb的β珠蛋白基因座（综述图10.11）。如前所述，α珠蛋白基因座中的5个功能基因加上2个假基因，以及β珠蛋白基因座中的5个功能基因和1个假基因，都可以追溯到单个祖先DNA序列，其通过多轮复制和分化形成现在的基因分布。

我们在此展示了利用人类基因组计划获得的这些基因序列，揭示从胚胎、胎儿，直到成人的正常发育期间改变珠蛋白表达的机制。此外，这些基因簇的DNA序列揭示了各种突变如何引起一系列与珠蛋白相关的疾病。血红蛋白病是世界上最常见的遗传性疾病，包括由β链改变引起的镰状细胞性贫血和由α或β链产生量减少引起的地中海贫血。

10.4.2 血红蛋白基因在α-和β-基因簇中的顺序反映了它们表达的时间

对于α样链，蛋白质表达的时间顺序是：在胚胎生命的前5周内表达ζ珠蛋白，紧接着在胎儿和成年期间表达α珠蛋白（由α1和α2基因共同编码）。β样链的顺序

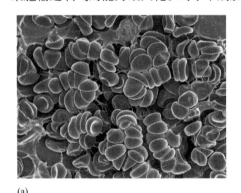

图10.19　血红蛋白由四条在发育过程中发生变化的多肽链组成。（a）载有血红蛋白的成人红细胞的扫描电子显微照片。（b）成人血红蛋白由两条α和两条β多肽链组成，每条链与带有一个能够携氧的血红素基团。（c）血红蛋白在人类发育过程中从包含两条α样ζ链和两条β样ε链的胚胎形式转变为含有两条α链和两条β样γ链的胎儿形式，最后转变为含有两条α链和两个β链的成人形式。在一小部分成人血红蛋白分子中，β样δ链取代了通常的β链。α样链用品红色标记，β样链用绿色标记。在图10.11中所示的μ和θ基因的蛋白质表达水平非常低。

（a）：© Science Photo Library RF/Getty Image

(a)

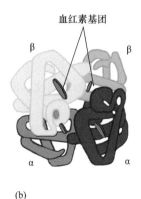

(b)

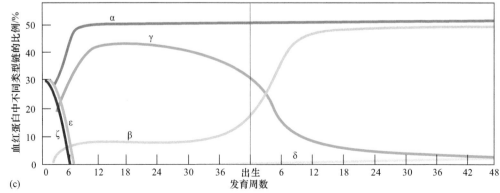

(c)

是：胚胎生命的前5周表达ε珠蛋白；胎儿期表达γ珠蛋白（由Aγ和Gγ基因编码）；在出生后的几个月内，大多数是表达β链，同时也有少量的δ链［见图10.19（c）］。

如果你比较图10.11和图10.19（c），你将注意到在每个基因簇中，染色体上珠蛋白基因的顺序与它们在发育过程中的表达顺序一致。此外，α珠蛋白基因座中的所有基因在16号染色体上以相同的方向分布，即它们都使用相同的DNA链作为转录模板。11号染色体上的β珠蛋白基因座中的基因也都朝向相同的方向。这些含有珠蛋白基因的区域的组成与基因组的大多数区域形成对比，其附近的基因方向似乎是随机的。上述事实概括说明，无论何种机制在不同的发育阶段打开和关闭珠蛋白基因，它们都利用了这些基因的相对位置和方向。

我们现在知道这种机制是什么：两个珠蛋白基因座都在其一端含有一个**基因座控制区（LCR）**，其控制来自该基因座的依次基因表达（见图10.11）。每个基因座的LCR都是一个称为增强子的调控元件的集合，我们将在第17章详细讨论增强子的内容。通过与称为转录因子的蛋白质的相互作用，增强子在适当的时间激活特定细胞中的某一基因的转录。

在一个罕见的医学病症中发现一个有趣的结论，β珠蛋白基因座的组织及其通过LCR进行调控的结果是导致一种罕见的疾病，其预后令人惊讶。在一些成人中，红细胞前体既不表达β基因也不表达δ基因。虽然这应该是一种致命的情况，但这些成年人仍然健康。来自受影响成年人的β珠蛋白基因座的序列分析显示它们具有跨越β基因和δ基因的某些缺失［比较图10.20（a）和（b）］。由于这些特异性缺失，LCR不能像一般出生时那样从产生γ珠蛋白转换为产生β珠蛋白和δ珠蛋白。该症状称为遗传性胎儿血红蛋白持续存在，患有这种罕见病症的人在整个成年期继续产生足够量的胎儿γ珠蛋白，以维持接近正常的健康状态。

10.4.3 来自不同突变的珠蛋白相关疾病

通过比较受影响的个体和健康个体的DNA序列，研究人员了解到两种常见的疾病类型都是由血红蛋白基因的改变引起的。

在第一类疾病中，突变改变氨基酸序列，从而改变α珠蛋白或β珠蛋白链的三维结构。这些结构变化导致蛋白质的改变，相应的蛋白功能故障导致红细胞的破坏。这种疾病称为溶血性贫血。一个例子是镰状细胞贫血，由β珠蛋白链的第6个密码子中的A被T取代所引起。DNA序列的这种简单变化导致了多肽链中的第6个氨基酸从谷氨酸变成了缬氨酸。携带这些变异分子的红细胞通常具有异常的形状，导致它们阻塞血管或被降解（回顾图7.29）。

血红蛋白相关遗传病的第二大类来自于DNA突变，

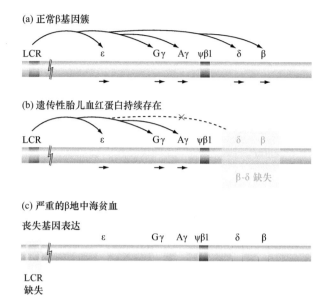

图10.20 β珠蛋白基因簇中缺失的影响。（a）正常情况。基因座控制区（LCR）依次打开胚胎中ε基因的转录、胎儿发育过程中的两个γ基因，以及成人中的β和δ基因。（b）缺失β和δ基因的基因座在出生时不能转换基因表达，因此γ胎儿多肽仍然在成人中产生。这种胎儿血红蛋白的遗传性持续存在是良性的。（c）LCR的缺失阻止了基因簇中所有基因的表达，导致严重的β地中海贫血。

其导致两个珠蛋白多肽链之一的生成减少或消失。由这种突变引起的疾病被称为地中海贫血（thalassemia），该词来源于希腊语，"talasa"意思是"海"，而"emia"代表"血液"。这个名字起因于在地中海附近生活的人有较高发病率。几种不同类型的突变均可引起地中海贫血，包括：缺失整个珠蛋白基因或基因座；珠蛋白基因外的调控所必需区域的序列变化；基因内的序列改变导致无法生成蛋白产物，如无义突变或移码突变。这些序列的变化导致任意一个正常血红蛋白肽链含量的缺失或缺乏。

因为每个α珠蛋白基因座含有两个α珠蛋白基因（α1和α2），所以正常人具有该基因的4个拷贝。携带α珠蛋白基因座缺失的个体可能丢失这其中的1～4个拷贝（图10.21）。仅缺少1个拷贝的人是缺失2个α基因之一的杂合子；缺少全部4个拷贝的人是2个α基因缺失的纯合子。鉴于α1和α2在受孕后数周开始或多或少地表达，突变可能性的范围解释了α地中海贫血中所见的表型范围。只缺失1个α基因拷贝的个体是正常的，那些缺乏2个拷贝的人患有轻度贫血，而4个拷贝全部缺失的人会在出生前死亡。

α1和α2基因在胎儿早期表达解释了为什么α地中海贫血在子宫内是有害的。相比之下，重度β地中海贫血通常发生在主要缺失单个β珠蛋白基因的纯合子的人中，通常也导致出生后不久死亡。这些个体存活时间很长，因为β

临床症状	基因型			功能性α基因数目	α肽链产物
	ζ	α2	α1		
正常			αα/αα	4	100%
静止型携带者			αα/α-	3	75%
杂合子α地中海贫血-轻度贫血		或	α-/α- 或 αα/--	2	50%
HbH（β₄）疾病-中度严重贫血			α-/--	1	25%
纯合α地中海贫血-致死			--/--	0	0%

图10.21 与α珠蛋白簇中基因缺失相关的地中海贫血。保留的α基因拷贝数越少，地中海贫血的临床症状就越严重。

样蛋白δ珠蛋白在胎儿中表达［综述见图10.19（c）］。

在某些地中海贫血症中，导致疾病症状的突变改变了α簇一末端的LCR或β簇内部的LCR。LCR的缺失可以导致严重的地中海贫血，因为受影响的基因簇中没有一个基因被正确转录［例如，参见图10.20（c）］。事实上，这些患者中的所有珠蛋白基因都是完整的，而基因簇的一端外侧的DNA缺失提示LCR的存在及功能。

基本概念

● 胚胎和胎儿形式的血红蛋白比成人形式更紧密地结合氧气，有助于确保生长的胚胎/胎儿从母亲的血液中获得足够的氧气。

● 珠蛋白基因在发育过程中的顺序表达受α簇和β簇中的基因座控制区（LCR）调节。

● 地中海贫血是由突变引起的血液疾病，这些突变消除或减少来自其中一个基因簇的珠蛋白多肽，而另一个基因簇的产物不受影响。这些突变包括任意基因组簇中特定基因或LCR区域的缺失。

接下来的内容

确定人类基因组的核苷酸序列和许多其他物种的基因组对于我们理解生物学是一个十分重要的里程碑事件。我们现在知道细胞和生物体生命的基本蓝图，我们也已经知道DNA的差异如何导致不同物种的出现。

然而，"人类基因组"这一术语在许多方面缺乏精确性。人不是完全相同的克隆；相反，我们每个人都拥有自己的人类基因组，这个基因组与所有其他人类密切相关，但也是独特而唯一的。正是个体基因组之间的差异导致我们每个人拥有自己独特而唯一的表型。

人类基因组的序列甚至注释只是一个开始。人类RefSeq为识别和分析许多个体基因组之间的差异提供了参考标记，因此我们可以理解表型变异的遗传基础，例如，找到导致对人类健康广泛和不同影响的核苷酸差异。在第11章中，我们描述了遗传学家目前如何查看多个个体的基因组来追踪遗传变异并鉴定导致重要性状的序列差异。

习题精解

I. 下图显示了来自UCSC基因组浏览器的屏幕截图，考察了人类基因组的*MFAP3L*基因编码区（注意：hg38是指人类基因组RefSeq的第38版）。如果你不记得浏览器如何展示基因组，请参阅图10.3底部的图标。

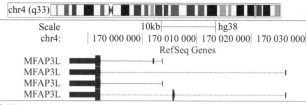

来源：University of California Genome Project, https://genome.ucsc.edu

a. 用近似的术语描述*MFAP3L*的基因组位置。

b. 基因是沿着着丝粒到端粒，还是从端粒到着丝粒的方向转录？

c. 数据表明有多少种*MFAP3L* mRNA的可变剪接形式？

d. 数据说明*MFAP3L*有多少种不同的启动子？

e. *MFAP3L*基因显示编码了多少种不同的蛋白质？哪种可变剪接形式的mRNA编码哪种蛋白质？不同形式的N端、C端或中间位置是否有所不同？估计每种蛋白质含有多少个氨基酸。

解答

a. 该基因位于人类4号染色体的长（q）臂上：该位置由图的顶部的染色体展示（染色体组型图）上的细红色垂直线表示。这个位置（在一个叫做4q33的染色体分带）距染色体4小臂（从编号开始处）的端粒大约170Mb长度；该染色体的总长度约为190Mb。

b. 基因内含子内的箭头表明转录方向是从4q的端粒到4号染色体的着丝粒。

c. 数据指示出四种mRNA的可变剪接形式。在以下部分中，我们将从上到下依次标为A～D。

d. 数据表明有两个启动子：一个大致位于170037000位置，并且允许初级RNA的转录可选地剪接以产生mRNA B和D。另一个大致在170013000位置，并且导致初级RNA的可变剪接以产生mRNA A和C。

e. 数据表明*MFAP3*基因可编码两种不同但密切相关

的蛋白质。mRNA A、B和C都编码相同的蛋白质；mRNA D是稍大的蛋白质，在其N端包括在其他蛋白质中未发现的额外氨基酸。除此之外，这两种蛋白质似乎是相同的。编码A、B、C蛋白形式的ORF长约880bp（粗略估计），这大约相当于293个（880/3）氨基酸。D蛋白长约50个氨基酸。

II．来自东南亚的夫妇有一个死胎，其患有一种叫做胎儿水肿的致命疾病。父母本身具有α地中海贫血特征（轻度贫血）和微囊藻病（异常小的红细胞）。请记住，人类有两个基本相同的Hbα基因（*Hbα1*和*Hbα2*），并且均位于常染色体，所以正常人每个都有两个拷贝（图10.21）。

 a. 如果这对夫妇多次怀孕，那么这些怀孕中有多少百分比预计会导致胎儿水肿？

 b. 另外一对来自北非的父母也都患有α地中海贫血症，但遗传咨询师告诉他们，他们怀孕不会导致胎儿水肿。解释遗传咨询师的建议为何正确。

解答

 a. 来自东南亚的这对夫妇都必须带有一个正常拷贝的*HbA*基因座杂合子，并且另一个拷贝缺失*Hbα1*和*Hbα2*。怀孕的1/4概率会导致胎儿水肿（缺失的纯合性），1/2概率导致α地中海贫血（*Hbα1*$^+$*Hbα2*$^+$/−−），1/4概率正常（*Hbα1*$^+$*Hbα2*$^+$/*Hbα1*$^+$*Hbα2*$^+$）。

 b. 来自北非的父母都是带有单一*Hbα*基因缺失的纯合子。因此，他们所有的孩子都会患有α地中海贫血（2个*Hbα*基因而不是正常的4个），他们怀孕都不会导致胎儿水肿。请注意，只有当咨询员通过分析父母的基因组知道他们的*HbA*基因座中存在哪种缺陷时，遗传咨询师才能提供这种建议。

习题

词汇

1. 在右列中选择与左列中的术语最匹配的短语。

 a. 外显子组　　　1. 蛋白质的一个独立部分，提供一个功能单元

 b. 原发新基因　　2. 基因家族的无功能成员

 c. 基因沙漠　　　3. 将基因中的外显子以不同的组合连接在一起

 d. 假基因　　　　4. 最常见的残基，核苷酸或氨基酸形式，在序列比对的每个位置发现

 e. 同线区域　　　5. 由复制和分化过程产生的一组相关基因

 f. 直系同源　　　6. 在两个不同物种中具有相同基因和方向的染色体区域

 g. 自然选择　　　7. 在两个不同物种中具有序列相似性的基因，这些基因来自共同的祖先基因

 h. 一致序列　　　8. 通过物种内复制产生的基因

 i. 基因家族　　　9. 含有外显子的基因组DNA序列

 j. 旁系同源　　　10. 基因贫乏的基因组区域

 k. 可变RNA剪接　11. 最近从基因间DNA序列进化而来

 l. 蛋白结构域　　12. 逐步消除适应性低的个体并保留适应性高的个体

10.1节

2. 举出三种独立的技术，用于鉴定已克隆的基因组区域内编码人类基因的DNA序列。

3. 图10.2（a）的数字是以百万年为单位的近似估计值，用于指示在进化树不同分支上的物种的最后一个共同祖先距今的年代。

 a. 大约多少百万年前，人类与黑猩猩、小鼠、狗、鸡和青蛙共享最后一个共同的祖先？

 估算进化年代是部分利用了各种当前物种的基因组序列比较结果。估算的基本支撑假设与分子钟理论的假设相同：特定类型的基因组序列差异在进化时间内以相对线性的速率累积。考虑以下三种核苷酸变化：①错义突变（编码区中改变氨基酸种类）；②沉默突变或同义突变（即特定氨基酸的密码子改变但氨基酸不变）；③内含子突变。三种类型的突变中的哪一种符合以下说法……

 b. ……代表最慢的时钟？（也就是说，哪种类型的突变在基因组中的积累速度最慢？提示：见图10.3。）

 c. 你可能用……来估计超过4亿年前拥有最后共同祖先的物种的分歧时间？

 d. ……最有可能在不同基因中累积的速度不同。

4. 你需要使用下列哪个酶来构建cDNA文库？这些酶在这个过程中的作用是什么？

 a. DNA聚合酶

 b. RNA聚合酶

 c. 限制性内切核酸酶

 d. DNA连接酶

 e. 氨酰tRNA合成酶

 f. 肽酰转移酶

 g. 反转录酶

5. 下列序列中有一个是来源于基因组的克隆片段，该片段包含一个基因的两个外显子。另一个序列是来源于该基因mRNA的cDNA克隆（注意：简单起见，内含子

长度被人为缩短，仅保留了剪接所需的序列特征）。

序列1：

5′ TAGGTGAAAGAGTAGCCTAGAATCAGTTA 3′

序列2：

5′ TAACTGATTTCTTTCACCTA 3′

a. 哪个序列是基因组片段？哪个是cDNA片段？

b. 写出RNA对应的基因组DNA链序列，并指出5′端和3′端。在碱基间用垂直线标记外显子/内含子边界。（关于剪接点序列，请参见图8.15。）

c. 本问题中缺少哪些拼接所需的序列特征？

d. 假设两个外显子仅由蛋白质编码核苷酸序列组成，如何确定该基因蛋白质产物的氨基酸序列？（表示N到C方向。）

6. a. cDNA文库缺少基因的哪些序列信息？

b. cDNA文库中的克隆是否含有5′UTR序列和3′UTR序列？

c. 你是否可能从基因组文库或cDNA文库的克隆序列中找到平均长度较长的ORF？解释说明。

7. 为什么研究真核生物的遗传学家常常构建cDNA文库，而研究细菌的遗传学家几乎不这样做？为什么即便细菌遗传学家想要构建cDNA库，操作也有困难？

8. 考虑三种不同类型的人类的文库：基因组文库、脑cDNA文库和肝脏cDNA文库。

a. 假设三个文库都足够大，每个文库都包含相对应的所有可能存在的人类核苷酸序列。那么这些库中的哪一个对应于人类全基因组的区域是最大的？

b. 你是否期望这些文库中的任何一个所包含的序列完全不与其他库重叠？解释说明。

c. 这三个库在构建文库克隆的初始材料方面有什么不同？

d. 为什么注释基因组需要对来自多个cDNA文库的多个克隆进行测序？

9. 人类基因组已经被测序了，但我们仍然不知道基因的准确数量，为什么？

10. 本题有关测序cDNA文库的插入片段。

a. 如果你已经单独测序了很多克隆，那是不是会花费很多资源，低效地、一遍又一遍地对同一类型mRNA的cDNA进行测序？解释说明。除了目的mRNA的序列，这个明显低效的过程是否提供了一些有用的信息？

b. 假设你鉴定了一个长度为4kb的cDNA插入片段。你可以通过以下步骤确定克隆的整个序列：将DNA打断成小的随机片段、克隆到载体去构建小的鸟枪文库，然后测序数百个克隆序列并用计算机组装4kb长的完整插入序列。然而上述步骤效率低。

有一个可以减少测序反应的替代方法，称为引物步移。该技术需要合成额外的寡核苷酸引物，引物序列对应刚刚获得的cDNA序列。用图表示如何使用引物步移对整个4 kb长的克隆cDNA进行测序：指明载体和插入序列、使用的所有引物，以及你将获得的所有序列。假设测序读长是1kb。

11. 为简单起见，图10.4省略了cDNA文库构建的一个步骤。该图暗示该过程的最后一步是将平末端cDNA连接到质粒克隆载体中。虽然这种连接反应可以发生，但实际反应效率很低。相反，科学家使用接头（adapter）将平末端cDNA分子转换成黏性末端，然后将cDNA连接到带有互补黏末端的载体上。

接头是短的、部分双链的DNA分子，用DNA合成仪制备的两个单链寡核苷酸杂交形成。假设合成以下两种寡核苷酸，然后在高浓度和温度下混合在一起，促进互补DNA序列的杂交：

5′ CCCCCG 3′

5′ AATTCGGGGG 3′

a. 绘制杂交的DNA接头分子。

b. 假设你以非常高的"接头/cDNA"摩尔比将接头和连接酶加入到平末端的cDNA中，以便将接头序列连接到每个cDNA分子的两末端。画出所得cDNA分子。

c. 使用表9.1中列出的常用限制酶，本题中讨论的特定接头可以有效使cDNA连接到载体中，这种限制酶叫什么。

10.2节

12. 与细菌基因组相比，人类基因组中总DNA与蛋白质编码DNA的比例高得多，列举两个不同的原因。

13. 使用cDNA文库，你分离了两个不同的cDNA克隆，这些cDNA克隆的序列表明它们所对应的mRNA都转录自相同的神经生长因子基因。克隆的起始和结束序列是相同的，但中间序列是不同的。怎么解释这两个不同的cDNA？

14. 下图涉及了UCSC基因组浏览器展示人类基因组部分区域时的屏幕截图，选用部分截图并做了修改。A～G列出各个cDNA克隆序列映射到基因组序列的结果。如果在解释此图时需要帮助，请参阅图10.3中的图标。特别注意指示外显子的图标的垂直宽度。

a. 你认为该区域中存在多少个注释基因？

b. 对于该区域中的所有注释基因，指出它们转录的方向是从着丝粒到端粒，还是从端粒到着丝粒。

c. 数据表明有几个启动子？大概位置在哪里？

d. 这个区域的DNA序列编码了多少种不同的蛋白质？

e. 这个人类基因组区域的不寻常之处是什么？

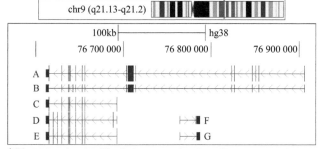

来源：University of California Genome Project, https://genome.ucsc.edu

15. 在习题14中，使用图10.4所示方法不管从哪个组织制备的cDNA文库，都不能找到cDNA F和G，原因是相应的转录物没有poly-A尾。

a. 根据你对题目14d的回答，为什么缺少poly-A尾并不令人惊讶？

b. 为什么缺少poly-A尾会给图10.4中的方法带来困难？

c. 概述如何调整图10.4中的方案，以便找到在基因组浏览器中注释的cDNA F和G。

16. 图10.10显示了一个外显子重排的模型，其中在内含子内断裂的染色体片段重新接合在一起产生了之前不存在的新基因。然而，如图所示，模型中只有部分能够编码带有原始多肽功能域的蛋白质，是哪一部分？

17. 在脊椎动物DNA中发现的一个有趣的现象是假基因的存在，假基因是基因组中其他位置的基因的非功能性拷贝。某些假基因似乎起源于插入染色体的成熟mRNA的双链DNA拷贝；这些拷贝后来经历了突变，变成了假基因。

a. 什么序列信息可能提供下列现象的线索：某些假基因的原始来源是细胞中来自mRNA的cDNA被插入基因组中？

b. 如果假基因归属的基因家族聚集在基因组某处，或者相反，它归属的基因家族成员分散在基因组中，那么这种产生假基因的机制是否更有可能发生？解释说明。

18. a. 如果你在一个新发现的基因中发现了锌指结构域（这有助于DNA结合），你可以对该基因的功能做出哪些假设？

b. 假设这个新鉴定的基因整体上与同一生物体中已知基因具有高百分比的相似性。该事实对这两个基因的起源有何意义？你是否将这些基因归类为：①同源；②旁系同源；③直系同源？（可能会有多个答案）

19. 你对4种不同生物的基因组进行测序，并在短的区域内比较它们的序列，如下所示。

5′ AGGTATATAATTTGCG 3′

5′ CAATATAAAACCCTAC 3′

5′ GCGTATAAAAGAGCTA 3′

5′ TTATATATAAAGAAGT 3′

a. 确定上述4个区域中的一致序列。

b. 你为什么要定义一致序列？你如何确定这4个序列是否值得比较以确定一致序列？

c. 你如何使用这种通用策略来定义一致序列，以确定蛋白质的哪些氨基酸对其功能最为关键？

20. 在人体免疫系统中，所谓的B细胞可以产生超过10亿种不同类型的抗体分子，保护我们免受感染。然而，我们的基因组只有3个基因能够编码抗体中的多肽。你可以通过哪些实验来确定哪些类型的组合事件在这些基因的DNA水平（V-D-J连接）和RNA水平（可变剪接）中发生？

21. 黑猩猩的一组血红蛋白基因非常类似于人类，如图10.11所示。例如，两个物种的基因组都具有α1、α2、β、Gγ、Aγ、δ、ε和ζ基因。

a. 人类和黑猩猩血红蛋白基因中哪些被认为是同源的？哪个是旁系同源？哪个是直系同源？

b. 在比较基因组时，遗传学家通常会想知道在不同物种中哪些基因最有可能执行相似（如果不完全一致）的功能。当涉及基因家族时，上述过程可能有些复杂。旁系同源基因或直系同源基因中，哪个更可能在功能上相同？解释说明。

c. 哪个基因与人类β基因具有最大程度的核苷酸相似性：黑猩猩β基因还是人类γ基因？解释说明。

d. 利用图10.12所示的血红蛋白基因的复制和分化过程，合理解释两物种中血红蛋白基因的分布模式。

22. 全基因组序列揭示人类基因组有大约27 000个基因，而蠕虫（线虫）基因组有大约22 000个基因。解释多出大约20%的基因的人类基因组如何编码比蠕虫更复杂的生物。

10.3节

23. 在计算机的浏览器中，通过下列地址访问页面：

http://genome.ucsc.edu/cgi-bin/hgGateway

在顶部的术语搜索框中，键入CFTR（查询导致囊性纤维化的*CFTR*基因），然后点击"GO"。你将被引导到一个窗口，显示人类7号染色体上*CFTR*基因的组成（如果只显示一个列表而不是图片，单击列表顶部的第一个链接，你将被定向到正确的窗口）。在此窗口的顶部是控制按钮，你可以将视图向左或右移动，放大（甚至到核苷酸序列的水平）、缩小或（在第二行）跳转到不同的染色体位置。在这些按钮下面是一个你正在查看的染色体示图，称为染色体组型图，红色区域表示你当前查看的染色体的特定区域（你也可以通过点击染色体组型图上的区域进行移动）。

a. *CFTR*基因中有多少个外显子？

b. *CFTR*基因是否位于人类7号染色体的短臂（p臂）或长臂（q臂）上？

c. *CFTR*基因朝哪个方向转录：朝向着丝粒，或背离着丝粒？

现在以10倍缩小视图1。

d. *CFTR*两侧的基因名称是什么？这些基因是从*CFTR*的7号染色体的同一条链转录而来，还是从另一条链转录而来？

现在缩小100倍直到可见整个7号染色体。

e. 7号染色体的大致大小是多少Mb？

f. 着丝粒在人类7号染色体上的大致位置是什么？

g. 当你查看整个染色体时，RefSeq基因的哪些重要信息被堆积起来？

24. 在计算机的浏览器中，通过下列地址访问页面：
http://blast.ncbi.nlm.nih.gov/Blast.cgi

标题"Basic BLAST"列出了各种程序，允许你搜索与任何待查询DNA或蛋白质序列相关的DNA或蛋白质序列。对于本题，选择"nucleotide blast"。在出现的窗口中，确保选择数据库"Human genomic+transcript"（这样你将搜索RefSeq限于人类而不是任何其他物种）。现在，在"Enter Query Sequence"下的大框中，输入图9.7（f）中的核苷酸序列。然后点击底部的蓝色"BLAST"按钮，等待NCBI计算机的响应，这可能需要几分钟时间。

答复将分为几个部分；你应该查看到Descriptions部分。列表中的"E value"列是你正在搜索的RefSeq数据库中给定序列与你的查询序列相关的可能性的统计值。E值越低（越接近零），匹配越重要。对于本练习，请仅查看列表中的E值最低的第一个条目。

a. 哪个人类基因与查询序列匹配最好？

现在，在同一页面中向下移到"Alignments"列表。仅查看第一个条目，该条目对应于"Descriptions"下的第一个条目。

b. 匹配是否准确或不完全？

回到"nucleotide blast"页面。使用相同的查询序列［来自图9.7（f）］，现在选择"mouse genomic+transcript"作为要搜索的数据库。

c. 这个基因在小鼠中是否保守？如果是这样，保守程度如何？

25. 使用UCSC基因组浏览器（http://genome.ucsc.edu/cgi-bin/hgGateway）鉴定附图伴随的问题10.14中所示的两个主要基因。

10.4节

26. 某些具有轻度β地中海贫血的个体，除了具有两条α链和两条β链的正常成人血红蛋白外，还产生较低水平的一种不寻常的蛋白质，称为Lepore血红蛋白。Lepore血红蛋白带有两条α链和另外两个异常的肽链，这两个肽链N端一半来自正常的δ链，C端一半来自正常的β链。某些其他无症状的个体产生另一种不寻常的抗Lepore血红蛋白，其含有两条α链和两条异常链（N端一半来自正常β链，而C端一半来自正常δ链）。

a. 描述一个可能产生Lepore和抗Lepore血红蛋白的事件。

b. 对于这个罕见等位基因，产生Lepore血红蛋白的轻度地中海贫血患者是纯合子还是杂合子？

c. 为什么这些轻度地中海贫血患者产生的Lepore血红蛋白比正常成人血红蛋白少？

27. 人类中的α1和α2基因在其编码区中是相同的。考虑到这一事实和你对习题26的回答，描述一种可能经常导致这两个基因之一被删除的机制。

28. 下图显示了正常成人、新生儿和胎儿中存在的血红蛋白的电泳分析。每个条带代表一个完整的血红蛋白及其所有亚基。条带的强度表示样本中该蛋白质的相对含量。

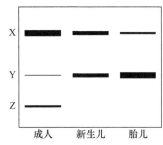

a. 标记为X、Y和Z的血红蛋白分子的亚基组成是什么？

b. 列举一个应该增加新生儿血红蛋HbZ百分比的异常情况。

c. 列举一个应该增加成人血红蛋白HbY百分比的异常情况。

第11章 分析基因组变异

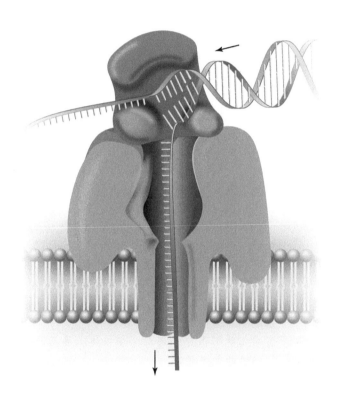

很多伟大的创新研究促使全基因组测序时代成为可能。在一种用于大规模平行DNA测序的新技术中，一种酶（棕色）可以使DNA链穿过称为微孔（灰色）的狭窄通道。通道中的DNA能限制（以核苷酸特异性方式）通过微孔的离子流动，通过记录时间序列函数下流过微孔的电流，可以解析相应的核苷酸序列。

包括溃疡性结肠炎和克罗恩（Crohn）病在内的一组疾病席卷了全球数百万人，其特征是导致消化道慢性炎症（图11.1）。患者的免疫系统对肠道中的细菌反应过度，并开始攻击位于肠黏膜（肠壁）的细胞。虽然这些症状通常不会危及生命，但急性发作的腹痛、呕吐、腹泻、恶心和疲劳能够将人生完全打乱。目前已

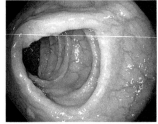
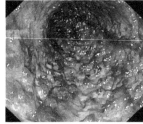

(a) 正常肠壁　　　　　　(b) 克罗恩病

图11.1　正常人与克罗恩病患者的肠道。正常人（a）和克罗恩病患者（b）的结肠镜检查（使用光纤照相机的结肠内镜检查）。

© Gastrolab/Science Source

经发现超过100种基因的变异使个体容易患炎症性肠病（IBD）。

在2岁时，Nic Volker获得了从未报道的严重的炎症性肠病。其消化道形成的病变通过他的体腔一直延伸到皮肤外面。结果，粪便物渗入了他的循环系统，导致危险的败血症（全身性细菌感染）。不幸的是，在给予炎症性肠病常规治疗后（如免疫抑制剂或抗炎固醇类），Nic的病情没有改善。到4岁时，Nic Volker已经接受了140多次外科手术，切除了部分消化道并治愈了皮肤上的伤口，他体重只有17磅（约7.7kg）（图11.2）。显然，其远期预后是可怕的。

Nic的父母和医生邀请了一组人类遗传学家为他的绝望案例尝试一种新方法：确定Nic基因组中所有蛋白质编码核苷酸的序列。值得注意的是，在2009年，研究小组已经发现了导致Nic疾病的突变。该突变位于与一种称为"X染色体连锁的淋巴组织增生性疾病（XLPD）"有关的已知遗传病相关基因中。因为XLPD的症状与Nic的症状完全不同，以至于之前没有人猜到这种联系。由于血液与骨髓移植对XLPD有效，因此Nic的医生决定尝试这种方法，尽管此前从未以这种方式治疗过IBD。在移植手术后的几个月内，Nic的健康状况经历了惊人的好转，使他能够享受6岁孩子的正常生活（图11.3）。

这段病史说明了使用快速发展的DNA水平直接检测基因型技术所能产生的深远的医学成果之一。甚至不久前，科学家们仍十分受限于检测人类基因组的技术。在20世纪90年代，研究人员一次仅能检查一个人的单个基因的基因型，只有在已经确定了致病突变的少数情况下才值得去进行检测。即便这些个人遗传信息是有限的，但在帮助夫妻做出明智的生育决策方面也常常很有价值。

到了21世纪之交，基因分型的技术进步使得科学家们检测含有许多核苷酸变化的大量样本，这些核苷酸的变化能够将不同人的基因组区分开来。例如，包括DNA微阵列的新方法允许同时检查个体基因组内不同位置（或称为**基因座**）的数十个甚至数百万个核苷酸变异。正如你将看到的，追踪大量核苷酸变异的技术有很多用途，即使这些变异本身与疾病无关。

到2013年，科学家们不仅可以对一个人的基因组中的一个、两个或数千个基因座进行基因分型，而且几乎可以对一个人的二倍体基因组中的60亿个核苷酸进行基因分型。DNA测序技术的革新将测序成本迅速降低，以至于测序将很快成为医疗保健的常规部分。在这个全新未知的全基因组DNA测序时代，我们对基因组变异的了解呈指数性增长，进而前所未有地详细认识人类遗传的历史和宿命。

11.1　基因组变异

学习目标

1. 举出能够区分任何两个单倍体人类基因组的DNA多态性的大概数目。
2. 解释为什么大多数这些DNA多态性与个体的表型差异无关。

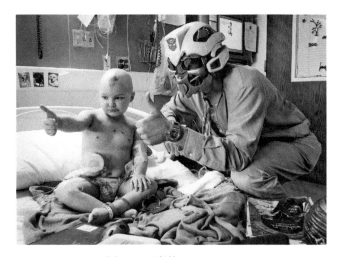

图11.2　4岁的Nic Volker。

© Gary Porter/Milwaukee Journal Sentinel/MCT/Newscom

图11.3　6岁的Nic Volker。

© Andy Manis/Bloomberg via Getty Images

3. 从结构、形成机制和基因组中频率等方面对不同类型的DNA变异进行区分。

没有所谓的野生型人类基因组，相反，任何两个人的基因组之间都存在着惊人的变异。随着本章后面将描述的全基因组测序新技术的出现，各个人类基因组之间的差异程度变得越来越明显。在这些DNA序列变异中，只有少数是表征个体特征的表型差异。即便某些DNA序列差异对表型没有影响，也可以用于标记基因和染色体。

11.1.1　大量的DNA变异可用于区分物种内的个体

来自James Watson（詹姆斯·沃森，DNA双螺旋结构的共同发现者）、J. Craig Venter（DNA测序技术的先驱）和一个匿名中国人的基因组数据，与标准人类基因组（GeneBank Refseq，参见第10章）相比，总共发现超过560万单核苷酸差异（图11.4）。每个人的二倍体基因组包含大约100万个独特的**DNA多态性**（即序列差异），这些多态性不会在其他人的基因组中出现。而剩余的大约260万个多态性在二者或三者的基因组中共享。

不仅没有单一的野生型人类基因组序列存在，甚至没有野生型人类基因组长度这样的定义。DNA的缺失、插入和重复导致基因组长度在健康人群中相差多达1%。例如，Watson和Venter的基因组差异存在于超过100万的位点上，以插入或缺失的方式少量添加或减少遗传物质。

11.1.2　大多数DNA多态性不影响表型

在Watson和Venter基因组的数百万DNA多态性中，只有一部分与区分二者个体的表型差异有关。但实际上，仅仅这些DNA序列中的一小部分会真正影响表型。二者基因组比较中，大约5000个DNA多态性能够导致蛋白质氨基酸的序列差异。上述事实成立基于以下证据：

（1）基因组中仅有不到2%的区域是基因编码区；

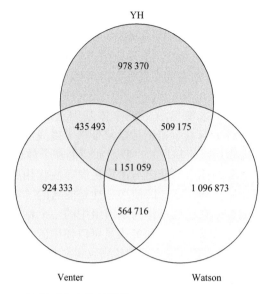

图11.4　比较三个个体基因组。J. Craig Venter、James D. Watson和匿名中国人（炎黄一号，YH）基因组中相对于人类参考序列（RefSeq）的单核苷酸置换数。单核苷酸替换数是变异个数的统计，不考虑个体该变异是纯合的还是杂合的。每个人基因组中特有的置换数位于每个圈中的非重叠部分。不在参考序列中，而在三者中任意两个个体出现的变异位于双重叠区域内。三个人的共有变异数位于中央的三者共重叠区域。

（2）即便基因编码区存在DNA多态性，很多密码子突变也是沉默突变（不改变氨基酸类别）；

（3）如果一个特定的突变不是沉默的，并且具有不良影响，那么自然选择往往会导致其从人群中消失。

除了大约5000个导致氨基酸改变的突变，这两个基因组间的几千个其他多态性可能会影响基因表达，如转录的频率或初级转录物剪接产生mRNA的效率。即使考虑到这些，我们仍然得出结论，即基因组之间的绝大多数序列差异是**匿名DNA多态性**，既不影响体内的任何蛋白质性质，也不影响体内任何蛋白质的含量（你将在后面看到**非匿名DNA多态性**会影响基因表达，从而影响表型）。

图11.5显示了与人类参考基因组比较，在400kb区域内Watson和Venter基因组DNA多态性的实际分布。这

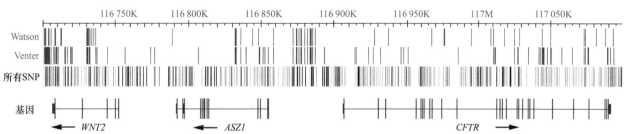

图11.5　基因组400kb区域内的SNP分布。图示的是7号染色体的部分区域（从116 700 001到117 100 000），包含CFTR和另外两个基因。垂直标记表示与人类参考文献不同的杂合或纯合的单核苷酸多态性（SNP）基因组的位置。前两排显示了Watson和Venter的个人基因组中的单核苷酸多态性。第三排显示了人类基因组中所有分析获得的SNP位点（数据来自截止到2009年的主要的SNP数据库）。

部分基因组涵盖囊性纤维化跨膜受体（CFTR）基因和另外两个基因，CFTR内的某些突变能够导致囊性纤维化。你可以看到，两个男性基因组序列中，甚至所有的基因组中，几乎所有的多态性都位于基因之间或内含子中，这与大多数DNA变化不会改变表型的观点一致。

这样一个能够区分不同个体基因组的海量匿名DNA多态性的存在，给遗传学家带来了挑战和机遇。面临的挑战是显而易见的：我们如何能在个体DNA的几百万个多态性中筛选出与遗传疾病等性状相关的位点？面临的机会在于，即使多态性是匿名的（对表型没有影响），它仍然可作为基因组中的一个标识，即**DNA标记**。你会发现，研究人员可以使用匿名多态位点来辅助定位靠近实际上的遗传病致病突变的区域。

11.1.3　遗传变异发生的几种类型

遗传学家通常根据所涉及的核苷酸碱基对的数量和种类，依据表11.1将多态性DNA位点划分为四类。尽管分类之间的边界模糊并有少量重叠，但该分类能帮助研究人员描述特定的遗传变异。有效地概括起来，即某类多态性中涉及的核苷酸对的数量越小，在基因组中该类别出现的频率越高（表11.1）。

1. 单核苷酸多态性（SNP）

显然，单核苷酸多态性（SNP）是最常见的遗传变异类型。SNP是基因组中的特定碱基位置，该位置上的不同碱基能够区分某些人群。SNP占人类基因组之间总变异的绝大多数，在任何成对基因组比较中，平均每1000个碱基就有一个SNP（表11.1）。我们在第7章讨论了可以产生SNP的部分机制，包括DNA复制中的罕见错误，以及基因组暴露于环境中的诱变化学物质和辐射。

表11.1　遗传变异的分类

	大小	频率（多少长度范围存在一个该类型突变）
单核苷酸多态性（SNP）	1bp	1kb
缺失插入（DIP 或 InDel）	1～100bp	10kb
简单序列重复（SSR）	1～10bp重复单元	30kb
拷贝数变异（CNV）	10bp～1Mb	3Mb

右侧列显示，当比较任何两个单倍体人类基因组序列时，发现每类突变的平均频率。

尽管存在许多机制可以产生SNP，但单碱基自发突变率仍然小于每世代三千万分之一（某些方法估计值可低到一亿分之一）。这个数字是如此之低，以至于大多数SNP在人类群体中以双等位的方式存在，即只涉及4种核苷酸对中的2个。SNP的低突变率使研究人员能够将每个SNP追溯到某一祖先基因组中的变化。低突变频

率也意味着那些没有继承该变化的核苷酸（称为**新生型等位基因**）的人群具有更古老的**祖先型等位基因**，这种祖先型等位基因很可能早在人类物种形成之前就存在了。

如果存在某一个SNP，遗传学家可以利用人类和黑猩猩基因组之间的密切关系来确定：哪个等位基因是古老的，哪个是由相对较近的突变事件所产生的新生型等位基因。图11.6比较了两个不同单体型人类基因组与黑猩猩参考基因组的一小段区域。该区域内存在着两个物种分歧后出现的两个单碱基变化。其中一个变化是由所有人类基因组共享的，因此在人类中不具有多态性。另一个碱基变化是从黑猩猩-人类共同祖先中的胞嘧啶（C）变化到胸腺嘧啶（T）（即新生型等位基因），这个胸腺嘧啶只存在于部分人类祖先的染色体中。这意味着，如果你和一个朋友在某一匿名SNP基因座上共享一个新生型等位基因，那么你们是从人和黑猩猩物种分歧后的同一个祖先那里得到了这个等位基因。地球上每一对随机的人类都共享着许多无关的新生型SNP等位基因，这表明所有人都是来自相同的祖先。

(a)

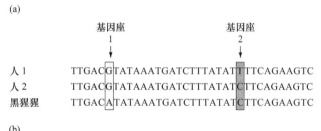

(b)

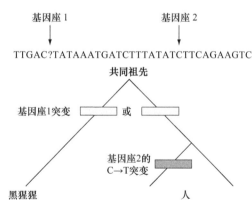

图11.6　推断SNP的进化历史。（a）将两个人类基因组序列与黑猩猩参考基因组进行比较。在许多测序的黑猩猩基因组中，基因座1和2是不变的。（b）进化分枝图（进化谱系结构图）。基因座1（浅蓝色）在黑猩猩和人类之间不同，但所有人类都具有相同的等位基因（G）。引起基因座1差异的突变一定发生在物种分化之后，或者在黑猩猩的祖先谱系中，或者在人类的祖先谱系中，但无法确定两物种的最近共同祖先在该位置上的等位基因。在基因座2（红色），黑猩猩和某些人类之间共享的胞嘧啶（C）等位基因一定是祖先型，而其他人类中的T等位基因是新生型的（也就是说，起源于某些人类的谱系分支中的近期突变）。

迄今为止，通过分析数千个人类基因组，已经鉴定了超过5000万个SNP，该数据收录于美国国家生物技术信息中心（NCBI）的SNP数据库（dbSNP）中。其中大约1500万SNP是人类群体中普遍存在的。这些普遍的新生型等位基因形成于人类进化史的很早时期，才能在现代人类群体中占有相当一部分的比例。SNP数据库已经包含了人类所有常见SNP的很大一部分。然而，你应该意识到，非常近期的突变事件生成罕见的SNP，存在于地球上数十亿分之一的人类中。目前只分析了整体人类群体中的一小部分人的基因组，因此在dbSNP数据库中收录了很少的这样罕见的SNP。

上述关于SNP起源的简短讨论表明，基因组测序技术是了解人类祖先的强有力的工具。第21章介绍了一些关于人类历史的惊人发现，这些发现是通过比较现代人类的DNA序列和我们灵长类动物祖先的化石残骸所揭示的。

2. 缺失插入多态性（DIP）

遗传物质的短插入或缺失是人类基因组中第二种常见的遗传变异形式。这类变异被称为**缺失插入多态性（DIP或InDel）**。比较任意两个单体型基因组，SNP位点出现的频率大约是每千碱基一次；而DIP出现的频率相对较低，约为每10kb出现一次（表11.1）。DIP的长度范围可以从一个碱基对到几百个碱基对，但其出现频率相对于它们的长度急剧下降。因此，仅涉及一个或两个核苷酸的DIP是最常见的。

几种生化过程似乎有助于DIP的形成，包括DNA复制或重组中的问题，以及当细胞试图修复诸如断裂的DNA链等损伤时发生的错误。

需要注意的是，在蛋白质编码区中，DIP变异可能是移码突变，除非插入或删除的核苷酸对的数目是3或3的倍数。

3. 简单序列重复（SSR）

人类和高等真核生物的基因组中的某些区域被定义为**简单序列重复（SSR）**，有时也称为**微卫星**。SSR位点由一个碱基到几个碱基的序列单元组成，串联重复为少于10次至100次以上。SSR位点的等位基因具有不同数量的重复单元。最常见的重复单元是一个、两个或三个碱基序列。具有较大重复单元的SSR出现频率较低，因此我们采用一个人为定义的截点值作为SSR的重复单元长度的限定范围——SSR重复单元长度的最大值为10碱基（表11.1；超过该限定的较大重复单元将被分类为CNV）。这里我们举两个SSR的例子：AAAAAAAAAAAAAAA（一个碱基重复）或CACACACACACACACACA（两个碱基重复单元）。所有类型的SSR合计约占人类基因组DNA的3%，其出现频率约为每30kb碱基区域出现一次。

与所有其他多态性一样，大多数SSR都位于基因编码区之外，对表型没有影响。相反，基因内的SSR变异可能导致严重的表型后果。例如，我们之前在第7章中讨论过（回顾"快进"信息栏"三核苷酸重复疾病：亨廷顿病和脆性X染色体综合征"），长链三核苷酸重复是几种严重神经系统疾病的分子诱因，包括脆性X染色体综合征和亨廷顿病。

SSR自发地由罕见的随机事件产生，这些随机事件最初生成具有4~5个重复单元的短重复序列。然而，一旦短的SSR突变生成，它可以通过一种被称为滑动错配或滑动的错误DNA复制形式扩展成更长的序列。图7.12详细显示了这种滑动机制如何改变SSR基因座重复单元的数目，最终导致亨廷顿病。

由于滑动错配等事件，SSR位点上的新等位基因以平均每个位点10^{-3}个的速率出现（即每千个配子中有一个）。这一频率远远大于单核苷酸突变率（10^{-9}），并导致群体中无关个体之间的大量SSR变异。不同于SNP（通常以双等位基因形式存在，突变生成后不发生改变），SSR在其重复单元的个数上中具有高度多态性，通常在单个SSR位点上可存在10个或更多个等位基因。SSR突变的发生率仍然很低，能够保证一个大家族的几代人中也不会发生这种变化。因此，SSR可以作为包括人类在内的许多生物的连锁研究中相对稳定、高度多态的DNA标记。

4. 拷贝数变异（CNV）

人类个体基因组也呈现DNA长度的多态性，其涉及的不仅仅是表征SSR和DIP的少数核苷酸。研究人员惊讶地发现，许多没有任何遗传疾病迹象的人，其基因组仍携带可变拷贝数的大片段遗传物质，长度最长可达1Mb。这类遗传变异被称为**拷贝数变异（CNV）**。基因组中CNV分布普遍，且在人类群体中的出现频率较高（见表11.1）。迄今为止，在所有人类基因组中已经鉴定出超过10 000个CNV位点，并且比较任何两个基因组，通常能鉴定出超过1000个差异位点。

能够产生CNV位点新等位序列的最重要机制之一是**不等交换**（图11.7）。在减数分裂Ⅰ期，同源染色体上的串联重复单元可以不精确匹配。如果在错配的重复单元之间发生重组，则配子会比重组前增加或减少重复单元。类似不等交换的机制使CNV基因座具有高度多态性，但在系谱内的几代人基因组中CNV多态性仍然相对稳定：当前人群中超过99%的CNV等位序列来自遗传而非新突变。

嗅觉受体（OR）基因家族是基因拷贝数变异的范例，该家族编码多种蛋白，使动物感知各种气味。模式动物小鼠基因组携带1400个嗅觉受体基因，分布于染色体多个位点。由于敏锐的嗅觉对人类的生存不再重要，因此人类基因组中嗅觉受体基因可以被不计后果的丢弃，平均携带不到1000个嗅觉受体基因。然而，不同个

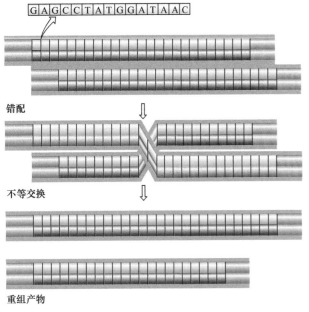

图11.7 CNV具有高度多态性，因为它们具有不等交换的可能性。CNV由长度大于10bp的相同或相近重复单元序列串联组成（蓝色和紫色框是重复单元的互补链）。错配和不等交换产生的重组产物，是较任意亲本等位序列有更多或更少重复单元的新等位序列。

体携带的嗅觉受体基因数目变化很大。图11.8显示了10个人中11个代表性嗅觉受体基因座拷贝数变异。其中，*OR4K4*基因在不同个体中的拷贝数从2～6不等，而11个基因中有5个在某些个体中完全缺失。有些人可以比其他人多拥有数百个或更多的嗅觉受体基因，导致人们区分气味的能力差异很大。

基本概念

- 当在DNA基因座上存在两个或更多个等位基因时，该基因座是多态的，并且该变异被称为DNA多态性（DNA标记）。大多数多态性是同义性的，对表型没

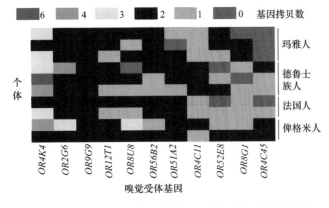

图11.8 嗅觉受体基因的拷贝数变异。每行代表不同的个体；每列代表不同的嗅觉受体基因。颜色表示特定个体中特定基因的拷贝数。不同人的嗅觉受体基因拷贝数差异很大，这是人们闻到某些气味的能力差异的主要原因。

有影响。

- 单核苷酸多态性（SNP）是最常见的DNA多态性。SNP形成的频率较低，使研究者能够估计进化过程中发生特定SNP突变的时间。
- DNA序列的增加和减少也会引起遗传变异，变异类型包括DIP、SSR和CNV。在重复序列复制过程或减数分裂期的不等交换过程中，DNA聚合酶的滑动可产生上述变异。

11.2 基因分型：一个已知的致病突变

学习目标

1. 概述聚合酶链反应（PCR）扩增基因组特定区域的步骤。
2. 描述PCR产物的序列测定或长度检验如何能够确定基因型。
3. 解释如何使用PCR技术对子宫内的胎儿或植入前的胚胎进行基因分型。

明确个体遗传疾病的基因分型对患者生活有着重大的影响。如果一个人被诊断为罹患可治疗性遗传疾病，DNA基因分型的相关知识或许能够挽救他/她的生命。即使该病症不能被治疗，对于即将为人父母的夫妇、母亲肚中的胎儿及在体外受精的胚胎来说，基因分型能让家庭做出明智的生育决定。

确定一个人是某个致病等位基因的纯合或杂合类型，取决于科学家是否已知某种疾病的致病相关核苷酸变化。对于某些疾病，如镰状细胞贫血，疾病基因突变的特征是明确的，因为我们知道特定的蛋白质（如血红蛋白）在疾病中是如何改变的。但在大多数情况下，疾病的表型不能提供明确的疾病基因信息。本章后面的部分将介绍更多用于寻找与各种疾病相关的基因突变的常用策略。一旦确定了突变，就可以通过我们现在讨论的方法对个体进行基因分型。

11.2.1 采用聚合酶链反应（PCR）扩增基因组中的限定区域

确定一个人的某个致病等位基因是纯合还是杂合的，或者该位点是纯化的正常等位基因，这意味着你可以从该人的基因组中分离出该基因，并通过查看纯化的DNA来分析等位基因。但基因区域占复杂基因组中极微小的一部分，例如，相较于人类基因组单倍体大小（30亿对碱基），编码血红蛋白β链的基因仅有约1400个碱基对。1985年，Kary Mullis发明了分子生物学中最强大的技术之一，称为**聚合酶链反应（PCR）**，以解决在基因组的浩瀚海洋中，如何寻找针头一样大小的特定基因。PCR技术非常快速有效，它以微量的DNA起始

（例如在单个精子或毛囊中发现的DNA），研究人员可以在几个小时内复制10亿或更多的短而明确的基因组片段。

图11.9所示为PCR扩增DNA的目标区域。两个长度在16～30碱基的寡核苷酸作为PCR引物，界定了靶区域的末端。研究人员根据预先知道的基因组信息合成这些引物。一个寡核苷酸与该区域某末端的一条DNA链互补；另一个寡核苷酸与该区域另一端的另一条DNA链互补。如果将这些引物绘制为带有5′→3′标识的箭头以指示其极性，则箭头将穿过目标区域指向彼此（图11.9）。对于DNA基因分型，PCR的目的是扩增靶区域内可能具有不同等位基因形式的序列。

待分析的基因组DNA样本中，一个或多个变性模板DNA分子（熔解成单链）通过与合成的寡核苷酸杂交来启动扩增过程（图11.10）。以寡核苷酸作为引物，能够让DNA聚合酶启动DNA合成，新合成的DNA链分别与引物间的两条基因组DNA链互补；记住，

DNA聚合酶在引物的3′端依次添加核苷酸分子。

在经过足够的时间复制目标区域之后，加热反应体系，使新合成的DNA链与原始模板链熔解分离。再将反应管冷却，使得起始DNA和前一步骤中合成的拷贝成为后续复制的模板，管中的寡核苷酸仍作为引物。在重复循环中依次执行相同步骤使每个循环中的目标区域拷贝数呈指数增长：变性为单链、引物杂交和DNA聚合酶聚合（图11.10）。22次循环后将产生超过100万个目标区域的双链拷贝；在32次循环后，反应管中将具有超过10亿拷贝的基因组目的区域。

该操作的循环步骤可以在PCR仪中自动进行，PCR仪根据预先设置的时间表加热并冷却样本。放置在机器中的反应管含有足够的核苷三磷酸盐和寡核苷酸引物，可以支持多轮DNA复制。此外，反应管中含有来自温泉嗜热菌的特殊DNA聚合酶。该DNA聚合酶可承受PCR循环过程中裂解DNA链的高温，并仍然保持活性。

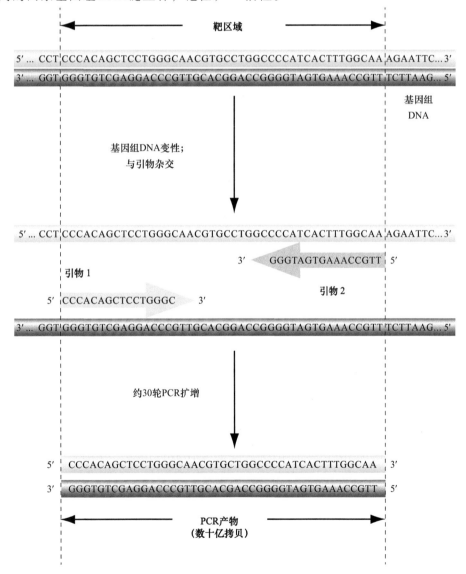

图11.9　概述聚合酶链反应。该反应扩增基因组DNA的靶区域，由两个引物的5′端决定限定的靶区域位置并产生PCR产物。为了便于你理解PCR技术的基础，同一DNA区域内的沃森-克里克链以不同的颜色显示。

第一轮PCR循环：

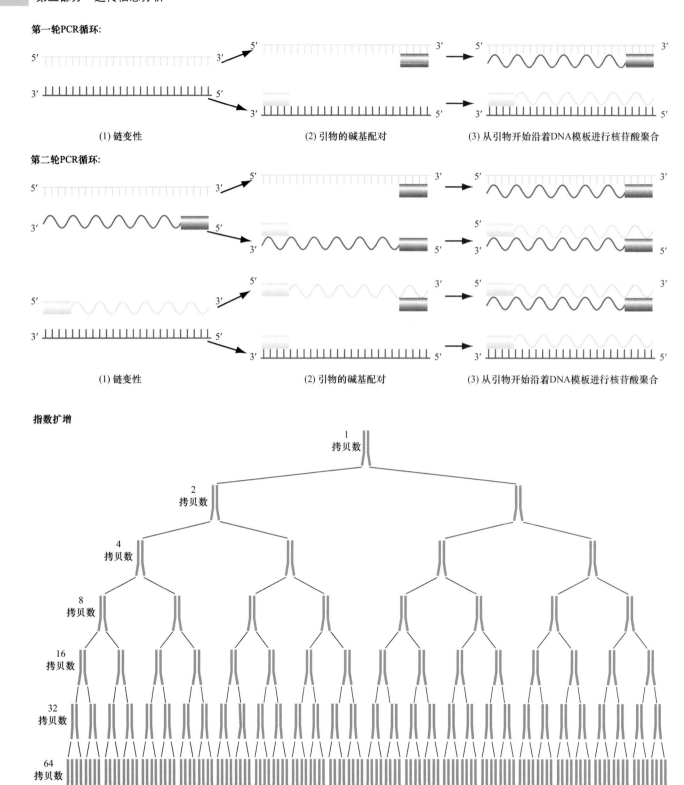

(1) 链变性　　　　　　　　(2) 引物的碱基配对　　　　　(3) 从引物开始沿着DNA模板进行核苷酸聚合

第二轮PCR循环：

(1) 链变性　　　　　　　　(2) 引物的碱基配对　　　　　(3) 从引物开始沿着DNA模板进行核苷酸聚合

指数扩增

图11.10　靶序列的PCR扩增。本例子的第一个PCR循环中，一个双链基因组DNA分子被加热并变性为单链，然后降低温度使单链与两个PCR引物杂交。热稳定的DNA聚合酶现在将新DNA聚合到每个引物的3′端。在第二个PCR循环中，使DNA在反应管中变性，并与相同的引物杂交。原始DNA链和第一轮循环中产生的DNA链作为第二轮反应的模板。因此，每轮PCR循环使靶区域中DNA的量加倍。在第三轮PCR结束后，大多数模板链的5′端位置由引物的5′端限定，进而限定了积累的PCR产物的长度。

在图11.9中需要记住的重要一点是，两种寡核苷酸引物决定了最终PCR产物的性质。最终的PCR产物是双链DNA片段，对应的区域是其从一个引物的5′端延伸到另一个引物的5′端。引物必须与对应的链互补，并具有5′→3′极性（穿过目标区域指向彼此）。在实际操作中，如果引物相距很远，则PCR效率很低，因此该方法通常不能扩增长度大于25kb的DNA区域。

11.2.2 应用测序或长度检验对PCR产物进行基因分型

对于单个基因中仅涉及一个或几个核苷酸的变化引起的孟德尔遗传疾病，区分正常和突变等位基因的所有信息都储存于某一个特定的基因组区域，该区域可以被PCR产物所涵盖。等位基因之间的差异可以通过PCR产物的直接测序来识别。如果突变类型是在基因组中增加或减少核苷酸对，则该突变可以简单的通过查看PCR产物的大小进行鉴定。更复杂的多态性（如拷贝数变异）会影响许多碱基对，所涉及的区域远大于PCR产物能够扩增的长度，因此必须通过本书稍后将描述的其他方法进行分析。

1. PCR产物的测序

你可能还记得，导致镰状细胞贫血的突变$Hb\beta^S$会改变成人血红蛋白β链中的一个氨基酸（谷氨酸变为缬氨酸）。突变等位基因是一个单核苷酸置换，将β珠蛋白基因的mRNA样链（即有义链）中A变为T，因此，该突变属于单核苷酸多态性（SNP）[图11.11（a）]。通过对该SNP的等位基因进行基因分型，我们可以识别镰状细胞贫血患者或该性状的携带者。

产物测序首先需要用PCR扩增人基因组DNA区域，引物对与实际致病突变位点两侧序列互补[图11.11（a）]。一旦生成了PCR产物，其DNA序列可以通过先前在图9.7中描述的自动化Sanger方法进行测定。两个PCR引物中的任何一个都可以作为测序反应的引物。

如图11.11（b）所示，比较来自$Hb\beta^S Hb\beta^S$镰状细胞贫血患者和$Hb\beta^A Hb\beta^A$正常纯合子个体的PCR产物序列时，明显可以看到导致该疾病的核苷酸替代。但重要的是，当使用$Hb\beta^S Hb\beta^A$杂合基因组DNA作为模板时，PCR产物中的两个等位基因同时存在。从杂合子的体细胞提取的基因组DNA含有两种等位变异。由于引物与两个同源染色体无偏好的充分杂交（前提是镰状细胞突变不会改变与引物互补的基因组序列），最终PCR产物中约一半的DNA分子将含有突变序列，而另一半是野生型序列。因此，致病SNP的杂合性被视为双峰，在查看DNA序列时，该位点同时显示A和T。

对基因组DNA的PCR扩增产物进行测序，是确定SNP基因型的直接方法。相同的方法也可用于对涉及少量核苷酸的其他多态性类型进行基因分型，例如，小的

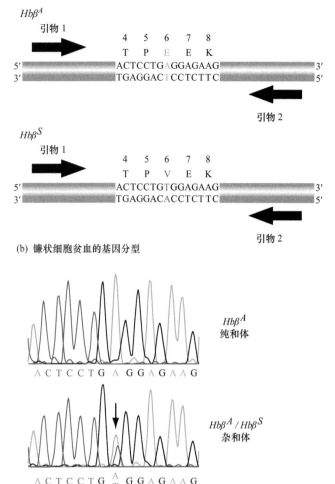

图11.11 通过对PCR产物测序检测镰状细胞突变。（a）镰状细胞贫血的致病突变是一种能够改变单个氨基酸性质的单核苷酸多态，其能够使血红蛋白β多肽上的一个谷氨酸（E）变为缬氨酸（V）。该多态性侧翼序列保守，因此可以通过互补的引物进行PCR扩增。（b）对由基因组DNA模板生成的PCR产物进行测序。注意来自杂合携带者的PCR产物的序列，在突变取代位点上同时出现正常（$Hb\beta^A$）和突变（$Hb\beta^S$）核苷酸（黑色箭头）。

承蒙Joshua J. Filter, Cornell University, Ithaca, New York提供

缺失插入（DIP），或简单序列重复（SSR）中重复数目的扩增或收缩。

2. PCR产物的片段大小差异

在某些情况下，可以在PCR产物中对多态性进行基因分型，而无需测序。如图11.12所示，凝胶电泳可以很容易地区分由DIP或SSR导致的基因座实际大小的细

(a) 根据重复位点的侧翼序列合成引物

左端引物

等位基因1

右端引物

左端引物

等位基因2

右端引物

(b) PCR扩增等位基因

左端引物 等位基因1

右端引物

左端引物 等位基因2

右端引物

(c) 凝胶电泳分析PCR产物

电泳方向

(d) 以带有三种等位基因的人群为例

等位基因1

等位基因2

等位基因3

在该人群中存在6种二倍体基因型

等位基因

电泳方向

图11.12　通过PCR产物的电泳检测简单序列重复（SSR）的多态性。（a）SSR等位基因长度不同。左侧和右侧引物对应于SSR基因座侧翼的独特序列。（b）用对应SSR基因座的特异引物进行PCR扩增。（c）凝胶电泳和溴化乙锭染色将等位基因彼此区分开。（d）SSR是高度多态性的并在群体中存在许多不同的等位基因，对于任意给定SSR基因座，每个人仅有最多两个相应的等位基因。

微变化。同样，你首先使用与实际长度多态性位点末端序列互补的一对引物，利用PCR扩增个体基因组DNA中的相应区域。但与测序不同，你只需对PCR产物进行凝胶电泳，从而依据片段的大小将它们分开。用溴化乙锭染色后，每个等位基因都呈现特定的DNA条带。

上述检测片段长度多态性的基因分型的方法，对于检测基因内部三核苷酸重复SSR引起的遗传疾病尤其重要。回顾第7章中的"快进"信息栏（三核苷酸重复疾病：亨廷顿病和脆性X综合征）：人类有大约20种三核苷酸重复疾病，亨廷顿病（HD）是其中之一。亨廷顿病是常染色体显性遗传突变。目前有超过30 000名美国人表现出一种或多种该疾病症状，包括无意识抽动、不稳定步态、情绪波动、人格改变、言语不清和判断力受损。此外，在美国有15万人带有患病父母，因此他们有50：50的概率携带并随着年龄的增长显现该疾病。该症状通常在30～50岁之间发病，但病症初相可以最早出现在2岁患者身上，而最晚可以出现在83岁患者身上。

亨廷顿病致病基因座的正常等位基因包含多达35个串联重复的CAG，而致病等位基因携带36个或更多。重复次数越多，发病年龄越早（图11.13）。遗传该致病位点的人，只要存活足够久，就一定会患有该疾病。因此，虽然发病（在这里我们指的是发病年龄）是可变

(a) 亨廷顿病致病基因编码区中的三核苷酸重复

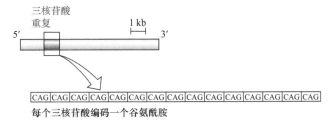

每个三核苷酸编码一个谷氨酰胺

(b) 亨廷顿病致病位点的部分等位基因

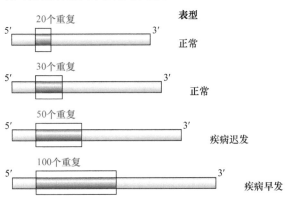

图11.13　亨廷顿病致病位点的突变是由编码区中三核苷酸重复SSR的扩增引起的。（a）编码区的5'端附近是编码一串谷氨酰胺的重复三核苷酸序列。（b）亨廷顿病致病位点上的不同等位基因具有不同数量的重复单元。正常等位基因具有35个或更少的重复。显性致病等位基因有36个或更多重复；随着重复次数的增加，疾病的发作时间提早。

的，其取决于三核苷酸重复的数目，但具有42或更多重复的致病等位基因都是完全外显的。具有36～41个CAG的等位基因是部分外显遗传，因为它们在某些人中会引起疾病，但在其他人中无致病迹象。

在决定是否要生孩子之前，一些有亨廷顿病家族史的个体想知道他们的基因型。通过扩增该个体的致病基因的CAG部分（引物在该SSR侧翼）并检测所得PCR产物的长度，遗传学家可以很容易地确定每个等位基因中发现了多少CAG重复（见图11.12）。由于获知携带该致病等位基因信息会导致极大的心理压力，某些来自亨廷顿病家庭的人选择不接受这种检测。

11.2.3　胎儿和胚胎细胞可以被基因分型

假设一对怀孕的夫妇通过对他们自己的基因组进行基因分型，获知他们都是高度有害的隐性遗传疾病（如囊性纤维化）携带者，或其中一个人携带有导致像亨廷顿病这样的迟发性疾病的显性等位基因。根据他们的个人信仰，一些准父母如果知道胎儿患有致病基因型，则更愿意终止妊娠。

产前基因诊断涉及采用我们刚刚描述的方法对胎儿细胞进行基因分型。医生可以通过**羊膜穿刺术**分离胎儿细胞，该方法使用针头提取母体子宫内胎儿周围的一些羊水（详见第4章"遗传学与社会"信息栏"产前基因诊断"）。羊水中含有一些胎儿脱落的细胞，遗传学家用PCR从这些胎儿细胞中提取的基因组DNA扩增疾病相关区域，然后对PCR产物进行测序或大小分析。

最近，体外受精和PCR技术的双重成功为生殖决策开辟了新的选择。现在，夫妇可以在将胚胎置于母亲的子宫之前确立胚胎的基因型（图11.14）。当女性注射卵泡刺激素（FSH）以刺激卵巢中约10个卵子的成熟时，可以开始进行**植入前胚胎诊断**。产科医生将这些卵从卵巢中取出，并在体外用伴侣的精子使它们受精。受精卵孵育数天后，通过几轮有丝分裂以产生含有6～10个细胞的早期胚胎。

接受过专门培训的技术人员使用微量移液管从这些

早期胚胎中移取单个细胞（见图11.14）。这些早期胚胎细胞尚未确定成为特定细胞类型或器官；事实上，在这个阶段自然分裂的胚胎可以发育成健康的同卵双胞胎。因此，去除单个细胞不会损害胚胎，也不会妨碍它们正常发育。

技术人员对每个胚胎中获得的单细胞进行基因组DNA提取，PCR扩增含有致病突变位点的特定区域。然后，他们通过测序或片段长度多态性来分析PCR产物。在与医生协商后，父母可以选择不含有致病基因型的健康胚胎（正常等位基因纯合子或隐性致病等位基因杂合子）。通常将两个或三个这样的胚胎放入母亲的子宫中，以提高至少一个胚胎正确植入子宫的概率。

通过查看来自单个细胞的DNA，可以在受精后几天内对胚胎进行基因分型。尽管这在概念和技术上都是令人惊讶的，但植入前胚胎的诊断已成功应用于全球成千上万的妊娠筛查。该流程既复杂又昂贵，耗资数千美元，但对于那些孩子本可能罹患严重遗传病的夫妇来说，其所提供的信息是无价的。

基本概念

- PCR扩增由两个寡核苷酸引物限定的DNA特定区域。合成过程中循环的重复会指数性的增加靶DNA区域地拷贝数。
- 对许多多态性类型来说，PCR产物测序是一种简单的基因分型方法。DNA的小缺失插入（DIP和SSR）也可以通过检查凝胶上的PCR产物大小来进行基因分型。
- 通过羊膜穿刺术获得胎儿细胞，可以对子宫内内胎儿进行基因分型。在植入前诊断中，对来自体外受精产生的早期胚胎中一个细胞进行基因分型。

11.3　在基因组中采集DNA变异

学习目标

1. 解释为什么相对少量的SSR位点足以提供个体的DNA指纹。

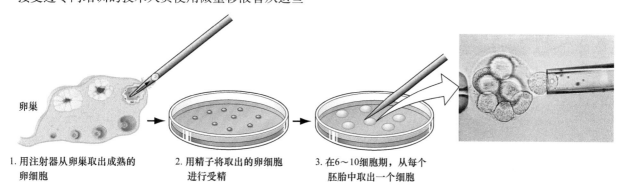

图11.14　植入前胚胎诊断。从八细胞胚胎中取出一个细胞直接用于基因型检测。提取来自单细胞的基因组DNA，并在PCR扩增后进行基因分型。胚胎的其余部分存活并且可以植入母亲的子宫中。

1. 用注射器从卵巢取出成熟的卵细胞

2. 用精子将取出的卵细胞进行受精

3. 在6～10细胞期，从每个胚胎中取出一个细胞

© Benoît Rayau/Science Source

2. 描述如何构建DNA微阵列，以及如何在该微阵列上对数百万个位点进行基因分型。

任何基因组中存在的绝大多数多态性不会引起疾病或影响表型。尽管如此，仍存在一些很好的理由来确定这些匿名基因座上的人群基因型。这些基因座的基因分型可以让人们通过DNA进行个体识别，这在法医领域十分有用，而且在研究人类进化和历史时非常有效。另外这也有实际意义，匿名基因座可以作为基因组特定区域的分子标记。即便这些DNA标记本身不会引起疾病，科学家们也可以依靠它们的遗传来定位难以发现的遗传病致病基因和其他表型相关基因。

11.3.1 法医DNA指纹技术检测多个SSR基因座

SSR基因座具有高度多态性：对于任何给定的基因座，尽管一个人只能最多携带两个等位基因，但在群体中可以存在许多重复单元数目不同的等位基因。SSR基因座的多态性为通过DNA进行个体识别提供了强大的资源。

其优势在于可同时检查多个多态性的SSR基因座。假设在特定SSR位点上，任意两人的两个等位基因组合完全相同的可能性是10%（0.1），对于其他独立分离的SSR基因座也是如此假设。根据独立事件的乘法规则，随机选择的两人在两个SSR基因座处具有相同等位基因的概率是 $(0.1) \times (0.1)=0.01$，即百分之一。现在，如果

考虑13个这样的SSR基因座，两个人在基因组中的所有13个位置具有相同的等位基因组合的概率是 0.1^{13}，相当于10万亿分之一的机会（为便于理解，这里我们仅简单计算相应概率；第21章"群体遗传学"将向你展示如何从实际数据中精确地进行计算）。鉴于目前地球只有大约70亿人类居民，你可以理解来自13个非连锁的多态SSR基因座的基因分型，可以充当除了同卵双胞胎外的任何一个人独有的**DNA指纹**。

我们已经讨论过单个SSR基因座进行基因分型，该方法的一个简单扩展是对多个SSR同时进行基因分型。图11.12显示从一个SSR基因座扩增的PCR产物大小不一，对应于每个等位基因中重复单元数目。为了同时检查13个SSR位点，你可以使用不同颜色的荧光染料标记13对PCR引物，然后将所有引物对组合在同一PCR反应管中。凝胶电泳后，你可以根据PCR产物的荧光颜色和大小确定每个SSR基因座的等位变异（图11.15）。

在美国，联邦调查局（FBI）维护着一个名为CODIS（Combined DNA Index System，DNA联合索引系统）的数据库，该数据库允许全国各地的法医实验室共享和比较DNA谱。所有这些实验室使用相同的13对引物来扩增13个SSR基因座。实验室仔细分析PCR产物的大小，并将结果提交给CODIS数据库。美国所有50个州都要求对被判犯有某些罪行的罪犯（如性犯罪者）收集CODIS的DNA指纹数据。此外，该数据库还包括失踪人员的DNA指纹信息。

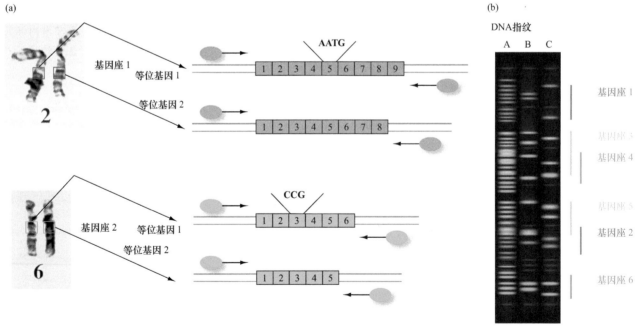

图11.15 DNA指纹。（a）利用多重PCR实现的DNA指纹的基本原理（同时分析来自多个基因座的PCR产物）。PCR引物对（椭圆）扩增每个单独的SSR位点，这些SSR位点通常来自非同源染色体。引物对用不同的荧光分子标记（本例子中用蓝色和绿色标记两个位点）。（b）多重PCR产物的凝胶电泳。该例子显示了3个人中6个位点（A～C）的分析结果，每种颜色（蓝色、绿色和黄色）标记2个位点。相同颜色的2个不同位点（例如位点1和2）的等位基因的大小差别足以分别哪个等位基因属于哪个基因座。每个泳道的红色条带是长度标准。

（a）：© Scott Camazine & Sue Trainor/Science Source；（b）：© Alila Medical Images/Shutterstock RF

截至2016年，CODIS已协助超过30万宗刑事调查。通常，法医调查人员使用数据库来匹配犯罪现场留下的证据与重刑犯的DNA图。但DNA信息也可以确定无辜：如果没有与犯罪现场证据相匹配，嫌犯可以被排除在外。事实上，一个名为Innocence Project的公共政策组织已经使用DNA指纹证据来帮助300多名被判死刑的嫌犯洗清嫌疑，其中包括几个等待死刑执行的人。

DNA指纹技术强大到引发了许多人的担忧，主要是针对隐私和数据收集中可能存在的歧视。举个有趣的例子：假设兄弟姐妹共享50%的SSR等位基因；父母和孩子也是如此。因此有可能不通过与罪犯自身的DNA匹配来确定罪行，而是通过与近亲的DNA进行部分匹配来确定犯罪者。这种家庭式DNA搜索对于2010年洛杉矶"Grim Sleeper"连环杀手的逮捕至关重要。嫌疑人的儿子由于被控涉枪重罪，因此分析了他的DNA。儿子的DNA特征与Grim Sleeper受害者身上的精液和唾液的DNA指纹部分匹配。警察随之跟踪其父亲，一名扮演服务员的警探获得了带有父亲DNA的吃剩下的披萨。令人震惊的是，该DNA与犯罪现场证据完美匹配（在2016年初撰写本文时，该审判才刚刚开始）。对于未犯下任何罪行的重罪犯家庭成员，家族式搜索会导致其实际上处于终身的遗传信息监控，在这种逻辑下，是否应该允许刑事调查员进行这类家族式搜索？

除严重刑事犯罪取证之外，DNA指纹还有许多重要的用途。DNA指纹现在已经成为亲子鉴定中最确凿的证据，其也可用于识别人类遗骸，如2001年9月11日世界贸易中心灾难的受害者鉴定。该技术的好处不仅限于人类的DNA指纹，野生动物生物学家通过对动物个体进行指纹识别来研究濒危物种的种群，以增加圈养繁殖计划的成功率或识别非法偷猎的动物。在某些情况下，有价值的驯养动物（如表演犬、纯种马或牛）的拥有者可以通过DNA指纹建立谱系。在阿根廷的一个奇怪案例中，科学家们被邀请帮助逮捕兼当偷牛贼的屠夫。挂在屠夫店里的肉，与牧羊人被偷的一头奶牛组织样本有相同的DNA图。

11.3.2 DNA微阵列检测数百万个SNP基因型

核酸杂交，即DNA或RNA的互补单链聚集形成双链分子的能力，是分子生物学中许多技术的基础。在Sanger测序和PCR技术中，我们已经讨论了寡核苷酸引物与DNA模板杂交的重要性。DNA测序和PCR都假定引物与模板中的所有核苷酸之间存在完美的互补匹配。但如果两条核酸链之间存在错配，会发生什么？

假设一个21碱基寡核苷酸与目的DNA链进行杂交时，二者中间序列有一个碱基不同（图11.16）。与完全匹配的杂交体相比，该双链杂交体稳定性更差。原因是维持双螺旋结构的氢键强度，取决于不包含任何错配的最长距离。当两条链不完全匹配时，在一排上可能没有足够的弱氢键将它们维持在一起。因此，对于最长约40bp的小区域，研究人员可以设计杂交条件（如特定温度），在此条件下完全匹配杂交体将保持完整，而较不稳定的非完全匹配的杂交体会解开（见图11.16）。

研究人员可以利用杂交分子的不同稳定性进行SNP基因座的基因分型。如图11.17（a）所示，将20~40个碱基长的短寡核苷酸连接到一个固体支持物（如硅芯片），它们将在适当的条件下与某SNP位点的两等位基因之一进行杂交。这些寡核苷酸从逻辑上被称为**等位基因特异性寡核苷酸（ASO）**。研究人员现在从待分析的基因组中获得DNA，并通过片段化DNA将其转变为**探针**，通过加热将片段变性成单链，并将荧光染料附着到这些小片段的单链基因组DNA上。携带染料的基因组DNA现在放在硅芯片上（有时称为**DNA微阵列**）并调整温度，使基因组DNA探针仅与完全序列匹配ASO进行杂交。为了使杂交信号可视化，光照射在芯片上，检测器记录每个包含特定ASO的区域发出的荧光量。正如图11.17（a）中所见，可以通过荧光分布模式直接判断初始基因组DNA中任何SNP位点的基因型。

图11.17（a）中另一个值得注意的特征是，硅芯片上特定ASO上的荧光信号强度与基因组中该等位基因的拷贝数成正比。因此，荧光强度可以提供监测拷贝数变异（CNV）的方法。我们将在本书后讨论ASO芯片的

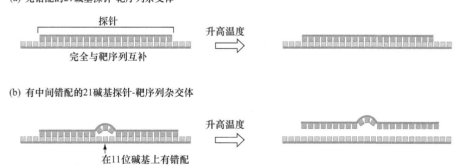

(a) 无错配的21碱基探针-靶序列杂交体

探针

完全与靶序列互补

升高温度

(b) 有中间错配的21碱基探针-靶序列杂交体

在11位碱基上有错配

升高温度

图11.16　短杂交探针可以区分单碱基错配。研究人员将短的21碱基探针和两个不同的靶序列进行杂交。（a）在21个碱基中，探针和靶标之间完美匹配。当温度升高时，该杂交体具有足够的氢键以保持完整。（b）当探针中间具有单碱基错配时，探针-靶序列杂交体的有效长度仅为10个碱基。当温度升高时，这种杂交体就会分开。

(a) 微阵列示意图

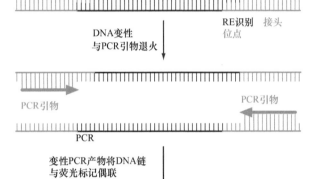

AA 纯合子　　　　AC 杂合子　　　　CC 纯合子

(b) 探针制备

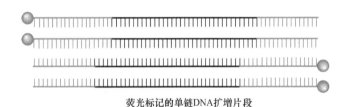

用RE进行基因组切割
连接到接头序列

接头　RE识别位点　任意基因限制性片段

DNA变性
与PCR引物退火

RE识别位点　接头

PCR引物　　　　　　　　PCR引物

PCR

变性PCR产物将DNA链
与荧光标记偶联

荧光标记的单链DNA扩增片段

(c) 微阵列局部信号

图11.17　DNA微阵列。（a）三个相同的DNA微阵列芯片，分别杂交用于区分某SNP位点上两个等位基因的ASO（ASO显示为5个核苷酸长，但实际长度为20～40个核苷酸）。探针（带有红色荧光标记）仅与完全互补的ASO杂交。荧光强度反映了与ASO互补的基因组DNA片段数目。（b）用于微阵列分析的基因组DNA的扩增方法。用限切酶（RE）切割基因组DNA，并将产生的末端连接到双链寡核苷酸接头上。然后用与接头序列互补的单个引物PCR扩增全部基因组片段。将得到的DNA片段变性并用荧光标记（红色）。（c）与基因组DNA探针杂交后的DNA微阵列的小部分区域。

（c）来源：National Cancer Istitute

这种用法。

单个荧光标记的基因组DNA分子不能产生足够的荧光，使其在微阵列上被检测。因此，研究人员必须扩增基因组DNA，以便基因组各部分的许多拷贝都可以被荧光标记。图11.17（b）展示了实现这种扩增的一种巧妙方法。研究人员首先使用限制性内切核酸酶消化基因组，该酶产生具有黏性末端的片段，然后将寡核苷酸接头连接到这些限制性片段上。接头的部分区域可以与突出端退火，其余部分与PCR引物互补。连接到两条链末端的接头片段现在可以用作PCR扩增的模板。利用这种方式，可以用单个接头和单个PCR引物扩增基因组所有区域。

DNA微阵列制造技术的快速发展使得现有芯片能承载超过400万个SNP等位基因检测位点［图11.17（c）］。在撰写本书时（2016年），分析基因组DNA样本的成本仅为几百美元，这相当于每个SNP基因分型成本不到一美分。商品化微阵列上分析的SNP基因座包括已知与遗传疾病相关的所有单核苷酸变异，但芯片上的大多数基因座很可能是没有表型效应的常见SNP。这些特定的匿名SNP的广泛出现非常有助于定位致病突变，我们将在下一节中解释其原理。

基本概念

● 在DNA指纹中，SSR等多态位点的基因分型提供了个体识别所需的充足信息。

● DNA微阵列包含数百万个SNP基因座的等位基因特异性寡核苷酸。在适当的条件下，由荧光标记的基因组DNA片段制备的探针仅与互补的ASO结合，对相应基因座进行基因分型。

11.4　定位克隆

学习目标

1. 描述定位克隆的过程，以及它如何能够定位致病突变。
2. 在提供定位克隆所需的信息时，检查谱系分析的局限性。
3. 解释如何获得Lod分数及其所蕴含的信息。
4. 讨论等位基因异质性、复合等位基因杂合性和基因座异质性的影响。

在数以千计的已知人类**疾病基因**（其突变等位基因导致疾病表型）中，科学家只能根据异常情况的特殊性鉴定出少数基因。例如，镰状细胞贫血和地中海贫血是影响红细胞的疾病。大约97%的红细胞干重由血红蛋白组成，因此研究人员将注意力集中在编码这种携氧蛋白多肽的基因上，因为这些基因很可能是致病的原因。但更通常情况下，研究人员很难有根据地猜测出哪种蛋白质因致病突变而产生变化，因此需要采用另外的方法。

11.4.1　应用DNA标记的连锁分析提供疾病基因在染色体上的大致位置

确定导致遗传性疾病缺陷的常用有效策略被称为**定位克隆**（图11.18）。目的是通过寻找与致病突变遗传连锁的多态性位点，获得未知的疾病基因座的定位信息。因为我们从人类基因组序列中了解每个基因座的确切位置，发现与疾病基因密切相关的匿名DNA多态性，能够让研究人员集中搜索单个染色体的小范围上的突变。从该区域内的候选基因中，通过寻找在患者中一致出现的突变，可以发现导致该疾病的基因。

1. 定位克隆的策略

你在第5章中了解到，如果它们在同一条染色体上靠近在一起，那么两个基因就是遗传连锁的。如果亲代型超过配子中的重组型，则基因是处于连锁状态。两个基因座之间重组的频率提供了度量它们之间分离距离的参数，被记为厘摩（cM），也称为图距单位（m.u.），1cM等于1%的重组频率。

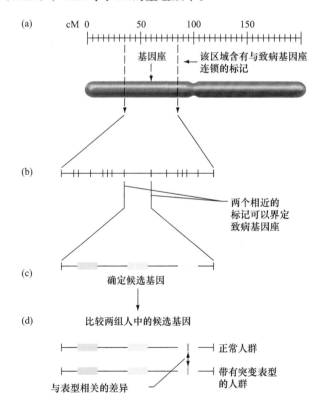

图11.18　定位克隆：从表型到染色体位置，从染色体位置到疾病基因。（a）疾病基因与其相关的任一标记相距小于50个图距单位（约50 Mb）。（b）研究人员通过寻找突变左右两侧最密切相关的标记来缩小目的区域。（c）候选疾病基因（不同浓度的蓝色）一定位于目的区域内。（d）比较大量患病与非患病个体中每个候选基因的结构和表达情况，确定致病突变及所属的疾病基因。

定位克隆是这种连锁概念的直接延伸应用，但有两点重要差异。首先，连锁是直接追踪控制性状的两个基因，而定位克隆是通过表型追踪第一个基因座（表型指的是记录谱系中哪些个体受影响，哪些未受影响），再通过对每个个体直接进行基因分型来追踪第二个基因座。最终，我们以不同的方式在两个基因座中寻找相同的东西，即DNA的变异。该表型特征间接地鉴别突变，而基因分型直接鉴定突变位点。

其次，你可以使用DNA微阵列追踪谱系中每个人的数百万个匿名基因座，而不是一次只处理两个或三个基因座（如两点或三点杂交）。你可以将这种微阵列-谱系分析简单地看成是同时进行数百万个两点杂交，每个杂交都可以检测个体DNA标记与疾病基因座之间的连锁。发现与疾病基因座连锁的DNA标记是定位克隆的首要目标。

DNA微阵列覆盖了如此高密度的多态性基因座，以至于一定有一些基因座与任何给定的孟德尔疾病相关基因互相连锁。在两点杂交实验中，当两个基因组距离小于50cM时，两个基因座是连锁的。粗略估计，平均1cM对应于人类基因组中的1Mb（100万碱基对），因此连锁基因座通常必须在二者的50Mb范围内（见图11.18）。如果一个微阵列只包含分布于整个人类基因组中的1000个分子标记，那么它们平均相距3Mb。因此，致病突变位于微阵列上的一个多态性基因座的3Mb区域内，那么这两个位点一定是遗传连锁的。现代DNA微阵列可以同时分析人基因组中的数百万个多态性，因此这种定位克隆方法可能会更准确地映射疾病基因。

2. 定位克隆的实例

神经纤维瘤病是一种显性遗传的、完全外显的常染色体病，尽管发病很少，但仍影响超过100 000名美国人。这种疾病导致神经组织不受控制地增殖，在皮肤下形成肿瘤性肿块（图11.19）。这些肿瘤通常是良性的，但它们可以破坏神经细胞，有时会发展成恶性癌

图11.19　神经纤维瘤病。
© Paul Parker/Science Source

症。图11.20记录了通过定位克隆搜索该疾病致病突变的一个阶段。结果允许我们了解一个特殊的匿名SNP基因座（SNP1）是否与神经纤维瘤病基因相连锁。SNP1位于17号染色体上，有两个等位基因G和T。

系谱［图11.20（a）］显示神经纤维瘤病患者Ⅱ-1从其受影响的母亲Ⅰ-1处同时获得了主要的致病等位基因NF和SNP1的G等位基因。从未发病的父亲处，Ⅱ-1获得了神经纤维瘤病基因的正常等位基因NF⁺和SNP的T等位基因。Ⅱ-2是Ⅱ-1的未患病配偶，记做NF⁺/NF⁺，DNA分析表明她的SNP1位点是纯合型G等位基因。因此，系谱的第三代儿童实际上相当于侧交的后代。检查每个孩子的患病情况并进行SNP基因分型，其结果将揭示孩子从其双重杂合子的父亲Ⅱ-1获得亲代型（非重组）精子，还是重组型精子。

如图11.20（a）所示，第三代中8个后代中的7个来自亲代型精子：祖母Ⅰ-1中看到的NF和G的组合，或者祖父Ⅰ-2中看到的NF⁺和T的组合。第三代中只有一个孩子是重组精子（Ⅲ-8，患病的男孩，带有NF和SNP的等位基因T）的产物。因此，数据强烈表明神经纤维瘤病基因和这种特定的SNP是遗传连锁的，图距为(1/8)×100=12.5cM。

按照今天的标准，8个孩子的家庭规模很大的，但这个后代的数量仍然不够，无法达到较大的统计学显著性。尽管如此，对数据最直接的解释是神经纤维瘤病

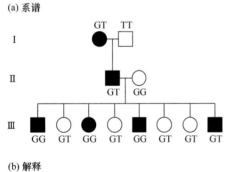

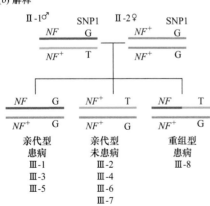

图11.20　定位克隆实例。（a）系谱显示家族中神经纤维瘤病的遗传情况。G和T是指SNP1基因座的核苷酸等位基因。（b）基于神经纤维瘤病基因与SNP1相关的假设，对相同的系谱进行解释。

基因位于17号染色体上，位于SNP1基因座任一侧大约12.5Mb的区域内。图11.20（b）以图形方式显示了如何根据这些临时结论轻松地解释Ⅱ-1和Ⅱ-2之间的杂交。

3. 多位点分析

微阵列数据不仅包括关于疾病基因与个体DNA基因座的连锁关系的两点信息，还包括关于数百万个DNA基因座之间彼此相对表现的多点信息。你在第5章中看到了果蝇中三点杂交实验的能力，而微阵列就像"打了激素"的三点杂交实验。研究人员现在可以将单个配子产生时发生的特定交换重组，定位到同一染色体上的两个多态性位点之间。正如你将在11.5节中看到的那样，这些信息反过来允许研究人员将疾病相关基因定位到由重组事件界定的短区域上。

11.4.2　定位克隆的几个局限性

对于在植物或小动物中显现的性状，研究人员可以轻松建立杂交并产生数百个后代，以便进行准确的遗传作图。但科学家不能指挥人类繁殖，因此并非两个人每次交配都能提供关于任何两个给定基因座的相对位置的可释信息。此外，人类家庭规模很小，因此难以获得足够的数据以进行精确的作图。

1. 相型问题

你应该注意到，上述的神经纤维瘤病基因和SNP1之间图位距离的计算不包括系谱中的一个杂交：Ⅰ-1和Ⅰ-2的交配（见图11.20）。原因是我们不知道患病的祖母Ⅰ-1中等位基因（或相型）的配置。她的突变型NF等位基因可能与SNP1的G等位基因位于同一条染色体上（17号染色体），但也有可能与T等位基因位于同一条染色体上。因为我们不能确定是否Ⅱ-1（她受影响的儿子）来自亲代型或重组型卵细胞，因此我们在计算图位距离时没有考虑这个配子。

在两种情况下可以解决相型问题。首先，如果你知道一个人的父母在两个基因座上的基因型，有时你可以确定这个人的等位基因亲本来源。我们正是基于这种信息知道双杂合子父亲Ⅱ-1中的相型是NF G/NF⁺T（见图11.20）。因此，如果通过此方法确定Ⅰ-1中的相型，我们需要获知其受影响的父母的基因分型信息。其次，如果两个基因座相距足够近，由于连锁的等位基因通常彼此分离，因此可以推断出可能的相型。在图11.20中，第三代中的亲代级明显多于重组体，即使没有关于其父母的信息，你也可以推断出双重杂合子Ⅱ-1中等位基因的可能排列。

2. 有信息与无信息的杂交

即使你知道双杂合亲本的相型，交配也可能无法提供关于两个基因座是否相关的任何有用信息。在图11.21（a）中可以看到一个例子，该例子再次检查了

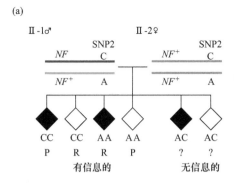

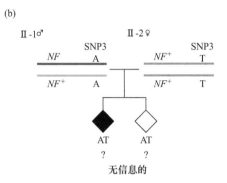

图11.21　一些无信息的交配。（a）即使你知道NF基因和SNP2是连锁的，并且你知道父母的相型（等位基因的排列），也不确定是否交配能够提供信息。如果孩子是CC或AA纯合子，那么杂交是有信息的。如果孩子是AC杂合子，你不知道哪个等位基因来自父母的哪一方，所以杂交将是无信息的。（b）如果父母都不是双杂合子，则不可能进行连锁分析（SNP3是第三个SNP基因座）。

患有神经纤维瘤病的男性Ⅱ-1与他未患病的伴侣Ⅱ-2之间的交配结果。这次我们查看一个不同的SNP基因座（SNP2），其父母都是等位基因A和C的杂合子。如果

一个孩子也是A和C的杂合子，你将无法分辨哪一方贡献了A、哪一方贡献了C，因此无法确定孩子是亲代型还是重组配子的产物。但如果孩子是SNP2等位基因的纯合子，如基因型AA，那么你就知道卵子和精子都必须携带A等位基因。

你应该记得第5章遗传作图的基本要求是至少有一个亲本必须是双杂合子。图11.21（b）强调了这一关键点：如果亲本都不是双杂合子，则杂交不能提供信息。

即使交配不能提供疾病基因与特定SNP基因座的连锁信息，微阵列的多位点分析通常也能为科学家提供一种克服这种限制的解决方法。这是因为微阵列很可能包含附近其他有信息的SNP。

3. 获得足够的系谱信息

DNA芯片上有数百万个多态位点，即使某些杂交无法提供疾病基因与某DNA标记的连锁信息，理论上仍可能非常准确地定位疾病基因。然而，在实践过程中，定位克隆的解决方案总是受到人类遗传学家在疾病分离的家庭中可以追踪的人数的限制。如果科学家已将疾病基因定位到DNA多态性的1cM以内，则意味着他们已经检查了至少100个此家族成员的表型（受影响或未受影响），并且他们还在微阵列上对所有这些人进行了基因分型（请记住，1cM表示100个配子中的1个重组配子）。

出于这个原因，当疾病存在于拥有大量儿童的大家族时，定位克隆首次成功定位疾病基因通常发生在拥有大量儿童的患病大系谱研究中。1984年，亨廷顿病（*HD*）基因座成为第一个通过定位克隆成功定位的人类疾病基因，因为存在有这样的大系谱。图11.22显示了拥有65个成员的七代系谱，被用于证明DNA标记G8与*HD*基因座之间的紧密连锁。

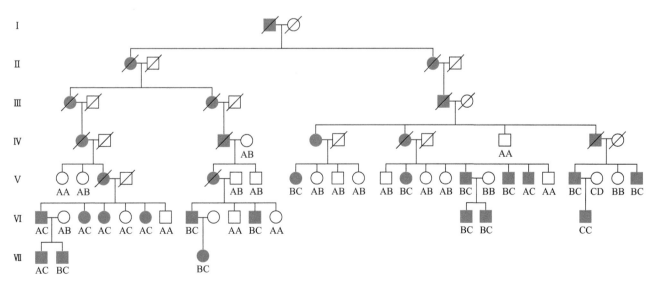

图11.22　与亨廷顿病基因座紧密连锁的标记。检测DNA标记G8与导致亨廷顿病（*HD*）基因座之间的连锁关系是克隆*HD*基因的第一步。系谱显示了一个受到HD影响的委内瑞拉大家族。显示的是G8标记位点的等位基因（A、B、C和D），而受影响的个体用橙色标记。明显看到*HD*基因座的突变体和野生型等位基因与DNA标记的共转移。

11.4.3 Lod分数提供了研究连锁的统计方法

定位克隆很少像亨廷顿病中的研究那么简单。大多数人类家庭只有少数几个孩子，因此很难在系谱中获得多代的DNA和表型信息。基于这些原因，人类遗传学家开发了一种统计工具，称为**Lod分数**（比率的对数）。Lod分数的使用目的让人想起第5章中χ^2（卡方）统计应用目的：确定数据是否足够可靠地给出疾病基因和DNA标记遗传连锁的结论。在人类遗传学中采用Lod分数而不是χ^2统计量，是因为Lod分数能更好地处理少量数据点，同时允许组合来自不同系谱的数据。

Lod分数统计量是根据两个概率的比率计算得出的：如果两个基因座相连（假设特定的RF值），则在系谱中获得特定结果集的概率；如果基因座不连锁，则观察到相同信息的概率。Lod分数统计量是该概率比的以10为底对数（log）。人类遗传学家采用的惯例是Lod分数大于或等于3表示两个基因座连锁。Lod分数为3表示两个基因座连锁的可能性是非连锁的1000倍（因为3=log1000）。Lod分数统计的优点在于，由于它是一个对数函数，可以简单地添加来自不同谱系的Lod分数，因此研究人员将知道他们何时有足够的数据来推断疾病等位基因与特定标记相连锁。

题为"Lod分数统计"的"遗传学工具"信息栏以图11.20（a）中系谱为例，说明了如何计算Lod分数。正如你所看到的，这些数据的最大Lod分数（通过假设RF=12.5%获得）为1.1，表明这一个数据不足以证明17号染色体上的SNP1基因座与*NF*基因的连锁。然

遗传学工具

Lod分数统计

Lod分数是该问题的数学答案：当给定重组频率（RF）小于50%的情况下位点之间处于连锁，那么在系谱中出现的等位基因传递模式发生的可能性较不连锁情况大多少？Lod分数，顾名思义（比率的对数）是这两个概率之间比率的对数：

$$\text{Lod}=\log\left[\frac{P(\text{给定重组概率情况下两个位点连锁时获得此观测数据})}{P(\text{如果位点不连锁时获得此观测数据})}\right]$$

在这里，我们通过图11.20（a）中系谱分析说明Lod分数计算过程。系谱表明，*NF*基因与17号染色体上的特定SNP连锁。计算将使我们能够确定我们对这一初步结论的置信度。

1. 列出哪些后代是亲代型，哪些是重组型。在图11.20（a）中，你可以看到第三代中的前7个孩子具有等位基因的亲本（P）配置，并且只有III-8具有重组（R）配置。我们将这些数据缩写为PPPPPPPR。

2. 计算Lod分数的分母。如果两个基因座非连锁，则任何一个孩子是P或R的概率相同（即RF=50%）。P的概率因此是1/2，并且R的概率也是1/2。如果*NF*基因和SNP基因座不相关，则在特定出生顺序PPPPPPPR中获得子女的概率是：

$$P(\text{RF}_{50\%})=\left(\frac{1}{2}\right)^8=\frac{1}{256}$$

你可以看到这部分计算的通用公式只是：$(1/2)^n$，其中n是列表中个体的总数。

3. 计算Lod分数的分子。如果RF的值小于50%，则位点间连锁，但计算要求我们假设一个重组频率值。图11.20（a）中的系谱显示了RF值为1/8=12.5%，因此我们将其用作当前最佳估计值。RF=1/8时，P后代的预期频率为7/8，R后代为1/8。出现特定出生

顺序PPPPPPPR中7个亲本和1个重组体的概率为：

$$P(\text{RF}_{12.5\%})=\left(\frac{7}{8}\right)^7\left(\frac{1}{8}\right)^1\approx\frac{1}{20}$$

计算Lod分数分子的通用公式为：

$$(1-\text{RF}_{\text{obs}})^{\#P}\times(\text{RF}_{\text{obs}})^{\#R}$$

其中，RF_{obs}是根据数据计算的RF，$\#P$是亲代型的数量，$\#R$是重组子的数量。

4. 计算概率比。步骤2和步骤3中获得的数值的比率。本示例中，

$$P(\text{RF}_{12.5\%})\Big/P(\text{RF}_{50\%})=\left(\frac{1}{2}\right)\Big/\left(\frac{1}{256}\right)=12.8$$

该概率比意味着*NF*基因和SNP在RF=12.5%时连锁的可能性是未连接的（RF=50%）的12.8倍。

5. 计算Lod分数。Lod分数只是概率比的以10为底的对数。对于图11.20（a）中的示例：

$$\text{Lod分数}=\log(12.8)=1.1$$

6. 解释Lod分数。人类遗传学家的惯例是Lod分数≥3（即概率比≥1000）时连锁结果有信心。Lod分数为1.1时表明图11.20（a）中的数据不足以断定*NF*和SNP1是连锁的。

关于Lod分数的要点：

- 根据数据推导的精确RF确定的Lod分数将始终是数据集可获得的最大Lod分数。

- 对于单个系谱，可以计算RF值小于50%的情况下的Lod分数。Lod分数≥3表示所获得的数据在统计上与假设的特定距离（小于50m.u.）相兼容。

- 概率比被转换为Lod分数，因为对于相同RF值的不同系谱，计算得到的Lod分数可以被简单地相加，以查看是否能达到数值3。

而，如果有两个额外的谱系，每个系谱Lod分数为1.1（RF=12.5%计算），三个谱系的Lod分数一起为3.3，这构成了17号染色体上*NF*基因与SNP1连锁的有力证据。

11.4.4 遗传病可以显示等位基因或基因座异质性

假设通过定位克隆，你已成功地将疾病基因的定位缩小到两个多态性标记之间的1Mb区域。在人类基因组中，平均基因密度为每100kb DNA约有1个基因。因此，1Mb区域内可能会有超过10个基因。怎么区分这些候选基因以找到正确的目的基因？

在某些情况下，通过查找患者中的mRNA转录物数量或大小，或基因蛋白产物的变化，可能会找到线索（参见本章末尾的习题38）。但到目前为止，最常用的策略是使用PCR扩增所有可用患者中的所有候选基因，然后对所有这些PCR产物进行测序。如果其中一个候选基因在所有患者中都可以发现可鉴别的突变，特别是可能影响该基因蛋白质产物氨基酸序列的突变，那么该证据强烈支持该候选基因是实际的疾病基因［回顾图11.18（d）］。

某些遗传疾病总是由单个基因中的相同单个突变引起；我们已经看到，所有患有镰状细胞贫血的患者在血红蛋白β链的编码基因中，恰好都处于相同的碱基对取代的纯合子状态。因此，DNA测序将揭示镰状细胞贫血所有患者及携带者的基因组DNA中的相同突变。

1. 等位基因异质性：一个基因存在多个突变等位基因

遗传疾病并不是总是像上面描述的那样简单。许多其他遗传疾病表现出**等位基因异质性**，这意味着它们可能是由同一基因中的各种不同突变引起的。一个重要的例子是囊性纤维化，这是一种隐性的常染色体遗传病，每2500个欧洲血统家庭出生的儿童中大约会有1个患病儿童。患有该疾病的儿童具有由肺、胰腺、汗腺和其他几种组织中的异常黏液分泌物引起的各种症状。大多数囊性纤维化患者在30岁之前死亡。

定位克隆手段让研究人员将该疾病基因的搜索范围缩小到7号染色体上，定位于两个DNA标记之间的400kb区域，该区域含有3个候选基因（先前如图11.5所示）。其中一个基因是*CFTR*，编码囊性纤维化跨膜受体，允许氯离子穿过细胞膜（见图2.25）。值得注意的是，在所有囊性纤维化患者中的*CFTR*拷贝均发现含有突变，会导致蛋白质氨基酸序列变化或阻碍蛋白质以正常量进行合成。因此，正如命名的那样，*CFTR*显然是导致囊性纤维化的基因。

一个称为ΔF508的突变（其从蛋白质的508位缺失了苯丙氨酸F）占全世界所有*CFTR*突变等位基因的约2/3。其余的等位基因由超过1500种不同的罕见突变组成（图11.23）。因此，许多患者是所谓的**复合杂合子**

外显子

突变

- 读码框内缺失
- 错义突变
- 无义突变
- 移码突变
- 剪接突变

图11.23　*CFTR*基因的等位基因异质性。每个囊性纤维化患者在7号染色体的两个拷贝上都有*CFTR*基因突变。该图列出了*CFTR* 24个外显子上不同位置的突变状态。复合杂合子是指患者在一个*CFTR*拷贝上有其中一种突变，而在另一个拷贝上有其中的另外一种突变。

（有时称为**反式杂合子**），其中一条7号染色体的*CFTR*中具有一个突变，而另一条7号染色体的*CFTR*基因有不同的突变。因为7号染色体两个拷贝都不能编码正常的跨膜受体，最终导致疾病发生；实际上，两种不同的*CFTR*隐性突变不能相互补充。

近期开发出一种仅针对少数患者的有效治疗囊性纤维化的药物，等位基因异质性的概念是理解该药物的关键。2012年，美国食品药品监督管理局批准了一种针对特定*CFTR*突变G551D（551位甘氨酸改为天冬氨酸）的药物Ivacaftor。由该突变等位基因编码的蛋白质能正确地组装到细胞膜中，但是G551D突变蛋白对氯离子跨膜转运的效率很低。Ivacaftor特异性地在细胞表面与*CFTR* G551D突变蛋白相互作用，增强其转运氯离子的能力。这种治疗在预防幼儿发生囊性纤维化症状方面非常有效，但不幸的是，G551D突变仅占人群中所有*CFTR*突变的约4%。

2015年，研究人员开发了一种针对更为普遍的ΔF508突变的治疗方法。该等位基因编码的蛋白质不能正确折叠，因此不会插入细胞膜中。名为lumacaftor的新药改善了折叠问题，增加了细胞膜中CFTR分子数量。突变蛋白的氯离子转运功能仍然存在部分缺陷。值得注意的是，含有lumacaftor和Ivacaftor的复合药物可以防止许多ΔF508纯合子患者出现囊性纤维化。

2. 基因座异质性：不同基因的突变导致相同的疾病

在本章中，我们专门讨论由单个基因突变引起的孟德尔遗传疾病，但你已经知道许多其他疾病显示出**基因座异质性**：同一种疾病是由两个或更多不同基因的其中之一突变引起的。先前讨论的异质性病症的例子是耳聋（回顾图3.23）。在面对一种新的遗传疾病时，研究人员必须始终考虑到基因座异质性的可能性。

在诸如高血压的复杂性状（也称为数量性状）中，许多不同的基因即使在单个人中也可以影响表型。第22

章概述了遗传学家可用于研究这些复杂性状遗传基础的一些方法。

基本概念

● 定位克隆是鉴定与疾病基因相关的DNA多态性。

● Lod分数允许在数据有限时对连锁进行统计评估，如在人类系谱中。

● 在对疾病基因进行近似定位后，研究人员对该区域的候选基因进行测序，以确定在受影响的个体中一致变化的基因。

● 在等位基因异质性中，单个基因中的多种突变会导致疾病。在同一基因中，具有两种不同隐性功能丧失突变的复合杂合子可显现出突变表型。

● 在基因座异质性中，两种或更多种不同基因之一的突变可导致相同的疾病。

11.5 全基因组测序时代

学习目标

1. 描述一种可以同时对数百万个DNA模板进行测序的高通量、自动化方法。

2. 总结一系列研究步骤，可以缩小致病突变候选范围。

3. 解释收录许多人的序列变异的数据库如何帮助遗传病的诊断。

具有数百万个SNP的DNA微阵列仅能覆盖人类基因组中的一小部分变异，并且仅能给出疾病基因所处的染色体的大致位置。正如我们刚才所见，疾病基因鉴定最终需要DNA测序才能将疾病表型与实际突变联系起来。现在假设我们可以在病患的基因组中廉价且准确地测序所有核苷酸，而不仅仅只针对候选基因的核苷酸。全基因组序列一定在某个位置包含致病突变。因此，与定位克隆不同（首要目标是找到与疾病基因相关的分子标记），全基因组方法的目标是直接找到致病等位基因的DNA变化。

惊人的科技发展使得常规和费用可承担的全基因组测序变为现实。第9章和第10章描述了2003年完成的人类基因组计划以30亿美元的成本对人全基因组进行了测序。此后，研究人员发明了富有想象力的新方法，将DNA测序的成本迅速降低。2016年，人类全基因组测序（高覆盖度，但某些小区域仍无法覆盖）的费用降到了约2000美金，并且未来几年内成本无疑将降至低于1000美元。

由于人全基因组测序费用当前仍然较高，研究人员经常通过测序基因组中编码蛋白质的外显子部分来节省成本。这通常是有用的，因为许多（尽管远非所有）致病突变会改变蛋白质的氨基酸序列。在**全外显子组测序**中，研究人员首先（通过与cDNA序列杂交）富集对应于所有基因外显子的基因组DNA片段，然后对这些片段进行测序。**外显子组**，即所有基因的所有外显子的集合，仅占全基因组的不到2%，因此全外显子组测序较全基因组测序需要少得多的测序读数。当DNA测序变得更加便宜时，相对于全基因组测序，富集外显子组可能不再具有成本优势。

11.5.1 新技术可以并行测序数百万单个DNA分子

能对数百万单个DNA分子同时测序，是能够快速且廉价地使用外显子组和基因组测序鉴定疾病基因的主要技术优势。目前已经发明了许多创造性方法来进行所谓的高通量或大规模并行测序。

这些用于测序人类基因组的高通量方法中，有一些是第9章中已经学习的Sanger合成测序的直接拓展，但有三个方面是新发明的。第一，由DNA聚合酶合成的各个DNA分子锚定在一个地方。第二，这些方法在时间上控制碱基添加，以便在添加下一个碱基之前识别当前碱基。第三，在某些系统上，检测的灵敏度非常高，可以监测单个DNA分子而无需克隆或PCR扩增步骤。如图11.24所示，这三项创新的结合使得测序仪能够实时记录数百万个正在延伸的DNA分子中，每一个分子上核苷酸的连续添加过程。

图11.24概述了目前正在开发的低成本高通量测序新技术中的一种。其他原型系统基于非常不同的概念，例如，本章开头的图片展示了一种新方法，能够让单个DNA分子穿过称为纳米孔的小通道。由于测序成本会稳步降低，目前尚不清楚哪些方法将会成为标准。但你应该毫不怀疑地认识到，全基因组测序的时代已经到来。

11.5.2 致病突变藏匿在变异的海洋中

患者的全外显子组或全基因组序列中包括导致遗传疾病的序列差异，但拥有该序列信息并不能保证遗传学家识别到该致病突变。这其中有一个技术问题：没有基因组序列100%准确或100%完整。所有测序方法在鉴定核苷酸方面具有低但真实存在的错误率，并且DNA片段的随机取样遗漏了基因组的一些区域。采用10或更高的覆盖度能够将这些问题的影响降到最低，但不能完全消除。

更本质的问题是人类基因组之间的变异总量很大。我们在本章开头看到，任何人的基因组与标准RefSeq基因组相比，存在超过300万个不同的位点。在这数百万个DNA多态性中，我们怎样才能分辨出哪一个会导致患者的疾病？在许多情况下，我们处理全基因组序列的能力仍然非常有限，尚不能确定致病的突变。它应该湮没在序列中，并且令人沮丧地就藏在我们眼前。

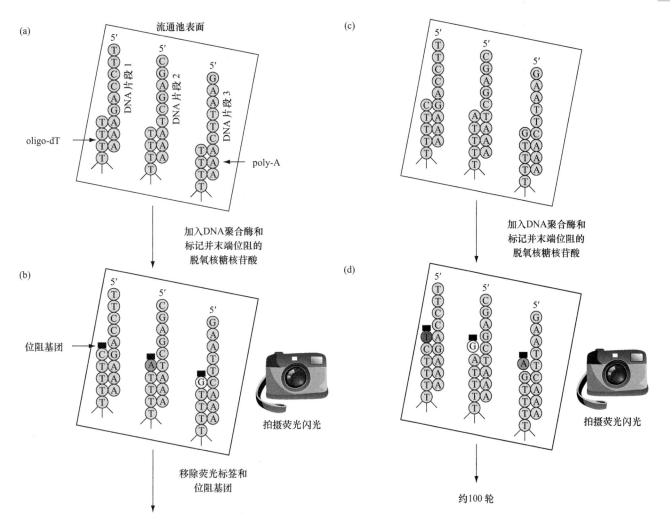

图11.24　一种高通量、单分子DNA测序方法。（a）数百万个单链基因组DNA片段（在3′端用酶催化添加poly-A）与附着在称为流通池的特殊微阵列表面上的寡胸腺嘧啶（oligo-dT）分子杂交。（b）以基因组片段作为模板，以oligo-dT作为引物，用DNA聚合酶合成新DNA，其中含有用可发光、碱基特异荧光标签标记的核苷酸。这些核苷酸在其3′端被封闭，因此一次只能加入一个核苷酸。（c）高分辨率照相机对这些荧光进行拍摄后，填入到流通池的化学物质从刚刚添加的核苷酸中移除标签和位阻基团。（d）每个后续循环开始于给流动池注入新剂量的标记核苷酸和聚合酶，然后重复步骤（c）。在单分子DNA合成的数百万个点中，测序仪需要拍摄大约100张图片来记录一系列的彩色点变化。计算机将数据重新排列成数百万个长约100个核苷酸的短序列读数，然后组装基因组序列。

尽管存在这些问题，研究人员已经能够整合几类数据分析的结果，在某些时候仅凭灵光一现，找到了越来越多的疾病基因。在本节中我们重点介绍遗传学家用于识别全基因组/外显子组序列中致病突变的线索类型。但是要牢记，这些方法不是总能够成功的（至少现在不是）。

1. 来自疾病传播模式的线索

进行全基因组或全外显子组测序的基本逻辑，是要求作为疾病等位基因的DNA变异在群体中是罕见的。这一基本假设使科学家能够预测患者基因组中的哪些变异可能导致疾病。这些预测取决于由系谱获得的疾病遗传信息：疾病等位基因是显性或显性？是性染色体连锁还是常染色体？外显率是完全还是不完全？这些遗传模式中，每一种仅与候选基因座的特定分子基因型一致。

在罕见的显性病症中，患者的致病等位基因很可能是杂合的。相关患者应具有相同的罕见突变等位基因，而无关患者可能在同一基因中具有不同的突变［图11.25（a）］。如果疾病是隐性的，遗传学家首先会将注意力集中在患者基因组中纯合的罕见突变上，特别是当父母与疾病表型无关时。如果病情是隐性的并且父母无相关症状，那么患者反而可以是复合杂合子，在相同基因上有两个不同的突变等位基因［图11.25（b）］。为了检查后一种情况，基因组学家会在患者的DNA中查找受两种不同突变影响的基因。最后，如果遗传模式表现出性别连锁，候选基因将仅限于X染色体；如果是常染色体连锁，则排除X染色体。

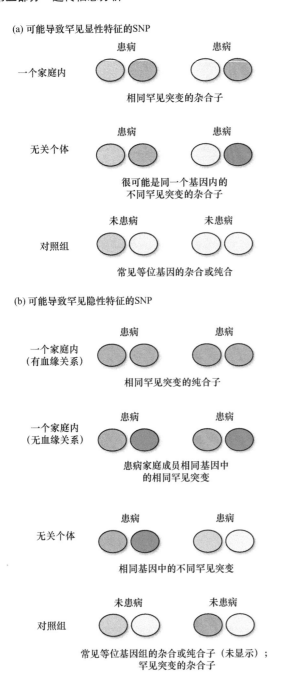

(a) 可能导致罕见显性特征的SNP

一个家庭内

患病　　　　　患病

相同罕见突变的杂合子

无关个体

患病　　　　　患病

很可能是同一个基因内的
不同罕见突变的杂合子

对照组

未患病　　　　未患病

常见等位基因的杂合或纯合

(b) 可能导致罕见隐性特征的SNP

一个家庭内
（有血缘关系）

患病　　　　　患病

相同罕见突变的纯合子

一个家庭内
（无血缘关系）

患病　　　　　患病

患病家庭成员相同基因中
的相同罕见突变

无关个体

患病　　　　　患病

相同基因中的不同罕见突变

对照组

未患病　　　　未患病

常见等位基因组的杂合或纯合子（未显示）；
罕见突变的杂合子

图11.25　SNP模式与遗传性状一致。每个椭圆代表一个基因的拷贝，因此每个人对应两个椭圆。常见的突变用不同的灰色标记；橙色、蓝色、黄色或绿色表示同一基因中不同的罕见变异。（a）可能导致显性特征的变异。在一个家庭中，患病个体将是同一种罕见突变的杂合子。无关的患病个体可能是同一基因中不同罕见突变的杂合子。（b）可能导致隐性特征的变异。在血缘关系的家庭成员汇总中，受影响的个体将是纯合子，因为他们从一个最近的共同祖先的后代中继承了一个纯合突变。无遗传关系人群的患病儿童最有可能是复合杂合子，他们在同一基因中从父母处各继承了一个不同的罕见突变。在（a）和（b）中，正常对照人群可能相关也可能不相关。

来自患者亲属的DNA序列信息在筛选候选多态性列表时特别有用。例如，本章前面所讨论的，使用微阵列对亲属进行SNP基因分型，可以将搜索范围缩小到两个已知SNP之间的区域。疾病基因鉴定方法中，定位克隆和全基因组测序并不是互斥的方法；相反，它们可以提供补充信息。一种更好的方法是，可将患者的全基因组或外显子组序列与父母和（或）同胞兄弟姐妹的序列进行比较，尽管该过程费用更高。

最近的研究案例阐述了来自遗传相关个体的DNA序列信息在查找致病位点时的强大作用（图11.26）。一对弟弟和妹妹患有米勒综合征，这是一种影响面部和四肢发育的罕见疾病，但父母双方都没有受到影响〔图11.26（a）〕。这表明（但未证实）米勒综合征是一种隐性常染色体疾病，两个孩子从其杂合亲本携带者中继承突变的等位基因。为了找到米勒综合征致病基因，研究人员对父母和两个孩子的全基因组进行了测序；事实上，这是历史上第一次对核心家族所有成员的全基因组进行测序。

图11.26（b）显示了这一庞大数据集的一部分的图形摘要，显示了在减数分裂期间，母亲和父亲仅在两条染色体上发生重组，产生配子，从而导致受影响的儿童。假设米勒综合征是隐性遗传，因此预测其致病基因将位于该区域：患病儿女与父母共享相同等位基因（图中标记为"一致"区域）。因此，研究该疾病的遗传学

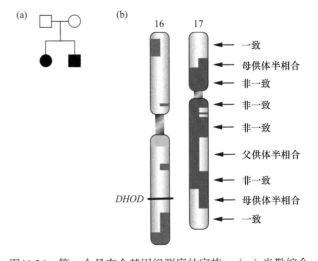

图11.26　第一个具有全基因组测序的家族。（a）米勒综合征系谱。（b）图谱显示患病儿童中16号染色体和17号染色体的等位基因遗传情况。在"一致"区域内，患病的同胞姐弟共享相同的母系和父系来源的等位基因。在"非一致"区域中，同胞姐弟不共享等位基因。在母供体半相合区域，同胞姐弟具有来自母亲的相同等位基因，而与父亲的等位基因不同。在父供体半相合中，兄弟姐妹与父亲共有一个共享等位基因，但与母亲的等位基因不同。如果米勒综合征是隐性的，那么致病的基因应位于"一致"区域内。当发现16号染色体上DHOD基因的突变导致该疾病时，该预测得以被证实。

家可能只需关注大约25%的基因组〔图11.26（b）〕。我们将在本章后面描述这项研究的结果。

2. 通过预测变异对基因功能的影响而获得线索

研究人员首先尝试在外显子组中的蛋白质编码区寻找引起疾病的突变，因为基因组的这些部分最容易查看：编码区域仅占总基因组的一小部分，编码区域的改变是最直接被解读的。特别是，研究人员寻找两种低频多态性：改变氨基酸序列（即导致错义突变的SNP）或改变阅读框架（引起无义或移码突变的SNP、DIP或SSR）。大多数无义突变、移码突变及一些错义突变是非同义DNA多态性，通过改变蛋白质功能进而影响表型。相反，沉默突变（改变密码子不会影响氨基酸序列）不会影响表型，因此，这些匿名SNP被丢弃。

外显子中的突变引起的特定遗传疾病的这个假设并非总是成立。一些遗传病不是由氨基酸序列的改变引起的，而是由生物体产生的蛋白质的含量改变引起的。外显子组外的基因组区域中，某些突变可以降低或阻止基因的转录，或者降低或阻止其初级转录物的剪接。这两种情况都会降低基因编码的蛋白质产物的含量，甚至阻止其合成。如果研究人员只把注意力集中在外显子组上，就永远不会发现这种突变。不幸的是，我们对调控转录或剪接的DNA序列知之甚少，即使患者的全基因组序列可用，许多此类区域的突变也会被忽视。

3. 来自已鉴定的基因组序列的线索

罕见疾病不太可能由人群中常见的变异引起。因此，已经在数据库中记录为常见的变异通常不会是致病突变的候选者。相反，患有相似或至少隐约相关症状的不同患者，可能共享相同的罕见突变或在同一基因中具有不同的罕见突变。

其他生物的基因组也为探查筛选指明正确的方向。例如，设想在进化过程中十分保守的基因，其蛋白质产物中的某些氨基酸在多物种（如人和果蝇）比较时是不变的。保守性表明这些特殊的氨基酸在蛋白质功能中起着至关重要的作用。如果你发现患者中存在一种罕见变异，能够将这种高度保守的氨基酸改变为不同的氨基酸，则该突变将是一个强有力的变异，因为它可能会影响表型。

11.5.3 精确定位疾病基因需要综合使用各种方法

本章的开头介绍了Nic Volker的病例，Nic Volker是首批通过个体外显子组测序鉴定疾病基因并成功治疗遗传性疾病的患者之一。当Nic的DNA在2009年被研究时，测序仍然相对昂贵，因此研究人员只测序了Nic的外显子组，而不是他的全基因组或他父母或同胞兄弟姐妹的外显子组/基因组。表11.2调查了遗传学家如何分析

Nic的外显子组，并利用许多信息来源将候选突变缩减为最终的一个致病突变。

相对于人类标准RefSeq参考序列，Nic的外显子组包含约16 000个变异（表11.2）。这些变异主要是SNP，但也发现了一些DIP和SSR。研究人员首选通过排除外显子中可能的同义突变（即密码子中的沉默突变，或位于mRNA的5′和3′UTR序列中的突变）来筛选此列表。接下来，他们将注意力集中在以前没有记录于数据库中的新突变上，这样就忽略了已知存在于正常个体基因组中的常见变异。接下来是筛选列表中与X连锁或隐性遗传一致的突变，因为这些突变最有可能只影响Nic患病而不影响其父母或其他亲属。

此时，Nic病情的"精选"疾病基因候选名单已缩小至136个突变（表11.2）。研究人员现在采用了进化方法，查看这些变化是否会改变许多不同物种中严格保守的氨基酸的一致性。分析的倒数第二步是核对存在于数据库中已知基因的剩余候选位点，该类基因在一般人群中从不或者偶尔失活（如无义或移码突变导致）。这一步骤背后的想法是忽略许多正常个体中有缺陷的基因，因为其不太可能影响疾病表型。

表11.2　在Nic Volker的基因组中寻找致病突变

分析步骤	剩余候选变异
Nic 的全外显子序列	16 124
筛选能够导致氨基酸变化的错义突变	7 157
筛选未被数据库报道的新变异	878
筛选 X 染色体连锁变异或在全外显子中呈现隐性模式的变异	136
筛选能够改变进化保守氨基酸序列的变异	35
筛选基因上人群中低频发生的变异	5
筛选位于某些基因内的突变，该基因已知在某些相关的其他遗传疾病中发生突变	1（*XIAP*）

研究人员的目标列表中仍有5个候选变异。研究人员意识到其中一个候选突变位于一个名为*XIAP*的基因中。已知*XIAP*中的其他突变会引起称为X连锁淋巴组织增生性疾病（XLPD）的严重症状，患者血液中含有过多的淋巴细胞（免疫系统中的白细胞），挤占携氧的红细胞并损坏肝脏。这些症状与Nic的非常不同，但XLPD与Nic的病例有一些模糊的关联，因为免疫系统明显与胃肠道炎症有关。

当注意到位于Nic的*XIAP*基因中的变异是错义突变，而且该突变导致一个在多物种（人、青蛙、果蝇和许多其他物种）中完全保守的氨基酸发生变化时，研究人员变得特别兴奋（图11.27）。同一基因中引起XLPD的突变反而是无义突变和移码突变，其可以阻止全长蛋白质的合成，这可能解释了为何Nic的症状与XLPD患者不同。

	195				200				205				210				
Nic的XIAP蛋白	G	D	Q	V	Q	C	F	**Y**	G	G	K	L	K	N	W	E
人	G	D	Q	V	Q	C	F	C	G	G	K	L	K	N	W	E
黑猩猩	G	D	Q	V	Q	C	F	C	G	G	K	L	K	N	W	E
小鼠	D	D	Q	V	Q	C	F	C	G	G	K	L	K	N	W	E
狗	D	D	Q	V	Q	C	F	C	G	G	K	L	K	N	W	E
牛	D	D	Q	V	Q	C	F	C	G	G	K	L	K	N	W	E
鸡	D	D	Q	V	Q	A	F	C	C	G	G	K	L	K	N	W	E
斑马鱼	D	D	N	V	Q	C	F	C	C	G	G	G	L	S	G	W	E
青蛙	R	D	H	V	K	C	F	H	C	D	G	G	L	R	N	W	E
果蝇	L	D	H	V	K	C	V	W	C	N	G	V	I	A	K	W	E

图11.27　XIAP蛋白中保守氨基酸的突变。XIAP蛋白的195～211位氨基酸以单字母代表。与人RefSeq中XIAP蛋白序列（第二行）相比，Nic Volker的XIAP（第一行）在第203位的半胱氨酸（C）被酪氨酸（Y）取代。在检查的所有其他物种中，在该位置仅发现半胱氨酸，表明Nic基因组中的该突变可能改变XIAP功能。

虽然这些大量的生物信息学分析并未证明XIAP变异导致Nic的症状，但该突变是符合表11.2中检验的所有标准的最好的候选突变。更重要的是，如果这种鉴定是正确的，Nic的疾病可能是可治疗的，这意味着可以做些什么来缓解他的病情。也许可以采用一种已知用于帮助XLPD患者的方法进行治疗，即用新生儿脐带血进行骨髓移植。理论上，这种治疗可以使Nic具有自我更新的干细胞，并连续产生正常的淋巴细胞。在移植手术的一年内，Nic的病情明显改善（见图11.3）。

11.5.4　人类遗传学研究是一项持续进行的尝试

基于从全外显子组/基因组测序中收集到的信息使得越来越多的患者的病症得以改善，Nic Volker的例子正是其中之一。但这些研究的结果并不总是如此有帮助。例如，采用类似于Nic案例中的生物信息学过滤器，研究人员能够确定导致米勒综合征的突变，这些突变影响了先前在图11.26中显示的兄弟姐妹。该姐弟从他们的母亲那里继承了*DHOD*基因中的一个突变，并从他们的父亲那里继承了*DHOD*基因的一个突变，即他们是复合杂合子。遗憾的是，米勒综合征致病基因的鉴定在提示任何治疗方面都起不到作用。然而，*DHOD*是米勒综合征致病基因的这一知识，可以在未来帮助这些患者做出生殖决策。如果他们的伴侣没有携带*DHOD*突变，他们的孩子将不会受到影响。

许多其他情况下，全基因组序列甚至还无法让研究人员识别致病突变。也许这种突变位于序列中测序覆盖不好的区域；也许突变位于编码蛋白质的外显子组之外的区域，其功能尚未确定；也许研究人员在其生物信息学分析的某个步骤中做出了不正确的（即使是合理的）假设。

从Nic的故事中得到的一个体会是数据库和共享信息的重要性。鉴定其致病突变的关键步骤取决于对来自许多其他人基因组中的变异的了解，包括未患该疾病的对照人群和受其他遗传症状影响且与目的患者几乎无表型相似性的个体。因此，人类遗传学的实践是一个巨大的"自展开"的操作：测序的基因组越多，可用于帮助分析所有新基因组的信息就越多。因此，人类遗传学的进步要求数据库保持最新，并且使用常用的归档方法允许所有研究人员访问其中的大量信息。允许这种程度的访问，同时维护收编的个体全基因组信息的机密性，是未来的重大挑战。

用于研究人类遗传学的最重要的数据库之一被称为**人类孟德尔遗传在线数据库（OMIM；www.omim. org）**。OMIM是人类基因及其控制性状的目录。该数据库列出了与特定疾病或其他性状相关的人类基因中的已知变异，并提供了关于这些变异的已发表研究文章的链接。由于每天更新最新的研究结果，对于类似尝试找出Nic Volker症状的遗传致病因素的研究人员来说，OMIM数据库是一个非常宝贵的资源。这个在线数据库非常有用且易于使用，我们鼓励你自己探索它。

基本概念

- 高通量技术允许对数百万个DNA分子进行平行测序。这些新方法正在迅速降低全外显子组和全基因组测序的成本。
- 从区分个体基因组的许多DNA变异中发现致病突变的过程，涉及信息的有序过滤。这些步骤可能涉及：推测可能的传播模式，亲属基因组分析，相似遗传疾病的知识，预测变异对蛋白质功能的影响。

接下来的内容

在本章及第9章和第10章中，我们研究了基因组中的核苷酸含量，特别是在每个正常人二倍体细胞中组成46条染色体的60亿个核苷酸。在接下来的几章中，我们将研究染色体的特征，这些特征允许DNA序列正常发挥作用，并从一代传给下一代。

我们从考虑DNA序列的巨大复杂性开始，DNA实际上只占染色体总质量的1/3。染色体的其余部分由成千上万种不同类型的蛋白质组成，这些蛋白质帮助组装和管理DNA携带的信息。这些蛋白质有许多作用。某些蛋白质有助于使染色体紧贴细胞核，一些蛋白质确保染色体DNA在每个细胞周期中被适当复制，而另一些则控制染色体在子细胞中的分布。此外，其他蛋白质负责调节基因对转录机制的可用性，从而使基因可以被表达为蛋白质。在第12章中，我们研究蛋白质如何与DNA相互作用以发挥染色体的复杂功能。

习题精解

I. 一个来自女性血液细胞的基因组DNA，通过一对代表基因组中独特基因座的引物进行PCR扩增。然后使用PCR引物中的一个作为测序引物对PCR产物进行Sanger法测序。下面的峰图显示了部分读取序列。

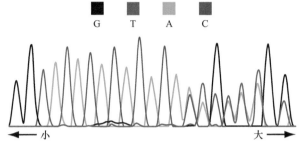

a. 哪种多态性最有可能被表示出来？

b. 根据你对题目a的回答，确定该女性在这个基因座的基因型。指出所有可以从等位基因及其5′→3′方向读取的核苷酸。

c. 什么样的分子事件可能产生这种多态性？

d. 如何知道在基因组的哪个位置可以找到这个基因座？

e. 还有什么方法可以分析PCR产物来对这个基因座进行基因分型？

f. 假设你想根据图9.24所示的单分子DNA全基因组测序对这个基因座进行基因分型。用这种方法进行基因分型，只测一遍就够了吗？

解答

为了解决这个问题，你需要明白PCR将同时扩增一个基因座的两个拷贝（一个在母系衍生的染色体上，另一个在父系衍生的染色体上），只要引物能像通常情况一样与两个同源基因杂交。DNA序列追踪发现在几个位置有两个核苷酸。这一事实表明，该妇女应该是一个杂合子，PCR扩增了这两个等位基因的基因座。

a. 注意，这两个等位基因包含多个 CA 重复序列。因此，关于多态性最有可能的解释是，该基因座包含 SSR 多态性，其等位基因具有不同数量的 CA 重复。一个等位基因有 6 个重复，第二个等位基因必须有更多的 CA 重复。

b. 写出两个等位基因的前 14 个核苷酸是很简单的。如果题目 a. 的假设是正确的，那么一个等位基因应该有超过 6 个的 CA 重复。追踪显示在一个等位基因的 15 ～ 18 位有 2 个额外的 CA 重复，因此共 8 个 CA 重复。

然后，你可以通过从15～18位减去CACA来确定短等位基因中重复序列以外的核苷酸。在这些位置的剩余峰对应于ATGT。值得注意的是，ATGT也可以在较长的等位基因中发现，但现在是核苷酸19～22位，刚刚经过两个额外的CACA重

复。你可以通过从19～22位减去ATGT来确定短等位基因的最后四个核苷酸，这就得到了TAGG。这样的SSR基因座的两个等位基因的序列（仅指示一条DNA链）是这样的：

等位基因1：5′...GGCACACACACACAATGTTAGG...3′
等位基因2：5′...GGCACACACACACACAATGT...3′

c. 大多数SSR多态性的发生机制被认为是DNA聚合酶在DNA复制过程中的残留痕迹。

d. 你甚至在开始实验之前就知道了这个基因座的位置。这是因为你基于对整个人类基因组序列的认识设计PCR引物。

e. 多态性涉及重复单元数目的差异，因此这两个等位基因会产生长度不同的PCR产物。你可以通过PCR产物的凝胶电泳对该基因座进行基因型，如图11.12所示。

f. 从基因组DNA中直接对PCR产物进行桑格测序，可以得到包含两个等位基因的峰图。单分子DNA测序技术并非如此。如果一个人是杂合子，你需要从单个基因组DNA分子中获得足够的序列来确保你能同时看到两个等位基因。

II. 由于家庭规模小，很难获得准确的人类重组频率。一个有趣的方法能绕过这个问题，通过研究个体基因型的精子细胞，以获得大数据集的连锁研究。下表显示了一名男子为这项研究提供的20个单精子的4个SNP基因座的基因型。通过PCR扩增的4个SNP基因座的微阵列分析确定基因型。表中A、C、G、T为SNP的等位基因（即单链上的核苷酸），短线（—）表示从样本中没有扩增出与该基因座对应的DNA。

SNP 精子数量	基因座 1	基因座 2	基因座 3	基因座 4
1	G	C	—	T
2	G	A	G	C
3	G	C	G	C
4	G	C	G	T
5	G	A	—	C
6	G	C	—	T
7	G	A	G	C
8	G	A	—	C
9	G	A	G	T
10	G	C	—	T
11	G	C	—	T
12	G	C	G	T
13	G	A	—	C
14	G	A	—	C
15	G	C	G	T
16	G	A	G	C
17	G	C	—	T
18	G	A	—	T
19	G	C	—	C
20	G	C	G	T

a. 哪些SNP基因座可以被X连锁?

b. 哪些SNP基因座在Y染色体上?

c. 哪些SNP基因座一定在常染色体上?

d. 对于任何常染色体SNP基因座,捐献者的精子在体细胞组织中的基因型是什么?

e. 是否有SNP基因座相互连锁?

f. 任何两个相连的SNP基因座之间的距离是多少?

解答

PCR的SNP分析是非常敏感的,单个精子细胞中存在的单个等位基因可以被检测出来,这为研究人员提供了相当多的信息。还需记住,一个人的体细胞有两个常染色体副本,一个X染色体,一个Y染色体。每个精子都有一个常染色体和X或Y染色体的副本。

a. 对于任何与X染色体连锁的SNP基因座,一半的精子细胞将携带相同的SNP等位基因,但另一半精子将没有X染色体,因此不会产生PCR产物。3号基因座显示了这种模式。

b. 类似地,Y染色体上的一个基因座只会在一半的精子中找到,而且所有这些精子都有相同的等位基因。3号基因座同时也是Y连锁SNP的候选基因座。这些数据使得我们不能对3号基因座的X染色体或Y染色体位置进行区分。

c. 对于常染色体SNP基因座,所有的精子都有一个基因座的拷贝。基因座1、2和4是常染色体。

d. 如果一个人是一个常染色体SNP基因座的单一等位基因纯合子,那么他产生的所有精子都会有这个等位基因。如果他是两个不同等位基因的杂合子,大约一半的精子将有一个等位基因,而另一半的样本将携带另一个等位基因。那么,这个人的常染色体基因型是:SNP基因座1,GG(纯合子);SNP基因座2,CA(杂合);SNP基因座4,CT(杂合性)。

e. 连锁基因座的等位基因在超过50%的情况下会一起分离(最终形成同一个精子)。这适用于SNP基因座2的C等位基因和基因座4的T等位基因。互反等位基因(A代表基因座2,C代表基因座4)在分离过程中也常常在一起。SNP基因座2和4是连锁的。

f. 精子3、9和18在2号和4号基因座有等位基因重组的迹象。20个或15%的精子中有3个是重组的。因此,2号基因座和4号基因座之间的距离为15cM。

习题

词汇

1. 从右列中选择与左列中的术语最匹配的短语。

a. DNA多态性	1. 由短串重复序列组成DNA
b. 相位	2. 来自不同个体的两个不同的核苷酸出现在基因组DNA的同一位置
c. 可获信息杂交	3. 二倍体中两个连锁基因的等位基因的排列
d. 等位基因特异性寡核苷酸分析法	4. 染色体上的位置
e. 单核苷酸多态性	5. 以两种或两种以上形式出现的DNA序列
f. DNA指纹	6. 一个短的寡核苷酸,在选择的SNP基因座上只与一个等位基因杂交
g. 简单序列重复	7. 在一些非连锁高度多态性基因座的基因型检测
h. 基因座	8. 识别一个配子是重组的还是非重组的鉴定
i. 复合杂合子	9. 基因组中的所有外显子
j. 外显子组	10. 同一基因有两种不同突变的个体

11.1节

2. 你认为匿名DNA多态性的遗传模式是隐性的、显性的、不完全显性的还是共显性的?

3. 是否更容易在蛋白质编码或人类基因组的非编码DNA中发现单核苷酸多态性(SNP)?

4. 最接近对SNP基因座碱基替换率的估计是每个配子 1×10^{-8} 个核苷酸对。

a. 根据这个估计,你自己的基因组中有多少新基因变(也就是说,在你父母的基因组中没有发现的突变)?

b. 你的基因组最有可能在何时何地发生这些从头到尾的突变?

c. 据计算,25岁男性体内的每一个精子从受精卵的第一次有丝分裂开始都进行了平均300次的细胞分裂。相比之下,在一个5个月大的女性胎儿体内发现每个成熟的卵母细胞从受精卵的第一次有丝分裂开始都进行了大约25次分裂。这些对人类碱基替换率的估计对于你回答题目b有什么影响?

5. 如果你仔细观察图11.5，你会注意到在某些区域，如核苷酸116 870K和116 890K之间，James Watson和Craig Venter共享相同的SNP，而这些区域周围的其他区域中，这两个人没有共享任何SNP。这个事实说明了这两个人之间的关系，你认为这种共享和未共享SNP的模式是如何产生的？

6. 迄今为止，在对数千个人类基因组进行测序之后，大约记录了5000万个SNP。

　　a. 在这几千人的基因组中有多少碱基对是相同的？

　　b. 你认为在人类中还有其他的SNP吗？如果是这样，为什么它们还没有被找到？

　　c. 迄今发现的SNP多态性几乎都是双等位的；也就是说，在迄今为止所研究的种群中的所有基因组中，只能找到两个可能的等位基因（例如，A和C）。提供可在同一组人群中发现的三等位基因SNP基因座数量的粗略估计（即具有三种不同等位基因的基因座数量——例如，A、C和T）。在迄今为止研究的人类基因组中，所有四种可能的核苷酸能找到多少个基因座？

7. 简单序列重复（SSR）基因座的突变频率为每个配子每个基因座为1×10^{-3}，远远高于SNP基因座的碱基替换率（其频率约为每个配子1×10^{-8}个核苷酸对）。

　　a. SSR多态性的本质是什么？

　　b. 这些SSR多态性可能是通过什么机制产生的？

　　c. 拷贝数变异（CNV）的变异频率也相对较高。这些突变是通过与产生SSR相同还是不同的机制发生的？

　　d. SSR突变率远远高于新SNP的突变率。那么，为什么遗传学家在人类基因组中记录了超过5000万个SNP基因座，而只有大约10万个SSR基因座呢？

8. 人类和大猩猩在1000万年前拥有共同的祖先。人类和黑猩猩上一次拥有共同的祖先是在大约600万年前。下表显示了两个大猩猩配子、三个黑猩猩配子和三个人类配子的基因组区域。

　　a. 如图11.6（b）所示，画一个与图11.6（b）相似的图，以显示三个物种之间的进化关系。

　　b. 这些数据揭示了这8个基因组中的6个多态性，在位置2（A或G）、3（A或T）、4（G或T）、7（C或T）、8（C或T）和9（G或T）。在你的基因分型图上，注明产生这些多态性突变大概发生的时间。对于每一个等位基因，说明它是祖先的，衍生的，还是你不能分辨的。

　　c. 推断①人类和黑猩猩最后的共同祖先，②三个物种最后的共同祖先。使用问号（？）来表示任何不确定性。

基因组（单倍体）	大猩猩	黑猩猩	人
1	CATGTCCTGA	CGAGTCCTGA	CAAGTCCTGA
2	CATGTCCTTA	CAAGTCCTGA	CAATTCCTGA
3		CAAGTCCCGA	CAATTCTTGA

9. 在2015年，一个国际科学家小组收集了两种不同长毛猛犸象的完整基因组序列。两个标本都被发现埋藏在西伯利亚冻土区，这里是地球上最冷的地方。通过放射性碳年代测定法，在西伯利亚海岸弗兰格尔岛上发现的猛犸象之一死于4000年前；在奥米亚康镇发现的另一头猛犸象死于大约45 000年前。

　　分析表明，这两种动物的基因组序列在碱基对的分布上存在显著差异，在碱基对上它们是纯合子或杂合子。弗兰格尔岛长毛象的纯合性（ROH）极其过剩，在这些区域中，长毛象的所有碱基对都是纯合的。弗兰格尔岛大约23.4%的动物基因组是由长度超过500kb的ROH组成的；其中一些ROH的长度超过了5Mb。相比之下，只有0.83%的奥米亚康动物的基因组由超过500kb的ROH组成。

　　a. 解释在测序基因组时如何检测多态性。研究人员如何知道，对于任何特定的碱基对，基因组是否是纯合的或杂合的。

　　b. 弗兰格尔岛猛犸象基因组中过量的ROH表明了什么？

　　c. 弗兰格尔岛的猛犸象被认为是地球上最后一个物种，在4000年前灭绝。题目b的答案为猛犸象的灭绝提供了一个可能的原因。请解释一下。

11.2节

10. 使用PCR扩增技术，你想从一个患有常染色体隐性遗传苯丙酮尿症（PKU）的患者的基因组DNA中，扩增一个大约1kb的常染色体基因外显子，该基因编码苯丙氨酸羟化酶。

　　a. 在人类基因组序列已经确定的情况下，为什么要首先进行PCR扩增呢？

　　b. 计算模板分子的数量，如果你建立一个PCR反应，使用从血细胞中提取的1ng（1×10^{-9}g）的染色体DNA作为模板。假设每个单倍体基因组只包含一个苯丙氨酸羟化酶基因，一个碱基对的分子量是660g/mol。单倍体人类基因组包含3×10^9个碱基对。

　　c. 计算进行25个PCR循环，你将获得的PCR产物分子的数量，每个循环的产量正好是前一个循环的两倍。这些PCR产物加在一起的质量是多少？

11. 下列哪一组引物可以用来扩增以下靶DNA序列，CFTR基因的最后一个蛋白编码外显子是哪一部分？

5′ GGCTAAGATCTGAATTTTCCGAG ... TTGGGCAATAATGTAGCGCCTT 3′

3′ CCGATTCTAGACTTAAAAGGCTC ... AACCCGTTATTACATCGCGGAA 5′

　　　a. 5′ GGAAAATTCAGATCTTAG 3′;

　　　　5′ TGGGCAATAATGTAGCGC 3′

　　　b. 5′ GCTAAGATCTGAATTTTC 3′;

　　　　3′ ACCCGTTATTACATCGCG 5′

　　　c. 3′ GATTCTAGACTTAAAGGC 5′;

　　　　3′ ACCCGTTATTACATCGCG 5′

　　　d. 5′ GCTAAGATCTGAATTTTC 3′;

　　　　5′ TGGGCAATAATGTAGCGC 3′

12. 前面的问题提出了几个关于PCR引物设计的有趣问题。

　　a. 你怎么能确定你选择的两个18个核苷酸长度的引物只会扩增CFTR基因的一个外显子，而不会扩增来自人类基因组DNA样本的其他区域？

　　b. PCR引物一般至少有16个核苷酸组成。为什么你认为下限大约是16？

　　c. 假设你的习题11答案中的一个引物与某个特定个体的基因组DNA中的一个碱基不匹配。如果错配发生在引物的5′端或3′端，你更有可能从这个基因组DNA中获得PCR产物吗？为什么？

13. 你想要制造一个重组DNA，其中从人类基因组扩增出的PCR产物被插入质粒载体。该载体的多聚体包括酶EcoRI（5′ G^AATTC 3′）和BamHI（5′ G^GATCC 3′）的识别位点（^代表DNA中的切割部位）。扩增DNA片段的PCR引物为：5′ GCTACTTCGCGTATTCCA 3′和5′ CCCAAGTCCTAGCCGATA 3′。

　　a. 详细描述这些引物需要如何修改，以创建一个人类基因组片段，其两侧是EcoRI黏性末端，以便该片段可以轻松地克隆到质粒载体上。你需要考虑的事实是，大多数限制性内切核酸酶，包括EcoRI，如果限制酶酶切位点直接位于DNA分子的末端则不能切割DNA；限制性内切核酸酶识别位点必须距离末端至少有6个碱基对。

　　b. 请描述人类基因组中PCR扩增区域的一个潜在特征，该特征可能阻止你使用（a）部分中描述的策略。

　　c. 现在描述如何修改引物，以创建一个人类DNA片段，一端是EcoRI兼容的单链DNA片段，另一端是与BamHI兼容的DNA片段（有两种可能，你只需要描述一种。假设一个BamHI位点从DNA末端开始至少有6个碱基对）。你为什么要做这样一个片段？

14. 你从一个人的基因组中扩增出一个PCR产物，然后你看到一个双峰，如图11.11（b）所示。大多数情况下，这个结果表明这个人在那个位置的SNP是杂合子。但也有可能是由于PCR过程中DNA复制的错误造成的扩增，DNA聚合酶错误地掺入了错误的核苷酸。

　　a. 如果你在序列图中看到一个人为的双峰，那么错误是发生在前几个循环PCR扩增中还是最后几个循环？

　　b. 但也有可能是由于DNA聚合酶在PCR扩增过程中的错误，DNA聚合酶错误地掺入了错误的核苷酸。

　　c. 不管你是否看到双峰，在PCR扩增的前几个循环中或鉴于PCR扩增过程中可能出现的错误，你能做些什么来确定一个人的基因型，如果你做胚胎植入前基因分型，为什么这种程度的确定性难以实现？

　　d. PCR依赖于生长在温泉中的嗜热细菌的热稳定性DNA聚合酶。最初用于PCR的DNA聚合酶来自水生栖热菌，缺乏在其他DNA聚合酶（如大肠杆菌）中发现的3′→5′的外切酶（参见图7.9）。为什么科学家们现在最常使用来自另一种嗜热细菌的DNA聚合酶（火球菌），其含有核酸外切酶功能吗？

15. 习题8显示了同一常染色体在人群中的三个不同的序列。这些序列都来自单个染色单体。你知道这是真的，因为PCR扩增来自于单个的单倍体配子。如果你想从体细胞中通过PCR扩增基因组DNA来获得相同的信息，问题可能会更复杂一些，因为起始细胞是二倍体。因此，每一个要测序的PCR产物实际上都是从两条同源染色体中扩增出来的。通过分析最少两个人的体细胞基因组DNA（如果他们碰巧是正确的人），你仍然可以验证习题8中所示的三种不同的单倍体序列的存在性。

　　a. 指出两个人的二倍体基因型，你可以从他们身上识别出这三种不同的单倍体序列。占序列中所有10个核苷酸的比例。有三个可能的正确答案，你只需要展示一个。

　　b. 如果你从一个具有特定基因型的人的体细胞基因组DNA中利用PCR扩增出DNA，你将不能得出他们的基因组包含这三个序列中的任何一个的结论。这个人的基因型是什么？解释为什么你不能得出这个结论。

16. 通过PCR扩增6例亨廷顿病患者基因座（HD）的三核苷酸重复区，并进行凝胶电泳分析，如下图所示；右边的数字表示中PCR产物的大小，单位为bp。每个被分析DNA的人都有一个受影响的父母。

a. 哪些人最有可能受到亨廷顿病的影响，哪些人的亨廷顿病的发病可能最早？

b. 哪些人最不可能受到这种疾病的影响？

c. 考虑两种用于扩增三核苷酸重复区域的PCR引物。如果其中一个引物的5′端位于第一个CAG重复序列上游70个核苷酸，那么在最后一个CAG重复序列下游5′端可以找到的最大距离是多少？〔假设该图显示了最大的 HD^+ 等位基因（即35个CAG重复）〕。

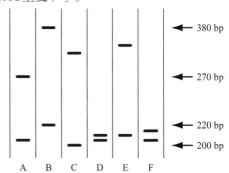

17. 精子标本取自两名刚开始显示受亨廷顿病影响的男性。通过PCR技术对这些样本中的单个精子进行HD基因座中三核苷酸重复区长度的分析。如下图所示，水平轴代表每个精子中CAG重复的数目，垂直轴表示特定大小的精子总数的比例。第一张图显示了突变的HD等位基因（如体细胞测量）中含有62个CAG重复序列；第二张图中的精子具有突变的HD等位基因。

a. 两名患者的 HD 等位基因的近似CAG重复数是多少？

b. 假设这些结果表明了一种趋势，你能对产生突变的 HD 等位基因的过程得出什么结论？这些过程发生在什么样的细胞中？

c. 这些结果如何解释约5%～10%的亨廷顿病患者没有家族病史？

d. 如果你对每名患者的皮肤细胞而不是单个精子进行相同的PCR分析，请预测结果。

11.3节

18. 1993年美国，法院首次接受植物DNA作为谋杀案审判的证据。被告拥有一辆小货车，警察在里面发现了一些种子荚，这些种子来自亚利桑那州的一棵叫Palo Verde的树。被谋杀的妇女被发现被遗弃在亚利桑那州的沙漠里。检察官如何利用种子荚的DNA建立一个强有力的证据来针对被告呢？

19. a. 利用单核苷酸多态性（SNP）而非SSR作为DNA标记进行DNA指纹识别是可能的，但一般来说，你需要检查比CODIS数据库中使用的13个SSR更多的SNP标记来确保匹配。请解释为什么。

b. DNA指纹技术已经被用来验证一些有价值的动物的血统，比如观赏狗、竞赛狗和纯种马。然而，这项技术在这些案例中的应用要比在人类的法医应用中困难得多。特别是，必须在家养动物中检测更多的DNA标记，以确定两个DNA样本的身份或密切的家族关系。为什么你需要在这些动物身上观察比在人类身上更多的多态基因座呢？

20. 1918年7月17日，沙皇尼古拉斯二世（Tsar Nicholas Ⅱ），他的妻子Tsarina Alix，他们的女儿Olga、Tatiana、Maria和Anastasia，他们的儿子沙皇长子（王储）Alexei，以及4位忠诚的保护者被反对者杀害。多年来，这些尸体一直没有被找到，这助长了安娜·斯塔西娅（Anastasia）大公夫人逃跑的传言，也让一个名叫安娜·安德森（Anna Anderson）的女人声称自己是安娜·斯塔西娅。1991年和2007年，在俄罗斯乌拉尔山脉的叶卡捷琳堡发现了两个集体墓穴，共出土了9具遗骸。下表显示了这些骨骼的部分DNA指纹分析（仅使用5个SSR基因座和性染色体标记Amel）。用逗号分隔的条目表示等位基因

习题17的图

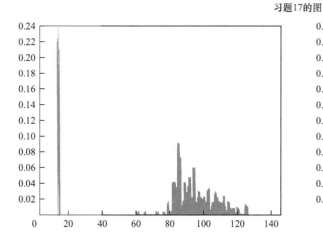

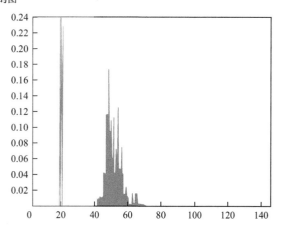

（重复单位的数量）。

a. 每具骨架最可能的身份是什么？（注意：仅凭此信息无法区分任何子节点。）

位点	A	B	C	D	E	F	G	H
Amel	XX	XX	XY	XX	XX	XX	XY	XX
D3S1358	17,18	17,18	14,17	16,17	16,18	13,15	14,16	17,18
D5S818	12,12	—	12,12	12,12	12,12	11,12	12,12	12,12
D13S317	11,11	11,11	—	11,11	11,11	10,14	11,12	11,11
D16S539	11,11	11,11	11,14	11,14	—	10,12	11,14	9,11
D8S1179	13,16	15,16	13,15	13,16	16,16	13,14	15,16	15,16

b. 三次PCR反应均未产生PCR产物。如果反应正常，你希望在每种情况下看到什么等位基因？

c. 这些女儿中有同卵双胞胎吗？

d. 你能从骨骼中得到什么证据来区分这些女儿呢？

e. 这些DNA指纹是如何否定安娜·安德森的说法的呢？

表中的DNA指纹数据当然与其中一些骨架是沙皇家族成员的观点相一致，但它们并不能证明这一假设。为了进一步调查，法医学家从菲利普亲王（英国女王伊丽莎白二世的配偶）身上提取了血液样本，并将他的DNA指纹与俄罗斯的遗骸进行了比对。这里提供了一份家谱。结果证实了沙皇的家庭成员确实埋葬在这些坟墓里。

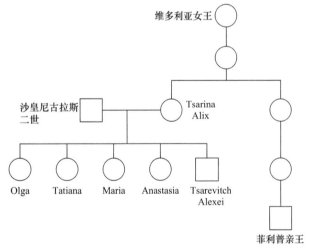

f. 对于常染色体DNA标记，Tsarina Alix的骨骼中有多少比例的等位基因应该与菲利普亲王的基因组中的等位基因相匹配？

g. 对于常染色体DNA标记，沙皇的骨架中有多少比例的等位基因应该与菲利普亲王的基因组中的等位基因相匹配？

h. 对家谱迷们来说有一个问题：菲利普亲王与Tsarina Alix是什么关系？

21. 下图显示了对与强奸相关的精液（***）和1～4个人的口腔拭子（体细胞）的基因组DNA的DNA指纹分析。该分析涉及6个SSR基因座的PCR扩增，每个基因座来自不同的（非同源）染色体。PCR引物均为20个核苷酸长；每个基因座的引物都有荧光标记，荧光标记为基因座特异性颜色。在凝胶中，一些条带较厚，因为得到的相应PCR产物相对较多。图的两边都有对齐的点，你可以用一张纸的边缘作为指引，找到关键的条带。

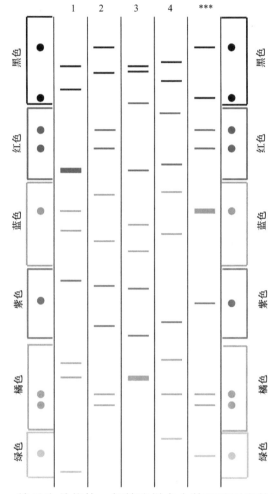

a. 精子为单倍体，但精液样本中某些基因座的PCR产物大小不同。这怎么可能呢？

b. X染色体上有什么基因座吗？如果是，那就识别它。

c. Y染色体上有什么基因座吗？如果有，是哪一个？

d. 解释为什么这些结果表明这四个人中没有一个是强奸犯。通过分析强奸犯的口腔拭子DNA，你希望得到什么样的结果？

e. 尽管如此，这些结果是否提供了任何有助于抓捕强奸犯的信息呢？如果是的话，尽量具体。

f. 从精液中PCR扩增出两个橙色条带，长度分别为200bp和212bp。在强奸犯的基因组DNA中，有多少个SSR重复单元的串联重复出现在该基因座的两个等位基因中？（假设PCR产物最短，该基因座的重复单位为TCCG。）

22. 利用微阵列技术对7个体外受精胚胎的镰状细胞性贫血进行基因型分析。附图中的每一对方块代表两个ASO，一个特定的$Hb\beta^A$等位基因（A），另一个用于$HB\beta^S$等位基因（T）连接到芯片的硅和杂化荧光标记PCR产物从一个细胞的胚胎。杂交分别在80℃、60℃和40℃三种不同温度下进行，如下图所示。

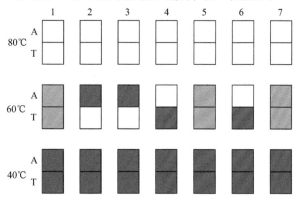

a. 为什么你认为这个芯片分析需要PCR步骤？

b. 绘制与镰状细胞突变相关的PCR引物在基因组DNA中的位置草图。指出所有DNA分子的5′→3′极性。

c. 为什么在80℃时没有杂交？

d. 为什么你会在40℃时发现所有的基因组DNA探针与两个ASO都有很强的杂交？

e. 这7个胚胎的基因型是什么？你会选择哪种胚胎植入母亲的子宫，以避免孩子患镰状细胞性贫血的可能性？

23. 野生型$Hb\beta^A$等位基因的部分序列所示（上侧链为RNA样编码链，致病突变的位置是下划线）：

5′ ATGGTGCACCTGACTCCTGAGGAGAAGTCGCCG 3′
3′ TACCACGTGGACTGAGGACTCCTCTTCAGCGGC 5′

镰状细胞性等位基因$HB\beta^S$序列是：

5′ ATGGTGCACCTGACTCCTGTGGAGAAGTCGCCG 3′
3′ TACCACGTGGACTGAGGACACCTCTTCAGCGGC 5′

设计两个21个核苷酸长度的ASO，可以连接到一个硅片上，用于习题22中进行的微阵列分析。每

个ASO都存在两种可能性；你只需要为每种情况显示一种可能性。

24. a. 在图11.17（b）中，进行PCR扩增基因组DNA以对微阵列进行基因分型。这种PCR反应只需要一个引物，但正常情况下，PCR需要两个引物。为什么在这种情况下只有一个引物就足够了？

b. 同样在图11.17（b）中，在PCR扩增之前，用限制性内切核酸酶切割基因组DNA。哪种限制性内切核酸酶最有效：它会产生黏性末端还是钝性末端？它能识别由4bp、6bp或8bp组成的位点吗？

25. 下图显示了一个核心家庭成员的部分微阵列分析结果。所检测的8个SNP基因座在4号染色体上以大约10Mb的间隔均匀分布，它们在微阵列上以实际顺序显示在这条染色体上。目前，你的注意力只集中在父母双方，忽略他们是否受到影响或不受影响。

a. 写出双亲中所有DNA标记的完整基因型。

b. 微阵列数据表明，一个SNP基因座在该家族中有三个等位基因，是哪一个？

c. 你怎么知道这些基因座实际上在4号染色体上，相距大约10Mb？

d. 在DNA标记1和8之间的区域，4号染色体总长度的百分比是多少？（4号染色体191Mb长；它是人类基因组中的第四大基因。）

26. 科学家们最近惊奇地发现绒猴，一种猴子，通常是嵌合的——它们的细胞来自于两个不同的受精卵。绒猴嵌合体发生在异卵双胞胎中。在母亲的子宫里，这对双胞胎可以通过血液供应分享细胞，因为他们的胎盘融合在一起。任何器官或组织，包括生殖系，都可能是嵌合的。

为了确定一个特定的雄性是否从三个不同的母亲那里生下了四个绒猴宝宝中的任何一个，使用毛发的基因组DNA对四个SSR基因座进行了DNA指纹分析。在附图中，条带的厚度与DNA的数量相关。

习题25的图

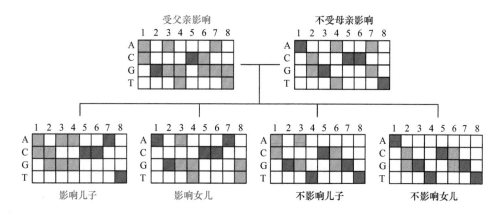

你可以使用图表两边的点，以及尺子或纸的边缘，来帮助比较条带的位置。

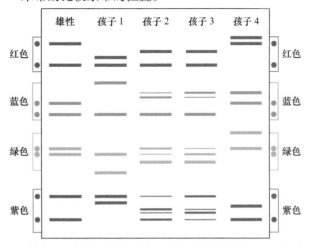

a. 任何一只猕猴的毛发细胞可能拥有的任一SSR基因座的不同等位基因的最大数量是多少？

b. 这四个猕猴宝宝中的哪一个可能是其DNA指纹显示的雄性所生？

c. 确定一对嵌合的异卵双胞胎。

d. 双胞胎的父亲是否存在嵌合现象？母亲存在吗？

e. 解释为什么小猕猴的生母可能是它遗传学上的叔叔。（注意：图中的绒猴宝宝不一定是现在这种情况。）

11.4节

27. 习题25所示的微阵列分析了一个核心家庭的基因组DNA，该核心家庭的父亲、一个儿子和一个女儿患有罕见的晚发性多囊肾病；而母亲、二儿子、二女儿则不受影响。如习题25所述，所检测的8个SNP基因座在4号染色体上以大约10Mb的间隔均匀分布，它们在微阵列上以实际的顺序显示在这条染色体上。

a. 与野生型相比，该等位基因是显性的还是隐性的？这种疾病的基因是常染色体的还是X染色体的？

b. 对于这四个兄弟姐妹中的每一个，都要标明他们所产生的精子的基因型。对于每一个精子，把4号染色体上的8个基因座的等位基因按顺序写下来。

c. 识别该家族中不具信息性的两个SNP基因座（也就是说，你无法确定这两个基因座是否与疾病基因相关）。

d. 为了简单起见，假设显示的四个孩子是完全有代表性的，即使父母有100个孩子，图中的数据表明一个基因座与疾病基因无关，是哪一个？

e. 微阵列结果表明，在父亲的减数分裂过程中，该区域发生了两个不同的交叉，包括疾病基因和与之相关的SNP基因座。绘制4号染色体的图谱，

显示疾病基因、相关的SNP基因座和两个交叉的位置。你的图谱应该指出这些位置的任何不确定性。

f. 在父亲的二倍体基因组中，位于两条染色体上的所有基因的所有等位基因的位置和排列（相位）。

28. 下面的图显示了一个家系的系谱，其中一个完全外显的常染色体显性遗传疾病通过三代人传播，同时对每个个体进行了双等位基因SNP基因座的微阵列分析（等位基因为C和T）。

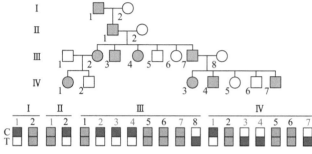

a. 数据是否表明SNP基因座与疾病基因座之间存在遗传连锁？如果是，两个基因座之间的估计遗传距离是多少？

b. 计算该家系SNP与疾病基因座间连锁的最大Lod值。Lod分数的这个值表示什么？

29. 人类遗传学家面临的困难之一是，在进行配种时并没有一个科学的目标，所以系谱可能并不总是提供所需的信息。例如，考虑以下交配（W、X、Y和Z）：

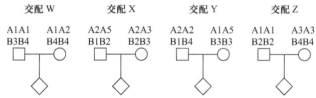

a. 在测试匿名基因座A和B之间的连锁时，哪些对是提供信息的，哪些是不提供信息的？（A1和A2是基因座A的不同等位基因，B1和B2是基因座B的不同等位基因，等等）解释你每次交配的答案。

b. 基因座A更可能是SNP还是SSR？基因座B呢？请解释。

30. 现在考虑一个涉及隐性遗传疾病的近亲间的交配。下面的图显示了这两个人在4个SNP基因座（1～4）的基因型。

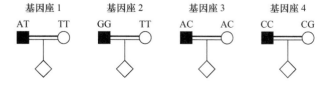

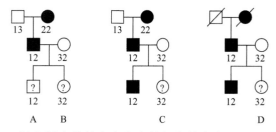

a. 在这些基因座中，哪一个有可能获得SNP与疾病基因的连锁信息？解释你对每个信息的理解，并描述可能适用的任何特殊条件。

b. 对于任何一个具有潜在信息性的基因座，你如何判断该子是重组子还是非重组子的产物？（也就是说，如何解决相位问题？）尽可能具体。

31. 图11.22所示的家系是鉴定位于4号染色体上的亨廷顿病*HD*基因的关键。

 a. 数据显示DNA标记G8与*HD*明显相关。对于大多数亨廷顿病谱系中的人来说，他们从受影响的父母那里遗传了哪一个G8型等位基因（A、B、C或D），以及主要致病的*HD*型等位基因？

 b. 在谱系中有多少人是亲代或重组配子的产物，而不做任何假设（包括连锁假设）？

 c. 如果你现在假设G8和*HD*是有联系的，那么在这个谱系中有多少人是来自他们受影响的父母的重组配子的产物？

 d. 仅根据这一谱系的数据，G8和*HD*之间的图距的最佳估计值是多少？

 e. 考虑题目b～d的答案，计算最大Lod分数。家系包括47个人，他们都是通过信息配对得到的（注意：$0^0=1$）。这个Lod分数表示什么？

32. 你已经鉴定了一个SNP标记，它在一个大家庭中没有与引起罕见遗传常染色体显性遗传疾病基因座的重组。此外，你会发现家族中所有患病个体的突变染色体上都有一个G碱基在这个SNP上，而所有野生型染色体在这个SNP上都有一个T碱基。你可能会认为你已经发现了疾病的基因座和致病突变，但是你意识到需要考虑其他的可能性。

 a. 对结果的另一种可能的解释是什么？

 b. 你将如何获得额外的基因信息来支持或消除你的假设，即碱基对差异是导致疾病的原因？

　　习题33和34表明，即使不直接检查致病突变，也可以通过基因分型链接标记对儿童的基因型进行预测。该方法可用于高度等位基因异质性的疾病，特别是连锁关系非常紧密的疾病。

33. 这里所示的系谱是由三个不相关的家庭获得的，这些家庭的成员表达了由完全显性等位基因引起的相同疾病。该疾病等位基因与SSR标记基因座的距离为10cM，三个等位基因分别为1、2和3。每个人的基因型中存在的SSR等位基因在谱系符号下面表示。新生的标记个体——A、B、C和D的表型是未知的。

a. 每个新生儿的疾病发生的概率是多少？

b. 为什么人类遗传学家不可能使用这种SSR标记来诊断遗传疾病？

34. 大约3%的人携带*CFTR*基因的突变等位基因，该基因导致隐性疾病囊性纤维化。一位基因顾问正在检查一个家庭，该家庭的父母都是已知的*CFTR*突变携带者。他们的第一个孩子出生时就患有这种疾病，他们的父母已经来咨询顾问，以评估母亲子宫内的新胎儿是否也患病，是携带者，还是*CF*基因座上的纯合野生型。每个家庭成员和胎儿的DNA样本通过PCR和凝胶电泳检测其中一个*CFTR*基因内含子内的SSR标记。得到以下结果：

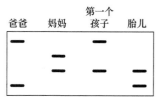

a. 从这个胎儿发育而来的孩子患这种病的概率是多少？

b. 当这个孩子长大后，她自己的孩子被这种疾病折磨的概率是多少？

c. 囊性纤维化基因表现出广泛的等位基因异质性:超过1500种不同的*CFTR*基因突变已被证明与囊性纤维化有关。考虑到这一事实，为什么人类遗传学家会选择用这个问题中描述的间接方式来检测胎儿，而不是直接关注导致第一个孩子患病的突变呢？

35. 药物ivacaftor最近被开发用于治疗*CFTR*罕见的G551D突变等位基因的儿童囊性纤维化。

a. 你认为ivacaftor只对G551D突变的纯合子患者有效吗？或者它在一个带有G551D的7号染色体副本和另一个带有*CFTR*的不同等位基因副本的复合杂合子中也能起作用，例如等位基因ΔF508更普遍？（G551D编码的蛋白质可以折叠并插入细胞膜，但在氯离子转运方面效率较低。ivacaftor提高了G551D离子转运的效率。但是由于ΔF508蛋白发生了不正确折叠，因此不能被插入到细胞膜中。）

b. 为什么你认为ivacaftor对儿童比老年囊性纤维化患者更有效？

c. 开发ivacaftor的科学家建立了囊性纤维化的模型：在培养中生长的细胞系是G551D的纯合子。这些细胞在其表面积聚黏液，以防止纤毛（细胞外的微小毛发）的摆动。解释科学家如何使用这种疾病模型来筛选对G551D相关的囊性纤维化有效的药物。

d. ivacaftor结合使用一个新的名为lumacaftor的药物来治疗最常见的*CF*等位基因纯合子个体，ΔF508。lumacaftor帮助检测ΔF508突变的CFTR蛋白是否正确折叠，以便它可以插入细胞膜。当这两种药物的组合用药是有效的时，你认为lumacaftor还是ivacaftor单独治疗ΔF508更有效？为什么？

11.5节

36. 高通量DNA测序方案如图11.24所示。

a. 将poly-A添加到单链基因组DNA片段的目的是什么？为什么将poly-A添加到这些片段的3'端？

b. 为什么在每个合成周期结束时，你需要移除嵌合在核苷酸上的荧光标记？

c. 为什么嵌合的核苷酸有一个保护基，为什么这个保护基需要在每个循环中移除？

37. 一名研究人员对一名患有Usher综合征的患者的整个外显子组进行测序，Usher综合征是一种罕见的常染色体隐性遗传疾病，尽管如此，它仍然是导致同时性耳聋和失明的主要原因。对于任何不同于人类RefSeq的多态性，外显子组序列不显示纯合性。

a. 假设基因序列是准确的，研究人员如何检查已经收集的数据来寻找疾病基因呢？

b. 如果题目a描述的尝试不成功，研究人员可能会考虑对患者的整个基因组测序。这种策略的潜在缺陷是什么？

38. 正如文中所解释的，许多遗传疾病的病因还不能通过分析整个外显子组/基因组序列来识别。但在这些看似棘手的病例中，重要的线索可以通过观察mRNA或蛋白质而不是DNA来获得。

a. 正如你将在后面的章节中看到的更详细的内容，使用单分子方法从任何特定的组织中廉价的对数百万个mRNA分子的cDNA拷贝进行测序是可能的。有时你怎么能利用这些信息来发现一种疾病基因呢？什么时候这些信息是无信息性的？

b. 一种叫做蛋白质印迹（Western blotting）的技术可以让你检测任何你有抗体的蛋白质；我们有可能看到这种蛋白质在大小或数量上的差异。有时你怎么能利用这些信息来发现一种疾病基因呢？什么时候这些信息是无信息性的？

39. 图11.26通过对4个完整基因组的测序描绘了米勒综合征的分析：他们的兄弟姐妹和父母都患有这种疾病。

a. 研究人员假设米勒综合征是一种隐性性状。相反米勒综合征可能是由于显性突变引起的吗？如果是这样，什么样的情况会使这种假设成为可能？

b. 为什么米勒综合征在这个家庭中不可能是发生在母亲，或父亲，或父母双方中的新突变？请描述一个基于你对人类卵巢或睾丸细胞分裂的理解的情景（见图4.18和图4.19），该情景使新基因突变假说至少在理论上是可能的，即使是非常不可能的。

c. 图11.26（b）显示了米勒综合征患者父母之一在减数分裂过程中离DHOD基因最近的16号染色体位置。这种重组发生在哪个亲本？

d. 你在图11.26（b）中看到的交叉点的数量是否符合先前的估计，即在人类基因组中，1cM相当于大约1Mb？16号染色体大约90Mb长；17号染色体大约81Mb长。

e. 研究人员如何利用这个家族的所有序列数据来估计人类的单核苷酸变异率？

40. 2012年夏天发表的一篇研究论文提出了一种获取胎儿全基因组序列的方法，无需任何侵入性操作，比如羊膜穿刺术，这种操作在极少数情况下会导致流产。这项新技术是基于这样一个事实：一些胎儿细胞渗入到母亲的血液中，然后分解，释放出它们的DNA。假设母亲血清中10%的DNA片段来自胎儿，而血清中剩余90%的DNA片段来自母亲的基因组。

研究人员从一名孕妇的血液中采集了无细胞DNA，并对其进行了先进的高通量测序。在这个问题末尾的表格中可以看到7个非连锁基因基因座；并给出了特定等位基因（用希腊字母标记）所在DNA片段的测序数量。为了简单起见，你应该假设所有的数值差异在统计上都是显著的（即使实际数据从未如此清晰）。

a. 确定每个基因座是常染色体、X染色体还是Y染色体。

b. 用希腊字母描述母亲和胎儿的二倍体基因组，如果没有合适的希腊字母，就用短线（—）代替。

c. 胎儿是男性还是女性？

d. 在第8个基因座，发现了1500个单一类型的序列。对这个结果提供一个尽可能具体的解释。

基因座	序列	读取数
1	α: TCTTTGGTAAACGCAAG	1000
2	α: GTACCGGAGGCAGCCTC	500
	β: GTACCGGCGGCAGCCTC	500
3	α: AGCCATTGCGGATCCGA	950
	β: AGCTATTGCGGATCCGA	50
4	α: GGGGCCTTATGATAAGG	50
5	α: CAGTTCCTGGAGTTGTA	550
	β: CAGTTCATGGAGTTGTA	450
6	α: GCAGCCCGTGCTGTTAA	500
	β: GCAGCCCGTGCTGTCAA	450
7	α: CACTCAGTCCTACGGAC	500
	β: CACTCGGTCCTACGGAC	450
	γ: CACTCAGTCCTAAGGAC	50

41. 表11.2和图11.27共同描绘了对导致Nic Volker的严重炎症性肠病突变的研究。Nic的父母都没有这种情况，所以遗传学家们缩小了他们的研究范围，把注意力集中在表现出隐性模式的罕见变异和X染色体上的变异上。

   a. 对于常染色体上的候选变异体，研究人员会只寻找Nic是纯合的变异体吗？解释一下。

   b. 除了隐性和X连锁的假设外，Nic的情况还有其他可能的解释吗？

   c. 只分析Nic的外显子组就能确定致病突变，因为在这些研究中，对他父母进行全基因组或全外显子组测序太昂贵了。怎样才能以低廉的检测成本确定这种突变是否来源于他的父亲或者母亲的生殖细胞（也就是说，突变发生在形成尼克的特定卵子或精子中）？你的回答不应该涉及全基因组或全外显子组测序。

42. 人类对Brugada综合征（一种以心电图异常和突发性心力衰竭风险增加为特征的心脏疾病）的一个基因的第一个外显子的序列为：

     5' CAACGCTTAGGATGTGCGGAGCCT 3'

    对4人（1～4人）的基因组DNA（其中3人患有这种疾病）进行了单分子测序。下面的序列表示从每个人那里获得的所有序列。与RefSeq不同的核苷酸用下划线标出。

  1号：5' CAACGCTTAGGATGTGCGGAGCCT 3'
     和
     5' CAACGCTTAGGATGTGCGGAGA̲CT 3'

  2号：5' CAACGCTTAGGATGTGA̲GGAGCCT 3'

  3号：5' CAACGCTTAGGATGTGCGGAGCCT 3'
     和
     5' CAACGCTTAGGATGG̲C̲G̲G̲A̲G̲C̲C̲T̲ 3'

  4号：5' CAACGCTTAGGATGTGCGGAGCCT 3'
     和
     5' CAACGCTTAGGATGTGT̲GGAGCCT 3'

   a. 该基因RefSeq拷贝的第一个外显子包括起始密码子。尽可能多地写出编码蛋白的氨基酸序列，表明其从N端到C端的极性。

   b. 这些个体中有纯合子吗？如果是，是哪个人的哪个等位基因？

   c. 这些个体间Brugada综合征的遗传是显性的还是隐性的？

   d. Brugada综合征是否与等位基因异质性有关？

   e. 这些个体中是否有复合杂合子？

   f. 数据是否显示了基因座异质性的证据？

   g. 哪个人有正常的心脏功能？

   h. 对于RefSeq中的每个变体，描述：①该突变对编码序列的影响是什么；②该变体是一个失去功能的等位基因，一个获得功能的等位基因，还是一个野生型的等位基因。

   i. 对于每一种变体，请指出下列哪个术语适用：无效、亚等位基因、超等位基因、无义、移码、错义、沉默、SNP、DIP、SSR、无特征。

   j. 这个基因的功能是单倍体不足的吗？请解释一下。

43. 人类HPRT1基因突变导致至少两种临床综合征。通过查询HPRT1参考OMIM（www.omim.org）；你只需要简单地查看前三个匹配记录（文档#300322、300323和308000）。

   a. HPRT1酶的全称是什么？

   b. HPRT1基因位于哪条染色体上？

   c. HPRT1的突变与两种不同的综合征有关。这些综合征是什么？对于每一个问题，回答以下问题：①与该综合征有关的病征有哪些？②与正常等位基因相比，导致综合征的突变等位基因是显性、隐性、共显性或不完全显性，还是存在特殊情况？③该综合征是否与功能丧失或功能获得的疾病等位基因有关？④该综合征是否存在等位基因异质性？⑤该综合征是否存在基因座异质性？（注意：你不需要理解OMIM条目中的所有内容来回答这些问题。）

44. 我们认为人类有两个基因组（一个来自母亲，另一个来自父亲），它们在每个体细胞和生殖细胞前体中都是相同的。然而，随着DNA的每一次复制和细胞的每一次分裂，基因组都有机会发生变异。当一个细胞发生突变时，该细胞的所有有丝分裂后代都会产生体内其他细胞所没有的突变。从这个意义上说，人类是由不同基因型的细胞拼凑而成的。解释人类嵌合现象是如何通过位置克隆或基因组测序来确定隐性或显性致病突变的。

第12章　真核染色体

CC是一只克隆猫（左），为CC提供细胞核的猫咪彩虹（右），虽然共享相同的染色体，但是却有不同的表征。
（左）：© Texas A&M University/AP Photo
（右）：© Alpha/ZUMAPRESS/Newscom

章节大纲

　　2001年12月，兽医通过剖腹产接生了世界上第一个克隆宠物，小猫CC（名字来源于"Copy Cat"和"Carben Copy"的简称，附图）。CC的诞生是一项核转移实验的结果，在这个实验中，一只名为彩虹（右）的雌性花猫的细胞核被注射到一个细胞核已经被移除的卵子中（来自一只未命名的捐赠猫），然后将重组后的卵细胞植入代孕母亲的子宫内。事实证明，CC是一只非常正常的猫，它活过了12岁，并养育了三只正常的小猫。

　　人们看到的CC和彩虹的所有细胞都具有相同的细胞核DNA，因为它们是单个细胞有丝分裂的后代：成为彩虹的受精卵。尽管所有这些细胞的细胞核DNA都是相同的，但显然并非所有的细胞都是相同的。有些细胞分化成眼睛，有些细胞分化成胡须，另一些则与皮肤的形成有关，等等。尽管有相同的DNA，但CC和彩虹的许多染色体表型是不同的，从皮毛的颜色到它们的性格都不同。

　　DNA在染色体上的组装构成了照片中这些生物的表型。猫细胞核中的基因组是通过数十亿的碱基对组装而成的。而基因组组装是基因组通过细胞的无数次有丝分裂进行复制和分离的必要条件。在这个过程中，染色体上的一些蛋白质通过控制基因表达的开关，进而影响细胞的分化。而与染色体相关的一些其他生物大分子

（如蛋白质和DNA）与X染色体的失活有关。上述这些都是彩虹和CC的皮毛颜色有明显差异的原因。

在这一章中，我们研究了真核染色体的结构和功能，这也是一个被大家普遍讨论的问题。染色体通过自身多功能的动态结构，实现对单链DNA分子进行组装、复制、隔离和信息表达等功能的调控。

12.1 染色体的DNA和蛋白质

学习目标

1. 绘制一条染色体的DNA成分，包括链的极性。
2. 对比组蛋白和非组蛋白的结构与功能。

我们通过光学显微镜观察到，染色体会随着细胞周期的变化而发生形状、特征和位置的改变。在间期，它们看起来就像一团纠缠在一起的意大利面条。在有丝分裂中期，它们又在纺锤体的中间分离成两条单链（两条姐妹染色单体）。在这一节中，我们描述了染色体是由什么组成的。而且，在这一章的后续部分，我们将会解释这些染色体的组成是如何通过相互作用来产生上述观察到的这些结构变化的。

12.1.1 每条染色体都由单一的DNA分子组成

研究人员从物理分析中了解到，在细胞核内的每条染色体（或复制后的每一条染色单体）都含有一个长的线性双链DNA分子。在一项早期的研究中，科学家将染色体DNA放在两个圆柱体之间，通过旋转一个圆柱体来拉伸DNA，并测量DNA的反冲速度，结果显示较短的分子比较长的分子反冲速度更快。当研究人员将这种技术应用到果蝇细胞中的DNA时，最长的DNA分子的长度与最大染色体中DNA的长度是一致的。因此得出，每条染色体都包含一个单一的线性DNA分子。

在第11章中已提到过典型的真核生物的染色体基因是沿着DNA分子排列的。除此之外，染色体也显示了另一个重要的组织特征：含有大量的非编码重复DNA序列，如**简单序列重复（SSR）**，以及集中在特定染色体区域的**转座因子**，特别是在**着丝粒**和**端粒**的位置。这些位置的重复序列对于将在本章后面进行讨论的染色体生物学的某些方面是至关重要的。

12.1.2 染色体中的组蛋白和非组蛋白

就DNA本身而言，其并没有能力折叠到足够小的体积来适应细胞核。对于是否能进行足够的收缩，取决于组蛋白和非组蛋白两类染色体蛋白的相互作用。**染色质**通常是指细胞核中复杂的DNA和蛋白质的复合物。染色体与染色质是同一物质在细胞分裂间期和分裂期的不同表现形态。

尽管染色质大约包含1/3的DNA、1/3的组蛋白，以及1/3的非组蛋白，但它也含有大量的RNA。虽然目前与染色体相关联的RNA分子的作用还没有被科学家完全研究清楚，但是在这一章的后面，我们将描述一个叫做*Xist*的特定RNA分子在控制基因表达上的作用。

1. 组蛋白

组蛋白在1884年被发现，是相对较小的蛋白质分子，其主要由赖氨酸和精氨酸等碱性氨基酸组成。组蛋白的强正电荷使它们能够在染色质中结合并中和带负电荷的DNA。组蛋白占所有染色质蛋白的一半，并被分为5种类型的分子：H1、H2A、H2B、H3和H4。后面四种类型（H2A、H2B、H3和H4）构成了最基本的DNA包装单元——**核小体**的核心，因此被称为**核心组蛋白**（我们将在近期研究这些组蛋白在核小体结构中的作用）。

这五种类型的组蛋白几乎出现在所有二倍体真核细胞的染色质中，而且在所有的真核生物中都非常相似。例如，在植物豌豆和小牛犊的H4蛋白中，102个氨基酸的多肽序列中只有2个氨基酸是不同的。在整个进化过程中，由于这些组蛋白很少发生变化，所以就能很好地解释它们在构建染色质结构时的重要性了。

2. 非组蛋白

真核细胞染色质中有一半的蛋白质不是由组蛋白组成的；相反，它由成千上万种不同种类的**非组蛋白型蛋白质**组成。二倍体基因组的染色质中包含从200～200 000个分子不等的多种非组蛋白。

毫无疑问，这些大量的蛋白质可以完成许多不同的功能。一些非组蛋白发挥着纯粹的结构作用，把DNA组装到更复杂的结构中，构成结构骨架蛋白或支架蛋白（图12.1）。其他非组蛋白，如DNA聚合酶，在复制中是活跃的。还有一些对染色体分离至关重要的非组蛋白，例如，运动蛋白有助于沿着纺锤体移动染色体，从而加快在有丝分裂和减数分裂期间染色体传递给子细胞的过程（图12.2）。

到目前为止，最大的一类非组蛋白发挥着控制基因转录、调节基因表达的作用。哺乳动物体内携带超过5000种不同的非组蛋白。通过与DNA的相互作用，这些蛋白质会影响基因转录的时间、地点和频率。

基本概念

- 每个真核生物的染色体（在其复制之前）都包含一个没有突变或发生极性改变的线性双链DNA分子。
- 组蛋白负责将DNA组装到染色质中；非组蛋白则是在染色体结构、复制和分离，以及基因表达的调控中起作用。

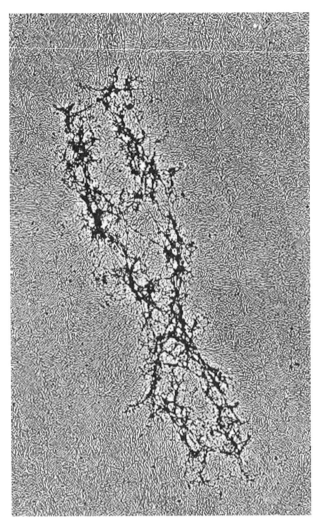

图12.1　染色体支架。当用温和洗涤剂去除人类染色体中的组蛋白和一些非组蛋白时，两条姐妹染色单体中维持非组蛋白结构的黑色支架就会显现出来。通过洗涤剂的处理，围绕在支架周围的DNA环被释放出来。

© Dr. Don Fawcett/J.R. Paulson, U.K. Laemmli/Science Source

12.2　染色体结构和收缩

学习目标

1. 绘制一个核小体的结构。
2. 描述核小体超螺旋及其与染色质修饰放射环-骨架模型的关系。
3. 总结染色体中G条带的形成过程，以及这些条带是如何用于基因定位的。
4. 描述FISH分析及其在染色体中寻找特定DNA序列的应用。

如果将单个细胞的DNA拉成一条细而直的直线，长度可达6英尺（约2m）。当然，这比包含基因组的细胞核要长得多；人类细胞核的平均直径大约只有6μm（6×10^{-6}m）。所以，DNA需要几级足够的压缩才能够

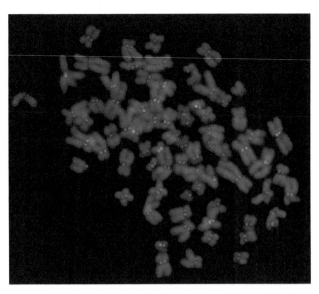

图12.2　动粒蛋白。在细胞分裂过程中，一些非组蛋白在染色体沿着纺锤体的运动中是必不可少的。在这里，染色体被染成蓝色，而非蛋白CENP-E染成红色。在细胞分裂后期，位于动粒的CENP-E分子帮助姐妹染色单体移向纺锤体。

© Daniel A. Starr/University of Colorado

适应细胞核的体积（表12.1）。首先，核小体由DNA缠绕在组蛋白周围而形成。接着，DNA紧密卷绕将核小体聚集成高阶结构。除此之外，在显微镜下观察中期染色体时，研究人员还发现了新的收缩现象。

表12.1　染色体压缩水平

机制	状态	完成的结果
核小体	晶体结构的证实	将裸露的 DNA 压缩 7 倍至 100Å 纤丝
DNA 超螺旋	假设模型（模型预测的 300Å 纤丝已经在电子显微镜中观察到）	再进行 6 倍的压缩，相当于将裸 DNA 进行 40 ～ 50 倍的压缩
放射环 - 骨架模型	假设模型（该模型的初步实验支持）	通过对 300Å 纤丝的渐进式压缩，将 DNA 浓缩成有丝分裂的染色体，相比裸 DNA 浓缩了近 1 万倍

12.2.1　核小体是染色体的基本结构单位

图12.3中染色质的电子显微图显示了从人类血细胞的细胞核中喷出的长而有刺的纤维。这些核小体像串珠上的珠子，直径约为100Å，而串线的直径约为20Å（1Å=10^{-10}m=0.1nm）。图12.4（a）展示了DNA是如何包裹在组蛋白核心从而形成染色质的串珠状结构的。每一个珠子都是一个核小体，它包含大约160个DNA分子，被包裹在一个由8个组蛋白（H2A、H2B、H3和H4各2个）组成的核中，如图12.4（a）所示。160bp的DNA围着这个核心组蛋白八聚体缠绕了两圈。另外还有40个碱基对形成了**接头DNA**，它将相邻的两个核小

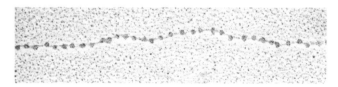

图12.3　核小体。在电子显微镜下，核小体看起来就像串在DNA链上的珠子。

© Dr. Barbara a.Hamkalo

(a) 核小体示意图

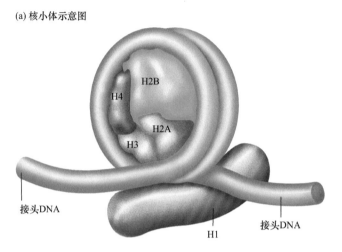

接头DNA　　　H1　　　接头DNA

(b) 高分辨率核小体结构

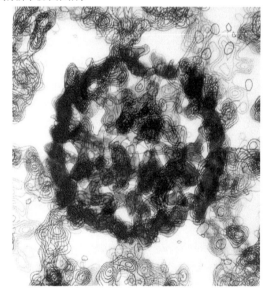

图12.4　核小体的结构。（a）每个核小体由DNA缠绕组蛋白八聚体两圈而成，每个组蛋白八聚体都是由双倍的H2A、H2B、H3和H4组成的。组蛋白H1进入或离开核小体时都与DNA相关。（b）X射线晶体学所揭示的核小体结构。DNA（橙色）在几个地方剧烈地弯曲，因为它环绕着核心的组蛋白八聚体（蓝色和绿松石色）。

（b）：© Dr. Gerard J Bunick, Oak Ridge National Laboratory

体连接起来。

组蛋白H1位于核外，它进入或离开核小体时都与DNA相关［图12.4（a）］。当研究人员使用特定的化学试剂将组蛋白H1从染色质中移除时，一些DNA会从核小体中脱离出来，但是核小体不会分裂，仍然被140bp的DNA包裹。

科学家们可以将核小体的核心结晶，并对晶体进行X射线衍射分析。图12.4（b）展示了核小体结构的模型，DNA并没有在组蛋白核心周围形成光滑的卷曲。相反，DNA在某些位置会急剧弯曲，而在其他位置则几乎没有。可能是由于剧烈的弯曲只发生在其中一些DNA序列中，这些碱基序列有助于确认染色体上核小体的位置。

核小体基础结构的复制与DNA的复制相结合。四种基础组蛋白的合成成分会在细胞周期的S期增多，以便在新复制的DNA上合成组蛋白。其余的蛋白质负责调控核小体的组装。特殊的调控机制将DNA和组蛋白的合成紧密结合在一起，使两者都发生在适当的时间。

核小体的间距和结构与遗传功能相关。虽然每个染色体的核小体不是均匀分布的，但是它们在染色质上有特定的排列。这种排列在不同的细胞类型中是不同的，当条件发生改变时，它甚至可以在单个细胞中发生变化。染色体上核小体的间距与启动表达、复制和进一步压缩的蛋白质之间的相互作用有关，因为核小体之间的DNA比核小体中的DNA更容易获得。

包裹在核小体中的裸露DNA被压缩了7倍。有了这种压缩，在一个二倍体人类基因组中，2m的DNA可缩短到大约0.25m（略低于1英尺）。但是即使是在最大的细胞中，这种长度对于适应核小体的体积还是太长，仍然需要进行进一步的压缩。

12.2.2　高聚体加强了染色体的进一步压缩

许多关于染色体浓缩的细节仍不为人知，但研究人员提出了几种模型来解释不同的压缩程度（详见表12.1）。

1. 核小体的超螺旋

除了缠绕核小体之外，还有另外一种压缩模型：将100Å的核小体染色质超螺旋，进行6倍的压缩，压缩为300Å的超螺旋。对这种模型的证实来自于电子显微镜的观察，可以看到每转300Å的螺旋包含了6个核小体［图12.5（a）］。100Å是一个核小体的宽度，而300Å则是3个核小体的宽度。组蛋白H1可能在超级螺旋的形成过程中扮演着特殊的角色，因为移除一些H1会导致300Å的螺旋体解螺旋到100Å，而增加H1则会逆转这个过程。

虽然，通过电子显微镜科学家可以看到300Å螺旋体，但不能观察到它的确切结构。那么，更高的压缩程度就更不容易被理解了。

2. 放射环-骨架模型

该模型中，若干非组蛋白每隔60～100kb便结合一次染色质，将超螺旋的、缠绕核小体的300Å螺旋体系放在环状结构中［图12.5（b）］。这些蛋白质可以将这些环状物聚集成类似于雏菊样的花瓣，然后将花瓣中心压缩成一个紧凑的束［图12.5（c）］。因此，这个模型被称为**放射环-骨架模型**，也对染色体包装解释得一目了然。染色体收缩过程包括核小体的形成，核小体超螺旋成300Å螺旋体，超螺旋形成环状结构，环状结

构聚集成花瓣状，而花瓣状的压缩有可能产生高度浓缩，我们把浓缩得到的棒状结构认为是进行有丝分裂的染色体。

一些生物化学和显微图像的资料证实了放射环-骨架模型。例如，实验者提取所有中期染色体的组蛋白，发现它们仍然保持着相似的X型（见图12.1）。蛋白质骨架依然保持着DNA的缠绕（回顾图6.23），是由于它

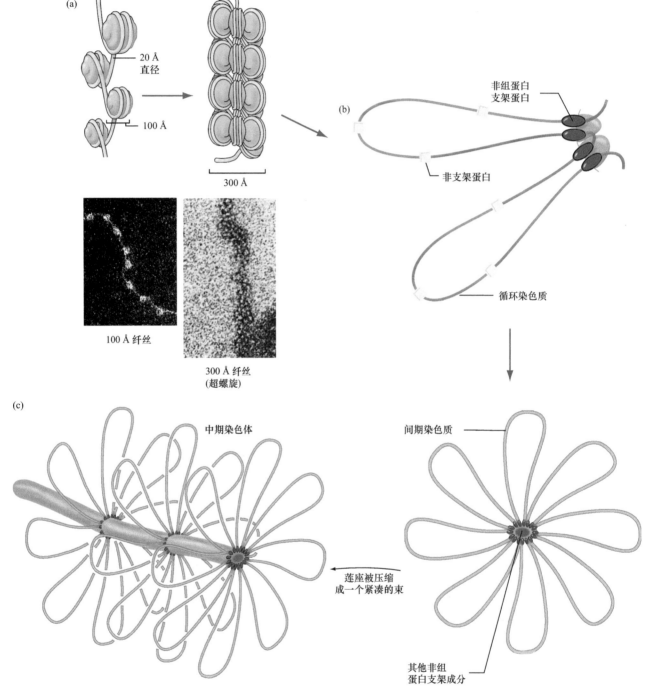

图12.5　高阶染色体包装模型。（a）概念化的图形（上）和电子显微图（下）对比了100Å螺旋体（左）和300Å螺旋体（右）。（b）放射环-骨架模型——高压实度的支架模型。根据这个模型，300Å螺旋体首先被拖入由非组蛋白支架（棕色和橙色）连接的60～100kb的DNA（蓝色）环。（c）其余的非组蛋白可能会将多个环状结构聚集成类似于雏菊样的花瓣状结构，然后将花瓣压缩成束状，形成中期染色体。

含有解旋酶、拓扑异构酶Ⅱ，以及被称为**凝缩蛋白**的蛋白质复合体，这些蛋白质有助于将间期染色体浓缩为中期染色体。此外，正如模型所预测的那样，以这种方式提取的有丝分裂染色体在电子显微下可观察到染色体边缘的染色质环（图12.6）。

尽管有一些零散的实验证据，但还没有发现直接证实或反对放射环-骨架模型的依据。因此，高阶压缩染色质的放射环-骨架模型概念仍然是一个假设。研究人员经过详细具体的分析后得出，这种高阶压缩染色质的放射环-骨架模型与核小体形成了鲜明的对比。

12.2.3 Giemsa染色显示可复制的染色体带型

不同程度的包装将人类中期染色体的DNA浓缩了近10 000倍（见表12.1）。通过这种浓缩，每个染色体的着丝粒和端粒就会显露出来。本书第4章提到过，不同的染色技术揭示了中期染色体不同核型的带型特征、大小和形状。例如，**G带**技术是将染色体温和加热后进行Giemsa染色，这种DNA染料会优先使某些区域变暗，从而产生明暗交替的G波段。每一个G带都是一个非常大的DNA片段，长度可从1～10Mb不等，包含着许多重复序列。通过高分辨率的G带技术可观察到，一个标准的二倍体人类**染色体组型图**中的46条染色体中包含数百个明暗相间的G带（图12.7）。

目前还不清楚显带技术的生化基础。大多数分子遗

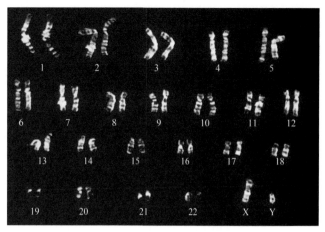

图12.7 通过高分辨率G带技术检测人类染色体。
© Scott Camazine & Sue Trainor/Science Source

传学家认为，由Giemsa染色产生的条带可能反映了一种不均匀的环状结构的包装形式，这种环状结构在某种程度上是由染色体上短而重复的DNA序列的间隔和密度决定的。不管潜在的原因是什么，每次染色体复制时，它的带型都会被稳定地复制。而且，带型从一代到下一代都是具有可遗传性的，这一事实表明，带型是由DNA序列本身决定的染色体的固有属性。这种带型的可复制性意味着遗传学家可以通过说明其与特定染色体上的短臂p（短，法语单词"petit"的缩写）或长臂q（长，与短臂相对应，Q紧挨着字母P）的位置关系来描述某个基因的位置。为此，短臂p和长臂q被细分为多个区域，在每个区域内，明暗带被分别连续编号。图12.8中显示的带型图被称为染色体组型图。举个例子，与色盲相关的X染色体基因位于q27-qter上，这表明它们位于X染色体的长（q）臂上，介于第7条带第二个区域的开始和端粒末端之间（端粒，或端粒酶；图12.8）。

图12.6 放射环-骨架模型的实验支撑。图12.1中部分图像的特写，这张电子显微照片显示了从图片底部的蛋白质骨架上放射出的长长的DNA环。

© Dr. Don Fawcett/J.R. Paulson, U.K. Laemmli/Science Source

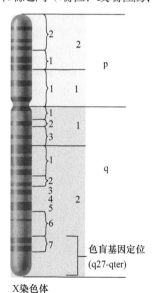

X染色体

图12.8 人类X染色体的组型图。人类的色盲基因位于X染色体长臂（q）尖端附近的一个小区域。

12.2.4 遗传学家使用荧光原位杂交（FISH）技术描述基因组的特征

科学家们在理解特定DNA序列和整个基因组的关系时，常常面临着一个问题，那就是虽然核型包含整个基因组染色体的G带，但很明显，它的分辨率远低于单个核苷酸对。相反，科学家却可以从全基因组序列中获取大量信息来预估全基因组结构。一种被称为**原位荧光杂交（FISH）**的技术在核型的低分辨率和全基因组序列的超高分辨率之间提供了一个方便的桥梁。从本质上说，研究人员利用FISH技术可以找到核型中染色体的特定DNA序列的位置。

正如名字所暗示的，FISH技术的基础依据是核苷酸固有的互补特性。研究人员首先在有丝分裂中期获得细胞，然后将细胞放入玻璃显微镜载玻片上。对这些细胞进行一系列的处理后，细胞和细胞核发生破裂，染色体分开，将染色体固定在载玻片上，并对染色体DNA进行变性处理。变性步骤是在保持整体染色体结构不受影响的情况下使双螺旋体在许多点上分离成单链。然后，研究人员用荧光标记物标记了一个纯化的DNA序列，形成一个DNA探针。通过加热，将DNA探针变性成单链并应用到染色体上。通过探针与染色体上核苷酸序列互补配对进行杂交，使研究人员可以在荧光显微镜下观察到这些区域。

在FISH技术中，利用一段短的特定DNA序列做探针，如cDNA克隆序列。可以通过荧光点观察基因组中相应基因的位置［图12.9（a）］。值得一提的是，这种方法在验证人类基因组计划的草图中起了非常重要的作用。

在另一种被称为**光谱核型分析（SKY）**的FISH技术中，探针是由多个DNA序列混合组成的，这些DNA序列分散在人类染色体的不同位置上。1号染色体的探针由只发一种颜色光的荧光标记物（染料或萤石）组成，2号染色体的探针由不同颜色的光的荧光标记物混合而成，依此类推，人类24条染色体的核型能够通过光谱分析呈现的不同颜色的荧光而被清晰地分辨出来［图12.9（b）］。本书第13章将会提到，这两种FISH技术广泛用于观察染色体的重组，比如删除、复制、倒位和可能导致遗传性疾病的易位。

基本概念

- 核小体是DNA缠绕在由H2A、H2B、H3和H4组蛋白组成的八聚体上近两圈而组成。组蛋白H1控制着DNA的进出。
- 高阶压缩模型表明，核小体被卷曲压缩成更短但更宽的螺旋体。非组蛋白将这种螺旋体固定在染色体支架上，形成环状结构，然后聚集在一起，使DNA更加浓缩。

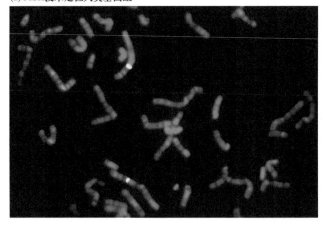

(a) FISH技术定位人类基因组

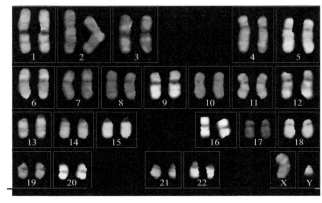

(b) SKY技术识别人类染色体

图12.9 荧光原位杂交。（a）分析人类细胞染色体的FISH技术。黄色的亮点显示了一个由单个基因组成的探针分别杂交到两个同源染色体的两条姐妹染色单体上。由于这两条姐妹染色单体在这个过程中距离非常接近，所以每个同源染色体中只显示出了一个黄色的亮点。（b）光谱核型分析（SKY）。探针的DNA序列在染色体上被不同颜色的荧光标记物标记为不同的颜色。

（a）：© Patrick Landmann/Science Source；（b）：承蒙Dr. Thomas Ried, Head, Cancer Genomic Section, Genetics Branch/CCR/NCI/NIH提供，图片由Dr. Hesed Padilla-Nash制作

- Giemsa染色在中期染色体中产生G带。G带具有高度专一和可复制的特性，可以据此来识别染色体和基因的位置。
- FISH技术使研究人员能够将特定的DNA序列定位于染色体组上，或者将整个染色体可视化，以此来进行核型分析。

12.3 染色体组装和基因表达

学习目标

1. 描述染色质重组复合物如何使基因发生表达。
2. 区分常染色质和异染色质基因表达的不同。
3. 概述科学家如何利用花斑位置效应研究异染色质的形成机制。

4. 概述组蛋白甲基化和乙酰化对染色质结构与基因表达的影响。

5. 总结在哺乳动物细胞中*Xist*基因的作用。

将DNA压缩到染色质中会给蛋白质带来一个问题：这些蛋白质必须先识别DNA序列，才能实现转录、复制和分离等功能。这些蛋白质是如何进入那些隐藏在复杂染色质结构中的特定核苷酸序列的呢？答案是，染色质结构是动态的，在适当的时候会发生结构的变化以支持蛋白质进入到染色体中。这些变化会促使产生不同的染色体功能所需的结构变化。

在本节中，我们将重点讨论染色质结构与基因转录之间的关系：首先描述了染色质在通过RNA聚合酶识别启动子并开始转录时发生的变化；接下来讨论了一种叫做异染色质的染色质结构，它与没有转录的染色体区域有关。异染色质的形成是许多重要遗传现象的分子基础，其中包括了哺乳动物中X染色体的失活。

12.3.1 转录过程需要染色质结构和核小体位置的改变

有关真核生物基因表达的一个重要概念是，一个DNA片段被转录的频率越低，它就越紧凑。例如，当染色体解螺旋时，细胞会在细胞周期的间期进行基因的表达。小基因的转录发生在高度致密的中期染色体上。但是，即使是相对没有被浓缩的真核生物间期染色质，也需要进一步解螺旋，以暴露核小体内部的DNA才能进行转录。因为当启动子DNA被包裹在核小体的组蛋白核心时，基因启动子被隐藏在RNA聚合酶和转录因子中［图12.10（a）］。

对染色质结构的研究表明，大多数不活跃的基因启动子确实被包裹在核小体中。在一些研究中，科学家通过使用可以裂解DNA中磷酸二酯键的DNA酶 I 来处理核染色质，以达到在分子水平上研究核小体位置的目的。虽然核小体中的序列不受DNA消化酶的影响，但核小体中被消除的染色体区域则可以通过对DNA酶的超敏性来进行识别。

先前不活跃的基因在细胞分化的后期阶段准备转录时，启动子区域由一个抗DNA酶位点转变为一个**DNA酶敏感位点**。原因是转录调节蛋白（转录因子）能与增强子附近的DNA结合，并吸收重组染色质附近的蛋白质。尤其是，这些新的结合蛋白会移除阻断启动子的核小体，或者重新定位它们与基因的关系［图12.10（b）］。一种染色质调节剂是由多个亚单位**重构复合物**组成的，利用ATP水解的能量来改变核小体的定位。其他染色质调节剂在核小体中进行组蛋白的尾部修饰（稍后将会解释）。这两种机制所完成的染色质变化暴露了先前隐藏的启动子，使其被RNA聚合酶识别，从而促进基因的

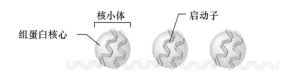

(a) 启动子包裹在核小体中是隐藏的

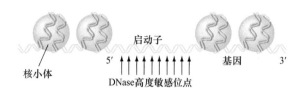

(b) 染色质重塑复合物可以暴露基因启动子

(c) 异染色质中的核小体排列紧密

沉默异染色质

图12.10　核小体包装和基因表达。（a）围绕核小体的基因启动子不能被RNA聚合酶和转录因子所接受。（b）染色质重组复合物可以通过将其置于对DNA酶高度敏感的核小体无核区域，从而暴露出启动子。（c）异染色质中的DNA结构非常紧密，导致它在转录上是不活跃的。

转录激活［图12.10（b）］。

当分化细胞分裂时，结合DNA并建立染色质结构的转录调节蛋白被分配到两个子细胞中。在DNA复制之后，这些蛋白质重新结合DNA，重新建立在母细胞中存在的染色质结构。因此，分化细胞在细胞进行有丝分裂后，依然维持染色质特有的形态结构和基因表达。

12.3.2 异染色质区域的大多数基因都表现为沉默

有一种染色质在基因组中很普遍，并与基因表达的强烈抑制有关。这种染色质通过光学显微镜就能观察到，因为它包含很长的DNA片段：在被能够结合DNA的化学物质染色的细胞中，有些染色体区域比其他染色体更暗。遗传学家把这些深染区域称为**异染色质**；他们把染色比较浅的区域称为**常染色质**。在电子显微镜下，可以观察到异染色质和常染色质之间的区别，即异染色质似乎比常染色质更浓缩。这一结果也说明了异染色质区核小体的包装更加紧密［图12.10（c）］。

显微镜学家首先发现了深染的异染色质存在于细胞分裂间期，一般存在于细胞核的外围。即使是高度致密的中期染色体，也可以通过差异染色法观察到异染色质与常染色质（图12.11）（这种染色技术不同于之前描述的核型的G带技术，也不应该与之混淆）。在高度浓缩的染色体中，大部分的异染色质都存在于着丝粒的两侧，但在某些动物中，异染色质位于染色体的其他区

图12.11 结构异染色质。使用一种特殊的技术对人类中期染色体染色，这种技术会使结构异染色质变暗，其中大部分是在着丝粒周围的区域。

© Doug Chapman, University of Washington Medical Center Cytogenetics Laboratory

域。果蝇的整个Y染色体和人类Y染色体的大部分都是异染色质。通常，科学家将所有细胞中保持高度浓缩的异染色质区域称为**结构异染色质**。

放射自显影技术（一种用摄影胶片检测放射性物质的方法）能显示在基因表达活跃的细胞中，放射性的RNA前体几乎结合了常染色质区域的所有RNA。这一现象表明，常染色质几乎包含了全部基因大部分的转录位点。相比之下，异染色质的转录在大多数情况下似乎是不活跃的；由于浓缩得太过紧密，导致异染色质中含有的少量转录基因所需的酶无法获得正确的DNA序列［图12.10（c）］。

在结构异染色质区域的DNA中，有很大一部分是由像SSR这样的简单序列重复组成的片段。这里储存着许多转座因子——在基因组周围移动的DNA片段。SSR和转座因子很可能在结构异染色质中发生累积，因为它们在这里被转录成沉默子。这些重复的DNA片段和转座因子占据了大多数基因中一半以上的序列长度；它们在转录失活的异染色质中的隔离作用为生物体清除垃圾DNA、减少对正常细胞生理学的影响提供了有力条件。

我们现在讨论两个特殊的现象——果蝇的花斑位置效应和哺乳动物中的巴氏小体，这两者清楚地解释了基因的失活与异染色质形成之间的关系。这些现象也有助于科学家研究异染色质和常染色质之间的生物学差异。

12.3.3 异染色质可以沿染色体传播并使附近常染色质基因发生沉默

果蝇的白眼（w^+）基因通常位于X染色体的端粒附近，这是一个相对不饱和的常染色质区域。当染色体发生重组时，例如，当DNA片段发生倒位到靠近着丝粒端的高度致密的异染色质旁时，w^+基因的表达可能就会停止（图12.12）。抑制w^+基因表达的重组只是发生在部分细胞中，而且这种重组会产生**花斑位置效应**（**PEV**）。

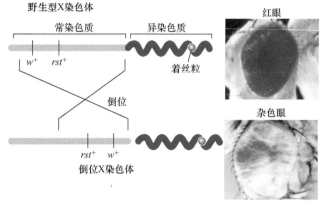

(a) 异染色质可以关闭相邻的基因

野生型X染色体

常染色质　　异染色质

红眼

w^+　　rst^+　　着丝粒

倒位

杂色眼

rst^+　w^+

倒位X染色体

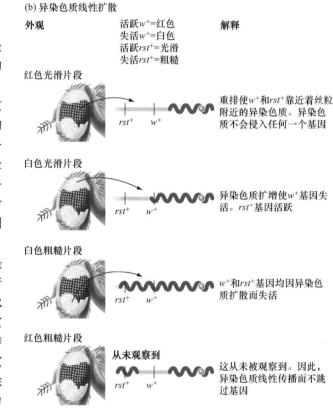

(b) 异染色质线性扩散

外观　　　活跃w^+=红色　　　　　解释
　　　　　失活w^+=白色
　　　　　活跃rst^+=光滑
　　　　　失活rst^+=粗糙

红色光滑片段

rst^+　w^+

重排使w^+和rst^+靠近着丝粒附近的异染色质。异染色质不会侵入任何一个基因

白色光滑片段

rst^+　w^+

异染色质扩增使w^+基因失活。rst^+基因活跃

白色粗糙片段

rst^+　w^+

w^+和rst^+基因均因异染色质扩散而失活

红色粗糙片段

从未观察到

rst^+　w^+

这从未被观察到。因此，异染色质线性传播而不跳过基因

图12.12 在果蝇中产生的花斑位置效应。（a）当w^+基因通过染色体易位被带到一个异染色质区附近时，果蝇的复眼呈现红白嵌合的花斑。（b）花斑位置效应的模型是假设异染色质可以从围绕着丝粒的正常位置通过线性扩散移到邻近的基因，从而导致基因失活而发生表型的改变。

（a，两图）： © Dr. Clinton Bishop, Department of Biology, West Virginia University

在携带野生型w^+等位基因的果蝇中，带有活跃的w^+基因的细胞表型是红眼，而携带不活跃的w^+基因的细胞表型是白眼。很明显，当正常的像w^+这样的全色基因进入异染色质附近时，异染色质可以扩散到全染色质区域，从而抑制这些细胞的基因表达。在这种情况下，虽然基因的DNA没有发生改变，但是基因易位已经改变了一些细胞的基因表型。因此，花斑位置效应反映了**兼性异染色质**的存在：在同一生物体中，同样的一段染色体区域（甚至整个染色体）在有些细胞中是异染色质，而在有些细胞中可能是常染色质。

在果蝇中，红眼和白眼的花斑位置效应使眼睛呈现出红色和白色斑块相间的马赛克［图12.12（a）］。但在每个眼睛中，斑块的数量、位置和大小各不相同。这表明，异染色质是否会扩散到特定细胞的 w^+ 基因上是随机发生的。由于许多相邻细胞的斑块具有相同的颜色，所以这种表型可能是在眼睛发育的早期就已经形成了。表型一旦确定，就会被细胞通过有丝分裂的方式延续给后代。这些后代细胞占据眼睛的特定区域，就形成了红色或白色细胞的斑块。

1. 异染色质的影响范围

花斑位置效应的一个有趣现象是，异染色质可以扩散到1000kb以外的常染色质区域。例如，通过基因重组可以将 w^+ 基因易位到附近的异染色质区域，同时将粗糙眼（*roughest*⁺）基因也易位到附近相同的区域，尽管离异染色质［图12.12（a）］稍远一点。野生型的粗糙眼（*rst*⁺）基因通常会产生光滑的表面。在携带重组基因的果蝇中，一些白眼斑块有光滑的表面，而另一些则有粗糙的表面［图12.12（b）］。后一种表型中，异染色质使白眼 w^+ 和粗糙眼 rst^+ 基因失活。但是，粗糙红眼的表型永远不会出现，这也说明了异染色质不会跳过基因，只能沿着染色体进行线性扩散。

如果异染色质能扩散，正常情况下异染色质和常染色质之间的界限是如何形成的？研究证明，被称为**边界元件**的DNA片段阻止了异染色质的扩散。虽然边界元件存在的确切机制尚不清楚，但目前的研究表明，这些DNA元素会启动修改组蛋白的酶，这将在本章后面解释。

2. 使用PEV来识别异染色质的组成成分

科学家们利用果蝇中花斑位置效应的现象来探索异染色质的组成成分。通过研究大量斑块的变化，研究人员发现了改变斑块效应的基因突变。斑块效应增强（眼睛更白）时，大量细胞处于基因失活状态；斑块效应抑制（眼睛更红）时，少数细胞处于基因失活状态。

研究人员后来分离出了一些改变斑块性状的等位基因的突变，并研发了针对基因突变蛋白产物的抗体。通过这种方式，他们发现一些影响异染色质形成的基因编码蛋白有选择性地位于异染色质上。下一节将会讲到，对这些蛋白质的识别为研究染色质结构的生物学控制提供了重要线索。

12.3.4　异染色质和常染色质的组蛋白修饰

几个互相影响的互动机制导致了活跃（或潜在活跃）的常染色质和沉默的异染色质之间的区别。这些机制中最重要的一种是核小体中组蛋白的共价修饰。染色质修饰蛋白与调节基因表达的转录因子之间的相互作用将在第17章中进行讨论。

1. 组蛋白尾部修饰

四个核心组蛋白（H2A、H2B、H3和H4）的N端区域形成了从核小体向外延伸的尾部（图12.13）。有些酶可以沿着氨基酸的末端添加多种不同的化学基团（其中包括甲基、乙酰基、磷酸基团和泛素；见图8.26），而一些酶可以去除先前添加的这些基团。这些**组蛋白尾部**的修饰可以影响核小体的包装，并且修饰后的尾部可以作为染色质修饰蛋白结合的平台。核小体核心的组蛋白尾部修饰可能有100种以上的方式（图12.13）。

对于组蛋白尾部修饰的最佳解释是对特定赖氨酸的乙酰化和对特定赖氨酸及精氨酸的甲基化（图12.14）。由组蛋白乙酰转移酶（HAT）完成的赖氨酸乙酰化，通过阻止核小体的高度浓缩来打开染色质。组蛋白乙酰化有利于常染色质区域的基因表达，因为它们的启动子可以被RNA聚合酶及其相关蛋白质所结合。有趣的是，组蛋白上乙酰化的赖氨酸作为帽子酶的结合位点，促进组蛋白乙酰化向相邻核小体的扩散。组蛋白脱乙酰化酶（HDAC）去除乙酰基，导致染色质的闭合和转录的抑制。

组蛋白尾部的甲基化修饰更为复杂，可能会根据特定氨基酸的甲基化而关闭或打开染色质。组蛋白尾部氨基酸进行甲基化的酶是组蛋白甲基转移酶（HMTase），而逆转组蛋白甲基化的酶叫做组蛋白去甲基化酶。

果蝇体内存在一种通过等位基因突变导致功能失活的PEV抑制因子，其主要功能是编码HMTase酶，通过

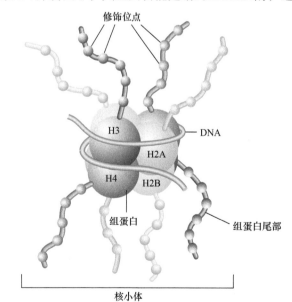

图12.13　组蛋白尾部修饰。核心组蛋白的N端从核小体向外延伸。这些氨基酸的末端都是修饰的目标，如改变染色质结构的甲基化和乙酰化。

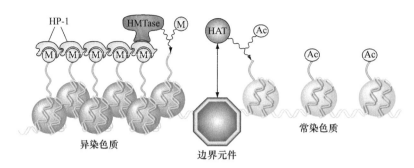

图12.14 组蛋白尾部修饰改变染色质结构。在异染色质（橙色）中，核小体的K9-甲基（M）与HP1蛋白相结合，K9-甲基会吸引在核小体附近进行甲基化的HMTase酶，从而促进不活跃区域的扩散。在常染色质区（绿色），HAT酶对核心组蛋白的乙酰化（Ac），导致离核小体足够远的染色质开放区域能够进行转录。阻止异染色质扩散的边界很可能是一种能吸引HAT酶的DNA序列，或者是逆转K9甲基化的去甲基化酶（未显示）。

在组蛋白H3的特定赖氨酸中添加甲基（K9）来实现抑制作用。这种特殊的甲基化作用是通过为异染色质蛋白提供结合位点，将染色质标记为异染色质。组蛋白H3-K9的甲基化是染色体区域表现为转录沉默的共同特征（见图12.14）。

2. 异染色质特异蛋白

果蝇体内存在一种名为HP1的花斑位置效应抑制编码基因，这是一种重要的异染色质蛋白，它与含有甲基化K9的组蛋白 H3的尾部结合在一起。HP1蛋白有两种方式促进染色质与异染色质尾部的结合（见图12.14）。首先，它会自我关联，这有助于将相邻的核小体更紧密地结合在一起。其次，HP1可以与其他蛋白质相结合，研究最多的是与HMTase酶的结合，它能将甲基化基团加入到组蛋白 H3的K9中，帮助相邻核小体进行组蛋白H3-K9的甲基化。这种自催化效应也可以帮助科学家解释在花斑位置效应中观察到的异染色质的线性扩散现象。

如图12.14所示，异染色质和常染色质之间的选择与组蛋白尾部进行甲基化或乙酰化修饰有关。一旦常染色质和异染色质中的一种在一组核小体中占主导地位，它们就会一直扩散到附近的核小体，直到它们到达边界。阻止异染色质扩散的边界是一种特殊的DNA序列，它可以结合组蛋白乙酰转移酶（HAT）和组蛋白去甲基化酶，使受影响的染色质区域倾向于形成常染色质。

12.3.5 异染色质抑制雌性哺乳动物细胞中X染色体的激活

在第4章中讲到，由于在雌性体细胞中，两条X色体中的一条被随机激活，因此在哺乳动物中，雌性个体和雄性个体的X染色体中发生表达的基因数量是相同的。在一些细胞中，从母系遗传的X染色体是失活的；也有可能，从父系遗传的X染色体是失活的（回顾图4.25）。不活跃的X染色体（或巴氏小体）是兼性异染

色质的例子：X染色体在一些细胞中几乎完全是异染色质，而在有些细胞中可能是常染色质。X染色体中的大部分基因只能在常染色质细胞中进行转录；相反，只有在少数的异染色质的巴氏小体中，X染色体基因（主要是在伪常染色体的区域）可以转录。

我们把人类X染色体中一个包含了450kb的DNA区域称为**X去活化中心（XIC）**［图12.15（a）］，它可以调节剂量补偿。XIC的作用是通过将一个XIC复制体转移到常染色体中，使常染色体成为巴氏小体。在XIC中有一个最重要的基因叫做**Xist（X染色体失活特异性转录物）**。*Xist*基因的产物是一种超长（17kb）的**非编码RNA（ncRNA）**，与大多数转录物不同，它从不离开细胞核，也不会被转化成蛋白质。

*Xist*是由不活跃的X染色体稳定转录得来的，而且正是*Xist* ncRNA触发了它被转录的X染色体的失活。*Xist*是一种重要的基因，它可以调解失活，因为如果*Xist*被从一个X染色体中删除后，另一个X染色体就会变成巴氏小体。相反地，如果把*Xist*的副本添加到常染色体中，那么染色体就会自动成为巴氏小体。研究人员目前正在探索将*Xist*添加到唐氏综合征患儿的三条染色体中的一条染色体上的可能性。从理论上讲，这种策略可以作为一种基因治疗，通过关闭多余的21号染色体的基因表达来改善唐氏综合征的症状。

使用荧光分子探针的研究表明，*Xist* ncRNA能够覆盖产生它的X染色体［图12.15（b）］。然后，*Xist* ncRNA就会在这条X染色体上结合组蛋白修饰酶。由此触发位于核小体组蛋白尾部的甲基化酶和脱乙酰化酶将染色体进一步浓缩成巴氏小体。不活跃的X染色体也显示了沉默子的一些其他的特征，例如，DNA中某些核苷酸的甲基化作用，这将在本书第17章中进行叙述。

尽管图12.15显示了迄今为止已经确定的一些关于X染色体失活的分子细节，但仍有一些待解的谜团。第4章提到，受精大约2周后，在染色体为XX的女性胚胎中，每隔500～1000个细胞就会发现一个将两条X染

(a) *Xist*是从静止的X染色体转录而来的

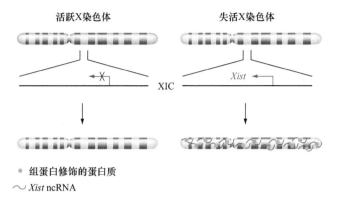

● 组蛋白修饰的蛋白质
~ *Xist* ncRNA

(b) *Xist* ncRNA与巴氏小体相结合

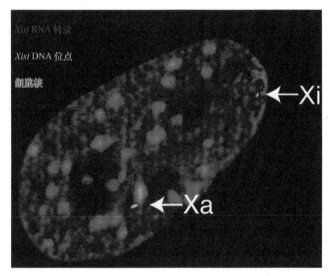

图12.15 X染色体去活化。（a）X去活化中心的调控基因为*Xist*，其基因产物是非编码的ncRNA。*Xist*是编码导致X染色体上大部分基因失活的特异转录因子。*Xist* ncRNA与这条染色体上的许多位点结合；然后，*Xist* ncRNA会激活使DNA沉默的组蛋白修饰蛋白。（b）对雌性小鼠体细胞的研究显示，*Xist* ncRNA（红色）只与未激活的X染色体结合（Xi；巴氏小体），而不与激活的X染色体（Xa）结合。DNA显示为蓝色；X染色体上的*Xist*基因显示为黄色。

（b）引自：B. Reinius et al (2010), "Female biased expression of long non-coding RNAs in domains that escape X-inactivation in mouse," *BMC Genomics*, 11:614, Fig. 5

体中的一条浓缩为巴氏小体的细胞。目前还不清楚，细胞是如何选择将哪条X染色体进行失活的。此外，为什么*Xist* ncRNA只与被选定用来转录成*Xist*的X染色体相结合？

另一个热门的研究领域是，体细胞中X染色体的失活是可以遗传的：一旦发生失活，这种现象就会被遗传下去，这样，由一个特定的胚胎细胞通过有丝分裂产生的数百万个细胞，都会将同样的X染色体浓缩成一个巴

氏小体。科学家们目前正在探索细胞是如何记住分裂后将哪条X染色体浓缩成巴氏小体的。

基本概念

● 重建复合体利用ATP水解的能量改变核小体的位置，暴露启动子并进行基因转录。

● 在异染色质区，启动子被紧紧包裹在核小体中，阻止其转录的发生，从而使这些基因表现为沉默。

● 花斑位置效应是指位于常染色质区的基因经过染色体重排转移到异染色质附近的着丝粒区域时，表现出不稳定的表型效应。异染色质的扩散会使基因沉默，抑制其转录的发生。

● 在组蛋白H3中，特定赖氨酸（K9）的甲基化是沉默子区域的特征。与此相反，组蛋白尾部发生的乙酰化修饰打开染色质并激活了基因表达。

● *Xist*基因用来调控X染色体的失活。*Xist*基因的非编码RNA（ncRNA）覆盖产生它的X染色体，并通过与组蛋白修饰酶结合来灭活染色体，从而产生巴氏小体。

12.4 真核生物染色体的复制

学习目标

1. 解释在真核细胞中DNA如何在短时间内发生复制。
2. 总结在复制过程中重新形成核小体的过程。
3. 讨论端粒的结构及其在维持染色体完整性方面的作用。
4. 描述端粒酶的作用，并识别出后续形成的细胞类型。

就像转录一样，染色体的复制也需要读取它们的DNA。科学家们已经能够在光学显微镜下观察到染色体复制并分化成子细胞的过程。然而，其分子水平机制直到近来才被发现。在本节中，我们回顾了目前已知的关于真核生物染色体复制的内容。

在第6章中，我们讨论了微生物细胞中DNA聚合酶与其他因素合作进行DNA复制的过程。在真核生物中，尽管DNA复制的许多方面都是与微生物细胞相似的，但这些细胞也面临着其他的挑战。首先，真核细胞的DNA比原核细胞要多得多，所有这些细胞都需要在细胞周期的短时间内完成复制。其次，真核细胞中DNA的复制必须由DNA包裹在核小体周围进行。最后，真核生物的染色体是线性的，而不是环状的，但线性染色体的末端很难复制。我们在这一节中讨论了真核细胞如何处理染色体复制中的这些特殊问题。

12.4.1 染色体中的DNA复制起点

一个典型的人体细胞中发生DNA复制时，DNA聚合酶会根据DNA模板以每秒钟连接50个核苷酸的速度

组装一个新的核苷酸序列。按照这个速度，聚合酶只需要一个复制的起点，经过大约800h（比一个月多一点）的时间，就能完成人体正常细胞染色体上1.3亿个碱基对的复制。但是，在增生活跃的组织中，这个完成复制的周期要短得多，大约只需要24h，而且S期（DNA复制的周期）只占这段时间的1/3。真核生物的染色体通过触发多个可同时发挥作用的复制起点来确保在这么短的时间内完成DNA的复制。

大多数哺乳动物细胞的染色体上存在大约10 000个复制起始点。正如在第6章中提到的，每一个复制起始点都与解开双螺旋链的蛋白质结合在一起，将双螺旋结构的两条链分开，产生两个镜像复制叉，然后复制分别从两个方向（双向地）进行。当开始复制一个染色体的DNA时，在电子显微镜中可观察到每个复制起始点都有一个复制泡，因此可以在染色体上看到许多泡的出现（图12.16）。这些泡的体积会逐渐增加，直到与相邻的泡相互融合，最终整个染色体被复制完成。

DNA的两条单链以相反的方向从复制的起点到终点同时进行复制，并与相邻的复制叉进行DNA合并，称为**复制单元**或**复制子**。但是到目前为止，复制起点的数量与S期的时间相关的原因还未发现。例如，在果蝇中，早期胚胎细胞在不到10min的时间内复制了它们的DNA。为了在短时间内完成S期，染色体比在正常的S期时激活了更多的复制起点。

因此，并非所有的复制起点都必须在生物体有丝分裂的分裂期出现。实际上，在每个哺乳动物细胞核的染色质中散布着上万个复制起点，这些复制起点由长度30～300kb不等的DNA序列分隔开来，这也确保每一个染色质循环中至少有一个复制起点。

酵母的复制起点（称为自主复制序列，简称ARS）能够被同时复制的质粒所隔离。ARS能够与启动复制

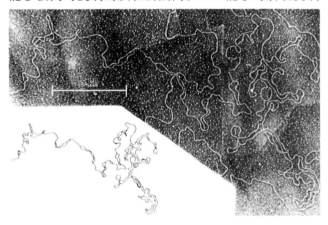

图12.16　真核生物的染色体存在多个复制起点。通过电子显微镜观察，从果蝇胚胎中复制的DNA。许多复制起点是活跃的，可以创建多个复制子。

© H. Kreigstein and D.S. Hogness, "Mechanism of DNA Roplication in *Drosophila* Chromosomes: Structure of Replication Forks and Evidence of Bidiretionality", PNAS, 71(1974): 135-139

的酶结合。几乎所有的ARS都包含一个11bp的富含AT的序列5′ T/ATTTAYRTTTT/A 3′，其中Y是嘧啶，R是嘌呤。其他几个相邻的序列也有助于ARS作为复制起点。通过消化间期染色质的DNase I，研究人员发现复制起点位于缺少核小体的DNA区域。DNase I是存在于不被相关核小体保护的DNA区域内的染色体片段。

12.4.2　新的核小体必须在DNA复制过程中形成

DNA复制只是染色体复制的一个步骤。这个复杂的过程还伴随着组蛋白和非组蛋白的合成与整合，以此促进核小体和染色质结构的再生。虽然上述结论的某些方面是有争议的，但研究人员已经获得了相关证据，来解释这个过程发生的现象：

● 组蛋白的合成和转录与DNA的合成是密切相关、相互协调的，因为新生的DNA在其形成的几分钟内就被包入核小体中。

● 当DNA复制发生时，核小体就会迅速地聚集在新形成的子DNA分子上。新的核小体是由旧的（可循环的）和新形成的组蛋白混合而成的，并随机分布在两个子代DNA分子上（图12.17）。

● 在某种程度上，通过自我繁殖，可以在复制叉上保留一些组蛋白的修饰，原因是通过组蛋白尾部氨基酸修饰可以激活修饰酶（见图12.14）。然而在某些情况下，这种功能的遗传是无效的。原因是只有新生的组蛋白可以进行修改，而新复制的DNA中只有一半的组

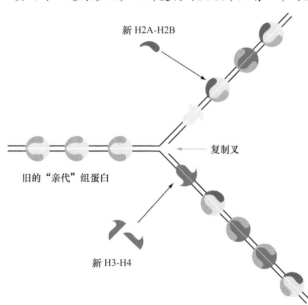

图12.17　在DNA复制后产生的核小体。复制叉分解了它在亲代染色体中遇到的核小体。在复制叉经过后，新的核小体立即进行组装。首先，一种含有H3和H4两种分子的四聚物与DNA相结合形成半个核小体，然后与两个二聚体相结合，每一个二聚体中都含有一个H2A和一个H2B分子。新的核小体可以包含多种H3/H4四聚体和H2A/H2B二聚体的随机组合，这些组合要么是新合成的，要么是已经存在于亲代核小体中的。

蛋白是新生的。此外，组蛋白的修饰是不稳定的，所以并不是所有新生的组蛋白都保留了原来的标记。

如果在DNA复制过程中没有稳定的机制来复制组蛋白标记，为什么在分化细胞发生有丝分裂后，染色质结构通常会重组呢？答案是，在复制之后，由新的核小体组成的染色质结构是开放的，这为细胞核内的转录调控蛋白与子代DNA分子结合在一起提供了机会。尽管在DNA复制时，组蛋白的修饰现象可能会暂时消失，但是这些转录调控蛋白还是会在适当的时机结合组蛋白修饰酶，重建亲代染色体的染色质结构。

12.4.3 端粒能够稳定线性染色体末端的结构并调控染色体的复制

端粒是存在于真核细胞线性染色体末端起保护作用的特殊的"帽"结构（图12.18）。端粒由与特定蛋白质相关的特殊DNA序列组成，这些"帽"结构虽然是不编码蛋白质的DNA序列，但对保护每条染色体的结构完整性至关重要。

1. 端粒和染色体末端的复制

线性染色体末端的复制是细胞分化的一个难题。正如你在第6章中看到的，复制机制的关键因素——DNA聚合酶只在5′→3′的方向上运行，它可以将核苷酸添加到现有链的3′端。由于这个限制，酶本身就不可能在两条DNA链的5′端复制核苷酸（其中一种是在染色体末端的端粒上，另一种是在另一条染色体的端粒上）。因此，DNA聚合酶可以重建染色体上每一个新生成的DNA链的3′端，而不是5′端（图12.19）。

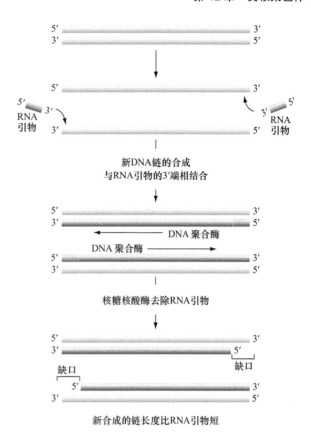

图12.19　染色体末端的复制。即使5′端的RNA引物（红色）可以合成一条新链，但是当核糖核酸酶最终将引物移除时，缺口仍将存在。DNA聚合酶不能在没有引物的情况下填补这一空白，所以新合成的DNA链（暗蓝色）将比亲代短（亮蓝色）。

我们在第5章中了解到，由于DNA聚合酶不能在新链的5′端开始合成，而且它需要依赖于RNA引物来完成合成工作，但是这些RNA引物最终被移除。因此，每次DNA被复制的时候，在真核细胞每一个新合成的染色体链的5′端都会缺失一个RNA引物长度的序列。最终，经过连续几代的细胞分裂，随着DNA的减少而最终导致失去关键基因，由此染色体也会变得越来越短。

端粒和**端粒酶**能够对抗DNA聚合酶的这种局限性。端粒是由不编码蛋白质的重复DNA序列组成的。人类的端粒由碱基序列5′ TTAGGG 3′（在一条链上读取）重复250～1500次组成。重复的次数随细胞类型不同而存在差异，其中精子的端粒是最长的。同样的TTAGGG序列存在于所有哺乳动物的端粒中，也存在于鸟类、爬行动物、两栖动物、骨鱼和许多植物物种中。一些亲缘关系较远的生物体的端粒中也有重复序列，但序列稍有不同。例如，四膜虫染色体上端粒的重复序列是TTGGGG。不同物种间这些重复序列的高度相似性表明，端粒在真核生物进化的早期阶段发挥了至关重要的作用。

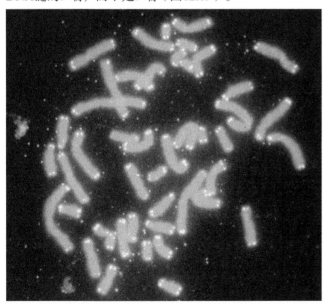

图12.18　端粒保护真核生物染色体的末端。FISH技术下人类的端粒是探针可以识别的重复碱基序列TTAGGG的黄色荧光体。

端粒酶是一种不寻常的酶，由蛋白质与RNA结合组成。由于这种组合，它被称为核糖核酸蛋白。这种酶的RNA部分包含3′ AAUCCC 5′的重复序列，这与端粒中5′ TTAGGG 3′的重复序列互补，它们是端粒末端添加新的TTAGGG的模板（图12.20）。新的重复序列的增加可以平衡DNA的丢失，而DNA的丢失是线性DNA分子被复制时必然发生的。

2. 端粒酶的活性和细胞的增殖

一些类型的细胞充分利用了在细胞分裂期端粒维持染色体结构稳定性的优势，但也有少数类型的细胞在细胞分裂时染色体会缩短。在人类中，大多数分化的体细胞属于后一种类型。尽管这些细胞在其基因组中有端粒酶基因，但并不表达这种酶的活性，所以端粒在每个细胞分裂时都会略微缩短。经过30～50次的细胞分化后，染色体末端开始失去重要的基因，由此，这些细胞开始显示衰老的迹象，直至死亡。因此，端粒酶的缺乏导致了分化的体细胞具有有限的生命周期。

相比之下，生殖细胞能够表达端粒酶，从而确保在DNA的复制过程中，染色体末端不会丢失基因（如果不是这样，我们的物种早就灭绝了）。显然，生殖细胞具有某种反馈机制，能维持端粒的最佳复制次数，从而使染色体在每一次细胞分裂中既不会缩短，也不会延长。

人体中有两类体细胞也可以产生端粒酶，因此具有繁殖后代的能力。其中一类细胞是确保组织再生的干细胞，如造血干细胞。第二种类型是肿瘤细胞——体细胞发生错误的分裂机制，可以进行无限分裂的细胞。基于端粒酶的高度活性是许多肿瘤细胞的特征，制药公司正在开发能够抑制这种重要酶的癌症治疗药物。

3. 端粒和染色体的完整性

染色体的破坏（例如，暴露在X射线下）和端粒的脱离对细胞构成了许多危害。其中一个问题是，细胞中含有能从破裂的末端降解DNA的核酸酶。第二个问题来自于图7.18中描述的非同源末端结合（NHEJ）的酶系统。如果两种不同的染色体被破坏了，这些NHEJ酶可以将染色体结合在一起，则这种断裂染色体头尾相连的融合产生了两个中心体。在有丝分裂的后期，如果两个着丝粒被拉向相反的方向，它们之间的DNA就会破裂，导致染色体发生破坏并最终从子细胞中消失。这些例子表明，正常的端粒对于稳定染色体结构和维持细胞遗传具有重要的作用。

不同于端粒酶，端粒的保护作用是由蛋白质引起的，它能与染色体末端的TTAGGG相结合。这些蛋白质形成了一种叫做**端粒蛋白复合体**的物质，它将端粒折叠成一个结构，避免单链TTAGGG序列与核酸酶和NHEJ酶（图12.21）的结合。

基本概念

- 在真核细胞中，DNA复制几乎同时发生在数千个复制起点上。

- 在复制过程中，新的核小体聚集在子代DNA分子上。调节蛋白质与DNA相结合，并与组蛋白修饰酶相结合来重建亲代染色质结构。

- 因为DNA聚合酶不能复制线性DNA分子的5′端，导致染色体在每次复制时都会缩短，进而造成基因缺失和细胞死亡。为了避免这种现象，端粒包含了可以通过端粒酶延长的重复序列。

- 由于大多数体细胞不表达端粒酶，因此细胞寿命有限。但是，包括生殖细胞、干细胞和肿瘤细胞在内的一些细胞则可以表达端粒酶。

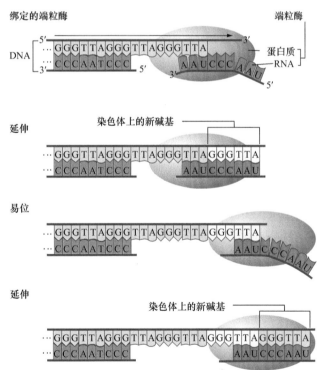

图12.20　端粒酶如何延长端粒。端粒酶RNA（红色）中3′ AAUCCC 5′的重复序列与端粒5′ TTAGGG 3′的重复序列互补。端粒酶RNA作为一种模板，可以将TTAGGG重复添加到端粒末端。在添加了一个新的重复序列之后，端粒酶将转移（易位）到新合成的端粒上，进行更多的延伸。

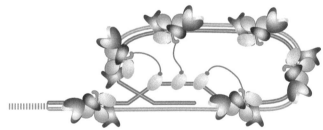

图12.21　防护层保护端粒。在DNA尾部的折叠区（灰色），端粒蛋白复合体（有颜色的区域）的蛋白质与端粒结合，这样它们既不会被核酸酶攻击，也不会与非同源染色体的末端结合。

12.5 染色体分离

学习目标

1. 对比DNA序列，描述在酵母和高级真核生物中着丝粒的组成。

2. 描述细胞分裂中期的纺锤体，以及动粒在染色体分离时的作用。

3. 比较在有丝分裂、减数分裂Ⅰ和减数分裂Ⅱ时的黏连蛋白的作用。

在细胞有丝分裂或减数分裂Ⅱ期，每一个复制的染色体中的两条染色单体在后期从染色体中分离，分别进入两个子细胞中去。与此相反，在减数分裂Ⅰ期，同源染色体分离，这样每个子细胞中有且只有一条同源染色单体。真核生物的着丝粒作为分离中心确保了不同分离机制下的准确分离。着丝粒区域是姐妹染色单体结合最紧密的地方；此外，着丝粒结构中的动粒是染色体与纺锤丝结合的位置（图12.22）。

12.5.1 特殊的DNA序列促进着丝粒的形成

在酵母中，着丝粒由两个高度保守的核苷酸序列组成，每一个都只有10～15bp，被大约90bp长的富含AT的DNA序列隔离（图12.23）。显然，生物体中，大约120个核苷酸的一小段序列足以在这个生物体中指定一个着丝粒。不同酵母染色体的着丝粒序列非常相似，以至于一个染色体的着丝粒可以替代另一个染色体的着丝粒。这一事实表明，所有的着丝粒在染色体分离中起着相同的作用，它们并不能帮助区分两条染色体中的一条。

高级真核生物的着丝粒比酵母的着丝粒要大得多，也复杂得多。这些更复杂的着丝粒被包裹在某些重复的、非编码的序列中，被称为**卫星DNA**。卫星DNA存在许多不同种类，每一种都由5～300bp不等的短序列组成，并且可以重复串联成千上万次，形成大的卫星阵列。人类着丝粒的主要卫星序列——α卫星序列是含有大约170bp的非编码序列，它存在于一个串联重复

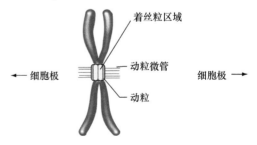

图12.22 着丝粒。着丝粒（黄色）的黏连蛋白使姐妹染色单体结合在一起。着丝粒也包含了一些动粒（橙色）的结构信息，这些结构负责调控染色体与纺锤丝的结合。

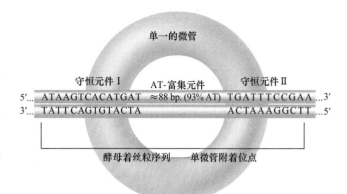

图12.23 酵母着丝粒DNA序列。每个酵母着丝粒有两个短的、保守的DNA元件，并通过动粒蛋白（未显示）与一个纺锤体微管（棕褐色）结合，显示其大小以供比较。

序列中，在每条染色体的着丝粒区域内延伸超过1Mb的DNA。许多人类着丝粒也包含了与卫星无关的重复序列，这些序列将异染色质特征传递给着丝粒，如图12.11所示。

12.5.2 动粒控制着染色体与纺锤体的结合

着丝粒与染色体的正确分离与**动粒**密切相关：动粒是由DNA和蛋白质组成的特殊结构，是染色体附着在纺锤丝上的部位。在酵母细胞中，每一个动粒都与单独的一根纺锤丝相连（见图12.23）；但在高级的真核生物中，动粒与许多纺锤体微管相连（图12.24）。研究人员认为，这些复杂的动粒可能是由许多重复的结构子单元组成的，每个子单元负责与一根纺锤丝相连。

动粒DNA序列，如人类α卫星序列，与其他染色体相比，有不同的染色质结构和不同的高阶包装（图12.24）。在这种特殊的染色质中，核小体的核心正常的H3组蛋白被一种叫做CENP-A的组蛋白取代。CENP-A组蛋白与C端区域的组蛋白H3非常相似，但与N端的组蛋白H3不同。具有这种组蛋白变体的核小体可以作为支架，将其他的蛋白质组装到动粒上。

在有丝分裂期，动粒形成于姐妹染色单体形成的前期，并附着于着丝粒的两端。在有丝分裂前期和中期，两个姐妹染色单体的动粒附着在细胞两端中心体的纺锤丝上，通过动粒蛋白将两条姐妹染色单体拉向两极。

在分裂中期，当姐妹染色单体被拉向相反的方向时，就会产生张力，但它们仍然附着在动粒上。此时，某些其他的动粒蛋白，协助这种张力建立一个细胞周期检测点：只有在细胞内的所有活动都处于拉伸状态时（即所有的染色体都附着于纺锤体上），这些蛋白质才会产生一个分子信号，使姐妹染色单体相互分离。在分裂后期，染色单体可以移动到各自的极点。

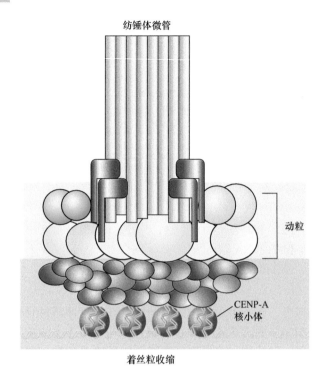

着丝粒收缩

图12.24 动粒。在高等的真核生物中，着丝粒DNA由重复的序列组成，这些序列被组装到包含CENP-A蛋白的核小体中，CENP-A蛋白是组蛋白H3的一种变体。含有数十种蛋白质的动粒围绕着这些核小体。其中一些蛋白质控制动粒的组装（紫色），一些结合微管（黄色）；有些推动染色体沿着纺锤体移动（红色）；还有一些（绿色）确保姐妹染色单体（有丝分裂，减数分裂Ⅱ）或同源染色体（减数分裂Ⅰ）在染色体被正确地附着在纺锤丝上之前不会分离。

12.5.3 黏连蛋白复合物使姐妹染色单体结合在一起

　　黏连蛋白是指在有丝分裂和减数分裂期间像胶水一样将姐妹染色单体黏连在一起的一种高度保守的、多亚基的蛋白质复合物。当染色体在细胞周期的S期被复制后，通过黏连蛋白将姐妹染色单体连接在一起并附着在着丝粒区域。黏连蛋白的这种结合是通过包围姐妹染色单体的两个双螺旋结构实现的。图12.25显示了目前存在争议的一种模型：黏连蛋白与两个DNA分子结合的拓扑关系模型。这种黏连蛋白环沿着染色体的长度分布，但它们在着丝粒异染色质区域附近的浓度特别高。

　　在有丝分裂中期，黏连蛋白复合物与将两条染色单体拉向两极的动粒的力相抵抗，于是就产生了刚才提到的染色体张力。在后期，一种叫做分离酶的蛋白水解酶将黏连蛋白复合物分解，使姐妹染色单体分开并移动到两极的纺锤体上［图12.25和图12.26（a）］。为了支持这个观点，分裂细胞表达一种不会被水解酶分解的黏连蛋白，导致染色体分离错误的发生。

　　在减数分裂期，存在一个特殊的问题：姐妹染色单体在第一次减数分裂期仍然结合在一起，但在第二次减

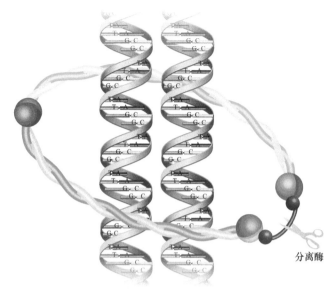

分离酶

图12.25 内聚蛋白的分子模型。内聚蛋白复合物有蛋白质亚基（绿色、湖绿色和紫色），它们一起围绕着两个姐妹染色单体（两个DNA分子，蓝色和红色的链）。当分离酶（金）分裂紫色内聚蛋白亚基时，姐妹染色单体可以分离，释放两个DNA分子。

数分裂时分开了。细胞通过产生含有特定亚基的黏连蛋白（取代图12.25中的紫色亚基）与一种叫做shugoshin［日语中"守护神"的意思；图12.26（b）］的蛋白质相互作用来解决这个问题。Shugoshin保护着丝粒免于分离酶的裂解。在进入减数分裂Ⅱ期时，shugoshin被移除，从而水解酶分解黏连蛋白，促使姐妹染色单体分离移至两极。

　　有趣的是，shugoshin并没有在姐妹染色单体的臂上保护黏连蛋白；目前还不清楚着丝粒上的黏连蛋白与染色体臂上的黏连蛋白之间分子机制的区别。因此，在减数分裂Ⅰ期的后期，姐妹染色单体臂上的黏连蛋白被分解，而着丝粒上的则没有。这一现象非常重要，因为正如将在本章末尾的习题30中了解到的，在染色体臂上的黏连蛋白是将同源染色体结合在一起的黏合剂，而纺锤体则试图在第一个减数分裂的中期将它们分开。因此，在减数分裂Ⅰ期的后期，染色体臂上黏连蛋白的分解是促使同源染色体分离并附着于两极纺锤体的必要条件。

基本概念

- 酵母菌的着丝粒由较短的DNA序列组成。但高等真核生物中，着丝粒要复杂得多，而且包含重复的DNA序列。
- 在着丝粒上的动粒是纺锤丝附着在染色体上的位置。细胞周期检测点确保染色单体在所有动粒与纺锤体结合之前不会被分离。

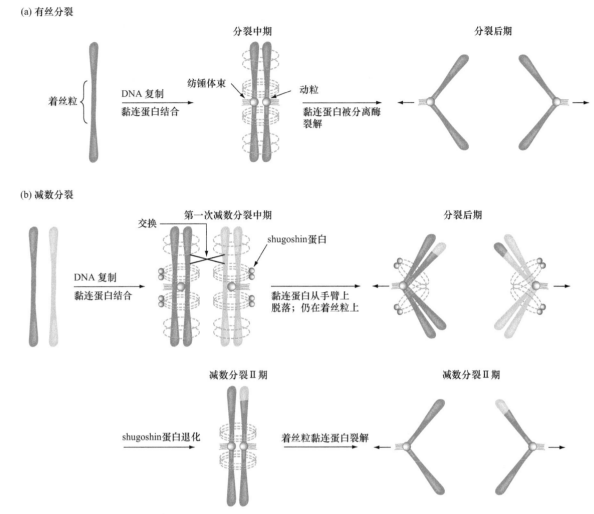

图12.26 黏连蛋白在有丝分裂和减数分裂中的作用。（a）在有丝分裂期，黏连蛋白将姐妹染色单体连接在一起。在分裂后期，分离酶将黏连蛋白分解促使姐妹染色单体分离。（b）在减数分裂 I 期的后期，染色体臂上的黏连蛋白分解，但着丝粒上的黏连蛋白被shugoshin蛋白保护而免于分解。着丝粒上的黏连蛋白保持姐妹染色单体的结合直到减数分裂 II 期的后期。

● 直到在分裂后期被分离酶分解前，黏连蛋白复合物维持染色单体的结合。在减数分裂 I 期，shugoshin保护着丝粒上的黏连蛋白不被分解，从而保持姐妹染色单体结合在一起；在减数分裂 II 期，shugoshin被移除，导致分离酶在后期将黏连蛋白分解。

12.6 人造染色体

学习目标

1. 列出人造染色体中的必要组成元素。
2. 讨论科学家制造人造染色体的原因。

在20世纪80年代，分子遗传学家构建了第一个人造真核生物染色体，即**酵母人工染色体（YAC）**，是将本章中描述的三个关键的染色体元素（着丝粒、端粒、DNA复制起点）结合到仅含有一个DNA分子的酵母中（酿酒酵母菌）形成的（图12.27）。2014年，约翰霍

普金斯大学的一组科学家报道了这一完整的简单生物的人造染色体构造。在这一节中，我们讨论了YAC和人造染色体的区别，并讨论了这两种DNA分子的用途。

12.6.1 酵母人工染色体可以用来帮助描述DNA进行染色体复制和转录的原理

在第9章中，我们描述了通过克隆基因组片段进行的"全基因组测序"的测序方法。当使用这种方法时，基因组被切成2Mb长的片段，随后被分离、扩增和鉴定。其中有两种类型的载体可以克隆出如此长的DNA片段，它们是BAC（细菌人工染色体）和YAC（酵母人工染色体）。我们在这里详细描述了YAC，不仅因为它们对克隆大量的基因组DNA很有用，而且通过这些载体分子的作用，科学家观察到了许多染色体的功能。

图12.27说明了着丝粒、端粒和复制起点是如何组合成一个YAC的。一旦科学家们使用DNA重组技术并加入这些元素，就可以将YAC转化为酵母细胞，用来作

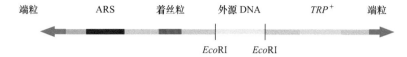

图12.27 酵母人工染色体（YAC）。为了有效地发挥人工染色体的功能，含有ARS（酵母复制起点）、着丝粒序列和末端端粒的YAC载体需要通过*Eco*RI位点连接，插入长度超过100kb的外源DNA（未按比例绘制）。如果载体有一个选择性标记，如 *TRP*⁺基因，用YAC转化的酵母细胞可以被识别。

为染色体的宿主。研究人员通过使用一个可选择性的标记来追踪YAC的存在，例如，*TRP*⁺基因能够使营养缺陷型细胞在缺少色氨酸的生长介质中持续存活。

YAC的研发过程具有历史性的意义，因为它帮助遗传学家根据酵母复制起点（ARS）和着丝粒对染色体进行分离和研究。试验中，只含有复制起点但缺少着丝粒或端粒的质粒虽然能够进行复制，但不能正确地进行分离。含有复制起点和着丝粒但没有端粒的圆形质粒，则能够很好地进行复制和分离；如果它们是线性的，就会被降解并最终从细胞中消失。

有趣的是，携带这三种元素的小DNA分子复制并分离成独立于正常酵母染色体的线性染色体，但由于缺少足够的DNA，它们并不能精确地分离。YAC可以将携带11 000bp的片段随机插入到DNA中，这也导致了细胞分裂中50%的分离错误的发生。当插入的基因片段为55 000bp时，有1.5%机会发生错误分离。由于人造染色体中含有超过10万bp的插入片段，所以分离错误率下降到0.3%。这个错误率仍然是大小相等的正常酵母染色体的200倍，这表明染色体结构和功能的一些微妙变化仍值得去研究。

研究人员根据YAC相关的研究成果来开发人造染色体。他们希望能够将人造染色体作为一种载体来治疗相关的遗传疾病。

12.6.2 人造染色体可能有助于合成最小基因组

染色体无疑包含许多对于生物体的生存不必要的DNA序列。这些序列包括转座因子、重复的脱氧核糖核酸序列（DNA）、基因之间的一些DNA和许多内部序列。此外，在实验室条件下，研究人员发现在大约6000个酵母基因中，只有大约1000个对酵母细胞的生长是至关重要的。换句话说，删除其余的5000个基因中的任何一个都可以让酵母继续存活下来。但是，在一些特殊的生长条件下，这5000个非必需基因中有许多实际上是必不可少的，或者当一个基因被移除时，另一个特定的基因就变得至关重要。那么，酵母细胞生存所需的最小的DNA序列是什么呢？

为了回答这个问题，分子生物学家研发出含有16条合成染色体的酵母细胞。在这种方法中，**合成染色体**与人造染色体是不同的，类似于YAC有两种方式。首先，合成染色体中的所有DNA都是由DNA合成仪人工合成

的，与此相反，YAC是通过将原本在酵母染色体中的DNA元素拼接而成的；第二，合成染色体包含了（在进行后续试验之前）目前酵母染色体中已知的所有基因。相比之下，YAC载体通常含有一个单一的蛋白质编码酵母基因——一个可选择的标记，如图12.27的*TRP*⁺基因。

在2014年，科学家们报道了第一个合成的真核染色体——酵母3号染色体（Syn Ⅲ）。尽管Syn Ⅲ比正常的3号染色体（317 000bp）缺少了大约50 000bp（主要是转座因子和其他基因间隔区序列）的片段，但是含有Syn Ⅲ的酵母细胞代替了维持生物体外观和生长正常的3号染色体。正如你们将在习题37中看到的，Syn Ⅲ也包含特殊的短序列，在将来，研究人员可以利用这些短序列对染色体的不同区域分别进行删除，以确定哪些基因或基因组合是必需的或非必需的。

科学家现在正在研发其他15条酵母菌染色体的合成版本，从而获得含有最少基因组的16条酵母合成染色体。如果实验成功，研究人员不仅可以通过化学方法合成整个基因组，而且他们能够合成支持生命的最小酵母基因组。

基本概念

- 人造线性酵母染色体（YAC）的稳定传代需要包含复制起点（ARS）、着丝粒和端粒；由于未知的原因，能够稳定传代的染色体必须包含超过100kb的DNA序列。
- 人造染色体被用作克隆载体，并在研究中确定自然染色体的功能区域；可能在未来可以利用它们治疗人类遗传疾病。
- 缺乏大多数基因间隔序列的合成染色体能够正常地行使功能。这样的合成染色体可能有助于合成最小的酵母基因组。

接下来的内容

真核生物的染色体通过染色质模块化设计来管理DNA中的遗传信息，可以灵活地进行组装和浓缩的自由转换。染色质结构的这些可逆变化稳定地维持着染色体的各种功能，例如，细胞核的组装、细胞分裂过程中的复制和分离，以及基因表达的调控。

尽管染色体稳定的复制和传代功能是每个物种生命得以延续的基础，但染色体确实会发生变化。我们在前面已经描述了两种变化机制：单个核苷酸的突变（第7章）和发生同源序列间的同源重组（第4、5和6章）。在第13章，我们研究了更广泛的染色体重组，它们产生大量不同的染色体，例如，非同源染色体之间的基因重组、单个染色体基因的重组。这些大规模的重组对物种的进化具有重要的意义。

习题精讲

Ⅰ.科学家可以构建基因片段长度从15kb到1Mb不等的YAC。根据DNA的长度，与500kb的YAC相比，你能预测出50kb的YAC的染色体浓缩水平是什么样的？

解答

要回答这个问题，就需要获取大量DNA进行不同水平染色体浓缩的相关信息。

500kb的YAC可能比50kb的YAC更紧凑，这是因为它的尺寸更大。YAC的DNA会围绕着组蛋白形成核小体结构（在核心区域有160bp，在链接区域有40bp）。该DNA将被进一步浓缩成每圈螺旋缠绕6个核小体的300Å的纤丝。500kb的YAC将被浓缩更高的水平，大概在每60～100kb的染色体上就会产生一个放射环结构，但是由于50kb的YAC浓缩水平不够高，还没产生这种结构。

Ⅱ.CBF1蛋白是存在于酵母中的着丝粒结合蛋白。在酵母细胞分裂过程中，CBF1蛋白对染色体进行正确的分离至关重要。我们已经从人类基因组中识别出了一种基因编码蛋白，它与酵母CBF1蛋白有相似的氨基酸序列。

a. 如何确定由人类基因编码的蛋白质是否与人类的着丝粒区域有关（假设可以制成一种抗体，这种抗体可以与这种蛋白质结合）。为什么不用FISH试验进行测试呢？

b. 可以通过两种方法测试这种人类蛋白质是否与着丝粒的功能有关（而不仅是存在于着丝粒上）。对于第一种方法，假设通过人类组织细胞或是整只小鼠的细胞培养可以很容易地在目的基因上获得突变点。

第二种方法，使用两种不同的重组YAC。YAC-1含有酵母*CBF1*[+]基因和酵母*URA3*[+]基因，它能够使缺失*URA3*[-]基因的酵母在缺乏尿嘧啶的情况下生长。YAC-2含有野生型人类*CBF1*相关基因和*TRP*[+]基因，它可以使缺失*TRP*[-]基因的酵母细胞在

缺乏色氨酸的情况下生长。还可以使用5-FOA，它是一种与URA3酶的正常基质密切相关的化学物质。产生URA3蛋白的酵母不能在5-FOA中生长，因为这种蛋白酶可以将5-FOA转化为致命毒素。

解答

我们需要了解确保细胞分裂时染色体进行正确分离的着丝粒的结构和功能。

a. 分子探针与和酵母CBF1相关的人类蛋白质相结合。这种探针是一种与人类蛋白质发生反应的抗体，就像被标记为荧光标记的探针。这个试验中，研究人员需要先提纯出大量的人类CBF1相关蛋白（第16章讨论了如何利用重组DNA技术轻松完成这项工作），然后将这种蛋白质注射到兔子或其他实验动物体内。这只动物体内会产生对抗蛋白的抗体（类似于人类在疫苗中制造对抗病毒蛋白质的抗体）。接下来，科学家从兔子的血液中获得这些抗体，并给它们标上荧光标记。最后，把标记的抗体放在载玻片上，通过显微镜就可以观察到人类的染色体。如果人类CBF1相关的蛋白质与人类的着丝粒有关，你会看到一种类似于图12.2所示的荧光模式。实验结果显示，这种实验使用的是针对不同中心蛋白的抗体，而不是FISH实验中使用的能够与染色体上的DNA序列杂交的核酸探针。本试验使用的是一种抗体，这种抗体可以和一种可能与中枢DNA有关的蛋白质结合。

b. 两种实验方法都可以验证人类蛋白质是否与着丝粒功能有关。

首先，消除或减弱人类细胞或像小鼠等其他哺乳类动物细胞中这种蛋白质的基因编码功能，然后确定在细胞分裂时，是否会发生较高频率的分离错误。第18章讨论了破坏哺乳动物基因或干扰它们表达的各种方法。

其次，明确人类蛋白质的表达是否可以取代酵母*CBF1*基因的功能。用YAC-1（酵母*CBF1*[+]和*URA3*[+]）对发生三倍体突变的酵母细胞（*CBF1*[-] *URA3*[-] *TRP*[-]）进行转化。发现转化后的酵母细胞在有色氨酸存在的环境中可以继续成活。接下来，需要验证是否可以用YAC-2（人类*CBF1*[+]和*TRP*[+]）替换YAC-1。使用YAC-2转化细胞，并且在缺乏色氨酸（在YAC-2中选择*TRP*[+]基因）但有5-FOA（选择YAC-1中的*URA3*[+]基因）的环境下培育酵母。实验结果显示，只有在人类CBF1蛋白替代酵母*CBF1*[+]基因的情况下，才会获得含有YAC-2而非YAC-1的酵母细胞。

习题

词汇

1. 在右列中选择与左列中的术语最匹配的短语。

a. 端粒	1. 将姐妹染色单体连接在一起直到分离的蛋白质复合体
b. G 带	2. 酵母的复制起点
c. 动粒	3. 在高等真核生物细胞的着丝粒附近发现的重复 DNA 片段
d. 核小体	4. 线性染色体末端的特殊结构
e. ARS	5. 真核生物细胞核中的 DNA、蛋白质和 RNA 的复合体
f. 卫星 DNA	6. 接头 DNA 和核小体核心的小分子基础蛋白
g. 染色质	7. 使纺锤丝附着在染色体上的 DNA 和蛋白质的复合体
h. 黏连蛋白	8. 由 DNA 缠绕在组蛋白上的串珠结构
i. 组蛋白	9. 保护端粒不受降解和发生端到端融合的蛋白质复合体
j. 端粒蛋白复合体	10. 通过染色的差异来区分染色体的区域

12.1节

2. 除了组蛋白以外，许多蛋白质都与染色体有关。这些非组蛋白的作用是什么？为什么染色体中非组蛋白比组蛋白要多？

12.2节

3. 在中期和间期发生的染色体收缩有什么差异？至少列举一个理由说明这种差异存在的必要性。

4. 与组蛋白H1的角色相比，核心组蛋白的作用是什么？

5. a. 假设核小体之间的平均间隔为200bp，在S期结束后，一个典型的人类细胞中需要多少个组蛋白H2A？

   b. 细胞周期的哪个阶段是合成新的组蛋白的关键时期？

   c. 人类基因组中包含60个组蛋白基因，每种类型的蛋白质有10～15个基因（H1、H2A、H2B、H3和H4）。为什么每种组蛋白基因中包含多种基因组副本？

6. 这种微球菌核酸酶可以在单链DNA或双链DNA上裂解磷酸二酯键，但与蛋白质结合的DNA则不会受到微球菌核酸酶裂解的影响。当从真核细胞中提取染色质时，用微球菌核酸酶进行短时间的处理，然后通过电泳和溴化乙锭染色法提取和分析DNA，通过凝胶电泳法会观察到泳道A。较长时间的处理会观察到泳道B，继续延长处理时间，会观察到泳道C。

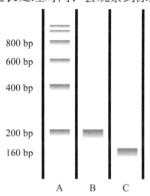

7. a. 哪些字母被用来表示人类染色体的短臂和长臂？

   b. 画出一个3号染色体的模型示意图，其中，每个短臂上有3个区域2条带，每一个长臂上有5个区域3条带。此外，用臂、区域和条带信息标记基因在3p32上的位置。

8. 在单倍体人类基因组的30亿碱基对的高分辨率核型中，可以观察到大约2000个G条带。如果基因组包含大约27 000个基因，那么通过核型分析检测到的DNA的缺失中，会有多少基因被移除呢？

9. 假设在一个人类细胞的染色体上进行一种荧光原位杂交实验（FISH），这种试验使用的探针是位于4号染色体q臂端粒附近的一个基因。

   a. 在接下来的染色体组型图中，所有荧光信号只在这个二倍体细胞中1～5号染色体上显示。

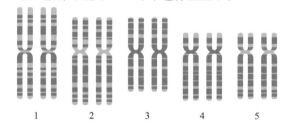

   b. 将自己的染色体组型图与图12.9（a）中所示的FISH实验结果进行比较。为什么染色体分散在图12.9（a）中，而不是像在染色体组型图中那样排列整齐的同源染色体？你认为在人类21号染色体的q臂上发现的DNA可以当作探针吗？

12.3节

10. 下列哪一项是与DNase超敏位点有关？

   a. 在染色体的这一区域没有转录发生。

   b. 没有高敏位点的染色质区域处于更开放的状态。

11. 对于下列各组染色质，哪一种是最浓缩的？
    a. 100Å纤丝或300Å纤丝
    b. 300Å纤丝或附着在支架上的DNA环
    c. 常染色质和异染色质
    d. 间期染色体或中期染色体

12. 给出结构异染色质和功能异染色质的例子。
    a. 果蝇属
    b. 人类

13. 在许多物种中，普遍存在的组蛋白修饰是在H4蛋白中加入乙酰基。如果你是一个从事酵母研究工作的遗传学家，并且有一个H4的克隆基因，能通过什么方法来确定特定赖氨酸的乙酰化对染色质的功能是否必要？

14. 最近，科学家们构建了果蝇组蛋白H3突变的转基因模型，组蛋白尾部的27号赖氨酸被修饰成了甲硫氨酸（H3K27M）。由于许多基因的表达不当，H3K27M转基因的表达导致了果蝇的异常发育。请解释这一现象。

15. 果蝇遗传学家已经分离出许多引起花斑位置效应的变异。通过基因重组，花斑效应的显性抑制基因很少引起异染色质附近的基因失活，但花斑效应的显性增强基因则会很容易引起这些基因的失活。
    a. 这两种花斑位置效应的突变对果蝇白眼基因的表达有什么影响（也就是说，这种基因会让眼睛会更红还是更白）？
    b. 假设这些Su（var）和E（var）突变导致相应基因的等位基因功能缺失（null），你认为这些基因会编码什么类型的蛋白质？

16. 在以下数据中，基因A和B位于X染色体上（蓝色），两者都不受X失活的影响，而基因C和D位于17号染色体上（常染色体；红色）。F和S是指那些可以通过电泳识别的、与负责编码和调控快速及缓慢迁移的蛋白质相关的等位基因。

    接下来的表格中，女性2和3显示了四种蛋白质所有可能存在的形式，这些蛋白质在含有一个或多个巴氏小体的不同个体细胞的克隆体中表达。举个例子，正常女性1的一些克隆体可以表达A^F、B^F、C^F、C^S、D^F和D^S蛋白，而其他克隆体则可以表达A^S、B^S、C^F、C^S、D^F和D^S蛋白。女性1中的任何一个克隆体都不能同时表达蛋白质A或B的慢速和快速两种形式。女性2是一个XIC丢失的杂合子。女性3是X染色体和17号染色体发生部分位置互换的易位杂合子。

女性 1

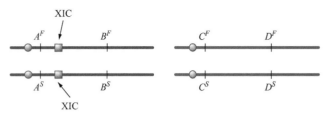

女性 2

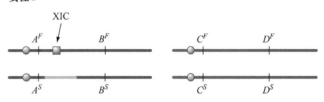

女性 3

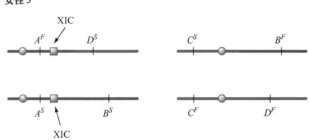

17. X染色体如何选择性地表达$Xist$是未知的。这种选择机制的一个线索是在XIC中存在另外一种叫做$Tsix$的基因，它只能在活化的X染色体上进行转录。$Tsix$是$Xist$的反义序列，并以相反的方向转录，如下图所示。$Tsix$产生了一个长的ncRNA，其序列是与$Xist$互补的（反义），这也恰好解释了它的名字（$Xist$向后是$Tsix$）。$Tsix$在去活化作用发生以前，同样会在每条染色体上微弱表现。当X去活化启动之后，$Tsix$将会停止表达。

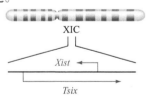

a. 假设一只雌性哺乳动物有一个正常的X染色体和一个发生了突变的X染色体，而且这个突变会阻止$Tsix$ RNA的表达，但是允许$Xist$ RNA的表达。那么，在这个雌性的细胞中，哪个X染色体更有可能变成巴氏小体？

b. 提出一个或多个假设，这也许可以解释为什么X染色体上$Tsix$的转录可能会干扰来自同一条X染色体上的$Xist$的表达。概述实验来验证上述假设。

c. 为什么$Tsix$转录物的存在仍然不能解释细胞如何决定哪些X染色体通过异染色质化失活的问题？

18. 这一章的第一页展示了"彩虹"和她的克隆体"CC"的照片。两只猫都是虎纹花斑猫（它们的彩色皮毛上有斑点），在它们的肚子和腿上都有白色的斑块。然而，它们的外表却有很大的不同。彩虹是一只彩色的小猫，身上有黑色和橙色的斑点，这些性状是由X连锁基因的等位基因控制，其显性性状是黑色（*O-*），隐性性状是橙色（*oo*）。然而，彩虹的克隆体CC是一只缺少橙色斑点的黑条纹小猫。

   CC是科学家把彩虹的一个正常的二倍体体细胞的细胞核转移到一个无核的卵母细胞中培育出的。这种二倍体卵母细胞，被作为受精卵植入到代孕母亲的子宫内。体细胞核移植的克隆过程将在第18章有详细地描述。

   a. 彩虹（和ICC）的基因型是什么？

   b. CC的基因组是由彩虹的体细胞核提供的，解释CC和彩虹的外观之间存在差异的原因。

   c. 彩虹的每一个克隆体都是像CC一样的黑条纹吗？还是存在其他的可能性？如何解释？

12.4节

19. 人类基因组大约含有30亿个碱基对。在人类胚胎受精后的第一个细胞分裂中，S期大约为3h。假设在整个S阶段的DNA聚合酶平均速率为50核苷酸/秒，那么在人类基因组中预估复制起点的最小数量是多少呢？

20. 在果蝇D早期胚胎细胞中有丝分裂发生得非常快（每8min一次）。

   a. 如果在每条染色体的中间有一个双向复制起点，在8min的胚胎细胞周期中DNA聚合酶需要每秒增加多少核苷酸才能复制最长染色体（66Mb）中的所有DNA（假设复制发生在细胞整个分裂周期中）？

   b. 事实上，在早期的胚胎分裂期间，染色体上许多复制起点都是活跃的，间隔大约是7kb。假设染色体的情况和题目a相同，计算出DNA聚合酶在果蝇早期胚胎中加入互补核苷酸的平均速率（每秒）。

21. 2014年发表在*Cell*杂志上的一项实验中，Amnon Koren和Steven McCarroll从生活在世界不同地区的两个不相关的人身上分离出了两种生长组织的细胞。其中一个人的细胞群都由在细胞周期G_1期的数百万个细胞组成；另一组是相同数量的处于S期不同阶段的细胞。然后，科学家们对这些细胞进行了高通量DNA测序。

下面的两个图表显示了这两个个体数据。在每个图中，*x*轴表示基因在染色体上的位置（8号染色体），*y*轴表示的是在从S期样本的给定区域中获得的基因组的读数，以及从G_1样本中获得的相同区域的读数之间的比率。每个小的紫色圆点代表染色体上2kb的长度；黑线是紫色圆点的移动平均值。

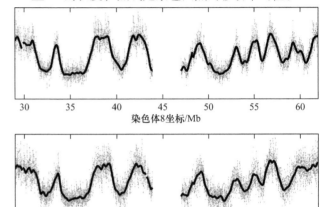

来源：Amnon Koren, Dept. of Molecular Biology and Genetics, Cornell University

   a. 在染色体坐标33Mb处，*y*轴的值比坐标35Mb处高得多。说明在这两个位置的DNA复制的时间各是多少？

   b. 科学家们仍然对DNA序列或染色质结构的性质不太了解，这些结构定义了人类细胞中的复制起点。能在哪里找到复制起点呢？

   c. 假设你做了一个类似的实验，使用两个种群数量相同的细胞，一个是G_1，另一个是G_2。如果你以类似的方式绘制数据，*y*轴表示的是G_2样本中读取的数量与G_1样本中读取的数量的比率，那么这个图会是什么样子？

   d. 没有任何关系的两个人，但外貌几乎是一样的，这个事实说明了什么？

   e. 这些科学家后来给出的解释是，他们可以通过高通量测序的方法从每个人那里获得同种类型的信息，而不需要分离出在不同细胞周期阶段的细胞群。对于细胞分析和可用的数据类型，哪个才是正确的呢？为什么要对这些数据做大量的人群分析？

22. a. 在人类染色体的端粒中发现了什么DNA序列？

   b. 两个与端粒相关的复合物——端粒酶和端粒蛋白复合体，在染色体末端修饰过程中的作用分别是什么？

23. a. 缺失编码端粒酶蛋白基因表达的小鼠生长速度比正常小鼠快得多，但是寿命也缩短了。当小鼠的端粒酶蛋白表达在过早衰老的小鼠体内被逆转时，由衰老引起的许多负面影响也迅速而显著地发生了逆转。为这些结果提供一个可能的解释。

b. 研究人员根据小鼠实验的这些结果提出，导致端粒酶基因过度表达的治疗方法可能会成为"青春之泉"，从而实现人类的返老还童。但为什么我们应该对这样的治疗持谨慎态度？能否解释为什么大多数体细胞不表达端粒酶对于多细胞生物来说是有好处的？

24. a. 在荧光原位杂交（FISH）实验中，如果使用含有 3' AATCCC 5'的DNA作为探针，会看到什么？相关结果已在习题9中显示。

b. 在FISH实验中，你将用什么DNA序列探针来追踪一条特定染色体的一端？在相同的染色体组型图上，你预计结果会是什么样子的？

25. 如果你正在比较下面列表中每个条目的两个端粒，在这种情况下，你会认为两个端粒总是有完全相同数量的TTAGGG重复吗？

a. 一个端粒在染色体的一端，另一个端粒在非同源染色体的一端。

b. 一个端粒在染色体的一端，另一个端粒在同源染色体的相应末端。

c. 一个端粒在染色体的一端，另一个端粒在同一条染色体的另一端。

d. 一个端粒在一条染色单体的一端，另一个端粒在姐妹染色单体的相应位置上。

26. 与大多数在经过30～50代的分裂后衰老的正常体细胞相比，癌细胞的一个特点是它们有无限分裂的能力。我们在这一章中看到，导致这种差异的一个原因是许多癌细胞表达了端粒酶，进而可以调节端粒的延长。

有趣的是，大约15%的肿瘤细胞不表达端粒酶。相反，它们通过另一种途径延长了它们的端粒。这种类型的肿瘤细胞似乎在长度上有高度异质性；一些端粒有更多的TTAGGG的重复序列。

a. 同源重组促使这些细胞中的一些端粒变得更长。端粒的哪些特征使这样的同源重组成为可能？

b. 这种重组是否必须在同源染色体的端粒（也就是同一条染色体的同一臂的端粒）之间发生？

c. 几乎所有发生这种端粒延长现象的细胞都有t型圈：环状DNA的小分子几乎完全由端粒序列组成。图示这些t型圈是如何参与端粒延长的。

12.5节

27. a. 在人类的着丝粒区域通常能够发现什么样的DNA序列？

b. 在染色体力学中，两个与端粒相关的复合体——黏连蛋白和动粒发挥着什么样的功能？

28. 习题21给出的图表中，8号染色体的坐标44和坐标47之间的区域没有可用的数据。这一区域染色体的特征是什么？（提示：计算机程序很难从含有大量重复DNA的区域中收集DNA序列）

29. Rec8蛋白是一种黏连蛋白复合物的亚基，通常只在减数分裂期间才会产生；它代替了图12.25中所示紫色的、存在于有丝分裂过程中的黏连蛋白复合物。在减数分裂Ⅰ期，Rec8没有被裂解，但是在减数分裂Ⅱ期的早期就被裂解了，促使姐妹染色单体在减数分裂Ⅱ期后期中发生分离。

科学家推测，在减数分裂Ⅰ期的过程中，shugoshin蛋白可以避免Rec8蛋白的分裂和降解。为了识别shugoshin蛋白，研究人员首先在有丝分裂的酵母细胞中找到了Rec8蛋白。在这些细胞中，Rec8在有丝分裂期间被裂解，但细胞没有受到任何有害影响。然后，研究人员在表达Rec8的有丝分裂细胞中加入了正常存在于减数分裂期的特定蛋白。科学家们能够识别出shugoshin作为一种蛋白质，可以保护Rec8的裂解。

你认为shugoshin蛋白对细胞有丝分裂期间表达的Rec8有什么影响？细胞的表型是什么？

30. 在下面的图中，每一行代表一个双链DNA分子。

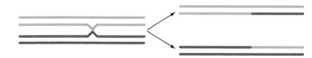

a. 图中是什么类型的细胞分裂，两张图显示了细胞分裂的哪个阶段？在相同的蓝色阴影中画出的线之间是什么关系？在不同蓝色阴影之间的线又是什么关系？

b. 在S期后，黏连蛋白被立刻添加到染色体中。黏连蛋白复合物大部分集中在着丝粒上，但一些黏连蛋白复合物则分散在染色体臂上。图形的副本显示，染色体上分布着黏连蛋白复合物。区分在着丝粒和染色体臂上的黏连蛋白复合物。你的图示应该展示出黏连蛋白如何将DNA分子结合在一起。

c. 仔细观察图，在细胞的分裂中期，即使力在向相反的方向拉着着丝粒运动，是什么原因使所有的蓝线仍然在一起？

d. 图中，在所描述的细胞分裂的类型中，关于shugoshin蛋白的功能你能得出什么结论？阻止shugoshin蛋白发挥功能的酶是什么？它的作用是什么？

31. 在20世纪20年代，Barbara McClintock在通过使用X射线观察小麦细胞中染色体的行为时发现了转座因子，因而获得诺贝尔奖。在G_1期她注意到X射线使染色体断裂，而在随后的S期染色体复制之后，两条姐妹染色单体的断裂末端可以结合在一起，形成的融合染色体比原染色体更大。在有丝分裂中期和早期，融合的两条姐妹染色单体会形成一个不同寻常的桥梁结构，在这种结构中，染色质被拉伸到两个纺锤体之间，最终发生断裂。她把这种现象称为"断裂—融合—桥循环"。每一张图片（a）和（b）中都显示了有丝分裂后期的细胞中含有两个这样的染色质桥。

(a)　　　　　　　　　　(b)

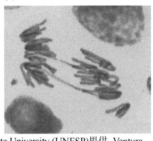

10μ

承蒙Dr. Marin-Morales, São Paulo State University (UNESP)提供, Ventura-Camargo BC, Maltempi PPP, Marin-Morales MA (2011), "The use of the cytogenetic to identify mechanisms of action of an azo dye in Allium cepa meristematic cells," J Environment Analytic Toxicol, 1: 109. doi: 10.4172/2161-0525. 1000109

a. 是什么确保正常染色体的末端就像姐妹染色单体在破裂后的末端一样不会融合在一起？

b. 下图显示了带有基因$A \sim G$的染色体；箭头表示X射线诱发的断裂的位置。画出由此产生的就像在有丝分裂后期一样的桥（即大的融合染色体），并标记出桥所包含的所有基因和重要的染色体结构。用箭头来表示在这个染色质桥上的纺锤体所施加的力。

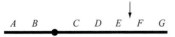

c. 如果两条姐妹染色单体发生融合，为什么在有丝分裂期间融合染色体的行为必须像桥一样？（想想在题目b部分的答案中所描述的染色质桥上的拉力）

d. 在有丝分裂的后期，染色质桥可能会发生什么？在有丝分裂后产生的两个子细胞中又可能发生什

么？为什么呢？（提示：McClintock对这个现象的命名意味着它是一个循环）

32. 在调节染色质结构的机制的影响下，至少给出一个染色体结构或功能的例子：

a. 在核小体中发现的正常组蛋白在转录翻译后的变化。

b. 含有由特定基因编码的多种组蛋白的核小体。

33. 科妮莉亚德兰格综合征（CdLS）是一种罕见的人类疾病，它是由至少5种不同基因中的任何一种基因突变引起的，所有这些基因都参与编码了黏连蛋白复合物的成分或调节因子。患有CdLS的人表现为形态异常、发育迟缓和精神障碍等多种症状。对CdLS患者的分析表明，除了在细胞分裂期间染色体的错误分离，他们的异常表型还可能与在错误分离过程中对基因表达的调控失误有关。黏连蛋白可能在染色质环中发挥作用，这是染色质环维持正确的转录调控的必要条件（在第17章中，你将了解更多关于这个主题的信息）。

a. 在不同的家庭中，CdLS可以表现为常染色体显性遗传或X染色体显性遗传。这是如何发生的呢？

b. 解释在编码黏连蛋白的基因中，缺失功能表达的等位基因是如何支配野生型的配对基因的。

c. CdLS通常是由发生在配子的新突变引起的。原因是什么？

12.6节

34. a. 在有丝分裂期，至少给出三个因基因突变而导致染色体发生错误分离的例子；或者说，解释一下在发生染色体错误分离的突变中，存在什么样的DNA结构或编码相关蛋白质的基因。

b. 如何使用酵母人造染色体（YAC）在酿酒酵母的S期产生突变？

35. 在圆形细菌质粒pBR322中加入了许多酵母衍生的元素。这些需要尿嘧啶来维持生长的酵母（表达Ura$^-$的细胞）是通过添加修饰过的质粒和在缺乏尿嘧啶的培养基中添加生长发育所需的Ura$^+$克隆体转录而成。对于包含了a～c中列出的所有元素的质粒，你是否期望质粒通过重组整合到染色体中，还是质粒可以独立存在？如果质粒是独立存在的，那么当不再选择Ura$^+$细胞（也就是说，在含有尿嘧啶的培养基中培养酵母）时，它会稳定地遗传给后代的所有子细胞吗？

a. URA$^+$基因

b. URA$^+$基因, ARS

c. *URA*⁺基因, ARS, CEN（着丝粒）

d. 为了使这些序列在酵母细胞中稳定地维持，需要在线性的人造染色体中添加什么呢？

36. 把一个含有酵母着丝粒的DNA片段克隆进*TRP*⁺ARS质粒或YRp7中，从而使质粒的有丝分裂变得非常稳定（也就是说，质粒是在有丝分裂成每个子细胞的过程中传播的）。对有丝分裂稳定性的分析包括在没有选择质粒的情况下生长转化的细胞，并确定在对质粒没有选择的情况下，经过20代繁殖生长后的Trp⁺菌落数量。

　　为了识别包含着丝粒DNA片段的克隆区域，需要将最初的片段切割成小片段，将这些小片段重新克隆到YRp7中，并测试有丝分裂的稳定性。基于此图和有丝分裂稳定性分析的结果，着丝粒DNA在哪个区域？（图中B、H和S指的是三种不同限制性内切核酸酶的识别位点；图上的数字代表kb单位的片段大小。）

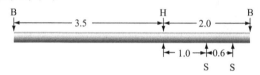

有丝分裂稳定性测定结果

质粒DNA	Trp⁺菌落百分比：20代后
YRp7	0.9
YRp7+5.5kb*Bam*HⅠ (B)	68.1
YRp7+3.5kb*Bam*HⅠ-*Hin*dⅢ (H)	0.5
YRp7+2.0kb*Bam*HⅠ-*Hin*dⅢ	80.3
YRp7+0.6kb*Sau*3A (S)	76.2
YRp7+1.0kb*Hin*dⅢ-*Sau*3A	0.7

37. 在酵母人工三号染色体（SynⅢ）每个基因的3′UTR中都包含一个loxP位点，这对酵母的生存来说可能是不必要的。正如第6章中所描述的，loxP位点是发生特异性重组的特定位置。构建了SynⅢ的研究人员将这些loxP位点作为一种干扰染色体的方法，这意味着染色体的某些部分很容易被删除或重组。研究这些的目的是推动SynⅢ的进化，从而找出一个能够支持这种有机体存活的最小基因组。为了确定这个最小的基因组，研究人员将进行干扰SynⅢ的试验。

第13章　染色体重排和染色体数目的变化

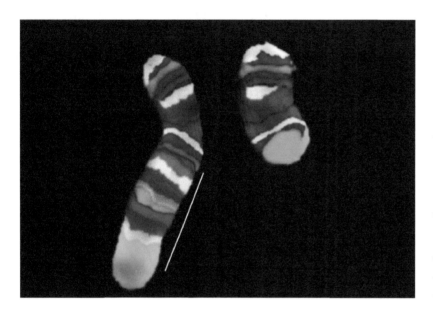

多色染色体条带是一种 FISH 技术，形成了染色体条码，这些条码能够识别主要的染色体重排。不同颜色代表了区域特异的探针，这些探针标记了不同的荧光标签。左边是一个条码标记的正常人 5 号染色体。右边的 5 号染色体有一个很大区域的缺失，这段区域在左边染色体上旁边用白线标注。

承蒙© Dr. Ilse Chudoba, MetaSystems GmbH提供

章 节 大 纲

13.1　染色体 DNA 重排

13.2　重排的效应

13.3　转座遗传元件

13.4　染色体数目畸变：非整倍体

13.5　染色体组数目的变异：整倍体

13.6　基因组重组和进化

　　大量物种全基因组序列的比较分析表明，**染色体重排**是进化的一个主要特性。例如，每个小鼠的染色体中有很多人染色体的碎片，反之，人染色体中也有鼠的片段。举一个例子，小鼠1号染色体中就有人1号、2号、5号、6号、8号、13号和18号染色体的大片段（图13.1中用不同颜色呈现）。这些片段代表了**同线片段**，这两个基因组上，这些同线片段的基因ID、顺序和翻译方向都几乎是一致的。原则上，科学家可以将人基因组打碎成342个片段，每个片段平均长度大约为16Mb，然后以不同的顺序再粘贴起来，从而重构小鼠的基因组。图13.1详细注明了1号染色体的这个过程；第10章中的图10.15则标注了小鼠和人整个基因组的同源关系。

这些发现有助于我们理解复杂生命形式是如何演化的。虽然小鼠和人是大约6500万年前从同一个祖先分化而来的，但是这两个基因组许多区域的DNA序列却非常相似。这样我们就可能来假设小鼠和人的共同祖先，基因组染色体断裂，断裂的片段以新的方式重新连接起来，通过一系列（大概300个）这样的重塑事件，从而进化出了小鼠和人现在的基因组。这些染色体重排一部分发生在一个分支上，形成了小鼠；另外一个分支则形成了人。核苷酸差异和基因组结构的差异因此成为造成这两个物种间区别的原因之一。

本章中，我们讲解了两种能够重构基因组的事件：①重排，能在一个或者更多染色体中重排DNA序列；②染色体数目变化，是整个染色体的丢失或者获得，或者染色体套数的变小或者增加。重排和染色体数目变化也许会通过在一个细胞内改变基因的位置、顺序或者数目，来影响基因活性或者基因的转运。这种变化经常但

不总是导致遗传不平衡，这种遗传不平衡对于物种或者其后代是有害的。

我们可以确定染色体变化现象背后的两个主要主题。第一，染色体组型图一般在一个物种内是一致的，这并不是因为重排和染色体数目变化很少发生（事实上它们相当普遍），而是因为这些变化所产生的遗传不稳定性和不平衡通常会让个体细胞或者物种和它们的后代处于选择劣势。第二，尽管染色体变异存在选择，相关物种几乎总是有不同的染色体核型，紧密相关的物种只有有限的重排（如大猩猩和人），遗传距离更远的物种则会有更多重排区别（如小鼠和人）。这些发现表明，核型重排和新物种的进化之间存在显著的相关性。

13.1　染色体DNA重排

学习目标

1. 总结四种主要的染色体重排。
2. 解释染色体重排发生的两种主要机制。
3. 描述研究者检测重组的方法。

所有的染色体重排都改变了DNA序列（表13.1）。一些重排通过移除或者增加碱基对（分别对应某一特定染色体区域的**缺失**和**重复**），可以改变DNA序列。其他一些重排则是跳到染色体另外一个位置上，其间并没有改变它们内部的碱基数目（**倒位**，某个染色体区域的半圆旋转；**相互易位**，两个非同源染色体相互交换成分）。本章聚焦于可遗传的重排，即通过生殖系从一代传到下一代，但是这也说明体细胞基因组可以承受碱基数目或者顺序的改变。例如，"快进"信息栏"程序性DNA重排和免疫系统"阐述了人类免疫系统的正常发育是如何依赖于特定体细胞基因组的非遗传、程序化重排的。

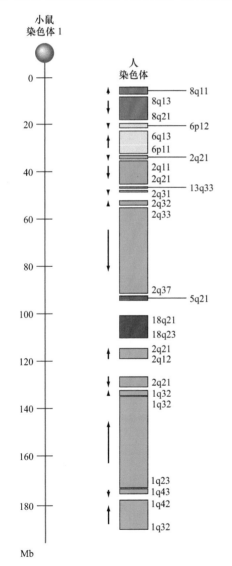

图13.1　比较小鼠和人基因组。小鼠1号染色体包含了人1号、2号、5号、6号、8号、13号和18号染色体的大片段（不同颜色）。箭头标示序列区块在人染色体上的相对方向。

表13.1　主要染色体重排的种类

字母代表大的染色体区域。不同的(即非同源的)染色体表示为红色和蓝色。

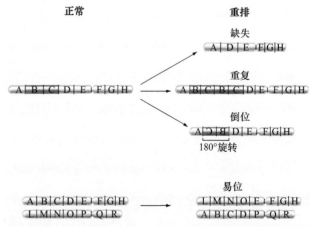

本节中，我们首先解释了可遗传染色体重排如何出现，以及科学家如何才能追踪到它们的存在。然后我们讨论了每一种重排如何创造突变体表型，以及如何影响染色体的行为。最后，我们阐释了遗传学家如何在遗传研究中发掘重排作为工具的存在。

13.1.1　DNA断裂或者重复序列间的不合法交换导致了染色体重排

缺失、倒位、重复和相互易位最经常通过以下一个或者两个事件成为现实：染色体断裂（例如，第7章中提到的X射线会产生染色体断裂）；或者在重复DNA序列位置上产生的异常重组。

假如一个染色体发生了两次双链断裂，两个断裂间的片段将会丢失，接着DNA修补会将剩下的断点接续起来，从而导致缺失的发生［例如，第7章提到过的非同源断点融合（NHEJ）］［图13.2（a）］。如果中间这段涉及的片段再粘贴回染色体，但是却旋转了180°，那么这时倒位就产生了［图13.2（b）］。两个同源染色体或者姐妹染色单体在不同位置上发生了断裂，如果断裂的染色体末端，在DNA修补以将它们粘到一起之前，位置发生了改变，那么将会导致一个缺失和一个

重复［图13.2（c）］。最后，两个非同源染色体的断裂，如果断裂末端在修补和融合之前交换位置，那么就可以产生相互易位［图13.2（d）］。

同一个染色体或者两个不同染色体上重复序列间发生异常交换事件是极少见的，虽然它们也可以产生重排。重复序列也许是串联重复，就像是简单序列重复（SSR）；回忆一下，SSR基因座拥有相同的重复序列，在基因组多个不同位置上都存在，它们提供了序列相似性，可以被重组酶所识别。另外，重复序列可以是转座元件。就像本章随后将会解释的那样，转座元件是DNA序列，它们的拷贝从一个地方移到另外一个地方。一个简单的基因组也许拥有这个元件数以十万计的拷贝。

同一个染色体不同位置上，如果重复序列的方向是相同的，那么这一序列重复间的交换会导致缺失［图13.3（a）］，或者如果重复序列方向相反，就会产生倒位［图13.3（b）］。如果两个同源染色体在重复序列上错误匹配，并且发生交换，结果会产生一个缺失和一个重复［图13.3（c）］。两个非同源染色体上一个重复序列的交换会产生相互易位［图13.3（d）］。

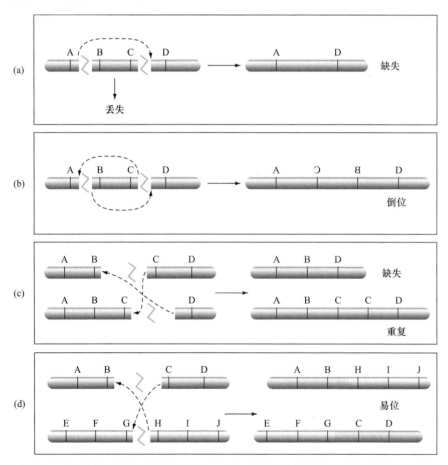

图13.2　染色体断裂和随后DNA修补会导致各种染色体重排。（c）中的染色体可以是同源的或者是姐妹染色单体。（d）中蓝色和红色染色体是非同源的。字母标示染色体基因座。

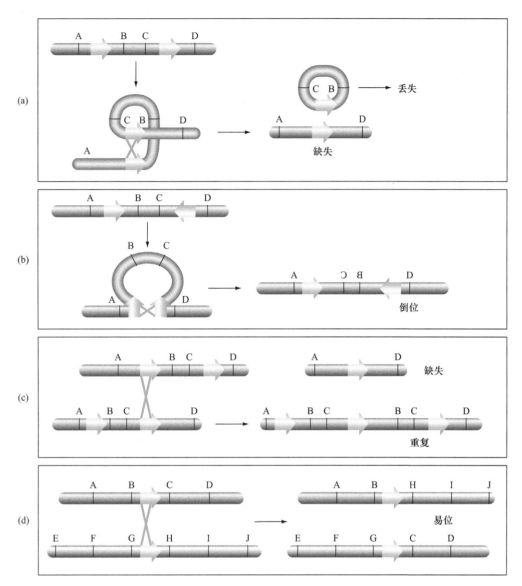

图13.3　重复序列的异常交换也会产生重排。绿色箭头指示重复序列和其相对方向。重复DNA序列也是简单序列重复（SSR），或者是转座元件。（c）中的染色体可以是同源染色体或者姐妹染色单体。（d）中的红色和蓝色染色体是非同源的。

13.1.2　几个方法可以检测染色体重排

遗传学家需要有效的工具来确定个别基因组是否包含染色体重排，以便确切定义基因是否发生了重排，并追踪重排在细胞或者个体的各代间的传递。一些技术使得科学家可以大概知道重排的存在和粗略位置，也有其他一些技术可以在分子水平上检测重排DNA。

荧光原位杂交（FISH）技术经常提供第一手重排存在和类型的证据。回想一下第12章的FISH，基因组DNA探针结合到荧光标签，与染色体上的互补序列杂交。其中一个FISH分析称为光谱核型分析（SKY），探针将染色体染成不同的颜色〔见图12.9（b）〕。图13.4呈现了一个类似的染色体染色分析，其中探针只针对两个染色体，它们之间有一个相互易位。还有一个更精细的技术，叫做多色染色体条带，染色体特定区域特异的FISH探针会产生染色体条码。本章开头那个图就

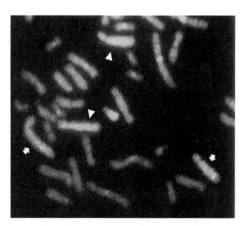

图13.4　染色技术显示染色体的相互易位。利用FISH技术分析显示一个人的相互易位的杂合子。两个相互易位的染色体被染成红色和绿色（箭头）。两个正常的、非易位的染色体被完全染成红色或完全染成绿色（箭号）。

快进

程序性DNA重排和免疫系统

　　人类免疫系统的惊奇之处在于其特异性和多态性。它包括几乎一万亿个B淋巴细胞，特异化的白细胞产生了超过10亿种不同的抗体（也称为免疫球蛋白或者Ig）。但是，每个B细胞产生的抗体只针对一个细菌或者病毒的蛋白质（在免疫反应中称之为抗原）。抗体结合到抗原上，能够帮助身体攻击和抵消入侵的病原体。

　　抗体反应的一个奇妙问题是：一个基因组只有2万～3万个基因，但是却编码10亿种不同的抗体？答案是，程序化的基因重排，再加上体细胞突变和不同大小多肽各种配对，这样就可以大致产生10亿种特异性结合，而这都只是来自于少得多的若干基因。为了理解这种多态性的机制，有必要知道抗体是如何组装的，以及B细胞如何表达抗体编码基因，并且决定特异性抗原结合位点。

抗体形成产生特异性和多态性的遗传学

　　所有的抗体分子都由相同基础分子单位的一个或者多个拷贝组成。四个多肽组成这个单位：两个相同的轻链和两个相同的重链。每个轻链都跟一个重链配对（图A）。每个轻链和每个重链都有一个不变

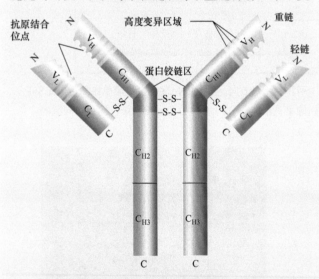

图A　抗体特异性是如何从分子结构中产生的。两个重链和两个轻链通过二硫键（–S—S–）连接在一起，构成抗体分子的基本单位。重链和轻链的N端附近都有可变（V）结构域（黄色），它们相互关联形成抗原结合位点。在抗体分子之间，V结构域内氨基酸的"高变"区段变化很大。每个链的其余部分由一个C（保守）结构域（蓝色）组成；重链还包括几个子结构域（C_{H1}、铰链区、C_{H2}和C_{H3}）。

（C）域和一个可变（V）域。重链的C域决定了抗体是5种主要种类的哪一类（特定的IgM、IgG、IgE、IgD和IgA），这影响了一个抗体在哪个地方以及如何发挥功能。例如，IgM抗体在免疫反应中很早就形成了，定位在B细胞膜上；IgG抗体随后出现，分泌到血清。轻链和重链的C域并不参与决定抗体的特异性；而轻链和重链的V域合起来，一起形成一个抗原的结合位点，这确定了抗体的特异性。

　　重链所有域的DNA都在14号染色体上（图B）。这个重链基因区域由超过100个V编码片段组成，每个片段前面都有一个启动子、几个D（指向多态性）片段、若干J（指向结合）片段和9个C编码片段，这9个片段前面有一个增强子（一段短DNA片段，能帮助转录起始；更多细节参看第17章）。所有生殖细胞和大多数体细胞中，包括那些即将成为B淋巴细胞的细胞，这些不同的基因片段在染色体上相距甚远。虽然如此，但是在B细胞发育过程中，体细胞重排，随机将个别V、D和J片段排列到一起，形成特别变化的区域，随后会被转录出来。这些重排也会将新形成的变异区域放到C片段和其增强子旁边，然后进一步将启动子和增强子放到邻近位置，这样就可以转录重链基因了。RNA剪切从初级转录物中移除内含子，形成一个成熟的mRNA，其编码一个完整的重链多肽。

　　体细胞重排在B细胞中随机组合V、D、J和C片段，这样就允许表达一个，而且仅仅只有一个特异的重链。没有重排，抗体基因表达无法实现。随机体细胞重排也产生真实的表达轻链的基因。体细胞重排可以表达抗体，通过基因元件的随机选择和再结合，也产生了大量结合位点的多态性。

　　其他一些机制也增加了多态性。首先，每个基因的DNA元件并不是精确地结合到一起，这是由于剪切和拼接酶有时候会在片段结合处修剪DNA或者加碱基上去。这种不精确的结合能帮助创造高度变异的区域，见图A。其次，重排基因的V区中随机体细胞变异增加了抗体V域的变异度。最后，在每个B细胞，一个特异的H链的两个拷贝都来自随机DNA重排，特异L链的两个拷贝也是来自随机DNA重排，它们结合到一起形成的分子就带了一个特异的、独有的结合位点。事实上，任何轻链都可以与任何重链配对，使得抗体类型的潜在多态性呈指数型增长。例如，如果有10^4种不同轻链和10^5种不同重链，那么将会有10^9种可能的不同组合。

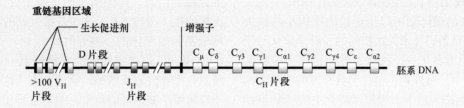

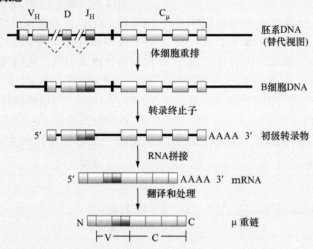

图B　14号染色体重链基因区域。胚系细胞（以及所有不产生抗体的细胞）的DNA包含超过100个V_H片段，大约20个D片段，6个J_H片段和9个C_H片段（顶行）。每个V_H和C_H片段由两个或多个外显子组成，如第二行相同DNA的替代视图所示。在B细胞中，体细胞将随机的、独立的V_H、D和J_H片段重组在一起。从新构建的重链基因得到的原始转录本随后被剪接成成熟的mRNA。通过在IgM抗体中发现的重链mRNA翻译形成μ重链。在B细胞发育后期，其他重组（图中未显示）连接相同的V-D-J变量区域的其他C_H片段，如$C_δ$等部分，以允许其他抗体类的合成。

抗体基因重排的酶创造的错误可以导致肿瘤

　　RagⅠ和RagⅡ是两个酶，它们与抗体基因中的DNA序列互作，帮助催化刚刚描述的重排。虽然如此，但是在进行重排的活动中，有时候这些酶会出错，从而导致人8号和14号染色体之间发生相互的易位。发生易位之后，14号染色体重链基因的增强子正好位于8号染色体*c-myc*基因旁边。在正常情况下，*c-myc*基因合成一个转录因子，在细胞周期中以适当的时间和速率激活其他在细胞分裂中活跃的基因。虽然如此，但是抗体基因增强子的易位加速了*c-myc*基因的表达，这导致拥有易位的B细胞的分裂失去了控制。这个不受控制的B细胞分裂导致了一种肿瘤，即伯基特淋巴瘤（图C）。

　　因此，虽然程序化的基因重排对于健康的免疫系统的正常发育是很必要的，但是重排机制的失效则会促进疾病。

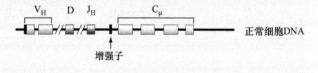

图C　错误导向的易位会帮助导致伯基特淋巴瘤。一个特别的伯基特淋巴瘤患者的DNA中，一个易位使得*c-myc*基因的转录位于$C_μ$旁边的增强子。结果，B细胞产生不正常的高水平*c-myc*蛋白。很明显，RagⅠ和RagⅡ酶错误地将一个J_H片段连接到8号染色体上的*c-myc*基因，而不是一个D片段。

是多色条带，呈现了一个人染色体缺失的存在和类型。

基因组DNA的微阵列可以用于检测特别小的缺失或者重复，这些是条码技术无法找到的。科学家从一个人基因组DNA中准备了一个探针，然后将这个探针杂交到一个微阵列中，微阵列中包含了数百万的全基因的DNA片段（回顾图11.17）。根据微阵列上的特异点的杂交信号减少或者增加，就可以分别发现缺失或者重复是否存在及其大约的位置。

基因组测序可以揭示最终分辨率水平的染色体重排：核苷酸对。一个个体拥有一个杂合的缺失，在分析基因组DNA时，与正常没有缺失的基因组相比，这个缺失的区域中会得到更少的序列。与之相反，一个个体拥有重复，与野生型没有这个重复的DNA相比，基因组DNA的重复区域会有更多序列。

全基因组序列分析，除了序列数目，还可以提供更详细的信息，因为所有的重排型会使得DNA序列非正常连接（图13.5）。这些在结合处的不寻常序列可以从全基因组测序的一些序列中找到。这些经过摆放的DNA序列可以确定精确的**重排断点**——碱基对，这些断点是重排区域开始和结束的地方。这些断点的知识对于理解哪个基因可能负责一个与重排相关的突变体表型是非常关键的。

重排断点也可以由另外一个方法确定，这个方法利用基因组DNA作为模板进行聚合酶链反应（PCR）。一旦从条码或者微阵列中得知重排的大概位置，科学家就可以设计PCR引物，从包含重排染色体的模板上扩增特异的产物（见图13.5）。扩增产物进行DNA测序，就可以确定重排断点的精确位置。

PCR分析提供了一个非常廉价和高度敏感的方法，来跟踪一个已知重排的传代，这是非常有价值的。例

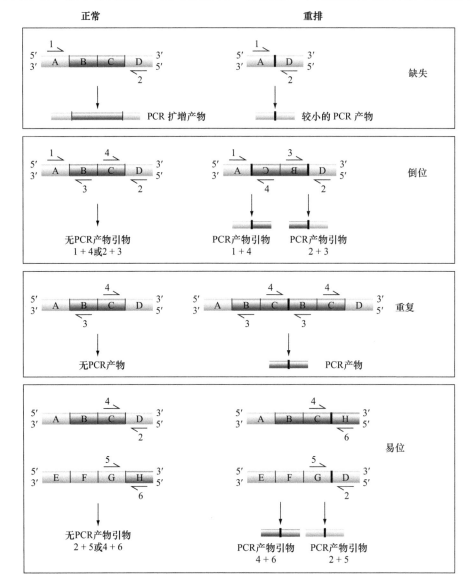

图13.5 染色体重排断点可以由基因组测序或者PCR检测到。通过不寻常的DNA序列排列，基因组测序可以检测重排断点（黑色粗线）。PCR的碱基对（半箭头）可以从基因组DNA模板中扩增基因组DNA模板特异产物，这些产物中包括了重排断点。对扩增产物的DNA测序会发现重排的确切情况。

如，你将在本章中随后看到一种白血病（一种白细胞癌症），该病是由一种特定的相互易位导致的。医生可以针对旨在根除白血病细胞的化疗，在患者血液中开展PCR分析。易位断点特异的扩增产物发现至少有几个癌症细胞成功活下来的话，则表明需要更多治疗。

基本概念

- 染色体重排包括哪些移除碱基对（缺失）或者增加碱基对（重复），以及哪些重新定位DNA区域的情况（倒位和易位）。
- 染色体断裂之后，如果发生染色体错配、非法交联和DNA修补，会导致缺失、重复、倒位和易位。
- 高级FISH技术能发现染色体重排在图像条带（条码标记）上的区别，但是微阵列能检测到非常小的缺失和重复。DNA测序和PCR扩增能将重排定位到碱基对水平。

13.2　重排的效应

学习目标

1. 描述纯合子和杂合子中缺失的表型效果。
2. 解释研究者如何使用缺失来定位基因。
3. 讨论重复对表型和不平等交换的影响。
4. 分辨臂间倒位和臂内倒位。
5. 解释为什么倒位的断点决定了它们是否有表型效应。
6. 定义相互易位，讨论这些重排何时会有表型效应。
7. 总结倒位和易位对交换和繁殖的效应。

四种主要重排中每一种都对可见的表型，甚至生存力有重要影响。效应的存在与否和严重性通常依赖于这个个体在重排染色体上是纯合子还是杂合子。除此之外，染色体上这些不同种的变化也可以改变交换，以及个体的繁殖力。

13.2.1　缺失从基因组中移除DNA

连续核苷酸的小缺失，就像第7章所讲，通常只影响一个基因，但是大的缺失就可能让染色体失去几十个，甚至几百个基因。我们用符号*Del*来标定一个染色体有一个大缺失。在接下里的讨论中，如果你将*Del*染色体看成在缺失基因上是无条理（完全失去功能）等位基因，那将会非常有益于你的理解。

1. 缺失纯合的致死效应

因为基因组中许多基因对于个体的生存都是非常关键的，大多数拥有缺失染色体的纯合子（*Del/Del*）或者杂合子（*Del/Y*）并不能存活。虽然如此，但是在一些很少见的例子中，缺失的染色体区域中没有生存关键的基因，这个缺失的半合子或者纯合子也许会存活。缺

失越小，其纯合子存活的可能性越大。例如，雄果蝇一个80kb缺失的半合子，包括白色基因（*w*），在实验室中可以完美地存活；缺乏*w+*等位基因用于红眼色素沉着，它们的眼睛是白色的。

2. 缺失杂合子的有害效应

通常，一个生物失去了一个染色体上的多个基因，只有在同源染色体有这些基因的正常拷贝的情况下，才能存活。这样一个*Del*/+个体我们称之为**缺失杂合子**。即使所有的基因都至少有一个拷贝，缺失杂合子由于以下几个原因也会表现出突变体表型。

单倍体不足　缺失杂合子有时候由于**单倍体不足**拥有突变体表型，即正常**基因剂量**（一个特定基因在基因组中的数目）的一半，无法产生足够的蛋白产物来支撑正常表型。有时候，异常表型是由缺失中一个基因的剂量降低造成的。你在第8章可以看到，一种人多指畸形（多余手指和脚趾）是由一个特别基因丧失功能等位基因的杂合子导致的（回顾图8.30）。缺失的这种效应是非典型的，因为人基因组中只有800个基因是单倍体不足的。虽然如此，但是几乎任何基因降低剂量都可能会有很小的有害效应。非常大的缺失会包含很多基因（如丢失染色体臂的一半或者更多），由于众多基因剂量的累积效应，即使在杂合子中通常都是致死的。

发掘隐性突变体等位基因　缺失杂合子实际上是半合子，正常染色体上的基因在缺失染色体上丢失了。如果正常染色体携带一个基因的突变隐性等位基因，那么此时这个个体就会表现出突变表型。例如，在果蝇中，猩红（scarlet——译者注）颜色突变（*st*）对于野生型来说是隐性的，但是一个动物，携带*st*突变和一个移除了*scarlet*基因的缺失，其基因型为*st/Del*，将会拥有明亮的猩红眼睛，而不是野生的暗红眼睛。在这种情况下，缺失发掘出（即发现）隐性突变的表型［图13.6（a）］。

3. 用缺失来定位基因

遗传学家可以用缺失来寻找与异常表型相关的基因。基本的要求是要有一个隐性失去功能的突变*m*（即一个无条理或者次形态等位基因），而且能导致表型。如果*m/Del*杂合子的表型是突变体（就像*m/m*的表型），这个缺失就找到了这个突变位点；至少这个基因的一部分是位于缺失区域内的。与之相对应，如果这个基因决定的性状在杂合子中是野生型，那么这个缺失就无法发现隐性等位基因，这个基因全部都在缺失区域外面［图13.6（b）］。你可以将这个实验看成是一个突变和缺失之间的互补测试：隐性突变表型的发掘明显没有互补，因为两个染色体都无法提供野生型基因的功能。

如果在同一个染色体区域内，有几个不同重叠的缺失，它们的断点在DNA水平上是已知的（用图13.5中所呈现的PCR或者全基因组测序技术），这种对*m/Del*杂

(a) 缺失揭示了隐性突变

缺失区域

(b) 缺失可以用来确定基因的位置

	染色体			基因型	表型
st		st		st / st	朱红色
Del1	缺失区域			st / Del1	野生型
Del2				st / Del2	野生型
Del3				st / Del3	朱红色
Del4				st / Del4	朱红色
Del5				st / Del5	野生型

图13.6 用缺失染色体进行基因作图。（a）缺失染色体可以发现另外一个同源染色体上的隐性突变。基因型st/Del的果蝇会有隐性猩红眼色，因为Del染色体缺乏st⁺基因。（b）一条染色体是Del，另外一条是隐性猩红突变（st），如果缺乏包含st基因，这样的杂合子会表现出猩红颜色；如果st⁺基因并没有缺失，则会表现出野生型。五种不同类型的杂合子的表型表明st⁺基因位于虚线内。

合子进行遗传作图的策略，可以相当精确地定位到突变，经常只有一个基因［图13.6（b）］。

4. 缺失杂合体在遗传图距上的效应

由于母系和父系同源染色体之间的重组只发生在相似的区域，用缺失杂合子中遗传重组频率所作的图距会表现异常。例如，图13.7中，基因C、D和E之间没有重组是可能的，因为正常没有缺失染色体区域中的DNA，没有对应的区域来进行重组。事实上，减数分裂Ⅰ初期同源染色体配对期间，非缺失染色体的"孤立"区域形成了一个**缺失环**——正常染色体的非配对凸出部分，正好对应另外一个同源区域缺失部分。

*Del/+*杂合子的后代通常都会遗传缺失环中的标记，这些标记会成为一个整体（图13.7中的C、D和E）。结果，重组无法将这些基因分开，*Del/+*个体的后代中表型类型决定图距，那么这些基因间的图距将会是0。除此之外，缺失两边的染色体位点之间的遗传距

离也会比预期的更小，因为它们之间的交换会更少。

13.2.2 重复染色体有一些基因多余拷贝

重复区域的拷贝相互之间以不同的方式排列（图13.8）。**串联重复**中，重复拷贝以相同的顺序或者相反的顺序相互紧挨着。在**非串联**（或分散）**重复**中，区域的拷贝数并不紧挨在一起，也许在同一个染色体上相距甚远，或者在不同染色体上。我们使用Dp标记来标示一个染色体上携带的重复。

1. 重复的表型效应

大多数重复没有明显的表型结果，因为多数基因的额外剂量并不会影响正常细胞或者组织生理。虽然如此，一些重复确实有可见的性状或者生存表型结果，这

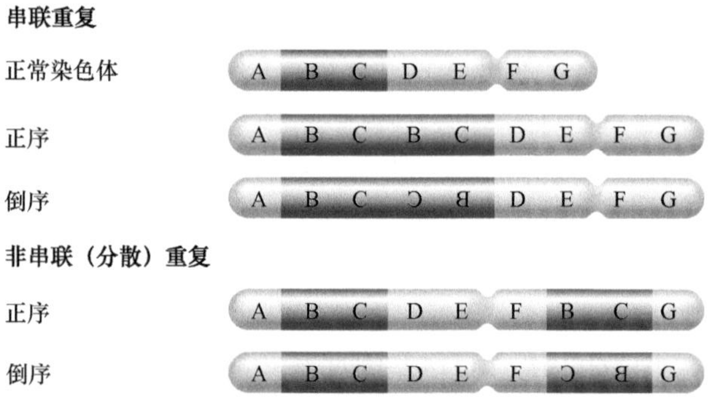

正常同系物

染色体缺失的同系物

缺失环

A B F G
A B F G

图13.7 缺失杂合子的染色体中形成缺失环。在减数分裂Ⅰ前期，正常染色体的未删除区域因为没有配对的对象，形成了一个缺失环。在删除缺失环的过程中不会发生重组。每条线代表两条染色单体。

串联重复

正常染色体 A B C D E F G

正序 A B C B C D E F G

倒序 A B C C̄ B̄ D E F G

非串联（分散）重复

正序 A B C D E F B C G

倒序 A B C D E F C̄ B̄ G

图13.8 重复染色体的类型。串联重复中，重复区域以相同顺序或者相反顺序相互紧挨在一起。非串联重复中，同一个区域的两个拷贝是分开的。

些异常表型之所以发生至少有两个原因。第一，特定表型也许只是特别对一个或者一些特定的基因拷贝数增加敏感。第二，但是更少见，重复边界附近的基因表达改变了，因为现在它处在一个新的染色体环境中，而在一个新的野生型染色体中，并没有这样的染色体环境。

甚至重复杂合子（*Dp/+*）也会表现出不寻常的表型。例如，果蝇杂合子拥有一个包含*Notch*⁺基因的重复，会表现出异常的翅膀，这是由*Notch*⁺三个拷贝特异导致的（图13.9）。*Notch*⁺基因的剂量极其敏感；*Del/+*果蝇只有一个*Notch*⁺基因拷贝，表现出不同的翅异常，因此这个基因也是单倍体不足（图13.9）。

生物通常对单个基因的额外剂量并不是那么敏感；但是对于大缺失，其中包含了许多基因，这些基因的失调有额外的有害效应，这会威胁到其生存。人有一种疾病综合征与几个Mb的重复杂合子有关。甚至更大重复的杂合子（比如一个完整染色体臂的重复）大多数情况下是致死的。

2. 重复之间的不等交换

拥有串联重复的杂合子个体中，减数分裂时携带重复的同源染色体偶尔会不配对。**不等交换**，即这种不配对导致的重组，产生的配子，有时可以多达三个重复区域拷贝，相反有时减少到一个区域的拷贝。

果蝇中，X染色体上有一个串联重复区域被称为16A，它会产生肾形眼睛的Bar表型［图13.10（a）和（b）］。雌性果蝇的Bar眼重复纯合子大多数情况下会产生Bar眼后代。虽然如此，但是一些后代却有野生型眼睛，其他一些后代则有双Bar眼，比Bar眼甚至更小

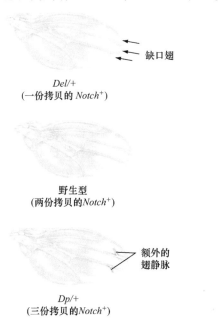

Del/+
（一份拷贝的 *Notch*⁺）

野生型
（两份拷贝的*Notch*⁺）

Dp/+
（三份拷贝的*Notch*⁺）

图13.9　缺失和重复杂合子的表型结果。缺失杂合子在缺失中只有基因的一个拷贝，而重复杂合子则有三个拷贝。只有*Notch*⁺基因一个拷贝的果蝇会有缺口翅。拥有三个*Notch*⁺基因拷贝的果蝇，则会有翅脉图案缺陷。

［图13.10（a）和（b）］。遗传解释是，野生型眼睛的果蝇X染色体上携带只有一个正在研究区域的拷贝，Bar眼果蝇X染色体上携带了两个串联区域的拷贝，双Bar眼果蝇则携带了三个串联拷贝［图13.10（a）和（b）］。野生型和双Bar眼的后代所遗传的X染色体，是由不等交换所产生的［图13.10（c）］。

双Bar染色体纯合的雌性果蝇中所发生的不等交换，可以产生甚至更极端的表型后代，这些表型与四个或者五个重复区域的拷贝相关。纯合子中的重复也会使得从一代到下一代，染色体区域拷贝数增多和减少。

Bar眼是一个与重复相关表型的例子，其表型是由于DNA序列的重排序，而将基因放置于一个新的染色体环

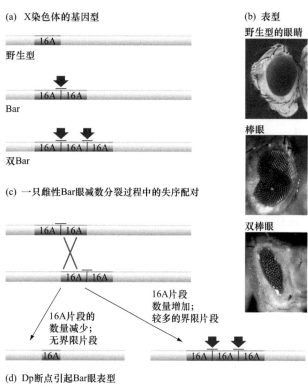

（a）X染色体的基因型　　　　　　　　　（b）表型

野生型眼睛

野生型

Bar

双Bar

棒眼

双棒眼

（c）一只雌性Bar眼减数分裂过程中的失序配对

16A片段的数量减少；无界限片段

16A片段数量增加；较多的界限片段

（d）Dp断点引起Bar眼表型

增强子　　　*Bar*基因

图13.10　不等交换可以增加或者减少拷贝数。（a）果蝇X染色体上16A区域重复导致了Bar眼；三拷贝重复会导致双Bar眼。箭头指示重复断点。（b）Bar眼比野生型更窄小，双Bar眼甚至更窄小。（c）雌性这个重复的纯合子减数分裂时的不等配对和交换，会产生16A区一个拷贝或者三个拷贝（导致更异常双Bar眼）。（d）Bar眼是由断点两边DNA序列处于异常位置，其中来自另外一个基因的转录增强子使得*Bar*基因过量表达。

境中所造成的。在一个重复断点中，*Bar*基因的转录比正常水平要高得多，这导致了更小的眼睛。拥有三个16A区域拷贝的双*Bar*染色体拥有这个断点的两个拷贝（即异常*Bar*增强子基因融合），这产生了更多的mRNA，以及甚至更小的眼睛［图13.10（a）和（b）］。

13.2.3 倒位改组了一个染色体的DNA序列

倒位是染色体的一个区域发生了180°旋转。记住这一点是很重要的，因为染色体上的每一个DNA链从5′端到3′端必须持续地延续下去，即使其中一条链有倒位也必须如此，染色体颠倒的部分不仅仅旋转了，而且两条单链的方向也翻转了（回顾第6章解决的问题1）。

包含着丝粒的倒位称之为**臂间倒位**，不包含着丝粒的倒位称之为**臂内倒位**，遗传学家可以将它们区分开来（图13.11）。正如本节你随后会看到的，着丝粒相对于倒位的位置会影响一个含有倒位的染色体在减数细胞分裂中的行为。

1. 倒位的表型效应

大多数倒位并不会导致异常效应，因为虽然它们改变了基因在染色体上的顺序，但是它们并没有增加或者减少DNA，因而并不会改变基因本身或者其数目。虽然如此，但是倒位可以在特定基因中创造突变，这些突变正好跨在倒位断点上。正如图13.12所示，如果一个倒位断点正好处于一个基因内，那么这个基因就会丧失功能。倒位将基因一分为二，将一部分移到了染色体很

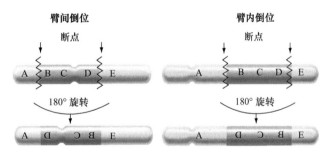

图13.11 倒位类型。倒位就是染色体的一段180°旋转。当旋转的片段包含着丝粒的时候，倒位发生在臂间；当旋转片段不包含着丝粒时，倒位发生在臂内。

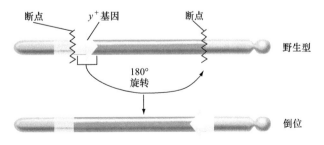

图13.12 如果倒位破坏了一个基因，倒位就会影响表型。这个图上，一个倒位将*y*（黄色）基因一分为二，使得这个基因丧失了活性。

远的一个区域上，而另外一部分仍然在原来的位置上。这样一个断裂会破坏基因的功能。

倒位也可以通过将倒位断点附近的基因移到新的染色体环境中，改变了其正常表达，从而产生不寻常的表型。例如，果蝇*Antennapedia*基因的一个突变可以将触角变成脚（回顾图8.32），这个突变就是一个倒位，它将基因移到一个新的调控环境中，正好在增强子序列的旁边，这使得该基因正常情况下理应沉默，而这时候却在组织中表达了。还有另外一个改变调控环境的例子，基因正常情况下在染色体的常染色质上，倒位将基因移到了异染色质的一个位置上，这样在一些细胞中该基因沉默了，最终导致花斑位置效应（回顾图12.12）。

2. 倒位杂合和降低的生育率

倒位（*In*/+）杂合个体就是倒位杂合子。由于在人类群体中倒位很少见的，大多数拥有倒位染色体的人实际上是倒位杂合子，倒位染色体是从双亲中的一个遗传而来的。在这些个体中，当携带倒位的染色体在减数分裂与同源染色体配对时，**倒位环**的形成可以使同源区域能够最紧密地排列。在一个倒位环中，一个染色体区域旋转来配合另一个同源染色体的相似区域（图13.13）。正如我们现在讨论的，在倒位环中发生交换，不论倒位是臂间还是臂内，都会产生异常重组染色单体。

如果倒位是臂间，且在倒位环中只有一次交换发生，那么每个重组染色单体都将会有一个着丝粒，即正常数目，但是会导致一个区域的重复和另一个区域的缺失［图13.14（a）］。携带这些重组染色单体的配子中，一些基因的剂量将会是异常的。在受精之后，异常配子和正常配子的集合产生了受精卵，这些受精卵很可能会由于遗传不平衡而死亡。

如果倒位是臂内的，且在倒位环内只发生了一次交换，那么重组染色单体的基因剂量将会不平衡，而且着丝粒也会不均等［图13.14（b）］。一个交换产物将会是一个缺乏着丝粒的**无着丝粒片段**，另外一个交换产物将会是拥有两个着丝粒的**双着丝粒染色单体**。由于这个无着丝粒片段没有着丝粒，在第一次减数分裂时无法附着到纺锤体上，细胞无法将其组装成子细胞核；结果，这个染色体丢失了，将不会包含在配子中。与之相对比，减数分裂Ⅱ的后期，相反方向的纺锤体拉力同时将双着丝粒拉到纺锤体两端，随后双着丝粒染色单体随机在染色体的一个位置上断裂了。无着丝粒片段的丢失，以及双着丝粒染色单体的断裂，将会导致遗传不平衡的配子，在受精上将会产生死亡的不平衡受精卵，它们无法发育到胚胎发育的最早期。结果，没有臂内倒位环交换的重组后代能存活下来；任何存活的后代都是没有发生重组的。

总而言之，无论倒位是臂间的还是臂内的，倒位杂

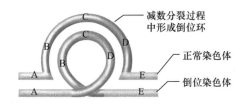

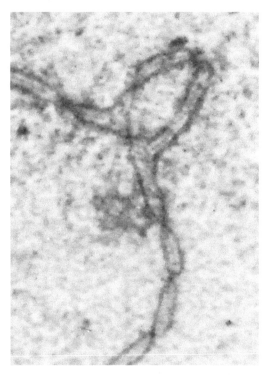

图13.13　倒位环在倒位杂合子中的形成。在减数分裂 I 初期，为了在一个倒位杂合子（*In/+*）中最大化配对，同源区域形成了一个倒位环。（上面）简化图示，一条线代表一对姐妹染色单体。（下面）一个*In/+*小鼠在减数分裂 I 时，倒位环的电子扫描图。

承蒙© Lorinda Anderson & Stephen Stack, Department of Biology, Colorado State University提供

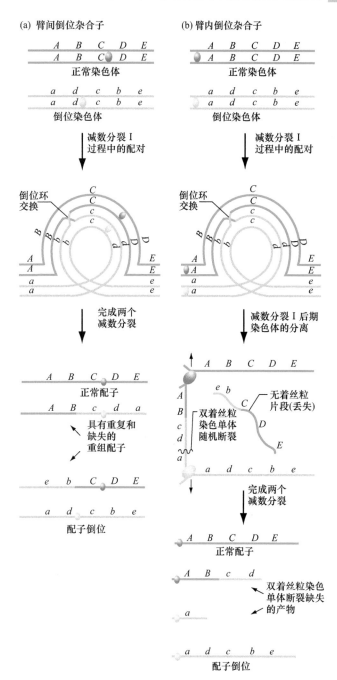

图13.14　为什么倒位杂合子产生很少的重组子代。在这张图中，每一条线代表一个染色单体，不同深浅的绿色表示两条同源染色体。（a）由臂间倒位杂合子的倒位环内重组形成的染色单体在遗传上是不平衡的。（b）在臂内倒位杂合子的倒位环内重组形成的染色单体不仅遗传上不平衡，而且还含有两个或没有着丝粒，而不是正常着丝粒。

合子的倒位环中发生交换有相同的效应——重组配子的形成，这种重组配子将会在受精后阻止受精卵的发育。

　　你可以参看图13.14，其中在倒位环中发生一次交换的减数分裂，都产生了两个平衡的配子（一个是正常染色体，一个拥有倒位染色体）和两个不平衡配子。倒位区域越大，交换发生在倒位环内的可能性越大，将会产生更多的不平衡配子。基于这个原因，倒位杂合子，特别当倒位区域很大的时候，经常会导致生育率的降低。

3. 倒位杂合和交换抑制

　　因为只有含有不与倒位环重组染色体的配子，才能产生可存活的后代，因而倒位成了**交换抑制子**。这并不意味着交换不能发生在倒位环中，而是倒位杂合子的可存活后代中很少有或者根本没有重组体的存在。

　　遗传学家用交换抑制来创造**平衡染色体（*Balancer***

染色体），包含多个重合的倒位（臂间和臂内），也可以作为标记突变来产生可见的显性表型（图13.15）。*Balancer/+*杂合子的存活后代只能拥有*Balancer*染色体或者正常顺序的染色体（+），但是它们无法遗传同时拥有两种染色体的重组染色体。通过识别*Balancer*染色体的显性标记所造成的表型有无来识别这两种存活的后代。

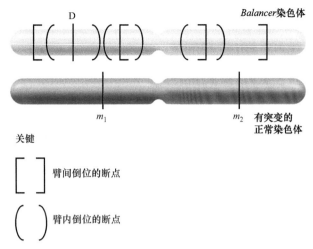

关键

[ ]　臂间倒位的断点

( )　臂内倒位的断点

图13.15　Balancer染色体对于遗传分析是非常有用的工具。Balancer染色体携带显性标记D和倒位（括号），这可以阻止Balancer和携带感兴趣突变（m_1和m_2）的染色体间重组的恢复。一个携带Balancer和实验染色体的杂合子单亲，将会传递Balancer或者双突变染色体给可存活的后代，但是无法遗传重组染色体给存活的后代。

遗传学家经常创造Balancer杂合子，来确保正常染色体和携带感兴趣突变的染色体能够传递给下一代，而且重组也无法改变。为了帮助创造遗传材料，大多数Balancer染色体中的标记不仅仅可以创造一个显性可见的表型，也能作为一个隐性致死的突变来阻止Balancer染色体纯合子的存活。

13.2.4　易位将染色体的一部分移到另外一条染色体上

易位是大尺度变异，一条染色体的一部分粘贴到另外一条非同源染色体上。本节中，我们特别解释了最普遍存在的易位——相互易位，正如之前表13.1所示，其中两个非同源染色体相互交换位置。大多数拥有相互易位的个体，表型上是正常的，因为它们既没有丢失也没有增加遗传材料。虽然如此，但是就像倒位，如果易位断点位于一个基因附近或者基因内部，那么基因功能就可能会改变或者被破坏。就像倒位，相互易位也可能会导致生育率的降低，但是正如你将会看到的，原因并不相同。

1. 易位导致癌基因

易位对基因功能的潜在影响通过几种癌症和体细胞中易位的联结可以解释清楚。在正常细胞中，一些基因是原癌基因，可以控制细胞的分裂。重新定位这些基因的易位可以将它们转化为产生肿瘤的癌基因，即功能获得性等位基因，其蛋白质产物的结构或表达水平发生了改变，最终导致细胞的分裂失控。

对于这个现象，举一个例子：几乎所有的慢性髓细

胞性白血病患者中，特定白细胞生产过剩导致了这种癌症，白血病细胞在9号和22号染色体之间有一个相互易位（图13.16）。9号染色体上的断点正好处于一个原癌基因c-abl的一个内含子中间；22号染色体上的断点是在bcr基因的一个内含子内部。易位之后，这两个基因的一部分相互紧贴着。在转录过程中，RNA生产机器一起转录这两个基因，创造出一个长初级转录物。剪切之后，mRNA被翻译成一个融合蛋白，其中c-abl基因决定的N端25个氨基酸被bcr决定的大约600个氨基酸置换了。这个融合蛋白的活性释放了对细胞分裂的控制，从而导致了白血病。

(a) 白血病患者有太多的白细胞

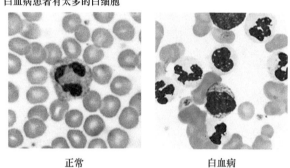

正常　　　　　　　　　　白血病

(b) 慢性粒细胞白血病的遗传基础

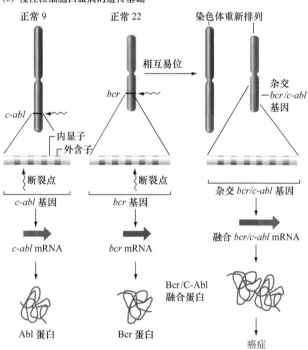

图13.16　相互易位如何帮助导致一种白血病。（a）在白血病患者中，未经控制的大的、深色的白细胞分裂（右图）比正常的分裂（左图）产生更高比例的白细胞或红细胞。（b）9号和22号染色体之间的相互易位促成了慢性髓细胞性白血病。这种重排产生了异常杂合基因，有一部分c-abl基因和一部分bcr基因。这个杂合基因编码一个异常的融合蛋白，破坏了对细胞分裂的控制。

"快进"信息栏"程序化的DNA重排和免疫系统"描述了另外一个例子，一个易位导致的被称为伯基特淋巴瘤的癌症。

2. 易位杂合子中的生育率降低

易位，就像倒位，如果断点不干涉基因功能的话，在纯合子中并不产生显著的遗传后果。在易位纯合子减数分裂时，根据孟德尔定律，染色体正常情况下会分离［图13.17（a）］。即使基因已经重排了，个体中的两套染色体仍然有相同的重排。结果，所有的染色体减数分裂时都只有一个配对染色体，对后代也没有有害的后果。

虽然如此，但是在易位杂合子中，减数分裂过程中，染色体分离的特定模式仍然会产生遗传上不平衡的

配子，受精时对受精卵是有害的。在易位杂合子中，两套染色体并没有携带相同的遗传排列信息。结果，在第一次减数分裂初期，易位染色体和正常同源染色体假设形成了一个十字形（交叉状）构型，其中四条染色体配对，而不是正常的两条染色体，这样在相似区域来达到最大的染色体结合［图13.17（b）］。为了追踪形成十字形结构的这四条染色体，我们将携带易位材料的染色体标示为T，正常染色体标示为N。N1和T1染色体在野生型1号染色体上拥有同源着丝粒；N2和T2在野生型2号染色体上拥有同源着丝粒。

减数分裂Ⅰ后期，在这个交叉构型中有一个将纺锤体定位到染色体上的机制，通常会确保同源着丝粒解体，将同源染色体拉到相反的纺锤体两极（即T1和N1

(a) 异位纯合子中的分离

减数分裂期间的正常分离

(b) 易位杂合子中的染色体配对

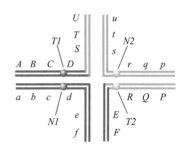

(c) 异位杂合子中的分离

分离方式	相间		紧邻1		紧邻2 （不频繁）	
	平衡 N1 + N2	平衡 T1 + T2	失衡的 T1 + N2	失衡的 N1 + T2	失衡的 N1 + T1	失衡的 N2 + T2
配子	a b c ● d e f / p q r ● s t u	A B C ● D S T U / P Q R ● E F	A B C ● D S T U / p q r ● s t u	a b c ● d e f / P Q R ● E F	a b c ● d e f / A B C ● D S T U	p q r ● s t u / P Q R ● E F
与正常 *abcdefpqrstu* 纯合子配种 的子代类型	*abcdef* *pqrstu*	*ABCDEF* *PQRSTU*	无存活	无存活	无存活	无存活

(d) 玉米中半不育现象

图13.17 相互易位的减数分裂分离。本图所有部分中，柱和线都代表一个染色单体。（a）在易位纯合子中（*T/T*），染色体在减数分裂Ⅰ中正常分离。（b）在易位杂合子（*T/+*），四个相关染色体呈现出一个十字形（交叉状）构型，以最大化配对。*N1*和*N2*染色体以原先顺序排列基因的等位基因以小写字母呈现；*T1*和*T2*易位染色体上这些基因的等位基因会以大写字母呈现。（c）在易位杂合子中可能有三种分离模式。只有相间分离模式才能产生平衡的配子。（d）玉米半不育穗是来自一个相互易位的植物杂合子。它表现出比正常情况更少的籽粒，因为不平衡的胚珠发育不全。

（d）：© M.G. Neu er, University of Missouri

去相反的两极，T2和N2也如此）。依据四条染色体在赤道板上的排列，同源染色体的正常解构分离产生了两种平等分离模式中的一种［图13.17（c）］。在**相间分离模式**中，两个易位染色体（T1和T2）会去到一极，而两个正常染色体（N1和N2）则去到两个相反的极。这两种配子都来自于分离（T1，T2和N1，N2），携带正确单倍体的基因数目，这些配子与正常配子结合形成的受精卵将会存活。与之相对比，在**紧邻1分离模式**中，同源着丝粒拆分了，因而T1和N2去到一极，N1和T2去到另外一极。结果，每一个配子都包含一个很大的重复（在那个配子中，任何一个染色体中都无法找到这个区域），这使得它们遗传上并不平衡。这些配子与正常配子结合形成的受精卵通常并不能存活。

由于易位杂合子中存在不寻常的十字形配对构型，同源着丝粒不分离的发生虽然可以检测到，但是确实比率很低。这种不分离产生了**紧邻2分离模式**，同源着丝粒N1和T1去向相同的纺锤体极，但是同源着丝粒N2和T2去向不同的纺锤体极［图13.17（c）］。由此产生的不平衡遗传在受精后对含有它们的受精卵是致命的。

在所有易位杂合子产生的配子中，只有那些由交替分离产生的配子（略少于总数的一半）在与不发生易位的个体杂交时才能产生有活力的后代。结果，大多数易位杂合子的生育率，即它们产生可存活后代的能力，减少了至少50%。这种情况被称为**半不育**。玉米诠释了易位杂合子和半不育之间的关联性。虽然籽粒可以正常出现，遗传不平衡胚珠的死亡在抽穗中产生了空缺［图13.17（d）］。

人每500个个体中大约会有一例是某种易位的杂合子。虽然大多数这样的人表型上是正常的，但是他们的生育率很低，因为他们产生的许多受精卵都自动发育不良了。正如我们所看到的，这种半不育是源于紧邻1或者紧邻2分离模式产生的配子相关的遗传不平衡。但是这种遗传不平衡对于受精卵来说并不是必然致命的。如果重复或者缺失的区域非常小，那么由这些分离模式所产生的不平衡配子也许会产生正常孩子。

3. 易位杂合子的假连锁

易位杂合子的半不育削弱了基因在两条易位染色体上独立组合的潜力。孟德尔第二定律要求，两条染色体配对时产生了两种可能的中期排列，其所产生的所有配子都可以生产出可存活的后代。但是正如我们所见，在易位杂合子中，只有相位分离模式在远交中产生了可存活的后代；看起来一样可能的紧邻1和少见的紧邻2模式都无法产生可存活的后代。基于此，参与相互易位的两条非同源染色体上，易位断点附近的基因表现出**假连锁**，即它们看起来好像有关联。

图13.17（c）展现了为什么假连锁发生在易位杂合子中。在图中，小写的a~f代表了在正常1号染色体（N1）出现的基因的等位基因，p~u则是2号非同源正常染色体（N2）上基因的等位基因。在易位染色体T1和T2上，基因的等位基因则是大写的。在存在重组的情况下，孟德尔独立组合定律可以预测两条不同染色体上的基因在四种配子中拥有相同的频率，如a p、A P、a P和A p。但是，可以产生可存活个体的相位分离模式（在没有杂交的情况下）只产生一个a p配子和一个A P配子。因而，在这样的易位杂合子中，两条非同源染色体上的基因将会表现得好像它们是互相关联的。

4. 罗伯逊易位和唐氏综合征

罗伯逊易位是在两个近端点着丝粒染色体的着丝粒上或者附近，发生了断裂（图13.18）。断裂部分相互交换，产生了一个很大的等臂染色体和一个很小的染色体，这个小染色体如果有基因的话，也是非常少的。这个微小染色体随后会从生物上丢失。罗伯逊易位是以W. R. B. Robertson的名字命名的，他在1911年首先报道在进化中，等臂染色体是由两条近端点着丝粒染色体的融合所形成的。

对于此现象，有一个很重要的例子，正如在图13.19所示，一些个体在14号和21号染色体之间发生了罗伯逊易位杂合。

图13.19这些表型上很正常，但是会产生一些紧邻1分离模式所形成的配子，这些配子拥有21号染色体大部分区域的两个拷贝：一个拷贝是正常的21号染色体，另外一个是罗伯逊易位所融合的14号染色体和21号染色体。受精时，如果拥有重复的配子与正常配子结合，最后的孩子将会拥有21号染色体大部分区域的三个拷贝和唐氏综合征。大约4%的唐氏综合征的发生是由于罗伯逊易位。在本章中，你随后会看到，大多数的唐氏综合征个体有三个正常的、全长的21号染色体拷贝。

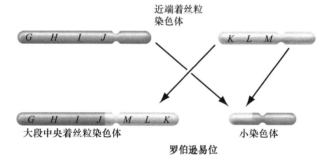

图13.18 罗伯逊易位可以重塑基因组。在一个罗伯逊易位中，两条近端点着丝粒染色体之间的相互交换，产生了一个很大的等臂染色体和一个很小的染色体。后者也许没有携带几个基因，也许会丢失，从而不表现不良后果。

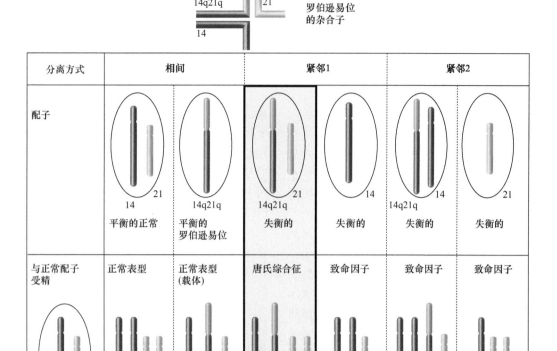

图13.19　易位唐氏综合征如何产生的。在有关14号和21号染色体（14q21q）罗伯逊易位杂合子中，紧邻1分离可以产生21号染色体两个拷贝的配子。如果这样的配子与正常配子结合，结果受精卵将会有21号染色体部分区域的三个拷贝。根据21号染色体的哪个区域出现在三个拷贝中，这种三重化也许会导致唐氏综合征［在原先易位杂合子中，相互易位染色体（14p21p）很小，已经丢失了］。

基本概念

- 缺失从染色体上移走了DNA，主要通过基因剂量的影响，从而导致突变体表型。
- 缺失染色体对于定位基因是很有用的。
- 重复是将DNA加到染色体上，通过增加基因剂量或者通过改变基因在断点附近的调控，从而导致了突变体表型。
- 倒位改变了染色体上的基因顺序，但是不改变其数量。
- 倒位通过打断基因和破坏其功能，或者通过改变其调控，也许会影响断点或者断点附近基因的功能。
- 倒位杂合子的生育率降低了，因为在颠倒区域中交换可以产生不平衡的配子。
- 在相互易位中，两条染色体的一部分相互交换位置，并没有丢失或者增加DNA。易位也许会在易位断点处或者其附近改变基因的功能。
- 易位杂合会降低生育率，因为在减数分裂中染色体配对和分离导致了许多不平衡的配子。

13.3　转座遗传元件

学习目标

1. 定义转座元件。
2. 比较反转录转座子和DNA转座子的结构与动员机制。
3. 讨论人类基因组中的转座元件和它们的移动。
4. 描述转座元件如何改变基因组。
5. 解释细胞如何阻止多余的转座元件移动。

　　另外一种拥有显著基因组影响的序列重排的类型是**转座**：小段DNA片段（被称为**转座元件，TE**）从一个基因组位置移到了另外一个位置上。Marcus Rhoades在20世纪30年代、Barbara McClintock在20世纪50年代，首先从玉米复杂的遗传研究中推断存在TE。科学界许多年并不认同他们的工作，因为他们的发现似乎与经典的重组作图得到的结论正好相反，后者认为基因位于染色体的固定位置上。除此之外，TE太小了，它们在相对低的染色体核型分辨率中，无法被看到。自从克隆出转座元件DNA，使对它们的研究更详细，遗传学家们不仅仅承认了它们的存在，而且在所有研究的生物基因组中，从细菌到人，都发现了转座元件。1983年，Barbara McClintock在玉米籽粒中发现造成斑点的是移动遗传元件，她因为这个富有洞察力的研究，从而获得了诺贝尔奖〔图13.20（a）〕。

13.3.1 根据如何移动对转座元件进行分类

任何DNA片段进化出从基因组一个位置移动到另外一个位置的能力，就可以定义为转座元件，无论它是如何起源或者功能为何。TE不需要对有机体起作用的序列；事实上，许多科学家认为它们主要是"自私的"寄生实体，只携带允许它们自我延续的信息。虽然如此，一些转座元件似乎已经进化出功能来帮助其宿主。有一个有趣的例子，转座元件维持了果蝇染色体的长度。与其他多数生物相比，果蝇端粒并没有包含TTAG-GG重复，端粒酶可以延伸它们（回顾图12.20）。虽然如此，果蝇中特定的转座元件，伴随着每轮复制，通过高频率跳入染色体末端附近的DNA，却使得染色体末端并不缩短。结果，染色体大小维持相对不变。

大多数转座元件本质上长度范围从50bp到大约

(a) Barbara McClintock：转座元件的发现者

(b) TE会使玉米产生斑点

图13.20 转座元件的发现。（a）Barbara McClintock通过玉米实验，发现了转座元件。（b）转座子跳入或者跳出可以影响色素沉淀基因，转座子的移动会让玉米籽粒出现斑点。

（a）：© Corbis；（b）：© Dr. Nina Fedoro

10kb，一个特定的转座元件可以在基因组任何位置上出现，从一次到数十万次不等。例如，果蝇拥有大约80种不同的转座元件，每一个平均长度为5kb，每个平均出现50次。这些转座元件组成了80×50×5=20 000kb，或者大约果蝇160 000kb基因组的12.5%。

用克隆的转座元件DNA作为探针所做的FISH实验，表明了转座元件确实可以转座。例如，如果你用一个果蝇转座元件（叫做copia）得来的探针，与美国不同地理位置的两个果蝇品系进行杂交，你会在每个品系的基因组上，看到大约30~50个杂交位点。一些位点在两个品系中是一致的，另外一些则不同。与之相对比，FISH使用正常基因的探针的话，将会在两个品系上呈现出一个单一标记位点。这些结果表明，自从这两个品系地理上分隔之后，一些copia序列已经以不同的方式在这两个基因组上进行移动，正常基因则仍然留在固定的位置上。

根据转座元件如何在基因组上移动，可以将它们分成两组。**反转录转座子**通过一个RNA中间体的反转录来进行转座。刚刚提到的果蝇copia元件就是反转录转座子。与之相比，**转座子**（或者**DNA转座子**）是直接移动它们的DNA，并不需要RNA中间体。Barbara McClintock在玉米上所发现的负责籽粒斑点的遗传元件，就是转座子〔图13.20（b）〕。

13.3.2 几乎一半的人基因组是由转座元件组成的

人基因组包含了超过400万个转座元件，它们的长度大约占人基因组的44%（表13.2）。人类大多数转座元件（大约90%）是反转录转座子。转座元件在人基因组上的移动，可以通过比较人基因组序列和我们最近缘的物种大猩猩来检测到；通过比较不同人基因组序列，可以检测到最近转座元件的活动。这些基因组序列研究揭示了，从我们与大猩猩最一致的祖先开始计算，没有人DNA转座子是活动的，只有相对少的反转录转座子移动了。人转座元件移动如此低频率，可能部分是由于转座元件DNA序列突变的累积，部分是由于其控制机制降低了它们的移动。

13.3.3 反转录转座子通过RNA中间体移动

反转录转座子的转座开始于RNA聚合酶转录成一个RNA，它编码一个反转录样的酶。第8章"遗传学与社会"信息栏"HIV和反转录"中，介绍了导致AIDS的病毒HIV生产反转录酶，这个酶就像这个反转录酶，可以将RNA拷贝进一个单链cDNA中，然后用这个单链DNA作为模板来生产双链cDNA。许多反转录转座子，除了反转录酶，也编码多肽。

一些反转录转座子在RNA样DNA链的3'端有一个

表13.2　人基因组中的转座元件

元件	结构	长度/kb	数量	功能基因
反转录转座子				
LINE	ORF1 | pol | AAA	6～8	1 000 000	20%
SINE	AAA	<0.3	2 000 000	13%
HERV	LTR | gag | pol | env | LTR	1～11	600 000	8%
DNA转座子				
	转座酶	2～3	400 000	3%
	合计		4 000 000	44%

注：LINE和SINE是poly-A型反转录转座子；LINE编码RNA结合蛋白和反转录酶（*ORF1*和*pol*基因）使其在pol Ⅱ转录后能够动员。源于pol Ⅲ转录物（如tRNA）的SINE依赖于LINE编码的蛋白质在pol Ⅲ转录后移动。HERV是LTR型反转录转座子，除了*pol*基因外，还可以编码包括反转录病毒外壳蛋白的*gag*和*env*基因。其他生物中的DNA转座子是由于转座子末端的反向重复上的转座酶的作用而移动的。由于它们携带的基因或转座所需的末端序列发生突变，人类基因组中只有少数几条LINE和SINE能够移动；人类基因组中的HERV和DNA转座子是不可移动的遗迹。

poly-A尾，让人联想起mRNA分子的结构。人有两种主要的含有poly-A的反转录转座子，分别是**长散在核元件（LINE）**和**短散在核元件（SINE）**（表13.2）。其他反转录转座子末端有长末端重复（LTR），即元件两端以相同方向出现的核苷酸重复序列。第二种反转录转座子的结构类似于反转录酶病毒（RNA肿瘤病毒）整合好的DNA拷贝，这表明反转录酶病毒是从这种反转录转座子进化而来的，或者反过来也是一样。人LTR类型的反转录转座子事实上现在被称为**人内源性反转录病毒（HERV）**（表13.2）。

　　反转录转座子、mRNA和反转录病毒之间的结构相似性，再加上一些反转录转座子可以编码一种反转录酶（*pol*基因，表13.2），促使研究人员怀疑反转录转座子是否可以通过RNA中间物在基因组中移动。酵母上的实验证实了这种方式。在一个研究中，最开始在酵母质粒中找到的一个*Ty1*反转录转座子，含有它一个基因的内含子；虽然如此，在转座到酵母染色体上之后，内含子不存在了（图13.21）。因为内含子的移除只能发生在mRNA处理过程中，研究者认为*Ty1*元件在从质粒到染色体的转座过程中，是通过RNA中间体进行的。

　　包含poly-A或者LTR的反转录转座子移动机制在细节上并不相同，但是相互之间在一个重要方式上是相似的，都以反转录转座子的转录为起始。图13.22描述了含有LTR反转录转座子（就像酵母*Ty*元件、果蝇*copia*元件和人HERV的移动祖先）在基因组上移动的机制。反转录转座子转录物上*pol*基因的翻译，产生了一个拥有

反转录酶和内切酶活性的酶。该酶启动将反转录转座子RNA转变成双链cDNA的过程，也剪切一个基因组DNA目标位点，以供转座元件cDNA的插入。还有poly-A的转座元件（就像人LINE）通过一个更复杂的机制来移动（没有呈现），不仅仅需要反转录酶，也需要另外由

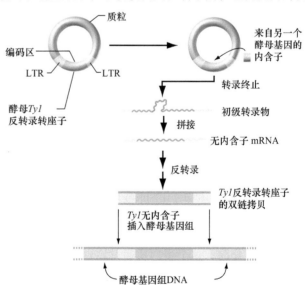

图13.21　图示反转录转座子通过RNA中间体进行移动。研究者构建了一个还有*Ty1*反转录转座子的质粒，其中含有一个内含子。这个质粒转化进入酵母细胞后，新的*Ty1*插入到酵母基因组DNA中。这个新插入的*Ty1*并不含有内含子，这表明转座需要一个初级转录物的剪切，来形成一个没有内含子的mRNA。

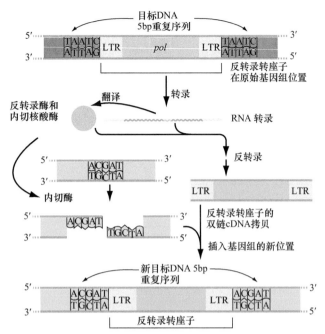

图13.22 LRT类型的反转录转座子移动机制。为了移动，LTR类型的反转录转座子依靠它们的LTR和pol基因编码的反转录酶/内切酶。这个反转录酶合成双链反转录转座子cDNA。这个cDNA插入到一个新的基因组位置（蓝色），这需要一个令人吃惊的内切酶切开目标位点；聚合作用填补黏性末端，产生了两个5bp目标位点的拷贝。

一个不同的反转录转座子基因（被称为ORF1）所编码的蛋白质（表13.2）。

正如图13.22所示，通过RNA作为中间体进行的转座，其中一个后果是反转录转座子原来的拷贝仍然在原位，新的拷贝则插入到另外一个位置上。通过这种传输方式，拷贝数量潜在地随着时间可以迅速地增加。生物进化出一些精巧的机制来限制反转录转座子的移动，从而来抵制反转录转座子失控的扩散。

13.3.4 转座酶催化DNA转座子的移动

转座子的特征——转座元件移动并不需要RNA中间体，它们的末端是相互反转的重复序列，即在末端的一串碱基对在另外一个末端有相同的序列［图13.23（a）］。反向重复序列通常为10~200bp。

转座子反向重复序列之间的DNA一般包含一个基因来编码**转座酶**，这个蛋白质通过识别这些重复序列来催化转座。正如图13.23（a）所示，这些转座的步骤包含转座子从原来基因组位置上切除和整合到一个新的位置上。

转座子切除位点上发生了双链断裂，在不同例子中以不同方式进行修补。图13.23（b）呈现了两种可能性。在果蝇中，转座子P元件切除之后，DNA外切酶首先扩大缺口，然后使用一个姐妹单体或者同源染色体作为模板来修补它（通过第7章中所述的双链断

裂修补）。如果模板含有P元件且DNA复制完全正确，修补将会将P元件恢复到它被切除的位置上；这会使得看起来好像在转座过程中，P元件一直在原来的位置上［图13.23（b），左下］。如果模板不包含P元件，在转座之后，转座子会从原来的位置上丢失［图13.23（b），右下］。

13.3.5 基因组经常含有转座元件有缺陷的的拷贝

无论是转座过程本身（例如，一个反转录转座子RNA的不完整反转录）的结果，还是转座之后发生事件（例如，P元件早先切除位点的错误修补）的结果，转座元件的许多拷贝都将会维持缺陷。如果一个缺失移除了反转录转座子转录必需的启动子，这个元件拷贝将无法产生RNA中间体用于将来的移动。如果缺失将DNA转座子末端的反向重复序列切除了，转座酶将无法催化该元件的转座。这些缺失创造出有缺陷的转座元件，它们无法再次转座。

其他类型的缺失产生的有缺陷的元件无法自己移动，但是如果基因组其他地方元件的拷贝没有缺陷的话，可以提供缺失的功能，从而使得有缺陷的元件可以移动了。例如，一个反转录转座子有一个缺失，使得反转录酶基因失活了，或者转座子中转座酶基因因为一个缺失失活了，如果这个关键酶在基因组上只有这一个拷贝的话，那么这种缺失就会使得这个元件拷贝固定在一个基因组位置上。虽然如此，但是如果基因组上有相同元件的其他拷贝，可以提供反转录酶或者转座酶，那么有缺陷的拷贝就可以移动。有缺陷的转座元件必须有相同元件的非缺失拷贝提供酶活性来实现移动，它们被称为**非自主元件**；没有缺失的拷贝可以自己移动，称为**自主元件**。例如，在人基因组中，所有的SINE都是非自主元件，它们只能使用LINE编码的蛋白质才能够移动（表13.2）。

人基因组中大多数转座元件都是遗迹，在两个方面是有缺陷的：不仅仅移动蛋白像反转录酶或转座酶这些基因被破坏了，它们的启动子或者末端都有缺陷，以至于它们根本无法移动。正如之前所述，只有LINE和SINE可以在人基因组上移动，而且只有一小部分才能移动。完全自主元件的数量甚至更少，例如，科学家估计二倍体人基因组平均只有80~100个自主LINE。几乎所有300万LINE和SINE插入点在所有人中都是一致的，只有大约8000个在人类历史进程中曾经移动过，这可以通过比较不同个体的不同插入位点看出来。

13.3.6 转座元件可以破坏基因和改变基因组

遗传学家通常将转座元件看成是自私DNA片段，它们的存在只为了自己。但是，生物维持这些转座元

(a) 转座子的结构

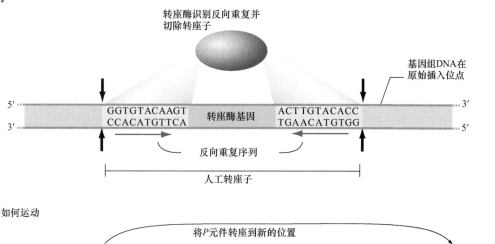

(b) P元件转座子如何运动

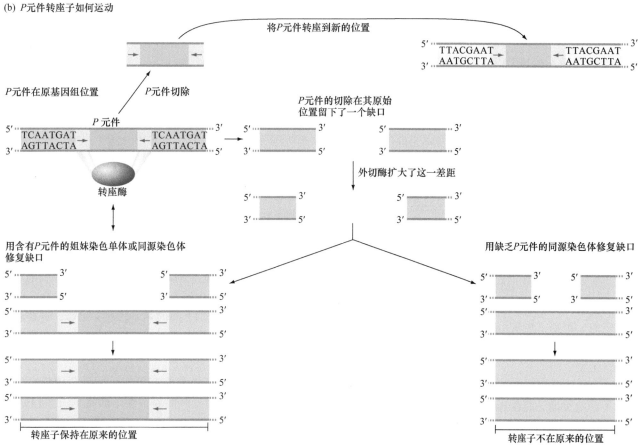

图13.23　DNA转座子：结构和移动。（a）大多数转座子在末端包含反向重复序列（浅绿；红色箭头），编码一个转座酶来识别这些反向重复序列。转座酶在转座子和邻近基因组DNA之间的边界进行剪切，也帮助切除的转座子整合到一个新位置上。（b）转座酶催化P元件的整合，这在新的目标位置上，产生了一个8bp的重复（黄色）。当转座子从原来的位置上被切除下来，会留下来一个缺口。外切酶扩大缺口之后，细胞使用相关DNA序列作为模板来修补这个缺口。根据该模板是否含有P元件，转座子会看起来留在原地，或者从原地被切除掉。

件，它们的移动对于生物的基因和染色体的组织与功能有很深远的影响。

1. 转座元件导致的基因突变

转座元件插入到基因附近或者基因内，都能影响基因表达，从而改变表型。现在我们知道，孟德尔首先研究的皱缩豌豆突变可能来自于一个转座元件插入到基因 *Sbe1*，该基因是一个淀粉分支酶。果蝇中有大量自发突变，包括摩尔根在1910年发现的 w^1 突变，它们都是由于转座元件的插入导致的。在人中寻找活跃转座元件的一个方法是，看它们的移动何时产生疾病等位基因。反转录转座子插入突变导致了几乎100种已知的人类疾病，包括血友病A、血友病B、囊性纤维化、多发性神经纤维瘤和肌肉萎缩症。

转座元件对于基因的影响取决于这个元件是什么元

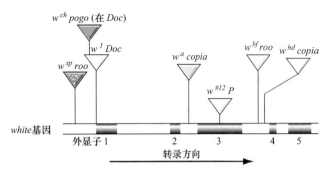

图13.24　转座元件插入一个基因时会造成突变。果蝇*white*基因有许多自发突变，是由于转座元件插入造成的，如*P*、*copia*、*roo*、*pogo*或者*Doc*。最后，眼色表型取决于涉及的元件和它插入*white*基因的位置。

件，以及它插入在基因内或者基因附近的哪个位置上（图13.24）。如果一个元件插入到一个蛋白编码外显子内，额外DNA也许改变了可读框，或者提供了一个框内终止密码子，缩短了多肽。如果这个元件插入到内含子中，会降低剪接的效率。无论转座元件位于外显子或者内含子，也许都会提供转录停止信号，阻止插入位点下游基因序列的转录。最后，插入转录必需的区域，如启动子，可以影响基因产物在发育过程中特定组织、特定时间上的表达量。

2. 转座元件插入突变的不稳定性

转座元件移动的过程中，其末端被破坏了，使得这个转座元件无法移动，或者如果基因组上没有该元件编码移动的蛋白质，那么这个转座元件插入创造的突变就是稳定的。否则，转座元件插入突变可能并不稳定：转座元件可以重新移动，通常导致突变体等位基因反转回复到野生型。

一个玉米基因（基因*C*）有一个由转座元件插入造成的不稳定突变，帮助Barbara McClintock发现了转座元件（图13.25）。基因*C*编码的蛋白质是玉米籽粒紫色色素沉淀必需的一个蛋白质。当被称为*Ds*（dissociator）的非自主转座子插入到基因*C*，从而沉默该基因，最终籽粒（玉米胚胎）是黄色的。玉米籽粒中还有一种自主转座子拷贝，也来自相同的*Ds*家族，称之为*Ac*（activator），这使得基因*C*上的突变是不稳定的，即在一些细胞中非自主*Ds*将会跳出来，而基因*C*重新恢复功能。这样的籽粒将会是黄色带紫色斑点，这些紫色斑点就是*Ds*跳出该基因造成的。

3. 转座元件造成的染色体重排

反转录转座子和转座子可以引发自发的染色体重排，而不是以几个方式进行转座。正如早先所提到的（回顾图13.5），相同转座元件的两个拷贝可以进行异常相互配对、交换，产生各种染色体重排。重复区域两边的转座元件发生不等交换，从而很可能导致与果蝇

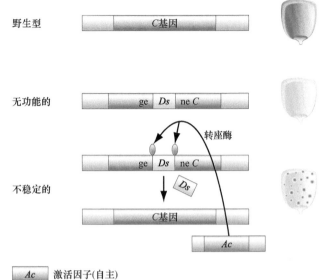

Ac	激活因子(自主)
Ds	解离因子(非自主)

图13.25　转座元件相关的等位基因可能是不稳定的。当基因*C*有活性的时候，玉米籽粒中的细胞是紫色的，当*Ds*元件插入突变沉默基因*C*的时候，玉米籽粒就会是黄色的。Barbara McClintock发现一些黄色籽粒有紫色细胞斑块（斑点）。她认为斑点是由于基因*C*突变的不稳定造成的，这时候基因组其他地方有自主*Ac*元件。随后分子生物学分析发现*Ac*元件提供转座酶，使得非自主*Ds*插入元件跳出基因*C*。

Bar突变相关的重复（回顾图13.12）的出现。其他染色体重排可能并不是由转座元件的重组导致的，而是由于转座过程本身造成的。有时候，转座会出错，这样就会在转座元件紧邻的染色体材料上创造缺失或者重复。

4. 转座造成的基因易位

当DNA转座子的两个拷贝在相同染色体附近但不是同一个位置上找到的时候，两个转座子（图13.26中加黑箭头）外部末端就会有反向重复序列，它们彼此之间就像一个转座子的反向重复。如果在转座时转座酶作用于这种反向重复配对，这样就会使得它们之间的全部区域移动，就像一个巨大的转座子，同时将这个区域中包含的基因进行迁移和易位。在原核生物中，两个转座元件能转移相关基因，这会帮助转移不同品系或不同品种细菌的药物抗性，这在第14章中将会进行讨论。

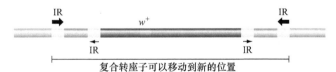

图13.26　转座子可以将基因移动到新的染色体位置上。如果一个转座子的两个副本在同一条染色体附近，转座子可以识别最外层的反向重复序列（IR，大箭头），从而产生一个复合转座子，允许中间的基因［如*w+*（红色）］跳跃到新的位置。

13.3.7　几种限制转座元件移动的机制

我们刚刚看到转座元件的移动会使特定基因发生突变，使染色体发生重排。由于频繁的转座元件移动会在基因组中造成破坏，因此生物进化出来一些机制来抑制转座元件活性。

例如，转座酶的生产，以及通过P元件RNA的可变剪接来抑制转座（图13.27），都使得果蝇P元件移动受到了限制。在繁殖细胞中，转录酶mRNA初级转录物中的一个内含子，有时候会剪切出去，有时候并不会剪切出去。移走内含子的mRNA编码转座酶，可变剪接的mRNA则保留了这个内含子，编码一个更小的抑制多肽。在繁殖细胞中，抑制蛋白通过与转座酶竞争结合到转座子反向重复序列上，从而来抑制P元件转座。令人感兴趣的是，在体细胞中，内含子从不被剪切出去；只有阻遏物产生了（而不是转座酶生产出来），P元件在体细胞中才不会移动。

最近发现了一个更普遍的机制，可以抑制繁殖细胞中DNA转座子（包括P元件）和反转录转座子的活性，很可能在所有动物中都存在。这个机制涉及特别的小RNA，称之为**Piwi蛋白相互作用RNA（piRNA）**，它们可以阻止转座元件的转录和转座元件转录物的翻译。我们将会在第17章对piRNA进行详细的讨论，其中描述了几种小RNA如何在真核生物中调控基因表达。

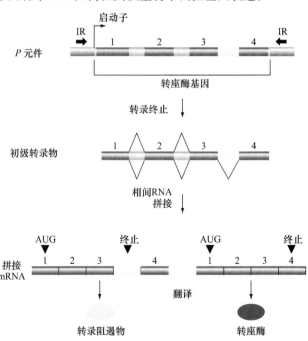

图13.27　mRNA剪接可以调控P元件移动。P元件初级转录物可变剪接。3号外显子和4号外显子（黄色）之间的内含子有时候被剪切出去，有时候则不会。保留内含子的mRNA编码转录阻遏物。因此，除了转座酶，细胞产生阻遏物来抑制P元件移动。

● 转座元件是很小的DNA片段，在基因组多个位置上都能找到，且能到处移动。

● 反转录转座子通过RNA中间体移动，反转录酶将这个中间体转变成cDNA，随后插入到基因组中。与之相对比，DNA转座子要求转座酶来识别转座子末端特征性的反向重复序列。

● 几乎一半的人基因组都是由转座元件组成的，其中只有很少的转座元件现在能够移动。

● 转座元件破坏基因，将基因移到新的位置或者重排染色体，从而改变了基因组。

● 抑制转座元件活性的机制包括通过可变剪接而实现的转座阻遏物，以及阻止转座元件转录的piRNA。

13.4　染色体数目畸变：非整倍体

学习目标

1. 定义非整倍体、单体和三体。
2. 解释为什么一般常染色体非整倍体比性染色体非整倍体更加有害。
3. 描述非整倍体和嵌合生物是如何出现的。

我们在豌豆、果蝇和人中都看到，正常二倍体个体都携带了2n个互补染色体，n是配子中染色体的数目。在这些二倍体生物的单倍体配子中，所有的染色体都不相同。有些个体的染色体数目并不是这些物种单倍体数目（n）的整数倍，我们称之为**非整倍体**（表13.3）。例如，一个正常的二倍体物种，少了一个染色体的个体就是**单体**（2n–1），多一个染色体的个体则是**三体**（2n+1）。单体、三体和其他形式的非整倍体，都会形成遗传不平衡，对于物种来说通常都是有害的。在本节中，我们讨论了非整倍体如何出现，以及它的表型后果。

表13.3　在正常二倍体生物中不同种的非整倍体

	1号染色体	2号染色体	3号染色体
整倍体（2n）			
缺对染色体（2n–2）			
单体型（2n–1）			
三体型（2n+1）			

13.4.1　常染色体非整倍体通常是致死的

在人中，任何常染色体的单体一般都是致死的，但是医学遗传学家发现了几个单体例子，这些单体是缺少人染色体中最小的21号染色体。这些单体个体一出生就有多个严重的畸变，他们在出生之后只存活了很短的时间。与之相类似，人常染色体的三体也高度有害。更大染色体的三体，比如1号和2号染色体，拥有这些三体的个体绝大数情况下在怀孕期早期就自动流产了。三体18导致了爱德华兹综合征，三体13则造成了帕塔综合征；这两种疾病表型都包括总体发育异常，通常都会导致早期死亡（表13.4）。

表13.4　人群中的非整倍体

染色体	嗜酸性粒细胞增多症	出生率
常染色体		
21号三体综合征	唐氏综合征	1/700
13号三体综合征	帕塔综合征	1/5 000
18号三体综合征	爱德华兹综合征	1/10 000
性染色体，女性		
XO，单体的	特纳综合征	1/5 000
XXX，三倍体		
XXXX，四倍体	}	1/700
XXXXX，五倍体		
性染色体，男性		
XYY，三倍体	正常	1/10 000
XXY，三倍体		
XXYY，四倍体		
XXXY，四倍体	克兰费尔特综合征	1/500
XXXXY，五倍体		
XXXXXY，六倍体		

大约0.4%的新生儿有可检测到的染色体异常，从而产生有害的表型。

人常染色体三体中最常见的就是三体21，它会导致唐氏综合征。21号染色体是人染色体中最小的，只拥有人基因组DNA的1.5%。虽然唐氏综合征个体中有相当大的表型变异，其性状如智力缺陷和骨骼畸形，通常与其状况相关。许多唐氏综合征婴儿会在他们出生之后第一年内，死于心脏缺陷和对感染的高度敏感性。

一些患有唐氏综合征的人其实只有部分21号染色体的三个拷贝，而不是整个21号染色体的三个拷贝。例如，你之前就看到，通过罗伯逊易位，人遗传了部分多余的21号染色体拷贝（回顾图13.19）。本章末尾的习题38讨论了这样的例子如何被用来确定特定基因，这些基因与唐氏综合征各个方面有关联。

13.4.2　大多数物种可以容忍性染色体的非整倍体

虽然X染色体是人中最长的染色体之一，拥有基因组5%的DNA，X染色体非整倍体的个体，如XXY男性、XO女性和XXX女性，与更长的常染色体非整倍体相比，其存活得更好（表13.4）。对X染色体非整倍体容忍的解释是，X染色体沉默，使得拥有不同数目X染色体的个体中，大多数X关联基因的表达是相等的。在第4章中，我们看到在XX哺乳动物的两条X染色体中，X染色体沉默抑制了其中一条上大多数基因的表达；那些逃离X沉默的基因主要是在X和Y染色体上的假常染色体区域（PAR）（回顾图4.8）。在拥有超过两个X染色体的X染色体非整倍体中，所有X染色体在每个细胞中都沉默了，只有一条X染色体没有被沉默。结果，在X染色体非整倍体中，大多数X关联基因所产生的蛋白数量，与正常的XX或者XY个体是相同的。

虽然如此，但是人X染色体非整倍体并不是没有后果。XXY男性会患克兰费尔特综合征，而XO女性则会患特纳综合征（表13.4）。患有这些综合征的非整倍体个体通常都是不能生育的，而且表现出骨骼畸形，使得XXY男性异乎寻常地高，四肢很长，XO女性则会异乎寻常地身材矮小。

特纳综合征和克兰费尔特综合征相关的形态异常，至少部分是由于体细胞中30个*PAR*基因的异常剂量所造成的。XO女性只有这些基因的一个拷贝，比正常女性少，而XXY男性则比正常男性多一个拷贝［图13.28（a）］。一种名为*SHOX*（矮小同源异形框）的PAR基因编码了一种蛋白质，对于骨骼发育非常重要，很可能在特纳女性的身材矮小和克兰费尔特男性的异乎寻常身高中发挥了主导作用。

患有特纳综合征或者克兰费尔特综合征的个体患有不育，很可能是与在PAR区外面X关联基因在繁殖细胞中的异常剂量有关［图13.28（b）］。原因是繁殖细胞遭受了X沉默的反转，即**X染色体再激活**。在女性中，X染色体再激活正常情况下发生在卵原细胞，女性繁殖细胞进行有丝分裂，其后代发育成初级卵母细胞，随后开始减数分裂（回顾图4.18）。初级卵母细胞中，之前沉默的X染色体再激活，以便每个卵子（配子）能有一个活跃的X染色体。你应该注意到了，X染色体再激活是非常必要的过程：如果没有它，一半的女性卵子将会有沉默的X染色体，这样在受精之后，它们无法进一步发育。

有了X染色体再激活，正常XX女性的初级卵母细胞有两倍的X染色体基因剂量，但是在XO特纳女性对应的

(a) 体细胞性染色体

(b) 生殖系细胞性染色体

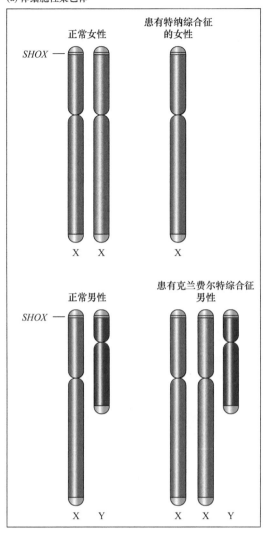

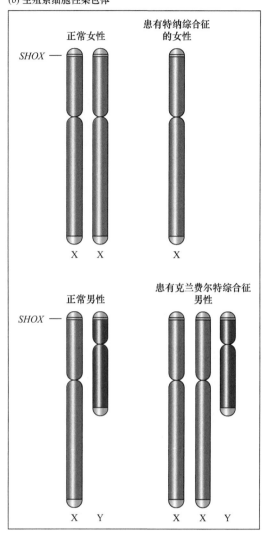

活跃的 X 连锁基因	不活跃的 X 连锁基因	Y 连锁 基因	PAR 片段 (活跃)

图13.28　为什么X染色体非整倍体可以影响外形和导致不孕。（a）体细胞中的X染色体沉默没有影响PAR（绿色）中的基因，包括*SHOX*。结果，在XO特纳女性中，*PAR*基因表达只有正常水平的一半，在XXY克兰费尔特男性中，*PAR*基因是过度表达的。（b）因为所有的X染色体在繁殖细胞中有活性，XO女性的繁殖细胞中所有X关联基因的剂量只有正常水平的一半，XXY男性的繁殖细胞中大多数X关联基因的剂量是正常水平的两倍（*PAR*基因则是正常水平的三倍）。

细胞中，只有这些基因一倍的剂量，因而也许会形成有缺陷的卵子［图13.28（b）］。在XXY男性中，精原细胞中发生X染色体再激活，男性繁殖细胞发生有丝分裂，发育成精母细胞，进行减数分裂产生精子（回顾图4.19），产生了两倍的X关联基因正常剂量［图13.28（b）］。结果，克兰费尔特综合征男性通常会没有精子。

13.4.3　减数分裂不分离产生非整倍体

减数分裂中的染色体分离错误产生了不同种的非整倍体，这取决于错误何时发生。如果在第一次减数分裂中两条同源染色体不分离（即不分开），产生的两个单倍体配子，一个配子将会携带两个同源染色体，而另外

一个配子则不携带这两个同源染色体。这样的配子与正常配子结合，将会产生非整倍体受精卵：一半会是三体，一半会是单体［图13.29（a）］。与之相对比，如果在减数分裂Ⅱ时发生**减数分裂不分离**，四个形成的配子中，只有两个将会是非整倍体的［图13.29（b）］。

异常的*n*+1配子是来自于细胞的不分离，该细胞中，位于不分离染色体着丝粒附近基因的等位基因是杂合的。如果不分离发生在第一次减数分裂［图13.29（a）］，这些配子将会是杂合的。但是，如果不分离发生在第二次减数分裂中［图13.29（b）］，那么这些配子将会是纯合的。用这种区别有可能来确定，一个特定的不分离何时、在哪个单亲中发生。不分离事件会产生唐氏综合

(a) 不分离发生在第一次减数分裂

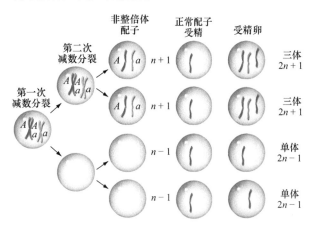

(b) 不分离发生在第二次减数分裂

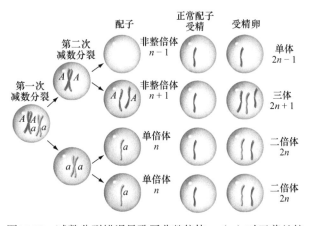

图13.29 减数分裂错误导致了非整倍体。（a）对于着丝粒附近的基因而言，如果三体后代从单亲遗传了两个不同的等位基因（A和a），不分离发生在分数分裂Ⅰ期。（b）如果从一个单亲中遗传的两个等位基因是相同的（A和A；或者a和a），不分离发生在减数分裂Ⅱ期。

征，例如，母亲（90%）中比父亲（10%）中发生得更频繁。令人感兴趣的是，在女性中，这些不分离事件，相对于第二次减数分裂，更多地发生在第一次减数分裂（大约75%）。与之相对比，当导致唐氏综合征的不分离事件发生在男性时，情况则恰恰相反。

分子研究发现，人中许多减数分裂不分离事件都来自于减数分裂重组出现的问题。通过跟踪DNA标记，临床研究者可以确定在产生$n+1$配子的减数分裂过程中，重组是否发生在21号染色体上。有许多唐氏综合征的例子都是在母亲第一次减数分裂中，由不分离导致的，在有缺陷的减数分裂中，同源21号染色体之间并没有发生重组。这个结果是可以理解的，因为在染色体交换中，即与交换相关的结构，父系和母系同源染色体在第一个减数分裂的中期板上形成了一个二价体（回顾图4.15）。在发生重组和染色体交换时，没有一种机制

来确保母系和父系染色体能在后期Ⅰ中被拉到相反的两极。唐氏综合征儿童病患频率增加，与母亲岁数增加是有关的，这反映了母系在减数分裂重组上的组织效力下降。

13.4.4 很少有有丝分裂不分离或者染色体丢失导致了嵌合性

受精卵分裂多次，才能变成完整的生物体，所以与发育相伴随，有丝分裂时的染色体分离一旦发生错误，在一些极端例子中，也许会增加或者降低在特定细胞中染色体完整。在**有丝分裂不分离**中，两个姐妹染色单体在有丝分裂后期无法分开，将会产生相互对应的三体和单体子代细胞［图13.30（a）］。也会有其他一些错误，例如，染色单体在有丝分裂后期无法被拉到纺锤体任何一极，这会导致**染色体丢失**，进而产生了一个单体子代细胞和一个二倍体子代细胞［图13.30（b）］。

在多细胞生物体中，有丝分裂不分离或者染色体丢失都可以导致非整倍体细胞，这些细胞也许会存活下来，进而进行进一步的细胞分裂，产生拥有异常染色体数目的细胞克隆。不分离或者染色体丢失发生在发育早期，这会比在发育晚期发生，产生更大的非整倍体克隆。非整倍体和正常组织的共存，导致了**嵌合生物体**，其表型取决于什么组织拥有非整倍体、非整倍体细胞的数目，以及非整倍体染色体上特异基因的等位基因。许多嵌合体的例子都与性染色体有关。如果XX雌性果蝇在受精之后的第一次有丝分裂中，丢失一个X染色体，结果就会产生**雌雄嵌合体**，拥有相同的雄性和雌性组织部分［图13.30（c）］。

许多女性特纳综合征患者都是嵌合体，同时拥有XX细胞和XO细胞。这些个体开始发育的时候是XX受精卵，但是在胚胎早期有丝分裂中丢失了一个X染色体，她们获得了XO细胞。常染色体的类似嵌合体也会发生。例如，医生发现几个中度唐氏综合征的病例，他们是由三体21的嵌合体导致的。在拥有特纳或者唐氏嵌合体的人群中，一些正常组织的存在减轻了其症状，个体表型取决于二倍体/非整倍体细胞的特别分布。

基本概念

- 非整倍体是一个或者更多染色体的丢失或者增加。
- 常染色体非整倍体由于遗传不平衡通常都是致死的。
- 性染色体有很好的非整倍体特性，因为只有一个X染色体是有活性的，且Y染色体上的基因比较少。
- 在减数分裂中，染色体不分离会导致不平衡的配子，因而在后代中产生非整倍体。
- 很少有有丝分裂不分离或者染色体丢失会导致嵌合体，即拥有正常细胞和非整倍体细胞的生物体。

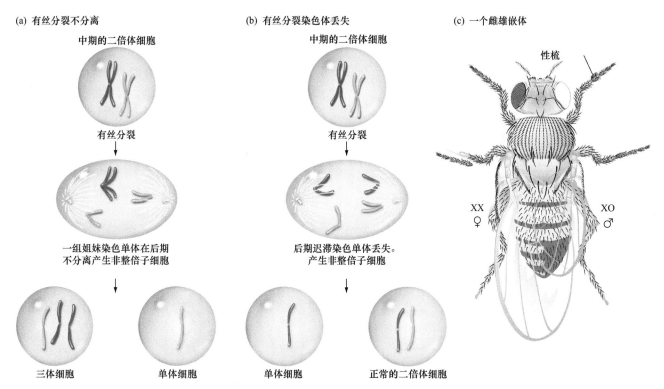

(a) 有丝分裂不分离

中期的二倍体细胞

有丝分裂

一组姐妹染色单体在后期
不分离产生非整倍子细胞

三体细胞　　　　单体细胞

(b) 有丝分裂染色体丢失

中期的二倍体细胞

有丝分裂

后期迟滞染色单体丢失。
产生非整倍子细胞

单体细胞　　　正常的二倍体细胞

(c) 一个雌雄嵌体

性梳

XX ♀　　　　XO ♂

图13.30　有丝分裂时的错误可以产生非整倍体细胞克隆。有丝分裂不分离（a）或者有丝分裂染色体丢失（b）可以产生单体或者三体细胞，它们会分裂产生非整倍体细胞克隆。（c）如果X染色体在XX果蝇受精卵第一次有丝分裂时，有一个X染色体丢失了，一个子代细胞将会是XX（雌性），但是另外一个将会是XO（雄性）。这样一个胚胎将会长成一个雌雄嵌合体。本图中，受精卵是 w^+m^+/wm，因而这个果蝇（左边）的XX这一半拥有红眼和正常翅膀。拥有 w^+m^+ 的X染色体丢失了，产生了另外一半XO（右边），拥有白色眼睛（ w ）和变小的翅膀（ m ），以及一个雄性特有的性梳。

13.5　染色体组数目的变异：整倍体

学习目标

1. 区分 x 和 n，它们对应整倍体和非整倍体中的染色体数目。
2. 解释为什么拥有奇数染色体套数的生物体通常是不育的。
3. 比较同源多倍体和异源多倍体。
4. 讨论植物育种学家如何研究一倍体和多倍体的存在。

　　与非整倍体相比，**整倍体**细胞只拥有完整的染色体套数。大多数整倍体物种都是二倍体的，但是一些整倍体物种是**多倍体**，拥有三个或者更多的染色体套数（表13.5）。当提到多倍体的时候，遗传学家使用 x 标记来标注**染色体基数**，即不同染色体的数目组成了一套完全的染色体。**三倍体**物种拥有三套染色体，就是 $3x$；**四倍体**拥有四套染色体，是 $4x$；依此类推。

　　对于二倍体而言， x 与 n 是相等的，其中 n 是配子中染色体的数目，因为每个配子只有一套染色体。虽然如此，但是多倍体并没有 $x=n$，我们会随后举例解释。商业种植面包小麦全部拥有42条染色体：6套几乎相同的染色体（并不是全部相同），每套拥有7个不同染色体。面包小麦因而是六倍体，基础数字为 $x=7$， $6x=42$。但是每个

三倍体配子只有全部染色体的一半，因而 $n=21$。这样的话，对于面包小麦来说， x 和 n 并不相同。

　　除了多倍体，**一倍体**（ x ）生物中算是另外一种整倍体，它们只有一套染色体（表13.5）。

表13.5　整倍体变异

	染色体 1	染色体 2	染色体 3
二倍体 （ $2x$ ）			
一倍体 （ x ）			
三倍体 （ $3x$ ）			
四倍体 （ $4x$ ）			

　　在动物中，很少看到一倍体和多倍体。蚂蚁和蜜蜂的一些品种中，有一些一倍体的例子，其中雄性是一倍体的，但是雌性是二倍体的。这些物种的雄性是未受精卵子经过**孤雌生殖**发育而来的。这些雄性一倍体通过改

变的减数分裂产生配子，这个减数分裂以某些未知的方法，在减数分裂Ⅰ中将所有染色体都分配到同一个子代细胞中；姐妹染色单体在减数分裂Ⅱ期正常分离。

动物中的多倍体正常情况下只存在于一些品种中，它们的繁殖节律并不正常，例如，雌雄同体的蚯蚓，它们同时拥有雄性和雌雄繁殖器官；还有一个例子是孤雌生殖的金鱼四倍体。在果蝇中，在特定情况下，产生三倍体和四倍体雌性是可能的，但是雄性是绝对不可能的。在人中，多倍体通常是致死的，经常在妊娠前期导致自发流产。

13.5.1 一倍体植物对于植物育种学家是非常有用的

植物学家通过对完成减数分裂、正常情况下会发育成花粉的繁殖细胞进行特殊处理，可以将二倍体物种创造成一倍体植物（注意，以这种方式得到的一倍体植物也可以被看成是一倍体，因为$x=n$）。处理的细胞分裂成一堆组织，即胚状体。随后植物激素作用使得胚状体发育成一株植物［图13.31（a）］。一倍体植物也许是在很大的自然群体中，由罕见的自发事件导致的。

(a) 如何培育一个一倍体植物

二倍体植物

1. 一倍体花粉粒经过处理并被镀在琼脂上
2. 一倍体胚状体的生长
3. 用植物激素处理的胚状体
4. 一倍体植物（通常不育）

(b) 利用一倍体植物进行除草剂抗性筛选

1. 一倍体植物对选择剂敏感
2. 去除体细胞的细胞壁；细胞暴露于诱变剂；被镀在含有选择剂的琼脂上
3. 具有抗性突变的细胞发育成具有抗性的胚状体
4. 耐一倍体（无菌）
5. 秋水仙碱治疗体细胞
6. 成为二倍体细胞
7. 细胞可生长为二倍体纯合耐药植物（可育）

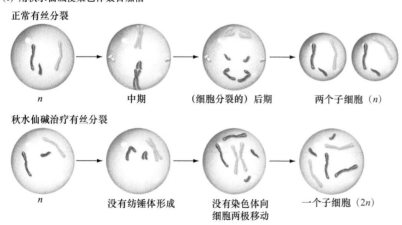

(c) 用秋水仙碱使染色体数目加倍

正常有丝分裂

n → 中期 → （细胞分裂的）后期 → 两个子细胞（n）

秋水仙碱治疗有丝分裂

n → 没有纺锤体形成 → 没有染色体向细胞两极移动 → 一个子细胞（$2n$）

图13.31 创造一倍体植物和其用处。（a）在特定情况下，一倍体花粉可以长成为二倍体胚状体。当用植物激素处理之后，二倍体胚状体可以长成为一倍体植物。（b）学者选择一倍体细胞来研究隐性性状，如除草剂抗性。然后选择一倍体细胞，让其长大成抗性胚状体，（在激素处理之后）最后成为成熟的抗性一倍体植物。秋水仙碱处理将染色体数目加倍，形成二倍体细胞，然后在激素处理下长大为纯合的抗除草剂的二倍体植物。（c）秋水仙碱处理阻止了减数分裂纺锤体的形成，也阻止细胞质移动，使得细胞拥有双倍的染色体。蓝色、红色和绿色标示非同源染色体。

大多数一倍体植物，无论它们起源为何，都是不育的。因为在减数分裂 I 期，没有配对的染色体，它们在分裂期间随机被分配到纺锤体的两极。很少发生所有染色体都分配到同一极的情况，如果确实没有都到一极，那么最后的配子就会有缺陷，因为它们会缺一个或者几个染色体。基因组中染色体数目越多，配子含有所有染色体的可能性越低。

尽管存在这么多配子形成的问题，一倍体植物和组织对于植物育种学家来说是非常有价值的。一倍体使得在正常情况下直接看到隐性性状成为可能，不需要杂交来获得纯合子。植物研究学者可以将突变引入到一倍体细胞，选择需求的表型，如对除草剂的抗性，使用激素处理让选中的细胞成长为一倍体植物［图13.31（b）］。秋水仙碱是一种从秋水仙中提取的生物碱药物，育种学家通过秋水仙碱处理组织，可以将选择的一倍体转变成纯合二倍体植物。秋水仙碱可以结合到微管蛋白上来阻止纺锤体的形成，因为微管蛋白是纺锤体的主要组成蛋白。细胞没有纺锤体，姐妹染色单体在着丝粒分开之后无法分离，这样秋水仙碱处理之后，染色体加倍会经常发生［图13.31（c）］。最后的二倍体细胞可以长成为二倍体植物，会形成要求的表型和可育的配子。

13.5.2 三倍体生物通常都是不育的

三倍体（3x）是一倍体（x）和二倍体（2x）配子结合而成［图13.32（a）］。二倍体配子也许是四倍体（4x）繁殖细胞减数分裂的产物，或者是二倍体减数分裂时罕见出现的纺锤体或细胞质移动失败的产物。

三倍体生物的有性生殖是极度无效率的，因为减数分裂多数情况下产生不平衡的配子。三倍体细胞的第一次减数分裂中，三套染色体必须分离进入两个子代细胞中。无论染色体如何配对，都无法确保最后的配子会有一套完整的平衡x或者2x互补染色体。多数情况下，在减数分裂后期 I 末尾，两个染色体其中一条移向一极，剩下的一条染色体移向另外一极。由于三个同源染色体的每一个都独立于其他两个来决定哪一极得到两个拷贝、哪一极得到一个拷贝，这样减数分裂的产物几乎都是不平衡的，一些染色体有两个拷贝，而其他一些染色体则有一个拷贝［图13.32（b）］。如果x很大，得到平衡配子的可能性几乎是不可能的。因此，三倍体个体配子受精之后，通常并不会产生可存活的后代。虽然如此，但是如果x很小，那么偶尔减数分裂就会产生平衡配子；碰巧，同源染色体的两个拷贝都进入到同一极，而同源染色体剩下的一个拷贝进入另外一极。

通过无性生殖来繁殖一些三倍体物种是可能的，如香蕉和西瓜。三倍体植物水果是没有种子的，因为不平衡的配子受精时无法正常运作，或者如果能受精，受精卵由于遗传平衡而无法发育。无论是哪一种情况，都没

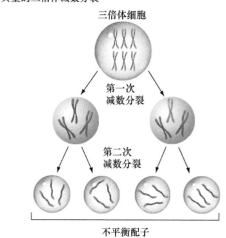

(a) 三倍体生物体的形成

图13.32 三倍体的遗传。（a）一倍体配子和二倍体配子受精，形成了三倍体（3x=6）。蓝色或者红色是非同源染色体。（b）三倍体减数分裂一般会产生不平衡（非整倍体）配子，因为在减数分裂 I 期，三个同源染色体中，每一个都随机分离进入两个子代细胞中的一个。

有种子产生。如同三倍体一样，所有的奇数染色体套数的多倍体（如5x或者7x）都是不育的，因为它们无法稳定地产生平衡的配子。

13.5.3 奇数染色体套的多倍体可以成为新物种

在减数分裂中，如果二倍体组织中的染色体在复制之后无法分离，其子代细胞将会是四倍体［4x；图13.33（a）］。如果这样一个四倍体细胞在繁殖组织中出现，随后的减数分裂将会产生二倍体配子。二倍体配子间罕见地发生结合，就产生了四倍体生物。新出现的四倍体生物自体受精，将会产生一个完全全新的物种，这是因为四倍体和原先二倍体生物之间的杂交将会产生不育的三倍体（回顾图13.32）。这种方式产

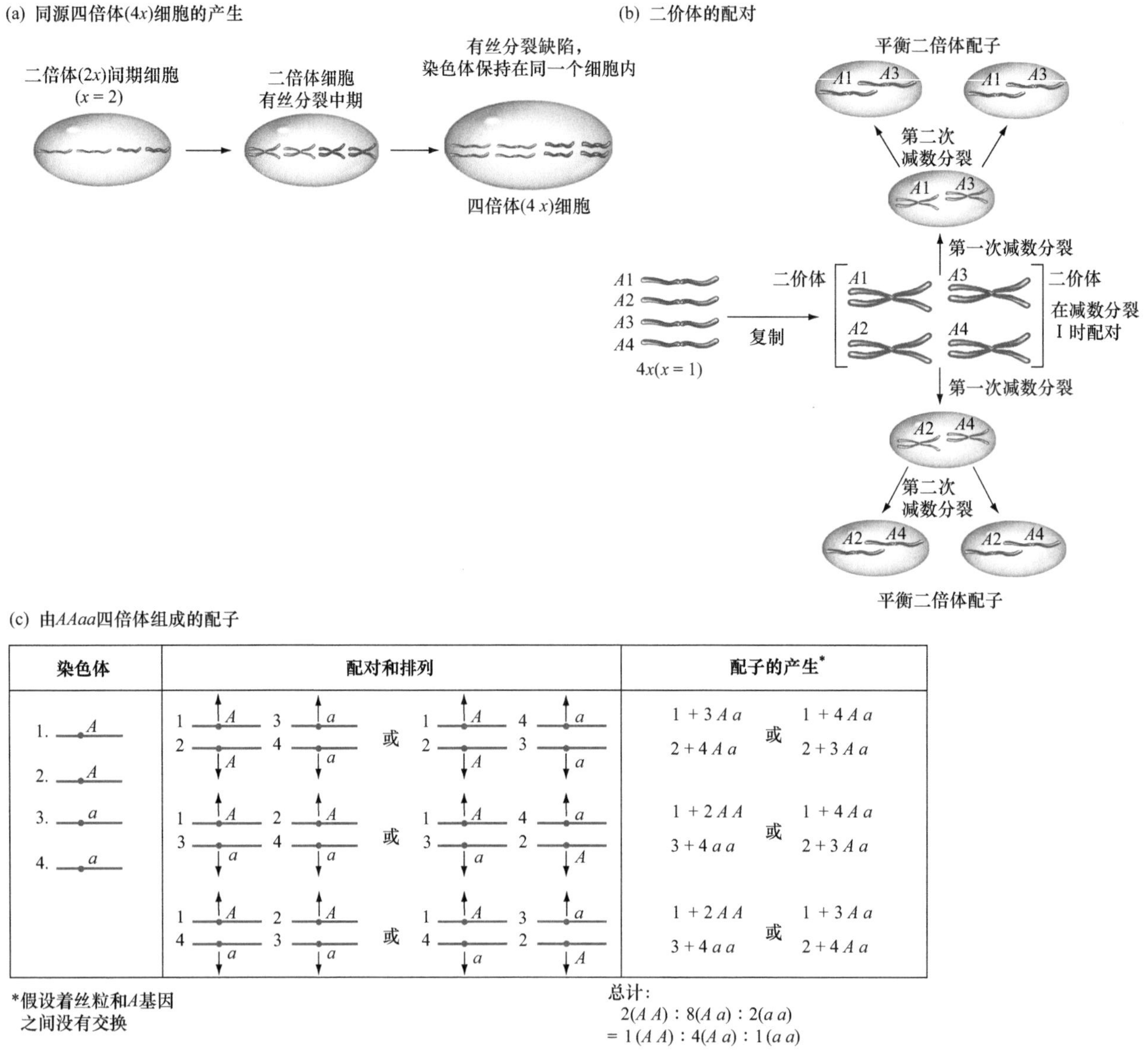

(a) 同源四倍体(4x)细胞的产生

(b) 二价体的配对

二倍体(2x)间期细胞 (x = 2) → 二倍体细胞有丝分裂中期 → 有丝分裂缺陷，染色体保持在同一个细胞内 → 四倍体(4 x)细胞

平衡二倍体配子
第二次减数分裂
第一次减数分裂
二价体在减数分裂Ⅰ时配对
第一次减数分裂
第二次减数分裂
平衡二倍体配子

$A1$
$A2$
$A3$
$A4$
$4x(x = 1)$ 复制 二价体

(c) 由 $AAaa$ 四倍体组成的配子

染色体	配对和排列		配子的产生*	
1. A	1 A　3 a 或	1 A　4 a	$1+3\,Aa$ 或	$1+4\,Aa$
2. A	2 A　4 a	2 A　3 a	$2+4\,Aa$	$2+3\,Aa$
3. a	1 A　2 A 或	1 A　4 a	$1+2\,AA$ 或	$1+4\,Aa$
4. a	3 a　4 a	3 a　2 A	$3+4\,aa$	$2+3\,Aa$
	1 A　2 A 或	1 A　3 a	$1+2\,AA$ 或	$1+3\,Aa$
	4 a　3 a	4 a　2 A	$3+4\,aa$	$2+4\,Aa$

*假设着丝粒和 A 基因之间没有交换

总计：
$2(AA) : 8(Aa) : 2(aa)$
$= 1(AA) : 4(Aa) : 1(aa)$

图13.33　四倍体的遗传。（a）减数分裂时二倍体染色体无法分离进入两个子代细胞，从而产生了四倍体。（b）在成功的四倍体中，染色体配对形成了二价体，产生了遗传平衡的配子。（c） $AAaa$ 杂合四倍体有一个着丝粒相关的基因，其有两个等位基因，其二价体配对是有序的，进而产生配子。四个染色体配对，以三种可能的方式，产生了两个二价体。对于每个配对计划而言，染色体以两种不同的方向来进行。如果所有的可能性都均等，在一群配子中，预期基因型频率将会是 $1(AA) : 4(Aa) : 1(aa)$ 。

生的四倍体就是**同源多倍体**（在这个例子中是同源四倍体），是一种同一个物种所有套染色体产生的多倍体。

能否维持四倍体物种，这取决于配子是否拥有平衡的染色体套数。大多数成功的四倍体都进化出机制来确保每一组同源染色体的四个拷贝，可以以 $2×2$ 的方式来配对，进而形成两个**二价体**，即同源染色体的联会配对［图13.33（b）］。因为每个二价体中的染色体在减数分裂Ⅰ期被拉向相反的纺锤体两极，减数分裂就会产生携带两套完整染色体的配子。

四倍体的基因都有四个拷贝，这会形成不寻常的孟德尔比例。例如，一个基因即使只有2个等位基因（假设是 A 和 a ），可能会有5个不同的基因型： $AAAA$ 、 $AAAa$ 、 $AAaa$ 、 $Aaaa$ 和 $aaaa$ 。如果表型取决于 A 的剂量，那么就会有5个表型，每个都对应一个基因型。

与之相类，四倍体减数分裂时，等位基因的分离也是很复杂的。假如有一个 $AAaa$ 杂合子，其中 A 等位基因是完全显性的。问题是， $aaaa$ 基因型所产生的后代拥有隐性表型的机会有多大呢？正如图13.33（c）所示，如果在减数分裂Ⅰ期，拥有这个基因的四个染色体在赤道板上二价体中随机配对，配子预期比例为 $2(AA) : 8(Aa) : 2(aa) = 1(AA) : 4(Aa) : 1(aa)$ 。在自体受精时，得到 $aaaa$ 后代的机会是 $1/6 × 1/6 = 1/36$ 。换句话说，由于 A 是完全显性的，显性与隐性表型的比例是 $35 : 1$ ，这是因为 A—— 和 $aaaa$ 基因型的比例就是如此。

新的多倍体水平可能是多倍体基因组的加倍产生的。这样一种加倍在自然界很少发生；用秋水仙碱或者其他药物来进行可控处理，破坏减数分裂的纺锤体，也可以创造这样的加倍。四倍体基因组加倍则可以产生八倍体（8x）。持续的基因组加倍所产生的高水平多倍体是同源多倍体，因为所有的染色体都来于同一个物种。

粗略计算，开花植物中每三个已知物种就有一个是多倍体，因为多倍体经常会增加植物大小和活力，许多可食用的多倍体植物都被选育用以农业种植。大多数商业上种植的苜蓿、咖啡和花生都是四倍体（4x）。马氏苹果树和巴氏梨树都能产出巨大水果，也是四倍体。商业种植的草莓是八倍体（8x）（图13.34）。

多倍体植物在进化上是成功的，这源于多倍性提供了额外的基因拷贝，如基因重复。当一个拷贝行使原来的功能时，该基因的其他拷贝可以进化出新的功能，从而获得优势。虽然如此，正如你看到的，多倍体物种的生殖需要偶数套染色体。

13.5.4　异源多倍体是两个不同物种全套染色体的杂合

多倍体可以来自于染色体加倍，也可以来自于不同物种间的杂交，即使这些物种拥有不同的染色体数目。两个或者更多远缘但是相关的物种，其整套染色体所形成的杂合体，称之为**异源多倍体**。

可育的异源多倍体极少，因为两个不同物种间的染色体通常DNA序列和数目都不同，因而它们很难相互配对。这导致不规则的分离，从而创造出遗传不平衡的配子，以至于杂交后代是不育的。虽然如此，但是繁殖细胞染色体加倍，每个染色体都产生了可配对的对象，这样就可以恢复其生育。如果两个亲本是二倍体，那么这种方式产生的异源多倍体，称之为**双二倍体**；双二倍体包含两个二倍体基因组，每个都来自于一个亲本。正如后面将会呈现的，想要预测双二倍体或者其他异源多倍体的特性是很难的。

例如，二倍体卷心菜和二倍体小萝卜杂交，产生了双二倍体，称之为萝卜甘蓝（*Raphanobrassica*）。这两个亲本的配子都有9个染色体；杂交F_1是不育的，拥有18条染色体，都不是同源染色体。用秋水仙碱处理繁殖细胞之后，其染色体就加倍了，然后两个配子结合产生了一个新的物种——可育的萝卜甘蓝双二倍体，其拥有36条染色体，完全互补的18条（9对）来自卷心菜，完全互补的另外18条（9对）来自小萝卜。不幸的是，这个双二倍体的根是卷心菜的根，叶片则类似于小萝卜的叶片，因此农业上并没有什么用处。

与之相对比，四倍体（或者六倍体）小麦和二倍体黑麦之间的杂交产生了几个异源多倍体杂种，拥有来自两个物种的农业上所需求的性状（图13.35）。一些杂种既有小麦的高产，也有黑麦对不利环境的适应能力；还结合了小麦高水平的蛋白质和黑麦高水平的赖氨酸。小麦蛋白中的赖氨酸含量不高，而赖氨酸是人类饮食中非常关键的成分。小麦和黑麦之间的不同杂种形成了一种新的作物，称之为小黑麦。一些小黑麦品系能产生有营养的谷物，可以用于面包的制作，在健康食物商店中有售卖。植物育种学家现在正在评估不同小黑麦品系在大规模农业中的用处。

基本概念

- 整倍体生物包含整套染色体。一倍体只有一套染色体，而多倍体有超过两套染色体。
- 在多倍体生物中，x代表了组成一套完整染色体的基本染色体数目，而n则代表了配子中的染色体数目。对于二倍体生物而言（2x体细胞），n=x。对于六倍体而言（6x体细胞），n=3x。
- 一倍体就像多倍体一样，含有奇数套染色体，通常是不育的，因为染色体在减数分裂时无法分离来产生平衡配子。
- 同源多倍体含有一个物种的所有染色体；异源多倍体的染色体则是来自不同物种。
- 细胞分离时的错误导致了染色体加倍，导致所有的染色体都有一个配对对象，因而生物是可育的。

图13.34　多倍体植物比二倍体更大。八倍体（左）和二倍体（右）草莓的比较。

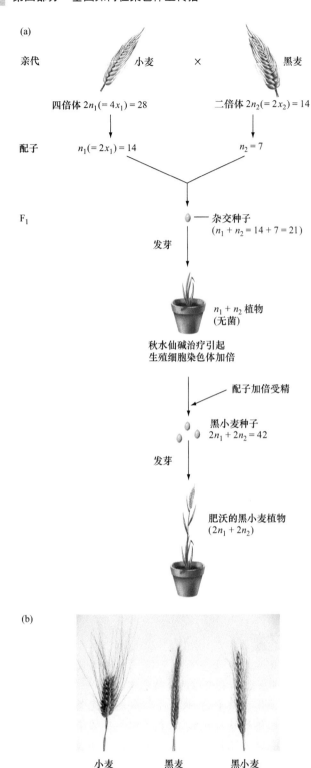

(a)

亲代　小麦　×　黑麦

四倍体 $2n_1(=4x_1)=28$　　二倍体 $2n_2(=2x_2)=14$

配子　$n_1(=2x_1)=14$　　$n_2=7$

F_1　杂交种子
$(n_1+n_2=14+7=21)$

发芽

n_1+n_2 植物
（无菌）

秋水仙碱治疗引起
生殖细胞染色体加倍

配子加倍受精

黑小麦种子
$2n_1+2n_2=42$

发芽

肥沃的黑小麦植物
$(2n_1+2n_2)$

(b)

小麦　　黑麦　　黑小麦

图13.35　农业中的异源多倍体。（a）植物育种学家将小麦和黑麦杂交，创造出了异源多倍体小黑麦。因为小麦品系是四倍体，x_1（小麦基本染色体的数目）是 n_1（小麦配子染色体数目）的一半。对于二倍体黑麦而言，$n_2=x_2$。注意小麦和黑麦之间 F_1 代杂种是不育的，因为黑麦染色体没有配对对象。秋水仙碱处理 F_1 代杂种，使得染色体数目加倍，就可以配对了。（b）小麦、黑麦和小黑麦谷穗比较。

（b）：© Davis Barber/PhotoEdit

13.6　基因组重组和进化

学习目标

1. 描述不同染色体重排如何改变基因表达模式或者产生新的基因产物。
2. 讨论重复产生的多余基因拷贝如何帮助燃料进化。
3. 解释为什么易位有助于物种形成。

在本章开始的时候，我们就看到大约300个染色体重排可以重塑人基因组，使得其类似于小鼠的基因组。小鼠和人基因组的直接DNA序列比较表明，自从人和小鼠6500万年前从共同祖先开始分开之后，缺失、重复、倒位、易位和转座在这两个分支中都有发生。本章讨论了各种基因组重组，这里我们认为有三个普遍存在的方式，它们使得这些基因组重组有助于进化。

13.6.1　染色体重排和转录是基因组变异的重要来源

进化过程完全依赖于DNA序列变异的存在。变异体使得生物在特定环境中生存和繁殖，进而通过群体扩散，而对生物适应产生负效应的变异则会消失。没有变异，就没有自然选择和进化。

虽然之前的章节已经强调了单碱基变化相关的变异，如SNP，本章想要说明的是，大尺度重排和转座元件的移动也是非常关键的DNA变异贡献者，自然选择可以作用其中。在重排断点处或者附近的基因也许会获得新的表达模式，这会增加或者减少在特定组织中的表达。在一些例子中，重排断点通过将两个之前分开的基因融合到一起，从而创造了新的基因功能〔回顾图13.16（b）〕。TE进入基因可以改变基因表达，甚至完全破坏一个基因，从而产生无效突变（如图13.24所示）；甚至基因沉默可能在新环境中是有利的，因为在新环境中该基因的功能可能是有害的。

13.6.2　重复提供额外的基因拷贝可以获得新功能

如果一个基因对于生物生存是非常关键的，那么这个生物正常情况下无法忍受其突变，但是重复将会为该基因提供两个拷贝。如果一个拷贝一直是完整的，可以行使其重要功能，那么另外一个拷贝可以自由进化出新的功能。事实上，大多数高等植物和动物的基因组都包含大量**基因家族**，即紧密相关的基因，其功能略微有些区别，这些基因家族最可能是来自于基因重复事件的自然演替。在脊椎动物中，一些基因家族拥有成百上千个成员。第10章讨论了这些基因家族的一些例子，如人中血红蛋白和味觉受体基因。

如果一些基因的重复提供了新的原材料，分化和自然选择可以作用其中，从而形成基因家族，你就可以想象全部基因组的重复也会发生相同情况，会对于成千上万的基因产生额外的拷贝。事实上，多倍化对于植物物种分化是特别重要的。例如，植物生物学家认为，大约9000万年前，一个古老的二倍体物种拥有5条不同染色体（x=5），发生了全基因组重复。重复的染色体开始相互分化，也发生了断裂和罗伯逊易位。所有发生的这些变异的结果是，形成了一个新的二倍体物种，其拥有12条染色体（x=12），它是现在所有禾本科牧草的共同祖先，包括水稻、小麦、大麦、高粱和玉米。

古代全基因组重复的假设是有证据的，在当代谷物如水稻（*Oryza sativa*）的基因组序列中就有证据（图13.36）。正如在图中间彩线所标示的那样，许多同源基因序列组块在两个不同染色体上被发现。在这些组块中，基因的顺序大多是保守的。虽然如此，但是这些基因的两个拷贝并不相同：一些基因拷贝可能获得了新功能；另外一些发生突变，无法识别，因而也丢失了。

多倍化的普遍策略是提供多余的基因拷贝，这在产生变异上是非常成功的，许多植物的基因组都有迹象，它们在过去不同时间上经历了多轮基因组重复或者三倍化。

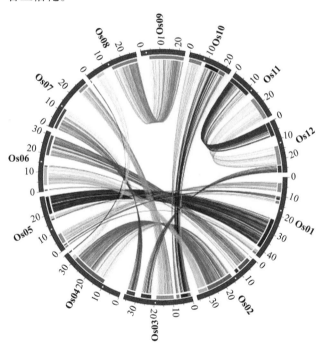

图13.36　一个古代重复在当代水稻基因组中仍然可见。所有禾本科牧草的古代共同祖先，被认为有5个不同的染色体。在染色体加倍和重排之后，原先染色体的两个拷贝现在*O. sativa*的12条染色体中分布，称之为Os1和Os12。彩线标示不同水稻染色体上的同源基因，展现了其进化历史。

引自：T. Thiel et al. (2009), "Evidence and evolutionary analysis of ancient whole-genome duplication in barley predating the divergence from rice," BMC Evolutionary Biology, 9:209, Fig. 1. © Thiel et al. Licensee BioMed Central Ltd. 2009. http://bmcevolbiol.biomedcentral.com/articles/10.1186/1471-2148-9-209

13.6.3　易位有助于物种形成

大西洋葡萄牙海岸外有一个马德拉小火山岛，在上面有两群普通小家鼠（*Mus musculus*）正变成隔离的品种，因为易位有助于产生生殖隔离。小鼠生活在几个狭窄山谷中，这些山谷被陡峭的大山隔开。遗传学家发现，大山障碍的两边生活的两群小鼠，拥有不同套的染色体，因为它们累积了不同的罗伯逊易位（图13.37）。例如，一个马德拉群体中的小鼠是二倍体（2x），拥有22条染色体；另外一群小鼠则有24条染色体；对于世界上大多数小鼠，2x=40。

这两群隔离的群体间进行配对，其杂交后代是不育

(a)

(b)

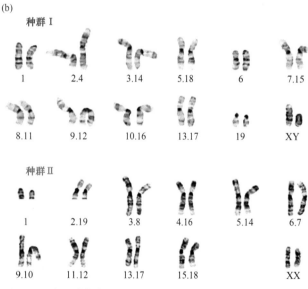

图13.37　在马德拉岛上小鼠的快速染色体进化。（a）拥有不同罗伯逊易位的小鼠（不同颜色标示）在岛上的分布。（b）两个不同群体雌性小鼠染色体核型。上面的核型Ⅰ是来自（a）中蓝点标示的群体；下面的核型Ⅱ是来自红点标示的群体。罗伯逊易位由逗号分开的数字来识别（例如，2，19就是一个小鼠标准染色体核型中，在2号和19号染色体间的罗伯逊易位）。

（a）来源：NASA Earth Observatory image created by Jesse Allen, using a digital elevation model from the Direcção Regional de Informação Geográ ca e Ordenamento do Território（DRIGOT）of Madeira and the Telecommunication Advanced Networks for GMES Operations（TANGO）. Special thanks to Pedro Soares and Antonio de la Cruz（European Union Satellite Centre）；（b）：© Janice Britton-Davidian, Institut des Sciences de l'Evolution Montpellier

的，因为染色体互补是不同的，无法恰当地进行配对和减数分裂时的分离。因而，生殖隔离加强了已经存在的地理隔离，这两群小鼠接近成为两个不同物种了。这个物种形成的例子中，最引人注目的是，葡萄牙移民仅仅在15世纪将小鼠引入到马德拉岛。这个结果意味着，对于物种形成有帮助的不同的复杂罗伯逊易位，在不到600年内就在不同群体中固定下来了。

基本概念

● 在重排断点处，新的基因表达模式或者新的基因产物的产生，提供了服从于自然选择的变异。

● 重复产生了额外的基因拷贝，可以相互独立地突变，从而产生新功能。

● 易位有助于物种形成，因为易位的杂合会产生不育；大多数成功的配对只在拥有相同染色体互补配对的个体间才能发生。

接下来的内容

染色体组织和数目的变化，多数都是有害的，给人类带来很大痛苦（回顾表13.4）。每1000个个体中，大约有4个人有与异常染色体组织或者数目相关的异常表型。多数疾病源于X染色体的非整倍体或者三体21。与之相对比，每1000个人中，大约10个人患有严重的单基因突变导致的遗传疾病。如果不是许多有异常染色体核型的胚胎或者胎儿在妊娠早期就自发流产了，否则人染色体不正常的发生率会高得多。15%~20%的可识别的流产是可以可发觉的自发流产；自发流产的胎儿中，有一半有染色体异常，特别是三体、性染色体单体和三倍体。这些数字几乎肯定是低估了异常染色体变异导致的自发流产发生率，因为胚胎如果携带更大染色体异变，如单体2或者三体5，也许很早就流产了，使得妊娠都可识别。

尽管染色体重排和染色体数目变化有负面效应，一些偏离正常基因组组织的变异仍然存活下来，变成了自然选择的进化工具。

正如我们在下一章所见，细菌中也能像真核生物一样，发生染色体重排。在细菌中，转座元件在染色体组织中催化了许多变化。令人注意的是，相同细胞中不同DNA分子间发生的基因漂流，会帮助加速遗传信息从一个细菌细胞转移到另外一个。

习题精解

I．用X射线照射纯种野生型的雄性果蝇，然后与携带下面X染色体隐性突变的雌雄果蝇配对：黄色身体（*y*），翅脉缺失翅膀（*cv*），截断的翅膀（*ct*），损伤的刚毛（*sn*），微型翅膀（*m*）。这些标记已

知是按照这个顺序排列的：

$$y\text{-}cv\text{-}ct\text{-}sn\text{-}m$$

这个杂交的雌性后代多数表型上都是野生型的，但是一个雌性拥有*ct*和*sn*表型。这个例外的*ct sn*雌性果蝇与一个野生型的雄性果蝇配对之后，在后代中雌性果蝇是雄性的两倍。

a. 在这个例外的雌性果蝇中，X射线诱导的突变到底是什么？

b. 画出*ct sn*雌性果蝇中X染色体在减数分裂中的配对。

c. 如果将这个例外*ct sn*雌性果蝇与正常雄性果蝇配对，你预期在其后代中将会看到什么样的表型？分别列出雄性和雌性。

解答

为了回答这些问题，你需要先想想不同种染色体突变的影响，从而推断突变的本质。然后，你可以评估突变对遗传的影响。

a. 有两个发现表明X射线诱导出一个缺失突变。两个隐性突变在例外雌性果蝇中有表达，这表明它的一条X染色体有缺失，从而暴露了另外一条X染色体上的突变体等位基因（*ct*和*sn*）。

其次，这个例外雌性的后代中，雌性是雄性的二倍，这与缺失突变是相符的。雄性从其母亲遗传了缺失X染色体，将会是致死的（因为在这个区域上的其他关键基因现在也丢失了）。但是遗传非缺失X染色体的雄性子代将会存活。另一方面，这个例外雌性的所有雌性后代都能存活：即使它们从其母亲遗传了缺失X染色体，它们也可以从其父亲处遗传一条正常的X染色体。结果，例外雌性和野生雄性果蝇杂交，产生的雄性子代果蝇只有雌性子代果蝇的一半。

b. 配对时，正常X染色体上的DNA将会形成环状结构，因为缺失染色体上没有同源区域。在下面减数分裂I的简化图中，每条线代表两条同源染色单体。

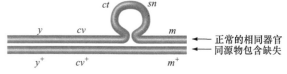

c. 这个例外雌性果蝇的所有雌性后代都是野生型的，因为父亲贡献了所有野生型的基因。每一个存活的雄性子代都必须从这个特殊的雌性果蝇那里继承一条未被删除的X染色体。一些减数分裂产生的X染色体没有发生重组，但是另外一些X染色体则存在重组。雄性果蝇可以拥有这里所有的基因型，以及相应的表型。所有类型都包含*ct sn*重组，因为同源染色体之间，在这个缺失区域

上可能并没有发生重组。一些基因型需要在母亲中发生多次减数分裂交换，这其实相对是很少发生的。

y	cv	ct	sn	m
+	+	ct	sn	+
+	cv	ct	sn	m
y	+	ct	sn	+
y	cv	ct	sn	+
+	+	ct	sn	m
+	cv	ct	sn	+
y	+	ct	sn	m

II. 玉米三体中，$n+1$花粉并不能存活。如果B基因座中有一个显性等位基因，会产生紫色，而不是隐性表型青铜色，同时Bbb三体玉米是由BBb玉米授粉而来，三体后代拥有青铜色的比率是多少？

解答

为了解决这个问题，思考一下产生三体青铜色后代需要什么：受精卵中有三个b染色体。母本必须贡献两个b等位基因，因为来自父本的$n+1$花粉并不能存活。

三体Bbb紫色母本会产生什么样的配子？其比率是多少？为了囊括所有可能性，将这个基因型写为Bb_1b_2，无论b_1和b_2是否对表型拥有相同的影响。在三体雌性中，携带这些等位基因的染色体，可以三种方式，在第一次减数分裂时配对形成二价体，因而它们将会分离到相反的两极：B和b_1、B和b_2，以及b_1和b_2。在全部三个例子中，剩余的染色体将会移到任意一极。将所有的可能性画成下面的分支线图：

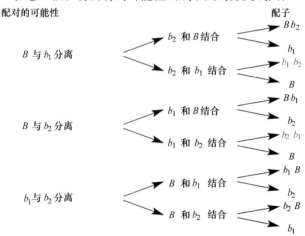

这些不同分离产生的12种配子类型中，只有两种用红色标示出来，包含了两个b等位基因，可以产生青铜色（bbb）三体受精卵。得到这样配子的机会是$1/12=1/6$。

虽然BBb父本中发生的分离是均等的，记住雄性无法产生可存活的$n+1$花粉。唯一存活的配子将

会是B和b，比例为$2/3$ B和$1/3$ Bb，这必需反映出它们在父本基因组中相对的普遍性。母本产生适当的bb配子的可能性为$1/6$，父本产生的b花粉可能性为$1/3$，那么这种杂交所产生三体青铜色后代的可能性为：$1/6 \times 1/3=1/18$。

III. 本章开始处的图呈现了由DNA条形码所揭示的染色体缺失。

假设一个人缺失杂合，去做他的全基因测序，基因组序列将会揭示缺失区域的范围，以及缺失断点的确切序列吗？再思考一下还可以得到这两种数据：①任何特定序列中，测序序列的数量；②是否在野生型中找到之前没有发现的新序列。

解答

为了回答这个问题，你需要理解基因组测序数据是如何展现断点和缺失范围。

下面画了一张图，来描述正常和拥有缺失的5号染色体；q臂上（长臂）有一个很大的区域（DEF）在缺失染色体上丢失了。

①缺失区域（DEF）中的测序序列，将会是基因组中其他序列频率的50%。②除此之外，缺失杂合体的基因组序列，可以展现缺失断点（箭头），因为特有的序列将会横跨这个断点。

习题

词汇

1. 在右列中选择与左列中的术语最匹配的短语。

a. 相互易位	1. 缺乏一个或者更多染色体，或者多一个或多个染色体
b. 雌雄嵌合体	2. 小DNA元件的移动
c. 臂间	3. 拥有多于两套的染色体
d. 臂内	4. 两个非同源染色体部分区域的精确交换
e. 整倍体	5. 排除着丝粒
f. 多倍体	6. 包含着丝粒
g. 转座	7. 拥有整套染色体
h. 非整倍体	8. 雄性和雌性组织的嵌合组合

13.1节

2. 人1号染色体是一个很大的、中部着丝粒的染色体。一个学者决定利用多色条带技术来给1号染色体，在

几个不同人染色体组型图中进行条码化。下面的图展示了1号染色体中端粒附近区域。这个区域中有三种条码探针DNA（A、B和C），每个都用不同的荧光素标记，不同基因型个体提取的细胞，制取了人有丝分裂中期染色体，然后用这些荧光素来进行荧光原位杂交（FISH）。这个区域中，染色体重排的断点也在这个图中标示出来。缺失（*Del*）1和2用黑杠标示。倒位（*Inv*）1和2在这个图中并没有显示，其断点很接近，但是并不在着丝粒上。

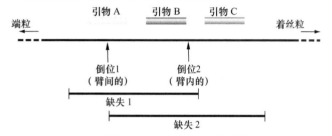

对于下面基因型而言，画三种探针FISH中的1号染色体。下面图中展示了一个例子，将黄色探针A杂交到野生型中（+/+）1号染色体的两个拷贝。

基因型：野生型
探针：A

杂交 →

a. *Del1/Del2*

b. *Del1/+*

c. *Inv1/+*

d. *Inv2/+*

e. *Inv2/Inv2*

13.2节

3. 对于下面染色体异变类型，请讲述：①是否异变杂合生物的染色体，将会在减数分裂初期Ⅰ中形成环状结构；②在杂合子的减数分裂后期Ⅰ中，是否可以形成一个染色体桥；③如果形成了，需要哪些条件；④是否异变可以抑制减数分裂重组；⑤导致染色体畸变的两个染色体是否在同一条着丝粒的同侧或相反侧发生，或者这两个断裂发生在不同的染色体上。

　　a. 相互易位

　　b. 臂内倒位

　　c. 小串联重复

　　d. 罗伯逊易位

　　e. 臂间倒位

　　f. 大缺失

4. 对于下面的染色体重排，理论上获得一个完美重排的

恢复是可能的吗？如果可能，这种反转是很少发生，还是相对地普遍发生

　　a. 一个区域缺失包含5个基因

　　b. 一个区域的串联重复包含5个基因

　　c. 一个臂间倒位

　　d. 罗伯逊易位

　　e. 转座元件移到一个基因的蛋白编码外显子中，创造了一个突变

5. 一个特殊雌性果蝇，其中一条X染色体拥有正常的基因顺序，但是携带了隐性等位基因，这些基因为黄体色（*y*）、朱红眼色（*v*）和交叉体毛（*f*），也包含显性X关联的*Bar*眼突变（*B*）。它的另外一条X染色体携带了这四个基因的野生型等位基因，但是这个拥有*y⁺*、*v⁺*和*f⁺*的区域（没有*B⁺*）中，基因顺序却颠倒了。正如下面图中所示，这个雌性果蝇与野生型雄性果蝇杂交。

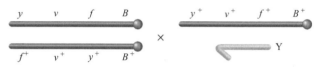

这个杂交产生了下面的雄性后代：

y	*v*	*f*	*B*	48
y⁺	*v⁺*	*f⁺*	*B⁺*	45
y	*v*	*f*	*B⁺*	11
y⁺	*v⁺*	*f⁺*	*B*	8
y	*v⁺*	*f*	*B*	1
y⁺	*v*	*f⁺*	*B⁺*	1

　　a. 为什么没有雄性后代拥有等位基因组合*yvf⁺*、*y⁺v⁺f*、*yv⁺f⁺*或者*y⁺vf*（无论*Bar*基因如何）？

　　b. *yvfB⁺*和*v⁺y⁺f⁺B*后代会产生何种交换？你能从其后代类型中来推断其遗传距离吗？

　　c. *y⁺vf⁺B⁺*和*yv⁺fB*后代会产生何种交换？

6. 将*w⁻*、*x⁻*、*y⁻*和*z⁻*一倍体品系与这四个基因都是野生型的一倍体品系进行配对，就产生了一个酵母二倍体品系。这个二倍体品系表型上是野生型。四个X射线诱导的不同二倍体突变体，就是来自于这个二倍体酵母品系。假设一个新的突变发生在这个品系中。

品系1	*w⁻*	*x⁺*	*y⁻*	*z⁺*
品系2	*w⁺*	*x⁻*	*y⁻*	*z⁻*
品系3	*w⁻*	*x⁺*	*y⁻*	*z⁻*
品系4	*w⁻*	*x⁺*	*y⁻*	*z⁺*

　　当这些突变二倍体品系通过了减数分裂，每个子囊都只包含了两个可存活的一倍体孢子。

　　a. X射线诱导形成了什么样的突变，从而产生了罗列的二倍体品系？

　　b. 为什么每个子囊中两个孢子都死了？

c. 四个基因*w*、*x*、*y*或*z*都位于同一个染色体上吗？

d. 给出同一个染色体上找到的基因顺序。

7. 下面两个图展示了两个猩红眼色果蝇的基因组序列数据。每个果蝇都是一个正常基因顺序和隐性*scarlet*（*st*）突变的3号染色体，与另外一个重排的3号染色体的杂合体；在两个果蝇中，重排是不同的。图中，3号染色体位置开始的100bp序列（*x*轴）中，用圆圈来代表测序序列的数量（*y*轴）。

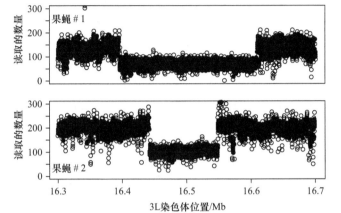

承蒙Tawny Cuykendall, Cornell University, Ithaca, New York提供

a. 每个果蝇中，重排染色体本质上是什么？重排断点的大约位置在哪？你如何找到断点处的确切核苷酸？

b. 你能推断出，至少*st*基因的一部分是位于3号染色体的特定区域吗？如果能推断出来，请尽可能给出这个区域的坐标。

c. 基因*st*的蛋白编码外显子中，有可能有一个或者多个位于你在题目b中确定区域的外面吗？请解释。

d. 基于这些数据，你可以将*st*基因定位出来，这显示出它是一个重组测试，还是一个互补测试？

8. 果蝇中一系列的染色体突变，被用来定位*javelin*基因和*henna*基因，第一个基因可以影响体毛性状，而第二个基因可以影响眼睛色素沉淀。对于野生型来说，这两个基因的突变等位基因都是隐性的。染色体突变都是3号染色体上的重排。下面是3号染色体的图：3L是左臂，3R是右臂。3L上碱基从1bp排序到24 598 654bp，3R上则是从1bp排序到27 929 329bp。

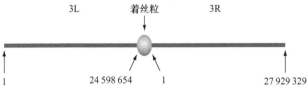

在下面表格中，罗列出来6个3号染色体重排的断点。每个染色体突变的确切断点是用PCR和DNA测序来确定的。例如，缺失A有一个断点在3号染色体左臂上6 000 587bp后面，另外一个断点在6 902 063bp后面。

染色体 3L 上的断点			
缺失	A	6 000 587;	6 902 063
	B	6 703 444;	7 220 113
	C	6 880 255;	7 325 787
	D	6 984 866;	7 311 104

断点在 3L; 3R			
染色体倒位	A	6 110 792 (3L);	40 272 (3R)
	B	6 520 488 (3L);	23 350 (3R)

果蝇一条染色体上拥有这六个重排（缺失或者倒位）中的一个，与*javelin*和*henna*基因纯合的果蝇配对。杂合后代（即重排/*javelin*，*henna*）的表型罗列如下。

F₁果蝇的表型		
缺失	A	*javelin, henna*
	B	*henna*
	C	野生型
	D	野生型
染色体倒位	A	*javelin*
	B	野生型

a. 用这些数据，你能确定*javelin*和*henna*在3号染色体上的位置吗？

b. 对于每个染色体重排而言，画一个3号染色体的图，在上面标出PCR引物对的位置和5′→3′的方向，这个PCR可以用来扩增大约100bp的区域，这个区域上包含重排断点。

9. 下图呈现了一个人基因组DNA的两个野生型片段，它们来自两个非同源近端着丝粒染色体的长臂上。在这两个片段上，着丝粒到端粒方向是从左到右。标示1、2和3的红线是断点的位置，它们可能是由电离辐射造成的。这些特定断裂的重排，如果其断裂的片段由DNA修复系统缝合回去的时候，可能会产生染色体重排。

你用PCR可以看到重排的存在。在下面每个例子中，你用的PCR引物是引物A，其序列为：

5′ TCGATTCCGGAAAGCT 3′

a. 哪两个断点可以产生一个缺失？

b. 结合引物A，写一个16bp引物的序列和方向，让你判断一个患者基因组DNA中是否有缺失。证据应该是阳性的，而不是阴性的（即你将会看到一个PCR产物，其存在、大小对于缺失来说是特异的；没有条带无法确定任何结果）。

c. 哪两个断点可以产生一个倒位？

d. 结合引物A，写一个16bp引物的序列和方向，让你判断一个患者基因组DNA中是否有倒位。你的答案应该包含可能产生最长PCR产物的引物。你的引

习题9的图

5′ TCGATTCCGGAAAGCT|TAGTTTCCCGGGACGTAT|TGCCAACC TAGGTAAGCGCCG|AATATCCATGGGCACC 3′
3′ AGCTAAGGCCTTTCGA|ATCAAAGGGCCCTGCATAACGGTTGGATCCATTCGCGGC|T TATAGGTACCCGTGG 5′

　　　　　　　　　1　　　　　　　　　　　　　　　　　　　2

5′ GGCAATAGCC TAGGAA|CTTTTAGGCCAATTAA 3′
3′ CCGTTATCGGATCCTT|GAAAATCCGGTTAATT 5′

　　　　　　　　3

物不能与任何红线交叉。

e. 哪两个断点可以产生相互易位？（有两个可能答案；你需要仅仅写一个）

f. 结合引物A，写一个16bp引物的序列和方向，让你判断一个患者基因组DNA中是否有相互易位。这个相互易位可能稳定遗传自减数分裂，没有丢失任何染色体破裂的片段。证据需要是阳性的，而不能是阴性的。

g. 在题目e和f中你提到的易位是罗伯逊易位吗？回答是或者否，然后解释。

10. 指明四种主要重排中，哪些最可能与下面表型相关。每个例子中，请解释其效应。

a. 半不育

b. 致死

c. 易受突变影响

d. 改变遗传图

e. 单倍剂量不足

f. 新形态突变

g. 超形态突变

h. 交换抑制

i. 非整倍体

11. 果蝇zeste（z）基因的隐性X关联Z^1突变，只在拥有两个或者更多野生型white（w）基因的果蝇中，可以产生黄色（zeste）眼色。利用这种特性，鉴定出w^+基因的串联重复，称之为w^R。基因型$y^+z^1w^+spl^+/$Y的雄性果蝇，因而拥有橙黄色眼。这些雄性果蝇与基因型$yz^1w^Rspl/y^+z^1w^Rspl$的雌性果蝇杂交（这四个基因与X染色体紧密关联，在给定基因型的顺序中，着丝粒在所有这几个基因的右边：y=黄色身体；y^+=棕褐体色；spl=分裂体毛；spl^+=正常体毛）。这些雌性果蝇产生了81540个雄性后代，其中发现了下面的例外：

A类　2430个黄色身体，橙黄眼睛，野生型体毛

B类　2394个棕褐体色，橙黄眼睛，分裂体毛

C类　23黄色身体，野生型眼睛，野生型体毛

D类　22棕褐体色，野生型眼睛，分裂体毛

a. 第一个杂交产生的81 540个雄性，它们的表型如何？

b. 什么事件会产生A类和B类后代？

c. 什么事件会产生C类和D类后代？

d. 基于这些实验，y和spl之间的遗传距离为何？

12. 在玉米高度自交系1中，基因a和b的距离为21m.u.；在玉米高度自交系2中，二者距离也是21m.u.。但是在1系和2系杂交F$_1$子代进行测交，这两个基因只有1.5m.u.。何种基因a和b重排，以及其潜在的重排点会解释这些结果？

13. 在下面这些图中，粉红线标示染色体的区域相对于正常基因顺序（黑线）发生了颠倒。1～4个个体的二倍体染色体组成也在图中展示出来。将这些个体与下面恰当的描述匹配起来。下面的描述也许对应多个图，一个图也许是多个问题的正确答案。

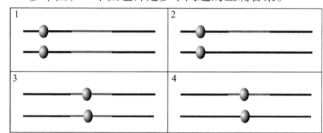

a. 倒位环会在减数分裂 I 中形成。

b. 在染色体倒位区域和另一条染色体同源区域中，发生一次单交换，这会产生遗传不平衡的配子。

c. 在染色体倒位区域和另一条染色体同源区域中，发生一次单交换，这会产生没有着丝粒的片段。

d. 倒位区域发生一次单交换，这将会产生四个可存活的配子。

14. 一个特别染色体有三个不同形式，在三个果蝇品系（Bravo、X-ray和Zorro）中都是纯合的。染色体核型分析发现这三种品系都没有丢失任何染色体部分。当在Bravo系中进行遗传定位时，得到了下面的图谱（图距单位）。

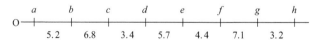

Bravo和X-ray果蝇现在进行配对，形成了Bravo/X-ray F$_1$子代；Bravo果蝇也与Zorro果蝇配对，形成了Bravo/Zorro F$_1$子代。

在随后的杂交中，下面的遗传距离在杂种中分离开各种不同基因：

	Bravo/X-ray	Bravo/Zorro
a-b	5.2	5.2
b-c	6.8	0.7
c-d	0.2	<0.1
d-e	<0.1	<0.1
e-f	<0.1	<0.1
f-g	0.65	0.7
g-h	3.2	3.2

a. 做一个图，来显示X-ray和Zorro品系中基因a到h相对的顺序。不要显示基因间的距离。

b. 在原先X-ray纯合子中，基因c和d之间的物理距离，与原先Bravo纯合子中基因物理距离相比，更大、更小，还是大约是相等的？

c. 在原先X-ray纯合子中，基因d和e之间的物理距离，与原先Bravo纯合子中基因物理距离相比，更大、更小，还是大约是相等的？

15. 将两个酵母品系配对，产生孢子（可以进行减数分裂）。一个品系是单倍体，拥有正常染色体，关联遗传标记ura3（生长需要尿嘧啶）和arg9（生长需要精氨酸）排列在着丝粒两边。另外一个品系是这两个标记的野生型（URA3和ARG9），但是染色体这个区域中有一个倒位，在这里显示为粉红色。

在减数分裂中，可能发生几个不同交换事件。对于下面事件中任何一个来说，请给出基因型和四种单倍体孢子的表型。假设任何染色体不足在单倍体酵母中都是致死的。不要考虑姐妹染色单体间的交换。

a. 倒位区域外只有一个交换

b. URA3和着丝粒间发生一次单交换

c. 相同两个染色单体每次发生一次双交换，一次交换发生在URA3和着丝粒之间，另外一次发生在ARG9和着丝粒之间。

16. 假设一个单倍体酵母品系携带有两个隐性关联标记his4和leu2，将其与HIS4和LEU2野生型的品系进行杂交，但是在染色体这个区域拥有一个倒位，下图用蓝色标示。

在最后的二倍体减数分裂中，可能会发生几种不同的交换事件。对下面每个事件来说，请说出其基因型和最后四种单倍体孢子的表型。不要考虑贴附

到同一个着丝粒上的染色单体间发生的交换事件。

a. 标记HIS4和LEU2之间发生一次单交换。

b. 每次相同的染色单体发生一次双交换，都发生在标记HIS4和LEU2之间。

c. 着丝粒和倒位区起始之间发生一次单交换。

17. 习题16中所描述的两个单倍体酵母品系之间进行配对，请描述一种情形，其中会形成一个四型子囊，所有四个孢子都可存活。

18. 在链孢菌（Neurospora）子囊形成时，任何子囊孢子如有染色体缺失将会死亡，呈现出白色。在子囊的八个孢子中，如果它们是野生型品系与相反配对类型品系进行杂交得到的，这个相反配对品系携带了：

a. 一个臂内倒位，在正常染色体和倒位染色体之间没有发生交换，有几个孢子将会是白色的？

b. 一个臂间倒位，在倒位环中发生了一次单交换，有几个孢子将会是白色的？

c. 一个臂内倒位，在倒位环外发生了一次单交换，有几个孢子将会是白色的？

d. 一个相互易位，在易位染色体之间没有交换发生，产生的紧邻1分离，有几个孢子将会是白色的？

e. 一个相互易位，在易位染色体之间没有交换发生，产生的可供代替的分离，有几个孢子将会是白色的？

f. 一个相互易位，在易位染色体之间发生一次交换，产生的可供代替的分离（但是交换并不是发生在易位断点和任何染色体的着丝粒之间），有几个孢子将会是白色的？

19. 在下图中，黑色和粉红色线代表了非同源染色体。哪些图与下面a~d之间的描述相匹配？下面的描述也许对应多个图，一个图也许是多个问题的正确答案。

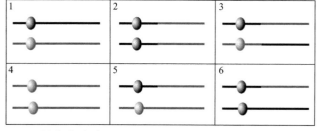

a. 易位杂合产生的配子

b. 易位杂合无法产生的配子

c. 易位杂合产生的遗传平衡的配子

d. 易位杂合产生的遗产不平衡的配子（任何频率都可以）

20. 果蝇中，控制朱砂眼色的基因在2号染色体上，控制猩红眼色的基因是3号染色体上。拥有cinnabar和scarlet隐性等位基因纯合的果蝇（*cn/cn*；*st/st*）是白眼。

    a. 如果携带杂合*cn*和*st*等位基因的雄性果蝇，与纯合*cn*和*st*等位基因的白眼雌性果蝇杂交，预期子代表型和它们的频率如何？

    b. 一个携带杂合*cn*和*st*等位基因的奇特雄性果蝇，当与白眼雌果蝇杂交时，只产生白色和白眼的后代。请解释这个雄果蝇可能的染色体组成。

    c. 当这个奇特雄果蝇杂交产生的野生型F₁代雌性果蝇，与*cn/cn*；*st/st*正常雄果蝇回交，将会得到下面的结果：

野生型	45%
朱红	5%
猩红	5%
白色	45%

    请画出减数分裂中期Ⅰ发生的一个遗传事件，其可以在野生型F₁代雌果蝇的后代中，产生少见的朱红或猩红果蝇。

21. 玉米穗有空隙未填充好，起因是大约一半的胚珠发育不全时，玉米呈现半不育，指示这个品系是易位杂合体。通过将易位杂合体与研究基因隐性纯合的品系进行杂交，就可以将发生易位的染色体找出来。将半不育F₁代回交纯合隐性亲本，产生的表型类型的比例表明了这个基因是否位于发生易位的其中一条染色体上。例如，一个半不育品系可以与9号染色体*yg*突变纯合品系进行杂交（这个突变体呈现黄绿色叶片，而不是野生型的绿色叶片）。半不育F₁子代然后与*yg*纯合突变体进行回交。

    a. 如果该基因不在易位两条染色体中的一条上，F₁回交到纯合*yg*突变体时，你预测会产生什么样的后代（可育或半不育，绿色或黄绿色）？

    b. 如果该基因位于易位两条染色体中的一条上，F₁回交到纯合*yg*突变体时，你预测会产生什么样的后代（可育或半不育，绿色或黄绿色）？

    c. 如果*yg*基因位于易位两条染色体中的一条上，将会产生一些可育、绿色后代，以及一些半不育、黄绿色后代。这些相对罕见的后代类型是如何产生的？从这些罕见后代频率中，你能确定什么样的遗传距离？

22. 有一个很有前景的生物学方法可以用于昆虫控制，该方法就是释放一些昆虫，它们能干扰正常驻地昆虫可育性。一个方法是利用不育的雄性来与当地可育的雄性竞争配对。这个策略的缺点是射线诱导的不育雄性并不强健，与可育雄性竞争时会有很多问题。另外一个方法是现在正在尝试的，即将实验培养的昆虫释放出去，它们拥有一些纯合的易位。请解释一下这个策略是如何发挥作用的。请确保提到哪些昆虫将会是不育的。

23. 一个常染色体和Y染色体之间发生了相互易位，一个雄性果蝇是这个相互易位的杂合体。常染色体的一部分现在移到了Y染色体上，上面包含显性突变*Lyra*（缩短的翅膀）；同一个常染色体的另外一个拷贝（正常型）是*Lyra⁺*。这个雄性现在与一个纯育野生型雌性果蝇配对。将会得到什么样的后代？比例又如何？

24. a. 相互易位杂合的玉米植株自交后代中，你预期子代植株中正常可育与半不育的比率为何？在这个问题中，请忽略紧邻2分离产生的罕见配子。

    b. 相互易位杂合的半不育玉米植株，进行特定自交产生的后代中，可育与半不育植株的比率为1∶4。你如何解释这种与题目a答案之间的差别？

25. 假肥大型肌营养不良症（DMD）是由X连锁的*dystrophin*基因的隐性突变等位基因造成的。雌性有疾病症状，其严重性与隐性等位基因雄性半合子一致，这是极少见的。这些雌性是X常染色体相互易位杂合子，其中X染色体在*dystrophin*基因中间断裂，将其一切为二。

    a. 如果在患者细胞中，X染色体失活发生在两个X染色体失活中心（XIC；见图12.15）的可能性相等，你预期她拥有正常*dystrophin*基因功能的细胞比率为多少？

    b. 一些常染色体基因在这个女人一些细胞中失活，有可能吗？一些X关联基因正常情况下是要进行X失活，它们在这个女人两条X染色体都表达，有可能吗？为了回答这些问题，画一个图来呈现正常染色体和易位染色体，请标注着丝粒、潜在地失活的常染色体基因、潜在地不再进行X失活的X染色体基因、*dystrophin*基因和XIC。假设简化为*dystrophin*和XIC分别位于X染色体短臂和长臂的中间。

    c. 结果发现实际上这个女人没有任何细胞表达了*dystrophin*基因产物。利用你对题目a和b的答案，来解释这个有趣的结果。请考虑何种基因表达变化也许作用于细胞的存活和繁殖。

    d. 请讨论科学家如何利用X∶常染色体相互易位，来帮助定位人X染色体上的XIC。为什么你对题目c的答案说明了这个方法潜在的陷阱？

26. WHIM症状是一种免疫系统疾病，表现为疣和频繁的感染。这个疾病是由2号染色体上*CXCR4*基因的显性获得性功能突变造成的。一个终身患有WHIM症状的38岁妇女，突然神秘地被治愈了。对她的血液前体细胞（干细胞）进行了基因组分析，结果发现许多细胞发生了2号染色体拥有染色体碎裂，它是很罕见的过程（也知之甚少），其中一条染色体碎裂成小片段，然后随机粘贴到一起，最后导致了许多缺失和倒位。请解释血液干细胞中2号染色体的染色体碎裂，是如何治愈了这个女人的WHIM症状。

13.3节

27. 请解释转座元件如何造成基因的移动，这些基因并不包含在转座元件中。

28. 正常情况下，果蝇基因组中包含了大约40个*P*元件。这些DNA转座子中，有一些是自发的，而一些则是非自发的。

　　复习一下*P*元件的结构（图13.27）。

　a. 假设一个*P*元件中反向重复序列中的一个丢失了。这个突变会影响*P*元件的移动能力吗？它会影响其他*P*元件的移动能力吗？

　b. 如在图13.27中黄色所示，一个自发*P*元件在内含子剪切受体位点中有一个突变，因而现在这个内含子无法从初级转录物中剪切出去。这个突变会影响*P*元件的移动能力吗？它也会影响其他*P*元件吗？

　c. 假设正在研究的*P*元件是基因组中唯一的自发*P*元件，请再次回答题目b。

　d. 如图13.27中所示，*P*元件正常情况下在体细胞中无法移动。请描述一个突变*P*元件，无法在体细胞中移动。这个突变也会影响其他*P*元件在相同体细胞中移动的能力吗？

29. 果蝇*P*元件的发现，是因为杂种不育现象，即特定杂种后代不育。科学家在20世纪70年代将实验室果蝇品系，与实验室外自然环境中得到的同一个果蝇品种杂交，他们发现了令人惊奇的结果：杂交后代是不育的，但是只有当野外雄性与实验室雌性果蝇杂交时才会发生。野外雌性与实验室雄性杂交的后代，完全是正常的。

　　DNA分析表明，野外果蝇的基因组包含*P*元件，实验室果蝇并没有。很明显，现在实验室品系果蝇是100多年前捕获的，之后*P*元件才在野生群体中扩散。

　a. 杂种后代是不育的，因为它们的生殖细胞突变和染色体重排（不育）的比率很高，这些突变和重排是由*P*元件移动造成的。请解释*P*元件移动如何造成不育。

　b. 不育后代仅仅只是实验室雌性和野外雄性杂交的后代，反过来则不是这样的结果，针对这样的结果，科学家首先提出假说，认为这是由于卵质膜中*P*元件编码的阻遏物蛋白（见图13.27）移动造成的。请解释这个假说。为什么*P*元件只在一个杂交方向上移动，而在另外一个方向上并不移动？（在第17章中，你将会看到这个假说是正确的，但是它仅仅只是整个故事的一部分）

　c. 当特定野外品系的雄性果蝇与实验室雌性果蝇配对，杂种后代只有部分是不育的，而不是完全不育。基于这样的结果，杂交中*P*元件插入X关联果蝇基因*yellow*，使其失去功能，请描述这些能让你检测到这些突变的杂交（这些隐性突变等位基因会产生黄色表型，而不是野生型棕褐体色）。在分子水平，一些野外品系杂种后代都是不育的，而另外一些野外品系后代只是半不育，你如何看待这种区别？请解释。

　d. 在野生型果蝇中，研究者可以观察到罕见的身体小片，它们呈现黄色，而不是棕褐色。有趣的是，这些黄色小片的频率在野外雄性和实验室雌性杂交后代中并不增加。这个结果表明了什么样的杂种不育？

30. *rough*基因的突变等位基因纯合的果蝇，有轻微的畸形（粗糙）眼睛，而不是正常的润滑眼睛。有两种果蝇品系，每个都有一个不同*P*元件诱导的突变*rough*等位基因。在每个品系中，*rough*基因中的*P*元件是果蝇基因组中唯一的*P*元件。

　a. 当一个*rough*突变等位基因纯合子传若干代，在每一代中，果蝇要么是野生型眼睛，要么是更严重的粗糙眼睛。纯种野生型或者严重粗糙眼睛的果蝇，可能是从这些不寻常的果蝇产生的。请解释。

　b. 当另外一个*rough*突变等位基因纯合子传许多代，看不到野生型果蝇，也看不到更严重粗糙眼睛的果蝇。请解释。

13.4节

31. Fred和Mary有一个孩子叫Bob。这三个人的基因组DNA用来作为探针，去做ASO微阵列，如图11.17中所示。下图中呈现出10个SNP位点（1～10）沿着21号染色体排列。黄色、橙黄色和红色标示了杂交信号的增加。

　a. Bob可能会有唐氏综合征吗？请解释。

　b. 这个数据提供了证据，来证明一个双亲中有不分离事件发生吗？如果有的话，是双亲中的哪一个？该事件发生在哪个减数分裂时期？

　c. 这个数据提供了证据，来证明一个双亲中减数分裂时有重组事件发生吗？如果有的话，是双亲中的哪一个，并描述交换的大概位置。

d. 在追踪不分离现象时，为什么要重点观察着丝粒附近的位点，请描述这个例子是如何说明这一点的。

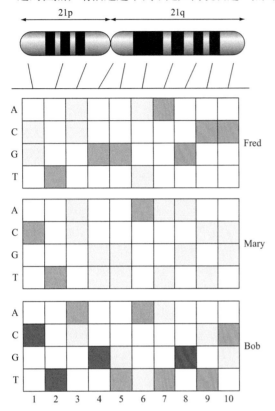

32. 单亲二体是一种罕见的现象，儿童患病是隐性的，其双亲中只有一个携带该性状；另外一个双亲是正常纯合的。通过分析DNA多态性，很清楚这个儿童从携带者双亲中继承了两个突变等位基因，但是从另外一个双亲中没有继承该基因的任何拷贝。

    a. 画图展示至少两种单亲二体产生的方式（提示：这些机制在细胞分裂中都要求至少一个错误，这解释了单亲二体为什么如此罕见）。有没有什么方法来区别这些机制，解释单亲二体任何特定例子？

    b. 单亲二体现象如何解释一些罕见的例子，比如女孩患有罕见的X连锁隐性疾病，但是她的父亲并没有这样的疾病，或者如何解释其他一些例子，比如X连锁隐性疾病从父亲遗传给儿子？

    c. 如果你是一名人类遗传学家，相信你的一个患者有单亲二体造成的疾病症状，你能确立病因不是患者在受精卵发育早期发生的减数分裂重组吗？

33. 在患有特纳综合征的成年人中，发现非常高的比例是遗传嵌合体。有两种类型：一些个体中，大多数细胞是XO，但是少数细胞是XY。请解释体细胞嵌合体两种模式是如何发生的。

34. 在链孢菌（*Neurospora*）中，*his2*突变体需要组氨酸用以生长，*lys4*突变体需要赖氨酸用以生长。这两个基因在同一个染色体的同一个臂上，顺序为：

着丝粒–*his2*–*lys4*。

    用*his2*突变体与*lys4*突变体配对。图示减数分裂产生的所有可能排序子囊，其中发生下面一些事件，能说明每个子囊孢子的营养需求。子囊孢子没有一条染色体的任何拷贝，将会发育不良，最后死亡，在过程中变成白色。

    a. 着丝粒和*his2*中间发生一次单交换

    b. 在*his2*和*lys4*中间发生一次单交换

    c. 在第一次减数分裂中发生不分离事件

    d. 在第二次减数分裂中发生不分离事件

    e. 在着丝粒和*his2*中间发生一次单交换，随后在第一次减数分裂中发生不分离事件

    f. 在*his2*和*lys4*中间发生一次单交换，随后在第一次减数分裂中发生不分离事件

35. 对染色体数目变异影响感兴趣的人类遗传学家，经常会对自发流产中的组织进行染色体核型分析。这些样本中，大约35%会有常染色体三体，但是只有大约3%的样本会有常染色体单体。基于会创造非整倍体的各种错误，你预期常染色体三体和常染色体单体的发生频率会更趋于相等吗？为什么会，或者为什么不会？如果你认为频率会更趋于相等，相对于单体而言，你如何解释三体的过量？

36. 在唐氏综合征患者的子女中，唐氏综合征的发生率是非常高的（稍微低于50%）。请画出唐氏综合征双亲减数分裂，解释为什么后代有这么样高风险，成为21号染色体的非整倍体。除此之外，请解释为什么唐氏综合征在这些儿童中的发生率也许会低于50%。

37. 果蝇4号染色体极小；实际上这个染色体上的基因之间没有任何重组发生。你有三个不同标记的4号染色体：一个有*eyeless*（*ey*）基因的隐性等位基因，能导致非常小的眼睛；一个有*cubitus interruptus*（*ci*）基因的隐性等位基因，能导致翅膀网格产生断裂；第三个携带这两个基因的隐性等位基因。有两个或者三个4号染色体拷贝的成年果蝇可以存活，但是一个或者四个拷贝的成年果蝇无法存活。

    a. 你如何利用这三条染色体，找到减数分裂有缺陷的果蝇突变体，导致不分离发生率升高？

    b. 你的技术能让你区别第一次减数分裂和第二次减数分裂发生的不分离吗？

    c. 如果一个不分离产生的配子形成的果蝇，与4号

染色体上携带ey和ci纯合的果蝇配对，进行测交，你预期会产生何种后代？

d. 遗传学家发现了所谓的4号复合染色体，其中两条完整的4号染色体贴附到同一个着丝粒上。这样的染色体如何用来鉴定能增加减数分裂不分离的突变？相比题目a你描述的方法，现在的方法有什么优势吗？

38. 唐氏综合征通常是由一整条多余的21号染色体导致的。其病症包含许多不同性状，包括低IQ、心脏病、特有的面部特征、胃肠道异常、身材矮小、肌张力差、白血病与痴呆风险增加。一些被诊断有唐氏综合征的人仅仅表现这些异常中的一部分。这些人经常有一个正常21号染色体和另外一条包含重复的21号染色体；这个重复的21号染色体区域在个体间可能是不同的。

一些科学家认为，21号染色体上存在一个关键区域（包含一个或者几个基因），对唐氏综合征负责。研究者利用患有重复唐氏综合征的个体，去验证这个想法。假设用基因测序，在8个患有重复唐氏综合征的个体中，科学家确定了21号染色体上哪部分是有三个拷贝的。下面表格中是数据的概括。

个体	畸形						重复片段 21p ⚬ 21q
	低智商	特殊面容	胃肠道狭窄	矮小症	肌张力低下	心脏疾病	
1	×	×		×			▫
2	×			×			▫
3	×		×	×			▭
4	×			×		×	▭
5	×	×	×	×			▫
6	×		×	×		×	▭
7	×						▫
8	×	×					▫

注：×表示给定的个体受到表头中列出的特定异常的影响。

a. 有一个假说，21号染色体只包含一个单一的唐氏综合征关键区域，这个数据支持还是驳斥这个假说？请解释。

b. 每个唐氏综合征异常都是由21号染色体一个不同区域的过量表达导致的，数据支持这个说法吗？请解释。

13.5节

39. 普通红三叶草（*Trifolium pretense*）是一个二倍体，每个体细胞拥有14个染色体。下面的情况下，体细胞染色体数目为多少：

a. 这个物种三体变异？

b. 这个物种单体变异？

c. 这个物种的三倍体变异？

d. 四倍体变异？

40. 几个燕麦（*Avena*）品种体细胞中染色体数目为：砂燕麦（*Avena strigosa*）是14条；细长野燕麦（*Avena barata*）是28条；种植燕麦（*Avena sativa*）是42条。

a. *Avena*中基本染色体数目（x）是多少？

b. 这些不同物种中，每个物种的染色体倍数是多少？

c. 这些燕麦品种每个产生的配子中，染色体数目是多少？

d. 每个物种中，染色体数目n是多少？

41. 基因组A、B和C的基础染色体数目都是9。进化历史上，一个基因组的染色体无法与其他基因组中的染色体配对，相互之间形成了足够远的分化距离，这三个基因组都起源于这样的植物。对于下面整倍体染色体互补，请：①陈述其生物体中染色体的数目；②提供一些名词，可以尽可能精确地描述个体的遗传组成；③陈述是否有可能这个植株会是可育的；如果可育，请给出配子中染色体的数目（n）。

a. AABBC

b. BBBB

c. CCC

d. BBCC

e. ABC

f. AABBCC

42. 一个特定二倍体植物物种的体细胞，正常情况下有14条染色体。配子中染色体排序为1～7。很罕见的是，受精卵中染色体数目超过14或者少于14。对于下面的受精卵：①陈述染色体互补是整倍体还是非整倍体；②提供一些名词，可以尽可能精确地描述个体的遗传组成；③陈述这个个体是否可能通过胚胎期的发育而成长为成年植株；如果可以，这个植株是否是可育的？

a. 11 22 33 44 5 66 77

b. 111 22 33 44 555 66 77

c. 111 222 333 444 555 666 777

d. 1111 2222 3333 4444 5555 6666 7777

43. 双二倍体物种的基因组是由两个祖先基因组（A和B）组成的，每个的基本染色体数目（x）都是7。在这个物种中，每个祖先基因组的每个染色体都有两个拷贝，它们只有在减数分裂时才相互配对。一种病原体攻击植物的叶片，F位点上有一个显性等位基因，可以控制对其的抗性。隐性等位基因F^a和F^b会赋予对这个病原体的敏感性，但是这两个基因组中，显性抗性等位基因稍微有不同的影响。无论B基因组的基因型为何，至少有一个F^A等位基因的植株会对病原体种1和2有抗性；无论A基因组的基因型为何，至少有一个F^B等位基因的植株会对病原体种1和3有抗性。一个植株基因型为$F^A F^a F^B F^b$，其自交后代有多少会对这三种病原体都产生抗性？

44. 你培养了单倍体烟草细胞，制成了对除草剂有抗性的转基因细胞。你能做什么来获得一个二倍体细胞系，可以用来产生一个新的可育抗除草剂的植物？

45. 正常情况下，染色体在减数分裂Ⅰ时形成了二价体（一对联合同源染色体），因为配对染色体时，两个同源染色体相应区域会联会。虽然如此，但是图13.17（b）显示，在一个相互易位的杂合子中，染色体配对形成四价体（即四个染色体相关联系到一起）。四价体可以以其他方式产生，例如，在一些四倍体物种中，染色体配对成四价体，而不是二价体。
   a. 假设染色体区域配对中联会，在这些四倍体中，四价体实际上是如何形成的？为了回答这个问题，请画一个四价体。
   b. 如果染色体配对形成四价体，而不是二价体，这些四倍体物种如何产生整倍体配子？
   c. 在双二倍体物种中，四价体如何形成？请讨论。

46. 用全基因组测序，你如何能区别同源多倍体和异源多倍体？

47. 假设你有$AAaa$四倍体植物，然后自交该植物。至少需要显性等位基因A两个拷贝才能看到显性表型。拥有显性表型的后代会是什么样的频率？

48. 本章13.5节讨论到，*Raphanobrassica*是一个由卷心菜和萝卜杂交而成的杂种物种。卷心菜和萝卜的配子都有9个染色体（两个物种中$x=9$），这对于这个杂种植物的生存能力和生育能力是如何重要？

49. 超市中你找到的无种西瓜是三倍体，$x=11$。
   a. 三倍体西瓜产生的平衡配子频率是多少？
   b. 在三倍体西瓜中一个特定的种子可以存活的可能性多大？（回忆一下一个可存活的种子是整倍体受精卵）
   c. 在题目b中可存活的种子的倍型为多少？也许会有不止一个答案。

50. 杂种动物的名字通常就是用杂交物种的名字来命名，雄性配子放在前面。雄性猎豹和雌性狮子杂交产生了豹狮。下面图片中的斑驴，其父亲是斑马，母亲是驴。

© Gary Neil Corbett/SuperStock RF

   a. 并不是所有的动物杂交都是可能的。例如，狗和鸟、大象和考拉，或者猫和鲨鱼之间就不会产生可存活的后代。你认为决定一个杂种动物是否可存活，什么才是主要元素？
   b. 一些杂种动物是可育的。你认为决定一个杂种动物是否可育，什么才是主要元素？

51. 大多数动物无法容忍多倍体，一些软体动物，如生蚝，却可以容忍。虽然野生生蚝是二倍体，养殖的生蚝一般是三倍体。三倍体的优点是生蚝是不可育的，因此它们消耗的能量本可以用来帮助增加鲜美的口感，而不是用来产生倒胃口的配子。这些肉香的三倍体生蚝在商业上比二倍体的生蚝更有价值。
   a. 为了生成三倍体生蚝，研究者使用细胞松弛素B，它是一种化学物质，可以在卵子发生时的减数分裂Ⅰ或者减数分裂Ⅱ中抑制细胞分裂。
   b. 细胞松弛素B对人类而言是有毒的，因此生蚝养殖者无法使用这种药物。你能想一个替代方法，能让生蚝养殖者产生大量的三倍体生蚝吗？

13.6节

52. 易位的何种特性让科学家相信，这些重排也许在新物种的生成中是非常重要的？

53. 看一下图13.36中的水稻（*Oryza sativa*）基因组：
   a. 进化分支上有一个水稻的祖先植物物种，其全部基因组经历了一次重复，有什么证据来证明这一点吗？
   b. 如果水稻的祖先经历了一次全基因组重复，为什么水稻是二倍体，而不是四倍体？
   c. 植物遗传学家相信，经历全基因组重复的祖先植物物种拥有5条染色体。这些染色体中，其中一条的序列大多数可以在水稻染色体Os02、04和06找到；第二个祖先染色体的序列现在多数可以在水稻染色体Os03、07和10中找到。哪些剩余的水稻染色体有起源自其他三个祖先染色体的序列？

d. 有个说法，染色体Os12的起源涉及易位，其在全基因组复制时间之后的某一个时期发生在水稻分支上，在图13.36中有什么证据来支持这个说法？

54. 在下面图中，上面和下面的线代表酵母（*Saccharomyces cerevisiae*）中4号和12号染色体的区域（*Scer4*和*Scer12*）。数字指向特异基因，红色箭头代表转录的方向和范围。中间的线是另外一个不同但是相关酵母*Klyuyveromyces waltii*中1号染色体一个区域的序列（*Kwal 1*），基因用浅蓝色标示。DNA序列的相似性用连接两个物种染色体的线标示。

a. 用暗紫色填充两个*K. waltii*的基因，其意义为何？

b. 基于这些数据，提出一个假说来解释*S. cerevisiae*基因组在图中提到部分的起源。

55. 提出两个可能的模型来解释基因重复潜在的进化优势。在第一个模型中，两个重复拷贝中一个保留了祖先基因相同的功能，而另外一个拷贝则通过突变分化出来一个新的生化功能。在第二个模型中，这两个拷贝都从祖先基因迅速分化，从而它们都获得了新的特性。考虑一下你对习题54的答案，假设*S. cerevisiae*和*K. waltii*的基因组都完全被测序了，你能确定哪一个模型能更好地代表这种进化过程吗？

56. 右上图展示了人1号和2号染色体，以及类人猿对应染色体的染色体组型图。虽然1号染色体在这四个物种中是极度相似的，人2号染色体的带型非常类似两个不同类人猿染色体的带型。提出一个假说来解释人2号染色体和类人猿染色体之间的关系。

57. 一些动物为了躲避捕猎者，会使用拟态伪装。例如，雌性燕尾蝶（*Papilo ploytes*）可以模仿有毒物种红珠凤蝶（*Pachilopta aristolochiae*）的颜色模式（见右下图）。正常的和拟态伪装的雌性燕尾蝶可以在一个单一群体中共存。

最近，科学家发现，一个常染色体基因*dsx*的变异体可以在燕尾蝶中控制拟态伪装。该基因野生型和突变等位基因在许多氨基酸上都不同，这些累积的区别被认为是对正常雌性和伪装其他物种的雌性外形的区别负责。

习题56的图

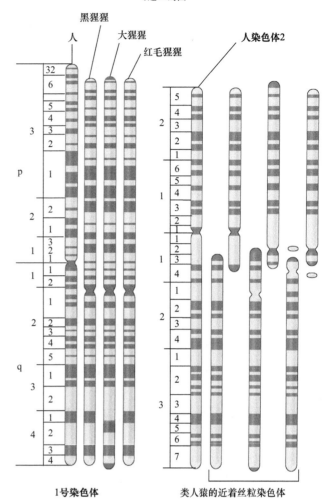

1号染色体　　　　类人猿的近着丝粒染色体

拟态伪装雌性的*dsx*基因是在倒位中。请解释这个倒位的存在对于燕尾蝶拟态伪装进化的重要性如何。

习题57的图

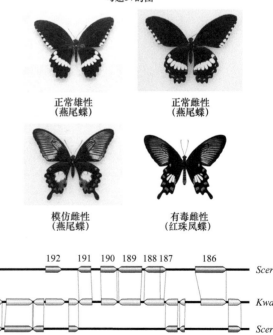

正常雄性（燕尾蝶）　　正常雌性（燕尾蝶）

模仿雌性（燕尾蝶）　　有毒雌性（红珠凤蝶）

习题54的图

207　206　　205　　204 202 201 200　198 197196195　194　　　192　191　190 189　188 187　　186　　*Scer* 4

Kwal 1

231　　233 234　　237　　238 239　　　240　241 242　243　　　244 245　　246　　*Scer* 12

第14章 细菌遗传学

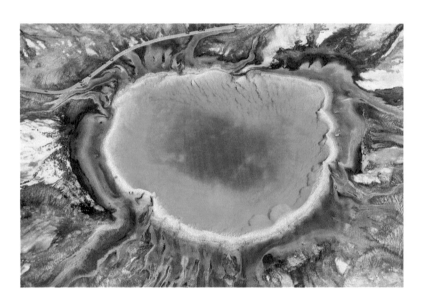

有些种类的细菌可以生活在像温泉这样恶劣的环境中（如怀俄明州黄石国家公园的这个美丽的"游泳池"）。水池中除了中间的蓝色以外的颜色，都是由细菌群中的色素造成的，细菌群在水的边缘密集生长。对生活在不寻常环境中的细菌进行比较基因组分析，将增进我们对在不同生态环境中生存的适应性的理解。

© Werner Van Steen/The Image Bank/Getty Images

章节大纲

14.1 细菌惊人的多样性

14.2 细菌基因组

14.3 细菌作为实验生物

14.4 细菌基因转移

14.5 利用遗传学研究细菌的生命

14.6 综合实例：淋球菌如何对青霉素产生耐药性

淋病是由淋球菌引起的男性和女性泌尿生殖道的性传播感染疾病。这种疾病很少致命，但它可能导致两性不育症。直到20世纪70年代末，少量注射青霉素是治疗淋病的有效方法，但到1995年，超过20%的从全世界患者体内分离出的淋球菌对青霉素耐药。

遗传学家现在知道，这种令人震惊的耐药性增加的原因是DNA从一种细菌转移到另一种细菌。根据流行病学家的说法，耐青霉素的淋球菌最早出现在20世纪70年代的亚洲，当时一名接受青霉素治疗的淋病患者正在与另一种细菌流感嗜血杆菌引起的感染作斗争。患者的一些流感嗜血杆菌显然携带了一种破坏青霉素的青霉素酶基因质粒。当双重感染的患者对降解这些细胞的流感嗜血杆菌产生特异性免疫应答，破碎的细菌释放出它们的质粒。一些游离的DNA环进入淋球菌细胞，将其转化为抗青霉素的细菌。

然后，转化的淋病细菌繁殖，并连续暴露于青霉素，选择耐药细菌。结果，患者将抗青霉素的淋球菌传染给随后的性伴侣。因此，虽然青霉素治疗不会产生耐药性的基因，但它会加速这些基因的传播。如今在美国，许多淋球菌同时对青霉素和其他两种抗生素（奇霉素和四环素）耐药。

在这一章中，我们首先关注细菌的显著多样性，以及基因组分析如何极大地增加了我们对细菌世界的了解。接下来，我们研究细菌在同一物种的细胞之间甚至在远缘物种的细胞之间，转移基因的机制，以及科学家如何利用这些基因转移机制来绘制和鉴定具有重要功能的细菌基因。最后，我们探讨淋球菌如何对多种药物产生抗性，以及社会对多药耐药病原体的问题可以做什么。

我们对细菌遗传学的探索可以发现一个主题：单细胞或单一物种的DNA和基因既不可变，也不完全孤立地存在。不仅像转座元件这样的DNA片段在基因组内迁移，而且DNA和基因也能够在一个物种的不同细胞之间迁移，甚至在同一细菌群落中不同物种的细胞之间迁移。细胞间基因的转移一直是微生物世界进化的一个关键特征。

14.1 细菌惊人的多样性

学习目标

1. 列出原核细胞的主要特征。
2. 讨论细菌生境如何影响细菌代谢。
3. 总结某些细菌对人体致病的特性。

淋球菌和流感嗜血杆菌等细菌构成了三种主要的生物进化谱系之一（图14.1）。另外两种谱系是真核生物（细胞有细胞核包裹在膜内的生物）和古菌（往往生活在极端条件下，如高盐、高温或厌氧环境中）。细菌和

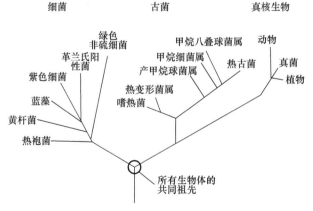

图14.1 生物谱系图。生物的三个主要进化谱系是细菌、古菌（都是原核生物）和真核生物。DNA测序结果表明，所有的生命形式都起源于35亿年前共同的原核祖先。

古菌都被归类为原核生物，因为它们缺少真核生物中膜包裹的真正的细胞核。虽然它们都是原核生物，但细菌和古菌在形态及生物化学上是不同的。我们将本章局限于细菌，因为它们是更常见的实验室生物，因此更容易被理解。然而，从细菌身上学到的关于基因组组织和细胞间基因转移的许多经验，也与它们的远亲——古菌有关。

理解细菌遗传学对人类有着深远的影响，原因有很多，包括我们的生活与细菌的关系如此密切。一个成年人携带大约30万～50万亿个细菌，这相当于人类细胞的数量。这些细菌大多生活在肠道中，但皮肤、口腔、牙齿和呼吸道也是细菌生态系统的家园。细菌在许多方面有助于人类健康，如合成所需的维生素、帮助消化我们的食物，但某些细菌也是疾病的病原体。

14.1.1 细菌的大小和形状各不相同

最小的细菌直径约为200nm（1nm=10^{-9}m），最大的约500μm长（1μm=10^{-6}m），这使得它们的体积和质量比最小的细菌细胞大100亿倍。这些大的细菌在显微镜下是可见的。杆状菌的主要实验室研究对象大肠杆菌（*E.coli*）是细菌中较小的一类：它的直径约0.5μm，长约2μm（图14.2）。

尽管细菌的形状和大小各不相同，但它们都没有明确的核膜和膜结合的细胞器，如在真核细胞中发现的线粒体和叶绿体（图14.3）。细菌的单条染色体折叠形成致密的**拟核**。在大多数种类的细菌中，细胞膜由碳水化合物和多聚体物组成的细胞壁支撑。有些细菌除了细胞壁外，还有一层厚的黏液样外壳，称为荚膜，有助于抵抗免疫系统的攻击。尽管在图14.2中不可见，许多细

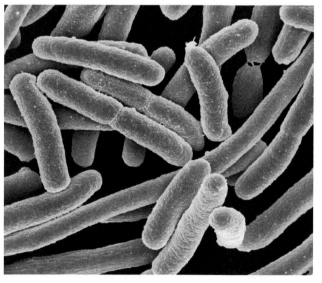

图14.2 大肠杆菌。大肠杆菌的扫描电子显微照片（14 000×）。几个细胞正在通过二分裂进行分裂，正如在靠近中间的收缩部分所见。

© Mediscan/Alamy

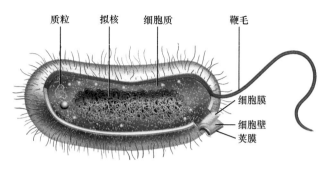

图14.3　细菌结构。细菌染色体（拟核）位于细胞质中，细胞质被一层可渗透的细胞膜所包围。细胞膜周围的细胞壁渗透性较差，在许多物种中，整个细菌都被包裹在一个保护性的荚膜中。

菌，包括大肠杆菌，有鞭毛促使它们趋向于食物或光（图14.3）。

14.1.2　细菌具有不同的代谢途径

　　细菌已经进化到可以生活在各种各样的栖息地。一些细菌在陆地上独立生存，另一些则在水生环境中自由漂浮，还有一些细菌在其他生命形式中以寄生或共生体的形式生存。细菌的新陈代谢必须适应其特定的环境。一些土壤细菌从化学氨中获取能量以促进其生长，而另一些光合细菌则从阳光中获取能量。由于细菌代谢途径的多样性，它们在许多自然过程中发挥至关重要的作用，如分解养分循环所必需的物质。微生物的平衡是这些生态过程成功的关键，这有助于保持环境。

　　例如，在氮的循环中，分解细菌分解富含氮的植物和动物物质并产生氨（NH_3）。然后硝化细菌使用氨作为能量源并释放硝酸盐（NO_3^-），其中一些植物可以直接用它作为氮源。反硝化细菌将未被植物利用的硝酸盐转化为大气氮（N_2），而生活在豌豆和其他豆科植物根部的固氮菌（如根瘤菌）将N_2转化为宿主植物可以利用的铵（NH_4^+）。

　　一些海洋细菌具有惊人的食油能力。像食烷菌（*Alcanivorax borkumensis*）这样分解石油中的碳氢化合物以用作能源的物种被称为生物修复细菌，因为它们在石油泄漏后大量繁殖，并有助于清理油污。在2010年墨西哥湾的"深水地平线"（Deepwater Horizon）灾难发生后，以石油为食的细菌数量在泄漏的石油中迅速增加。通过食烷菌（*Alcanivorax*）的基因组测序，科学家们已经确定了一些基因，这些基因赋予了这些细菌特殊的食油能力。这些基因的工程化可能最终导致产生食油能力更强的菌株，从而有助于石油泄漏的清理。

14.1.3　一小部分细菌是病原体

　　病原体是在宿主体内引起疾病的传染源。大多数

生活在人体中的细菌不是无害的就是有益的；只有少数是具有致病性的。致病菌获得了使它们能够侵入组织的基因，在某些情况下还能产生**毒素**和蛋白质，这些被细菌释放出来的蛋白质能够破坏细胞膜或干扰宿主细胞的基本功能。例如，破伤风毒素［由破伤风杆菌（*Clostridium tetani*）产生］是一种蛋白酶，可以抑制神经和肌肉之间的交流，导致瘫痪。在第二个具有临床重要性的例子中，白喉杆菌（*Corynebacterium diphtheriae*）产生白喉毒素，这是一种酶，可以修饰翻译所需的蛋白质，从而抑制人类细胞中的蛋白质合成。在同一种细菌中，有些菌株可能是无害的，而另一些菌株则是病原体。在这一章的后半部分，你会看到这种种内多样性的一个主要原因是细菌以惊人的频率在它们之间转移基因。

基本概念

● 细菌是原核细胞，没有膜包围的细胞核，也没有其他膜结合的细胞器。

● 细菌能够快速进化，因此这些生物在大小、形状、新陈代谢和它们适应的栖息地上有很大的不同。

● 一个典型的人体携带30兆～50兆个细菌，其中大多数是无害的或有益的，但少数是致病的，从而导致疾病。

14.2　细菌基因组

学习目标

1. 描述在细菌基因组中基因是如何组织的。
2. 区分一个物种的核心基因组和泛基因组。
3. 区分细菌中的IS和Tn转座因子。
4. 描述赋予细菌多重耐药性的质粒是如何进化的。
5. 解释宏基因组学研究如何可能产生实际益处。

　　典型的细菌基因组的基本组成部分是**细菌染色体**：单个双螺旋DNA分子排列成一个圆环（图14.4）。在大多数常见的研究物种中，染色体长4～5Mb。大肠杆菌的环状染色体，如果在某一点断裂并排成一条直线，就会形成一个宽2.4nm、长1.6mm的DNA分子，几乎是

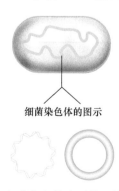

细菌染色体的图示

图14.4　细菌染色体为环状双链DNA。

大肠杆菌细胞的1000倍长（图14.5）。在细胞内，长的环状DNA分子通过超螺旋凝结并成环进入致密的拟核（图14.3）。

在细菌细胞周期中，每个细菌复制其环状染色体（回顾图6.24），然后通过二分裂分裂成两个相同的子细胞，每个子细胞都有自己的染色体，从一个细胞产生两个生物体。虽然大多数细菌只含有一个环状染色体，但也有例外。基因组分析表明，一些细菌，如霍乱弧菌（*Vibrio cholerae*，霍乱的起因），携带着两种不同的环状染色体，这对生存能力至关重要。某些细菌含有线性DNA分子。

14.2.1　基因在细菌基因组中紧密排列

1997年，分子遗传学家完成了对大肠杆菌K12菌株的460万个碱基对基因组测序（图14.6）。接近90%的大肠杆菌DNA编码蛋白质；平均而言，染色体每千碱基（kb）就包含一个基因。这与人类基因组形成鲜明对比。在人类基因组中，编码蛋白质的DNA不到5%，大约每100kb就有一个基因存在。造成这种差异的一个原

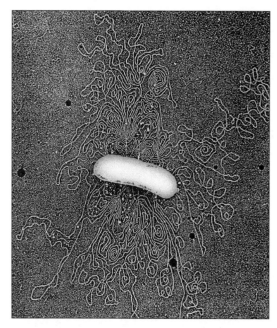

图14.5　大肠杆菌染色体DNA。大肠杆菌细胞的电子显微图，已被溶解，使其染色体得以脱离。
© Dr. Gopal Murti/SPL/Science Source

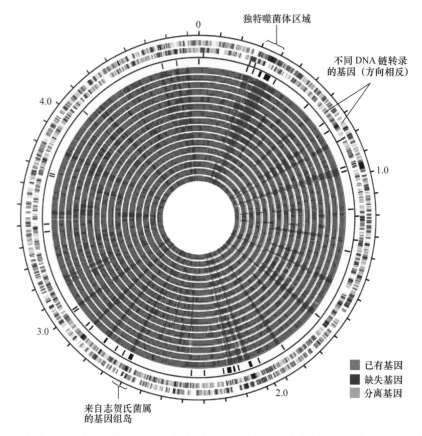

图14.6　大肠杆菌基因组比较。图的外部两环显示了大肠杆菌K12菌株的4288个基因，颜色各异。从一条基因组DNA转录出的基因位于外环，而从另一条DNA相反方向转录出的基因位于下一个环。16个内环中的每一个都显示了在其他16个大肠杆菌菌株中发现的K12基因。红色表示K12基因存在于环中所示的菌株中；蓝色表示K12基因缺失；绿色表示另一个基因组与K12基因相关，但与之分离。请注意，K12菌株中的许多基因并不在一个或多个其他菌株中发现，因此这些基因不是大肠杆菌核心基因组的一部分。数字显示DNA的Mb（兆碱基）。

改编自：David A. Rasko et al. (Oct. 2008), "The pangenome structure of *Escherichia coli*: comparative genomic analysis of *E. coli* commensal and pathogenic isolates," J. Bacteriol., 190(20): 6881-6893, Fig. 1A. © by the American Society for Microbiology

因是大肠杆菌基因没有内含子。此外，细菌中存在少量重复DNA，基因间区域往往很小。从图14.6可以看出，有些基因是从细菌DNA的一条链转录而来的，有些基因则是从另一条链转录来的。从一个或另一个方向转录的基因在整个基因组中相互穿插。

大肠杆菌K12菌株基因组的完整序列揭示了4288个基因。其中427个基因被认为具有将分子运入或运出细胞的功能，它们构成了最大的一类基因。其他大类包括用于翻译、氨基酸生物合成、DNA复制或重组的基因。大约20%的基因仅被识别为可读框，其功能目前仍是一个谜。

大肠杆菌K12菌株基因组的另一个有趣特征是噬菌体基因组残留物的存在，包括图14.6所示的独特噬菌体区域。这些序列的存在暗示了这些细菌的进化，包括病毒的几次入侵。

14.2.2　单个大肠杆菌菌株仅含有大肠杆菌泛基因组的一个亚组

截至2016年撰写本文时，除了K12菌株之外，数百种不同大肠杆菌菌株的基因组已被测序。当科学家比较大肠杆菌基因组序列时，他们惊讶于发现的变异数量（见图14.6）。所有的大肠杆菌菌株只有大约1000个基因是相同的，这意味着大约80%的大肠杆菌基因组在不同菌株中是可变的。

所有大肠杆菌菌株共有的大约1000个基因被称为**核心基因组**。除了核心基因组之外，每个菌株都有特定的基因，或者只与特定的其他菌株共享的基因。大肠杆菌的核心基因组加上在某些菌株中发现而在其他菌株中没有的所有其他基因统称为该物种的**泛基因组**（图14.7）。到目前为止，约有15 000个基因构成了大

肠杆菌的泛基因组，但随着对更多菌株的基因组进行测序，这个数字可能会越来越大。大肠杆菌泛基因组约15 000个基因，核心基因组约1000个基因，平均大肠杆菌有4700个基因。

核心基因组包括定义大肠杆菌种类的代谢功能基因，如合成脂质、细胞壁和细胞膜、核苷酸、维生素和辅助因子的基因。虽然核心基因提供基本的功能，但大肠杆菌基因组高度可变的性质使不同的菌株适应不同的环境。例如，不同的大肠杆菌可以分解不同的碳水化合物作为碳源。

大肠杆菌遗传变异的显著程度是细菌种类的一般特征。这些比较基因组研究为同一物种和不同物种之间的基因转移的极高发生率提供了证据。

14.2.3　细菌基因组含有转座子

细菌基因组的DNA序列分析也揭示了一些被称为**插入序列（IS）**的小转座因子的位置。研究人员已经确定了几个长度为700～5000bp的不同元件；他们将元件命名为IS1、IS2、IS3等，数字表示发现的顺序。与真核细胞中DNA转座子的末端一样（见第13章），IS元件的末端是相互反向重复的［图14.8（a）］。每个IS元件都包含一个编码转座酶的基因，转座酶通过识别这些镜像末端并切割那里的DNA来启动转座。因为IS元件在转座时可以移动到细菌染色体上的其他位置，所以它们在单个细菌物种的不同菌株中的分布是不同的。就像真核转座因子一样，IS元件可以在基因内产生突变。此外，两个同类IS元件的重组（例如，两个IS1元件）可以通过DNA的缺失或倒位来重新排列细菌基因组，正如我们在第13章看到的真核生物转座因子。

细菌基因组也有所谓的复合转座因子，即Tn元件。除了携带转座酶基因外，**Tn元件**还含有对抗生素或有毒金属具有耐药性的基因。被称为Tn10的一个Tn元件由两个IS10元件组成，它们位于编码四环素抗性基因的两侧［图14.8（b）］。

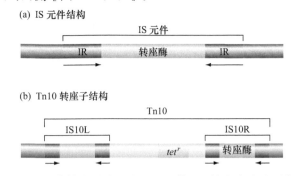

(a) IS 元件结构

(b) Tn10 转座子结构

图14.8　细菌转座因子。（a）IS元件显示转座酶基因两端的反向重复序列（IR）。（b）复合转座子Tn10，其中两个略有不同的IS10（IS10L和IS10R）位于7kb DNA的两侧，包括一个四环素抗性基因。由于其两侧是IS10反向重复序列，因此可以通过IS10转座酶调动Tn10。

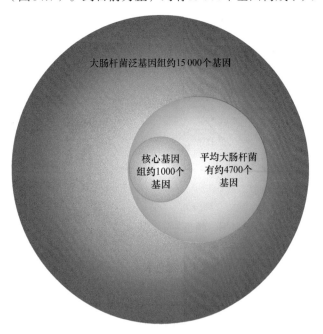

图14.7　大肠杆菌核心和泛基因组的维恩图。

14.2.4 质粒除了携带细菌染色体上的基因外，还携带其他基因

细菌在它们巨大的圆形染色体上携带着它们的基本基因：那些生长和繁殖所必需的基因。此外，一些细菌在正常情况下携带的基因，在称为**质粒**的环状双链DNA中是不需要的（图14.9）。回忆一下第10章，细菌质粒已经被科学家进行了基因改造，用作基因克隆载体。天然质粒大小不一，最小的长1000bp，最大的长几兆碱基。细菌通常只包含一个非常大的质粒，但它们可以容纳几个甚至数百个更小的DNA环状拷贝。一组重要的质粒叫做F附加体，它允许携带它们的细菌细胞与另一种细菌接触，并将质粒和细菌的基因转移到第二个细胞。我们将在本章后面的章节中描述这种细胞间的交配，称为接合。

质粒携带的基因可能在一定条件下对宿主细胞有益。例如，许多细菌中的质粒携带保护宿主免受有毒金属（如汞）伤害的基因。各种土壤假单胞菌的质粒编码蛋白质，使细菌能够代谢诸如甲苯、萘或石油产品等化学物质。此外，许多致病性基因存在于质粒中，如由痢疾致病因子痢疾志贺菌产生的毒素编码基因。指定抗生素抗性的基因也经常位于质粒上；20世纪70年代首次在志贺氏杆菌中发现对多种药物产生抗性的质粒。多重耐药性通常是由于质粒上存在复合物IS/Tn元件（图14.10）。

如后所述，质粒在自然界中可以从一种细菌转移到另一种细菌，有时甚至跨物种。质粒对医学有着巨大的影响。如果将抗性质粒转移到新的病原菌菌株，新的宿主可以在一个步骤中获得对许多抗生素的抗性。我们在关于耐抗生素淋病的开篇故事中就遇到了这种可能性的一个例子。

14.2.5 宏基因组学探索微生物群落的群体基因组

很少（实验室除外）有单个细菌物种是孤立地存在的；细菌通常生活在由成百上千种不同物种组成的群落

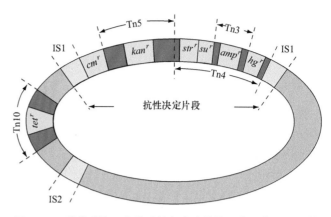

图14.10　耐药质粒。有些质粒包含多种抗生素耐药基因（黄色部分显示：氯霉素为cm^r、卡那霉素为kan^r、链霉素为str^r、磺胺酰胺为su^r、氨苄青霉素为amp^r、汞为hg^r、四环素为tet^r）。转座子（IS和Tn元件，分别用淡橙色和红色表示）促进了抗生素抗性基因在质粒上的移动。注意，许多抗生素抗性基因位于两个IS1元件之间，允许它们作为一个单位转座。

中。在这些群落中，各种细菌可以相互影响，如通过交换代谢产物或基因。为了更好地了解这些复杂细菌群落的性质，科学家现在可以从大量细菌中分离出总DNA进行测序。通过对序列数据的计算机分析，研究人员可以确定样本中所代表的所有物种、群落中每个物种的个体相对比例，以及在所有这些物种中发现的基因。从正常环境取样的微生物群落中的基因组DNA的集体分析被称为**宏基因组学**。

宏基因组学研究的一个巨大优点是，它可以鉴定新的细菌种类，这些细菌以前从未被发现过，因为它们不能在实验室条件下生长。2016年，由宏基因组学发现的1000多个新细菌种类增加了生命树的细菌分支（见图14.1），它们生活在泥土和草甸土壤中。

美国国立卫生研究院对生活在人体上的细菌进行了宏基因组分析——**人类微生物组计划**。在这个项目的第一个实验中，细菌样本取自242个健康个体身上的不同组织，如肠道和皮肤。这项分析显示，总共有超过10 000种不同的细菌种类，单个个体的细菌种类多达1000种。到目前为止，这项研究得出的最引人注目的结论是，个体携带的细菌种类差异很大。

微生物组项目的未来目标之一是跟踪微生物群落随时间的变化，并将细菌宏基因组的变化与疾病、饮食和药物治疗联系起来。例如，研究发现了微生物的变化与肥胖有关：一些肥胖人群中的细菌群体缺乏来自一种叫做拟杆菌门的细菌，而这些个体的微生物组富集了参与碳水化合物和脂质代谢有关的基因。"遗传学与社会"信息栏"人类微生物组计划"更详细地讨论了这方面的进展。

科学家们还分析了生活在极端环境中的细菌（极端微生物）的宏基因组，因为它们含有大量在不同寻常的

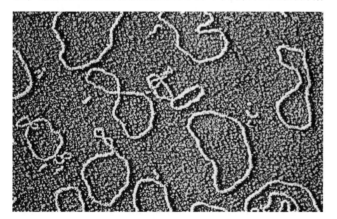

图14.9　质粒。电子显微照片显示的环状质粒DNA分子。

© Dr. Gopal Murti/Science Source

遗传学与社会

人类微生物组计划

人类微生物组计划（HMP，图A）成立于2008年，由美国国立卫生研究院资助，是旨在了解人体与生活在人体中的数万亿微生物之间复杂关系的几个国际合作体之一。

HMP已经实现了第一个目标，即描述构成人类微生物组的生物多样性。研究人员分析了全球250多名人体内不同部位的微生物宏基因组。研究的重点是这些细菌核糖体小亚基的16S rRNA编码基因序列，因为这些序列在不同的细菌物种中存在很大差异，因此可以作为这些物种的标记物。结果表明，一个人可以携带多达1000种不同的细菌种类，但人们在组成微生物群的细菌种类上存在很大差异。因此，似乎全世界有超过10 000种不同的细菌在人类体内寄生。HMP的研究人员已经对许多这类细菌的完整基因组进行了测序。

HMP的第二阶段始于2014年，其最终目标是确定微生物群的变化是否是人类疾病或其他重要特征的原因或影响。可能与微生物组有关的疾病包括癌症、痤疮、牛皮癣、糖尿病、肥胖症和炎症性肠病；一些研究人员认为，微生物的组成也可能影响宿主的心理健康。这些研究的第一步将是确定特定种类的微生物群

落与疾病状态之间是否存在统计相关性。例如，目前正在进行的一项HMP II期项目是对怀孕期间阴道宿主细胞和微生物的分析。将对大约2000名孕妇进行研究，并记录她们的出生结果。这个项目的目标是确定微生物种群的变化是否与早产或其他妊娠并发症有关。

当然，在微生物群落和疾病之间发现的任何相关性都不能证明因果关系。但即使与疾病状态相关的细菌不会导致疾病，这种相关性的存在也可能有助于诊断某些疾病。尽管如此，HMP最令人兴奋的潜在结果将是指出微生物体内的细菌是导致复杂疾病的因子。这些细菌将成为治疗药物的明显靶标，例如，针对这些由微生物专门制造的蛋白质的药物。

研究人员如何确定微生物群落与疾病之间的统计相关性是否反映了原因或影响？一种方法是详细调查微生物组和寄主的生物学特性是如何通过细菌和它们所定植的人类的相互作用而改变的。因此，科学家将鉴定细菌和人体细胞的转录组及蛋白质组是否、如何通过人体器官的细菌定植而发生改变。这些研究将进一步深入我们对代谢组学（表征人类血液中的代谢产物）的了解。

另一种更有效的确定微生物群变化因果关系的方法是使用在无菌环境中培养的无菌小鼠。令人惊讶的是，无菌小鼠虽然不正常，却能存活下来：它们的免疫系统发生了改变，皮肤状况很差，它们需要比正常的小鼠多吃一些热量才能保持正常的体重。研究人员可以用一种细菌或一个复杂的微生物群落在无菌小鼠体内繁殖，从而确定微生物群落如何影响生理状态。在本章最后的习题8将允许你通过讨论最近在无菌小鼠身上进行的一项实验来探索这种方法，该实验询问微生物组是否与肥胖有因果关系。

如果微生物群落确实对人类的疾病状态有贡献，那么未来的治疗可能旨在改变常驻微生物组。因此，HMP的另一方面是研究人类干预可能如何改变细菌群落。饮食变化或膳食添加剂（如益生菌）对微生物体内持久变化的影响有多大？如果用抗生素治疗急性感染，细菌群落如何随时间变化？一些HMP项目已经在探索这些重要问题。

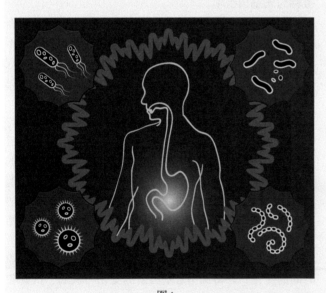

图A

© Anna Smirnova/Alamy RF

条件下工作的蛋白质基因。这些蛋白质有时在实验室中有用。例如，*Taq* DNA聚合酶是用于PCR的酶，因为它能承受使DNA变性的高温，它来自于细菌物种*Thermus aquaticus*，最早是在黄石国家公园温泉中发现的（见本章开头的照片）。

对这些极端微生物群落宏基因组的随机DNA片段进行测序可以揭示赋予异常代谢能力的基因。在一个商业上重要的例子中，嗜碱细菌在高pH条件下生长良好，是添加到洗衣液中的酶的来源。这些酶可以降解蛋白质、脂类或碳水化合物；这种酶在肥皂泡沫的碱性环境中能有效工作，在这种环境中，它们会使化学物质或引起染色和气味的微生物失去活性。

基本概念

- 细菌染色体中的基因排列紧密，没有内含子和非常短的基因间区。
- 核心基因组由细菌物种的所有成员共享的基因组成，核心基因组加上所有的菌株特异性基因被称为物种的泛基因组。
- 细菌基因组中的转座子可以携带基因，包括那些赋予耐药性的基因。
- 质粒是自主复制的环状DNA分子，可以在细胞之间转移，它们通常含有耐药或致病基因，或具有专门的代谢功能。
- 宏基因组学是对特定环境中的群体细菌基因组的分析。宏基因组学研究可以阐明细菌在人体健康中的作用，并且可以识别具有独特性质的细菌基因。

14.3　细菌作为实验生物

学习目标

1. 描述细菌的特性，特别是大肠杆菌，使它们成为有用的实验室生物。
2. 描述不同种类的细菌突变体和鉴定它们的方法。

细菌的研究对遗传学的发展至关重要。20世纪40年代到70年代被认为是经典细菌遗传学的时代，研究人员对基因结构、基因表达和基因调控的几乎所有了解都来自对细菌和感染它们的噬菌体（细菌病毒；通常缩写为噬菌体）。重组DNA技术在20世纪70年代和80年代的出现依赖于对细菌中的基因、染色体和限制酶的理解。许多来自其他生物的DNA重组过程仍然需要细菌来生成所需的基因分子。

14.3.1　细菌在液体培养物中或在培养皿表面生长

研究人员在液体培养基［图14.11（a）］或琼脂固化的平板（称为培养皿）上培养细菌［图14.11（b）］。在液体培养基中，通常研究菌种（如大肠杆菌）的细胞，在一天内可以生长到每毫升10^9个细胞的浓度。在琼脂固化的培养基上，在不到一天的时间内能培养出10^7个或10^8个细胞的可见菌落。细菌，尤其是大肠杆菌，具有快速生长大量细胞的能力，是对基因研究如此有吸引力的一大优势。然而，应该注意的是，在实验室里培养的细菌种类很少；大多数种类细菌只能在其自然环境中生存。

细菌的遗传研究需要技术来计数这些大量的细胞并分离出感兴趣的单个细胞。研究人员可以使用固体培养基来计算液体培养中细胞的数量。他们从液体介质中细胞的连续稀释开始（如图7.24所示）。然后他们在琼脂培养基上涂布少量的稀释溶液样本，并计算形成的菌落数量。尽管单个细菌细胞很难工作，但组成一个菌落的细胞包含了创建菌落的一个细菌细胞的基因完全相同的后代。

14.3.2　大肠杆菌是一种多用途的模式生物

研究最多也最深入的细菌种类是大肠杆菌，它是温血动物肠道的常见寄生菌。许多经典实验和大多数现代重组DNA技术都使用大肠杆菌作为模式生物。科学家

(a)　　　　　　　　　　　　　(b)

图14.11　细菌培养。细菌可以在实验室中以悬浮的形式在液体培养基（a）中生长，或以菌落在固体营养琼脂培养皿上生长（b）。

（a）：© Hank Morgan/Science Source；（b）：© Jeremy Burgess/SPL/Science Source

发现，大肠杆菌细胞可以在肠道内完全缺氧或有空气的情况下生长。在实验室中研究的大肠杆菌菌株不具有致病性，但该物种的其他菌株可导致各种肠道疾病，其中大多数是轻度的，少数危及生命。

大肠杆菌通常编码氨基酸和核苷酸生物合成所需的所有酶。因此，它是一种能在基本培养基中生长的原生生物，这种培养基含有单一的碳和能量来源，如葡萄糖和无机盐，以供应构成细菌细胞的其他元素。在基本培养基中，大肠杆菌细胞每小时分裂一次，一天24次，数量翻倍。在含有多种糖类和氨基酸的更丰富、更复杂的培养基中，大肠杆菌细胞每20min分裂一次，每天产生72代。如果不受任何限制因素的制约，以这种对数增长的速度持续两天，就会产生相当于地球质量的大量细菌。

细菌快速繁殖使得在相对较短的时间内生长出大量的细胞成为可能，从而获得并检查罕见的遗传事件。例如，野生型大肠杆菌细胞对链霉素敏感，通过在含有链霉素的琼脂培养基上铺展10亿个野生型细菌，有可能分离出在10^9个细胞中偶然出现的几个极其罕见的抗链霉素突变体。对于非微生物生物来说，发现和检测这种罕见的事件并不容易；在多细胞动物中，这个任务几乎是不可能的。

14.3.3　遗传学家通过特定生长条件下菌落的存在或表型鉴定突变细菌

大多数细菌基因组携带每个基因的一个拷贝，是一倍体。因此，基因突变与表型变异之间的关系是相对直接的，即在每个基因没有第二种野生型等位基因的情况下，所有的突变都表现出它们的表型。

细菌是如此之小，以至于检验它们的唯一实用方法就是观察它们在培养皿中形成的细胞群。在这个限制条件下，仍然可以鉴定许多不同种类的突变。

1. 细菌突变的种类

细菌突变体可以根据鉴定它们的方法进行分类。突变种类包括以下几种。

(1) 影响菌落形态的突变，即菌落是大或是小、发亮或暗淡、圆形或不规则。

(2) 对抗生素或噬菌体等杀菌剂产生抗性的突变。

(3) 产生营养缺陷的突变不能在基本培养基上生长和繁殖。营养缺陷型不能从简单的材料合成关键的复杂化合物。

(4) 影响分解代谢的突变，影响细胞在环境中分解和使用复杂化学物质的能力。大肠杆菌中的一个例子是由于*LacZ*基因的突变而无法分解复合糖乳糖；这种突变对于研究基因表达如何被控制是非常有用的，这将在第16章中描述。

(5) 必需蛋白质的突变，其蛋白产物是生长所必需的。因为在一个必需基因中的一个无效突变会阻止任何环境中的菌落生长，所以细菌学家必须处理条件致死突变，如温度敏感（TS）突变——允许在低温下生长但不允许在高温下生长的低形态突变。

2. 筛选与选择

细菌学家用不同的技术来分离罕见的突变。由于突变对特定药物具有耐药性，研究人员可以进行直接的**选择**，也就是说，建立条件使得只有所需的突变体才能生长。例如，如果野生型细菌在含有抗生素链霉素的培养皿中划线，那么唯一出现的菌落将是对链霉素有抗性的（Str^r）。通过在基本培养基琼脂上简单地接种细胞，也可以选择带有营养缺陷型突变的菌株的原养型回复突变体，这种培养基不包含生长所需的复合营养缺陷型。

因为刚描述的大多数其他类型突变体的关键特征是它们在特定条件下不能生长，通常不可能直接对它们进行选择。相反，研究人员必须通过基因**筛选**来识别这些突变：对特定表型的群体中的每个群体进行检查。例如，科学家可以使用复制平皿培养法（回顾图7.6）将生长在含有甲硫氨酸的基本培养基平板上的每个菌落的细胞转移至不含甲硫氨酸的基本培养基的培养皿中。菌落在未补充培养基上生长的失败将表明在原始板上的相应菌落是对甲硫氨酸营养缺陷。

特定细菌基因的自发突变非常罕见，根据基因的不同，$10^6 \sim 10^8$个细胞中有1个发生自发突变。因此，几乎不可能通过在100万到1亿个菌落中筛选特定表型来识别这种罕见的突变。使用诱变剂治疗可增加基因突变在人群中的出现频率（回顾图7.14）。细菌中的突变筛和突变基因鉴定将在后面的章节中进一步讨论。

3. 细菌等位基因的命名

研究人员首先用三个小写字母来确定细菌的基因，斜体字母表示基因的功能。例如，突变导致不能合成氨基酸亮氨酸的基因是*leu*基因。在大肠杆菌中，有四种*leu*基因——*leuA*、*leuB*、*leuC*和*leuD*，对应于从其他化合物合成亮氨酸所需的三种酶（每种酶由两种不同的多肽构成）。任何一个*leu*基因的突变都将细菌变成亮氨酸的营养缺陷型，也就是说，变为不能合成亮氨酸的细胞。这种细胞只能在添加亮氨酸的培养基中生长。糖分解所需的基因突变（如*lacZ*基因）产生的细胞不能生长在仅含有糖（乳糖）作为碳源的培养基中。其他类型的突变引起抗生素耐药性；*str^r*是产生链霉素抗性的突变株。为了确定野生型细菌中存在的基因的等位基因（基因型），研究者使用了一个上标+：*leu$^+$*、*str$^+$*、*LacZ$^+$*。为了指定突变等位基因，它们使用上标−，如在*leuA$^-$*和*lacZ$^-$*中；或上标描述，如在*str^r*中。

一个特定基因的野生型或突变型细菌的表型由指定基因的三个字母来指示的。然而，这些字母的首字母大写，没有斜体字，上标为负号，或加上一个字母缩写：Leu⁻（需要亮氨酸用于生长）；Lac⁺（生长在乳糖上）；Str'（抗链霉素）。Leu⁻大肠杆菌菌株不能增殖，除非它生长在含有亮氨酸的培养基中；如果乳糖取代了培养基中的普通葡萄糖，Lac⁺菌株可以生长；Str'菌株可以在链霉素的存在下生长。

基本概念

- 一个单一的细菌细胞分裂成数百万个基因相同的后代。
- 有助于遗传研究的细菌的特征是一倍体，这有利于突变体鉴定和快速指数生长，从而可以恢复稀有突变体。
- 细菌突变体可通过筛选或选择进行鉴别。在筛选中，单个菌落被检测为特定的表型。在选择中，只有具有所述表型的细菌作为菌落恢复，才能鉴定极为罕见的突变体。

14.4　细菌基因转移

学习目标

1. 比较细菌中基因转移的三种机制：转化、接合和转导。
2. 解释这三种基因转移方法各自是如何用于绘制细菌基因图的。
3. 探讨水平基因转移在细菌进化中的作用。

基因从一个个体转移到另一个个体对自然界中新变异的进化起着重要的作用。例如，**垂直基因转移**发生在一代到下一代，在有性繁殖的生物体中尤为重要。相反，**水平基因转移**意味着所涉及的性状不是从父母遗传到后代，而是从无关个体或不同物种引入。通过最近的分子和DNA测序分析，许多水平基因转移的案例已经显现出来。

不同细菌物种中的许多不同基因的比较基因组分析揭示了物种的基因相似性，认为只有远距离相关。此外，在早先报道的各个物种中，核心基因组和泛基因组的存在表明，基因丢失和增加在大肠杆菌和其他物种中经常发生。这些发现最简单的解释是细菌在整个进化过程中发生了显著的DNA转移。仔细研究已知的DNA转移机制有助于阐明水平基因转移是如何发生的。此外，你会发现研究者可以使用各种基因转移的方法来绘制基因图，并构建有用的细菌菌株。

细菌可以通过三种不同的机制将基因从一个菌株转移到另一个菌株：转化、接合和转导（图14.12）。在所有三种机制中，一个细胞（**供体**）为转移提供遗传物质，而第二个细胞（**受体**）接收物质。在**转化**过程中，来自供体的DNA被添加到细菌生长培养基中，然后由受体从该培养基中提取。在**接合**过程中，供体携带一种特殊类型的质粒，允许其与受体接触并直接转移DNA。在**转导**过程中，供体DNA被包装在噬菌体的蛋白质外壳内，当噬菌体颗粒感染受体时，其被转移到受体。基因转移的受体被称为**转化子**、**接合后体**或**转导子**，这取决于DNA转移的机制。

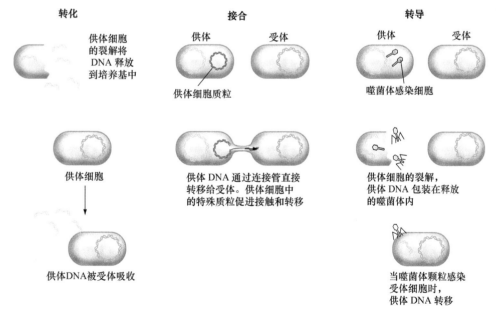

图14.12　细菌基因转移概况。在这个图中，在这一章中，供体的染色体是蓝色的，而受体的染色体是橙色的。在转化过程中，释放到培养基中的供体DNA片段进入受体细胞。在接合过程中，供体细胞中的一个特殊质粒（如图红色所示）促进与受体的接触并启动DNA的转移。在转导过程中，来自供体细胞的DNA被包装成噬菌体颗粒，可以感染受体细胞，将供体DNA转移到受体。

所有细菌的基因转移都是不对称的：首先，从供体到受体，转移只在一个方向上进行；其次，大多数受体获得供体DNA的3%或更少，只有一些接合子含有更大比例的供体材料。因此，进入受体的供体DNA相对于受体染色体是小的，并且受体保留大部分自身的DNA。我们现在详细研究每种类型的基因转移。

14.4.1　在转化过程中，受体摄取改变其基因型的DNA

少数细菌在**自然转化**过程中自发地从周围环境中提取DNA片段。然而，大多数细菌种类只能通过实验室程序使其细胞壁和膜在**人工转化**过程中对DNA具有渗透性后，才能吸收DNA。

1. 自然转化

研究人员已经研究了几种自然转化的细菌，包括：肺炎链球菌，这种病原体是Frederick Griffith在转化过程中发现的，并导致了人类的肺炎（见第6章）；枯草杆菌，一种无害的土壤细菌；流感嗜血杆菌，一种引起人类多种疾病的病原体；淋球菌，淋病的微生物制剂。

在一项自然转化的研究中，研究人员分离出枯草芽孢杆菌，其中两个突变trpC和hisB使它们成为Trp⁻His⁻的双营养缺陷型。这些双营养缺陷型作为本研究的受体，野生型细胞（Trp⁺His⁺）是供体［图14.13（a）］。实验人员提取和纯化供体DNA，并在合适的培养基中生长trpC⁻hisB⁻受体，直到细胞成为**感受态细胞**，即能够从培养基中提取DNA。

当受体通过自然转化获得DNA时，供体DNA片段中只有一条链进入细胞，而另一条链被降解［图14.13（b）］。当受体细胞分裂时，进入的链与受体的染色体组合重组，产生转化子。

为了观察和计数Trp⁺转化子，研究人员将新转化的受体细胞涂布到含有组氨酸的基本培养基的培养皿中。不接受供体DNA的受体细胞不能生长在这种培养基上，因为它缺乏色氨酸，但Trp⁺转化子可以生长并被计数。为了选择His⁺转化子，研究人员将转化混合物倒入含有色氨酸的基本培养基中，代替组氨酸。在这项研究中，Trp⁺和His⁺转化子的数目是相等的。在枯草芽孢杆菌处于高度感受态的条件下，10^9个细胞将产生大约10^5个Trp⁺转化子和10^5个His⁺转化子。

为了确认Trp⁺转化子是否也是His⁺，研究人员使用无菌牙签将Trp⁺转化子转移到既不含色氨酸也不含组氨酸的基本培养基中。每100个Trp⁺转移的菌落中有40个在这种基本培养基上生长，表明它们也是His⁺。同样，对His⁺转化子的测试表明，大约40%也是Trp⁺。因此，在被分析的菌落中，有40%的trpC⁺和hisB⁺基因被**共转化**。共转化是两个或两个以上基因的同时转化。

因为供体DNA在受体转化过程中只占受体染色体

（a）供体和受体基因组

野生型供体细胞　　　　trpC⁻/hisB⁻双营养缺陷型受体细胞

（b）自然转化机制

感受态细胞受体

供体DNA

受体部位

大肠杆菌染色体（hisB⁻, trpC⁻）

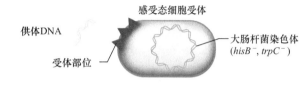

供体DNA在受体部位与受体细胞结合

hisB⁺
trpC⁺

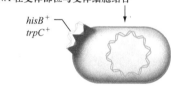

一条供体链降解。被接纳的供体链与细菌染色体同源区域配对。被替换的链降解

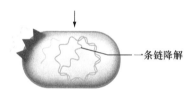

一条链降解

供体链整合到细菌染色体中

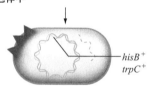

hisB⁺
trpC⁺

细胞复制后，一个细胞与原始受体相同；另一个携带突变基因

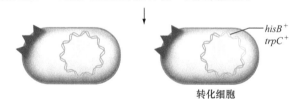

hisB⁺
trpC⁺

转化细胞

图14.13　枯草芽孢杆菌中的自然转化。（a）野生型供体和trpC⁻hisB⁻双重营养缺陷型。选择Trp⁺和（或）His⁺表型可以识别转化子。（b）枯草芽孢杆菌自然转化的机制。一条供体DNA片段进入受者体内，而另一条则被降解。进入的链与受体染色体重新结合，最初产生在异双链DNA的一个区域，其中一个双螺旋链来自一个亲本，另一个来自另一个亲本。当受体细胞分裂时，其中一个子细胞与供体基因发生了转化。

的一小部分，所以这两种枯草芽孢杆菌基因以如此高的频率共转化似乎是令人惊讶的。解释是，trpC和hisB基因在染色体上非常紧密地结合在一起，因此是遗传联系的。枯草芽孢杆菌染色体长约4700kb。只有在同一染色体附近的基因可以共同转化；基因越紧密地结合在一起，它们就越频繁地发生共转化。因此，供体染色体在提取过程中被分割成约20kb的小片段，野生型*trpC*+和*hisB*+等位基因非常接近（相距约7kb），它们常在同一供体DNA分子中。相距足够远的基因无法同时出现在供体DNA的一个片段上，它们几乎永远不会进行共转化，因为转化效率非常低，受体细胞通常只吸收一个DNA片段。

转化也描述了质粒转移；也就是说，如果供体DNA是质粒，受体细胞可以摄取整个质粒并获得质粒基因所赋予的特性。细菌学家怀疑，在本章的引言中描述的耐青霉素的淋病奈瑟菌是通过质粒转化产生的。质粒的供体是双重感染患者的免疫防御系统所破坏的流感嗜血杆菌细胞。质粒携带青霉素酶基因，而由质粒转化的受体淋病奈瑟菌对青霉素获得抗性。

2. 人工转化

刚刚所描述的研究是一个实验室改造自然转化，研究人员已经设计了许多方法来转化不经历自然转化的细菌物种。人工转化的存在对于第10章中描述的基因克隆技术的发展至关重要。所有的方法包括破坏受体细胞壁和细胞膜的处理，使供体DNA可以扩散到细胞中。在大肠杆菌中，最常见的处理方法是在低温下将细胞悬浮在高浓度的钙溶液中。在这些条件下，细胞变得对单链甚至双链DNA具有渗透性。

另一种人工转化技术是电穿孔法，研究人员将一种受体细菌悬浮液与供体DNA混合，然后让这种混合物受到非常短暂的高压电击。这种冲击很可能导致细胞膜上形成孔洞。在适当的电击条件下，受体细胞能有效地吸收供体DNA。电穿孔转化对大多数细菌都有效。

14.4.2 在接合中，供体直接将DNA转移到受体

20世纪40年代末，Joshua Lederberg和Edward Tatum分析了两种多营养缺陷型大肠杆菌菌株。他们得出惊人的发现：基因似乎从一种大肠杆菌细胞转移到另一种类型（图14.14）。两种菌株都不能在基本培养基上生长。菌株A需要补充甲硫氨酸和生物素（维生素H）；菌株B需要补充苏氨酸、亮氨酸和硫胺素（维生素B₁）。Lederberg和Tatum使这两个菌株在完全添加培养基上一起生长。当他们随后将两种菌株的混合物转移到基本培养基时，每10⁷个转移细胞中约有1个增殖到可见的菌落。这些克隆是什么？它们是如何产生的？

超过10年的进一步实验证实，Lederberg和Tatum观察到的现象被称为**细菌接合**（图14.15）：从供体到受体的单向DNA转移，需要细胞与细胞的接触，并且由供体菌株中的**接合质粒**启动。这些质粒可以启动接合，因为它们携带基因，使它们能够将它们自己（有时是供体的一些染色体）传递给受体。

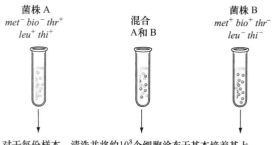
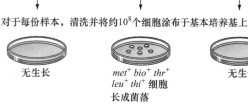

图14.14 接合。Lederberg和Tatum分析的两种不同的营养缺陷菌株都没有在基本培养基上形成菌落。当两种菌株的细胞混合后，基因转移产生了一些在基本培养基上形成菌落的原养型细胞。

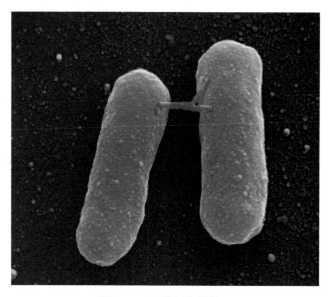

图14.15 细菌细胞偶联。
© Eye of Science/Science Source

1. F质粒与接合

图14.16示出了由第一个被发现的接合质粒所引发的细菌接合的类型——大肠杆菌F质粒。携带F质粒的供体细胞被称为F⁺细胞，没有质粒的受体细胞是F⁻。F质粒携带许多DNA转移所需的基因，包括形成附属物的基因（称为纤毛，供体细胞通过它与受体细胞接触）和一个编码内切核酸酶的基因（这种内切酶在称为**转移起点**的特定位点切断F质粒的DNA）。

一旦F⁺供体（带有F质粒）通过菌毛接触F⁻受体细胞（缺少F质粒），菌毛的收缩将供体和受体拉拢在一起。然后通过限制性内切核酸酶切割F质粒DNA，质粒的单链在两个细胞之间的桥上移动。F质粒DNA进入受

特色插图14.16

F质粒和接合

a. F 质粒含有合成供、受体细胞连接的基因。F质粒是一个长100kb的双链 DNA环。F细胞一般有一个拷贝的质粒。研究人员认为F细胞是雄性细菌，因为该细胞可以将基因转移到其他细菌。约35%F质粒DNA由控制质粒转移的基因组成。这些基因大多编码与构建F菌毛有关的多肽：一种从细菌细胞伸出的硬而细的蛋白质链。质粒的其他区域携带IS和参与DNA复制的蛋白质的基因。

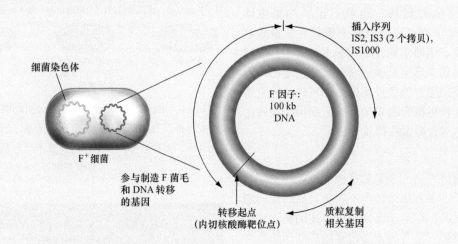

b. 接合的过程。

1. 菌毛。一个平均菌毛的长度为1μm，几乎和普通大肠杆菌细胞一样长，菌毛的远端尖端由一种蛋白质组成，这种蛋白质能特异性地与不携带 F 质粒的F⁻大肠杆菌的细胞壁结合。

2. 附着于F⁻细胞（雌性细胞）。因为它们缺乏F因子，F⁻细胞不能制造菌毛。F⁺细胞的菌毛与F⁻细胞接触后缩回到F⁺细胞内，使F⁻细胞更接近。一条狭窄的通道穿过两个细胞膜。

3. 基因转移：一条DNA单链从雄性到雌性细胞。内切核酸酶在特定的位点（转移的起点）切断F质粒DNA的一条链。F⁺细胞将切断的链通过通道挤入F⁻细胞。当F⁻细胞接受F质粒DNA的单链时，它合成一条互补链。以前的F⁻细胞含有双链F质粒，现在是F⁺细胞。

4. 在原来的F⁺细胞中，新合成的DNA取代了转移到以前F⁻细胞的单链，当两种细菌在DNA转移和合成完成后分离时，它们都是F⁺。

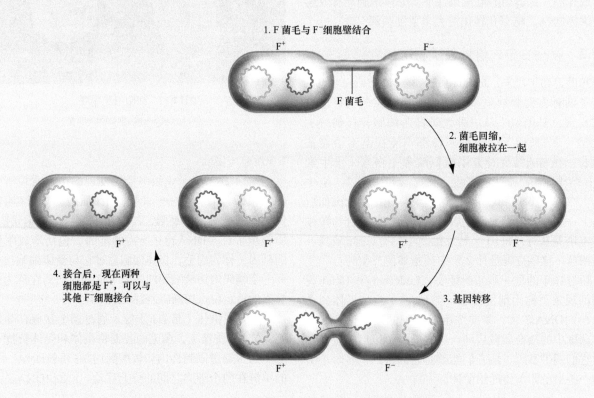

体细胞的运动伴随着另一个正在离开的供体DNA链拷贝的合成。当供体DNA进入受体细胞时，它重新形成一个圆形，受体合成互补的DNA链。在F⁺×F⁻交配中，受体成为F⁺，供体保持F⁺。

通过启动和进行接合，F质粒在细菌群体中的作用就像性传播疾病在人类群体中的作用一样。当通过一些供体细菌导入不携带质粒的大型培养细胞时，F质粒很快就会在整个培养过程中传播开来，所有的细胞都变成了F⁺。

2. 染色体基因的接合转移

F质粒包含三种不同的IS元件：IS2的一个拷贝，IS3的两个拷贝，以及一个特别长的IS1000拷贝。F质粒上的这些IS序列与在细菌染色体的不同位置发现的相同IS元件的拷贝是相同的。在每100 000个F⁺细胞中大约有1个，质粒上的IS与染色体上的相同IS同源重组（即交换），将整个F质粒整合到大肠杆菌染色体中（图14.17）。染色体携带一个整合的质粒的细胞被称为**Hfr细菌**，因为我们将看到，当它们与F⁻株交配时，它们产生了染色体基因的高频重组体。

由于导致F质粒插入细菌染色体中的重组事件可以在F质粒上的任何一个IS元件和细菌染色体中的任何一个相应的IS元件之间发生，遗传学家可以分离超过30个不同的Hfr细胞株（图14.18）。像F质粒这样的质粒，可以整合到基因组中被称为**附加体**。不同的Hfr菌株通过相对于细菌染色体的外膜体的位置和方向（顺时针或逆时针方向）来区分。

在细菌繁殖过程中，Hfr细胞的整合质粒与细菌染色体的其余部分复制。因此，由细胞分裂产生的子细胞中的染色体包含一个完整的F质粒，其位置与最初整合到亲本细胞染色体上的质粒的位置完全相同。因此，所有的Hfr细胞的后代是相同的，F质粒插入相同的染色

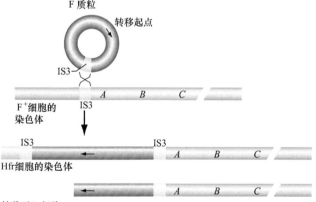

图14.17　Hfr染色体的发生。在这个图中，条形图代表了两条DNA链。F质粒上的IS和细菌染色体上同类IS重组产生了Hfr染色体。在接合过程中，DNA将从Hfr供体转移到受体，从转移的起点（箭头）开始，所以细菌基因将按*A B C*的顺序转移。

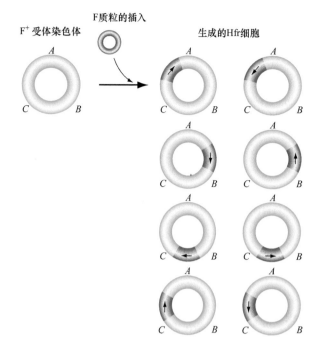

图14.18　不同的Hfr染色体。在F质粒上的任意一个IS和细菌染色体上的任意一个相应的IS之间可以发生重组，从而产生许多不同的Hfr菌株。根据染色体上IS元件的初始定位，重组可以产生一些顺时针转移基因的Hfr菌株和逆时针转移基因的Hfr菌株。

体位置和相同的方向。整合的F质粒仍然具有通过接合启动DNA转移的能力，但现在它是细菌染色体的一部分，它也能促进某些供体染色体的转移（图14.19）。

从融合到F⁻细胞的Hfr细胞中转移DNA起始于在转移起点的整合F质粒中部的单链缺口（图14.20）。一旦供体DNA被转移到受体，供体DNA和受体染色体之间就会发生重组。

3. 接合过程中通过基因转移定位基因

因为Hfr染色体中的基因以一致的顺序转移到受体中，研究人员意识到他们可以用Hfr×F⁻杂交来定位基因。在大肠杆菌基因组的早期研究中，例如，Elie Wollman和Francois Jacob使用了一种Hfr株，即Strˢ（链霉素敏感）、Thr⁺（能够合成苏氨酸）、Aziʳ（叠氮化物抗性）、Tonʳ（抗噬菌体T1）、Lac⁺（能够在乳糖上生长）、Gal⁺（能够在半乳糖上生长）和另一种类型的F⁻菌株（Strʳ、Thr⁻、Aziˢ、Tonˢ、Lac⁻、Gal⁻）。研究人员使用这两种菌株能够分离和分析基因转移及重组时的外接物。

Wollman和Jacob在丰富的非选择性液体培养基中混合这两种菌株，使其接合。接下来，每隔1min，他们在厨房搅拌器中搅拌交配混合物的样本，打断交配（这就是为什么这个实验被称为中断交配实验）。终止配对的样本被涂布到含有链霉素的培养皿中，链霉素杀死了最初的Hfr细胞。该平板也缺乏苏氨酸，无法交配的F⁻细胞

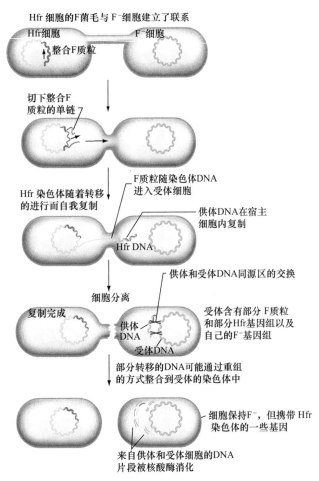

Hfr 细胞的F菌毛与F⁻细胞建立了联系

Hfr细胞　　　　　F⁻细胞

整合F质粒

切下整合F
质粒的单链

Hfr 染色体随着转移
的进行而自我复制

F质粒随染色体DNA
进入受体细胞

供体DNA在宿主
细胞内复制

Hfr DNA

供体和受体DNA同源区的交换

细胞分离

复制完成

受体含有部分 F质粒
和部分Hfr基组以及
自己的F⁻基因组

供体
DNA

受体DNA

部分转移的DNA可能通过重组
的方式整合到受体的染色体中

细胞保持F⁻，但携带 Hfr
染色体的一些基因

来自供体和受体细胞的DNA
片段被核酸酶消化

图14.19　Hfr供体和F⁻受体之间的基因转移。在一个Hfr×F⁻交配中，单链DNA从整合的F质粒上的转移起点转移到受体上。在受体细胞内，这种单链DNA被复制到双链DNA中。如果交配中断，受体细胞将包含DNA的双链线性片段和自己的染色体。来自供体的基因只有在重组到受体的染色体中时，才能保留在脱位基因中。重要的是，为了确保受体的染色体保持环状，使细胞保持存活，需要偶数次交换。

进行选择；任何Thr⁺F⁻细胞必须获得Hfr的Thr⁺基因。Strʳ Thr⁺接合后体成长的平板被复制培养，以检测其他四个标记物是否从Hfr转移到F⁻受体中［图14.20（a）］。

图14.20（b）显示了从Hfr菌株中包含各种等位基因的非接合体菌落的频率作为时间的函数，从接合开始到中断。在交配进行了8min后，一小部分重组体是Aziʳ，但没有一个携带其他供体等位基因。在大约10min时，一些重组体也具有供体的tonʳ等位基因。15min时，lac⁺等位基因出现在外接合子菌落；17min时，gal⁺到达。含有Hfr特定基因的重组菌落的百分比随着时间的增加而增加，直到达到该基因的平台特性。第一个Hfr基因（aziʳ）进入F⁻细胞具有最高的平台期（90%），最后一个基因（gal⁺）具有最低的平台期（20%）。

在Hfr菌株中存在一个整合的F附加体，解释了中断

交配实验中每个转移基因的两个特征：基因转移的首次出现时间，以及携带供体基因的外接合子的平台百分比。每个基因首先出现在特定时间的外接合子中，因为所有Hfr供体细胞在其染色体的相同位点和相同方向携带F因子，转移总是从F因子转移起点的同一位置开始（回顾图14.17）。因此，一个基因首次进入受体细胞的时间反映了该基因与转移原点的距离。这种解释不仅可以预测大肠杆菌染色体上基因的顺序，还可以大致绘制出基因之间的距离。距离单位定义为染色体转移的分钟数，每分钟约为47 000bp［图14.20（c）］。

用于携带每个转移基因的克隆部分的平台来源于新的转移不断引发的事实，也来自接合桥和被转移DNA的固有脆弱性。如果细胞分离或转移染色体断裂，Hfr供体和F⁻受体之间的转移可能会自发中止。因此，并不是所有的外接合子都能重新获得早期到达的基因，如aziʳ。此外，转移标记所需的时间越长，交配对在转移发生之前分离的机会就越大。换句话说，在没有搅拌器的情况下，接合自然会发生中断。结果，接收后到达基因的接合后体的每一个百分数依次变小。

从图14.20（b）中可以看出，基因的顺序可以简单地从在20min的接合后携带不同标记的外接合子的百分比确定，而不需要中断间隔1min的交配。这种接合性质，其中一个基因与F因子原点的距离决定了携带该标记的外接合子的比例，称为转移梯度。

一旦来自Hfr供体的基因到达F⁻受体，受体与供体等位基因的稳定替换需要偶数次交换，最简单的情况是两次交换。两个最简单的情况：图14.20（d）显示了在中断的交配实验中，一个特定种类的稳定外接合子是如何产生的。因为外接合子被选择为Trp⁺，两个交换中的一个必须发生在转移的原点和thr基因之间（事实上，这个实验的成功是基于Wollman和Jacob的先验知识，即thr⁺标记是从这个特定的Hfr菌株转移的所有标记中的第一个）。第二个交换必须发生在thr基因的另一侧。例如，如图14.20（d）所示，从Hfr到F⁻受体的thr⁺和aziʳ等位基因（但不是任何其他标记物）的共同转移需要azi和ton基因之间的第二次交换。

本章末尾的问题集突出了接合实验的两个附加特征。第一，如习题23所示，利用不同的Hfr供体菌株将不同方向的F附加体插入到大肠杆菌染色体的不同位置的接合实验提供了第一个证据，即细菌染色体实际上是环形的。第二，习题20和习题21强调稳定的外接合子的形成会产生偶数个交换。这一事实为科学家提供了一种从接合实验中获得高度精确的基因图的方法。

4. 使用F′附加体进行互补研究

我们在前面看到，F质粒插入细菌染色体中，大约每100 000个F⁺细胞中产生一个Hfr细胞。在大致相同比例的Hfr细胞中，切除事件导致Hfr细胞回复到F⁺细胞。

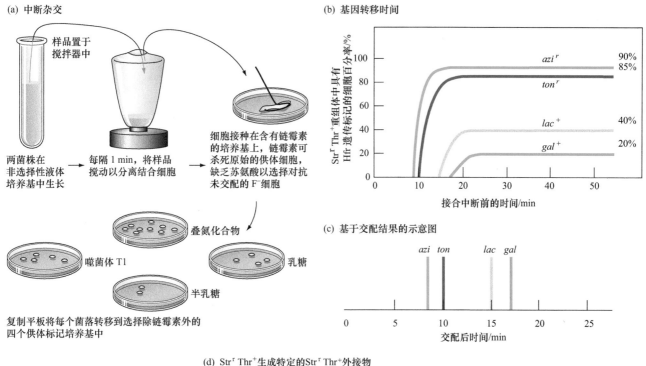

(a) 中断杂交

样品置于
搅拌器中

两菌株在
非选择性液体
培养基中生长

每隔 1 min，将样品
搅动以分离结合细胞

细胞接种在含有链霉素
的培养基上，链霉素可
杀死原始的供体细胞，
缺乏苏氨酸以选择对抗
未交配的 F⁻细胞

叠氮化合物

噬菌体 T1

乳糖

半乳糖

复制平板将每个菌落转移到选择除链霉素外的
四个供体标记培养基中

(b) 基因转移时间

(c) 基于交配结果的示意图

(d) Strʳ Thr⁺生成特定的Strʳ Thr⁺外接物

图14.20 中断交配实验。（a）Hfr（*thr⁺*、*aziʳ*、*tonʳ*、*lac⁺*、*gal⁺*、*strˢ*）和F⁻（*thr⁻*、*aziˢ*、*tonˢ*、*lac⁻*、*gal⁻*、*strʳ*）细胞混合交配。样本在厨房搅拌器中每隔1min搅拌一次，以干扰基因转移。细胞接种到含有链霉素（杀死Hfr供体细胞）和缺乏苏氨酸（防止没有交配F⁻细胞的生长）的培养基上。利用复制平板技术建立了其他标记物的外源接合子的基因型。（b）中断交配实验的结果。（c）根据数据确定的基因顺序，其位置由供体基因第一次出现在外源接合子的时间决定。（d）Hfr基因转移到F⁻受体。为了出现在外接物中，Hfr DNA必须与F⁻染色体交换2次（或偶数次）。当Thr⁺外接合子被选择时，两个交换（黑线）必须在*thr*基因的侧翼。*azi*右侧的交换位置（本例中为*azi*和*ton*之间）决定了*thr⁺*和*aziʳ*都转移到F⁻染色体。

在这些切除事件的一小部分中，重组中的错误产生了含有大部分F质粒基因的质粒，加上一个小区域的细菌染色体，该区域与整合的F附加体相邻。新形成的质粒携带F质粒的大部分基因加上一些细菌DNA，被称为**F′质粒**或**F′附加体**［图14.21（a）］。

F′质粒在大肠杆菌细胞内以离散的环状DNA复制。它们以F质粒转移的相同方式转移到受体（F⁻）细胞。不同的是，一些染色体基因总是作为F′质粒的一部分而被转移。F′附加体在一个能够独立于细菌染色体复制的分子上转移染色体基因的能力使其成为互补分析的有用工具。

从第7章回忆，互补测试依赖于被分析基因的二倍体细胞。虽然细菌是一倍体，但携带细菌基因的F′质粒可以产生部分二倍体的特定区域。例如，一些F′质粒携带控制色氨酸生物合成的*trp*基因。携带这些基因的F′质粒被称为F′ *trp*质粒。

为了利用F′质粒在细菌细胞中产生部分二倍体，研究人员必须将F′质粒转移到不被F′质粒携带的基因所缺失的染色体上。这是通过将F′携带细胞与F⁻细胞配对来实现的［图14.21（b）］。这些交配中的外接合体含有部分细菌基因的两个拷贝，其中一个在F′上，另一个在细菌染色体上，被称为**部分二倍体**。

作为使用部分二倍体的互补研究的一个例子，考虑影响色氨酸生物合成的突变的分析［图14.21（c）］。所有这些突变图彼此非常接近。首先，必须通过将带有一个特异性*trp*突变（*trp x*）的整个*trp*区的F′质粒引入到染色体中携带不同的*trp*突变（*trp y*）的细菌菌株中，构建一个部分二倍体。在不含色氨酸的基本培养基上生长

(a) F'质粒形成

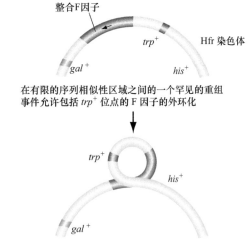

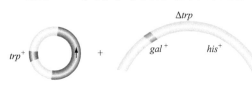

(b) F'质粒转移

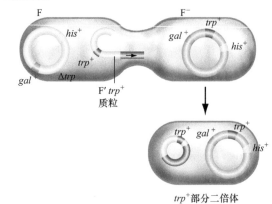

(c) 利用F'质粒的互补测试

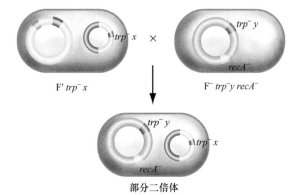

图14.21 F'附加体。（a）很少情况下，当一个F质粒从细菌染色体中出来时，它需要一些相邻的细菌基因组DNA，生成一个F'附加体。（b）转移F'的接合过程可以生成部分二倍体。（c）部分二倍体可用于涉及F'附加体上细菌基因的互补分析。trp⁻x和trp⁻y是两个独立的trp⁻突变。

一个特定的二倍体将证明突变互补，因此在不同的基因中，如果细胞不生长，突变必须在同一个基因中。利用F' trp部分二倍体的互补研究表明，大肠杆菌基因组有5种不同的trp基因（A、B、C、D和E），每一个都对应于色氨酸生物合成所需的5种酶之一。

14.4.3 在转导过程中，噬菌体将DNA从供体转移到受体

感染、繁殖和杀死各种细菌的噬菌体在自然界中广泛分布。大多数细菌对一种或多种这种病毒很敏感。在感染过程中，一个病毒颗粒可以合并入一段细菌染色体，并在随后的几轮感染过程中将这一段细菌DNA引入其他宿主细胞。病毒颗粒将病毒DNA从一个宿主细胞转移到另一个宿主细胞的过程称为转导。

1. 噬菌体增殖的裂解周期

当噬菌体将其DNA注入细菌细胞时，噬菌体DNA接管细胞的蛋白质合成和DNA复制机制，迫使其表达噬菌体基因，产生噬菌体蛋白，并复制噬菌体DNA（见图7.24）。新产生的噬菌体蛋白和DNA组装成噬菌体颗粒，然后感染细胞破裂或裂解，释放100～200个新病毒颗粒，准备感染其他细胞。导致细胞裂解和子代噬菌体释放的周期被称为噬菌体增殖的**裂解周期**。在裂解周期结束时，从宿主细菌释放的噬菌体颗粒被称为**裂解物**。

2. 普遍性转导

许多噬菌体编码酶来分解宿主细胞的染色体。通过这些酶消化细菌染色体，有时会产生与噬菌体基因组相同长度的细菌DNA片段，并且这些噬菌体长度的细菌DNA片段有时会并入噬菌体颗粒中取代噬菌体DNA（图14.22）。在宿主细胞裂解后，噬菌体颗粒可以附着并注入它们携带的DNA到其他细菌细胞。通过这种方式，噬菌体将基因从第一个菌株（供体）转移到第二个菌株（受体）。注入的DNA和新宿主的染色体之间的重组完成了转移。这一过程可以导致任何细菌基因在相关细菌株之间的转移，称为**普遍性转导**。

3. 普遍性转导的基因定位

与共转化一样，细菌染色体上的两个靠近的基因可能是共转导的。**共转导**的频率直接取决于两个基因之间的距离：它们越接近，就越有可能出现在同一个短的

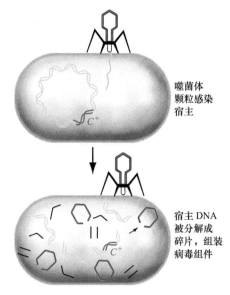

噬菌体
颗粒感染
宿主

宿主 DNA
被分解成
碎片，组装
病毒组件

用噬菌体包装携带基因 C 的宿主 DNA 片段

细胞裂解，
噬菌体释放

噬菌体感染
另一种细菌
宿主（受体）

注入的 DNA 与
宿主染色体之间
的重组

生成 C⁺
转导子

图14.22　普遍性转导。将来自供体的随机细菌DNA片段整合到噬菌体颗粒中，产生了普遍性转导噬菌体。当这些噬菌体颗粒感染受体时，供体DNA被注入受体细胞。供体DNA片段与受体染色体的重组产生转导因子需要偶数次交换。

DNA片段上，并被包装成相同的转导噬菌体。两个与DNA长度相距较远的基因，可以被包装成单个噬菌体颗粒，绝不能被共转导。对于噬菌体P1，一种通常用于大肠杆菌的普遍性转导实验，允许共转导最大分离约为90kb的DNA，其约相当于细菌染色体的2%。

例如，考虑三个基因$thyA$、$lysA$和$cysC$，它们都是通过中断交配实验定位到大肠杆菌染色体的相似区域。它们位于彼此的哪个位置？通过利用野生型菌株的P1普遍性转导裂解物感染$thyA^-$、$lysA^-$、$cysC^-$株，然后选择Thy⁺或Lys⁺表型的转导子。在复制平板后，测试每种类型选择的转导子的两个非选择基因的等位基因。如图14.23（a）中的表型数据表明，$thyA$和$lysA$彼此接近，但远离$cysC$；$lysA$和$cysC$相距甚远，它们从未出现在相同的转导噬菌体颗粒中；最后，$thyA$和$cysC$很少被共转导。因此，三个基因的顺序必须是$lysA$ $thyA$ $cysC$（图14.23）。

4. 温和噬菌体

迄今为止讨论的噬菌体的类型是有**毒性的**：感染宿主后，它们总是进入裂解循环，迅速繁殖并杀死细胞。其他类型的噬菌体是**温和的**：虽然它们可以进入裂解周期，但它们也可以进入另一种溶原循环，在此期间，它们的DNA整合到宿主基因组中并与其一起繁殖，对宿主没有伤害（图14.24）。温和噬菌体DNA的整合拷贝被称为**原噬菌体**，含有原噬菌体的细菌被称为**溶原菌**。一旦整合到染色体中，噬菌体基因组是染色体DNA的被动伴侣。整合的原噬菌体与染色体一起复制，但不产生导致更多病毒颗粒的蛋白质。生活方式（裂解或溶原性的选择）发生在温和噬菌体将其DNA注入细菌细胞，它取决于环境条件。正常情况下，当温和噬菌体将它们的DNA注入宿主细胞时，一些细胞经历裂解循环，而其他细胞经历溶原性周期。研究中常用的一种温和噬菌体是λ噬菌体（图14.25）。

(a)　供体: $thyA^+$ $lysA^+$ $cysC^+$

↓ 制备 P1 裂解液；感染受体

受体: $thyA^-$ $lysA^-$ $cysC^-$

选择性标记	非选择性标记
Thy⁺	47% Lys⁺; 2% Cys⁺
Lys⁺	50% Thy⁺; 0% Cys⁺

(b)

图14.23　通过共转导频率绘制基因图。（a）P1的裂解产物$thyA^+lysA^+cysC^+$供体感染$thyA^-lysA^-cysC^-$受体。选择Thy⁺或Lys⁺细胞，然后检测未选择的标记。（b）基因图。$thyA$和$cysC$基因的共转导频率较低，因此它们必须比$lysA$和$cysC$更接近，而后者从未共转导过。

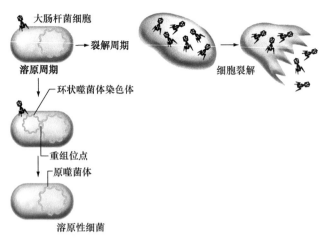

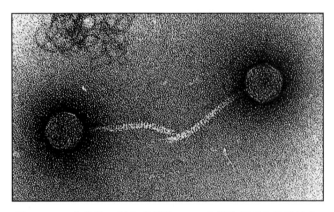

图14.24　裂解和溶原性繁殖模式。受温带噬菌体感染的细胞进入裂解或溶原循环。在裂解周期中，噬菌体通过形成新的噬菌体颗粒进行繁殖，噬菌体颗粒可以溶解宿主细胞并感染新的宿主。在溶原周期中，噬菌体染色体（绿色）成为与宿主染色体（橙色）整合的原噬菌体。

图14.25　λ噬菌体。温和噬菌体——λ噬菌体的两个粒子的电子显微照片。

在某些条件下，有可能诱导整合的病毒基因组从染色体上切除，进行复制，并形成新病毒［图14.26（a）］。在一小部分切除中，一些与噬菌体整合的位点相邻的细菌基因可能与病毒基因组一起被切割并被包装成基因组的一部分。溶源性病毒从细菌基因组中的错误切除产生的病毒被称为**特异性转导噬菌体**［图14.26（b）］。在这些噬菌体的生产过程中，细菌基因与病毒DNA可以共存。当特殊的转导噬菌体感染其他细胞时，这些少数细菌基因可能被转移到感染的细胞中。噬菌体介导的一些细菌基因被称为**特异性转导基因**。温和噬菌体被认为是一个重要的载体，从一个细菌菌株到另一个细菌菌株，甚至从一个物种到另一个物种的水平转移。

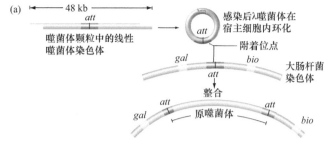

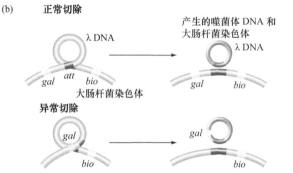

图14.26　溶原性和切除。（a）噬菌体λDNA的整合启动溶原性周期。噬菌体和细菌染色体上*att*位点的重组使噬菌体整合成为可能。（b）原噬菌体切除的错误会产生特殊的转导噬菌体。正常切除产生只包含λDNA的圆环。原噬菌体和细菌染色体的不合理重组导致不准确的切除。该产物是一个缺乏噬菌体基因但已获得邻近*gal*基因的DNA环。

14.4.4　水平基因转移具有重要的进化和医学意义

刚刚描述的基因转移机制（转化、接合、转导）发生在许多细菌物种中。水平基因转移的广泛证据表明，这些机制对于细菌快速适应不断变化的环境是至关重要的。

不同细菌种类之间的水平基因转移是在许多称为基因组岛的大片段DNA（10～200kb大小）的细菌基因组中存在的原因，其性质表明它们起源于外源DNA转移到细菌细胞中。大肠杆菌K12图谱中的一个这样的**基因组岛**较早在图14.6中显示。这个岛显然是从志贺氏菌的基因组中获得的；注意到在图中所描绘的大肠杆菌的其他菌株中没有看到这个岛。一些迹象表明，将基因组岛整合到受体细胞的染色体上的机制与温和噬菌体（如λ噬菌体）形成原噬菌体的机制有关。例如，许多基因组岛含有编码与已知噬菌体整合酶相关的酶的基因。基因组岛携带许多不同类型的基因，这些基因可以促进受体细菌在新环境中的适应性，如编码新的代谢酶或介导抗生素抗性的蛋白质的基因。

在致病性细菌中，致病性决定因子通常聚集在基因

图14.27 毒力岛。细菌基因组内的毒力岛可包含许多导致疾病的基因。

组岛的一个亚型中，称为**毒力岛**。有了这样的安排，一组基因从一个物种水平转移到另一个物种，可以把非致病性菌株变成致病性菌株。引起霍乱的霍乱弧菌株中发现了重要的例子。这些菌株的毒力岛包括：干扰宿主细胞功能的肠毒素基因，可使细菌入侵肠道的黏液蛋白质基因，使细菌黏附宿主细胞的蛋白质类基因，与噬菌体相关的整合酶基因，等等（图14.27）。霍乱的流行是由霍乱弧菌的特定菌株引起的，对其中几种疾病菌株的基因组分析显示，尽管所有菌株都含有毒素基因，但在毒力岛的基因存在变异。流行病的严重程度取决于菌株中存在的基因。

称为**整合和接合元件（ICE）**的毒力岛引起了人们的特别关注。除了具有其他毒力岛的特征外，ICE还具有类似于F附加体的接合质粒的特征。因此，ICE元件编码了接合所需的元件，包括介导两个细胞之间的连接并传递DNA的基因。ICE引发的接合通常是混杂的，使毒力岛DNA在许多不同物种之间随时转移。

基本概念

- 细菌之间的水平基因转移通过三种机制发生：转化、接合和转导。
- 在转化过程中，生长培养基中的供体DNA进入受体细胞。
- 接合依赖于供体F⁺携带接合质粒（F质粒）或整合接合元件（如在Hfr菌株中）的细胞与细胞间的直接接触，以及缺乏这种元件（F⁻）的受体。
- 在转导过程中，包装在噬菌体蛋白外壳中的细菌DNA是基因转移的载体。
- 对于相近的基因，共转化或共转导的频率与基因之间的距离呈反比关系。
- 在Hfr×F⁻接合中，基因可大致由Hfr供体中的不同等位基因首次在F⁻外接合子中出现的时间粗略定位，并且更精确地通过计算每个表型类的接合后体来定位。
- 细菌的快速进化是由于基因水平的传递，包括细菌物种之间被称为毒力岛的基因包。

14.5 利用遗传学研究细菌的生命

学习目标

1. 解释如何利用重组质粒的转化从分子上鉴定突变基因。

2. 讨论转座子在细菌中作为诱变剂的用途。

3. 描述如何通过基因打靶在任何大肠杆菌中产生任何特定的突变。

细菌遗传学的主要目标之一是基因的鉴定，其基因对细菌的生命具有重要的作用。通过这种方式，研究人员可以研究细菌代谢的各个方面，如氨基酸或核苷酸的生物合成、细菌对抗生素或噬菌体等药物的抗性或敏感性、由某些细菌引起的发病机制或细菌行为。

科学家可以通过两种途径的任何一种将基因型和表型联系起来。首先，他们可以发现影响感兴趣特性的突变，然后识别突变所影响的基因。另外，研究者可以从一个已知的、疑似与该过程有关的基因开始，然后在该基因中进行突变，最后询问该突变是否引起与正在研究的过程相关的异常表型。我们在这一节中描述了遗传学家正在使用的有效的技术来鉴定重要的细菌基因。

14.5.1 重组质粒文库简化基因鉴定

细菌基因组DNA文库通常是用于基因鉴定的常用资源。举个例子，假设科学家已经鉴定出一种诱变剂诱导的精氨酸营养缺陷型（*arg⁻*），并希望鉴定突变基因。用一个基因组文库将*arg⁻*细菌转化，其中野生型大肠杆菌菌株的片段被克隆到以氨苄西林抗性基因标记的质粒载体上。研究人员将寻找产生抗氨苄青霉素的转化子克隆，并能在不添加精氨酸的情况下生长（图14.28）。这样的菌落包含来自文库的质粒，该质粒"拯救"Arg⁻突变表型到Arg⁺，因此应该包含突变基因的野生型拷贝。这一过程将导致快速感兴趣的基因的识别，因为它

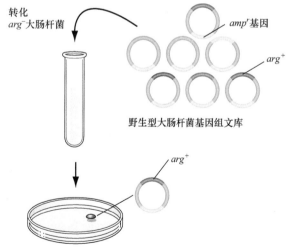

图14.28 质粒文库转化鉴定突变基因。在这个例子中，突变体营养缺陷型的细菌细胞（*arg⁻*）用野生型大肠杆菌基因组DNA制成的重组文库进行转化。在不添加精氨酸补充的基本培养基上生长的菌种纯化的质粒，含有缺陷型突变基因的*arg⁺*等位基因。

的序列将发现在所有拯救精氨酸营养缺陷型的克隆中。

为了验证基因的鉴定，可以通过PCR扩增*arg⁻*大肠杆菌染色体中的相应基因，并对其序列进行分析。如果确定正确的基因，*arg⁻*基因组中的拷贝应该有一个失活突变。

14.5.2　转座子可用作基因标签诱变剂

正如你在第13章中看到的，转座因子可以在移动和进入基因时引起突变。转座子相对于其他突变体的优势在于其作为一个分子标签，帮助研究人员快速识别突变基因。

遗传学家巧妙地设计了一种来自果蝇的DNA转座子，称为*Mariner*，在大肠杆菌等细菌中作为基因标签诱变剂（图14.29）。含有两个基因的质粒转化细菌：卡那霉素抗性（*kanʳ*）基因，其两侧有*Mariner*元件反向重复序列，并且还具有*Mariner*转座酶的基因，该基因识别反向重复以催化含有*kanʳ*的工程转座子的运动。质粒没有复制起点，因此*kanʳ*基因在细胞分裂过程中被细胞所保留，它必须从质粒转移到大肠杆菌染色体上。通过将转化的细菌涂布到含卡那霉素的培养皿上，选择发生了转座的细胞；每个卡那霉素抗性（*kanʳ*）菌落在大

肠杆菌染色体中的不同位置包含转座子。研究人员可以筛选出所感兴趣的突变体表型的菌落。

真核生物*Mariner*转座子的使用与细菌转座子相比有两个优势。首先，当质粒不能复制时，*Mariner*转座酶的来源就丢失了，转座酶就不能再次动员，它引起的突变将保持稳定。其次，因为每个被选中的*kanʳ*细菌菌落只包含移动的单转座子，而且大肠杆菌基因组没有与*Mariner*相关的DNA序列，所以很容易找到被转座子破坏的基因。图14.30展示了一种叫做反向PCR的方法，这种方法可以很容易地识别标记转座子附近的基因组DNA序列。

14.5.3　基因打靶提供了一种诱变特定基因的方法

细菌基因组序列的分析已经导致了许多基因的鉴定，这些基因的功能尚不清楚。一种确定这些基因功能的方法是利用重组DNA技术和同源重组技术使它们发生无效突变。如图14.31所示，这种方法被称为**基因打靶**。

为了对*X*基因进行无效突变，研究人员将体外构建的线性DNA片段导入细菌细胞中，其中*X*基因的5′端和3′端的50个或更多个碱基位于耐药基因的侧面

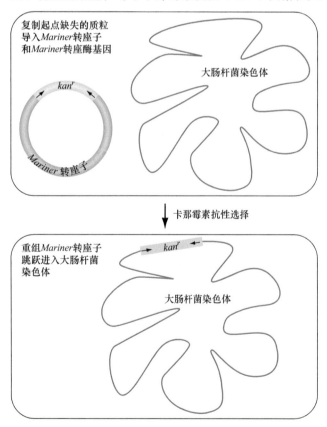

图14.29　转座子作为诱变剂。携带卡那霉素抗性基因（绿色）的基因工程果蝇转座子可以从含有转座酶基因的质粒跳跃到大肠杆菌染色体。在含有卡那霉素的培养基上生长，选择基因组包含随机整合的*Mariner*元件的细胞。黑色箭头是由*Mariner*转座酶识别的反向重复序列。

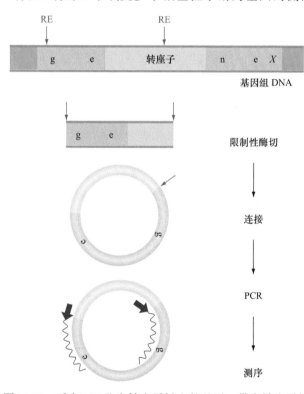

图14.30　反向PCR鉴定转座子插入的基因。带有转座子插入（绿色）基因*X*（紫色）的细菌基因组的DNA被识别转座子位点的限制性内切核酸酶（RE）切割。所产生的片段通过DNA连接酶环化；一个环包含一些转座子DNA及邻近的基因组DNA直到下一个RE位点。在转座子（紫色箭头）内的一对PCR引物分别扩增了包含部分基因*X*的圆圈（曲线）的一条链。

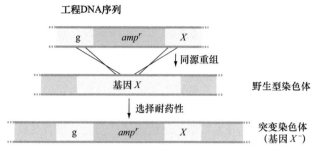

图14.31　基因打靶。引入大肠杆菌的线性DNA片段（使用PCR产生）与该片段自由端同源的细菌染色体序列重组。在这里，DNA片段的结合用氨苄西林抗性基因取代了大部分基因X，产生了基因X无效突变体。在含有氨苄西林的培养基上生长可以选择已经进行基因X替换的细胞。

（图14.30）。只有在片段的两端通过同源重组将细菌基因整合到细菌染色体中，才能将耐药基因保留在分裂的细菌细胞中。这些同源重组事件将用耐药标记取代野生型基因X，产生无效突变（图14.31）。在培养基中加入抗生素，选择发生融合的菌落。然后，这些细胞可以被分析以揭示突变表型。

基本概念

- 为了鉴定突变基因，利用质粒中野生型细菌基因组文库对突变菌株进行转化。一种转化的细菌，其中突变表型被拯救到野生型，可能携带含有相应基因的野生型拷贝的质粒。
- 转座子作为诱变剂是有用的，因为它们作为基因组DNA序列的分子标签，可以通过反向PCR快速鉴定。
- 在基因打靶中，细菌染色体和体外合成的线性DNA构建体之间的同源重组可以在任何基因中产生无效突变。

14.6　综合实例：淋球菌如何对青霉素产生耐药性

学习目标

1. 解释青霉素是如何杀死细菌的。
2. 描述青霉素抗性的机制，以及淋球菌是如何产生抗性的。
3. 讨论全球耐药病原体问题的潜在解决方案。

正如本章一开始所讨论的，通过性传播的淋球菌对包括青霉素在内的许多抗生素产生耐药性。淋病是世界范围内最普遍的性传播细菌感染之一，目前无有效的治疗药物。下面我们将探索抗生素如何杀死细菌，重点是青霉素对淋球菌的作用。然后，我们将以淋球菌对药物产生耐药性为例，研究细菌如何对药物产生耐药性。需要加强对耐药机制的理解，以帮助避免耐多药细菌即将到来的危机。

14.6.1　青霉素干扰细菌细胞壁的合成

由可渗透细胞膜围绕，细菌具有较低渗透性细胞壁（回顾图14.3）。因为细菌细胞质含有许多溶质，没有细胞壁，细菌会通过渗透吸收大量的水，以至于它们会破裂。细胞壁的一个主要组成部分是肽聚糖，由两个糖分子组成：N-乙酰葡糖胺（NAG）和N-乙酰胞壁酸（NAM）。细菌合成交替的NAG和NAM分子的长链，通过被称为转肽酶的酶交联到NAM的短肽上（图14.32）。青霉素通过结合转肽酶防止交联并抑制其酶活性，因此，转肽酶也被称为青霉素结合蛋白（PBP）。

随着细菌细胞的生长和分裂，细胞壁不断地被重新建模。青霉素存在时，细胞分裂后不能重建细胞壁，因此细胞死亡。因为人类细胞没有肽聚糖，青霉素的致死作用对细菌是特定的。

14.6.2　淋球菌通过多种机制对青霉素耐药

抗抗生素致死作用的细菌有时具有直接灭活药物分子的能力；或者，可以改变细菌的生理，以便阻止药物进入细胞内的靶位。细菌通过染色体基因的自发突变或通过其他细菌的基因转移、接合或转导获得耐药性。在本章的开头，你看到淋球菌对青霉素耐药的一种途径是从携带青霉素抗性基因的流感嗜血杆菌中获得一个质粒。青霉素抗性基因（pen'）编码一种名为青霉素酶的酶，它切割青霉素分子的β-内酰胺环，使药物不起作用（图14.33）。

淋球菌变为耐青霉素的另一种途径是通过几种不同的染色体基因的突变，包括penA、penB和mtr，这些细菌突变的基因越多，对青霉素的抗性就越大。

- PBP（转肽酶）是青霉素的主要靶标［图14.34（a）］，由penA基因编码。penA错义突变降低PBP对青霉素的亲和力［图14.34（b）］。

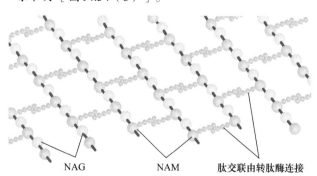

图14.32　肽聚糖。细菌细胞壁的主要成分是肽聚糖，其中的糖链与多肽交联。NAG（绿色）是N-乙酰葡糖胺，NAM（紫色）是N-乙酰胞壁酸。

图14.33 青霉素酶作用。pen'基因编码青霉素酶，这种酶裂解青霉素的β-内酰胺环，从而使其失去活性。

- penB基因编码一种孔蛋白，这是细胞壁外膜中的一种蛋白质，它调节分子进入细胞周质，周质是细胞壁的一部分，包括肽聚糖［图14.34（a）］。这种孔蛋白的特定氨基酸改变降低青霉素的进入［图14.34（b）］。
- mtr基因的产物是一种称为MtrR的蛋白质，它抑制多肽的基因转录，从而形成外排泵，将青霉素等分子从周质中排出［图14.34（a）］。突变引起的mtr活性丧失导致外排泵的数量增加，细菌细胞内的青霉素减少（图14.34）。

14.6.3 对于耐药问题我们该怎么办？

抗生素的使用导致了耐药致病菌株的选择，最终降低甚至消除了挽救无数生命的药物的有效性。减缓这一过程的一个重要途径是通过减少抗生素的使用来降低病原体的选择压力。然而，这种策略本身不能成为长期解

决办法，因为许多感染最终需要抗生素治疗。

毫无疑问，科学家和制药公司需要开发新的抗菌药物和新的方法来使我们的抗菌药物更有效。必须找到针对细菌细胞中许多不同分子的新型抗生素。从许多不同环境中分离的微生物种群的宏基因组分析为新型抗生素的研究提供了一种新的、令人兴奋的方法。

目前正在开发其他的解决耐药性问题的富有想象力的方法。一个有趣的想法是开发药物，随着时间的推移，自我降解，从而减少抗生素在环境中积累。一个不同的研究途径是探索阻断或规避细菌耐药机制的化学物质。例如，科学家正试图寻找抑制外排泵活性的药物，这会增加对广泛抗生素的敏感性。在第16章中，你将看到一个被称为群体感应现象的研究结果，这是一种机制，细菌用来相互交流，这给科学家们提供了创造抗生素的新想法。

发现新的抗生素是昂贵和困难的，因此，药物公司经常将他们的研究经费指向别处。抗生素研究的公共资助可能是解决日益增长的耐药性问题的答案之一。

基本概念

- 一些耐药淋球菌菌株获得了携带青霉素酶基因的质粒，青霉素酶可破坏青霉素；其他耐药菌株已累积突变，阻止青霉素在细胞内累积。
- 减少抗生素的使用可以减缓耐药菌株的产生。科学家还在开发具有不同化学结构或靶向病原体内不同分子的新抗生素。

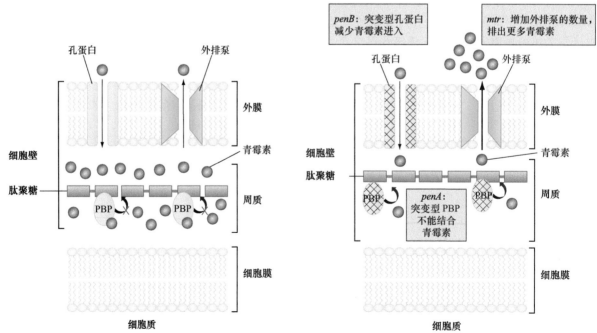

(a) 青霉素抑制野生型细胞中的PBP活性　　(b) 导致青霉素耐药的突变

图14.34 淋球菌基因突变导致青霉素抗性。（a）在革兰氏阴性菌如淋球菌中，细胞壁由外膜和含有肽聚糖的周质空间组成。孔蛋白允许青霉素（红色圆圈）进入胞质间隙，而外排泵蛋白则将青霉素泵出。青霉素结合蛋白（PBP）催化肽聚糖之间的交联。青霉素抑制PBP的酶活性。（b）三种基因突变如何导致青霉素抗性。

接下来的内容

细菌遗传学的研究强调了所有生物的遗传现象的统一。双链DNA作为细菌的遗传物质就像在真核生物的核基因组中一样。然而，我们也看到了生物过程中机械细节的显著多样性。虽然细菌不会产生融合成受精卵的配子，但它们可以通过转化、接合和转导在不同菌株之间交换基因。这三种基因转移模式增加了原核遗传物质进化的潜力。事实上，一些细菌物种的泛基因组可能比人类基因组还要大。

我们在这一章学习了人类和细菌之间的亲密关系。在细胞数量上，我们人类等同于细菌和真核生物。尽管这一事实值得注意，但它实际上低估了这种关系的程度。我们不仅在肠道和其他地方携带大量细菌，而且每个真核细胞都有重要的细胞器，这些细胞器具有原核起源。

生物学家认为，线粒体（为代谢过程提供能量的细胞器）和叶绿体（植物细胞的光合细胞器）是最早与有核细胞融合的细菌的后代。线粒体在大小和形状上与今天的有氧细菌相似，并且有自己的DNA，它独立于细胞的核遗传物质进行复制。叶绿体在形状和大小上与某些蓝细菌类似，它们也有携带细菌样基因的自我复制DNA。基于这些观察，**内共生学说**提出，叶绿体和线粒体是由原始核细胞吞噬自由活菌而形成的。第15章研究了细胞器遗传现象——生物体核基因组外的基因如何影响表型并以非孟德尔方式遗传。

习题精解

Ⅰ. 使用噬菌体P22对伤寒沙门氏菌进行了三因子杂交。这个杂交是在Arg⁻ Leu⁻ His⁻受体菌和噬菌体P22之间，这个噬菌体是生长在一个Arg⁺Leu⁺His⁺菌株上。你选择了1000种Arg⁺转导子，并通过复制平板在几种选择性培养基上进行了测试。你得到了以下结果：

Arg⁺Leu⁻ His⁻　　585
Arg⁺Leu⁻ His⁺　　300
Arg⁺Leu⁺His⁺　　114
Arg⁺Leu⁺His⁻　　1

a. *arg*与*his*或*leu*的共转导频率是多少？

b. *arg*与*his*关系比与*leu*关系更近吗？或者*arg*与*leu*关系比与*his*关系更近吗？相对图距是多少？

c. 为什么不能从提供的数据中得到*his*和*leu*的准确共转导频率？

d. 这三个标记的顺序是什么？

e. 画出仅用一次转导就能产生该类别的交换。

f. 估计包含这三个基因的4.9 Mb伤寒沙门菌基因组的比例。假设噬菌体P22可以包含与大肠杆菌P1相同数量的DNA。

解答

a. 共转导频率是接受两个标记的细胞的百分比。对于*arg*和*his*的共转导子Arg⁺Leu⁻ His⁺细胞（300）和Arg⁺Leu⁺His⁺细胞（114），*arg*和*his*的共转导频率为414/1000=41.4%。*arg*和*leu*的共转导频率为114+1或115/1000=11.5%。

b. 由于*arg*与*his*的共转导频率大于*arg*与*leu*的共转导频率，*arg*更接近于*his*而不是*leu*，*arg*与*leu*之间的图距约为*arg*与*his*之间的图距41.4/11.5=3.6倍。

c. 所有的转导子都被选为Arg⁺，所以你不能检测到实验中必须产生的Arg⁻ Leu⁺His⁺转导子。

d和e. 上面题目b的答案与两个可能的基因顺序一致：要么是*arg-his-leu*，要么是*his-arg-leu*。为了区分这些可能性，你需要考虑来自供体的线性片段（通过噬菌体转导到受体）和能够形成稳定的每一类转导子的环状受体染色体之间的交换。单个交换（或任何奇数数量的交换）将产生一个大的线性染色体，而这在细菌中是无法复制的，因此这将是致命的（不会形成菌落）。另一方面，两个交换（或者任何偶数个交换）会成功地用供体的DNA替换受体染色体的一部分。

注意，到目前为止，最小类型的转导是Arg⁺ Leu⁺，这意味着恢复这类转导需要四个而不是两个交换。因此，这些基因的顺序是*arg-his-leu*。下图显示了涉及的四个交换。你应该自己制作一个图表来展示所有其他三种类型的转导子在这个基因顺序下都可以只通过两个交换得到，这就解释了为什么这些类型会更大。

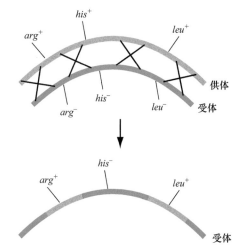

f. 噬菌体P22可以包装大约90kb长的基因组DNA片段。基因*arg*、*his*和*leu*可以进行共转导，所以外源基因（*arg*基因和*leu*基因）之间的距离必须小于90kb。这个区域代表了不到90/4900×100%=1.8%的鼠伤寒沙门氏菌基因组；这些基因在基因组图上非常接近。

Ⅱ. 在仔细研究大肠杆菌K12基因组序列时，你会发现一个没有已知功能的基因。该基因蛋白质产物的氨基酸序列与已知的孔蛋白有微弱的相似之处，孔蛋白是穿过细胞膜让氨基酸或糖营养物质（或青霉素等药物）等分子通过的蛋白质。一些孔蛋白是非特异性的，任何溶质都可以在一定大小的范围内进入细胞。其他蛋白是特异性的，允许某些糖的转运，但不允许其他物质的转运。你能做什么遗传实验来确定这个新基因是否有特殊的功能让细菌细胞从环境中清除麦芽糖？描述可能使你的实验方法复杂化的场景。

解答

你可以尝试通过基因打靶在基因中产生无效突变（见图14.31）。使用重组DNA技术，你可以创建一个DNA结构，其中一个耐药基因的一侧是相关基因的5′端序列，另一侧是该基因的3′端序列。你可以将这些线性DNA片段引入野生型大肠杆菌中，通过在培养基中培养含有耐药基因的细胞，选择含有耐药基因的菌落。出现在板上的菌落在基因中有无效突变；它们来自一种细菌，这种细菌通过同源重组，将耐药性基因替换成感兴趣的基因。

为了了解基因的功能，你可以使用复制平板来检查这些菌落的表型。特别是，如果你的假设是，基因编码一个孔蛋白，允许麦芽糖进入细胞，那么你的预测是，与野生型相比，这些突变细胞会变得很糟糕，在只有麦芽糖的培养皿上形成小菌落或没有菌落。这些相同的突变细胞会在含有其他糖的培养基上形成正常的菌落，这些糖可以用来为细胞提供能量。一个潜在的并发症是，如果基因对于细菌在任何条件下生存或复制都是至关重要的，你将无法恢复任何耐药菌落，因为基因中无效突变的细菌将无法存活。

习题

词汇

1. 在右列中选择与左列中的术语最匹配的短语。

a. 转换	1. 需要在培养基中补充以促进生长
b. 接合	2. 一种在细菌基因组中诱变基因的方法
c. 转导	3. 可以整合进染色体的小的环状DNA分子
d. 裂解周期	4. 定义一个细菌物种的核心基因加上个体菌株特有的所有基因
e. 溶原性	5. 需要直接物理接触的DNA转移
f. 附加体	6. 噬菌体DNA整合到染色体中
g. 营养缺陷型	7. 由噬菌体感染，细胞裂解释放新的病毒颗粒
h. 泛基因组	8. 裸DNA转移
i. 基因打靶	9. 通过病毒颗粒在细菌间转移DNA

14.1节

2. 单细胞杆状的大肠杆菌，长约2μm，宽0.8μm，由一个基因组组成的一个4.6Mb环状DNA分子。单细胞的太古代甲烷八叠球菌属*Methanosarcina acetivorans*是球形（球菌状），直径3μm，5.7Mb环形基因组。单细胞真核生物酿酒酵母为粗大的球形，直径5～10μm，它有一个12Mb的单倍体基因组，被分割成16条线性染色体。有了这些描述，你怎么能确定一种新的、未表征的微生物是细菌、古细菌还是真核生物呢？

14.2节

3. 现在已经知道了整个大肠杆菌K12菌株基因组的序列（大约5Mb），你可以通过测序一些碱基并将这些数据与基因组信息相匹配来确定基因组中克隆的DNA片段来自哪里。

   a. 你需要多少个序列信息的核苷酸来确定片段的确切位置？

   b. 如果你从大肠杆菌细胞中纯化了一种蛋白质，你大概需要知道多少氨基酸来确定蛋白质的编码基因？

   c. 你从不同的大肠杆菌菌株中测定了基因组DNA的100个核苷酸序列，但你无法在大肠杆菌K12基因组序列中找到匹配。这怎么可能呢？

4. 像大肠杆菌这样的细菌基因组通常只有一个复制起点，从这个起点复制就双向进行。负责复制大肠杆菌染色体的DNA聚合酶Pol Ⅲ以每秒1000个核苷酸的速度合成DNA。

   a. 从这些信息中，估计大肠杆菌的最小产生时间。

   b. 在最佳条件下，大肠杆菌被观察到仅在17min内分裂。根据你对题目a的回答，推测这是如何发生的。

5. 列出至少三个在细菌基因组中没有发现的真核基因组特征。

6. 描述一种机制，通过这种机制，一个基因可以从细菌基因组转移到同一个细胞中的质粒，反之亦然。

7. 高浓度的盐容易引起蛋白质的聚集。提出一种方法来鉴定通常表达于特定细菌物种的蛋白质，这种蛋白质在高盐条件下仍能保持其溶解性。

8. 最近，科学家们测试了人体肠道细菌在决定体重中作用的可能性。研究对象是四组双胞胎（一组是同卵双胞胎，三组是异卵双胞胎），其中一组体重正常，其他组肥胖。他们的肠道细菌样本被采集并移植到无细菌的小鼠体内。接受不同细菌移植的小鼠都被喂食相同的食物，并在大约一个月的时间里接受监测。对于这四对双胞胎中的每一对，携带肥胖双胞胎细菌的小鼠比携带正常双胞胎细菌的小鼠，体重和脂肪含量明显增加。

a. 你认为人体肠道菌群与体重之间的关系是什么？

b. 为什么研究中使用双胞胎？

c. 这项研究的结果是否意味着人类基因（人类细胞细胞核中的基因）对体重和脂肪含量没有影响？解释一下。

d. 小鼠是食粪动物，意思是它们吃粪便。你如何测试一种与消瘦或肥胖相关的某个细菌物种是否能成功侵入一种动物的肠道微生物群，而这种微生物群以前在这种动物中从未被发现过？

e. 在这样的实验中使用无细菌小鼠的一个问题是，作为细菌宿主，小鼠的肠道并不等同于人类的肠道：不同的细菌物种在小鼠和人类体内繁衍生息。解释这个事实如何影响这个问题中讨论的实验。

9. 最近的一项宏基因组研究分析了纽约市整个地铁系统表面存在的微生物。研究人员在地铁中发现了大量的细菌，其中大部分都是非致病性的。有趣的是，在地铁中发现的所有DNA中，几乎有一半不匹配已知的生物体。

a. 科学家们发现不同的地铁站有其特有的微生物群落。这一观察结果对警方有何帮助？

b. 因为大多数地铁DNA可以被识别为细菌，研究人员推测大多数无法与已知生物体匹配的DNA片段是细菌的。为什么你认为这么多的细菌物种对我们来说是未知的？这些未知细菌的什么特性可能阻止我们研究它们？

14.3节

10. 利奈唑胺是一种新型的抗生素，通过与核糖体的50S亚基结合，抑制其参与翻译起始复合物形成的能力，从而抑制多种细菌中蛋白质的合成。内科医生对这种抗生素特别感兴趣，因为它可以治疗由耐青霉素的肺炎链球菌（又称肺炎球菌）引起的肺炎。要探索肺炎球菌对利奈唑胺产生耐药性的机制，首先要确定耐利奈唑胺的菌株。接下来，用这些菌株中的一种作为起始原料，你想要鉴定这些突变体的衍生物，它们不再能耐受利奈唑胺。

a. 概述用于识别这些突变体的耐利奈唑胺突变肺炎球菌和利奈唑胺敏感衍生物的技术。在不同情况下，你的技术是否包括直接选择、筛选、复制平板、诱变剂处理或检测可见表型？

b. 建议两种可能导致你将要识别的表型的突变。细菌细胞中哪些类型的事件会因突变而改变？你认为这些突变是功能缺失还是功能获得？解释一下。

11. 液体培养的大肠杆菌以2×10^8个细胞/毫升的浓度连续稀释，如以下图所示，并将最后两个试管的0.1ml的细胞涂布在包含丰富的培养基的琼脂平板上。你希望在这两个平板上分别生长多少菌落？

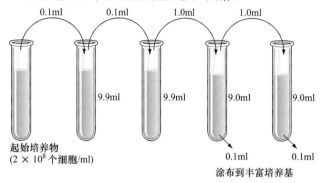

12. 挑出用于将细胞从Lac⁻ Met⁻大肠杆菌培养物中涂布的培养基（i、ii、iii或iv）：

a. 选择Lac⁺细胞

b. 筛选出Lac⁺细胞

c. 选择Met⁺细胞

i. 基本培养基+葡萄糖+甲硫氨酸

ii. 基本培养基+葡萄糖（无甲硫氨酸）

iii. 丰富培养基+X-gal

iv. 基本培养基+乳糖+甲硫氨酸

14.4节

13. 这个问题与图14.14有关，它展示了Lederberg和Tatum进行的首次表明细菌接合存在的实验。

a. A菌株有两个基因突变，B菌株有三个基因突变。原因是Lederberg和Tatum想要确保他们研究的现象不涉及突变的逆转。假设一个基因的回复突变率是一千万分之一（$1/10^7$），解释他们实验设计背后的逻辑。这些研究人员如何知道他们在混合两种培养基后发现的细胞确实不是由于回复而产生的呢？

b. 图14.14所示的实验没有告诉研究者哪种菌株是供体，哪种菌株是受体。描述一种他们可以通过修改实验来回答这个问题的方法。

14. 在一个新细菌的两个分离株中（一个对氨苄青霉素有抗性，另一个对氨苄青霉素有敏感性），你发现编码氨苄青霉素抗性的基因正在转移到敏感菌株中。

a. 你怎么知道基因转移正在发生？

b. 为了确定基因转移是转化还是转导，你用DNA酶处理混合培养的细胞。为什么这种治疗能区分这两种基因转移模式？描述基因转移是转化还是转导的预测结果。

c. 为了确定基因转移是否涉及转化、接合或转导，你可以用一种孔比细菌小，但比噬菌体或DNA片段大的膜来分离耐氨苄青霉素和氨苄青霉素敏感菌株。如果仍然观察到基因转移，可能涉及哪些机制，排除哪些机制？

15. 大肠杆菌细胞通常每个细胞只有一个F质粒的拷贝。你已经分离了一个细胞，在这个细胞中，一个突变将F的拷贝数增加到3～4个细胞。你如何区分拷贝数变化是由于F质粒的突变还是染色体基因的突变？

16. 在大肠杆菌中，基因*purC*和*pyrB*位于染色体的中间位置。这些基因从来没有共转化过，为什么？

17. 整个流感嗜血杆菌基因组的DNA测序于1995年完成。当非致病性流感嗜血杆菌菌株*H. influenzae* Rd的DNA与致病性b菌株的DNA进行比较时，非致病性菌株完全缺失了参与细菌与宿主细胞黏附的菌毛基因簇（位于*purE*和*pepN*基因之间）的8个基因。从非致病性菌株和致病性菌株中分离出的DNA对*purE*和*pepN*基因的共转化有什么影响？

18. 编码毒素的基因通常位于质粒上。最近一次暴发的疫情刚刚发生，一种通常非致病性的细菌正在产生一种毒素。质粒DNA可从该新致病菌株中分离出来，并与染色体DNA分离。为了确定质粒DNA是否包含编码毒素的基因，你可以确定整个质粒的序列，并寻找一个与之前鉴定的其他毒素基因相似的序列。存在一种更简单的方法来确定质粒DNA是否携带该毒素的基因；这种策略不涉及DNA序列分析。描述这个更简单的方法。

19. a. 你需要对大肠杆菌Hfr菌株进行中断杂交定位，该菌株为Pyr$^+$、Met$^+$、Xyl$^+$、Tyr$^+$、Arg$^+$、His$^+$、Mal$^+$和Str^s。描述一种合适的菌株作为另一配偶进行交配。

b. 在Hfr×F$^-$杂交中，*pyrE*基因在5min内进入受体，但在这个时间点没有Met$^+$、Xyl$^+$、Tyr$^+$、Arg$^+$、His$^+$或Mal$^+$外接合子。交配现在允许进行30min，并选择Pyr$^+$外接合子。在Pyr$^+$细胞中，32% Met$^+$、94% Xyl$^+$、7% Tyr$^+$、59% Arg$^+$、0% His$^+$、71% Mal$^+$。关于基因的顺序你能得出什么结论？

习题20～23要求你绘制重组事件图，这些事件可以用从供体细胞导入的基因拷贝取代受体细胞染色体上的特定基因。正如在解决习题精解 I 的方案中所看到的，只有偶数个交换才能产生可行的重组染色体。如果你还记得由四个杂交产生的子代类比需要两个杂交的子代类少得多，那么基因定位就会简化。

20. 在习题19中，你认为大多数Pyr$^+$Arg$^+$外接合子都是Xyl$^+$和Mal$^+$吗？通过考虑重组事件解释你的答案，需要生成Pyr$^+$Arg$^+$Xyl$^+$Mal$^+$克隆和生成那些Pyr$^+$Arg$^+$Xyl$^-$ Mal$^-$克隆。

21. 习题19中的中断杂交实验的一个问题是，如果基因靠近，基因顺序可能是模糊的。另一个缺点是这样的实验不能提供精确的图距。原因是研究人员选择第一个Hfr标记转移到受体，但是用后来的Hfr标记恢复的F接合后体是复杂的，取决于标记转移到细胞，也取决于将标记转移到受体染色体的交换。

为了绘制更精确的图谱，细菌遗传学家经常以不同的方式进行Hfr×F$^-$杂交：他们选择的外接合子包含后面的Hfr标记，然后筛查前面的标记的存在。这种方法可以确保所有的标记已经进入了F$^-$细胞，所以相对基因距离仅由交换频率决定。此外，通过考虑对每一类外接合子负责的交换，明确了基因的顺序。

例如，假设你执行了与习题19相同的交换操作，但是你选择了Arg$^+$外接合子，然后对它们进行筛选，以获得较早的Hfr标记Mal$^+$Xyl$^+$和Pyr$^+$。你获得了以下数据：

外接合子类型	外接合子数量
Arg$^+$Mal$^+$Xyl$^+$Pyr$^+$	80
Arg$^+$Mal$^+$Xyl$^+$Pyr$^-$	40
Arg$^+$Mal$^+$Xyl$^-$Pyr$^-$	20
Arg$^+$Mal$^-$Xyl$^-$Pyr$^-$	20
Arg$^+$Mal$^-$Xyl$^+$Pyr$^-$	1
Arg$^+$Mal$^-$Xyl$^-$Pyr$^+$	1

a. 解释为什么四种外接合子类型比另外两种更频繁。

b. 关于这四个基因之间的相对距离，你能得出什么结论？

c. 这些数据允许你估计另一个相关的遗传距离。解释一下。

22. 假设你有两个Hfr菌株大肠杆菌（HfrA和HfrB），来自一个完全原养型的链霉素敏感（野生型）F$^-$菌株。在单独的实验中，你允许这两个Hfr菌株与具有链霉素耐药和营养缺陷型的甘氨酸（Gly$^-$）、赖氨酸（Lys$^-$）、烟酸（Nic$^-$）、苯丙氨酸（Phe$^-$）、酪氨酸（Tyr⁻）和尿嘧啶（Ura⁻）F⁻受体菌株（Rcp）接合。通过使用中断杂交方案，你可以确定在交配后的最早时间，在链霉素耐药受体菌株中可以检测到每个标记，如下所示：

	Gly⁺	Lys⁺	Nic⁺	Phe⁺	Tyr⁺	Ura⁺
HfrA × Rcp	3	*	8	3	3	3
HfrB × Rcp	8	3	13	8	8	8

（*表示实验60min内未恢复Lys⁺细胞）

a. 从这些数据中尽可能绘制出最佳图谱，显示标记的相对位置，以及HfrA和HfrB菌株中转移的起源。尽可能显示距离。

b. 为了解决前面图谱中的歧义，你研究了普遍性转导噬菌体P1的标记物的共转导。你在菌株HfrB上培养噬菌体P1，然后用裂解液感染菌株Rcp。你选择了1000个Phe⁺克隆，并检测它们是否存在未选择的标记，结果如下：

转导子数量	表型					
	Gly	Lys	Nic	Phe	Tyr	Ura
600	−	−	−	+	−	−
300	−	−	−	+	−	+
100	−	−	−	+	+	+

c. 根据前面的共转导数据，尽可能地画出基因的顺序。

d. 假设你想使用普遍性转导来绘制gly基因相对于一些其他标记物的图谱。你会如何修改刚才描述的共转导实验来增加你成功的机会？描述你将使用的培养基的组成。

23. 从一个原养型的F⁻菌株（即没有营养缺陷型的突变）和Strˢ开始，几个独立的Hfr菌株被分离。这些Hfr菌株与F⁻菌株Strʳ Arg⁻ Cys⁻ His⁻ Ilv⁻ Lys⁻ Met⁻ Nic⁻ Pab⁻ Pyr⁻ Trp⁻杂交。中断杂交实验表明，Hfr菌株按照下表列出的顺序将野生型等位基因作为时间的函数传递。括号内标记的输入时间无法相互区分。

Hfr 菌株	传递顺序→
HfrA	*pab ilv met arg nic (trp pyr cys) his lys*
HfrB	*(trp pyr cys) nic arg met ilv pab lys his*
HfrC	*his lys pab ilv met arg nic (trp pyr cys)*
HfrD	*arg met ilv pab lys his (trp pyr cys) nic*
HfrE	*his (trp pyr cys) nic arg met ilv pab lys*

a. 从这些数据，得到了这些标记在细菌染色体上相对位置的图谱。用带标记的箭头表示每个Hfr菌株整合F质粒的位置和方向。

b. 为了确定trp、pyr和cys标记的相对顺序及它们之间的距离，HfrB与F⁻菌株杂交了足够长的时间以允许转移nic标记，之后选择trp⁺重组体。在Trp⁺重组体中对未选择的标记物pyr和cys进行评分，

得到如下结果：

重组体数量	Trp	Pyr	Cys
790	+	+	+
145	+	+	−
60	+	−	+
5	+	−	−

绘制trp、pyr和cys标记相互关联的图谱（请注意，你不能使用这些数据确定nic或his基因的相对顺序）。将相邻基因之间的图距表示为它们之间的交换频率。

24. 你可以通过在一个平板上的一小块混合两种细胞类型，然后复制到选择性培养基中进行Hfr和F⁻菌株的交配。这种方法被用来筛选数以百计的不同细胞重组缺陷型recA⁻突变体。为什么这是对RecA功能的分析？你如何使用本方案筛查F或Hfr菌株中的recA⁻突变体？解释一下。

25. 基因组序列显示，一些致病菌含有与最初来自噬菌体的基因相邻的促进疾病的致病基因。为什么这个结果提示基因水平转移？转移的机制是什么？

26. 普遍性和特异性转导都涉及噬菌体，这两种转导有什么不同？

14.5节

27. 这个问题突出了图14.28所示的质粒转化过程中基因鉴定的一些有用变体。

a. 假设你已获得了一个新的具有感兴趣表型的细菌突变菌株。为了确定受影响的基因，你对突变菌株的整个基因组进行测序，并与野生型菌株进行比较。发现的差异之一是一个无义突变，看起来是很好的候选。如何使用质粒文库来验证这种无义突变是导致突变表型的原因？

b. 图14.28显示了质粒文库如何用于识别功能缺失突变的基因，这些突变导致了特定的异常表型。如何使用质粒库来识别受功能获得突变影响的基因？

28. 研究人员在大肠杆菌的Trp⁻营养缺陷型菌株中发现了一个基因突变。为了鉴定这个突变基因，她使用了一个由同一菌株的野生型基因组成的基因组文库来寻找拯救突变表型的质粒。结果令人惊讶。她恢复了10个提供Trp⁺表型的质粒，但是其中6个质粒含有基因X，而另外4个含有基因Y，我们的科学家遇到了一种叫做多拷贝抑制的现象，这与质粒通常以每个细菌几个拷贝的形式存在有关。由于质粒中的

基因在细菌染色体中超过了通常的单一拷贝，因此从质粒中产生的蛋白X或蛋白Y也超过了通常数量。有时，一种蛋白质的过表达可以挽救因失去另一种蛋白质而引起的突变表型。建议至少两种方式，我们的科学家提出至少两种方法来确定基因*X*或基因*Y*这两个基因，实际上与引起Trp⁻表型的突变是一致的。

29. 副血链球菌是一种细菌，通过附着在牙齿上引发牙菌斑。为了研究消除斑块的方法，研究人员构建了一个质粒，如图所示，诱变*S. parasanguis*。该质粒的主要特征包括*repA*ᵗˢ（一种对温度敏感的复制起点）、*kan*ʳ（一种对抗生素卡那霉素耐药的基因）和转座子*IS256*。该转座子包含对抗生素红霉素耐药的*erm*ʳ基因。*S. parasanguis*中有*IS256*转座子，这得益于一种基因编码转座酶的基因，该酶使位于转座子反向重复序列（IR）之间的所有DNA序列移动。

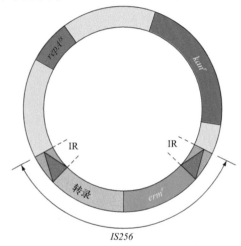

IS256

a. 研究人员如何使用这种质粒作为诱变剂？考虑他们如何将转座子导入到细菌中，以及他们如何识别将新的*IS256*插入*S. parasanguis*基因中的菌株。你的答案应该能解释为什么质粒有两种不同的抗生素抗性基因，以及一个温度敏感的复制起点。

b. 为什么研究人员会使用这种质粒作为诱变剂？

c. 如果研究人员发现了一种变异的副血链球菌菌株，这种菌株在斑块形成方面存在缺陷，那么他们如何能识别出受影响的基因呢？

30. 果蝇转座子*Mariner*一条链一端的序列如下图所示（点表示转座子内的序列）：

5′ TTAGTTTGGCAAATATCTCCCTTCCGCCTTTTTGATCTTATGT...3′

你获得一个携带*Mariner*转座子标签的突变菌株，将这株的基因组DNA用限制性内切核酸酶*Mbo*I（其识别位点为^GATC）酶切，并通过通过稀释限制性内切核酸酶消化物和添加DNA连接酶使产生的DNA片段环化。

a. 设计两个17bp的PCR引物，你可以用它来识别（通过反向PCR）转座子插入的基因。

b. 什么DNA序列会从突变基因组的环化片段中被扩增？在突变菌株的基因组图上显示这种DNA序列的范围，表明转座子插入的位置和*Mbo*I酶的任何相关位点。

31. 科学家不仅可以利用基因打靶技术敲除基因（如图14.31所示），还可以将非细菌基因导入细菌染色体中。其中一个广泛使用的基因是水母编码绿色荧光蛋白的基因。在这个策略的一个例子中，假设你想把大肠杆菌制成一个生物传感器来检测高毒性金属镉。大肠杆菌基因组中有一个叫做*yodA*的基因，它只在镉存在的情况下被转录（和它的mRNA被翻译）。你想用基因打靶技术制造出一种大肠杆菌，当环境中存在镉时，它会发出明亮的绿色荧光。

a. 绘制一个DNA结构，你可以用它来交换水母绿色荧光蛋白的*yodA*编码序列。你会从基因组DNA，还是从cDNA克隆中获得水母的DNA？

b. 解释为什么在有镉的情况下，*yodA*在发绿光的细菌中不再起作用。

c. 你能想出一个办法来改变这个方法，让*yodA*继续发挥作用吗？

14.6节

32. 研究氨基酸生物合成途径的科学家希望分离出营养缺陷的细菌。一种叫做青霉素浓缩的技术使这项工作变得更容易。这个过程开始于将生长在丰富（完全）培养基中的野生型（原养型）细菌液体培养于化学诱变剂中。在此处理后，细胞离心除去液体和诱变剂。离心管底部的细胞颗粒现在重新悬浮在缺少一种氨基酸（在本例中是半胱氨酸）但含有青霉素的培养基中。随后，细菌被倒入滤器中，滤器将细菌浓缩，使其不含青霉素。滤过器上残留的活菌高度富集半胱氨酸营养缺陷型。

a. 根据你对青霉素作用的了解，解释为什么会发生这种富集。

b. 青霉素浓缩不是一种选择，因为这种药物不能杀死100%的原营养体。因此，过滤器上的细胞需要筛选半胱氨酸营养缺陷型。科学家们将如何执行这个筛选？

c. 如果起始菌株在质粒上含有*pen*ʳ基因，那么这个方案是否还能富集营养缺陷型？解释一下。

33. 假设你可以得到放射性标记的青霉素。你怎么能用这种化合物来区分青霉素抗性细菌是否携带青霉素酶基因，或者细菌是否获得了*penA*、*penB*或*mtr*突变？

34. 科学家们正在利用宏基因组学来解决影响人类的最重要问题之一：许多病原菌对目前可用的抗生素的耐药性。解决这个问题的一个方面是开发不同的杀菌药物。为了做到这一点，研究人员正在利用几个细菌物种合成毒素，使它们能够捕食其他细菌。值得注意的是，这些科学家发现，在合成过程中产生这种毒素的酶通常具有特定的结构，因此在其氨基酸序列中具有特征模式。

   描述土壤、海洋或人体微生物群落的宏基因组分析如何使研究人员能够发现对人类病原体有效的新抗生素。

35. 一些科学家正试图设计噬菌体来治疗人类的细菌感染，当感染对化学抗生素没有反应时：

   a. 噬菌体治疗可能比抗生素治疗有什么优势？

   b. 描述噬菌体治疗成功需要克服的潜在困难。

   c. 研究人员如何才能最好地面对细菌细胞对噬菌体产生耐药性的问题，就像它们对抗生素产生耐药性一样？

第15章 细胞器遗传

泰坦魔芋（*Amorphophallus titanum*）的花。泰坦魔芋被一些人称为世界上最臭的植物，它释放出能吸引昆虫授粉的气味分子。线粒体在产生这种有害信号中起着关键作用（详见本章末尾接下来的内容。）

©Scott Barbour/Getty Images

就在孟德尔定律被重新发现9年后，植物遗传学家Carl Correns报道了一个令人费解的现象，它挑战了孟德尔的一个基本假设。在1909年的一篇论文中，Correns描述了利用相互杂交分析开花植物紫茉莉叶片颜色遗传的结果。大多数紫茉莉都有绿叶，但是有个别个体的叶片是杂色的，只有一些叶片或部分部位是绿色的，其他部分则是白色的（图15.1）。

用绿叶植物的花粉与有杂色叶片的植物的卵进行受精，会产生杂色后代。令人惊讶的是，如果母本的叶片是绿色的，父本的叶片是杂色的，这样的杂交并不会导致同样的结果；与之相反，这种杂交所有后代叶片都是绿色的。从这些结果来看，似乎后代只从母本那里遗传了它们的杂色特征。这种类型的传递，被称为**母系遗传**，其挑战了孟德尔的假设，即母系和父系配子对遗传的贡献是相等的。遗传学家因此认为，该性状属于**非孟德尔遗传**。

我们现在知道，紫茉莉叶片颜色的非孟德尔遗传，是由于控制叶片颜色的基因并不存在于细胞核的染色体上，是在被称为叶绿体的非核细胞器的基因组中发现的。这些细胞器有自己的基因组，以环形小染色体的形式存在，称为叶绿体DNA（cpDNA）。在紫茉莉中，叶绿体和cpDNA只能从卵子获得；花粉对胚胎植株没有贡献任何叶绿体或cpDNA。

叶绿体在动物中是不存在的，但是植物和动物都有另一种被称为线粒体的细胞器，它们也拥有自己的线粒体DNA（mtDNA）基因组。由于mtDNA与细胞核内的染色体是分离的，并独立传递，因此mtDNA上控制性状的基因也表现出非孟德尔遗传。

在我们对线粒体和叶绿体的基因和基因组的详细讨论中，有三个重要的主题。第一，与控制核基因传递的规则不同，在不同的生物中，细胞器基因组的传递规则可能不同。在许多生物中，如紫茉莉和人类，只有母系

图15.1　紫茉莉。已知的第一个非孟德尔遗传的例子是紫茉莉的叶片变异。

© MomoShi/Shutterstock RF

将细胞器传给下一代；但在一些物种中，细胞器只能从父系那里遗传；而在另一些物种中，细胞器则可以来自双亲。第二，细胞器的维持和功能发挥，需要细胞器基因组和同一细胞中细胞核基因组共同作用。第三，细胞器的基因组和生化过程与真核细胞的其他部分相比，更接近于细菌。这些观察形成了内共生学说的基础，该理论认为细胞器是细菌的进化残余，它们与最早真核生物的古老前体存在共生关系。

15.1　线粒体及其基因组

学习目标

1. 描述典型线粒体的结构和功能。
2. 列出不同物种间线粒体基因组变化的方式。
3. 概述线粒体中的RNA编辑。
4. 讨论在线粒体中发现的通用遗传密码的例外情况。

线粒体是在大多数真核细胞中发现的有膜细胞器，它将从葡萄糖和其他营养分子中获得的能量转化为ATP。研究人员已经证明，线粒体有自己的DNA，独立于核基因组。线粒体基因组编码一部分能量转换所需的蛋白质，但不是全部。其余的蛋白质由核基因组编码，并导入细胞器。

每个真核细胞都有许多线粒体［图15.2（a）］，其确切数量取决于细胞的能量需求，以及细胞分裂过程中线粒体的随机分布。在人类中，神经、肌肉和肝细胞每一个都携带超过1000个线粒体；人类的卵母细胞大约有10万个线粒体。

线粒体不是静态结构。细胞中的线粒体可以生长、融合或分裂。粗略地说，线粒体大小加倍，复制其DNA，然后在每一代细胞中分裂成两半。当细胞分裂时，线粒体随机分布到子细胞中。这些线粒体的变化，在很大程度上独立于细胞中其他地方发生的过程，这导致单个细胞中线粒体和mtDNA分子数量的巨大变化。

15.1.1　线粒体产生ATP

图15.2（b）揭示了细胞器的基本结构：未起皱的外膜包围着被称为嵴的内膜。内膜包围着一个称为基质的区域。

线粒体分两个阶段产生能量（ATP）包。首先，基质中的酶催化Krebs循环，代谢丙酮酸（细胞质中葡萄糖分解的产物）生成高能电子载体NADH和$FADH_2$。在第二阶段，一系列嵌入线粒体内膜的多亚基酶复合物，利用这种能量进行**氧化磷酸化**。一些酶复合物形成电子传递链，将电子从NADH和$FADH_2$转移到最终的电子受体——氧。这些电子传递过程中释放出的能量被用来将质子从基质中抽离到内外膜之间的空间中，从而在内膜

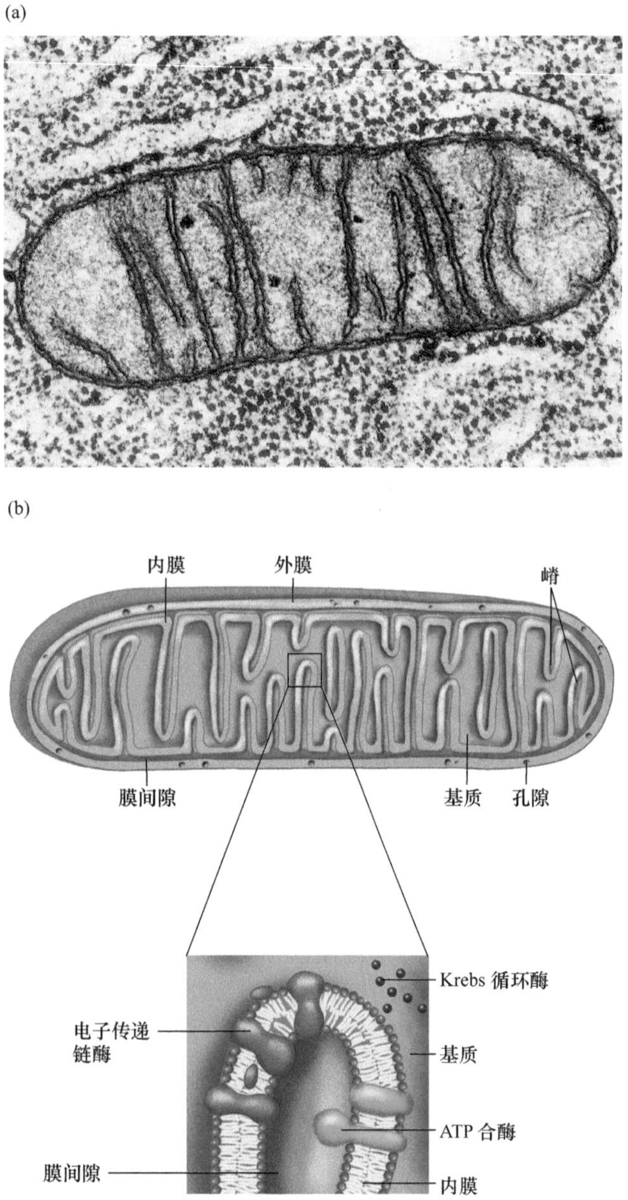

(a)

(b)

内膜　外膜　　　　　　　　　　嵴

膜间隙　　　　　　　　　　基质　孔隙

Krebs 循环酶

电子传递
链酶

基质

ATP 合酶

膜间隙

内膜

图15.2　线粒体解剖。（a）线粒体假彩色显微图
（62 800×）。（b）单个线粒体的组织和结构。完全封闭在
内膜内的区域称为基质（蓝色）。基质中含有Krebs循环的线
粒体DNA和酶。内膜折叠被称为嵴。将单个的嵴放大，以显
示电子传递链的酶是如何进行氧化磷酸化的。

© CNRI/Science Source

上产生电势。然后质子通过一种叫做ATP合酶的酶复合
物流回基质，这种酶被嵌入到嵴中。ATP合酶利用质子
回流释放的能量使ADP磷酸化，从而形成ATP。

15.1.2　线粒体基因组因物种而异

　　单个线粒体的基质中通常包含多个基因组拷贝；细
胞器中基因组的拷贝数可以根据细胞的能量需求而变
化，但通常在2～10之间。我们将首先以人类线粒体基
因组为例，但正如你将看到的，在不同物种中，线粒体

基因组的大小和形式会有惊人的差异。

1. 人类线粒体DNA

　　人类线粒体基因组长度为16.5kb，这仅为人类配子
中单倍体基因组长度的十万分之一，它是一个携带37个
基因的环状DNA分子（图15.3）。其中13个基因编码构
成氧化磷酸化蛋白复合体的多肽亚基。线粒体基因组还
编码22种不同的tRNA基因，以及线粒体核糖体中大、
小两个rRNA的基因。

　　人类线粒体基因组的一个显著特征是其基因排列的
紧密性。相邻的基因要么紧邻，要么在少数情况下，甚
至有轻微的重叠。它们之间几乎没有核苷酸，内部也没
有内含子，因此基因被紧密地包裹着。

2. 线粒体基因组

　　线粒体DNA的大小和基因含量因物种而异。疟原
虫（*Plasmodium falciparum*）的mtDNA长度只有6kb；
甜瓜（*Cucumis melo*）的mtDNA长度则有2400kb之大。
这些mtDNA大小的差异并不一定反映了基因含量的
差异。虽然高等植物的大mtDNA确实比其他生物的小
mtDNA含有更多的基因，但是面包酵母75kb的mtDNA
上，针对呼吸链的蛋白质编码基因比人类16.5kb的
mtDNA要少。酵母线粒体基因组较大，一个原因是酵
母线粒体基因中存在内含子，另一个原因是基因之间存
在较大的间隔区。

　　甚至mtDNA的形状也有相当大的差异。生化分析

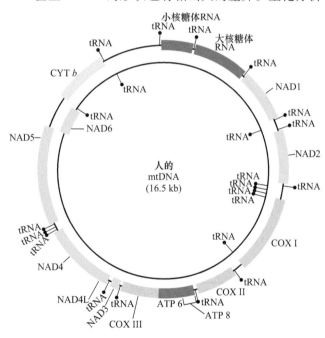

图15.3　人类线粒体基因组。人mtDNA中的37个基因所示
如下：绿色基因编码细胞色素氧化酶蛋白；红色基因编码
ATPase亚基蛋白；黄色基因编码NADH复合体蛋白；棕褐色
基因编码细胞色素复合蛋白；紫色表示核糖体蛋白或核糖体
RNA基因。每个tRNA基因都由一个黑色的球和棍表示。外圈
和内圈的基因转录方向相反。

和绘图研究表明，人类和其他动物的mtDNA是环形的。然而，大多数真菌和植物的mtDNA是线性的。很难从一些生物中分离完整的mtDNA分子，因此难以确定这些mtDNA在体内的形状。

锥虫属和利什曼原虫属的原生动物寄生虫的mtDNA具有高度不寻常的组织形式。这些单细胞真核生物携带一种被称为**动基体**的线粒体。在这种结构中，mtDNA以一种大网状形式存在，10～25 000个长度为0.5～2.5kb的微环，连接着50～100个长度为21～31kb的大环（图15.4）。下一节将描述大环和微环的不同角色。

15.1.3　线粒体基因表达具有不同寻常的特点

线粒体基因表达为其蛋白产物的过程具有独一无二的特点。这包括一种特殊的转录过程，叫做RNA编辑。此外，线粒体的翻译机制则需要通用遗传密码的某些例外。

1. 线粒体基因转录物的RNA编辑

研究人员在锥虫的线粒体（动基体）中发现了意想

(a)

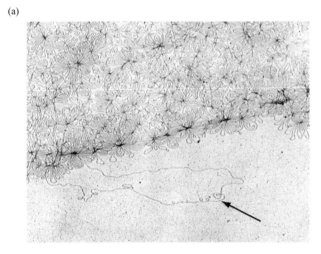

(b)

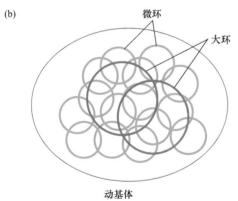

图15.4　动基体DNA网络。在某些原生动物寄生虫中，单个线粒体（或称动基体）包含一个巨大的DNA微环和大环连接网络。（a）部分动基体的电子显微照片。箭头指向一个单一的大环。（b）图示说明这些环状DNA分子如何相互连接。

（a）：Electron micrograph by Dr. Stephen Hajduk/University of Alabama at Birmingham

不到的RNA编辑现象。对大环DNA、微环DNA和来自动基体mRNA的cDNA进行测序，结果令人大吃一惊。微环DNA没有任何编码蛋白质的基因。大环包含的基因序列与编码蛋白的mRNA对应的cDNA明显相关，但是序列却并不相同。对大环的研究结果表明，大环被转录成前体mRNA（pre-mRNA），然后才转化为成熟的mRNA。

将前体mRNA转化为成熟mRNA的过程称为**RNA编辑**。没有RNA编辑，前体mRNA就不能编码多肽。一些前体mRNA缺乏适合翻译起始的第一个密码子；另一些则缺乏终止翻译的终止密码。RNA编辑可以创造这两种类型的位点，以及基因中许多新的密码子。

在锥虫中，RNA编辑机制会添加或删除尿嘧啶，将前体mRNA转化为成熟的mRNA。如图15.5所示，在酶组装成一种叫做编辑体结构的阶段，尿嘧啶编辑才发生，这种结构使用一条RNA模板作为引导，来校正前体mRNA。引导RNA是从微环上的一小段DNA转录而来，这解释了为什么动基体既具有微环又具有大环。

RNA编辑是一种不寻常的现象，但它并不局限于锥虫。黏菌（*Physarum*）的线粒体转录物也经历了一种RNA编辑过程，在此过程中添加了胞嘧啶。在植物线粒体和叶绿体中，发生了一种不同的编辑，前体mRNA中的胞嘧啶在成熟的mRNA中改变为尿嘧啶。这些RNA编辑的机制尚不清楚。

2. 线粒体含有通用遗传密码的例外密码

线粒体有自己独特的翻译装置，因为mtDNA携带自己的rRNA和tRNA基因（见图15.3）。与真核生物中进行的核基因转录mRNA的细胞质翻译相比，线粒体翻译大不相同；事实上，线粒体翻译系统的许多方面与原核生物的翻译相似。例如，在细菌中，*N*-甲硫氨酸和tRNA^fMet在线粒体中启动翻译。此外，抑制细菌翻译的药物，如氯霉素和红霉素，对真核蛋白合成没有影响，却是线粒体蛋白合成的有效抑制剂。

我们在第8章说过，基因密码几乎是通用的，但不

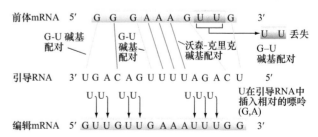

图15.5　锥虫的RNA编辑。前体mRNA序列的一部分显示在顶部。这种前体mRNA通过标准的沃森-克里克A-U和G-C碱基配对及非典型的G-U碱基配对，与引导RNA形成双链杂交。引导RNA中未配对的G和A碱基启动了在前体mRNA序列中插入U碱基（蓝色），而前体mRNA中的未配对的U碱基被删除（红色），形成了最终编辑的mRNA。

451

完全是通用的。"通用"密码的许多例外涉及线粒体。例如，在人类mtDNA中，五种三联体密码的使用方式与在细胞核中的使用方式不同（表15.1）。没有单一的线粒体遗传密码在所有生物中起作用，高等植物的线粒体使用通用密码。因此，某些线粒体的遗传密码可能在细胞器成为真核细胞的组成部分后的某一段时间内发生一系列突变，从而偏离了通用密码。

表15.1 人类的通用线粒体遗传密码的差异

三联体	通用	mtDNA
UGA	终止	Trp
AGG	Arg	终止
AGA	Arg	终止
AUA	Ile	Met
AUU	Ile	Ile-延长 Met-起始

基本概念

- 线粒体通过氧化丙酮酸产生ATP，丙酮酸是糖酵解的产物。ATP生成包括电子传递链和ATP合酶，它们嵌入线粒体的内膜。
- 无论mtDNA是线性还是环状，以及是否存在内含子，从基因组长度的角度来说，不同生物的线粒体基因组变化很大。
- 线粒体中的前体mRNA，通过RNA编辑转化为成熟的mRNA，这样才可能进行转录物的翻译。
- 线粒体的翻译与细菌有许多相似之处。虽然有些线粒体使用通用DNA密码，但在其他生物中，有些三联体密码在线粒体中的使用方式与在核DNA中的使用方式不同。

15.2 叶绿体及其基因组

学习目标

1. 描述一个典型叶绿体的结构和功能。
2. 对比物种间叶绿体基因组与线粒体基因组的变异。
3. 描述转基因叶绿体产生的过程。

叶绿体通过**光合作用**捕获太阳能，并将其储存在碳水化合物的化学键中。每当鸟飞行、人说话、蠕虫转动或花朵绽放时，生物体的细胞正在利用叶绿体从阳光中捕获到的能量，然后通过线粒体的功能释放出来。玉米是许多善于进行光合作用的作物之一，每个叶片细胞含有40～50个叶绿体［图15.6（a）］，每平方毫米的叶片表面携带着50多万个这样的细胞器。

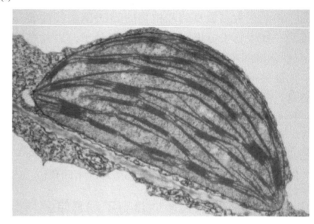

(a)

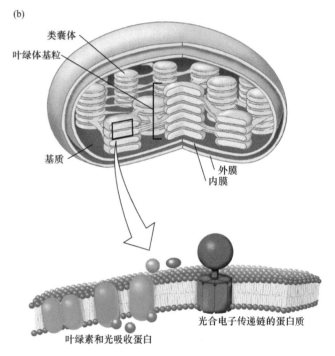

(b)

类囊体
叶绿体基粒
基质
外膜
内膜

光合电子传递链的蛋白质

叶绿素和光吸收蛋白

图15.6 叶绿体解剖。（a）从烟叶细胞（*Nicotiana tabacum*）分离出的叶绿体的电子显微照片（11 000倍）。（b）内部结构。叶绿体具有外膜和内膜。内膜以内的空间（包含叶绿体DNA和光合成酶）被称为基质。在基质中有一种叫做类囊体的囊泡，它们排列成柱状，称为基粒。光合作用发生在类囊体表面。

（a）：© Dr. Jeremy Burgess/Science Source

15.2.1 叶绿体是光合作用的场所

图15.6（b）展示了叶绿体的结构。在膜中，称为类囊体的内部结构嵌入了光吸收色素叶绿素和光吸收蛋白质，以及光合作用电子传递系统的蛋白质。在光合作用的光捕获阶段，来自太阳光子的能量将叶绿素中的电子提升到更高的能量水平。被激发的电子随后被传送到电子传递系统，该系统利用能量将水转化为氧和质子。

光合作用电子传递形成NADPH，并通过类似于线粒体的ATP合成酶驱动ATP的合成。在光合作用的第二个阶段，即光合作用的糖合成阶段，卡尔文循环中的酶利用ATP和NADPH将大气中的二氧化碳转化为碳水化合物。储存在这些营养分子键中的能量，可以为植物和以植物为食的动物的活动提供燃料。

15.2.2 叶绿体基因组相对一致

叶绿体存在于植物和藻类中。它们携带的基因组在大小上比线粒体基因组要一致得多。虽然叶绿体DNA（cpDNA）的大小在120～217kb，但大多数都在120～160kb。而且cpDNA包含的基因比mtDNA多得多。与细菌和人类mtDNA的基因相似，这些基因的排列紧密，相邻的编码序列之间核苷酸相对较少。与酵母（但非人类）mtDNA的基因相似，它们含有内含子。虽然有些是环形的，但多数cpDNA以线性和分支形式存在。和线粒体一样，叶绿体也含有一个拷贝以上的基因组，通常是15～20个拷贝。

图15.7所示为第一个完整测序的cpDNA——地钱（M. polymorpha）的叶绿体基因组。cpDNA编码的蛋白质包括许多进行光合作用电子传递和光合作用其他方面的分子，以及RNA聚合酶、翻译因子、核糖体蛋白和其他活跃于叶绿体基因表达的分子。叶绿体RNA聚合酶类似于多亚基的细菌RNA聚合酶。抑制细菌翻译的药物，如氯霉素和链霉素，可以抑制叶绿体的翻译，就像线粒体一样。

15.2.3 科学家可以创造转基因叶绿体

在重组DNA技术的早期，研究细胞器的研究人员因无法将克隆基因和突变的DNA片段转移到细胞器基因组中而受挫。20世纪80年代后期，基因枪和一种被称为**基因枪转化**的基因传送方法的发展解决了这个问题（图15.8）。正如我们在这里所描述的，这项技术对于研究叶绿体基因组特别重要。科学家们也成功地用同样的方法将酵母（S. cerevisiae）的线粒体与外源DNA进行了转化，但在多细胞生物中，线粒体的稳定转化仍是一个难以实现的目标。

基本思想是用DNA包被小的（1μm）金属颗粒，然后将这些携带DNA的"子弹"射入细胞（图15.8）或叶片中。射入植物细胞的DNA可以进入叶绿体并通过同源重组整合到cpDNA的特定位置。引入的DNA中的耐药基因可以选择转化的细胞，这些细胞可以被培育成

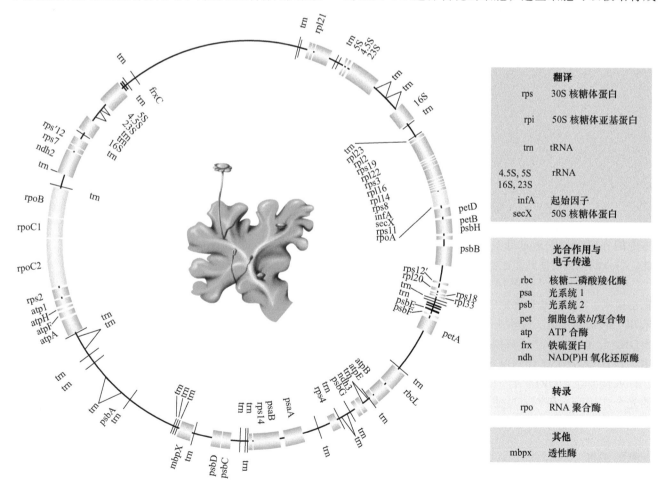

图15.7 地钱（M. polymorpha）的叶绿体基因组。图中指出了128个基因中一部分的相对位置和标志。基因根据功能进行颜色编码。

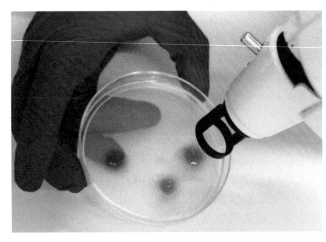

图15.8 基因枪。该枪用于将DNA包被的珠子推进植物细胞，从而实现叶绿体转化。

© Winfried Rothermel/AP Photo

含有转基因叶绿体的转叶绿体植株。奇放线菌素抗性基因通常用于基因枪转化。奇放线菌素干扰叶绿体基因mRNA的翻译，因此不含转基因的叶绿体将是无功能的。具有未转化叶绿体的植物细胞在药物筛选后若存活，将是白色的，且长势很弱。

为了将转基因插入到cpDNA中，引入到植物细胞中的DNA具有基因打靶结构，在这个结构中克隆的cpDNA序列定位到内源性染色体的位置，在那里转基因将通过同源重组进行整合（回顾图14.31）。通常，该转基因与一个奇放线菌素耐药基因一起存在，这两个基因被用于靶向的cpDNA序列包围。当构建体的5'端和3'端的这些cpDNA序列与叶绿体基因组中的对应序列进行交换时，将会发生转基因整合。

叶绿体基因组的转化具有相当大的潜力，可以改变作物具有商业价值的特性。例如，一个目标可能是生产抗除草剂的植物。将抗除草剂基因引入到叶绿体DNA，而不是核DNA，这种操作的主要优势是叶绿体中的外源DNA是通过母系遗传的，而不是花粉。因此，引入的基因传播到邻近植物种群的风险很低。

就像在细菌中（见图14.31），叶绿体中的基因打靶也提供了一种方法来确定ORF（可读框——其功能还未知）的功能。为了探索一个ORF的功能，构造了一个DNA分子，将一个奇放线菌素耐药基因克隆到ORF中。该DNA分子整合到叶绿体基因组中，用突变的ORF取代野生型ORF。针对一些植物叶绿体基因编码的光合作用酶，研究人员使用这种方法来鉴定其新的亚单元。

基本概念

● 在叶绿体中，阳光激活电子传递链，从而产生ATP和NADPH。随后使用这些高能分子将二氧化碳和水转化为碳水化合物。

● 叶绿体基因组通常含有比线粒体更多的基因；叶绿体基因的产物是细胞器内光合作用和基因表达所必需的。

● 基因枪转化，将微金属颗粒上的DNA射入细胞，使得能够产生含有转基因叶绿体的植物株系。

15.3 细胞器和核基因组之间的关系

学习目标

1. 描述细胞器和核基因组之间的合作。

2. 总结细胞器起源的内共生学说。

3. 解释基因从细胞器基因组转到细胞核的意义。

功能性线粒体和叶绿体的维持与组装，依赖于细胞器自身和核基因组的基因产物。这种合作安排不是在一夜之间发生的，而是在进化过程中发展起来的。有证据表明，这些细胞器和包含它们的细胞的远古祖先，两者都是自由生活的有机体，后来它们进入了共生关系。

15.3.1 细胞核和细胞器基因组相互合作

一些生化过程同时需要细胞器和细胞核的成分。例如，细胞色素c氧化酶是线粒体电子传递链的末端蛋白，在大多数生物中由7个亚基组成。其中3个亚基由线粒体基因编码，其mRNA在线粒体的核糖体上被翻译。其余4个亚基由核基因编码，其信息在细胞质中的核糖体上被翻译；这些蛋白质必须被导入线粒体。

在所有生物中，核基因编码线粒体和叶绿体中基因表达所需的大部分蛋白质。例如，尽管线粒体基因组携带rRNA基因，但核基因组携带线粒体核糖体蛋白质的大部分（在酵母和植物中）或全部（在动物中）的基因。由于线粒体和叶绿体不携带其发挥功能和繁殖所需全部蛋白质的基因，这些细胞器必须不断接受从细胞的其他部分供应的分子。因此，线粒体和叶绿体不能独立于它们所在细胞而存在。

15.3.2 线粒体和叶绿体起源于细菌

叶绿体在大小和形状上，与今天的某些光合细菌非常相似。尽管由于线粒体遗传系统的多样性，难以一概而论，但至少有一些线粒体类似于某些当今的有氧细菌。这些相似性表明，线粒体和叶绿体最初是自由存活的细菌，它们与现代真核细胞的祖先融合在一起，形成了一个细胞群落，宿主和寄宿者在这种安排下均受益。

1. 内共生学说

20世纪70年代，在提出线粒体和叶绿体起源于远古真核细胞前体，与某些细菌建立共生关系并最终被吞噬观点的生物学家中，林恩·马古利斯（Lynn Margulis）是最早的一之一。携带类线粒体或类叶绿体的细菌细胞的原始细胞，会在能源生产的激烈竞争中获得优势，最终进化成复杂的真核生物。现在有太多的证据支持这个假说，因此作为**内共生学说**被普遍接受。

内共生学说的分子证据包括以下事实：

（1）线粒体和叶绿体都有自己的DNA，独立于核基因组进行复制。

（2）与细菌的DNA一样，mtDNA和cpDNA也不是由组蛋白组织成核小体的。

（3）线粒体基因表达采用N-甲硫氨酸和tRNA^{fMet}进行翻译。

（4）细菌翻译的抑制剂，如氯霉素和红霉素，阻断线粒体和叶绿体的翻译，但对细胞质中真核蛋白的合成没有影响。

（5）细胞器和细菌rRNA基因序列的比较表明，线粒体基因组来源于现今革兰氏阴性无硫紫色细菌的共同祖先，而叶绿体基因组来自蓝细菌（以前称为蓝绿藻）。

科学家估计产生线粒体的内共生事件发生在20亿年前，而产生叶绿体的内共生事件则是在线粒体内共生事件发生之后的5亿年。这些事件是如此古老，以至于人们对其中的确切过程知之甚少。一些科学家推测，第一个真核细胞可能是由古细菌和细菌共生产生的，而不是原始真核细胞吞噬细菌产生的。

2. 细胞器和细胞核之间的基因转移

从最初产生线粒体和叶绿体的内共生事件开始，一些基因可能从细胞器基因组转移到了细胞核。例如，我们看到一些氧化磷酸化和光合作用所需的基因存在于核基因组中，它们可能是从细胞器基因组转移到那里的。编码细胞器核糖体蛋白的基因可能也是如此。

基因可以从细胞器转移到细胞核的观点具有重要的意义。首先，一旦这些基因的拷贝合并到核染色体中，细胞器中的拷贝就会变得多余，而可能丢失掉。如果该基因最初是内生的共生菌独立生长所必需的，那么原细胞器就无法在宿主细胞之外存活。其次，不同真核生物进化谱系可能会将不同的细胞器基因亚群转移到细胞核中，导致了今天的细胞器基因组有极大的多样性。

研究人员对细胞器和细胞核之间基因转移的机制有了一定的了解。在许多植物中，线粒体基因组都有线粒体电子传递链上的*COXII*基因。在另外一些植物中，该基因则是由核DNA编码的。在一些植物中，核*COXII*基因是有功能的，同时mtDNA仍然包含一个该基因的拷贝，它虽可识别但无功能（即*COXII*假基因）。值得注意的是，mtDNA的基因含有一个内含子，而核基因没有。遗传学家将这一发现解释为，利用反转录酶通过RNA中间体的形式，*COXII*基因从mtDNA转移到核DNA上。内含子被从*COXII*转录物中剪切出去，当mRNA通过反转录酶被复制到DNA中，并整合到细胞核

中的染色体上时，产生的核基因也将没有内含子。在细胞器和细胞核之间，以不涉及RNA中间体的形式转移DNA的其他机制似乎也存在。

基本概念

- 细胞器和细胞核之间需要合作，因为细胞器发挥功能所需的许多蛋白质，都是由核DNA编码，而其他蛋白质则由细胞器DNA编码。
- 内共生学说认为，线粒体和叶绿体是通过细菌样的细胞和吞噬它们的真核细胞前体之间建立共生关系，进化而来的。
- 基因从细胞器基因组转移到细胞核基因组之后，细胞器由于丢失原先的细胞器基因，从而无法在宿主细胞外生存。

15.4 线粒体和叶绿体的非孟德尔遗传

学习目标

1. 描述证明细胞器通常是母系遗传的实验方法。
2. 解释在同一物种中不同cpDNA混合存在，将如何导致植物的多样性。
3. 遗传学研究表明酵母线粒体是双亲遗传。

细胞器基因的突变通常会产生很容易检测到的、可影响整个生物体的表型变化，因为它们编码的蛋白质和RNA发生突变之后，会扰乱细胞能量的产生。例如，mtDNA突变会导致单细胞生物群落生长缓慢，或者多细胞生物组织异常脆弱。cpDNA的突变会使产生叶绿素（光合作用所需的绿色色素）所必需的蛋白质失去活性，从而改变植物叶片的颜色。另一种追踪细胞器基因组突变的方法，是通过测序直接追踪DNA多态性。

不同物种的细胞器传递方式差异很大。遗传学家对任何特定物种提出的一个问题是，其杂交后代是从双亲获得细胞器（**双亲遗传**），还是从单亲获得细胞器（**单亲遗传**），后一种情况下，细胞器既可以是母系的（如果所有的细胞器都来自母亲），也可以是父系的。所有这些可能性都存在于自然界中。

15.4.1 在许多生物中，细胞器及其DNA是从父母一方遗传而来的

对于许多真核生物，特别是动物而言，细胞器的遗传是单亲的。当单亲遗传发生时，子代一般都是从母系继承细胞器（**母系遗传**），但也存在许多例外。例如，在香蕉中，叶绿体基因组是母系遗传，而线粒体基因组是父系遗传。在紫花苜蓿中情况正好相反；而在红杉中，叶绿体和线粒体DNA都是父系遗传。我们在这里关注一个更常见的母系模式的经典例子。

1. 链孢菌mtDNA突变体的母系遗传

在第5章中，我们讨论了粗糙链孢菌（*Neurospora crassa*）的遗传学。回想一下，链孢菌菌落是单倍体（*n*），且含有两种不同的交配类型，每一种都可以产生特殊的细胞，可以与相反交配类型的细胞交配（融合）[回顾图5.19（b）]。每一种交配类型都能产生雄性和雌性的交配细胞，雄性细胞比雌性细胞小得多。在一种类型的雄性细胞与另一种类型的雌性细胞交配后，细胞核融合形成二倍体（2*n*）细胞，经过减数分裂和有丝分裂后产生8个单倍体孢子。如果原单倍体细胞在核染色体上有一个基因的不同等位基因，孟德尔遗传决定了8个孢子中，有一半包含一个等位基因，另一半包含另一个等位基因（4∶4分离）。

1952年，Mary和Herschel Mitchell分离出了一种名为*poky*的突变型链孢菌菌株，这种菌株生长缓慢。他们将*poky*突变株的一种交配型，同时也是基因*ad*⁺（可以合成腺嘌呤）的野生型，与正常生长菌株（*poky*⁺）的另一种交配型进行交配，后者同时也是*ad*⁻（需要腺嘌呤补充剂）。核基因标记*ad*⁺和*ad*⁻按照预期的结果，将会产生4∶4分离。然而，令人吃惊的是，实际上所有的孢子要么全是*ad*⁺，要么全是*ad*⁻；因此，慢生长表型的分离比为8∶0。此外，孢子表型总是与提供雌性交配细胞的菌落相同（图15.9）。因此，*poky*性状表现出非孟德尔遗传，因为母系和父系配子对子代表型的贡献并不相等。

合理的解释是，*poky*⁻是mtDNA的突变。*poky*基因编码一个线粒体的核糖体RNA，在*poky*⁻突变体中增长是缓慢的，因为翻译效率低下。较大的雌性交配细胞，为短暂的二倍体细胞的细胞质和所有的8个孢子提供所有的线粒体。因此，在链孢菌中线粒体遗传是单亲遗传，也是母系遗传。

2. 细胞器母系遗传的形成机制

配子大小的差异有助于解释在粗糙链孢菌等物种中的母系遗传，在这些物种中，雄性配子比雌性配子小得多。因此，受精卵接收到非常多的母系细胞器，而父系细胞器的数量则非常少。同样的情况也可以解释许多多细胞生物的单母系遗传，包括紫茉莉的叶绿体和人类的线粒体，我们将在下一节探讨这些内容。

然而，受精卵大小并不是导致细胞器母系遗传的唯一机制。在一些物种中，父系细胞器被主动排除或破坏。在一些植物中，受精卵的早期分裂将大部分或全部父系细胞器基因组，分配给那些注定不会成为胚胎的细胞。在某些动物中，受精的过程阻止了父系细胞向受精卵提供细胞器。例如，在被囊动物（原脊椎动物脊索动物门）中，受精过程只允许精子核进入卵子，这种物理方式排除了父系线粒体。另一种机制发生在许多动物中，受精后的受精卵会破坏父系的细胞器。

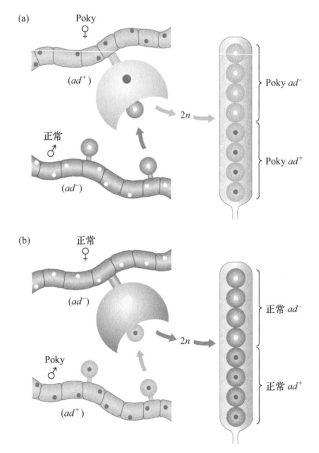

图15.9 链孢菌Poky表型的母系遗传。（a）在Poky *ad*⁺（蓝色细胞质，红核）雌性配子和正常的*ad*⁻（棕色细胞质，黄核）雄性配子交配产生的8个孢子中，一半孢子是*ad*⁺，另一半孢子是*ad*⁻。所有的孢子都是Poky表型，因为这种表型由一个线粒体基因控制，所有的线粒体都由较大的雌性配子提供。（b）互交得到的二倍体，会产生一半为*ad*⁺、一半为*ad*⁻的孢子。然而，所有的孢子都是正常的（非Poky表型）。

"遗传学与社会"信息栏"阿根廷法庭用线粒体DNA测试作为亲属关系的证据"，讲述了阿根廷的一个人权组织，如何使用mtDNA序列作为被绑架儿童与其生物学家庭团聚的法律基础。人类线粒体的母系遗传使得比较和匹配祖母与孙子的DNA成为可能。

由于只发生在相对较少的物种中，所以目前尚不清楚细胞器的单父系遗传基础。

15.4.2 细胞器基因组的变异在细胞分裂时发生分离

一个真核细胞可能包含数千个线粒体，一个植物细胞可能有几十个叶绿体。而且，这些细胞器中的每一个都可能含有多个细胞器基因组的拷贝。这些情况对于由细胞器染色体上基因决定的性状遗传具有重要影响。

1. 紫茉莉的杂色

在这一章的开头，我们提到了植物遗传学家Carl

遗传学与社会

阿根廷法庭用线粒体DNA测试作为亲属关系的证据

在1976～1983年期间，阿根廷的军事独裁政府绑架、监禁和杀害了1万多名大学生、教师、工会成员和其他不支持该政权的人。许多非常年幼的儿童和年轻的成年人一起失踪，也包括拘留中心的妇女生下的将近120个婴儿。1977年，这些失踪婴儿和幼儿的一些祖母在布宜诺斯艾利斯的中央广场守夜，证明并且告诉大家，她们的孩子和孙子失踪了（图A）。她们很快组成了一个人权组织——五月广场的祖母（the Grandmothers of the Plaza de Mayo）。

祖母们的目标是，找到她们怀疑还活着的200多名孙辈，并让他们与自己的亲生家庭团聚。为此，她们从助产士和前狱卒等目击者那里收集资料，并建立了一个网络，监测进入幼儿园儿童的证件。她们还联系了国外组织，包括美国科学促进会（AAAS）。

这些祖母们要求美国科学促进会帮助提供能在法庭上站得住脚的遗传分析。当民主制度取代了军事政权，祖母们可以在公正的法庭上为自己的法律案件辩护时，这些被绑架时只有两三岁或刚刚出生的孩子，现在都已经7～10岁了。尽管孩子们的外在特征发生了变化，但他们的基因能明确地把他们和他们的亲生

家庭联系起来，这些基因并没有改变。一些知晓遗传测试可能性的祖母们，寻求帮助来获取和分析这样的测试。从1983年开始，法院同意接受他们的测试结果作为亲属关系的证明。

1983年，能确认或排除两个或两个以上个体亲缘关系的最佳方法，是比较被称为人类淋巴细胞抗原（HLA）的蛋白质。人类白细胞(或淋巴细胞)上携带一组独特的HLA标记，这些标记的多样性足以形成一种分子指纹。即使孩子的父母已经不在人世，也可以进行HLA分析，因为对于每一个HLA标记，孩子从外祖父母那里继承一个等位基因，从祖父母那里继承另外一个等位基因。统计分析可以确定孩子与祖父母或外祖父母共享基因的可能性。在某些情况下，HLA分析足以有力地证明，一个经过测试的孩子属于申请家庭。但是有时候，无法通过HLA分型得到可靠的匹配。

美国科学促进会让祖母们与当时在加州大学工作的Mary Claire King取得联系。King和两个同事——C. Orrego和A. C. Wilson开发了一种mtDNA测试方法，该测试基于当时的两种新技术，即PCR扩增和对线粒体基因组高度可变非编码区域进行直接测序。由于mtDNA是母系遗传和缺少重组，这意味着即使只有一个母系亲属可以进行匹配，该方法也可以解决存在争议的亲缘关系。非编码区域存在极度多态性，这使得孙辈的mtDNA可以直接匹配到某一个人，这个人可以是他们的外祖母，或他们母亲的姐妹或兄弟，这样就可以识别孙辈，而不需要统计计算。

为了验证他们的方法，King和他的同事在不知道谁和谁有亲戚关系的情况下，对三个孩子和他们的三个外祖母的序列进行了扩增。mtDNA测试清楚地将孩子和他们的外祖母进行了配对。因此，1989年后，祖母们将mtDNA数据纳入了她们的档案。

今天，他们的孙子们——失踪者的孩子们——已经成年并获得了法律上的独立。尽管他们的祖母大部分去世了，孙辈们仍然可以通过祖母们留下的mtDNA数据，来发现他们的生物学身份，并知道他们的家庭发生了什么。

图A　五月广场的祖母（1977）。

© Horacio Villalobos/Corbis

Correns，他对紫茉莉（Mirabilis jalapa）颜色变异遗传模式进行的里程碑式研究。杂色的植物通常有杂色的树枝，部分是绿色的，部分是白色的，还有一些是纯绿色或纯白色的树枝（图15.10）。Correns进行了所有9种可

能的雄性（花粉）和雌性（卵子）配子的配对杂交，这些配子来自于每一种树枝上的花朵：杂色、绿色或白色。由于植物细胞的颜色是由母系遗传的cpDNA控制的，所以子代表型与雌性配子的来源相似（表15.2）。

全白分支

全绿分支 主枝是杂色的

图15.10 杂色的紫茉莉植物。杂色的植物通常有杂色的、纯绿色的和纯白色的枝条（部分）。主茎通常是杂色的。

表15.2 Correns的紫茉莉杂交结果

提供卵子的植物分支	提供花粉的植物分支	后代表型
绿色	绿色	绿色
绿色	白色	绿色
绿色	杂色	绿色
白色	绿色	白色
白色	白色	白色
白色	杂色	白色
杂色	绿色	绿色或白色或杂色
杂色	白色	绿色或白色或杂色
杂色	杂色	绿色或白色或杂色

杂色表型是因为杂色的紫茉莉有两种叶绿体：野生型和突变型。突变的cpDNA上，合成绿色色素所需基因的等位基因存在缺陷；没有叶绿素的细胞是白色的。一个细胞器基因组有一个以上基因型的细胞或生物体称为**异质的**（图15.11）。杂色植物作为一个整体可以认为是异质的，因为它来自一个含有野生型和突变型叶绿体的异质卵。该植物也含有**同质的**细胞，其中只含有一种cpDNA（图15.11）。例如，植物的纯白色区域是同质的突变型叶绿体。为什么有些细胞是异质的，而另一些是同质的呢？

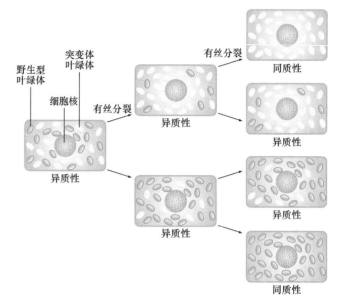

野生型叶绿体

突变体叶绿体

细胞核

有丝分裂

异质性

异质性

同质性

异质性

有丝分裂

异质性

同质性

图15.11 叶绿体的细胞质分离。杂色植物既含有野生型（绿色），又含有突变型（白色）叶绿体。当异质细胞（突变型和野生型cpDNA）分裂时，可以产生同质细胞（全突变型或全野生型cpDNA）。叶绿体的不均匀分布可能发生，并偶然产生一个只有一种cpDNA的子细胞。

2. 细胞器基因组的细胞质分离

当一个细胞经历有丝分裂时，大约有一半的叶绿体最终进入两个子细胞。但这种分布并不精确，因此异质细胞的两个子代无法得到完全相同比例的野生型和突变型叶绿体。从图15.11可以看出，经过多次细胞分裂后，这种随机的**细胞质分离**可以产生一个仅含有一种cpDNA的同质后代细胞。

一个细胞一旦变成了同质的，它就不能再变成异质的（除非通过新的突变），因此从那时起它的所有后代都是同质的。叶绿体的随机细胞质分离至少部分解释了一种植物的野生型为何是异质的，以及突变型叶绿体为何可能混合有异质、同质野生型和同质突变细胞。

3. 细胞质分离与杂色的关系

杂色植物通常具有含绿色和白色组织斑块的杂色主茎，以及纯绿色或纯白色的枝条（见图15.10）。在杂色区域，绿色斑块主要包含异质细胞（图15.12）。在有丝分裂期间，可以产生突变型叶绿体的同质细胞，并且它们产生了白色斑块和白色枝条。同时还会出现野生型叶绿体的同质细胞，并产生纯绿色枝条。

在紫茉莉中，异质细胞是绿色的，因为即使在少量野生型叶绿体中，叶绿素的量也足以产生绿色。这种现象称为**阈值效应**，在这种现象中，特定比例的野生型细胞器足以实现正常的表型。为了避免突变表型，野生型细胞器所需的确切比例，将取决于特定的基因和突变。

现在我们可以理解Correns杂交实验的结果了（见

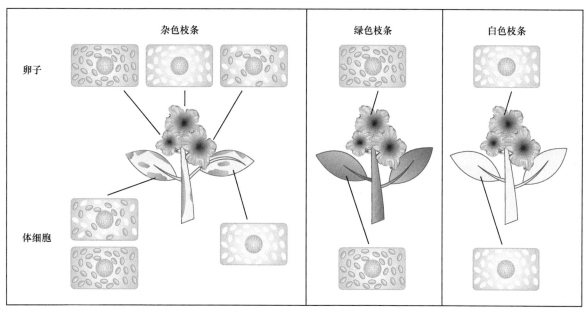

图15.12　杂色紫茉莉的三种卵子类型。在杂色枝条中，绿色部分主要由异质细胞组成。细胞质分离产生了一些能形成白色区域的同质突变细胞，以及形成绿色区域的一些同质野生型细胞。与体细胞一样，杂色枝条的卵子可以是同质性的（野生型叶绿体，或者是突变的叶绿体），也可以是异质的。纯绿色枝条和纯白色枝条的所有卵细胞和体细胞，分别是同质野生型叶绿体或突变型叶绿体。

表15.2）。白色枝条上花的雌性配子是突变叶绿体的同质性配子；它们总是会产生纯白色植物（这些植物最终因为无法进行光合作用而死亡）。绿色枝条上的花为野生型叶绿体提供同质卵子，因此产生纯绿色（非杂色）子代。最后，来自杂色枝条的花可以有三种卵子中的任何一种（见图15.12）。图15.10所示的植物来自于杂色枝条上一朵花的异质卵。

4. 单个细胞器的异质性

每个叶绿体和线粒体可能有几份基因组拷贝，因此对于野生型与突变型DNA，单个细胞器本身可以是异质的或同质的。有两种事件可以导致原异质细胞器内基因组的细胞质分离。第一，当细胞器分裂时，子代细胞器的基因组拷贝数分布是随机的，因此可能会发生一种cpDNA的随机细胞质分离。第二，不是细胞器中的所有DNA分子都进行复制，哪些DNA分子会进行复制是随机的。因此，一些基因组复制了很多次，而另外一些基因组根本不复制。

单个细胞器能正常工作（野生型）或不能正常工作（突变型），都可能受到阈值效应的影响。因此，就像它们居住的细胞一样，单个细胞器的表型（无论是功能上的野生型还是突变型）受到其野生型和突变型基因组拷贝相对比例的影响。

15.4.3　有些生物拥有细胞器基因组的双亲遗传

虽然在大多数后生动物和植物中，细胞器的单亲遗传是普遍现象，但某些单细胞酵母和一些植物的细胞器基因组遗传自双亲，即双亲遗传。在本节中，我们会介绍出芽酵母（酿酒酵母，*Saccharomyces cerevisiae*）的例子。

1. 研究酵母线粒体基因遗传

抑制细菌mRNA翻译的药物，如氯霉素和红霉素，是线粒体（但不是正常的细胞质）蛋白质合成的有效抑制剂。这个现象是在20世纪60年代初被发现的，当时研究人员发现，在含有不可发酵的碳源（甘油或乙醇）的培养基上，氯霉素会抑制野生型酵母的生长；但是这种药物在含有葡萄糖（一种可发酵的碳源）的培养基上，并不抑制酵母的生长。由于厌氧发酵产生ATP不依赖于线粒体，这些科学家认为，氯霉素作用于线粒体基因组编码的线粒体翻译机制。

这些研究人员意识到，在甘油或乙醇上培养酵母菌，可以使细胞依靠线粒体生长，从而分离线粒体基因中的突变体。这个过程很简单：他们筛选与野生型酵母菌表现不同，在一种抑制线粒体蛋白合成的药物作用下，仍然可以在甘油中生长的酵母菌突变体。第一个有用的突变体对氯霉素有抗性（C^r），它们来自于对该药物敏感的野生型细胞（C^s）。

回忆第5章，酿酒酵母细胞是单倍体，有两种交配类型：a或α［见图5.19（a）］。相反，交配类型的细胞融合，可以形成二倍体（出芽生长），因此酵母杂交可以产生二倍体细胞的培养物。酵母是一种同形配子的物种，因为配子（相反交配型的单倍体细胞）具有相似的大小和形态。

2.酵母中线粒体的双亲遗传和细胞质分离

为了分析酵母中mtDNA的遗传模式，研究人员混合了相反交配型的C^{r}和C^{s}亲代细胞，并利用亲本菌株中的核营养缺陷型标记来筛选分离二倍体。它们允许二倍体细胞分裂几个营养生长世代，然后通过将细胞接种到含有氯霉素甘油培养基的培养皿上，对C^{r}或C^{s}表型的单个二倍体后代进行评分。研究人员发现一些二倍体是C^r，其他的则是C^s（图15.13）。这一结果表明，父母双方都向后代传递了细胞器。

实验还表明，不同交配类型亲本细胞的细胞器，在营养生长的有丝分裂过程中会发生分离。交配后，二倍体将包含两种线粒体，二倍体细胞将都是C^{r}表型，因为等位基因是显性的。但是经过几轮的分裂，一些细胞只含有C^{s}线粒体，因此是C^{s}表型。显然，C^{s}和C^{r}型mtDNA发生了随机细胞质分离（图15.13）。

酿酒酵母的生物学特性，使得mtDNA的细胞质分离过程如此迅速，以至于通常只需要几轮有丝分裂就能实现。你会记得，这种酵母通过出芽的过程进行有丝分裂，从一个较大的母细胞产生一个小芽〔回顾图5.19（a）〕。由于这种大小上的不平均，只有少量

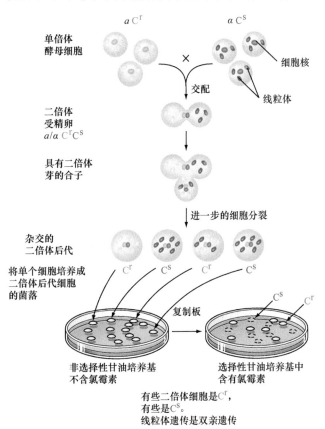

图15.13　酿酒酵母（*Saccharomyces cerevisiae*）双亲线粒体遗传。在酵母中，对氯霉素的抗性或敏感性是由线粒体基因控制的。氯霉素抗性（C^r）和氯霉素敏感（C^s）的单倍体酵母杂交结果表明，二倍体从这两个单倍体细胞中都继承了线粒体。当二倍体细胞通过有丝分裂分离时，这些mtDNA变异体随后发生细胞质分离。

的mtDNA分子被转移到新形成的芽中，使得芽中大部分是一种mtDNA，或只有一种mtDNA的可能性更大。

基本概念

● 在许多生物中，细胞器编码性状的传递是单亲的和母系的。所有子代的表型都与母体相似。

● 细胞器的母系遗传通常是相较于雄性配子，雌性配子较大的结果。其他的机制也可以破坏或排除来自雄性配子的细胞器。

● 线粒体在一些生物（如酵母菌）中是双亲遗传的，两个配子的大小相似。

● 细胞可能携带多种细胞器DNA。这些异质细胞的细胞器基因组，可以在几轮有丝分裂后相互分离，产生只有一种细胞器DNA的同质细胞。细胞质分离可导致不同表型组织的杂色斑。

15.5　线粒体突变和人类疾病

学习目标

1.认识人类系谱中的线粒体疾病。

2.解释异质性对线粒体疾病表现的影响。

3.讨论为什么一些科学家认为线粒体和衰老之间存在联系。

4.描述如何使用卵母细胞核转移来防止线粒体疾病的传播。

正如所有染色体一样，人类mtDNA中也会发生突变。因此，今天的人类线粒体基因组，拥有各种各样的多态性，这可以用来区分彼此。遗传学家可以分析人类mtDNA的序列，探索我们的进化历史。线粒体基因组是母系遗传，这为这些进化研究提供了独特的视角。"快进"信息栏"线粒体祖先"，解释了mtDNA序列的比较表明今天所有人类的祖先是一名生活在20万年前的非洲妇女。

mtDNA中的某些多态性具有明显的表型影响。特别是，人类神经系统的一些衰弱性疾病，是由线粒体基因组突变引起的。这些疾病基因从母亲传给女儿和儿子，受影响的女儿又传给孙女和孙子，通过母系的方式传承下去。由于异质性，这些疾病的症状在家庭成员之间有很大的差异。线粒体基因治疗的发展，将使患有线粒体疾病的妇女生育孩子时不传递突变mtDNA，这也许很快将成为可能。

15.5.1　在LHON中，受影响的人通常是同质的

莱伯遗传性视神经病变（LHON），是指线粒体电子传递链的缺陷导致的视神经变性和失明。家族谱系显示，LHON仅从母亲传给后代（图15.14）。LHON是

快进

线粒体祖先

线粒体的严格母系遗传，提供了一个独特的机会来推断我们的进化史。通过这些研究，遗传学家Allan C. Wilson和他的同事得出了一个惊人的结论：当今所有人类的线粒体DNA，都可以追溯到大约20万年前生活在非洲的一位女性的mtDNA。

原始mtDNA的携带者被称为线粒体祖先，可能生活在一个1万～5万人的群体中，他们在同一地区生活并交配。

虽然今天所有人类的线粒体都可以追溯到很久以前的一个女性身上，但是我们的线粒体DNA并不完全相同。事实上，正是由于在过去20万年中发生的随机突变，导致了线粒体基因组碱基序列的差异，使得科学家能够追踪线粒体的历史到这个线粒体祖先上。

Wilson和他的同事，分析了约250人的线粒体DNA序列，这些人代表了世界上所有居住大陆的人。他们发现，非洲个体之间的序列差异，比亚洲或欧洲个体之间的差异更大。由于突变是随时间而发生的，非洲人口积累变异的时间肯定是最长的。结论很简单：现代人类起源于非洲。

研究人员可以通过假设mtDNA中突变积累的速率相对恒定，来估算线粒体祖先的存在时间。科学家们知道，大约500万年前，黑猩猩和人类从一个共同的祖先分化而来，人类与黑猩猩的mtDNA约有15%的差异。调整这些数据来解释在同一碱基对上的多重置换，他们估计人类和黑猩猩的mtDNA以平均每百万年13.8%的速度分化。

为了确定线粒体祖先的生存时间，Wilson和他的同事们认为人类mtDNA变异最多，约占细胞器DNA的2.8%。然后，研究人员简单地将这个数字除以黑猩猩和人类基因组比较得出的比率，以估算有分歧的现存人类最后一次共享一个共同母系祖先的时间：

$$\frac{2.8\% \text{ bp 变化}}{13.8\% \text{ bp 变化}/100 \text{ 万年}} = 0.20 \text{百万年} = 20 \text{万年前}$$

虽然对于构成这一分析基础的统计方法和假设存在一些争议，但大多数遗传学家现在同意这样的结论：携带我们古老的mtDNA的妇女，生活在大约20万年前的撒哈拉以南的非洲地区。

线粒体祖先是谁？答案是，她是唯一一个现今人类所有mtDNA可以追溯到的女性。图A说明了这个概念。

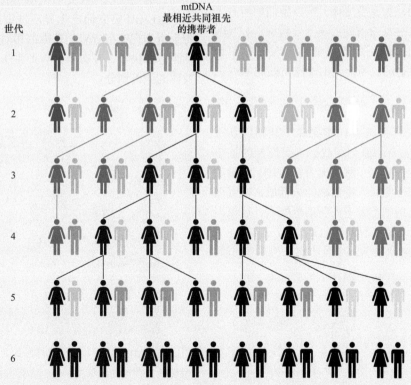

图A　mtDNA最近的共同祖先（MRCA）。现今所有人（第6代）的mtDNA都可以追溯到一个女人（第1代，黑色），即mtDNA最相近共同祖先的携带者。早期世代中的其他女性的mtDNA（黑色以外的颜色）在第5代之前的某一段时间内丢失了。由于mtDNA是母系遗传，所以雄性携带的mtDNA变异不会影响下一代mtDNA的分布。一旦所有的雌性携带MRCA变异，所有的雄性在下一代也会携带该变异。

来源：C. Rottensteiner, http://en.wikipedia.org/wiki/File:MtDNA-MRCA-generations-Evolution.svg

你可以看到，尽管她的名字是线粒体祖先，但肯定不是第一个女人；同时存在许多其她的妇女，也有许多其他妇女先于她而存在。但是其他女性的mtDNA并没有遗传给今天的人类。在过去的20万年里，这些妇女或者她们存活的母系后代，没有孩子或者只有儿子。通过图A的彩色谱系可以想象这个概念在这一代之前就结束了。

相似的祖先踪迹决定了，携带着与当今所有Y染色体最相近的共同祖先的男人（也就是所谓的Y染色体祖先），也生活在撒哈拉以南的非洲，但很可能是在不同的时间（大约20万～30万年前）。在第21章，你将更详细地了解科学家如何比较个体的DNA序列来推断人类进化史。

由三个线粒体基因中的任何一个（*nd1*、*ND4*或*nd6*）减效突变引起的，这三个基因每个编码一个NADH脱氢酶的不同亚基［NADH脱氢酶是电子传递途径中的第一种酶，如图15.2（b）所示］。呼吸传递链上电子减少降低了线粒体ATP的产量，导致细胞功能的逐渐下降，并最终导致细胞死亡。视神经细胞对能量的需求相对较高，所以遗传缺陷在影响其他生理系统之前，先影响了视觉。

由于致病等位基因是弱突变体，大多数LHON患者的视神经细胞为同质性疾病突变（所有线粒体均为突变体）；通常这意味着该患者整体都含有同质突变线粒体。由于这个原因，LHON常常（但并不总是）显示出线粒体疾病最简单的遗传模式（图15.14）：所有受影响的女性卵子中的mtDNA都是突变体，所以她们的所有子代——男性和女性——都含有同质突变线粒体。LHON系谱并不总是像图15.14所示那样清晰；在一些家族中，遗传是不完全渗透的，可能是由于异质性的原因。

15.5.2　在MERRF中，受影响的个体是异质的

患有罕见的遗传性肌阵挛性癫痫和不规则红纤维疾病（MERRF）的人有一系列症状：不受控制的抽搐（肌阵挛性癫痫的一部分）、肌肉无力、耳聋、心脏问题、肾脏问题和进行性痴呆。受影响的患者通常在骨骼肌区域有一种不寻常的"参差不齐"染色模式，这可以解释这种疾病的部分名称（图15.15）。

MERRF是由线粒体tRNA基因功能缺失突变引起

的；90%的MERRF患者在*tRNA^{Lys}*中携带突变。由于这些突变影响所有线粒体mRNA的翻译，它们对ATP的产生有重大的有害影响。携带这些突变mtDNA的人，对于突变体和野生型线粒体来说总是异质性的，因为这种突变DNA的同质性细胞会死亡。异质性导致了疾病症状外显率和表达率的广泛差异。

1. 卵子中突变线粒体比例的变化

如图15.16所示系谱，家庭成员从他们的母亲那里继承MERRF；受影响的雄性后代没有一个表现出疾病症状。家族史还揭示了症状严重程度的个体差异，这些差异与突变线粒体的总体比例大致相关。在图15.16中发现，突变线粒体在母亲及其后代中的比例并不总是相同的，突变线粒体在兄弟姐妹中的比例也不相同。这是由于MERRF突变而产生异质性细胞的女性，其卵子中野生型和突变型*tRNA^{Lys}*基因的相对比例是不同的。确切的组合取决于，在有丝分裂产生生殖细胞系的过程中线粒体的随机划分。

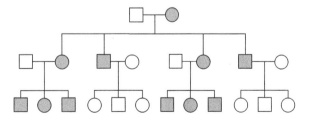

图15.14　线粒体疾病特征系谱。患病母亲的所有子女都受到影响，但是患病父亲的子女则不受影响。虽然一些LHON系谱表现出这种理想化的遗传模式，但由于一些LHON患者是异质性的，而且该性状可能受到核基因各种等位基因的影响，因此该性状可能表现出不完全外显率和可变表达率。

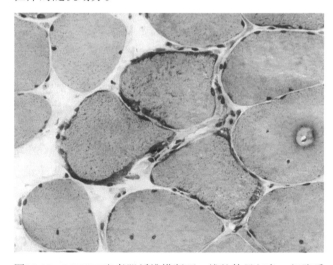

图15.15　MERRF患者肌纤维横断面。线粒体呈红色，细胞质呈蓝色。在这种偶然发生的、含有大量突变mtDNA的异质个体的肌纤维中，线粒体的功能很差。为了弥补这一缺陷，这些参差不齐的红色纤维产生了更多的线粒体（从而显示出更多的红色染色）。尽管有这样的补偿，参差不齐的红色纤维产生的能量很少，因此比正常纤维更弱。

承蒙© Dimitri P. Agamanolis, M.D.提供

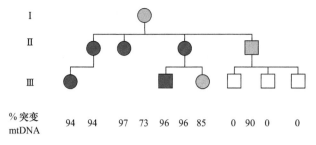

| % 突变 mtDNA | 94 | 94 | | 97 | 73 | 96 | 96 | 85 | | 0 | 90 | 0 | 0 |

图15.16 MERRF的母系遗传。尽管这一系谱显示了线粒体突变的母系传递，但异质个体细胞中，突变mtDNA的总体比例各不相同（见底部），且与病情的严重程度一致（通过不同的颜色编码显示）。

2. 突变线粒体组织分布的变化与其表型

在含有引起MERRF线粒体的个体中，突变型与野生型mtDNA的比例，在组织与组织之间有显著差异，这是有丝分裂期间的随机细胞质分离造成的。由于每个组织都有自己的能量需求，即使是相同的比例也会在不同程度上影响不同的组织（图15.17）。肌肉和神经细胞在所有类型的细胞中有最高的能量需求，因此最依赖于氧化磷酸化。突变mtDNA随机分离到这些组织后，产生了MERRF的特征。

15.5.3 线粒体突变可能影响人类衰老

mtDNA中的一些突变是通过生殖系遗传的，而另一些突变则是在体细胞中偶然发生的，如暴露于辐射或

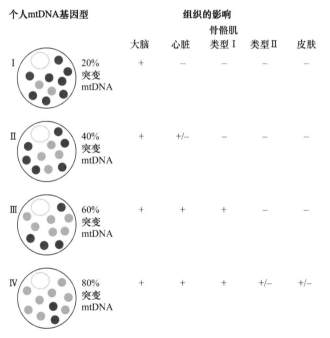

图15.17 MERRF症状及突变体与野生型mtDNA的比值。突变线粒体（蓝色）的比例和受影响组织的性质，一起决定了MERRF症状的严重程度。对能量要求较高的组织（如大脑）对突变线粒体的耐受性最低。只有当野生型线粒体（紫色）的比例大大降低时，低能量需求的组织（如皮肤）才会受到影响。

化学诱变。事实上，在人类体内，体细胞的线粒体DNA突变率要比核DNA高得多。原因之一是线粒体氧化磷酸化系统，在细胞器内产生了大量破坏DNA的自由基。

一些关注衰老遗传学的研究人员认为，人一生中mtDNA突变的积累会导致与年龄相关的氧化磷酸化水平下降。这种下降反过来也解释了衰老的一些症状，比如心脏和大脑功能的下降。支持这个假设的一个证据是，患有阿尔茨海默病（AD）的人，其大脑细胞会出现一种异常低的能量代谢。有趣的是，在大多数AD患者脑细胞中，20%～35%线粒体的三个细胞色素c氧化酶基因中，有两个基因发生了突变，这可能会损害大脑的能量代谢。线粒体损伤是否对衰老过程有重要影响，这还需要进一步的研究。

15.5.4 卵母细胞核移植可以避免线粒体疾病的传播

线粒体疾病相对少见，但仅在美国，每年就有几千名婴儿出生时患有mtDNA突变引起的疾病。受影响的母亲应避免将线粒体疾病传染给孩子。新技术很快将会使其成为可能。

这项技术（**线粒体基因治疗**）的目的，是去除含有正常线粒体的供体卵子的细胞核，用患有线粒体疾病的准妈妈卵子中的细胞核替代（图15.18）。产生的卵子，其

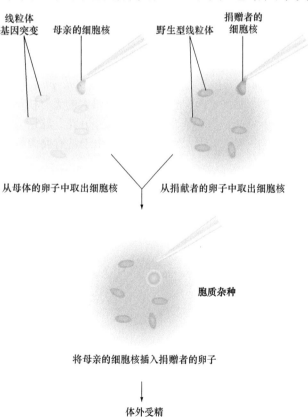

图15.18 线粒体基因治疗。将线粒体突变的卵子的卵母细胞核，转移到线粒体正常的卵子中，会产生一个胞质杂种卵。这项技术有可能防止线粒体疾病的传播。

细胞核和线粒体的来源并不相同，被称为**胞质杂种**。

体外受精后，受精卵可以植入子宫。由此产生的孩子将拥有他或她父母的核基因，以及卵子捐赠者的正常mtDNA。这个过程的一个至关重要的方面，是母亲的细胞核需要进行无线粒体干扰的清洁转移，否则产生的受精卵将是异质的。

2009年，一组研究人员将恒河猴卵子的细胞核移植到去核供体卵子中，并在体外与恒河猴精子受精。受精卵被植入代孕母亲的子宫。显然，正常的异卵双胞胎出生了，它们是Mito和Tracker（图15.19），分子分析显示他们只有来自细胞质供体的mtDNA。

猴子实验的成功，促使英国政府在2015年批准了人类线粒体基因治疗的临床试验。截至2016年撰写本文时，美国政府仍在争论这项新技术的伦理问题。

基本概念

- 人类mtDNA突变引起的疾病被确认为母系遗传的模式。
- 线粒体疾病等位基因的异质性，使得表型表现出差异，甚至在一个患病母亲的孩子之间，也会有差异。
- 随着时间的推移，体细胞mtDNA突变的积累可能在衰老过程中发挥作用。
- 将含有突变mtDNA卵子的卵母细胞核，移植到带有正常mtDNA的去核供体卵子中，可能有助于人们避免线粒体疾病的传递。

接下来的内容

这一章开头的照片展示了泰坦魔芋（*Amorphophallus titanum*）罕见的绽放，它拥有世界上最大的无分枝花序（花簇）。通常情况下，植株每隔10年开花，花期只持续2天左右。泰坦魔芋以恶臭闻名，由于具有腐肉特有的气味，俗称尸草。

在泰坦魔芋花期的几天里，线粒体活动的周期性爆发增加了花期内的温度，因此花的某些部分周期性地变得比正常人体温度高。线粒体活动产生的热量使气味分子挥发，加热和冷却的循环产生对流，使这些分子从植物中飘出。这些气味的释放会吸引传粉者，确保泰坦魔芋能够繁殖。

即使在泰坦魔芋所有细胞中都存在相同的核基因和线粒体基因，这些基因的使用方式也会对生物产生影响。某些基因在特定细胞中的表达，确保各种细胞发育成植物不同的结构，如根或花。基因的表达也可以随着时间的不同而不同，引起类似泰坦魔芋开花时周期性加热和冷却的现象。

在接下来的两章中，我们将探索生物体控制其基因表达的分子机制——基因调控的过程。在第16章，我们将讨论细菌中基因调控的机制。然后，在第17章，我们将探讨真核生物中的核基因调控。我们将看到，基因调控不仅控制着所有细胞的代谢活动，而且还控制着多细胞生物细胞的分化。

习题精解

Ⅰ. 20世纪70年代初，Igor Dawid和Antonie Blackler进行了经典实验，首次直接揭示了脊椎动物mtDNA的母系遗传。他们的研究使用了两种亲缘关系密切的蛙类——非洲爪蟾（*Xenopus laevis*）和北爪蟾（*Xenopus borealis*）之间的杂交，这两种蛙类的mtDNA有许多核苷酸变异。他们当时使用的技术不够灵敏，无法检测到少量的父系DNA。如今可用的对少量DNA高度敏感的技术是什么？如何使用这些技术来确定父系线粒体DNA是否存在于物种杂交的后代中？

解答

聚合酶链反应（PCR）是一种检测少量DNA的敏感技术。两种不同物种中，每个线粒体DNA的特异性寡核苷酸引物，可以用来确定父系DNA是否存在于物种间杂交的后代中。例如，你可以从几个蝌蚪身上提取DNA，这些蝌蚪是由*X. laevis*雌性和*X. borealis*雄性杂交得到的，然后用PCR检测。如果这是纯的母系遗传，那么就只能得到*X. laevis*特异的PCR产物。作为对照，你可以检测*X. laevis*雄性和*X. borealis*雌性杂交产生的蝌蚪，在这里你只会看到*X. borealis*特异的PCR产物。

另一种方法是高通量DNA测序。如果你从蝌蚪中纯化总DNA，然后测序随机片段，你不仅可以确定核基因组的序列，还可以确定线粒体基因组的序列。如果你进行足够多的测序反应，你就能检测到后代中是否存在少量的父系mtDNA。

图15.19　Mito和Tracker：灵长类卵母细胞核转移成功案例。这两只恒河猴是卵母细胞核转移和体外受精的产物。它们的细胞含有来自父亲和卵母细胞核供体的核DNA，而它们的mtDNA仅来自于细胞质供体的去核卵母细胞。

© Oregon Health & Science University

Ⅱ. a. 下列系谱是否为线粒体遗传？为什么？
   b. 是否有其他的遗传模式与这些数据一致？
   c. 你如何区分线粒体遗传和与数据一致的其他可能模式？

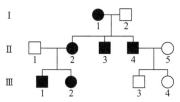

解答

a. 本系谱中的数据与线粒体遗传一致，因为该性状是由女性遗传的；这个家庭中受感染的男性没有传递这种特性，且所有的女性后代都有这种特性。

b. 这种遗传模式也与常染色体显性性状的遗传一致。根据这个假说，个体Ⅰ-1和Ⅱ-2将显性等位基因传给了所有的孩子，但是Ⅱ-4没有将显性等位基因传给任何一个孩子。

c. 受影响个体表现出的症状提供了一条线索。如果这种疾病是线粒体疾病，你可能会看到与LHON或MERRF等已知患有线粒体疾病的患者相似的症状。然而，这些证据并不是决定性的，因为一些影响线粒体的疾病是由核基因突变引起的。你最终需要检查受影响个体的mtDNA，看是否存在任何可能破坏线粒体基因组结构或基因表达的改变。

习题

词汇

1. 在右列中选择与左列中的术语最匹配的短语。

a. 细胞质分离	1. 仅通过母体配子传递基因
b. 异质的	2. 仅具有一种基因型的 mtDNA 或 cpDNA 的细胞
c. 同质的	3. 具有相似大小的配子
d. 母系遗传	4. 含有不同 mtDNA 混合物的细胞只产生一种子代细胞
e. 单亲遗传	5. 野生型表型需要野生型细胞器 DNA 的特定部分
f. 同形配子的	6. 具有不同基因型的 mtDNA 或 cpDNA 的细胞
g. 阈值效应	7. 通过母系或父系配子传递基因，但不能同时通过母系或父系配子传递

15.1节

2. 假设人类细胞平均含有1000个线粒体，那么从人体组织中分离出来的总DNA中，mtDNA的重量百分比是多少？

3. 反向翻译是一个术语，用于推导可以编码特定蛋白质的DNA序列。如果你遇到氨基酸序列Trp His Ile Met：
   a. 编码这些氨基酸的人类核DNA序列是什么？（包括所有可能的变体）
   b. 编码这些氨基酸的人类线粒体DNA序列是什么？（包括所有可能的变体）

4. 人类核基因组用32种不同的反密码子编码tRNA（不包括图8.22所示的tRNA^{Sec}）。线粒体基因组只编码22种不同的tRNA，足以翻译所有的线粒体mRNA。细胞核和线粒体遗传密码的差异（见表15.1）还不足以解释在每种情况下所需tRNA数量的差异。那么这种区别如何解释呢？〔提示：参考图8.21（b）中所示的摆动规则。〕

5. 人类线粒体基因组中没有tRNA合成酶基因。
   a. 线粒体tRNA是如何与氨基酸结合的？
   b. 根据你给出的题目a的答案，解释AUA如何在线粒体中特异结合Met，而在细胞核中结合Ile。

6. 你怎么知道你在超市买的大比目鱼是不是真的大比目鱼？为了确定生物样本的来源，科学家们进行PCR扩增，然后对已知在不同物种间存在差异的DNA区域进行测序。对于动物来说，这个DNA区域是线粒体细胞色素氧化酶Ⅰ基因的一个648个碱基对的部分。这个mtDNA区域的序列被称为DNA条形码，因为有一个数据库包含了这个mtDNA区域的序列，该序列在成千上万的动物物种中是独一无二的。
   a. 你觉得为什么线粒体DNA区域被用于动物条形码，而不是细胞核基因组DNA区域？
   b. 一对PCR引物可用于识别任何鱼的品种。解释这是如何实现的。
   c. 列举科学家们在确定哪段线粒体DNA序列用于识别动物时必须考虑的标准。

15.2节

7. 这些关于叶绿体或线粒体基因组的陈述都成立吗？
   a. 含有tRNA基因
   b. 编码参与电子传递途径的蛋白质
   c. 细胞器功能需要的所有基因都存在
   d. 不同的生物在大小上有很大的差异

8. 假设你研究的是一种之前从未被分析过的二倍体植物的DNA。你从幼苗中分离纯化了所有的DNA，然后用这些DNA进行高通量测序，涉及数百万随机DNA片段的读取。

a. 如果一个给定的单拷贝核DNA平均得到100条序列，你会获得多少条mtDNA的序列？多少条cpDNA的序列？（假设每个线粒体有10个基因组，每个叶绿体有20个基因组。假设这种植物的细胞平均含有1000个线粒体和50个叶绿体）

b. 除了序列数，还有什么其他的标准可以确定一个特定的序列是核DNA、mtDNA、还是cpDNA？

9. 下图所示的是一个基因打靶DNA质粒载体，通过基因枪转化将转基因插入叶绿体DNA的例子。质粒DNA可以在大肠杆菌中大量制备，然后用基因枪注射到植物细胞中。用功能匹配重组基因成分（RE1、RE2和RE3是质粒载体特有的不同的限制性内切核酸酶识别位点）。

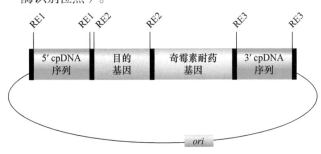

a. 奇放线菌素耐药基因	1. 调节整合的 DNA
b. cpDNA 序列	2. 筛选叶绿体转化子的基因
c. RE2	3. 大肠杆菌中用于质粒复制的序列
d. 起始位点	4. 靶向叶绿体 DNA 可以插入到载体中的位点
e. RE1 和 RE3	5. 转基因插入载体的位点

15.3节

10. 下列哪一种特性使叶绿体和（或）线粒体看起来更像细菌细胞而不是真核细胞？

a. 翻译对氯霉素和红霉素敏感。

b. 线粒体基因使用可变密码子。

c. 内含子存在于细胞器基因中。

d. 细胞器中的DNA不在核小体中排列。

11. 酿酒酵母核基因ARG8编码一种酶，催化精氨酸生物合成的关键步骤。这种蛋白质通常在细胞质核糖体上合成，然后被运输到线粒体中行使其功能。1996年，Fox和他的同事们构建了一个酵母菌株，将编码Arg8蛋白的基因导入线粒体，使得线粒体核糖体能合成功能性蛋白。

a. 这些研究人员如何将ARG8基因从细胞核转移到线粒体中，同时允许活性酶的合成？研究人员需要以何种方式改变ARG8基因，使其在线粒体而不是细胞核中发挥作用？

b. 为什么这些研究人员最初希望将ARG8基因转移到线粒体中呢？

15.4节

12. 人类线粒体基因组中所谓的高变区（HV1和HV2）有时被用于法医分析。它们是线粒体基因组的两个非编码区域，每个约300 bp，分布在复制起点的两侧；这些DNA序列的功能尚不清楚。然而，mtDNA的这两个区域在不同的人群中表现出最多的变异（SNP和InDel）。HV1和HV2中的DNA以10倍于核基因组DNA序列的速度积累突变。

a. 在什么情况下人类mtDNA会比核DNA更好地识别个体？

b. 与核DNA相比，使用mtDNA识别个体的缺点是什么？

13. 假设线粒体基因组产生了一个新的突变。请解释怎样才能使突变表现出自己的表型。

14. 请描述至少两种方式，在不同物种的后代中，来自父本的线粒体基因组的贡献被阻止。

15. 为什么严重的线粒体或叶绿体基因突变通常出现在异质细胞中而不是在同质细胞中？

16. 假设你正在检测一个新发现的植物物种，你希望确定mtDNA的遗传是母系的、父系的还是双亲的。你发现，在群体中存在两种mtDNA变异体，它们可以通过使用特定引物的PCR扩增产物的大小差异来区分。首先，你要对从每一株植物的叶片上提取的DNA进行PCR分析。然后将1号植株的卵子与2号植株的花粉杂交，得到4株幼苗，然后用每株幼苗的DNA进行PCR分析。结果如下所示。

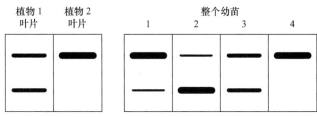

a. 假设2号植株是同质的，那么这些结果是否排除了该物种mtDNA遗传三种可能模式中的任何一种（母系、父系或双亲）？

b. 你能利用什么实验来区分剩下的模式？

c. 你能做什么实验来验证2号植株实际上是同质性的？为什么需要这样的实验来得出该物种mtDNA遗传模式的结论？

d. 说明4株幼苗中2种mtDNA的不同比例。尽可能具体。

17. 玉米有一种雄性不育是由母系遗传的。Marcus Rhoades 首先描述了这种细胞质雄性不育。通过将雄性不育植株的雌配子与雄性可育植株的花粉杂交，由此产生的子代植株是雄性不育的。

  a. 绘制杂交图，使用不同的颜色和形状来区分细胞核（线条）和细胞质（环状）基因组，包括雄性不育植株（一种颜色）和雄性可育植株（另一种颜色）。

  b. 雄性不育子代的雌配子与第一次杂交的相同雄性不育亲本的花粉进行回交。这个过程重复了很多次。绘图表示接下来的两个世代，包括可能的交换事件。

  c. 这一系列回交的目的是什么？（提示：看看你对目 b 的回答，思考核基因组发生了什么变化）为什么 Rhoades 会将这些结果解释为细胞质雄性不育的表现？

18. 植物育种家很早就认识到杂交优势或杂种优势的现象。在这种现象中，两个自交系之间形成的杂交品种相对于两个亲本植株，具有更高的活力和作物产量。从 20 世纪 30 年代开始，种子公司利用习题 17 中描述的玉米细胞质雄性不育（CMS）现象，以低成本生产杂交玉米种子，卖给农民。这种 CMS 是由线粒体基因突变引起的，线粒体基因突变阻止了花粉的形成。

  a. CMS 如何帮助种子公司生产杂交玉米种子？
一种被称为恢复系的核基因的显性 *Rf* 等位基因抑制 CMS 表型，因此含有突变线粒体基因组的 Rf 植株是雄性可育的。

  b. 描述一种杂交产生的杂交玉米种子，它将长成能自体受精的植物（种植杂交种子的农民想要可育的植物，因为玉米粒是由受精胚珠产生的）。

  c. 通过 CMS 生产的杂交玉米商业化面临的历史挑战之一，是维持含有 CMS 线粒体的植株：如果这些植物本身从不产生花粉，种子公司如何持续生产雄性不育玉米？提出一种策略，可以让种子公司在每个繁殖季节持续获得雄性不育植株。

  d. 使用杂交玉米有什么潜在的缺点吗？如果有，会出现什么问题？

19. 一种名为 *cox2-1* 的酿酒酵母单倍体突变菌株，被发现不能在仅含有甘油作为碳源和能量的的培养基中生长（甘油是酵母不可发酵的底物）。然而，这种菌株可以在可发酵的葡萄糖底物上生长。研究人员发现，*cox2-1* 细胞缺乏一种叫做细胞色素 c 氧化酶的线粒体蛋白。

  a. 解释为什么 *cox2-1* 细胞可以在含有葡萄糖的培养基上生长，而不能在甘油培养基上生长。

  b. 当 *cox2-1* 与野生型酵母菌株杂交产生的二倍体细胞能够有丝分裂生长时，人们发现大约一半的二倍体克隆能够在甘油中生长，而另一半则不能。可以在甘油中生长的二倍体克隆被诱导成孢子，它们产生的四个孢子都能在甘油培养基上生长。在所有这些四分体中，两个单倍体的子代交配类型为 a，另两个交配类型为 α。不能在甘油中生长的二倍体菌株不能产生孢子。对于 *cox2-1* 突变的位置，交配的结果说明了什么？

  c. 另一种名为 *pet111-1* 的酵母突变株也无法在甘油培养基中生长，但能在葡萄糖培养基上生长。这些突变细胞同样缺乏细胞色素 c 氧化酶。当 *pet111-1* 突变株与另一交配类型的野生型单倍体菌株杂交时，产生的二倍体能够在甘油中生长并产生子囊，无论是否能在甘油中生长，二倍体细胞都表现出 2∶2 的分离。根据题目 b 的答案解释这些结果。

20. 在 20 世纪 40 年代末，法国研究员 Boris Ephrussi 在酿酒酵母（*Saccharomyces cerevisiae*）中发现了第一个非孟德尔遗传的例子。他发现了不能呼吸的突变体（即不能进行氧化磷酸化）。当生长在含有糖和葡萄糖作为碳源的培养皿中时，这些突变细胞会形成一个小的菌落（*petite*）。如果唯一的碳源是不可发酵的，如甘油或乙醇，这些小的细胞根本无法生长。相比之下，野生型（*grande*）细胞在两种培养皿上都生长良好。

    Ephrussi 发现，在所有 *grande* 和 *petite* 型酵母单倍体菌株之间的杂种中，每个子囊中的四个孢子都是野生型的；也就是说，*grande∶petite* 的比值总是 4∶0，显示为单亲遗传。

  a. 以细胞从环境中获得能量的方式（氧化磷酸化和发酵）来解释 *grande* 和 *petite* 型酵母细胞的表型（即它们在两种介质中生长的能力）。

  b. 图 15.13 显示酿酒酵母线粒体为双亲遗传。结果表明，*grande* 和 *petite* 酵母菌株之间的差异仅仅是 mtDNA 的一个特性，但在这种情况下，遗传是单亲。这些看似矛盾的说法如何能同时成立呢？（提示：酿酒酵母细胞不需要 mtDNA 进行发酵）

15.5 节

21. 人类系谱中的哪些特征揭示了影响性状的突变是来自线粒体？

22. 在系谱图中，家族第一个出现线粒体疾病 MERFF 症状的人是 Ⅱ-2。

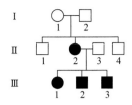

a. 为什么母亲 I -1没有受到影响而女儿 II -2受到影响，列举两种可能的原因？

b. 你如何区分这两种可能的原因？

23. 1988年，澳大利亚的神经学家报道说，有一对同卵双胞胎在他们十几岁时患上了肌阵挛性癫痫。双胞胎中有一个受到这种情况的轻微影响，但另一个后来出现了完全MERRF的症状，包括耳聋、参差不齐的红色纤维和运动失调（失去控制肌肉的能力）。解释这对同卵双胞胎表型不同的原因。

24. 如果你是一名遗传咨询师，有一个患有MERRF症的患者想要一个孩子，关于孩子仍患此病的概率，你有什么样的建议？有何可以在产前进行的测试来确定胎儿是否会受到MERRF的影响？

25. Kearns-Sayre综合征（KSS）、皮尔逊综合征和进行性外视丘麻痹征（PEO）是罕见疾病，其线粒体基因组被删除了7.6kb。KSS影响中枢神经系统、骨骼肌和心脏；患者通常在成年早期死亡。皮尔逊综合征的特点是严重贫血和胰腺功能障碍。这种情况通常在婴儿时期是致命的，但少数幸存者经常发展出KSS的症状。PEO患者眼睑下垂，四肢无力，但寿命正常。

a. 考虑到这三种情况下的患者都有大段的mtDNA缺失，如何解释受影响组织的变化和症状的严重程度差异？（假设删除片段的大小不影响表型差异）

b. 假设mtDNA从一个单一的起点开始复制，你能从这些疾病中得出关于复制起点位置的什么结论？

c. 虽然这些综合征是由于mtDNA缺失引起的，但它们通常不是母系遗传的，而是在个体中以新的突变形式出现。例如，患有PEO的母亲通常不会将这种性状遗传给后代。为这个惊人的发现提供一个解释。

26. 许多临床相关的线粒体疾病都是由影响tRNA的线粒体基因突变引起的。例如，MELAS（线粒体肌病、脑病、乳酸中毒和中风样发作）的一种形式是由编码线粒体$tRNA^{Leu}$基因的一个点突变引起的，其反密码子识别密码子的5'UUA和5'UUG。突变使这种tRNA的氨基酰化效率降低。

a. 在MELAS细胞中，大多数线粒体蛋白的合成速度不受影响，或略有下降，但一种名为NAD6的线粒体蛋白的合成速度仅为正常速度的10%。这种单一线粒体蛋白质的翻译怎么会受到特别的影响呢？

b. 为什么该蛋白质的翻译减弱引起病理变化？

c. 研究人员目前正在研究治疗MELAS患者症状的方法。一种策略涉及核基因的改变。研究人员的目标核基因可能是什么？（假设你可以对核基因做任何想要的改变；我们将在第18章描述改变基因组的方法）

27. Leigh综合征的特征是心理运动退化，即智力和运动能力的逐渐丧失。患者还患有乳酸性酸中毒，这是一种线粒体呼吸不足的状况，因此他们的组织以厌氧方式代谢葡萄糖，导致乳酸的积累。一些Leigh综合征患者线粒体基因MT-CO3发生突变，MT-CO3编码电子传递复合体细胞色素c氧化酶的亚基。其他被诊断为Leigh综合征的患者在核基因SURF1中存在功能缺失突变，该基因编码同一个酶复合体组装所需的一个因子。

a. 线粒体基因突变和核基因突变为何导致相同的症状？

b. 所示系谱是否提供了足够的证据来区分这个家族的Leigh综合征是源于线粒体基因突变还是核基因突变？（请记住，许多疾病无论源于核DNA突变或mtDNA突变都是不完全的，或表现为可变的表达性）

c. 哪种有效的方法可以帮助该家族的成员区分这两种可能的遗传模式？

28. 线粒体基因的所有突变最终影响（直接或间接）线粒体的重要功能，即产生ATP。那么，为什么不同基因的突变会导致具有特定症状的不同的疾病呢？（注意：这个问题的答案还不清楚，但是你的推测会帮助你思考这一章的内容）

29. 研究人员是如何确定恒河猴Mito和Tracker（见图15.19）没有来自核供体母亲的线粒体DNA呢？

第五部分　基因是如何调控的

第16章　原核生物中的基因表达调控

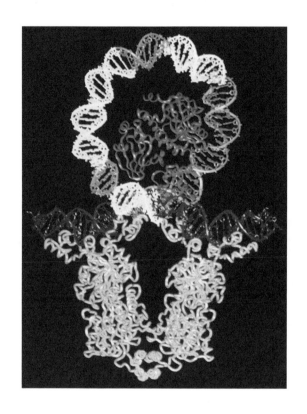

大肠杆菌中，乳糖阻遏蛋白（紫色）与 DNA 中的特定位点结合阻止乳糖操纵子的表达。阻遏物是一个四聚体，其中两个亚基分别结合到操纵基因的两个位点上，使 DNA 形成一个环（蓝色和绿色）。每个操纵基因位点（红色）存在旋转对称现象，因此形成二聚体的两个亚基以相反的方向存在于染色体上。这个模型还展示了 CRP 蛋白（深蓝色）结合 lacDNA 的位点。

© SPL/Science Sourc

章节大纲

　　细菌会利用一种称为群体感应的通讯系统，根据群体的密度调整它们的行为。群体感应最早是在费氏弧菌中发现的，这是一种能进行生物发光的细菌，生活在夏威夷短尾乌贼的发光器官中（图16.1）。发光器官会将乌贼伪装起来与月光融为一体来躲避天敌的追捕，否则它们身体的轮廓会清晰地显现在水里。科学家们观察到这种细菌在乌贼的发光器官里达到一定的密度时才能发光。这种行为充分表明：单个细菌不能产生足够的光来照亮乌贼，细菌需利用能量来进行发光。

　　费氏弧菌是如何"知道"在乌贼发光器官里它们的

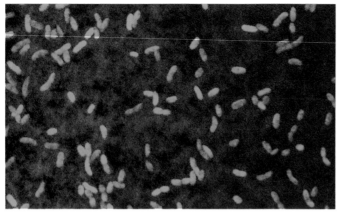

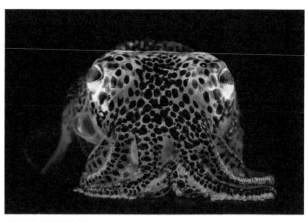

(a) 费氏弧菌生物发光

(b) 夏威夷短尾乌贼

图16.1　发光细菌保护乌贼躲避捕食者。（a）费氏弧菌产光。（b）这些细菌栖身于夏威夷短尾乌贼的发光器官里。

（a）：荧光蛋白标记的费氏弧菌细胞图片，承蒙*Vibrio fischeri* Genome Project of L. Sycuro and E.G. Ruby提供。单个细胞约为0.7μm×1.5μm；

（b）：承蒙© Mattias Ormsestad and Eric Roettinger/Kahi Kai提供

种群达到足以产光密度的时间点？研究者们为解开这个神奇的生物学问题，利用强大的细菌遗传学技术解析生物发光路径。在本章中可以看出，费氏弧菌合成并释放调控因子到外界环境中，进而控制编码发光蛋白基因的转录。只有在高密度菌群状态下调控分子，才足以激活发光基因的转录。

费氏弧菌生物发光的现象阐明了原核单细胞生物生命中两个关键点：第一，这些生物体经常直接与它们生存的外界环境接触；第二，细菌需要通过改变基因表达来应对环境的变化。费氏弧菌基因表达的协调控制是**原核生物基因调控**的一个具体例子，也是这章的主题。原核生物通过激活、增强、衰减、阻遏某些特定基因的转录和（或）来自于这些基因的mRNA的翻译来调控基因表达。

从我们的讨论中显现出一个重要的主题：为了在不断变化的环境中适应和生存下去，细菌必须以协调的方式调控许多基因的表达，以便让细胞面临多种不同的生活环境时做出恰当的反应，同时不浪费能量生产无用的蛋白质。

16.1　原核基因表达的元件

1. 了解原核生物转录过程中，RNA聚合酶核心酶、sigma（σ）因子和rho（ρ）因子的功能。
2. 解释为什么原核生物中mRNA分子转录和翻译过程可同时进行。
3. 列举基因表达过程中可能被调控的步骤。

在第8章中我们看到，基因表达是依据DNA的编码信息产生RNA和蛋白质的过程。在表达过程中，DNA信息会转录成RNA，RNA信息会被翻译成一连串的氨基酸。转录和翻译为细胞提供了调节RNA和蛋白质合成量的机会，以便生产出细菌需要它们的数量。

16.1.1　RNA聚合酶是转录过程中的关键酶

原核生物基因表达的起始过程中，RNA聚合酶将一个基因的DNA转录成RNA。RNA聚合酶参与转录的三个阶段：起始、延伸和终止。转录过程的三个阶段中RNA聚合酶行驶的功能细节在之前的图8.10中已经具体体现，我们在这里简短地回顾下重点。

你应该记得，起始阶段需要RNA聚合酶一个特殊的亚基——sigma（σ）亚基。除此之外，其他亚基组成了核心酶。当与核心酶结合时，σ亚基在启动子区域内识别并结合特定的DNA序列。当结合到启动子上，RNA聚合酶全酶（核心酶加上σ）作为一个复合体，通过解开DNA双螺旋启动转录，同时招募互补碱基配对DNA模板链。

从起始阶段到延伸阶段的转换需要RNA聚合酶移出启动子区并释放σ因子。延伸过程一直持续到RNA聚合酶在RNA序列中遇到信号触发终止过程。原核生物中存在两种不同形式的终止信号：依赖于Rho的终止信号和不依赖于Rho的终止信号。在Rho-依赖型终止方式中，被称为Rho（ρ）的蛋白质因子是一种解旋酶，会将mRNA从DNA模板上解离出来，并帮助RNA聚合酶脱离DNA模板。在不依赖于Rho型终止方式中，RNA中的一段序列会形成二级结构，即发夹结构，令RNA聚合酶从完整的RNA上释放出来（回顾图8.10）。

16.1.2　原核生物中蛋白质翻译起始阶段早于转录终止过程

细菌染色体由于没有核膜的包裹，转录过程中，mRNA就开始被翻译成多肽。核糖体结合RNA阅读框5′

端特定起始位点（核糖体结合位点）的时候，RNA下游的转录过程还在继续。翻译的起始和终止信号与转录的起始和终止信号是不同的。图8.25显示了核糖体、tRNA及翻译因子如何调控mRNA的翻译过程，即依据mRNA密码子的信息，按照N端到C端的顺序生成多肽链。

原核生物基因表达另一个特点是核糖体可以在一个mRNA不同的位点开始翻译。许多细菌的mRNA是多顺反子，因此它们含有几个不同蛋白质的可读框。你将会看到，这对基因调控产生了重要影响。

16.1.3　基因表达的调控可发生在多个步骤上

细菌细胞中，在任何时间，许多层面上的调控都会决定某一条多肽的含量。一些调控会影响转录过程中的某一方面，例如，RNA聚合酶与启动子的结合，从转录起始阶段到延伸阶段的转换，或者转录终止阶段mRNA的释放。另一些调控是转录后调控，这些调控可以决定mRNA合成之后是否能稳定存在，核糖体识别mRNA上的不同翻译起始位点的效率，或者是多肽产物的稳定性。

正如我们接下来要看到的，调控众多细菌基因的关键一步是RNA聚合酶与DNA启动子区的结合。在本章稍后的部分，我们将讨论转录终止和转录后机制如何在许多细菌基因表达调控中起到重要作用。

基本概念

● RNA聚合酶是原核生物转录过程中的关键酶。Sigma（σ）因子引导酶识别启动子区，而Rho（ρ）蛋白终止某些基因的转录。

● 细菌染色体无膜包裹，因此转录的过程中会发生mRNA开始翻译成多肽的现象。

● 许多细菌的mRNA是多顺反子；在转录物中每一个可读框都拥有自己的核糖体结合位点。

● 原核基因表达调控可发生在许多层面上：转录的起始、延伸，或者终止；mRNA的稳定性；翻译的起始；蛋白质的稳定性或者活性状态。

16.2　DNA结合蛋白对转录起始的调控

学习目标

1. 比较分解代谢途径和合成代谢途径中的调控因子。

2. 以乳糖操纵子为例概括操纵子学说。

3. 从遗传学角度论述lacI编码一个变构体的阻遏蛋白结合操纵基因的DNA。

4. 解析多体及成簇的结合位点有利于转录调节蛋白的原因。

5. 比较启动子区正负调控蛋白的作用。

6. 解析阻遏蛋白如何在分解代谢和合成代谢操纵子的调控中起到重要作用。

转录的起始是基因表达的第一步，因此调节蛋白与靶基因启动子区或其附近结合调控转录的模式成为多数基因表达调控的基本模型之一是有道理的。这些结合DNA的调控蛋白可以抑制或提高RNA聚合酶在转录起始阶段的效率。

在我们的讨论中，我们认为对RNA聚合酶活性的抑制属于负调控，反之为正调控。

16.2.1　分解代谢和合成代谢途径需要不同类型的调控因子

研究人员通过对大肠杆菌多种代谢途径进行研究，第一次描绘出基因调控的基本原则。这些途径中许多都是**分解代谢途径**，将复杂的分子降解后供细胞利用；举个分解代谢途径的例子，糖降解为能量和碳原子供细胞利用。细胞内另外一些途径为**合成代谢途径**，合成细胞所需的分子产物，如单纯的小分子成分合成氨基酸和核苷酸。

分解代谢和合成代谢途径遵循的调控法则是完全不同的。分解代谢途径遵循**诱导调节**，这意味着，只有当存在于细胞环境中的复杂分子需要被分解时（分解产物），也就是被诱导物诱导，通路才会被开启。例如，当细胞不能利用某一种糖类的时候，细胞会消耗资源，合成可以降解这种糖类的酶。相反的，合成代谢途径遵循**阻遏调节**，也就是说，只有当细胞没有足量的必需最终产物，如一种特定的氨基酸时，通路才会被开启。如果最终产物的数量足够多，那么这个路径会被关闭（被阻遏），因此细胞不会浪费资源去生产已经足够的分子。

在本节剩下的部分，我们首先将关注点放在大肠杆菌特有的分解代谢途径的可诱导调节上：允许这些细菌利用乳糖作为碳和能量的来源。从这个模型中得到的很多经验也会对我们稍后要讨论的一个特有的合成代谢途径——必需氨基酸色氨酸合成途径很有帮助。

16.2.2　大肠杆菌对乳糖的利用提供了一个基因调控的模型

增殖的大肠杆菌可以利用几种糖类中的任何一种作为碳和能量的来源。其中一种是乳糖，即由葡萄糖和半乳糖两种单糖组成的复合糖。乳糖透性酶是一种膜蛋白，可将培养基中的乳糖输送到大肠杆菌细胞中。在细胞内，β-半乳糖苷酶将乳糖水解成半乳糖和葡萄糖（图16.2）。这就是将乳糖分解为更简单的小分子的分解代谢途径。

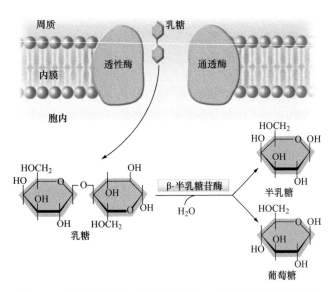

图16.2 大肠杆菌细胞中乳糖的利用。乳糖透性酶将细胞膜打开一个缺口，乳糖经由此缺口进入膜内。在细胞中，β-半乳糖苷酶将乳糖水解成半乳糖和葡萄糖。

1. 乳糖诱导协调基因表达

细胞在没有乳糖的环境中生长时，水解乳糖所需的透性酶及β-半乳糖苷酶表达量极低。在没有乳糖存在的条件下，细胞不需要这些蛋白质中的任何一种。当乳糖加入了细菌培养基之后，这些蛋白质的表达量会增长1000倍。特定分子刺激指定蛋白质的合成过程称为**诱导**。负责刺激蛋白质生产的分子称为**诱导物**。在调控系统的调节下，乳糖会被改造成异乳糖作为诱导物，诱导乳糖利用基因的表达。

在20世纪50年代和60年代，大部分研究工作的主题是乳糖在培养基中是如何诱导其利用所需的蛋白质同时表达的，这一时期被称为细菌遗传学的黄金时代。

2. 大肠杆菌中乳糖体系的研究优势

将大肠杆菌对乳糖的利用作为模型来研究基因调控是一个明智的选择。大规模培养细菌的可行性使分离稀有突变体变得简单。一旦分离出突变体，可通过比对技术观察变异的表型。另一个优势是，乳糖利用基因对生存来说不是必需的，因为细菌可以利用其他糖类作为碳源进行生长。另外，正如刚才提到的，在诱导和非诱导细胞中，乳糖利用蛋白含量存在显著的1000倍差异。这个现象令我们很容易观察突变体和野生型状态的差异，并且令突变体的鉴定拥有部分（不仅仅是或者不是）的效果。

对于许多实验来说，能够测量表达水平是至关重要的。为了达到这个目的，化学家合成了除乳糖以外的化合物，如邻硝基苯-半乳糖苷（ONPG），可通过β-半乳糖苷酶水解成易于测量的产物。ONPG水解后会产生一种黄色的物质，其颜色会随着产物数量的增多而加深，

进而反映了β-半乳糖苷酶的活性水平。分光光度计可以很容易地测量样本中黄色产物的数量。另一个会因β-半乳糖苷酶水解变色的底物是X-gal，水解产物是一种蓝色物质。正如本章后续将要描述的那样，研究人员发现在培养皿中加入X-gal是非常有意义的，因为如果在培养皿中生长的菌落变成了蓝色，就说明这些细胞正在表达β-半乳糖苷酶（图16.3）。

16.2.3 操纵子学说解释了一个诱导物是如何调控几个基因簇的

一个拥有广泛兴趣的科学家——Jacques Monod（图16.4）是研究调控乳糖利用的推动者。他是一名政治活动家，并且是第二次世界大战期间法国抵抗运动的领袖，同时他也是一位优秀的音乐家和受人尊敬的科学哲学作家。在巴黎巴斯德研究所，Monod牵头组织了一项研究工作，来自世界各地的科学家集聚于此研究酶诱导。Monod和他亲密的合作伙伴Francois Jacob根据众多遗传学研究结果提出了一个基因调控的模型，被称为**操纵子学说**，也就是一个单一的信号可以同时调控一条染色体上参与同一途径的相邻几个基因的表达。他们推断，由于这些基因形成了一个簇，它们可以被转录成一条mRNA，因此任何调控这个mRNA转录的物质都将会影响簇里所有的基因。以这种形式被调控的基因簇被称

图16.3 含有X-gal培养基中大肠杆菌菌落。表达β-半乳糖苷酶的菌落呈蓝色；不表达的为白色。

© anyaivanova/Getty Images RF

图16.4 Jacques Monod在探索基因表达调控的研究中起到重要作用。

© Bettmann/UPI/Corbis

为**操纵子**。我们首先对这个理论进行概述，然后描述受Jacob和Monod思想影响的关键实验。

图16.5展示了该理论中的分子调控者以及它们之间如何互作，实现对乳糖利用基因的协同调控。如图所示，编码利用乳糖的蛋白质的三个结构基因（*lacZ*、*lacY*和*lacA*）与两个调控元件〔启动子（*P*）和操纵基因（*O*）〕组成了**乳糖操纵子**：应对环境变化时可同时调控该DNA单元上的三个结构基因。与操纵子互作的

分子包括上阻遏物（与操纵子的操纵基因结合）、诱导物（异乳糖）（当它与阻遏物结合时，会阻止阻遏物与操纵基因的结合）。阻遏物是一种**变构蛋白**，当与其他分子结合时，这种蛋白质会发生可逆的构象改变（在这里是诱导物异乳糖）。

Jacob和Monod的理论是令人瞩目的，因为作者们是凭借细菌细胞里抽象的分子概念进行研究的：8年前沃森和克里克才创建了DNA结构模型，mRNA的概念

特色插图16.5

大肠杆菌的乳糖操纵子

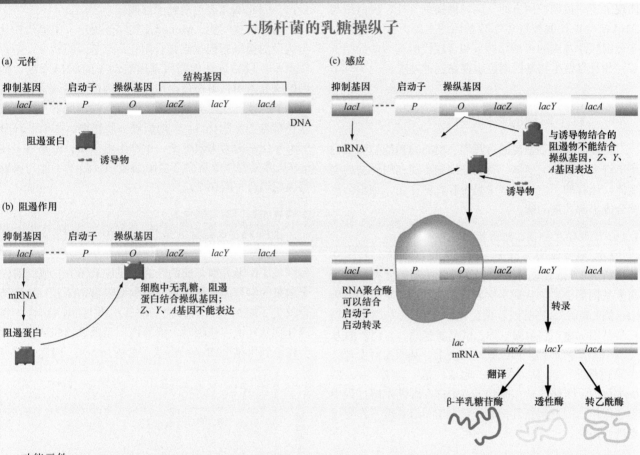

a. 功能元件

多种元件的协作促使细菌以节能的途径利用乳糖。这些元件包括：

（1）三个邻接的结构基因（*lacZ*、*lacY*和*lacA*）编码水解乳糖为葡萄糖和半乳糖的酶。

（2）启动子位点（*P*），RNA聚合酶启动多顺子mRNA转录的起始位点。启动子作用于顺反子，影响到同一DNA分子上*lac*下游结构基因的表达。

（3）顺式作用因子操纵基因位点（*O*），位于同一条DNA分子上紧邻乳糖操纵子启动子的位置。

（4）反式作用阻遏蛋白，与操纵基因结合。由*lacI*基因编码，独立存在于操纵子之外并且不受调控。阻遏物一旦产生，将在细胞质中扩散并与靶基因结合。

（5）诱导物，阻止阻遏物与操纵基因结合。早期研究表明乳糖是诱导物，不过现在我们知道乳糖的变构体——异乳糖才是诱导物。

元件如何互作调控乳糖利用基因的表达

b. 抑制

在没有乳糖存在的条件下，阻遏蛋白与操纵基因结合，阻止转录。阻遏物为负调控元件。

c. 诱导

（1）当乳糖存在时，诱导物异乳糖会结合阻遏物。这种结合会改变阻遏物的结构，不能与操纵基因结合。

（2）当阻遏物从操纵基因上解离下来时，RNA聚合酶会获得进入乳糖操纵子启动子区域的机会，并将三个结构基因转录成一条多顺反子mRNA。

仅刚刚被定义，转录过程的具体过程还没有被发现。在1961年，从DNA到RNA再到蛋白质的中心法则研究还在进行中，细胞中对于蛋白质功能的认识还十分有限。例如，尽管Monod是一名生物化学家，专注于变构及其作用的研究，但是阻遏物本身仅仅只是个概念。在发表的时候，阻遏物还没有被分离出来，也不知道它是RNA、蛋白质或是其他分子。因此，Jacob和Monod发挥了他们巨大的想象力提出了操纵子学说。

现在我们明白了这个理论的一个关键性的概念——蛋白质与DNA结合来调节基因表达，乳糖操纵子同时体现了正、负调控两方面。除乳糖操纵子外，蛋白质与DNA结合也是调控许多原核基因的主要方式，包括一些分解代谢基因的可诱导调节和合成代谢基因的抑制调节，并且真核生物基因调控也存在这种方式。

16.2.4　遗传学分析成为Jacob和Monod创建操纵子假说的基础

在提出操纵子学说的过程中，Monod和他的同事分离出许多不同的突变体，有的是细胞不能利用乳糖的突变体，还有的不论培养基中是否有乳糖存在，细胞会持续合成水解乳糖的酶。

1. Lac⁻突变体互补及比对分析

Lac⁻突变体为一群无法利用乳糖的细菌。利用互补分析大群*lac*⁻突变体发现，细胞无法利用乳糖是因为两个基因的突变：编码β-半乳糖苷酶的*lacZ*基因和编码Lac透性酶的*lacY*⁻基因。他们同时发现*lac*基因中的第三个基因*lacA*，它编码一种乙酰基转移酶，可将乙酰基（CH₃CO）转移到乳糖或其他糖类上。基因比对发现，在染色体上三个基因紧邻一起成一簇，顺序为*lacZ-lacY-lacA*（图16.5）。由于LacA蛋白在乳糖水解过程中不起作用，因此解析乳糖利用机制时*lacA*基因不作为重点进行研究。

2. 阻遏蛋白存在的依据：*lacI*⁻突变体的作用

*lacI*基因紧邻乳糖操纵子（图16.5），该基因功能缺失的突变体是组成型突变体，即在乳糖不存在的条件下依然合成β-半乳糖苷酶和Lac透性酶。在任何环境条件下，**组成型突变体**会持续合成某种酶。这些组成型突变体的存在表明，*lacI*编码一种负调节蛋白，或者叫**阻遏物**。在没有诱导物存在的条件下，细胞需要这种阻遏物来阻止*lacY*和*lacZ*的表达。在组成型突变体中，不管怎样，突变的*lacI*基因都会生成具有缺陷的阻遏蛋白，进而阻止它执行负调控功能。

历史悠久的PaJaMo实验［以Arthur Pardee（第三个合作者）、Jacob和Monod三人名字命名］进一步提供了证据，证实*lacI*的确编码了之前假设的负调节蛋白。将Hfr供体细胞的染色体DNA转入到F⁻受体细胞形成的

融合细胞是PaJaMo实验研究的基础。研究人员将*lacI*⁺和*lacZ*⁺等位基因导入到无乳糖培养基培养的细菌细胞中，此类细菌不生产LacI和LacZ蛋白（图16.6）。在转入基因不久后发现细菌开始合成β-半乳糖苷酶，但是不到1h，合成就停止了。

Pardee、Jacob和Monod就实验结果做出了以下解释：当供体DNA刚刚转入受体中，无阻遏蛋白（LacI蛋白）在受体细胞质中，因为受体细胞的染色体为*lacI*⁻。在缺少阻遏物的情况下，*lacZ*⁺基因表达。随着时间推移，受体细胞由于融合了*lacI*⁺基因，开始生产Lac阻遏蛋白，因此*lacZ*⁺表达受到了抑制。

基于这些实验，Monod及其同伴提出了阻遏蛋白会与假设的**操纵基因位点**结合阻止*lacZ*基因的转录，猜想位点是一段靠近乳糖利用基因启动子的DNA序列。他们的研究表明，阻遏蛋白与操纵基因位点的结合会覆盖启动子，并且在培养基中无乳糖存在的情况下才会出现这种结合（见图16.5）。他们进一步推测，尽管一部分*lacI*等位基因为无效突变，不产生蛋白质，但是另一些*lacI*基因突变体依然会产生阻遏蛋白，但是不能与操纵基因相结合（图16.7）。

3. 诱导物如何触发酶合成

在PaJaMo实验的最后一步中，研究人员将乳糖——诱导物的前体——添加到培养基中。加入后，细菌恢复了β-半乳糖苷酶的合成（见图16.6）。他们对这个结果的解释是，诱导物与野生型阻遏物结合。这种结合改变了阻遏蛋白的形状，使其不再与DNA结合。当诱导物从环境中移除时，阻遏物，无诱导物的结合，就会恢复到可结合DNA的形状（见图16.5）。因此，诱导

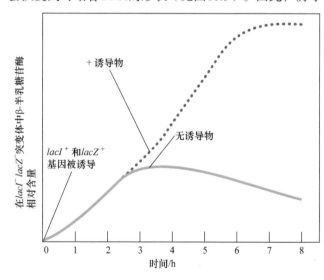

图16.6　PaJaMo实验。*lacI*⁺和*lacZ*⁺基因（共轭）的DNA转入到*lacI*⁻ *lacZ*⁻细胞中。在受体细胞中，最初β-半乳糖苷酶由引入的*lacZ*⁺合成的，但是随着阻遏物的增加（来自于引入的*lacI*⁺），β-半乳糖苷酶会停止合成。如果添加诱导物（虚线），则会重新合成β-半乳糖苷酶。

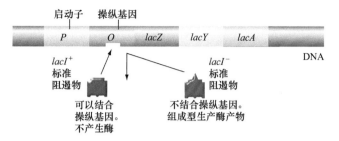

图16.7 阻遏物突变体（lacI⁻）。在一些lacI⁻突变体中，阻遏物不能结合操纵基因位点，因此不能抑制操纵子。另一些lacI⁻突变体为不能产生蛋白质的无效突变体（没有显示）。

物与阻遏物的结合产生了一种变构效应，抑制阻遏物结合操纵基因。在这一系列事件中，诱导物作为一种效应物，不通过自身结合DNA的方式来消除阻遏调节。

4. 操纵基因突变体

调节基因lacI⁻突变可使阻遏蛋白失活，与阻遏物结合的操纵基因特定核苷酸序列的突变也会产生相同的效果（图16.8）。当操纵基因核苷酸序列发生突变时，阻遏物无法识别并结合该位点，由此产生的表型是乳糖利用蛋白会持续合成。研究人员已分离出此类突变体，这些突变体的突变位点都在乳糖操纵子上，紧邻lacZ基因。他们称操纵基因DNA的突变为oᶜ突变。

5. 超阻遏物（lacIˢ）突变

如果诱导者与阻遏蛋白结合阻止了阻遏物与操纵基因的结合，那么如果产生了阻遏阻遏物与诱导物相互作用的突变，你预测会发生什么样的结果呢？很明显，你会认为这样的突变会导致细胞不能启动操纵子，即使是培养基中加入了诱导物。研究人员在阻遏基因中分离出了这种不可诱导的突变，并称为lacIˢ（图16.9）。lacIˢ突变体虽然不能结合诱导物，但仍然可以与DNA结合并抑制操纵子的转录。这种抑制状态与乳糖或异乳糖是否存在无关。

6. 蛋白质为反式作用因子，DNA位点为顺式作用因子

细菌中乳糖操纵子突变及lacI基因突变表型在表16.1中列出。这个表所示的重要发现之一是，具有两种类型的突变，即诱导物不存在的情况下，乳糖操纵子依然表达，分别是组成型操纵基因（oᶜ）突变体（基因型4，

操纵基因突变体 (oᶜ)

图16.8 操纵基因突变体。在lac oᶜ突变体中阻遏物不能识别改变的DNA序列，因此阻遏物不能结合操纵基因，抑制操纵子的转录。

图16.9 超阻遏物突变体lacIˢ。在超阻遏物突变体中，lacIˢ结合操纵基因但是不能结合诱导物，因此阻遏物不能从操纵基因上移除，基因表达会被一直抑制。

表16.1）和组成型lacI突变体（基因型2，表16.1）。考虑到两者都能抑制阻遏物功能，你怎么区分这些突变呢？答案是利用顺反实验来区分。

表16.1 乳糖操纵子表型的总结

基因型	lacZ 激活状态		lacY 激活状态		结论
	无诱导物	有诱导物	无诱导物	有诱导物	
(1) I⁺o⁺Z⁺Y⁺	−	+	−	+	乳糖操纵子为可诱导型
(2) I⁻o⁺Z⁺Y⁺	+	+	+	+	I编码阻遏蛋白
(3) Iˢo⁺Z⁺Y⁺	−	−	−	−	Iˢ编码超阻遏物
(4) I⁺oᶜZ⁺Y⁺	+	+	+	+	o⁺为结合阻遏物的DNA位点
(5) I⁺o⁺Z⁺Y⁻/ F′(I⁺o⁻Z⁻Y⁺)	−	+	−	+	I⁺相对于I⁻为显性，阻遏物为反式作用因子
(6) I⁺o⁺Z⁺Y⁻/ F′(Iˢo⁻Z⁻Y⁺)	−	−	−	−	Iˢ相对于I⁺为显性，超阻遏物为反式作用因子
(7) I⁺oᶜZ⁺Y⁻/ F′(I⁺o⁺Z⁻Y⁺)	+	+	−	+	o⁺和oᶜ为顺式作用因子

反式作用因子在细胞质中扩散，并在细胞内任意DNA分子的目标位点上发挥作用。**顺式**作用因子只能影响同一DNA分子上邻近基因的表达。对携带外源lac基因的部分二倍体进行研究，可帮助区分突变是作为顺式作用因子的操纵基因位点的突变（oᶜ），还是可编码反式作用因子蛋白的lacI基因的突变。

部分二倍体是由具有几个细菌染色体基因的F′质粒构建的。当F′质粒进入细菌时，细胞会拥有两套乳糖利用基因和lacI基因，一套在质粒上，一套在细菌染色体上。利用F′（lac）质粒，Monod团队制备了各种突变菌株，如调节基因突变菌株（oᶜ和lacI）和结构基因突变菌株（lacZ和lacY）。这些部分二倍体细胞的表型可使Monod及其同事判断这些特别的组成型突变是编码反式作用因子的基因突变，还是顺式作用因子的位点突变。

表16.1中基因型（5）～（7）概述了部分二倍体实验的结果。

反式作用因子基因*lacI⁺*对*lacI⁻*呈显性 在我们的实验中，Monod和他的同事构建了*lacI⁻ lacZ⁻ lacY⁻*菌株，由于其不合成阻遏物，此菌株会持续合成β-半乳糖苷酶（图16.10，表16.1基因型5）。当F′质粒（*lacI⁺lacZ⁻ lacY⁺*）入侵到此菌株中，会制造β-半乳糖苷酶和透性酶为野生型表型的部分二倍体：*lacZ⁺*和*lacY⁺*的表达会在乳糖缺失的时候被抑制，在乳糖存在的时候被诱导。部分二倍体的野生型表型显示了*lacI⁺*对*lacI⁻*呈显性。此外，*lacY⁺*（与*lacI⁺*来自于质粒上）和*lacZ⁺*（来自于细菌染色体）的诱导表达意味着，来自于质粒*lacI⁺*基因编码的LacI蛋白不仅可以结合自身染色体上的操纵基因，也可结合细菌染色体上的操纵基因。因此，*lacI⁺*基因编码的产物是一种反式作用蛋白，游离存在于细胞中，可结合它遇到的任何操纵基因，不论是来自于哪里的操纵基因。

反式作用因子基因*lacIˢ*对*lacI⁺*呈显性 在第二个实验中，细菌同时存在阻遏调节和可诱导调节，当*lacIˢ*质粒导入到*lacI⁺*菌株，细菌的阻遏调节依然存在，但失去了可诱导调节（图16.11，表16.1基因型6）。这种现象发生的原因是，LacI阻遏蛋白的突变，虽然能够与操纵基因结合，却不能结合诱导物。编码非诱导超阻遏物的等位基因对编码野生型阻遏物等位基因是显性的，因为一段时间后，阻遏物突变体不能结合诱导物，所有操纵基因位点被阻遏物结合，阻止了所有*lac*基因的转录。

***oᶜ*和*o⁺*为顺式作用因子** 在第三组实验中，研究人员利用了*lacI⁺oᶜ lacZ⁻lacY⁻*细菌，这种细菌会持续合成β-半乳糖苷酶，因为阻遏物不能结合在突变的操纵基因上（图16.12，表16.1基因型7）。F′（*lacI⁺o⁺lacZ⁻ lacY⁺*）质粒导入到该细菌中不会改变这种状态，细胞

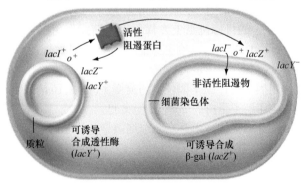

F′质粒(*lacI⁺ o⁺ lacZ⁻ lacY⁺*) 在*lacI⁻ o⁺ lacZ⁺ lacY⁻*菌株中

*lacZ⁺*和*lacY⁺*同为可诱导基因

图16.10 LacI⁺蛋白为反式作用因子。来自于质粒*lacI⁺*生产的阻遏蛋白可游离存在于细胞质中，并可结合质粒和细菌染色体上的操作基因（表16.1基因型5）。F′质粒（*lacI⁺lacZ⁻ lacY⁺*）在*lacI⁻ lacZ⁻lacY⁻*菌株中。

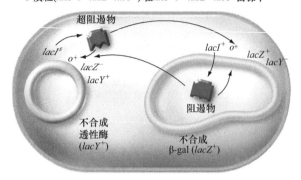

F′质粒(*lacIˢ o⁺ lacZ⁻ lacY⁺*) 在*lacI⁻ o⁺ lacZ⁺ lacY⁻*菌株中

*lacZ⁺*和*lacY⁺*都处于关闭状态

图16.11 LacIˢ蛋白为反式作用因子。来自于质粒*lacIˢ*生产的超阻遏蛋白可游离存在于细胞质中，在诱导物存在的条件下依然可结合质粒和细菌染色体上的操纵基因抑制乳糖操纵子（表16.1基因型6）。F′质粒（*lacIˢ lacZ⁻ lacY⁺*）在*lacI⁻ o⁺ lacZ⁺ lacY⁻*菌株中。

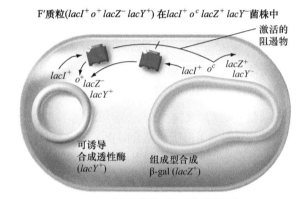

F′质粒(*lacI⁺ o⁺ lacZ⁻ lacY⁺*) 在*lacI⁺ oᶜ lacZ⁺ lacY⁻*菌株中

*lacZ⁺*为组成型；*lacY⁺*为可诱导型

图16.12 *oᶜ*和*o⁺*为顺式作用因子。*oᶜ*组成型突变和*o⁺*野生型操纵基因只影响它们自身存在的操纵子的表达。在这种细胞中，只有细菌染色体上的操纵子基因会持续被转录（表16.1基因型7）。F′质粒（*lacI⁺o⁺lacZ⁻ lacY⁺*）在*lacI⁺oᶜlacZ⁺lacY⁻*菌株中。

会依然持续合成β-半乳糖苷酶，尽管透性酶的合成变成了可诱导型。这个现象的解释是*o⁺*操纵基因在质粒上，不影响*lacZ⁺*基因的转录，因为操纵基因DNA只是顺式调控元件。它只影响*lacZ⁻*和*lacY⁻*基因的表达，质粒上的野生型操纵基因不能覆盖细菌染色体上突变的操纵基因，阻止其持续表达。相反的，由于*oᶜ*也是顺式作用因子，*oᶜ*突变体的操纵基因不能影响质粒*lacY⁺*基因的表达，因此透性酶的合成变成了可诱导的。

从这些实验中总结出一条规律：如果一个基因可编码一种能游离存在的成分（通常是蛋白质），能与细胞中任何DNA分子的靶位点结合，细胞中基因的显性等位基因的表型会覆盖这个基因其他的等位基因的表型（因此显性等位基因是反式作用因子）。如果顺式作用

元件发生了突变，它只会影响同一DNA分子上邻近基因的表达；这种突变通常改变DNA位点序列，如蛋白质结合位点序列，而不是改变编码蛋白质的基因序列。

16.2.5　生化实验支持操纵子学说

随着20世纪70年代克隆技术、DNA测序技术、DNA-蛋白质互作分析技术的发展，研究人员在特定大分子的分离、分子结构的解析、分子间互作分析方面的研究能力大幅提高。这些研究证实了Jacob-Monod操纵子学说的基本原理，补充了乳糖操纵子分子结构的细节部分，并揭示了这些理论如何应用于转录起始阶段许多其他基因调控的例子。

1. 一条多顺反子mRNA上lacZYA基因协同表达

你会记得，Monod和他的同事发现lacZ、lacY和lacA基因无论被抑制或诱导都是同时进行的。为了解释结构基因协同表达的现象，他们猜想这三个基因被转录在同一条mRNA上，如图16.5所示。表16.1中所示的结果与这个想法非常吻合，尽管这些结果本身并不能证明这三个编码序列在同一转录物上。

生化研究最终证明，RNA聚合酶确实从单一的启动子处启动了lac基因簇的转录。转录过程中，聚合酶生产出一条多顺反子mRNA，包含了5'-lacZ-lacY-lacA-3'顺序的基因簇信息。因此，启动子区的突变（必须位于lacZ的上游）影响所有三个基因的转录。你应该记住，在细菌细胞中，每一个基因都要被翻译成多顺子mRNA，每个可读框必须有它自己的独立核糖体结合位点。

将具有相似功能的基因成簇组成操纵子是实现协同基因表达的一种简单而有效的方法。因此，细菌基因组中许多操纵子发生了进化一点也不意外。举个例子，大肠杆菌基因组大约有400个经过验证的操纵子，每个操纵子至少有两个基因，大肠杆菌近5000个基因中的很大一部分都被组成了操纵子。

2. 纯化的Lac阻遏物结合操纵基因

当科学家们可以纯化Lac阻遏物蛋白后，他们证实了阻遏物实际上与操纵基因的DNA结合。研究人员将放射性标记的阻遏蛋白与含有乳糖操纵子的噬菌体DNA混合。当他们利用甘油密度梯度离心法离心混合物时，标记蛋白与DNA一起沉淀〔图16.13（a）〕。如果病毒DNA上的乳糖操纵子基因含有o^c突变，那么标记蛋白就不会与DNA共沉淀，因为它不能与突变的操纵基因位点结合〔图16.13（b）〕。

3. Lac阻遏蛋白的结构域

纯化的阻遏蛋白是由lacI编码的两个相同的亚基组成的二聚体；在一些情况下，Lac阻遏物的两个二聚体会组成一个四聚体。重要的是，每一个亚基含有三个不同的结构域（图16.14）。其中一个会结合诱导物，第

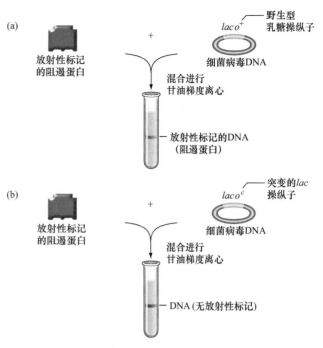

图16.13　乳糖阻遏物结合操纵基因DNA。实验中，将Lac阻遏蛋白与一个放射性标签连接，这样可检测蛋白质的位置。（a）来自于lacI^+细胞的阻遏蛋白纯化后与含有lac操纵基因的DNA混合（在噬菌体染色体上），蛋白质与DNA共沉淀。（b）来自于野生型细胞的阻遏蛋白与含有突变的操纵基因的DNA混合式，沉淀物中只能检测到DNA。

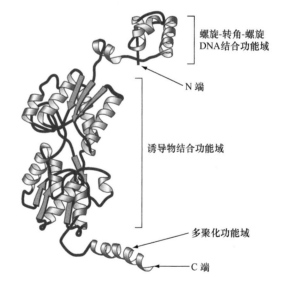

图16.14　乳糖阻遏蛋白结构域。X射线晶体研究数据建立了阻遏物的亚基结构模型，展示了与操纵基因DNA结合的区域、与诱导物结合的区域。第三个结构域靠近羧基端，可将亚基结构聚合成二聚体和四聚体。

二个会识别并结合操纵基因位点（注意：我们将执行蛋白功能的部分叫做结构域，位点是一段DNA序列，与蛋白质-DNA结合功能域互作）。

当研究者们探索突变影响阻遏物功能的分子机制

时，研究的结果完整地描绘了阻遏物亚基的结构。*lacI⁻*突变基因编码的蛋白质不能结合操纵基因，是由于蛋白质-DNA结合功能域中的氨基酸受到了突变的影响。相反，*lacI*超阻遏物突变聚集在编码与诱导物结合结构域的密码子中，致使翻译的蛋白质不能与诱导物结合。

乳糖阻遏物的第三个结构域存在于多肽链的羧基端（图16.14），可与其他乳糖阻遏物第三结构域相互作用，将二聚体阻遏物组合成四聚体阻遏物蛋白。这种多聚化现象的意义将在本节稍后讨论。

4. 螺旋-转角-螺旋蛋白

X射线晶体学研究表明，Lac阻遏物亚基的DNA结合结构域具有一个典型的三维结构：两个α螺旋转折成一定角度相连接（图16.14）。蛋白质中这种**螺旋-转角-螺旋（HTH）超二级结构**会完美地嵌入到DNA的深沟上（图16.15）。

HTH超二级结构存在于数百个DNA结合蛋白中，不仅在细菌中，也在真核细胞中。这些蛋白质的结构相似性表明它们是从同一个祖先基因进化而来的，祖先基因经过复制和分化衍生出一个转录阻遏蛋白家族，这个家族蛋白具有相似的DNA结合结构域。然而，含有HTH结构的转录因子中，α螺旋都具有特定的氨基酸来识别DNA中特定的核苷酸序列。因此，不同的HTH-蛋白质可结合唯一的DNA序列。在细菌中，这意味着不同的含HTH结构的转录因子与不同的操纵基因结合，进而调节不同的基因和操纵子。

5. 操纵基因序列的特性

在20世纪70年代，研究基因调控的遗传学家开发了新的体外研究技术来确定调节蛋白与DNA结合的位置。与DNA片段结合的纯化蛋白保护了结合的DNA区域免于酶切，类似的酶如DNase Ⅰ，破坏核苷酸间的磷酸二酯键。如果在一个结合纯化蛋白的DNA样本中，将一条链的末端进行标记后利用DNase Ⅰ酶进行部分消

化，消化酶将任意切割DNA分子上的磷酸二酯键，除了那些受结合蛋白保护的区域中的磷酸二酯键。DNA的凝胶电泳和放射自显影（将凝胶曝光于放射性感光胶片中）显示除了结合蛋白保护DNA的区域外，其他酶切条带的位置都是相同的。将凝胶没有带的部分通过足迹检测，发现DNA片段的核苷酸受到了结合蛋白的保护（图16.16）。

操纵基因和启动子区域的重叠　DNA足迹法实验显示乳糖操纵子操纵基因的一些核苷酸同时也是操纵子启动子（RNA聚合酶最初结合位点）的一部分（图16.17）。实际上，当启动操纵子时，操纵基因上的一些核苷酸会被转录成mRNA。这些现象表明如果操纵基因位点被阻遏物侵占（野生型细胞在无乳糖的情况下的正常现象），RNA聚合酶不能识别并结合启动子。这些发现解释了为何阻遏物与操纵基因的结合会阻止乳糖操纵子基因的表达。

操纵基因旋转对称现象　利用Lac阻遏蛋白的DNA足迹法，发现乳糖操纵基因序列显示出旋转对称性。也就是说，沿着5′→3′端顺序，操纵基因的两条DNA链具

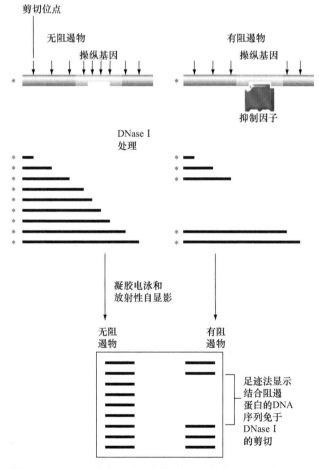

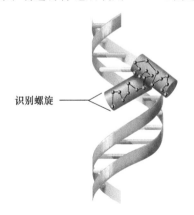

图16.15　螺旋-转角-螺旋超二级结构识别特定DNA序列。含有螺旋-转角-螺旋超二级结构的蛋白质会嵌合到DNA的深沟中。蛋白质螺旋区域中特定的氨基酸会识别DNA上特定的碱基序列。

图16.16　DNase足迹显示蛋白结合DNA的位置。一段DNA末端进行放射性标记（红色星号）。DNase Ⅰ部分消化后产生一系列DNA片段。酶不能消化与蛋白结合的DNA序列。消化后的DNA凝胶电泳显示哪个片段没有产生，意味着这段DNA与蛋白质结合。

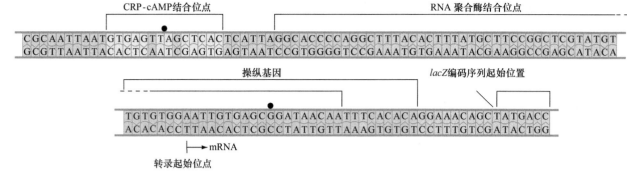

图16.17　调节蛋白结合位点部分重叠。Lac阻遏物结合操纵基因阻止RNA聚合酶结合启动子。RNA聚合酶和阻遏物的结合位点（DNase消化实验确定位点）显示操纵基因和启动子存在部分重叠现象。注意操纵基因（紫色）核苷酸序列具有旋转对称性，以及以黑圆圈为中心的CRP-cAMP（绿色）结合位点。

有几乎相同的序列，如图16.17所示，操纵基因的回文序列用紫色标出。

当你考虑到Lac阻遏蛋白是二聚体时，这种旋转对称现象就变合理了。二聚体的一个亚基与碱基紧密结合，占据了操纵基因的一条链。另一个亚基会转向相反的方向，并与另一半旋转对称的操纵基因序列结合。

旋转对称似乎并不仅仅存在于乳糖操纵基因上，许多与其他类型转录因子结合的DNA序列也存在这种现象。这种对称性说明了许多转录因子是由相同或相似的亚基组装而成的。

6. 结合的协同效应

如前所述，Lac阻遏蛋白的两个二聚体可以组成一个四聚体。用四聚体Lac阻遏蛋白及包括启动子上游区域更大范围的乳糖操纵子DNA序列进行的DNA足迹实验证明，Lac阻遏蛋白实际上可与操纵子附近的三个位点结合。其中一个位点称为o_1（o代表操纵基因；最初由o^c突变识别位点，如图16.17所示）；另外两个位点为o_2和o_3（图中未显示）。

位点o_1对阻遏物具有最强的结合力，组成四聚体的其中一个二聚体总是与该位点的旋转对称序列结合。另一个二聚体结合o_2或者o_3位点（图16.18）。o_2或者o_3位点的突变对阻遏作用的影响非常小。相比之下，o_2和o_3位点同时突变可使阻遏作用效果降低50倍。为了最大效果地发挥阻遏作用，两个二聚体（四聚体阻遏物的四个亚基）必须同时结合在DNA上。

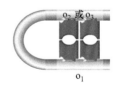

图16.18　Lac阻遏物四聚体的两个结合位点。Lac阻遏物为同一种亚基组成的四聚体。其中的两个亚基以二聚体的形式结合在一个操纵基因位点上（o_1），另外两个亚基结合在第二个位点上（o_2或者o_3）。

o_1位点距离o_2位点约400个碱基，距离o_3位点100个碱基。四聚体阻遏物同时结合o_1位点和o_2或者o_3位点时，这些距离足够令操纵基因两个位点形成一个DNA环状结构（图16.18）。与识别的四个序列的结合（每个操纵基因位点有两段序列）会增加DNA-蛋白质互作的稳定性，进而稳定维持DNA环状结构。实际上，与DNA结合的Lac阻遏物是非常有效的，在无乳糖的存在下，每个细胞中10个阻遏物四聚体足以抑制乳糖操纵子转录。

本章开始所示的图显示了与乳糖操纵子结合的阻遏物四聚体的实际结构；结合处形成的环清晰可见。你应该相当详细地检查这幅图，看看你是否能识别出阻遏物的两个二聚体、阻遏物亚基上多聚结构域的位置、与DNA结合的四个螺旋-转角-螺旋结构域。该图阐明了为何每个操纵基因位点存在旋转对称结构：一个二聚体中的两个DNA结合结构域是反向定位于细菌染色体上的。

不论原核生物还是真核生物，大多数调节蛋白都使用类似的策略与DNA结合。由于许多DNA结合蛋白都是多体的，每个亚基都具有DNA结合结构域，因此作为多体的转录因子会含有多个DNA结合结构域。如果多体蛋白能够结合的位点聚集在一个基因的调控区内，调控区域和蛋白质之间会建立多种联系。为了增加蛋白质-DNA互作的稳定性，这些结合结构域共同产生维持调控转录所需的结合力。

16.2.6　乳糖操纵子也会受正调控调节

乳糖是细菌能利用作为能源和碳源的糖类之一。事实上，如果有选择的话，大多数细菌都倾向于葡萄糖。例如，在含有葡萄糖和乳糖的培养基中，生长的大肠杆菌在利用乳糖前会先耗尽葡萄糖。当葡萄糖存在时，即使培养基有乳糖的存在，细菌细胞也不会令Lac蛋白表达。

为何乳糖在这些条件下不起诱导作用呢？这是因为乳糖操纵子的转录起始是一件复杂的事情。为了解离阻遏物，转录起始需要一个正调控蛋白帮助RNA聚合酶起始转录。没有这个蛋白质，聚合酶不能有效地解开DNA双螺旋链。正如下述，葡萄糖的存在间接地阻止了正调控蛋白的作用。

1. CRP蛋白及对葡萄糖的应答反应

在细菌细胞内，被称为cAMP（环腺苷酸）的小核苷酸与cAMP受体蛋白结合，简称CRP蛋白。cAMP-CRP复合物可结合在乳糖操纵子邻近启动的调控区域DNA上（图16.17）。当与DNA结合时，CRP通过与聚合酶的接触帮助招募RNA聚合酶到启动子区上；本质上，CRP与DNA的结合增强了RNA聚合酶启动lac基因转录的能力（图16.19）。CRP作为正调节蛋白提高了RNA聚合酶在lac启动子上起始转录的能力，cAMP是一种**效应物**，结合在CRP上令其结合在启动子区附近的DNA上并发挥它的调节作用。效应物是一种结合变构蛋白或RNA的小分子，会引起构象变化（诱导物，如异乳糖，是一种类似于cAMP的激活基因表达的效应物；我们很快会研究抑制操纵子基因表达的效应物）。

cAMP-CRP作为二聚体与DNA结合（图16.19）。正如乳糖操纵子的情况一样，CRP-cAMP复合物结合的DNA序列具有旋转对称性（可观察图16.17回文序列）。CRP结合位点由两条方向相反的识别序列组成，每一条结合CRP二聚体的一个亚基。这个例子再次强调了DNA结合蛋白亚基的多聚性及启动子区附近结合位点聚类的重要性。

葡萄糖通过降低腺苷酸环化酶的活性间接控制细胞中cAMP的含量，这个酶可将ATP转化为cAMP（图16.20）。因此，当葡萄糖存在时，cAMP的含量很低；当葡萄糖不存在时，cAMP合成增加。其结果是，当培养基中存在葡萄糖时，几乎没有cAMP与CRP结合，因此不能诱导乳糖操纵子的转录，即使培养基中也存在乳糖。葡萄糖阻止乳糖操纵子转录的整体效应被称**为分解代谢抑制**，因为优先利用的分解代谢产物（葡萄糖）的存在抑制了操纵子的转录。

2. CRP蛋白的全局调控

除了作为乳糖操纵子的正调节蛋白外，CRP-cAMP复合物还可提高其他几种分解代谢途径中的基因转录，

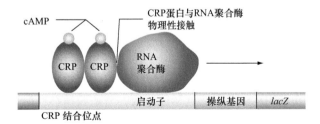

图16.19　乳糖操纵子的正向调节。乳糖操纵子的高表达需要正向调控因子（即CRP-cAMP复合物）与邻近启动子区的位点结合。这个复合物是二聚体，结合位点序列为回文序列。CRP-cAMP复合物招募RNA聚合酶帮助起始转录。

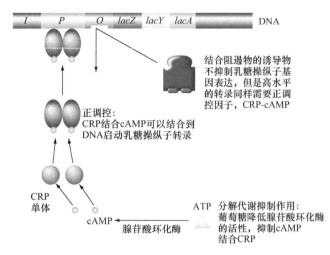

图16.20　分解代谢的阻遏机制。葡萄糖调控合成cAMP的腺苷酸环化酶的活性。当葡萄糖含量高时，腺苷酸环化酶激活，cAMP含量非常低，因此正向调控蛋白CRP不能与乳糖操纵子结合。结果就是，当细胞中葡萄糖存在时，乳糖操纵子转录效率很低。

包括半乳糖操纵子（生产的蛋白质可水解半乳糖）和阿拉伯糖操纵子（水解阿拉伯糖）。正如预期的，这些分解代谢操纵子对葡萄糖的存在也很敏感，当葡萄糖存在时cAMP含量很低，这些分解代谢基因的表达量很低。编码CRP蛋白质的基因突变会改变蛋白质的DNA结合结构域，从而降低乳糖操纵子和其他分解代谢操纵子的转录。CRP-cAMP复合物与许多操纵子的结合是响应环境中有限底物（如葡萄糖）进行全局调控的一个例子。

3. 正负调控因子

你可以看到操纵子的调节依赖于两种不同的调控因子（乳糖操纵子中为Lac阻遏物和CRP蛋白）来响应不同环境条件，从而扩大基因调控范围。大肠杆菌细胞可以精确地调控基因表达，时刻从周围的糖源和其他营养物质的混合物中汲取自身所需的能量和营养。虽然正负调控因子对转录起相反的作用，但你要知道，这两种类型的大多数调控因子都是通过他们对RNA聚合酶的调节来发挥作用的。正如我们看到的，许多负调控因子，如Lac阻遏物，通过阻断RNA聚合酶与启动子的结合来阻止转录。相反，正调控因子通常与RNA聚合酶接触，招募聚合酶结合到启动子区，或者延长RNA聚合酶与DNA结合的时间，从而频繁地启动转录。

16.2.7　阻遏物/效应物互作抑制转录起始

细菌中，分解代谢和合成代谢途径中的许多基因都会聚集成簇，在操纵子中被协同调控。我们已经看到分解代谢途径的乳糖操纵子通过诱导lac基因表达来响应环境中乳糖的存在。相反，合成代谢途径的操纵子通过阻止合成最终产物的结构基因的表达来响应环境中

最终产物的存在。换句话说，合成代谢途径需要抑制性调节。

细菌中多种合成代谢操纵子参与氨基酸的合成。一个典型的例子是大肠杆菌色氨酸（*trp*）操纵子，共5个基因（*trpE*、*trpD*、*trpC*、*trpB*和*trpA*）参与色氨酸的合成（图16.21）。正如预期的一样，当培养基中不存在色氨酸时，*trp*基因开始大量表达。

色氨酸操纵子通过*trpR*基因编码的阻遏蛋白来调控其转录。色氨酸是变构蛋白TrpR阻遏物的效应物。色氨酸与TrpR蛋白结合导致TrpR蛋白构象改变，变构的蛋白质结合在操纵基因上抑制色氨酸操纵子的转录。*trpR*基因的突变可改变蛋白质的色氨酸结合结构域或者改变DNA结合结构域，从而破坏蛋白质与DNA结合的能力，这两种类型的突变都会导致*trp*基因变为组成型表达基因，不论色氨酸是否在培养基中。

值得注意的是，分解代谢和合成代谢途径的调控取决于同一种调控因子：与启动子旁的操纵基因结合的阻遏蛋白，阻止RNA聚合酶识别启动子。两者差异非常简单但是非常重要：在诱导物异乳糖存在的情况下，Lac阻遏物不能与乳糖操纵子结合；然而TrpR阻遏物只在色氨酸效应物存在的情况下才能与操纵基因结合。再一次，当我们考虑到合成代谢和分解代谢背后的生物学现象时，这些都变得有意义了。在分解代谢所需的底物（乳糖操纵子分解乳糖）存在的情况下才需要开启分解代谢途径；当最终产物（色氨酸操纵子合成色氨酸）存在的情况下，分解代谢途径需要关闭。

虽然由TrpR介导的抑制调节是调控色氨酸操纵子表达的关键的第一步，但是我们将在本章的稍后部分看到，在转录起始后其他调控机制会调控该操纵子。

基本概念

● 当被分解的底物存在时，分解代谢途径被诱导；当最终产物存在时，合成代谢途径被抑制。

● 在乳糖操纵子中，Lac阻遏蛋白与操纵基因的DNA结合阻止转录。诱导物异乳糖结合阻遏物，将阻遏物从操纵基因上解离下来，促进转录。

● 突变的调节蛋白为反式作用因子，突变的DNA结合位点为顺式作用因子。

● Lac阻遏蛋白具有螺旋-转角-螺旋结构的DNA结合功能域，诱导物结合功能域。第三个功能域为多聚化功能域，令阻遏蛋白紧密地结合在操纵基因簇上。

● cAMP调节蛋白（CRP）与乳糖启动子区结合，在无葡萄糖存在的情况下，cAMP含量非常高，能最大限度地刺激转录。

● 负调控因子如Lac阻遏蛋白阻止RNA聚合酶结合启动子；正调控因子如CRP-cAMP促进RNA聚合酶与启动子的结合。

● 在合成代谢（生物合成）操纵子中，只有当效应物存在的情况下，阻遏蛋白才与操纵基因结合。效应物一般都是最终产物。

16.3　RNA介导的基因调控机制

学习目标

1. 解释RNA引导装置如何调控基因表达响应周围环境。

2. 列举反式作用小RNA（sRNA）调控靶基因表达的两种不同方式。

3. 描述基因的启动子和它的反义RNA之间的关系。

我们刚刚看到了许多细菌基因，如乳糖操纵子和色氨酸操纵子中的基因，在转录起始阶段就被调控，如被作为反式作用因子的阻遏物调控，或者结合在如操纵基因的顺式作用位点（CRP结合位点）的CRP蛋白调控。调节蛋白的变构效应（即当它们结合一些小分子，如异乳糖或是氨基酸时，它们的形状会发生改变）通过调控基因表达与否来响应细胞质环境。

细菌已经进化出许多其他精细重要的机制调控基因表达来响应不断变化的外部环境。这些机制中有许多都是在转录开始后发挥作用；例如，一些机制调控转录终止反应，另一些调控mRNA的翻译过程。近年来人们发现，许多控制细菌细胞基因表达的机制依赖于RNA分

(a) 色氨酸存在

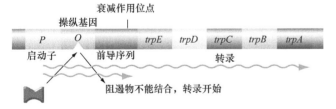

(b) 色氨酸缺失

图16.21　色氨酸为作为效应物。（a）当色氨酸存在时，它会结合TrpR阻遏物，改变TrpR构象，从而结合色氨酸操纵子的操纵基因，阻止转录。（b）当色氨酸不存在时，阻遏物不能结合操纵基因，色氨酸合成基因表达。前导序列和衰减位点将在下节描述。

子，这些RNA分子也会在形状上出现变构效应。在一些情况下，转录物本身会充当顺式调控元件调控自身表达；另一些情况下，RNA分子可以充当反式调控因子影响其他RNA的表达。

16.3.1 多种RNA引导装置作为顺式调控元件调控基因表达

所有的细菌mRNA起始部位为非翻译区的5′UTR区，或者称为**RNA前导序列**。通过互补碱基配对，许多RNA前导序列会形成一个二级结构，称为**茎环**（或**发夹环**）。茎环结构可以提前终止mRNA剩余部分的转录，或者它们可以通过阻止mRNA进入核糖体结合位点来终止翻译。这些RNA前导序列是变构的，它们可以改变茎环的结构，从而响应各种各样的外界环境。

1. 衰减子

第一个被发现的RNA引导机制参与了色氨酸操纵子对细胞可用色氨酸含量响应的微调控。你应该记得图16.21，当培养基中不存在色氨酸时，色氨酸基因大量表达：由于效应物色氨酸的缺乏TrpR阻遏蛋白，因而不能结合操纵基因。TrpR介导的色氨酸操纵子抑制确实是关键的第一步，但是它不是唯一的大肠杆菌*trp*基因表达调控机制。

如果TrpR与阻遏物的结合是唯一重要的调控机制，你将预期*trpR⁻*突变体会表现出*trp*基因组成型表达的现象。不论培养基中是否有色氨酸，如果没有阻遏物结合操纵基因，RNA聚合酶始终可与*trp*的启动子结合。令人惊讶的是，实验证明当培养基中存在色氨酸时，*trpR⁻*突变体中的*trp*基因没有完全脱离被抑制状态（即最大量地表达）。当从培养基中移除色氨酸时，*trp*基因的表达量比之前高了三倍。显然，色氨酸可以通过其他机制而不是TrpR阻遏蛋白来影响色氨酸操纵子的表达。

在一系列简明的实验后，Charles Yanofsky和他的同事发现不依赖于阻遏蛋白的调控色氨酸操纵子表达的机制包括调控另一种色氨酸操纵子转录物的产生。有时启动子启动转录会生成一个约140个碱基的截短的mRNA，只包括RNA前导序列但是不包括结构基因。另一些时候会转录包括结构基因的完整操纵子转录物［图16.21（b）］。在分析为何有些转录物是完全转录物，另一些是截短的转录物时，研究人员们发现了**衰减作用**：由RNA前导序列介导的提前终止转录调控基因表达机制包括了前导序列部分的异常翻译。转录是否终止取决于翻译机制如何与RNA前导序列即**衰减子**相互作用。

TrpRNA前导序列可以折叠成两种不同的稳定构象，每一种都基于同一RNA分子上的互补碱基配对［图16.22（a）］。第一种构象包含两个茎环结构：区

域1与区域2配对形成一个茎环，区域3和区域4配对形成一个茎环。3-4茎环构象被称为**终止子**，因为当它在色氨酸转录物形成后，RNA聚合酶遇到此结构会终止转录，形成一条短的衰减RNA。第二种RNA结构称为**抗终止子**，由区域2和区域3形成茎环结构。这种构象，RNA前导序列不能形成终止子（由于区域3和区域4无法序列配对），因此，转录会继续，形成一条完整的、含有*trp*结构基因序列的mRNA。

RNA前导序列前端一小部分的提早翻译（前导序列剩余部分的转录还在继续）决定形成两种RNA结构中的哪一种。RNA前导序列的关键部分含有一个短的、含有14个密码子的可读框，这14个密码子中有两个是色氨酸密码子［图16.22（b）］。当色氨酸存在时，核糖体迅速移动，通过前导序列中的色氨酸密码子，进入到前导序列密码子的末端，形成终止子［图16.22（b）］。当色氨酸不存在时，由于细胞中缺少tRNA^Trp核糖体会滞留在RNA前导序列的两个密码子上。抗终止子形成，阻止了终止子的形成［图16.22（c）］。因此，转录会从前导序列过渡到结构基因。

为什么细菌会进化出如此复杂的系统来调控色氨酸操纵子及其他生物合成途径？即使TrpR阻遏物在色氨酸存在的情况下阻止转录，不存在的情况下开启转录，衰减作用机制依然提供了这个通路开启/关闭的微调方式。这种机制会令细胞避免浪费能量合成不必要的产物；细胞会感知tRNA^Trp的含量，从而相应地调整色氨酸mRNA的含量。在大肠杆菌中，类似的衰减作用机制还存在于其他几个氨基酸生物合成操纵子中，包括组氨酸、苯丙氨酸、苏氨酸和亮氨酸。

2. 核糖开关

在Yanofsky和同事阐明衰减作用分子机制后的几年里，清楚地发现基于RNA的调控机制远远不止用于几种操纵子表达的微调控。事实上，RNA分子不同构象之间的切换对许多基因的调控起主要作用。其中一种广泛的调节机制为**核糖开关**：可变构的RNA前导序列结合小分子效应物来调控基因表达（图16.23）。

在衰减作用中，色氨酸的含量间接控制着前导序列的构象（通过相应的tRNA和核糖体），但是当前导序列作为核糖开关时，它拥有一个被称为适配体的区域，可直接与特定的效应物结合。核糖开关同时拥有第二个区域，称为表达平台，通过响应适配体结构改变自身茎环结构来控制基因表达。

在一些核糖开关中，表达平台控制着转录终止［图16.23（a）］。例如，一个最简单的核糖开关通过应答鸟嘌呤控制转录。当适配体结合鸟嘌呤时，表达平台变构为最稳定的构象形成终止子；当适配体不结合鸟嘌呤核苷酸时，表达平台切换构象形成抗终止子。在这种调控方式中，适配体是鸟嘌呤含量的传感器：当鸟嘌

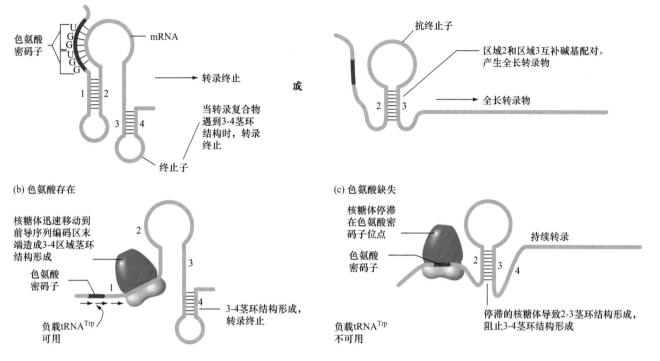

图16.22　大肠杆菌色氨酸（Trp）操纵子中的衰减子。（a）色氨酸RNA前导序列中通过互补碱基配对形成的茎环结构。两种不同构象：一种包含终止子，引导RNA聚合酶停止转录，另一种为抗终止子促进操纵子结构基因的转录。前导序列还包含一个小的可读框，其中包含两个色氨酸密码子UGG。（b）当色氨酸存在时，核糖体会迅速通过转录物，终止子结构形成。（c）当色氨酸不存在时，核糖体滞留在色氨酸密码子上，促进形成抗终止子。

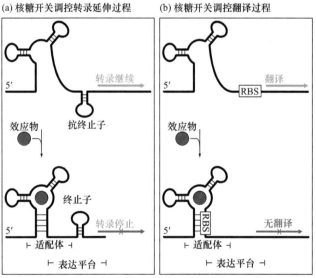

图16.23　核糖开关。许多细菌基因和操纵子的mRNA前导序列作为核糖开关，通过响应效应物调控基因表达。一个核糖开关包含一个可变构的结合效应物的适配体和响应构象变化的表达平台。

吟含量高时，核糖开关会阻止参与鸟嘌呤合成的基因表达；当鸟嘌呤含量低时，启动这些基因的表达。

另一些核糖开关中，表达平台通过封闭/开放核糖体结合位点的方式调控翻译［图16.23（b）］。在合成代谢途径中，结合效应物（最终产物）的适配体会转换前导序列的构象导致封闭核糖体结合位点，通过阻止暂时不需要的蛋白产物的合成节约细胞能量。

目前，大肠杆菌基因组中有17个不同的核糖开关适配体已被鉴定，每一个适配体都结合特定的效应物，如辅酶因子、核苷酸衍生物、氨基酸、糖类、Mg^{2+}离子。由于任何一类适配体都可以被连接到不同基因或操纵子的不同表达平台上，因此细菌细胞可以协同响应多种环境变化。

16.3.2　调节小RNA作为反式作用因子调控mRNA翻译过程

细菌基因组编码许多小RNA分子，即sRNA作为反式作用因子与mRNA结合，调控翻译过程（图16.24）。调节sRNA通常为50～400nt长，序列中包含一段区域可与几个不同的目标mRNA互补配对。大多数sRNA为抑制物，意味着它们通过与目标mRNA的核糖体位点结合来阻止mRNA的翻译［图16.24（a）］。然而，一些sRNA会阻止mRNA前导序列形成封闭核糖体结合位点的茎环结构来启动目标mRNA的翻译［图16.24（b）］。另一些sRNA会促进mRNA的降解，影响特定靶基因的表达：sRNA结合到mRNA上形成双链RNA区域，致使核糖核酸酶降解mRNA（未显示）。

(a) sRNA负调控翻译过程

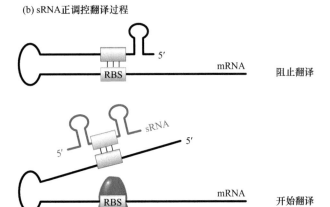

(b) sRNA正调控翻译过程

图16.24　反式作用因子sRNA的调控机制。（a）sRNA与前导序列的互补配对隐藏核糖体结合位点（RBS），抑制mRNA的翻译。（b）sRNA可以通过与前导序列的互补配对阻止封闭核糖体结合位点的茎环结构的形成，促进mRNA的翻译。

你应该注意，大多数sRNA不结合效应物，因此sRNA通常不直接响应环境变化。反而，sRNA的转录和稳定性通常被其他分子调控机制所控制，例如，转录因子与sRNA基因启动子区的互作引起细胞中sRNA含量的增加或降低。这大体意味着，sRNA通常在调节级联中处于中间位置，即一个调控因子影响另一个调控因子的表达。你将在本章后面部分看到这种调控循环的例子。

16.3.3　反义RNA也可调控基因表达

刚刚提到的调节sRNA的编码基因与它们的靶mRNA的编码基因距离很远。相反，一些细菌基因可被自身转录的RNA调控，由于这些RNA的转录模板是这些基因DNA的反义链，因此RNA与这些基因编码的mRNA互补配对。这些调节RNA被称为**反义RNA**；被调控的mRNA是正义RNA（图16.25）。反义RNA通常长10～1000nt，由反义链编码，与部分或全部mRNA序列互补配对。注意，启动mRNA和反义RNA转录的启动子位于编码区的两侧（图16.25）。

一些反义RNA的功能类似反式作用因子sRNA：它们通过与mRNA互补配对抑制翻译，封闭核糖体结合位点，类似于图16.24提到的调控机制。在另一些例子中，mRNA与反义RNA互补形成的双链RNA可以被核

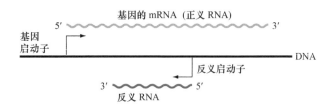

图16.25　反义RNA阻止基因表达。反义转录物与正义mRNA序列部分或全部互补配对，并由附近的反义启动子启动转录。

糖核酸酶降解。还有一些情况下，不是反义RNA自身起作用，而是转录反义RNA时会抑制正义链基因的表达；也就是说，反义链的转录可以干扰正义链基因的转录起始过程。

通常，当mRNA编码的蛋白质在高浓度下对细胞具有毒性时，反义RNA会时常被转录，确保毒性蛋白的mRNA保持低水平含量。在其他基因上，反义启动子由一个调节级联分子调控，根据环境条件调整反义RNA的转录（间接调控正义RNA）。

基本概念

● 原核生物RNA前导序列可作为顺式调控元件调控转录和翻译过程，通过折叠形成茎环结构响应环境条件。

● 小RNA（sRNA）作为反式作用因子，通过与mRNA互补配对，隐藏或暴露核糖体结合位点从而调控mRNA的翻译。

● 反义RNA由DNA反义链转录形成，通过减少mRNA的翻译、稳定性和转录来调节基因表达。

16.4　细菌基因调控机制的发掘和应用

学习目标

1. 描述科学家利用 *lacZ* 报告基因来研究基因调控的方法。
2. 解析乳糖操纵子的调控区域如何用于药物蛋白的生产过程。
3. 探讨RNA-Seq技术在细菌响应热休克机制研究中的应用。
4. 列举两种有助于遗传学研究的转录组计算机分析方法。

假如你是一个遗传学家，致力于研究细菌响应环境变化的机制，例如，细菌如何在环境温度升高的条件下生存、病原菌如何躲避机体防御机制，或者是与植物共生的细菌如何引发固氮作用（将氮气转为植物可利用的含氮分子）。当环境变化时，什么样的基因会表达或者沉默？这一章中描述的一般机制，或尚未发现的新机制，是否涉及基因调控？

在本节，我们将描述现阶段一些可以回答上述问题的方法。我们也将描述科学家及遗传工程师如何将细菌基因调控理论用于实际应用，特别是合成大量重要药物蛋白的制药工程领域。

16.4.1 lacZ报告基因帮助解析一些基因的调控机制

我们早先发现了乳糖操纵子一个重要的优点，可以通过简单的实验方法测量一个样本中β-半乳糖苷酶的含量：β-半乳糖苷酶可以将无色的底物水解为可溶的黄色化合物，此酶也可以将无色的X-gal水解为不可溶的蓝色沉淀物。由于这种方法非常容易测量出β-半乳糖苷酶的含量，因此编码此酶的lacZ基因可以充当**报告基因**检测受到任何调控元件影响的转录物的含量。

为了达到这个目的，研究人员利用DNA重组的方法构建了lacZ编码区与任何其他基因（基因X）的顺式调控元件（包括启动子和操纵基因）融合的DNA分子。合成的报告基因克隆在质粒上可以被转导到细菌细胞中。通常，含有此**融合基因**的细胞表达该X基因时也会生产β-半乳糖苷酶（图16.26）。进而，科学家可以通过检测β-半乳糖苷酶在细胞内的含量来评估X基因调控元件的活跃状态。

LacZ报告基因的实用性使得我们有可能鉴定出必要的DNA调控位点，以及参与调控的基因和信号。例如，通过体外突变基因X的调控区域，然后将改造后的基因X-lacZ融合基因转入细菌细胞，鉴定重要的顺式调控元件位点。另一种方法是，你可以诱变具有融合报告基因结构的细菌，鉴定出编码与X基因的调控区DNA序列互作的反式作用因子的基因。这两种方法，你都可以通过测量含有X-gal的琼脂培养基里的蓝白菌落来观察lacZ的表达量的变化。

报告融合基因也可以帮助鉴定环境刺激后被调控的基因。为此，研究人员利用转座子将无调控区的lacZ基因随机插入到细菌染色体上（图16.27）。由于缺少启

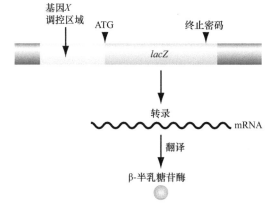

图16.26 lacA报告基因。lacZ编码序列与基因X的调控区域融合。β-半乳糖苷酶的表达依赖于影响lacZ融合的调控区域的信号。

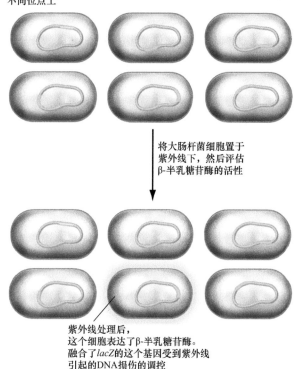

大肠杆菌细胞集群（库），每个lacZ都插入在染色体不同位点上

将大肠杆菌细胞置于紫外线下，然后评估β-半乳糖苷酶的活性

紫外线处理后，这个细胞表达了β-半乳糖苷酶。融合了lacZ的这个基因受到紫外线引起的DNA损伤的调控

图16.27 利用无启动子区的lacZ基因。无启动子区的lacZ基因的转座制造了一群随机插入染色体位点的大肠杆菌。如果lacZ基因以转录的方向整合到一个基因上，lacZ的表达会受到该基因调控区的控制。研究人员对克隆的文库进行筛选，鉴定出受到同一信号调控的基因。

动子区域，这个lacZ基因本身无法生产β-半乳糖苷酶。然而，在一些细胞中，无启动子的lacZ报告基因插入到其他基因的启动子及调控区域附近。在适当的条件下，被转座子插入的基因会表达，相应的细胞中也会检测到β-半乳糖苷酶。利用这个方法，研究人员们鉴定了一系列当DNA受到紫外线等外界因素损害时活跃表达的基因（图16.27）。

16.4.2 乳糖操纵子调控区帮助细菌生产制药蛋白

构建的报告基因中最关键的部分是乳糖操纵子lacZ基因的编码序列。然而，遗传学家开发了乳糖操纵子其他部分，即调控转录物高表达的调控区域，这一举措具有重要的实际应用价值：将细菌变成一个小型工厂，生产大量药用蛋白。这些蛋白质包括：激素（如糖尿病所需的胰岛素），血友病所需的凝血因子，制成疫苗的多肽抗原。

改造的基本思路就是构建一个重组质粒，将乳糖操纵子的调控区DNA与编码蛋白的可读框融合。当乳糖加入培养基后，含有此质粒的大肠杆菌细胞将生产大量的药用蛋白（图16.28）。如果外源蛋白对大肠杆菌的

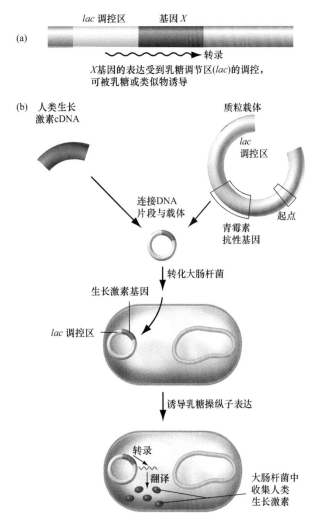

图16.28　将大肠杆菌改造成蛋白生产工厂。（a）乳糖调节区融合X基因调控基因表达。（b）在本例中，在lac调控区附近克隆了一个编码人类生长激素的cDNA，并将其转化进入大肠杆菌。条件性诱导乳糖转录进而诱导生长激素表达，并从细胞中纯化出来。

生长有毒害作用，那么控制重组基因的表达能力就显得尤为重要。在缺少诱导物的存在下，培养细菌达到高密度状态，加入乳糖后蛋白产量就会达到很高的水平。

16.4.3　RNA-Seq是解析转录组和它们的调控机制的一种常用手段

转录组是一个细胞在特定的条件下产生的所有转录物序列的集合。转录组测序需要构建cDNA文库，然后对文库中的cDNA进行测序，整个过程称为**RNA-Seq**或是**cDNA深度测序**。目前在一次实验中，RNA-Seq技术可以让研究人员们获得约10亿条cDNA序列读长，每一条读长长度约150个核苷酸。一个细胞中特定的mRNA拷贝数越多，那么对应此RNA的cDNA被测量的次数也越多。深度测序可以让研究者通过测算单个mRNA占总cDNA读长的比例，对特定mRNA的相对表达水平进行量化。

通过比较不同生长环境的细菌细胞群体的转录组，研究者可以确定当环境变化时，基因组中哪些基因的表达量上升，哪些基因表达量下降。利用这种技术方法，研究者还可以比较同一物种野生型和调节基因或者调控DNA序列有缺陷的突变体的转录组变化，进而确定基因组中的哪些基因依赖这些调控。

与真核生物mRNA比较，polyA尾不是原核生物mRNA的特征。因此，细菌细胞的cDNA文库必须用不同于真核生物的方法构建，真核生物文库构建的方法基于polyA尾的存在，如图10.4所示。研究者利用RNA连接酶将细菌RNA片段与寡核苷酸接头相连接来替代polyA尾（图16.29）。由于一些基因正反链同时被转录，cDNA文库构建时必须确定cDNA的哪条链是先被拷贝的，由此可以确定cDNA的哪条链序列与RNA一致，哪条是互补链。保存这种信息构建的cDNA文库如图16.29所示，被称为定向cDNA文库。

为了分析RNA-Seq实验的数据，计算机将每一条cDNA测序读长与细菌基因组序列进行比对。图16.30展示了比对到一个细菌基因组一小部分序列的数据。这些数据显示了基因组中的哪些序列被转录，哪条DNA链作为模板。另外，基因组中每个核苷酸出现的频率都在cDNA读长中被计算，显示了不同的mRNA相对表达水平。图16.30的结果证明在特定的实验条件下，基因如ybhC、ybhE和galM被强力转录，其他如hutC、hutI和t2110基因不表达。

应用RNA-Seq的一个重要的例子是将大肠杆菌暴露于极高温度环境下（45℃）研究大肠杆菌的热激反应。RNA-Seq显示高温会特定地诱导一类编码热休克蛋白的基因转录，令细胞存活下来。这些热休克蛋白中和了高温趋势，防止细胞中大部分其他蛋白质变性和聚合。一些被诱导的热休克蛋白识别和降解异常的蛋白质，另一些充当分子伴侣帮助其他蛋白质重新折叠并阻止它们聚合。大肠杆菌蛋白的诱导对抗热休克是一种极其保守的应激反应。不同的生物体（如细菌、果蝇、植物）对抗高温环境时都会诱导类似蛋白质的表达。

16.4.4　计算机分析展示了基因调控的多种形式

后基因组学科的一个主要目标是鉴定出生物体中全部调控转录的反式作用因子（蛋白质和RNA）、所有与这些因子结合的顺式调控元件，最后列出各式因子与元件如何互作调控基因组上的每个基因。这个目标理所当然非常宏大并且难以实现，但是进展的速度正在快速增加，并且这些研究已经提供了有价值的信息，既包括我们对细胞如何工作的基本理解，也包括对这些知识的实际应用。进展很大一部分取决于对细菌基因组和转录组的计算机分析。我们在这里简单介绍计算机帮助解析海量数据的一些方法。

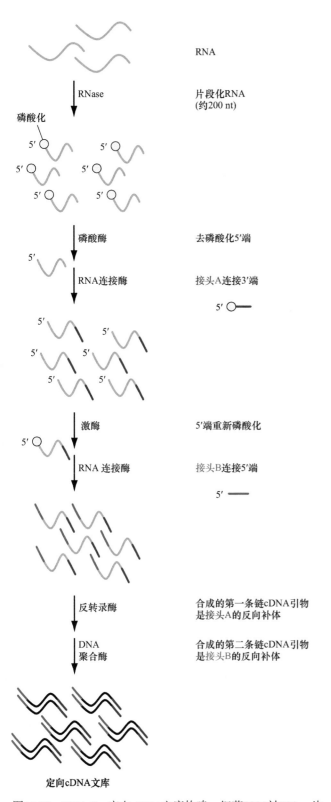

RNA

RNase → 片段化RNA
（约 200 nt）

磷酸化

5′○　　5′○

5′○　　5′○

5′○　　5′○

磷酸酶 → 去磷酸化5′端

5′○

RNA连接酶 → 接头A连接3′端

5′○—

5′　　5′

5′　　5′

5′　　5′

激酶 → 5′端重新磷酸化

5′○

RNA 连接酶 → 接头B连接5′端

5′ —

反转录酶 → 合成的第一条链cDNA引物是接头A的反向补体

DNA
聚合酶 → 合成的第二条链cDNA引物是接头B的反向补体

定向cDNA文库

图16.29　RNA-Seq定向cDNA文库构建。细菌RNA被RNase片段化，片段化的RNA 5′端通过酶作用脱磷酸化。RNA连接酶将合成的一段短序列单链RNA（接头A）与片段化的RNA 3′端连接［接头不能与RNA片段5′端相连，因为5′端无磷酸基团（黄色圆点）］。5′端脱磷酸化后，利用激酶将第二个序列与接头A不同的接头（接头B）特异性连接到RNA片段的5′端。在这些模板基础上合成cDNA，两个接头序列A和B分别标记了原始RNA的3′端和5′端。

1. 操纵子的发现

　　揭示细菌调控机制的一个关键点就是操纵子的鉴定。基因组DNA序列关联潜在的可读框是非常容易的，但是怎么才能找到共转录成一个mRNA的基因呢？一种途径是通过RNA-Seq技术和相关方法来检测转录组信息，来确定对应由同一种类细菌产生的所有转录物的cDNA的碱基序列。计算机程序可以鉴定一个操纵子的共转录基因，简单来说相当于一个转录物包含了几个可读框。计算机专家进一步开发了算法来查找紧邻已知启动子的几个紧密相连的基因及转录终止信号。

　　这些预测可以通过物种比较分析进一步评估。如果两个差异较大的物种基因组上具有同源基因集，并且基因集里的基因都彼此紧邻，那么这些基因很可能一直在一起，因为它们作为一个操纵子被共转录。

2. 转录因子及其结合位点的发现

　　通过搜索基因组上编码已知DNA结合模体的序列，如乳糖阻遏蛋白的螺旋-转角-螺旋区序列，来鉴定新的反式作用调控蛋白。一些情况下，通过分析同一外界环境条件刺激下一组存在类似调控机制的基因的DNA序列，计算机可以找到与反式作用调控蛋白结合的顺式作用位点。例如，如果几个基因或操纵子受到相同阻遏蛋白的调节，你可能会在这些基因或操纵子的上游发现类似的或相关的操纵基因DNA序列。

　　这种技术的一个有趣的应用是在之前提到的大肠杆菌细胞响应高温刺激的全局调控的分析中发现的。你应该记得，高温会诱导热休克基因的转录，产生的蛋白质保护细胞免受这种极端环境带来的有害后果。通过对热休克基因编码区上游的DNA序列进行分析表明，热休克基因的启动子与在正常温度下表达的持家基因的启动子区明显不同。原因是，两种σ因子允许RNA聚合酶识别两种不同的启动子（图16.31）。正常的持家σ因子σ^{70}，在正常的生理条件下是活跃的，高温条件下，它会变性失活；相反，另一种σ因子σ^{32}，在高温条件下发挥作用，它会识别不同于σ^{70}识别的启动子区序列。

　　许多被热激反应诱导表达的基因启动子区都含有σ^{32}识别序列。σ^{32}因子通过与RNA核心酶结合响应热激反应，从而允许聚合酶启动编码热激蛋白基因的转录。

3. 新型调控RNA的鉴定

　　调节RNA很难被发现。即使RNA前导序列如核糖开关拥有相似的二级结构特征，由于几乎没有保守序列的存在，计算机很难单纯从基因组序列上鉴定调节RNA。然而，对转录组数据的深度挖掘为RNA前导序列、sRNA和反义RNA的鉴定提供了有用线索。RNA前导序列会定位到转录物的5′端与基因的可读框相连。sRNA具有至少与mRNA序列部分互补的短区域（回顾图16.24）。互补配对的区域将在反义RNA中更加明显

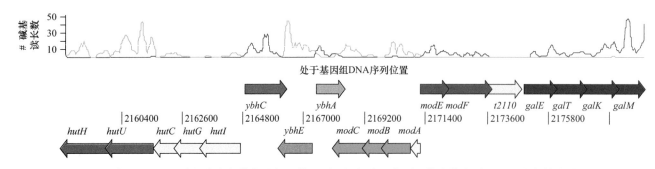

图16.30　RNA-Seq结果。图的下半部分为鼠伤寒沙门氏菌基因组的部分示意图：数字代表碱基对，彩色箭头代表基因并指向基因转录的方向。相同颜色的相邻基因很可能在同一个操纵子中。图的上半部分绘制了RNA-Seq数据。绿线代表基因组序列的每个碱基在来自于从右到左转录的RNA上形成的cDNA序列中被读取的次数。紫色线表示来自于从左到右转录的cDNA的每个碱基的读长数。

σ⁷⁰ 识别此启动子序列

| T T G A C A | 16~18 bp | T A T A A T |

σ³² 识别此启动子序列

| C T T G A A | 13~15 bp | C C C C A T N T |

图16.31　σ因子识别序列。σ⁷⁰识别正常温度下表达的持家基因的启动子区。抗热σ因子σ³²识别编码热激蛋白基因的启动子区（N代表此位置为随机碱基）。

（回顾图16.25），正义转录物和反义转录物的极性可以通过相应的cDNA方向来判断。

　　通过对编码σ因子σ³²的mRNA进行信息分析，结果显示mRNA中存在一个特定的RNA前导序列装置，称为**RNA温度计**，被看成是核糖开关的雏形。低温时，这种RNA温度计通过互补碱基配对将含有核糖体结合位点的区域折叠成茎环结构，阻止mRNA的翻译。高温时，茎环结构变得不稳定并被打开，释放了核糖体结合位点（图16.32）。σ³²的mRNA利用这种机制完美感知外界温度，你应该记得σ³²因子只有在高温时被转录，结合RNA聚合酶转录热激蛋白。σ³²的mRNA前导序列里的RNA温度计阻止了σ因子（和热休克蛋白）在低温时被转录，因为它们的蛋白质可能对细胞造成损害。

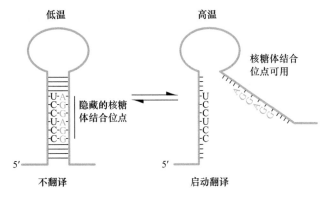

图16.32　RNA温度计。一些细菌mRNA含有前导序列响应温度变化来调控翻译。低温条件下，茎环结构覆盖了核糖体结合位点；高温时，茎环结构打开，mRNA被翻译。

基本概念

- 用lacZ编码序列构建的报告基因可以通过β-半乳糖苷酶的产生来检测转录。随机插入基因组位点的不含有lacZ调控区的转座子可以精确定位特殊条件下活跃的启动子。
- 将乳糖调节区与其他基因的编码序列融合可以在细菌中生产医用蛋白。
- RNA-Seq是测序转录组的一种手段，并可以测量不同环境条件下所有基因的相对表达量。
- 计算机分析推进了操纵子、转录因子及其结合位点和调节RNA的发现。

16.5　综合实例：群体效应对生物发光的调控

学习目标

1. 解析科学家如何利用大肠杆菌鉴定费氏弧菌发光基因。
2. 描述费氏弧菌通过群体感应调控发光的分子机制。
3. 讨论群体感应蛋白作为抗菌靶向蛋白的潜在优点。

　　在本章开头，我们描述了一个令人惊奇的现象：费氏弧菌不仅能发光，而且只有当种数量足够大时才发光，这使得它们栖息的乌贼在夜间看起来在发光。费氏弧菌的生物发光调控是**群体感应**的第一个典型的例子，群体感应是一种通讯机制，普遍被细菌所利用，细菌会利用这种机制来调控基因表达从而响应群体密度。我们在这里描述一些关键的实验，揭示群体感应机制如何在基因和基因产物水平上发挥作用。

16.5.1　重组的费氏弧菌基因使得大肠杆菌发光

　　不同于费氏弧菌，大肠杆菌正常情况下不会发光。科学家们利用这个事实，分离了费氏弧菌的发光基因。

具体方法是：确定费氏弧菌基因组的一段区域通过转基因，转入到大肠杆菌中，令大肠杆菌发光。研究人员在质粒中构建了费氏弧菌基因组文库，利用质粒转到大肠杆菌。显然，一部分大肠杆菌克隆菌落开始发光。更加显著的是，这些产光的细菌在菌落细胞达到高密度时开始发光。因此，大肠杆菌中的重组质粒包含了全部的费氏弧菌发光基因和群体感应所需的所有调控元件。这个质粒只包含了9kb的费氏弧菌DNA。

为了确定在克隆的9kb费氏弧菌基因组DNA中有多少发光基因，研究人员利用化学药物诱导发光的大肠杆菌株系突变，筛选不再产光的突变体菌落。科学家们对质粒中费氏弧菌基因的突变进行了分类，并分成了互补组。为了做到这一点，他们将成对不同的质粒转入到大肠杆菌中，每一个质粒都含有9kb的片段，但是每个质粒9kb片段上阻止发光的突变是互不相同的。如果双转细胞产光，那么这两个重组质粒是互补的，意味着每个质粒上不同的费氏弧菌基因存在突变。如果两个质粒因为在同一个*V. fischeri*基因上发生了突变而不能互补，菌落就不能发光。

这次试验在费氏弧菌DNA片段上产生了7对互补组（7个基因）。DNA测序和其他分子实验手段显示这七个基因由两个不同的启动子启动转录。一个启动子启动luxR转录，产生一个单独的蛋白质（LuxR）；另一个启动子启动转录形成一个多顺反子的mRNA，产生的蛋白质包括LuxI、LuxC、LuxD、LuxA、LuxB和LuxE［图16.33（a）］。

基因*luxA*和*luxB*编码萤光素酶的亚基，催化产光。基因*luxC*、*luxD*和*luxE*编码蛋白用于合成和循环利用萤光素酶的底物及辅酶因子。

16.5.2　LuxI和LuxR是费氏弧菌的群体感应蛋白

费氏弧菌中，9kb的基因组DNA片段同时包含了两个介导群体感应的基因：*luxI*和*luxR*［图16.33（a）］。LuxR蛋白是转录激活蛋白，被称为受体，用于激活*luxICDABE*基因的mRNA转录。LuxI蛋白是一种合酶，会生成一种叫做自诱导物的分子。自诱导物是效应物——它结合LuxR蛋白并让受体结合DNA。

自诱导物被释放到细胞外环境中，它也可重新进入细胞。当细菌群体达到一定密度时，细胞质中充满了自诱导物，并与LuxR结合。因此，生物发光基因高表达令细菌发光［图16.33（b）］。

当只有少部分细菌存在时，自诱导物的浓度非常低，不能重新返回细胞质中。生物发光基因转录水平非常低，并不能产光。本章结尾处的习题43会说明科学家如何通过*lacZ*报告基因与费氏弧菌DNA的融合发现群体感应调控机制。

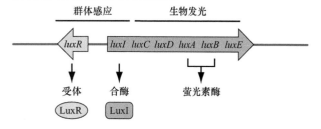

(a) 费氏弧菌群体感应及生物发光基因

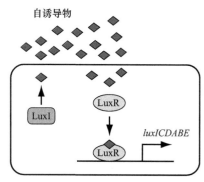

(b) 群体感应如何调控费氏弧菌发光

图16.33　群体感应控制费氏弧菌生物发光。（a）费氏弧菌产光需要*luxR*和*luxICDABE*基因的转录。基因*luxR*和*luxI*编码群体感应蛋白（受体和合酶）。另外的*lux*基因编码生物发光蛋白，包括萤光素酶的亚基LuxA和LuxB。（b）LuxI生产自诱导物——一种可以被细胞释放到环境中，也可重新回到细胞中的分子。当它的浓度达到阈值，自诱导物会结合LuxR蛋白，而后与生物发光操纵子的启动子结合激活操纵子的转录。

16.5.3　群体感应提供了开发抗生素的新方法

群体感应机制不仅限于生物发光细菌；实际上，几乎全部的细菌物种都存在群体感应通路。例如，一些病原菌利用群体感应配合毒素的释放对宿主产生最大的影响。群体感应的发现给科学家们提供了利用干扰群体感应的药物阻止致病菌释放毒素的思路。

靶向群体感应机制的药物会有几种潜在的优点帮助内科医生解决耐抗生素病原菌生长的问题。这种新策略特别有效，因为相比抗生素杀死细胞来说，细菌更难进化出靶向群体感应机制的耐药性。而且，单个细菌不会在对抗靶向群体感应的药物时获得选择优势或者生存优势。另一个潜在的优势是，群体感应蛋白与人类任何蛋白质都不相似，因此靶向药物不太可能会引起干扰人类正常生理机能的副作用。这个有趣的想法是否会成为新的治疗细菌病原菌引起的疾病的基本思路仍有待考察。

基本概念

● 通过费氏弧菌DNA转化大肠杆菌细胞，分离发光的克隆菌落来鉴定生物发光和群体感应基因。

- 费氏弧菌利用群体感应机制感知菌群达到一定密度时，细胞才发光。群体感应的基本原理是：只有一大群细胞积累了足够浓度的自诱导物才能激活生物发光操纵子高水平的转录。
- 由于对单个细胞来说免疫力不会提供选择优势，因此群体感应蛋白可作为抗菌药物的首选靶向目标。

接下来的内容

　　大多数细菌调控基因的方法在真核生物中也同样适用。例如，两种类型的生物体都可以利用扩散性的调节蛋白来提高或降低转录起始过程。另外，在原核生物和真核生物中，转录和翻译启动后也受到sRNA的调节。

　　然而，真核生物特有的几个特征决定了这些生物体的调控基因表达机制不能与原核生物的完全相同。在真核生物中，由于核膜的存在，转录过程发生在细胞核内，而发生在核糖体上的翻译过程则在细胞质中进行。因此，真核生物不能依赖转录和翻译过程的偶联来利用衰减机制。另一种与细菌相反的情况是，真核生物mRNA的5′端和3′端必须经过剪接和修饰后，才能从细胞核运输到细胞质中进行翻译。另外，真核生物的染色体是由染色质高度螺旋形成的。你将在第17章看到，在真核生物中，所有的这些过程及多细胞生物本身，都需要并且提供额外的途径来调节基因表达。

习题精解

Ⅰ. 在大肠杆菌半乳糖操纵子中，$galR$基因编码的阻遏蛋白结合操纵基因位点$galo$，调控三个结构基因$galE$、$galT$和$galK$的表达。培养基中存在半乳糖时诱导表达。列出每种菌株细胞表现为组成型表达、诱导性表达，还是不表达结构基因？

a. $galR^-\ galo^+\ galE^+\ galT^+\ galK^+$

b. $galR^+\ galo^c\ galE^+\ galT^+\ galK^+$

c. $galR^-\ galo^+\ galE^-\ galT^-\ galK^-$ /
　$galR^+\ galo^+\ galE^+\ galT^+\ galK^+$

d. $galR^-\ galo^c\ galE^+\ galT^+\ galK^-$ /
　$galR^+\ galo^+\ galE^-\ galT^-\ galK^+$

解答

　　这个问题需要了解调控位点和结合这些位点的蛋白质如何互作。首先关注野生型结构基因的菌株，提问这些基因的表达如何被同一染色体上特定的调控元件调控。对于题目c和d，你还需要考虑一个结构基因的表达是否会被不同染色体上的调控元件调控。

a. $galR$基因编码阻遏蛋白，因此缺乏GalR蛋白会引起$galE$、$galT$和$galK$基因的组成型表达。

b. $galo^c$突变是操纵基因位点上的突变。与乳糖操纵子类似，$galo^c$表示与阻遏物不能结合，因此组成

型表达$galE$、$galT$和$galK$基因。

c. 操纵子列出的第一个拷贝为$galR^-$突变，但是另一个拷贝为野生型$galR$基因。野生型等位基因生产阻遏物作为反式作用因子作用于操纵子的两个拷贝，抵消了$galR^-$突变的影响。三个gal基因都为可诱导表达基因。GalE蛋白由第一个拷贝操纵子合成，GalK蛋白由第二个拷贝合成，GalT蛋白由两个拷贝同时合成。

d. 第一个操纵子的拷贝含有$galo^c$突变，导致组成型合成$galE$和$galT$；另一个拷贝为野生型操纵基因，为可诱导的，但是两个拷贝上的操纵基因互不影响。因此，组成型表达$galE$和$galT$，诱导型表达$galK$。

Ⅱ. 回忆一下大肠杆菌的色氨酸操纵子，在缺乏TrpR阻遏蛋白的$trpR^-$突变体中，培养基中无色氨酸时操纵子的表达量为培养基中含有色氨酸时操纵子表达量的三倍，由此发现了衰减作用。

a. 研究者们制造了缺少RNA前导序列色氨酸操纵子的菌株。如果这个缺陷型菌株同时为$trpR^-$，那么色氨酸含量变化时色氨酸操纵子的表达是否改变？请解释。

b. 构建含有$trpR^-$突变，同时RNA前导序列区域4存在点突变的菌株（图16.22）。这个点突变是否会影响操纵子的表达？描述可以逆转这种影响的RNA前导序列的第二个突变位点。

c. 假设色氨酸RNA前导序列中AUG密码子的A转换为C。如果这个菌株同时为$trpR^-$，这个点突变会对操纵子的调控有什么影响？

d. 如果菌株如题目a中无前导序列，但是为$trpR^+$会产生什么现象？

解答

　　为了解决这些问题，记住衰减作用涉及色氨酸操纵子mRNA前导序列的两种构象。其中一种构象形成转录终止子阻止结构基因的表达；另一种为抗终止子，允许操纵子的剩余部分继续转录。如果色氨酸存在，核糖体翻译前导序列中小ORF的两个Trp密码子，导致终止子的形成。如果色氨酸不存在，核糖体会在此位点停止翻译，形成抗终止子。

a. 如果前导序列全部缺失，就不存在提早终止操纵子转录的机制。另外，如果此菌株为$trpR^-$，色氨酸不能影响操纵子的表达。因此，操纵子的结构基因在有/无色氨酸的情况下都会高表达。

b. 如果区域4中的核苷酸改变，它就不能与终止子茎环结构中的另一个核苷酸配对。这个点突变会破坏终止子结构，因此如果色氨酸存在时，此操纵子的表达量要高于野生型的。色氨酸不存在时，

RNA前导序列突变不会影响表达量（表达量与野生型相同），因为终止子在这种情况下不会形成。如果前导序列存在第二个突变，两个突变核苷酸刚好互补，那么终止子的功能将正常行使。

c. 如果前导序列缺少AUG，核糖体将不会翻译Trp密码子。前导序列会折叠成最稳定的构象，即含有最大数量的分子内互补配对。在这个最稳定的构象中，区域1和区域2配对、区域3和区域4配对，形成终止子茎环。这个结果导致不论色氨酸是否存在的情况下，色氨酸操纵子都会低表达。

d. 如果TrpR蛋白存在，但是色氨酸操纵子的RNA前导序列缺失，色氨酸作为TrpR的效应物调控操纵子表达。因此，在无色氨酸的情况下操纵子高水平转录，有色氨酸的情况下低水平转录。在缺少色氨酸的情况下，很可能此菌株操纵子的表达水平会比野生型菌株的表达水平略高。原因是野生型菌株的前导序列有时会形成终止子构象，但是在突变菌株中这个现象完全消失。

习题

词汇

1. 在右列中选择与左列中的术语最匹配的短语。

a. 诱导	1. 葡萄糖阻遏分解代谢操纵子的表达
b. 阻遏物	2. 蛋白质或RNA经历可逆的构象变化
c. 操纵基因	3. 反式作用因子调控mRNA的翻译
d. 变构效应	4. RNA前导序列响应小分子或离子调控基因表达
e. 操纵子	5. 阻遏蛋白结合位点
f. 分解代谢抑制作用	6. 响应翻译过程终止转录延伸过程
g. 报告基因	7. 一组基因转录成一条mRNA
h. 衰减作用	8. 负调控蛋白
i. 小RNA	9. 一个基因的调控区融合另一个基因的编码区生产容易被检测的产物
j. 核糖开关	10. 特殊分子刺激蛋白合成

16.1节

2. 下述语句出现在本章的前面部分："……调控许多细菌基因关键的步骤是RNA聚合酶结合DNA的启动子区。"为什么这个特殊步骤对于细菌调控它们基因的表达来说是有利的？

3. 本章主要的课程之一就是几个细菌基因通常由一个启动子转录成一条含有多基因的（多顺反子）的转录物。DNA上包含这套共转录的基因，以及调控这些基因的所有调控元件的区域称为操纵子。

a. 下述列表中哪一个机制可以解释不同操纵子表达不同含量的mRNA？

b. 下述列表中哪一种机制可以解释同一个操纵子中不同基因的蛋白表达量不同？

i. 不同的启动子具有不同的DNA序列

ii. 不同的启动子可能被不同类型的RNA聚合酶识别

iii. mRNA的二级结构可能不同以致影响核糖核酸酶降解它们的效率

iv. 在一个操纵子中，一些基因与启动子的距离比其他基因与启动子的距离远很多

v. 一个操纵子中不同可读框的翻译起始序列可能导致不同的翻译效率

vi. 一个操纵子中不同基因编码的蛋白质可能会有不同的稳定性

4. 大肠杆菌中所有致使Rho终止蛋白功能消失的突变都为条件性突变；没有任何Rho编码基因的无效突变细胞被分离出来过。关于rho基因及其产物，从这个现象中你能得出什么结论？

16.2节

5. 本章开始的图展示了Lac阻遏物四聚体和CRP-cAMP复合物结合乳糖操纵子调控区。

a. 调控蛋白如Lac阻遏物或者CRP调控假定的特定基因或者操纵子的主要特征是什么？

b 在这个图上，展示了以下结构的位置：（i）Lac阻遏物单体；（ii）Lac阻遏物二聚体；（iii）所有四个Lac阻遏物四聚体DNA结合域；（iv）一个螺旋-转角-螺旋模体；（v）乳糖操纵子O1部分和O2/O3部分（假定图上的操纵子从右到左转录）；（vi）四个Lac阻遏物单体多聚化结构域；（vii）诱导物结合结构域；（viii）CRP-cAMP复合物；（ix）DNA环。

c. 图中显示DNA环形成的物理基础是什么？

d. 图中显示了DNA序列两条对称轴的位置。只根据图，没有精确的DNA序列的信息，你怎么知道两条对称轴可能存在于DNA中，对称轴周围的序列为旋转对称？

6. 操纵子的启动子为RNA聚合酶结合位点并启动转录。启动子某个碱基的改变导致位点的突变，RNA聚合酶无法结合。你认为细胞中阻止RNA聚合酶结合的启动子突变是作为反式作用因子作用于质粒上另一个操纵子拷贝，还是作为顺式作用因子只作用紧邻突变位点的拷贝？

7. 你正在研究一个操纵子，含有三个共转录的基因，

转录的顺序是*hupF*、*hupH*和*hupG*。画出此操纵子的mRNA结构图，标出5′端及3′端的位置、所有可读框、翻译起始位点、终止密码子、转录终止信号和其他可能存在mRNA但是不行使这些功能的区域。

8. 你要分离一个结合*sys*基因启动子序列上游区域的蛋白质。如果这个蛋白质是正调节蛋白，下述哪个观点正确？

   a. 编码DNA结合蛋白的基因功能缺失突变会引起*sys*组成型表达。

   b. 编码DNA结合蛋白的基因功能缺失突变会引起*sys*基因无表达或少量表达。

9. 你分离了两个不同的引起*emu*操纵子组成型表达（*emu1emu2*）的突变体（*reg1*和*reg2*）。一个突变体为DNA结合位点缺陷，另一个为编码结合此位点的蛋白基因突变。

   a. DNA结合蛋白是正调控蛋白还是负调控蛋白？

   b. 为了确定哪个突变体是位点突变体，哪个是结合蛋白突变体，你决定利用F′质粒进行鉴定。假定你可以检测Emu1和Emu2蛋白的含量，对于下述两个菌株预测会得到什么样的结果（i和ii，如下描述）？如果*reg2*编码调节蛋白，*reg1*为调控位点呢？

      i. F′（*reg1⁻reg2⁺emu1⁻emu2⁺*）/ *reg1⁺reg2⁺emu1⁺emu2⁻*

      ii. F′（*reg1⁺reg2⁻emu1⁻emu2⁺*）/ *reg1⁺reg2⁺emu1⁺emu2⁻*

   c. 如果*reg1*编码调控蛋白，*reg2*为调控位点，对于这两个菌株你预测会得到什么样的结果？

10. 噬菌体λ感染细胞后，如果阻遏蛋白cI立即结合并关闭噬菌体转录，那么噬菌体可以整合到细胞染色体上（染色体整合噬菌体DNA的菌株成为溶原菌）。细菌的一种命运是体内病毒大量增殖，溶解细胞。杂交时，作为溶原菌的供体细菌与溶原性的受体细胞杂交，无噬菌体产生。然而当溶原菌供体菌株转导DNA到无溶原性的受体细胞中时，受体细胞被溶解，释放新一代噬菌体。

    a. 为什么杂交一个无溶原性的受体菌会导致噬菌体的生长和释放，但是感染溶原性的受体菌没有这种现象？

    b. 解释这种现象与图16.6中的PaJaMo实验的关系。

    c. 解释这种现象与第13章习题29描述的杂种不育的关系。

11. 分离*lacI*错义突变组成型表型被抑制的突变体。也就是说，操纵子为可诱导型操纵子。这些抑制突变比对到操纵子，而不是*lacI*基因。这些突变是什么突变呢？

12. 假设你有6种大肠杆菌菌株，一种是野生型，其他5种都分别含有一种突变：*lacZ⁻*、*lacY⁻*、*lacI⁻*、*o^c*、*lacI^s*。根据下述试验，描述每一种你能观察到的菌株的表型［注意：①IPTG是无色的合成物诱导乳糖操纵子表达，但是不能作为细菌生长需要的碳源，因为它不能被β-半乳糖苷酶水解；②X-gal不能作为碳源；③大肠杆菌需要激活的乳糖透性酶（*lacY*基因的产物）让乳糖、X-gal或者IPTG进入细胞］。

    a. 生长在以乳糖作为唯一碳源的培养基中。

    b. X-gal、IPTG及甘油作为唯一碳源加入培养基中，克隆菌落的颜色。

    c. X-gal及作为唯一碳源的甘油加入培养基，无IPTG，克隆菌落的颜色。

    d. 作为唯一碳源的高含量的葡萄糖，X-gal和IPTG加入培养基中，克隆菌落的颜色。

    e. 作为唯一碳源的高含量的葡萄糖，X-gal加入培养基中，无IPTG，克隆菌落的颜色。

13. 上一个问题产生了一些有趣的问题：

    a. 在大多数利用乳糖操纵子的实验中，研究者利用合成的诱导物IPTG启动操纵子的转录，代替了乳糖和异乳糖。利用IPTG有什么优点？

    b. 科学家最初对称之为乳糖悖论的现象困惑不已。为了启动乳糖操纵子的表达，诱导物（不论是IPTG或是乳糖/异乳糖）需要进入细胞。运输此诱导物进入细胞需要细胞膜Lac透性酶的存在（图16.2）。但是如果乳糖操纵子在诱导物加入前被抑制，没有Lac透性酶的存在，因此没有诱导物被运输到细胞内，诱导作用不会出现。但是诱导作用显然出现了，这怎么可能呢？

14. 针对下列含有乳糖操纵子等位基因的大肠杆菌株系，指出每种株系是可诱导型、组成型，或是不表达β-半乳糖苷酶和透性酶。

    a. *I⁺o⁺Z⁻Y⁻* / *I⁻o^cZ⁺Y⁺*

    b. *I⁻o⁺Z⁺Y⁺* / *I⁻o^cZ⁻Y⁻*

    c. *I⁺o⁺Z⁻Y⁺* / *I⁻o^cZ⁺Y⁻*

    d. *I⁻P⁻o⁺Z⁻Y⁻* / *I⁺P⁻o^cZ⁻Y⁺*

    e. *I^so⁺Z⁺Y⁺* / *I⁻o⁺Z⁺Y⁻*

15. 针对下列生长条件，哪些蛋白质会结合乳糖操纵子DNA（列举蛋白质，不包括RNA聚合酶）？

    a. 葡萄糖

b. 葡萄糖+乳糖

c. 乳糖

16. 针对下列大肠杆菌突变株系，根据以下条件绘出 30min 内 β-半乳糖苷酶、透性酶和乙酰基转移酶的浓度变化图：前 10min，无乳糖存在；10min 时，加入乳糖并且为唯一碳源。y 轴表示浓度，x 轴代表时间（忽略 y 轴每种蛋白质的确切单位）。

a. $I^- P^+ o^+ Z^- Y^+ A^+ / I^- P^+ o^+ Z^- Y^- A^+$

b. $I^- P^+ o^c Z Y^- A^- / I^- P^+ o^+ Z^- Y^- A^+$

c. $I^s P^+ o^+ Z Y A^+ / I^- P^+ o^+ Z^- Y^- A^+$

d. $I^- P^- o^+ Z Y^+ A^+ / I^- P^+ o^c Z^+ Y^- A^+$

e. $I^- P^+ o^+ Z^- Y^- A^+ / I^- P^- o^c Z^+ Y^- A^+$

17. 大肠杆菌利用麦芽糖需要三个不同操纵子基因编码的蛋白质。其中一个操纵子包含 *malE*、*malF* 和 *malG* 基因；第二个操纵子包含 *malK* 和 *lamB*；第三个操纵子包含 *malP* 和 *malQ*。MalT 蛋白作为正调控蛋白调控三个操纵子；*malT* 基因自身为分解代谢物敏感基因。

a. *malT* 基因突变导致功能丧失，你预计会产生什么样的表型？

b. 你认为三个麦芽糖操纵子是否包含 CRP 结合位点（cAMP 受体蛋白）？为什么？

　　为了感染大肠杆菌，噬菌体 λ 结合细菌细胞外膜的麦芽糖运输蛋白 LamB（也称为 λ 受体蛋白）。如上所述通过 MalT 蛋白的表达，培养基中的麦芽糖诱导 LamB 的合成。

c. 列举野生型大肠杆菌对噬菌体 λ 感染敏感的培养基条件。

d. 分离出可以抵御噬菌体 λ 的感染的大肠杆菌细胞。列出包含抗 λ 突变体的麦芽糖调控区域（由麦芽糖调控的所有基因的集合）突变的类型。

18. 分离出 7 个大肠杆菌突变体。当细胞培养在不同碳源培养基中，测量含有单突变或者多突变细胞产生的 β-半乳糖苷酶活性。

	甘油	乳糖	乳糖+葡萄糖
野生型	0	1000	10
突变体1	0	10	10
突变体2	0	10	10
突变体3	0	0	0
突变体4	0	0	0
突变体5	1000	1000	10
突变体6	1000	1000	10
突变体7	0	1000	10
来自于突变体1/突变体3的 F'乳糖基因座	0	1000	10

续表

	甘油	乳糖	乳糖+葡萄糖
来自于突变体2/突变体3的 F'乳糖基因座	0	10	10
突变体3+7	0	1000	10
突变体4+7	0	0	0
突变体5+7	0	1000	10
突变体6+7	1000	1000	10

　　假设 7 个突变中的每一个都代表下面列表中的基因缺陷其中的一个。确定每个突变的类型。

a. 超阻遏物

b. 操纵基因缺失

c. 无义（琥珀）抑制型 tRNA 基因（假定抑制型 tRNA 百分之百有效抑制琥珀突变）

d. CRP-cAMP 结合位点缺陷

e. β-半乳糖苷酶基因无义（琥珀）突变

f. 阻遏物基因无义（琥珀）突变

g. *crp* 基因缺陷（编码 CRP 蛋白）

19. 含有 *crp* 基因（编码正调控蛋白 CRP）错义突变的细胞为 Lac^-、Mal^-、Gal^- 等。为了挑选抑制型 *crp* 突变的细胞（细胞含有 *crp* 突变，但是表型为 crp^+），筛选表型同时为 Lac^+ 和 Mal^+ 的细胞。

a. 你认为与筛选表型仅为 Lac^+ 的细胞相比，上述筛选条件获得的细胞会是什么类型的抑制型突变？

b. 所有抑制型突变为 RNA 聚合酶 α 亚基突变。基于这个事实你能提出什么假设？

20. 分离出具有以下类型突变（i~vi）影响乳糖操纵子的大肠杆菌 6 个株系（突变体 1~6）。

i. *lacY* 缺失

ii. o^c 突变

iii. *lacZ* 错义突变

iv. 乳糖操纵子倒位（*lacI* 基因未倒位）

v. 超阻遏物突变

vi. *lacZ*、*Y* 和 *A* 倒位，*lacI*、*P*、*o* 未倒位

a. 这些突变的哪一种会阻遏菌株利用乳糖？

b. 六个大肠杆菌株系的整个乳糖操纵子（包括 *lacI* 基因和它的启动子）克隆到含有抗青霉素基因的质粒载体中。将每一个重组质粒转入到每个株系中获得部分二倍体。对这些株系进行分析，突变体 1 为 *lacY* 缺失型，相当于上述列表里的突变体 i。在这些部分二倍体中其他类型突变的哪一个可以互补突变体 1 以便利用乳糖？

c. 在题目 b 中，每一种菌株在乳糖作为唯一碳源并且含有青霉素的培养基中培养（加入青霉素确保质粒的存在）。转化株的生长状态记录在下（a^+ 符合表示生长，a^- 符号表示不生长）。在此培养

基上生长需要合成β-半乳糖苷酶和透性酶。部分二倍体的分析结果如下。哪个菌株（1～6）突变体含有上述列表里的每种突变（i～vi）？

	1	2	3	4	5	6
1	−	+	−	+	−	+
2	+	−	−	+	−	+
3	−	−	−	+	−	+
4	+	+	+	+	+	+
5						+
6	+	+	+	+	+	+

21. a. 乳糖操纵子中原始的组成型操纵基因突变都是在 o_1 上碱基突变。你认为为什么 o_2 或 o_3 的突变不能在此背景下分离？

   b. 解释诱变剂如何引起小片段插入形成 o^c 突变。

   c. 在题目b中描述的具有 o^c 突变同时也有 $lacI^-$ 突变的菌株在有或没有诱导物的情况下是否能够产生β-半乳糖苷酶？请解释。

22. 为了确定负调控基因作用操纵基因位点的位置，你在调节区内制造了一系列缺失片段。缺失片段在图中序列下面用直线表示出来，并且操纵子是否表达也进行了标注（i 表示诱导型；c 表示组成型；−表示不表达）。

   ...GGATCTTAGCCGGCTAACATGATAAATATAA...
   ...CCTAGAATCGGCCGATTGTACTATTTATATT...

   1 i ——————
   2 − ————————————————————
   3 c ——————————————
   4 − ————————————————
   5 c ——————

   a. 关于操纵基因位点的位置，从这些数据中你可以得出什么结论？

   b. 为什么片段缺失2和4显示此基因不表达？

23. 图16.17显示在乳糖操纵子中，操纵基因（o_1）和CRP-cAMP的结合位点显示出旋转对称性。但是启动子并不是这种结构（RNA聚合酶结合位点）。为什么启动子不存在旋转对称性？

24. 图16.16描述的足迹法依赖一段双链DNA片段，并且对片段中的一条链单端进行了放射性标记。

   a. 如何标记DNA片段？以两个PCR引物和一些基因组DNA为基础列出步骤。你可以选择使用DNA 5′端添加磷酸基团的激酶、放射性ATP和限制性内切核酸酶。你还可以利用磷酸酶，用于移除DNA 5′端磷酸基团。

   b. 为什么足迹实验只需要一条链单端标记的DNA片段？换句话说，对DNA双链的5′端进行标记或者对DNA每一个磷酸二酯键都进行磷酸放射性标记，那么这些实验结果与图16.16所展示的实验结果会有什么不同？

16.3节

25. 为什么色氨酸衰减作用机制只存在于原核生物？

26. a. 从色氨酸操纵子的单个转录物上翻译 $trpE$ 和 $trpC$ 需要多少核糖体（最低量）？

   b. RNA前导序列两个色氨酸密码子的缺失会如何影响 $trpE$ 和 $trpC$ 基因的表达？

27. 下述序列为鼠伤寒沙门氏菌组氨酸操纵子mRNA的前导序列。当培养基中缺乏组氨酸时（组氨酸含量极低），序列中的哪些碱基可以导致核糖体暂停工作？

   5′ AUGACACGCGUUCAAUUUAAACACCACCAUC
   AUCACCAUCAUCCUGACUAGUCUUUCAGGC 3′

28. 在色氨酸存在或者不存在的情况下，阐述每种大肠杆菌菌株基因型对 $trpE$ 和 $trpC$ 基因表达情况的影响。〔野生型（$R^+P^+o^+att^+trpE^+trpC^+$），$trpC$ 和 $trpE$ 在色氨酸存在的情况下被抑制，在色氨酸不存在的情况下表达〕

   R=阻遏基因；R'' 产物不能结合色氨酸；R^- 产物不能结合操纵基因

   o=色氨酸操纵子的操纵基因；o^- 不能结合阻遏物

   att=衰减子；att^- 为衰减子缺失

   P=启动子；P^- 表示色氨酸操纵子启动子缺失

   $trpE^-$ 和 $trpC^-$ 为无义（功能缺失）突变

   a. $R^+P^-O^-att^+treE^+trpC^+$

   b. $R^-P^+O^+att^+treE^+trpC^+$

   c. $R''P^+O^+att^+treE^+trpC^+$

   d. $R^-P^+O^+att^-treE^+trpC^+$

   e. $R^+P^+O^-att^+treE^+trpC^-$ / $R^-P^-O^+att^+treE^-trpC^+$

   f. $R^-P^-O^+att^+treE^+trpC^-$ / $R^-P^-O^+att^+treE^-trpC^+$

   g. $R^+P^-O^+att^-treE^+trpC^-$ / $R^-P^-O^+att^+treE^-trpC^+$

29. 反义RNA作为负调节因子调控基因表达的一种机制是通过与mRNA序列上的核糖体结合位点互补碱基配对来阻止翻译。另一种调控机制——反义RNA的转录会阻止RNA聚合酶识别同一基因正义链的启动子。设计一个实验方案来区分反义RNA在一个特定基因上的两种作用模式（提示：如果质粒上从一个基因转录出高水平的反义RNA，那么两种不同机制产生的结果分别是什么）。

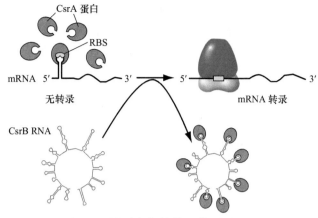

30. 阐述下表中的每一个元件的分子构成（DNA、RNA、蛋白质、小分子），是正调控因子还是负调控因子，影响基因表达的哪一过程，是顺式作用因子还是反式作用因子（一般情况下，顺式作用因子只影响包含它的分子的功能，反式作用因子会影响其他分子的功能）。

a. Lac阻遏蛋白

b. 乳糖操纵子

c. CRP

d. CRP-结合位点

e. 色氨酸阻遏物

f. 负载 tRNA^{Trp}（就其在色氨酸操纵子上的功能而言）

g. 色氨酸操纵子的抗终止子

h. 核糖开关表达平台的终止子

i. 阻止mRNA翻译的sRNA

31. 结构上最简单的核糖开关是两个所谓的嘌呤核糖开关，其中一个响应鸟嘌呤，另一个响应腺嘌呤。附图展示了鸟嘌呤核糖开关。游离的鸟嘌呤和适配体中特定的胞嘧啶残基互补配对决定了核糖开关的构象。

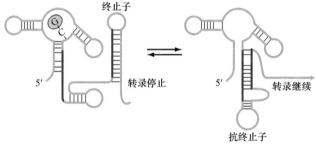

a. 每种核糖开关构象的形成需要什么条件的细胞质环境？

b. 在枯草芽孢杆菌中，鸟嘌呤核糖开关定位到包含17个不同基因的5个不同的转录单元上。基于图表，请回答题目a，什么样的生物学过程需要17个基因参与？解释你的推论。

32. RNA介导的基因调控机制存在很大的差异。下图展示的是最近一个发现的示例，基因 *CsrA* 和 *CsrB* 全局调控参与碳原子利用途径的基因集。*CsrA* 的产物为CsrA蛋白，结合靶基因mRNA的核糖体结合位点（RBS），阻止靶基因的表达。*CsrB* 基因的产物是CsrB RNA，包含与CsrA蛋白结合的22个位点。CsrB RNA可以与靶标mRNA竞争结合CsrA蛋白。当存在高浓度CsrB RNA时，CsrA蛋白不能结合mRNA位点，因此靶基因开始表达。

a. *CsrA* 和 *CsrB* 基因产物是什么分子（DNA、RNA、蛋白质、小分子）？是正调控因子还是负调控因子？影响基因表达的哪一过程？是顺式作用因子还是反式作用因子？（将你的答案与习题30的答案进行对比会很有趣）

b. CsrA/CsrB调控糖原合成和分解；糖原是葡萄糖的聚合物，是人类储存能量的主要来源。CsrA/CsrB是糖原合成的负调控因子、糖原分解的正调控因子。

你认为CsrA/CsrB体系最可能响应什么样的环境因子？提出一个抑制该体系的合理的方式，再提出一个诱导该体系的不同的假设（两种情况下都假定CsrB的表达被调整）。你的哪种假设最符合参与糖原合成的靶基因（合成代谢途径），哪种假设符合参与糖原降解的靶基因（分解代谢途径）？请解释。

16.4节

33. 由于DNA损伤引起表达的基因许多都已被分离出来。*lexA* 基因的功能缺失突变引起许多基因的表达，即使没有DNA的损伤。你猜想LexA蛋白是正调节因子还是负调节因子？为什么？

34. 在2005年，Frederick Blattner和他的同事发现大肠杆菌细胞具有一个能够帮助它们寻找更好碳来源的整体性转录程序。

许多基因，包含细菌运动所需的基因在碳源不足的情况下会启动表达，以便细菌可以寻找更好的营养环境。你现在想要搜寻调控这种响应机制的基因。你怎样利用 *lacZ* 融合基因鉴定这种调控基因？

35. 大肠杆菌MalT蛋白是几个麦芽糖操纵子的正调控因子，麦芽糖存在时诱导表达此操纵子。编码MalT

的基因是在组成型表达麦芽糖操纵子的突变体中鉴定出来的；在麦芽糖不存在时，此操纵子依然被转录。此突变体含有*lacZ*转录融合报告基因，即麦芽糖诱导操纵子的调节区融合*lacZ*的编码序列。

a. 报告基因转入*lacZ*⁻突变细菌并将细菌涂抹在含有β-半乳糖苷酶底物X-gal的培养皿上。如果平板上同时含有麦芽糖，菌落会呈现什么颜色？如果平板只有X-gal没有麦芽糖，菌落是什么颜色？

b. 此突变背景下，在导入报告基因之前，科学家诱变了*lacZ*⁻细菌，然后将导入后的细菌涂抹在含有X-gal但没有麦芽糖的平板上。除了一个菌落是蓝色的外，其余菌落都是白色的。对于这些菌落的分析，科学家们不能确定蓝色菌落的基因突变体是否编码了一个正向或是负向调节麦芽糖操纵子的调节因子。

　　首先假设基因编码正向调节因子：（i）野生型蛋白如何响应麦芽糖？（ii）突变如何影响蛋白质功能？（iii）在分子水平上描述基因突变的性质。

　　假设基因编码麦芽糖操纵子的负调节因子，请回答上述同样的三个问题。

c. 你认为科学家如何发现MalT为正调节因子而不是阻遏物？（提示：回顾图14.28。如果研究者尝试利用来自于野生型菌株基因组构建的质粒文库和突变体菌种构建的质粒文库分别进行*malT*突变体鉴定，思考每种情况下会发生什么）

36. 红细胞生成素是一种人类蛋白激素，促进红细胞的生成。想象一下你是一个制药公司的研究者，你想要在细菌中生产这种激素，用来治疗贫血症患者。你将构建一个具有以下元件的重组DNA分子，一些元件的重要性会在该问题的稍后部分解释：（i）人类红细胞生成素的编码序列；（ii）乳糖操纵子的调控序列；（iii）编码大肠杆菌麦芽糖结合蛋白的序列（MBP）；（iv）编码5个氨基酸的序列（单字母密码DDDDK）。制药公司的工程师将含有这些序列的重组质粒转入到大肠杆菌中，诱导被标记的融合蛋白N MBP-DDDDK-红细胞生成素C表达。

a. 绘制重组质粒图，标出四段序列在质粒载体上的位置。

b. 四个元件中的哪一个编码mRNA上的核糖体结合位点来制造此融合蛋白？

c. 四个元件中的哪些元件需要安排在同一阅读框中？

d. 你从人类基因组DNA上还是从人类cDNA上克隆获得红细胞生成素的编码序列？请解释。

e. 你将利用什么化合物来诱导融合基因的表达？在培养基中加入此化合物后培养大肠杆菌合适，还是培养细胞到高密度后再将化合物加入培养基中合适？请解释。

f. 表达此融合蛋白的细胞也同时表达其他大肠杆菌蛋白质。对于药物的使用，纯化药物剔除污染物非常重要。假定MBP紧密结合麦芽糖，麦芽糖可以吸附在不可溶的树脂上。解释你如何从大肠杆菌的蛋白质中提纯融合蛋白。

g. 为了产生药效，人类红细胞生成素必须不能附带其他氨基酸序列。一个称为肠激酶的蛋白酶剪切蛋白质C端到DDDDK位点的部分。解释你将如何利用肠激酶将红细胞生成素与融合蛋白的其他部分分离，纯化所需的药物。

37. 为了找到响应渗透压（溶质在溶液中的总浓度）变化的基因，你分别在高渗透压和低渗透压的培养基中培养大肠杆菌。你利用RNA-Seq技术对两种培养环境的细菌进行分析。渗透压的变化很可能会诱导一般的应激反应，此类应激反应在其他刺激下也会产生（如热激）。你如何区分参与一般应激反应的基因和参与响应渗透压变化的基因？（提示：你需要额外的细菌培养基培养细菌）

38. 关于图16.30，提出以下问题：

a. 图中标出了多少个基因？多少个操纵子？展示的区域平均基因密度是多少？这个数值能代表大多数细菌基因组吗？

b. 图中完全没有发现t2110的转录物。这些数据能代表t2110是无功能基因吗？如果检测到了这个基因的转录物，科学家如何确定它转录的方向？

c. 图中什么样的证据能够证明导致操纵子转录提前终止的衰减作用或是核糖开关机制的存在？根据环境条件分析，是否存在可被这种机制调控的操纵子？

d. 图16.30的数据不能提供任何证据证明标出的基因或是操纵子被反义转录物调控。反义机制调控一个基因或者操纵子的数据是什么样子的？

e. 尽管*galM*基因是含有*galETK*基因操纵子的一部分，是否有可能*galM*基因的转录实际上是由其他启动子完成的。图中什么样的数据支持这种可能性？

f. 图16.30的数据能否显示sRNA封闭核糖体结合位点调控机制的存在？

39. 在许多种类细菌中，调控sRNA通过转录组测序（RNA-Seq）被鉴定出来。科学家如何了解通过cDNA测序被鉴定的小RNA类型是调控sRNA而不是mRNA的片段？

40. 许多参与氨基酸的合成途径的细菌基因被RNA前导序列调控，间接响应特定氨基酸的含量。类似衰减子或是一些核糖开关，这些变构的RNA前导序列被称为T-box前导序列，可以形成终止子或是抗终止子。T-box的名字泛指一个存在于所有RNA前导序列中的14个核苷酸序列；T-box含有5′UGGU3′序列与tRNA保守3′端互补（5′ACCA3′）。

　　首次在枯草芽孢杆菌的*tyrS*基因中发现了T-box RNA装置，该基因编码酪氨酰tRNA合成酶，该酶将酪氨酸负载到tRNA^{Tyr}上。如下图所示，T-box前导序列结合反密码子，同时也结合空载tRNA^{Tyr}的3′端（左侧）。当结合上空载tRNA^{Tyr}，会在前导序列上形成抗终止子，否则形成终止子（右侧）。

a. 枯草芽孢杆菌中，大多数tRNA合成酶基因都被T-box RNA前导序列调控响应特定的空载tRNA。解释这种调控机制的合理性。

b. 如何改变枯草芽孢杆菌tyrS T-box碱基序列以便它响应空载tRNA^{Phe}而不是tRNA^{Tyr}？

c. T-box负责几乎*tryS*基因表达的所有调控。如果RNA前导序列中与tRNA^{Tyr}反密码子互作的5′UAC3′变成5′CUA3′，那么你预计*tryS*基因的表达会发生什么变化？

d. 通过不同于*tyrS*的基因的特定突变，题目c中描述的T-box突变体会恢复正常功能，由此实验证明T-box RNA前导序列结合tRNA。什么样的特殊细菌基因突变会令突变体的T-box RNA前导序列恢复正常功能？

　　*tyrS-lacZ*报告基因的实验结果显示tyrS T-box前导序列直接响应有空载tRNA的相对水平而不是酪氨酸的含量。实验涉及各种tRNA^{Tyr}突变体的表达。这些突变位于反密码子或者是3′端四碱基对之外，但还是阻止了tRNA合成酶负载tRNA。

e. 另一种野生型枯草芽孢杆菌菌株转入含有T-box RNA前导序列的*tyrS-lacZ*报告基因。比较酪氨酸含量低时和酪氨酸含量高时，菌株内β-半乳糖苷酶的表达量。

f. 现在假设题目e中的菌株内*tRNA^{Tyr}*基因替换为之前描述的阻止tRNA负载的突变*tRNA^{Tyr}*基因。比较新的菌株在酪氨酸含量低时和酪氨酸含量高时，β-半乳糖苷酶的表达量。解释这个实验如何区分这两个假设突变体。

g. 利用计算机算法，T-box调控因子在许多其他种类细菌中被鉴定出来。你认为计算机程序鉴别的关键点是什么？

16.5节

41. 描述如何利用RNA-Seq分析来发掘费氏弧菌群体感应途径的元件。图16.33显示途径的中的元件是否存在不是计算机鉴定出来的？请解释。

42. 研究生物发光和群体感应的科学家们发现转入含有费氏弧菌9kb DNA片段质粒的大肠杆菌菌群达到一定密度时会发光。他们诱变处理了这些大肠杆菌并分离出许多在9kb片段上突变阻止细胞发光的突变体。然后他们对这些突变进行了互补测试，同时转入两个质粒进入大肠杆菌细胞，每一个质粒上述突变中的一个。为了确保大肠杆菌同时转入两个质粒，其中一个质粒携带抗青霉素的基因，另一个质粒携带抗四环素的基因，在含有两种抗生素的平板上筛选细胞。

a. 为验证下述9个突变设计一个9×9互补测试表格，+代表细胞生长，−代表细胞不生长（你只需要填充一半的表格）。
突变1：编码不能与萤光素酶底物结合的LuxA蛋白
突变2：编码不能与LuxB蛋白互作的LuxA蛋白
突变3：编码不能与LuxA蛋白互作的LuxB蛋白
突变4：*luxI*基因无义突变

习题40的图

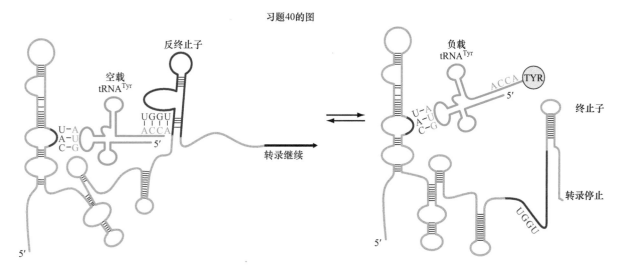

突变5：编码不能结合DNA的LuxR蛋白

突变6：编码不能与自诱导物结合的LuxR蛋白

突变7：*luxR*启动子区阻止转录的突变

突变8：*luxICDABE*启动子区阻止转录的突变

突变9：*luxICDABE*启动子区阻止LuxR蛋白结合的突变

b. 这9个突变中存在多少个互补组？

c. 你回答题目b的个数是否也是不同基因的个数？请解释。

43. 了解群体感应的分子机制的实验包括对两个转录的融合报告基因的利用，每个基因都含有习题42描述的费氏弧菌9kb的DNA片段。其中一个报告基因中（*luxR/lacZ*），*luxR*调控区域调控*lacZ*转录（即*luxR*编码序列被*lacZ*编码序列代替）。另一个报告基因（*luxICDABE/lacZ*），*luxICDABE*操纵子调控序列调控*lacZ*表达（即操纵子结构基因被*lacZ*编码序列代替）。图16.33显示了费氏弧菌的*luxR*的结构和*luxICDABE*区域。含有其中一个报告基因（*luxR/lacZ*或者*luxICDABE/lacZ*）的大肠杆菌菌落（*lacZ*⁻染色体）呈现白色。当纯化的自诱导物分子加入培养基后，*luxR/lacZ*菌落依然呈现白色，但是随着时间变化*luxICDABE/lacZ*菌落变为蓝色。

a. 请解释为什么在缺少自诱导物时，*luxR/lacZ*菌落为白色。

b. 请解释为什么在缺少自诱导物时，*luxICDABE/lacZ*菌落为白色。

c. 请解释为什么加入自诱导物后，*luxR/lacZ*菌落依然为白色。

d. 请解释为什么加入自诱导物后，*luxICDABE/lacZ*菌落变为蓝色，并且需要时间。

e. 关于*luxR*基因的转录这些结果能说明什么？

44. 群体感应调节许多病原菌中毒性蛋白的表达。通常，病原菌表达毒性蛋白来响应细胞高密度时被配体结合激活的受体。霍乱弧菌（引起霍乱病）正好相反，由于它的群体感应受体被结合的配体抑制，因此只有在低细胞密度时才表达毒性蛋白。这种不寻常的激活霍乱弧菌致病基因"相反的"机制令科学家想出一个简单的办法生产新型抗生素来治疗霍乱。请解释。

45. 目前，科学家正在筛选小分子化合物文库，作为费氏弧菌响应高密度细胞时生物发光的抑制剂。选择的小分子具有潜在结合LuxR蛋白的能力。

a. 结合LuxR蛋白的分子如何抑制生物发光？

b. 数以百计的不同种类的细菌利用类似于费氏弧菌的群体感应机制，编码类似于LuxI和LuxR的蛋白质。根据这些信息，你认为为什么科学家想要鉴别题目a描述的分子？

第17章 真核生物中的基因调控

雄性黑腹果蝇（底部）正在向雌性求偶。
© Solvin Zankl

当雄性果蝇向雌性求偶时，它会演唱一首古老的歌曲并跳一支仪式舞蹈。雄性果蝇利用它的前腿轻拍未来伴侣的腹部，然后通过伸展翅膀并以固定的频率震动来表演歌曲。当这首歌结束，它开始追随雌性。如果雌性果蝇愿意接受，雄性果蝇会用其喙去舔雌性果蝇的生殖器，卷曲腹部，并爬到雌性身上和它交配大约20min。

一种叫做"无后"的基因突变会引起果蝇行为的改变，从而阻碍雄性果蝇的正常交配。例如，一些具有亚效突变等位基因的雄性不能区分出雌性和雄性，并不加以区别地向雄性和雌雄求偶。无后基因（*fruitless*）通过性别特异性的mRNA剪接编码了雄性和雌性特有的蛋白质；两性都产生的初级转录产物在雄性和雌性中以不同的方式被拼接。

性别特异性的无后蛋白其本身就是调控蛋白，它们控制着许多不同目的基因的转录。雄性特异性无后蛋白仅存在于构成雄性果蝇神经系统的大约100 000个神经元的几千个中。这些表达无后基因的细胞包括：控制翅膀和腿部运动的运动神经元；控制嗅觉、味觉、视觉和听觉的感觉神经元；大脑细胞。通过控制这些细胞中目的基因的转录，雄性特异性无后蛋白控制着如上所述的仪式化的歌曲和舞蹈这类的交配行为。

在本章，我们看到**真核生物基因调控**——真核生物细胞中基因表达的控制，依赖于一系列能在正确的时间和位置开启或者关闭基因且具有相互作用的调控元件。在多细胞真核生物中，基因调控不仅控制了与性有关的特征和行为，还控制了组织和器官的分化。调控可以在基因表达的多个水平上发生。例如，刚刚描述的果蝇求偶的案例，涉及了转录起始阶段的基因调控，以及转录剪接阶段的转录后基因调控。

不同于单细胞原核生物的环境适应性主题，多细胞真核生物的主题是在不同细胞类型中特定基因表达程序的初步建立，以及对这些程序的后续维护与修改。虽然我们已经了解到的关于原核生物基因调控的许多基本原理也与真核生物有关，但真核生物中基因调控的分子间相互作用要更复杂，并且有若干独特的特征。

17.1　真核生物基因调控概述

学习目标

1. 列出基因表达过程中可能被调控的步骤。
2. 列举真核生物和原核生物之间影响基因调控的关键差异。

当你探索真核生物基因调控的复杂性时，请记住真核生物与原核生物间的关键相同点和不同点。在两者中，转录调节主要是通过DNA结合蛋白附着在转录单位自身附近的特定DNA序列上发生的。然而，由于以下几个原因，真核生物需要更复杂层次的基因调控是可能的，也是必要的：

- 染色质结构经常使DNA不能用于转录机制；
- 额外的RNA加工事件的发生；
- 转录发生在细胞核中，而翻译发生在细胞质中；
- 基因调控需要控制细胞分化为数百种特异的细胞类型。

像在原核生物中一样，真核生物的基因表达可以在转录的起始阶段被调节，即当RNA聚合酶开始作用产生初级转录产物时。此阶段确实是决定细胞中重要基因产物数量的关键点。然而，产生活性基因产物的基因表达过程中的许多步骤存在于转录起始之外（图17.1）。转录加工（包括剪接）、mRNA从细胞核中输出、信使的转录能力和稳定性、蛋白质产物在特定细胞器中的定位，以及改变蛋白质功能或稳定性的修饰都是可以调控的活动，并影响最终活性产物的量。

基本概念

- 真核生物基因表达调控发生在许多水平上，包括：转录起始，转录加工，mRNA稳定性，mRNA翻译，蛋白质修饰，蛋白质稳定性。
- 真核生物的基因调控机制比原核生物更为复杂，这是

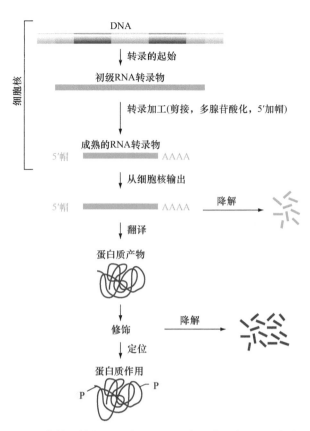

图17.1　真核生物的基因表达。基因表达首先涉及细胞核中的转录和mRNA的加工。随后mRNA被转运到细胞质中，在那里被翻译成蛋白质。转录后的修饰，如磷酸化（P），会影响蛋白质产物的活性、稳定性或定位。非转录DNA，橙色；外显子，绿色；内含子，蓝色。

因为真核生物具有染色质，真核生物的转录产物需要更多加工过程，而且转录产物是从细胞核被转运到细胞质来进行翻译的。在多细胞真核生物中，复杂的基因调控指导着多种细胞类型的发展。

17.2　通过增强子控制转录起始

学习目标

1. 描述控制真核生物蛋白质编码基因的组织特异性转录的顺式作用因子。
2. 比较转录激活因子和阻遏物的结构及功能。
3. 解释增强子的工作机制，以及它们是如何被识别的。
4. 描述绝缘子的功能，以及科学家是如何定位它们的。
5. 讨论计算机程序和ChIP-Seq技术是如何识别转录因子及它们的目标位点的。

真核生物中用于转录基因的RNA聚合酶有三种。RNA聚合酶Ⅰ（pol Ⅰ）转录编码核糖体主要RNA组分（rRNA）的基因。RNA聚合酶Ⅱ（pol Ⅱ）转录所有编码蛋白质的基因。RNA聚合酶Ⅲ（pol Ⅲ）转录编码

tRNA及其他一些小分子RNA的基因。在这一章，我们集中讨论产生蛋白质的主要转录活动：RNA聚合酶Ⅱ转录。

　　一些由RNA聚合酶Ⅱ所表达的基因，像核糖体蛋白基因，是所谓的持家基因，这些基因在几乎所有时间内、所有细胞类型中都会发生转录。其他由RNA聚合酶Ⅱ转录的基因，就像用于构成血红细胞中血红蛋白的多肽的基因，它们只在一种或几种细胞类型中被转录。我们首先关注以细胞类型特异的方式进行基因转录调控的机制。在本章的后面，我们将提出一个涉及DNA甲基化的机制，这是持家基因组成型转录的关键，并且对于某些细胞类型特异性的基因调控也很重要。

17.2.1　启动子和增强子是主要的顺式作用因子

　　尽管在真核生物的基因组中，成千上万的由RNA聚合酶Ⅱ转录的基因的调节区域都是独一无二的，但是以细胞类型特异的方式转录的基因都包含两种必要的DNA序列。第一个序列是**启动子**序列，它总是非常接近基因的蛋白质编码区域。启动子通常包含一个**TATA框**（或起始框），由大约7个核苷酸的T—A—T—A—（A或T）—A—（A或T）序列组成，位于转录起始位点的上游。由于TATA框本身只能微弱地吸引RNA聚合酶（没有增强子的情况下），所以TATA框允许一个低水平的，也就是所谓基础水平的转录。

　　第二种DNA序列元件对于真核生物的转录很重要，它被称为**增强子**，是一个可以距离启动子数万个核苷酸之远的调节位点。在特定的细胞类型中，蛋白质与增强子的结合可以增强或抑制基础水平的转录。增强子可能位于5′端或3′端到转录起始位点之间（有一些增强子甚至在内含子上被发现）（图17.2），并且一个基因上可以有一个或多个增强子。如下所述，一个增强子可以与不同的转录因子有多个结合位点。

　　科学家经常用水母编码绿色荧光蛋白（GFP）的基因作为在真核生物中识别增强子的报告基因，类似于*lacZ*基因在细菌中作为报告基因的方式（回顾图16.26）。这个想法是要构建一个重组DNA分子，在这个分子中目的基因的推定调控序列与*GFP*基因编码序列融合［图17.3（a）］。然后将该重组DNA用于产生其基因组包含融合体的转基因生物（你将在第18章学习转基因技术的细节）。如果DNA片段中包含在特定类型组织中引导转录的增强子，那么只有在该组织中，报告基因才会表达得到可检测水平的GFP。当GFP暴露在特定波长的光线下时，会发出绿色的荧光。因此，当转基因动物被一定波长的光线照亮时，如果组织发光，就可以检测到该组织特异性的增强子［图17.3（b）］。

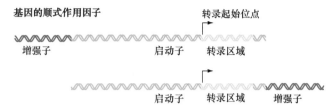

图17.2　一个基因的顺式作用因子。顺式作用调控元件和它们所控制的基因位于相同DNA分子的DNA序列区域。启动子通常邻近于转录的起点。调节基因表达的增强子有时可以与要调节的基因相距上千个碱基对，或者位于启动子的上游（图上），或者位于启动子的下游（图下）。增强子甚至可以存在于基因的一个内含子中（图中未展示）。

(a) 报告基因转基因识别增强子

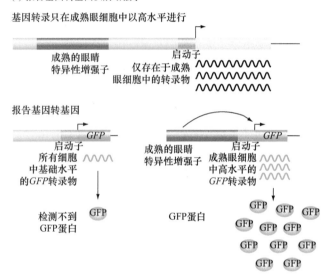

(b) 转基因小鼠表达出眼睛特异性的绿色荧光蛋白

图17.3　利用GFP报告基因识别增强子。（a）通过将来自基因附近的不同DNA片段融合到一个无增强子的水母绿色荧光蛋白（GFP）报告基因上，可以找到增强子，如图中所示的眼睛特异性增强子。当报告基因被引入一个生物体的基因组时，只有那些与增强子融合在一起的基因才能在恰当的组织中产生大量的绿色荧光蛋白。（b）一只含有眼特异性小鼠基因增强子的GFP报告基因转基因小鼠。

（b）：承蒙© John H. Wilson, Baylor College of Medicine提供

研究人员可以在GFP报告基因构建体的控制区中制造突变，然后用突变DNA构建转基因动物。如果在相同组织中不再能看到GFP的荧光，那么突变必定影响到了组织特异性的增强子。利用这种方式，科学家可以找出构成特定增强子的DNA序列。此类实验的一个有趣的结果是发现，如果增强子的方向或位置相对于启动子（上游或下游）发生改变，它们仍可以发挥其功能。这一结果产生的原因将在本节后面讨论。

17.2.2　蛋白质反式作用控制转录起始

蛋白质与基因的启动子和增强子（或多个增强子）结合控制转录起始的频率（图17.4）。不同类型的蛋白质与每个顺式作用调控区域结合：基础因子与启动子结合，而激活因子和阻遏物与增强子结合。在本书中，我们将所有具有序列特异性的、影响转录的DNA结合蛋白称为**转录因子**（无论它们是基础因子、激活因子，还是阻遏物）。一旦转录因子与DNA结合，它们就向基因中募集额外的蛋白质，这些蛋白质也会影响转录。

1. 基础因子

基础因子有助于RNA聚合酶Ⅱ与启动子的结合。在大多数启动子上形成的基础因子复合物的关键成分是TATA框结合蛋白，或者TBP。该蛋白质在有序的装配途径中，募集被称为TBP结合因子或TAF的其他蛋白质到启动子上（图17.5）。一旦基础因子复合物形成，RNA聚合酶就可以启动一个低水平的转录（基础转录）。在从酵母菌到人类的所有真核生物中，基础因子的主要序列和三维结构都是高度保守的。

2. 中介体复合物

许多真核生物基因转录需要一个叫做中介体的多亚基复合物，它包含了20多种蛋白质。中介体并不直接结合DNA，而是作为启动子上的RNA聚合酶Ⅱ复合物与结合在增强子上的激活蛋白或阻遏蛋白之间的桥梁〔图17.6（a）〕。

3. 激活因子

尽管类似的基础因子复合体与真核生物基因组成千上万个基因的启动子结合，但不是所有细胞类型中的所有基因都被转录。巨大范围的转录调控是通过不同转录

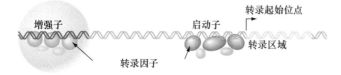

图17.4　反式作用因子。转录因子是通过DNA结合的方式直接与顺式作用因子（增强子和启动子）相互作用的反式作用蛋白。还有其他一些反式作用蛋白通过与转录因子相互作用间接地与DNA结合。

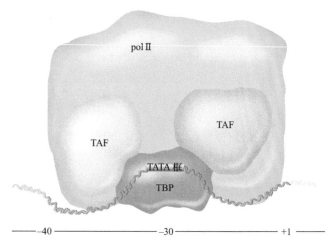

图17.5　基础因子与蛋白质编码基因启动子结合在一起。TATA框结合蛋白（TBP）与DNA启动子结合、TBP结合因子（TAF）与TBP结合、RNA聚合酶（聚合酶Ⅱ）与这些基础因子结合的示意图。一旦RNA聚合酶与启动子相关联，它就可以开始低水平（基础水平）的基因转录。

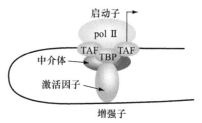

(a) 激活因子募集RNA聚合酶Ⅱ复合物到基础启动子上

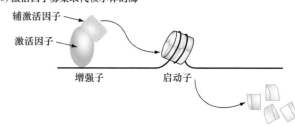

(b) 激活因子募集取代核小体的酶

图17.6　转录激活因子的功能。（a）与增强子DNA相关的激活因子结合基础因子（在某些情况下，间接通过中介体）以稳定聚合酶Ⅱ与启动子DNA之间的相互作用。（b）激活蛋白还能募集辅激活蛋白——例如，修饰组蛋白尾部以清除核小体启动子DNA的酶。如果增强子与启动子相距很远，激活因子发挥功能的两个机制都需要DNA环化。

因子与不同基因的不同增强子元件结合而发生的。当与增强子元件结合时，转录**激活因子**使转录水平增加到由启动子单独作用发生的转录基础水平之上。激活因子可以直接或间接地与蛋白质/DNA三维复合物中启动子的基础因子相互作用，从而使转录活性增加。

由于增强子可能远离启动子，因此增强子和启动子之间的DNA由于基础因子、中介体和激活因子（或抑

制因子）的相互作用而成环状［图17.6（a）］。长链DNA可以很好地解释如果将增强子序列移动到相对于启动子不同的位置时，增强子仍能起作用的原因。

激活因子的功能 在机械水平上，转录激活蛋白结合在DNA的靶位点上，然后通过以下一点或两点来促进RNA的合成。

1. 通过直接与该复合物的组分相互作用，激活因子有助于将基础因子和pol Ⅱ募集到核心启动子序列上，如图17.6（a）所示。这一功能类似于细菌中的大多数转录激活因子；像CRP等细菌中的正调节因子可以稳定RNA聚合酶与启动子的结合。

2. 激活因子募集**辅激活因子**；这些是打开局部染色质结构以允许基因转录的蛋白质［图17.6（b）］。回顾第12章，染色体DNA缠绕在核小体组蛋白上。基础因子不能接近被核小体覆盖的启动子DNA（见图12.10）。因此，为了使基因能够正常转录，启动子DNA必须远离核小体。

　　如果增强子DNA被核小体所覆盖，激活因子如何首先与增强子结合呢？科学家们认为，有时激活因子与增强子DNA的结合，就在DNA复制之后、核小体组装之前。此外，即使增强子DNA缠绕在核小体中，一些激活因子也能够与它们结合。

激活因子的结构 转录激活蛋白必须以序列特异的方式与增强子DNA结合，在结合后，它们必须能够与其他蛋白质（一个基础因子或辅激活因子）相互作用来激活转录。激活蛋白的两个结构域——DNA结合结构域和激活结构域，调节着这两种生化功能（图17.7）。

　　转录因子属于几个具有相似DNA结合结构域的蛋白质家族。两个具有显著特征的DNA结合域是螺旋-转角-螺旋和锌指（图17.8）。锌指结构基序主要存在于真核生物蛋白中，但螺旋-转角-螺旋也存在于原核生物中。例如，Lac阻遏物是一个螺旋-转角-螺旋结构的蛋白质（回顾图16.15）。DNA结合结构域与DNA的大沟相匹配。同一家族的激活因子由于氨基酸序列的微妙差别，使得这些蛋白质可以在不同的增强子元件中识别特

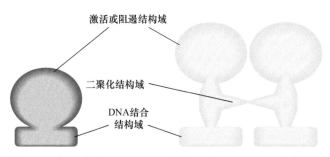

图17.7 激活因子和阻遏物的模块化结构。一些激活因子和一些阻遏物可由单体形式与DNA结合（左），而其他一些则以二聚体形式与DNA结合（右）。激活结构域和阻遏结构域与辅激活因子/辅阻遏物、中介体或基础启动子复合物相互作用（图中未展示）。

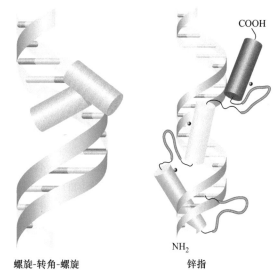

图17.8 激活因子蛋白家族。在激活因子中发现的两种常见DNA结合基序是螺旋-转角-螺旋和锌指。彩色圆柱代表DNA结合结构域的螺旋区域。

定的DNA。

　　转录因子的激活结构域相比于DNA结合结构域，其特征更少，而且可能结构更简单。激活结构域的氨基酸序列取决于激活因子是与基础复合物相互作用，还是与一个或多个辅激活因子相互作用。

　　许多激活因子多肽还有第三个结构域——二聚结构域（图17.7），使它们能够与相同多肽的其他拷贝或其他转录因子亚基相互作用形成多体蛋白，就像在细菌中的几个调节蛋白（如Lac阻遏物）的情况一样（回顾图16.18）。在许多二聚体结构域中的结构基序是亮氨酸拉链，它是一个亮氨酸以规律间隔出现的螺旋。两个亮氨酸拉链之间的连锁能力取决于处于两个亮氨酸之间的特定氨基酸。

　　在具有亮氨酸拉链的转录因子中，最具特征的是Jun，它是一个在细胞增殖和其他过程中很重要的蛋白质，例如，哺乳动物月经周期中子宫内膜的缺失和再生过程。Jun蛋白可以与自身形成二聚体，成为Jun-Jun**同源二聚体**；或者与另一个叫做Fos的蛋白质形成Jun-Fos**异源二聚体**（图17.9）。由于Fos亮氨酸拉链不能和其本身相互作用，因此不存在Fos-Fos二聚体。Jun蛋白和Fos蛋白单体都不能与DNA结合。因此，Jun-Fos系统只能产生两种转录因子：Jun-Jun蛋白和Jun-Fos蛋白。这两种二聚体以不同的亲和力与不同的增强子序列结合。

4. 阻遏物

　　与一个基因附近的特定DNA位点相结合，如增强子，并阻止基因转录的起始的真核生物转录因子被称为**阻遏物**。

阻遏物的功能 在原核生物中，负调控因子通常通过物理阻隔RNA聚合酶与启动子的结合来发挥作用。在真

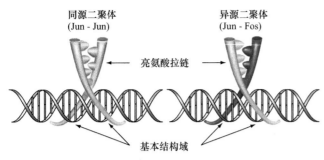

图17.9　Jun-Jun和Jun-Fos二聚体。同源二聚体包含两个完全相同的多肽，而异源二聚体包含两个不同的多肽。两个亚基中的亮氨酸拉链基序之间紧密的相互作用，使得二聚体形成。所谓的基本DNA结合结构域是大多数含有亮氨酸拉链的转录因子特有的特征。

核生物中，阻遏物的主要功能是不同的：真核生物的阻遏物通常募集辅阻遏蛋白到增强子上。**辅阻遏物**蛋白自身不能与DNA相结合，因此它们只能在可以与之结合的阻遏物已经存在时，才能与增强子相结合。辅阻遏物有以下两个功能：

（1）一些辅阻遏物可以直接与RNA聚合酶Ⅱ基础复合物相互作用并阻止其与启动子结合［图17.10（a）］。

（2）其他的辅阻遏物是修饰组蛋白尾部氨基酸的酶，导致染色质封闭［图17.10（b）］。回顾第12章，这些酶是组蛋白脱乙酰酶（HDAC）和组蛋白甲基转移酶（HMT）。

阻遏物的结构　阻遏物结构与激活因子相似：阻遏物具有DNA结合基序——与辅阻遏物相互作用的阻遏结构域（图17.9）。事实上，某些转录因子既可以作为激活因子，又可以作为阻遏物，这取决于其所处背景。例如，被称为Dorsal的果蝇转录因子，其结合于一些靶基因的增强子时是激活因子，而结合于其他基因的启动

(a) 阻遏物可以募集辅阻遏物，直接阻止基础聚合酶Ⅱ复合物与启动子结合

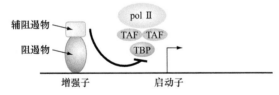

(b) 阻遏物可以募集关闭染色质的辅阻遏物

图17.10　转录阻遏物的工作机制。阻遏蛋白与DNA上增强子结合并募集辅阻遏物。（a）一些辅阻遏蛋白直接阻止基础聚合酶Ⅱ复合物与启动子结合。（b）其他辅阻遏物是组蛋白修饰酶，它们在启动子位置上关闭染色质并阻止转录。

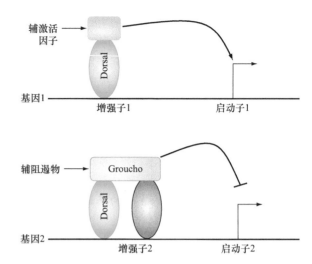

图17.11　一个转录因子既可以是激活因子，又可以是阻遏物。果蝇的Dorsal蛋白作为基因1的激活因子。在基因2中，另一个转录因子（灰色）与增强子2结合，通过帮助Dorsal募集一种叫做Groucho的辅阻遏物，使其成为阻遏物。

子时是阻遏物。一个蛋白质如何在转录中具有两种相反的功能呢？Dorsal本质上是与辅激活因子结合的激活因子。然而，在一些增强子中，与另一种蛋白质的相互作用导致Dorsal募集一种被称为Groucho的辅阻遏物（图17.11）。

5. 间接阻遏

　　许多调控蛋白被称为**间接阻遏物**，它们不是通过募集辅阻遏物，而是通过干扰激活因子的功能间接地阻止转录的起始。在此类机制中，由于阻遏物和激活因子的结合位点重叠，一些阻遏物可以通过与激活因子竞争来接近增强子［图17.12（a）］。另一种形式的间接阻遏叫做猝灭，蛋白质与结合在增强子上的激活因子结合，从而防止激活因子发挥作用［图17.12（b）］。一些间接阻遏物与激活因子结合，并将它们约束在细胞质中。间接阻遏物的转录后修饰使它释放激活因子，激活因子可以进入细胞核并结合它的目标增强子［图17.12（c）］。最后，一些间接阻遏物可以和激活因子形成异源二聚体。如果只有激活因子同源二聚体可以结合DNA，间接阻遏物可以滴定活化因子使得很少有同源二聚体能够形成［图17.12（d）］。

6. 组蛋白修饰

　　如第12章中所述，基因转录和各种共价修饰之间存在相关性，这些共价修饰可以添加到核小体中组蛋白的N端尾中的特定氨基酸上。对于转录来说，这些修饰中最重要的是乙酰化和甲基化——分别加入乙酰基和甲基。

　　通过被称为**组蛋白乙酰转移酶（HAT）**的酶对特定赖氨酸组蛋白尾部的乙酰化，帮助清除核小体的启动子，从而有助于基因的表达。因此，许多转录因子的辅激活因子是组蛋白乙酰转移酶。组蛋白乙酰化有助于以

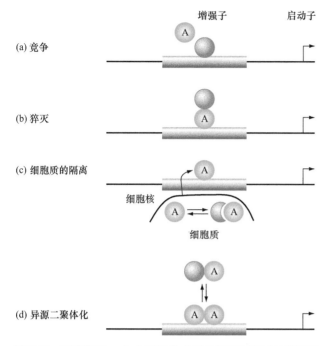

图17.12　间接阻遏。（a）阻遏物（橙色图标）通过与激活因子（A；绿色图标）共享一个增强子上共同的或重叠的结合位点而直接或间接地起作用；阻遏物可以在与增强子结合上胜过激活因子。（b）间接阻遏物可以与激活因子结合并隐藏其激活结构域。（c）当与间接阻遏物结合时，激活因子可以被隔离在细胞质中。（d）非功能性的间接阻遏物/激活因子异源二聚体的形成可以阻止功能性的激活因子同源二聚体的形成。

两种方式打开染色质。首先，赖氨酸的乙酰化降低了组蛋白上的正电荷，从而减轻了其与具有带负电DNA的核小体的静电相互作用。其次，具有乙酰化赖氨酸的组蛋白尾部作为着陆点，可以将特定的蛋白质募集到核小体上。这些蛋白质可以是使相同或相邻核小体内其他组蛋白尾部赖氨酸乙酰化的组蛋白乙酰转移酶，或者是使用ATP水解能量从DNA中去除组蛋白的DNA重塑蛋白质。

组蛋白甲基转移酶（HMTase）对组蛋白尾部某些赖氨酸（或精氨酸）的甲基化作用可以帮助激活或抑制转录，这取决于甲基化位点募集到核小体上的特定蛋白质。特定的甲基化氨基酸结合在特定基因上打开染色质的因子，而某些其他甲基化氨基酸结合区域性的关闭染色质的蛋白质。因此，一些组蛋白甲基转移酶是辅激活因子，而其他的是辅阻遏物。

组蛋白乙酰化和甲基化是动态过程。这些修饰可以通过HAT或HMTase快速添加，或通过**组蛋白脱乙酰化酶**或**组蛋白去甲基化酶**快速脱去。但基因的转录调控本质上是动态的。你会发现，特定的转录因子与增强子相互作用可以对细胞历史（在特定时间可以获得的其他转录因子）或细胞环境（例如，类固醇激素等别构效应物的存在）的改变做出反应。

组蛋白修饰酶不能单独与基因组上的DNA结合位点结合，记住这一点很重要。所有基因特异性或基因组区域特异性的组蛋白修饰都是由序列特异性的DNA结合蛋白（转录因子）启动的。此外，自2016年撰写本文以来，尚未知道组蛋白修饰在DNA复制叉上被复制的机制。因此，修饰的组蛋白在调节基因表达的转录因子下游起作用。

7. 识别转录因子

科学家经常使用GFP报告基因来验证所怀疑的转录因子确实起到了调节目标基因表达的作用。这种实验方法有两个要求。第一个要求是，研究人员必须构建一个转基因生物，该转基因包含与GFP报告基因（启动子加 *GFP* 编码序列）融合的目标基因的增强子。如我们在图17.3中所见，在其他的野生型动物中，GFP将在适当的细胞中以高水平表达。

第二个要求是，编码推定的转录因子的基因突变必须是可以获得的。如果携带GFP报告基因的动物在编码推定的激活因子的基因中也具有功能丧失突变，则该激活因子实际上与特定的增强子相互作用，报告基因就不会表达（图17.13）。与之相比，在编码阻遏物的基因中的功能丧失突变可以产生比正常水平更高的GFP荧光，并且/或者导致GFP在不恰当的细胞中表达（图中未展示）。

17.2.3　增强子整合细胞信息以控制基因转录

在复杂的多细胞生物中，大部分基因被用于转录调控。在人类基因组估算的27 000个基因中，科学家估计其中超过2000个基因编码转录因子。许多蛋白质可以调节任何一个基因的转录，每个调节蛋白可以作用于许多不同的基因。调节因子可能的组合数量是惊人的，它提供了对细胞分化和多细胞真核生物的发育很重要的灵活性。

增强子元件通常在操作上被定义为顺式作用序列，

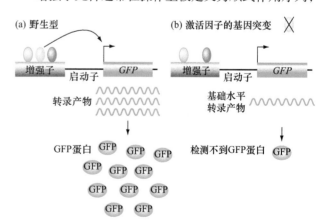

图17.13　识别转录激活因子。（a）与融合了报告基因的增强子结合，并且使转录进行，检测到GFP的表达。（b）编码激活因子的基因突变能够减少报告基因的转录，导致GFP表达的缺失。

其在特定时刻控制特定类型细胞中的基因表达。由于许多基因在一个以上的组织中表达，基因的调控区域可能包含几个增强子元件，例如，激活眼细胞转录的眼细胞增强子和激活皮肤细胞转录的皮肤增强子（图17.14）。每个增强子反过来又具有一个或多个结合位点，这些位点对几种不同激活因子和抑制因子中的每一种具有不同的亲和力。在任何时候，细胞中的几十个激活因子和阻遏物都可能竞争这些结合位点，辅激活因子和辅阻遏物也会相互竞争，与不同的激活因子或阻遏物结合。来自增强子的所有这些信息的生物化学整合，不仅指导了细胞中基因是否应该被打开或关闭的决定，而且事实上有助于细胞将转录的激活或抑制微调至对生物体中细胞作用最佳的水平。

在单细胞真核生物酵母中，基因受一种类似于增强子的简单元件调节，称之为**上游激活序列（UAS）**。UAS与单个转录因子的多个拷贝结合。"遗传学工具"信息栏"Gal4/UAS$_G$二元基因表达系统"描述了如何利用特定的UAS在转基因生物体中以任何表达模式表达任何克隆基因。

在多细胞生物体内，所有细胞都有相同的核DNA，所以基因的增强子元件存在于所有类型的细胞中。因此，转录的细胞类型特异性取决于与这些增强子相互作用的转录因子构型在发育过程中发生的变化（见图17.14）。在这里我们讨论一组功能性反式作用蛋白可以随着时间改变的三种方式。

1. 别构相互作用

真核生物的转录因子活性可以通过与效应物的别构

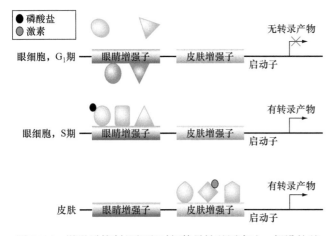

图17.14　增强子控制组织和时间特异性基因表达。假设的基因包括在眼睛和皮肤中表达的增强子。增强子中的序列由转录激活因子（绿色图标）或阻遏物（橙色图标）识别，这些转录因子可能存在于一些组织中，而在其他组织中不存在。某些转录因子可以通过别构调节（例如，通过结合激素）或转录后调节（例如，通过磷酸化）。增强子整合来自所有转录因子结合的信息，以确定目标基因是否在组织中转录、在什么水平和什么细胞周期阶段转录。

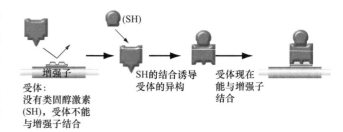

图17.15　类固醇激素受体。类固醇激素受体的DNA结合结构域处于非活性构象，直到由激素分子与另一结构域的结合引起别构变化，允许DNA结合结构域识别增强子。

相互作用调节，类似于你在第16章看到的异乳糖结合到Lac阻遏物上和色氨酸结合到TrpR阻遏物上。类固醇激素受体转录因子构成了真核生物中别构效应的重要实例：激素的结合导致受体蛋白发生形变，大大增加了其DNA结合结构域与其目标增强子的亲和力（图17.15）。

在人类中，类固醇激素睾酮和二氢睾酮正是通过这种机制起作用。在男性的青春期，睾丸产生高水平的雄激素类固醇，它们与靶细胞内的雄激素受体结合，如面部毛囊中的雄激素受体。通过类固醇调节雄激素受体转录因子，控制靶细胞的基因活性，导致男性第二性征的发育，如青春期末期男孩的面部毛发生长。这个例子清楚地表明多细胞真核生物的每个细胞必须不断地修改其基因活性程序，以响应来自身体其他部位的不断变化的信号。

2. 转录因子修饰

转录因子蛋白可以在合成后被修饰，合成通过共价添加几种不同化学基团中的任何一种来完成，如之前在图8.26（b）中描述的那样。这些修饰中最重要的一种是磷酸化，即通过激酶的作用向蛋白质上添加磷酸基团。磷酸化可以通过多种方式激活或灭活转录因子：影响转录因子进入细胞核的运动，该因子的DNA结合特性，形成多聚体的能力，或与其他蛋白质（包括辅激活因子或辅阻遏物）相互作用的能力。

细胞常常通过磷酸化来控制必须快速发生的事件，例如，对环境变化的响应或细胞周期中状态之间的转变。在第20章，你将了解到一种叫做p53的特定转录因子的磷酸化如何在保护生物体免遭癌症侵害方面发挥重要作用。

3. 转录因子级联

如图17.14所示，并非所有转录因子都始终在所有细胞中产生。显然，如果一个给定的细胞中不存在转录因子，则它将不能启动任何目标基因的转录。换句话说，各种转录因子的可用性对于细胞决定哪些基因将被转录、在何种水平上转录是至关重要的。

转录因子和其他任何蛋白质一样，都是基因产物。因此，编码转录因子基因的表达受其他转录因子的控

遗传学工具

Gal4/UAS_G 二元基因表达系统

在单细胞真核生物酵母中，称为上游激活序列（UAS）的DNA元件是可结合多个转录因子的多个拷贝的简单增强子。例如，调节参与半乳糖代谢的几个基因的USA_G具有四个用于结合被称为Gal4的激活蛋白的结合位点。

研究人员利用Gal4-UAS_G相互作用的简单性质开发了一个实验系统，借此，转基因模式生物可以在数千种组织特异性模式的任何一种中表达任何给定的基因。图A表明了这个系统是如何在果蝇中工作的。

研究人员首先克隆了基因的cDNA下游的一个UAS_G克隆和一个启动子，然后将这一转基因构建体引入果蝇基因组中。当携带UAS_G-cDNA的转基因果蝇与含有表达Gal4的转基因果蝇杂交时，携带两种转基因的后代在那些产生Gal4蛋白的细胞中特异性表达cDNA。

表达Gal4蛋白的转基因被保存在称为"驱动"的果蝇品系中。每个驱动品系包含一个启动子-Gal4融合基因的拷贝，其中无增强子的果蝇启动子与编码Gal4的cDNA融合。科学家们生成了数千个品系，每

一个品系都含有不同的启动子-Gal4转基因随机插入位点的果蝇基因组。启动子-Gal4插入位点附近的增强子决定了Gal4表达的模式。数千个品系都是可获得的，每个品系都以不同的组织特异模式表达Gal4。

Gal4/UAS_G二元系统有许多的应用；在这里，我们简要的讨论一个例子，它使用该系统杀死（或除去）特定种类的细胞。在这个应用中，位于UAS_G下游的cDNA编码Reaper——一种激活细胞凋亡过程或程序性细胞死亡过程的蛋白质，表达Reaper的细胞最终将会死亡，并从动物身上移除。

研究人员将携带UAS_G-reaper的果蝇与含有只在大脑某些特定类别的神经元中表达Gal4的"驱动"品系杂交。用这种方法，科学家制造了缺乏不同神经元类型的不同的动物。他们发现，缺乏携带有特定种类离子通道蛋白的特定神经元的雌性果蝇，会对在本章开头描述的雄性求偶歌曲和舞蹈做出更强的反应。换句话说，虽然正常雌性在选择配偶之前可能会拒绝许多潜在的雄性伴侣，但这些突变体果蝇几乎会与任何雄性交配。这些结果表明了这些特定神经元和离子通道在这种雌性交配行为中的重要性。

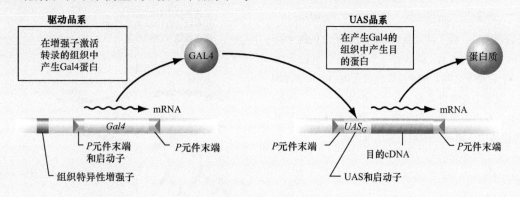

图A　使用Gal4/UAS_G进行基因表达。Gal4和UAS_G转基因处于基因组的不同位置。P元件末端用于将转基因整合到基因组中（在第18章详细解释）。

制，这意味着转录因子表达的级联必定发生。一组转录因子开启或抑制另一组转录因子，这些转录因子又控制其他转录因子表达。在第19章，你会了解到这种转录因子级联对于控制多细胞真核生物发育的生物化学机制是至关重要的。

17.2.4 绝缘子改变DNA结构以控制增强子/启动子相互作用

如上所述，增强子可以位于其所调节的启动子的上游或下游，并且处于相对启动子的任一方向上。这些事

实构成了一个概念性问题：一个增强子如何"知道"它位于两个基因之间的哪个才是正确的？并且因为增强子可以在距离它们调节的启动子很远的位置工作，是什么阻止染色体上的增强子影响到染色体上任何一个基因的任何一个启动子的呢？答案是，被称为**绝缘子**的DNA元件会改变染色质结构，因此增强子只能接近特定的启动子。

1. 科学家如何识别绝缘体

绝缘子被定义为位于启动子与增强子之间的DNA元件，其阻止增强子激活来自该启动子的转录。为了识

别绝缘子，研究人员在插入基因组的重组构建体中的增强子和报告基因启动子之间插入可疑的DNA序列。如果报告基因的表达被阻断，那么这个DNA序列就被认为是绝缘子（图17.16）。

2. 绝缘子是如何工作的

人类的绝缘子结合一种称为CTCF的蛋白质（CCCCTC结合因子）。结合不同绝缘子的CTCF蛋白之间的连接促进了DNA环的形成。如果一个绝缘子位于启动子和增强子之间，那么它们将会处于不同的环中，并且不能相互作用（图17.17）。

最近的研究表明，绝缘子的功能可能比简单的阻断增强子要复杂得多。一些发育调节基因具有由绝缘子分开的几个增强子。这些基因的DNA环的形成是动态的，并且绝缘子可以响应随着生物体发育而改变的信号，从而向特定的启动子传递特异性的增强子。

RFP和GFP转录

只有GFP转录

图17.16　识别绝缘子。处于两个报告基因启动子之间的增强子将会激活两个基因的转录，除非有一个绝缘子序列位于增强子和其中一个启动子之间。RFP是红色荧光蛋白，*RFP*基因是从红色荧光珊瑚中克隆得到的。在上图的构建体中，转基因生物的细胞会发出红色和绿色的荧光（即黄色）；在下图的构建体中，相同的细胞只发出绿色荧光。

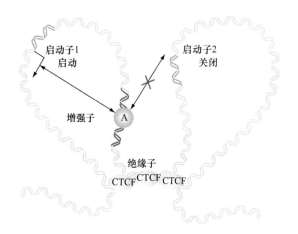

图17.17　绝缘子是如何工作的。绝缘子使基因组DNA成环，而增强子仅从同一个环内的启动子处激活转录（A=激活因子）。结合不同绝缘子的CTCF蛋白（黄色）之间的相互作用促进了绝缘子之间区域DNA的成环。

17.2.5　新方法提供了顺式和反式作用转录调节因子的全局视图

最近出现的**生物信息学**——生物学、计算机科学和信息技术融合形成一门学科的一个科学领域，有希望促进对复杂的转录程序的理解。例如，计算机程序虚拟地将cDNA克隆的编码序列和基因组中推定的开放阅读框翻译成蛋白质的氨基酸序列。然后，计算机在这些氨基酸序列中搜索明显特征，如螺旋-转角-螺旋或锌指，这可以表明蛋白质是转录因子。通过这种方式，研究人员可以发现由生物体基因组编码的反式作用转录因子。

为了寻找可能的顺式作用转录调控位点，如增强子，计算机比较近源物种的基因组序列。如之前在图10.3中所示，核苷酸序列在编码区域外往往不太保守，因此发现的任何保守序列都是在诸如基因调节这样的重要过程中起作用的强力候选者。

染色质免疫共沉淀测序（ChIP-Seq）是一种强大的新技术，用于在特定类型细胞的整个基因组中寻找特定转录因子的所有靶基因（图17.18）。科学家首先从被研究细胞的细胞核中分离出染色质，化学交联染色质的DNA和蛋白质成分，然后将染色质中的DNA片段化。研究人员接下来添加了涂有抗体的微珠，这种抗体与目的转录因子特异性结合。会黏附于微珠的唯一蛋白

从细胞核中分离染色质
用甲醛交联DNA和蛋白质
超声波处理DNA片段

向特定转录因子添加抗体

免疫共沉淀转录因子和DNA

纯化DNA和序列

图17.18　ChIP-Seq。针对特定转录因子（蓝色椭圆形）的抗体（Y型分子）被用于纯化与其靶基因DNA位点结合的蛋白质（通过将抗体附着于微观珠子，图中未显示）。对纯化的蛋白质-DNA复合物内的DNA片段测序，识别转录因子所调节的基因。

质-DNA复合物就是那些含有转录因子，且这些转录因子和与其相互作用的增强子相交联的复合物。这些复合物可以吸取其他非特异性染色质碎片。通过抗体结合纯化与其他蛋白质或核酸结合的特定蛋白质，被称为免疫共沉淀。科学家对这些纯化的复合物的DNA片段进行测序，以便确定被分析的细胞类型中特定转录因子靶向的基因。

作为人类基因组计划的后续行动，一个由数百名科学家组成的联盟正在试图绘制人类基因组中的所有顺式作用调控元件（启动子、增强子和绝缘子）。该计划名为ENCODE（Encyclopedia of DNA Elements），应用计算机技术和生化实验，如ChIP-Seq。庞大的ENCODE数据库对于那些寻找位于远离它们所调节基因的外显子的增强子中的致病突变的科学家尤其有用。

基本概念

- 增强子是DNA序列，它可以远离基因的启动子，在特定类型的细胞中起作用，以增加或减少相对于基础水平的转录量。
- 转录因子是反式作用蛋白，它包括与启动子结合的基础因子，以及与增强子结合的激活因子或阻遏物。一旦与DNA结合，转录因子就可以为基因募集其他蛋白质。
- 增强子有许多激活因子和阻遏物结合位点；增强子的这种性质使它们赋予基因转录时间和细胞类型特异性。
- 绝缘子是组织染色质成环的DNA元件；增强子和启动子只有处于相同的环中才能相互作用。
- 生物信息学使在基因组范围内搜索新的转录因子和它们的结合位点成为可能。染色质免疫共沉淀测序技术使用特异性抗体识别由目标转录因子所调节的基因。

17.3 表观遗传学

学习目标

1. 描述CpG岛的基因调控。
2. 讨论如何从人类谱系的遗传模式中推断出基因组印记。
3. 定义表观遗传学现象。
4. 解释DNA甲基化和基因组印记之间的关系。

在上一节中，我们讨论了转录因子与增强子的结合如何保证许多基因只在特定发育时期的特定组织中表达。细胞可以调节转录起始的第二个方法是通过控制**DNA甲基化**——一种DNA的生化修饰，其中甲基基团（CH$_3$）被添加到双螺旋的一条链上5′ CpG 3′二核苷酸对的胞嘧啶碱基的5号碳上［图17.19（a）］（CpG中的

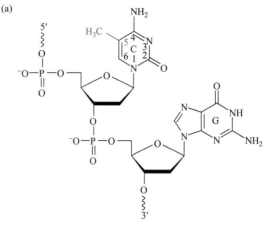

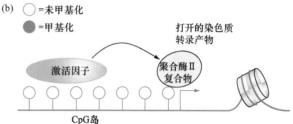

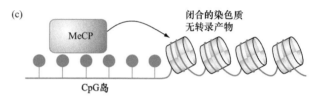

图17.19　DNA甲基化和CpG岛。（a）CpG二核苷酸的化学结构，其中胞嘧啶是甲基化的（红色）。（b、c）一些基因的转录是由CpG岛（富含CpG残基的序列）控制的，其中包括激活因子的结合位点。（b）结合激活因子阻止胞嘧啶残基甲基化。（c）如果激活因子不再存在，CpG岛将会被甲基化；成为甲基-CpG结合蛋白（MeCP）的阻遏物与甲基化位点结合并关闭染色质。

p代表磷酸盐）。被称为**DNA甲基转移酶（DNMT）**的酶催化CpG二核苷酸胞嘧啶的甲基化。

DNA甲基化对于控制脊椎动物管家基因的表达特别重要，尽管它也帮助调节一些细胞类型特异性的基因。在人类基因组中，CpG二核苷酸中大约有70%的胞嘧啶残基被甲基化。你会看到，因为DNA甲基化影响基因转录，还因为在DNA复制过程中甲基化模式被复制，所以DNA甲基化可以在不改变DNA碱基序列的情况下遗传性地改变基因的表达，从而引起所谓的**表观遗传现象**。甲基化是在哺乳动物（包括人类）中出现的表观遗传学的关键，被称为基因组印记。

无脊椎动物和单细胞真核生物很少或没有DNA甲基化，而秀丽隐杆线虫和酵母没有甲基化。因此，本节的信息可能不是与所有真核生物有关的，但对人类遗传学非常重要。

17.3.1 CpG岛的DNA甲基化使基因表达沉默

CpG岛可以是几百或几千个bp的DNA序列，并且其中CpG二核苷酸出现的频率远高于其他基因组。然而，与其他哺乳动物基因组中的CpG二核苷酸不同，CpG岛中的胞嘧啶残基通常是未甲基化的。当基因启动子附近的CpG岛未甲基化时，染色质是开放的，并且该基因具有转录活性。CpG岛的甲基化关闭了染色质并抑制了转录［图17.19（b）、（c）］。

CpG岛未甲基化的原因通常是那些通过与CpG岛结合激活转录的蛋白质阻止了DNMT对CpG岛的甲基化［图17.19（b）］。如果目的基因是在大多数细胞中表达的持家基因，那么这些转录激活因子会在许多细胞类型中被发现。

如果不存在激活因子，CpG岛就会被甲基化。由于称为甲基CpG结合蛋白（MeCP）的阻遏物与甲基化的CpG岛结合并关闭染色质结构，使基因不能被转录。DNA甲基化对基因的抑制作用通常是长期的，这是因为甲基化模式是通过许多细胞分裂来维持的；通过DNA甲基化的长期抑制被称为沉默。DNA甲基化模式是在DNA复制期间通过存在于DNA复制叉上的特殊DNMT被复制的，该复制叉识别半甲基化的DNA（仅在一条链上甲基化的DNA，在这个例子下是亲本链）并甲基化新合成的DNA链（图17.20）。

Rett综合征是一种导致癫痫，以及精神和身体损伤的大脑发育障碍，通过发现导致Rett综合征的突变基因，揭示了人类DNA甲基化对基因调控的潜在重要性。这种疾病显示了X连锁的显性遗传，它是由编码甲基-CpG结合蛋白的*MeCP2* X连锁基因的功能丧失突变导致的。

17.3.2 性别特异性DNA甲基化导致基因组印记

孟德尔遗传学的一个主要原则是，无论是来自母本还是父本，等位基因的亲本起源并不影响其在F_1代中的功能。对于绝大多数植物和动物的基因，这一原则仍然适用。然而令人惊讶的是，遗传学家发现哺乳动物中的一些基因是例外的，它们不遵循这一普遍规则。

图17.20 胞嘧啶甲基化在DNA复制过程中持续存在。专用的DNA甲基转移酶（DNMT）在复制叉上起作用；模板链上的胞嘧啶甲基化模式（蓝色圆圈）复制到新合成的DNA链（红色）上。

一个等位基因的表达取决于传递它的亲本的异常现象，称为**基因组印记**。在基因组印记中，个体从一个亲本遗传的基因的拷贝是无转录活性的，而从另一个亲本遗传的拷贝是有活性的。"印记"一词表示，无论印记基因的母本或父本拷贝是否沉默，DNA的核苷酸序列都不会发生变化。相反，正如你将在本节后面看到的，"无论什么"是指某些称为**印记控制区（ICR）**的DNA序列的性别特异性甲基化。

人类基因组中的约27 000个基因大概只有100个表现出印记。基因印记的数量是通过RNA-Seq实验（回顾图16.29和图16.30）估计的，它可以从杂合个体两个同源染色体中识别出基因的转录物。这100个基因中约有一半是父系印记基因，意味着从父本遗传的等位基因不被表达，而来自母本的等位基因被转录。对于母系印记基因，遗传自母本的等位基因不被转录，并且该基因的所有mRNA都是来自父本等位基因的。将印记这个术语与沉默等同起来，可能有助于你理解这个术语。

1. 印记和人类疾病

在RNA-Seq技术成熟之前，在20世纪80年代时，临床遗传学家观察到携带突变等位基因的亲本的性别决定孩子是否会表现出疾病的谱系，基因组印记的存在由此首先得到推断。这种类型的谱系模式在某些罕见病例中特别清楚，它们的病症是由除去印记基因产生的缺失导致的，因为这种缺失的遗传和疾病可以在核型上被追踪。

如图17.21（a）所示，父系印记基因的缺失可以无影响地从父亲传递到孩子，因为孩子的野生型母系等位

(a) 父系印记

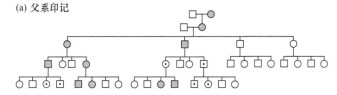

(b) 母系印记

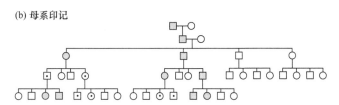

图17.21 基因组印记与人类疾病。（a）与父系印记常染色体基因缺失有关疾病的典型谱系。父亲可以将缺失传递给他们的儿子和女儿，而子女不受影响（系谱中的圆点符号表示未受影响的缺失携带者）；母亲也可以将缺失和疾病（黄色阴影）传递给她们的孩子。（b）与母系印记基因缺失有关疾病的典型谱系。这里，母亲可以毫无影响地将缺失和疾病传递给她们的儿子和女儿（圆点）；父亲可以将缺失传递给他们的儿子和女儿，而子女将受影响（紫色）。除了缺失，两个谱系还适用于印记基因隐性功能缺失突变的遗传。

基因将会表达。然而，一个女人因为同样的缺失而成为杂合子，她孩子中的50%会从她那里得到这一缺失。所有的这些杂合子的孩子都具有突变表型，因为他们从父亲遗传的基因的一个完整拷贝将是不活跃的；没有基因产物，这将会产生异常的表型。相反，母系印记基因的缺失可能不被察觉地在许多代中从母亲传递到女儿，这是因为来自父系的基因拷贝总是活跃的。然而，如果该缺失从男性传递到他的孩子，他的儿子和女儿都有50%的机会接收一个存在缺失的父系等位基因，并且因为从母亲身上继承的完整拷贝不活跃，这些孩子都会表达突变表型〔图17.21（b）〕。

印记作为影响因素现存在于多种人类发育障碍中，具体证据包括被称为普拉德-威利综合征（Prader-Willi syndrome）和快乐木偶综合征（Angelman syndrome）的两个相关病症。患有普拉德-威利综合征的儿童手足较小，性腺和生殖器发育不全，身材矮小，有智力障碍；他们还是强迫性的过度饮食者和肥胖者。受快乐木偶综合征影响的儿童脸颊发红，下额较大，嘴较大且舌头突出；他们还表现出严重的智力和运动障碍。两种综合征通常与15号染色体q11-13区小段缺失有关。当这种缺失遗传自父亲时，孩子会发展成普拉德-威利综合征；当相同的缺失遗传来自母亲时，孩子会发展成快乐木偶综合征。

对于这种现象的解释是，在这些缺失的区域至少有两个基因是不同的印记。一个基因是母系印记的；从他们的父亲那里接受一条缺失的染色体、从母亲那里接受一条带有该基因印记拷贝的野生型（非缺失的）染色体的孩子，因为印记的、野生型的基因是无活性的，而表现出普拉德-威利综合征。至于快乐木偶综合征，同一区域内的不同基因是父系印记的；从母亲那里接受一个缺失染色体、从父亲那里接受一个正常的印记基因的孩子会产生这种综合征。

2. 印记作为表观遗传现象

基因可以以一种不改变DNA碱基对序列，但仍以遗传方式影响基因转录的方法被修饰。如前所述，在不改变碱基对序列的情况下改变基因表达，并且通过细胞分裂直接遗传的基因修饰称为表观遗传变化。负责基因组印记的表观遗传变化的类型是位于100多个印记基因附近的特定ICR（印记控制区）中发现的CpG二核苷酸的性别特异性甲基化。

因为甲基化模式可以在DNA复制过程中传递，所以当体细胞有丝分裂时，印记得以保留。新合成的双螺旋的一条链上存在甲基，发出DNMT甲基化酶信号，以向另一条链上添甲基（回顾图17.20）。因此，印记基因座的性别特异性甲基化通常在个体的一生中都保留在体细胞内。

然而请注意，图17.21所示的谱系要求DNA甲基化模式必须在减数分裂期间重置，然后才能传递给下一代。如果不是这样，印记就不会是性别特异性的。图17.22显示在种系细胞中抹去（去除）甲基化，随后在基因通过种系进入下一代的每次传代期间产生性别特异性甲基化标记。一些基因在母本种系中被甲基化，其他基因在父本种系中接受甲基化标记。对于每一个受此影响的基因，印记都只发生在母系或父系中，而不是两者中都存在。这导致不同甲基化模式的雄性和雌性种系的分子差异是未知的。

3. 印记如何起作用

印记控制区的DNA甲基化控制了附近基因的转录。与CpG岛上的甲基化总是抑制转录相反，印记控制区上的甲基化可以打开或关闭印记基因。生物信息研究已经揭示了印记控制区的甲基化能够影响基因表达的两种方式。

绝缘子机制　在这里，ICR包含一个绝缘子，其功能由DNA甲基化控制。在母系印记的小鼠基因*Igf2*（胰岛素样生长因子2）中可以看到ICR功能机制的一个例子。在*Igf2*基因座上的印记通过位于*Igf2*启动子与其增强子之

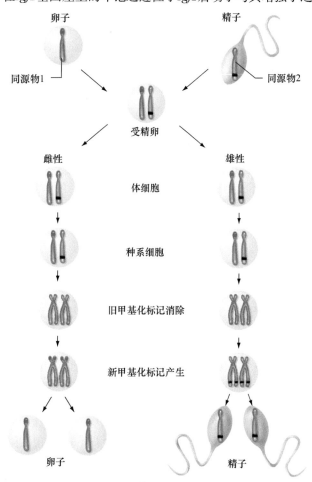

图17.22　基因组甲基化标记在减数分裂期间被重置。母系甲基化基因显示为红色，父系甲基化基因显示为黑色。在种系细胞中，体细胞甲基化标记被消除，并建立新的性别特异性的甲基化标记。

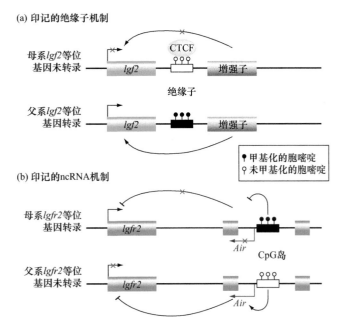

(a) 印记的绝缘子机制

母系*Igf2*等位
基因未转录

绝缘子

父系*Igf2*等位
基因转录

●甲基化的胞嘧啶
♀未甲基化的胞嘧啶

(b) 印记的ncRNA机制

母系*Igfr2*等位
基因转录

Air　CpG岛

父系*Igfr2*等位
基因未转录

Air

图17.23　基因组印记机制。（a）*Igf2*的母系印记由位于*Igf2*增强子和启动子之间的绝缘子的甲基化来控制。在母系同源物上，绝缘子未甲基化，因此是有功能的（结合CTCF）。在父系同源物上，绝缘子被甲基化且不起作用。（b）*Igfr2*的父系印记取决于控制"空气"ncRNA转录的CpG岛甲基化；当"空气"转录时，*Igfr2*不表达。母系同源物上的CpG岛被甲基化，沉默"空气"的转录并允许*Igfr2*表达。父系*Igfr2*等位基因沉默，是因为CpG岛未甲基化并且"空气"转录。

间的绝缘子的甲基化而起作用［图17.23（a）］。母体的染色体上的非甲基化绝缘子是功能性的——它结合CTCF，正如我们之前所见，其是一种结合绝缘子使染色质形成环状结构的蛋白质。结果，母体染色体上的增强子不能激活*Igf2*基因的转录，因为它和基因的启动子不在同一个环中。

相反，在父本染色体上，绝缘子被甲基化，从而阻止了它与CTCF结合。如果没有功能性绝缘子，增强子激活*Igf2*启动子的转录，因为这两个元件此时处于相同的环中。请注意，在这种情况下，即使父系染色体上的这个基因被甲基化，母系染色体上等位基因也被沉默（也就是说，*Igf2*是母系印记基因）。

非编码RNA（ncRNA）机制　在一些印记基因附近，ICR编码ncRNA，其转录受CpG岛控制。编码Igf2的父系印记胰岛素样生长因子受体2基因（*Igfr2*）为这种印记机制提供了一个例子［图17.23（b）］。在父本染色体上，被称为"空气"的ncRNA从*Igfr2*内含子内的启动子转录，但转录方向与*Igfr2*相反。因此空气ncRNA是抑制*Igfr2*表达的反义转录物。在母体染色体上，控制"空气"转录的CpG岛被甲基化，使"空气"的转录沉默。从而允许*Igfr2*的表达。目前还不清楚反义的"空气"如何抑制*Igfr2*表达；或许"空气"转录组本身的行为会以某种方式

干扰*Igfr2*的转录，或者"空气"和*Igfr2*转录物的相互作用可能导致后者受到RNA干扰破坏（稍后描述）。

4. 为什么要印记？

这个问题的答案尚不清楚，但已经提出了几个假设。一个有趣的想法涉及了印记只发生在胎盘哺乳动物中，而且大多数印记基因（如*Igf2*和*Igfr2*）控制产前生长的事实。这种所谓的双亲冲突假说认为，由于在子宫内生长的胎儿使用了大量母体的资源，为了使自己的需求和孩子的需求相平衡，让婴儿身材较小是符合母亲利益的。相反，父亲的唯一兴趣是让他的婴儿长大，从而更强壮。根据双亲冲突理论，印记可能是大自然在子宫中进行斗争的方式。例如，*Igf2*编码促进生长的配体，并且它是母系印记的；而*Igfr2*编码抑制生长的配体的受体，是父系印记的。尽管双亲冲突假说在其表面上令人信服，但许多生物学家认为其过于简单化，并且他们对基因组印记的起源有着截然不同的观点。

17.3.3　受环境影响获得的性状可以在哺乳动物中遗传吗？

当前基因研究中最活跃的和最具争议的领域之一是探究多细胞生物通过环境影响获得的性状是否可以传递给个体的下一代。很明显，环境可以影响真核生物中的基因表达。例如，引入环境中的化学物质可以通过修饰调节转录或翻译的蛋白质和RNA，通过修饰组蛋白尾部，或通过甲基化修饰DNA，从而改变基因表达模式。这些变化的影响可以不同于DNA突变，在几代人之间传播吗？

1. 小鼠获得性状的代际遗传

环境获得性状遗传的一个著名例子涉及刺豚鼠基因的A^Y等位基因。回顾图3.8，尽管正常小鼠（*AA*）是灰色的，但$A^Y A$杂合子是黄色的。A^Y等位基因是一种功能获得性突变，导致只有黄色素褐黑素的产生，并在毛发中沉积［图17.24（a）］。图17.24（b）右侧的灰色小鼠（F_1）从左侧的$A^Y A$杂合母本（P♀）遗传了A^Y等位基因，但其外皮不是黄色。为什么显性的黄色不出现呢？

原因是$A^Y A$母亲被喂食了富含甲基供体的食物（大蒜和甜菜）。在她的种系细胞中，异常高浓度的甲基在突变A^Y等位基因的特异性调节区域内引起胞嘧啶的甲基化，使其转录沉默［图17.24（c）］。因为甲基化标记在DNA复制过程中被复制（见图17.20），所以F_1代小鼠体细胞内的所有A^Y等位基因都被甲基化并沉默，这解释了$A^Y A$后代的野生型（灰色）外观。因此，雌性小鼠吃的东西会影响她后代的表型。

图17.24展示了获得性状的代际表观遗传的明显例子，即在没有环境因素诱导它的情况下，通过配子改变一代的基因表达状态。但是F_2和F_3代呢？

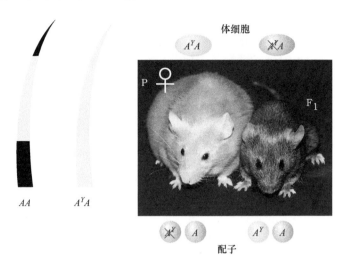

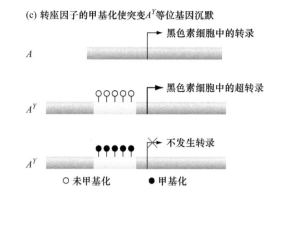

(a) 正常的和黄色的毛发　　(b) 当母亲吃富含甲基供体的食物时，A^Y代际遗传沉默　　(c) 转座因子的甲基化使突变A^Y等位基因沉默

图17.24　获得性状的代际遗传。（a）正常（AA）小鼠看起来是灰色的，是因为它们有带着黄色条纹的黑色毛发。黄色小鼠（A^YA）的毛发完全是黄色的。（b）吃了富含甲基供体的黄色雌性小鼠的A^Y等位基因在她的配子和她后代的体细胞中沉默。A^Y等位基因的甲基化在F_1后代中被消除，因此黄色表型在F_2代中表达（未显示）。（c）A^Y突变是由转座因子的插入引起的；转座因子的甲基化使等位基因沉默。

2. 哺乳动物跨代表观遗传？

　　图17.24（b）中正常外表（灰色）的A^YA型F_1小鼠用正常饮食喂养，它的遗传A^Y等位基因的后代（F_2）具有黄色的外皮，随后的遗传A^Y等位基因的F_3后代也是如此（未显示）。A^Y等位基因不再在F_2代和F_3代中沉默，这表明获得性状的跨代表观遗传没有发生。换句话说，在没有环境因素的情况下，通过环境改变的基因表达不能通过多代稳定地遗传。

　　缺乏A^Y沉默的跨代表观遗传不应令人惊讶。你之前看到（见图17.22），在哺乳动物种系中，DNA甲基化标记通常被除去，并且添加性别特异性标记。然而，对果蝇和秀丽隐杆线虫的观察表明，环境影响的跨代遗传通常发生在这些生物中。这些机制涉及基因表达的小RNA调节剂，其被称为piRNA，将在后面对其进行描述。如果这种现象确实存在于人类中，即使它还未被发现，我们仍然需要考虑我们的行为，以及我们的基因，可能会影响我们传递给后代的性状。

基本概念

● 某些阻遏物结合甲基化的CpG岛，阻断转录激活因子。细胞通过许多细胞世代维持这种抑制，因为它们在DNA复制过程中复制CpG的甲基化模式。

● 大约100个人类基因的表达模式取决于它们遗传自父亲还是母亲。当从父亲遗传时，父系印记基因沉默；而当从母亲遗传时，母系印记基因沉默。

● 表观遗传现象，如印记，是由DNA的变化引起的，这些变化改变基因表达的同时，不改变碱基对序列，并且在细胞分裂过程中是可遗传的。

● 基因组印记是由控制特定基因表达的顺式作用因子（ICR）的性别特异性甲基化引起的。在减数分裂过程中，旧的甲基化标记被消除，新的性别特异性甲基化模式被建立。

17.4　转录后调控

学习目标

1. 解释一个真核生物基因的初级转录物如何产生不同的蛋白质。

2. 描述从核糖体图谱中获得的结果，其表明存在翻译起始水平上操作的调控机制。

3. 对比三种主要类型的小调控RNA（miRNA、siRNA和piRNA）的起源和功能。

　　基因调控可以在基因表达过程中的任何时刻发生，到目前为止，我们已经讨论了影响转录起始频率的机制，但是还存在许多其他调控转录后事件的系统。这些系统包括mRNA的剪接、稳定性和定位；将这些mRNA翻译成蛋白质；这些mRNA蛋白质产物的稳定性、定位和修饰。在一章中讨论所有的这些机制是不可能的，因此我们将重点放在一些关键的决定点上。

17.4.1　序列特异性的RNA结合蛋白可以调控RNA剪接

　　真核细胞的基因组的基因数量相比在这些细胞中表达的不同蛋白质的数量要少很多。细胞从单个基因产生多种蛋白质的方法之一是通过**可变剪接**，也就是说，将初级转录物剪接成不同的mRNA，产生不同的蛋白质（回顾图8.17）。

在初级转录物的剪接位点处组装的剪接体可包含超过100种蛋白质。剪接体蛋白质执行着不同的功能，包括RNA断裂和外显子的连接。一些剪接体组分对于决定哪些外显子拼接在一起是至关重要的。这些组分包括在初级转录物中识别特定的RNA序列以促进或阻止特定剪接点序列使用的剪接体蛋白，因此它们对通过可变剪接进行的基因调节至关重要。

我们在本章开头提到，雄性果蝇的性别特异性求偶行为受无后基因（*fru*）的控制。在它们的大脑中，雄性果蝇产生雄性特异性形式的*fru*基因产物——Fru-M，一种锌指结构的转录因子。仅存在于雄性中的Fru-M蛋白的合成需要雄性特异性的剪接，这取决于被称为性别转换（Tra）的雌性特异性RNA结合蛋白的缺失（我们稍后将会讨论为什么Tra仅在雌性中产生）。

*fru*初级转录物在两性中产生。在雌性中，Tra（与存在于两种性别中的被称为Tra2的蛋白质一起）结合*fru*初级RNA的特定序列；Tra和Tra2阻断特定剪接受体位点的使用，从而导致*fru* mRNA产生雌性特异性的Fru-F蛋白（图17.25）。在雄性中，其细胞不携带Tra蛋白，*fru*转录物的可变剪接产生相关的Fru-M蛋白，其N端具有101个额外的氨基酸（图17.25）。

尽管Fru-F似乎没有功能，但Fru-M引出了一个基因表达程序，该程序控制着雄性的交配舞蹈并使其倾向于雌性。具有阻止Fru-M产生的*fru*基因突变的雄性果蝇仍然会进行交配舞蹈，但是它们会不加分别地向雄性和雌性求偶。然而，具有导致它们表达Fru-M的*fru*突变的雌性果蝇具有了雄性的性行为；它们展示出雄性的求偶舞蹈并且专门追求雌性。因此，对于雄性的交配舞蹈行为来说，Fru-M是多余的，而为了使雄性的舞蹈仅仅面向于雌性，Fru-M是绝对需要的。研究人员正在尝试确定最终决定这些行为的Fru-M的转录目标。

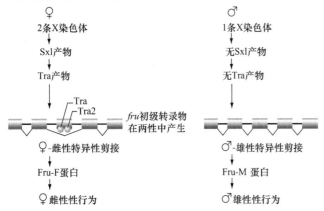

图17.25　初级转录物的性别特异性剪接。在缺乏Tra蛋白的情况下（雄性），*fru* RNA的剪接产生翻译成Fru-M蛋白的mRNA。在雌性中，Tra蛋白（和Tra2）阻断了对一个外显子的使用，导致*fru*转录物被剪接以编码Fru-F。

17.4.2　调控mRNA翻译的几种机制

翻译的控制往往发生在这一过程的开始。你会从图8.25回忆起，在真核生物中，当核糖体小亚基结合mRNA 5′端帽时，翻译开始。然后核糖体以5′端到3′端的方向扫描mRNA以找到第一个AUG，它充当蛋白质产物N端指定甲硫氨酸的起始密码子。

核糖体的小亚基不能单独识别5′端帽，而是识别出围绕帽结构构建的更复杂的结构（图17.26）。被称为eIF4A、eIF4E和eIF4G的三个起始因子复合物与5′帽结合，然后该复合物中的eIF4G蛋白与poly-A尾的poly-A结合蛋白（PABP）相互作用。结果是，mRNA环化，并且正是这种具有复合起始因子的环状结构，使得小核糖体亚基识别并起始翻译。

在本节中，我们首先描述两个控制起始因子在5′帽上组装的真核生物翻译调控机制。然后我们讨论了一种有趣的翻译调节模式，该模式是mRNA的一种特性，在真正的AUG上游有所谓的诱饵AUG。这些诱饵AUG的存在导致核糖体启动小肽的翻译而不是得到mRNA的正常多肽产物。

1. 翻译起始复合物组装的调节

核糖体在图17.26所示复合物背景下识别mRNA 5′帽的事实，使得能够通过控制复合物的组装来调节翻译。**调控mRNA翻译以对营养物质做出反应**　允许真核细胞对细胞外刺激做出适当反应的重要途径取决于被称为eIF4E结合蛋白1（4E-BP1）的蛋白质。顾名思义，这种蛋白质可以与起始因子eIF4E结合，这种结合阻断了5′帽上起始复合物其余部分的组装（图17.27）。

细胞外环境中营养物和生长因子的存在激活了向4E-BP1添加磷酸基团的激酶。当4E-BP1被磷酸化时，它不能再与eIF-4E结合，因此起始复合物可以在mRNA的5′帽组装（图17.27）。当细胞需要生长并产生大量的蛋白质时，这种机制可确保全局的mRNA翻译效率显著增加。

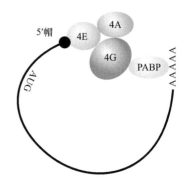

图17.26　真核生物翻译起始复合物。小核糖体亚基在RNA/蛋白质复合物的背景下识别mRNA 5′帽（黑色圆圈）。在复合物中有eIF4A（4A）、eIF4E（4E）、eIF4G（4G）和poly-A结合蛋白（PABP）。

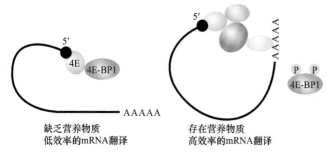

图17.27　4E-BP1对翻译的调控。左：未磷酸化的4E-BP1（粉红色）通过与eIF4E（4E）结合，防止核糖体与mRNA 5'帽（黑色圆圈）结合。右：当磷酸化（P）时，4E-BP1不再与eIF4E结合，并且翻译起始复合物可以组装。

mRNA翻译昼夜节律的控制　通过5'帽的起始因子和3'端poly-A尾的PABP的结合发生的mRNA环化，是通过控制poly-A尾长度间接调节翻译起始的机制的物理基础。较长的尾可以比较短的尾更有效率地募集PABP，因此poly-A尾越长，翻译越多。序列特异性RNA结合蛋白结合mRNA上的位点并募集可以添加或去除尾部腺嘌呤的酶（图17.28）。

有趣的是，这种机制是某些蛋白质数量在一天不同时间中的昼夜节律波动的部分原因。尽管产生这些蛋白质的mRNA的量保持不变，但poly-A尾的长度，以及因此改变的mRNA翻译效率和这些蛋白质的量在深夜及清晨都达到峰值。

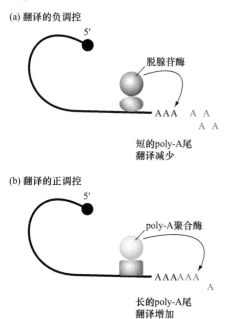

图17.28　通过poly-A尾长度进行翻译控制。较长的poly-A尾能够更有效率地结合PABP，因此翻译起始复合物可以更有效率地形成（参见图17.26）。（a）通过序列特异性RNA结合蛋白（灰色卵型）募集脱腺苷酶（紫色）来对翻译进行负调控。（b）当序列特异性RNA结合蛋白（灰色矩形）将poly-A聚合酶募集到mRNA时，翻译被正调控。

2. 上游的ORF

某些mRNA具有一个或多个上游可读框（uORF），其起始于诱饵AUG并编码不具有功能的小肽。如果核糖体翻译uORF，则mRNA中主要ORF的翻译被抑制。因此，在翻译uORF还是主要ORF之间的选择是调节基因表达的一个潜在点。因为在人类细胞大约一半的转录产物中都发现了uORF，所以这种阻断翻译的机制可能很普遍。

在果蝇性别分化途径中可以看到由uORF调控翻译的一个例子，将在本章末尾进行详细解释。目前，你只需知道一种名为性别致死（Sxl）的蛋白质仅在XX型果蝇中表达，并且需要XX型果蝇作为雌性发育。另一方面，如果雌性产生一种不同的、通常被称为Msl-2的雄性特异性的蛋白质，它们就会死亡。Sxl蛋白通过多种机制确保Msl-2蛋白不会在雌性体内合成；其中的一种机制是，Sxl蛋白阻断msl-2 mRNA的翻译（图17.29）。Sxl蛋白在特定结合位点与msl-2 mRNA结合，并且该结合促进了uORF的翻译，阻止编码Msl-2蛋白的ORF的翻译，从而使得这些XX型动物存活。

17.4.3　核糖体图谱测量翻译效率

因为基因表达可以在翻译水平上被调节，所以基因的蛋白质产物的量并不总是与mRNA的量直接相关。因此，科学家需要能够让他们确定mRNA翻译效率的方法。**核糖体图谱**是一项新技术，它允许研究人员在任何给定类型的细胞或组织中观察所有mRNA上核糖体的位置。

该程序的第一部分在概念上类似于DNase足迹（回顾图16.16），其可以鉴别转录因子蛋白的DNA结合位点，这是因为结合的蛋白质保护该DNA免于被DNA酶Ⅰ消化。核糖体图谱鉴别核糖体结合在mRNA上的位置，这是因为核糖体保护这些RNA序列免于被核糖核酸酶消化。

核糖体图谱的程序如图17.30所示。在用RNA酶纯化和消化mRNA-核糖体复合物后，被保护的RNA片段（约30nt长）以保留RNA极性信息（未展示）的方式转化为单链cDNA。然后PCR扩增这些cDNA，并进行允许对数亿，甚至数十亿随机选择的cDNA片段进行测序

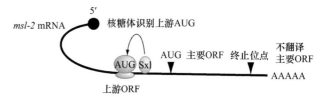

图17.29　通过诱饵ORF的翻译调控。为了阻止雌性果蝇中 *msl-2* mRNA的翻译，Sxl蛋白（绿色）与mRNA结合并致使核糖体（蓝色）翻译uORF。因此，Sxl蛋白阻止了编码Msl-2蛋白的主要ORF的翻译。

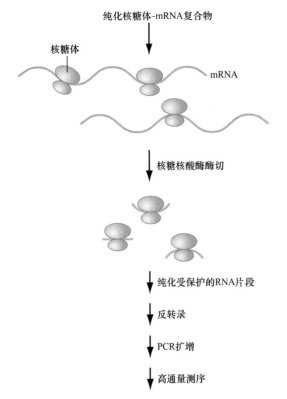

纯化核糖体-mRNA复合物

核糖体

mRNA

核糖核酸酶酶切

纯化受保护的RNA片段

反转录

PCR扩增

高通量测序

图17.30　核糖体图谱。mRNA（橙色）-核糖体（蓝色）复合物的纯化及mRNA上RNase抗性区域的足迹，提供了关于不同mRNA翻译的频率和核糖体在mRNA上的位置的信息。

的高通量技术。

　　获得特定mRNA序列的次数揭示了在组织样本制备时mRNA种类被翻译的频率。此外，分析结果提供了核糖体沿着任何给定mRNA的位置的快照，揭示了翻译起始、终止或暂停的位置。当研究人员使用不同条件下生长的细胞进行核糖体图谱分析，然后将结果与RNA-Seq所获得的发现（正如我们所见，它表明mRNA的转录水平）进行比较时，可以证明改变翻译效率的全局调控机制的存在。

17.4.4　小RNA调控mRNA的稳定性和翻译

　　在21世纪的前五年，小的、特异性的RNA形式的新型基因调节因子被发现，这些RNA通过互补碱基配对阻止特定基因的表达（表17.1）。现已确定了三种小的调控RNA：小分子RNA（miRNA），小干扰RNA（siRNA），Piwi蛋白相互作用RNA（piRNA）。每种小RNA通过不同途径产生，导致产生长度略有不同但总是在21～30个核苷酸范围内的单链RNA。

　　为了发挥它们的功能，每类小RNA与Argonaute/Piwi蛋白家族的不同成员形成核糖核蛋白复合物。每个复合物中的小RNA被用于将复合物引导至与小RNA具有完全或部分互补性的特定核酸靶标。所有三类小RNA通过调节RNA稳定性和（或）翻译在转录后水平

表17.1　真核生物中的小RNA

	作用目标	作用效果
miRNA（小分子-RNA）	• mRNA	• 阻断 mRNA 翻译 • 使 mRNA 失去稳定性
siRNA（小干扰RNA）	• mRNA • 注定成为异染色质的染色体区域的初生转录物	• 阻断翻译/使 mRNA 失去稳定性 • 将组蛋白修饰酶募集到DNA 上，导致异染色质形成
piRNA（Piwi蛋白相互作用 RNA）	• 转座因子转录物 • 转座因子启动子	• 使转座因子 mRNA 降解 • 促进抑制转座因子转录的组蛋白修饰

上调节基因活性；siRNA和piRNA还通过影响染色质结构在转录水平上起作用。

1. miRNA

　　在动物中，最丰富的小RNA种类之一是由小分子RNA（miRNA）组成的。我们很快将会看到，miRNA通常是目标mRNA的负调控因子，它导致这些mRNA的破坏或阻止它们的翻译。

　　人类基因组有近1000个编码miRNA的基因。这些基因由RNA聚合酶Ⅱ转录成为长的初级转录物，称为pri-miRNA，其包含一个或多个主要以双链茎环形式存在的miRNA序列（图17.31）。pri-miRNA经过加工形成了短链和单链的活性miRNA。图17.32图解了这个多步骤过程，该过程由两种核糖核酸酶Drosha和Dicer辅助。在此过程中，miRNA序列从细胞核（它们被转录的地方）转运到细胞质（它们将起作用的地方）中。此外，miRNA被整合到称为miRNA诱导沉默复合体（miRISC）的核糖核蛋白复合物中；每个miRISC都含有Argonaute蛋白家族的特定成员。

　　含有miRNA的核糖核蛋白复合物（miRISC）根据它们所拥有的特定Argonaute蛋白质，以及复合物中miRNA（被称为指导miRNA）与mRNA 3′UTR中的靶序列之间的序列互补程度介导不同的功能。miRISC的指导miRNA与目标RNA具有完美的互补性，导致了

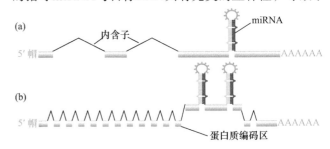

图17.31　含有小分子RNA的基因。初级miRNA转录物（pri-miRNA）可以含有一种或几种miRNA。这些初级转录物中的一些不编码蛋白质（a），但在其他情况下，miRNA可以从编码蛋白质的转录物的内含子中加工而来（b）。

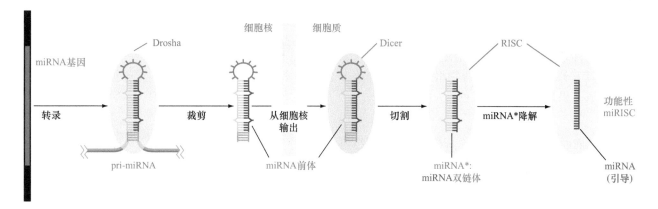

图17.32　miRNA加工。转录后不久，pri-miRNA立即被核酶Drosha识别，后者从较大的RNA中切割miRNA前体茎环结构。pre-miRNA经历从细胞核到细胞质的主动转运，在那里被Dicer酶识别。Dicer酶将miRNA前体缩减为短寿命的miRNA*：miRNA双链，它由RISC释放并获取。RISC通过消除与在miRISC中作为指导链的红色miRNA部分互补的蓝色miRNA*链，成为了一种功能性和高度特异性miRISC。

mRNA的裂解［图17.33（a）］。虽然目前尚不清楚miRISC如何调节翻译活性，但随着互补性降低，其机制通常是抑制翻译［图17.33（b）］。

　　因为指导RNA和目标RNA之间不需要精确的互补，所以每种类型的miRNA最终可以控制几种不同的mRNA（平均约10个）。因此，科学家们估计所有人类基因中约有一半是由miRNA控制的。此外，每个miRNA基因在多细胞生物发育过程中根据其自身的时间和空间模式进行转录，因此任何单个miRNA都可以在不同组织中以不同方式影响基因表达。

2. siRNA

　　小干扰RNA（siRNA）的作用途径与刚刚描述的miRNA有许多相似之处。一个关键的区别是小RNA的来源。与miRNA的情况一样，siRNA不是由长的单链转录物加工得到的，而是由双链RNA（dsRNA）加工（也通过Dicer酶）得到的。这些dsRNA最初是通过基因组中的内源性DNA序列或外源性（如病毒）的两条链的转录而产生的。dsRNA的加工产生了单链RNA，其与Argonaute蛋白形成核糖核蛋白复合物。以单链

RNA为指导，这些复合物可以干扰含有互补序列的基因的表达，其机制如图17.33所示。干扰含有互补序列的基因的表达。siRNA途径还可以通过破坏病毒mRNA来保护细胞免受入侵病毒的侵害。

　　研究人员已经利用siRNA途径选择性地关闭特定基因的表达，以评估其功能。该想法是将对应于特定基因的dsRNA引入细胞或生物体中以关闭或敲除基因组中内源基因的表达，这种技术叫做**RNA干扰**。siRNA的加工途径将双链RNA转化为单链siRNA。然后，在含有Argonaute的复合物的背景下，siRNA将与该基因的互补mRNA转录产物杂交并介导该mRNA的破坏。通过这种方式，科学家们可以减弱任何感兴趣的基因的表达，并研究这种功能丧失可能导致的任何表型后果。在第19章中，我们将探索使用RNA干扰研究许多生物过程。

　　siRNA的另一个重要作用是形成异染色质。回忆第12章，涉及组蛋白尾部修饰的异染色质形成，促进了被称为HP1的蛋白质的结合（回顾图12.14）。注定成为异染色质的染色体区域首先被双向转录，并且将所得的长双链RNA由Dicer酶加工成小的双链RNA。称为RNA

(a) mRNA裂解

(b) 抑制翻译

完全互补性

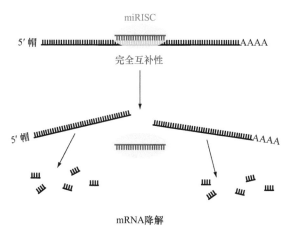

mRNA降解

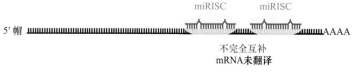

不完全互补
mRNA未翻译

图17.33　miRISC如何干扰基因表达。miRISC可以通过两种不同的方式向下调节目标基因。（a）如果miRNA及其目标mRNA含有完全互补序列，miRISC裂解mRNA。两种裂解产物不再受核糖核酸酶的保护，并迅速降解。（b）如果miRNA及其目标mRNA仅部分互补，则mRNA的翻译受到未知机制的抑制。

诱导转录沉默复合体（RITS）的、类似于RISC的复合物，包含了这些双链体中的一条链，并且使用siRNA作为指导，在注定成为异染色质的DNA转录的初生转录物上结合其互补序列。RITS复合物将组蛋白修饰酶带入DNA，其结果是HP1结合、染色质关闭和转录失活。

3. piRNA

你将从前面的章节中回忆起，真核生物的基因组包含许多通过调动和转移来传播自身的转座因子（TE）。含有这些TE的生物必须限制TE运动，以防止它们的基因组被快速突变和重排破坏。生物体可以最小化TE调动的一个重要机制是通过piRNA的作用。这些piRNA阻断了基因组中TE的转录和转录得到的TE mRNA的翻译。如果没有像转座酶（用于DNA转座子）或反转录酶（用于反转录转座子）这样的酶的合成，则TE不能移动。

piRNA是由遍布整个基因组的piRNA基因簇转录的长RNA裂解产生的，每个基因簇编码10～1000个piRNA。经过处理后，piRNA被装载到含有Piwi蛋白（Argonaute蛋白的一个亚家族）的复合物上，然后piRNA主要将Piwi复合物引导至TE DNA或TE转录物。TE DNA上的Piwi复合物促进干扰TE转录的组蛋白修饰，而与TE转录物结合的Piwi复合物降解TE RNA。

piRNA途径的许多细节仍有待解决。有趣的是，最近在诸如果蝇和秀丽隐杆线虫生物体中的观察结果表明piRNA介导某些特殊现象，其中表型响应于环境的变化而改变，并且这种改变甚至可以在环境回到初始条件后仍然跨代遗传。例如，如果新的环境条件刺激沉默靶基因的piRNA的合成，则该基因可以在没有最初刺激的情况下延续了多代的生物的后代中沉默。一个可能的原因是piRNA生物发生的机制在某种程度上是自我延续的。正如你所想，这种令人着迷的现象使得piRNA途径成为许多实验室深入研究的焦点。

基本概念

- 在真核生物中，可变剪接可以从单个转录物产生不同的蛋白质。序列特异性RNA结合蛋白可以抑制或促进特定剪接序列的使用。
- 因为存在调控mRNA翻译的机制，通过核糖体图谱分析测量的蛋白质合成水平并不总是与通过RNA-Seq测量的mRNA水平精确相关。
- 三类小RNA通过互补碱基配对调节mRNA稳定性、翻译或转录，它们是miRNA、siRNA和piRNA。这些小RNA起引导作用，将蛋白质复合物导入特定目标mRNA上（导致mRNA被破坏或阻止翻译），或者将复合物导入启动子附近的DNA序列上（阻断转录或促进异染色质化）。

17.5 综合实例：果蝇的性别决定

学习目标

1. 解释Sxl启动子如何"计数"果蝇中X染色体的数量。
2. 描述导致雌性形态和行为的、由Sxl蛋白引发的RNA剪接事件的级联。
3. 讨论转录调控在果蝇性别决定中的作用。

雄性和雌性果蝇在种系的形态学、生物化学、行为和功能方面表现出许多性别特异性的差异（图17.34）。经过几十年的研究，研究人员得出结论：在果蝇中，决定性别的是X染色体的数量，而与Y染色体的存在无关，并且性别决定首先通过*Sxl*基因的转录调节发生。在XX型（而非XY型）动物中，*Sxl*的转录引发了一系列通过三种独立途径影响性别的级联事件：一种途径决定果蝇的外观和行为像雄性还是雌性；另一种途径决定生殖细胞发育为卵子还是精子；第三种途径通过将雄性X连锁基因的转录频率加倍来产生剂量补偿。

这里我们主要关注的是提到的第一种途径：躯体性征的决定。通过分析在不同性别中影响特定性征的突变，可以对这一途径产生理解。例如，正如我们在本章开头所看到的那样，携带无后基因（*fru*）突变的XY型果蝇表现出异常的雄性求偶行为，而具有相同*fru*突变的XX型果蝇似乎表现为正常雌性。

表17.2显示其他基因的突变也会对两性产生不同的影响。一个遗传学实验（例如，研究一种突变对于另一种突变是否是上位的）和分子生物学实验（其中研究者克隆并分析突变和正常基因）的组合，对这些突变是如何影响躯体性别决定的作出了阐明。通过这些研究，果蝇遗传学家剖析了性别决定的各个阶段，以描绘以下复杂的调控网络。

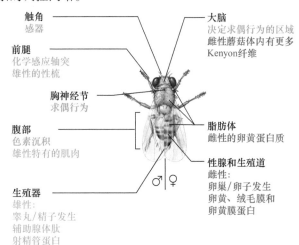

图17.34 果蝇的性别特异性特征。以蓝色显示的器官或特征是雄性特有的。以红色显示的器官或特征是雌性特有的。以绿色显示的器官或特征在两性中以不同形式存在。

表17.2　果蝇突变对两性产生不同影响

突变	XY 型的表型	XX 型的表型
性别致死基因（*Sxl*）	雄性	死亡
性别转换基因（*tra*）	雄性	雄性（不育）
双重性别基因（*dsx*）	雌雄同体	雌雄同体
间性基因（*ix*）	雄性	雌雄同体
无后基因（*fru*）	求偶行为异常的雄性	雌性

所有突变等位基因都是功能丧失，且对野生型是隐性的。

17.5.1　X染色体的数量决定了果蝇的性别

在第4章中，你了解到，无论在人类还是果蝇中，XY型是雄性，XX型是雌性。然而，性别决定的潜在分子机制在人类和果蝇中是不同的。在人类中，成为男性的关键是在Y染色体上存在*SRY*基因；在没有*SRY*基因的情况下，女性是默认状态。在果蝇中，雄性是由于只存在一条X染色体而不是像雌性有两条X染色体所导致的默认状态。其原因是，在早期的果蝇胚胎发生中，激活*Sxl*基因的转录需要两条X染色体。

1. 通过*Sxl*启动子对X染色体计数

在早期胚胎发生过程中（性别决定和剂量补偿发生之前），XX细胞从构建启动子（Pe）处转录*Sxl*。Pe处的转录取决于4种转录激活蛋白：Scute、Runt、SisA和Upd［图17.35（a）］。因为这些激活因子的基因位于X染色体上，所以XX胚胎的这四种激活剂的含量是XY胚胎的两倍。只有在具有两条X染色体的细胞中，激活因子的浓度才足以使*Sxl*转录发生。

2. Sxl蛋白在雌性中的作用

Sxl是一种RNA结合蛋白，可控制特定RNA靶标，包括其自身的RNA的可变剪接［图17.35（b）］。随着胚胎发生的进展，从Pe激活*Sxl*转录的转录因子消失，*Sxl*从维持启动子（Pm）转录而来。在雄性中，由维持启动子产生的初级*Sxl*转录物的剪接产生RNA，其包括在其阅读框内含有终止密码子的外显子（外显子3）。因此，雄性中的这种RNA不具有生产力——它不会产生任何功能性Sxl蛋白。

然而，在雌性中，先前通过从构建启动子Pe的转录产生的Sxl蛋白，影响在维持启动子Pm处起始的初级转录物的剪接。当早期制备的Sxl蛋白与后期转录的RNA结合，这种结合改变了剪接，所以外显子3不再是最终mRNA产物的一部分。没有外显子3，mRNA可以被翻译以产生更多的Sxl蛋白。因此，在发育早期合成的少量Sxl蛋白建立了正反馈环，确保了在雌性发育后期可以更多地合成Sxl蛋白。

3. *Sxl*突变的影响

产生无功能基因产物的隐性*Sxl*突变对XY型雄性

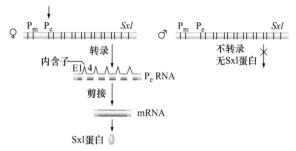

(a) 早期胚胎：*Sxl* Pe启动子受计算X染色体数目的增强子影响

由X连锁基因（Scute、Runt、SisA、Upd）编码的转录因子激活*Sxl*的表达

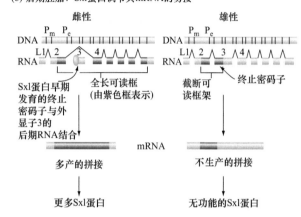

(b) 后期胚胎：Sxl蛋白调节其mRNA的剪接

图17.35　*Sxl*仅在XX型果蝇中表达。（a）在早期的雌性（而不是雄性）胚胎中，由X连锁基因编码的转录激活因子的浓度足以起始Pe启动子转录。转录所得的mRNA，它的前两个外显子是E1和4，编码Sxl蛋白。（b）在发育后期，XX型和XY型动物中同等地产生转录激活因子，激活Pm启动子的Sxl转录。L1、2、3、4表示前几个外显子。当Sxl蛋白存在时（在雌性中），它结合*Sxl*初级转录物以产生可以翻译成更多Sxl蛋白的剪接mRNA。结果就是维持Sxl蛋白的反馈环存在于雌性中而不存在于雄性中。

没有影响，但它们在纯合突变体XX型雌性中是致命的（见表17.2）。原因是通常不表达*Sxl*基因的雄性不会错过它的功能性产物，但依赖于Sxl蛋白进行性别决定的雌性则会如此。

在*Sxl*中具有功能丧失突变的雌性的致死性是由于某些剂量补偿基因的异常表达导致的，这些基因通常增加（特别是在雄性）X染色体上基因的转录。之前的图17.29展示了一个例子：正常雌性中的Sxl蛋白阻止这些剂量补偿基因之一—*msl-2*的mRNA的翻译。但是，*Sxl*突变的雌性不恰当地产生Msl-2蛋白（以及其他剂量补偿因子），这导致每个X连锁基因的转录频率是正常雌性的两倍。由于雌性有两条X染色体而不是像雄性只有一条X染色体，因此两条X染色体中基因的超转录被证明是致命的。

17.5.2 Sxl蛋白触发级联剪接

Sxl蛋白影响RNA的剪接，受影响的RNA不仅来自其自身基因，还来自其他的基因。其中包括性别转换基因（*tra*）。在存在Sxl蛋白的情况下（如在正常雌性中），*tra*初级转录物经历有效剪接，产生可翻译成功能性蛋白质的mRNA。在不存在Sxl蛋白的情况下（如在正常雄性中），*tra*转录物的剪接导致非功能性蛋白质产生［图17.36（a）］。

级联继续。你在图17.25中看到，Tra蛋白（和非性别特异性Tra2蛋白）控制了*fru*初级RNA的剪接，使得转录因子Fru-M仅在雄性中产生；Fru-M控制雄性的性行为。Tra和Tra2蛋白也影响双重性别基因（*dsx*）的初级转录物的剪接。该剪接途径导致称为Dsx-F的雌性特异性Dsx蛋白的产生。在雄性中没有Tra蛋白，*dsx*初级转录物的剪接产生相关但不同的Dsx-M蛋白［图17.36（b）］。Dsx-F和Dsx-M蛋白的N端部分是相同的，但蛋白质的C端部分是不同的。

17.5.3 Dsx-F和Dsx-M蛋白控制躯体性征的发展

尽管Dsx-F和Dsx-M都起转录因子的作用，但它们具有相反的作用。与由间性基因（*ix*）编码的蛋白质结合，Dsx-F主要抑制基因的转录，其表达将产生雄性的躯体性征。然而，它也激活了促进躯体雌性特征的基因转录。独立于间性蛋白质工作的Dsx-M则相反，它主要是雄性特征基因的转录激活因子，并且它也抑制了

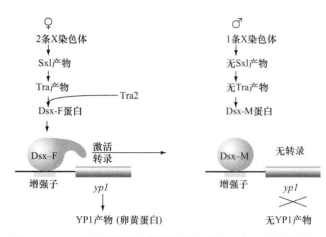

图17.37 Dsx蛋白的雄性和雌性特异性形式。在*yp1*基因增强子上，Dsx-F充当转录激活因子，而Dsx-M充当转录抑制因子。

雌性特征基因。

有趣的是，两种Dsx蛋白可以结合相同的增强子元件，但它们的结合会产生相反的结果（图17.37）。例如，两者都与编码卵黄蛋白的*yp1*基因启动子上游的增强子结合；雌性在脂肪体器官中制造这种蛋白质，然后将其转移到发育中的卵子中。Dsx-F的结合刺激了雌性的*yp1*基因的转录；Dsx-M与相同增强子的结合有助于使雄性中的*yp1*转录失活。

*dsx*中的突变影响两性，因为在雄性和雌性中，Dsx蛋白的产生抑制了某些特定于异性发育的基因。*dsx*中的无效突变使得不可能产生功能性Dsx-F或Dsx-M，导致间性个体不能抑制某些雄性特异性或某些雌性特异性基因（见表17.2）。

基本概念

- *Sxl*基因是果蝇性别决定的主要调节因子。*Sxl*的早期转录依赖于由X连锁基因编码的激活蛋白；只有在XX细胞中，活化因子的浓度才足够高，使得*Sxl*转录。
- 在雌性中，Sxl蛋白启动剪接因子级联，最终以编码Dsx-F蛋白的*dsx* mRNA的合成告终。在没有Sxl蛋白的雄性中，可变剪接得到产生Dsx-M的*dsx* mRNA。
- Dsx-F和Dsx-M蛋白是转录因子，它们对产物影响雌性和雄性特异性形态及行为的基因的表达具有相反的影响。

接下来的内容

在阅读本书的过程中，你已经了解了基因如何控制表型、它们如何从一代传递到下一代、它们如何突变，以及基因结构如何与其功能相关。你还了解到使得科学家能够在分子水平上分析个体基因和全基因组的技术。在前两章中，我们讨论了基因及其产物是如何被调节的、如何允许单细胞生物对环境做出响应，以及允许多

(a) *tra*剪接

当Sxl蛋白存在时*tra*剪接的结果（♀）

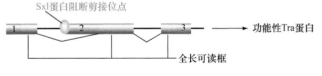

Sxl蛋白不存在时*tra*剪接的结果（♂）

(b) *dsx*剪接

当*tra*存在时*dsx*剪接的结果（♀）

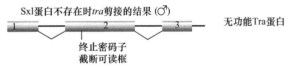

*tra*不存在时*dsx*剪接的结果（♂）

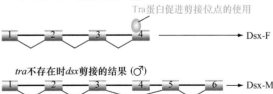

图17.36 可变剪接的级联。（a）Sxl蛋白改变了*tra* RNA的剪接；雌性的转录物产生功能性Tra蛋白，而雄性转录物则不能。（b）Tra蛋白又改变了*dsx* RNA的剪接模式；导致在雄性（Dsx-M）和雌性（Dsx-F）中产生不同的Dsx产物。

细胞生物形成不同的器官。

在本书的下一部分——"遗传学应用"中，我们将探索科学家是如何利用这些知识来进一步了解细胞和整个生物体的运作的。在第18章中，你将看到基因可以随意地插入模式生物的基因组中或从模式生物的基因组中移除——基因组中的任何基因，实际上是任何的碱基对，都可以在分子遗传学家的一时兴起中改变。基因组操作是基因治疗的基础，基因治疗有望治愈某些人类疾病。在第19章中，我们将探讨科学家如何利用模式生物的遗传学来剖析生物学途径。特别是，对从受精卵到多细胞生物异常发育的突变体的分析帮助揭示了这一显著过程的许多细节。最后，在第20章中，你将看到用于研究基因组的新技术是如何彻底改变我们对所有遗传疾病中最重要的癌症的理解和疗法的。

习题精解

Ⅰ. 视黄酸受体（RAR）是一种与类固醇激素受体相似的转录因子。与该受体结合的物质（配体）是视黄酸。其中一个转录被视黄酸与受体结合而激活的基因是 *myoD*。下图显示了由两个不同的12碱基双链寡核苷酸之一插入到可读框中的基因产生的RAR蛋白的示意图。与每种突变蛋白质相关的插入位点（a～m）用多肽图上的适当字母表示。为了得到编码蛋白质a～e的构建体，将寡核苷酸1（读出任一链的5′ TTAATTAATTAA 3′）插入 *RAR* 基因中。为了得到编码蛋白质f～m的构建体，将寡核苷酸2（5′ CCGGCCGGCCGG 3′）插入到基因中。

NH₂ ── f　g　h　i　j　k　l　m ── COOH
　　　　a　　b　　　c　　　d　e

野生型RAR蛋白可以结合DNA，并且在不存在视黄酸（RA）的情况下弱激活转录，在RA存在的情况下强激活转录。测试每种突变蛋白结合RA和DNA的能力，并且在存在和不存在RA的情况下激活 *myoD* 基因的转录。结果如下表：

突变	结合 RA	结合 DNA		转录的激活	
		−RA	+RA	−RA	+RA
a	−	−	−	−	−
b	−	−	−	−	−
c	−	−	−	−	−
d	−	+	+	+	+
e	+++	+	+++	+	+++
f	+++	+	+++	+	+++
g	+++	+	+++	−	−
h	+++	+	+++	−	−
i	+++	−	−	−	−
j	+++	−	−	−	−
k	−	+	+	+	+
l	−	+	+	+	+
m	+++	+	+++	+	+++

a. 在ORF中的任何位置插入寡核苷酸1的影响是什么？

b. 在ORF中的任何地方插入寡核苷酸2有什么可能的影响？

c. 在前图的拷贝上指出RAR的三个蛋白质结构域。注意，这三个结构域是分开的——它们互相不重叠。

解答

该问题涉及蛋白质内结构域的概念，以及使用遗传密码来理解寡核苷酸插入的影响。

a. 寡核苷酸1在其三个阅读框中都含有一个终止密码子。这意味着无论寡核苷酸1插入何处，其都将导致蛋白质在任何方向上的翻译终止。

b. 寡核苷酸2不含任何终止密码子，其长度为12个核苷酸。因此，寡核苷酸2将仅向蛋白质添加氨基酸，并且它不会改变蛋白质的阅读框架。寡核苷酸的插入可以破坏其插入的结构域的功能，尽管不一定是这种情况。

c. 从总体数据来看，可以注意到与RA结合的所有有缺陷的突变体，在DNA结合和转录激活中也都是有缺陷的。这一结果是有意义的，因为与RA的结合导致RAR蛋白改变形状，使得它的DNA结合结构域可用。

使用寡核苷酸1插入a、b和c，其在插入位点截短蛋白质，所有三种活动都是有缺陷的，这意味着至少部分RA结合结构域必须在C端至c之间。DNA结合和转录激活都可以在d处突变的突变体中观察到，因此这两种活动必须比d更接近N端，并且至少部分RA结合结构域必须在C端至d之间。由于e处的截短对RA结合没有影响，因此RA结合结构域一定完全在N端和e之间。使用寡核苷酸2的转录激活被g和h位点的插入所破坏，表明该区域是激活域的一部分；i和j插入破坏了DNA结合，k和l插入破坏了RA结合。根据这些数据确定的RAR蛋白结构域的最小终点总结如下。

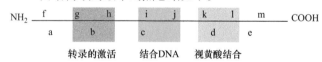

NH₂ ── f　g　h　i　j　k　l　m ── COOH
　　　　a　　b　　　c　　　d　e
　　　　转录的激活　　结合DNA　　视黄酸结合

Ⅱ. 假设用以下谱系阐明的疾病是由父系印记的常染色体基因的罕见隐性等位基因的表型表现的。你能预测下列个体的基因型：（a）Ⅰ-1，（b）Ⅱ-1，（c）Ⅲ-2。

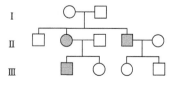

解答

这个问题要求你了解印记如何影响表型，以及印记如何在种系中重置。父系印记基因的等位基因只有在遗传自母亲的情况下才会表达。第一代的父母都没有表现出这种疾病，但他们的三个孩子中的两个会表现出疾病。乍一看，双亲中的任何一方都可以拥有该基因的突变等位基因。因为它们都没有患上这种疾病，所以第一代的每个亲本都可以从他们的父亲那里获得一个失活的突变等位基因，并从他们的母亲那里获得一个正常的转录活性等位基因。然而，进一步的考虑表明它（Ⅰ-2）不能作为突变等位基因来源的父本。他只能为第二代提供无转录活性的等位基因。表现出疾病表型的二代儿童必须从他们的母亲接受突变等位基因，因为她的基因是他们表达的唯一等位基因。在接下来的答案中，*A*是正常的等位基因，*a*是疾病等位基因。

a. Ⅰ-1的基因型是*Aa*。*a*等位基因是无活性的，遗传自她的父亲。

b. Ⅱ-2的基因型是*AA*。他必须从母亲那里遗传正常的等位基因，因为这是他能够表达的唯一等位基因。我们假设他父亲的基因型是*AA*，因为疾病等位基因是罕见的，并且谱系中没有数据迫使我们得出Ⅱ-1或他的父亲的基因型不是*AA*的结论。

c. Ⅲ-2的基因型是*AA*。她必须从她的母亲（*Aa*型）遗传*A*，因为这是Ⅲ-2表达的唯一等位基因并且她不受其表达影响。由于疾病等位基因很少见，最可能的假设是Ⅲ-2的父亲基因型是*AA*。

习题

词汇

1. 在右列中选择与左列中的术语最匹配的短语。

a. 基础因子	1. 组织增强子/启动子相互作用
b. 阻遏物	2. 表达模式取决于双亲中的哪个传递了等位基因
c. CpG	3. 时间和组织特异性的激活基因转录
d. 印记	4. DNA甲基化位点
e. miRNA	5. 识别转录因子的DNA结合位点
f. 辅激活因子	6. 与增强子结合
g. 表观遗传效应	7. 与启动子结合
h. 绝缘子	8. 与激活因子结合
i. 增强子	9. 阻止或减少转录后的基因表达
j. ChIP-Seq	10. 不是由DNA序列突变引起的基因表达的可遗传变化

17.1节

2. 对于以下每种类型的基因调控，指出它是仅在真核生物中发生、仅在原核生物中发生，还是在原核生物和真核生物中都发生。

a. 差异剪接

b. 正调控

c. 染色质浓缩

d. 通过RNA前导序列的翻译减弱转录

e. 负调控

f. 小RNA的翻译调控

3. 列出除转录起始之外的5个可以影响真核细胞中产生的活性蛋白的类型或数量的事件。

17.2节

4. 哪种真核生物RNA聚合酶（RNA聚合酶Ⅰ、聚合酶Ⅱ或聚合酶Ⅲ）转录哪些基因？

a. tRNA

b. mRNA

c. rRNA

d. miRNA

5. 如下图所示，称为*KITLG*的人类基因的毛囊增强子中的单核苷酸差异与毛发颜色的特征有关。增强子中具有一个A-T碱基对的人倾向于有深色的头发，而在相同位置具有G-C碱基对的人倾向于有金色的头发。碱基对差异影响*KITLG*转录水平：与金发相关的等位基因的转录频率仅为黑发相关等位基因的80%。解释增强子序列中的单个碱基对差异如何产生这种效果。

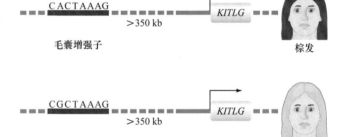

6. 你已经合成了一种无增强子*GFP*报告基因，在其中，水母*GFP* cDNA被放置在小鼠中起作用的基础启动子的下游。现在会将无增强子报告基因融合到下列的三种序列（x～z）中。

a. 你会将这三种类型的序列分别用于列出的三个目标（i～iii）中的哪一个？在每种情况下，解释特定融合如何解决特定用途。

与报告基因融合的序列类型：

x. 随机小鼠基因组序列

y. 已知的小鼠肾脏特异性增强子

z. 围绕小鼠基因转录部分的基因组DNA片段

用途：

i. 识别基因的增强子

ii. 组织特异性地表达*GFP*基因

iii. 识别在神经元中表达的基因

b. 为了异位地表达基因的蛋白质产物，也就是说，使基因在通常不表达的组织中表达，你会将哪个序列（x~z）与特定的目标小鼠基因融合？为什么你一开始想要做这个实验呢？

7. 你分离了在小鼠中分化的神经元内表达的基因。然后，将基因的各种片段（如下图所示的暗线）融合到缺乏增强子和启动子的*GFP*报告基因上。将所得克隆导入组织培养的神经元中，通过寻找绿色荧光来监测GFP表达水平。根据以下结果，哪个区域含有启动子并含有神经元增强子？

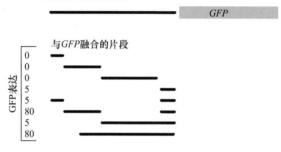

8. 酵母基因在其启动子上游具有顺式作用因子，类似于增强子，称为上游激活序列或UAS。参与半乳糖利用的几种靶基因受一种称为UAS_G的UAS调节，其具有四个被称为GAL4的激活因子的结合位点。由UAS_G调节的两个靶基因是*GAL7*和*GAL10*。GAL80蛋白是*GAL7*和*GAL10*转录的间接抑制因子：在UAS_G，GAL80与GAL4蛋白结合并阻断GAL4的激活结构域。在存在半乳糖的情况下，GAL80不再结合GAL4。

在哪个基因（GAL4和/或GAL80）中你能够分离出在没有半乳糖的情况下允许靶基因*GAL7*和*GAL10*组成性表达的突变？在每种情况下，突变会破坏蛋白质的哪些特征？

9. 单个UAS_G调节三个基因的表达，所有基因都是相邻的：如在习题8中描述的*GAL7*和*GAL10*，以及*GAL1*。

a. 你希望将这些基因转录为单个的转录物，还是将其共同转录为一个mRNA？请解释说明。

b. 你如何通过实验确定每个基因是单独转录还是三个基因共同转录成一个mRNA？

c. *GAL1*和*GAL10*不仅彼此相邻，而且还分开地与在它们之间的一个UAS_G转录。描述使用*GFP*和*RFP*转基因的实验，这将允许你确定该UAS_G元件中的四个GAL4结合位点中的哪一个对于*GAL1*和（或）*GAL10*的转录是重要的。

10. MyoD是一种转录激活因子，可以启动人体细胞中几种肌肉特异性基因的表达。Id基因产物抑制MyoD作用。

a. 一种可能性是Id蛋白直接抑制这些肌肉特异性基因的表达。解释如果Id是一个阻遏物，它将如何发挥作用。

b. 另一种可能性是Id通过阻止MyoD功能，间接地抑制肌肉特异性基因转录。解释如果Id作为间接阻遏物，它将如何发挥作用。

c. 假设你知道Id蛋白的氨基酸序列，这些信息如何支持题目a或b中的假设？

11. a. 假设在三色堇中表达蓝色色素沉着的基因需要两个转录因子（没有色素，花将是白色的）。对于编码这些转录因子的每个基因，你预计通过杂交野生型和隐性无效等位基因杂合的菌株将获得什么样的表型比例？

b. 现在假设任意一个转录因子足以获得蓝色表型。你预计通过杂交相同的两个杂合菌株将得到什么样的表型比例？

12. a. 你想要创建一种在果蝇中表达GFP的基因构建体。除了GFP编码序列之外，如果构建体整合到果蝇基因组中，为了在果蝇中表达这种蛋白质，构建体必须包括哪些DNA元件？这些DNA元件应该放在哪里？你如何确保GFP仅在果蝇的某些组织（如翅膀）中表达？

b. 假设你将GFP编码区加上题目a答案中所需的所有DNA元件（除了增强子）插入到在特定转座因子末端发现的反向重复序列之间。因为位于这些反向重复序列之间的所有DNA序列可以在果蝇基因组中从一个地方移动到另一个地方，所以可以产生许多不同的果蝇品系，每个品系都在基因组不同位置整合了构建体。现在你检测每个品系的动物的GFP荧光。不同菌株的动物表现出不同的模式：有些在眼睛里发出绿光，有些在腿上发绿光，有些则没有发出绿色荧光，等等。解释这些结果并描述该实验的潜在用途。

13. 在习题12中，你确定了一个可能作为眼睛特异性增强子的基因组区域。你可以进行哪些实验来验证这些DNA序列确实具有增强子的所有特征，并确定基因组DNA中增强子的准确边界？

14. 一位研究生提出了以下想法来识别果蝇基因组中的绝缘子：进行类似于习题12中描述的实验，但不使用无增强子的构建体，而是使用含有一个增强子的构建体，并筛选不表达GFP的品系。

    a. 这个实验设计有什么问题？

    b. 你能想出一个不同的实验来识别绝缘子吗？

15. Myc是一种调节细胞增殖的转录因子；*myc*基因突变导致许多癌症Burkitt淋巴瘤的病例。对Myc的初步实验令人费解。Myc蛋白含有亮氨酸拉链二聚化结构域和被称为bHLH基序的特殊类型的螺旋-环-螺旋DNA结合结构域，但纯化的Myc既不能形成同源二聚体，也不能有效地结合DNA。

    Max和Mad蛋白的发现有助于解决这一难题。像Myc一样，Max和Mad都含有一个bHLH基序和一个亮氨酸拉链，但Max和Mad都不易于同源二聚体化，也不能以高亲和力结合DNA。然而，Myc-Max和Mad-Max异二聚体很容易形成并结合DNA；事实上，它们与相同靶基因的增强子上相同的位点结合。Myc包含一个激活结构域，而Mad包含一个阻遏域，Max都不包含。

    *max*基因始终在所有细胞中表达。相反，*mad*在休眠细胞中表达（在细胞周期的G_0期），而*myc*在休眠细胞中不转录但在细胞即将分裂时（从G_1期向S期的过渡时）开始表达。Mad和Myc蛋白相对于Max蛋白不稳定；当*mad*或*myc*的表达停止时，Mad或Myc蛋白很快就会消失。

    a. 你认为增强子上含有Myc-Max结合位点的靶基因会编码阻止细胞周期的蛋白质，还是推动细胞周期向前发展的蛋白质呢？增强子上含有Mad-Max结合位点的基因呢？解释你的答案。

    b. 绘制类似于图17.14中所示的图，以显示靶基因的控制区域、与增强子结合的蛋白质，以及转录是否发生在休眠细胞（i）和即将分裂的细胞（ii）中。

    c. 简要总结这三种蛋白质如何调控细胞增殖。

    d. *myc*中的致癌突变会是功能丧失或功能获得突变吗？

16. 原核生物和真核生物中的基因都受激活因子和阻遏物的调节。

    a. 比较原核生物阻遏物（如Lac阻遏物）与典型的真核生物阻遏蛋白（直接阻遏物）的功能机制的异同。

    b. 比较原核生物激活因子（如CAP）与典型的真核生物激活蛋白的功能机制的异同。

17. 真核生物激活蛋白的模块化特性为科学家提供了一种寻找与任何特定目的蛋白相互作用的蛋白质的方法。该想法是利用蛋白质-蛋白质相互作用将DNA结合结构域与激活结构域结合在一起，产生人工激活因子，其由通过相互作用非共价地维持在一起的两个多肽组成。

    该方法被称为酵母双杂交系统，它有三个组成部分。首先，酵母含有报告基因构建体，其中UAS_G（如习题8中所述的结合激活因子Gal4的类增强子序列）驱使来自酵母启动子的大肠杆菌*lacZ*报告基因（编码酶β-半乳糖苷酶）的表达。其次，酵母还表达融合蛋白，其中Gal4的DNA结合结构域与目的蛋白融合；这种融合蛋白被称为诱饵。第三个组成部分是在质粒中制备cDNA文库，其中每个cDNA在阅读框内与Gal4的激活结构域融合，并且可以作为猎物融合蛋白在酵母细胞中表达。

    你如何使用含有前两种成分的酵母菌株及所述的质粒cDNA表达文库，来识别与诱饵蛋白结合的猎物蛋白？这个程序如何与寻找可能在细胞中相互作用的蛋白质的目标相关？

18. 组蛋白H3亚基的4号赖氨酸（H3K4）在许多转录活性基因的核小体中被甲基化。假设你想确定人类基因组中核小体含有甲基化H3K4的所有位置。

    a. 从一种只与具有K4甲基化的组蛋白H3亚基尾部特异性结合的抗体开始，你将进行什么样的实验？概述该实验的主要步骤。

    b. 如果你的一个实验的起始材料是皮肤细胞，第二个实验中的材料是血液前体细胞，你认为你会得到相同的结果吗？作出解释。

    c. 描述一项后续实验，使该实验可以确定你题目a中实验的数据是否与H3K4甲基化标记仅出现在转录活性基因中的观点一致。

19. J.T. Lis和合作者已经开发了一种称为PRO-Seq的实验方案，它精确地确定了在基因组中所有参与转录的RNA聚合酶（即在合成RNA过程中活跃的酶分子）在特定时间的所有位置。附图显示了在*Dnaj4*基因附近的人类基因组的一个区域的PRO-Seq分析结果。垂直红线显示了以从左向右的方向沿着DNA移动参与转录的RNA聚合酶的位置，而垂直的蓝线显示了沿相反方向参与转录的RNA聚合酶。线的长度表示在样本中沿着基因组在该位置发现活性聚合酶的频率。

    两个样本取自在培养皿上生长的相同的人类细胞培养物。培养物在正常条件下培养，取样（热休克前）；培养物在高温下生长并在1h后（热休克后）取样。

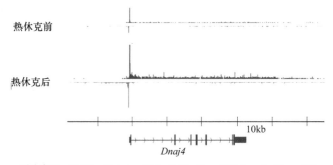

图片来源：Digbijay Mahat and John T. Lis, Cornell University, Ithaca, NY

a. 参与转录的RNA聚合酶不均匀的沿着基因组分布，这个事实意味着什么？

b. 这些数据以及你对题目a的答案共同表明，无论是在热休克之前还是之后，RNA聚合酶与启动子的结合并不是*Dnaj4*基因转录过程中唯一的限速步骤。参与其中的其他步骤是什么？哪一步似乎最直接地受到热休克调节？

c. 当RNA聚合酶与该基因的启动子结合时，它是否知道将哪条DNA链作为模板？

d. *DNAj4*基因的转录在哪里结束？数据是否清楚地表明单个的、明确定义的转录终止位点的存在？

e. 你认为PRO-Seq方法是如何能够特异性定位参与转录的RNA聚合酶，而不是定位可能与DNA结合但不催化转录的RNA聚合酶？

17.3节

20. 葡萄胎是在子宫内形成的，由异常葡萄胎妊娠期间的未分化组织中生长而来。尽管有些可以是XY二倍体，但这些胎块通常是由XX二倍体细胞组成的。令人惊讶的是，胎块细胞核中的所有DNA都是源自父亲的。大多数葡萄胎是良性的，但由于它们有时会发展成癌症，因此当检测到这些胎块时，应该通过外科手术去除。

a. 什么样的事件可能导致产生葡萄胎？

b. 葡萄胎是具有正常基因和染色体数量的二倍体细胞。你认为它们为什么会发展为未分化的组织而不是正常的胚胎？

21. 普拉德-威利综合征是由常染色体母系印记基因的突变引起的。假设性状是100%渗透的，将下列陈述标记为真或假。

a. 受影响的男性的儿子有50%的机会出现这种综合征。

b. 受影响的男性的女儿有50%的机会出现这种综合征。

c. 受影响的女性的儿子有50%的机会出现这种综合征。

d. 受影响的女性的女儿有50%的机会出现这种综合征。

22. 人类*IGF2*基因是常染色体和母系印记的。从母亲接收的基因的拷贝没有表达，但是从父亲接收的拷贝表达。你已经发现了编码两种不同形式的，可通过凝胶电泳区分IGF2蛋白的基因两个等位基因。一个等位基因编码60kDa血液蛋白；另一个等位基因编码50kDa血液蛋白。在对一对名为Bill和Joan的夫妇的血液蛋白质的分析中，你发现Joan的血液中只有60kDa蛋白质，而Bill的血液中只有50kDa蛋白质。然后看看他们的孩子：Jill只产生50kDa蛋白质，而Bill Jr.只产生60kDa蛋白质。

a. 仅凭这些数据，你对Bill Sr.和Joan的*IGF2*基因型有什么看法？

b. Bill Jr.和一个名叫Sara的女人有两个孩子——Pat和Tim。Pat只产生60KDa蛋白质而Tim只产生50KDa蛋白质。有了这些累积数据，你现在对Joan和Bill Sr.的基因型有什么看法？

23. 通过遵循父系印记基因的表达的三代。指出附图中来自第一代中雄性的基因拷贝是否在所列个体的生殖细胞和体细胞中表达。

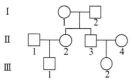

a. 第一代雄性（Ⅰ-2）：生殖细胞

b. 第二代女儿（Ⅱ-2）：体细胞

c. 第二代女儿（Ⅱ-2）：生殖细胞

d. 第二代儿子（Ⅱ-3）：体细胞

e. 第二代儿子（Ⅱ-3）：生殖细胞

f. 第三代孙子（Ⅲ-1）：体细胞

g. 第三代孙子（Ⅲ-1）：生殖细胞

24. 使用两种近交系小鼠AKR和PWD进行互交，两种小鼠具有许多多态性位点的不同等位基因。在这两个杂交组合中，来源严格、来自胎儿的胎盘组织被分离（可以通过解剖来源于母亲的胎盘组织而分离）。从胎儿的胎盘组织制备RNA，然后进行深度测序（即RNA-Seq）。由于多态性，研究人员可以比较从母本或父本等位基因转录的特定基因的mRNA读数，如下图所示（*x*轴显示对应于该基因的AKR等位基因的给定mRNA的读数百分比）。

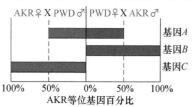

a. 哪些基因（*A*、*B*或*C*）是母系印记的？哪个是父

系印记的？哪个没有印记？

b. 为什么说进行互交以确定是否有任何基因被印记是很重要的？

c. 使用与指示AKR等位基因百分比的相同类型的图表，如果来自左侧杂交的雌性F₁小鼠（即AKR雌性和PWD雄性之间杂交的女儿）随后与一只PWD雄性杂交，图解这些相同三个基因的预期结果。描述每个基因的两种可能结果。

25. 有趣的是，印记可以是组织特异性的。例如，胎儿胎盘组织中母系印记的基因在胎儿心脏中完全不被印记。在图17.23（a）中的图表的指导下，提出一种可以解释印记的组织特异性的机制（提示：请记住，基因可能有多种增强子，可以在不同组织中表达）。

26. 目前可获得的抗体将特异性结合含有5-甲基胞嘧啶的DNA片段，但不与缺少该修饰的核苷酸的DNA结合。你如何将这些抗体与图17.18中概述的ChIP-Seq技术结合使用来寻找人类基因组中的印记基因？

27. 一种检测甲基化CpG的方法涉及一种称为亚硫酸氢盐的化学物质的使用，其将胞嘧啶转化为尿嘧啶但甲基化胞嘧啶不受影响。你想知道基因组中一个位置的特定CpG二核苷酸是否在组织样本中的一条或两条链上甲基化。含有该CpG的基因组序列是：5′...TCCATCGCTGCA...3′。你从样本组织中取出基因组DNA，用亚硫酸氢盐彻底处理，然后使用侧翼引物PCR扩增包括该CpG二核苷酸在内的区域。然后，你想要用Sanger法对扩增的PCR产物进行测序。

a. 用亚硫酸氢盐处理基因组DNA后，两条DNA链将溶解成单链。这是为什么？

b. 你对题目a的回答引入了潜在的复杂性，因为如果你不考虑亚硫酸氢盐处理的这种结果，PCR引物将不会扩增DNA。为该实验设计PCR引物时需要特别注意什么？一对PCR引物可以扩增两条DNA链吗？

c. 如果扩增题中所示的DNA链并且使CpG甲基化，你会看到什么序列？如果没有甲基化呢？用亚硫酸氢盐方法，你能否判断组织样本中的这种CpG二核苷酸是半甲基化的（在一条链上甲基化）或在两条链上都甲基化？解释说明。

28. 蜜蜂（*Apis mellifera*）提供了一个环境对真核基因表达以及表型影响的惊人例子。可育的蜂后和不育的工蜂都是具有相同二倍体基因组的雌性蜜蜂。然而，它们的形态和行为却是不同的。

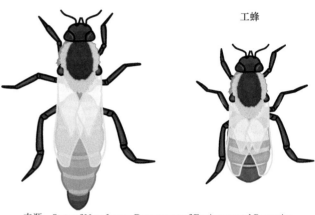

蜂后　　工蜂

来源：State of New Jersey, Department of Environmental Protection

事实证明，雌性幼虫的饮食（幼虫是年轻的正在发育中的昆虫）控制着它们发育成工蜂还是蜂后。当蜂巢需要新的蜂后时，一些雌性幼虫会被喂食蜂王浆——一种由工蜂分泌的物质，而不是喂食正常饮食中的花蜜和花粉。

研究人员确定，在幼虫阶段的工蜂中，许多基因的CpG甲基化程度高于幼虫阶段的蜂后。

a. 描述一个你可以进行的实验，以确定DNA甲基化是否与工蜂和蜂后的基因表达差异相关。

b. 通过敲除雌性幼虫DNA甲基转移酶DNMT3的表达，研究人员能够模仿蜂王浆的效果（敲除是通过一种被称为RNA干扰的技术完成的，这种技术在后面的问题中有所描述；在这里其细节并不重要）。值得注意的是，当给这些幼虫喂养正常饮食时，它们中的大多数都发育成了蜂后。根据图17.24中所示的刺豚鼠基因的A^Y等位基因的跨代沉默的描述，提出一个简单的假设，使该假设能够解释正常饮食与蜂王浆饮食相比对雌性蜜蜂幼虫发育的不同影响。

29. 思考图17.24中的实验，其中A^Y等位基因在吃了富含甲基供体（甜菜和大蒜）的饮食的雌性小鼠的F₁后代中沉默。为了确定已发生跨代表观遗传，你需要多少代后代未喂食富含甲基供体饮食的小鼠，以观察A^Y等位基因的沉默？（假设A^Y被沉默的雌性后代总是用来生产下一代）如果最初喂食甜菜和大蒜的小鼠是雄性A^Y被沉默的雄性后代总是被用来生产下一代，你的答案会改变吗？解释说明。

17.4节

30. 在转录、RNA剪接或翻译水平上反式调节基因表达的蛋白质或RNA必须对一个靶基因或一组靶基因具有特异性。解释在每种情况下如何实现特异性。

31. a. 单个真核基因如何产生几种不同类型的mRNA分子？

    b. 排除可能的罕见多顺反子信息，真核细胞中的单个mRNA分子如何产生具有不同活性的蛋白质？

32. 驼背基因是果蝇胚胎正确模式所必需的基因，在翻译过程中被调控。转录物内编码区的位置是已知的。你如何确定5′UTR或3′UTR内，或两者内的序列是否是正确调节mRNA翻译所必需的？

33. 你已经知道，特定基因产生的mRNA和蛋白质存在于脑、肝脏和脂肪细胞中，但你只能在脂肪细胞中检测到与该蛋白质相关的酶活性。为这种现象提供一个可能的解释。

34. 你正在研究一种转基因小鼠品系，该品系在顺式调控元件的控制下表达GFP报告基因，这些元件通常是小鼠发育早期控制基因所需的。先前来自转录组测序（RNA-Seq）的证据表明，可以在妊娠的第8.5～10.5天鉴定目的基因的mRNA。在你的品系中，可以从大约第8.75天到最晚第12天看到GFP荧光。

    a. 解释mRNA和蛋白质表达之间的差异。

    b. 你是否期望GFP蛋白表达更准确地表明该基因活动的正常开始或该基因活动的正常停止？解释说明。

35. 通过搜索人类基因组数据库，你发现了一个编码与Argonaute具有弱同源性的蛋白质的基因，Argonaute是一种存在于与某些miRNA结合并介导其调节目标mRNA稳定性或翻译能力的复合物中的因子（回顾图17.32和图17.33）。

    a. 你如何确定哪些特定的miRNA可能与你发现的新蛋白质相关？（思考你如何使用图17.18中描述的ChIP-Seq技术的变化形式来探索这个问题）

    b. 如果可以得到的小鼠是一个与你发现的人类基因几乎相同的基因的无效突变的纯合子，你如何用这个突变小鼠来研究含有你的类Argonaute蛋白的miRNA-RISC复合物可能靶向哪些mRNA？

36. 科学家利用siRNA途径进行了一种称为RNA干扰的技术——一种能够不必在其中产生突变就能够敲除特定基因的表达的方法。该想法是将对应于靶基因的dsRNA引入生物体；然后将dsRNA加工成siRNA，导致靶基因mRNA的降解。将dsRNA输送至某些生物（如秀丽隐杆线虫）的一种巧妙方法是用表达dsRNA的重组质粒转化的细菌喂养它们。

    a. 绘制一个基因构建体，当细菌中的质粒表达时，它可以被用来通过RNA干扰敲除线虫X基因的表达。

    b. 如果含有构建质粒的转化细菌被蠕虫吃掉后，蠕虫中的X基因被沉默，你如何检验？

    c. 你认为在这些蠕虫中，只有基因X的表达会被影响吗？

37. 柿子（*Diospyros lotus*）是雌雄异株的植物，这意味着雄性（XY型）和雌性（XX型）花存在于不同的植物上。雄性柿子花具有退化的、无功能的心皮（包括子房的雌性性器官）；而雌性花具有雄蕊和花药（雄性性器官），但不产生花粉。值得注意的是，柿子中的性别决定由称为OGI（雄性植株的日语称谓）的Y连锁miRNA基因控制，其目标mRNA由称为MeGI（雌性植株的日语称谓）的常染色体基因编码。

    a. OGI转录物碱基序列的哪些特征可能暗示研究者OGI编码miRNA？

    b. RNA-Seq实验在雌性性器官中检测到高水平的MeGI mRNA，但在雄性性器官中检测到低水平的MeGI mRNA。提出OGI miRNA可以调节MeGI基因表达的一种分子机制。

    将转基因整合到柿子基因组中是困难的。因此，为了检验MeGI的功能，科学家们构建了一个过度表达MeGI的转基因，并用它来转化拟南芥（*Arabidopsis thaliana*），这是一种更适合于此类研究的植物。拟南芥具有所谓的完美花——个体的花具有雄性和雌性结构。转化子中的MeGI过度表达使花药不育，但心皮不受影响且功能正常。

    c. 如果拟南芥转化子还含有过度表达OGI的转基因，你预计将会发生什么？

    d. MeGI蛋白是同源框转录因子。转化拟南芥的结果表明这种蛋白质在柿子性别决定中的作用是什么？

    e. 推测可以解释雄性柿子花中非功能性心皮的退化发育的可能机制。这些机制中有哪些涉及OGI和MeGI？

38. *aubergine*基因功能缺失突变的纯合雌性果蝇是不育的。RNA-Seq实验表明，在这些雌性的卵巢中，多种转座因子的RNA水平比野生型卵巢中的高10倍以上。*aubergine*基因编码Piwi家族蛋白。

    a. 你认为为什么这些雌性是不育的？

    b. Piwi蛋白与从piRNA基因簇转录的piRNA相互作用。鉴于在突变卵巢中多种TE的水平升高，你认为哪些DNA序列位于这些簇中？

c. 许多研究人员认为piRNA是一种防御机制，可以保护生物免受可能被引入基因组的新转座因子（如来自其他物种）的影响。解释说明。

d. piRNA系统对转座因子有什么好处？

e. 第13章中的习题29描述了一种叫做杂交不育的现象，这种现象发生在基因组具有P元件转座子的所谓的P品系雄性与基因组缺乏P元件的M品系雌性交配时。在杂种后代的种系中，突变和染色体重排的频率升高并且导致不育。piRNA系统如何参与杂交不育？

39. 本文讨论了RNA-Seq技术，该技术量化了给定时间内给定细胞类型中存在的mRNA的数量。我们还描述了核糖体图谱分析的方法，其量化了给定时间内在细胞群体中活跃翻译的mRNA序列的水平。但即使进行了两种实验，数据也没有准确地告诉我们当时在细胞中这些mRNA的蛋白质产物的相对量。为什么没有呢？这些技术考虑了基因表达的哪些要素？忽略了哪些要素？

17.5节

40. 研究人员已经知道Fru-M控制果蝇中的雄性性行为，因为雌性中Fru-M不恰当的表达导致它们表现得像雄性一样——这样的雌性向其他雌性表现出雄性的行为。

a. 描述雌性果蝇中能够导致Fru-M表达的fru基因突变。

b. 描述一种转基因构建体，科学家可以生成并将其插入到雌性果蝇中，其具有与你在题目a中描述的突变相同的效果。

41. 果蝇性别致死基因（Sxl）是名副其实的。某些等位基因对XY型动物没有影响，但会导致XX型动物在发育早期死亡。其他等位基因对XX型动物没有影响，但会导致XY型动物在发育早期死亡。因此，一些Sxl等位基因对雌性是致命的，而另外一些对雄性是致命的。

a. 你认为Sxl中的无效突变会导致雄性或雌性的致死性吗？组成型活性Sxl突变呢？

b. 为什么这两种类型的Sxl等位基因都会导致特定性别的致死性？

性别转换基因（tra）的名字来自于性别的转变，因为一些tra等位基因可以将XX型动物变成雄性的形态，而其他tra等位基因可以将XY型动物变成雌性的形态。

c. 这些性别转变中的哪些是由tra的无效等位基因引起的，哪些是由tra的组成型活性等位基因引起的？

d. 与Sxl相反，无效tra突变无论在XX型或XY型动物中都不会导致致死性。然而，Sxl蛋白调节Tra蛋白的产生。那么为什么所有的tra突变的动物都存活下来了呢？

e. 预测tra-2中的无效突变对XX型和XY型动物的影响（回忆一下，tra-2编码一种蛋白质，在两种性别中表达，是Tra功能所必需的）。

f. 在无后基因（fru）中携带功能丧失突变的XY雄性表现出异常的求偶行为。你能否预测具有野生型fru等位基因，但是tra功能丧失突变的XX型或XY型动物，也会反常的求偶吗？

42. 图17.29显示了Sxl蛋白与msl-2基因的mRNA结合，抑制了mRNA正确阅读框的翻译。MSL-2蛋白是一种与XY型雄性中的X染色体结合转录因子，其使X连锁基因转录水平加倍，从而使XY型雄性和XX型雌性中的X连锁基因均衡表达。

a. 在XY型雄性或XX型雌性的哪一个中，Sxl蛋白会与msl-2 mRNA结合？

b. 如习题41中所讨论的，一些Sxl等位基因对雌性是致命的而另一些对雄性是致命的。Sxl在调节Msl-2蛋白合成中的作用是否足以解释性别特异性致死是由两种等位基因导致的？

c. 预测msl-2中功能丧失突变对雄性和雌性生育能力和生存能力的影响。

第六部分 遗传学应用

第18章 操纵真核生物的基因组

俄罗斯新西伯利亚细胞学和遗传学研究所门前的一尊雕像向实验室鼠致敬。
© Michael Goldberg, Cornell University, Ithaca, NY

章节大纲

直到最近，由于一种名为Leber先天性黑矇（LCA）的遗传疾病而出生的视力不佳的儿童，注定要在成年早期完全失明。现在，对于这些孩子中的许多人来说，基因治疗试验的成功不仅为停止这种疾病的视网膜变性提供了希望，甚至为恢复正常视力提供了希望。

LCA的一种形式是由*RPE65*基因的隐性功能丧失等位基因的纯合性引起的。该基因编码视网膜色素上皮（视网膜下方的细胞层）中发现的一种蛋白质，对光感受器的功能至关重要。RPE65酶在视觉周期——视网膜探测光线的过程中起作用。LCA患者失去对光的敏感性，最终导致用于视觉处理的大脑皮层量减少（图18.1）。

基因治疗是对基因的操控——在基因组中添加DNA或者改变基因的DNA，以期治愈疾病。这种形式的LCA的实验性基因治疗策略很简单：科学家将*RPE65*基因的正常拷贝递送到患者的视网膜色素上皮细胞，只需通过眼睛将包装在病毒颗粒中的DNA注入这些细胞中。自2008年首次报道*RPE65*基因治疗临床试验结果以来，已有30多名患者接受了该手术，几乎所有患者的视力至少部分得到了恢复，有几个人不再被视为法定盲人。

在本章中，你将了解改变基因组的两个一般策略：创建转基因生物和定向诱变。这些令人兴奋的技术的发展依赖于DNA可以在基因组内转移的自然过程的知识，以及在个体之间和物种之间转移，并被保护免于改变或降解。

本章总的主题是，通过使用重组DNA技术，科学

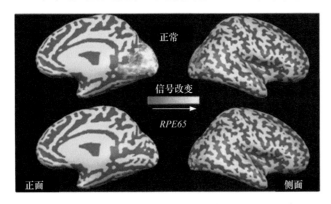

图18.1 大脑皮层对光的反应激活。正常狗（上）和因*RPE65*基因突变导致Leber先天性黑矇（LCA）的狗（下）的大脑皮质被绘制成灰色阴影。每只狗的右图和左图是不同角度的视图。黄色和橙色信号表示响应于照射到这些动物眼睛上的受控量的光的皮质激活的幅度。LCA狗参与视觉处理的皮层区域比正常狗要少得多。

Aguirre GK, Komáromy AM, Cideciyan AV, Brainard DH, Aleman TS, et al. (2007), "Canine and Human Visual Cortex Intact and Responsive Despite Early Retinal Blindness from RPE65 Mutation," PLoS Med, 4(6): e230. doi:10.1371/journal.pmed.0040230

家们可以利用这些自然过程，开发出创造性的、强大的方法来改变基因组，不仅是为了治疗疾病，也是为了改善药物和粮食作物的生产，以及增强现代生物学研究能力。

18.1 创建转基因生物

学习目标

1. 总结科学家如何用原核注射建立转基因小鼠。
2. 描述*P*元件如何用于生产转基因果蝇。
3. 解释研究人员如何利用来自农杆菌的Ti质粒将基因插入植物基因组。

转基因生物的基因组含有来自同一物种或不同物种的另一个个体的基因，这种基因称为**转基因**。在本节中，我们将讨论研究人员可以制造转基因生物的一些途径。然后在下一节中，我们将仅探讨转基因技术的一些可能用途，这些用途实际上仅仅受限于科学家的想象力。

18.1.1 科学家利用天然基因转移机制创造转基因生物

可以使用第9章中描述的重组DNA技术在体外制备转基因。但要制造转基因真核生物，研究人员需要将转基因DNA导入一个或多个细胞。这个目标可以根据生物体以多种方式完成。一些单细胞真核生物，如酿酒酵母（*S. cerevisiae*），可以进行破坏细胞壁的处理，然后DNA就可以非常类似于大肠杆菌（*E. coli*）的人工转化方式进入细胞［见图9.5（b）］。对于许多其他生物来说，将DNA转移到细胞中最有效的手段就是将DNA溶液直接注射到细胞或胚胎中（图18.2）。在其他情况下，转基因DNA可以被整合入病毒颗粒甚至细菌中，然后可以用来感染细胞（稍后描述）。

一旦导入细胞，随着细胞分裂，转基因必须被复制和保留。在大多数情况下，这些目标是通过将转基因整合到宿主细胞基因组中的随机位置来实现的。然而，在一些物种中，转基因可以在宿主染色体之外维持，也可以作为宿主染色体（秀丽隐杆线虫）或质粒（酵母）的一部分染色体外阵列。最后，为了使转基因在多细胞生物的世代之间繁殖，含有转基因的细胞有能力最终发育成配子是至关重要的。在动物中，这一要求意味着必须将转基因整合到生殖系细胞中。相反，在植物中，几乎任何细胞都可以携带转基因，因为可以从独立的细胞再生出来整株植物。

我们在这里描述了创建转基因小鼠、果蝇和植物的方法的很多要点。这些技术在很大程度上是基于我们对自然中基因转移机制的了解。

(a) 将转基因注射到新近受精的小鼠卵子中

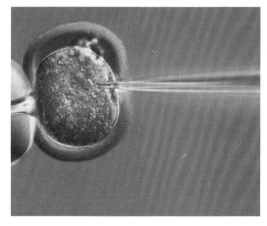

(b) 向果蝇胚胎注射转基因

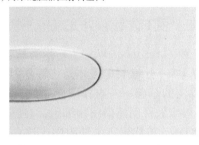

图18.2　将转基因注入细胞。（a）研究人员正在将DNA注射到受精后不久的小鼠胚胎中两个原核之一。（b）DNA被注入早期果蝇胚胎的后端，其为一个单一的多细胞核合胞体细胞。

（a）：© Martin Oeggerli/Science Source；（b）：© Solvin Zankl

18.1.2　DNA注入原核产生转基因小鼠

　　受精的小鼠卵子（合子）含有两个单倍体**原核**——一个来自母系，一个来自父系。两个原核靠近在一起，它们的核膜破裂，母系和父系来源的染色体混合在一起，使它们的姐妹染色单体在同一个纺锤体上分离，进行第一次有丝分裂。在这种有丝分裂结束时，两细胞胚胎的每个细胞都有一个二倍体细胞核。

　　为了通过**原核注射**制造出携带染色体整合的外源DNA序列的转基因小鼠，如图18.3所示，研究人员将雄性和雌性小鼠交配，从雌性小鼠生殖道中收获刚刚受精的卵子，随后将外源DNA的线性拷贝注入受精卵的任一原核中〔见图18.2（a）〕，再将注入外源DNA的受精卵植入假孕雌性小鼠的输卵管中，在那里它可以继续发育为胚胎。

　　注入的DNA有25%～50%的概率会整合到一个随机的染色体位置。整合可以发生在第一次有丝分裂之前，在这种情况下，转基因将出现在成体的每个细胞中。或者整合可能会发生得稍晚一些，比如在胚胎完成一次或两次细胞分裂之后，在这种情况下，小鼠将形成一个嵌合细胞形式，一些细胞具有转基因，一些细胞则没有。

　　只要转基因存在于生殖系细胞中，就会传递给下一代。将来源于含有转基因配子的小鼠与其他小鼠交配，就可以建立稳定的转基因动物品系。

　　随机转基因整合的确切机制尚不清楚，但它显然依赖于寻找和修复DNA断裂末端的DNA修复酶，可能与非同源末端连接相关（NHEJ，回顾图7.18）。通常，转基因的多个串联拷贝会整合到基因组中的相同随机位点（见图18.3）。

配子小鼠

从供体雌性中获得的合子

受精卵转移到含有培养基的凹玻片上

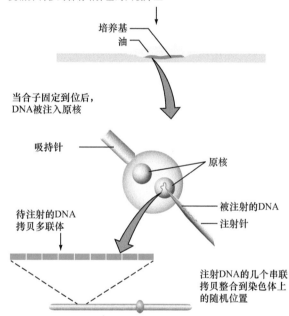

当合子固定到位后，DNA被注入原核

吸持针

原核

待注射的DNA拷贝多联体

被注射的DNA

注射针

注射DNA的几个串联拷贝整合到染色体上的随机位置

将几个注射后的胚胎放入受体雌性的输卵管中

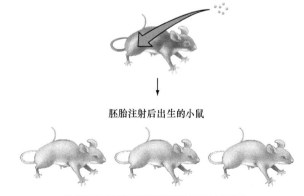

胚胎注射后出生的小鼠

检测它们的尾部细胞以判断注射DNA的存在

图18.3　用原核注射法制造转基因小鼠。

18.1.3 重组P元件可以转化果蝇

P元件是果蝇中的一类DNA转座子[回顾图13.23(b)]。自主的P元件含有转座酶蛋白的基因，且转座子末端为反向重复序列。转座酶结合反向重复序列后，从基因组中将转座子剪切出来，然后粘贴到了一个新的位置。果蝇遗传学家利用P元件作为载体将基因转入生殖系细胞——这一过程称为**P元件转化**。

P元件载体是含有P元件末端但不含转座酶基因的质粒（图18.4）。利用重组DNA技术，科学家将转座酶基因替换为转基因和一个**标记基因**，标记基因用来检测带有转基因的果蝇。一种广泛使用的标记基因是野生型白眼基因（w^+），它可以使得内源白眼基因突变（w^-）的果蝇恢复正常的红色眼睛。

图18.4显示了用P元件载体产生转基因果蝇的常用程序。研究人员在发育早期阶段将两种质粒注入w^-胚胎中，此时最多存在数百个细胞核[见图18.2（b）]。将转基因克隆到载体中制成一个质粒，该质粒含有转基因和w^+标记基因，均位于P元件反向重复序列之间。另一个质粒称为辅助质粒，含有转座酶基因，但没有P元件反向重复序列（见图18.4）。

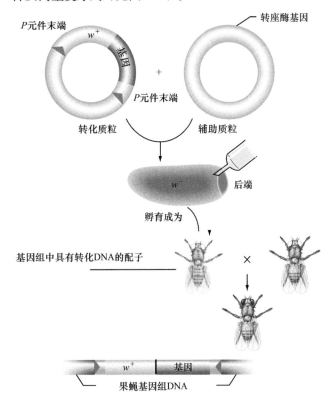

图18.4 通过P元件转化构建转基因果蝇。首先将转基因（基因）与载体上P元件反向重复序列（绿色）之间的白眼基因（w^+）连接。研究人员将这种质粒连同含有P元件转座酶基因的辅助质粒一起注射到w^-宿主胚胎中，在一些生殖细胞中发生转座。当带有这些生殖细胞的成虫与w^-果蝇交配时，一些后代就会拥有红眼和整合的转基因。

当将这两种质粒注射到胚胎中时，辅助质粒产生的转座酶蛋白可以启动重组P元件，将其从另一个质粒中切出，并将该元件粘贴到果蝇宿主染色体中的随机位点（见图18.4）。

注射后的胚胎成熟为成虫后，研究人员将每个成虫与w^-果蝇杂交。如果重组P元件整合到生殖前体细胞的染色体中，注射动物产生的一些配子将携带有重组P元件的染色体。研究人员可以识别出转基因后代（含有重组P元件的果蝇），因为它们会有红色（w^+）的眼睛。这些红眼果蝇可通过杂交方案建立稳定的转基因果蝇品系。含有转基因的重组P元件随后不会在这一稳定品系的果蝇染色体内启动和转移，因为果蝇的实验室品系不含P元件而不会有转座酶存在。

18.1.4 通过农杆菌Ti质粒载体完成植物转基因

从根瘤农杆菌（*Agrobacterium tumefaciens*）介导的肿瘤诱导质粒（Ti）中获得的载体是将转基因引入植物体内的有效方法的基础——**农杆菌介导的T-DNA转移**（图18.5）。根瘤农杆菌感染植物细胞，在感染过程中，细菌可以将DNA转移到宿主细胞中，这一过程让人联想到细菌中的接合，因为它涉及形成根瘤农杆菌供体和植物细胞受体的菌毛连接。

这种**转移DNA**称为**T-DNA**，它是存在于根瘤农杆菌Ti质粒DNA的一部分。T-DNA整合到植物细胞基因组中。由于T-DNA含有导致细胞过度生长的基因，含有T-DNA的细胞的后代会形成一种叫做冠瘿的肿瘤。T-DNA转移依赖于称为左边界和右边界（LB和RB）的T-DNA两端的25个碱基对序列，以及正常存在于Ti质粒上的*vir*基因编码的几种蛋白质。

我们可以发现，T-DNA整合到宿主染色体在很多方面类似于DNA转座子的启动，*vir*基因蛋白是作用于边界上LB和RB序列的转移活性酶。因此，使用T-DNA将基因转入植物基因组中的方法与刚刚描述的果蝇P元件流程有一些内在的相似性。

研究人员用两种不同质粒转化根瘤农杆菌（图18.5）。一种是含有*vir*基因但没有边界序列的辅助质粒。另一种质粒是T-DNA载体，经改造后含有要转移的基因和标记基因（通常是潮霉素抗性基因），两者都位于LB和RB序列之间。研究人员向整株植物或植物细胞上喷洒转化后的根瘤农杆菌实现感染。接下来在培养物中培养单个感染的植物细胞或在土壤中种植感染的种子以生成胚胎植物，并通过向生长培养基中添加潮霉素来选择重组T-DNA转化的胚胎或幼苗（图18.5）。

这些用于构建转基因生物的方法实例展示了科学家如何利用自然过程来改变基因组。研究人员实际是"劫持"了根瘤农杆菌产生冠瘿的过程来实现将外源DNA

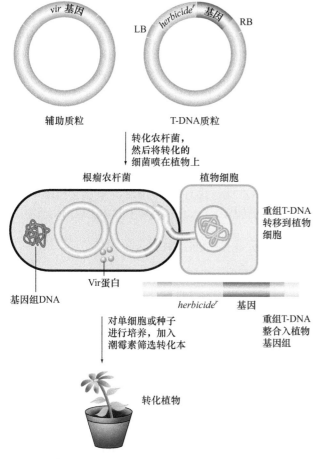

图18.5 使用T-DNA质粒载体产生转基因植物。研究人员用含有两种质粒构建体的根瘤农杆菌细菌感染植物。T-DNA质粒含有转基因（基因）和潮霉素抗性的标记基因，两者都在T-DNA末端LB和RB内。辅助质粒含有vir基因，这是T-DNA转移到植物细胞所必需的。感染后，重组T-DNA整合到宿主植物的体细胞和生殖细胞的基因组中。研究人员通过在潮霉素的存在下培养细胞或种子来选择具有转基因插入的单细胞或种子。然后他们将选定的细胞或幼苗培育成一个完整的转基因植物。

导入植物。因此，天然存在的酶促过程，无论是用于DNA修复还是用于启动转座子或T-DNA，都是将外源DNA整合到宿主染色体中的基础。

基本概念

- 转基因小鼠是通过将外源DNA注入受精卵的原核而产生的。
- 果蝇的转化依赖于插入转基因到P元件转座子载体的构建。
- 研究人员通过用携带转基因的Ti（肿瘤诱导）质粒的农杆菌感染植物细胞来制造转基因植物。
- 这些创建转基因生物的方法产生转基因在宿主基因组中随机位置的整合。

18.2 转基因生物的用途

学习目标

1. 描述转基因如何能够明确哪个基因导致突变表型。
2. 总结转基因报告构建体在基因表达研究中的应用。
3. 讨论转基因生物如何产生人类健康所需蛋白质的实例。
4. 列举转基因生物的例子，并讨论其生产的利弊。
5. 解释利用转基因动物模拟人类功能获得性遗传疾病。

我们创建转基因生物的能力对生物学研究产生了重大影响，对日常生活的很多方面也越来越重要。研究转基因模式生物可以使研究人员更好地了解特定基因的功能及其调控，并利用动物对某些人类疾病进行建模。此外，科学家还设计了转基因植物及动物来生产药物和更好的（也是更受争议的）农产品，甚至是颜色鲜艳的宠物（图18.6）。

18.2.1 转基因确定了基因与表型的关系

在许多遗传学研究中，现有的信息可能无法让科学家精确定位某一特定表型的基因。转基因生物的构建常常让研究人员能够解决含糊不清的问题。

举个例子，假设一个对果蝇眼睛如何发育感兴趣的遗传学家分离出一个隐性突变（m^-）纯合导致眼睛畸形的突变果蝇品系［图18.7（a）］，分子分析揭示突变是两个不同基因5′位置产生的一个小的缺失［图18.7（b）］。那到底是基因A的缺失还是基因B的缺失导致了眼睛的缺陷呢？

我们可以通过创建含有基因A或基因B野生型基因组DNA的重组P元件构建体来回答这个问题［图18.7（c）］，然后来测试每个转基因恢复正常眼睛的能力。例如，如果携带野生型基因A转基因的纯合子m^-/m^-果蝇眼睛是畸

图18.6 Glofish®。表达GFP和RFP的不同颜色变体的转基因斑马鱼（*Danio rerio*），是第一种转基因宠物。

(a) 隐性突变的纯合子眼睛有缺陷

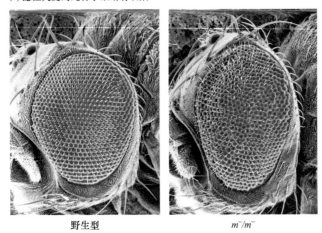

野生型　　　　　　　　　　m^-/m^-

(b) 基因组DNA中的缺失去除了两个基因的一部分

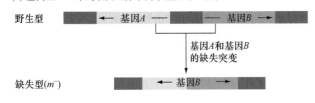

(c) 转基因拯救检测

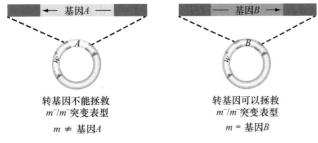

转基因不能拯救　　　　　　转基因可以拯救
m^-/m^-突变表型　　　　　　m^-/m^-突变表型
$m \neq$ 基因A　　　　　　　$m =$ 基因B

图18.7　利用果蝇转基因将突变表型与基因进行关联。（a）扫描电镜照片显示m基因活性缺失导致畸形的果蝇眼睛。（b）m^-突变是两个相邻基因的部分缺失：基因A和基因B。（c）含有基因A转基因（左）的m^-/m果蝇仍然具有畸形眼睛，而含有基因B转基因（右）的m^-/m^-果蝇具有野生型眼睛。因此，畸形的眼睛是由于基因B的丢失，而不是基因A的丢失（质粒载体见图18.4）。

（a）：© Janice Fischer, The University of Texas at Austin

形的，但携带野生型基因B转基因的m^-/m^-果蝇眼睛是正常的，你就会得出结论：基因B的缺失是突变表型的原因。换句话说，$m=$基因B。

我们以前在第4章中看到了一个类似逻辑的重要例子。我们会记得，一只含有SRY转基因XX小鼠发育成雄性（"快进"信息栏"转基因小鼠证明SRY是雄性因子"）。这个实验举例说明了转基因技术可用于理解特定基因功能的另一种方式：在这里，SRY基因在不寻常的背景下（在有两条X染色体而没有Y染色体的生物体中）的表达表明，SRY控制类似于小鼠和人类的哺乳动物的雄性发育。

18.2.2　转基因是分析基因表达的关键工具

在第17章中，我们描述了科学家如何使用报告构建体来研究真核生物中基因表达调控的许多方面，其含有可以产生易于检测的蛋白产物的外源基因［例如，来自水母基因的GFP（绿色荧光蛋白）或来自大肠杆菌$lacZ$基因的半乳糖苷酶］。这样的报告构建体帮助研究人员识别增强子，这些增强子在发育的特定时间和特定组织中指令基因的转录（回顾图17.3）。报告构建体在寻找编码增强子的编码转录因子基因方面也很有价值（回顾图17.13）。在此，我们提醒大家，这些报告构建体的功能只有作为转基因导入真核生物中时才能被用于监测。

18.2.3　转基因细胞和生物作为蛋白质工厂

在第16章中，我们看到一些用作药物的人类蛋白质可以在用融合基因构建体转化的细菌中生产。在这些构建体中，人类蛋白的编码序列受细菌启动子和核糖体结合位点序列的控制，以确保高水平基因表达（回顾图16.28）。制药公司通过这种方式生产人生长激素和胰岛素。然而，并非所有的人类蛋白质都能在细菌中以功能形式产生。细菌无法进行许多重要的翻译后操作，包括某些多肽的正确折叠或切割，以及糖基化和磷酸化等修饰。

为了规避这样的问题，制药公司有时可以在液体培养物中悬浮培养经过转基因的哺乳动物细胞或植物细胞。已经有几种药物蛋白质以这种方式生产。一种是Ⅷ因子蛋白，这种凝血因子在一些血友病患者中是缺乏的。另一种是促红细胞生成素（EPO），这是一种刺激红细胞生成的激素，也曾经被一些臭名昭著的运动员为了提高成绩而滥用。然而，细胞培养只能产出低产量的重组蛋白，且比较昂贵。

1. 医药农场

利用转基因农场化动物和植物生产人类蛋白质可以为替代细胞培养提供一种成本低、产量高的方式。应用转基因动物和植物生产蛋白质药物有时被称为**医药农场**，这一词汇意味着农业和制药的结合。医药农场技术还处于起步阶段，到目前为止（2016年），只有一个"农场"药物可供患者使用，但更多的药物正在开发中。

在转基因动物中最常用于生产人类蛋白质药物的方法是在乳腺中进行蛋白质表达，因为分泌到乳汁中的蛋白质可以得到高产率纯化。通过原核注射（如图18.3），编码人类蛋白的转基因已经转移到山羊、猪、绵羊和兔子身上。2009年，美国食品药品监督管理局（FDA）批准了第一个在转基因动物乳汁中生产的人类蛋白药物——血液因子抗凝血酶Ⅲ。正常表达于乳腺的山羊基因的调控序列与人类抗凝血酶Ⅲ（一种抑制凝血的血浆因子）基因编码区的融合基因被转化进山羊

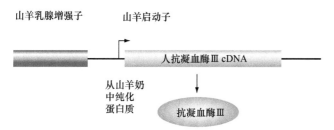

图18.8　在转基因山羊乳汁中生产人抗凝血蛋白的基因构建体。

来生产这种药物（图18.8）。只有一个抗凝血酶Ⅲ基因功能性拷贝的人倾向于发生血凝，特别是手术后或分娩时，该药物目前被批准用于患有静脉血栓栓塞症的遗传病患者。

通过原核注射产生的单个转基因动物将具有可变数量的转基因拷贝，并且转基因的排布也处于基因组上不同的随机位置，这些变化导致每只注射动物中人类蛋白质产量的巨大差异。一种提高稀有的高产动物数量的方法是通过**生殖克隆**：利用成年转基因动物的体细胞核培育具有相同基因组的群体。毫不奇怪，同样正在开发在转基因动物中生产药物技术的制药公司积极资助开发动物克隆技术。"遗传学工具"信息栏"体细胞核移植克隆"介绍了最常用的生殖克隆技术。

2. 转基因植物生产疫苗

类似于转基因动物，携带转基因的植物也可以用于生产人类蛋白质药物。转基因植物具有制造疫苗的特别优势，**疫苗**是一种致病因子的抗原，可以刺激对该特定外来物质的免疫应答。烟草、向日葵、菠菜、马铃薯、水稻、大豆、玉米或番茄等转基因农作物产生的疫苗蛋白可以储存在叶片或种子中。这些植物可以通过简单地被食用，以保护个体免受病原体的侵害。可食用疫苗可能对发展中国家特别有利：种子运输不需要冷藏，植物可以在当地种植，不需要针头、注射器或医疗专业人员。

尽管理论上有望在转基因植物中生产疫苗，但迄今为止的试验只取得了部分成功，在这些疫苗中的任何一种能够上市之前，还需要克服许多问题。一个主要的困难是控制抗原的剂量：单株植物产生的抗原量可能不同，并且抗原太少会导致疫苗无效。另外，食用的疫苗对抗原剂量的要求要高于注射的方式。即使科学问题能够克服，在将这些植物生产的疫苗提供给人类之前，制药公司也会遇到许多监管障碍。由于相关法规不那么严格，近来相当多的注意力放在了给家畜喂食转基因疫苗制造植物上，以保护它们免受病原生物引起的各种疾病的侵害。

18.2.4　转基因生物广泛应用于现代农业

截至2016年，已经创建了100多个性状改良的不同转基因植物品种并被农民种植。现在这种**转基因**（GM）**作物**在许多物种中都有存在。转基因赋予的改进包括提高营养价值、延长保质期、增加产量或增加植株大小，以及抵抗压力、除草剂、植物病毒或昆虫的侵袭。我们在这里讨论目前被广泛应用的两种最具商业重要性的转基因作物。

在美国种植的大豆90%以上是抗草甘膦的转基因植物，草甘膦是Roundup®除草剂中的主要活性成分。草甘膦会干扰一种叫做EPSPS的酶，这种酶是植物合成几种氨基酸所需要的。所谓的Roundup Ready®大豆携带一种转基因，其编码一种细菌来源的抗草甘膦的EPSPS。农民们在种植抗除草剂大豆的田间喷洒Roundup，可以杀死杂草而不伤害大豆，从而节省大量的劳动力和时间。草甘膦本身随后在环境中通过自然过程迅速降解。

另一种非常成功的转基因植物是玉米，它能产生一种叫做Bt蛋白的天然有机杀虫剂，这种杀虫剂能保护植物不被玉米螟蛾幼虫吃掉。这种蛋白质是由苏云金芽孢杆菌（*Bacillus thuringiensis*）天然制造的，以保护自己不被毛虫吃掉。Bt蛋白对摄取它的昆虫幼虫是致命的，但对包括人类在内的其他动物没有作用。因为这种基因工程玉米能够自己产生天然杀虫剂，农民就可以避免使用可能损害农场工人和环境的昂贵化学农药。表达Bt蛋白的转基因植物在1996年首次商业化种植，目前在美国种植的玉米中至少1/3含有*Bt*转基因。全世界有超过100亿英亩（1英亩≈4046.86m²）的土地用于种植表达Bt的作物，除了玉米，还有油菜、棉花、木瓜、马铃薯、水稻、大豆、南瓜、甜菜、番茄、小麦和茄子等。

2015年，第一个转基因动物——AquaBounty Technologies®公司生产的大西洋鲑鱼，被美国食品药品监督管理局批准供人食用。大西洋鲑鱼通常需要3年的时间才能长到9磅左右的全长体形，它们的生长激素基因在食物匮乏的最冷月份被关闭，因此它们在一年中仅生长8个月左右。而转基因大西洋鲑鱼，则含有一种常年表达的生长激素转基因，使得它们用一半的时间就可以达到完整体重。

转基因作物在美国和超过25个其他国家种植，在这些国家里，这些转基因生物被认为是能够帮助解决由大规模农业引起的限制环境问题和满足日益增长的世界人口粮食需求的重要工具。然而，其他国家限制甚至完全禁止转基因生物的进口。现在很少有科学家还认为，摄入由转基因生物制成的食物对人类会造成直接危害。但是，仍然需要考虑到对于转基因生物的一些反对意见。转基因作物的广泛使用可能会扰乱农民和农场社区的生活，并给少数跨国农业综合企业带来相当大的影响。也可能存在一些潜在的环境后果，例如，转基因生物向其他野生物种传递不必要的性状。这些问题在未来几年内仍然可能存在争议。

遗传学工具

体细胞核移植克隆

在第12章，我们介绍了世界上第一只克隆猫"CC"。在这个意义上的克隆是指生殖克隆，也就是说来自于一个个体的单个体细胞的基因组成为不同个体中每个体细胞的基因组。

研究人员通过一种被称为**体细胞核移植**的方案创建生殖克隆。科学家从一个个体身上取出一个体细胞的二倍体细胞核，将其注入一个已被移除自身细胞核的卵细胞中（图A）。经过几天的生长，研究人员将被操纵的胚胎植入代孕母体的子宫内，当胚胎发育至足月后，就诞生了克隆动物。图A底部的克隆猫可以被认为有三个不同的母亲：体细胞核供体，卵母细胞供体，提供子宫的代孕体。如果体细胞核来自于雄性，也可以克隆雄性动物。

尽管克隆动物的所有细胞中的所有核染色体均来源于体细胞核供体，但克隆动物和该供体在各方面并不完全相同，原因如下：①克隆动物的线粒体基因组来自卵母细胞供体，而不是核供体；②对于雌性克隆，克隆动物中和母体中的X染色体失活模式不尽相同，因为决定哪个X染色体的失活是在动物早期发育过程中的单个细胞随机产生的；③代孕体与供体母本的子宫环境并不完全相同。

进行克隆CC的工作是由一家名为遗传储蓄与克隆的生物技术公司资助的，该公司的使命是为那些可能想在宠物死后复制它们的主人提供商业克隆服务。这家公司并没有最终取得成功。很少有人能够承担克隆程序的高昂成本，而且，一些不太懂的客户因为发现对他们收到的克隆动物实际上并不完全是他们所了解的宠物而感到失望。

尽管如此，克隆某些动物仍然有很好的理由。对克隆动物的研究使科学家能够更好地理解基因印记等基本过程。制药公司正在投资生殖克隆技术，他们着眼于能够产生大量的高产转基因动物。事实上，早在克隆CC之前，从成体细胞中克隆出来的第一个动物是1996年的

一只叫做"多莉"的绵羊。多莉是由苏格兰的科学家克隆出来的，部分资助来源于一家制药公司。

在2003年多莉去世之前，她生下了5只存活的后代。最后，为了实现物种保持的目的，多个濒危物种已经得到了克隆。

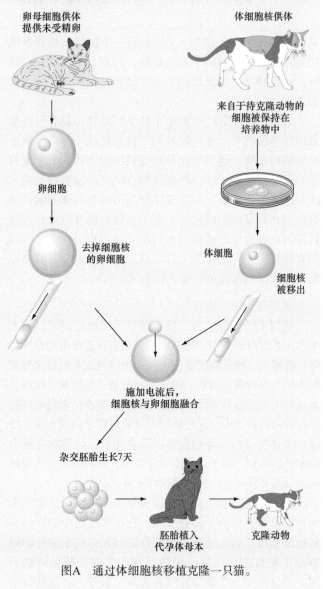

图A　通过体细胞核移植克隆一只猫。

18.2.5　人类功能获得性遗传疾病的转基因动物模型

几十年来，人类遗传疾病的动物模型一直是科学家试图了解疾病生物化学原理从而设计和测试新药及其他治疗方法的重要工具。人类单基因疾病动物模型的想法很容易实现——建立具有相应突变和类似疾病表型的动物。

我们可以注意到，因为转基因被添加到其他野生型基因组中，用刚才描述的技术制造的转基因动物就能够作为显性的功能获得性突变的模型（我们在本章的后续章节中讨论由功能缺失型突变引起的疾病动物模型）。

由于许多原因，小鼠是最常用于作为人类遗传疾病模型的动物。小鼠是哺乳动物，而且它们的基因组中大多数基因与人类相似。另外，小鼠是小型且相对经济的实验动物。但遗憾的是，对于人类神经系统疾病的研究，小鼠无法复制一些基因突变对脑功能和行为的复杂影响。取而代之的是，科学家们最近开始用转基因猴子

（恒河猴）来模拟人类疾病。

人类神经系统疾病的第一个转基因灵长类动物模型是亨廷顿病。我们还记得亨廷顿病是由*HD*基因的显性等位基因引起的，特征为该基因编码区内CAG三核苷酸重复区数量的扩大（可以回顾第7章中信息栏"三核苷酸重复疾病：亨廷顿病和脆性X综合征"的部分）。突变的等位基因编码出亨廷顿蛋白产物的一种形式，在其所谓polyQ区域中的谷氨酰胺残基超过正常数量。模拟亨廷顿病的恒河猴携带有一个转基因，该转基因包含了一个带有扩大CAG重复区数量的*HD*基因突变拷贝。这些猴子表现出类似于亨廷顿病患者的疾病症状，从而帮助科学家了解这种病症并开发更有效的疗法。

对灵长类动物的实验引起了许多人的高度伦理关注，因此人类遗传疾病灵长类动物模型的未来尚不清楚。直到2016年本书完成，美国国立卫生研究院正在逐步淘汰大多数（尽管不是全部）涉及灵长类物种的侵入性研究。

基本概念

- 野生型转基因可以插入到隐性突变等位基因纯合的胚胎中。如果恢复正常表型，那么转基因就会鉴定出发生突变的基因。
- 报告构建体的创建可以轻松检测出真核生物中基因何时、在哪些组织中被开启或关闭。
- 转基因生物可以生产医学上重要的人类蛋白质，包括胰岛素、凝血因子和促红细胞生成素等，转基因植物作物可以制造可供摄入的疫苗。
- 转基因大豆对除草剂草甘膦具有抗性。许多作物，如玉米、大豆、油菜和棉花都经过了基因改造，以表达阻止昆虫侵害的Bt蛋白。
- 将携带致病、功能获得性的等位基因的转基因添加到非人类动物模型中，可以让研究人员观察疾病进展并测试可能的治疗干预措施。

18.3 定向诱变

学习目标

1. 描述ES细胞如何用于生成基因敲除小鼠。
2. 解释为什么研究者可能想要创建一个条件性基因敲除小鼠。
3. 讨论科学家如何利用噬菌体位点特异性重组系统生成敲入小鼠。
4. 描述CRISPR/Cas9及其如何用于修饰基因组。

在上一节中，我们看到基因可以很容易地转移到许多动物和植物基因组中的随机位置。在这里，我们将探索更先进的技术，使科学家能够以几乎任何期望的方式改变特定的基因，即**定向诱变**。

研究人员只需要知道期待改变的基因的DNA序列，因为现在实验室通常使用的所有模式生物的基因组序列都已经确定，这些物种中的任何基因都可以随意突变。

我们在这里主要关注改变小鼠特定基因的方法，因为小鼠是许多与人类生物学相关研究的首选动物。然而，在本节最后，我们将描述一种激动人心的新技术，它刚刚被广泛使用，而且适用于许多不同的物种。

18.3.1 具有特定基因的功能缺失突变的基因敲除小鼠

同源重组为DNA序列精确插入基因组特定区域提供了一种方法。实际上在第14章中我们已经看到，通过同源重组的方式进行基因转移可以突变特定的细菌基因——被称为**基因打靶**的过程（回顾图14.31）。通过基因打靶，科学家在体外诱变一个特定的基因，然后将突变的DNA导入细菌细胞中，再通过同源重组用突变拷贝取代细菌基因组中基因的正常拷贝。虽然同源重组事件概率很低，但研究人员可以很容易地培养大量细菌，然后通过筛选转移DNA中存在的耐药标记物来识别含有靶向突变的少量细胞。酿酒酵母等单细胞真核生物的基因打靶采用同样的方法已是相当常规的手段。

小鼠遗传学家利用小鼠**胚胎干细胞（ES细胞）**克服了在多细胞生物中基因打靶的两个主要障碍。首先，对于含有要传递给子代的靶向基因的染色体，基因打靶必须发生在生殖系细胞中。其次，鉴于同源重组的效率较低，研究人员需要对大量的生殖系细胞进行筛选，以获得一个具有所需突变的细胞。小鼠ES细胞在培养皿中生长，因此就像细菌或酵母一样，研究人员可以筛选出含有靶向突变的少量细胞。这一过程的一个关键点是，将具有靶向染色体的ES细胞从细胞培养皿移动到发育中的胚胎，在那里它们可以发育成所有不同的细胞类型，包括生殖系细胞。

1. 在ES细胞中基因打靶以生成基因敲除小鼠

小鼠ES细胞是来源于称为囊胚的早期胚胎内细胞团的未分化细胞（图18.9）。这些ES细胞尚未形成如皮肤、骨骼或血液等特定类型细胞所特有的基因表达模式。因为它们是未分化的，小鼠ES细胞可以在含有专用培养基的培养皿中分裂许多代。最重要的是，培养生长的ES细胞是**全能的**，这意味着它们保留了在发育的胚胎中受到恰当信号刺激时成为任何细胞类型的能力，包括生殖系细胞和配子。

图18.9展示了通过培养的ES细胞进行基因打靶的细节。研究人员创建了DNA构建体，其中通过插入耐药标记来诱变特定的基因，然后他们将这种DNA添加

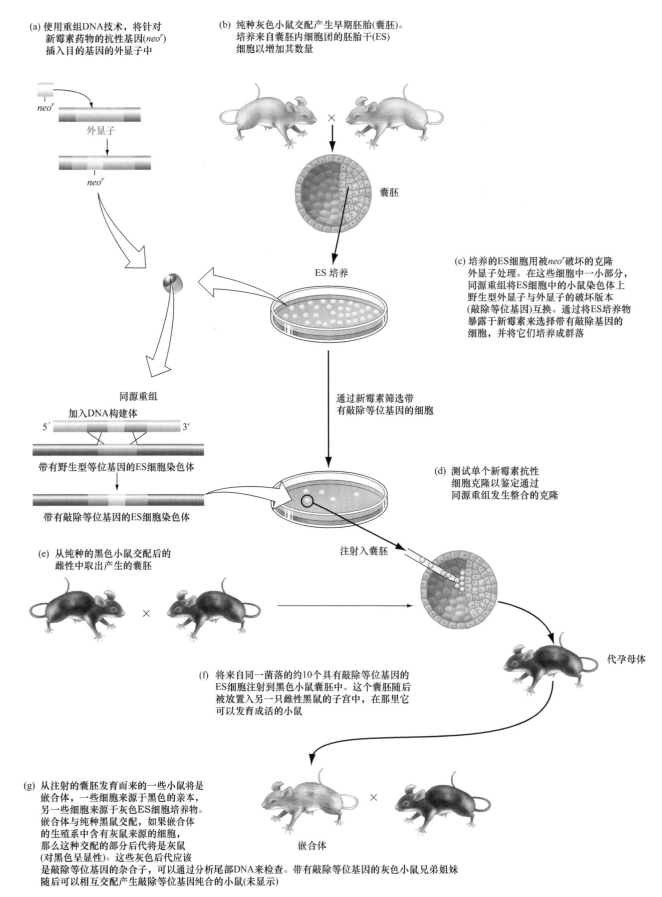

(a) 使用重组DNA技术，将针对新霉素药物的抗性基因(neo')插入目的基因的外显子中

外显子

neo'

(b) 纯种灰色小鼠交配产生早期胚胎(囊胚)。培养来自囊胚内细胞团的胚胎干(ES)细胞以增加其数量

囊胚

ES 培养

同源重组

加入DNA构建体

5'　　3'

带有野生型等位基因的ES细胞染色体

带有敲除等位基因的ES细胞染色体

(c) 培养的ES细胞用被neo'破坏的克隆外显子处理。在这些细胞中一小部分，同源重组将ES细胞中的小鼠染色体上野生型外显子与外显子的破坏版本(敲除等位基因)互换。通过将ES培养物暴露于新霉素来选择带有敲除基因的细胞，并将它们培养成群落

通过新霉素筛选带有敲除等位基因的细胞

(d) 测试单个新霉素抗性细胞克隆以鉴定通过同源重组发生整合的克隆

(e) 从纯种的黑色小鼠交配后的雌性中取出产生的囊胚

注射入囊胚

代孕母体

(f) 将来自同一菌落的约10个具有敲除等位基因的ES细胞注射到黑色小鼠囊胚中。这个囊胚随后被放置入另一只雌性黑鼠的子宫中，在那里它可以发育成活的小鼠

(g) 从注射的囊胚发育而来的一些小鼠将是嵌合体，一些细胞来源于黑色的亲本，另一些细胞来源于灰色ES细胞培养物。嵌合体与纯种黑鼠交配，如果嵌合体的生殖系中含有灰鼠来源的细胞，那么这种交配的部分后代将是灰鼠(对黑色呈显性)。这些灰色后代应该是敲除等位基因的杂合子，可以通过分析尾部DNA来检查。带有敲除等位基因的灰色小鼠兄弟姐妹随后可以相互交配产生敲除等位基因纯合的小鼠(未显示)

嵌合体

图18.9　构建基因敲除小鼠。

到ES细胞正在生长的培养基中。一些细胞会从培养基中摄取DNA。一段时间后研究者将药物加入到培养基中，只有将外源DNA掺入其基因组的少量细胞能够存活并分裂。科学家们随后利用PCR来鉴定那些染色体通过同源重组获得了耐药基因而存活的细胞品系，这些细胞是目标基因功能缺失突变的杂合子。

基因打靶方案的下一步就是利用ES细胞具有进入早期胚胎并发育成任何类型细胞的能力。将具有所需突变的ES细胞注入宿主囊胚，然后将其植入代孕母体内（图18.9）。出生的小鼠被称为**嵌合体**，这意味着它们是由来自两种不同来源的细胞组成的：这些动物中源自ES细胞的细胞是靶基因突变的杂合子，而宿主细胞是该基因座野生型等位基因的纯合子。遗传学家将嵌合型小鼠与野生型小鼠交配产生非嵌合的杂合子代，这些后代被称为**基因敲除小鼠**，因为它们含有一条带有目标基因的无效（敲除）等位基因的染色体。遗传学家随后将杂合基因敲除小鼠相互交配，产生纯合突变体。

2. 小鼠基因敲除的用途

第一个基因敲除小鼠创建于1989年，8年后开发这项技术的三位科学家被授予诺贝尔奖。由于几乎每个人类基因在小鼠中都有相同或相似功能的对应物，因此基因敲除小鼠可用于研究由基因功能缺失引起的各种人类疾病。

在基因敲除小鼠中建模的首批单基因疾病之一是囊性纤维化。回想一下，*CF*基因编码调节氯离子流动进出肺细胞的膜蛋白CFTR（回顾图2.25）。利用*CF*基因敲除小鼠，研究人员发现囊性纤维化是由于肺部黏液堆积造成的结果，导致至少部分不能清除的肺细胞中的细菌。目前科学家正在*CF*基因敲除小鼠身上测试囊性纤维化的新的实验疗法。

从更广泛的意义上讲，基因敲除小鼠对于帮助研究人员理解哺乳动物体内任何基因的功能都是非常宝贵的。简单地说，遗传学家可以制造完全缺失任何指定基因功能的纯合基因敲除小鼠，然后观察对生物体表型的影响。认识到这一方法的重要性，美国国立卫生研究院资助了基因敲除小鼠项目，这是学术、政府和工业实验室之间的合作，目标是为小鼠基因组中的每一个基因创建一个含有基因敲除突变的ES细胞系。

18.3.2 条件性基因敲除小鼠揭示必需基因的功能

对于一些基因来说，不可能产生纯合基因敲除小鼠。这些所谓的必需基因可能是动物发育的早期阶段所必需的，也可能是对所有细胞生存至关重要的一些过程所必需的。为了研究生物体中某种必需基因产物的作用，研究人员可以利用基因打靶来创建嵌合个体，其大多数细胞中该基因是纯合的野生型等位基因，只有某些

细胞是纯合的突变等位基因。在同一技术的另一种应用中，整只动物可以保持纯合的野生型等位基因直到成年，之后研究者可以操纵其部分甚至全部细胞成为纯合的突变等位基因。

这些策略的关键是科学家在一定条件下将DNA序列添加到目标基因中，导致一个外显子从基因组DNA中被消除。当研究者改变环境条件时，具有可特异性失活基因的小鼠就是**条件性基因敲除小鼠**。为了实现基因外显子条件性缺失，遗传工程师利用了一种天然存在的位点特异性重组系统，即噬菌体P1感染大肠杆菌时对其生长非常重要的一套机制。

1. Cre蛋白和loxP位点

在正常的DNA复制过程中，噬菌体P1产生含有许多P1基因组拷贝的大DNA环。为了产生可包装进单个噬菌体颗粒的单个基因组，Cre重组酶引起大环上的称为loxP位点的两个特定DNA序列之间发生交换（图18.10）（回顾第6.6节中对位点特异性重组的细节描述）。科学家是如何利用**Cre/loxP重组系统**在动物的特定组织和（或）特定时间内使得特定的小鼠基因产生缺失突变的呢？

2. 进行条件性基因敲除

第一步，利用重组DNA技术构建一个如图18.11（a）所示的基因打靶构建体，该构建体含有两个内含子和一个有待条件性敲除的基因外显子。一个内含子内有一个loxP位点，而另一个内含子含有一个两侧为两个loxP位点的耐药基因。构建体中外显子的基因功能是必需的，如果是蛋白质编码基因的情况，则选择的外显子通常含有部分可读框（ORF）。

第二步，研究人员使用我们刚刚在图18.9中描述的程序来生成ES细胞，其中靶向构建体中的序列替换了小鼠基因组中内源野生型基因中的相应DNA序列。这些实验中使用的特殊ES细胞先前被修改为含有可以诱导方式表达Cre蛋白的转基因，例如，该转基因可具有与Cre蛋白的编码序列融合的热休克激活的小鼠启动子。

第三步，去除耐药基因。在高温下培养ES细胞启动Cre表达，促使两个loxP位点之间发生重组。可能发生的结果是如图18.11（a）底部所示的染色体，这个外

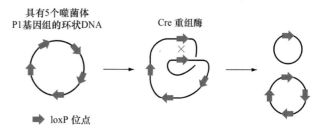

图18.10　Cre/loxP重组系统。噬菌体P1通过Cre重组酶蛋白介导，在34个碱基对的loxP位点之间发生位点特异性重组，以产生其基因组的单拷贝。

(a) 给一个小鼠基因两端连上loxP位点

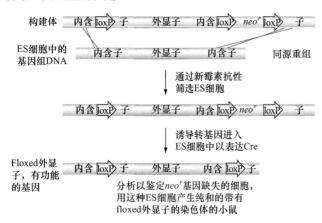

(b) 利用floxed基因条件性敲除

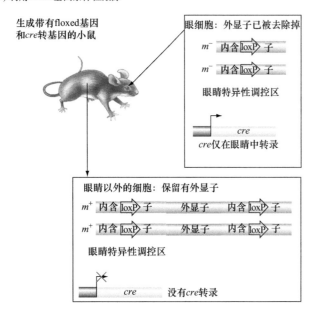

图18.11 条件性基因敲除小鼠。（a）用一个两端连有loxP位点的floxed外显子置换ES细胞中部分基因的多步骤过程。这些ES细胞被整合到小鼠生殖系中。（b）在这个例子中，纯合的floxed基因转基因小鼠也带有只在眼睛中表达Cre的转基因。只有在眼细胞中（而不是在身体的其他地方），Cre介导的loxP位点特异性重组才会从两个拷贝的floxed转基因中去除外显子。

显子（或基因）被称为**floxed（两侧连接loxP）位点**。

现在具有杂合floxed基因的ES细胞已经获得，研究人员将它们注入宿主囊胚并生成杂合小鼠，就像前面图18.9所描述的那样。最后，遗传学家进行一系列的杂交，生成一个floxed基因纯合的小鼠，同时还携带一个在特定时间或特定组织中表达Cre的转基因。为了方便起见，我们在这里讨论一个cre转基因仅在眼中转录的例子［图18.11（b）］。

因为loxP位点被放在不干扰RNA剪接的内含子中的位置，所以floxed基因正常发挥功能。然而，在表达Cre的眼细胞中，Cre介导的loxP位点之间的交换从靶向基因

的两个拷贝中去除了一个外显子［图18.11（b）］。因此，眼细胞（且只有眼细胞）实现了纯合的基因敲除。

我们可以看到为什么floxed等位基因被称为条件性敲除：这些等位基因在所有组织中都正常发挥作用，除了那些产生Cre并从基因中删除序列的细胞。

3. 条件性基因敲除的应用

条件性基因敲除小鼠能提供给科学家们什么样的信息？举个例子，假设图18.11中的靶向基因是所有细胞存活所必需的，如果是这种情况，很可能在Cre表达后，带有floxed等位基因的动物会失明。或者另一种情况，靶向基因只对于眼睛以外的组织是必需的，那么其眼睛（甚至整只动物）都将是正常的。还有一种可能性是，该基因在眼睛中是特定功能所需要的，比如形成视网膜，那么纯合floxed基因中的Cre表达会导致视网膜畸形。

有趣的是，基因敲除和野生型细胞在嵌合体动物中的并置，可以让科学家确定一个细胞中表达的基因产物是否会影响邻近细胞的功能。这个被称为嵌合分析的主题将在第19章讨论。

18.3.3 通过基因敲入将特定突变引入特定基因

科学家利用ES细胞技术不仅可以破坏小鼠基因的功能，还可以通过其他更特殊的方式改变基因。例如，研究者可能想要创建一种小鼠，该小鼠具有一种特定的错义突变，该突变会将某个蛋白质中的一种氨基酸改变为另一种不同的氨基酸。图18.12描述了研究人员可以很容易地修改我们刚才描述的创建条件性基因敲除小鼠的技术，从而以任何所需的方式改变指定的基因。这种引入新的DNA（比如这个例子中改变了DNA序列的外显子）的技术，就是所谓的基因敲入。突变基因纯合的**基**

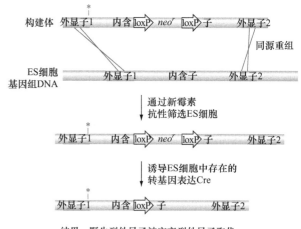

图18.12 通过敲入使基因产生特定突变。遗传工程师可以使用带有点突变（红色星号所示）的构建体来替换含有诱导型Cre转基因的ES细胞中的相应序列。通过Cre表达去除耐药基因后，保留在内含子中的loxP位点不会干扰剪接。

因敲入小鼠只会产生突变形式的蛋白质，但是当突变具有显性效应时，杂合的敲入突变小鼠也是具有价值的。

这种将任何目的位点的工程化改造等位基因替换小鼠基因组中基因的能力，对于创建人类某些遗传疾病的小鼠模型非常重要。许多遗传性疾病并不能与一个基因的完全无效等位基因相关联，而是与编码特定氨基酸的错义突变有关，这些突变可能具有亚效等位基因、超形态等位基因或新形态等位基因。

软骨发育不全（也叫侏儒症）的小鼠模型就是一个这样的例子。回顾一下第8章，人类短肢侏儒症是由人类*FGFR3*基因错义突变引起的，产生功能获得性持续表达的FGF受体蛋白（见图8.31）。研究人员利用基因敲入技术对小鼠进行了工程化改造，在其同源*FGFR3*基因中实现了完全相同的点突变。显然，这种突变基因在小鼠体内产生了与人类软骨发育不全相同的显性侏儒症表型（图18.13）。

18.3.4　CRISPR/Cas9允许在任何生物体中进行靶向基因组编辑

利用刚才描述的ES细胞技术，研究人员几乎可以任何方式移除、添加或改变小鼠基因组中的任何DNA序列。直到最近，只有小鼠基因组能够以这种精确度被改变。现在一些新开发的**基因编辑**技术能够让科学家改变几乎任何生物体的基因组，从而即使不使用ES细胞也能实现敲除或敲入。这类新技术让科学家们能够更有效地创建突变小鼠。更重要的是，研究人员可以对小鼠以外的动物，甚至是培养的细胞中采用相同的工具，为基因功能的研究和建立人类疾病的新模型开辟许多可能性。

在所有这些技术中，无论是蛋白质还是RNA分

图18.13　小鼠软骨发育不全性侏儒症。右侧的侏儒小鼠是*FGFR3*等位基因的杂合子，其氨基酸序列与引起人类软骨发育不全的序列相同。左边是同窝出生的野生型小鼠。

引自：Wang et al. (1999), "A mouse model for Achondroplasia produced by targeting fibroblast growth factor receptor 3," PNAS, 96(8): 4455-4460. © 1999 National Academy of Sciences, U.S.A.

子，都可以作为将DNA裂解酶带到特定基因组位置的向导。断裂位点的DNA修复会导致点突变（一个碱基对改变，或者插入或缺失一对或几对碱基）或特定DNA序列的敲入。我们在这里描述最新和最有效的基因组编辑系统CRISPR/Cas9。

CRISPR是规律成簇间隔短回文重复的缩写。许多细菌基因组含有一个CRISPR区域，该区域起到抗病毒免疫系统的作用。CRISPR免疫同时也依赖于细菌基因组编码的称为**Cas蛋白**（CRISPR相关蛋白）的内切核酸酶，这些酶可以在DNA中制造双链断裂。"遗传学工具"信息栏"细菌如何用CRISPR/Cas9为自己接种抵抗病毒感染的疫苗"详细描述了细菌如何利用这种机制来抵御噬菌体的感染。当研究人员意识到他们可以将这种系统用于任何生物体时，科学界的注意力就集中在CRISPR/Cas9上。

基因工程**CRISPR/Cas9系统**有两个组成部分。第一个是研究者设计的称为sgRNA（单一向导RNA）的单链RNA。在sgRNA的5′端是一个20bp的序列，与待改变基因组中目的靶点序列互补；sgRNA的3′端与Cas9蛋白特异性结合（顺便一提，"遗传学工具"信息栏中描述的sgRNA的5′和3′区域分别与*crRNA*和*tracrRNA*一致）。第二个组分是一种Cas9多肽，这种多肽经过了改造，使得它包含一段构成细胞核定位信号的短氨基酸片段，从而允许蛋白质被输送到细胞核中，在那里它可以对DNA产生作用。

在细胞核中，Cas9/sgRNA复合物寻找并与其指定的基因组DNA靶标结合。随后复合物内的Cas9酶在靶DNA中制造双链的断裂（图18.14）。通过非同源末端连接（NHEJ，回顾图7.18）修复断裂，常常导致断裂处出现少量几个碱基对的插入或缺失。如果突变对应于可读框中的移码突变，这样的突变就可以实现敲除基因的功能。

或者，如果将与DNA断裂侧相对应的DNA分子与Cas9/sgRNA同时导入细胞，通过同源重组进行双链断裂修复可以将该DNA整合到断裂位点的基因组中，产生一个基因敲入（图18.14）。双链断裂是重组剂（也就是说，它们促进了重组作用），我们会记得第6章中，双链断裂的形成实际上是减数分裂过程中基因重组的第一步。因此，在没有引入目标基因组中双链断裂的情况下，使用CRISPR/Cas9的基因敲入方式比同源重组有效得多（如图18.9所示）。

研究人员以多种不同的方式将sgRNA和Cas9导入细胞或生物体。例如，培养中的细胞可以用含有产生sgRNA和Cas9的基因的质粒转化，经过基因组改造后的细胞可用于克隆生物体（参考"遗传学工具"信息栏"体细胞核移植克隆"）。或者，科学家可以将sgRNA和Cas9基因（DNA）或转录物（RNA）或sgRNA/Cas9

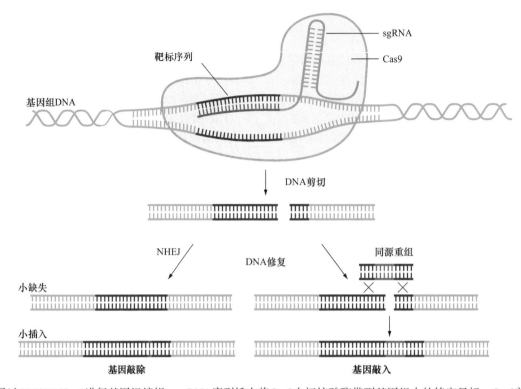

图18.14 通过CRISPR/Cas9进行基因组编辑。sgRNA序列旨在将Cas9内切核酸酶带到基因组中的特定目标。Cas9剪切后的修复会引起基因敲除或敲入，这取决于是否引入了适合同源重组的DNA片段。NHEJ，非同源末端连接。

复合物注入新受精卵中，随后生长成具有改造后的基因组的整个生物体。

这些技术非常高效，使得研究人员可以同时突变二倍体基因组中靶基因的两个拷贝，立即产生突变纯合体。而且，如果将两个以上的sgRNA同时导入正在制造Cas9的细胞或卵子中，就会产生一个双突变体，在两个以上不同的基因中实现工程改造。这样的效率消除了繁琐和耗时的遗传杂交步骤，从而创造出基因组含有多个修饰基因的植物或动物。

在科学家将CRISPR/Cas9系统引入研究界的几年中，它已被用于编辑每个模式生物，以及许多其他植物和动物的基因组。CRISPR/Cas9的一个令人兴奋的潜在用途是纠正人类体细胞中的致病基因突变。基因治疗，即利用基因治愈疾病，是我们接下来要讨论的课题。

基本概念

● 利用胚胎干（ES）细胞进行基因打靶，可以让小鼠遗传学家对生殖细胞系进行突变，从而创造出基因敲除突变小鼠的稳定系谱。

● 条件性基因敲除小鼠对于分析必需基因的功能是有用的，因为这类小鼠可以制成野生型和突变型细胞的嵌合体。

● 研究人员可以任何期望的方式通过基因打靶产生基因敲入小鼠，包括可能对应于人类遗传性疾病的单碱基对错义突变。

● 基因工程CRISPR/Cas9可以在研究人员指定的特定位置改变任何生物体的基因组。该技术的关键步骤是引入可以通过非同源末端连接或同源重组修复的双链断裂位点。

18.4 人类基因治疗

学习目标

1. 解释治疗基因如何作用于患者。
2. 描述利用病毒载体将治疗基因导入细胞或患者的相关问题。

在本章讨论的所有例子中，最终目标一直是改变生殖系细胞的基因组，从而创建稳定的实验生物系谱。但是，通过可能传递给下一代的改变基因的方法来改变人的基因，存在很多伦理学难点，而且目前大部分国家认为这是不符合伦理的。"遗传学与社会"信息栏"我们是否应该改变人类生殖系基因组？"讨论了一些这方面的争议。

医学家开发的**基因治疗**方法（用DNA治病）转而专注于改变患者体细胞的基因组。截至2016年，已开展了基因治疗临床试验2200余项。虽然人类的基因治疗仍是实验性的，但最近还是获得了一些成功的希望。

遗传学工具

细菌自身如何用CRISPR/Cas9预防病毒感染

　　早在1987年，研究人员就在细菌基因组中发现了成簇序列重复（CRISPR）。当2005年发现其中一些序列起源于噬菌体基因组时，几位机敏的科学家就推测CRISPR可能介导细菌中的病毒免疫系统。在这种抵抗机制明确之前，这些想法在很大程度上被忽略了好几年。最终在2012～2013年，包括张锋、Jennifer Doudna和Emmanuelle Charpentier等在内的研究人员开发的一些能够使这种病毒免疫系统适应细菌细胞和真核生物的基因组工程方法，被称为CRISPR的热点技术达到了全盛时期。

　　在细菌基因组的CRISPR位点，短的正向重复序列被独特的间隔区序列以规则性间距中断（图A）。间隔区序列是宿主细胞捕获的噬菌体基因组片段，通过两种细菌编码的Cas蛋白（Cas1和Cas2）的作用整

合到宿主基因组中。CRISPR阵列内的重复序列在捕获和整合过程中被这些内切核酸酶添加进去。

　　病毒免疫由从CRISPR阵列转录成称为crRNA前体的长RNA分子开始的步骤所引起，这些分子被加工成短的（24～48nt）所谓CRISPR RNA（crRNA）。在酿脓链球菌（*Streptococcus pyogenes*）中，这种大RNA的切割需要另一种称为tracrRNA（*trans*-acting CRISPR RNA，反式作用CRISPR RNA）的小RNA，其从宿主基因组中的一个基因转录而来（图A）。tracrRNA与crRNA前体中的重复序列形成互补碱基对。这些双链RNA区域成为内切核酸酶RNase Ⅲ的底物，在这些位置的切割产生与Cas9蛋白复合的短crRNA。

　　当入侵的病毒将其双链DNA染色体注入宿主细胞时，一种特殊的crRNA、tracrRNA和Cas9酶复合物协同剪切病毒基因组（图A）。crRNA的5′端与噬菌体染色体中的靶DNA碱基配对，而crRNA的3′端与

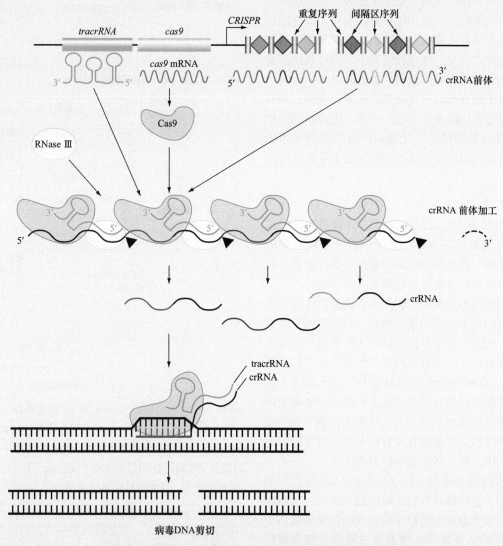

图A　CRISPR/Cas9基因座给细菌接种疫苗以抵御病毒。

543

tracrRNA碱基配对形成可结合Cas9的茎环。于是，crRNA和tracrRNA一起把Cas9酶重组到病毒基因组中的靶序列。Cas9剪切掉噬菌体染色体，防止了感染。

为了编辑真核生物的染色体，研究人员发现他们可以将crRNA和tracrRNA连接成一个单一的RNA分子（sgRNA），sgRNA可以将Cas9带到真核生物基因组中的目标位点（图18.14）。

值得注意的是，操纵DNA分子的两项主要技术——利用限制性内切核酸酶进行DNA克隆和利用CRISPR/Cas9进行基因组编辑，都是从细菌免疫机制的研究中发现的。这些细菌细胞降解病毒染色体方式的例子证明了基础科学研究的重要性：一开始可能看起来模糊不清的课题，一旦被理解，就可能会有巨大的实际应用。

18.4.1　不同的疾病需要不同的基因治疗

基因治疗的想法很简单：向患者的体细胞中导入一种**治疗基因**——这种基因的表达可以对抗疾病。然而，没有一种单一的基因治疗策略能够对所有疾病起作用。

1. 选择治疗基因

特定疾病的分子性质决定了何种类型的基因可用于治疗。对于一种由基因功能缺失引起的疾病，如囊性纤维化，治疗基因将仅仅是功能缺失基因的野生型拷贝。需要一种不同的策略来对抗功能获得性疾病（如亨廷顿病）因表达突变蛋白（或在其他案例中正常蛋白的过表达）而引起的异常表型。在这种情况下，治疗基因需要以某种方式使疾病基因或其蛋白产物失活。

最后，对于癌症等具有复杂遗传起源的疾病，最有效的策略可能是更为间接的方法。例如，癌症基因治疗可能靶向导致细胞增殖的生化通路所需的基因或蛋白质，即使该基因或蛋白质在患者的癌细胞中是正常的。

2. 治疗基因传递的方法

在一位医学研究人员选择使用什么治疗性DNA之后，下一个问题是决定如何将这种DNA输送到能发挥最优效能的体细胞中。例如，将DNA导入视网膜细胞治疗先天性失明、导入肺细胞帮助囊性纤维化患者，或导入血细胞前体治疗贫血，这些都是有意义的。

如果医生能轻易接触到组织却无法从患者体内取出细胞，应选择的技术是**体内基因治疗**，即把基因直接递送到体细胞，例如，治疗基因可以注入视网膜细胞或吸入肺部。这些类型的传递方式很容易执行，但它们只能将DNA导入一小部分受作用的细胞中。对于其他可以将受作用的细胞从体内移出的疾病，可以采用更有效的**体外基因治疗**。在这里，研究人员从患者骨髓中取出血液前体细胞等组织，在细胞在短暂培养的同时暴露于大量的治疗基因中，然后将细胞送回患者体内。

无论是体内还是体外方法，外源DNA都需要包装在某种载体中，这样就可以被足够的细胞摄取，从而成功实现治疗。大多数基因治疗试验是用两种病毒载体中的任一种进行的：**反转录病毒载体**或**腺相关病毒载体（AAV载体）**。在这两种情况下，专门的细胞系将治疗

性DNA包装成病毒样颗粒（图18.15）。这些细胞系带有表达组成病毒颗粒的所有蛋白质的辅助DNA，但细胞系本身并不产生活性病毒，因为来自辅助DNA的转录物缺少可使其包装成病毒颗粒的序列。治疗性DNA被克隆到缺失病毒基因但具有包装序列的改造后的缺陷病毒基因组中。因此，当用克隆的治疗性DNA转染细

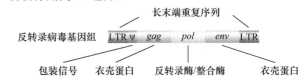

(a) 反转录病毒RNA基因组

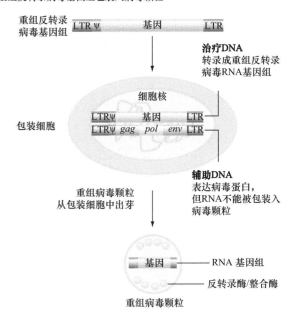

(b) 将重组反转录病毒基因组包装入病毒颗粒

图18.15　将重组DNA包装成反转录病毒颗粒。（a）正常反转录病毒RNA基因组。长末端重复序列（LTR）是将病毒cDNA整合入宿主染色体所需的元件；顺式作用序列（Ψ）是将反转录病毒RNA包装到衣壳中所需的元件。（b）制造重组反转录病毒。在重组反转录病毒基因组中，治疗基因取代了gag、pol和env基因。在包装细胞中，缺陷的辅助病毒基因组提供gag、pol和env，但辅助RNA缺乏Ψ，所以不能包装成病毒颗粒。这些细胞产生含有治疗基因的病毒样颗粒，但病毒不能在细胞内自行复制。

胞时，它被包装成病毒样颗粒，可以感染细胞但缺少几乎整个病毒基因组。

一旦制成，研究人员就可以在体内或体外用重组病毒样颗粒感染患者细胞。在带有RNA基因组的重组反转录病毒的情况下，治疗基因可以整合到患者体内的基因组中，然后转录mRNA产生治疗性蛋白［图18.16（a）］。与反转录病毒载体相关的一个问题是，它们的整合会导致基因组突变，在某些情况下可能导致患者发生癌症。

由于反转录病毒载体的这种副作用，其他一些基因治疗试验采用了AAV载体。AAV具有单链DNA基因组，感染宿主细胞后成为双链。含有治疗基因的缺陷双链AAV基因组通常不会整合到宿主细胞染色体中，然而它们仍然可以产生治疗蛋白［图18.16（b）］。尽管AAV载体的使用缓解了载体整合入人类染色体中引起的严重问题，但染色体外的AAV DNA最终会被降解。这意味着AAV介导的基因治疗需要定期重复，以提供治疗蛋白的持续供应。

18.4.2 人类基因治疗未来充满希望

基因治疗的第一个令人鼓舞的结果出现在2000年，当时几个X连锁严重联合免疫缺陷（SCID-X1）的患者

(a) 利用反转录病毒载体进行基因治疗

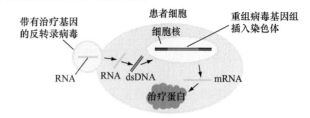

(b) 利用AAV载体进行基因治疗

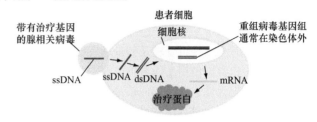

图18.16 利用病毒载体进行基因治疗。（a）重组反转录病毒基因组整合入患者基因组中。（b）重组AAV基因组通常保持在染色体外。

被基本治愈。SCID-X1俗称气泡男孩病，因为该病患儿没有免疫系统功能而被迫生活在无菌环境中以避免感染。

遗传学与社会

我们是否应该改变人类生殖系基因组？

2015年4月，中国科学家报道了在人类胚胎中利用CRISPR/Cas9纠正了导致β地中海贫血的β珠蛋白基因突变。尽管这些胚胎从未被放置到子宫内，但这篇论文却开启了一场争议风暴，因为胚胎细胞的一些后代最终会变成精子或卵子，并可能传递给后代。换句话说，这些研究有力地证明了基因编辑技术正变得足够强大，足以让人类很快能够改变自己的进化命运。

针对这份报告，美国、英国和中国三国政府在华盛顿特区举办了人类基因编辑国际峰会。2015年12月，来自20个国家的500多名科学家、伦理学家和法律专家出席了这次会议。峰会的强烈共识是，对妊娠性人类胚胎进行基因组编辑尚为时过早，因为它的安全性无法确保，但与会者对改变人类生殖系目标的伦理性和合理性存在着分歧。截至2016年本书完成时，英国和中国政府可能仍在继续资助涉及非妊娠性人类胚胎基因组编辑的研究，但在美国只有私人机构资助此类研究。

对体细胞进行基因编辑以治疗疾病症状是相对没有争议的，但改变生殖系基因组引发了许多问题，其中一些问题是技术上的。例如，CRISPR/Cas9技术很

强大，但它会导致多余的改变基因组中其他地方序列的脱靶效应。这些脱靶突变在多代人之间传播的后果是不可预测的，这就是为什么国际峰会认为该方法还为时过早。

但是即使这些技术能够完善，我们是否应该利用它们来改变卵子、精子或胚胎中的人类生殖系？有些人认为整个想法是不合伦理的，因为现在做出的决定会在未经我们后代同意的情况下影响他们。因为可以想象的是，进行基因组改造最终可以实现增强类似智力等特质，有人争辩说，生殖系编辑技术将不可避免地导致进一步的社会阶层化：很可能只有富人才能够支付得起获得这些增强特质的"定制婴儿"的费用。但在这个问题的另一面，一些科学家认为，如果基因编辑能够被证明是安全的，没有脱靶效应，不使用这种技术才是不合伦理的，至少可以在不改善人类特质的情况下根除疾病。

基因组编辑方法的发展如此之快，以至于这些问题很快将超越有趣的理论争论，而直面对于人们及其后代的生活所产生的真正影响。如果人类有意改变其自身的进化，我们最好确信，这些决定可能产生的巨大潜在影响已经得到了彻底的考虑。

SCID-X1的病因是一种叫做*IL2-RG*的基因的功能缺失突变，该基因通常编码一种促进几种不同种类的免疫系统细胞生长的蛋白质。研究人员采用了一种体外方法，他们从患者的骨髓内获得了免疫系统前体细胞，然后用含有*IL2-RG*野生型拷贝的重组反转录病毒感染这些细胞。接受细胞改造的患者恢复了免疫系统功能并能够抵抗感染。当时接受治疗的9名儿童中有8名仍然活着，并成功抵抗了许多感染。然而，其中4名患者最终发展为白血病，因为反转录病毒载体插入到与细胞增殖有关的基因附近，其中一个孩子已经因癌症去世。

由于有时会出现由反转录病毒插入引起的问题，最近的基因治疗尝试使用AAV载体。在本章的开头，我们讨论了一种先天性失明是如何被基因治疗部分治愈的。医生们将含有患者基因组中缺失的*RPE65*基因正常拷贝的重组AAV载体注射入他们的视网膜上皮细胞。在大多数情况下，患者至少恢复了一些视力，并且没有受到基因治疗的不良影响。当导入的染色体外DNA降解或丢失时，这些人在将来的某个时候可能需要延续的治疗。

基因治疗还是实验性的，我们可以看到，基因治疗要成为标准的医疗实践，还需要跨越许多技术问题。尽管如此，迄今为止的结果足够令人鼓舞，以至于世界各地的研究人员正在测试新的想法，以便用基因治疗更多的病症。例如，对于患者因基因组中功能获得性突变导致的疾病，科学家们正在研究合成能够表达小干扰RNA（siRNA）的治疗基因。如第17章中所讨论的，细胞中siRNA的存在可能潜在地阻断从突变基因转录来的mRNA的翻译或导致其降解（回顾图17.33）。一个特别有趣的可能性是在基因治疗研究人员中引起了极大的兴奋，那就是利用基因组编辑，如CRISPR/Cas9技术，来修复人类细胞中的突变等位基因，无论是功能获得性还是功能缺失性。

基本概念

- 治疗基因可以在重组病毒载体中通过体内或体外的方式递送至患者体细胞里。
- 反转录病毒载体可以将治疗基因插入人类染色体，但这种方法可能导致基因突变和癌症。
- 通过腺相关病毒载体引入的DNA仍然保留在染色体外，需要定期重复治疗。
- 科学家们正在摩拳擦掌，准备利用CRISPR/Cas9等基因组编辑方法修复人类体细胞中的突变基因。

接下来的内容

基因组的操作是我们将在第19章中描述的许多实验策略的基础，我们将讨论基因分析如何成为阐明发育过程（单细胞合子成为复杂的多细胞生物体）生化通路的

重要工具。转基因技术是克隆突变筛选中鉴定的，对调节发育至关重要的基因，也是操纵这些基因以了解它们在生物体中精确功能的关键。

习题精解

如果你想为以下任何一种人类遗传条件（a~d）制作小鼠模型，指出下列哪种类型的小鼠（i~vi）对你的研究有用。如果不止一个答案适用，说明哪种类型的小鼠能最成功地模拟人类疾病：（i）过表达正常小鼠蛋白的转基因小鼠；（ii）表达正常量的突变人类蛋白的转基因小鼠；（iii）表达显性失活形式蛋白的转基因小鼠；（iv）基因敲除小鼠；（v）条件性基因敲除小鼠；（vi）正常等位基因被最多只有部分功能的突变等位基因取代的基因敲入小鼠。在所有情况下，转基因、被敲除或敲入的基因都是导致所述疾病的基因的一种形式。

a. 马凡综合征（*FBN1*基因单倍体不足引起的显性疾病）；

b. 由*PLCG2*基因中的超形态等位基因错义突变引起的显性遗传性自身炎症性疾病；

c. 釉原蛋白基因缺失导致隐性X连锁的状况，表现为患者牙齿牙釉质减少；

d. 由于纯合性隐性突变而导致耳聋的遗传形式，它阻止了针对*TRIOBP*基因的初级转录物的耳特异性可变剪接的表达。该基因的其他剪接形式在所有细胞生长过程中表达，而且是必需的。

解答

a. 虽然马凡综合征是一种显性遗传病，但它是由于单倍体不足的功能缺失突变所致。转基因小鼠不能提供功能缺失，除非转基因小鼠表达该蛋白质的显性失活形式。然而，后者使用起来会非常棘手，因为你不知如何获得问题中需要的那种正好只有一半蛋白功能的转基因小鼠。最简单的方法是构建马凡综合征基因敲除小鼠（iv）。可能不需要条件性基因敲除，因为一个简单基因敲除杂合小鼠可能存活下来，其症状与人类马凡综合征患者相似。

b. 对于这种功能获得性的状况，（i）或（ii）类转基因小鼠可能有适当的疾病症状。然而，与人类疾病最接近的情况是建立杂合等位基因敲入的小鼠，将其*PLCG2*基因替代为突变人类基因或携带类似突变的小鼠基因（vi）。

c. 这种称为釉质发育不全症的疾病是由釉原蛋白基因的无效等位基因的半合性或纯合性引起的。这种情况有可能被表达显性失活形式蛋白质（iii）的转基因所模拟，但这种蛋白质必须非常有效地破坏基因组中正常等位基因表达的蛋白质。所以，最好的小鼠模型是釉原蛋白基因敲除的纯合体（iv）。

d. 这种情况是由一种基因的功能缺失突变引起的，在所有细胞中都需要该基因具有常规活性，但其中一种可变剪接产物所翻译的蛋白质在听力中起着特定的作用。简单的基因敲除是行不通的，因为这种基因的纯合敲除小鼠很可能在出生前就已经死亡了。条件性基因敲除小鼠在耳朵中移除掉该基因的功能可能也不完全合适，因为这种突变会阻止所有选择性mRNA剪接产物的表达，包括所有细胞存活所必需的剪接产物。因此，最好的选择是重建在耳聋患者中发现的相同突变，然后建立纯合的基因敲入小鼠（vi）。

习题

词汇

1. 在右列中选择与左列中的术语最匹配的短语。

a. 转基因	1. 输送治疗基因的遗传工程病毒基因组
b. 原核注入	2. 通过基因打靶使得含有额外的或改造的DNA
c. floxed基因	3. 可用于制造条件性基因敲除
d. T-DNA	4. 可以发育成任何细胞类型
e. AAV载体	5. 携带转基因的植物或动物
f. 包装细胞	6. 在loxP位点引起交换
g. Cas9	7. 科学家把基因转移到一个生物体的基因组中
h. 基因敲除小鼠	8. 用于构建转基因植物的细菌来源的载体
i. 基因敲入小鼠	9. 用于很多脊椎动物的DNA输送方法
j. Cre重组酶	10. 用于与sgRNA一起进行基因组编辑的内切核酸酶
k. ES细胞	11. 通过基因打靶实现功能缺失突变
l. GM生物体	12. 产生用于基因治疗的病毒颗粒

18.1节和18.2节

2. 小鼠通常是灰色的，但小鼠遗传学家有一个纯种的白毛品系，它是隐性突变的纯合子。分子分析表明，下图中用星号表示的突变是毛囊中表达的基因的三种可变剪接形式共有的外显子中的错义突变。

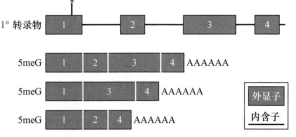

a. 提出一种使用转基因动物的实验方法，来确定当发生突变时哪种剪接形式引起白色皮毛表型。

b. 绘制为实验创建的基因构建图。

c. 这种方法的潜在问题涉及从转基因转录的mRNA的量，解释这个问题。

3. 有时，通过原核注射转入小鼠基因组的基因会在（随机）整合位点破坏基因而导致突变。在一个这样的案例中，研究人员确定了一种导致转基因小鼠肢体畸形的隐性突变。

a. 突变表型可能是由于转基因插入特定的染色体位点，或者是由于小鼠基因组中某处与整合位点不同位置的偶发性点突变。怎么区分这两种可能性？

b. 这个例子中的突变实际上是由转基因插入引起的。怎么利用这个转基因插入作为标签来鉴定负责畸变肢体表型的突变基因？

c. 该插入突变被定位到小鼠的2号染色体上，此前该区域已经鉴定出一种叫做肢体畸形（*ld*）的隐性突变。携带这种突变的小鼠可从一个专业小鼠研究实验室获得。怎么判别*ld*突变和转基因插入突变是否在同一个基因中？

4. 在小鼠中，一组所谓的*Hox*基因编码控制动物脊柱构型的转录因子。例如，颈椎（下图中标记为C1和C2）同时表达HoxA1和HoxD4蛋白，而动物头骨底部的枕骨（下面标记为E）仅表达HoxA1。

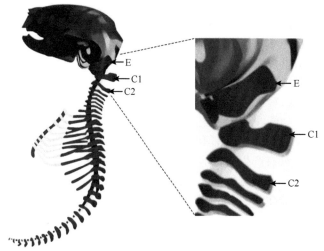

　　科学家假设控制在转录起始水平的HoxD4表达是使枕骨中C1和C2发育不同的原因。

a. 设计一个用于检验这个假设的通过原核注射导入的基因构建体。

b. 如果假设是正确的，在转基因小鼠中会得到什么结果？

5. 图18.7所示的果蝇眼睛是畸形的，因为它们缺少一种称为*fat facets*基因的功能性拷贝，而这种基因是眼睛发育所必需的。人类基因组编码一种叫做Usp9的蛋白质，其氨基酸序列与果蝇Fat facets（Faf）蛋白相似。同样，小鼠基因组编码一种名为Fam的蛋白质，与Faf和Usp9相似。

a. 如何确定人类Usp9蛋白能否替代果蝇Faf蛋白？

b. 如何确定，像果蝇中的Faf一样，小鼠的Fam蛋白对于小鼠眼睛发育是否必需？

6. 这个问题涉及一种叫做增强子捕获的技术，科学家们首先在果蝇中开发了这种技术。该技术的目的是寻找基因组中的增强子，从而鉴定在特定细胞类型中有活性的基因。利用增强子捕获，创建了数千个果蝇品系，每个品系都有一个通过P元件介导的基因转移而整合到基因组中随机位置的转基因拷贝。请注意，转基因有一个启动子，但没有增强子（粗的水平箭头表示P元件末端的反向重复序列）。

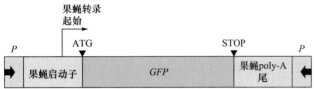

a. 如何识别出转基因整合在增强子旁边的果蝇品系？

b. 描述如何使用这种技术来鉴别在果蝇翅膀中特异性表达的基因。

c. 是否每个纯合的转基因插入都会产生一个突变表型？为什么？

7. 生活在北极的鱼类和其他生物表达一种抗冻蛋白，防止零度以下的温度破坏它们的细胞。科学家已经培育出可以表达鱼类抗冻蛋白的转基因草莓和番茄。然而，这两种作物都没有被商业化。

a. 解释产生转基因作物植物的步骤。是什么使这些植物能够制造鱼类蛋白质？

b. 这两种作物都不在市场上销售的原因是抗冻蛋白没有产生期待的保护水果免受冻害的效果。提供了一个可能的假说，解释为什么鱼类抗冻蛋白不能在植物中起作用。

8. a. 描述两种用转基因在转基因生物体中抑制特定基因功能的可能方法（提示：对于其中的一种技术，回顾一下第17章中关于RNA干扰的讨论）。

b. 讨论如何使用这两种方法中的任何一种来构建与功能缺失相关的隐性人类遗传疾病（如囊性纤维化）的小鼠模型。

9. 图18.6展示了能够表达GFP、RFP及其衍生物的转基因斑马鱼（*Danio rerio*）Glofish®的照片，这是第一种转基因宠物。利用一种来自青鳉鱼（*Oryzias latipes*）的名为Tol2的转座元件可以将基因转入斑马鱼基因组。Tol2转座子以类似于图18.4所示的果蝇P元件的

方式作为基因转移的载体。为了使用Tol2载体，研究人员给两细胞阶段的斑马鱼胚胎注射两种DNA：一种DNA表达Tol2转座酶基因，而另一种重组转座子含有转基因。如果转座子跳入生殖系细胞的染色体，就可以建立稳定的转基因鱼品系。

科学家们合成了几种不同的编码GFP和RFP衍生物的基因。这些衍生物是通过氨基酸的变化改变其颜色的，因此在许多宠物商店中可以看到鱼长成绿色、红色、橙色、蓝色或紫色。

a. 图解产生荧光鱼所需的两种重组DNA构建体。

b. 为什么用的是青鳉鱼的转座子而不是斑马鱼的转座子？

10. 丙烯酰胺是炸土豆（天冬酰胺含量高）这类食物的副产品，一些人担心吃到丙烯酰胺可能带来的健康后果。美国FDA最近批准了可供人类食用的转基因土豆，其天冬酰胺含量比普通土豆要少。这些马铃薯表达RNA干扰（RNAi）转基因以降低天冬酰胺合成途径中称为StAs1和StAs2的两种酶的表达量。

a. 图解可用于减少*StAs1*和*StAs2*基因表达的转基因，并解释它们是如何工作的（回顾第17章中RNAi由双链RNA启动的部分）。

b. 为什么通过RNAi转基因重要的是降低*StAs1*和*StAs2*基因表达水平，而不能完全消除二者之一的表达？

c. 科学家们最近制造出表达一种RNAi杀虫剂的转基因马铃薯，可以杀死科罗拉多马铃薯甲虫这种作物害虫。推测可能涉及的转基因种类和这种方法的优点。

18.3节

11. 基因敲除小鼠项目的目标是生成一组ES细胞系，每个细胞系带有一个单基因中的敲除突变，最终实现突变覆盖小鼠基因组中的每个基因。

a. 每个基因都有可能产生一个杂合敲除ES细胞系吗？为什么？

b. 每个杂合敲除ES细胞系都有可能产生一个杂合基因敲除小鼠吗？为什么？

c. 事实上，研究人员制备习题5中描述的*Fam*基因敲除的ES细胞的尝试失败了。那么这些研究人员应该如何使用ES细胞技术来确定小鼠眼睛发育是否需要Fam呢？图解一个可供研究人员研究这一课题的能导入ES细胞的构建体。

d. 描述在题目c中可能获得的各种实验结果，以及在每种情况下可以得出的结论。

12. 酵母中的基因打靶和细菌中一样进行（回顾图14.31）。

因为酵母基因组的序列是已知的，所以研究人员可以很容易地利用基因打靶的方法，对任何基因建立敲除突变的酵母菌株。

a. 绘制一个可导入酵母，能生成一个带有组蛋白亚基*H2A*基因敲除菌株的基因打靶构建体。这个构建体应含有卡那霉素抗性（*kan'*）的基因。

b. 列出生成突变酵母的步骤。

c. 回想一下，酵母可以作为二倍体或单倍体生长。应该在单倍体还是二倍体菌株中进行基因打靶？为什么？

d. 假设你在二倍体菌株中敲除*H2A*基因产生杂合子并形成二倍体孢子，发现所有4个单倍体孢子都是存活的（它们产生了单倍体菌落），能得到什么结论？是不是对*H2A*基因期望的结果？如何解释这个结果？

13. 回想一下在基因两侧加loxP序列的构建方法，在这个基因的内含子中的新霉素抗性基因两侧连接上loxP位点［图18.11（a）］。一个loxP位点只有34个碱基对长，如下图所示。

ATAACTTCGTATA	ATGTATGC	TATACGAAGTTAT
反向重复序列	间隔区	反向重复序列

解释如何使用PCR从含有*neo'*基因的质粒开始制备侧接loxP位点的新霉素抗性基因。如果有质粒载体上的目的基因内含子克隆，如何把PCR产物插入到内含子中？

14. a. 哪种基因组操作适用于建立本章开头提到的人类先天性黑曚（LCA）小鼠模型？为什么？

b. 应该使用哪种程序来生成脆性X综合征的小鼠模型？脆性X综合征是由*FMR-1*基因的突变等位基因引起的三核苷酸重复疾病（回顾第7章中题为"三核苷酸重复疾病：亨廷顿病和脆性X综合征"的"快进"信息栏）。为什么？

c. 应该使用哪种程序来建立亨廷顿病的小鼠模型？

15. a. 图解用于创建如图18.13所示的软骨发育不全小鼠模型的敲入构建体。

b. 解释在这种情况下CRISPR/Cas9是如何被用来产生小鼠模型的。

16. 在习题6中我们已经了解了果蝇研究中使用的增强子捕获方法。报告转基因随机整合到果蝇基因组中，它们的表达可以识别增强子，从而以特定的模式表达基因。

在小鼠中，也存在一种被称为基因捕获的类似的基因识别技术。基因捕获技术，即编码类似GFP

等报告蛋白的外显子（见附图）被整合到ES细胞染色体中的随机位置（当将DNA构建体导入小鼠ES细胞时，大多数重组事件发生在随机位点；同源重组相对较少）。具有随机整合转基因的ES细胞系被用来生成小鼠。

a. 为了让ES细胞表达GFP，基因捕获构建体必须整合到基因组的什么地方？

b. 是否所有表达GFP的转基因小鼠都按照题目a中描述的途径进行整合？为什么？

c. 增强子捕获和基因捕获都能识别以特定模式表达的基因。使用这两种技术获得的基因信息是哪些不同的？

d. 这两种方法中，哪一种更有可能创建一个整合位点附近基因的突变等位基因？

17. 从Burkitt's淋巴瘤（一种免疫系统 B细胞的癌症）患者获得的肿瘤细胞中，*myc*基因常常出现在接近8号和14号染色体之间相互易位的断点之一。在这个易位位置*myc*高水平表达。科学家假设B细胞中Myc蛋白过表达促进淋巴瘤形成。

a. 解释如何使用原核注射产生的转基因小鼠检验这一假设（假设你之前克隆了一个基因调控区，且在小鼠整个生命过程中都在B细胞中特异性地具有活性）。

b. 假设你只想在小鼠的免疫细胞中过表达Myc，从一周龄开始，为了在空间上限制Myc转录，将使用题目a中描述的相同启动子。为了在时间上限制Myc转录，将使用表达受热休克控制的转基因（*hs-cre*）。描述为实现此目标而创建的小鼠及其制备方案（提示：在Cre介导的同一DNA分子中两个互相反向的loxP位点之间的重组过程中会发生什么）。

18. 转录因子Pax6在小鼠（或人类）的生命过程中因为用于视网膜的发育和维持而长期需要。纯合*Pax6*基因敲除小鼠在出生后不久就会死亡，因为Pax6蛋白在如胰腺这样的基础器官中也是必需的。

a. 为了研究Pax6在眼睛发育中的作用，一位研究人员想要生成一种小鼠，能够在除了眼睛之外的其他器官中表达Pax6。描述如何构建这样的小鼠。

b. 假设科学家想要创建一个类似于题目a中的小鼠，但其中Pax6功能已被移除的眼细胞现在可以表达GFP。以这种方式标记的细胞将使研究者比不表达GFP时更容易看到*Pax6*眼细胞的形状。图解可以进行这个实验的*Pax6*基因构建体。

19. 人类遗传疾病的小鼠模型是帮助遗传学家了解异常表型的原因并开发新的治疗措施的潜在有力工具。然而，这样的小鼠并不总是像初看起来那样对研究者有用。假设有一个某基因由于无效等位基因纯合而引起的人类疾病的小鼠基因敲除模型，讨论以下情况如何可能使基于这种小鼠模型的人类疾病调查复杂化。

    a. 小鼠的生命周期比人类缩短了。

    b. 某些纯合基因敲除突变的小鼠在子宫内死亡。

    c. 小鼠基因组可能具有突变导致人类疾病的基因的额外拷贝。

    d. 来自同一纯合基因敲除的不同自交系的小鼠在表型的外显率和表达性方面有所不同。

    e. 创建基因敲除小鼠的操作，比如由于一个用于筛选基因敲除细胞的耐药基因的存在（见图18.9），不仅破坏了靶基因，还破坏了其他附近基因的表达。

20. 确定细胞内某种蛋白质（蛋白X）通常定位在何处的一种方法是制备报告基因构建体，其包含：①基因*X*调节区和编码序列；②融合在基因*X*编码序列3′端和终止子表达框中的GFP编码序列。带有这种转基因的小鼠只会在基因*X*正常表达的那些细胞中表达杂交蛋白X-GFP。

    a. 所描述的*X-GFP*融合基因可以通过敲入*GFP*编码序列而不是通过随机插入转基因来产生。图示可用于此目的的敲入构造体。

    b. 敲入策略与转基因策略相比有何优势？

21. 在第17章的习题5中，我们看到毛囊中位于人类*KITLG*基因的增强子上的一个SNP与金发和黑发的区别有关。金发的人拥有A等位基因的概率很高，而黑发的人倾向于拥有G等位基因的SNP。

    a. 以上给出的信息并不能证明A等位基因的SNP引起金发表现，为什么？

    b. 人和小鼠毛囊的*KITLG*基因的增强子DNA序列极其相似，小鼠增强子通常具有G等位基因的SNP。用小鼠设计一个基因敲入实验检测人类金发相关的等位基因SNP是否真的有助于金发表型。图解所有用于设置实验的构建体（假设等位基因A和G属于不完全显性）。

22. 科学家们现在通常使用CRISPR/Cas9产生一个从基因组上移除几kb的DNA的可定义的基因删除。这种方法即使在同源重组缺陷的细胞中也是可行的，只要细胞仍能进行非同源末端连接（NHEJ）。

    a. 研究人员如何进行这样的删除？

    b. 到本书出版时，通过失活肌生成抑制蛋白基因制造的转基因动物"超级强壮"猪可能会被批准用于人类消费。在正常发育过程中，肌生成抑制蛋白可以防止肌肉过度生长。根据题目a中的回答，超级强壮猪是如何产生的？

23. 遗传学家目前正在考虑利用本章描述的技术去复活业已灭绝了大约4000年的猛犸象。

    a. 在西伯利亚的冻土中发现了猛犸象的冷冻标本。如果完整的话，可以从这些样本中获得活细胞，如何尝试用这些细胞和与之近缘种的亚洲象的卵母细胞来复活这种早已灭绝的动物？

    b. 科学家已经从冷冻标本中确定了猛犸象的基因组序列。这些研究人员现在试图了解这种生物对极端寒冷中生存的适应性。例如，猛犸象的毛比任何大象都厚。如何在理论上利用CRISPR/Cas9来研究猛犸象和大象之间毛发厚度差异的遗传基础？

    c. 理论上如何扩展CRISPR/Cas9技术使复活猛犸象成为可能？这种方法中涉及哪些技术挑战？为什么有人会认为这种复活已灭绝生物的想法是不合伦理的？

24. a. 图18.9和图18.12分别展示了产生小鼠基因敲除和基因敲入的方法。CRISPR/Cas9可以进行同样的敲除和敲入，现在大多数小鼠遗传学家会选择使用这种新技术替代其他方法。解释为什么CRISPR/Cas9是在小鼠中进行定向诱变更容易和更有效的方法。

    b. 如何利用CRISPR/Cas9技术获得仅在多细胞生物特定组织中起作用的条件性基因敲除？

25. 双链断裂的非同源末端连接（NHEJ）几乎总能对DNA的损伤进行完美修复而不造成核苷酸对的丢失或增加。然而，产生双链断裂的CRISPR/Cas9是一种在目标位点产生小的缺失或插入的高效方法。怎样解决这个明显的矛盾？

26. 研究人员在用CRISPR/Cas9编辑基因组时偶尔会遇到的一个问题是，一个或多个预期靶点外的位点也会被Cas9/sgRNA识别并剪切。部分原因是靶位点与sgRNA 5′端的一多半由于单碱基对错配形成20bp的DNA/RNA杂交，而不能防止Cas9对靶位点的剪切。科学家应该如何利用生物信息学来避免这种脱靶效应？

27. 加州大学圣地亚哥分校的研究人员设计了一种称为诱变链式反应（mutagenic chain reaction，MCR）或者基因驱动的策略，可以在整个杂交群体内的几乎所有染色体中快速引入设计的突变。他们的想法惊人的简单，它依赖于如下图所示的质粒。在这些MCR构建体中，能够高水平表达Cas9蛋白（灰色）和针对基因组中特定靶标的sgRNA（绿色）的基因，两侧连接有基因组中靶位点周围的序列（蓝色）。

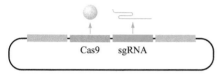

　　假设制备了一个重组MCR质粒，其中带有果蝇中X连锁黄色体色基因的序列。质粒中的*Cas9*基因和*sgRNA*基因取代了黄色基因功能所需的黄色基因蛋白编码外显子。*sgRNA*特异于野生型黄色基因内的一个位点。

a. 研究人员将这种质粒注射到野生型雄性胚胎中，通过同源重组将其整合到一些生殖系细胞中，从这些生殖系细胞发育而来的精子使一个野生型卵子受精。令人惊讶的是，从这些受精卵发育而来的雌性是黄体，因为黄色的功能缺失等位基因对野生型等位基因是隐性的。解释（包括图解）这些黄体雌性的起源（提示：想想诱变链式反应这个名字）。

b. 当一只这样的黄体雌性被放入100只野生型果蝇的种群中，几乎几代之内的每只果蝇都是黄体。解释这个结果。

c. 研究人员现在正试图利用基因驱动系统来阻止斯氏按蚊传播疟疾。疟疾是由一种寄生于蚊子和人类中被称为疟原虫的原生动物引起的疾病。这项技术的使用是基于来自抗疟疾小鼠中编码中断疟原虫生命周期的抗体的DNA序列的效能。描述这个系统如何控制疟疾的传播。

d. 2016年，由美国国家科学工程医学院召集的专家小组发布了一份报告，警告不要向环境中释放题目c中设计的按蚊。为什么这个小组这样对待利用MCR来控制疟疾的问题？

　　习题28和习题29是关于CRISPR/Cas9的，并且与下图有关，该图显示了一个sgRNA与其靶向的基因组位点形成的复合体，以便Cas9能够在所示的位置剪切基因组DNA。应该能够注意到，所谓的前间区序列邻近基序（protospacer adjacent motif，PAM）位点紧邻于目标位点。PAM位点（一条链上的5′-NGG-3′，N可以是任何碱基）必须存在于指定发生剪切的位置。这种情况可以理解为sgRNA将Cas9酶带到相邻的PAM位点启动切割。

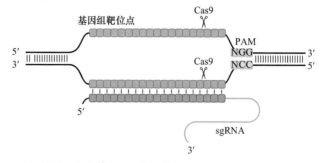

28. 如同在"遗传学工具"信息栏"细菌如何用CRISPR/Cas9为自己接种抵抗病毒感染的疫苗"中讨论过的，细菌中进化来的CRISPR/Cas9系统提供了一种抵抗噬菌体感染的免疫形式。

a. sgRNA的一部分对应于crRNA，而另一部分对应于tracrRNA（CRISPR/Cas9系统用于基因组工程的效用很大程度上是由于这两个组分被汇集成一个RNA分子）。在上图中，sgRNA的哪一部分对应于crRNA？哪一部分对应于tracrRNA？

b. 酿脓链球菌等细菌基因组中的CRISPR位点不含任何PAM位点。为什么这个事实很重要？如果不在CRISPR位点中，PAM位点如何在细菌免疫中实现功能？

29. 英国剑桥大学的F. Port和S. Bullock设计了在果蝇中表达sgRNA的简化质粒载体*pCFD3*，下图显示了这个载体的一部分。橙色序列是强启动子的一部分（从这个启动子的转录从左向右起始于必须存在的粗体的G）。紫色序列是sgRNA中tracrRNA组件的一部分。用限制性内切核酸酶*Bbs*I（其识别位点见图下方）切割pCFD3质粒后，就可以将表达靶向果蝇*NiPp1*基因的sgRNA序列替换图中的蓝色序列。

*Bbs*I

pCFD3 5′－TTAC GTCGGGGTCTTCGAGAAGACCT GTTTTAGAG－ 3′
　　　　3′－AATT GCAGC CCCAGAAGCTCTTCTGGACAAA ATCTC－ 5′

*Bbs*I

*Bbs*I识别位点　　　5′ GAAGACNN^　　　3′
　　　　　　　　　3′ CTTCTGNNNNNN^ 5′

　　拼图的最后一部分是下面的序列，它显示了*NiPp1*基因的一部分，包括了与起始密码子相对应的三碱基。大写字母是在基因编码区（蓝色标识）的第一个外显子中，小写字母是在第一个内含子中。NiPp1蛋白长383个氨基酸。通过诱导Cas9在这个基因内产生双链断裂，通过非同源末端连接

习题29的图

MetThrAsnSerTyrAspIleHisSer
5′...GTTAAAAGTATGACTAACAGCTACGACATACACAGTTGgtgagtttggcatc...3′

（NHEJ）不精确修复，从而产生该基因的等位基因敲除。

a. 标识此序列中的两个PAM站点。这些PAM位点中的哪一个适合来产生*NiPp1*基因的无效等位基因？为什么选择这个位点？

b. 如果将Cas9靶向到*NiPp1*基因中的适当位置，并且由此产生的双链断裂被NHEJ不精确地修复（通常在这个位置产生≤6bp的删除或插入），大约有百分之多少的这种不精确修复基因能成为可信的无效等位基因？为什么？

c. 图示*Bbs*I酶切后的pCFD3载体。不必考虑被去除的蓝色小片段，这里的重点是展示产生的5′黏性末端。

d. 设计两个24nt的寡核苷酸DNA，可以退火并克隆到*Bbs*I切过的pCFD3载体中，这样重组质粒就可以表达一个sgRNA，用于在*NiPp1*基因中制造无效突变。

e. 指出Cas9切割*NiPp1*基因的确切位置。

f. 简要概述如何使用重组质粒在果蝇*NiPp1*基因中制造无效突变。

g. 简要概述如何修改此技术以生成敲入等位基因，将NiPp1蛋白启动Met后的第一个氨基酸（即Thr）变成Ala。

30. 在图18.14中，找出PAM位点并确定sgRNA的5′和3′端。

18.4节

31. 与本章描述的动植物基因组操作不同，人类基因治疗是直接特异性地改变体细胞的基因组而非生殖系细胞基因组。为什么医学家不能也不会试图改变人类生殖系细胞的基因组？

32. a. 比较反转录病毒和AAV载体将治疗基因传递给人类细胞的方法。
    b. 说明这两种病毒载体各自的优缺点。

33. 回想一下，先天性黑矇（LCA）是人类先天性失明的一种形式，可由纯合的*RPE65*基因隐性突变引起。最近，*RPE65*中一种罕见的显性突变被认为是一种称为视网膜色素变性的眼病的原因之一，其特征是视网膜变性并可进展为失明。显性*RPE65*突变是一种错义突变，导致多肽中第447位氨基酸由Asp变为Glu，对于这种突变蛋白的本质知之甚少。

    a. 这种显性等位基因更可能是功能缺失性突变还是功能获得性突变？
    b. 如本章所述，LCA的基因治疗至少获得了部分成功。同样的基因治疗能否用于*RPE65*显性突变等位基因引起的视网膜色素变性患者？为什么？

34. 通过基因治疗纠正显性功能获得性突变效应的一个潜在策略是表达小干扰RNA（siRNA），可以造成显性突变等位基因产生的mRNA降解。siRNA可以被传递到患者细胞中，通过合成的基因编码发夹RNA并被Dicer处理后，然后就可将RISC复合物靶向到突变等位基因的mRNA（回顾图17.32和图17.33）。

    a. 这种基因治疗策略的主要问题是设计一种siRNA，既可以特异性阻止突变等位基因的表达，又不影响正常等位基因。解释为什么这是一个问题？

    b. 设计亨廷顿病siRNA治疗基因的一个特殊问题是突变等位基因的特异性。解释这个问题，并提出一个可以使用RNAi的可行解决方案。

    c. 纠正亨廷顿病突变等位基因的另一个潜在策略是在重复序列中间切断DNA。存在于细胞核中的外切核酸酶在NHEJ修复之前会降解许多重复序列。能否用这种方法，利用CRISPR/Cas9技术纠正亨廷顿病突变（提示：见习题28和29）。

35. 最近，科学家们利用杜氏肌营养不良症小鼠模型（称为*mdx*小鼠）来测试Cas9和一种sgRNA是否能有效治疗这种疾病。肌营养不良的原因是X连锁*Dmd*基因中纯合或半合的功能缺失性突变。*mdx*小鼠在*Dmd*的外显子23（一共有79个外显子）中有一个无义突变。研究人员测试了一种叫做外显子跳跃的技术，他们的想法是利用CRISPR/Cas9删除*mdx*小鼠中突变*Dmd*基因的外显子23。将带有表达Cas9和两种不同sgRNA基因的AAV载体注射到成年小鼠的肌肉中，在大约10%的肌肉细胞中，外显子23被去除，并能检测到具有功能的肌营养不良蛋白。一部分肌肉功能得到恢复，虽然仅仅是在很小的范围内。

    a. 绘制外显子23及其两侧内含子的图。在图中，画出sgRNA将与基因组DNA杂交的位置。解释外显子23的去除是如何发生的。

    b. 设计PCR检测方法以确定是否从细胞克隆的基因组DNA中去除了外显子23、PCR引物在哪里杂交，以及如何判断外显子已经被去除了。

    c. 跳过外显子23至少部分恢复了肌营养不良蛋白的功能。这对于外显子23编码的氨基酸说明了什么？

    d. 就题目c的回答，外显子跳跃策略是否适用于所有引起肌肉萎缩症的*Dmd*点突变。

    e. 研究人员考虑采用这种外显子跳跃策略来操作的外显子22、23和24必须符合什么样的条件（提示：见习题28和习题29）？

第 19 章 发育的遗传分析

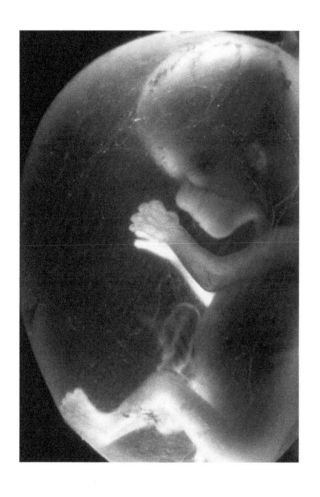

受精后三个月的人类胎儿。
© Claude Edelmann/Science Source

人类精子和卵子的结合（图19.1）启动了一个惊人的发育过程，其中单个细胞——受精卵，经过有丝分裂形成数以万亿计的基因相同的细胞。这些细胞在胚胎发育过程中相互分化，形成数百种不同的细胞类型。各种类型的细胞组装成奇妙的复杂但精心构造的器官系统，包括两只眼睛、一个心脏、两个肺和一个错综复杂的神经系统。在3个月的时间内，人类胚胎发育成胎儿（见照片），胎儿的形态预计为6个月后出生的婴儿。出生时，婴儿已经能够哭闹、呼吸和进食；而且婴儿的发育并没有停止在那里，新细胞在人的生长、成熟、甚至衰老过程中不断地形成和分化。

生物学家现在接受基因指导发育的细胞行为，但就在20世纪40年代，这个想法还存在争议。许多胚胎学家无法理解，如果基因是发育的主要决定因素，那么具有相同染色体组、相同基因的细胞如何能够形成如此多不同类型的细胞呢？我们现在知道，这个问题的答案很简单：并非所有基因都在所有组织中被"开启"。细胞调节其基因的表达从而使每个基因的蛋白质产物只出现在需要的时间和地点。研究发育的科学家面临的两个核心挑战是确定哪些基因对特定细胞类型或器官的发育至关重要，以及弄清楚这些基因是如何协同工作的，以确保每一个基因都在正确的时间、正确的地点，进行正确的数量表达。

发育遗传学家是以遗传学为工具，研究多细胞生物的受精卵如何成为成年人的科学家。像其他遗传学家一样，他们分析突变，而且主要是研究产生发育异常的突变。对此类突变的了解有助于阐明基因的野生型等位基因如何控制细胞生长、细胞通讯及特化细胞、组织和器官的出现。重大的伦理和实践限制阻碍了人类发育遗传学的大多数研究，导致大多数现代发育遗传学家是在研究影响果蝇等模式生物的发育突变。

在本章中，我们概述了科学家们用来研究发育生物

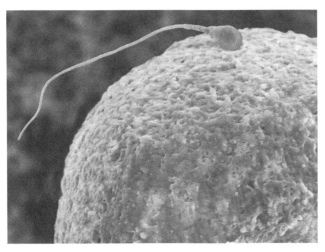

图19.1 受精。精子对卵子的受精产生合子，合子经过多轮分裂和细胞分化产生胎儿。

学的基本问题的实验策略：受精卵或合子的单细胞如何分化为数百种细胞类型？我们可以探索**发育遗传学**中发现的两个关键的现象。其中令人惊讶的一个现象是，许多控制发育的基因通过进化保持高度保守。因此，对果蝇中一个过程的研究就可以揭示包括人类在内的许多其他物种的发育过程。第二个现象是参与重大发育决策的基因往往在层级中起作用，其中一个基因的产物控制下一个基因的表达。这种分级模式确保了多细胞生物中的细胞能够发育成先后更多的特化类型。

19.1 模式生物：发育遗传学的原型

学习目标

1. 解释为什么遗传学家使用模式生物来研究发育。
2. 引用证据证明所有生物体都是相关的，但却是独一无二的。

发育遗传学家将研究工作集中在少数生物，包括（但不限于）：

- 酵母［酿酒酵母（*Saccharomyces cerevisiae*）］
- 植物［拟南芥（*Arabidopsis thaliana*）］
- 果蝇（*Drosophila melanogaster*）
- 线虫（蛔虫）［秀丽隐杆线虫（*Caenorhabditis elegans*）］
- 斑马鱼（*Danio rerio*）
- 小鼠（*Mus musculus*）

这些模式生物很容易培养，它们会迅速产生大量的后代。遗传学家通过连续几代研究它们的行为，因此可以找到罕见的突变。每个有机体都吸引了一批专门的研究人员，他们共享信息、突变体和其他材料。每个模式生物的基因组都已完成测序，这使得遗传学家更容易鉴定出由于其发生突变等位而对生物体发育具有表型影响的基因。

19.1.1 所有的生命形式都是相关的……

生物学家已经认识到生命形式在许多层面上是相关的。例如，所有真核生物的细胞都有许多共同的结构特征，如细胞核和线粒体。细胞制造或降解有机分子的代谢途径在所有生物体中几乎完全相同，几乎所有细胞都使用相同的遗传密码来合成蛋白质。在单个蛋白质的氨基酸序列中甚至可以看到生物体的相关性。举例来说，大约20亿年来，进化保存了组蛋白H4的序列，因此广泛分歧物种的H4蛋白发现除了几个氨基酸外，其他都是相同的。大多数其他蛋白质并不像H4那样不变，但尽管如此，科学家们通常可以通过不同物种的同系物的氨基酸相似性来追踪蛋白质的进化过程。

许多基本的发育机制在多细胞真核生物中是保守的，甚至在组织结构看起来完全不同的生物体中也是如

此。在果蝇、小鼠和人类眼睛发育的遗传控制研究中可以看到一个图解的例子。无眼基因（ey）突变纯合的果蝇要么完全没有眼睛，要么充其量只有非常小的眼睛［图19.2（a）］。小鼠Pax-6基因突变也有类似的影响［图19.2（b）］。无虹膜基因（AN）中功能丧失突变杂合子的人缺乏虹膜［图19.2（c）］。

当研究人员克隆出ey、Pax-6和AN基因时，他们发现所有三种编码蛋白的氨基酸序列都密切相关。这一结果令人惊讶，因为脊椎动物和昆虫的眼睛是如此不同：昆虫的眼睛由许多被称为小眼的小面组成，而脊椎动物的眼睛是一个单一的、相机一样的器官。生物学家因此早就假定这两种眼睛是独立进化的。然而，ey、Pax-6和AN的同源性反而暗示了昆虫和脊椎动物的眼睛是由一个单一的原型光感应器官进化而来的，它的发育需要一个与ey及其小鼠和人类同源物祖先的基因。

19.1.2 ⋯⋯但所有物种都是独一无二

虽然发育途径的保守性使得人们很容易断定人类只是大型果蝇，但这显然不是真的。进化不仅保守，而且具有创新性。机体有时使用不同的策略来实现相同的发育目标。

一个例子是在合子中完成第一次有丝分裂时在线虫和人类中形成的两细胞胚胎之间的差异。如果在这个阶段的线虫胚胎中移除或破坏两个细胞中的一个，就不能发育出完整的线虫。因为两个细胞中的每一个都已经接受了一套不同的分子指令来指导发育，其中一个细胞的后代可以分化为只有某些细胞类型，而另一个细胞的后代则分化为其他类型。人类的情况大不相同：如果两个胚胎细胞彼此分开，两个完整的个体（同卵双胞胎）就会发育。

因此，蠕虫和人类胚胎在早期阶段的发育方式存在内在差异。秀丽隐杆线虫合子经历细胞分裂，每个子细胞已经被赋予了特定的命运；这种发育模式通常被称为嵌合体决定。相反，早期人类胚胎的细胞可以根据环境改变或调节它们的命运，例如，弥补缺失的细胞，这被称为调控决定。

嵌合体和调控决定之间的区别只是在进化过程中创造的多细胞生物发展的无数策略的无数例子之一。在一个章节的范围内描述这种巨大的多样性是不可能的。相反，我们选择将本章的讨论集中在黑腹果蝇发育的两个方面：眼睛的结构是如何确定的（19.2节～19.4节），身体是如何沿其长度分成一系列片段的（19.5节）。这些研究揭示了指导许多不同物种不同器官发育的一些一般性机制。但更重要的是，我们希望你能对各种基因分析能够帮助科学家获得关于发育生物学中具体问题的见解方式有所领悟。

> **基本概念**
>
> - 科学家使用模式生物，因为它们容易生长，产生大量的后代，而且代时相对较短。
> - 生命形式相关性的证据可以在保守的基因序列中找到，这些基因序列在许多不同的动物群体中发挥相似的作用，例如，分别控制果蝇、小鼠和人类眼睛发育的ey，Pax-6和AN基因。
> - 进化为从单个受精卵发育成复杂的多细胞生物的问题创造了许多不同的解决方案。

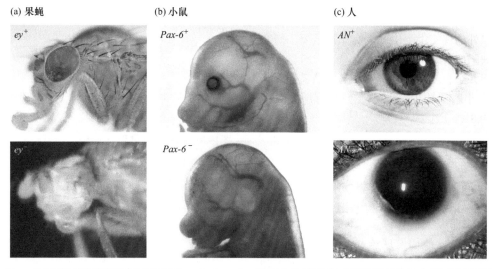

(a) 果蝇　　　　(b) 小鼠　　　　(c) 人

图19.2 eyeless/Pax-6/AN基因对眼睛发育至关重要。（a）eyeless基因中的亚形态或无效突变的纯合性减少了成年果蝇的眼睛大小或完全消除它们。（b）同源小鼠Pax-6基因中功能缺失突变的纯合性具有相似的效应。（c）AN功能缺失突变的杂合性破坏了人虹膜的发育。

（a，上）：© Solvin Zankl；（a，下）：Courtesy of Dr. Walter Gehring；（b，两图）：© Helen Pearson, Western General Hospital/MRC Human Genetics Unit；（c，上）：© Anthony Lee/Getty Images RF；（c，下）：引自：G. Neethirajan et al. (16 April 2004),"PAX6 gene variations associated with aniridia in south India," *BMC Medical Genetics*, 5:9, Fig. 1D. © Neethirajan et al. Licensee BioMed Central Ltd. 2004

19.2 诱变筛选

学习目标

1. 讨论初级突变筛选如何识别特定发育过程所需的基因。
2. 解释筛选具有形态表型的突变体的局限性，并讨论敏化修饰筛选如何帮助克服这些问题。
3. 描述研究人员如何利用RNA干扰来鉴定在特定发育途径中起作用的多效性基因。

　　遗传学家理解发育过程本质的方法就是简单地问：过程所需的基因是什么？研究人员检查了大量的诱变生物，并鉴定出具有感兴趣表型的罕见个体，如眼睛发育的特定缺陷。发育遗传学家在模式生物中进行了数以千计的**突变筛选**，导致了对指导植物和动物发育机制的错综复杂（但仍然不完整）的理解。

19.2.1 遗传筛选鉴定特定发育过程所需的基因

　　发育遗传学家对指导果蝇复眼发育的分子机制进行了深入研究［图19.3（a）］。这种选择的一个原因是突变表型很容易简单地通过在显微镜中观察眼睛来分析。复眼包含大约800个相同的小眼或面，每个小眼由少量细胞组成，这些细胞在每个小眼中以完全相同的顺序逐步组装。在一个装配过程被破坏的突变体中，缺陷将在每只眼睛中重复800次，这使得识别突变表型的性质变得简单。

　　在每个小眼中组装的第一批细胞是8个感光细胞，而这些细胞中的最后一个被募集到小面中的是名为R7的感光细胞［图19.3（b）］。R7的独特之处在于它含有能使果蝇检测紫外线的视紫红质蛋白；这种能力对于果蝇在实验室以外的现实世界中的生存非常重要。研究人员对眼睛有缺陷的果蝇突变体进行了筛选，科学家们将注意力集中在几个表现出非常特定缺陷的品系上，其中眼睛中的每个小眼都缺少一个R7，但拥有所有其他感光细胞［图19.3（c）］。

1. 将突变分成互补组

　　在筛选出有趣的突变体之后，下一步是确定该集合中代表的不同突变基因的数量。该目标通过将突变分选成互补组来实现，每个互补组含有相同基因的不同突变等位基因。当研究人员在许多隐性功能表失突变之间进行成对杂交时，他们发现这些突变只能分解为两个互补组（基因），他们称之为sevenless（*sev*）和bridge-of-sevenless（*boss*）［图19.3（b）和（c）］。

2. 突变基因鉴定

　　每个模式生物的基因组序列的可用性通常使得研究人员能够在几个月的时间内鉴定出与突变表型相对应的

(a) 果蝇复眼

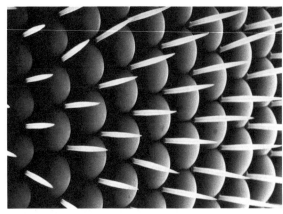

(b) 将光感受器募集到小眼中

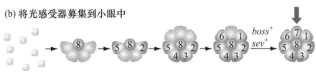

(c) 视网膜中的感光细胞

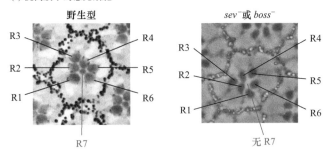

(d) Sev/Boss如何相互作用招募R7细胞

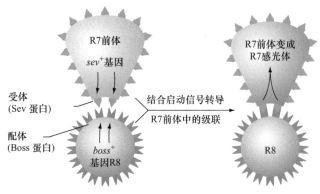

图19.3　果蝇发育过程中细胞信号转导。（a）扫描成年果蝇眼睛的电子显微照片，显示个别小面或小眼。（b）8个感光细胞依次被招募到每个小眼。蓝色表示细胞对感光细胞敏感。*sev*+和*boss*+基因产物有助于指定R7。（c）视网膜切片的光学显微照片。R7在每一个*sev*-或*boss*-眼睛的小眼中都不见了（请注意，R8存在但不可见，因为它位于R7下方，因此位于截面的平面之下）。（d）Boss蛋白是在R8表面表达的配体。Boss与R7前体细胞表面的Sev受体结合激活一条信号通路，导致R7命运。

（a）：© Kage-Mikrofotografie/agefotostock；（c，左）：© Janice Fischer；（c，右）：© Michael Abbey/Science Source

基因。为此目的选择的方法取决于用于产生突变体的诱变剂及研究者可用的资源（图19.4）。例如，*sev*和*boss*菌株具有化学诱变剂改变单核苷酸对的点突变；如第13章（见图13.6）所述，这些突变使用含有分子定义断点的缺失的染色体作图。

通过*P*元件转座子标签和反向PCR鉴定了对眼睛发育重要的其他基因（综述见图14.30）。最后，由于全基因组测序的成本迅速下降，研究人员越来越能够使用类似于第11章中描述的用于寻找人类疾病基因的基因组测序和分析技术鉴定模式生物中的突变基因。

科学家们有时会被误导，将错误的基因鉴定为突变表型的原因。因此，验证基因分配非常重要（图19.4）。验证的一种方法是将野生型推定基因的转基因拷贝加回到突变生物体中，以查看是否产生野生型表型。通过基因打靶或CRISPR/Cas9等新技术（见图18.14），另一种方法成为可能，即在其他野生型生物体中诱变候选基因，以确定突变表型是否重演。

3. 从所编码的蛋白质的性质得出线索

一旦研究人员确定了一个对发育过程重要的基因，该基因编码的蛋白质的氨基酸序列往往可以提供关于该过程分子性质的关键信息。在果蝇眼睛的小眼中进行R7细胞测定的情况下，*sev*和*boss*基因编码的蛋白质都具有疏水结构域，表明这两种蛋白质穿过细胞膜以便它们会在特定细胞的表面被发现。

连同从其他方法中获得的信息一同描述，科学家们能够制定一个关于这两种蛋白质如何在招募R7细胞到复眼中起作用的简单假说。Sev是存在于R7前体细胞表面的跨膜受体蛋白，而Boss是存在于R8表面的跨膜配体。当R7前体接触R8时，Boss结合Sev。这种接触启动R7前体细胞内的**信号转导级联**（一系列分子事件，通常包括磷酸化），导致决定R7细胞命运的基因表达〔图19.3（d）〕。

19.2.2　初级突变筛选可能会遗漏关键基因

筛选具有特定形态缺陷的功能缺失突变体可以鉴定专用于特定发育途径的基因，其中许多基因的产物合作产生特定的结果，如小眼中R7细胞的规格。然而，对于几乎任何一个过程，编码重要通路组分的基因的突变都将不可能用这样的初级筛选来恢复。在这里我们讨论遗传学家可以用来寻找这些缺失成分的原因和替代方法。

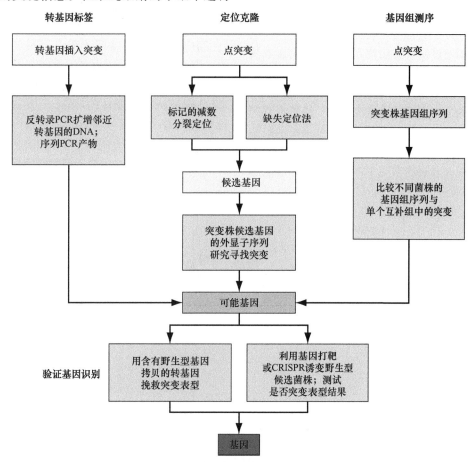

图19.4　鉴定模式生物中负责突变表型的基因。由转座因子或转基因的插入引起的突变，可以通过其与插入DNA的接近程度来识别。科学家可以通过遗传作图（定位克隆）或通过对突变动物的整个基因组进行测序并寻找关键多态性来发现导致突变表型的点突变。任何这些技术的基因分配都需要进行验证，如图的底部所示。

1. 多效或冗余基因的问题

图19.3（d）表明Sev和Boss在细胞表面的相互作用引发了一系列事件，这些事件最终影响R7细胞核中基因的表达。为什么R7缺失的筛选没有揭示任何其他基因的突变，而这些基因的产物参与了信号级联反应？答案是这些基因在筛查中被遗漏，因为它们是**多效的**，也就是说，它们不仅仅适用于R7规范，还需要一种以上的发育途径。特别是，这些基因的许多功能是果蝇生存所必需的：如果缺乏基因功能，生物体甚至会在你看到它的眼睛之前死亡。

在决定R7细胞命运的形态学表型的筛选中也会遗漏**冗余基因**的突变。如果两个基因发挥相同的功能，任何一个基因的丢失都不会导致突变表型。多效性和冗余基因的存在是遗传筛选成功的主要限制因素。研究人员有时可以通过遗传技巧克服这些问题，其中一些我们接下来会描述。

2. 致敏突变表型的显性调节剂

科学家经常尝试通过**修饰筛选**来鉴定参与发育途径的多效性基因。该想法是由于多效基因的杂合突变可以改变由在特定发育途径中具有专门作用的不同基因的亚形态态突变引起的表型。如果亚形态突变产生的敏感表型可能受到在同一途径中起作用的其他蛋白质水平的微小变化的影响，则该方法最有可能成功。

研究人员试图通过这种方法找到他们推测的多效基因也可能参与确定R7细胞的命运。为了鉴定这些假定的基因，研究人员设计了一种遗传背景，其具有由sev亚形态突变引起的高度敏感的突变眼表型。该等位基因编码具有受损活性的Sevenless蛋白；在这些果蝇的眼睛发育过程中，只有大约一半的小眼病会招募R7。因为这些突变体中的Sevenless蛋白几乎不起作用，降低能够促进Sevenless发挥功能的蛋白质水平可以完全阻断R7的募集途径，导致所有的小眼病缺乏R7（类似于sev无效表型）。另一方面，减少抑制Sevenless功能的蛋白质的量也可以增加阻断R7募集的信号转导通路的强度，最终成功地促使R7的募集（类似于正常表型）。

图19.5显示了致敏sev突变体表型的修饰物的筛选。科学家们创造了对于亚形态sev突变纯合的果蝇（图中的sev^hypo）和随机突变原诱导突变的杂合子。这些随机突变中的一些在基因中产生无效等位基因，因此对于这种突变而言，杂合的动物仅具有相应基因产物的一半量。然后，研究人员寻找与纯合sev亚等位基因不同的眼睛。导致sev亚等位基因眼睛出现更多突变的突变称为显性增强子（E^-）；导致sev亚形眼看起来更像野生型的突变被称为显性抑制因子（S^-）。在其他野生型背景中，杂合增强子和抑制子突变不会引起突变表型。只有在敏感背景中（即在sev亚等位基因中）发生的突变才会对眼睛形态产生影响。

在通过该筛选鉴定的突变体中，信号通路的几个组分如图19.6所示。Ras^-和Sos^-突变表现为sev亚等位基因的显性增强子，表明Ras和Sos蛋白帮助Sevenless募集R7细胞进入小眼。相反，称为Gap的不同基因中的功能丧失突变充当了sev^hypo表型的显性抑制因子，研究人员因此推断，Gap蛋白拮抗Sevenless促进R7细胞命运的作用。

由于所有三种基因（Ras、Sos和Gap）都是多效的，因此在原始筛选中没有一种突变体被鉴定为其眼睛缺乏R7的纯合子。由这些基因编码的蛋白质不仅传递来自Sevenless跨膜受体的信号，还传递来自早期胚胎发育期间细胞-细胞信号转导所必需的许多其他跨膜受体的信号。结果，纯合的Ras^-、Sos^-或Gap^-突变体在胚胎发生的早期就会死亡，早于成年眼睛形成之前。

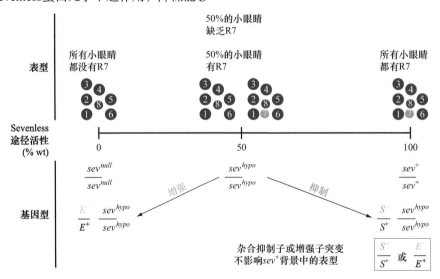

图19.5 sev^-突变体表型的显性修饰物。sev^-亚等位基因的眼睛既有表型野生型，也有突变体复眼。显性抑制突变导致所有小眼都出现野生型（存在R7），而显性增强子使它们全部出现突变（R7缺失）。在另外的野生型细胞中，抑制子或增强子突变对眼睛形态没有影响（右下方的框）。

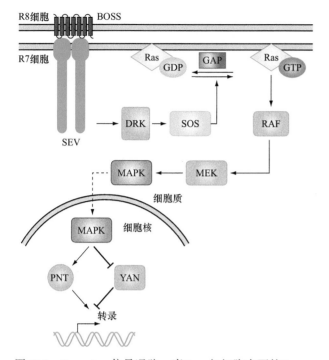

图19.6　Seven less信号通路。当Boss与细胞表面的Seven-less（Sev）结合时，信号级联中的一些蛋白质被激活。最终的结果是一种名为MAPK的蛋白质进入细胞核，在那里它激活转录因子Pnt并抑制转录因子Yan。一种导致R7产生的转录过程。

3. 在修饰筛选中使用转基因

研究人员认为Sev、Boss、Ras、Sos和Gap不是参与R7细胞规格途径的唯一因素。为了找到其他可疑蛋白质，研究人员希望使用致敏表型进行其他修饰筛选，例如，与*Ras*中的突变相关。然而，正如刚刚提到的，*Ras*基因是多效的，因此对于亚型*Ras⁻*变异纯合的动物或对于变形*Ras*等位基因的杂合子，在它们发育之前即死亡。为了避免这个问题，研究人员构建了一个转基因，该转基因产生了一种超变形*Ras*突变体表型，但仅在眼组织中出现。

在该转基因中，*sev*的转录调节区与超变性*Ras*等位基因*Ras^{G12V}*的编码区融合［图19.7（a）］。当转化为果蝇时，*sev*调节区域使*Ras^{G12V}*仅在眼睛中表达，并且仅在眼睛中的某些细胞中表达。这些是与每种正在发育的小眼相关的5种前体细胞，它们通常表达Seven less，因此有能力成为R7［图19.7（b）］。在野生型眼中，这5种前体细胞中只有一种与R8接触（其表面上具有Boss）并成为R7。其他4个细胞不会成为光感受器，而是发展成分泌晶状体的非神经元细胞。

然而，在具有转基因的果蝇中，情况是不同的，因为Ras^{G12V}中的氨基酸变化导致该突变蛋白起结构性的作用，这意味着即使在Seven less不受Boss结合的细胞中它也是活跃的。

此外，Ras^{G12V}蛋白中的氨基酸变化导致该突变蛋白即使在Boss未激活Seven less时也具有结构性功能。结果是图19.6中所示的Seven less信号通路在所有表达转基因的5个小眼前体细胞中始终有活性［图19.7（b）］。即使这5个细胞中只有一个与R8接触（其表面上有Boss），这些细胞中的五个前提细胞也都能成为R7［图19.7（c）］。在携带*sev-Ras^{G12V}*转基因的果蝇中，额外的R7细胞的募集导致在眼睛外侧可见的形态学畸变［图19.7（d）］。

因为Ras^{G12V}仅以低水平在转基因中表达，所以转基因果蝇的眼缺陷是对其他基因中杂合子功能丧失突变导致的修饰敏感。用于该眼表型的修饰物的突变筛选鉴定了眼中Ras途径中的几种不同的信号蛋白，有助于填充图19.6中所示的方案。

(a) *sev-Ras^{G12V}*转基因表达高度Ras蛋白

(b) 5个R7前体表达Seven less

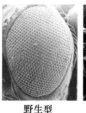

(c) 在*sev-Ras^{G12V}*转基因果蝇中的小眼睛

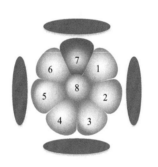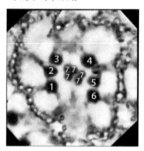

(d) 在修饰筛选中观察到的眼睛

野生型　　*sev-Ras^{G12V}*　　E^-/E^+ *sev-Ras^{G12V}* 增强　　S^-/S^+ *sev-Ras^{G12V}* 抑制

图19.7　在修饰物筛选中使用表达变形Ras的转基因。（a）含有转基因的果蝇在5个R7前体细胞中表达Ras^{G12V}。（b）在野生型动物中，在表达Sev蛋白的5种R7前体（红色）中，不接触R8的4种前体成为分泌晶状体的非神经锥细胞。（c）表达Ras^{G12V}的所有5种R7前体细胞都成为R7。（d）在（a）中含有转基因的果蝇具有异常的眼睛形态，通过显性增强子突变（E^-/E^+）变得更糟，并且通过显性抑制突变（S^-/S^+）变得更正常。

所有照片：承蒙Andrew Tomlinson, Columbia University Medical Center提供

19.2.3 基因库和基因组序列允许系统筛选突变

诱变剂会增加突变的频率，但它们也会随机改变基因组。因此，传统的诱变筛选效率低且不完整：在任何突变体集合中，一些基因将由许多相似的突变所代表，而该集合可能也会缺乏许多其他基因的突变。现代遗传学家可利用的资源允许更系统的方法来发现参与发育过程的基因。

对于本章开头提到的模式生物，集中式中心维护着数千种库存的集合，每种库存都有特定基因的突变。这些集合代表基因组中的许多（以及一些生物体的全部）已知基因。研究人员可以从库存中心获得这些突变菌株，因此他们可以逐个筛选每个已知基因对特定表型的影响。

对于一些模式物种，如果蝇或小鼠，经典的功能缺失突变还不能用于所有的基因。在特定过程中筛选单个基因功能的另一种方法是使用RNA干扰。你将从第17章回忆起真核细胞具有导致双链RNA（dsRNA）触发互补序列mRNA特异性降解的细胞机制（综述见图17.32和图17.33）。为了应用这种RNAi策略，研究人员可以在体外合成dsRNA，然后将其递送到发育中的生物体的细胞中。使用秀丽隐杆线虫的研究人员可以使用简单而优雅的方式将dsRNA传递到细胞中：它们只是将大肠杆菌细胞喂养幼虫，其中含有质粒，其质粒如图19.8所示。含有这种质粒的大肠杆菌细胞内的RNA聚合酶将合成所需的dsRNA，然后随着细菌在蠕虫肠中被消化，其被秀丽隐杆线虫幼虫细胞摄取。

用RNAi进行遗传筛选的另一种更普遍的方法是构建转基因，使转基因生物能够合成dsRNA。研究人员制造了类似于图19.8所示的转基因，但转基因构建体中包含的启动子是针对被调查物种而非大肠杆菌的。如果转基因中包含的转录调控区域具有组织特异性增强子，dsRNA将仅在那些细胞类型中表达。RNAi方法为避免多效性问题提供了一种方便的方法：研究人员可以创建

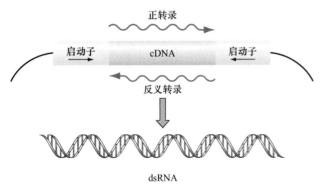

图19.8 用于RNA干扰（RNAi）筛选的双链RNA（dsRNA）的合成。转录发生在克隆两个启动子之间的cDNA的两条链上。互补的RNA转录物彼此退火以产生导致细胞中相应mRNA降解的dsRNA。

一种动物，其中只有被研究组织中的细胞缺乏特定基因的功能，而生物体中的所有其他细胞都保留该基因的野生型功能。

RNAi筛选的一个缺点是，对于不同的基因，敲低的效率可能会有所不同，完全消除表达很少能实现。然而，CRISPR/Cas9等新的基因组编辑工具效率如此之高，以至于在不久的将来，很可能会建立模式生物基因组中每个基因的无效等位基因集合。

基本概念

- 研究人员可以通过进行突变筛选来鉴定发育过程所需的基因，其中对具有随机功能缺失突变的菌株进行特定表型的检查。
- 多效或冗余基因的突变往往不能在突变筛选中恢复。科学家有时可以通过寻找致敏突变表型的显性修饰物来规避这一问题。
- 在RNA干扰（RNAi）中，将双链RNA分子导入细胞引起互补序列mRNA的降解。研究人员可以在特定组织中诱导基因特异性RNAi来检测多效基因的功能。

19.3 决定基因在何时何地起作用

学习目标

1. 总结特定基因mRNA和蛋白质产物的监测方法。
2. 讨论基因马赛克如何帮助确定基因的作用焦点。
3. 解释研究人员如何使用温度敏感的等位基因来确定基因在发育过程中何时起作用。

为了从整体上理解任何发育途径，研究者首先必须尽可能多地了解组成该途径的每个基因。具体而言，关于基因表达的位置和时间，以及蛋白质产物在特定组织甚至单个细胞内的位置和功能的细节，有助于科学家建立一个理论框架来指导进一步的分析。

19.3.1 基因表达模式为发育功能提供线索

各种各样的方法使科学家们能够监测整个生物体中或显微镜载玻片上组织切片中特定mRNA或蛋白质的表达。定义基因表达的组织可以帮助研究人员提出有关该基因在发展中的作用的假设。例如，如果基因中的突变影响除转录基因之外的组织或细胞的发育，你可能会假设该基因编码信号分子。在这种情况下，*boss*基因在R8细胞中转录，但其编码的配体影响具有Sev受体的邻近R7细胞前体的命运（回顾图19.3）。

1. 示踪mRNA表达

确定基因转录物在生物体中累积的位置和时间的一种方法是进行**RNA原位杂交**。为此，首先标记对应于

基因mRNA的cDNA序列。接下来，使用标记的cDNA作为mRNA的探针，用于薄切片组织的制备，或者在某些情况下用于整个生物体或组织的制备。保留探针的地方的信号表明细胞中含有该基因的mRNA。我们将在本章后面介绍RNA原位杂交实验的结果。

确定哪些细胞高水平转录特定mRNA的另一种方法是确定细胞中发现的所有mRNA的序列。我们之前已经在第16章中描述了这种深度测序（或RNA-Seq）策略（见图16.29和图16.30）。实质上，研究人员制造与组织样本中的mRNA相对应的cDNA，然后获得数百万这些cDNA的序列数据。找到特定cDNA的频率表明该组织中mRNA的丰度。现代RNA-Seq技术非常高效和敏感，研究人员可以表征单个分离细胞中存在的mRNA。

2. 示踪蛋白表达

从技术上来说，通过跟踪基因的蛋白质产物而不是通过观察基因的mRNA来评估基因表达的组织通常更容易。在许多情况下，蛋白质方法也提供了更准确的基因表达视图，因为细胞具有调节某些mRNA翻译的功能；因此，组织可能具有大量特定的mRNA但仅有少量相应的蛋白质。因此，蛋白质在细胞内的定位常常为其功能提供线索。例如，细胞核中蛋白质的浓度与转录因子的作用一致。

监测蛋白质的一种方法是产生抗体，抗体与蛋白质的一部分紧密结合。我们之前在第16章中描述了使用重组DNA技术将大肠杆菌细胞用作制备大量任何给定多肽的微型工厂（综述图16.28）。研究人员可以将这种大肠杆菌制造的蛋白质注射到兔子或其他动物体内。蛋白质在注射动物的血流中充当免疫原，其免疫系统将合成针对外来蛋白质的抗体。科学家获得这些抗体并用荧光标签对其进行标记，使研究人员能够跟踪标记的抗体，因为它们与组织和细胞制剂中的目标蛋白结合。图19.9显示了这种方法的一个特别丰富的例子。

追踪蛋白质的另一种方法是构建编码用水母绿色荧光蛋白（GFP）标记的蛋白质的**融合基因**。研究人员合成了一个可读框，不仅可以编码整个感兴趣的蛋白质，还可以在蛋白质的N端或C端编码构成GFP的氨基酸［图19.10（a）］。该构建体还含有正确表达该基因所需的启动子和增强子序列。当将该重组基因导入基因组时（例如，通过P元件介导的果蝇转化），该生物体将使GFP融合蛋白在相同的位置和时间产生正常的未标记蛋白。研究人员可以通过跟踪GFP荧光来跟踪融合蛋白［图19.10（b）］。这种方法的一个主要优点是研究人员可以使用它来跟踪活细胞或动物中GFP标记的蛋白质；由于技术原因，标记的抗体无法在活性物质中进行跟踪。

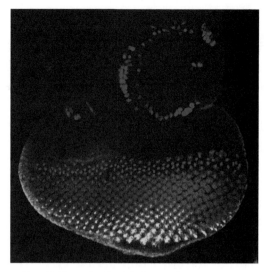

图19.9 使用抗体监测蛋白质定位。发育中的果蝇眼用抗几种蛋白质的抗体标记，每种蛋白质在特定的感光细胞中表达。每种抗体都标有染料，该染料以特定颜色发荧光。

承蒙Helen McNeill, Lunenfeld-Tanenbaum Research Institute Mount Sinai Hospital, Toronto提供

(a) 用GFP标记蛋白质

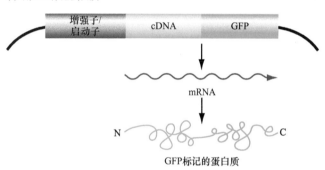

(b) 携带表达GFP的转基因果蝇

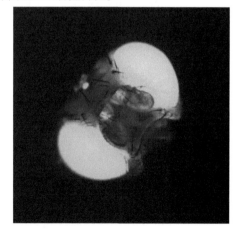

图19.10 用GFP标记的可视化蛋白质。（a）所示的融合基因编码在其C端含有GFP融合蛋白。（b）该果蝇含有仅在其眼睛中表达GFP标记的融合蛋白的转基因。

（b）：承蒙Malcolm J. Fraser, Jr., University of Notre Dame提供

19.3.2　嵌合体分析可以确定基因作用的焦点

遗传嵌合体是由多于一种基因型的细胞组成的个体。通过对嵌合体的研究，发育遗传学家能够解决一个重要问题：必须在哪些特定的细胞中表达才能使发育过程发生？这些细胞被认为是该基因**作用的焦点**。正如第18章所讨论的，根据物种的不同，研究人员可以使用几种不同的技术来生成嵌合体实验生物。

在果蝇中，嵌合体通常通过使用**FLP/FRT重组系统**在有丝分裂期间通过非染色单体之间的特异性重组来产生。通过来自酵母的称为FLP的重组酶实现组合，其催化在称为FRT的特定重组靶标上的交换（回顾第6.31）。研究人员将*FLP*基因克隆到热休克启动子的下游，因此在其控制下，该表达在升高的温度下开启，并且他们使用*P*元件载体将该构建体引入果蝇。研究人员还将FRT位点插入到果蝇染色体中，他们收集菌株，每个菌株都在靠近着丝粒的位置插入FRT至特定的染色体臂上。如果FRT存在于两个同源物上的相同位置，则FLP重组酶（其合成由热休克诱导）催化它们之间的重组。在突变体和野生型等位基因杂合的细胞中，有丝分裂重组可以产生纯合突变体子细胞，从而产生纯合突变体子代细胞的克隆。

科学家们使用蝇眼中的**嵌合体分析**来提问：为了让R7被招募到小眼中，需要在哪些细胞中表达*sevenless*和*boss*基因？为了回答这个*sevenless*基因的问题，研究人员用标记的（白色）细胞产生了嵌合体，这些细胞是*white*和*sevenless*基因的突变体，其他细胞（红色）携带每个基因的至少一个显性野生型等位基因［图19.11（a）］。一些面包含红色和白色感光细胞的混合物。但是在R7细胞的每个面，R7细胞都是红色的（即同时具有w⁺和sev⁺基因），即使同一小眼中的所有其他感光细胞都是白色的（纯合的w⁻和sev⁻）［图19.11（b）］。R7细胞在白色

的小眼从未出现过。这些结果表明对*sev*⁺基因产物的需求存在于R7细胞本身。为了正确发育，R7前体细胞必须产生Sevenless蛋白，并且蛋白质是否在相同小眼的任何其他光感受器中产生无关紧要。Sevenless蛋白仅影响其产生的细胞。

19.3.3　温度敏感的等位基因有助于确定基因作用的时间

许多对生物体发育至关重要的事件发生在相对时间重要的序列中。例如，特定蛋白质的作用可能仅在狭窄的时间窗口内是重要的。如果蛋白质与其他分子或结构相互作用，那么在存在这些分子或结构之前，蛋白质的存在将不起作用。相反，在做出决定之后，帮助细胞做出发育决定的蛋白质的表达将不起作用。

研究人员经常使用**温度敏感（ts）突变**作为工具来确定特定蛋白质产物的功能何时对发育过程很重要。这些等位基因产生的蛋白质在较低的许可温度下起作用，但在较高的限制温度下不起作用。相反，野生型蛋白质在两种温度下都起作用。在使用这种方法的一个实验中，如图19.12所示，研究人员使用*Sevenless*基因的ts等位基因来确定在假定的R7细胞内需要几小时的时间才能使Sev受体蛋白接受R7的命运。如果Sev蛋白在这段时间内没有被Boss连续激活，那么细胞就会致力于另一种命运（例如，成为分泌透镜的锥状细胞，如图19.7所示）。

你可以看到几种类型的实验的结果已经汇总，以提供Sevenless受体蛋白在指定R7细胞中的功能的清晰视图。使用Sevenless和Boss蛋白的抗体，研究人员观察到几种细胞产生Sevenless蛋白，但只有其中一种（假定的R7细胞）与R8接触。*sev*基因的作用焦点是推定的R7细胞（图19.11）。而且，在该细胞的表面，Sevenless受

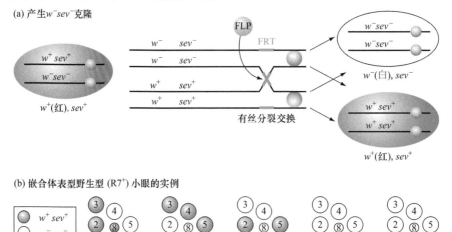

(a) 产生w⁻sev⁻克隆

(b) 嵌合体表型野生型 (R7⁺) 小眼的实例

图19.11　嵌合体分析决定了Sevenless蛋白的作用焦点。（a）FRT位点处的FLP介导的位点特异性重组导致在表达Sevenless（w⁺sev⁺）的红细胞背景中不表达无蛋白（w⁻sev⁻）的白细胞的克隆。（b）在表型为野生型（含有R7）的马赛克小眼中，R7细胞总是w⁺sev⁺；其他7个感光细胞的sev基因型是无关紧要的。因此，对于R7测定，Sevenless蛋白必须在R7中表达。

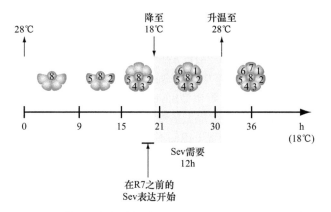

图19.12　使用温度敏感等位基因进行功能时间分析。*sev*^{ts}幼虫在18℃（允许温度）下生长不同的时间长度。只有当Sev蛋白首次出现后，幼虫在18℃环境下至少12h时，成虫眼中才出现野生型小眼（含有R7）。

基本概念

● 追踪mRNA表达的时间和位置可以通过RNA原位杂交或通过组织特异性RNA-Seq来完成。可以通过使用特异性抗体或通过改造编码GFP标记蛋白的基因来监测蛋白质表达。

● 嵌合体组织可以指示哪些细胞构成基因的作用焦点，即需要基因表达的细胞或组织。

● 温度转换实验抑制或允许温度敏感等位基因的功能，使研究人员能够确定何时需要基因产物进行发育过程。

19.4　在通路中排序基因

学习目标

1. 解释如何通过监测基因表达来确定通路中基因的顺序。

2. 讨论两个基因中发生突变的等位基因之间的相互作用如何可以帮助确定通路中的基因顺序。

到现在为止，你已经看到了如何利用遗传学来识别发育途径中的基因、如何确定单个基因在何时何地起作用，以及它们需要在哪些细胞中表达。有时也可以对突变体进行分析，帮助确定通路中基因作用的顺序，即哪些基因或基因产物激活或失活哪些其他基因或基因产物。在这里我们提出两种不同的排序基因功能的方法。

19.4.1　一个基因对另一个基因表达的影响可以揭示作用的顺序

一旦你确定了一个基因的mRNA或蛋白质的组织分布和细胞内定位，你就可以探究不同基因的突变如何影

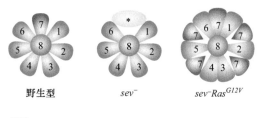

● Prospero表达

图19.13　一个基因的突变可以影响另一个基因的表达。Prospero蛋白（粉红色）通常在发育小眼的R7中表达。在研究*sev*型研究的过程中，已经成为R7的细胞变成分泌透镜的锥细胞（*），并且在其中没有检测到Prospero。在研究转基因眼睛的过程中发现，每个复眼中表达组成活性的Ras^{G12V}的5个R7前体，都有Prospero的表达。

响这种分布或定位。例如，一种名为Prospero的转录因子对于果蝇眼中R7感光细胞的发育至关重要。Prospero的表达依赖于Sevenless通路的激活。在*sev*无效突变体中，Prospero不存在于R7前体中（图19.13）。当用*sev-Ras*^{G12V}转基因在果蝇的R7前体中，不适当地激活Ras时，在所有5种R7前体中均检测到Prospero（图19.13）。相反，Sevenless和Ras的表达都不受*prospero*基因突变的影响（无图片）。因此，在R7细胞中Sevenless通路的激活在*prospero*的上游（在这里开启表达）。

在这个例子中证明的一般原则是，如果基因*a*功能的丧失或过度活跃影响基因*b*的表达而不是相反，那么基因*a*可能在调节基因*b*表达的途径中在基因*b*的上游起作用。

19.4.2　双突变表型可以帮助确定基因作用的顺序

研究人员在通路中建立基因顺序的另一种方法是制造**双突变体**。这个想法是从两个突变开始，每个突变位于不同的基因（基因*a*和基因*b*）。尽管与它们各自相关的突变表型是不同的，但这两个基因在同一通路中起作用。研究人员构建了一个具有两种突变的生物体，并验证一个突变是否对另一个突变是**上位性**的。换句话说，*a*¯ *b*¯双突变体是否具有*a*¯表型或*b*¯表型？如果观察到明显的上位性的相互作用，则结果可以指示在通路中哪个基因是另一个的上游。

上位性分析在研究发育过程中起重要作用的开关/调控通路时特别有用。在这样的通路中，信号控制着一个开关，可以在任何特定的细胞中进行开启或关闭。如果开关开启，它会启动一系列事件，线性通路中的基因依次受到调控（激活或失活），导致细胞发生变化。因此通路的结果是两种发育状态之一，具体是哪一种取决于开关是开还是关。

考虑图19.14中的例子，其显示R7细胞的命运由开

关调控途径决定。信号Boss在一个细胞中启动Sevenless的开关，开启表达Sevenless并触及R8。在与R8不相邻的其他4个无表达细胞中，开关处于关闭状态，因为这些细胞中的Sevenless受体从未与Boss接触过。该途径的结果是R7开启开关（开启）或不开启开关（关闭）［图19.14（a）］。

回想一下，在果蝇sev-null突变体中，复眼缺乏R7感光细胞。含有转基因的果蝇（sev-Ras^{G12V}）在产生Sevenless受体的5个R7前体细胞中表达组成型活性Ras蛋白；结果，所有5个前体细胞都变成R7［回顾图19.7（b）］。含有sev-Ras^{G12V}的双突变体的眼睛中，所有5种前体细胞都成为R7［图19.14（b）］。因此，sev-Ras^{G12V}对sev$^-$是上位性的，这意味着双突变体与仅具有sev-Ras^{G12V}突变的果蝇具有相同的表型。

观察到的上位互作与基于生化实验的模型一致，即Ras在信号通路中处于Sevenless的下游（综述见图19.6）。尽管在野生型Sevenless蛋白中（与Boss结合后）激活Ras，但组成型活性突变体Ras对sev$^-$无效突变是上位的，因为激活的Ras不需要Sevenless蛋白就能生成R7细胞［图19.14（c）］。如果激活的Ras仍然需要Sevenless才能发出信号，则会观察到相反的上位相互作用。这个不正确的模型预测sev$^-$sev-Ras^{G12V}双突变体将具有sev$^-$表型，因为信号将在双突变体中被阻断，并且不会产生R7［图19.4（c），最下面一行］。

上位性分析可以提供信息，但要解释结果，必须满足几个条件。例如，在两个单突变体中看到的表型必须彼此不同，并且所考虑的突变等位基因必须是空的或组成型的。即使满足这些条件，从上位性分析得出的通路中关于基因顺序的结论也应始终被视为需要用生化实验进行验证的假设。

- 在一个发育途径中，如果基因a的表达在基因b突变体中发生改变，但基因b的表达在基因a突变体中未发生改变，那么基因b就必须在基因a的上游发挥作用。
- 在一个开关调控途径中，双突变体的表型可以揭示上位互作，帮助确定两个基因的作用顺序。

19.5 综合实例：果蝇身体计划发育

学习目标

1. 描述果蝇早期发育中的关键事件，这些事件发生在分节明显之前。
2. 定义了母源基因，并解释了为什么其中一些基因的蛋白质产物被称为形态发生。
3. 总结合子分割基因的层次结构。
4. 讨论同源基因在确定片段同一性中的作用。

对果蝇基本身体计划的遗传控制研究已经彻底改变了我们对发育的理解。在这里，我们专注于这项工作，解释了果蝇的身体如何沿着前后（AP）轴分化和特化，这条线从动物的头部延伸到它的尾部。

我们所描述的研究是基于这样的观察，即一个受精的果蝇卵子被细分为一个胚胎，其中有几个明确界定的片段，每个片段最终都具有特定的外观和功能。有些部分成为头部的一部分，其他部分成为胸部的一部分，还有一些部分成为腹部的一部分。科学家设计了实验来回答关于分割的两个基本问题。首先，动物如何发育适当数量的身体节段？其次，每个身体节段如何知道它应该

(a) Sevenless信号是一种开关/调节通路

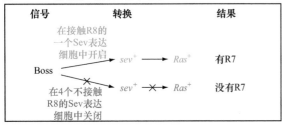

(b) Ras^{G12V}对于sev$^-$是上位的

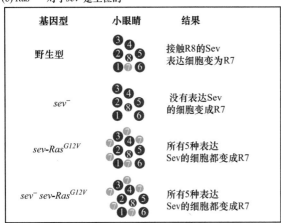

(c) 在Ras$^+$上游的sev$^+$功能

野生型	Sev → Ras → R7	
sev$^-$	Sev ⤬→ Ras → No R7	
sev-Ras^{G12V}	Sev → Ras^{G12V} → R7	
sev$^-$sev-Ras^{G12V}	Sev ⤬→ Ras^{G12V} → R7	YES
或		
sev$^-$sev-Ras^{G12V}	Ras^{G12V} → Sev → No R7	NO

图19.14 上位性分析。（a）R7细胞的状态取决于一个开关/调节通路，该路的开关是Sevenless，信号为Boss。在表达Sevenless并接触R8的R7前体细胞中，开关打开（Sevenless被激活），这启动了导致R7发育的信号级联。（b）sev$^-$和sev-Ras^{G12V}的双突变体显示sev-Ras^{G12V}突变体表型。（c）这种上位相互作用仅与Ras上游的Sevenless（阴影行）的作用一致，而不是相反（底行）。绿色表示蛋白质有活性；红色代表蛋白质无活性。

形成什么样的结构？结果显示，在发育的早期，甚至在转录开始之前，**母体效应基因**（其产物由母体沉积到她的卵子中）有助于在胚胎中建立区域差异，从而导致合适的节段数目。接下来，一大组基因的作用，称为**合子分割基因**，由合子基因组表达，将身体细分为一系列基本相同的身体片段。在发育后期，**同源基因**（一组编码转录因子的基因）的表达为每个身体区段赋予一个独特的身份。

19.5.1　果蝇胚胎划分为几个部分

要了解母体效应、分割和同源基因如何发挥作用，考虑果蝇发育最初几个小时内发生的一些重大事件是有帮助的（图19.15）。卵子在排卵的过程中受精，此时卵母细胞核恢复了此前减数分裂中期Ⅰ。在单倍体雄性和雌性原核融合后，胚胎的二倍体合子核以非常快的速率经历13轮核分裂，有丝分裂周期2～9的平均时间仅为8.5min。

与大多数有丝分裂不同，早期果蝇胚胎中的核分裂不伴有细胞分裂，因此早期胚胎变成多核合胞体。在前8个分裂周期中，多个核心位于卵中心。在第9次分裂期间，大部分细胞核迁移到正好在胚胎表面下的皮层，产生**合胞体囊胚**。在第10次分裂期间，卵子后极的细胞核被包裹在从卵细胞膜内陷形成第一胚胎细胞的膜中；这些极细胞是原始的生殖细胞。在第13个分裂周期结束时，卵子皮质上存在约6000个细胞核。

在第14周期的间期期间，卵子皮层中的膜在这些核之间向内生长，形成称为**细胞囊胚**的上皮层（图19.15）。胚胎在受精后约3h完成细胞囊胚的形成。在细胞囊胚阶段，除了后端的极细胞，细胞形状或大小没有明显的区域差异［图19.16（a）］。然而，分子研究表明，大多数分割和同源基因在细胞囊胚阶段期间甚至在细胞囊胚期之前起作用。

在细胞化后，称为**原肠胚形成**的折叠过程立即开

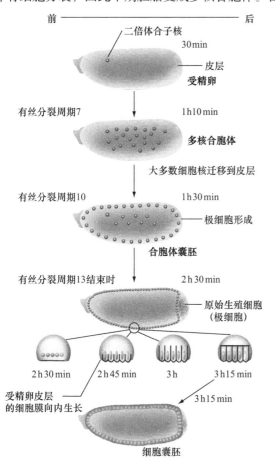

图19.15　早期果蝇发育：从受精到细胞囊胚。合子核在单个合胞体中经历13次快速有丝分裂。后端的一些细胞核成为种系极细胞。在合胞体囊胚阶段，卵表面被单层细胞核覆盖。在第13次分裂循环结束时，细胞膜将皮层的细胞核包围成分开的细胞以产生细胞囊胚。

(a) 细胞囊胚

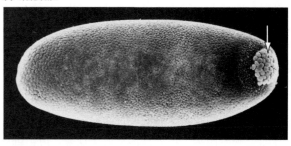

(b) 原肠胚形成

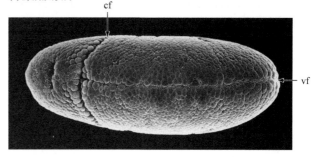

(c) 分裂

图19.16　细胞囊胚形成后果蝇发育。（a）细胞囊胚的扫描电子显微照片。胚胎周围可见单个细胞，后端较大的极细胞（箭头）也是如此。（b）受精后大约4h在原肠胚形成期间形成沟的腹面观：vf，腹沟；cf，头颅沟。（c）受精后10h，将胚胎细分为片段。Ma、Mx和Lb是三个头部。CL、PC、O和D是头部的非分段区域。三个胸段（T1、T2和T3）分别是前胸、中胸和气胸，而腹部标记为A1～A8。

始建立胚胎细胞层。中胚层通过内脏细胞的内陷形成，其延伸大部分胚胎的长度。这种折叠［腹侧沟；图19.16（b）］产生内管；管细胞分裂并迁移以产生中胚层。内胚层通过腹侧沟前后的不同内陷形成，其中一个内陷是图19.16（b）中所见的头部皱纹。内胚层包裹的细胞在卵黄上迁移以产生肠道。最后，神经系统起源于位于腹侧外胚层两侧横向的成神经细胞。

最早可见的分裂迹象是中胚层的周期性隆起，在原肠胚形成开始后约40min出现。在原肠胚形成的数小时内，胚胎被分成清晰的体节，将成为幼虫的3个头节、3个胸节和8个主要腹节［图19.16（c）］。即使动物最终经历变态成为成虫，但在成虫阶段也保存了相同的基本身体计划（图19.17）。

19.5.2　母体效应基因帮助指定片段编号

在受精时间和13个快速合胞体分裂结束之间的胚胎细胞核中很少发生基因转录。因为几乎（但不是完全）没有转录，发育生物学家怀疑基本身体计划的形成最初需要母体提供的成分在卵子发生过程中沉积到卵子中。他们如何鉴定编码这些母系供应成分的基因？ChristianeNüsslein-Volhard和Eric Wieschaus意识到由这些基因决定的胚胎表型不依赖于胚胎自身的基因型；相反，它取决于母亲的基因型。他们设计了遗传筛选，以识别影响胚胎发育的母体基因的隐性突变。这些隐性突变称为**母体效应突变**。

为了进行筛选，Nüsslein-Volhard和Wieschaus建立了数以千计的诱变处理染色体的个体平衡库，然后他们检查了从纯合突变母亲获得的胚胎。他们将注意力集中在纯合突变体雌性不育的种群上，因为他们预计，在早期发育阶段缺乏母系供应的成分会导致胚胎缺陷，从而无法成长为成年人（图19.18）。通过这些大规模的筛

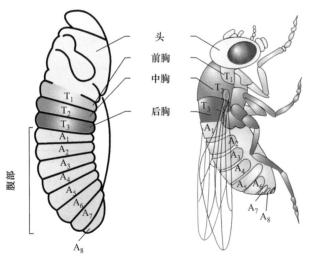

图19.17　在整个发育过程中保留了节段标识。胚胎节段（左）的特征在幼虫阶段被保留，并通过变态过程保留到成体（右）。

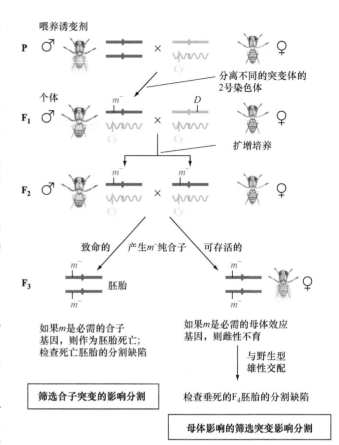

图19.18　诱变筛选母体效应和合子致死突变。Nüsslein-Volhard和Wieschaus如何在果蝇2号染色体上发现影响分割的隐性突变？诱变的2号染色体在F₁雄性中恢复，其也具有显性Cy标记的平衡染色体（波浪线）。这些F₁雄性个体分别与Balancer/D雌性杂交（D是不同的显性标记）。将卷曲的F₂后代杂交以在F₃后代中产生纯合突变体（m^-/m^-）。如果这些动物死于具有分割缺陷的胚胎，则2号染色体携带有趣的合子致死突变。将活的纯合F₃雌性与野生型雄性杂交以鉴定影响F₄后代分割的雌性不育突变。

选，Nusslein-Volhard和Wieschaus发现了大量的母体效应基因，这些基因是身体正常模式所必需的。因为这一发现和其他的贡献，他们在1995年与Edward B. Lewis分享了诺贝尔生理学或医学奖，我们之后描述他们的工作。

我们将重点放在Nüsslein-Volhard和Wieschaus发现的两个母体效应基因上。胚胎前部的正常模式需要一个基因；另一个是正常后部图案化所必需的。这两个基因与联合母体效应基因一起启动了确定片段数的过程。

1. 双足类：前鞭毛原

来自母体纯合子的双胚胎基因（bcd）的无效等位基因的胚胎缺乏所有头部和胸部结构（图19.19）。bcd的蛋白质产物是转录因子，其mRNA位于卵细胞质的前端［图19.20（a）］。bcd转录物的翻译在受精后进行。新制造的Bcd蛋白从其前端的来源扩散，产生从高到低的前-后浓度梯度，其延伸超过早期胚胎的前2/3

母体效应AP轴突变体

野生型

前身部位缺失

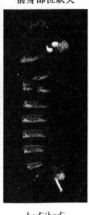

后身体部位缺失

| 母体基因型 | +/+ | bcd⁻/bcd⁻ | nos⁻/nos⁻ |

图19.19　母体效应突变体影响AP轴图案。在野生型母亲（左）的胚胎中，头部（前）和尾部（后）之间的身体被分成具有特定图案的毛发的区段，所述毛发在其腹面上呈齿状。未能在其卵子中沉积Bcd蛋白质的母体的胚胎（*bcd⁻*；中间）缺乏前段，而未能沉积Nos蛋白（*nos⁻*；右）的母体的胚胎缺乏腹部节段。A，前；P，后；D，背；V，腹侧。

承蒙Christiane Nuesslein-Volhard, Max Planck Institute for Developmental Biology提供

(a) 双曲霉mRNA的定位

前　　　　　　　　　　　　　　　　后

(b) Bicoid蛋白的梯度

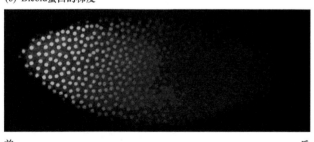

前　　　　　　　　　　　　　　　　后

图19.20　Bicoid是前部形态发生素。（a）*bicoid* mRNA（通过紫色的原位杂交可视化）集中在胚胎的前端。（b）Bicoid（Bcd）蛋白（通过绿色抗体染色看到）以梯度分布：在前端高并且向后移动。Bcd是在合胞体囊胚胚胎的细胞核中积累的转录因子。

（a）: © Steve Small, New York University；（b）: © David Kosman and John Reinitz

［图19.20（b）］。这种梯度决定了头部和胸部发育的大多数方面。因此，Bcd蛋白起到**形态发生素**的作用，该物质以浓度依赖性方式定义不同的细胞命运。

Bcd蛋白本身以两种方式起作用：作为一种转录因子，帮助控制更远离调控途径的基因的转录（稍后讨论），以及作为翻译阻遏物。其阻遏活性的靶标是*caudal*（*cad*）基因的转录物，该基因也编码一种转录因子。*cad* mRNA在受精前均匀分布于卵子中，但由于Bcd蛋白的翻译抑制，这些转录物的翻译产生了与Bcd梯度互补的Cad蛋白梯度。也就是说，高浓度的Cad蛋白存在于胚胎的后端，较低浓度朝向前部（图19.21）。Cad蛋白在激活分割通路后期表达的基因以产生后部结构中发挥重要作用。

2. Nanos：未来的决定因素

来自*nanos*纯合无效母体的胚胎缺乏腹节（见图19.19）。*nanos*（*nos*）mRNA通过由其他母体基因编码的蛋白质定位于后卵细胞质。与*bcd* mRNA一样，*nos*转录本在早期核分裂阶段被翻译。翻译后，扩散产生一个从后到前的Nos蛋白浓度梯度（图19.21）。

卵母细胞中的mRNA

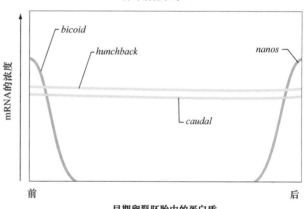

早期卵裂胚胎中的蛋白质

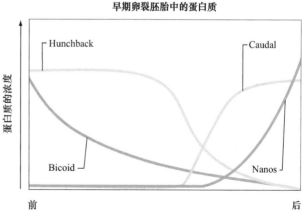

图19.21　早期胚胎内母体效应基因的mRNA和蛋白质产物。上图：在受精前的卵母细胞中，*bicoid* mRNA集中在前端附近，而*nanos* mRNA集中在后端，驼背和尾部mRNA均匀分布。下图：在卵裂早期胚胎中，Bicoid和Hunchback蛋白的浓度梯度由前向后是越来越低（A至P），而Nanos和Caudal蛋白的浓度梯度则相反（P至A）。

与Bcd蛋白不同，Nos蛋白不是转录因子；相反，Nos蛋白仅作为翻译阻遏物发挥作用。其靶标是母本提供的*hunchback*（*hb*）基因的转录物，该基因在卵子发生过程中沉积在卵子中，受精前均匀分布（图19.21）。然而，与Bcd梯度不同，Nos梯度对Nos功能并不重要；重要的是在胚胎后期存在高水平的Nos。

为了使发育正常发生，必须使胚胎后部不存在Hb蛋白（另一种转录因子）。Nos蛋白在后部以高浓度存在，抑制*hb*母体mRNA的翻译，从而消除胚胎后极的Hb蛋白（图19.21）。

19.5.3 合子基因决定片段数目和极性

母系决定的Bcd和Cad蛋白梯度控制着合子分割基因的空间表达。与母系基因的产物不同，母系基因的mRNA在卵子发生过程中被置于卵子中，合子基因的产物由胚胎细胞核中的DNA转录和翻译而来，后者来自原始的合子核。合子分割基因的表达开始于合胞体囊胚阶段，在细胞化之前的几个分裂周期。

大多数合子分割基因都是在20世纪70年代后期由Christiane Nüsslein-Volhard和Eric Wieschaus进行的第二个突变筛选中鉴定出来的。在这次筛选中，果蝇遗传学家将单个诱变染色体放入平衡的种群中，然后检查来自的纯合突变体胚胎。这些种群是胚胎分割模式中的缺陷（见图19.18）。这些胚胎非常异常，无法成长为成年人，因此，引起这些缺陷的突变将被归类为隐性致死。

Nüsslein-Volhard和Wieschaus在为每个果蝇染色体筛选了数千种这样的种群后，确定了三类合子分割基因：**间隙基因**（9种不同的基因）；**成对规则基因**（8个基因）；**片段极性基因**（约17个基因）。这三类合子基因符合基因表达的等级。

1. 间隙基因

间隙基因是第一个被转录的合子分割基因。对于间隙基因突变纯合的胚胎在分割模式中显示出"间隙"，这是由于缺少对应于每个基因表达位置的特定区段［图19.22（a）和（b）］。

母体转录因子梯度如何确保各种间隙基因在其广泛区域中于胚胎的适当位置表达？部分答案是间隙基因增强子中的结合位点对母体转录因子具有不同的亲和力。例如，一些间隙基因被Bcd蛋白（前形态发生素）激活。具有低亲和力Bcd蛋白结合位点的间隙如*hb*仅在大多数前部区域被激活，其中Bcd的浓度最高；相反，具有高亲和力位点的基因具有进一步向后极延伸的激活范围。

答案的另一部分是间隙基因本身编码可以影响其他间隙基因表达的转录因子。例如，*Krüppel*（*Kr*）间隙基因似乎被其表达带前端的大量Hb蛋白关闭，在其表达带内被Bcd蛋白和较低水平的Hb蛋白激活，并且通

(a) 间隙基因表达的区域

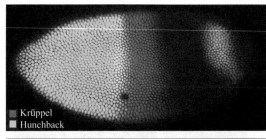
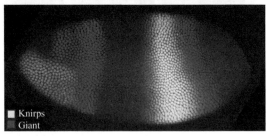

(b) 间隙基因：综述

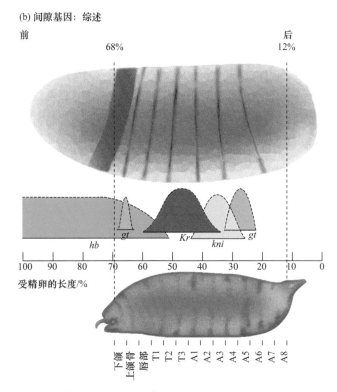

图19.22 间隙基因。（a）在晚期合胞体囊胚胚胎中表达4个间隙基因［驼背（*hb*），*Kruppel*（*Kr*），*knirps*（*kni*）和*giant*（*gt*）］的区域，用荧光染色的抗体可视化。（b）显示了胚胎中间隙基因表达的区域。特定间隙基因的突变导致对应于该间隙基因表达区的区段的丢失。

（a）：© David Kosman and John Reinitz

过*knirps*（*kni*）间隙基因的产物在其表达区的后端关闭［图19.22（b）］（请注意，*hb*基因通常被归类为间隙基因，尽管母体提供了一些*hb* RNA，但科学家们已经发现，只有从合子细胞核的转录本中翻译出来的蛋白质才在模式形成中起作用）。

2. 成对规则基因

在间隙基因将体轴划分为粗糙的广义区域之后，成对规则基因的激活产生更清晰的片段。这些基因编码转录因子，而这些转录因子在成胚前期和成胚期胚胎中以7条条带的形式表达［图19.23（a）］。条纹具有两段周期性；也就是说，每两个段存在一个条带。成对规则基因中的突变导致从每个替代片段中删除相似的模式元素。例如，*fushi tarazu*的幼虫突变体（日本缺陷区段）缺少腹部A1、A3、A5和A7的部分；偶数跳跃的突变导致偶数腹节的丢失。

存在两类成对规则基因：初级和二级。三个初级对规则基因的条纹表达模式取决于母本基因和合子间隙基因编码的转录因子。每对规则基因的上游调节区内的特定元件驱动该对基因的特定表达。例如，如图19.23（b）和（c）所示，负责激活第二条带中*even-skip*（*eve*）表达的DNA区域包含Bcd蛋白和间隙基因*Kruppel*、*giant*（*gt*）、*hb*编码的蛋白的多个结合位点。胚胎的这条纹中的*eve*转录由Bcd和Hb激活，而它被Gt和Kr抑制。只有在条带2区

(a) 成对规则基因产物的分布

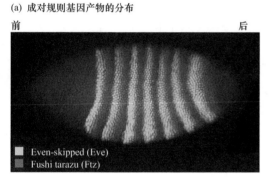

| 前 | 后 |

- Even-skipped (Eve)
- Fushi tarazu (Ftz)

(b) 调节*eve*转录的蛋白质

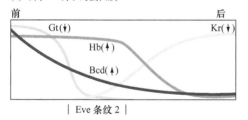

| 前 | 后 |

| Eve 条纹 2 |

(c) *eve*的上游监管区域

图19.23　成对规则基因。（a）由细胞囊胚中的成对规则基因*fushi tarazu*（*ftz*）和*evenskipped*（*eve*）编码的蛋白质的表达区域。每个基因以7条带表达。Eve条纹2是左起第二条绿色条纹。（b）Eve条纹2的形成需要通过Bcd和Hb蛋白激活*eve*转录，并且不存在Gt和Kr蛋白的抑制。（c）指导Eve条纹2的*eve*基因上游800～1500bp之间的增强子含有部分（b）中所示的4种蛋白质的多个结合位点。

（a）：© David Kosman and John Reinitz

域，Gt和Kr水平足够低，Bcd和Hb水平足够高，才能激活驱动*eve*表达的增强子。

与初级成对规则基因相反，二级的5对成对规则基因的转录由其他成对规则基因编码的转录因子控制。

3. 片段极性基因

许多片段极性基因以条带表达，以单个片段周期重复；也就是说，一个条带存在于14个区段的每一个中［图19.24（a）］。区段极性基因中的突变导致每个区段的一部分被删除，通常伴随着剩余部分的镜像复制。因此，片段极性基因用于确定在每个片段中重复的某些模式。

指导每个区段中单个条带的区段极性基因表达的调节系统非常复杂。通常，由成对规则基因编码的转录因子通过直接调节某些区段极性基因来启动该模式。然后，各种细胞极性基因之间的相互作用在发育后期保持这种周期性。值得注意的是，片段极性基因的激活发生在胚胎细胞化完成后，因此转录因子在合胞体内的扩散停止发挥作用。相反，区段内图案化主要由细胞间分泌蛋白的扩散决定。

两个片段极性基因——*hedgehog*（*hh*）和*wingless*（*wg*），编码分泌蛋白。这些蛋白质与由*engrailed*（*en*）段极性基因编码的转录因子一起，负责节段图案化的许多方面［图19.24（b）］。该对照的关键组分是分泌Wg蛋白的细胞的一个细胞宽度的条纹与表达En蛋白和分泌Hh蛋白的细胞的条纹相邻。这两种细胞类型的表面是自我增强的往复循环。由两个相邻细胞条带的前部分泌的Wg蛋白是在相邻条带后部继续表达*hh*和*en*所必需的。由更多后部细胞条带分泌的Hh蛋白维持前部条带中*wg*的表达。表达En和Hh的细胞与表达Wg的细胞之间的界面形成区室边界。细分的前房和后房内的细胞不会混合。

由这些相邻的细胞条带制成的Wg和Hh蛋白的梯度控制了该区段其余部分中图案化的许多方面。*wg*和*hh*的产物都是形态发生素；也就是说，响应细胞根据它们所暴露的Wg或Hh蛋白的浓度接受不同的命运。

其他区段极性基因编码参与由Wg和Hh蛋白与细胞表面上的受体结合引发的**信号转导途径**的蛋白质。信号转导途径使得从细胞表面上的受体接收的信号能够转化为最终的细胞内调节反应，通常是特定靶基因的激活或抑制。由Wg和Hh蛋白启动的信号转导途径决定了每个区段的部分细胞中分化成这些位置特征的特定细胞类型的能力。

分段极性基因的同源物是脊椎动物中许多重要模式事件的关键参与者。例如，鸡*sonic hedgehog*基因（与果蝇*hh*相关）对于早期鸡胚中左右不对称的起始，以及确定肢芽产生的足趾数量和极性的过程是至关重要的。哺乳动物*sonic hedgehog*的同源基因与鸡具有相同的保守功能。

(a) Engrailed蛋白的分布

图19.24 片段极性基因。（a）野生型胚胎表达14个条纹的片段极性基因。（b）一个节段的前半部分或节段之间的边界由 *engrailed*（*en*）、*wingless*（*wg*）和*hedgehog*（*hh*）节段极性基因控制。后室中的细胞表达*en*。En蛋白激活*hh*的转录，其编码分泌的配体。Hh蛋白与相邻前细胞中的Patched受体的结合启动信号转导途径（通过Smo和Ci蛋白），导致*wg*转录。Wg是一种分泌蛋白，与后部细胞中的受体结合，由*frizzled*编码。Wg与Frizzled蛋白受体的结合启动了不同的信号转导途径（包括Dsh、Zw3和Arm蛋白），其刺激*en*和*hh*的转录。结果是一个往复循环稳定边界（区室边界）处相邻单元的交替命运。

（a）：© Steve Small, New York University

(b) 片段极性基因建立区室边界

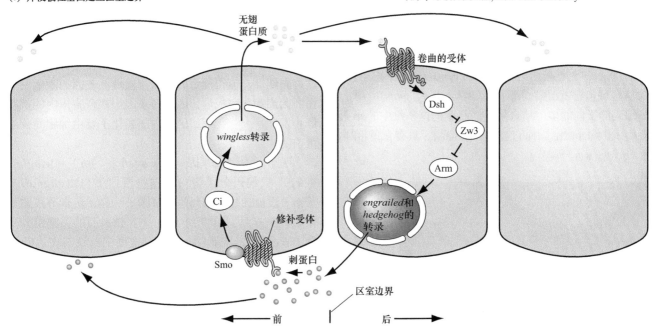

4. 片段编号规范摘要

每个分割基因类成员的表达模式都由层次结构中较高的基因或同一类的成员控制，而不是由较低级别的基因控制（图19.25）。在这种调节级联中，母体基因控制间隙和成对规则基因，间隙基因控制自身和成对规则基因，成对规则基因控制自身和片段极性基因。在层次结构的连续较低部分的基因表达，在胚胎内空间上越来越受限制。

细胞囊胚从外面看起来像一层均匀的细胞〔如图19.16（a）所示〕，但分割基因的协调作用实际上已经将胚胎分成了细胞原基。在原肠胚形成后几个小时，这些原基变得可以区分为明确的区段〔图19.16（c）〕。

19.5.4 同源转化基因指定副体节身份

在分割基因将身体细分为精确数目的片段后，同源基因有助于为每个片段分配唯一的同一性。每个同源基因控制一个称为**副体节（PS）**的单位，该单位是一个片段的后室和该片段后面片段的前室。同源基因通过作为"主调节因子"起作用来控制负责细胞特异性结构发育的基因簇的转录。同源基因本身受间隙基因、成对规则和片段极性基因调节，因此在细胞囊胚阶段或之后不久，每个同源基因在特定的分段子集内表达。然后，大多数同源基因在整个发育过程中保持活跃状态，持续发挥作用。

同源基因中的突变（称为**同源突变**）导致特定的整个副体节或特定的个体区室发展，好像它们位于身体的其他位置。由于一些同源突变体表型相当壮观，研究人员在果蝇研究中很早就注意到它们。例如，在1915年，Calvin Bridges发现了一种叫做*bithorax*（*bx*）的突变体。在该突变的纯合子中，第三胸段（T3）的前室像第二胸段（T2）的前室一样发展；换句话说，这种突变将T3的一部分转化为T2的相应部分。*bx*突变体表型是戏剧性的，因为前部T3通常仅产生称为*halteres*的小的球杆状平衡器官，而前部T2产生翅膀（图19.26）。

另一种同源异常突变是*postbithorax*（*pbx*），它仅影响T3的后室，导致其转变为T2的后室（图19.26）（请注意，在这种情况下，果蝇遗传学家使用术语转换来表示身体形态的变化）。在*bx pbx*双突变体中，所有

(a) 分段层次结构

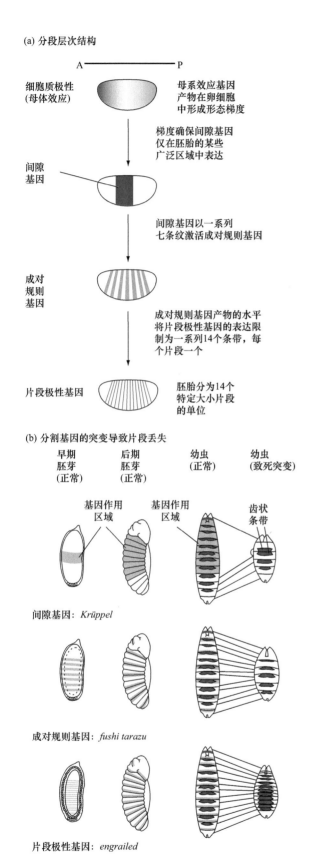

(b) 分割基因的突变导致片段丢失

图19.25　导致果蝇分割的遗传层次结构。（a）层次结构中连续较低部分的基因以胚胎内较窄的条带表示。（b）分割基因的突变导致对应于表达基因的区域（黄色）的片段丢失。牙齿带（深棕色）是帮助研究人员识别细分的特征。

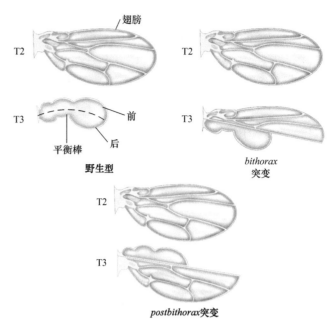

图19.26　同源变换。在突变 *bithorax*（*bx*）纯合子的动物中，T3的前室（产生 *haltere* 的第三胸段）转变为T2的前室（构成翅膀的第二胸段）。*postbithorax*（*pbx*）突变将T3的后室转变为T2的后室。

T3都发育为T2，以产生第1章所示的现在著名的四翅果蝇（见图1.9）。

在20世纪后半叶，研究人员分离出许多其他同源突变，其中大多数突变位于两个基因簇中。影响腹部和后胸部分段的突变位于称为**双胸复合体（BX-C）**的簇内；影响头部和前胸部段的突变位于**触角足复合体（ANT-C）**（图19.27）。

1. 双胸复合体

因为Edward B. Lewis对BX-C进行了广泛的遗传学研究，他与Christiane Nüsslein-Volhard和Eric Wieschaus分享了1995年诺贝尔生理学或医学奖。在他的工作中，Lewis分离出BX-C突变，如 *bx* 和 *pbx*，影响后胸部；他还发现BX-C突变导致8个腹节中每一个的前向定向转换。Lewis将影响腹部下段的突变命名为（*iab*）突变，并根据它们影响的主要部分对它们进行编号。例如，*iab-2* 突变导致A2向A1的转化，*iab-3* 突变导致A3向A2的转化，等等。后来的研究人员发现这些突变实际上正在改变副体节（图19.27）。因此，*iab-2* 将PS7变换为PS6，*iab-3* 将PS8变换为PS7。

研究人员在20世纪80年代早期开始对双胸复合物进行分子研究，15年来，他们不仅在分子水平上广泛表征了BX-C中的所有基因和突变，而且还完成了整个315kb区域的测序。图19.28总结了复合体的结构。BX-C的一个显著特征是突变在染色体上以与每个突变影响的节段的前/后顺序相同的顺序映射。因此，影响后部PS5的 *bx*

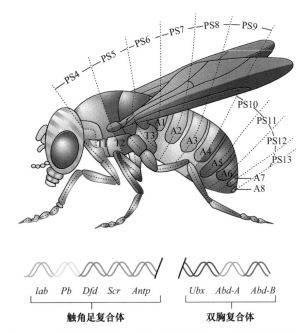

图19.27 同源选择基因。果蝇3号染色体上的两个基因簇——触角复合体和双胸复合体，决定了节段同一性的大部分方面。有趣的是，这些复合体中基因的顺序与每个基因控制的节段顺序相同。

突变位于复合物的左端附近，而影响前部PS6的*pbx*突变位于其右侧。反过来，影响PS7的*iab-2*位于*pbx*的右侧，但位于决定PS8的*iab-3*的左侧。

因为*bx*、*pbx*和*iab*元素是独立可变的，所以Lewis认为每个元素都是一个独立的基因。然而，该区域的分子特征显示BX-C实际上仅含有三种蛋白质编码基因：*Ultrabithorax*（*Ubx*），控制PS5和PS6的特征；*Abdominal-A*（*Abd-A*），控制PS7-PS9的特征；*Abdominal-B*（*Abd-B*），控制PS10-PS13的特征（图19.28）。

这些基因的表达模式与其作用一致（图19.29）。沿AP轴，*Ubx*表达在PS5开始，*Abd-A*表达在PS7开始，*Abd-B*表达在PS10开始。由Lewis研究的*bx*、*pbx*和*iab*突变影响大的顺式调节区，其控制这些基因在特定区段内的复杂空间和时间表达。

2. 触角足复合体

20世纪80年代早期的遗传研究表明，第二个同源基因簇，即触角足复合体（ANT-C），指出了果蝇头部和前胸部的节段的身份。ANT-C——*labial*（*lab*）、*proboscipedia*（*pb*）和*Deformed*（*Dfd*）的5个同源异型基因中的3个控制头部副体节PS1和PS2。性梳减少（*Scr*）控制

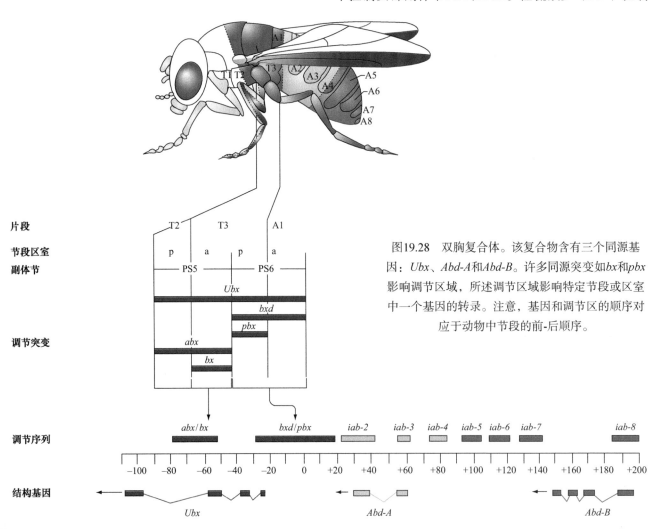

图19.28 双胸复合体。该复合物含有三个同源基因：*Ubx*、*Abd-A*和*Abd-B*。许多同源突变如*bx*和*pbx*影响调节区域，所述调节区域影响特定节段或区室中一个基因的转录。注意，基因和调节区的顺序对应于动物中节段的前-后顺序。

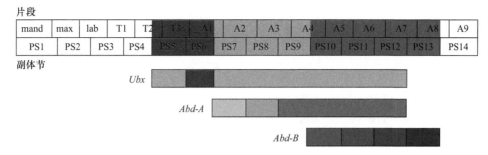

图19.29　双胸复合基因的表达模式。每个BX-C基因的表达始于沿着AP轴的位置，在该位置首先需要它。由每个基因控制的区段和区段标识用颜色表示：*Ubx*（紫色）；*Abd-A*（浅棕色）；*Abd-B*（深棕色）（PS14不受BX-C控制）。对于每个基因，其颜色较深的阴影表明其蛋白质的总体水平较高。

头部和胸部副体节（PS2和PS3），并且*Antennapedia*（*Antp*）控制胸段副体节PS4［图19.16（c）显示了这些头部和胸部节段，而图19.27显示了ANT-C中同源基因的顺序］。与BX-C一样，ANT-C中基因的顺序（Pb除外）与每个对照组的节段的顺序相同。

3. 发育和进化中的同源域

随着研究人员开始在分子水平上表征ANT-C和BX-C的基因，他们惊讶地发现所有这些基因都包含一些密切相关（尽管不相同）的DNA序列。在许多其他对于发育很重要的基因中也发现了类似的序列，例如，位于同源基因复合体之外的类双体和无眼基因。序列同源性区域称为**同源框**，长约180bp，位于蛋白质中——编码每个基因的一部分。由同源框编码的60个氨基酸构成**同源域**，每个蛋白质的区域可以与DNA结合（图19.30）。

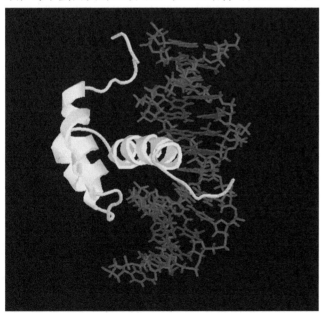

图19.30　同源域：在许多调节发育的转录因子中发现的DNA结合基序。同源域内的氨基酸（黄色）与DNA双螺旋（红色和蓝色）中的特定序列相互作用。

由Thomas R. Bürglin建模，数据基于 Otting et al. (1990), "Protein–DNA contacts in the structure of a homeodomain–DNA complex determined by nuclear magnetic resonance spectroscopy in solution," *EMBO J*, 9(10): 3085-3092

我们现在知道，几乎所有含有同源结构域的蛋白质都是转录因子，其中同源域负责蛋白质与它们调节的基因的顺式作用控制位点的序列特异性结合。

同源框的发现是发育生物学史上最重要的进步之一，因为它允许科学家通过同源性鉴定许多其他基因在果蝇和其他生物的发育中的作用。在20世纪80年代末和90年代，生物学界惊讶地发现小鼠和人类基因组包含称为***Hox***基因的成簇同源框基因，与果蝇中的ANT-C和BX-C基因具有明显的同源性（图19.31）。值得注意的是，在迄今为止研究的所有哺乳动物中，这些簇内的基因以线性顺序排列，反映了它们在发育中的哺乳动物胚胎脊柱特定区域的表达（图19.31）。换句话说，小鼠和人类中的这些基因簇排列在基因组中并沿着前-后轴调节，其方式几乎与果蝇ANT-C和BX-C复合物相同。

事实证明，所有动物基因组，甚至是海绵中最原始的动物，都含有*Hox*基因，因此这些基因是古老的，并且在所有动物的发育模式中发挥了重要作用。通常，身体计划越复杂，*Hox*基因就越多：人类和其他哺乳动物有4个Hox簇，它们共同包含38个*Hox*基因（见图19.31）。在一个证明*Hox*基因介导果蝇以外的动物体内特定区域的发育命运的证据中，人类手指畸形的形成称为"*synpolydactyly*"，是由*HoxD13*的突变引起的，而*HoxD13*是38个*Hox*基因之一（图19.32）。

基本概念

- 通过进行突变筛选并分析突变体，果蝇遗传学家已经确定了一种基因层次结构，它确定了沿动物AP轴的身体模式（分割）。

- 母体效应基因从母体基因组中表达，并且它们的产物沉积在卵中。这些基因产物中的一些以浓度依赖性方式影响胚胎的分割，因此被称为形态发生素。

- 在果蝇中，三类合子分割基因（间隙基因、成对规则基因和片段极性基因）以层次结构表达，最终将胚胎细分为14个相同的片段。这些基因中的许多是转录因子，其控制基因在同一类别或下一级较低级别中的表达。

果蝇ANT-C和BX-C基因

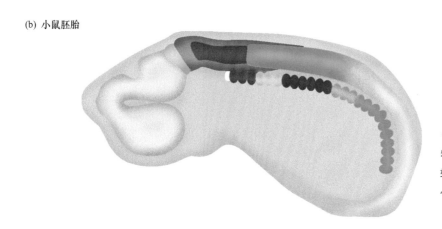

(a) 哺乳动物Hox基因簇

(b) 小鼠胚胎

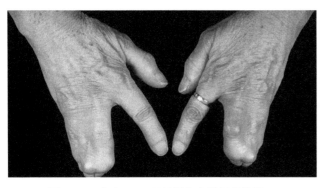

图19.31 哺乳动物Hox基因被组织成四个簇。（a）哺乳动物基因组包含果蝇中每个ANT-C和BX-C同源框基因的多个同源物。（b）正如在果蝇中一样，每个簇中的哺乳动物（小鼠）Hox基因按照它们沿着胚胎的AP轴表达的顺序排列。彩色圆盘代表体节、椎骨的前体和其他结构。颜色代表在该组织中表达的Hox基因。

图19.32 由人HoxD13基因突变引起的并指。
© St. Bartholomew Hospital/Science Source

- 果蝇同源基因编码表达于不同片段的同源框转录因子，使每个片段具有各自的特性。模拟果蝇AP轴的同源框基因在所有动物中都是保守的，它们在体图计划中起作用。

接下来的内容

将单细胞受精卵发育成复杂的多细胞生物取决于细胞分裂的精确协调。通常，早期胚胎中的有丝分裂快速发生以向发育中的生物体提供大量未分化细胞，其随后可分化为形成各种器官系统的多种细胞类型。在胚胎成长为成体生物体后，动物体内的大多数体细胞（除了干细胞，其分裂需要补充丢失的细胞）分裂得更少，以确保一个组织不会过度生长。

极少数情况下，细胞分裂的这些控制会中断，导致我们称之为癌症的不受控制的细胞生长。在第20章中，我们讨论的证据表明，癌症代表了由蛋白质产物促进或抑制细胞生长的各种基因突变积累引起的许多不同疾病。科学家越来越能够识别导致每位患者发现特定类型癌症的关键突变。这些激动人心的新发现有望成为更有效的治疗方法，因为它们现在可以针对个体癌症。

习题精解

I. 利用重组DNA技术，科学家们可以在异常的地方或时间创造出异位表达基因的转基因。这里显示的果蝇，在眼睛或腿上有眼组织，含有一个转基因，其中果蝇无眼基因的cDNA［综述图19.2（a）］融合到热休克基因的控制区域，其转录在高于正常温度的任何组织都会被打开。无眼蛋白质通常仅在发育中的眼睛中表达，但携带这种在高温下生长的融合基因的动物使无眼蛋白质遍布其体内。

a. 关于无眼基因功能你能得出什么结论？

b. 鼠Pax-6或人类Aniridia基因在相同的热休克基因启动子控制下在果蝇中表达时，也会出现异位眼。这个结果意味着什么？

c. 在异位表达实验中，我们希望在一个特定组织中而不是在整个生物体中表达基因。为什么？你怎么能只在果蝇的腿上表达无眼？

习题精解 Ⅰ 的图

异位红眼组织

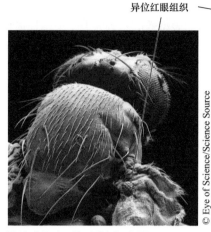

DNA: © Design Pics/Bilderbuch RF

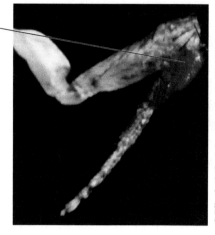

© Elisabeth Genhring. Photo by Dr. W. Gehring, University of Basel

© Eye of Science/Science Source

解答

a. 编码主调节器，使表达它的细胞成为眼睛。

b. 这一结果意味着该主开关的氨基酸序列和实际功能在整个动物进化过程中都是保守的。

c. 球异位基因表达通常对生物体是致命的。为了仅在腿部表达无眼，你可以将无眼cDNA融合到特征性的基因调控区域，该区域特异性地激活腿上的转录。

Ⅱ. *Gal4/UAS*系统使研究人员能够仅使用一种cDNA转基因以数千种模式中的任何一种表达基因。Gal4是一种酵母转录因子，可以激活携带称为UAS$_G$的酵母增强子的基因的转录（回顾第17章"遗传学工具"信息栏"*Gal4/UAS$_G$*二元基因表达系统"）。

你怎样才能用Gal4/UAS系统专门用腿表达无眼蛋白？解释使用Gal4/UAS系统代替解决习题精解 Ⅰ 题目c中产生的融合基因类型的优点。

解答

首先，你将用*P*元件构建体转化果蝇，其中UAS$_G$位于无眼cDNA的上游。然后，你将穿过UAS$_G$无眼果蝇到一条驱动系，该驱动系在注定成为腿的细胞中表达Gal4蛋白。

使用二进制系统的优点是，一个UAS$_G$-*eyeless*构造可以与已经可用并且特定于不同组织的各种不同Gal4驱动器一起使用。因此，通过将具有UAS$_G$无眼构造的果蝇与具有不同驱动因子的品系杂交，你可以制造在任何给定组织中（无论是腿还是翅膀，甚至在内部器官中）使无眼蛋白异位生长的果蝇。此外，科学家不需要定义特定的基因调控区域以实现组织特异性基因表达。

习题

词汇

1. 在右列中选择与左列中的术语最匹配的短语。

a. 上位相互作用　　1. 把身体分成相同的单位（片段）

b. 规范性决定　　　2. 通过配体与受体的结合引发

c. 修饰筛选　　　　3. 具有多于一种基因型的细胞的个体

d. RNA 干扰　　　　4. 早期胚胎细胞的命运可以被环境改变

e. 异位表达　　　　5. 为身体部分分配身份

f. 同源域　　　　　6. 浓度决定细胞命运的物质

g. 绿色荧光蛋白　　7. 通过双链 RNA 抑制基因表达

h. 遗传嵌合体　　　8. 鉴定多效性基因的方法

i. 分节基因　　　　9. 在某些转录因子中发现的 DNA 结合基序

j. 同源基因　　　　10. 编码在未受精卵中积累并且是胚胎发育所需的蛋白质

k. 形成素　　　　　11. 双突变体具有两种突变体之一的表型

l. 母体效应基因　　12. 基因在不适当的组织中或在错误的时间开启

m. 信号转导途径　　13. 用于跟踪活细胞中蛋白质的标签

19.1节

2. a. 如果你对特定基因在人类心脏胚胎发育中的作用感兴趣，为什么你可能会在模式生物体中研究这种作用？你会选择哪种模式生物体？

b. 如果你有兴趣寻找人类心脏发育可能需要的基因，你会选择哪种模式生物？描述你可以使用的两种不同的实验方法。

3. 早期秀丽隐杆线虫胚胎显示马赛克测定，而早期小鼠胚胎表现出调节性测定。

如果对这两个物种中的每一个四细胞胚胎进行以下处理，则预测结果是你所期望的（假设这些操作实际上可以进行）：

a. 激光被用来去掉四个细胞中的一个（这种技术被称为激光烧蚀）。

b. 将胚胎的四个细胞彼此分开并使其发育。

c. 将来自两个不同的四细胞胚胎的细胞连接在一起以制备八细胞胚胎。

4. 果蝇无翅基因的同形突变导致动物缺乏翅膀。

a. 从一组无翅突变开始，研究人员如何在果蝇基因组序列中鉴定出无翅基因？

b. 由无翅基因的ORF编码的部分氨基酸序列是：

(N)...EAGRAHVQAEMRQECKCHGMSGSCTVKTCWMRL...(C)

在以下网站进行蛋白质比对，询问人类基因组是否有与无翅相关的基因：https://blast.ncbi.nlm.nih.gov/Blast.cgi?PROGRAM=blastp&PAGE_TYPE=BlastSearch&LINK_LOC=blasthome

输入Homo sapiens（taxid：9606）作为有机体。将所有其他设置保留为默认状态，然后点击页面底部的蓝色BLAST按钮。数据库搜索的结果将在几分钟后出现。搜索结果将告诉你，与飞翼无基因同源的人类基因的存在是什么？

19.2节

5. 纯合的*sevenless*（*sev*）或*bride-of-sevenless*（*boss*）基因隐性零突变的果蝇具有相同的突变表型：它们眼中的每一个复眼（facet）都缺少光感受器细胞7（R7）。R7细胞使果蝇能够探测紫外线。

a. 鉴于果蝇通常会向光线移动，建议采用筛选方法，使你能够识别R7测定所需的其他基因的突变。

b. 你能用你的方法恢复R7开发所需的每个基因的突变吗？请说明。

c. 你如何判断你在筛选中发现的任何新突变是*sev*或*boss*的等位基因？

d. 假设你发现了一个先前未知与眼睛发育有关的基因的隐性突变等位基因，你怎么能在新的诱变筛选中使用这个等位基因来找到这个基因的其他等位基因？为什么你需要额外的突变等位基因来研究这个过程？

习题6涉及一种名为*rugose*（*rg*）的果蝇基因。该基因中隐性突变的纯合子成虫具有粗糙的眼睛，其中小眼睛（小关节）的规则模式被破坏。小眼模式的破坏是由于来自小眼的一个或多个所谓的锥细胞的缺失引起的；在野生型中，每个小球都有四个锥状细胞。

6. 1932年，H.J. Muller提出了一项基因测试，以确定某种特定突变的表型效应是否为野生型隐性遗传是一种无效（无定形）等位基因，还是一种基因的亚型等位基因。Muller的测试是将隐性突变体等位基因的纯合子表型与杂合子的表型进行比较，其中一条染色体携带有问题的隐性突变，同源染色体携带包含该基因的区域的缺失。

在一项使用Muller检验的研究中，研究人员检查了两个隐性的，功能丧失的突变等位基因，命名为rg^{41}和rg^{y3}。由几种基因型的果蝇显示的眼睛形态在下表中显示。*Df(1)JC70*是一个大的删除，去除其两侧的皱纹和几个基因。

基因型	眼表型	每个小眼的锥细胞
野生型	平滑的	4
rg^{41}/rg^{41}	有点粗糙	2～3
$rg^{41}/Df(1)JC70$	适度粗糙	1～2
rg^{y3}/rg^{y3}	非常粗糙	0～1
$rg^{y3}/Df(1)JC70$	非常粗糙	0～1

a. 哪个等位基因（rg^{41}或rg^{y3}）更强（即导致更严重的突变表型）？

b. 哪个等位基因指导产生更高水平的功能性Rugose蛋白？

c. Muller的测试将如何区分无效等位基因和同态等位基因？建议对Muller的测试进行理论解释。根据表中显示的结果，这两个突变中的任何一个可能是皱纹的无效等位基因吗？如果是这样，应该是哪一个？

d. 解释为什么研究者想要知道特定的*rg*等位基因是无定形的还是亚型的。

e. 假设存在一个超级*rg*等位基因（rg^{hyper}），由于过量的锥细胞导致眼睛粗糙。你可以使用Muller的遗传方法来确定显性等位基因是否是超变态吗？请说明。

f. 假设存在一个反态*rg*等位基因（rg^{anti}）。你能想出一种方法来确定显性突变是否是反变态的吗？（提示：假设除了具有删除*rg*的染色体外，还可以获得包含野生型*rg*基因的重复染色体。）

习题7和习题8涉及称为*myo-2::GFP*的重组DNA构建体，线虫发育遗传学家已将其转化为蠕虫。含有这种结构的蠕虫在咽部表达绿色荧光蛋白（GFP），咽部是位于口腔和肠道之间的一个器官，它将线虫作为食物来源（见图）。在*myo-2::GFP*构建体中，水母*GFP*的可读框被连接到*myo-2*的启动子和增强子的下游，*myo-2*是在咽部肌肉细胞中特异性表达的基因。

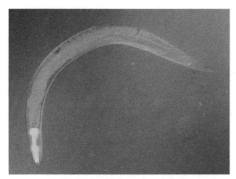

图片由John M. Kemner提供

7. a. 解释如何使用*myo-2::GFP*转化的蠕虫来发现破坏咽部结构的突变。转基因的存在如何促进突变筛选？

b. 在称为*pha-4*的基因中，功能丧失突变纯合的线虫没有可检测到的咽结构。你怎么才能用*myo-2::GFP*来确定*pha-4*是否是一种主要的调节基因，以类似于Pax-6/*eyeless*控制眼睛发育的方式指导咽部的发育？（提示：回顾已解决的习题精解Ⅰ）

8. 假设你想确定一个特定的基因*X*是否对咽部的规格很重要，但同一基因的突变在咽部结构出现之前就会破坏胚胎发育。如何使用*myo-2::GFP*，即*myo-2*启动子，基因*X*的DNA序列，以及你对RNA干扰（RNAi）的知识，以产生在咽部缺乏基因X表达的蠕虫，但在野生型秀丽隐杆线虫中表达的所有其他组织表达基因X？

9. Sevenless是一种不寻常的受体蛋白，因为它仅在一种非必需细胞类型——R7前体细胞中需要。也就是说，*sev*⁻（无效突变体）的眼睛中缺乏R7细胞，但它们在实验室条件下是完全可行和可育的。相反，表皮生长因子受体（EGFR）在开发早期开始的各种细胞类型中是必需的。由于EGFR的多效功能，缺乏这种蛋白质的果蝇在胚胎发生过程中死亡。

a. 将Sevenless信号传递至细胞核的Ras/MAPK途径（图19.6）也在EGFR的下游起作用。解释为什么用于鉴定Ras/MAPK途径组分的*sev*突变修饰物的筛选（图19.5）不能用于*Egfr*突变。

b. 设计一个修饰筛选，可以识别EGFR途径中基因的突变（提示：使用转基因）。

10. 假设你生成了含有转基因（*sev-Ras^{S17N}*）的果蝇，该转基因使用野生型*sevenless*调控序列来驱动编码Ras蛋白的显性失活形式的编码序列的表达。

a. 你是否期望这些果蝇具有突变表型？请说明。

b. 假设你在修饰筛选中使用这些转基因果蝇。对于图19.6中的每种蛋白质，说明相应基因中的功能丧失突变是否已被鉴定为突变表型的增强子或抑制子。

c. 如果果蝇含有*sev-Ras^{G12V}*（高度Ras）转基因，则回答题目b。

11. 果蝇研究人员收集了许多携带单个重组P元件的菌株，该重组P元件含有插入已知基因组位置的野生型白色基因（*P[w⁺]*转基因）。这些菌株可用于绘制果蝇基因组中任何突变基因的位置。

　　研究人员进行了一项杂交测试，将导致眼睛粗糙的隐性突变*rough（ro）*与3号染色体上的*P[w⁺]*序列进行比对。在一条染色体3上*P[w⁺]*杂合的雌性和在该染色体上的一个*ro*⁻突变。另外，同源染色体3与*ro*⁻/*ro*⁻雄性杂交，获得以下列表中的后代。在亲本和后代中，内源白基因是无功能的——只有当它们含有*P[w⁺]*转基因时，果蝇才会有红眼。

145　红色光滑（野生型）的眼睛
152　白色粗糙的眼睛
2　白色光滑的眼睛
1　红色粗糙的眼睛

a. *ro*和*P[w⁺]*是否相关？如果是这样，有多少图距单位将它们分开？

b. 题目a的数据并未表明*ro*基因位于*P[w⁺]*的哪一侧（朝向着丝粒或端粒）。如何修改实验以揭示该信息？

c. 假设你将*ro*突变映射到两个相距5000bp的不同*P[w⁺]*元素之间的基因组区域。描述一些实验方法，可以让你在分子水平上识别*ro*基因。

d. 你怎么能用*ro*基因的DNA序列来确定它编码的蛋白质的功能？

12. 作为随机诱变的替代方法，科学家们可以通过使用RNAi系统地敲除单个基因功能来筛选突变表型。

a. 建议构建转基因的方法，在果蝇中表达RNAi以敲低基因。

b. 如何使用RNAi对翅膀发育所需的果蝇基因进行突变筛选？这个筛选怎么能避免多效的问题？

13. 称为*par-1*的秀丽隐杆线虫（线虫）基因有助于在发育早期确定动物的AP轴。科学家们确定*par-1*是多效的——后来发现它在形成成年动物的外阴方面也具有功能。研究人员如何规避*par-1*⁻突变体的致死性以观察*par-1*基因的后期功能？（提示：秀丽隐杆线虫幼虫可以吃掉表达任何基因的细菌）

19.3节

14. 已经建立了习题6中描述的果蝇*rugose*基因的分子身份。现在可获得对应于*rugose*基因mRNA的cDNA克隆和识别Rugose蛋白的抗体。

　　a. 你怎么用这些试剂来确定*rugose*基因在哪些组织中表达？这个基因在任何特定组织中的表达是否证实了Rugose蛋白在哪里起着重要作用？

　　b. 这些相同的材料如何帮助你确定新发现的*rugose*隐性等位基因是无效还是亚型变异？如果一个新的等位基因对野生型具有显性作用，mRNA克隆或抗体可以帮助你确定等位基因是否具有反形等位基因、超形态等位基因或新形态等位基因？

15. 为了确定*boss⁺*的作用焦点，研究人员进行了如图19.11所示的嵌合体实验：使用FLP/FRT通过有丝分裂重组产生了用于*w⁺ boss⁺*和*w⁻ boss⁻*光感受器的小眼嵌合体。

　　a. 描述具有野生型表型（存在R7）并且具有凸起突变体表型（R7不存在）的嵌合体小眼（哪些细胞是*w⁺*且哪些是*w⁻*）的外观。*boss⁺*基因的作用焦点是什么？

　　b. 虽然*boss*基因位于3号染色体上，但仍然可以使用*w⁺*基因作为*boss⁺*细胞的标记。这是通过使用其中X染色体上的内源性白色基因是突变体并且在染色体3上携带 *P* [*w⁺*]转基因的果蝇来实现的。图中使用的染色体，包括在图中FRT的位置、*P* [*w⁺*]、*boss⁻*和*boss⁺*等位基因，以及有丝分裂交换。还要展示染色体如何分离成子细胞以产生马赛克。

16. 假设特定基因是早期发育所需的，也是后来发育特定组织所必需的，如成人神经系统。通过在杂合子的组织中产生纯合突变体克隆，研究人员可以避免整个动物由于该基因中的功能丧失突变成纯合子而导致的致死率。

　　一种名为MARCM（具有可抑制细胞标记的嵌合体分析）的技术，能够帮助果蝇遗传学家进行纯合突变细胞克隆，其特征在于存在报告蛋白如GFP。标记表达使研究者能够清楚地观察突变细胞克隆中的突变表型。该技术依赖于称为Gal80的酵母蛋白，其是先前在解决习题精解Ⅱ中描述的Gal4蛋白的负调节物。Gal80与Gal4结合并阻止其激活转录。MARCM的想法是Gal4/*UAS_G*驱动的GFP表达在整个果蝇中被Gal80阻断，除了在纯合子突变体克隆中，其中表达Gal80的转基因通过有丝分裂重组而丧失。

　　a. 绘制染色体和有丝分裂交换，产生由GFP表达标记的纯合*m⁻*突变体克隆。

　　b. 如何能将克隆限制在成人神经系统？

17. 研究人员利用*Minute*突变来研究与隐性致死突变

相关的表型（*l⁻*），这种突变降低了细胞分裂的速度，因此只能制造难以分析的非常微小的纯合突变体克隆。许多不同的果蝇品系在编码核糖体蛋白亚基的多种基因中携带显著的功能丧失的*Minute*（*M*）突变。*M*基因单倍体不足；只有一个野生型*M⁺*基因拷贝的果蝇细胞分裂速度较慢，因此导致发育迟缓和形态异常。

　　为了避免微小的克隆问题，研究人员在*l⁻*/*l⁺*和*M⁻*/*M⁺*的果蝇中产生GFP标记的纯合*l⁻*/*l⁻*克隆，其也是*M⁺*/*M⁺*。仅在细胞内的细胞中失去*Minute*突变。克隆使*l⁻*/*l⁻*细胞比其邻居具有生长优势，使突变体克隆能够长到足以进行研究。图中的染色体可以用来产生这样的克隆。

18. 一些ts等位基因在蛋白质合成过程中对温度敏感：如果在限制性温度下发生翻译，则新形成的蛋白质不能正确折叠。其他ts等位基因对温度敏感：当温度升高时，现有的、正确折叠的蛋白质展开，不能再发挥作用。对于确定蛋白质何时起作用的温度变化实验（如图19.12中的那个），哪种ts等位基因更好？解释你的答案。

19. 下图显示了来自*zyg-9*基因的温度敏感等位基因纯合子母体的秀丽隐杆线虫胚胎的温度变化分析，这有助于确定早期胚胎的极性。每个点代表经受短暂（5min）高温脉冲的单个胚胎。绿点表明胚胎最终存活并成为正常的蠕虫，而红点表示极性异常的动物最终死亡。

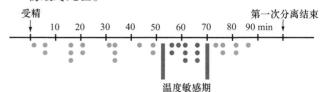

　　a. 受精后的什么时间是秀丽隐杆线虫正常发育所需的*zyg-9*基因？

　　b. 无论用于受精的精子是否具有*zyg-9*的野生型或突变等位基因，都获得了相同的结果。这个事实说明了在需要的狭窄时间窗口内存在的Zyg-9蛋白来源？

20. 编码Notch蛋白的基因（*N^{ts}*）的温度敏感等位基因帮助研究人员了解该蛋白质在果蝇眼发育中的许多作用。Notch是一种跨膜受体，当与配体结合时，将信号传递给细胞核。在一个实验中，允许野生型和*N^{ts}*纯合发育的眼睛在许可温度下在幼虫中生长数小时，然后将温度转移到限制温度。4h后，从幼虫切下眼睛，用在所有光感受器中表达的蛋白质的抗体标记光感受器（下图中的蓝细胞用抗体标记）。黑点表示未在图中显示出的更高级开发阶段的小眼图。

　　眼睛发育发生在幼虫中存在的称为眼睛成像盘的结构中。小眼在称为形态发生沟的压痕后面发展（图中的 *mf*）。沟槽在椎间盘后部形成并向前移动；每隔 2h，一排新的小眼就会在沟槽后面开始发育，而那排后面的行则会连续成熟到下一个装配阶段（图中只显示了一个小眼图，而不是整行）。因此，在单眼视盘中，存在所有发育阶段的小眼。正如你在图 19.3 中看到的，加入小眼的第一个细胞是光感受器 R1～R8，它们按特定顺序进行。

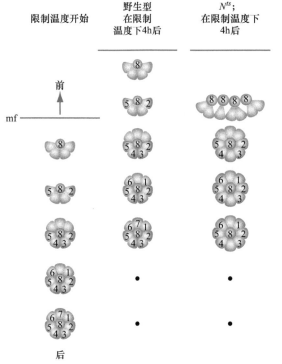

　　描述 Notch 蛋白在小眼组装的不同阶段的不同作用。

21. 早期发育所必需的多效基因的同形等位基因有时可以为生物体提供足够的基因活性以在早期发育中存活。在这种情况下，突变表型可以揭示该基因的后期功能。

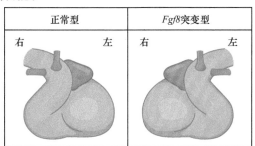

　　在早期胚胎发生期间，Fgf8（成纤维细胞生长因子 8）的无效等位基因纯合的小鼠死亡，模糊了Fgf8 在建立器官左/右不对称性中的后期作用。然而，对 *Fgf8* 等位基因是纯合体的小鼠的进一步研究

并揭示了 Fgf8 蛋白是左撇子的决定因素。

　　这些 Fgf8 亚型突变等位基因如何产生？（可能有多个答案）

22. 除了在果蝇胚胎中建立前/后极性的母体效应基因（如 *bicoid* 和 *nanos*），其他母体效应基因，包括 *dorsal*、*pelle* 和 *Toll*，独立地确定背/腹侧极性。*dorsal* 基因编码最初沉积在卵细胞质中的转录因子（Dorsal），其以浓度依赖性方式确定腹侧。如下图（野生型）所示，早期胚胎中存在 Dorsal 定位的梯度：Dorsal 蛋白浓度最高的细胞核成为腹侧最多的细胞，没有 Dorsal 蛋白的细胞核成为 Dorsal 最多的细胞，外侧细胞通过细胞核中特定的中间背侧蛋白水平 "得知" 自己的位置和命运。该图显示了通过囊胚胚胎的切片，其中 D=背侧，V=腹侧。

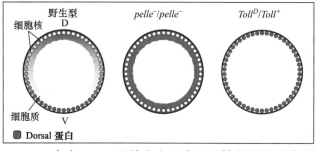

　　来自 Dorsal 无效突变纯合子母体的胚胎被背部化——沿着背/腹轴的每个细胞 "认为" 它是腹侧最多的细胞。来自功能丧失的纯合子母体的胚胎或功能获得的杂合子（组成型活性）*Toll^D* 突变显示背部蛋白定位的改变模式，如图所示。Pelle 和 Toll 表达在背侧功能丧失突变体中未改变（未显示）。

a. 描述由 *pelle^-/pelle^-* 或 *Toll^D/Toll^+* 突变母体产生的胚胎中 Dorsal 蛋白定位的改变。

b. 根据给出的信息，在背景中对 *dorsal*、*pelle* 和 *Toll* 基因进行排序。

c. 题目 a 中描述的两种胚胎在孵化前死亡。描述它们的形态突变表型。

19.4 节

23. *yan* 基因编码一种转录因子，在表达 Sevenless 的 5 个细胞中抑制 R7 的发育，因此能够成为 R7。在无效的突变体中，每个小眼中的所有 5 个细胞都可以成为 R7［正如 *sev-Ras^{G12V}* 转基因果蝇一样；见图 19.7（b）］。*sev^-yan^-* 双无效突变体的眼睛显示 *yan^-* 突变体表型。

a. 描述 *sev* 和 *yan* 突变体之间的上位性关系。

b. 根据你对 Sevenless 和 Yan 蛋白在信号通路中的作用的了解（图 19.6），这是你预期的上位相互作用吗？请说明。

c. 只有当同一途径中的基因中的两个突变体具有不

同的突变表型时，才能进行上位性分析。R7信号通路中的两个不同的无效突变（*sev*和*yan*）如何引发不同的突变表型？

d. 组成型活性*Ras*^{G12V}突变对于*sev*$^-$无效突变是上位性的，因此是*yan*$^-$无效突变；但Ras和Yan在信号通路中的Sevenless的下游起作用。考虑到你对题目c部分的回答，解释为什么这是有道理的。

e. 假设研究人员鉴定了具有显性组成型活性突变等位基因*yan*（*yan*^{D}）的果蝇，即使在Sevenless途径被激活的细胞中也能表达*yan*。预测果蝇的突变表型。你是否期望*yan*^{D}对于*sev*$^-$是上位的？对*Ras*^{G12V}呢？请说明。

24. 回忆第17章，在果蝇中，性别决定取决于X染色体的数量：XX果蝇是雌性，而XY果蝇是雄性。雌性形态的细化取决于由XX胚胎中*Sx1*基因的表达引发的级联基因调控（图17.35和图17.36）。Sx1以允许Tra蛋白翻译的方式引起*tra*基因转录物的剪接。Tra蛋白反过来导致*dsx* mRNA的雌性特异性剪接和转录因子Dsx-F蛋白的表达。Dsx-F激活雌性形态基因的转录并抑制雄性形态学基因表达。*ix*基因产物Ix蛋白是Dsx-F抑制雄性形态基因表达所必需的。

a. 果蝇性别决定是一种转换/调节途径。定义此路径中的信号和开关。开关打开的是什么单元？关闭呢？

b. 描述XX蝇和XY蝇中的*tra*$^-$和*ix*$^-$突变体表型。

c. 预测*tra*$^-$ *ix*$^-$缺失的双突变体的突变表型。你希望哪种突变是上位的？

d. 在先前讨论的关于眼睛发育研究中的上位性分析的两个例子中，在文本中描述的*sev*$^-$和*Ras*^{G12V}，以及习题23中的*sev*$^-$和*yan*$^-$，上位突变定义了该途径中的下游基因。你能解释为什么在这个例子中性别决定途径并非如此吗？

19.5节

25. a. 解释细胞器DNA的母系遗传与母体效应遗传之间的差异。

b. 线粒体基因引起的表型遗传模式与母体效应基因的遗传模式有何不同？

26. 20世纪20年代，Arthur Boycott通过对蜗牛*Limnaea peregra*的研究工作，发现了第一个母体效应表型。像大多数腹足动物一样，*Limnaea peregra*的壳和内脏通常向右旋转，称为右旋的表型。Boyco发现了一个突变体，它的身体与野生型镜像对称：突变体的壳体和内体盘绕到左侧，称为左旋的表型。

最近的研究表明，左旋和右旋由一种称为*s*的常

染色体母体效应基因控制；显性*s*$^+$等位基因导致右旋，而隐性功能丧失的*s*$^-$等位基因导致左旋。

左旋　　　右旋

a. *Limnaea*是雌雄同体或雄性；雌雄同体可以自体受精，也可以与雄性交配。假设一个纯粹的*Limistea*雌雄同体的繁殖系与纯种繁殖右旋线的雄性杂交。后代的表型是什么？

b. 若在相反方向进行杂交，即右旋雌雄同体与左撇子雄性杂交，然后如何回答题目a部分？

c. 如果果来自题目a和题目b的F$_1$自体受精，则分别描述后代表型。

d. 假设你现在从题目a和题目b中自我完成F$_2$。在每种情况下，你对F$_3$的期望是什么？

27. 图19.18右侧所示的果蝇突变筛选受到限制；它只能识别母体效应基因中的突变，这些基因的功能在雌性组织中不需要，而不是它们产生的卵。

a. 筛选的哪个方面强加了这个限制？

b. 你如何确定所鉴定的任何突变是否存在于雄性所需的基因中？

c. 为什么筛选时需要*Balancer*染色体？

28. 一些基因在声学上和母体上都是必需的。研究这些基因的一种实验方法依赖于*ovo*^{D}的存在，*ovo*^{D}是卵子基因的显性雌性不育突变，位于着丝状的果蝇*X*染色体中间的附近。*ovo*^{D}/*ovo*$^+$的雌性是无菌的；含*ovo*^{D}的种系细胞不能产卵。

a. 基因*X*中的突变是隐性致死，因此这些突变的纯合子不会发育成成人。解释研究人员如何在有丝分裂重组实验中使用*ovo*^{D}突变来确定：①雌性是否可以将基因*X*的RNA或蛋白质产物提供给它们在卵巢中产生的卵；②这种母系供应的产物需要适当发展它们的后代。在基因组中，基因*X*需要定位才能使这种方法起作用？

b. 已经克隆了*ovo*^{D}突变基因，因此可以获得该突变基因的基因组DNA。你如何使用这种克隆的DNA来确定位于基因组中任何位置的胚胎致死突变是

否是母体效应基因的等位基因？

c. 无论它的染色体位置如何，你怎么能在这样的实验中区分出所讨论的基因是否是一个母体效应基因，而不是一个基因？其产物是雌性卵子发生所必需的？

d. 如果携带这些突变的雌性不育，如何维持含有 *ovo*^D 突变的果蝇品系？

29. 一个母体效应基因突变的人如何最有可能被识别出来？

30. Bicoid是一种前部决定因素的一个重要证据，这出自于一种类似于早期胚胎学家所进行的注射实验。这些实验涉及通过直接注射到卵中引入诸如来自蛋的细胞质或体外合成的mRNA的组分。描述注射实验，证明Bicoid是前决定因素。

31. *hunchback* 含有5′转录调节区、5′UTR、结构区（编码序列）和3′UTR。

a. 控制 *hunchback* 表达所需的重要序列存在于 *hunchback* 的转录调控区域？

b. 编码特定蛋白质结构域的序列元素是在 *hunchback* 的结构区域中发现的？

c. 另一种重要的序列位于 *hunchback* mRNA的3′UTR中。这个序列可能做什么？

32. 在由 *nanos*⁻ 母体产卵产生的果蝇中，腹部的发育受到抑制。从没有母系供应的 *hunchback* mRNA的卵发育的果蝇是正常的。由 *nanos*⁻ 母体产下的卵发育的果蝇也没有母系供应的 *hunchback* mRNA是正常的。如果过多的Hunchback蛋白积聚在卵后部，则可防止腹部发育。

a. 这些发现对Nanos蛋白和驼背母体提供的mRNA的功能有何影响？

b. 这些发现对于进化的生物过程的效率有何影响？

33. 缺乏间隙基因 *knirps*（*kni*）的野生型胚胎和突变体胚胎在合胞体囊胚阶段用荧光抗体处理以检查Hunchback蛋白和Krüppel蛋白的分布。结果如下图所示。

Hunchback蛋白　　　　Krüppel蛋白

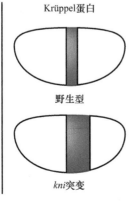

野生型　　　　　　　野生型

*kni*突变　　　　　　*kni*突变

34. 果蝇的 *even-skipped*（*eve*）基因有4种不同的增强子，以7条条纹的模式控制其转录［其中一个条带2增强器如图19.23（c）所示］。

a. 为什么条带2增强器仅在与条带2对应的单元中有效？

b. 其他三个增强器各自在对应于两个不同（不相邻）条带的单元中工作。这是怎么做到的？

c. 像 *ftz* 这样的二级成对规则基因只有一个增强子，它在所有7条条纹中都有效。这是怎么做到的？描述一个可以让科学家得出这个结论的实验。

d. 你是否期望片段极性基因 *engrailed* 具有2个增强子或14个增强子，其中一个在每个增强子中都表现活跃？

35. 在具有影响 *Ubx* 基因的功能丧失突变的果蝇中，身体节段的转变总是在前向方向上。也就是说，在 *bx* 突变体中，T3的前室转变为T2的前室，而在 *pbx* 突变体中，T3的后室转变为T2的后室（图19.26）。在野生型中，*Ubx* 基因本身在后部T2-前部A7（PS5-PS12）中表达，并且在后部T3-前部A1（PS6）中最强烈地表达（见图19.29）。

a. *Abd-B* 基因在腹部parasegments 10～13中转录。假设 *Abd-B* 的功能模式与 *Ubx* 的功能模式相同，那么 *Abd-B* 的无效等位基因纯合子的可能后果是什么（即你希望看到哪些节段或段落转换）？

b. 因为 *Abd-A* 在第7～12段的parase中表达，所以BX-C的三个基因（*Ubx*、*Abd-A* 和 *Abd-B*）都在10～12段的转录中转录（见图19.29）。为什么腹部parasegments10，11和12在形态上是可区分的？

c. 你期望在BX-C（*Ubx*、*Abd-A* 和 *Abd-B*）的所有三个基因删除的动物中看到什么样的节段转换？

d. BX-C中的某些 *Contrabithorax* 突变导致翅膀转变为平衡棒。基于 *Ubx* 基因特别是副体节的转录，提出对这种表型的解释。您是否预期 *Contrabithorax* 突变会对野生型具有显性或隐性？请说明。

36. 对果蝇的发育至关重要的是，*Hox* 基因不仅必须在它们应该表达的位置，而且它们必须在它们不应该被表达的地方消失。因此，除了增强子之外，*Hox* 基因由消音器控制，如仅结合阻遏物的增强子。这个事实是由约30个所谓的 *Polycomb group*（*PcG*）

基因的合子突变发现的。任何一个*PcG*基因失去功能突变的纯合子胚具有相似的突变表型：如附图所示，其身份由*BX-C*基因控制的节段全部转化为最后腹部的节段（PS13）：

　a. 你认为*PcG*基因编码的蛋白质类型是什么？

　b. 解释缺乏PcG蛋白的胚胎的突变表型。

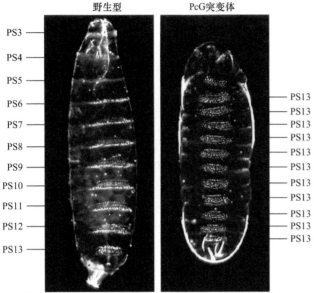

野生型　　　　　　PcG突变体

图片由Jeffrey Simon, Ph.D.提供，引自：Joyce Ng et al. (Nov. 1997), "Evolutionary Conservation and Predicted Structure of the *Drosophila* extra sex combs Repressor Protein," *Molecular and Cellular Biology*, 17(11): 6663-6672, Fig. 2A-B. © by the American Society for Microbiology

37. 在植物拟南芥（*Arabidopsis thaliana*）中，每朵花由4个同心轮的修饰叶构成。第一轮螺纹（螺纹1）由4片绿色叶状萼片组成，螺纹2由4个白色花瓣组成，螺旋3由6个雄蕊组成，花粉中含有雄性配子（精子），而螺纹4含有2个心皮，其中包含雌性配子（卵）的胚珠。如下图所示，野生型花卉图案的简写描述为：萼片，花瓣，雄蕊，心皮。

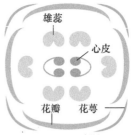

来源：USDA/Peggy Greb拍摄

　科学家们想要了解这种轮生模式是如何产生的。他们为随机诱导的突变产生了纯合的拟南芥植株，并筛选出具有异常顺序或选择花器官的突变花。确定的有趣突变体分为三种表型：①心皮，雄蕊，雄蕊，心皮；②萼片，萼片，心皮，心皮；③萼片，花瓣，花瓣，萼片。

　研究人员发现，所有1类突变体都是同一基因的等位基因，他们称之为*APETELA2*（*AP2*）。2类突变体是两个基因之一的等位基因，命名为*APETELA3*（*AP3*）和*PISTILLATA*（*PI*）。最后，3类突变体代表单个基因*AGAMOUS*（*AG*）。分子分析显示所有四种基因都编码转录因子。

　基于*AP2*、*AP3*、*PI*和*AG*突变体（均为无效等位基因）的表型，以及所有四种基因产物均为转录因子的事实，研究人员制定了以下模型，用于区分4种花轮与4种等同螺旋的分化。前体细胞群：AP2蛋白决定萼片；AP2+AP3+PI决定花瓣；AP3+PI+AG确定雄蕊；AG确定心皮。此外，AP2和AG蛋白抑制彼此的转录。

a. 完成下面的图表，以显示模型如何预测四种基因中每种基因突变纯合的花的表型。在图表中，彩色框表示表达的基因；白框是未表达的基因。

习题37a的图

基因型	Whorl 1				Whorl 2				Whorl 3				Whorl 4			
野生型 ➡	花萼				花瓣				雄蕊				心皮			
	AP2	AP3	PI	AG	AP2	AP3	PI	AG	AP2	AP3	PI	AG	AP2	AP3	PI	AG
野生型	▓				▓	▓	▓		▓	▓	▓	▓				▓
	AP2	AP3	PI	AG	AP2	AP3	PI	AG	AP2	AP3	PI	AG	AP2	AP3	PI	AG
AP2⁻																
	AP2	AP3	PI	AG	AP2	AP3	PI	AG	AP2	AP3	PI	AG	AP2	AP3	PI	AG
AP3⁻																
	AP2	AP3	PI	AG	AP2	AP3	PI	AG	AP2	AP3	PI	AG	AP2	AP3	PI	AG
PI⁻																
	AP2	AP3	PI	AG	AP2	AP3	PI	AG	AP2	AP3	PI	AG	AP2	AP3	PI	AG
AG⁻																

b. 科学家使用RNA探针对四种基因中的每一种进行RNA原位杂交实验，测试了花形图案模型。目标是观察每个基因的mRNA是否在四个轮生中的每一个的前体细胞中表达。你对每种探针对野生型花的预测结果如何？AP2突变体呢？AG突变体呢？

c. 研究人员测试花图案模型的另一种方法是制作双突变体。模型预测6种双突变体组合中的每一种都有哪些表型？〔提示：为每个可能的双突变体扩展题目a所示的图表将会有所帮助〕

d. 这个问题中描述的四个基因的作用是否与分割基因或本文中描述的果蝇同源基因的作用更相似？

第20章　癌症遗传学

免疫系统的杀伤细胞（黄色）攻击一个大型癌细胞（粉红色）

© Jean Claude Revy, ISM/Phototake.com

章节大纲

20.1　癌细胞的特征

20.2　癌症的遗传学基础

20.3　细胞分裂通常是如何控制的

20.4　突变是如何导致癌症表型的

20.5　个性化的癌症治疗

在生殖细胞系中发生的突变通过配子传递到后代。这些生殖细胞系突变是遗传疾病的原因，也是自然选择进化的基础。但是那些没有传递到下一代的体细胞的突变呢？遗传学家对它们感兴趣吗？在这一章中，你会看到体细胞突变确实会对生物体产生深远的影响，尤其是因为它们是引起癌症的潜在原因。

癌症不是一种单一的疾病，而是一种具有庞大多样性的疾病，其特征都是细胞不受控制地生长和分裂。有两个原因导致了这种庞大的多样性。第一，引起癌症的

体细胞突变可以发生在不同组织的细胞中，产生肺癌、皮肤癌、乳腺癌等（图20.1）。不同的细胞类型对相同的致癌突变有不同的表型反应。第二，不同基因的突变编码不同的蛋白质，这些蛋白质调节细胞分裂，有助于产生癌症。因此，两种肺癌实际上可能是非常不同的疾病，因为它们是由不同的突变引起的。

人们认识到任何癌症都可能代表一种独特的情况，这就加大了医学科学面临的挑战。然而，在即将到来的廉价、大规模并行的核酸测序时代，癌症治疗将变得更

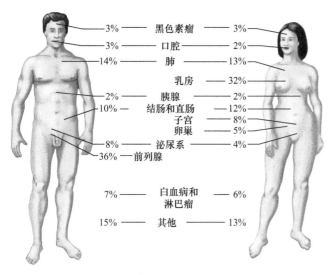

图20.1　在美国发生在身体不同部位的癌症百分比。影响相同组织的癌症可能有非常不同的起源和效果；例如，不同患者的乳腺癌通常具有独特的性质。

加个性化，从而更加有效。这个想法在概念上很简单：将肿瘤细胞的全基因组序列与同一患者正常细胞的全基因组序列进行比较，可以确定导致这种特定癌症的明显突变。这样的信息可以帮助医生选择现有的药物，或者设计专门针对患者独特的癌症中的缺陷蛋白或生化途径的新药。

这一章围绕一个统一的主题进行组织，即癌症实际上是一组具有一些共同特征的遗传疾病。在所有的癌症中，体细胞在多种基因中积累突变，其中许多基因的产物在正常细胞中起着"加速器"或"刹车"的作用。引起癌症的突变要么踩下加速器，要么放松刹车，因此癌细胞以一种快速且不受控制的方式分裂。由其他癌症相关基因编码的蛋白质通常有助于保护细胞DNA，这些基因的突变通过增加加速器或刹车基因的突变率而导致癌症。肿瘤细胞中特定的突变不仅决定了其特定的癌变性质，还决定了肿瘤对特定药物的敏感性。因此，由个性化癌症遗传学这门新科学带来的深刻见解，正在越来越多地指导研究人员针对个别癌症进行治疗。

20.1　癌细胞的特征

学习目标

1. 讨论癌细胞的行为，区分它们的生长与正常细胞有哪些不同。
2. 解释端粒酶的表达如何有助于癌细胞的永不凋亡。
3. 列出可能导致癌症的人类基因组的变化类型。
4. 描述肿瘤如何长到很大并扩散到身体的其他部位。

肿瘤细胞有许多区别于正常细胞的特性。然而，并非所有的癌细胞都表现出相同的表型变化。

20.1.1　癌细胞逃避细胞的正常生长控制

从一个细胞（受精卵）形成人体，需要数百万次细胞分裂。这些分裂受到控制，以确保细胞正确地分布到独立的器官和组织中。许多对细胞分裂的控制与在细胞间传递的信号有关。例如，大多数细胞只有在遇到生长因子时才会分裂，如遇到在体内其他部位产生的激素。在另一个例子中，大多数细胞在与其他细胞接触时停止分裂，这种特性称为**接触抑制**。然而，对细胞分裂的其他控制实际上就是细胞死亡。特别是，大多数细胞通过一个被称为**细胞凋亡**（或**程序性细胞死亡**）的过程死亡，当基因组DNA被破坏时，这个过程就会被激活。

图20.2概述了癌细胞逃避这些控制的方式。有些癌细胞会产生自己的分裂刺激信号——**自分泌刺激**，或者失去接触抑制。许多癌细胞不会在它们的DNA被破坏时死亡，但是DNA被破坏会引起正常细胞的凋亡。

20.1.2　癌细胞通常具有长生不老的潜力

除了少数例外（如罕见的干细胞），正常的体细胞要么在培养基中不易生长，要么经历有限的几轮分

大多数正常细胞	许多癌细胞

(a) 自分泌刺激

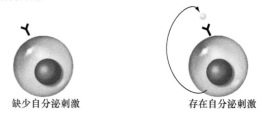

缺少自分泌刺激　　　　存在自分泌刺激

(b) 缺少接触抑制

单层细胞　　　　　　转移灶

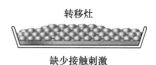

存在接触刺激　　　　缺少接触刺激

(c) 缺少凋亡

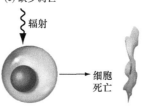

存在凋亡　　　　　　缺少凋亡

图20.2　表型变化导致癌细胞不受控制地生长。（a）许多肿瘤细胞在没有正常细胞增殖所需的外部生长信号的情况下可以分裂。（b）正常细胞在相互接触时停止生长，最终它们在培养时形成一个单细胞层。肿瘤细胞失去了这种接触抑制，互相攀附形成了多细胞堆，被称为转化灶。（c）当正常细胞受损时，它们会死于一种叫做程序性细胞死亡或凋亡的过程。许多癌细胞在受到同样程度的破坏时却不会死亡。

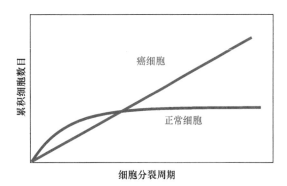

图20.3 许多癌细胞是永不凋亡的。大多数正常的体细胞在特定数量的细胞分裂后会自动停止生长（红线）。相比之下，肿瘤细胞可以无限分裂（蓝线）。造成这种差异的一个原因是，癌细胞通常会表达端粒酶，而正常细胞则不会。

裂（20~50）然后死亡。相反，肿瘤细胞不仅在培养基中生长良好，而且其中许多肿瘤细胞可以无限分裂（图20.3）。这些特征使科学家们相对容易地培育出有用的癌细胞系，这些癌细胞系可以被世界各地进行研究。

肿瘤细胞永不凋亡的原因之一与端粒酶的表达有关。正如第12章讲述的内容，端粒酶可以防止染色体复制时端粒的收缩。大多数正常的体细胞不会产生端粒酶，所以每一个细胞周期，染色体就会从末端失去DNA序列。经过几轮分裂，基本的基因丢失了，所以细胞老化和死亡。相反，大多数癌症细胞表达端粒酶，这一特征与生殖细胞系细胞及一些罕见的干细胞相同。端粒酶在端粒上再生重复序列的新副本，使癌细胞端粒在许多细胞分裂周期中保持大约相同的长度。

20.1.3 一些变化改变了肿瘤与身体的相互作用

肿瘤的快速生长会抑制周围组织的功能。肿瘤生长需要很多营养物质，但是对癌细胞的营养输送受到局部血液供应的限制。有些肿瘤通过分泌一些物质引起血管向它们生长，进而规避这种潜在的生长限制。对分泌信号做出反应的血管细胞生长称为**血管发生**〔图20.4（a）〕。新的血管作为供应线，肿瘤可以通过它来获取新的营养来源。

许多癌症的致命性在于它们可以扩散到体内的许多部位，从而破坏许多不同的组织。正常细胞被组织或器官周围的膜屏障限制在一个区域内。但肿瘤细胞往往能获得突破这种膜的能力〔图20.4（b）〕。癌细胞随后可以通过血液循环到远处的组织中，这一过程被称为**转移**。通过血管发生形成的新血管为转移细胞提供了逃生途径。

癌细胞与身体相互作用的另外一个不同之处是它们可以逃避**免疫监视**。人类的免疫系统通常会识别出癌细胞是外来的并攻击它们，从而帮助消除肿瘤，甚至在肿瘤大到足以被检测到之前就被消除（见本章开头的照片）。然而，成功的肿瘤细胞却以某种方式发展出一种

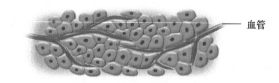

图20.4 使肿瘤生长并侵袭远端组织的变化。（a）肿瘤通过分泌一些物质引起血管向它们生长，为肿瘤提供新的营养物质。（b）有些癌细胞可以穿透特定组织的膜，然后通过血流拓殖远端组织。

能力，可以将自己从免疫系统中屏蔽掉，从而绕过这种保护机制。

20.1.4 大部分癌细胞具有不稳定的基因组

对于同一个人，许多癌细胞的突变率比正常细胞要高得多。一个主要的原因是，癌细胞修复DNA损伤的酶系统或错配修复系统常常存在缺陷，修复DNA损伤的酶系统是修复由辐射或紫外线等外部介质造成的DNA损伤，错配修复系统是纠正DNA复制过程中核苷酸掺入错误〔图20.5（a）〕。

基因组不稳定性的另一个表现是许多癌细胞有主要的染色体畸变〔图20.5（b）〕。肿瘤细胞的核型通常表现出明显的异常，例如，染色体重排（缺失、复制、反转、易位）、非整倍体，甚至是多倍体。染色体重排就像点突变一样，是DNA复制和修复机制问题的结果。非整倍体和多倍体可能是由有丝分裂装置（如构成中心体的蛋白质、丝粒或纺锤体）的缺陷造成的，这些缺陷会在细胞分裂时导致染色体分配错误。

某些癌细胞的高突变率不仅是癌症的结果，而且它还加速了导致其他癌症表型的基因突变的发生。在本章后面，我们将讨论在癌细胞中发生突变的基因类型。

基本概念

- 癌细胞不会对限制正常细胞分裂的控制做出反应，如接触抑制、凋亡信号或生长因子缺失。
- 由于端粒酶的表达，许多癌细胞可以无限分裂。
- 晚期肿瘤可刺激血管发生，逃避机体正常免疫防御，转移至其他组织。
- 许多癌症细胞表现出高度的基因组不稳定性，导致新的突变积累和染色体异常增加，从而导致癌症的其他特征。

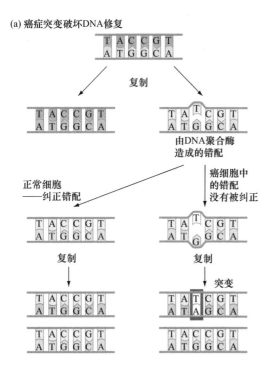

(a) 癌症突变破坏DNA修复

由DNA聚合酶造成的错配

正常细胞
——纠正错配

癌细胞中的错配没有被纠正

复制

复制

突变

图20.5 癌细胞基因组不稳定性。（a）在许多癌细胞中，修复DNA损伤的酶系统被破坏。结果细胞的突变率大大增加。（b）癌细胞往往具有显示染色体数目异常和许多染色体重排（如易位）的核型。这些核型变化是由缺陷DNA损伤和染色体隔离机制造成的［将这个光谱核型分析与图12.9（b）所示的正常细胞核型进行比较］。

（b）：Jonathan Landry et al., "The genomic and transcriptomic landscape of a HeLa cell line," G3: Genes, Genomes, Genetics, March 11, 2013, Fig. 3A reprinted courtesy Genetics Society of America

(b) 一种癌细胞核型

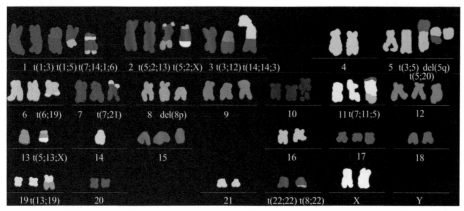

1 t(1;3) t(1;5) t(7;14;1;6)　2 t(5;2;13) t(5;2;X)　3 t(3;12) t(14;14;3)　4　5 t(3;5) del(5q) t(5;20)

6 t(6;19)　7 t(7;21)　8 del(8p)　9　10　11 t(7;11;5)　12

13 t(5;13;X)　14　15　16　17　18

19 t(13;19)　20　21　t(22;22) t(8;22)　X　Y

20.2 癌症的遗传学基础

学习目标

1. 描述目前癌症发生的模型。
2. 总结癌症是一种遗传性疾病的证据，需要在体细胞谱系中获得几个关键基因的突变。
3. 解释为什么有些人对某些癌症有遗传倾向。
4. 分析癌细胞增殖与基因组不稳定性之间的反馈循环。

图20.6总结了我们目前对最终导致癌症**恶性细胞**事件序列的理解。第一种罕见的突变发生在单个体细胞的基因组中。这种突变可能会带来生长优势，或者它可以使细胞与细胞分裂的正常约束分离，也可能破坏DNA修复机制，从而增加细胞基因组的突变速率。第二种突变发生在这个细胞的有丝分裂后代中。其他具有附加癌变性质的突变相继发生在后代细胞中。一旦这个家族中

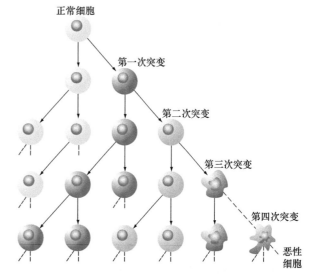

正常细胞

第一次突变

第二次突变

第三次突变

第四次突变

恶性细胞

图20.6 癌症的遗传基础模型。癌症被认为是由增殖细胞克隆中关键基因的连续突变引起的。

的一个细胞获得了足够的这种突变，它就会产生一个增殖癌细胞的克隆，这种癌细胞生长和分裂的速度非常快，以至于吞噬了周围的正常组织。随着时间的推移，随着这个克隆体中的一些细胞获得了增加肿瘤恶性程度的其他突变，癌症可能会发展。

我们现在讨论了几条证据来支持图20.6中概述的假设，即癌症是由细胞谱系中突变的积累导致的，从而产生癌细胞克隆的祖细胞。

20.2.1　癌症包括细胞克隆的增殖

对女性杂合细胞的X连锁等位基因的检测提供了癌症起源于单个体细胞的证据（图20.7）。从以前的章节可以得知，在雌性哺乳动物中X染色体的失活导致在任何给定的细胞中只表达一个X染色体两个等位基因中的一个。正常体细胞组织的样本几乎总是包含一些母系X染色体被失活的细胞，以及其他一些父系X染色体被灭活的细胞。原因在于，大多数体表组织是由许多克隆细胞组成的，这些细胞来自于个体的早期胚胎细胞，这些细胞随机地灭活了两个X染色体中的一个。一旦形成这种局面，就会通过多轮细胞分裂而得以延续。

与正常组织相比，女性肿瘤总是只表达一个X连锁基因的等位基因。这一发现表明，每个肿瘤的细胞都是

一个体细胞的无性后代，这个体细胞已经灭活了它的X染色体中的一个，然后又经历了一种罕见的突变，开始了致癌过程。

20.2.2　癌症通常是一种老年疾病

癌症的发病率随年龄而急剧上升（图20.8）。癌症在老年人中的流行支持了癌症随时间发展的观点，以及一个体细胞的无性繁殖后代中许多突变积累的观点。

20.2.3　环境诱变剂增加了癌症的可能性

流行病学调查显示，许多环境因素增加了癌症发病率；这些环境因素大部分是诱变剂，由图7.15所示的Ames试验所建立。其中一个如上所述的诱变剂是香烟烟雾。吸烟多年的人比不吸烟的人患肺癌的风险更高，而且他们患病的风险随着香烟的数量和吸烟时间而增加。美国肺癌死亡率的图表显示了吸烟的风险（图20.9）。20世纪40年代，男性肺癌发病率开始急剧上升，但女性肺癌发病率仅在20世纪60年代才开始上升，这反映了吸烟在女性中流行之前就已经在男性中流行了。自1990年以来，男性肺癌发病率显著下降，女性的发病率也有所下降，这反映了公共卫生运动抵制吸烟的有效性。

图20.9中的数据反映了一个令人关注的的现象：从20世纪20年代男性开始频繁吸烟到40年代肺癌急剧上升之间存在了20年的滞后。暴露于诱变剂和癌症发生之间的延迟是一种常见的现象。这些观察结果表明，必须发生若干突变才能产生癌症，这与之前在图20.6中提出的模型是一致的。

20.2.4　一些已知的突变增加了癌症的易感性

在大多数疾病中，一级亲属，如兄弟姐妹，甚至同卵双胞胎患同一类型癌症的概率较低。如果一个兄弟姐妹或双胞胎得了癌症，另一个通常不会。产生这些癌症的突变不是通过显性或隐性的生殖系遗传的；相反，它

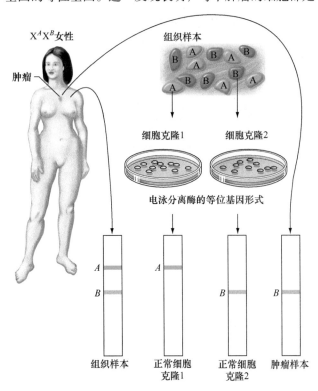

图20.7　肿瘤克隆起源的证据。由于X染色体失活，雌性的每一个细胞只表达一个多态X连锁基因的等位基因。正常的组织通常包含一些表达一个等位基因的细胞，以及另一些表达另一个等位基因的细胞。肿瘤的所有细胞都表达相同的一个等位基因，表明肿瘤起源于单个细胞。电泳区分了基因蛋白产物的两种等位形式。

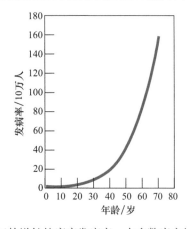

图20.8　随年龄增长的癌症发病率。大多数癌症的发病率随着年龄的增长而急剧增加，这与体细胞突变的积累是一致的。

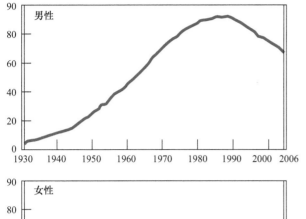

肺癌死亡率，美国，1930～2006年

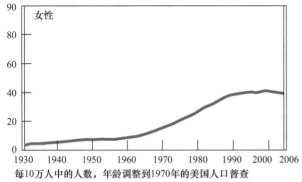

每10万人中的人数，年龄调整到1970年的美国人口普查

图20.9　吸烟的致癌作用。美国的男性和女性肺癌死亡率的急剧上升分别开始于20世纪20年代和40年代。这一差异反映了一个事实，即吸烟在男性中流行的时间比女性早大约20年。

们是由体细胞的随机突变引起的。

这条规则有一些重要的例外。在一些家庭中，一种特定类型的癌症在许多成员中复发，表明通过生殖系遗传了一种易感性。视网膜母细胞瘤是这类癌症的一个例子，在第5章的"遗传学与社会"信息栏"有丝分裂重组和癌症形成"中描述视网膜母细胞瘤与被称为*RB*的突变型等位基因相关。

有趣的是，一些（但不是全部）参与遗传形式癌症的基因编码DNA修复蛋白。例如，携带*BRCA1*或*BRCA2*基因突变等位基因的女性患乳腺癌和卵巢癌的风险很高。野生型BRCA1和BRCA2蛋白是修复DNA双链断裂机制的组成部分。

我们将在本章后面更详细地探讨这些家族性癌症，但是目前可以从一个简单的层面上理解为什么在特定的基因中，遗传突变，如RB、BRCA1或BRCA2会导致个体患上癌症。原因是这些人体内的细胞在癌症发展的过程中已经有了一个开端。这些人的细胞已经在一个与癌症相关的基因中有了突变，所以他们的体细胞在癌变过程中需要的突变积累更少。

这种遗传倾向的存在清楚地表明，癌症基本上是遗传性疾病。遗传突变等位基因的个体通常不是天生患有癌症，而是随着时间的推移而发展，这一事实再次强调，细胞获得癌症表型需要多个基因的改变。

20.2.5　肿瘤基因组测序揭示了癌细胞的多重突变

人类基因组测序技术的最新进展使得对癌症和正常体细胞个体进行基因组测序成为可能。对这些基因组序列的比较揭示了许多在正常细胞中没有发现的癌细胞突变。个体癌症在其基因组积累的突变数量上差别很大，从数百个到数十万个。

癌症基因组中的绝大多数突变是**乘客突变**，是由于癌症细胞的突变率增加而产生的，但不会导致癌症。癌细胞基因组中只有少数突变是导致癌症表型的**驱动突变**。举个例子，一个典型的结肠癌有上千种突变，而这些突变在同一患者的正常细胞中没有发现。只有60～70种突变改变了基因的可读框，其中只有3～10个可能是驱动突变。

这些驱动突变有两个关键点。首先，单一的驱动突变本身不足以引起癌症；相反，不同基因中的几个驱动突变必须累积。其次，根据每个癌症的独特性质，来自不同患者的同一组织（如结肠）的癌症积累不同的驱动突变。

稍后将在此章节中描述各种驱动突变的分子性质，但在这个阶段，你可以猜测其中一些驱动基因会破坏编码DNA修复蛋白的基因的功能。有缺陷DNA修复的细胞增加了突变和其他基因不稳定性的概率，使它们的基因组更有可能在其他基因中积累驱动突变。

20.2.6　细胞增殖和基因组不稳定性之间的反馈是肿瘤进展的基础

癌细胞总是在变化，获得越来越多的特性来区分它们和正常细胞。因此，**肿瘤进展**的现象是：随着时间的推移，肿瘤的生长速度越来越快，对其他组织的侵袭性也越来越强。这一过程是通过某些基因的突变（比如编码DNA修复酶的基因）来加速的，这些突变会导致基因组的不稳定性，从而增加其他基因的突变率。肿瘤细胞中积累的突变和染色体异常的一小部分可以增加细胞增殖的速度，使细胞扩散到身体的其他部位，促进血管生成，并帮助癌细胞逃避免疫监视。

增加的细胞增殖率和基因组不稳定性通过一个对患者具有破坏性的反馈回路紧密地联系在一起。单是增殖的增加，没有其他变化，只会产生无害的生长，不会危及生命，可以通过手术切除。增殖增加的真正危险在于它提供了大量的细胞克隆，在这种克隆中可以发生进一步的突变，而这些进一步的突变可能导致更快的增殖和最终的恶性肿瘤。克隆体中存在的细胞越多，克隆体中发生罕见突变的可能性就越大——克隆体本身就具有迅速繁殖的潜力。

基本概念

● 癌症是由于在有丝分裂的体细胞克隆中某些关键基因（驱动突变）的突变积累造成的。

● 观察结果支持了癌症发生模型，即癌症发病率是随着患者年龄的增长、暴露在诱变剂下，以及随着罕见的遗传突变增加。

● 细胞增殖和基因组不稳定性的增加形成了一个反馈回路，从而获得额外的癌症促进特性。

20.3 细胞分裂通常是如何控制的

学习目标

1. 描述以下分子在信号转导途径中的作用：生长因子、生长因子受体、激酶级联和转录因子。

2. 解释细胞周期蛋白依赖性激酶在调控细胞周期中的作用。

3. 以p53蛋白为例，总结细胞周期检查点是如何确保基因组稳定性的。

了解体细胞突变的积累如何导致癌症，首先需要了解正常细胞中细胞周期调控的分子基础。原因在于，与癌症进展有关的突变常常发生在一些基因中，这些基因的蛋白产物控制正常细胞增殖。其中一些蛋白质提供信号告诉细胞何时分裂，另一些则允许从细胞周期的一个阶段进展到一切正常的下一个阶段，当细胞基因组受损需要修复时，一些信号会导致细胞机制放慢。对控制细胞分裂的分子机制的全面阐述超出了这本书的范围，但是我们在这里将讨论一些与本章其余部分相关的要点。

20.3.1 生长因子通过信号转导级联启动细胞分裂

细胞之间必须相互发出信号，以确保整个身体的协调功能。这些信号告诉单个细胞是分裂、代谢（也就是说，按照程序生成分子），或者死亡。影响细胞增殖和分裂的分子信号称为**生长因子**。在这一章中，我们关注的是**促分裂原**——刺激细胞增殖的生长因子。然而，一些生长因子抑制增殖，其他生产因子也可以产生其他效果，这取决于细胞环境。

当生长因子与在细胞表面发现的**生长因子受体**接触时，一系列的生化反应，即所谓的**信号转导级联**发生在细胞内。信号转导级联最终到达细胞核，在那里它激活编码**转录因子**的基因。转录因子反过来调节一组基因，这些基因的蛋白质产物最终导致细胞分裂或停止分裂。

1. 生长因子

启动细胞分裂的两种基本信号是细胞外信号和细胞结合信号。

以类固醇、多肽和蛋白质的形式存在，长或短的距

离作用的**细胞外信号**，统称为激素［图20.10（a）］。例如，大脑脑垂体产生的促甲状腺激素（TSH）会通过血液流向甲状腺，刺激细胞产生另一种激素——甲状腺素，反过来影响新陈代谢。

细胞结合信号，需要细胞间的直接接触来传递信号［图20.10（b）］，例如，区分个体细胞与所有外来细胞和分子的组织相容性蛋白。免疫系统的细胞通过与其结合的信号来获得关于存在病毒颗粒、细菌和毒素的信息。

2. 生长因子与受体结合

大多数生长因子，无论是细胞外激素还是细胞结合信号，都是通过结合在接收细胞的细胞膜上的特定受体

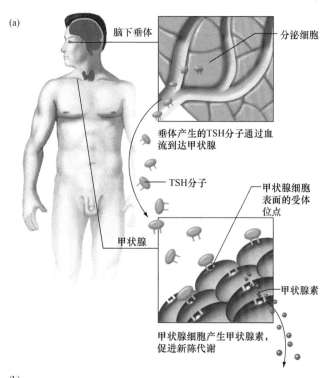

(a)

脑下垂体
分泌细胞
垂体产生的TSH分子通过血流到达甲状腺
TSH分子
甲状腺细胞表面的受体位点
甲状腺
甲状腺素
甲状腺细胞产生甲状腺素，促进新陈代谢

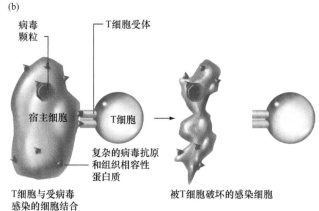

(b)

病毒颗粒
T细胞受体
宿主细胞
T细胞
复杂的病毒抗原和组织相容性蛋白质
T细胞与受病毒感染的细胞结合
被T细胞破坏的感染细胞

图20.10 细胞外信号可通过扩散或细胞间接触传递。（a）垂体分泌促甲状腺激素（TSH），通过血液循环进入甲状腺。甲状腺细胞产生另一种激素——甲状腺素，作用于全身的许多细胞。（b）杀伤T细胞通过细胞间的直接接触识别其受病毒感染的目标细胞。T细胞上的受体与一种复合物结合，这种复合物由病毒抗原和受感染细胞表面组织相容性蛋白形成。

来传递信息的，这些信息就是细胞会被诱导生长或停止生长［图20.11（a）］。生长因子受体是由三部分组成的蛋白质：细胞外的信号结合位点，穿过细胞膜的跨膜段，将信号（即生长因子结合）传递给细胞内其他蛋白质的区域。

3. 信号转导级联

负责传送细胞内信号的细胞质蛋白被称为**信号转导器**。通常，在生化级联中，有几个不同的信号转导器被连接在一起，每个分子通过激活或抑制另一个分子［图20.11（b）］来传递受体的生长因子信号。

信号转导系统的众多例子之一就是第19章中介绍的Ras蛋白。Ras存在两种形式的分子开关：一种是与鸟苷二磷酸（Ras-GDP）结合的非活性形式，另一种是与鸟苷三磷酸结合的活性形式（Ras-GTP）。一旦生长因子激活了受体，受体的胞内区域通过GTP交换GDP来打开Ras开关（图20.12）。接下来，Ras-GTP激活了一系列称为**蛋白激酶**的三种酶，它们可以向其他蛋白质添加磷酸基团。链中的第一激酶激活第二激酶，而第二激酶又激活第三激酶。这个由Ras-GTP启动的三重奏被称为MAP（丝裂原激活蛋白）激酶级联。

4. 细胞周期基因的转录调控

大多数生长因子启动的信号转导级联的最终成分是细胞核中的转录因子，其激活或抑制特定基因的表达，这种基因的产物可以促进或抑制细胞增殖［图20.11（b）和图20.12］。在RAS介导的信号转导中，转录因子与信

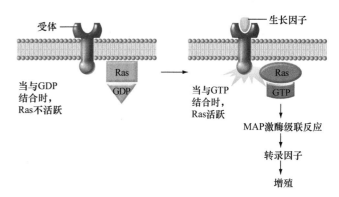

图20.12　RAS介导的信号转导级联。RAS蛋白是一种细胞内信号分子，当生长因子和与Ras相互作用的细胞受体结合时，它被诱导将结合的GDP（不活跃的）交换成结合的GTP（活跃的）。

号转导级联之间的联系是：在转录因子被磷酸化后，链中的最终MAP激酶从细胞质转移到细胞核。在细胞核中，MAP激酶磷酸化特定的转录因子，这些转录因子影响细胞周期基因表达。响应生长因子转录激活的重要细胞周期基因类别是下一节中描述的细胞周期蛋白和细胞周期蛋白依赖性激酶。

20.3.2　细胞周期蛋白和细胞周期蛋白依赖性激酶是细胞周期事件的基本驱动力

细胞分裂需要染色体的复制，以及将复制的染色体精确地划分为两个子细胞，见第4章所述。细胞将这些事件编排为细胞周期的四个连续阶段：G_1、S、G_2和M（参见图4.9）。简而言之，G_1是有丝分裂末期和下一个有丝分裂之前的DNA合成之间的间隙期。在G_1过程中，细胞的体积增大，将材料导入细胞核，并以其他方式准备DNA复制。S是DNA合成或复制的周期。G_2是DNA合成和有丝分裂之间的间隙。在G_2期间，细胞准备分裂。M是有丝分裂的阶段，包括核膜的破坏、染色体的浓缩、它们与有丝分裂纺锤体的结合及染色体在两极的分离。在有丝分裂完成时，通过胞质分裂完成细胞分裂。

蛋白质激酶家族，称为**细胞周期蛋白依赖性激酶**（**CDK**），是引导细胞周期从一个阶段过渡到下一个阶段的主要控制元素。顾名思义，CDK只有在与被称为**细胞周期蛋白**的蛋白质结合后才能发挥作用。CDK-cyclin复合物通过使数百个靶蛋白磷酸化而起作用，这些靶蛋白在细胞周期的特定时间执行特定的功能。这些磷酸化可以激活某些目标蛋白或使其他蛋白失活［图20.13（a）］。CDK-cyclin复合物的cyclin部分指定哪一组蛋白质特定的CDK磷酸化，而复合物的CDK部分则进行实际的磷酸化。

例如，考虑一个CDK-cyclin复合物在核纤层蛋白上的作用，核纤层蛋白是核膜的内表面蛋白质，并为细胞

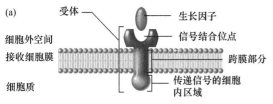

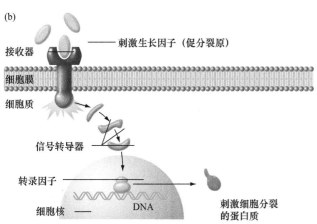

图20.11　生长因子与受体结合启动信号转导级联。（a）生长因子与嵌入细胞膜受体的胞外结构域结合。（b）这种结合将信号传送到受体的胞内域，而该域又与其他信号分子相互作用。在信号转导级联的末端是转录因子，可以激活或关闭基因的表达。最终的结果是刺激细胞分裂。

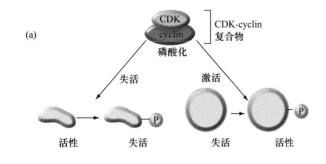

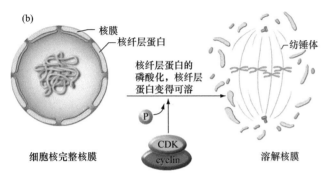

图20.13　细胞周期蛋白依赖性激酶（CDK）通过磷酸化其他蛋白质来控制细胞周期。（a）CDK与cyclin结合，获得使目标蛋白磷酸化的能力。蛋白质的磷酸化可以使其失活或激活。（b）称为层蛋白的CDK磷酸化负责在前后期溶解核膜。

核提供结构支持［图20.13（b）］。在细胞周期的大部分时间里，核纤层蛋白形成一个不溶性的结构基质。然而，在有丝分裂时，核纤层蛋白变得可溶，从而使核膜溶解。核纤层蛋白溶解度需要磷酸化，抗磷酸化的突变体不溶于有丝分裂。一种特殊的CDK-cyclin复合物，仅在前中期核纤层蛋白磷酸化开始时才被激活。因此，一个关键的有丝分裂事件（核膜的溶解）是由核纤层蛋白的CDK磷酸化触发的。

"遗传学工具"信息栏"酵母细胞周期突变体分析"讨论了细胞分裂缺陷酵母细胞的研究如何提供了大量证据，证明高度保守的CDK-cyclin复合物是所有真核生物细胞周期进展的关键控制因子。

不同的CDK-cyclin复合物用于不同的细胞周期转换

不同的CDK-cyclin复合物在细胞周期的特定时间出现（图20.14）。例如，一种CDK-cyclin复合物激活所需的靶蛋白用于在S期开始时的DNA复制；而在M期开始时，如上所述，不同的CDK-cyclin激活核纤层蛋白溶解所必需的蛋白质。

这些复合物中的cyclin在细胞周期的特定阶段出现。当它们与合适的CDK结合并指出合适的蛋白靶点后，它们就会消失，为后续的cyclin组让路。cyclin出现和消失的周期是两个机制的结果：启动和关闭特定cyclin合成的基因调控，以及在不再需要cyclin时将其降解。cyclin降解是细胞周期调节中最有趣的特性之一，

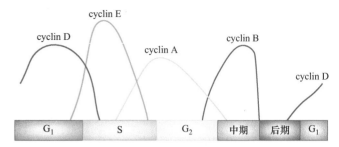

图20.14　不同的CDK-cyclin复合物控制着不同的细胞周期转换。由各种CDK和cyclin组成的复合物出现在特定的细胞周期阶段，促使细胞进入下一阶段。这些配合物的定期出现和消失是由于在特定的时间合成了特定的cyclin，以及在不再需要它们时cyclin的破坏。

因为导致cyclin降解的分子机制本身被CDK-cyclin激活。因此，细胞周期具有内在的棘轮机制，确保下一个阶段被激活之后当前阶段不可逆结束。

20.3.3　细胞周期检查点确保基因组的稳定性

对细胞基因组的破坏会导致严重的问题。因此，复杂的机制已经进化到给细胞时间来修复DNA损伤或纠正潜在的隔离错误。这些额外的控制被称为**检查点**，因为它们在允许细胞继续进入细胞周期的下一个阶段之前检查基因组的完整性。

在第4章讨论了几个细胞周期检查点的存在。例如，在有丝分裂（M期）期间，一个检查点监视有丝分裂纺锤体的形成和所有姐妹染色单体的适当结合。即使只有一条染色体不能连接到纺锤体上，细胞也不会开始姐妹染色单体的分离或后期染色体的移动，直到正确的连接完成。这个纺锤体装配检查点对于防止有丝分裂子细胞间的非整倍性非常重要。

在本节中，将重点讨论不同系统的分子机制，即G_1-S检查点，确保细胞在破坏了DNA后不会进行G_1-S转换。

1. G_1期到S期检查点

当辐射或化学诱变物在G_1期中破坏DNA后，DNA复制被延迟。这种延迟给细胞进行DNA合成之前修复DNA留下时间；否则，未修复的DNA复制可能会有许多危险的后果。在讨论检查点过程之前，首先需要了解细胞从G_1期正常过渡到S期的一些关键分子信息。

通过细胞表面生长因子与相应受体结合，G_1期中的休眠细胞进入S期。如前所述，细胞表面的这种相互作用引发了信号转导级联，激活转录因子，转录因子激活下游基因组的表达。下游基因编码两个cyclin，即cyclin D和E。因此，在人类细胞G_1期中出现的第一类CDK-cyclin复合物是CDK4-cyclin D和CDK2-cyclin E（图20.15）。

遗传学工具

酵母细胞周期突变体分析

　　芽殖酵母（酿酒酵母）在识别用来控制细胞分裂的基因方面起着重要作用。三种性质使芽殖酵母对研究细胞周期特别有用。首先，它可以作为单倍体或二倍体生长。隐性突变可以在单倍体细胞中被识别出来，然后可以构建包含两个不同突变的二倍体细胞，从而使科学家能够确定这些突变导致的互补组的数量。

　　其次，酵母细胞的形态表明了它的细胞周期状态。在G_1的末端，一个新的子细胞以母细胞表面的芽的形式出现。随着母细胞在分裂周期中的进展，芽的大小也在增加，它在S期小，在有丝分裂期大。因此，芽的大小可以作为细胞周期进展的标志。一个正常的、不同周期生长中的酵母细胞群体包括非出芽细胞以及所有大小的芽的细胞。

　　最后，研究人员可以分离出具有基本细胞周期基因突变的芽殖酵母，即使这种突变体是致命的。关键在于找到对温度敏感的细胞周期缺陷突变体。在较低的许可温度下，细胞分裂所需的蛋白质能够正常生长。当温度升高时，突变体中对温度敏感的蛋白质就会失去功能；然后，研究人员可以研究其损失对细胞周期的影响。

　　研究人员将注意力集中在对温度敏感的突变体上，这些突变体在允许的温度下生长，得到无芽细胞的种群和各种大小芽的细胞（图A），但是当相同的种群被转移到限制性温度时，这些细胞就有了统一的外观。例如，在图B所示的突变群体中，所有细胞都

有一个大的芽，表明细胞在有丝分裂过程中被抑制。其他的细胞周期突变体会以不同但统一的形态停止，例如，所有未发芽的细胞。因此，在限制性温度下获得统一的与细胞有关的形态的突变体在细胞周期的特定阶段都有缺陷。

　　酵母菌遗传学家以这种方式鉴定了超过100个细胞周期基因，当遗传学家在其他生物体中鉴定出相关基因时，其中许多基因的显著性就显现出来了。例如，他们发现一种由酵母细胞周期基因编码的被称为CDK1的细胞周期蛋白依赖性激酶。在裂殖酵母（粟酒裂殖酵母）、非洲爪蟾（光滑爪蟾）以及人类身上发现了同源基因。在酿酒酵母和裂殖酵母两种酵母中，CDK1控制一个步骤，使细胞开始新一轮的分裂。青蛙CDK1蛋白参与了CDK-cyclin复合物控制有机体的快速早期分裂。

　　值得注意的是，基因交换实验表明，萌芽酵母和分裂酵母的CDK1基因可以在任何一种生物体中相互替代，这表明它们可以编码进行同样活动的蛋白质。非洲爪蟾蜍和人类CDK1编码基因也可以在任何一种酵母中发挥作用。因此，在四种非常不同的生物中，似乎是细胞周期的中心控制元件的基因编码高度保守、功能同源的蛋白激酶。

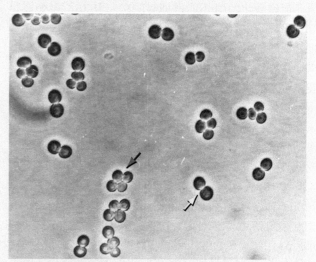

图B　在限制性温度下生长的酵母细胞周期突变体。在限制性温度下孵育后拍摄的细胞，细胞与图A相同。这些细胞都有一个大的芽（其他细胞周期突变体可能在不同大小的芽或根本没有芽的情况下停止生长）。在细胞周期早期的细胞（图A中的小芽）在第一个细胞周期的温度变化时停止生长（黄色箭头）。在细胞周期后期的细胞（图A中有较大的芽）在易位时完成第一个细胞周期，在第二个细胞周期停止，产生两个大芽细胞团块。

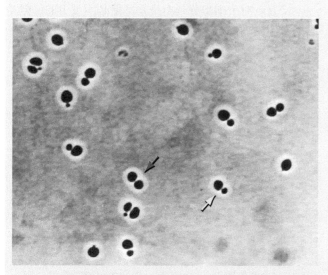

图A　在允许温度下生长的酵母细胞周期突变体。这些细胞显示各种大小的芽，包括小芽（如黄箭）和大芽（如红箭）。

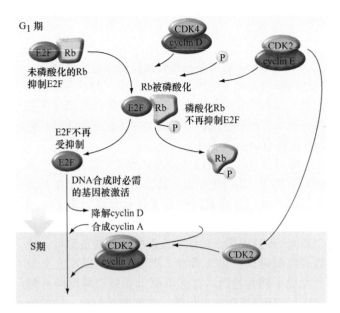

图20.15 CDK-cyclin复合物如何介导G$_1$期到S期的转变。CDK4复合物与cyclin D结合，CDK2复合物与cyclin E结合，使Rb蛋白磷酸化，促使其与E2F转录因子分离，并激活E2F转录因子。E2F刺激DNA复制所需的许多基因的转录，包括cyclin A的基因。当细胞进入S期时，cyclin D被破坏，形成CDK2-cyclin A复合物并激活DNA复制。

这两个CDK-cyclin复合物在很大程度上通过磷酸化视网膜母细胞瘤基因（*RB*）的蛋白产物来启动向S期的转变。未磷酸化的Rb蛋白抑制一种叫做E2F的转录因子，但磷酸化的Rb不能再抑制E2F。当E2F不再受抑制时就可以启动DNA合成所需各种基因的表达。事件链是复杂的，但是从中可以看出，在整体方案中，由于可以产生DNA复制所需要的酶，激活生长因子受体的丝裂原引发细胞从G$_1$期到S期。

既然已经了解了G$_1$期到S期转换的基础，那么现在就可以讨论确保当细胞损坏DNA时不会发生这种转换的检查点。在哺乳动物中，当细胞暴露于电离辐射或紫外线时，通过激活*p53*通路在G$_1$期中延迟进入S期（图20.16）。

p53蛋白是一种转录因子，以多种方式参与G$_1$-S检查点（图20.16）。首先，p53激活CDK抑制剂p21的转录。p21蛋白与CDK-cyclin复合物结合并抑制其活性；具体来说，p21通过抑制CDK4-cyclin D复合物的活性来阻止进入S期。p53的第二个功能是激活编码DNA修复酶的几个基因的表达。

当细胞在G$_1$期被p21阻滞时，这些酶可以修复DNA损伤。一旦完成，p53通路被关闭，细胞可以进入S期。

2. p53通路和凋亡

如果DNA损伤足够大，野生型细胞不仅会在G$_1$中被捕，还会在被称为程序性细胞死亡或细胞凋亡的过程中自杀。在细胞凋亡过程中，细胞DNA降解，细胞核

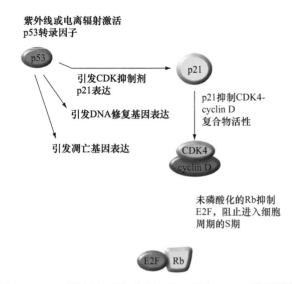

图20.16 p53通路是G$_1$到S检查点的一部分。DNA受损后激活p53转录因子，进而诱导*p21*基因的表达。p21蛋白抑制CDK-cyclin复合物，导致G$_1$期停止。激活的p53蛋白也诱导许多DNA修复和凋亡基因的表达。

浓缩。垂死的细胞发出信号，吸引吞噬细胞吞噬并破坏它（图20.17）。p53转录因子如果被大量的DNA损伤充分激活，就会激活其蛋白产物，参与细胞凋亡各个方面的基因表达。这个功能构成了p53参与G$_1$到S检查点的第三种方式（图20.16）。

对多细胞生物来说，有一种机制可以消除那些遭受了太多染色体损伤的细胞，因为这些细胞的存活和繁殖可能有助于产生癌症。因此，多细胞动物体内，从蛔虫到果蝇再到人类，保存了参与细胞凋亡的蛋白质。

3. 检查点的必要性

检查点对于细胞分裂本身并不是必不可少的，但是它们对于生物体的健康是必需的。在小鼠和其他动物身

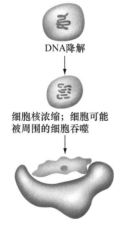

图20.17 细胞凋亡。如果正常细胞的DNA严重受损，无法修复，细胞将经历程序性细胞死亡（细胞凋亡）。DNA被降解，细胞核浓缩，受损细胞发出信号，吸引吞噬细胞"吞噬"垂死的细胞。许多凋亡蛋白只在p53转录因子活跃时表达（见图20.16）。

上的实验表明，具有缺陷检查点的突变细胞是可以存活的，并以正常速度分裂。然而，这些突变细胞比正常细胞更容易受到DNA损伤。

检查点有缺陷的细胞的一个共同特征是它们基因组的不稳定性。以G₁到S检查点为例，由氧化或其他类型的DNA损伤引起的单链刻痕经常发生。在G₁进入S期之前，细胞通常会修复这样的刻痕。如果协调修复的G₁到S检查点不能正常工作，那么复制过程中的单链断裂将产生双链断裂，从而导致点突变和染色体重新排列，如易位。

在具有缺陷的G₁到S检查点的细胞中，染色体不稳定性的另一个表现是**基因扩增**的倾向：从正常的两个拷贝增加到数百个拷贝。这种放大往往用显微镜都可以观察到，在染色体中被称为**同源染色区域（HSR）**的放大区域，包含了许多串联重复序列的基因，或缺少着丝粒和端粒的小染色体状体（由于其体积小而被称为**双微粒**；图20.18）。正常的人类细胞在培养过程中不会产生基因扩增，但*p53*突变细胞具有很高的扩增率。

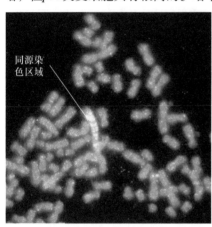

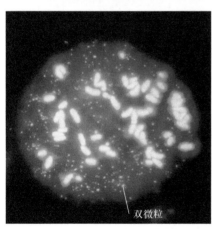

图20.18　G₁-S检查点缺陷细胞的基因扩增。带有缺陷检查点的肿瘤细胞常常显示出DNA的放大区域。这些可以表现为同源染色区域（HSR），其中包含一个或多个基因的基因重复序列（左）；或者双微粒，也就是染色体外DNA的小片段（右）。

● 细胞分裂是由生长因子与细胞表面受体蛋白结合而引发的。这种结合引发信号转导级联，信号转导级联激活转录因子控制细胞周期基因的表达。
● 不同的CDK-cyclin复合物的形成和随后的降解驱动了细胞周期不同阶段之间的转变。
● 如果DNA受损，G₁-S检查站阻止细胞染色体复制。p53蛋白是这个检查点的关键组成部分。

20.4　突变是如何导致癌症表型的

学习目标

1. 区分原癌基因和肿瘤抑制基因。
2. 解释肿瘤抑制基因的突变如何在细胞水平上是隐性的，但会导致癌症显性遗传倾向。

导致癌症的突变等位基因通常被称为癌症基因，但这个术语并不恰当，因为所有的癌症基因实际上都是正常基因的突变等位基因。科学家已经发现了100多个基因，这些基因的突变可以促使癌症的发展。

癌症基因及其相关突变可细分为两个重要的类别。突变等位基因以主导的方式促进癌症的发生被称为**癌基因**；在二倍体细胞中，一个突变的致癌等位基因足以引起与癌症相关的表型［图20.19（a）］。**肿瘤抑制基因**中的突变等位基因对癌症发展起到逆行作用。在二倍体细胞中，肿瘤抑制基因的两个拷贝必须是突变体，才能使细胞异常［图20.19（b）］。癌基因和肿瘤抑制基因之间的区别，或许可以理解为类似于控制汽车运动的脚踏板（分别是加速器和刹车）。

正常的、非突变的癌基因等位基因称为**原癌基因**，它经常编码细胞周期进展所需的蛋白质［图20.19（a）］。这样，原癌基因就像推动汽车前进的加速器。致癌突变增加了基因表达或提高了基因产物的效率，在给定的时间内，细胞将经历更多的有丝分裂细胞周期。因此，可以把致癌突变看成是对加速器施加更大压力的等效。因此，单个致癌突变在加速细胞分裂方面具有显性的、获得功能的效果（或获得其他恶性特性）。

相比之下，每一个肿瘤抑制基因的正常拷贝都编码一种蛋白质，这种蛋白质要么减缓细胞分裂，要么防止基因组不稳定，因此，可以将二倍体细胞类比为一辆有两个冗余刹车的汽车。肿瘤抑制基因的突变可能导致癌症，这是功能突变，相当于把脚从刹车上移走［图20.19（b）］。如果一只脚被移开，一个刹车仍然在原地，汽车不会移动；除非双脚都离开刹车，否则什么都不会发生。肿瘤抑制基因的突变在细胞水平上是隐性的，因为肿瘤抑制基因的正常拷贝必须是失活的才能产生效果。当两个等位基因都没有功能时，细胞要么增殖更快，要么以更快

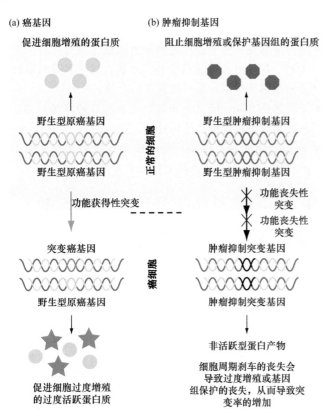

(a) 癌基因

促进细胞增殖的蛋白质

野生型原癌基因

功能获得性突变

突变癌基因

野生型原癌基因

促进细胞过度增殖的过度活跃蛋白质

(b) 肿瘤抑制基因

阻止细胞增殖或保护基因组的蛋白质

野生型肿瘤抑制基因

功能丧失性突变
功能丧失性突变

肿瘤抑制突变基因

肿瘤抑制突变基因

非活跃型蛋白产物

细胞周期刹车的丧失会导致过度增殖或基因组保护的丧失，从而导致突变率的增加

正常的细胞／癌细胞

图20.19　两种致癌突变。（a）原癌基因（浅绿色DNA）通常编码促进细胞增殖的蛋白质（浅绿色圆圈）。野生型原癌基因的主要功能突变产生癌基因（深绿色DNA）。突变型致癌等位基因是指产生异常蛋白（深绿色星形）或过量正常蛋白（未显示）的超形态等位基因或新效基因。（b）野生型肿瘤抑制基因（红色DNA）编码抑制细胞增殖的蛋白质（红色八角形）或防止基因组不稳定性的DNA修复蛋白。肿瘤抑制基因的隐性功能缺失突变（非晶型或轻型，黑色DNA）在杂合细胞中没有突变表型，而杂合细胞也有野生型等位基因。然而，当第二次突变失活野生型等位基因时，细胞增殖失控或迅速累积突变。

的速度积累突变，要么两者兼而有之。

大多数癌症都需要在癌基因和肿瘤抑制基因中积累多种突变。细胞以一种越来越不受控制的方式分裂，加速器越难踩下去，刹车越少。癌基因和肿瘤抑制基因突变被称为癌症的驱动因素，因为它们引发了导致恶性肿瘤增殖和突变的恶性循环。

20.4.1　致癌突变加速了细胞周期

我们怎样才能找到癌基因的候选者呢？什么样的突变将原癌基因转化为癌基因？原癌基因在正常细胞中起什么作用？致癌突变是如何导致癌症的？我们在这里讨论这些重要问题的最新研究。

1. 通过与肿瘤病毒的联系发现癌基因

肿瘤病毒是研究癌基因的有用工具，首先是因为这

些病毒本身携带的基因很少，其次是因为它们感染培养的细胞，并将其转化为肿瘤细胞，这使得在体外研究它们成为可能。许多在动物体内产生肿瘤的病毒是反转录病毒，它们的RNA基因组在感染细胞后被复制到cDNA中，然后与宿主染色体融合（回顾第8章的"遗传学与社会"信息栏"HIV和反转录"）。偶然的机会，病毒cDNA融合的位点位于宿主细胞基因组的原癌基因附近。罕见的缺失事件可以使病毒cDNA和原癌基因更紧密地结合在一起［图20.20（a）］。之后，当cDNA从宿主染色体转录时，产生的病毒RNA就可以获取宿主原癌基因的拷贝［图20.20（b）］。

RNA肿瘤病毒至少可以通过三种方式导致癌症。第一，当携带原癌基因的病毒传播时，在原癌基因中可能发生功能突变，将其转化为癌基因。当携带癌基因的病毒感染新的宿主细胞时，癌基因被表达，其异常蛋白产物导致新的宿主细胞异常增殖。第二，原癌基因或纳入病毒基因组的癌基因被置于病毒染色体上强大启动子和增强子的转录控制之下。结果，原癌基因或癌基因以异常高的速率转录，导致蛋白质产物的过度合成［图20.20（b）］。第三，当病毒cDNA在宿主染色体中与原癌基因［如图20.20（a）所示］结合时，同样强大的启动子和增强

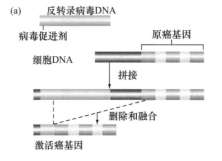

(a)
反转录病毒DNA

病毒促进剂

原癌基因

细胞DNA

拼接

删除和融合

激活癌基因

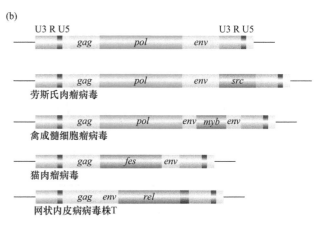

(b)
U3 R U5 _gag_ _pol_ _env_ U3 R U5

gag _pol_ _env_ _src_
劳斯氏肉瘤病毒

gag _pol_ _env_ _myb_ _env_
禽成髓细胞瘤病毒

gag _fes_ _env_
猫肉瘤病毒

gag _env_ _rel_
网状内皮病病毒株T

图20.20　癌基因和反转录病毒。（a）双链病毒cDNA很少与宿主基因组中的原癌基因结合。cDNA中强大的启动子导致原癌基因过度表达。（b）高度致癌的反转录病毒的例子。偶尔，一个相邻的原癌基因（如 _src_、_myb_、_fes_ 或 _rel_）会被"捕获"——也就是被整合到病毒基因组中，成为一个癌基因。U3、R、U5、_gag_、_pol_（反转录酶基因）和 _env_ 是反转录病毒染色体的一般特征，包括上图中没有癌基因的弱致癌病毒。

子会提升原癌基因的转录，再次导致原癌基因编码蛋白的过量。

对引起各种动物肿瘤的反转录病毒的分析导致了许多已知的癌基因的发现。科学家们只是简单地寻找携带在小病毒基因组中的癌基因，或者在病毒cDNA整合位点旁观察反转录病毒诱发的肿瘤基因组。

2. 通过细胞转化法发现癌基因

科学家们还使用了另一种非常不同的策略来识别其他癌基因。研究人员从肿瘤细胞中分离出DNA，并将培养中的非癌细胞暴露在肿瘤DNA中。如果非癌变细胞获得含有完整癌基因的肿瘤DNA片段，其中一些将转化为能够产生肿瘤的细胞。这种效应是由于癌基因在原非癌细胞基因组中的正常原癌基因中占主导地位。

图20.21展示了这种方法是如何被用于识别人类癌症中的癌基因的。科学家们从人类肿瘤中分离出基因组DNA，将DNA分割成基因大小的片段，然后将DNA添加到非癌变的小鼠细胞中。这些细胞中有一些吸收一个癌基因，失去接触抑制，并在培养皿中形成转化灶。转化灶的细胞在注射到小鼠体内时，通常会产生肿瘤。然后，研究人员通过发现转化灶中的人类DNA，确定了负责小鼠细胞转化的人类癌基因。这可以通过寻找被称为Alu序列的邻近转位因子（SINE）来实现，该序列只出现在人类基因组中，而不出现在小鼠基因组中。通过这种方式识别的癌基因，就像在肿瘤病毒研究中发现的那样，癌基因是正常细胞原癌基因突变的变异等位基因，这些基因突变为异常活跃的形式。

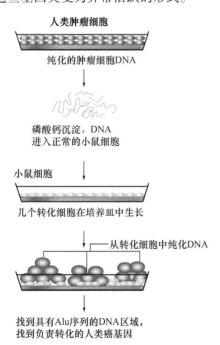

图20.21　肿瘤细胞DNA中的癌基因。从一些人类癌症中分离出来的DNA将正常的小鼠细胞转化为癌细胞，失去接触抑制，形成转化的病灶。通过寻找与癌基因相邻的人类特异性Alu序列，可以从转化细胞的DNA中识别出人类癌基因。

3. 癌基因如何导致癌症

从刚才讨论的两种实验方法中我们知道了几十种癌基因。在大多数情况下，相应的原癌基因在正常细胞增殖所需的信号转导通路中发挥作用。许多不同类型的诱变事件可以将正常的原癌基因转化为促进癌症的癌基因，但所有这些突变都具有某种功能获得、显性（多态或新形态）效应。

在这里讨论三个重要的例子来说明这些观点。

Ras　*Ras*基因的几个致癌等位基因是编码Ras蛋白的点突变体，这些突变体经常（从构成上讲）以GTP激活的形式存在。其中一个这样的突变等位基因就是Ras^{G12V}，在第19章讨论过（图19.7）。携带结构活性*Ras*癌基因的细胞通过自己产生的自分泌信号来区分是否存在生长因子［图20.22（a）］。

(a) 突变Ras蛋白

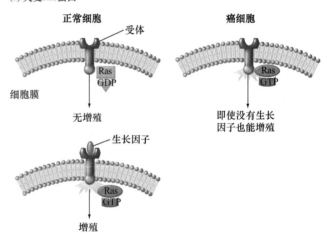

(b) *Her2*基因扩增

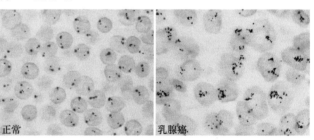

图20.22　癌基因突变的例子。（a）*Ras*基因中的某些位点突变编码了被锁定在GTP激活形式中的Ras蛋白。（b）*Her2*基因在乳腺癌细胞中（右）多重双叶神经元染色体上扩增，而在正常细胞中（左）没有扩增。在FISH的分析中，红点表示17号染色体中丝粒（正常细胞和大多数肿瘤细胞中有两个），而黑点表示*Her2*基因（正常细胞中有两个，肿瘤细胞中有很多）。

（b）引自：Nitta et al. (2008), "Development of automated brightfield double In Situ hybridization (BDISH) application for HER2 gene and chromosome 17 centromere (CEN 17) for breast carcinomas and an assay performance comparison to manual dual color HER2 fluorescence In Situ hybridization (FISH)," Diagnostic Pathology, 3:41, Fig. 3A-B. © Nitta et al. Licensee BioMed Central Ltd. 2008. http://diagnosticpathology.biomedcentral.com/articles/10.1186/1746-1596-3-41

c-Abl 关于染色体重排的第13章描述了许多患有慢性粒细胞白血病的患者的癌细胞基因组是如何包含了染色体9和染色体22之间的一个易位，这个易位融合了一个被称为c-abl的基因和另一个被称为bcr的基因（见图13.16）。融合基因是编码混合蛋白的癌基因。蛋白质的c-Abl部分是酪氨酸激酶，它在其他蛋白质的酪氨酸中添加磷酸基。这种酶参与某些生长因子诱导的信号转导通路。

正常细胞密切调控c-Abl蛋白的活性，大部分时间能阻断其功能，但在环境中生长因子的刺激下激活其功能。相比之下，bcr/c-abl编码的融合蛋白在携带易位的细胞中不容易受到调控。与致癌Ras蛋白类似，Bcr/c-Abl蛋白即使是在没有生长因子的情况下也始终是活跃的。

Her2 大约20%的乳腺癌患者会过度表达人类表皮生长因子受体2（Her2）。顾名思义，这种蛋白质是生长因子受体家族的成员，但目前它被称为孤儿受体，因为激活它的生长因子尚不清楚。细胞膜中Her2蛋白的拷贝过多的细胞会激活信号转导通路，从而导致不恰当的分裂。

在某些Her2阳性细胞中，蛋白质的过度表达反映了Her2基因拷贝数的大幅增加。如图20.22（b）所示，Her2的额外拷贝通常出现在微小的双微粒染色体上。这一发现强烈地表明，癌细胞的有丝分裂祖先必须首先在编码DNA修复酶的基因中或者像p53这样的DNA损伤检查点的组成部分积累突变。这样的突变可以放大基因组的某些区域，偶尔放大其中一个包括Her2基因的区域。

这些Her2阳性的乳腺癌特别具有侵袭性，但是我们将在后面的章节中看到，针对Her2蛋白本身的药物可以有效地治疗许多这样的癌症。

20.4.2 肿瘤抑制基因的突变会释放细胞周期的制动，或者破坏基因组的稳定性

一些突变的肿瘤抑制基因是隐性等位基因，这些基因的正常等位基因有助于细胞分裂，如在晚期分化细胞或DNA损伤的细胞中。这些基因的一个野生型拷贝显然产生了足够的蛋白质来调节细胞分裂。只有当两种野生型拷贝丢失时，才会释放出对扩散的抑制（制动）[图20.19（b）]。其他肿瘤抑制基因编码DNA修复蛋白，失去这两个正常等位基因可以增加突变率，并在其他癌症基因中产生驱动突变。

1. 通过系谱和基因组分析发现肿瘤抑制基因

研究人员通过对具有特定类型癌症遗传易感性的家族进行基因组分析，或通过分析特定的染色体区域（在特定的肿瘤类型中可重复删除），识别出数十个肿瘤抑制基因。

视网膜母细胞瘤提供了这样一个识别过程的例子。

视网膜母细胞瘤是视网膜中感知颜色的视锥细胞癌，在发生侵袭之前很容易诊断和切除［图20.23（a）］。视网膜母细胞瘤是可以在人类家族遗传中占主导地位的几种癌症之一［图20.23（b）］。大约一半的父母患有视网膜母细胞瘤的孩子会患上这种疾病。

许多患有视网膜母细胞瘤的人的正常、非癌组织的核型显示在13号染色体的长臂上存在杂合性缺失；也就是说，患者携带一个正常的和一个部分删除的13q拷贝。这些患者癌变的视网膜细胞对于相同的13号染色体缺失是纯合子，在非癌细胞中是杂合子。尽管不同患者缺失的13q大小和位置不同，但它们都缺失了13q14条带。

这些观察结果表明，13q14条带包含一个基因，这个基因可以抑制视网膜母细胞瘤的发展。RB是这个基因的符号。患者正常组织中的杂合细胞携带一个野生型等位基因（RB+）的拷贝，这个拷贝阻止细胞癌变。但是，缺失的肿瘤细胞纯合子不携带任何RB+的拷贝，没有它，肿瘤细胞就开始了失去控制的分裂。

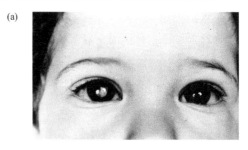

(a)

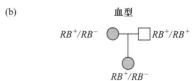

(b) 血型
RB^+/RB^- ○──□ RB^+/RB^+
│
RB^+/RB^-

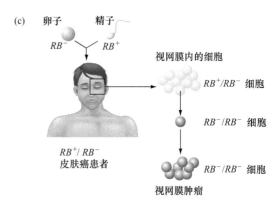

(c) 卵子 精子
RB^- RB^+
视网膜内的细胞
RB^+/RB^- 细胞
RB^-/RB^- 细胞
RB^+/RB^- 皮肤癌患者
RB^-/RB^- 细胞
视网膜肿瘤

图20.23 肿瘤抑制基因的突变在细胞水平上是隐性的，但在机体水平上是显性的。（a）患有视网膜母细胞瘤的儿童。（b）表明单个RB⁻等位基因的遗传主要导致个体发生视网膜母细胞瘤的谱系。（c）对于一个RB+/RB⁻的人，单个视网膜细胞的基因组失去剩余的RB+会导致视网膜母细胞瘤。像这样第二次失去RB+的事件是罕见的，但是视网膜包含了如此多的细胞，以至于这样的事件可能会发生在其中的一个或多个细胞中。

（a）来源：National Cancer Institute

遗传学家利用他们对视网膜母细胞瘤遗传的理解找到了*RB*基因。他们通过寻找与遗传条件相关的所有缺失中丢失的13q14的DNA序列来定位携带该基因的总体区域。然后他们通过表征一个非常小的缺失来识别特定的基因，这个缺失只影响到一个转录单元——*RB*基因本身。这个基因编码调控细胞周期中的许多蛋白质中的一个，如图20.15所示。因此，*RB*符合我们对肿瘤抑制基因的定义：这个基因决定的蛋白质有助于防止细胞癌变。当一个*RB*缺失的杂合细胞失去剩余的*RB*基因拷贝时，癌症就会发生。

视网膜母细胞瘤遗传学的这幅图提出了一个令人困惑的问题：如果*RB*基因的缺失对野生型*RB*⁺等位基因是隐性的，那么视网膜母细胞瘤的性状如何以显性方式遗传？答案是，在生物体水平，*RB*缺失是显性的。原因是，在成千上万的视网膜细胞中，其中至少一个细胞缺失*RB*的可能性非常大，随后的遗传事件将禁用剩余的单个*RB*⁺等位基因，导致一个含有肿瘤抑制基因的突变细胞［图20.23（c）］。然后这个细胞失控地增殖，最终产生一个癌细胞的克隆（参见第5章的"遗传学与社会"信息栏"有丝分裂重组和癌症形成"）。

在杂合细胞中，许多不同种类的罕见事件会破坏剩余的*RB*⁺等位基因。所有这些事件都产生了**杂合性丢失**，因为它们把*RB*⁻/*RB*⁺细胞变成了*RB*⁻/*RB*⁻（图20.24）。*RB*⁺拷贝本身可能会被删除或遭遇失活点突变。携带*RB*⁺的染色体可能会因为不分离而丢失。有丝分裂重组或基因转换又将从父母遗传的同源染色体中的*RB*⁺等位基因替换为*RB*⁻突变或删除。

一个假说认为癌症需要两个独立的攻击来破坏肿瘤抑制基因的等位基因的功能，这一假说得到了一个事实的有力支持，这个事实是诸如视网膜母细胞瘤之类的癌症具有散发性和非遗传性的形式。与遗传性视网膜母细胞瘤相比，散发性视网膜母细胞瘤通常发生在生命的后

期。此外，大多数散发性视网膜母细胞瘤患者的一只眼睛中只有一个肿瘤，而许多遗传型的患者有多个肿瘤可以影响两只眼睛。散发性视网膜母细胞瘤是罕见的（而且发展过程比遗传性疾病要长得多），因为它们在细胞克隆过程中需要两个连续的、独立的攻击。相比之下，具有遗传*RB*突变的人的细胞只需要一次额外的攻击就可以失去这个肿瘤抑制基因的功能。为什么*RB*的缺失比其他肿瘤抑制因子的缺失对眼睛的影响更大还不清楚。然而，暴露在紫外线下可能是*RB*⁻/*RB*⁻杂合子发展成视网膜母细胞瘤的原因之一。

RB⁺的两个拷贝的丢失是一个关键的驱动步骤，它可以启动导致癌症的恶性循环。在这个循环中，随后发生的基因变化会产生癌基因或破坏其他肿瘤抑制基因的功能，增加克隆细胞的致癌潜能。

2. 肿瘤抑制基因突变是如何导致癌症的

肿瘤抑制基因的正常拷贝编码具有三种相互关联功能的蛋白质：

● 一些肿瘤抑制基因产物蛋白质作为基本细胞增殖机制的固有部分，尽管它们的作用是消极的（也就是说，减缓细胞分裂）。

● 某些肿瘤抑制基因产物，作为细胞周期检查点的组成部分。

● 其他野生型肿瘤抑制基因编码酶，参与DNA损伤修复或当DNA损伤太大时促进细胞凋亡。

下面的例子说明了一些分子机制，从肿瘤抑制基因的功能缺失突变到癌症易感性的增强。

Rb 图20.15表明，未磷酸化的野生型Rb蛋白通过抑制E2F转录因子，将细胞周期进展延迟到S期。在*RB*⁻/*RB*⁻细胞中没有Rb功能，E2F不能被抑制。因此，细胞在准备好生长因子之前或没有生长因子的情况下进入S期。

p53 我们之前看到p53蛋白对于G_1到S的检查点是必不可少的（见图20.16）。p53蛋白，也就是检查点，在野生型细胞中被应激条件激活，如DNA中存在单链断裂（缺口）。p53的活化诱导了基因组合的表达，其产物：①阻断了CDK-cyclin复合物的作用；②帮助修复DNA损伤；③促进细胞凋亡。

在*p53*⁻/*p53*⁻细胞中，这些事件都不会发生（图20.25）。带有DNA损伤的细胞继续进入S期。当染色体复制时，单链断裂转化为双链断裂，从而导致了许多染色体重排的发生。带有这些受损基因组的细胞不会像它们应该的那样死于凋亡。

BRCA1和BRCA2 *BRCA1*和*BRCA2*（乳腺癌1和乳腺癌2）编码修复DNA双链断裂机制的蛋白质成分。这些突变中的任何一种女性杂合子在她们一生中患乳腺癌或卵巢癌的风险都远远高于平均水平。如果一个细胞失去了*BRCA1*或*BRCA2*的剩余正常拷贝，突变率就会增加，最终产生新的驱动突变，从而导致恶性肿瘤。科学

图20.24 导致*RB*⁺/*RB*⁻个体体细胞杂合性丢失的事件。*RB*⁺作为常染色体隐性突变，通过生殖系遗传。在体细胞分裂过程中，*RB*⁺等位基因的后续变化会产生一个克隆的细胞纯合子或半合子的非功能性*RB*⁻等位基因。单亲二倍体指的是细胞中染色体的两个拷贝来自单亲。产生具有单亲二倍体的细胞需要两个事件：第一个事件可能是一条染色体的丢失，第二个事件可能是另一条染色体的重复。

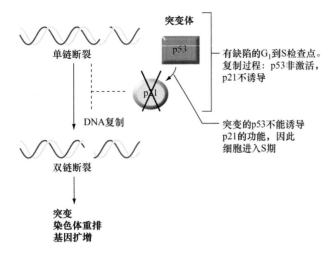

图20.25　失去p53功能导致基因组不稳定。p53转录因子可以维持细胞DNA中的单链断裂，在没有p53转录因子的细胞中：①p21没有被诱导，因此细胞进入S期；②DNA修复酶的基因没有转录，因此，在DNA复制时，单链断裂被转化为双链断裂，从而导致突变和染色体不稳定；③未诱导凋亡基因，因此DNA损伤的细胞不会像它们应该的那样死于凋亡（未显示）（与图20.16对比）。

家们还不明白为什么这种特殊的DNA修复系统的缺失会比其他组织对乳腺和卵巢细胞的影响更大。

基本概念

● 通常原癌基因编码的蛋白质参与依赖生长因子的信号转导通路。癌基因是原癌基因的主要功能突变等位基因，即使在没有生长因子的情况下也能激活这些通路。

● 肿瘤抑制基因的正常等位基因编码的蛋白质在细胞周期中具有制动器的作用，进而维持基因组的稳定。

肿瘤抑制基因的功能缺失突变在细胞水平上是隐性的，因为只有当两个正常的拷贝都丢失时才能导致癌症的发生。具有肿瘤抑制基因突变拷贝的个体具有癌症的显性遗传倾向，因为肿瘤抑制基因的剩余野生型拷贝极有可能在至少一个细胞中丢失。

20.5　个性化的癌症治疗

学习目标

1. 解释药物如格列卫®和赫赛汀®如何选择性识别癌基因的产物。

2. 讨论如何生产抗癌药物来抵消肿瘤抑制基因突变的影响。

3. 总结目前针对个体化癌症治疗的方法。

癌症一直困扰着人类；图20.26显示在古埃及保存的木乃伊中发现了前列腺癌。古老的纸莎草卷轴中显示，早在公元前1500年，埃及医生们不仅发现了癌症，

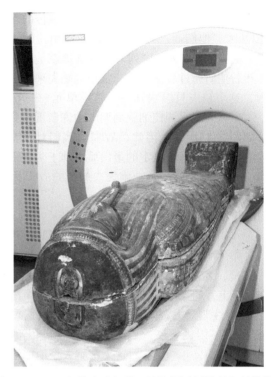

图20.26　2000年前木乃伊的X射线断层摄影所发现的前列腺癌。

Science Press Picture, © Siemens AG, Munich/Berlin

而且还试图通过手术或将热火棍刺入肿瘤中来切除肿瘤。如今，外科手术仍是治疗癌症的主要方法，而放射治疗则是现代版的"热火棍"杀死癌细胞的方法。这些技术可能是有效的，但是它们有很大的局限性。有些肿瘤位于身体非常危险且无法触及的部位。不是所有的癌细胞都可以被杀死或移除，尤其是当肿瘤已经转移到其他组织时。

20世纪40年代，医学科学家开始探索**化疗**，也就是说，用杀死癌细胞的药物来治疗患者。这些化学物质直接作用于细胞增殖所需的生化途径。一些化学疗法破坏DNA复制，而另一些则阻止有丝分裂纺锤体的形成。这种方法已经取得了显著的成功，但是存在一个主要的问题，因为我们的身体一直需要细胞更新，正常分裂的细胞对于化疗试剂的易感程度可能只是略弱于快速分裂的癌细胞。因此，化疗需要一种微妙的剂量平衡来杀死癌细胞，而不是杀死患者。即使治疗成功，对患者的副作用也可能是严重的。

20.5.1　大多数新的抗肿瘤药物针对的是癌基因的产物

我们对癌症分子基础的日益了解表明，新的、特异性更好的治疗方法的副作用更小。将原癌基因转化为癌基因的转变意味着癌症细胞具有独特的分子特性，可能成为药物的靶标。癌基因的蛋白产物要么不同于相应的原癌基因产物，要么是癌基因表达了更多的相同蛋白。

因此，生物化学家可以设计出专门与致癌驱动蛋白结合的药物，使其失活，从而减缓癌细胞的增殖，与人体免疫系统一起或动员人体免疫系统杀死表达这些蛋白质的细胞。我们在这里通过描述药物说明这两种策略。

1. 致癌蛋白失活：格列卫®

如前所述，融合 *bcr/c-abl* 基因是一些慢性骨髓性白血病的重要原因，因为它编码的异常蛋白酪氨酸激酶在没有生长因子的情况下始终是活跃的。制药公司已经开发出一种叫做格列卫®的药物，特异性抑制融合蛋白酪氨酸激酶部分（*c-abl* 编码的部分）的酶活性。要使激酶发挥作用，它必须与 ATP 结合，从 ATP 获得一个磷酸基，并将其转移到其他蛋白质。格列卫®被设计为与Bcr/c-Abl 激酶的 ATP 结合位点相结合，阻止 ATP 与其结合，从而灭活致癌蛋白（图20.27）。

在临床试验中，98% 的癌症患者携带了融合基因，他们的白血病血细胞完全消失，正常白细胞恢复。在这些患者中，只有 5% 在试验开始 5 年后死于白血病。这种药物现在是治疗慢性粒细胞白血病的标准治疗方法，也是一种新型癌症治疗的模式，这种治疗方法在不伤害健康细胞的情况下应用于癌症细胞。

2. 生长因子受体的单克隆抗体：赫赛汀®

相当一部分乳腺肿瘤在细胞表面过度表达 Her2 生长因子受体。在细胞外的 Her2 蛋白的位置使得攻击这种癌症的策略成为可能。科学家开发出了一种叫做赫赛汀®的单克隆抗体，可以紧密结合细胞外 Her2 蛋白的一部分。

赫赛汀®与 Her2 的结合根据推测可以有两个效果（图20.28）。首先，Her2 受体结合到赫赛汀®，不能开始信号级联，该步骤正常是由 Her2 与相应的生长因子的相互作用启动，结果，赫赛汀®治疗的 Her2 阳性细胞不会扩散。其次，赫赛汀®与 Her2 受体的结合动员被称为杀伤 T 细胞的免疫系统细胞针对癌细胞并最终摧毁它们。

在大规模临床试验中，赫赛汀®对于 Her2 阳性乳腺

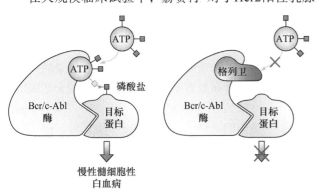

图20.27　格列卫®：作用机制。*bcr/c-abl* 融合基因的产物是一种蛋白酪氨酸激酶，将磷酸基从 ATP 转移到许多底物蛋白。格列卫®与酶的 ATP 结合位点紧密结合，阻止了激酶功能。

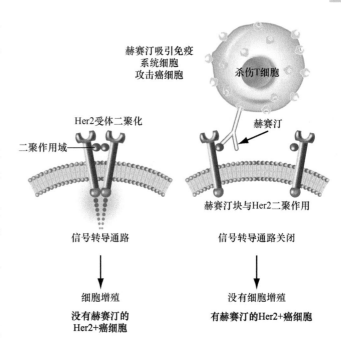

图20.28　赫赛汀®：可能的作用方式。这种药物是一种与某些癌细胞表面的 Her2 蛋白结合的单克隆抗体。赫赛汀®与 Her2 结合阻止受体亚单位二聚化，从而阻断生长因子启动的信号级联。赫赛汀®与 Her2 的结合也将杀伤 T 细胞导向癌细胞。

癌有相当好的疗效，手术后或经过标准化疗的癌症复发可能性减少为 25%～50%。药物不是绝对有效的一个原因是，癌细胞可以很容易获得新的突变让它们对赫赛汀®具有耐药性，例如，不适当的突变激活了同一个信号转导通路的后续步骤。

20.5.2　针对没有功能性肿瘤抑制基因细胞的一些化学疗法

药物开发更多地关注癌基因而不是肿瘤抑制基因。原因是癌细胞缺乏一种或多种肿瘤抑制基因的功能拷贝，因而缺少 DNA 修复或有丝分裂的检查点所需的因素。因此，没有一种蛋白质可以被药物直接靶向。此外，科学家还没有设计出有效的基因替换方法，将肿瘤抑制基因的野生型拷贝添加到没有这些基因的癌细胞中。

然而，如前所述：①许多肿瘤抑制基因产物参与 DNA 修复机制和 DNA 损伤检查点；②在许多细胞中，过度的 DNA 损伤导致程序性细胞死亡（凋亡）。这些事实表明了一个自相矛盾的观点：许多癌细胞应该对增加 DNA 损伤的分子非常敏感，因为肿瘤细胞不能有效地修复这种损伤，因此更有可能死于凋亡。

这个假设似乎是正确的，至少对某些癌症是如此。例如，PARP 抑制剂阻断了一种叫做聚 ADP 核糖聚合酶（PARP）的作用。这些抑制剂可以有效地治疗许多乳腺癌，这些乳腺癌在肿瘤抑制基因 *BRCA1* 中出现功能缺失突变。PARP 酶是用来治疗 DNA 中单链断裂的。如果

断裂缺口没有修复，当DNA在S期复制时，它们就会变成双链断裂。BRCA1蛋白有助于修复双链断裂。

当使用PARP抑制剂治疗时，BRCA1阴性乳腺癌细胞比正常细胞更容易死亡，因为这种药物会产生单链断裂，在高增殖的癌细胞中，单链断裂会转化为双链断裂。这些双链断裂将在缺乏BRCA1蛋白的细胞中积累。如果这些BRCA1阴性癌症细胞的基因组有足够的双链断裂，它们就会通过细胞凋亡自我毁灭。

你可能已经意识到，对于某些肿瘤，PARP抑制剂可能是完全错误的治疗方法。这些药物增加了基因组的不稳定性，因为它们阻止细胞修复单链断裂，这种不稳定性将导致新的癌症相关突变的积累。关键问题是导致细胞凋亡的生化途径能否在肿瘤细胞中发生。如果这些通路仍然运行，过量的DNA损伤将导致癌细胞死亡。如果没有，DNA损伤可能会增加基因组的不稳定性，并可能恶化临床结果。因此，医生们需要知道很多关于特定癌症的具体突变。正如我们在下一节看到的，癌症基因组测序提供了这类关键信息。

20.5.3 未来的治疗方法将针对个体癌症量身定制

对于某些癌症，相当简单的测试可以预测（尽管有些不完美）肿瘤是否可以用现有的化疗药物治疗。例如，慢性粒细胞性白血病患者癌症细胞的细胞遗传学分析可以表明bcr/c-abl融合基因的存在，表明癌症可能会对格列卫®有反应。类似地，如果乳腺肿瘤的分析结果表明，细胞表面含有过量的Her2蛋白，那么医生可能会用赫赛汀®治疗患者。

1. 肿瘤细胞的全基因组测序：一个案例研究

不幸的是，这种简单的测试往往会对许多癌症患者产生负面影响。下一步要做什么？这就是全基因组测序的意义所在。如果你能确定一个肿瘤中细胞基因组的整个DNA序列，并将其与同一患者的正常细胞的完整基因组序列进行比较，你就可以精确地确定癌基因中的一个或多个驱动突变，和（或）与癌症有关的肿瘤抑制基因。这些知识反过来可能会让医学科学家了解治疗患者特定癌症的可能方法。我们在这里描述一个案例研究，展示了癌症基因组测序的前景和潜在缺陷。

这种方法的首批临床试验之一涉及一位名叫Beth McDaniel的妇女，她患有严重的Sezary综合征，这是一种罕见的T细胞淋巴瘤（一种特定免疫系统细胞的癌症），对标准治疗没有反应。科学家们对麦克丹尼尔女士唾液中的正常细胞和肿瘤细胞进行了全基因组测序，发现了大约18 000个差异。其中大部分不太可能对细胞增殖产生任何影响。然而，一个突变揭示了一个有希望的候选者。在癌症基因组中，两个基因CTLA4和CD28融合在一起。这两个基因的产物都是免疫细胞表面的受

体蛋白。配体与CTLA4受体的结合激活了抑制细胞生长和分裂的信号转导通路，而不同配体与CD28受体的结合激活了其他信号转导通路，这些信号转导通路对于刺激细胞增殖具有反作用。

科学家们假设融合的CTLA4/CD28基因可能逆转了正常的信号转导模式。指导正常的T细胞停止生长的抑制信号将与融合蛋白的CTL4A部分结合，但这种结合将通过蛋白质的CD28部分激活细胞增殖，从而导致癌症表型。如果是这样，那么阻断抑制配体和融合受体的CTLA4部分之间的相互作用的治疗可能会阻止癌细胞的生长。

针对CTLA4受体的被称为Yervoy®的单克隆抗体已经被开发用来治疗黑色素瘤（皮肤癌）。医生指导McDaniel太太服用Yervoy®，最初的结果非常好。几周后，癌症的许多迹象消失了，她开始恢复正常生活的各个方面。不幸的是，缓解时间很短，几周后，癌症复发，她很快就去世了。

癌症基因组测序的成本正在迅速下降，因此这种个性化癌症研究正越来越多地为患者所接受。在最近的几个病例中，癌症细胞中关键突变的识别所提示的药物治疗效果已被证明更为持久，但正如后续章节所解释的那样，即使在这些病例中，癌症复发仍然是一个严重的威胁。

2. 寻找驱动突变和可使用药物的目标

考虑到癌症通常会导致肿瘤抑制基因的功能突变，破坏DNA修复机制，因此癌症细胞累积数千甚至数万个基因突变，将其基因组与同一个人的正常细胞区分开来并不令人惊讶。研究人员如何确定导致癌症表型的特定驱动突变？

一些关键的突变可能会从癌症基因组序列中立即显现出来，而在成千上万种可能性中仍然很难发现其他突变。影响氨基酸序列的已知癌基因和肿瘤抑制基因是最明显的候选者。截止到本书撰写的2016年，已经发现了47个癌基因和70个肿瘤抑制基因。然而，由于这些列表无疑是不完整的，因此必须考虑改变任何基因编码序列的突变（错义、无义、移码、重新排列），即使基因的功能尚不清楚。

增加癌基因转录或降低肿瘤抑制基因转录的调控突变显然也具有潜在的重要性，但在癌细胞的全基因组序列中还很难找到。"编码"项目（参见第17章）绘制了人类基因组中的增强子和绝缘子等调控元件，在某些情况下，研究人员能够精确定位改变癌症基因转录的调控突变。目前更普遍有用的是cDNA的深度测序（即RNA-Seq），它可以帮助发现癌症相关基因，这些基因的表达受到调控突变的影响，即使突变本身没有被识别出来。

全基因组测序并不是能够立即治愈所有癌症的万灵药。从苹果电脑公司创始人史蒂夫·乔布斯（Steve

Jobs）和著名作家兼记者Christopher Hitchens那里获得的癌症细胞基因组，没有显示出任何能有效治疗癌症的线索。在这些病例中，研究人员没有发现他们癌症基因组中的驱动突变。但是，即使在癌症基因组中发现了感兴趣的突变，许多突变都是无成药性，这意味着对抗突变影响的药物策略还没有被开发出来。

3. 癌症缓解和复发

Beth McDaniel的病例研究表明，缓解中的癌症可以重新出现，有时会很快出现。有些癌细胞可能会逃避治疗，无论是外科手术还是新的靶向化疗。即使只有少数这样的细胞存活下来，它们的增殖潜力也非常巨大，以至于癌症可以重新出现。

最近观察了来自同一肿瘤不同区域的细胞的全基因组序列的研究工作表明了癌症复发的一个重要原因。有些肿瘤是异质的，因为肿瘤内的不同细胞有不同的基因组。肿瘤基因或肿瘤抑制基因中的某些突变对肿瘤中的所有细胞都很常见，而有些则不然。

根据癌症涉及细胞克隆中突变积累的假设，这些发现是有意义的。常见的突变是在克隆的有丝分裂增殖早期发生的突变，而特定于癌细胞亚群的突变是最近发生的。显然，最有效的癌症治疗方法将针对常见突变，但如果不对肿瘤中许多细胞的基因组进行测序，就很难判断哪些突变是常见的。

4. 癌症景象和未来展望

几个大型项目，包括由美国国家卫生研究院（NIH）资助的癌症基因组图，目前正在表征数千种癌症的整个基因组/外显子。这些研究发现了复发的突变模式，将癌症细分为临床可能相关的组。例如，2012年发表的一项研究将乳腺癌分为四类，它们的性质非常不同。然而，这些癌症基因组计划的结果也强调了每个肿瘤基因组如何包含一组独特的突变。

图20.29总结了178例肺鳞癌的基因组与来自同一病人的正常DNA相匹配的结果。有些基因，如p53抑癌基因，在这些癌症中有很高的比例是突变的，但不是全部。某些其他肿瘤抑制基因和某些癌基因的突变在这些癌症中出现的频率相对较高。但图20.29只说明了一部分。在178例癌症病例中，表中没有显示的其他癌症相关基因突变只出现在少数病例中。此外，许多鳞状癌的基因组含有染色体重排，包括肿瘤抑制基因的缺失和肿瘤基因的扩增。

这些大规模测序项目揭示的癌症领域的一个重要教训是，影响不同组织的特定癌症可能比同一组织的两种癌症更具有潜在的突变相似性。例如，某些乳腺癌的突变模式比其他类型的乳腺癌更类似于许多卵巢癌。这些发现意味着，用于治疗一种癌症的药物有时可能对治疗不同器官的癌症非常有效。事实上，之前的案例研究

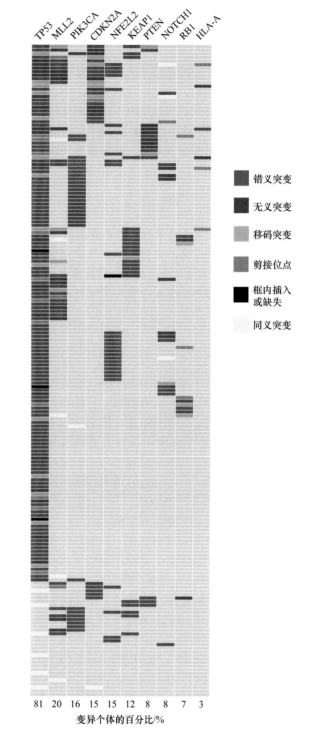

图20.29　对178例肺鳞癌的分析。每一行都代表来自不同患者的肿瘤。这些彩色矩形表示特定基因的碱基置换（列），对基因的编码区域或拼接有不同的影响（颜色）。特定基因突变的患者的百分比在最底层（例如，81%的人在编码*p53*的*TP53*基因中有突变）。所有显示的基因都是肿瘤抑制基因，除了*PIK3CA*和*NFE2L2*（癌基因）、*NOTCH1*（一些肿瘤中是癌基因，在其他肿瘤中是抑制基因）和*HLA-A*（帮助调节肿瘤免疫监测）。未列出的是在这178个肿瘤中仅一两个发现的已知癌症相关基因的罕见突变。

图例（右侧）：
- 错义突变
- 无义突变
- 移码突变
- 剪接位点
- 框内插入或缺失
- 同义突变

恰恰说明了这一点。Yervoy®是一种针对皮肤癌症的药剂，但它对McDaniel太太的T细胞淋巴瘤有显著的效果（即使是临时的）。

这对未来是一个充满希望的消息。癌基因和肿瘤抑制基因的数量是有限的，相对少数的（几十个）基因的突变显然是导致许多被认为是完全不同的癌症的原因。靶向化疗如格列卫®、赫赛汀®和Yervoy®，如果它们被适当地用于通过其肿瘤突变特征选择的患者，则可能比以前想象的更有用。

基本概念

● 以癌基因编码的突变蛋白为靶点的几种抗癌药物。

● 其他药物利用了许多癌细胞对DNA损伤特别敏感的事实，这种损伤是由缺乏检查点或DNA修复蛋白造成的。

● 癌细胞的全基因组测序有助于确定个体肿瘤中特定突变组的治疗方法。

接下来的内容

本章的遗传学工具证明，编码CDK1的基因是最重要的细胞周期控制蛋白之一，在酵母、青蛙和人类不同的生物体中高度保守。在第19章中，你看到eyeless/Pax-6/Aniridia基因，其产物是眼睛发育的主要调节因子，在许多不同的分类群中也是非常保守的。在这两种情况下，基因保守的证据不仅限于核苷酸对和氨基酸的相似性，而且还包括交换实验的结果，表明一个物种的基因可以在功能上替代不同物种的相应基因。

尽管这两个基因的保守性很强，但酵母、青蛙和人类无疑是非常不同的生物体，表现出高度不同的形态和行为。在进化过程中，一些基因的变化必然比Cdk1或eyeless/Pax-6/Aniridia更多。进化创造并保留了生物体在其环境中发现的问题或机会的遗传解决方案，但进化也使得这些解决方案能够产生新的结果。

进化不是发生在个体生物体中的个体基因水平上，而是发生在多代变化的群体环境中，以及由许多基因的相互作用决定的表型。为了理解推动最终产生不同物种的遗传变化的进化力量，我们将重点转移到本书的下一部分，从调查一个生物体中一个基因的活性到长期研究整个群体中的基因传递（第21章），以及分析由多个基因支配的复杂性状（第22章）。

习题精解

Ⅰ．一种验证特定基因是癌基因还是肿瘤抑制基因的常见方法是使用基因工程来改变小鼠的基因组，并确定基因工程改造过的小鼠是否会患上肿瘤并死于癌症。接下来的两个图显示了这些实验的结果。在实验1中，小鼠有一个基因A或基因B的单基因拷贝，

或两个基因的单一基因拷贝。在实验2中，小鼠为纯合子或杂合子，用于基因C的敲除。

实验1

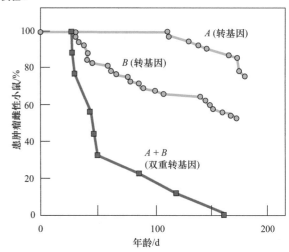

实验2

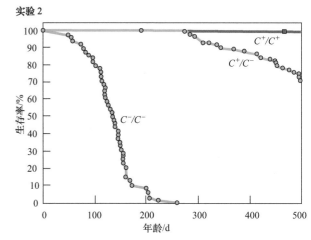

a. A、B、C基因，哪些是癌基因，哪些是肿瘤抑制基因？解释你的推理。

b. 你能从A和B的双重转基因小鼠对肿瘤特别敏感的结果中推断出什么？

c. 为什么C基因敲除的杂合子小鼠的存活率比C^+/C^+小鼠低，但敲除的存活率却比纯合子高得多？

d. 纯合子敲除小鼠如何在出生后存活？

e. 你对两只携带了A转基因小鼠的后代有什么预测？（注：雌性小鼠在出生后6周左右性成熟，雄性小鼠在8周左右性成熟）

f. 对两只敲除了C基因的杂合子小鼠的后代，你有什么预测？

解答

回答这个问题需要知道，将原癌基因转化为癌基因的突变在促进癌症方面具有显性作用，而肿瘤抑制基因中的癌相关突变在细胞层面是隐性的，但在生物体层面是显性的。

a. 基因A和B是癌基因。任何一个基因的单一转基因拷贝都能促进肿瘤的生长，所以转基因具有显性作用。基因C是一种肿瘤抑制基因。当基因C的两个野

生型拷贝被敲除时，癌症的易感性就特别明显。

b. 这两个转基因癌基因具有协同效应的事实，与癌症的产生涉及多个基因突变的积累这一观点是一致的。

c. 按前面所述，只有当肿瘤抑制基因的两个副本都被灭活时，癌的性质才会出现。敲除的纯合子没有功能拷贝，因此会在生命的早期发展成癌症。敲除的杂合子会产生一个剩余的 C^+ 拷贝，但是这些杂合子最终会在第二次敲除一个或多个细胞的拷贝后死于癌症。注意，后一个结果表明，单个敲除等位基因的遗传在生物体水平上是诱发癌症的主要方式。

d. 纯合子敲除后的小鼠在出生后仍然存活，因为突变必须在几个癌基因和肿瘤抑制基因中积累，才能产生癌症，而不仅仅是在这个肿瘤抑制基因中积累。注意，这种肿瘤抑制基因对于细胞的存活不是必要条件。

e. 1/4 的后代不会遗传任何跨基因的拷贝，所以它们在正常的生命周期中不会出现或出现很少的肿瘤。有一半的后代遗传了一份转基因的基因，因此它们的肿瘤发展速度与它们的父母相同（实验1中的蓝线），1/4 的后代将是纯合子基因。这些动物可能表现出和它们的父母一样的肿瘤发生率，或者根据跨基因的分子特性表现出更快的肿瘤发生率。

f. 1/4 的后代不会遗传任何基因敲除的拷贝，所以它们会正常存活。一半的小鼠会继承一份基因敲除，所以它们的生存能力应该像实验2中的蓝线。剩下的 1/4 是转基因纯合子，因此它们的存活率与实验2中的绿线相似。

II. 本文描述了几种带有RNA基因组（反转录病毒）的致癌病毒。一些致癌病毒反而有DNA基因组；其中一种病毒叫做SV40。感染SV40病毒的小鼠组织培养细胞失去正常生长控制，并发生转化。如果转化后的细胞转移到小鼠体内，它们就会长成肿瘤。负责这种转化的SV40蛋白被称为T抗原，它被发现与细胞蛋白p53相关。如果融合到高表达（强）启动子的 p53 基因转染到组织培养细胞中，细胞就不会再被SV40感染而转化。

a. 提出一个假说来解释 p53 的高表达是如何阻止细胞被T抗原转化的。

b. 你已经决定检测p53蛋白的功能域，通过对cDNA进行诱变，将其融合到强启动子，并将其转化为细胞。每一种突变都会改变一种氨基酸，这种氨基酸对于p53蛋白的一个功能域的活性至关重要。结果如下表所示。如何解释突变1和2对p53功能的影响？

c. 突变3对p53功能的影响是什么？

p53 组成	形态	
	未感染细胞	SV40 感染细胞
没有	正常	转移
野生型	正常	正常
突变 1	正常	正常
突变 2	正常	正常
突变 3	正常	转移

解答

a. p53蛋白被T抗原结合后失活。通过从强启动子中提供多余的p53，细胞中已经有足够的p53蛋白与所有的T抗原结合，仍然有很多未结合的p53来调节细胞周期。因此，T抗原的作用被最小化。

b. 突变体1和2表达了大量改变的p53蛋白，但它们不再受到T抗原的影响。因此突变体1和2可能是功能缺失突变，阻止p53结合T抗原的能力。即使在T抗原存在的情况下，这种突变的p53蛋白仍能正常调控细胞周期。另一种可能是突变体1和2不能在细胞周期控制中发挥作用，但可以结合足够的T抗原，使内源性p53发挥作用。

c. 突变体3无法将细胞从T抗原的致癌作用中拯救出来，因此这种突变必须影响到与T抗原结合的功能域，或者使p53成为细胞周期基因转录因子的功能域。作为几种可能性之一，p53有一个专门帮助它调节凋亡（而不是细胞周期）基因的域。正常生长的细胞不需要进行细胞凋亡，对这个区域的破坏可能没有影响。

习题

词汇

1. 在右列中选择与左列中的术语最匹配的短语。

a. 促有丝分裂的增长　　1. 这些基因的突变是癌症形成的主要因素

b. 肿瘤抑制基因　　2. 程序性细胞死亡

c. 细胞周期蛋白依赖性激酶　　3. 传递消息的一系列步骤

d. 细胞凋亡　　4. 在细胞周期中周期性活跃的蛋白质

e. 癌基因　　5. 控制细胞周期的进展以应对DNA损伤

f. 生长因子受体　　6. 这些基因的突变在细胞水平上对于癌症的形成是隐性的

g. 信号转导　　7. 向细胞发出离开 G_0 期进入 G_1 期的信号

h. 检查点　　8. 使蛋白质磷酸化的细胞周期酶

i. 细胞周期蛋白　　9. 结合激素的蛋白质

20.1节

2. 描述肿瘤细胞和正常细胞之间的区别如下。在癌症细胞，这些特性如何有助于肿瘤恶化？
   a. 接触抑制
   b. 自分泌抑制
   c. 细胞凋亡
   d. 端粒酶表达
   e. 端粒缩短引起的衰老
   f. 基因组稳定性
   g. 血管发生
   h. 转移
   i. 易受免疫监视

20.2节

3. 美国的结肠癌发病率是印度的30倍。两种人群的饮食和（或）遗传差异可能有助于这些统计数据。你如何评估这些因素的作用？

4. 一些种系突变使个体更容易罹患癌症，但通常环境因素（化学物质、辐射）被认为是发展癌症的主要风险。这些关于癌症起因的观点是冲突的，还是可以调和的？

5. 在近交实验室小鼠的皮肤上放置一种致癌化合物。在化学物质不能被检测到的几个月后，在这些小鼠中，皮肤肿瘤发生在暴露的地方。为什么不是所有的小鼠都患了肿瘤？为什么肿瘤不更早出现？

6. 研究与结肠癌相关的遗传因素。一个来自摩洛哥的大家庭，疾病在很小的时候就出现在家庭成员中，（系谱在附图中显示）在这个家庭里，人们要么在16岁之前得结肠癌，要么根本就没得过。

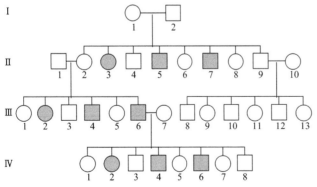

   a. 根据你所获得的信息，有什么证据表明是遗传因素导致了这种疾病的发展？
   b. 根据谱系中所列的33个人的病史记录，发现有很大一部分人每天都喝一种特殊的咖啡，而其他人则不喝。唯一不喝咖啡的是 I-1、II-2、II-4、

II-9、III-7、III-13、IV-1和IV-3。喝这种特殊的咖啡可能对结肠癌有影响吗？解释你的答案。

7. B细胞是专门分泌抗体的血细胞。正常情况下，人类血液中有数百万种不同类型的B细胞，产生数百万种不同的抗体分子。这种多样性的出现是因为，正如第13章"快进"信息栏"程序性DNA重组和免疫系统"中所描述的那样，抗体基因在B细胞的前体中进行重组。个体B细胞前体以不同的方式重新排列抗体基因。在被称为B细胞淋巴瘤的癌症患者的血液中，几乎所有的抗体分子都是一种类型，但是这种单一类型的抗体在不同的淋巴瘤患者中是不同的。
   a. 基于这些信息，简要描述B细胞淋巴瘤的发生，重点关注过量增殖的细胞。
   b. 细胞淋巴瘤的性质如何支持图20.6所示的肿瘤克隆理论？

20.3节

8. 细胞内外的分子调节细胞周期，使其开始或停止。
   a. 调节细胞周期的外部分子的例子是什么？
   b. 细胞内参与细胞周期调控的分子的例子是什么？

9. 将以下步骤按正确的顺序排列
   a. 激酶级联
   b. 转录因子的激活
   c. 激素结合跨膜受体
   d. 目标基因在细胞核中的表达
   e. Ras分子开关

10. a. 如果一个细胞是一个对温度敏感的Ras突变体，其蛋白产物在非许可的温度下以GTP结合的形式固定，那么它会在非许可的高温下继续分裂还是停止分裂？
    b. 如果有一个对温度敏感的突变体，Ras蛋白在高温下保持在GDP结合的形式，这样会发生什么？

11. 两种不同的蛋白复合物SCF和APC向细胞周期素蛋白中以共价键合的方式加入一种叫做泛素的小多肽。将泛素添加到蛋白质目标中，这种蛋白质被另一种称为蛋白酶体的蛋白质复合物降解。SCF复合物在S期被激活，APC复合物在M期被激活。
    a. SCF和哪种细胞周期蛋白（A、B、D、E，图20.14）结合泛素？APC如何？
    b. 细胞如何在正确的时间激活SCF和APC？

12. 有丝分裂后期的标志之一是姐妹染色单体的分离。一种叫做黏连蛋白的蛋白质复合体将姐妹染色单体

连接在一起，如图12.25所示。根据习题11的答案，提出一种机制，允许姐妹染色单体在后期分离。M期可以防止在所有的染色体都与有丝分裂纺锤体正确连接之前姐妹染色单体的分离，运用习题11的答案中的机制如何解释M期的检查点工作原理？

13. 关于酵母细胞周期突变体的遗传学分析工具：

　a. 描述如何使用诱变的单倍体酵母细胞的培养物识别酵母生长和生存所需的基本基因中的温度敏感突变（*ts*）。

　b. 在题目a中发现的众多*ts*突变中，如何区分细胞周期进展所需的基因突变和酵母生命其他方面所需的基因突变？

　c. 在大量的酵母细胞周期突变体中，如何确定哪些突变在同一个基因中，哪些突变在不同的基因中？

　d. 遗传学分析工具中的图A和图B展示了单个酵母细胞周期突变体的培养。这两个图显示的是同一种细胞在不同时间被检测的培养皿：图A为转移到限制温度前的培养皿，图B为温度变化后的培养皿。图A中具有小芽的细胞作为图B中的单个大芽细胞停滞（黄色箭头指向一个例子）。相比之下，图A中有大芽的细胞停滞为图B中的两个大芽细胞（红色箭头）

　这些观察结果告诉你，在细胞周期中，所讨论基因的蛋白质产物通常起作用。

　e. 详细描述一项实验，表明周期蛋白依赖性激酶CDK1的人类基因可以替代酵母中同源基因的功能。

20.4节

14. 基因组和核型不稳定性是癌症的后果还是原因？

15. 以下哪个事件不太可能与癌症相关？

　a. 正常二倍体细胞中原癌基因的突变

　b. 在细胞原癌基因附近有一个断点的染色体易位

　c. 细胞原癌基因的缺失

　d. 带有肿瘤抑制基因缺失的细胞中的有丝分裂不分离

　e. 细胞癌基因与反转录病毒染色体的结合

16. 为什么在细胞层面上隐性的所有功能缺失突变不能在组织层面上表现为显性呢？这种特性是否仅限于肿瘤抑制基因突变？

17. 染色体破碎是一种罕见的现象，首次在癌症细胞中发现，单个染色体"粉碎"成许多片段，并通过DNA修复机制重新组合在一起（根本原因尚不清楚）。大约2%的癌症包含有染色体破碎的细胞。解释一下染色体破碎是如何导致癌症的。

18. 与慢性粒细胞白血病（CML）相关的9/22染色体易位被称为费城（Philadelphia）染色体，它是于1960年首次在美国费城发现，因此以城市名命名。CML患者不会遗传这种发生在体细胞中的染色体易位。为什么这种融合了*bcr*和*abl*基因的特殊易位在不同人的体细胞中是独立发生的？

19. 一名19岁的女性患者，其症状是贫血和内出血，由于大量的白细胞积累，被诊断为慢性粒细胞性白血病（CML）。核型分析显示，该患者的白血病细胞涉及9号和22号染色体杂合子的相互易位。然而，该患者的正常、非白血病细胞中没有一个包含易位。下列哪一种说法是对的？哪一种是错的？

　a. 易位导致肿瘤抑制基因失活（丧失功能）。

　b. 易位导致癌基因失活（丧失功能）。

　c. 该患者的任何孩子都有50%的可能患上CML。

　d. 该患者在核型方面是一个体细胞的嵌合体。

　e. 从该患者的白血病细胞中提取的DNA，如果被正常的小鼠组织培养细胞吸收，可能会将小鼠细胞转化为能够引起肿瘤的细胞。

　f. 在易位断点处，受影响的肿瘤抑制基因或原癌基因的正常功能可能会阻碍细胞周期蛋白的功能。

　g. 在白血病细胞的易位断点处，已经发生两个罕见的事件来破坏肿瘤抑制基因或原癌基因的两个副本。

　h. 一种可能的治疗白血病的方法是使用一种药物，在白血病细胞的易位断点处激活肿瘤抑制基因或癌基因的表达。

20. 描述一项分子测试，以确定给习题19中描述的患者进行化疗是否完全成功。也就是说，设计一种方法来确保患者的血液中没有白血病细胞。尽可能详细地描述需要的试剂、实验步骤，以及不同的结果会显示什么。

21. 下图显示了一个通用的信号级联。生长因子（GF）与生长因子受体结合，激活生长因子受体细胞内域的激酶功能。生长因子受体激酶的一个底物是另一个激酶——激酶A，只有当它本身被GF受体激酶磷酸化时才具有酶活性。活化的激酶A向转录因子中添加磷酸。当没有被磷酸化时，转录因子是不活跃的并停留在细胞质中。当被激酶A磷酸化时，转录因子进入细胞核并帮助激活有丝分裂因子基因的转录，该基因的产物刺激细胞分裂。

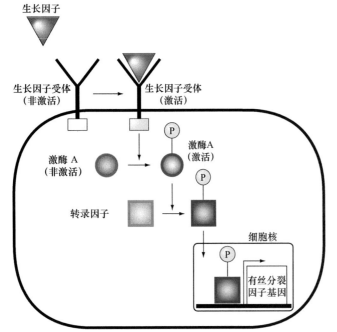

viii. 阻止磷酸酶磷酸化的突变

ix. 使磷酸酶产生的突变，其作用就好像磷酸化一样

a. 下面的列表包含编码相应蛋白质的基因的名称。其中哪一种可能作为原癌基因？ 哪个可能是肿瘤抑制基因？

i. 生长因子

ii. 生长因子受体

iii. 激酶A

iv. 转录因子

v. 有丝分裂因子

　　图中细胞有一个磷酸酶（图中没有标出），能够从蛋白质中去除磷酸，在这个例子中，是从转录因子中去除磷酸。这种磷酸酶本身受激酶A的调节。

b. 当激酶A在磷酸酶中加入一个磷酸基团时，会有什么影响？ 这会激活磷酸酶还是抑制它？ 请解释。

c. 磷酸酶基因是原癌基因，还是抑癌基因，或两者都不是？

d. 以下列出了几种突变。对于每一种突变，如果突变的细胞是纯合子，或突变的杂合子和野生型等位基因，那么突变是否会导致细胞过度生长或细胞生长减少。假设所有这些基因的正常活动的50%对正常细胞生长是足够的。

i. 磷酸酶基因的零突变

ii. 转录因子基因的零突变

iii. 激酶A基因的零突变

iv. 生长因子受体的零突变

v. 一种突变，能产生一种本构活性生长因子受体，这种受体的激酶功能即使在没有生长因子的情况下也是活跃的

vi. 产生本构活性激酶A的突变

vii. 将转录因子基因置于强增强子下游的一种互易位

22. 神经纤维瘤病1型（NF1，也被称为雷克林霍曾病）是一种遗传的显性疾病。表型（见图11.19）通常涉及许多皮肤神经纤维瘤（覆盖神经的纤维细胞的良性肿瘤）的产生。

a. NF1可能是肿瘤抑制基因还是癌基因？

b. 从父母遗传的NF1神经纤维瘤突变是否可能是功能丧失或功能恢复突变？

c. 神经纤维瘤素是NF1的蛋白产物，已被发现与Ras蛋白有关。Ras与来自生长因子的细胞外信号转导有关。Ras的活性形式（启动信号转导级联引起增殖的形式）与GTP复配；Ras的非活性形式与GDP相结合。野生型神经纤维瘤蛋白是否有利于Ras-GTP或Ras-GDP的形成？

d. 在遗传了神经纤维瘤等位基因的一个人的正常细胞中，下列事件中，哪一种会导致该细胞的后代生长成神经纤维瘤？

i. 从受影响的父母继承的NF1等位基因中的第二点突变

ii. 从正常父母遗传的NF1等位基因点突变

iii. 从受影响的父母遗传的染色体中去除NF1基因一个大的缺失

iv. 从正常亲本遗传的染色体中去除NF1基因的大型缺失

v. 有丝分裂染色体不分离或染色体丢失

vi. 在NF1基因和携带NF1的染色体着丝粒之间的区域有丝分裂重组

vii. NF1基因与染色体端粒之间的有丝分裂重组

23. BRCA1或BRCA2基因突变家族通常表现为遗传性乳腺癌和卵巢癌（HBOC）。附图显示了BRCA2谱系。

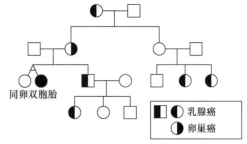

a. BRCA1和BRCA2是肿瘤抑制基因；由于缺失DNA修复机制，任何一个基因中的功能丧失突变的细胞纯合子都可以变成癌细胞。请解释为什么谱系显示HBOC的显性遗传模式。

b. 能否从谱系图中看出HBOC是否完全覆盖整个谱系？

c. HBOC能表现出不同的表达能力吗？

d. 根据当前癌症起源模型解释题目b和c的答案。

24. 该文中解释说，反转录病毒可导致癌症。一些具有DNA基因组的病毒也可能导致癌症。例如，疱疹乳头状瘤病毒（HPV）会导致宫颈癌。HPV基因组编码一种叫做E6的蛋白质可以干扰p53的功能，另一种叫做E7的蛋白质可以抑制Rb蛋白的功能。请解释HPV如何导致癌症。病毒E6和E7蛋白的功能是否与癌基因或肿瘤抑制因子更相似？

20.5节

25. 肝细胞癌是最常见的肝癌形式。在患有可遗传性肝细胞癌的患者中，肿瘤的形成与影响两种不同癌基因和三种不同肿瘤抑制基因的8种遗传改变相关。这些改变是：

i. 有丝分裂重组
ii. 删除染色体区域
iii. 三染色体细胞
iv. 染色体区域的重复
v. 单亲二体（见图20.24）
vi. 点突变
vii. 另一点突变
viii. 又一点突变

对于下面的a～c部分，请提供前面列表中所有可能的正确答案。请记住大多数点突变是功能丧失突变。

a. 前面列表中的哪些突变可能会影响原癌基因？

b. 前面列表中哪些突变可能涉及肿瘤抑制基因？

c. 前面列表中的哪些突变涉及拷贝中性杂合性丢失（即杂合性丢失，其中癌细胞的基因组仍然有两个相关基因的拷贝，无论这些拷贝是否有功能）？

基因组DNA是由正常的白细胞和肿瘤活检样本制备的。这些基因组DNA作为荧光探针，与人类基因组中的一种ASO微阵列多态性杂交（参见图11.16和图11.17）。染色体14、15、16和17的SNP a～z的结果如图所示。红色和橙色代表不同水平的荧光。

d. 基于微阵列数据，提供了列表中前5种基因改变的最精确定位（i～v）。例如，如果改变涉及15号染色体的a～e标记，写成15a～e。

e. 尽可能精确地指出与癌症发生有关的有丝分裂重组事件的位置。

f. 基于这些数据可以绘制三种致癌点突变中的任何一种，请提供最精确的突变位点。

g. 在所有的基因突变i～viii中，是否能看到明确的证据表明从得病的父母那里遗传的突变或其他症状。

习题25的图

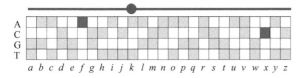

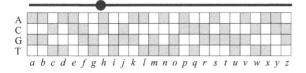

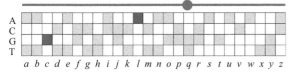

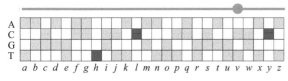

正常组织

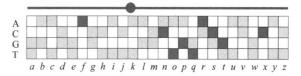

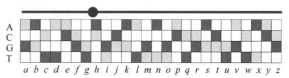

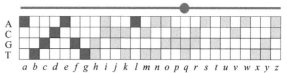

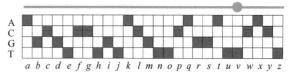

肿瘤组织

h. 对于在癌症中发挥作用的肿瘤抑制基因，通常肿瘤细胞中的两个拷贝都必须是非功能性的。对于在该患者中导致癌症的三个肿瘤抑制基因中的每一个，提供一个场景，解释哪两个位点（列表中的i～viii，与vi～viii等价）致病，位点发生的必然顺序是什么，以及所涉及的位点是可遗传的还是可发生的。

26. 假设是通过全基因组测序分析的习题25中所描述的患者的正常和癌组织，而不是通过微阵列。如何在整个基因组序列数据中找到表明列表中8个基因改变的存在和位置的证据？

27. 假设通过对患者的癌细胞和正常细胞（RNA-Seq）中的RNA进行深度测序来分析习题25和习题26中描述的患者的正常和癌组织。你可以从参与肿瘤发生的新的癌基因组或肿瘤抑制基因（这些基因很难从全基因组序列中找到）中获得哪些证据？

28. 多形性胶质母细胞瘤（GBM）是人类最常见的恶性脑癌。如果不进行任何治疗，平均存活率约为3个月。即使采用外科切除、放疗和化疗等标准治疗，平均生存率也在7～14个月。GBM肿瘤在其遗传变化谱上存在差异，这些变化可能影响特定治疗的效果。回答以下关于特定突变与特定治疗结果的相关性的问题。

  a. GBM中约20%的活检显示了EGFR（表皮生长因子受体）蛋白的一种突变体EGFRvIII的表达。这些GBM的相同癌细胞也表现出正常的、野生型EGFR的表达。基因编码EGFR是肿瘤抑制基因还是原癌基因？

  b. 很难诱导表达EGFRvIII的细胞发生凋亡。如果你是一名放射学家，用GBM来治疗一个带有EGFRvIII表达的患者，相对带有正常EGFR蛋白的GBM的患者，你会使用更高或更低剂量的X射线吗？

  c. EGFR是一种通过细胞膜延伸的蛋白，其N端胞外部分（氨基酸1～500）与表皮生长因子（EGF）结合，胞内C端激酶部分（氨基酸501～1000）通常在EGF与EGFR结合时被激活。活性激酶磷酸化（增加磷酸基）其他蛋白质，触发信号转导级联，促进细胞生长和分裂。EGFRvIII是一个删除氨基酸6～273的EGFR蛋白。这种突变蛋白是如何导致癌症的？

  d. 易瑞沙™是一种阻断EGFR激酶活性的药物。你认为易瑞沙™会成为表达EGFRvIII的GBM的一种潜在治疗手段吗？还是你认为这种药物会使肿瘤生长得更快？

  e. 顺铂是一种铂化合物，它与DNA结合并破坏DNA，最终导致细胞死亡。ERCC1是一种编码DNA修复蛋白的基因。GBM显示出比正常情况高得多的ERCC1转录水平。与肿瘤中ERCC1 mRNA含量正常的患者相比，你会用高剂量或低剂量的顺铂来治疗这种GBM吗？

29. a. 图20.29的图例确定了哪些被分析的基因是癌基因，哪些是肿瘤抑制基因。如果没有图例，请解释你如何通过查看数据来完成大部分的作业。
  b. 图20.29中哪些突变最有可能是乘客突变？

30. CBioPortal网站（http://www.cbioportal.org）是一个非常有用的项目，可以将数千名不同癌症患者的肿瘤基因和基因组可视化，这些癌症基因和基因组已经通过全基因组测序和RNA-Seq进行了分析。

  进入CBioPortal网站，点击Select Cancer Study下的All，在Enter Gene Set中输入PTEN，然后点击Submit。在返回的页面上，你将看到在不同的研究中，在肿瘤中PTEN基因的编码区域是如何改变的。点击标签Mutations可以让你看到与PTEN蛋白相关的这些突变的细节，同时标签Expression可以让你看到基因的表达（从cDNA的解读来看）是如何在单个肿瘤样本中被改变的。

  a. PTEN是癌基因还是抑癌基因？什么样的证据能让你得出这个结论？

  b. 哪些癌症最有可能涉及PTEN的改变？

  c. 如何识别一些患者，这些人的肿瘤细胞特别有可能在编码区域之外的PTEN基因中发生体细胞突变，但仍然通过影响基因调控而导致癌症？

  现在回到CBioPortal主页。再次，选择All（在Select Cancer Study下），但这次在Enter Gene Set中输入ERBB2，然后点击Submit。

  d. ERBB2是癌基因还是肿瘤抑制基因？什么样的证据能让你得出这个结论？

  e. ERBB2基因中列出的任何一种突变都是乘客突变而不是驱动突变，是这样吗？如果是乘客突变代表什么意思？

  f. 如果你正在寻找ERBB2基因的调控突变，但这些突变并不在编码序列中，而是与癌症有关，那么你会在Expression标签下面寻找哪些属性呢？

  g. 在将你的结果与PTEN和ERBB2基因进行比较时，这些基因的错义突变在这些突变对癌症表型的可能贡献方面有多大的重要性？

第七部分　个体基因和基因组之外

第 21 章　群体的突变与选择

"牛奶是给婴儿喝的。当你长大后你必须喝啤酒。"——阿诺德·施瓦辛格
群体是家庭的集合。
© Sue Flood/Oxford Scientific/Getty Images

章 节 大 纲

21.1　哈迪 - 温伯格定律：预测"理想"群体的遗传变异

21.2　是什么造成了实际群体等位基因频率的改变？

21.3　现代人类的祖先与进化

美国的广告宣传中，牛奶是蛋白质和钙的极佳摄取来源。但是，一些青少年和成年人在喝完牛奶后会有不舒服的症状，包括腹泻、恶心、腹部绞痛。这些不舒服的反应通常是小肠内壁缺乏乳糖酶的现象。

在我们的灵长类亲缘动物和其他哺乳动物中，乳糖酶只在新生儿体内表达，这样他们就可以通过分解乳糖来从母乳中获得营养。在这些物种的新生儿断奶后，乳酸编码基因的转录便停止了。早期人类从他们的祖先那里继承了乳糖酶编码基因，该基因以相同的方式运作。

东亚、非洲部分地区的现代人类，以及北美、南美和澳大利亚的土著居民，仍然拥有乳糖酶基因，这些基因在儿童后期被关闭。这些人成年后乳糖不耐受，所以在他们的日常饮食中，很少喝牛奶或根本不喝牛奶或其他奶制品。

那么，为什么其他民族的人长大后还能喝牛奶呢？原因在于，欧洲和撒哈拉以南非洲牧区人类种群的偶然突变导致了乳糖酶等位基因的独立发生，这种等位基因在成年后仍能表达。在饲养家畜的群体中，成年人从牛

611

奶中获取营养的能力可能为具有这些突变的个体提供了生存和（或）繁殖优势［图21.1（a）］。这一优势导致了在成年后乳糖酶持续表达的变异频率迅速增加。所以这些等位基因的频率现在在欧洲和撒哈拉以南的非洲中部超过90%［图21.1（b）］。

群体遗传学是研究世代遗传变异之间的传递，如那些决定乳糖耐受或不耐受的人群：生活在同一时间和地点的同一物种的一个种群。群体遗传学的逻辑是我们之前在这本书中看到的一个简单的延伸，从中我们追寻在单代杂交中，从父母传给下一代的遗传变异。在群体遗传学最新的研究中，随着时间和空间上的推移，群体中的个体也发生着变化，这些个体之间的联系非常疏远，我们追寻并研究这些个体中所发生的突变。群体遗传学家建立了等位基因和基因型频率如何变化的模型，然后他们将预测的结果与在真实种群中发现的变异模式进行比较。

本章的材料以两个主题为基础。第一，由于群落是家族的简单组合，群体遗传学家扩展了孟德尔的家庭性状传递的基本原则，并预测群体中遗传变异的变化。第二，群体遗传学不仅仅是抽象的集合；相反，它是一个重要的工具，可以让科学家深入了解生物功能、进化机制，甚至人类历史。

(a) 在人类历史的早期驯养的牛

(b) 人类种群中乳糖不耐受的变化

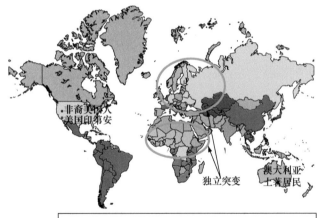

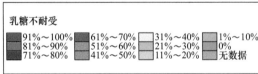

乳糖不耐受

91%~100%	61%~70%	31%~40%	1%~10%
81%~90%	51%~60%	21%~30%	0%
71%~80%	41%~50%	11%~20%	无数据

图21.1 人类种群中乳糖耐受情况的世界范围变化。（a）来自非洲撒哈拉沙漠的塔西利·恩阿耶尔山脉的岩画，描述了早期人类在一个时期（公元前3000年至公元前1900年）内进行家畜放牧，当时该地区是一个大草原，而不是今天的沙漠。（b）现在，绿色代表的种群中耐乳糖个体的比例较高；红色所代表的种群中大多数个体都为乳糖不耐受。最早的人类种群是乳糖不耐的。乳糖耐受是由两种独立突变引起的，这两种突变为能够从家养动物的奶中获得营养的个体提供了选择优势。其中一个突变发生在欧洲或西亚，第二个是在撒哈拉以南的非洲（绿色圈）。

（a）：© Ian Griⅰths/Robert Harding World Imagery/Getty Images

21.1 哈迪-温伯格定律：预测"理想"群体的遗传变异

学习目标

1. 计算在给定群体中基因型频率的等位基因频率。
2. 给定等位基因频率，确定在哈迪-温伯格平衡下，种群中预测的基因型比例。
3. 描述法医如何确定群体中一个随机的人的DNA图与在犯罪现场发现的样本相匹配的可能性。

杰弗里·哈迪（Geoffrey H. Hardy）和威廉·温伯格（Wilhelm Weinberg）早在1908年就意识到，要理解自然界中种群内部和种群之间形成遗传变异模式的力量，最简单的方法就是从一个满足几个假设的、简单的、随机交配的 "理想"种群开始。以这个假想的种群为起点，遗传学家可以检查当每个假设都被违反时发生了什么。通过这种方式，科学家们可以建立真实的模型来描述自然种群中遗传变异在时间和空间上是如何变化的。

21.1.1 群体遗传学家测量描述群体的频率

为了遵循哈迪和温伯格的推理，我们首先需要定义一些术语，这些术语将为我们提供变异的明确测量。**种群**是生活在同一时间、同一地点的同一物种的个体集合；如果生物体是有性别区分的，那么种群中的个体必须有彼此交配的能力，例如，1990年旧金山湾天使岛上所有的白尾鹿，或者海湾口所有的岩石鳕鱼。种群中所有成员所携带的所有等位基因的总和称为种群的**基因库**。每个个体最多携带两个等位基因拷贝。因此，种群中若有N个个体，对于常染色体基因来说，基因库则由该基因的2N个等位基因拷贝组成。虽然我们几乎从来没有检查过种群中每个个体的等位基因，但是我们往往会取一个**样本**：利用有限数量的个体来推断整个种群。通常，科学家并不考虑个体的基因型或表型，而是随机抽取个体样本。

等位基因一词描述的是特定基因位点、基因、区域或基因组的核苷酸位置的变异。如果样本在核苷酸位置只显示出一个等位基因，那么该位点是**单态的**；如果一个位点存在多个等位基因或变体，则该位点是**多态的**。同时，我们的个体样本也允许我们确定在任何时刻种群所存在的不同变异的相对频率（或分离）。

1. 基因型和表型频率

基因型频率是指携带特定基因型的个体总数在种群中所占的比例。为了确定基因型频率，只需要简单地计算每个基因型个体的数量，然后除以种群中个体的总数（图21.2）。对于像蓝色眼睛这种隐性性状，则无法区分带有黑色眼睛等位基因的纯合子与包含黑色眼睛和蓝色眼睛等位基因的杂合子；这两种基因型都会产生黑色眼睛的个体。因此，对于这样的基因来说，直接确定基因型频率的唯一方法是使用一种分子检测法，在DNA水平上区分不同眼睛颜色的等位基因。

考虑一个20个人的样本，其中16个人都有黑色眼睛，意味着他们要么是带有两个决定黑色眼睛的显性基因A的纯合子，要么是带有显性基因A和带有决定蓝色眼睛的隐性基因a的杂合子。其他4人都有蓝眼睛，因此为aa的纯合子（图21.2）。该样本有两个表型——黑色眼睛和蓝色眼睛个体，它们的相对比例（**表型频率**）分别为16/20=80%和4/20=20%。假设DNA分析显示，在这20个个体中，12个属于基因型AA，4个属于Aa，4个属于aa。在本样本中，AA基因型频率为12/20=0.6；Aa基因型频率为4/20=0.2；aa基因型频率也是0.2。注意，这三个频率（0.6+0.2+0.2）之和为1，即样本中这个位点上的所有基因型的总和，由此推断，在整个种群中也是如此。

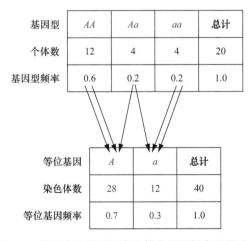

图21.2　种群中基因型频率和等位基因频率的描述。

2. 等位基因频率

等位基因频率是指给定的等位基因型的拷贝数在种群中所占的比例。因为种群中的每个个体都有两个染色体拷贝，所以基因拷贝（基因库）的总数是个体数量的两倍。因此，对于我们假设的20个人，那么会存在40个常染色体拷贝基因。当然，纯合子和杂合子都与等位基因的频率有关。但在计算时，纯合子对特定等位基因的频率计数两次，而杂合子只计数一次（图21.2）。

要找到A和a的频率，首先要针对每个基因型的人数来计算A和a等位基因的数量。

对于等位基因A来说，

$$12\ AA \rightarrow 24个A基因$$
$$4\ Aa \rightarrow 4个A基因$$
$$4\ aa \rightarrow 0个A基因$$

样本包含24+4+0=28个等位基因A的拷贝数。

同样的，对于等位基因a来说，

$$12\ AA \rightarrow 0个a基因$$
$$4\ Aa \rightarrow 4个a基因$$
$$4\ aa \rightarrow 8个a基因$$

样本中一共包含0+4+8=12个等位基因a的拷贝数。

接下来，将28个A等位基因与12个a等位基因相加，得到取样的染色体拷贝总数（40）；正如所料，这是样本中人数的两倍。最后，将每个等位基因的拷贝数除以基因拷贝数，得到每个等位基因的比例或频率。

对于等位基因A来说，等位基因频率为28/40=0.7。

对于等位基因a来说，等位基因频率为12/40=0.3。

再次注意到，频率的总和为1，代表了基因库中的所有等位基因。

可使用以下基于基因型频率的公式来计算任何等位基因频率：

等位基因A的频率=AA的频率+1/2 Aa的频率（21.1）

等位基因a的频率=aa的频率+1/2 Aa的频率

将图21.2上部表格中的基因型频率代入这些公式将产生与图下部表格相同的等位基因频率，这些等位基因频率是通过计算单个基因拷贝来确定的。

21.1.2　哈迪-温伯格定律与等位基因和基因型频率

在20世纪之前，当特征的混合仍然被认为是遗传的基础时，许多人认为如自然的金发和红发这些隐性特征会注定随着时间的推移在人类种群中消失：当发色较浅的人与发色较深的人交配时，后代不会出现金色或红色的头发颜色，这类人便渐渐消失了。1908年，英国数学家杰弗里·哈迪根据新近发现的孟德尔分离法则，探索了这一主张。哈迪表明，如果满足一定的假设，等位基因频率、基因型频率和表型频率将在时间和世代之间保持不变。同年，德国内科医生威廉·温伯格得出了同样的结论。

1. 哈迪-温伯格定律的假设

简化的假设使得哈迪和温伯格得以提出这一理论，该定律包含了种群的性质和正在调查的遗传变异的性质：

（1）种群是由很多二倍体个体组成的，为了简单起见，假设它们是无限的。

（2）所关注的基因型对个体选择配偶没有影响——也就是说，交配是随机的。

（3）在基因库中没有出现新的突变。

（4）种群中不发生个体的迁移，包括迁入或迁出。

（5）所关注的基因型对**适合度**没有影响——生存到繁殖年龄并把基因传给下一代的能力。

正如我们将要看到的，如果一个种群在感兴趣的位点上相当符合前面的假设，那么等位基因频率便不会随着时间的推移而改变，只有基因型频率可能会暂时改变，达到预测的比例构成，该比例构成由组成每个基因型的等位基因的频率所预测得到，那么种群便符合**哈迪-温伯格平衡（HWE）**。在这里，平衡意味着该位点的等位基因和基因型频率不会改变，除非其中一个假设被违反。

当然，对于一个理想的种群来说，没有一个实际的种群是完全符合这些假设的。所有的种群中的个体数量都是有限的；不同基因型的个体可以在交配时也并不一样；突变不断发生；种群的迁入和迁出是很常见的；许多感兴趣的基因型，例如那些引起疾病的基因型，会影响生存或繁殖的能力。尽管如此，即使许多假设都不适用，哈迪-温伯格平衡仍然非常可靠，能够在有限的繁育后代中提供真实种群的基因型和表型频率的估计值。此外，与哈迪-温伯格平衡不一致的频率的发现，有时能让科学家更好地了解特定基因和种群的特殊生物学特性。

2. 从一代到下一代的基因型和表型频率预测

在二倍体有性群体中，等位基因频率通过交配系统转化为基因型频率。在这样的群体中，种族隔离和随机交配的规律有两个重要的结果。

第一，单倍体配子是由一代二倍体成体根据孟德尔的分离定律产生的，这样二倍体成体的每个等位基因都出现在一半的配子中。如果产生配子的可能性不依赖于配子的基因型，那么种群中成体的等位基因频率应该与成体产生的所有配子中的等位基因频率相同。例如，如果p是等位基因A的频率，q是成人等位基因a的频率，那么p和q也是这一代成体所产生的配子中两个等位基因的频率。

第二，如果随机交配发生，并且种群数量足够大，那么配子中的等位基因频率就可以用来预测下一代受精卵的基因型频率。我们可以使用一种特殊类型的庞纳特方格来观察这是如何发生的，它提供了一种系统的方法来考虑所有可能的结合配子的组合（图21.3）。

如果携带A的精子使携带A的卵子受精，就会形成一个AA受精卵。因为精子的基因型是独立于它所受精的卵子的基因型，我们可以应用乘法法则，一个A型精子（p）的频率乘以一个A型卵细胞（p）的频率得到AA型受精卵的频率：$p \times p = p^2$。同样，后代中aa型受精卵的频率，即受精卵必须由携带a的精子（频率为q）使携带a的卵细胞（频率同样为q）受精得到，频率为是$q \times q = q^2$。最后，Aa受精卵为A的卵细胞与a的精子结合，受精卵的基因型频率为$p \times q = pq$；或a的卵细胞与A的精子结合，受精卵的基因型频率同样为$q \times p = pq$。Aa合子的总频率为$pq + pq = 2pq$。

图21.3所示的哈迪-温伯格正方形与我们在第2章中形式遗传学的视觉表征中首次遇到的庞纳特方格的相似性并非巧合。这些图的相似性是由于种群只是由简单的数组家庭组成。在原始的庞纳特方格中，杂合子之间的杂交（见图2.11），顶部和左侧被分成两个相等的分区，分别代表两个单独父母产生的基因不同的精子或卵子频率是相同的。

如果我们将由两个单独的父母个体产生的配子更换成整个种群的雌性和雄性视为整体所产生的配子，那么图21.3中，左侧栏是雄性繁殖产生的精子的表征，顶栏是雌性繁殖产生的卵细胞的表征。换句话说，种群中不同基因型之间的随机交配等同于种群中所有个体产生配子的随机组合。但同时应该注意到与经典庞纳特方格的一个重要区别：分区的大小不一定必须相等；相反，两个带有等位基因的配子的比例，与所考虑的种群中两个等位基因的频率一致。

由图21.3所示的分析得出的关键结论是，在一个满足所有哈迪-温伯格假设的、足够大的随机交配的有性

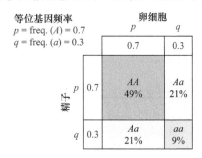

纯合子 $AA = p^2 = 0.49$
杂合子 $Aa = 2(pq) = 0.42$
纯合子 $aa = q^2 = 0.09/1.00$

图21.3 预测由于种群内随机交配而产生的后代的基因型频率。

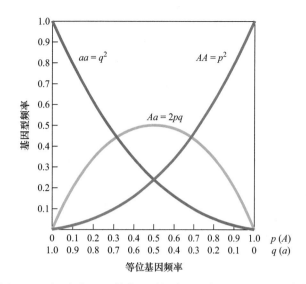

生殖二倍体生物种群中，AA型受精卵的基因型频率为p^2，Aa型受精卵的基因型频率为$2pq$，aa型受精卵的基因型频率为q^2。这些基因型频率被称为**哈迪-温伯格比例**。因为这些基因型频率代表种群中基因型的总和，所以它们的总和必须是1。因此，哈迪-温伯格比例可表示为以下二项方程：

$$p^2+2pq+q^2=1 \qquad （21.2）$$

应该注意到$p^2+2pq+q^2=(p+q)^2$；这是有道理的，因为$(p+q)$代表了所有的精子，也代表了所有成体产生的所有卵细胞。哈迪-温伯格正方形的结构恰恰说明了这一点。以这种方式考虑群体中的精子和卵细胞，可以将公式（21.2）扩展到具有两个以上等位基因的基因的哈迪-温伯格预测。记得在图3.5中，ABO血型是由单个基因的三个等位基因所决定的：I^A、I^B和i。如果我们把这三个等位基因在种群中的频率分别记为p、q、r，根据哈迪-温伯格平衡预测的基因型频率将为$(p+q+r)^2=p^2+q^2+r^2+2pq+2pr+2qr=1$，等式右侧根据$I^AI^A$、$I^BI^B$、$ii$、$I^AI^B$、$I^Ai$和$I^Bi$的秩序分别为该基因型的频率。

在哈迪-温伯格比例中，种群的基因型频率处于平衡状态，这意味着，只要假设仍然有效，等位基因和基因型的频率在代间将保持不变。可以使用通过基因型频率来计算等位基因频率［等式（21.1）］。这一规律用代数方法计算下一代等位基因的频率，并证明它们不会改变。通过哈迪-温伯格方程，针对一个拥有两个等位基因的基因，可知p^2代表的AA基因型的个体，他们所有等位基因均为A，$2pq$代表的Aa基因型的个体，他们等位基因一半为A。因此，由于$p+q=1$（因此$q=1-p$），初代的后代中等位基因A的频率将会是：

$$p^2+(1/2)[2p(1-p)]=p^2+p(1-p)=p^2+p-p^2=p$$

同样的，$p=1-q$，在下一代种群中，等位基因a的频率为：

$$q^2+(1/2)[2q(1-q)]=q^2+q(1-q)=q^2+q-q^2=q$$

可知，后代的等位基因频率与父母的相同，仍然是p和q。

对于隐性特征如金发和红发的头发颜色消失的问题，平衡的潜力给出了一个答案。如果没有健康上的差异或其他与哈迪-温伯格假设重大的偏差，这两种表型都不会因为它们的表型是由隐性等位基因引起而消失。相反，产生这些头发颜色的等位基因和基因型的频率会随着时间的推移而保持不变。

如图21.4所示，对于一组特定的等位基因频率p和q，有且只有一个HWE存在，但是不同的p和q值意味着不同的HWE。图21.4在从等位基因频率$p=0\sim1$的全区间范围内对三个基因型的频率进行了划分（因为$q=1-p$，因此$q=1\sim0$）。作为一个例子，如果$p=0.8$，$q=0.2$，然后在HWE中，AA基因型在三种可能的基因型

图21.4　对于任何一组等位基因频率，只有一组基因型频率符合哈迪-温伯格平衡。

是最常见的：AA纯合子的频率为$p^2=0.64$，Aa杂合子的频率为$2pq=0.32$，aa纯合子的频率为$q^2=0.04$。

注意到在图21.4中，当q很小的时候，大部分的等位基因是由杂合子携带的。在本章的后面部分，当我们在研究引起人类遗传疾病的罕见的隐性有害等位基因时，这一点将变得非常重要。同样值得注意的是，当$p=q=0.5$时，杂合子的频率最高（50%）。

3. 随机交配在形成基因型频率中的作用

即使一个种群目前不在HWE中，单代的随机交配也足以建立平衡。考虑以下极端的例子：假设一个岛屿同时被来自大陆的两个不同地点各1000个具有繁殖能力的成虫入侵，成虫为同一种群（其中雄性和雌性中平均分配）。1000个殖民者中来自某一个位置的个体都是纯合子AA；来自另一个位置的碰巧都是纯合子aa。因此，在新成立的种群中，最初的基因型频率是50%的AA纯合子和50%的aa纯合子。为了预测下一代基因型的频率，首先需要计算出岛上新种群的父母的等位基因频率。

1000个AA的个体，没有Aa的个体，1000个aa的个体→2000个等位基因A，2000个等位基因a。

由于一共存在4000个等位基因，等位基因A的频率为2000／4000=0.50，因此$p=0.50$；等位基因a的频率为2000／4000=0.50，因此$q=0.50$。

因为所有的成虫之间的交配是随机的，可以用精子和卵细胞的数量反映等位基因的频率。如图21.3所示，这种观察配子库的方式预示着岛上的下一代昆虫将以哈迪-温伯格比例分布：

$$p^2+2pq+q^2=1$$
$$(0.50)^2+2(0.50\times0.50)+(0.50)^2=1$$
$$0.25+0.50+0.25=1$$

假设产生1000个后代，结果为：

$$1000 \times 0.25 = 250 \ AA 个体$$
$$1000 \times 0.50 = 500 \ Aa 个体$$
$$1000 \times 0.25 = 250 \ aa 个体$$

这个结果是很明显的：一个种群最初是分层的，因为它是由两个或两个以上不同群体的个体组成的，这些个体在一个常染色体位点上具有不同的等位基因频率。但该种群通过一代的自由交配便可恢复到哈迪-温伯格基因比例。

当种群从第一代殖民者到第二代殖民者（殖民者的后代）时，等位基因频率是否也发生了变化？答案是否定的。使用公式（20.1），可以通过现在这1000个个体中每个基因型的数量来计算后代产生的等位基因频率，从而：

$$p = 等位基因A的频率 = \frac{2(250) + 500}{2(1000)} = 1000/2000 = 0.5$$

$$q = 等位基因a的频率 = \frac{2(250) + 500}{2(1000)} = 1000/2000 = 0.5$$

这些频率与前一代的频率相同，因此，即使基因型频率从第一代到下一代发生了巨大的变化，等位基因频率却没有变化。注意，显性等位基因和隐性等位基因都是如此。等位基因比例保护的原则从每一代一直延续到下一代，只要种群足够大且随机交配，等位基因就不会因突变或选择而丧失，等位基因也不会因突变或个体迁入或迁出而获得。

已知，在HWE到达之前，具有相同等位基因频率的群体不一定具有相同的基因型或表型频率。原因是单等位基因可以存在于纯合子或杂合子基因型中，但隐性性状只能在纯合子中表达。在另一个极端的假设例子中，如果群体中的每个人都是杂合子，那么一个群体的蓝色眼睛等位基因频率可能为0.5，而没有任何蓝色眼睛的人。即使在这第二个例子中，哈迪-温伯格平衡告诉我们，在随机交配和常染色体基因中，由p^2、$2pq$和q^2所表述的哈迪-温伯格基因型频率将在下一代中出现。因此，25%的下一代人的眼睛是蓝色的。

4. 哈迪-温伯格平衡与连锁基因

如果等位基因的频率在雌性和雄性之间不同，基因型的频率最初不是遵循哈迪-温伯格比例（图21.5），那么伴性基因，如人类X染色体上的基因，需要几代人才能到达HWE。需要额外几代才能到达HWE是由于雄性只有一个X染色体而雌性有两个。因此，下一代男性的等位基因频率等于当前一代女性的等位基因频率，因为男性从母亲那里得到X。下一代女性的等位基因频率将等于当前一代男性和女性的平均频率，因为女性从父母那里各得到一个X。

可以通过想象在另一个荒岛上引入一个新的种群

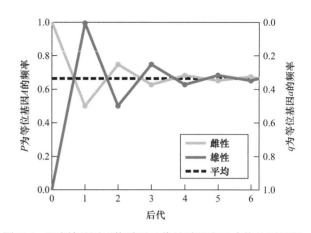

图21.5　X连锁基因可能需要几代的随机交配才能达到平衡。所示的模型种群是由AA雌性和aY雄性建立的。当HWE经过几代后建立，雄性和雌性中的等位基因频率将相等；这个值是雌鼠初始等位基因频率的2/3加上雄鼠初始频率的1/3。

来理解这些原因，这个荒岛由100个aY雄性和100个AA雌性组成。如果等位基因A的频率为p，则最初的$p_{雄}=0$，$p_{雌}=1.0$。如图21.5所示，下一代等位基因频率为$p_{雄}=1.0$，$p_{雌}=(1.0+0)/2=0.5$。在接近HWE之前，两种性别的频率将继续变化数代。需要超过6代的随机交配才能获得雌性中所有3种可能的基因型的哈迪-温伯格比例；应该自己发现这一规律。当达到HWE时，等位基因频率在雄性和雌性会相等，任一个等位基因的频率为最初的雌性等位基因频率的2/3加上最初的雄性等位基因的1/3，所以在这个例子中，当达到HWE时，$p_{雄}=p_{雌}=0.67$（我们现在可以称为p）。

因为当达到HWE时，种群的男性和女性中等位基因A和a的频率分别为p和q，那么AY和aY的男性频率将分别为p和q，因为Y染色体没有该基因的拷贝。当达到HWE时，我们认为有三种频率为p^2、$2pq$和q^2的雌性（AA、Aa、aa），就像常染色体位点一样。

事实上，等位基因频率在男性和女性中是相同的，而基因型频率不同，这就说明了一个常见的现象：更多的男性是红绿色盲，而不是女性。如果我们称色盲的等位基因为a，那么色盲男性的频率（aY）将等于q，而色盲女性的频率（aa）将是q^2。当q小于1时，q^2总是小于q。例如，美国男性色盲的频率约为7%。q的值为0.07，q^2的值为$(0.07)^2=0.0049$，即0.49%。

为了方便，表21.1总结了目前为止讨论的场景中，当达到HWE时的基因型频率。

表21.1　哈迪-温伯格平衡时的各基因型频率

	雌性	雄性
具有两个等位基因的常染色体基因		
AA	p^2	p^2
Aa	$2pq$	$2pq$
aa	q^2	q^2

续表

	雌性	雄性
带有两个等位基因的X连锁基因		
AA	*p²*	
Aa	*2pq*	
aa	*q²*	
AY		*p*
AY		*q*
具有三个等位基因的常染色体基因		
A¹A¹	*p²*	*p²*
A²A²	*q²*	*q²*
A³A³	*r²*	*r²*
A¹A²	*2pq*	*2pq*
A¹A³	*2pr*	*2pr*
A²A³	*2qr*	*2qr*

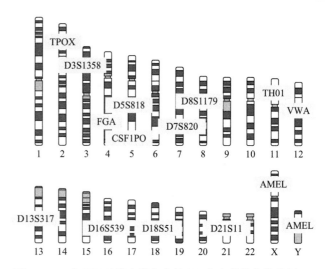

图21.6　13个CODIS核心常染色体SSR位点的染色体位置。因为在X染色体和Y染色体的PCR产物中*AMEL*基因（牙釉蛋白）的扩增结果差异很大，所以它可以作为测定样本性别的额外标记。

21.1.3　人类种群中的许多位点都接近哈迪-温伯格比例

一旦已知一个种群处于哈迪-温伯格平衡，研究者就可以很容易地从基因型频率中预测等位基因频率，再从等位基因频率中预测基因型和表型频率。乍一看来，随机交配似乎对人类来说是一个特别不现实的假设，因为人类的择偶选择受到许多因素的影响，包括地理邻近性、文化规范及可能的配偶的特征。然而，从群体遗传学的观点来看，重要的是对研究中的特定基因型进行随机交配。我们将在下一章进一步探讨，基因型和表型之间的联系是如此复杂，以至于我们很少以任何被调查的某种基因型为基础来选择配偶。基于这个原因，对人类大多数基因位点的研究表现出了与哈迪-温伯格预测惊人的符合，特别是在观察不影响表型的匿名位点时。这一简单的观察结果在解决犯罪，以及在诸如大规模灾难和飞机坠毁等悲剧中识别人类遗骸方面有助于提高DNA变异的有效性。

1. 使用哈迪-温伯格分析DNA指纹

在法医调查中，哈迪-温伯格平衡对于解释DNA指纹证据至关重要，这项技术在第11章中已经讨论论过（参见图11.15）。假设谋杀受害者的指甲下的血液和一个嫌疑犯完美匹配。法医科学家可利用群体遗传学够精确地回答这个问题：在受害者身上发现的DNA是嫌疑犯的DNA的可能性比来自另一个（随机的）人的DNA的可能性大多少？

如第11章所述，法医分析中最有用的DNA标记是多态匿名位点，其在人类种群中具有高度可变性。为了能够对DNA样本进行比较，美国和许多其他国家的执法机构将重点放在人类基因组中发现的13个无链、简单序列重复（SSR）位点上。获得的结果被存入一个名为"联合DNA索引系统（CODIS）"的数据库中（图21.6）。从实际的角度来看，刑事调查人员和陪审团需要理解嫌疑犯和受害者指甲下的样本之间的13个CODIS位点的完美匹配不仅仅是偶然匹配。换句话说，在构成潜在嫌疑犯群体的所有人群中发现这特殊的13个位点的基因型的可能性有多大？

选择SSR作为CODIS是因为它们是互不相连的，并且从对数千个个体的调查中发现它们具有高度的可变性并达到HWE。这些调查的关键数据包括13个位点的等位基因频率。从这些等位基因频率中，研究人员可以使用哈迪-温伯格方程来计算任意一个位点二倍体基因型匹配的可能性。因为CODIS位点是不相连的，每个位点上的等位基因在统计学上独立于另一个位点上的等位基因，法医学家只需将每个独立位点预期的基因型频率相乘，就可以得到观察到的任何13位点基因型的预期频率。

2. 计算匹配概率

假设犯罪现场样本和嫌疑人的DNA谱上，在一个CODIS位点上的两个等位基因都是杂合的，等位基因频率分别为0.05和0.03，对于第二个位点的等位基因来说是纯合的，频率为0.04。尽管对于每个CODIS SSR来说，存在超过20多个等位基因可以区分所用，对于任何特定的杂合基因型来说，其基因型频率还是2×等位基因1的频率×等位基因2的频率，而纯合基因型的频率为等位基因频率的平方。因此，人群中任意某个人的**匹配概率**拥有特定两个位点基因型出现在犯罪现场样本的概率是$2(0.05)(0.03) \times (0.04)^2 = 0.0000048 = 4.8 \times 10^{-6}$。换句话说，这种特殊的双位点基因型的频率是0.0000048或1/208334。

对于任何给定的13位点CODIS基因型，匹配概率变得非常小，因为这些多态位点中的任何一个等位基因的频率都很低。假设犯罪受害者指甲下的DNA样本的13位点的匹配概率是7.7×10^{-15}，在法医调查中，这一概率比较有代表性。通过比较，如果DNA来自犯罪嫌疑人，获得完美匹配的可能性为100%或1；如果DNA来自其他的随机的一个人，获得完美匹配的可能性为7.7×10^{-15}。因此，DNA来自嫌疑犯的可能性为来自其他的随机某个人的可能性的$1/(7.7 \times 10-15)=1.3 \times 10^{14}$倍。换句话说，130万亿人口中只有一个人会拥有嫌疑人特有的CODIS等位基因。考虑到世界总人口（2016年）约为7.4×10^{9}（约74亿）人，DNA指纹结果将为连接嫌疑人（或他或她的同卵双胞胎）与受害者的指甲下的DNA提供强有力的证据。

基本概念

- 给定一个特定种群的基因型频率，可以通过将给定等位基因的纯合子频率加上该等位基因的杂合子频率的1/2来计算出等位基因频率。
- 在哈迪-温伯格平衡的种群中，等位基因频率和基因型频率从一代到下一代保持不变。对于具有两个等位基因的常染色体基因，其平衡时的基因型频率按照公式$p^2+2pq+q^2=1$分布，其中p和q为等位基因频率。
- 法医科学家将每个独立位点的基因型频率相乘，并利用哈迪-温伯格比例从已知的等位基因频率中计算确定DNA图的匹配概率。

21.2 是什么造成了实际群体等位基因频率的改变？

学习目标

1. 解释为什么哈迪-温伯格模型在短期预测等位基因和基因型频率方面比长期预测更准确。
2. 讨论为何有限的种群大小意味着新的突变最终会丢失或固定。
3. 描述种群中的自然选择如何促进等位基因的丢失、扩散或维持。
4. 解释为什么当不再喷洒杀虫剂时，蚊子种群中耐杀虫剂的等位基因频率降低。

如图21.7（a）所示，不同的人类种群蓝色眼睛的个体数有着巨大的比例差异。这些差异反映了*OCA2*基因上游SNP的等位基因频率的变化，而*OCA2*基因是导致这种隐性表型的原因［图21.7（b）］。人类基因组中的许多其他基因位点，如导致乳糖耐受/不耐受的基因位点，在等位基因频率上也表现出地理上的差异［回顾图21.1（b）］。这些观察到的种群之间等位基因频率的差异与哈迪-温伯格理想模型假设对真实人群的适用性之间有什么关系呢？

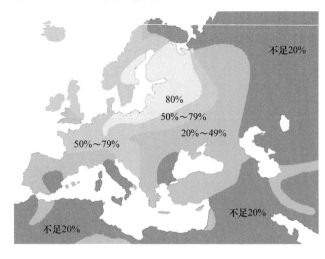

(a) 不同地区蓝色眼睛个体所占比例

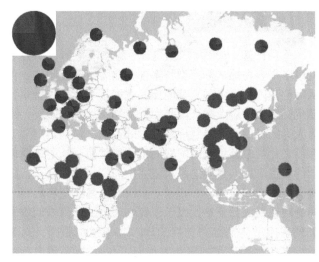

(b) SNP *rs12913832* 等位基因的频率

图21.7　人类眼睛颜色相关基因之一的表型和等位基因频率图。（a）欧洲不同区域拥有蓝眼睛的人口比例。（b）饼图描述了在SNP位点*rs12913832*处等位基因G（蓝色）和A（棕色）的频率。这种多态性位于*OCA2*基因的增强子中，*OCA2*基因的蛋白质产物参与黑色素的产生。

21.2.1 哈迪-温伯格为实际种群建模提供了一个起点

在自然种群中，情况总是或多或少地偏离哈迪-温伯格假设。每个位点上的新突变偶有发生，没有种群的规模是无限大的，小的个体群有时从主体迁移到成为新种群的初代，独立的人群可以合并在一起，个体并不总是随机交配的，并且不同基因型之间也会存在生存和繁殖率的差异。这些对于哈迪-温伯格条件的例外情况会随着时间的推移而改变种群的基因组成，因此对生命形式的进化至关重要。

尽管这些与哈迪-温伯格假设的偏差始终存在，但哈迪-温伯格方程仍然提供了在短期内对等位基因、基因型和表型频率非常好的估计，也就是说，在大种群一代或少数几代的繁殖内仍然有效。从长期来看，自然种群的现实情况表明，哈迪-温伯格方程本身无法预测遗传频率在许多代的过程中是如何变化的。尽管如此，哈迪-温伯格观点仍然为提供数学模型的基础发挥了作用，这些数学模型包含了导致偏离平衡条件的因素，允许群体遗传学家成功地模拟实际种群的动态。

21.2.2　在有限的种群中，机遇起着至关重要的作用

哈迪和温伯格通过推广孟德尔的第一分离定律，推导出了他们著名的方程。应该记住孟德尔第一定律并不能决定一个杂合的父母会把哪个等位基因传给一个特定的孩子。相反，它告诉我们等位基因遗传就像抛硬币一样：一个孩子可能得到正面也可能反面（也就是说，从杂合子父母那里得到的常染色体基因上的每个等位基因），其概率是相等的。孟德尔定律确实预测了大批后代将继承某一特定等位基因的大致比例；种群越大，预测越准确。

哈迪-温伯格方程建立在子代等位基因频率与亲代相同的基础上。换句话说，等位基因构成了配子库，最终以与亲代基因型相同的频率出现在受精卵中。但是这个想法只有当一个种群的大小，以及构成下一代的配子的数量接近无穷大时才有效（同样地，也无法预测任何有限数量的抛硬币都会恰好出现1/2次正面和1/2次反面）。因为没有一个种群是无限的，所以没有一个种群真正遵守哈迪-温伯格均衡条件。

1. 种群机会的计算机模拟

为了模拟有限种群中在很长时间内等位基因频率的变化，哈迪-温伯格方程的等位基因频率输入必须考虑随机机遇对每一代所选择使用的配子的影响。研究人员使用**蒙特卡罗模拟**对这些所谓的抽样误差的影响进行建模，蒙特卡罗模拟是一种计算机程序，它使用随机数生成器为每个概率事件选择一个结果。蒙特卡罗项目所研究的种群，其纯合子和杂合子的个体数量都是确定的。很快就会发现，种群的大小是一个关键变量。该程序利用随机数字发生器决定个体之间的交配。如果一个被选中的亲代是杂合子，这个程序也会抛硬币（打个比方）来决定哪个等位基因会传给孩子。

蒙特卡罗模拟通常会调整出生率，使各代之间的种群数量保持不变，而不允许不同代之间的交配。因此，一旦第一代父母被淘汰，他们的孩子就会成为下一代的祖先。这个程序按照研究者的要求将这个过程进行了好几代。记录数据后，计算机模拟以相同初始条件开始新运行。有了足够数量的独立蒙特卡罗模拟，研究人员就能知道什么结果是可能的、概率为多少。

2. 遗传漂变

在图21.8（a）所示的示例中，计算机运行了6个蒙特卡罗模拟，初始化时只有10个个体，且均被设置为杂合子。每个种群因此有2×10=20个总基因拷贝（两个个体有两个），并且每个等位基因（A或a）最初的频率为0.5。由于这个例子的构造方式，第一代蒙特卡罗模拟在数学上等同于抛硬币20次的结果。如图21.8（a）所示，在第一代的实际模拟中，A等位基因的频率范围从0.25（5个正面和15个反面）到0.65（13个正面和7个反面），平均为0.48。

虽然种群的等位基因概率的平均值与哈迪-温伯格方程算出的值（0.5）之间差距不大，但每个单独的实验指导的个体所得到的结果模拟了种群沿着不同方向的**遗传漂变**发展，这是由亲代到子代的采样误差所导致的遗传随机性而引起的等位基因频率的改变。遗传漂变的发生是因为任何一代的等位基因频率都为下一代可能的等位基因频率提供了基础。举个例子，如果一个等位基因已经漂移到一个高频率，它有50%的可能性会在下一代中变得更高。

在图21.8（a）所示的6个模拟结果中，有4个基因

(a) 小种群：明显的遗传漂变

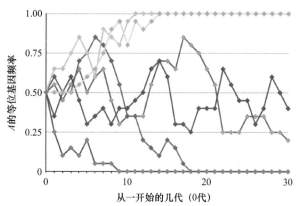

(b) 大种群：较小的遗传漂变

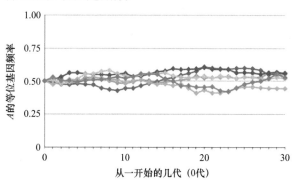

图21.8　不同大小的种群中蒙特卡罗种群模型的漂变情况。（a）种群大小=10。（b）种群大小=500。在这两种情况下，初始条件都是相同的：位点上两个等位基因的数量相同，没有自然选择。每个彩色的线条表示不同的模拟结果。

漂移最终导致了第18代的两个原等位基因中的一个或另一个的丢失或**灭绝**。在每一种情况下，等位基因频率从一代到下一代的变化形成的累积效应导致一个等位基因的灭绝，以及剩下的等位基因的**固定**。遗传学家认为，当只有一个等位基因存活下来，并且所有个体对该等位基因都是纯合子的时候，种群就固定在一个位点上。此时，等位基因频率不会发生进一步的变化（在没有迁移或突变的情况下）。

如图21.8（a）所示，进行的6组实验中，最初的种群个体数为500个杂合子，通过与10个个体的群体进行对比〔图21.8（b）〕，发现群体大小对等位基因频率动态变化有显著影响。如果我们沿着代表每一个后代种群的数据线，我们可以看到等位基因频率的单代中的变化总是相对较小。由于等位基因频率的变化很小，传统的哈迪-温伯格方程可以对大种群中较少代数的个体的等位基因频率和基因型频率进行很好地估计。但是，从长远来看，一系列的小变化仍然会带来巨大的后果，因此，与图21.8（b）所示的结果相比，这些种群中的等位基因中的一个或另一个在许多代以后都可能最终固定。

3. 建立者效应和种群瓶颈

当种群变得非常小时，遗传漂变可以由两个相关的过程加速：建立者效应和种群瓶颈。当少数个体从更大的群体中分离出来，并建立一个新的种群，并与原种群隔离时（图21.9），**建立者效应**就产生了。在新群体中，一小部分创始个体只携带了原始群体的一小部分基因副本。通过随机的抽样误差，与他们来自的原种群相比，初代的等位基因频率可能出现差异；一些等位基因甚至可能无法转移到新的种群中。如果种群在建立后的一段时间内仍保持较小的数量，那么额外的遗传漂变将迅速改变等位基因频率，进一步加剧建立者效应。

在18世纪早期，大约有200个人从德国移民到宾夕法尼亚州东部的阿米什人社区。由于这一初始族群的个体与欧洲完全隔绝，而且只在族群内部结婚，所以它受到基因漂变的影响。如今，美国的阿米什人总数超过15万，但与留在德国的阿米什人相比，在美国的阿米什人患躁郁症的概率要高得多，很可能是因为几个初代携带了产生这种病症的等位基因。

植物和动物的种群经常受到**种群瓶颈**的影响，在很大一部分个体死亡时会发生这种情况，通常是环境干扰或疾病的结果。存活下来的个体本质上相当于一个创始者群体，只要种群规模保持较小，遗传漂变就会进一步加速。在德系犹太人中，某些*BRCA1*和*BRCA2*突变导致乳腺癌和卵巢癌风险升高被认为是600～800年前的种群瓶颈或建立者效应造成的。

21.2.3　突变引入新的遗传变异

虽然遗传漂变最终会导致有限种群中基因多样性的

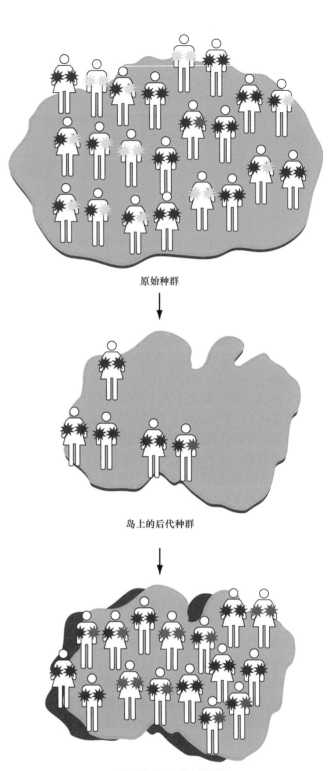

原始种群

岛上的后代种群

经过许多代后岛上的情况

图21.9　建立者效应和瓶颈效应可以迅速改变等位基因频率。由于抽样误差的关系，一个岛屿上的一小部分初代的等位基因频率可能与初代所来自的种群的频率有很大的不同。一个后果是遗传变异的丧失；注意，在岛上，黄色等位基因不再存在。

此外，只要岛上的人口仍然很少，基因漂移就会加速。

丧失，但新的变异会不断地以新的突变或者通过迁移（从邻近种群引入）的方式出现。在这个讨论的背景下，突变指个体基因组中的一种变异DNA序列，在父母双方的基因组中都不存在。自发突变通常在单个基因中非常罕见（每10万~100万个后代中有一个基因发生突变），因此在短期内，它们对改变群体中任何一个基因的等位基因频率的影响可以被忽略。但是突变仍然是所有基因位点产生所有新等位基因的来源，这意味着从长远来看一些突变是重要的。

有害突变破坏了生命体的重要功能，如基因编码的酶的活性。相比之下，为生物体或种群提供选择优势的**有益突变**相对罕见。但许多突变属于第三类：它们产生的多态性对生物体几乎或根本没有益处或有害。后一类突变为**中性突变**；也就是说，由于原等位基因和突变等位基因具有选择的等价性，它们的命运——无论是新的突变、最初的DNA序列将被维持，还是最终从种群中消失，将仅由随机的、偶然的事件决定。

在一个新的、有选择地中性等位基因发生突变的种群中，蒙特卡罗模拟显示，突变固定下来所需的代数的平均数大约等于繁殖个体的基因拷贝总数的两倍（4N，其中N是种群中二倍体繁殖个体的数量）。种群规模为10个个体时，平均固定时间为40代；规模为500个个体时，平均固定时间是2000代；对于一个2亿的繁殖个体来说，这将是8亿代，或者说160亿年（假设每代出生到生育下一代的时间是20年）。

随着种群的增加，任何特定的新突变进入固定状态的可能性都会降低。然而，在大种群中会发生更多的突变。结果表明，在选择性中性变异中这两个因素正好相互抵消，因此DNA序列随时间的平均变化速率将简单地等于通过突变（以每代每个基因位点的突变量来衡量）输入的速率。这个比率与种群数量无关。

随着时间的推移，许多生物的突变率似乎相对稳定。这意味着，对于遗传学互相隔离的不同种群来说，单独的中性遗传漂变会导致依赖时间的DNA差异的积累，其积累速度大致是恒定的。这一事实为进化遗传学家提供了一个**分子钟**，意味着他们可以通过检测这些生物的DNA序列彼此之间的差异来预测过去不同种类的生物从同一个祖先分化的时间。我们将在本章后面更详细地讨论分子钟的概念。

21.2.4　自然选择表现出来的适应性差异改变等位基因频率

与哈迪-温伯格假设相反，对于许多性状，包括遗传疾病，基因型确实影响生存和繁殖能力。因此，在实际的种群中，并不是所有的个体都能活到成年，而且总有一些个体可能活不到生育年龄。结果，随着个体成员从受精卵到成年，实际种群的基因型频率发生了变化。

1. 适应性和自然选择

对于群体遗传学家来说，个体的适应性是指个体生存并将基因遗传给下一代的相对能力。虽然**适应性**是与每个基因型相关的属性，但它不能在单个个体中测量；原因是每一种具有特定基因型的动物生存和繁殖能力在很大程度上受到偶然性环境的影响。然而，通过将某一特定基因型的所有个体作为一个群体来考虑，就有可能衡量该基因型的相对适应性。因此，对于群体遗传学家来说，适应性仅仅是一种统计测量。然而，适应性的差异可能会对群体内的等位基因频率产生深远的影响。

适应性有两个组成部分：生存能力和繁殖能力。在不断变化的环境中，具有能够帮助它们生存和繁殖的变异个体的适应性相对较高；没有这些合适的变异的个体的适应性相对较低。在自然界中，逐渐淘汰适应性较低的个体，选择适应性较高的个体生存并成为下一代的父母的过程被称为**自然选择**。

野外研究表明，自然选择作用于所有自然种群的性状。一个直接的例子是生活在新墨西哥州沙漠中的囊鼠的皮毛颜色。在土壤和岩石颜色较浅的地区，囊鼠的皮毛是浅色的，而在黑色火山岩地区则是深色的囊鼠。研究表明，如果囊鼠的颜色与它们生活的土壤和岩石颜色不匹配（图21.10），捕食者更容易找到和吃掉囊鼠。这一进程导致了在这两种土壤上生活的种群之间影响毛色的潜在遗传变异的强烈变化。在本节中，我们将考虑选择是如何改变由哈迪-温伯格模型预测得到的等位基因频率和基因型频率的。

2. 为哈迪-温伯格的预测添加选择

通过分析从哈迪-温伯格比例开始的受精卵群体中的特定基因，我们可以发现如何将哈迪-温伯格方程应用到正在进行选择的种群中。在这个种群中，AA、Aa

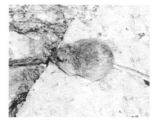

图21.10　遗传变异可导致自然选择的适应性存在显著差异。生活在沙质土壤或黑色火山岩上的来自新墨西哥州的囊鼠，通过自然选择，其毛色与它们生活的环境色（上一行）相匹配。当它们的皮毛颜色出现在错误的环境中时，很容易被捕食者发现（并吃掉）。

引自：Nachman et al. (2003), "The genetic basis of adaptive melanism in pocket mice," *PNAS*, 100: 5268-5273. 2003 National Academy of Sciences, U.S.A.

和aa的基因型频率分别为p^2、$2pq$和q^2。为了简单起见，我们假设适应性的两个组成部分——生存能力和繁殖能力，都以同样的方式依赖于基因型。如果我们分别将这三种基因型的**相对适应性（W）**定义为W_{AA}、W_{Aa}和W_{aa}，那么这三种基因型在成年期的相对频率分别为p^2W_{AA}、$2pqW_{Aa}$和q^2W_{aa}（图21.11）。通常，遗传学家通过为W_{AA}、W_{Aa}和W_{aa}赋值，并将其中最大的标记为1.0，因此，不太适合的基因型的相对适应性将小于1.0。

当对相对适应性进行归一化后，让方程中的每一项都表示一个实际的而不是相对的基因型频率时，适应性修正的哈迪-温伯格方程是最有用的。归一化是通过两步计算完成的。首先，我们将修改后的方程中的各项之和设为一个新的变量（$\overline{W}$），即平均适应性，它表示每种基因型对下一代的相对贡献之和。

$$p^2W_{AA}+2pqW_{Aa}+q^2W_{aa}=\overline{W} \tag{21.3a}$$

当基因型适应性不同时，$\overline{W}$小于1，因为不是所有初代的配子都能传递给给下一代。

为了继续归一化过程，我们接下来将等式（21.3a）的每一边除以$\overline{W}$，这样后代中成体的新方程变为

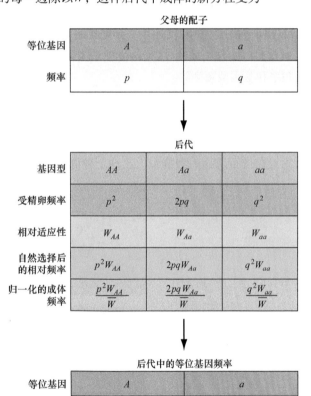

父母的配子

等位基因	A	a
频率	p	q

后代

基因型	AA	Aa	aa
受精卵频率	p^2	$2pq$	q^2
相对适应性	W_{AA}	W_{Aa}	W_{aa}
自然选择后的相对频率	p^2W_{AA}	$2pqW_{Aa}$	q^2W_{aa}
归一化的成体频率	$\dfrac{p^2W_{AA}}{\overline{W}}$	$\dfrac{2pqW_{Aa}}{\overline{W}}$	$\dfrac{q^2W_{aa}}{\overline{W}}$

后代中的等位基因频率

等位基因	A	a
频率	$p'=\dfrac{(p^2W_{AA}+pqW_{Aa})}{\overline{W}}$	$q'=\dfrac{(q^2W_{aa}+pqW_{Aa})}{\overline{W}}$

归一化因子： $\overline{W}=p^2W_{AA}+2pqW_{Aa}+q^2W_{aa}$

图21.11 由自然选择引起的等位基因频率的变化。为了计算自然选择后的基因型频率（成体），首先将随机交配形成的受精卵基因型频率乘以它们的相对适应度性。最后，利用等式（21.1）计算成年子代基因型频率所产生的受精卵的等位基因频率。

$$\frac{p^2W_{AA}}{\overline{W}}+\frac{2pqW_{Aa}}{\overline{W}}+\frac{q^2W_{aa}}{\overline{W}}=1 \tag{21.3b}$$

这个归一化方程中的每一项都代表了用于初始计算群体的下一代的每种基因型的实际频率。

等式（21.3a）和（21.3b）的一个重要结果是，在存在选择的情况下，可以预测得知种群$\overline{W}$的平均适应性将在一代一代之间发生变化，并随着时间的推移使其值趋近于1。例如，$\overline{W}$小于1的值意味着，不是所有最初一代的个体都会繁殖下一代；原始种群的平均适应性低于所有基因型均为最优适应性的情况。然而，选择将导致下一代有利的基因型的频率增加，因此下一代的平均适应性$\overline{W}$将比上一代更高（更接近1）。

为了研究这些方程是如何允许我们计算随着时间的推移选择对等位基因频率的影响，使用变量p'和q'来表示等位基因A和a在下一代中的频率（即图21.11的子代）。在原始种群产生的配子中，等位基因a的频率是由整个种群中Aa和aa的成体数量所决定。如果q'代表下一代成体的等位基因的频率，那么

$$q'=\frac{q^2W_{aa}+\frac{1}{2}2pqW_{aa}}{\overline{W}}=\frac{q(qW_{aa}+pW_{Aa})}{\overline{W}} \tag{21.4}$$

因此，经过一代的选择，等位基因a的频率的从q改变为q'。

了解等位基因频率在一代的选择中发生的变化是很有用的。我们可以估计这个变化为$\Delta q=q'-q$。用等式（21.4）代替q'增益（一些代数后）：

$$\Delta q=\frac{pq\big[q(W_{aa}-W_{Aa})-p(W_{AA}-W_{Aa})\big]}{\overline{W}} \tag{21.5}$$

等式（21.5）表明，选择可以导致一个等位基因的频率在一代到下一代之间发生变化，这种变化既取决于两个等位基因的频率，也取决于这三个基因型的相对适应性。注意，如果基因型的适应性都是一样的，当种群达到HWE后，然后$\Delta q=0$。换句话说，如果不存在与基因型相关的适应性差异，就不可能进行选择，等位基因频率只会受到遗传漂变的影响。

我们可以使用等式（21.5）来检验隐性遗传病（如囊性纤维化）的有害影响是如何随着时间影响种群中突变等位基因（称为d）的频率。如果疾病通过降低存活到成年的概率来降低适合性，那么DD和Dd个体的适合性是相同的，而dd个体的适合性则降低。由于只有适应性的相对值是关键因素，我们设置$W_{DD}=1$，$W_{Dd}=1$，$1\geqslant W_{dd}\geqslant 0$。

对于具有有害影响的基因型，适应性W_{dd}可以从刚刚小于1（对于dd的最小选择淘汰）变化到0（dd是致命的，所以没有dd个体能存活到成年）不等。如果选择趋向于淘汰dd的纯合子，Δq总是负的，每一代的d等位基

因频率都会降低。

当W_{dd}小于1时，可以通过等式（21.5）推测，q随时间减小的速率会随着q变小而减小。出现这种推测是因为Δq随q^2变化，并且q总是小于1，$q^2<q$。

为了理解这种影响，考虑一种致命的隐性疾病的特殊情况，$W_{dd}=0$。图21.12中的虚线显示了等位基因频率从最初的0.5开始，按等式（21.5）预测的趋势下降。等位基因频率的下降速度开始时很迅速，然后减慢。10代以后，隐性疾病等位基因的预测频率仍接近10%，即使纯合子隐性基因型是致命的。图21.12中的实线绘制了大量黑腹果蝇常染色体隐性致死等位基因频率降低的实际数据；预测和观察到的等位基因频率变化非常接近。

为什么当隐性致死等位基因的频率接近于零的时候，选择的有效性会降低？答案是，因为纯合的携带疾病等位基因的纯合个体（q^2的频率）是罕见的，且Dd杂合子（$2pq$的频率）并没经历选择淘汰，大多数d等位基因的拷贝均来自杂合子Dd。在数学术语中，当q小于1时，q^2与q的比值以指数形式递减。在接下来的几代中，等位基因频率q应该会继续下降，尽管随着时间的推移，q越来越接近于0，下降的速度会越来越慢。

3. 有限种群中的自然选择

用相对适应性修改哈迪-温伯格方程克服了原来方程的一个限制：所有可能的基因型的假设在适应性上都是相等的。但是用这个修正方程的解析来确定Δq仍受到种群数量为无限大这一假设的影响。然而，我们可以使用修正的哈迪-温伯格方程来开发蒙特卡罗模拟，以探索自然选择对有限种群的影响。

作为一个例子，让我们考虑种群为500个个体，其中499个为等位基因b的纯合子，1个为染色体上有B突变的杂合子的情况。生存能力方面仅有一个轻微的主导优势的情况。相对适应性的值：$W_{BB}=1.0$，$W_{Bb}=1.0$，$W_{bb}=0.98$。可以用蒙特卡罗方法对这些条件建模，该方法可以随机地消除每一代产生的2%的bb个体，并用亲

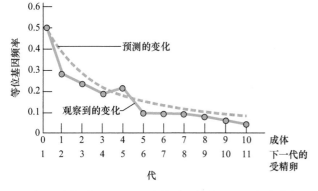

图21.12　随着时间的推移，隐性致死等位基因的频率降低。虚线表示数学预测。蓝色的线代表从实验中获得的一个常染色体隐性致死等位基因的实际数据。

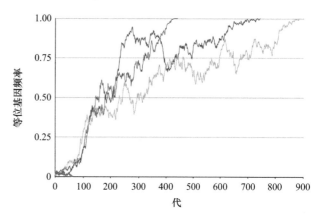

图21.13　自然选择加上遗传漂变的影响。每条颜色线代表一个种群大小为$N=500$的独立的蒙特卡罗模拟，在初始时刻，其中一个新的突变等位基因具有轻微的适应性优势出现。在三个模拟实验中，当等位基因的频率非常低时，由于基因漂移，突变等位基因在少于100代的时候就灭绝了。剩余的逃脱了灭绝的有利突变，其模拟结果不可避免地转向固定。

代新交配的后代替代它们。

图21.13显示了这个种群模型的6个模拟结果。首先要注意的是，在其中3种模拟结果中，新的B等位基因频率从未上升，在65代之内就灭绝了。但在B等位基因频率增加到0.10左右的种群中，它不可避免地会倾向于固定。

一个小的、有实际适应性优势的、新的突变等位基因能够繁殖成一个种群，这个例子说明了两个重要方面。首先，尽管新的等位基因提供了一种选择性优势，但由于在最初几代繁殖的偶然事件，它往往也会灭绝。其次，如果有利的等位基因达到了保证其生存的阈值频率水平，那么其频率将一直增加直到最终固定，即使个体水平上的小适应性优势是难以察觉的。

4. 自然选择对人类的影响

从6万～8万年前开始，当人们从智人起源的东非地区迁移出来时（本章稍后将讨论），始创群体在欧洲和亚洲遇到了与非洲不同的环境条件。结果，一些基因上的替代等位基因的相对适应性发生了逆转。最明显的变化是决定皮肤色素沉着的等位基因频率的差异。

太阳的紫外线可以同时给人们带来好处和坏处。一个好处是促进维生素D的产生；它的危害是在我们的皮肤中诱导突变，从而导致皮肤癌。接近赤道时，太阳的光线最强烈。导致皮肤变黑的等位基因在热带地区是有利的，因为它们可以防止皮肤癌，同时允许足够的紫外线通过皮肤来产生维生素D。在高纬度地区，阳光的强度较低，皮肤癌的问题也比较小，而使皮肤变亮的等位基因允许足够的紫外线穿透以产生足够的维生素D。

正如第3章所述，皮肤色素沉着是由许多基因的等位基因决定的一种复杂的数量性状，但大约有6个最重

要的。关于我们作为一个物种的历史，一个有趣的问题是，欧洲人和亚洲人的皮肤色素沉着是来自于共同的祖先，还是在两个大陆上分别进化而来。通过在旧大陆不同地理位置的土著居民的多重色素位点上测量等位基因频率，得到了一个复杂的答案。

KITLG是少数几个在皮肤色素沉着中起重要作用的基因之一。在图21.14中可以看到，欧洲人和亚洲人共享

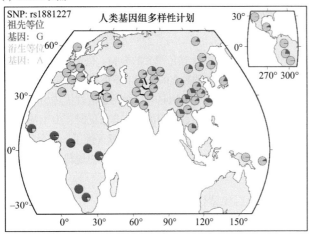

(a) KITLG 位点

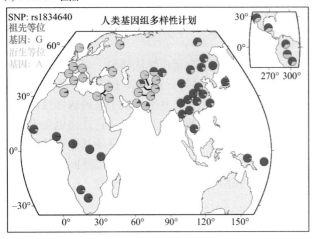

(b) SLC24A5 位点

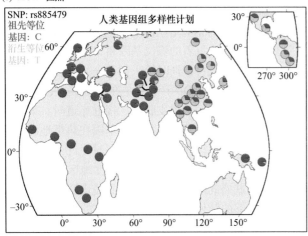

(c) MC1R 位点

图21.14　皮肤色素沉着位点的等位基因频率的地理分布。

一个公共的KITLG SNP变体来负责减少色素沉着，表明他们来自共同的祖先，这些人生活在人类从非洲迁移到阿拉伯半岛之后及向西北部和东北部分离之前。相反，在决定色素沉积的另外两个位点上，欧洲人和亚洲人存在着变异［SLC24A5和MC1R；图21.14（b）和（c）］。因此，虽然在这两个种群中都同样存在减少日照的选择压力，但这种选择作用于人类历史上不同时期发生的不同突变。

另一个最近在不同人群中强烈地自然选择改变等位基因频率的例子是乳糖酶的持久性，我们在本章的开头介绍了它（回顾图21.1）。在这里，选择不是通过接触不同的环境来实现的，而是通过人类农业的发展和牛的驯养来实现的，牛可以提供牛奶作为营养来源。在编码乳糖消化酶的基因上游区域发生的偶然突变，消除了所有哺乳动物都会表现出的断奶后基因表达中断这一现象。那些在青少年和成年时期仍能消化牛奶的人，在食物匮乏的情况下，可以活得更好，或有更多的后代，这导致了世界某些地区持久性乳糖酶突变存在适应性优势。

21.2.5　平衡选择的影响可以维持种群中的等位基因

镰状细胞贫血是β珠蛋白基因（$Hb\beta$）上的镰状细胞等位基因的两个拷贝所决定的一种隐性疾病，病症包括情节严重的疼痛、严重贫血，并有一定的概率会造成过早死亡。令人惊讶的是，这种疾病等位基因并没有从几个非洲种群中消失，在那里它似乎已经存在了很长一段时间。

有一条线索表明，观察发现，在人类$Hb\beta^S$上的镰状细胞等位基因的等位基因频率最高的地区是非洲的疟疾流行的地方（图21.15）。第二个线索是正常基因和镰状细胞等位基因的杂合子（$Hb\beta^A\ Hb\beta^S$）个体可以抵抗疟疾。某种程度上，这种抵抗性是由于含有镰状细胞等位基因的红细胞在被疟原虫感染后会破裂，破坏疟原虫和红细胞本身。相比之下，在有两个正常血红蛋白等位基因的红细胞中，疟疾寄生虫会大量繁殖。因此，在疟疾传染地区，与其他纯合子相比，基因型为$Hb\beta^A\ Hb\beta^S$的个体有**杂合子优势**：与$Hb\beta^A\ Hb\beta^A$的纯合子相比，杂合子的携带者不易感染疟疾，且不受贫血的影响。杂合子优势是**平衡选择**的几个过程之一，有效维护了基因多态性。

为了从数学角度上解释杂合子优势，假设$Hb\beta^A\ Hb\beta^S$杂合子的最大相对适应性为1，相对适合$Hb\beta^A\ Hb\beta^A$纯合子的相对适应性为W_{AA}，$Hb\beta^S\ Hb\beta^S$相对适应性为W_{aa}（为了简化下面的方程，我们暂时重命名等位基因$Hb\beta^A$为A，频率是p，重命名等位基因$Hb\beta^S$为a，频率是q）。只有q为0～1之间的某个值，且$\Delta q=0$时，自然选

(a) $Hb\beta^S$的分布

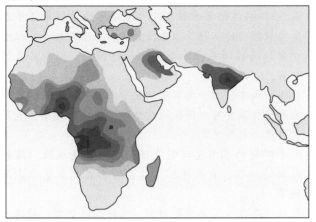

(b) 疟疾的分布

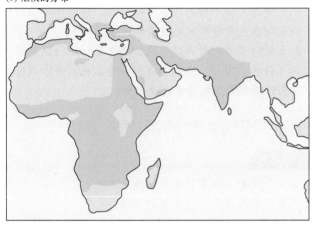

(c) $Hb\beta$基因型的适应性

基因型：	$Hb\beta^A Hb\beta^A$	$Hb\beta^A Hb\beta^S$	$Hb\beta^S Hb\beta^S$
相对适应性：	0.8	1.0	0

$Hb\beta^S$的平衡频率 = 0.17
在疟疾流行地区的预测与观察

图21.15　镰状细胞等位基因$Hb\beta^S$在疟疾流行的非洲地区的频率较高。（a）$Hb\beta^S$的地理分布。（b）引起疟疾的恶性疟原虫的地理分布。（c）$Hb\beta^A Hb\beta^S$杂合子降低了对疟疾的易感性，因而与完全受疟疾影响的$Hb\beta^A Hb\beta^A$纯合子和患有镰状细胞性贫血的$Hb\beta^S Hb\beta^S$纯合子相比，$Hb\beta^A Hb\beta^S$杂合子具有自然选择优势。

择才能保持种群中的两个等位基因。$\Delta q=0$时，q值被称为等位基因的平衡频率。当等式（21.5）括号内的项为0时，求得q值，即为

$$[q(W_{aa}-W_{Aa})-p(W_{AA}-W_{Aa})]=0 \qquad (21.6)$$

用$1-q$替代p并求解等式（21.6），得出$Hb\beta^S$的平衡频率q，即q_e，

$$q_e = \frac{W_{AA}-W_{Aa}}{(W_{aa}-W_{Aa})+(W_{AA}-W_{Aa})} \qquad (21.7)$$

因此，为了找到种群中存在的两个等位基因的平衡频率，也就是说，$\Delta q=0$时q的值，由于W_{Aa}被设置

为1.0，所以只需要知道有两种纯合子的相对适应性即可。

另一方面，如果已经知道一个纯合子的平衡频率和相对适应性，可以用等式（21.7）来估计另一个纯合子的相对适应性。例如，我们可以假定由于自然选择作用于β珠蛋白基因，使得镰状细胞贫血流行的非洲种群大致达到了平衡状态。一些领域的研究显示，热带种群中等位基因$Hb\beta^S$的平均频率是0.17，所以我们用这个值标定平衡频率q_e。由于在有疟疾的地区，杂合子$Hb\beta^A$ $Hb\beta^S$拥有最高的适应性，我们假定$W_{Aa}=1$。进一步，如果假定$Hb\beta^S$ $Hb\beta^S$的纯合子不会繁殖，在进步医学使得患有镰状红细胞性状的儿童生存之前，这一假设是真实存在的，即$W_{aa}=0$。当$W_{aa}=0$、$W_{Aa}=1$时，可以重新排列等式（21.7），可估算由q_e得到的野生型W_{AA}的相对适应性：

$$W_{AA} = \frac{1-2q_e}{1-q_e} = \frac{1-2(0.17)}{1-0.17} = 0.8$$

要理解q的变化和平衡频率q_e之间的关系，可以使用等式（21.5）和等式（21.7）为Δq推导一个新的方程：

$$\Delta q = \frac{-pq\left[(1-W_{AA})+(1-W_{aa})\right]-(q-q_e)}{\overline{W}} \qquad (21.8)$$

从等式（21.8）中可以看到，当q大于q_e时，Δq是负的。在这种情况下，q（即等位基因$Hb\beta^S$的频率）将向着平衡状态降低。相比之下，当q小于q_e时，Δq为正值，$Hb\beta^S$的频率将向着平衡状态增加。因此，等位基因频率在平衡状态下是稳定的，因为从平衡状态改变后总是会回到平衡状态。

21.2.6　一个广泛的例子：人类的行为可以影响害虫的进化

在第14章中，我们讨论了针对人类开发出的为了保护我们免受感染的药物，病原体细菌的种群是如何进化出对药物的耐药性的。像感染性细菌一样，许多威胁人类健康和农业的昆虫由于繁殖时间短和繁殖速度快而大量繁殖。通过对具有抗性的突变进行自然选择，这些快速繁殖的二倍体昆虫对化学杀虫剂产生了耐药性。

20世纪40年代，DDT（二氯二苯三氯乙烷）和其他合成有机杀虫剂的大规模商业使用，最初成功地减少了农业害虫（如棉铃象甲、传播疟疾和黄热病的蚊子这类传病昆虫）对作物的破坏。然而，在几年内，在目标昆虫种群中发现了对这些杀虫剂的耐药性。事实上，在商业化引入的10年内，每一种已知杀虫剂的耐药性都发生了进化。由于一个物种内的不同种群可以独立于其他种群而产生耐药性，自引入杀虫剂以来，杀虫剂耐药性可能在许多昆虫物种中分别出现过多次。

遗传研究表明，几种不同基因的突变可能导致杀虫剂抗性。例如，DDT是昆虫中的一种神经毒素，因为它与钠通道蛋白结合，因此破坏了该蛋白质在神经传递中的功能。一些昆虫通过基因编码渠道的隐性突变产生DDT抗性，这种基因产生的渠道蛋白不能很好地与DDT结合。家蝇和某些蚊子通过其他基因的显性突变对DDT产生耐药性，突变结果造成基因编码的酶可以为DDT解毒，使DDT对昆虫无害。在某些情况下，这些显性等位基因发生在基因的调控区域，并使得解毒酶过表达。

对害虫的控制来说，引起DDT耐药的隐性和显性突变都是我们应关注的重点，但在这里我们更关注的是显性突变，正如我们所看到的，它可以在种群中迅速传播。例如，假设显性突变R（杀虫剂抗性）最初在群体中发生频率较低，突变出现后不久，大部分的R等位基因都在Rr杂合子中（其中r是野生型易感性等位基因）。随着杀虫剂的应用，对Rr杂合子的强烈选择将迅速增加种群中耐药等位基因的频率。

在泰国曼谷进行的一项关于使用DDT控制埃及伊蚊（黄热病的传播媒介）的实地研究表明了耐药性的迅速演变。1964年开始喷洒杀虫剂，对控制蚊子非常有效。然而，在一年内，显性的DDT抗性突变等位基因（R）出现且频率迅速增加。到1967年中期，RR纯合子的耐药性个体的频率接近100%（图21.16）。

由于DDT耐药等位基因几乎固定，DDT在曼谷减少蚊子数量的效果不佳，因此停止了杀虫剂喷洒计划。蚊子种群对停止喷洒的反应是耐人寻味的：R等位基因的频率迅速下降，到1969年，RR基因型几乎消失（图21.16）。

R等位基因频率的急剧下降，表明在没有DDT的情况下，RR基因型的适应性低于rr基因型。换句话说，纯合子抗性基因型给个体带来了**适应性成本**，在没有杀虫剂的情况下，抗性会受到负性选择的影响，从而降低种群中R的频率。这种个体基因型适应性对环境的依赖与携带导致镰状细胞性贫血突变的人在世界上疟疾流行的部分地区的杂合子优势情况非常相似。

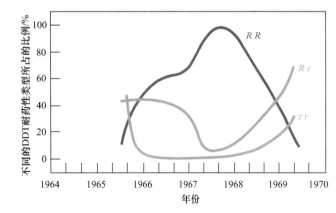

图21.16　埃及伊蚊种群的基因型频率如何随杀虫剂的施用而变化。从1964年开始到1968年结束，泰国曼谷郊区使用DDT杀虫剂后观察到的结果。

基本概念

● 虽然哈迪-温伯格方程在几代生命体的进程中几乎总是能够精确地估计等位基因频率和基因型频率，但由于实际的种群不符合哈迪-温伯格假设，所以从长远来看，它并不总是有效的。

● 在小种群中，由于对有限的配子库进行随机抽样而产生的遗传漂变可以迅速地改变等位基因的频率，直到它最终丢失或固定。

● 由于不同的基因型可能表现出不同的适应性，随着时间的推移，自然选择可能会增加或减少等位基因频率。

● 相对于存在不同类型基因型，某种基因型在一种环境下更适合，但在另一种环境下不适合。例如，镰状细胞突变的杂合子对疟疾具有抵抗性，这解释了这种等位基因在热带种群中的高频率。

● 昆虫针对杀虫剂耐药性的适应性优势往往与适应性成本并存的；因此，当人类施用或停止施用杀虫剂时，耐药性等位基因频率会迅速改变。

21.3　现代人类的祖先与进化

学习目标

1. 区分个体的生物学祖先与遗传学祖先。
2. 总结现代人类起源于非洲的证据。
3. 解释DNA测序是如何阐明古代人类与现代人类的血缘关系的。

在这一章的开头，我们看到地球上不同地区的人类在乳糖耐受或不耐受的等位基因频率上有很大的差异。这些等位基因频率当今的变化反映了人类历史进程中发生的许多过程。最早的人类几乎可以肯定都是乳糖不耐受患者，其他灵长类动物也是如此。在人类历史上，至少有两次，并且是在不同的地理位置上发生了基因突变，使得乳糖酶的表达能够持续到成年。在饲养奶牛的种群中，突变等位基因的频率迅速增加，因为从奶制品中获取营养提供了选择性优势。在较小的奶牛场牧民的种群中，遗传漂变也可能是这些等位基因传播的原因之一。之后突变等位基因通过携带等位基因的个体迁移进入其他种群。

这个例子说明了特定DNA变异的存在，以及这些变异在不同人类群体中出现的频率，作为分子化石，可以为科学家对塑造人类历史事件提供帮助。我们在此探讨群体遗传学如何为人类学、人类研究提供重要的工具。

21.3.1　共有等位基因表示共同的遗传祖先

人类个体有两种祖先：**生物学祖先**和**遗传祖先**。生物学祖先只是简单地描述谁生谁：你有2个生物父母，4个祖父母，8个曾祖父母，等等［图21.17（a）和（b）］。假设每一代的祖先均不相关，那么现在活着的个体在k代以前可能拥有2^k个生物学祖先。因此，20代之前（大约400年前）你可能有超过100万的生物学祖先，30代之前（大约600年前）这个数超过10亿。后一个数字远高于历史上那个时期（中世纪）地球上的人类数量，所以前几代人的一些祖先肯定是有血缘关系的。但尽管如此，在不久以前，你仍然有大量的生物学祖先。事实上，你几乎可以肯定和某个名人有关系，也和某个臭名昭著的人有关系。

(a) 曾祖父母来自四个不同的地区

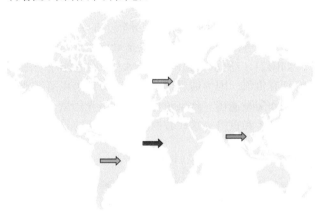

(b) Dion 和Ana的向回追溯三代的生物学祖先

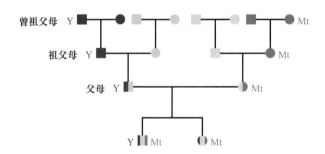

(c) 遗传祖先

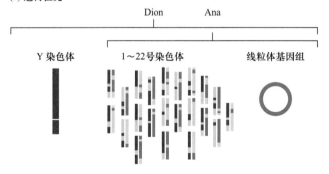

图21.17　生物学祖先和遗传祖先。（a）Dion和Ana的曾祖父母来自世界4个不同的地区。（b）追溯Dion和Ana与生物学祖先在Y染色体、常染色体和线粒体（Mt）上的关系。（c）Y染色体DNA变异追踪父系谱系，mtDNA追踪母系谱系。常染色体（染色体1～22）发生重组，因此必须分别追踪单个染色体片段的祖先。

1. 最近共同祖先（MRCA）

遗传祖先是指从生物学祖先的那里实际继承到的基因组片段［图21.17（c）］。对比图21.17（b）和（c）可知，对于人类基因组的二倍体区域，我们的生物学祖先要比遗传祖先多得多。原因是我们每个人都有两个父母，每个父母一个二倍体常染色体位点上都有两个等位基因，但是我们只能从每个父母那里继承一个等位基因。正如我们刚刚看到的，一个人的生物学祖先的数量在过去的每一代都呈指数增长。但在过去的任何一代中，某个人的基因组中的任何一个给定的基因位点，只有两个遗传祖先存在。

描述遗传祖先的一个非常有用的术语是**最近共同祖先（MRCA）**，即两个或两个以上特定人群共有特定的基因组区域的最近共同祖先［图21.18（a）］。MRCA描述了一个存在于上一代DNA位点的最新序列，该序列以一条完整的线传递给两个或两个以上的当前个体。重要的是，要明白尽管当前个体的某些共同祖先一定在他或她的基因组中藏有MRCA，但MRCA是DNA区域的过去序列，而不是过去某个特定的个体。

(a) 最近共同祖先(MRCA)

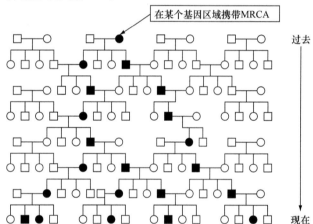

(b) 针对突变来追寻MRCA

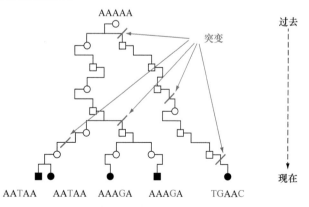

图21.18　追寻遗传祖先。（a）对于单个基因组位点，活在当下的5个人的遗传谱系可以合并到一个祖先型等位基因上，即最近共同祖先（MRCA）。（b）对共享突变的分析使科学家能够追溯谱系到MRCA。

例如，在图21.18（a）中，在今天活着的5个人中，携带一个特定常染色体区域的等位基因的最近共同祖先的个体在7代之前就已经存在。

由于重组，两个今天的近亲基因组的不同区域可能有MRCA，这些MRCA存在于不同的共同祖先中。事实上，在他们的基因组中，两个亲属之间的MRCA起源于过去的许多个体。这种说法反映了这样一个事实，即任何一个特定的人都从他或她的许多生物学祖先（但不是全部）那里继承了基因组的片段［见图21.17（c）］。

对于基因组的任何特定区域，所有人类的MRCA是最近的等位基因，该等位基因来自目前所有人通过一条未断过的血缘线得到的DNA序列。携带这一特定基因位点的MRCA的个体，与那些只将自身的基因给了如今的部分（或者没有）人类的那些个体同时存在。

与我们基因组中重组的二倍体部分相比，线粒体DNA（mtDNA）是直接从母亲传给后代，与父亲没有任何关系［图21.17（b）和（c）］。同样，排除由X和Y染色体共享的小PAR区域，Y染色体上的DNA是直接从父亲传给儿子，女儿不会继承Y染色体［图21.17（b）和（c）］。因此对于mtDNA或Y染色体DNA，我们每个人每一代只有一个遗传祖先。这些序列不可能来自同一个人，因为mtDNA是母系的，Y DNA是父系的。由于缺乏重组，对所有人类来说，整个mtDNA和几乎整个Y染色体都只有单一MRCA。

2. 由突变揭示的遗传谱系

通过遗传祖先的视角来观察人类的历史是解释当今人类DNA序列变异的一种强有力的方法。当我们随着时间往回追溯时，会发现不同的等位基因谱系会与MRCA结合到一起［图21.18（a）］。因此，MRCA提供了一个分析的起点：某种祖先的等位基因，其后代的该基因序列在地球上的所有人身上都能找到。

即使一个完整的系谱可以将MRCA与所有现代人的基因序列联系起来，这并不意味着所有与MRCA相关的基因序列都是相同的。原因在于，在连接现代人类和MRCA的谱系中，基因突变可能偶然发生，在我们从MRCA中分离出来的那几代遗传祖先的基因中留下痕迹［图21.18（b）］。

研究人员通过分析当今个体共有的突变来确定这些谱系。因为突变随着时间的推移而积累，如今两个个体的等位基因之间的祖先分支长度越长，他们的DNA序列就越不同。可以在图21.18（b）中看到这个事实的含义，正如我们所看到的，目前活着的5个个体的等位基因可以追溯到7代以前的一个MRCA。MRCA的DNA序列为AAAAA。随着这个序列被代代相传，它可能发生种系突变，产生新的后代等位基因。注意图21.18（b）中个体的等位基因与家族病史（如在左下角的兄弟姐妹）是密切相关的，其等位基因的序列（AATAA）完

全相同，但与右侧的个体（TGAAC）相比，他们的5个核苷酸位置上的核苷酸中有4个与这个个体不同，尽管其等位基因来自一个不同的家庭血统，但是仍然来自顶部的MRCA。

在第11章中，我们看到了这张经过修饰的后代图，群体遗传学家利用这张图解释从许多不同人类种群的大量个体身上获得的DNA序列数据（回顾图11.6）。如果SNP等位基因既存在于今天的人类中，也存在于其他灵长类物种的某些物种（如黑猩猩）中，那么该等位基因就是祖先，并且必须直接从人类和黑猩猩的共同祖先那里遗传下来，而不发生突变。相比之下，在某些人群中发现的新生型SNP等位基因，在其他人群或在黑猩猩中都没有发现，突变肯定发生在特定的人类子代MRCA之后的某个世代。与DNA序列差异较大的种群相比，存在更多共有等位基因的种群一定是最近才分离的。

如图21.17所示，追踪mtDNA和Y染色体序列的变异特别有价值，因为通过这些序列，分别可以清晰地估计母系和父系遗传。常染色体也提供祖先信息，但由于二倍体遗传和重组，这些数据需要更复杂的分析。

21.3.2　现代人类起源于非洲

廉价的DNA测序技术的迅速发展，使得从唾液等容易获得的样本中收集数据成为可能，极大地促进了对当代人类的基因谱系和关系的研究。

1. 线粒体夏娃和Y染色体亚当

正如之前在第15章"快进"信息栏"线粒体祖先"中讨论的那样，最初的思考来自于对母系遗传的mtDNA分子的研究。这些调查证实，来自撒哈拉以南非洲、东南亚、欧洲的种群的人，与澳大利亚土著和新几内亚土著居民都拥有最近的共同祖先mtDNA，它们来自于一种生活在不大于20万年前的雌性——线粒体夏娃。结合产生差异后的样本的独立考古学和地质学年代评价，并通过样本中mtDNA突变积累速率来做出了这个时间的估量。对于许多谱系和基因组来说，这个速率是非常恒定的，因此它构成了一个分子钟。

科学家进一步得出结论——线粒体夏娃生活在非洲。这一说法的证据是，非洲种群的mtDNA序列多样性远远超过世界其他地区的人口。也就是说，在历史上，与在其他大陆上发现的任何种群的谱系分化的分支点相比，当今差异最大的非洲人的谱系分化的分支点更早。

对父系遗传Y染色体的研究也得出了类似的结论。导致所有现代人类Y染色体的谱系都与一种MRCA结合，这种MRCA一定是由生活在20万～30万年前的雄性——Y染色体亚当携带的。非洲人在Y染色体序列上的多样性比世界其他地区的人之间的多样性要大得多。这些观察表明Y染色体亚当也是非洲人。虽然线粒体夏

娃和Y染色体亚当有可能同时存在，但它们的生活更有可能在数万年之后分离。

2. 追踪地球上的人类种群

这些关于mtDNA和Y染色体DNA变异的研究，再加上最近的调查显示，常染色体区域的MRCA也由生活在非洲的个体携带，非常一致地揭示了一幅关于人类起源和人类在全球传播的画面（图21.19）。现代人类都起源于大约20万年前的撒哈拉以南的非洲地区。这些人后来分散在非洲各地。然后，在不多于6万年前，一群非洲人离开非洲大陆，沿着南亚分散，接着是最近一批的种群从非洲分散到中东定居。从亚洲和中东这些最初的种群开始，人类在几次移民潮中进一步扩展到全球。

非洲以外的种群比非洲人的遗传多样性更少的原因是，非洲以外的人在所有基因组区域都有一个更近的共同祖先。另一种理解这种现象的方法是建立者效应，即6万～8万年前离开非洲的小种群只是在非洲发现的遗传多样性中的一个子集（图21.20）。

DNA测序调查揭示了许多关于人类祖先的惊人而有趣的故事。例如，现在从里海到太平洋的广大亚洲地区中8%的男性体内发现了大约在1000年前起源于蒙古的一种Y染色体谱系；这个世系大约占当今世界男性总数的0.5%。在如此大的区域内如此迅速地扩散不可能是偶然发生的。更确切地说，这种血统的传播伴随着成吉思汗和他的男性亲属所建立的庞大帝国。他们杀死了遇到的雄性，并生下了许多孩子，这些孩子的后代现在广泛分布在南亚。

21.3.3　欧洲和亚洲的现代人与其他人类混交

人类学中一个长期存在的问题是解剖学上的现代人与化石之间的关系，这些化石显然与现代人十分相似，但在形态学上，一些关键部分也有很大的不同。尤其令人感兴趣的是尼安德特人，他们的化石可追溯到3万年前，在欧洲南部和中亚的洞穴中被发现。这些标本显示出非常粗壮的体格、大眉骨和重头骨［图21.21（a）］。灭绝的尼安德特人是一个完全独立的人属谱系吗？或者，假设尼安德特人与其他人种共存了可能有10 000年左右的时间，而其他人种与我们有更明显的联系，那么是否可以想象尼安德特人与其他人种的人一起繁殖，从而在今天的人类中发现了一些尼安德特人的基因？

1. 尼安德特人和丹尼索瓦人基因组DNA序列

最近，科学家们通过将现代人的基因组序列与保存特别完好的尼安德特人骨骼［如图21.21（a）所示］的基因组序列进行比较，解决了有关智人与尼安德特人关系的问题。引人注目的是，例如，研究人员已经能够从在克罗地亚的一个洞穴中发现的尼安德特人股骨（一种腿骨）的碎片中测序完整核基因组，这些股骨可以追溯到大约38 000年前。序列检测发现尼安德特人的DNA与现代人之间的差异比任何两个现代人类之间的差异高好几倍，同时多方面的证据表明，可能尼安德特人与智人的谱系分化发生在800 000～500 000年前。

从这个尼安德特人的股骨和另外几个尼安德特人的

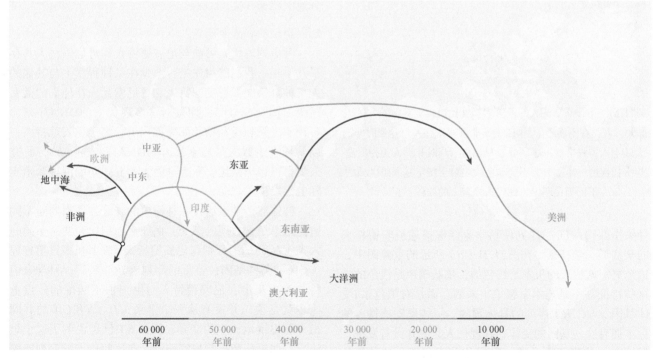

图21.19　展示了现代人类是如何分布到整个地球上的。种群中的一部分人离开了非洲老家，越过红海进入了南亚，然后进入了澳大利亚；之后，该种群的其他成员从非洲移居到中东。然后人们通过主要的迁徙路线传播到地球的其他地方。这张地图不仅包含了遗传数据，还包含了人类学、文化、语言和古生物学方面的信息。

在非洲的早期智人

约15万年前

智人在亚洲西南部殖民

6万年前

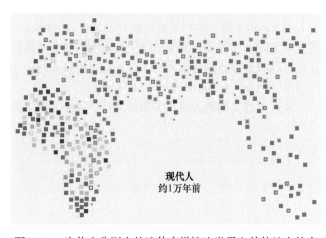

现代人
约1万年前

图21.20 为什么非洲人的遗传多样性比世界上其他地方的人都大。人类在不多于6万年前走出非洲，这些人只是当时非洲大陆上人类种群的一小部分，只包含了当时非洲人类种群遗传多样性的一小部分。不同颜色代表对于特定基因组区域的不同等位基因（现代人是智人的亚种）。

骨头中获得的DNA序列使科学家能够描述尼安德特人的某些形态学特征。在图21.21（b）所示的重建图中，这个尼安德特人的头发是红色的，皮肤颜色是浅色的。这些特征并不是艺术家想象出来的，而是对黑色素1受体基因（MC1R）序列的具体预测。一些尼安德特人的标本拥有这一基因的变体，在现代人类中并没有发现，但这与一些现代人类的一种等位基因相似，这种等位基因编码了一种MC1R蛋白，而这种蛋白质功能效率低下。拥有这种MC1R基因等位基因的人拥有红头发和白

(a) 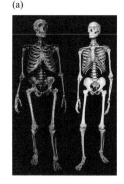 (b)

图21.21 尼安德特人：古老的人类。（a）尼安德特人（左）和现代人（右）完整骨骼的比较。（b）艺术家对尼安德特人面部的重建。

（a）：© EPA/American Museum of Natural History/Newscom；

（b）：© Mark Thiessen/National Geographic Society/Corbis

晳皮肤的概率高于平均水平。

成功研究从欧洲洞穴中获得的尼安德特人骨骼碎片的古代样本，激励了人类学家从亚洲寻找更多的骨骼样本。在蒙古北部西伯利亚的一个山洞里发现了一名在这里生活并死亡的小女孩，对她手指尖端的一小块骨头碎片进行DNA分析发现了意想不到的结果。DNA变异的模式表明，她代表了一种以前不为人知的人种，他们可能在60万年前与尼安德特人发生谱系分离，而在大约80万年前与现代人类发生谱系分离。这个家族中的个体被称为丹尼索瓦人；化石记录表明，丹尼索瓦人大约在3万年前就灭绝了，在此期间，现代人类已经在亚洲大部分地区蔓延开来。

2. 人类杂交和人类历史

考虑到现代人可能与尼安德特人和丹尼索瓦人共存了几千年，我们的祖先是否至少在某种程度上与其他的人类种群杂交？尼安德特人和丹尼索瓦人在他们的谱系灭绝之前交配过吗？通过对许多现代人的DNA序列、各种非人灵长类动物（如黑猩猩）、多个尼安德特人、以及现在少数的丹尼索瓦人的DNA序列的比较，研究人员得以得出结论：所有这些人类群体间的混种繁殖实际上都发生了。

群体遗传学家通过一种简单的统计方法来判断不同遗传谱系祖先之间的杂交。例如，他们比较两个不同的人类（H_1和H_2）分别与尼安德特人（N）和一只黑猩猩（C）的某些基因位置上的序列差异。然后，科学家们将注意力集中在尼安德特人与黑猩猩不匹配的位点上［也就是说，并没有从三个谱系（H、N和C）的共同祖先那里继承派生的变异；图11.6中已经说明了这个想法］。如果H_1和H_2与尼安德特人在这些位点的序列匹配的百分比有显著差异，那么今天的一些人从尼安德特人那里继承了变异，而其他人没有。

引人注目的是，在尼安德特人而非黑猩猩身上发现的变异中，约有2%的变异存在于生活在非洲以外的现代人的基因组中，而在非洲土著居民身上却很少或根本没有发现尼安德特人特有的变异。这项测试在丹尼索瓦人序列上的应用显示了一种不同的模式，丹尼索瓦人的祖先主要局限于东南亚和南太平洋（大洋洲）。

这些对过去杂交的见解，以及对当代和古代人类谱系的DNA序列关系的推断［使用图21.18（b）所示的血统修正（descent with modification）的逻辑］，提出了图21.22所示的现代人类进化的假想时间表。在智人开始出现在非洲之后，尼安德特人与现代人谱系的基因交换在8.5万～3万年前的中东和欧洲发生过几次。从那以后，尼安德特人的DNA变异伴随着人类移民进入非洲以外的世界。在亚洲，现代人类的祖先和丹尼索瓦人的祖先在同一时期也进行了杂交。从丹尼索瓦人身上获得的DNA变异随后随着现代人迁移到东南亚和大洋洲，这些变异在今天的人群中仍然存在。

基本概念

- 由于突变率随时间的推移是恒定的，相同或不同物种的基因组之间的中性DNA序列变化充当了分子钟。
- 随时间向前追溯，基因谱系与最近的共同祖先（MRCA）结合在一起。通过血统修正的逻辑来检查DNA序列，科学家可以推断出谱系的历史。
- 非洲人的DNA序列的多样性比非洲以外的人的DNA序列的多样性更大，这一事实表明现代人类最初是在非洲进化的，后来有一部分非洲人移民到地球其他地方。
- 现代人与尼安德特人和丹尼索瓦人共享等位基因，这表明在非洲出现智人后，这些谱系之间存在某种程度的杂交。

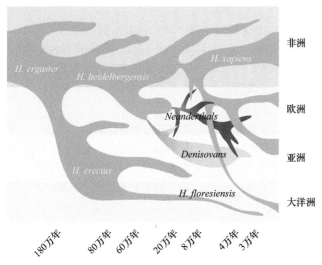

图21.22　从现代人、尼安德特人和丹尼索瓦人的基因组DNA序列中推断出的进化关系的假设。不同颜色的分枝重叠表示不同人族通过杂交实现基因转移。

习题精解

Ⅰ. 在一个遥远的岛屿上建立了一个被称为创始代的种群，由2000个 AA 个体、2000个 Aa 个体和6000个 aa 个体组成。群体内的交配是随机发生的，三种基因型均为自然选择性中性的，突变发生的速度可以忽略略不计。

a. 该种群中等位基因 A 和 a 的等位基因频率分别是多少？

b. 该种群是否处于哈迪-温伯格平衡？

c. 第二代中等位基因 A 的频率是多少（也就是说，创始代的之后一代）？

d. 第二代中 AA、Aa、aa 的基因型频率分别为多少？

e. 第二代是否处于哈迪-温伯格平衡？

f. 第三代中 AA、Aa、aa 的基因型频率分别为多少？

解答

　　这个问题需要计算等位基因频率和基因型频率并理解哈迪-温伯格平衡的原理。

a. 为了计算等位基因频率，需要计算每个基因型个体的等位基因总数，然后除以总等位基因数。

个体数	等位基因 A 的数目	等位基因 a 的数目
2000 AA	4000	0
2000 Aa	2000	2000
6000 aa	0	12000
合计	6000	14000

等位基因 A 的频率（p）=6000/20 000=0.3
等位基因 a 的频率（q）=6000/20 000=0.3

b. 如果种群处于哈迪-温伯格平衡，那么基因型频率为 p^2、$2pq$ 和 q^2。在题目a中，我们计算出这个总体中的 p=0.3、q=0.7。因此，

$$p^2=(0.3)^2=0.09$$
$$2pq=2(0.3)(0.7)=0.42$$
$$q^2=(0.7)^2=0.49$$

　　对于10000个个体的种群，如果种群处于平衡状态，且等位基因频率为 p=0.3、q=0.7，则每个基因型的个体数量应为：AA，900；Aa，4200；aa，4900。因此，创始种群并不处于哈迪-温伯格平衡。

c. 在随机交配的条件下，选择性中性等位基因，没有新的突变，等位基因频率不会在下一代之间改变，$f(A)=p$=0.3，$f(a)=q$=0.7。

d. 第二代的基因型频率将是题目b中计算得到的频率，因为第一代种群将向平衡发展。

$$AA=p^2=0.09;\ Aa=2pq=0.42;\ aa=q^2=0.49$$

e. 答案是肯定的，如果交配是随机的，没有自然选择，也没有重大的突变的话，处于不平衡状态的第一代种群将在第二代达到平衡。

f. 第三代的基因型频率将和第二代是一样的。

Ⅱ. 在加利福尼亚的一个果蝇种群中，发现了在X染色体上，磷酸葡萄糖酶基因（*Pgm*）上存在两个等位基因。*Pgm^A*等位基因的频率为0.25，*Pgm^B*等位基因的频率为0.75。假设种群处于哈迪-温伯格平衡，雄性和雌性的预期基因型频率是多少？

解答

　　这个问题需要将等位基因和基因型频率的概念应用到与X染色体连接的基因上。对于与X染色体相连的基因，雄性（XY）只有一个X染色体的拷贝，所以基因型频率等于等位基因频率。因此，$p=0.25$，$q=0.75$。

　　基因型为$X^{PgmA}Y$的雄性果蝇频率为0.25；基因型为$X^{PgmB}Y$的雄性果蝇频率为0.25；存在三种不同基因型的雌性果蝇群体：$X^{PgmA}X^{PgmA}$、$X^{PgmA}X^{PgmB}$和$X^{PgmB}X^{PgmB}$，对应的频率为p^2、$2pq$和q^2。三种不同基因型的雌性果蝇的基因型频率分别为$(0.25)^2$、$2(0.25)(0.75)$和$(0.75)^2$；即0.0625、0.375和0.5625。

Ⅲ. 三个不同的基因（红、蓝、绿）每个都有两个等位基因；每个基因的隐性等位基因都有有害的影响。其中一个基因的隐性纯合子的相对适应性是0.9，另一个是0.8，第三个是0.7。下面的图表描述了这些等位基因在无限大小的种群中随时间的频率变化；在每种情况下，该等位基因（*q*）的频率在实验开始时都是0.7。

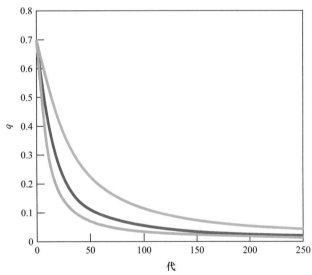

a. 对每个基因（由隐性纯合子的标识），计算亲代与第一代之间的Δq（q=隐性有害的等位基因的频率）。假设显性等位基因的杂合子和纯合子的相对适应性为1.0。然后计算q'（第一代的隐性等位基因的频率）。不需在意图中的哪个颜色对应于哪个基因。

b. 确定三种基因（蓝色、红色和绿色）与三个不同的相对适应性0.9、0.8、0.7之间的对应关系。

c. 简要解释为什么这三个基因对应的每一代中，Δq是一个越来越小的负数。

d. 简要解释为什么在这些无限大的种群中q永远不会等于0。

e. 等位基因在实际种群中有的会消失，但是在图中的实验种群中并没出现这种情况，这是为什么？

解答

a. 对其中的某个基因（我们暂时称之为基因A），$W_{AA}=1.0$；$W_{Aa}=1.0$；$W_{aa}=0.9$。对于基因B，$W_{BB}=1.0$；$W_{Bb}=1.0$；$W_{bb}=0.8$。剩下的基因C，$W_{CC}=1.0$；$W_{Cc}=1.0$；$W_{cc}=0.7$（也就是说，所涉及的有害影响都是完全隐性的）。要进行所需的计算，需要将这些适应性值代入到等式（21.5）中。

基因A：$\Delta q=-0.0154$和$q'=0.684$。

基因B：$\Delta q=-0.0326$和$q'=0.667$。

基因C：$\Delta q=-0.0517$和$q'=0.648$。

b. 绿色所代表的基因，q的变化时最陡峭的，这意味着在任何给定的一代中，Δq是绝对值最大的负数。因此，绿色代表的基因的隐性纯合子适应性为0.7（即基因C），红色代表的基因为C，其适应性为0.8，蓝色代表的基因（基因A）为0.9。

c. 每一代基因的变化率都在下降，因为每一代的隐性等位基因的纯合子比例都在下降，而纯合子的比例会受到自然选择的影响。

d. 无限大的种群中总会有杂合子个体，这些杂合子个体会保留有害的等位基因，但不会被自然选择淘汰。

e. 实际的种群数量不可能是无限的。因此，遗传漂变最终会导致种群中有害等位基因的丢失。

习题

词汇

1. 在右列中选择与左列中的术语最匹配的短语。

a. 适应性	1. 杂合子基因型拥有最高的适应性
b. 基因库	2. 等位基因频率的偶然波动
c. 适应性成本	3. 突变以相对恒定的速度累积
d. 等位基因频率	4. $p=1.0$
e. 杂合子优势	5. 生存与繁殖的能力
f. 平衡频率	6. p和q
g. 遗传漂变	7. 使N大幅度降低的事件
h. 分子始终	8. 某种特定基因型在一种情况下可能是优势，但在另一种情况下是劣势
i. 种群瓶颈	9. 当$\Delta q=0$时某等位基因的频率
j. 人属	10. 由种群中所有成员所携带的等位基因的集合
k. 固定	11. 智人、尼安德特人和丹尼索瓦人

21.1节

2. 当一个等位基因显性基因时，为什么它在种群中的频率并不总是增加，形成一个3∶1（3/4为显性∶1/4为隐性）的表现型比例？

3. 等位基因频率（p）为0.5、基因型频率（p^2）为0.25的种群处于平衡状态。如何解释等位基因频率（p）为0.1和基因型频率（p^2）为0.01的群体也可以处于平衡状态？

4. 在一定数量的青蛙中，120只是绿色的、60只是棕色的、20只是棕色的。棕色的等位基因为G^B，绿色的等位基因为G^G，这两个等位基因并不完全是显性的。
   a. 种群中的基因型频率是什么样的？
   b. 种群中G^B和G^G的等位基因频率为多少？
   c. 如果种群处于哈迪-温伯格平衡，基因型的预期频率是多少？

5. 下列的哪个种群处于哈迪-温伯格平衡？

种群	AA	Aa	aa
Ⅰ	0.25	0.50	0.25
Ⅱ	0.10	0.74	0.16
Ⅲ	0.64	0.27	0.09
Ⅳ	0.46	0.50	0.04
Ⅴ	0.81	0.18	0.01

6. 果蝇中一种叫做Delta的显性突变会导致Delta/+杂合子的翅膀形态发生变化。这种突变的纯合子（Delta/Delta）在成虫阶段之前便会死掉。在150只果蝇中，有60只翅膀正常，90只翅膀异常。
   a. 这一种群的等位基因频率是多少？
   b. 利用题a中计算出的等位基因频率，计算这个群体必须产生多少受精卵才能在下一代中出现160个成虫？
   c. 假设交配是随机的，并且没有迁移、没有突变，忽略了遗传漂变的影响，如果计算题目a中种群的160个可存活的后代，那么下一代中不同基因型的预期数量是多少？
   d. 下一代是否处于哈迪-温伯格平衡？为什么？

7. 在一个巨大的、随机交配的种群中，其中个体的血型比例如下：

$$0.5 \text{ MM}$$
$$0.2 \text{ MN}$$
$$0.3 \text{ NN}$$

该血型基因在常染色上，等位基因M和N共显性的。

a. 这一种群是否处于哈迪-温伯格平衡？
b. 假设在哈迪-温伯格平衡条件下，一代后的等位基因和基因型频率是多少？
c. 假设在哈迪-温伯格平衡条件下，两代后的等位基因和基因型频率是多少？

8. 一种被称为Q的基因有两个等位基因（Q^F和Q^G）编码了红细胞蛋白质的不同形式，用于血型的分类。另一种独立分离的基因R也有两个等位基因R^C和R^D，同样用于血型分型。对一群具有代表性的球迷进行随机调查，根据他们的血型，推断出如下基因型分布（所有基因型在男性和女性之间的分布都是均等的）：

$Q^F Q^F\ R^C R^C$	202
$Q^F Q^G\ R^C R^C$	101
$Q^G Q^G\ R^C R^C$	101
$Q^F Q^F\ R^C R^D$	372
$Q^F Q^G\ R^C R^D$	186
$Q^G Q^G\ R^C R^D$	186
$Q^F Q^F\ R^D R^D$	166
$Q^F Q^G\ R^D R^D$	83
$Q^G Q^G\ R^D R^D$	83

这一样本一共包含1480个个体。

a. 对于Q和R基因中的任意一个或同时针对两个基因来说，种群是否处于哈迪-温伯格平衡状态？
b. 在这一样本群体中随机交配一代之后，下一代球迷中$Q^F Q^F$占多少比例（与R基因型无关）。
c. 在这一样本群体中随机交配一代之后，下一代球迷中$R^C R^C$占多少比例（与Q基因型无关）。
d. $Q^F Q^G\ R^C R^D$的母亲与$Q^F Q^F\ R^C R^D$的父亲生出的第一个孩子是$Q^F Q^G\ R^D R^D$的男孩的概率为多少？

9. 尿黑酸尿症是一种隐性常染色体遗传病，与尿黑有关。在美国，大约每25万人中就有1人患有尿黑酸尿症。
   a. 假设哈迪-温伯格平衡，估计该等位基因的频率？
   b. 在美国有多少人是这种特质的携带者？在这个人群中，受黑尿酸症影响的个体与携带者的比例是多少？
   c. 如果一个没有黑酸尿症的女性与丈夫生出一个黑尿酸症孩子，该女子然后再婚，她所生的孩子有多大的可能性表现出黑尿酸症？
   d. 黑尿酸症是一种相对良性的疾病，因此对任何基因型的个体都没有什么选择性优势。在题目a中假设哈迪-温伯格平衡是合理的。是否也可以使用哈迪-温伯格平衡假设来估计更严重的隐性常染色体疾病（如囊性纤维化）的等位基因频率和携带者频率？解释一下。

10. 假设在亚利桑那州沙漠中一座山的两面发现两个蜥蜴种群，这两个种群在基因*A*上有两个等位基因（A^F、A^S），种群具有以下三个基因型频率

种群	A^FA^F	A^FA^S	A^SA^S
种群1	38	44	18
种群2	0	80	20

a. 两个种群中A^F的等位基因频率是多少？

b. 这两个种群有处于哈迪-温伯格平衡状态的吗？

c. 一场巨大的洪水在将种群1和2分开的山脉中开辟了一条峡谷。然后，大小相等的两个种群通过迁移和随机交配，完全混合在一起。在新一代蜥蜴种群中，这三种基因型（A^FA^F、A^FA^S和A^SA^S）的频率是多少？

11. 1998年，美国"美迪斯科尔赏金号"（*Medischol Bounty*）上的男女水手（人数相当）在南太平洋发生了叛乱，并在巴厘岛定居下来，在那里他们与当地的波利尼西亚人接触。在登陆该岛的400名水手中，324人是MM血型，4人是NN血型，72人是MN血型。岛上已经有600名年龄在19～23岁之间的波利尼西亚人。在波利尼西亚人中，*M*等位基因的等位基因频率为0.06，*N*等位基因的等位基因频率为0.94。在接下来的10年里，没有其他人来这个岛。

a. 叛变船员中等位基因*N*的频率是多少？

b. 2008年，巴厘岛诞生了1000名儿童。如果1998年岛上1000名混合人群的年轻人随机交配，而不同血型的表型在生存能力方面没有影响，那么1000个孩子中有多少人会有MN血型？

c. 事实上，50个孩子是MM血型，850个是MN血型，100个是NN血型。在儿童中观察到的等位基因*N*的频率是多少？

12. a. X染色体上的等位基因也可以处于平衡状态，但在哈迪-温伯格假设下的平衡频率必须对两种性别分别计算。对于频率分别为*p*和*q*的两个等位基因*A*和*a*的基因，分别写出描述男女所有基因型的平衡频率的表达式。

b. 在美国，大约每10 000名男性中就有1人患有血友病，这是一种与X染色体相关的隐性疾病。如果假设人口处于哈迪-温伯格平衡，那么美国女性中血友病患者的比例是多少？在美国生活的1.7亿女性中，预期找到多少女性血友病患者？（假设所有患有血友病的女性的等位基因都是纯合的）

13. 1927年，眼科医生George Waaler在挪威奥斯陆测试了9049名小学男生的红绿色盲，发现其中8324名男生是正常的，725名是色盲。他还对9072名小学女生进行了测试，发现9032名女生有正常的色觉，40名是色盲。

a. 假设性染色体上相同的隐性等位基因*c*导致所有形式的红绿色盲，从男生的数据中计算出*c*和*C*（正常视力的等位基因）的等位基因频率（提示：请参阅习题12a的答案）。

b. Waaler的样本中，这个等位基因处于哈迪-温伯格平衡？通过描述与这一假设一致或不一致的观察结果来解释你的答案。

通过对这些小学生的进一步分析，Waaler发现在他的样本中实际上有不止一个导致色盲的*c*等位基因：一个是*prot*型（c^p），另一个是*deuter*型（c^d）（红色盲和绿色盲的表现形式略有不同）。重要的是，Waaler的研究中一些正常的女性很可能是基因型c^p/c^d。通过对40名女性色盲的进一步分析，他发现3名是*prot*（c^p/c^p），37名是*deuter*（c^d/c^d）。

c. 基于这些新的信息，Waaler检测的人群中c^p、c^d和*C*等位基因的频率是多少？假设频率符合哈迪-温伯格平衡，计算这些值（注意：请再次参考习题12a的答案）。

d. 假设该群体处于平衡状态下，计算男性和女性中预期的所有基因型的频率。

e. 根据这些结果，奥斯陆地区的人群红绿色盲确实处于平衡状态的可能性更大还是更小？解释你的推理。

14. 当一个种群中某个基因只有两个等位基因时，可用代表哈迪-温伯格比例的方程$p^2+2pq+q^2=1$来检验该基因。

a. 推导出一个相似的方程，该方程能够描述具有三个等位基因的基因型平衡比例〔提示：注意哈迪-温伯格方程可以写成二项展开式$(p+q)^2$〕。

b. 一个带有三个等位基因（I^A、I^B和*i*）的基因负责ABO血型。A型血的基因型可以是I^AI^A或I^A*i*；B型血可以是I^BI^B或I^B*i*型血；AB型血的人是I^AI^B，O型血的人是*ii*。在亚美尼亚人中，I^A的频率为0.360，I^B的频率为0.104，*i*的频率为0.536。假设在哈迪-温伯格平衡的情况下，计算在这一种群中四种可能血型的个体的表型频率。

在习题15～17中，会发现因为在哈迪-温伯格平衡下种群内个体之间的交配是随机的，所以预测交配频率是可能的，即种群中在特定基因型或表型个体之间所有交配的比例。

15. 某个基因有两个等位基因*A*（频率为*p*）和*a*（频率为*q*）。假设某个种群处于哈迪-温伯格平衡，用*p*和

q建立数学表达式，预测下列的交配频率：

a. AA的纯合子之间

b. aa的纯合子之间

c. Aa的杂合子之间

d. AA的纯合子与aa的纯合子之间

e. AA的纯合子与Aa的杂合子之间

f. aa的纯合子与Aa的杂合子之间

结合a～f的结果：

g. 列出的6种可能性能解释所有可能的配对吗？怎么确定这在数学上是否正确？通过将p设置为0～1之间的任意数来演示，如0.2。

h. 能否想出一个简单的通用规律来计算相同基因型个体之间的交配频率和不同基因型个体之间的交配频率？

i. 如果种群在雄性和雌性之间平均分配，那么AA雄性和AA雌性之间的交配比例是多少？在AA男性和Aa女性之间的交配比例是多少？在AA男性和aa女性之间的交配比例是多少？

16. 有些人能尝到苦味的化合物苯硫脲，有些人却不能。这种性状由一个常染色体的基因控制；相对于不能尝到该苦味的的味觉等位基因来说，能尝到该苦味的的味觉等位基因是完全显性的。在1707年夏威夷人的味觉测试中，发现了1326个个体具有该味觉。假设种群处于这个基因的哈迪-温伯格平衡状态并且交配完全是随机的：

a. 有味觉等位基因$T[=(p)]$与无味觉等位基因$t[=(q)]$的等位基因频率分别为多少？

b. 种群的不同基因型频率分别为多少？

c. 在种群所有的交配中，无味觉的个体之间的交配所占的比例是多少？

d. 在种群所有的交配中，有味觉的个体与无味觉的个体之间的交配所占的比例是多少？

e. 在种群所有的交配中，有味觉的雄性个体与无味觉的雌性个体之间的交配所占的比例是多少？

f. 有味觉的雄性个体与无味觉的雌性个体之间的交配产生的后代中，无味觉的个体所占的比例是多少？

g. 在种群所有的交配中，有味觉的个体之间的交配所占的比例是多少？

17. 雄激素性脱发（男性型脱发）是一种由多种基因控制的人类复杂特征，但假设存在一个人类种群，其中一个常染色体的等位基因决定了模式秃顶。这种等位基因在男性中是显性的，在女性中是隐性的。人口处于哈迪-温伯格平衡，51%的男性秃顶。

a. 秃顶等位基因在男性中的频率是多少？

b. 秃顶等位基因在女性中的频率是多少？

c. 种群中表现出秃顶的女性的比例有多少？

d. 假设交配是随机的，那么秃顶的男性与不秃顶的女性交配所占的比例是多少？

e. 种群中的杂合子秃顶男性所占的比例是多少？

f. 如果都不秃顶的父母生出一个秃顶的儿子，那么他们的第二个儿子仍是秃顶的可能性有多少？

g. 如果一个母亲患有雄激素性脱发，但是父亲的情况未知，他们育有一个女儿，这个女儿秃顶的可能性有多少？

18. 下图是对10个人（1～10）的DNA基因组进行的FBI-style分析，以及所发现的凶犯在犯罪现场留下的头发的分析。该分析涉及SSR位点的PCR扩增，每个位点来自不同的（非同源的）染色体。每个SSR位点的PCR引物都有一个独特的荧光分子标记。部分条带较粗，因为相应的PCR产物相对较多。图上的点在两边对齐，有助于找到关键的条带；它将有助于使用直边作为指导。右边的数字是11个样本中SSR位点拷贝数的总数。

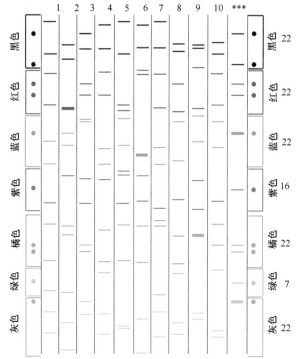

a. 1～10人中有凶手吗？如果有，哪一个是？

b. 所有的位点中，有在X染色体上的吗？如果有，指出这些位点的颜色。

c. 所有的位点中，有在Y染色体上的吗？如果有，指出这些位点的颜色。

d. 1～10人中有人可能是凶手的亲属吗？如果有，指出是哪一个，并描述其与罪犯的关系。

e. 1～10个个体中有一个是非整倍体，指出这个人，并识别其性别（M或F），以及所涉及的非整倍的类型，这个人的母亲或父亲是否发生了不分离（或者不能区分），以及不分离是发生在第一次减数分裂还是第二次减数分裂（或者不能分辨）。

　f. 任何随机的美国男性与凶手拥有相同基因型的概率是多少（匹配概率）？假设图中分析的所有11个DNA样本一起代表了整个美国人群。写出进行这一计算所用到的各项乘数分别是多少。

　g. 解释为什么题目f中关于样本具有代表性的假设并不完全准确。这个假设的不准确性如何影响匹配概率？

21.2节

19. 与在小种群中相比，为什么在大种群中通过自然选择消除一种完全隐性的有害等位基因很难？

20. 特里斯坦达库尼亚是大西洋中部的一群小岛。1814年，15名英国殖民者在这些岛屿上建立了殖民地。1885年，岛上19名男性中有15名在海难中丧生。在20世纪60年代末，在岛上的240名移民的后代中发现了4例由于视网膜色素变性逐渐导致的失明的病例。在英国，色素性视网膜炎的发病率约为1/6000。解释相对于在英国看到的，为何在特里斯坦达库尼亚的这种疾病的发病率很高？

21. 由于不同等位基因从亲代传递到子代的过程存在随机抽样，所以种群规模较小会导致遗传漂变。我们可以用二项式抽样统计数据来预测对于给定的种群大小，遗传漂变发生了多少。对于规模为N的种群，对每一代中$2N$个等位基因进行随机采样的前提下，我们可以估计，下一代95%的时间的等位基因频率（p）将在置信区间$p \pm 1.96 \left(\sqrt{\dfrac{p(1-p)}{2N}} \right)$内，其中，$\dfrac{p(1-p)}{2N}$是亲代到子代的等位基因频率的统计方差估计值。

　a. 当$N=10000$，$p=0.5$时，置信区间是多少？

　b. 当$N=10$，$p=0.5$时，置信区间是多少？

　c. 题目a和b中的结果与种群瓶颈之间有什么样的关系？

22. 种群中的遗传漂变的三个基本预测：①只要种群规模有限，就会发生一定程度的遗传漂变；因此，如果没有新的突变，所有的变异都将转向固定或丢失；②小种群中的漂变速度比大群体快；③一个等位基因被固定（频率变为1.0）的概率等于它在种群

中的初始频率（p），由于遗传漂变，它从种群中消失的可能性等于$1-p$。鉴于这三个预测：

　a. 在$N=100\,000$的二倍体种群中，一个新的常染色体突变发生后，其等位基因频率是多少？

　b. 在$N=10$的二倍体种群中，一个新的常染色体突变发生后，其等位基因频率是多少？

　c. 在哪一个种群中，新突变由于遗传漂变更有可能被偶然地固定下来？

23. 不完全显性的小鼠突变（t=无尾）导致杂合子（t^+/t）的个体表现出短尾。相同的突变为隐性致死的，会导致纯合子（t/t）在子宫内死亡。在150只小鼠中，60只是t^+/t^+，90只是杂合子。

　a. 这一种群中的等位基因频率是多少？

　b. 假设小鼠之间的交配是随机的，没有迁移、没有突变，并且忽略了随机遗传漂变的影响，如果有200个后代出生，那么这一后代中不同基因型的预期数量是多少？

　c. 两个种群（称为种群1和种群2）的小鼠接触并随机杂交。这些群体最初由以下数量的野生型纯合子（t^+/t^+）和无尾（t^+/t）杂合子组成：

	种群1	种群2
野生型	16	48
无尾	48	36

那么在下一代中这两种基因型的频率是多少？

24. 在果蝇中，退化翅膀的隐性等位基因vg会使得翅膀很小。一名遗传学家将一些正常繁殖的野生雄性与一些退化的原始雌性杂交。产生的雄性和雌性后代（F_1）果蝇均是野生型。然后他让F_1果蝇之间交配，发现1/4的雄性和雌性果蝇有退化的翅膀。他把退化的F_2果蝇剔除掉，让野生型的F_2代果蝇交配并繁殖出F_3代。

　a. 给出F_2代野生型果蝇的基因型概率和等位基因概率。

　b. F_3代果蝇中野生型和退化型果蝇的概率分别是多少？

　c. 假设遗传学家对退化的F_3代果蝇自然选择（也就是说，他把它们剔除掉，让野生型F_3代果蝇随机交配），那么在F_4代中野生型频率和突变等位基因的频率是多少？

　d. 现在，遗传学家让所有的F_4代果蝇随机交配（即野生型和退化型果蝇都交配）。F_5代果蝇中野生型和退化型的频率是多少？

25. 在无限大的种群中，三个位点A、B和C各有两个位基因。在某一特定时间在种群的1%的个体中发现

发现等位基因 A^1、B^1 和 C^1，与该位点的其他等位基因（分别为 A^2、B^2 和 C^2）相比，每一个等位基因都对生物体的适应性有有利的影响。三种可能的基因型在每个位点的相对适应性为：

$W_{A^1A^1}$	$W_{A^1A^2}$	$W_{A^2A^2}$
1.00	0.99	0.99
$W_{B^1B^1}$	$W_{B^1B^2}$	$W_{B^2B^2}$
1.00	1.00	0.90
$W_{C^1C^1}$	$W_{C^1C^2}$	$W_{C^2C^2}$
1.00	1.00	0.99

经过数千代的后，等位基因 A^1、B^1 和 C^1 的频率如下图所示，

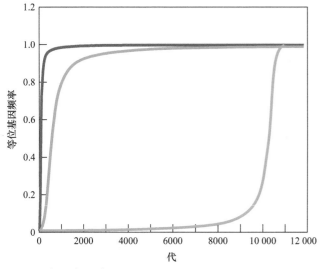

a. A^1、B^1、C^1 对应的曲线（蓝色、红色和绿色）分别是哪条？

b. 与绿色的曲线相比，为什么红色曲线代表的等位基因可以更快地被固定？

c. 与绿色或红色的曲线相比，为什么蓝色曲线代表的等位基因可以固定的速度非常得慢？

d. 假设种群中有1000个个体，讨论种群的大小变化对三条曲线的形状可能造成的影响。

26. 已知在雄性古比鱼身上发现了一种常染色体基因，这种基因与它们的尾巴大小有关，主要表现为：显性等位基因 B 代表大尾巴，隐性等位基因 b 代表小尾巴。雌性古比鱼所有的基因型尾巴的大小都差不多。已知雌性古比鱼通常和尾巴最大的雄性交配，但是没有研究过种群密度和性别比例对这种偏好的影响。因此，假设将相等数量的雄性放入三个水箱中。在水箱1中，雌性的数量是雄性的两倍。在水箱2中，雄性和雌性的数量是相等的。在水箱3中，雌性的数量是雄性古比鱼的一半。交配后，发现后代中有以下比例的小尾巴雄性：水箱1,16%；水箱2,25%；水箱3,30%。

a. 在最初的种群中（在动物被放置在三个水箱之前），25%的雄性有小尾巴。假设雄性和雌性的等位基因频率相同，计算原种群中 B 和 b 的频率。

b. 计算每个水箱中的 Δq。

c. 如果 $W_{BB}=1.0$，计算每个水箱中的 W_{Bb}。

d. 如果 $W_{BB}=1.0$，每个水箱中的 W_{bb} 是大于、等于、还是小于1.0？

27. 在欧洲，引起隐性常染色体疾病囊性纤维化的 CF^- 等位基因的频率是0.04。在几乎所有的病例中，囊性纤维化导致病体在能进行繁殖前便会死亡。

a. 假设杂合子的疾病等位基因没有选择优势，分别确定基因型为未受影响的人群、携带者人群和受影响的人群的相对适应性值（W）。

b. 根据题目a中的答案，当下一代出生时，计算当前整个种群的平均适应性，考虑到囊性纤维化特征（W）和等位基因频率在一代中的预期变化，将其视为一个整体。

c. 由于一些杂合子优势存在，假设欧洲种群中 CF^- 等位基因的频率处于一个均衡状态。在此假设下，重新计算三种基因型的相对适应性。

d. CF 基因编码的CFTR蛋白是一个氯离子通道。患有霍乱的人会把水和氯离子从小肠中泵出引起腹泻。利用这些事实来解释为什么 CF 基因可能存在杂合子优势。

28. $G6PD$ 基因的等位基因以隐性方式造成对蚕豆过敏，在食用蚕豆后引起溶血反应（红细胞溶解）。同样的等位基因也具有抗疟疾的优势。杂合子在疟疾流行的地区具有优势。非洲和北美国家的平衡频率是否相同？什么因素影响 q_e？

29. 解释为什么进化生物学家监测具有选择性的中性基因多态性作为分子钟。

30. 小狐狸生活在南加州海岸外的海峡群岛上；成年狐狸的体重不到3磅。这些所谓的岛狐（滨水尾狐）来自大陆灰狐（*Urocyon cinereoargenteus*）。对基因组序列的分析表明，与大陆狐狸不同，在孤岛上的狐狸的遗传多样性少得惊人。

a. 每个岛上只有一只狐狸的基因组被测序。在单个基因组序列中，遗传多样性的缺失是如何表现的？

b. 每个岛上的狐狸数量都很小，低多样性是如何发生的？

c. 为什么低遗传多样性可能会导致物种灭绝？

d. 尽管缺乏基因组序列的多样性，假设为什么海峡岛狐在没有人类帮助的情况下可以繁荣发展。

21.3节

31. 在分子水平上，支持现代人是在非洲首次出现的最直接的证据是什么？

32. 2013年3月，《美国人类遗传学》（*American Journal of Human Genetics*）杂志发表了一篇报告，称一名非洲裔美国人将自己的基因组提交给商业系谱分析，结果发现他的Y染色体的序列与此前发现的其他Y染色体的序列非常不同。研究人员随后发现，Mbo（喀麦隆的一个民族）中的某些男性与这个非洲裔美国人有许多相同的多态性。你认为这些发现会如何改变对"当某个人携带人类Y染色体MRCA，那么他肯定在地球上生存过"这一理解？

33. 如果追溯到你40代以前的生物祖先：
   a. 你预测可能会有多少祖先？
   b. 如何把这个预测和现在世界人口大约是70亿这一事实放在一起解释呢？

34. 在图21.17中，Dion的线粒体DNA最近追踪到了世界的哪一部分？是否他的Y染色体和常染色体1~22最近可以追溯到这个世界的同一区域吗？可以或不可以的原因是什么？

35. 预测图21.18（b）分枝图上四个节点（分枝点）的DNA序列。

36. 这里显示了一个用于人科的家庭分类的进化分枝图（不是按比例绘制的）。数字1~10代表进化谱系或事件。字母A~F表示下列列表中的条目：
   尼安德特人
   黑猩猩
   智人（非洲班图人）
   丹麦智人（欧洲）
   智人（美洲土著霍比人）
   智人（亚洲维吾尔族）

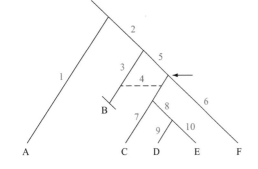

a. 将前面列表中的条目与分支线图中的适当字母匹配。列表中的两组种群在这个图上是相等的；任意一个的可能性都是正确的。

b. 用一个小箭头表示一个进化上的差异。根据图21.19描述这种差异并估计它发生在多少年前。

c. 对6组当中的几个个体的6个单核苷酸多态性（α、β、γ、δ、ε和ζ）进行测序；等位基因频率如下表所示。在表中每一列的底部，写一个从1~10的数字（与图中红色的数字相对应）来表明沿着进化分枝图，将所有人类和黑猩猩共同祖先的等位基因改变为新生型等位基因的突变发生在哪里。一个空可以用两个数字中的任何一个来填充；你只需要展示一个。也要在底部的最后一行指出在共同祖先中发现的等位基因，或者标记无法辨别。

	SNPα	SNPβ	SNPγ	SNPδ	SNPε	SNPζ
尼安德特人	A 1.0	C 0.4 A 0.6	C 1.0	T 1.0	T 1.0	T 1.0
黑猩猩	G 1.0	A 1.0	C 1.0	T 1.0	G 1.0	T 1.0
智人（非洲班图）	G 1.0	A 1.0	C 1.0	A 0.7 T 0.3	T 1.0	C 1.0
欧洲丹麦智人	G 1.0	C 0.25 A 0.75	C 1.0	T 1.0	T 1.0	C 1.0
美洲土著霍比人	G 1.0	C 0.8 A 0.25	A 1.0	T 1.0	T 1.0	C 1.0
亚洲维吾尔族人	G 1.0	C 0.5 A 0.5	A 0.6 C 0.4	T 1.0	T 1.0	C 1.0

数量（1~10）

祖先等位基因

37. 如图21.22所示，目前生活在大洋洲的人类（如在美拉尼西亚、密克罗尼西亚、波利尼西亚和澳大利亚）代表了人类从非洲起源，之后传播到世界各地的一个早期分支。
   a. 考虑到这些人口规模和历史，你认为大洋洲的种群样本与非洲相比会出现更多还是更少的遗传变异？解释一下。
   b. 解释为什么丹尼索瓦人DNA的变异只在生活在东南亚和大洋洲的现代人身上发现，而在地球上其他地方却找不到。

38. 截至2016年撰写本文时，在现代人类中还没有发现尼安德特人的Y染色体或线粒体DNA序列。请提出两种可能的假说。

第 22 章　复杂性状的遗传学

狗饲养者的人工选择导致了犬种间的大小差异。群体遗传学家发现只有6个基因导致了超过一半的犬种体型差异。
© Gandee Vasan/Getty Images

章 节 大 纲

22.1　遗传力：遗传与环境对复杂性状的影响

22.2　数量性状基因座（QTL）定位

　　现在（2016年），整个人类基因组的测序成本大约为1000美元。在这样的价格下，你为自己的基因组，或你和你的伴侣所孕育的胎儿获取此信息是否值得？

　　答案对于不同的人来说会有所不同，但对于每个人来说，权衡成本和收益的一个主要因素是基因组序列数据可以被解释为关于特定性状的预测程度。我们已经看

到，全基因组序列可以几乎肯定地揭示一个人是携带者还是会受到诸如镰状细胞贫血或囊性纤维化等孟德尔疾病的折磨，其中性状受单个基因的等位基因控制，外显率基本上是完整的。

　　然而，你花在你（或你孩子的）全基因组序列上的数千美元，至少在不久的将来，几乎不会提供关于智力

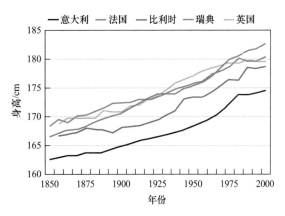

图22.1　不同欧洲人群的成年男性出生身高队列。

或个性等许多其他特征的线索。原因在于这些是受许多因素影响的**复杂性状**，包括多个基因、不同基因的等位基因之间的相互作用、环境的变化、基因与环境之间的相互作用，以及偶然事件。

成年人的身高是一个如此复杂的特征。身材高大的父母往往有高个子的子女，这表明遗传对身高有贡献。科学家最近已经确定数百种基因影响人类身高，其中许多基因尚未确定。除了导致软骨发育不全（侏儒症）的特殊情况外，任何一种特定多态性对身高的贡献都很小，几乎没有预测能力。

基因型信息不能轻易预测成人身高的另一个原因是关键的环境因素——营养，对这种特性有很大的影响。图22.1表明20世纪欧洲许多国家平均身高都有显著增加。由于时间过短，在这期间等位基因频率发生大的变化并不太可能，所以，可以肯定的是由于饮食进步带来的变化。

在本章中，我们通过探讨科学家们对于一个给定的性状如何区分基因的影响还是环境的影响来开始我们对于复杂性状的讨论。之后我们会关注两种不同的方法来鉴定对复杂形状产生影响的特殊基因，或被称为**数量性状基因座（QTL）**。无论出于理论还是现实原因，揭示对某个表型重要的各种因素始终是未来遗传学研究重要的目标。对复杂性状的研究有助于了解退行性状态如关节炎和冠状动脉疾病的发病原因并且开发相应的疗

法。改善农业上有经济价值的动植物需要我们掌握控制复杂性状，如产量、干旱、抗热及营养价值的诸多因素。

本章的主题是研究复杂性状，需要科学家们将个体与大量群体进行比较。关于复杂性状研究得出的结论只适用于研究中该环境下的特定群体，并不能适用于其他条件和群体。

22.1　遗传力：遗传与环境对复杂性状的影响

学习目标

1. 总结表型变异的含义。
2. 概述实验，使你能够区分遗传和环境对表型变异的影响。
3. 解释遗传力这一术语，以及为什么它适用于群体而非个体。
4. 通过研究同卵双胞胎和异卵双胞胎，描述科学家如何通过比较父母及其后代或人类群体来估计野生动物种群的遗传力。
5. 图解植物育种者如何使用截断选择来改良农作物。

许多复杂性状是**数量性状**，其表型可以在称为**表型值**或**性状值**的数量范围内测量。许多这样的特征显示出群体中表型值大致呈钟形**正态分布**。人体高度提供了一个很好的例子（图22.2）。有些人非常高，有些人非常矮，但大多数人的身高都集中在该群体的平均水平附近。这种钟形分布中高度的明显连续分布由基因和环境的贡献决定（这里的环境一词包括偶然事件）。

正如我们在第3章中所看到的，参与特性表达的基因越多，任何给定环境中表型变异的可能性就越大，潜在表型就越像正态分布（回顾图3.28）。此外，任何一种基因型的个体表现出的表型实际上分布在以该基因型的平均表型为中心的较窄的钟形曲线中，而不是相同的。

原因是具有相同基因型的个体会受到略微不同的微

图22.2　美国圣母大学一节遗传学课上学生的身高分布。大致呈钟形，大部分人身高处于平均水平。

© McGraw-Hil Education, Photo by David Hyde and Wayne Falda

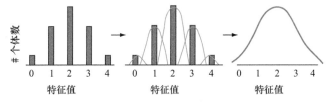

图22.3　遗传与环境对一个数量性状的影响可以呈正态分布。正如在图3.28中提到的，两个基因座的遗传突变，如果每个都有一个不完全显性等位基因对性状有相同影响，可以形成左图中所示的5个表型分类。每个性状值因为环境影响变得边界模糊而使得群体中每个个体的性状值形成一个连续的钟状分布。

环境的影响（图22.3）。因此，对于整个群体而言，环境的影响叠加在仅少数基因的变异上可以很容易地接近钟形曲线的表型值。

科学家如何评估表型的分布以估计复杂性状的遗传力——基因（与环境相对）对特定人群中观察到的表型差异的贡献？正如你将看到的，这个问题的答案不仅仅有理论上的意义。

22.1.1　方差是群体变异量的统计量度

为了估计遗传力，科学家们首先需要获得所研究群体中性状分布的曲线（通常为钟形）的数字描述。研究人员通过比较群体中每个个体的表型值与整个群体的平均表型值来追踪变异量。统计学上，该分析的结果被称为**总表型方差（V_P）**，并且其被计算为每个个体性状值与平均值之间的平均平方差。

例如，让我们考虑蒲公英种群中茎长的特征，蒲公英是北美常见的杂草植物［图22.4（a）］。群体中的茎长呈钟形正态分布。如图22.4（b）所示，你可以通过将所有茎长度的值相加并除以茎的数量来找到平均茎长度。然后通过将每个茎长度表示为与平均值的正或负偏差，将这些偏差平方，将平方相加，并将总和除以测量的茎数来找到茎长度的变化（该性状的V_P）。方差提供了这种分布的数学描述；相对于峰值的曲线越窄，方差的值越低。

一旦确定了性状的总方差，科学家就可以开始询问这种方差的哪个部分是由于个体生物携带的基因的差异，哪些部分是由于这些个体受到的微环境差异的影响。

22.1.2　遗传变异从环境变异中分离

为了区分环境和遗传对表型变异的影响，你需要改变两者中的一个（如环境），同时控制另一个（即保持遗传贡献稳定）。这种特殊的实验在蒲公英的例子中很容易实现，因为大多数蒲公英种子来自丝分裂而非减数分裂。结果，来自单一植物的所有种子在遗传上是相同的。你可以先在草地山坡上种植遗传上相同的种子，

(a) 蒲公英

(b) 计算茎长平均值和方差

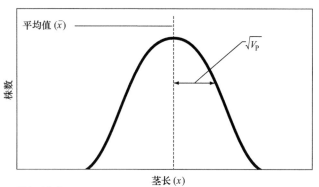

得出平均值：
假设x_i是N个植物种群中植物i的茎长。茎长均值$\bar{x}$的定义为
$$\bar{x} = \frac{\sum_{i=1}^{N} x_i}{N}$$

得出方差：
茎长的方差V_P定义为
$$V_P = \frac{\sum_{i=1}^{N} (x_i - \bar{x})^2}{N}$$

图22.4　表型变异。（a）常见的蒲公英。（b）方差是每个值与平均值的差的平方的平均值。在图中，为了与茎长统一单位，显示的是方差的平方根（统计学理论表明钟形曲线下95%的观察点会处于平均值加减1.96倍方差的平方根之间）。

（a）：© Dr. Eckart Pott/OKAPIA/Science Source

让它们不受干扰地生长直到开花。然后测量每品系开花植物茎的长度，并确定该蒲公英种群中该性状的值分布的均值和方差［图22.5（a）］。

因为这一群体的所有成员在遗传上是相同的（如果我们忽略罕见的突变），任何观察到的个体茎长度的变化应该是环境变化的结果，例如，山坡上不同位置的不同水量和阳光。当表示为与平均值的变化时，这些观察到的环境确定的茎长度差异称为**环境方差（V_E）**。

为了检验遗传差异对茎长的影响，你可以从许多不同地点生产的许多不同蒲公英植物中采集种子，然后将

它们种植在受控温室中［图22.5（b）］。由于你在相对均匀的环境中培育遗传多样性植物，因此观察到的茎长度变化主要是遗传差异促进**遗传方差（V_G）**的结果。

现在，为了说明对基因和环境变异表型的总体影响，你可以从许多不同的位置（因此使用不同的遗传变异）获取许多不同植物的种子，并在具有各种微环境的山坡上种植它们［图22.5（c）］。对于从这些遗传

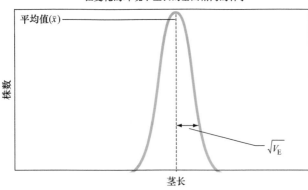

(a) 环境方差（V_E）

现在，为了说明对基因和环境变异表型的总体影响

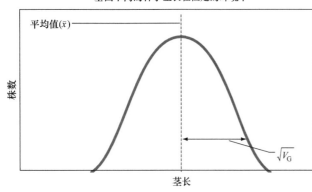

(b) 遗传方差（V_G）

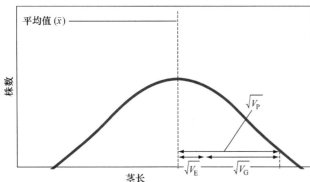

(c) 表型方差（V_P）= V_G + V_E

图22.5 表型变异中的环境与遗传组分。（a）生长在坡地等不同环境中的遗传上完全相同的植物的表型差异完全来自于环境方差V_E。（b）在温室这样相同环境中生长的遗传上有差异的植物，它们的表型差异完全来自于遗传方差V_G。（c）对于生长在自然环境中的随机自然个体，总的表型方差V_P是遗传方差与环境方差的和（$V_G + V_E$）。

多样性种子中长大的蒲公英群体，茎长的总表型方差（V_P）将是遗传方差（V_G）和环境方差（V_E）的总和：

$$V_P = V_G + V_E \qquad (22.1)$$

请注意，图22.5（c）中蒲公英茎长度的钟形曲线比山坡上的遗传相同个体［图22.5（a）］或在受控温室中生长的遗传变异个体更宽［图22.5（b）］。对于蒲公英的自然种群，个体间的遗传变异和每种植物所经历的环境条件的变化都会导致总的表型变异。

22.1.3 遗传力是遗传变异引起的表型变异中所占比例

遗传学家将表型性状的遗传力定义为仅由遗传方差（V_G）引起的总表型方差（V_P）的比例。在形式上，以这种方式定义的遗传性称为**广义遗传力**，按惯例缩写为**H^2**，因为方差是特征的均值的平均平方偏差：

$$广义\ H^2 = V_G/V_P \qquad (22.2)$$

理解广义遗传的意义，有助于了解遗传方差本身细分的三个组成部分。其中第一个是V_A，或加性遗传效应V_A的变异（例如，如果等位基因a对特性值贡献一个单位、A两个单位、b三个单位和B四个单位，那么$AaBb$杂合子将具有1+2+3+4=10个特征值单位）。对遗传方差的另外两个贡献是由于优势效应（V_D）引起的方差，以及由于遗传基因座（V_I）之间的相互作用引起的方差。优势增加了方差的另一个组成部分，例如，显性等位基因的杂合子具有与该等位基因的纯合子相同的表型，但这些个体不具有相同的基因型。类似地，不同基因座的等位基因之间的非加性相互作用（如上位性）可以导致一个基因的等位基因具有不同的表型值，这取决于存在于第二个基因的等位基因。总遗传方差是其三个组成部分的总和：

$$V_G = V_A + V_D + V_I, \qquad (22.3)$$

因此 $$V_P = V_A + V_D + V_I + V_E \qquad (22.4)$$

使用这些条件，我们可以更准确地定义广义遗传力：

$$广义\quad H^2 = (V_A + V_D + V_I)/(V_A + V_D + V_I + V_E) = V_G/V_P \qquad (22.5)$$

你将在下一节中看到，在遗传亲属的研究中可以估计特定性状的遗传性。广义遗传力通常仅在比较同卵双胞胎的研究中进行测量。原因是同卵双胞胎在所有基因座上共享相同的等位基因，因此两个双胞胎中遗传变异的所有三个组成部分都是相同的。这一事实意味着在双胞胎研究中测量的V_G不仅包括V_A，还包括V_D和V_I。

相反，父母和后代之间的表型值的比较不能测量广义遗传力，因为在任何一个后代和任何一个亲本之间只有任何个体基因座中的一个等位基因共享，并且因为不同基因座之间的等位基因组合也不同，在父母和后代之间共享的每个基因座的等位基因必须被认为是以简单、相加的方式起作用的遗传因子。父母和后代的比较仅代表整体遗传方差（V_G）的加性（V_A）成分，因为V_I和V_D

在被分析的群体上随机化，因此无法测量它们的影响。在父母和后代的研究中估计的遗传力值被称为**狭义遗传力**（**h^2**）——特定于加性遗传成分的方差的总变异的比例：

$$\text{狭义} \qquad h^2 = V_A/(V_A+V_D+V_I+V_E) = V_A/V_P \qquad (22.6)$$

因为遗传效应的附加成分最准确地预测了杂交后代中预期的表型值的范围，所以植物和动物育种者通常计算感兴趣性状的狭义遗传力。正如你将看到的，狭义遗传对于育种者来说也很重要，原因如下：它决定了特定性状对特征值选择的反应有多强。虽然为了准确起见，我们将在后面的讨论中区分 H^2 和 h^2，但对于本章的大部分目的而言，这种区别相对较小。

在一种极端情况下，遗传性为0（无论是广义还是狭义）意味着没有可遗传的变异影响群体中的性状，并且所有观察到的表型变异都是由于环境影响。

在另一个极端，遗传力为1意味着所有观察到的种群中的表型变异都是由于遗传变异而没有一个是由于环境影响。需要记住的一个重要事实是，任何意义上的遗传力都是特定的群体概念，而不是个体的。因此，需要说明的是，即对酒精中毒的易感性等特征的遗传力为0.4，并不意味着40%的特定人的易感性是由于基因，而60%是由于环境造成的；相反，该值表明在群体中观察到的该性状中40%的表型变异可归因于该特定群体中个体之间的遗传差异。

由于遗传、环境和表型变异的数量可能因性状、种群间和不同环境之间的不同而不同，因此特征种群的遗传性总是针对特定种群和一组特定的环境条件进行定义。对于具有不同的遗传变体和（或）环境的不同群体，任何性状的遗传力可能不同。

人体身高的分析再次提供了一个很好的例子。在具有现代食品生产标准的富裕人口中进行测量时，人体身高显示出非常高的遗传力，大于0.9；也就是说，在该群体中看到的高度变异的90%是由于等位基因差异。相比之下，在一个不是每个人都能获得足够营养的贫穷国家，身高的遗传度会低得多。解释来自于一个人的基因组确定其最大身高潜力。如果他们的营养充足，他们就会发挥这种潜力；过多摄入食物也将没有任何区别。然而，在不发达国家，个人在可以消费的营养量方面存在很大差异时，环境差异对于身高变化的影响就会显著增加。

22.1.4　遗传力研究检验遗传亲属的表型变异

亲属（如父母和后代）共享基因，因此我们期望它们在表型上与其基因相关的程度相似，并且特征是可遗传的。如果遗传相似性有助于特征的表型相似性，那么期望一对亲密的遗传亲属在表型上比从群体中随机选择的一对个体更相似是合乎逻辑的。因此，通过将明确定义的一组遗传亲属之间的表型变异与整个群体在某些环境中的表型变异进行比较，可以估计性状的遗传力。

我们首先需要定量地将两个个体的**遗传相关性**定义为个体所共有的所有遗传基因座的等位基因的平均分数，因为它们是从共同的祖先遗传来的。对于常染色体基因，亲本和儿童的遗传相关性为0.5，因为对于任何给定的基因座，儿童基因组中的两个等位基因中的一个来自该亲本。换句话说，父母和孩子分享其等位基因的一半。两个兄弟姐妹的遗传相关性也是0.5，因为如果你假设一个兄弟姐妹从 A^1A^2 杂合亲本那里得到了等位基因 A^1，那么第二个兄弟姐妹得到相同等位基因的概率是0.5。扩展同样的分析，我们可以看到阿姨和侄女的遗传相关性为0.25，而第一代表亲之间的相关性为0.125。

虽然遗传性在理论上可以使用甚至是远房亲属来确定，但是首先研究可能的最近亲属是有意义的，即遗传相关性为0.5或更高的个体。原因很简单，在共享大多数等位基因的情况下，基因对特性的贡献最为明显。在本节的其余部分，我们将讨论估算近亲遗传性的两种方法。第一种方法比较了父母和后代的表型值，重点是一项著名的实地研究，涉及达尔文首先研究的鸟类；第二种方法是比较人类双胞胎的特征。

1. 通过比较父母和后代来估计遗传力

图22.6说明了遗传力对父母及其后代和整个群体的平均表型值的影响。通过量化后代表型与亲本表型的相似程度，可以估计狭义遗传力。如果子代的平均表型值始终与总体的表型值相似，无论父母的表型如何，那么遗传力为0，因为表型方差中没有一个是由于父母遗传的等位基因的加性遗传效应。然而，如果后代与其父母的群体平均值相差25%，则遗传率为0.25。如果子代与群体均值的偏离程度与亲代相同，则遗传率为1.0，因为亲代遗传的等位基因与子代的表型密切相关。

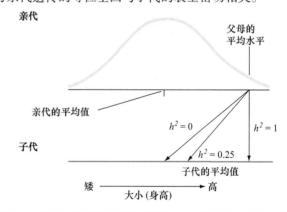

图22.6　通过父母子代比较确定遗传力。母代的表型分布是以 *tan* 表示的，选择的一对父母位于曲线分布的右侧。下面的粉线代表子代表型的范围。如果 $h^2=1$，则表示子代的平均值等于母代的平均值，因为从母代继承的等位基因完全决定该表型。如果 $h^2=0.25$，则子代的均值是母代父母的均值与母代群体均值的差的1/4。如果 $h^2=0$，则子代的均值与母代群体的均值相同，这时，选择的这对父母的基因型完全没有影响子代。

达尔文在加拉帕戈斯群岛观察到的雀类（通常被称为达尔文雀）提供了一个群体的例子，遗传学家通过比较父母和后代的表型，在田间自然条件下测量了数量性状的遗传力。科学家研究了喙地雀（*Geospiza fortis*）。在Daphne Major岛上，将种群中的许多个体雀进行了绑定［图22.7（a）］，然后研究人员测量了岛上每个巢中母代、父代和后代的喙深度，并计算了后代的喙深度是否与母代和父代的平均喙深度有统计学相关性［中间值；图22.7（b）］。

图22.7（b）表示的是亲本及其后代的性状值的散点图。红色和蓝色线是两个数据集的**相关线**（也称为最佳拟合线）。散点图显示父母与子女之间存在明显的正相关（相关线的斜率为正数）；有较深喙的父母的后代有更深的喙，而喙深度较小的父母的后代则有较小的喙深度。

由于暂时变得明显的原因，当存在正相关时，与后代相关的相关线的斜率与中间值——称为**相关系数（*r*）**，是对喙深度的狭义遗传力的估计。在该图中，由与中间喙深度和后代喙深度相关的线相关性的斜率表示的喙深度的遗传力是0.82。这意味着达尔文雀类种群中喙深度的大约82%的变化可归因于种群中个体之间的加性遗传变异；另外18%来自环境变化和非加性遗传效应。

在图22.7（c）～（d）中，我们检查了极端情况，以说明为什么相关系数（*r*，相关线的斜率）提供了狭义遗传力h^2的估计。首先假设环境对特性完全没有影响［图22.7（c）］。在这种情况下，父母的喙深度与后代的喙深度相关的相关线的斜率将是1.0［图22.7（c）；左］。在该图的右侧，我们显示了4个配对的结果，这些配对与先前在图22.6中使用的相同方

(a) 达尔文雀

(b) 关于亲代和子代的散点图

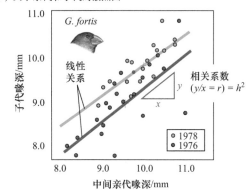

(c) 如果遗传力为 1.0

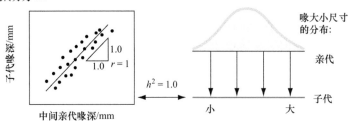

(d) 如果遗传力为 0.0

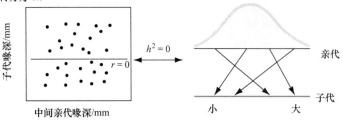

图22.7 估算达尔文雀类喙深度的遗传力。（a）图中喙地雀是加拉帕戈斯群岛特有的以种子为食的鸟。（b）散点图展示的是1976年和1978年子代鸟嘴大小与它们的母代喙深度的平均值。相关线的斜率（蓝色和红色），即相关系数，被用来估算遗传力。通过自然选择引起的喙深度的增加与1977年的一场干旱有关，这场干旱使得原来又小又软的种子变为又大又硬的种子。相关系数并不随着年份发生太大变化，说明该性状基本不受环境影响并可以维持高遗传力。（c）如果遗传力为1的图。（d）遗传力为0的图。在图（c）和（d）中，右边的图表示四个配对对及它们的子代的表型平均值，正如图22.6中所示；右边的每个箭头代表对应的左边图中的一个点。

（a）：© Ralph Lee Hopkins/Getty Images RF

式显示。你可以看到这两种表示形式基本相同。

现在考虑一个群体，其中父母及其后代的喙深度平均而言，与从群体中随机选择的任何一对个体的喙深度相比没有或多或少相似［图22.7（d）］。在这样的种群中，父母和后代的喙深度特征之间不存在相关性，中间和后代喙深度的图形产生点"云"，中间和后代喙深度之间没有相关性［图22.7（d），左图］。图22.7（d）的右图显示了同一情况的等效替代表示。你可以看到，通过图22.7中使用的两种方法中的任何一种，分析追踪父母，其子代和整个群体的表型值的数据，使研究人员能够估计遗传力。

从这些例子中，你可以得出结论，遗传相关个体之间的表型相似性为特征的遗传性提供了证据。然而，将遗传亲属之间的表型相似性转换为遗传力的度量取决于一个关键假设：遗传亲属的分布对于群体所经历的环境条件是随机的。在雀科的例子中，我们假设父母及其后代没有经历与无关个体环境更相似的环境。

然而，在自然界中，遗传亲属可能通过居住在类似的环境中而违反这一假设。以雀类为例，在繁殖季节由母代和父代生产的所有后代通常孵化并在一个巢中生长，在那里他们从父母那里获得食物。由于喙深度影响雀类觅食的能力，因此巢中饲喂量可能导致后代喙深度与父母喙深度部分相关，原因与遗传相似性截然不同。

研究达尔文雀类的研究人员无法轻易处理遗传关系和环境可能交织在一起的问题。原因是加拉帕戈斯群岛是厄瓜多尔的国家公园，因此研究人员禁止以任何方式操纵鸟类，除了将它们绑定以进行识别和测量它们的物理属性（如喙大小）。但研究驯化物种的科学家可以尝试通过从一对父母的巢中取出卵并将其随机放置在雀群中其他父母建造的巢中来减少混淆环境问题；这种随机重新定位的蛋被称为**交叉抚养**。在接受父母照顾的动物的遗传性研究中，交叉抚养有助于随机化环境条件。

2. 用双胞胎估计人类复杂的性状遗传力

通过比较亲密遗传亲属（通常是母亲和孩子、父亲和孩子或兄弟姐妹）的特征值来估计人类特征的遗传性。在这些研究中，遗传力是相关系数（r）除以个体的遗传相关性。对于父母和孩子或兄弟姐妹，相关性为0.5，因此$h^2=r/0.5=2r$。这种方法存在问题，因为它高估了遗传力。

在人类社会中，家庭成员不仅分享相似的基因，而且分享相似的物理和文化环境。因此，遗传亲属之间的表型相似性可能来自遗传相似性或来自类似环境，或者最常见的是来自两者共同的影响。你如何区分遗传相似性的影响与共享环境的影响？

在像人类这样的胎盘哺乳动物中存在**同卵双生（MZ）双胞胎**，为研究人员提供了遗传性研究的有力工具。MZ双胞胎是受精后受精卵分裂造成的。它们在

遗传上是相同的，因为它们来自单个精子和单个卵子；它们共享所有位点的所有等位基因［图22.8（a）］。因此，同卵双胞胎之间的表型差异不能归因于遗传变异。

双胞胎可用于研究定量复杂性状的遗传性，其中表型值在连续范围内变化，或仅具有两个表型值的离散复杂性状：要么具有性状，要么不具有。由于在定量和离散复杂性状的研究中产生的数据种类本质上是不同的，我们将分别讨论这些方法。

（1）定量复杂性状的双重研究

偶尔，MZ双胞胎会进行无意的交叉抚养实验：它们在出生后不久就被放弃抚养，并在不同的家庭中长大。在这样一对同卵双胞胎中，任何表型相似性在理论上必须是遗传相似性的结果。因此，研究人员可以通过对不同夫妇收养的MZ双胞胎的性状值的散点图估计由基因控制的表型变异的比例（广义遗传力H^2）［图22.9（a）］。相关线的斜率（相关系数）估计遗传力：$H^2=r$。

只有相对较少的一对MZ双胞胎被分开抚养，使得这些研究难以进行，并限制了数据集。但是MZ双胞胎可以用另一种方法来估计遗传力，即通过比较它们与**异卵双生（DZ）双胞胎**的表型差异。这种DZ双胞胎是一个父亲的不同精子使两个不同的卵子受精的结果［图22.8（b）］。就像兄弟姐妹在不同的时间出生一样，DZ双胞胎在所有基因位点上平均分享50%的等位基因。将不同基因亲缘度为1.0的MZ双胞胎的性状值与不同基因亲缘度为0.5的DZ双胞胎的性状值进行比较，有助于区分基因与环境的相对贡献。

图22.9（b）展示了这种通过比较MZ和DZ双胞胎来估计遗传力的方法。实质上，您比较两种类型双胞胎的相关线（相关系数）的斜率。MZ双胞胎的相关系数（r_{MZ}）应始终大于DZ双胞胎（r_{DZ}）的相关系数，因为MZ双胞胎的基因（100%）是DZ双胞胎（50%）的两

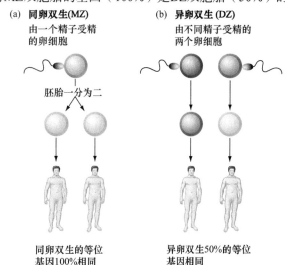

图22.8　不同类型的双胞胎。（a）同卵双胞胎遗传相关度为1.0。（b）异卵双胞胎遗传相关度为0.5。

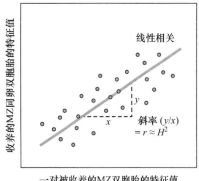

(a) MZ双胞胎分开抚养

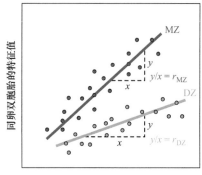

(b) MZ双胞胎和DZ双胞胎

图22.9　通过同卵双胞胎估算遗传力。（a）一对被不同家庭领养的同卵双胞胎的性状值的散点图，相关系数（r）是相关性的斜率（橙色），r是遗传力（H^2）的估算值。（b）针对同一性状同卵双胞胎（红色）与异卵双胞胎（蓝色）的性状值。遗传力可以估算为$2(r_{MZ}-r_{DZ})$。

倍。假设MZ和DZ双胞胎遇到的环境影响是等效的，散点图上斜率的差异越大，遗传力越大。在数学术语中：

$$遗传力 = V_G/V_P = 2(r_{MZ}-r_{DZ}) \tag{22.7}$$

为了理解为什么r_{MZ}和r_{DZ}之间的差异估计遗传性，你应该意识到MZ双胞胎之间的所有表型变异都是由于环境因素，而DZ双胞胎之间的表型变异同时具有遗传和环境成分。等式中的因子"2"是必要的，因为DZ双胞胎仅共享其基因的一半。本章末尾的习题8鼓励你更详细去探索等式（22.7）。

表22.1列出了从双胞胎研究中估计的定量人类性状的遗传力。虽然了解这些特征的相对遗传性是有用的，但你应该谨慎地解释这些数字。如前所述，遗传力估计仅适用于研究在特定时间被研究的特定人群。此外，表22.1中列出的调查可能会出现并发症，这往往会导致高估实际的遗传性。例如，当不同的家庭采用MZ双胞胎时，这些家庭可能比随机选择的一对家庭更相似。这两个家庭本身可能是相关的，或者收养机构可能会将这对双胞胎安置在两个具有相似性较高社会经济背景的家庭中，以确保孩子的经济安全。

表22.1　通过对数量性状的双项研究估算遗传力

特性	遗传力*
身高	0.68～0.90
体质指数	0.64～0.84
出生体重	0.64～0.84
脑额叶体积	0.90～0.95
体育参与	0.48～0.71
膳食结构	0.41～0.48

*可遗传性评估是对某一特定时间种群的特殊估计。

（2）离散复杂性状的双重研究

人类的一些复杂性状是离散的，只有两种可能的表

型状态，而具有一系列可能的表型值的连续性状则相反。许多离散性状在某种意义上是复杂的，它们受多种基因和环境的控制，例如，你是否患有心脏病、患上癌症或成为酒鬼。双胞胎研究也可用于估计离散性状的遗传力。由于获得的数据的性质，这些研究不能测量相关系数，而是比较他们在MZ双胞胎和DZ双胞胎之间的特征**一致性**——当其中一个双胞胎中的一个具有以下特征时，另一个双胞胎具有特征的频率。

考虑一个特征，其中人群中个体的表型差异完全来自每个人所经历的环境差异，也就是说，遗传力为0.0的特征［图22.10（a）］。对于这个特性，你会发现MZ双胞胎有相同表型的可能性与DZ双胞胎相同。事实

(a) 遗传力0.0的性状

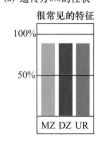

很常见的特征

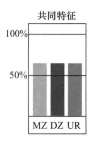

共同特征

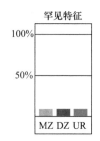

罕见特征

(b) 遗传力1.0的性状

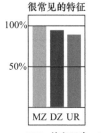

很常见的特征

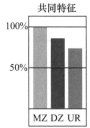

共同特征

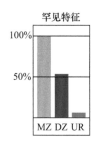

罕见特征

MZ＝单卵双生，DZ＝异卵双生，
UR＝因收养而无血缘关系的兄弟姐妹

图22.10　第二个孩子会与第一个孩子具有相同显性性状的概率。

上，对于被收养到同一家庭的遗传无关的兄弟姐妹而言，特征分享的可能性也是相同的。如果一个孩子表达遗传力为0.0的特征，那么影响兄弟姐妹表现出相同表型的机会的唯一因素是所研究的环境范围可以产生表型的概率；孩子之间的遗传关系程度没有影响。

现在考虑一个特征，其中群体中个体之间表型的差异完全来自遗传差异，即遗传力为1.0的特征［图22.10（b）］。因为MZ双胞胎在遗传上是相同的，所以它们在表达中表现出100%的一致性：如果一个表达特征，另一个也表达特征。不相关个体之间性状表达的一致性根据性状的共性而变化。也就是说，人群中的特征越常见，两个不相关的人都有这种表型的可能性越大［图22.10（b）］。无论性状的共性如何，DZ双胞胎因为它们共享一半的等位基因，将始终显示出比遗传无关个体更大的一致性，但是当遗传力=1时，MZ双胞胎的一致性低于100%。

表22.2显示了在人类的一些复杂离散性状的双胞胎研究中测量的一致性。MZ一致性与DZ一致性的比率越高，该性状的遗传力越高。请注意，在所有情况下，MZ一致性小于1.0。这个结果告诉我们环境在某种程度上会影响所有这些特征。MZ和DZ一致性的值可用如下公式估计遗传性：

遗传力=(MZ一致性-DZ一致性)/(1-DZ一致性) （22.8）

表22.2　MZ和DZ双胞胎复杂离散性状的一致性

特性	一致性	
	MZ双胞胎	DZ双胞胎
1型糖尿病	0.43	0.074
2型糖尿病	0.34	0.16
精神分裂症	0.41	0.053
自闭症	0.94	0.47
阿尔茨海默病	0.32	0.087
帕金森病	0.16	0.11
多发性硬化症	0.25	0.054
克罗恩病	0.38	0.02
结直肠癌	0.11	0.05
乳腺癌	0.13	0.09
前列腺癌	0.18	0.03

考虑到两个极端情况将帮助你理解等式（22.8）。如果性状的所有方差都是由环境控制而没有基因控制，那么MZ和DZ双胞胎的一致性预计是相等的，因为我们假设它们在同一家族中一起成长的效果是相等的。因此，等式（22.8）的分子为0，遗传力=0。

在另一个极端，所有表型变异都是由基因引起的，MZ一致性将是1。DZ一致性始终是1的一小部分，但这一部分取决于性状的稀有性，该特征是否通过显性或隐性等位基因受到控制，以及有多少基因控制这种特性。假设我们将等式（22.8）应用于孟德尔性状最简单的情况，由一个单一的、罕见的、100%渗透的显性等位基因控制。在这个简化的例子中，MZ一致性为1，DZ一致性为0.5，等式（22.8）的遗传性为1。

22.1.5　特征的遗传性决定了它的进化潜力

我们在第21章中看到，预先存在的突变的选择如何产生进化变化。由于复杂性状的遗传性是其变异的遗传成分的量度，因此遗传力量化了选择的可能性，从而量化了从一代到下一代的进化潜力。具有高遗传性的性状通过选择具有很大的进化潜力，无论该选择是天然的还是人工的。这个想法对于理解表型如何随时间演变非常重要。

遗传在进化中的作用对于改良农业上重要的植物和动物物种的育种计划也具有相当大的实际意义。如果特征的遗传力很低，那么这样的计划几乎没有成功的机会：改变作物或牧群养殖的环境，或者远程搜索同一物种的其他代表，对在全球范围内增加变异的遗传成分会更有意义。

图22.11说明了植物育者如何利用高遗传力的情况，通过人工选择来改良作物。在这个例子中，饲养员想要选择更大的可食用豆类，他将采用一种简单但功能强大的策略，称为**截断选择**。这种方法的本质是他将种植具有高于某个截止值的特征值的豆类（在这种情况下，选择最小尺寸的豆）来生产下一代。

在图22.11中，*S*代表选择差，测量为所选亲本的平均性状与整个亲本群体（即育种和非繁殖个体）的平均性状值之间的差异。在所选父母的后代中，平均特

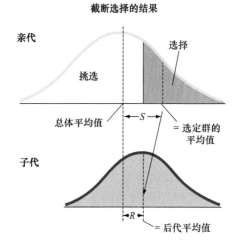

图22.11　截断选择的策略。狭义的遗传力h^2预测一个数量性状的选择的反应。整个母代表型性状呈现一个钟型分布，但是只有超过一定数值才允许生育（阴影部分）。被选择的群体与全体之间的表型值差异为S，即选择差异。如果h^2遗传力较高，那么这些被选择的父母的子代的表型值的均值依然会大于母代群体的均值；两个值之间的差即为R。

征值将高于整个父母一代的平均特征值。在图中，R表示这种差异。以这种方式使用，R表示对选择的响应，即由育种者应用的选择产生的进化量或平均性状值的变化。

遗传力对育种者的重要性来自这样的事实：对选择（R）的响应及育种计划的有效性通过所谓的特征的**实际遗传力**与选择差异（S）直接相关。如果表型值的分布符合正常的钟形曲线，则实际遗传力等于狭义遗传力（h^2）。因此，类似于图22.7（b），其中中间性状值和后代性状值之间的相关线的斜率估计为h^2：

$$实现h^2=R/S$$

重新排列以解决R：

$$R=h^2S \qquad (22.9)$$

换句话说，选择的强度（S）和性状的遗传力（h^2）直接决定了每一代中性状的进化量或进化速率（如对选择R的响应所示）。遗传力越大，育种计划改善作物的可能性就越大。

基本概念

- 围绕正态分布均值的分布越窄，方差越小。
- 群体中复杂性状的总表型变异具有遗传和环境成分。
- 遗传力描述了在特定环境、特定人群中遗传变异导致的总表型变异的比例。
- 遗传性可以通过检查近亲的性状比不太相关的个体更为相似的程度来估算。
- 特征的遗传性决定了它的进化潜力。

22.2 数量性状基因座（QTL）定位

学习目标

1. 解释研究人员如何通过建立回交系来鉴定QTL，然后通过基因渗入对QTL进行精细定位。
2. 讨论连锁不平衡（LD）对人类QTL关联作图的重要性。

有两种主要方法可用于**数量性状基因座（QTL）定位**，即有助于定量性状基因。第一种方法，我们称之为直接QTL定位，要求研究人员在具有不同表型值的个体之间进行感兴趣特征的杂交；这种技术只能用于通过控制杂交繁殖的物种。第二种方法称为关联映射，利用了前几代种群中发生的事件。关联作图甚至可以应用于不能进行受控育种实验的人类等物种。

正如你将看到的，两种方法背后的想法是相同的，并且它依赖于重组来产生具有不同遗传组成的个体。在直接QTL作图中，重组发生在由研究人员控制的一系列杂交的几代中。相比之下，在关联作图中，重组已经发生在随机繁殖群体的历史中。在这两种情况下，研究人员最终测试基因组不同区域中标记之间的统计相关性及

感兴趣性状的特定表型值。这些相关性通常可以确定导致表型变异的突变。

22.2.1 研究人员通过分析育种计划获得的重组体来定位QTL

为了在实验生物中进行直接QTL定位，研究人员对个体进行杂交分析，发现个体对兴趣特征表现出两种极端的表型值（例如，大小；非常大和非常小），并检查分布在整个生物体基因组中的性状值和遗传标记的联合分离。标记显示它们的存在/缺失与性状值（本例中的大小）之间有很强的相关性，很可能与影响性状的一个或多个基因有关。

研究人员通过检查选择的DNA序列变体（SNP、InDel或SSR）来跟踪原始双亲中特定基因组区域的存在，因为它们在作图群体中不同，并且分布在整个基因组中。随着基因芯片和DNA测序方法的成本持续下降，研究人员可以筛选越来越多的标记物，从而提高所得QTL图谱的分辨率。

1. 通过粗略映射鉴定QTL

直接QTL定位的一些最重要的应用涉及农业植物和动物。如果研究人员能够找到与QTL相关的标记物以获得具有商业价值的性状，那么他们就可以开发出有用的品系，通过找到含有几种QTL等位基因特定组合的重组体来最大化该性状的表达。在这些应用中，研究人员不一定要确定导致特性值的特定基因。相反，他们只需要找到与QTL密切相关的多态性，以便DNA分析能够识别最可能具有理想表型的品系。

为了说明鉴定QTL的一般方法，我们研究了20世纪90年代末进行的番茄果实大小的一项具有里程碑意义的研究。超过两千年的驯养繁殖使得今天的美食中会使用番茄。一些驯养番茄的果实比其野生祖先的果实大数百倍，而野生祖先最初来自墨西哥（图22.12）。导致今天大型驯化番茄的大小增加是通过数千代选择中许多不同基因的突变积累而发生的。

为了鉴定相关基因，研究人员开始研究两种密切相关的物种，这些物种易于交配，表现出相对于果实大小的极端特征值：*Solanum lycopersicum*（大）和*Solanum pennellii*（小）（图22.12）。将两个起始品系中的每一个近交几代，使得每个品系基本上对于其每个基因的每个等位基因变为纯合。诸如这些全球纯合品系，其中所有个体在所有基因上具有相同的等位基因，被称为等基因系。与影响所述性状的等位基因纯种（纯合）的孟德尔品系一样，同源小或大品系对于影响番茄大小的每个QTL是纯合的。正如你将看到的，同基因起始品系对于实验的成功至关重要，因为它们简化了后面的分析。研究人员将大型和小型同基因品系杂交产生F_1，这是中等大小的番茄［图22.13（a）］。

图22.12　家养番茄与野生番茄在大小上的差异。家养番茄果实*Solanum lycopersicum*（左边）与三种野生番茄（*S. pimpinellifolium*、*S. habrochaites*和*S. pennellii*）的果实（右边）。
承蒙Brad Townsley, UC Davis提供

接下来，研究人员将F_1植物回交到大的同基因亲本品系（*S. lycopersicum*）以产生BC_1（回交1）代。由于几种不同的基因控制番茄大小，而小型和大型亲本具有不同的等位基因，因此BC_1代的单品系植物显示出多种大小［图22.13（a）］。然后研究人员对数百个单独的BC_1番茄进行称重和基因分型，以回答以下问题：任何给定标记基因座的*p*（pennellii）或*l*（lycopersicum）等位基因与番茄大小相关吗？

因为*S. pennellii*和*S. lycopersicum*的起始品系是同基因的，我们可以将它们表示为两种品系不同的每个基因或标记基因座的*p/p*或*l/l*。因此，F_1在这些基因座中的每一个基因上是遗传相同的和杂合的（*p/l*），而每个BC_1番茄是纯合的*l/l*或杂合的*p/l*。在这一点上，你可以看到从同基因品系开始的优势：BC_1后代将继承不同的单一已知*S. pennellii*或*S. lycopersicum*特有的分子标记等位基因，可以轻松追踪。

然后研究人员计算出每个标记的纯合子和杂合子的平均重量。在大多数这些标记基因座的情况下，纯合子和杂合子的平均重量是相同的。但对于与相关QTL相关的标记，平均权重不同［图22.13（b）］（为了确定计算的差异是否显著，科学家们使用了第11章遗传学工具箱中描述的Lod分数映射统计数据）。使用这种方法，研究人员发现了28个影响番茄大小的QTL。

作为直接QTL定位技术的一个例子，假设*S. pennellii*的起始品系对于特定标记的等位基因A^1是纯合的，同基因*S. lycopersicum*品系对于等位基因A^2是纯合的，并且是杂合*p/l*（A^1/A^2）BC_1番茄明显小于*l/l*纯合（A^2/A^2）BC_1番茄。因此，标记与番茄大小的QTL相关联。然后，植物育种者可以预测具有A^2等位基因的番茄可能比具有该标记的A^1等位基因的番茄更大。这种预测不要求该标记是负责该性状的多态性，只要标记差异与

(a) 杂交方式

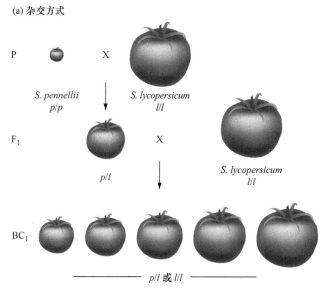

(b) 发现法QTL

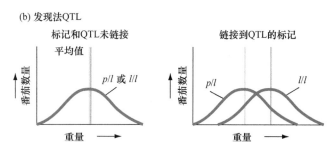

图22.13　影响复杂性状的数量性状座位（QTL）的遗传定位策略。（a）同基因不同表型*S. pennellii*（*p/p*）与*S. lycopersicum*（*l/l*）进行杂交。子一代F_1再与母代*S. lycopersicum*进行回交，产生BC_1代。（b）BC_1代个体根据重量进行分型。如果标记物的*S. pennellii*和*S. lycopersicum*等位基因的杂合子与*S. lycopersicum*等位基因的纯合子之间存在显著的性状值（这里是重量）差异，则该标记物与影响表型的QTL相关。

负责的多态性相关联。

2. QTL与近等基因（同基因）系的精细定位

正如你刚才所见，粗略映射不能识别QTL的致病基因，而是建立一个染色体片段，其中基因可以位于其中，并且其边界由最近的连锁分子标记定义。在大多数此类研究中，该区域长度在1～10cM之间，可能包含100多个基因。虽然成功的育种计划可能不需要科学家找到致病基因，但是通常有充分的理由来扩展研究以实现这一目标。在刚刚描述的研究中，对大小影响最大的QTL称为*fw2.2*（果重2.2）；*fw2.2*的*S. lycopersicum*等位基因可使果实重量增加高达30%。为了了解决定番茄大小的分子因素，研究人员希望通过一种称为精细定位的过程来识别*fw2.2*致病基因。

这种精细定位程序的第一步是进行一系列回交和杂交，从图22.13中讨论的BC_1后代开始，产生称为**NIL（近等基因系）**或同类系的品系。在图22.14（a）所示

的例子中，同类系基本上是*S. lycopersicum*，除了每个系在QTL区域具有不同的*S. pennellii*基因组的小区域，称为**基因渗入**。

第二步是测量每个NIL的性状值，并对分子标记进行基因分型，以确定每个*S. pennellii*渗入的精确边界。这一观点认为，所有小番茄（*pennellii*表型）同类系所共享的以及所有大番茄（*lycopersicum*表型）同类系所缺少的潘尼利基因区域必须包含致病*fw2.2*基因。如果这个区域足够小（当出现一些独立的渐渗时就是这种情况），研究人员可以通过分析*S. pennellii*和*S. lycopersicum*基因组中该区域的DNA序列来寻找致病基因。区分两种起始同源菌株的多态性〔图22.14（b）〕。

精细绘图过程的最后一步是验证基因分配，在这种情况下，通过表型拯救来完成。研究人员从*pennellii*基因组中克隆了可疑的*fw2.2*基因，并将其作为转基因导入了*lycopersicum*。结果如图22.14（c）所示，转基因使番茄显著变小。这种表型拯救试验是可能的，因为*pennellii fw2.2*等位基因（导致较小的果实大小）对*lycopersicum fw2.2*等位基因（导致较大的果实大小）具有显著性。

在过去几年中引入的新技术允许使用其他方法来验证可疑的QTL基因，例如，使用CRISPR/Cas9（如图18.14所示）等技术可使研究人员直接将一个等位基因改为另一个等位基因，以验证这一变化是否会改变所考虑的特征。

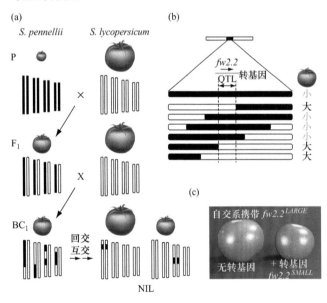

研究发现*fw2.2*基因编码的蛋白质是细胞分裂的负调节物。事实上，这种基因的产物与肿瘤抑制蛋白有关，当在人体内发生突变时，会导致癌症的细胞生长不受控制（见第20章）。此外，发现*fw2.2*的隐性*S. lycopersicum*等位基因是低态的——也就是说，它相对于*S. pennellii*等位基因具有降低的功能。这些结果有助于解释为什么*S. lycopersicum*番茄比*S. pennellii*番茄小；减少细胞生长的负调节因子的功能应导致更大的果实。

研究人员在整个20世纪90年代研究了10年，以确定*fw2.2* QTL中的致病基因。现在，通过高密度标记图谱，用于基因分型的微阵列工具，以及低成本、高通量的DNA测序，时间线显著缩短。已经在酵母、玉米、拟南芥、水稻、果蝇、小鼠、猪和牛中鉴定了数百种控制多种性状的QTL基因。

22.2.2　关联映射可以识别人群中的QTL

刚刚描述的标准QTL作图方法需要对表型不同的个体进行受控交配；但对于包括人类在内的许多生物而言，这些实验既不实用也不符合道德。此外，在实验性杂交中发生的重组事件的数量限制了标准QTL作图的分辨率。

幸运的是，大自然已经提供了一种映射QTL的替代方法：遗传学家可以使用一种称为关联作图的方法来利用当前个体祖先中过去发生的重组事件。关联映射实际上只是链接映射的扩展〔图22.15（a）〕，其中重组不仅仅发生在一代，而是累积了很多代。

如图22.15（b）所示，关联映射背后的想法非常简单。假设一个影响特征的新突变发生在很多代以前。这种突变（图22.15中的红色）可能发生在特定个体的特定染色体上，如图所示的蓝色染色体。在接下来的几代中，这条染色体将与分散在染色体长度上的不同变体的多态标记的其他副本重新组合。通过多轮重组，现今种群中的所有染色体都是种群祖先中存在的染色体类型的拼凑。

在**关联作图**中，科学家们测试了大量现代个体的遗传变异，以找到那些在统计学上与表型差异相关的变异。例如，如果性状是诸如冠状动脉疾病的病症，那么目标是找到一种标记物，其在患者群体中的频率显著大于非患病对照群体中的频率。如果研究人员发现与病情密切相关的变异，这些标记必须与影响人们是否会患上冠状动脉疾病的QTL密切相关。

1. 连锁不平衡：两个位点变异之间的统计相关性

为了理解遗传学家如何进行关联作图，我们首先需要研究基因组中不同位点的变体如何在自然群体中相互组织。基本问题是，一个位点的替代变体是否与其他位点的变体随机关联，或者它们是否具有统计相关性。

图22.14　通过建立与分析近等基因（同基因）系来进行QTL的精细定位。（a）通过不断回交以产生近等基因系，其基因组几乎全部来自*S. lycopersicum*（染色体为空心），但是仍有小片段来自*S. pennellii*的片段（渗入实心的部分）。（b）研究人员通过比较渗入基因有交集的近等基因系的性状值来定位QTL。（c）使用转基因来验证QTL定位的准确性。

（c）：承蒙Stephen D. Tanksley, Cornell University提供

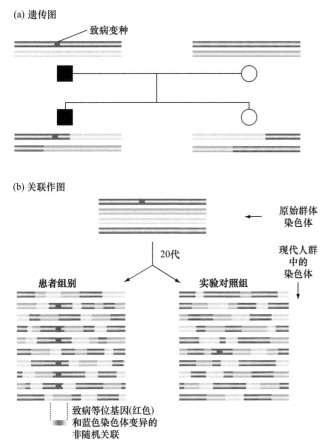

(a) 遗传图

致病变种

(b) 关联作图

原始群体染色体

20代

现代人群中的染色体

患者组别　　实验对照组

致病等位基因(红色)和蓝色染色体变异的非随机关联

图22.15　关联映射是链接映射在更长时间段上的简单延伸。（a）在链接映射中，遗传学家通过检查重组事件来寻找特定基因组区域与不连续性状之间的联系。（b）在关联映射中，重组事件已经在人群中，因为重组已经在之前很多代祖先中出现过。研究者们通过比较患者中该标记位点的频率是否明显高于正常对照组来鉴定QTL。这样，当与疾病相关联的突变（红色标记）出现在相同染色体上时，该标记等位基因仍然会在这段蓝色的染色体上。

例如，在假设群体中，染色体1上的核苷酸位置300 500具有相同频率的两个变体（A和T），而同一染色体上的核苷酸位置300 600具有两个变体（G和C），也具有相同的频率。通过位点之间的自由重组，我们期望在该群体中由亲本产生的配子中具有4种不同的双位点单倍体类型（单倍型）：A-G、A-C、T-G和T-C各自的频率为25%。在这种情况下，位点1处A的存在不提供关于位点2处的变体的任何信息，其同样可能是G或C。在这种情况下，两个位点的等位基因之间不存在相关性，然后我们会说这两个位点的变异处于**连锁平衡**状态。因此，**单倍型**只是附近变异基因座上特定的等位基因集合。

随即发生的配对仅存在两种单倍型，例如，A-G和T-C，每种单倍型的频率为0.5。在后一种情况下，两个位点的变体之间存在完美的正相关：当我们在位点1找到A时，我们可以肯定地预测我们将在第二个位点看到

G。变体T和C也彼此完全正相关。当两个基因座的变体相关时，我们说变异是**连锁不平衡（LD）**。

LD测量范围从0（在连锁平衡的情况下没有相关性）到1（表示两个位点处变化之间的完全相关性）。当我们沿着一条染色体比较越来越远的位点时，它们之间具有更大的遗传图距，LD逐渐衰减到0，因为存在更多可能性来进行基因重组以破坏等位基因关联。遗传学家经常通过成对LD值的图来说明这个概念，其中SNP在三角图的顶部列出，其组成元素是菱形。每个菱形的颜色阴影表示SNP之间的LD强度。图22.16通过类比显示了如何制作和解释这些图表；在图中，不同颜色表示美国西海岸6个城市之间的距离，而不是LD值。

人类中的重组率在相邻碱基对之间每代产生平均约1×10^{-8}个杂交事件。然而，重组往往聚集成遗传交换的热点。这种重组的不连续性，以及在进化时间内发生重组的时间和地点的随机性，导致人群中染色体上LD的不连续性。这些不连续性可以通过三角图上**LD块（或单倍型块）**的存在来跟踪（图22.17）。LD块之间的边界可能对应于重组热点。

2. GWAS：使用LD在种群中绘制基因图

基因组中LD的存在使得科学家有可能在染色体上的不同位置测定随机多态性的变异，然后测试变体和感兴趣的性状之间的统计相关性。当在全基因组范围内进

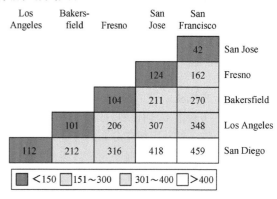

(a) 城市之间的距离

	Los Angeles	Bakersfield	Fresno	San Jose	San Francisco	
					42	San Jose
				124	162	Fresno
			104	211	270	Bakersfield
		101	206	307	348	Los Angeles
	112	212	316	418	459	San Diego

■ <150　□ 151～300　□ 301～400　□ >400

(b) 城市间距离的三角形图

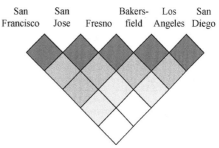

San Francisco　San Jose　Fresno　Bakersfield　Los Angeles　San Diego

图22.16　类比连锁不平衡图：加利福尼亚州不同城市间地理距离矩阵。不同颜色代表不断增加的距离。将图a进行翻转使城市名都在顶部横向排列就变成类似于图22.17中SNP的连锁不平衡图的三角形的样子（图b）。

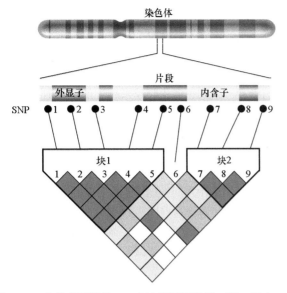

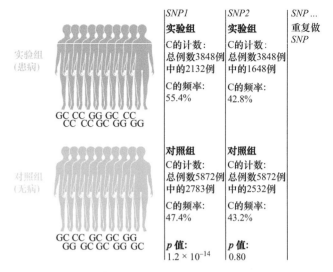

图22.17　人类基因组的SNP中连锁不平衡簇。第二行中一小段基因组被放大，里面有9个SNP。底部是一个三角形的图形，方格中的颜色代表不同SNP两两比对的统计相关度（从强到弱颜色依次为深褐色、浅褐色、蓝色和白色）。

图22.18　人类疾病GWAS分析中疾病组与对照组的比较。如果一个特定的SNP等位基因的频率在疾病组中显著高于对照组，则预示此为QTL。卡方独立检验得出每个SNP在两组中差异的显著性。在该例子中，*SNP1*是一个与疾病发生风险相关的QTL，而*SNP2*不是。

行时，这种调查被称为**全基因组关联研究（GWAS）**。理想情况下，你需要检测基因组中的每个DNA变体，以发现最可能的表型差异的致病变异。然而，对该分辨率的基因分型将需要全基因组测序，并且在2016年撰写本文时，高质量全基因组测序的成本对于涉及数万个所需个体的研究而言仍然太高。因此，迄今为止进行GWAS的研究人员通常使用DNA微阵列（见图11.17），该微阵列分析了数百万标记基因组不同区域的常见SNP。

独立的卡方检验　为了进行GWAS分析，科学家们评估了大样本实验组（具有该特征的个体）和对照（没有该特征的个体）的基因组中分布的变异频率。然后，他们使用卡方检验来定位其频率与感兴趣的特征正相关的变体（图22.18）。换句话说，为了鉴定QTL，紧密连锁变体的卡方检验需要显示患者和对照群体中该变体的频率之间的显著差异；零假设没有差异存在。

我们不能使用第5章"遗传学工具"信息栏中描述的方法，该方法题为"独立的卡方检验"，以评估SNP与人类特征之间的联系，因为根据无关联的零假设，我们不知道预期的后代频率。其中一个原因是我们不知道群体中任何一对备用SNP等位基因的频率，第二个原因是我们不知道样本群体亲本中SNP和疾病等位基因的相位。相反，我们可以针对零假设测试数据，即备用SNP等位基因的分布在实验组和对照中是相同的。所需的统计方法称为独立的卡方检验。

为了说明这个测试是如何工作的，让我们使用图22.18中的*SNP1*的例子。我们需要询问实验组和对照组中等位基因C的频率之间的差异是否具有统计学意义。零假设中疾病和等位基因 C的发生是独立的；换句话说，*SNP1*（ G和C）的两个等位基因的分布相对于两个群体是随机的。

为了计算χ^2值，我们使用图22.18中的数据来构建列联表（图22.19）。首先，我们输入观察值（O），它只是在实验组和对照中观察到每个*SNP1*等位基因（C

SNP1	实验组	对照组	
G	O = 1716 E = [(4805/9720)] × 3848 = 1902 $\chi^2 = [(1716 - 1902)^2/1902] = 18.2$	O = 3089 E = [(4805/9720)] × 5872 = 2903 $\chi^2 = [(3089 - 2903)^2/2903] = 11.9$	总G = 4805
C	O = 2132 E = [(4915/9720)] × 3848 = 1946 $\chi^2 = [(2132 - 1946)^2/1946] = 17.8$	O = 2783 E = [(4915/9720)] × 5872 = 2969 $\chi^2 = [(2837 - 2969)^2/2969] = 11.7$	总C = 4915
	总实验组数 = 3848	**总对照组数 = 5872**	**总基因数 = 9720**

$\chi^2 = 18.2 + 11.9 + 17.8 + 11.7 = 59.6$; df = 1; $p = 1.2 \times 10^{-14}$

图22.19　卡方独立检验关联表。该表中列出*SNP1*中的C等位基因频率与心脏病的关联在统计学上是否显著。O是观察值，E是期望值，$\chi^2 = (O-E)^2/E$，df是自由度，p是概率。

遗传学工具

独立的卡方检验

当询问人类基因组中的特定SNP等位基因是否与疾病相关时，使用卡方独立性检验。这种卡方检验的版本在遗传分析的其他几种情况下是有用的，其中，基于零假设，使用孟德尔实验传递遗传学的简单逻辑无法预测个体的预期频率。

在进行独立的卡方检验时，第一步是构造一个列联表，使你能够计算数据集的卡方值。使用SNP等位基因与人类特征的关联示例，我们在下面概述如何构建列联表及如何评估结果。

在下面的实施例中，特定SNP基因座G和C的两个等位基因在实验组（具有所述性状的个体）和对照（不具有该性状的个体）的基因组中不均匀地分布。假设G在实验组中更频繁地出现，并且C在对照中更频繁地出现。我们要问的问题是：G与特征的关联是否具有统计学意义？

请注意，因为在这个例子中我们计算等位基因（不是基因型），列联表中的每个观察数字代表基因组，而不是人。因此，实验组或对照的数量意味着基因组的数量。对于常染色体SNP，实验组或对照的个体数量是基因组数量的一半。

1. 画一张列联表。在我们的示例中，该表有四列四行（图A）。标记中央两列实验组和对照组，以及中央两行G和C。
2. 填写观察值（O）。使用你的数据，在四个中央框

中的每一个中填写O的数值。

3. 在行和列中添加"观察"值。这些总和是总G、总C、总案例和总控制的数值。
4. 为总基因组框分配数值。此框包含上面的行总和（总G+总C），它等于两行的总和（总案例数+总控制数）。
5. 制定零假设。在该实施例中，零假设是G等位基因和表型之间不存在关联。
6. 计算期望值（E）。基于零假设为真的假设，对于表中的四个中心框中的每一个，计算E，如图A所示。
7. 计算数据集的χ^2值。首先，如图A所示，对四个观察中的每一个计算χ^2。这四个χ^2值中的每一个的总和是数据集的总χ^2统计量。
8. 确定自由度（df）。通过检查图A中的E值计算，你可以看到如果设置了一个E值，则确定其他三个。因此，df=1。
9. 找出概率（p）。使用互联网上的表，找到对应于χ^2和df值的p值。p值是指预测值的偏差至少与实验中观察到的偏差一样大的概率。
10. 评估p值的显著性。对于具有单个SNP的实验，按照惯例，p值的阈值为0.05。也就是说，只有当p<0.05时才能拒绝所讨论的SNP等位基因和疾病的发生是独立的零假设。然而，在使用许多SNP的GWAS实验中，p值的阈值是0.05（检查的SNP的数量）。数据表明仅当p值低于该数值时，SNP与疾病显著相关。

SNP 等位基因	实验组	对照组	
G	O_{CaG}=G 的实验 E_{CaG}=(O_{CaG}/ 个体总和)× 总实验组数 χ^2_{CaG}=(E_{CaG}−O_{CaG})²/E_{CaG}	O_{CoG}=G 的对照 E_{CoG}=(O_{CoG}/ 个体合计)× 总对照组数 χ^2_{CoG}=(E_{CoG}−O_{CoG})²/E_{CoG}	总 G=O_{CaG}+O_{CoG}
C	O_{CaC}=C 的实验 E_{CaC}=(O_{CaC}/ 个体总和)× 总实验组数 χ^2_{CaC}=(E_{CaC}−O_{CaC})²/E_{CaC}	O_{CoC}=C 的对照 E_{CoC}=(O_{CoC}/ 个体合计)× 总对照组数 χ^2_{CoC}=(E_{CoC}−O_{CoC})²/E_{CoC}	总 C=O_{CaC}+O_{CoC}
	总实验组数 =O_{CaG}+O_{CaC}	总对照组数 =O_{CoG}+O_{CoC}	总基因组数=O_{CaG}+O_{CaC}+O_{CoG}+O_{CoC}

$$总\chi^2=\chi^2_{CaG}+\chi^2_{CaC}+\chi^2_{CoG}+\chi^2_{CoC}$$

图A　如何构造一个列联表。

或G）的次数。我们还输入实验组、对照、G等位基因和C等位基因的总数。接下来，考虑零假设的独立性，我们计算四个观察类中每一个的期望值（E）。例如，如果*SNP1*的C等位基因在实验组和对照组中以相同的方式分布，则实验组中等位基因C的E值仅仅是观察到的所有基因组中C的发生频率（4915/9720）倍增案例总数（3848）（图22.19，左下角蓝色矩形）。相同的逻辑允许我们计算列联表中的其他3个E值（图22.19）。

对于四个类别中的每一个，$\chi^2=(O-E)^2/E$，与拟合优度的测试相同。然后，我们添加4个单独的χ^2值以获得整个数据集的χ^2统计量。请注意，在列联表中，只存在一个自由度（df=1）。原因是当设置E的一个值时，确定其他3个值。

对于$SNP1$，χ^2值为59.6（图22.19），这意味着(df=1)$p=1.2\times10^{14}$。（回想第5章，给定的χ^2和df值的p值可以从表格或算法中在互联网上获得）。这个p值意味着如果$SNP1$的等位基因C实际上与疾病无关，那么你会发现观察到的结果只有83万亿分之一$[1/(1.2\times10^{-14})=8.3\times10^{15}]$的实验类似于图22.18中的实验。

名为"卡方独立性检验"的遗传学工具信息栏概述了构建列联表并解释χ^2结果的过程。

曼哈顿图　在GWAS实验的背景下，由于数百万个SNP正在被检查，导致p值的解释变得复杂，导致误报的问题。有了这么多的基因座，即使这些差异只反映出机会抽样误差，大量的SNP在受影响的实验组和对照之间的频率也可能不同。回想一下，单个卡方检验被认为具有统计学意义的典型阈值是p值小于0.05，这意味着我们观察到的偏差与实验组和对照组之间的预期等比例相差很大，或更大的概率为5%。因此，如果我们在全基因组研究中对所有100万个SNP重复卡方检验，我们预计其中$1\,000\,000\times0.05=50\,000$个似乎只是偶然与该特征相关。

为了解决这个假阳性问题，研究人员认为GWAS分析中的个体检验不具有统计学意义，除非观察到与零假设的预期偏差的概率（即卡方检验中的p值）少于$0.05/(1\,000\,000个SNP)=5\times10^{-8}$。这种情况需要非常大的实验组和对照样本。在我们的例子中（图22.18和图22.19）可以得出结论：SNP1与疾病的关联具有统计学意义。

2007年，人类疾病的首次大规模GWAS探索之一检测了大约2000名患者中的近100万个SNP，以及针对7种复杂疾病（包括冠状动脉疾病）的每一个的3000名对照个体。最重要的关联被偶然观察到的概率非常小（如1×10^{-14}）。因此，研究人员绘制$-\log_{10}(p值)$［例如，$-\log_{10}(1\times10^{-14})=14$］用于卡方检验的统计显著性，以说明实验组（如患有心脏病的人）与对照组（无心脏病的人）之间各个SNP的频率差异的统计学意义（图22.20）。

这种表示数据的方式通常被称为**曼哈顿图**，因为它看起来有点像纽约市曼哈顿的天际线。罕见的$-\log_{10}(5\times10^{-8})=7.7$或更高的峰表明在该研究中存在100万个SNP的该疾病QTL。

如果我们放大9号染色体上红点的峰值，我们会发现一组显著相关的SNP［图22.21（a）］。德国心肌梗塞患者（心脏病发作）的后续研究也显示该地区的SNP与60岁以前心脏病发作之间存在强烈关联［图22.21（a）］。图22.18和图22.19中的$SNP1$，其与心脏病的关系非常密切，实际上是后一项研究的SNP之一［在图22.21（a）中称为$rs\,1333049$］。

优势比　值得注意的是，$rs\,1333049$只是几个具有强烈疾病关联的SNP中的一个，它们聚集在两个相邻的LD区中［图22.21（b）］。由于这些多态性的等位基因之间的连锁不平衡，我们不能说它们中的哪一个是冠状动脉疾病的致病突变。事实上，该区域可能包含一个以上的致病突变。这些LD块中的任何一个都发生了很少的重组，并且它们之间只有很少的重组，因此我们无法区分增加疾病风险的实际突变位于该区域的位置。此外，由于没有发现明显的基因位于这些LD区域内［图22.21（a）］，基因组区域的性质为研究人员提供了关于致病变异体特定位置的明确线索。

然而，即使我们无法识别相关突变，该区域缺乏重组也意味着具有强烈疾病关联的SNP等位基因可以帮助医生识别可能具有升高的冠状动脉疾病可能性的个体。我们可以通过计算**等位基因优势比**来量化与特定SNP等位基因相关的平均风险增加［图22.22（a）］。在SNP

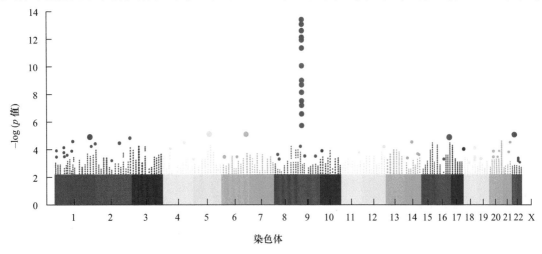

图22.20　人体冠状动脉疾病GWAS分析的曼哈顿图。9号染色体上红点的峰代表一些SNP的$-\log p$值很高，代表该位置上的SNP与心脏病具有显著关联性。

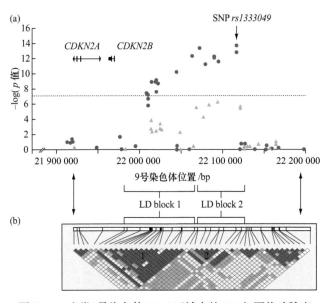

图22.21　人类9号染色体300kb区域中的SNP与冠状动脉疾病的关联性。（a）图22.20放大的曼哈顿图显示22 010 000到22 120 000个碱基之间在两个不同的GWAS分析中（红点与蓝色三角）表现出与疾病较高的相关性。研究中对于50万个SNP给出的统计显著的阈值为−log₁₀（p值）=7（图中虚线所示）。该区域中的两个注释基因（CDKN2A与CDKN2B）与疾病都没显示很强的相关性。（b）图a中的SNP的连锁不平衡三角图。有几块显示明显很强的连锁不平衡性（深褐色代表最强，浅褐色其次，蓝色更弱，白色代表没有连锁不平衡）。LD块1和2中的许多SNP（如rs 1333049）与冠状心脏疾病有很强的关联性。

（a）计算等位基因优势比

给定实验组的C等位基因的几率=

C等位基因的频率/G等位基因的频率

给定控制组的C等位基因的几率=

控制组C等位基因的频率/G等位基因的频率

优势比=$\dfrac{实验组C/实验组G}{控制组C/控制组G}$=$\dfrac{2132/1716}{2783/3089}$=138

（b）计算基因型优势比

	CC N (%)	CG N (%)	GG N (%)	χ² (2 df)	p值
实验组	586 (30.5)	960 (49.9)	378 (19.6)	59.6	1 × 10⁻¹³
控制组	676 (23.0)	1431 (48.7)	829 (28.2)		

纯合子（CC）优势比（相对于GG）=(586/378)/(676/829)=1.91
杂合子（CG）优势比（相对于GG）=(960/378)/(1431/829)=1.47

图22.22　关联p值与等位基因优势比的计算。（a）等位基因优势比代表被检测的SNP的风险度大小（图22.18和图22.19中的SNP1）。该研究中比值是1.38表示携带C等位基因的个体是携带G等位基因的个体的患病风险的1.38倍。（b）基因型优势比代表被检测的SNP中特定基因型的风险度。

rs 1333049的情况下，该区域中具有最强疾病关联的SNP之一，基因组中C存在赋予冠状动脉疾病的风险比G存在的风险高1.38倍。

我们还可以通过比较实验组和对照组的风险等位基因纯合子或杂合子基因型频率来计算**基因型优势比**——与特定SNP基因型相关的风险增加［图22.22（b）］。重要的是要认识到，即使是具有最大风险基因型的人也不能保证在60岁之前心脏病发作；这种事件的可能性比其他基因型的人高。

22.2.3　QTL反映了种群历史

根据定义，QTL是一种遗传变异体，其以可检测的方式贡献特定群体中的特定数量性状。该定义对QTL检测提出了两个主要挑战。首先，QTL的数量取决于种群的变异量，而变异量反过来反映了种群的历史。例如，如果你正在检查遗传相同植物的近交种群，那么你将永远无法找到影响干旱等胁迫条件下的生存能力的QTL，因为群体中不存在遗传变异。必须存在大量编码蛋白质的基因，这些蛋白质可能在干旱期间影响植物的存活，但这些基因中没有一个会在这个种群中构成QTL，因为

所有植物都具有所有这些基因的相同等位基因。换句话说，理论上可以通过实验找到的QTL集取决于先前在群体中发生的突变的存在。

研究QTL的第二个挑战是我们发现任何QTL的能力取决于群体中特定QTL等位基因的频率及其对该性状贡献的强度。如果等位基因很少，那么只有在包括数十万个体的大规模研究中才能获得表明存在QTL的统计学意义。当群体中存在许多不同性状的QTL时，问题就会变得更加扑朔迷离，每个QTL对该性状的贡献很小。

在人类和驯养动物（如狗和马）的GWAS分析中观察到的鲜明对比说明了QTL如何反映种群历史。

1. 最近人口爆炸的影响

人体身高为遗传学家研究人类许多复杂性状和疾病所面临的挑战提供了一个指导性的例子。在大多数人群中，人类身高的遗传度（h²）超过80%，但是第一次小型GWAS调查发现人类没有主要的身高基因（除了侏儒症等明显稀有和不寻常的状态）。对超过180 000人进行的一项更为庞大的近期GWAS调查发现了180个影响身高的QTL。正如所料，这些基因富含那些涉及影响成年身高的生长相关过程的基因。然而，这些QTL中的每一个仅对表型值产生非常小的贡献，并且所有这些180个QTL组合在一起仅解释了成年人身高总变异的约10%。换句话说，地球上的人类群体必须具有包含许多其他突变的基因组，这些突变尚未被检测为也可能有助于高度的QTL。

以类似的方式，已经发现越来越多的GWAS"位点"在医学上的重要特征。（图22.23）。然而，正如在高度上所看到的，鉴定的单个基因在大多数情况下对

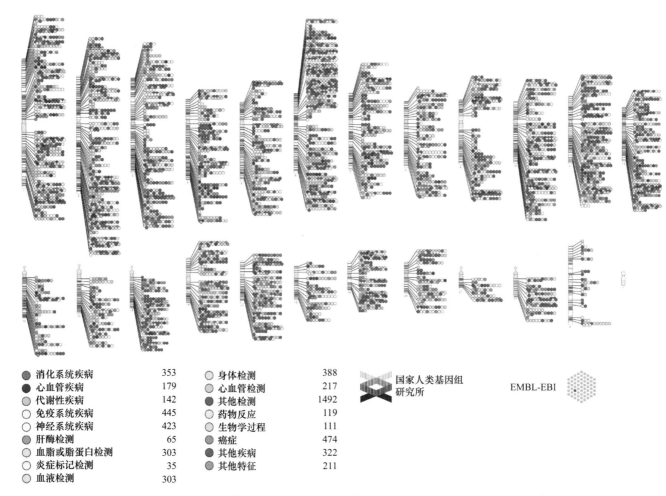

● 消化系统疾病	353	○ 身体检测	388	
● 心血管疾病	179	○ 心血管检测	217	
◐ 代谢性疾病	142	● 其他检测	1492	
○ 免疫系统疾病	445	○ 药物反应	119	
○ 神经系统疾病	423	○ 生物学过程	111	
◐ 肝酶检测	65	● 癌症	474	
○ 血脂或脂蛋白检测	303	● 其他疾病	322	
○ 炎症标记检测	35	● 其他特征	211	
○ 血液检测	303			

国家人类基因组研究所

EMBL-EBI

图22.23　已报道的GWAS分析中23个染色体上与17个医学重要性状的关联性。如图中所示，$p < 5 \times 10^{-8}$为显著。该图最后更新于2015年底。图例中分类旁边的数字代表研究的个数。

来源：Welter, D., MacArthur, J., Morales, J., Burdett, T., Hall, P., Junkins, H., Klemm, A., Flicek, P., Manolio, T., Hindor, L., and Parkinson, H. (2014) The NHGRI GWAS Catalog, a curated resource of SNP-trait associations Nucl. Acids Res. 42 (D1): D1001–D1006 (www.ebi.ac.uk/fgpt/gwas & www.genome.gov/gwastudies.)

性状的总变异或对疾病的易感性的贡献非常小。

这些结果令遗传学家感到失望，他们预计GWAS分析能够解释人类总体特征差异的更多变化。这些科学家寄希望于常见疾病是由于常见变异的观点，因此GWAS将提供关于疾病易感性等重要性状的遗传基础的更多信息。

到目前为止，为什么利用GWS技术分析人类基因组的愿望一直没有实现？答案在很大程度上取决于人类在地球上的近期历史。特别是自1750年左右工业革命开始以来，人口已经爆炸（图22.24）。此外，正如你所知，配子越多，新突变的可能性就越大。这些事实意味着当前人口中的许多突变仅在最近几百年内发生。最近这种突变还没有机会在全球广泛传播。由于人口爆炸，复杂的性状通常会受到许多基因中的大量突变的支配。这些QTL很难找到，因为这些最近的突变大多数都存在于地球上很少一部分人的基因组中。此外，鉴于大量基因影响大多数数量性状，大多数个体QTL对表型的影响很小。

2. 动物驯化过程中人工选择的影响

家养动物在数量性状（如成人身高）上的遗传模式与人类存在明显不同。狗是特别有趣的动物，因为今天

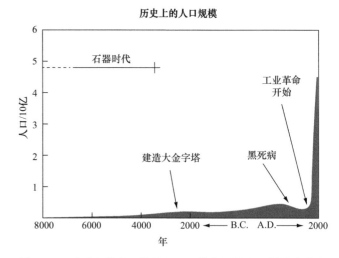

图22.24　地球上的人口数量。工业革命后的人口爆炸为许多复杂性状的遗传变异奠定基础。

存在大量形态多样的品种（见本章开头的照片）。比较大型和小型犬种之间全基因组SNP频率的研究表明，单个基因胰岛素样生长因子1（IGF1）解释了狗大小变异的10%～15%。值得注意的是，只有6个基因（包括IGF1）解释了50%的观察到的犬体型变异。对大型和小型马进行的类似研究发现，只有4个基因解释了这些驯养动物体重变异的83%。此外，研究人员发现只有少数基因座（通常是4个或更少）解释了狗的其他形态特征的大部分变异，如平均体形和耳朵直立性。

我们如何解释家养动物（通常只涉及少数QTL）和人类（许多性状的数百个QTL）在主要基因数量上的显著差异？答案再次涉及这些种群的历史。人类在相对较短的时间内驯养了狗和马，从大约15 000年前开始驯养狗，而且大概在6000年前开始驯养马匹。在驯化过程中，人类对所需特征施加了非常强烈的人工选择。只有少数狗经历了驯化，因此这种人工选择只有少数变种。

3. 人类复杂性状分析的未来

显然，人类的复杂性状受到大量遗传变异的影响，每种遗传变异只能在少数人身上发现，并且可能只有很小的影响，这使我们对这些特征的理解变得复杂。解决这些问题需要获取大量数据。例如，现在正在努力获得来自世界不同地区的数万个人的全基因组序列。此外，研究人员正在详细测量这些人的许多复杂特征，以便将它们放入实验组和对照组进行关联作图。

需要开发新的方法来解释这些大量的信息。一个重要的目标是评估变体的组合（而不是一次考虑一个变体）如何促成特定的特征。GWAS分析的第二种新方法将通过询问同一基因内的不同稀有非匿名SNP（而不是目前的个体匿名SNP）是否与疾病相关来提高该方法的统计灵敏度。下一代遗传学家所做的所有这些努力的成功对于我们使用个体基因组信息的能力至关重要，这些信息正变得越来越便宜，成为未来预防和诊断医学的基础。

基本概念

- QTL定位扩展了基本的杂交概念，通过使用更多的遗传标记和统计检验来确定等位基因与表型值之间的相关性。
- 全基因组关联研究（GWAS）利用了当前人群祖先中发生的重组事件。研究人员比较实验组和对照组亚群中的等位基因频率，以检验特定变异与特征的关联。
- 复杂特征的变化反映了种群的历史。在驯养动物中，最近强烈的人工选择意味着只有少数位点的多态性是所观察到的大部分变异的原因。在人类中，最近的人口爆炸意味着许多基因座各自对复杂的性状变异贡献很小。
- 虽然很难分析人类复杂性状的遗传基础，但这些信息对于预防和诊断医学的未来发展至关重要。

习题精解

I. 植物育种者有兴趣选择大型食用豆。豆类大小分布的上限范围内的豆类（即下图顶部分布的深橙色区域）被选为下一代的亲本。这些选定亲本的后代中，豆大小的分布在图的底部以紫色显示。分布上方的数字表示整个亲代（403.5）的豆类，选择用于生产下一代（691.7）的豆类和后代豆类（609.1）的平均重量。

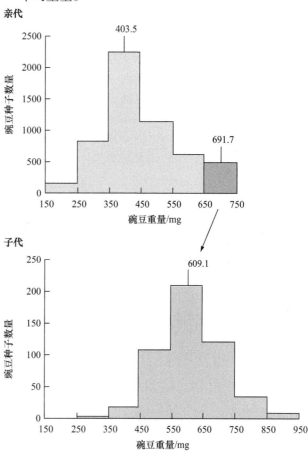

a. 对于这个实验，什么是选择差异（S）？

b. 在这个实验中对选择（R）的反应是什么？

c. 根据这些数据计算豆重的遗传力。

d. 你在题目c中计算的遗传度是对狭义或广义遗传力的估计吗？请说明。

e. 育种者在应用人工选择方面有多成功？育种者是否已经改进了这个实验，以便在同一生长期内获得更大的豆类？

解答

a. 选择差S=691.7mg–403.5mg=288.2mg。该值是选择用于育种的亲本代的豆类的平均重量与整个亲代（包括所有植物，无论它们是否被选择用于育种）的平均重量之间的差异。

b. 对选择的响应R=609.1–403.5=205.6mg。该值是后代的平均重量与整个亲代的平均重量之间的差异。

c. 来自这些数据的遗传力计算为$h^2=R/S=205.6/288.2=0.713$。

d. 以R/S计算的遗传力是实际遗传力的量度，当表型值正态分布时，其等于狭义遗传力。由于只测量了加性遗传变异，因此该估计值较窄且不具有广泛的遗传力。后代豆只与父母豆中发现的两个等位基因中的一个共享，并且在后代中，等位基因与不同亲本中的等位基因配对。因此，可能影响表型的优势和基因相互作用在父母和后代中是不同的。广义遗传力将包括这种优势和相互作用遗传效应以及加性效应。

e. 该育种计划非常有效：育种者从父母种群开始，其平均豆重为403.5mg，并且在一代中获得平均体重为609.1mg的后代。该方案的成功反映了高选择差异和高遗传力。育种者有可能通过在绝对高值范围内选择极少的亲本，从而获得更大平均重量的子代豆，但这样可获得的子代就会更少。

Ⅱ. 系统性红斑狼疮（SLE）是一种慢性自身免疫性疾病，可导致身体任何部位的炎症和组织损伤甚至死亡。对这种情况进行了大规模的GWAS分析；该研究涉及超过1000例实验组（患者）和3000例欧洲血统对照组的超过500 000个SNP基因座的基因分型。数据揭示了与5个遗传基因座的显著关联，其名称和位置显示在随后的曼哈顿图中。

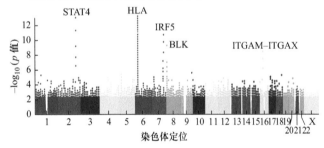

a. 这5个基因座中的任何一个都是基因连锁的吗？

b. 这5个峰的高度是否反映出具有相应基因座特定基因型的人会发病的相对风险？

c. 在曼哈顿图中，似乎在基因组中的每个染色体位置存在具有约3的$-\log_{10}$（p值）的SNP。解释为什么这种印象会产生误导。此外，解释曼哈顿图的外观如何与p值阈值相关，该阈值表明患者群体中和对照群体中等位基因频率之间的差异是显著的。

d. 鉴于本研究在鉴定与SLE相关的基因座方面所取得的成就，为什么在其他人群中进行类似研究仍然值得？

解答

a. 这5个位点都是不相关的，因为它们位于不同的染色体上。STAT4位于2号染色体上；6号染色体上的HLA；7号染色体上的IRF5；8号染色体上的

BLK 16号染色体上的ITGAM-ITGAX。

b. 不，峰的高度显示了疾病与个体SNP的关联的重要性。相对风险只是关联重要性的一个组成部分；另一个重要组成部分是等位基因频率。因此，如果患者组中只有一小部分人中具有该特定突变，那么与可能对该性状具有非常高影响的稀有突变（即高风险比）密切相关的SNP等位基因可能不会记录为显著关联。

c. 如果你扩展曼哈顿图的x轴以显示所检查的所有500 000个SNP，则大多数的$-\log_{10}$（p值）将接近于零，如图22.21所示。由于曼哈顿图中的x轴被压缩，因此你的注意力集中在SNP的相对较小部分，其中随机采样误差使得p值约为0.001。曼哈顿图显示，由于随机抽样误差，500 000个SNP中有数千个$-\log_{10}$（p值）高于3个，数百个$-\log_{10}$（p值）高于4个，而且数十个有$-\log_{10}$（p值）这个事实提供了为什么大多数研究人员将该实验的p值阈值设为$(0.05/500\,000)=1\times10^{-7}$或$-\log_{10}$（$p$值）=7的图示。

d. 这种复杂性状背后的QTL可能在具有不同遗传历史的种群中不同。这项针对欧洲血统的人的研究结果可能对其他群体没有特别的信息。此外，GWAS对其他人群的调查可能会发现除了这四种基因之外的其他基因可能会导致这种特征，而对这些其他基因的研究可能会帮助研究人员更好地理解SLE疾病的生物学基础。

习题

词汇

1. 在右列中选择与左列中的术语最匹配的短语。

a. 等基因系	1. 异卵双生的
b. QTL	2. 不同基因座的变体之间的关联块
c. 对选择的反应	3. 归因于遗传变异的总表型变异的比例
d. 关联作图	4. 所有基因组区域的纯合子
e. MZ双胞胎	5. 导致复杂性状的基因
f. DZ双胞胎	6. 相同
g. 同类系	7. 进化的衡量标准
h. 连锁不平衡	8. 0.5为同卵的
i. 遗传力	9. 在种群历史的过程中利用重组
j. 遗传相关性	10. 包含基因渗入

22.1节

2. 假设你在像温室这样的受控环境中种植基因相同的蒲公英种子。

a. 简述你所期望看到的与图22.5（a）和22.5（b）所

示的分布相关的茎长表型类别的分布。

b. 为什么对于在恒定环境中生长的这些遗传上相同的蒲公英，你会期望看到大于零的表型变异？

c. 你如何使用此信息来优化图22.5（b）中最初显示的遗传方差估计？

3. 如何将以下各项用于确定遗传和（或）环境因素在不同生物的表型变异中的作用？

a. 遗传克隆

b. 人类同卵双胞胎与异卵双胞胎

c. 杂交培养

4. 研究地松鼠稀有性状的两个不同的科学家小组报告了非常不同的遗传性。影响遗传力值的哪些因素使得两个结论都有可能是正确的？

5. 对于在一个国家的人口中具有高遗传性的人类特征，下列哪一项陈述是正确的？

a. 单卵双胞胎内的表型差异与异卵双胞胎成员之间的表型差异大致相同。

b. 在同卵双胞胎之间存在很少的表型变异，但在异卵双胞胎之间存在高度的变异性。

c. 该特征在另一个国家的人口中具有相同的遗传性。

6. 研究表明，对于在同一家族中产生的双胞胎，同卵双胞胎（MZ）的环境相似性与异卵（双卵双生或DZ）双胞胎的环境相似性没有显着差异。为什么这个事实对于计算遗传力很重要？

7. 1937年发表的一项研究检验了双胞胎〔单卵双生（MZ）或异卵双生（DZ）〕和三对不同数量性状的兄弟姐妹之间的平均差异：身高、体重和通过斯坦福-比奈试验测试智商（IQ）（智商的概念极具争议性，因为尚不清楚智商测试在何种程度上测量天生的智力，但对于这个问题，即使其重要性未知，也要认为智商是一种可测量的特征）。一些MZ双胞胎在同一家庭（RT）长大，而其他MZ双胞胎在不同家庭（RA）中分开长大。本研究的结果显示为平均差异，如下：

	MZ(RT)	MZ(RA)	DZ	兄弟姐妹
身高	1.7cm	1.8cm	4.4cm	4.5cm
体重	1.86kg	4.49kg	4.54kg	4.72kg
IQ	5.9	8.2	9.9	9.8

a. 这三个特征中哪一个似乎具有最高的遗传力？哪一个遗传率最低？

（注意：你没有足够的数据来计算遗传性的数值。你应该以一般的数量术语来考虑这一点）

b. 美国国立卫生研究院疾病控制和预防中心（CDC）最近报告说，在1960～2002年期间，美国一名15岁男孩的平均体重从135.5磅（61.46kg）增加到150.3磅（68.17kg）。在同一时期，一名15岁男孩的平均身高从67.5英寸（171.5cm）增加到68.4英寸（173.7cm）。这些统计数据与题目a中的相对遗传度估计值相匹配的程度如何？

8. 这个问题是关于等式（22.7），它将遗传性与MZ和DZ双胞胎的数量性状相关系数之间的差异联系起来：遗传力=2($r_{MZ}-r_{DZ}$)。

a. 解释为什么等式（22.7）适用于所有表型变异都是由基因引起的极端情况。

b. 对于基因没有表型变异的情况也这样做。

9. 表22.2列出了MZ和DZ双胞胎相对于许多离散复杂性状的一致性值。

a. 你如何一眼就知道所有这些特征的遗传力都小于1.0？

b. 为了估计这些特征的遗传性，你会使用等式（22.7）或等式（22.8）吗？解释为什么。

c. 使用表22.2中的数据计算每种性状的遗传力估计值。对于哪种特性，遗传方差对总表型方差的贡献比表中的任何其他方差更大？

10. 1959年，俄罗斯遗传学家Dmitri Belyaev开始了一项实验，他在试验中培育出温顺的银狐。他从野生狐狸开始，选择繁殖对人类最少恐惧和最少侵略的后代。到1999年，经过30代的近亲繁殖和近亲繁殖，Belyaev和他的同事们获得了一群基本上像家养狗一样的狐狸：它们摇着尾巴，舔着它们的人类看护者。

a. 这个实验说明了狐狸温顺行为的遗传力有哪些？解释一下。

b. 值得注意的是，正如这里的照片所示，随着行为的变化，形态发生了变化，包括斑点皮毛、松软的耳朵和卷曲的尾巴。

野生银狐
© Lee H. Rentz/Photoshot/
Newscom

驯服银狐
© Michael Goldberg, Cornell
University, Ithaca, NY

© Vincent J. Musi/National
Geographic/Getty Images

在以类似方式饲养和选择的其他动物中观察到类似的驯化表型。你是否认为这一结果必然意味着相同的基因控制行为和外观？请说明。

11. 群体中存在两种具有相似表型变异的性状。第一个性状具有影响表型值的2个主要基因和6个次要基因座；第二个性状具有12个次要基因座，并且没有影响表型值的主要基因。这些信息是否可以告诉我们哪种特征对选择的反应最一致？解释为什么会这样或没有。

22.2节

12. 一个基因座上的两个等位基因产生三种不同的表型。两个基因的两个等位基因导致5种不同的表型。6个基因的两个等位基因导致13种不同的表型。（这些陈述假设任何一个基因座上的等位基因是共显性或不完全显性的，并且每个基因对表型的贡献相等。）

a. 推导出一个公式来表达这种关系(设n等于基因数)。

b. 在一个基因座中由两个等位基因确定的性状的每种最极端表型在F_2代中以1/4的比例出现。如果两个基因的两个等位基因决定性状，则每个极端表型将作为群体的1/16存在于F_2中。在普通小麦（*Triticum aestivum*）中，籽粒颜色从红色变为白色，控制颜色的基因相加作用，即每个基因的等位基因不完全显性，每个基因对颜色的贡献相同。真正繁殖的红色品种与真正繁殖的白色品种杂交，F_2中的1/256具有红色籽粒，1/256具有白色籽粒。在这个杂交中有多少基因控制核心颜色？

13. 在某种植物中，叶片大小由4个基因决定，这些基因的等位基因独立地分配并且相加作用。因此，等位基因A、B、C和D各自使叶长增加4cm，等位基因A'、B'、C'和D'各自使叶长增加2cm。因此，$AA\ BB\ CC\ DD$植物的叶长32cm，$A'A'\ B'B'\ C'C'\ D'D'$植物的叶长16cm。

a. 如果具有32cm长叶片的真正繁殖植物与具有16cm长叶片的真正繁殖植物杂交，则F_1将具有24cm长的叶片和基因型$AA'\ BB'\ CC'\ DD'$。列出这些F_1植物产生的F_2代中所有可能的叶长和它们的预期频率（提示：回忆第2章中的习题45e）。

b. 现在假设在随机交配的群体中出现以下等位基因频率：
频率 A=0.9
频率 A'=0.1
频率 B=0.9
频率 B'=0.1
频率 C=0.1
频率 C'=0.9
频率 D=0.5
频率 D'=0.5

分别计算四种基因中每种基因的三种可能基因型群体中的预期频率。

c. 题目b中描述的种群中有多少比例的植物将有32cm长的叶片？

14. 比较和对比 SNP 基因分型的使用：（ⅰ）孟德尔疾病基因的定位克隆；（ⅱ）直接 QTL 定位；（ⅲ）GWAS。

15. 解释用于通过控制杂交的QTL的粗略绘图和精细绘图的程序之间的相似性和差异，正如与番茄相关的QTL所完成的那样。

16. 在图22.14（c）中，通过将 *S. pennellii* 版本的基因导入 *S. lycopersicum* 来验证 *fw2.2* 致病基因。为什么实验以这种方式完成，而不是相反？

17. 影响人类的最普遍的病症是心脏病，它可能对生活质量产生严重影响，甚至可能导致过早死亡。虽然心脏病主要折磨那些年龄较大的人，但30%的人中有1%或2%，甚至20多岁的人患有这种疾病。存在该疾病的遗传和环境成分。你可以使用什么策略选择家庭来参与心脏病基因的GWAS？解释你的推理。

18. 人类遗传学家发现芬兰人口对于各种条件的研究非常有用。人口很少；芬兰人有丰富的教堂记录记录血统；很少有人迁移到芬兰。芬兰人口中某些隐性疾病的发生率高于世界其他地区，而芬兰人群中并未出现其他地方常见的PKU和囊性纤维化等疾病。

a. 人口遗传学家如何解释疾病发生的这些变化？

b. 芬兰人口也是数量特征研究的信息来源。精神分裂症的遗传基础是可以在该人群中探索的一个问题。基于芬兰人口结构研究复杂特征，你能想象出哪些优势和劣势？

19. 由隐性等位基因的纯合性引起的Canavan病是一种严重的神经退行性综合征，通常导致婴儿在18个月大的时候死亡。在犹太人群中，Canavan病的发病率特别高。为了绘制导致这种情况的基因图，研究人员观察了5个受影响的犹太患者（实验组）和4个未受影响的犹太个体（对照组）中沿着17号染色体间隔大约100kb距离的10个SNP（1～10）。在附表中，每行描绘单个单倍型（每个个体都是二倍体，因此有两个单倍型，尽管表中只显示了一个）。G、C、A和T代表指定SNP位置的实际核苷酸。

实验组	SNP1	SNP2	SNP3	SNP4	SNP5	SNP6	SNP7	SNP8	SNP9	SNP10
1	G	T	G	T	T	T	C	A	G	T
2	A	T	G	T	T	T	C	A	G	T
3	G	T	G	T	T	T	C	A	G	C
4	A	A	G	T	T	T	C	T	C	C
5	G	A	G	C	C	C	T	G	A	C

控制组

6	A	A	G	T	T	T	C	A	G	T
7	G	T	G	G	C	T	G	A	G	T
8	A	T	C	T	C	G	C	T	C	C
9	G	T	C	G	T	G	G	A	C	T

a. 引起疾病的突变是否与任何SNP等位基因发生连锁不平衡？如果有，是哪些？

b. Canavan疾病基因最可能的位置在哪里？你可以把该基因归到多长的区域？

c. 这些数据表明Canavan基因有多少独立突变？

d. 假设2～9个人是德系犹太人（在20世纪70年代犹太人被驱逐出Judea后，他们的祖先居住在德国和法国的莱茵河流域），而个体1是Sephardic（非Ashkenazic犹太人）。这些事实是否会提供有关导致Canavan病的突变历史的任何信息？

e. 为了通过单倍型关联来定位基因，为什么关注某些亚群常常有帮助？这种策略有什么缺点吗？

f. 人类17号染色体是常染色体，因此每个人沿着染色体具有每个区域的两个拷贝。考虑到这一点，解释确定单倍型的实际困难（提示：考虑杂合性）。鉴于这种困难，研究人员如何确定任何单个单倍型，如表中所示的任何单倍型？

20. 在GWAS分析中，由于LD块（或单倍型块）的存在，没有必要对5000万个已知SNP中的每一个进行基因分型。单倍型区块是含有特定SNP变体的DNA片段，这些变体倾向于一起遗传（作为区块），因为该区域内的重组是罕见的。在附图中，顶部显示了三个不同的SNP基因座（SNP10、SNP11和SNP12），每个基因座在世界人类种群中具有两个等位基因。

在人类基因组中仅发现了这些SNP等位基因的所有可能组合中的四种，如图中所示的四种染色体类型所示。这三个SNP是20个SNP的一个较大的块，其通常以四种构造之一或单倍型遗传，如图所示。因为这20个SNP作为单倍型模块遗传，所以对于三个所谓的标签SNP（以粗体显示的SNP4、SNP8和SNP15）对任何个体进行基因分型应该足以预测其他17个SNP的个体等位基因。

a. 图表顶部显示的三个SNP（SNP 10、11和12）中有多少种构造在理论上是可行的？

b. 考虑到单倍型区块中的所有20个SNP，并且假设它们中的每一个都具有两个可能的等位基因，理论上可以有多少单倍型变体？

c. 鉴于人类是二倍体，每个个体都有两个拷贝的每个（常染色体）单倍型区块，每个同源物一个。单倍型区块的杂合性是否会干扰使用图中所示标签SNP对个体进行基因分型？请说明。

d. 在题目c中，你看到图中显示的三个Tag SNP足以为该特定单倍型区域键入任何个体。这是唯一可以使用的三个Tag SNP吗？

21. 在图22.15中：

a. 为什么疾病组中的一些染色体不携带以红色显示

习题20的图

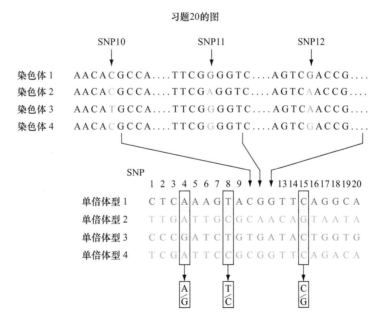

的致病变异体?

b. 为什么对照组中的一些染色体携带显示红色的变体?

c. 讨论科学家如何评估关联作图研究的数据,以找到导致该疾病的QTL。研究人员会寻找什么?在图的底部,为什么根据蓝色等位基因特别讨论了疾病的非随机关联?

d. 假设研究人员确定了基因组的两个不同区域,其中SNP与所讨论的疾病具有统计学上显著的关联。在1区,延伸超过200kb DNA的SNP显示出这种相关性。在2区,含有疾病相关SNP的区域长2 Mb。如果你假设这两个区域中的每一个都只有一种引起疾病的变异,那么这两种突变中的哪一种很可能是在人类历史的早期发生过的?请说明。

e. 鉴于你对题目d的回答,解释为什么含有与疾病相关的SNP的区域的长度仍然不是人类历史中发生致病突变的时间的完美指标。

22. 考虑图22.17所示的三角图。

a. 基因组的哪些特征可能位于两个LD区块之间,这使得科学家可以将它们视为单独的区块?

b. 尽管该图分析了8种不同的SNP,但仅对这些SNP中的两种进行基因分型将允许你预测群体中几乎每个人的基因型。解释为什么这种有限的基因分型具有预测价值。

c. 当研究人员获得使他们能够构建三角图的数据时,他们通常会对常见的SNP或稀有SNP进行基因分型吗?请说明。

d. 考虑到你对题目c的回答,为什么人类群体遗传学家对获得完整的全基因组序列感兴趣,而不是只对预测性SNP的一小部分进行基因分型?

23. 在图22.18中:

a. 为什么有的患者是GG基因型,有的患者是GC基因型,有的患者是CC基因型?也就是说,为什么并非所有患者都具有相同的基因型?讨论至少两个原因。

b. 有多少人参加了这项研究?他们中有多少人是患者(实验组)?多少人在对照组?

24. 你进行实验组/对照组研究,比较单个SNP(具有等位基因C和T)的频率与发生高血压的个体,相似年龄的对照个体没有显示出这种情况的迹象。你获得以下结果:

	实验组	控制组
C	1025	725
T	902	922

a. 如果这是你检测的唯一SNP,那么该SNP与发生高血压的风险之间是否存在统计学上显著的关联?

b. 如果这是你在研究中测试的100万个SNP中的一个,那么这种关联是否仍然重要?请说明。

c. 哪个等位基因(C或T)与发生高血压的风险较高有关?

d. 计算风险等位基因优势比。等位基因优势比对于一个人患高血压的概率意味着什么?

25. 在图22.21中,SNP rs 1333049与冠状动脉疾病的关联在一个GWAS中为$-\log_{10}$(p值)大于7的截止值,但在第二个这样的研究中没有。假设该SNP确实与该病症相关,则提供两个可能的原因,即第二项研究中的$-\log 10$(p值)小于截止值。

26. 肌萎缩侧索硬化症(ALS)是一种罕见的、致命的神经退行性疾病,具有遗传复杂性。在过去几年中,使用GWAS分析和其他方法,已经鉴定了11种被认为与ALS相关的不同基因。最近发现的这些基因,TBK1的鉴定是通过分析几千例实验组和对照组的全外显子组序列。回忆一下第11章,外显子组是与外显子相对应的人类基因组的大约1%。每个人的外显子组序列在逐个基因的基础上评估是否存在可能改变基因功能的SNP变体。TBK1基因在以前的GWAS分析中未被鉴定,该分析为常见SNP的相似数量的个体进行基因分型。引用这两个实验的不同结果的可能解释。

27. 通过GWAS探索,科学家已经确定了与生活在美国的人群中肥胖相关的几个SNP。其中一个SNP位于一个名为FTO的基因内。有趣的是,一种常见的FTO变异与肥胖相关,但仅限于1945年以后出生的人。此外,出生年份越晚,与这种FTO变体相关的肥胖风险就越高。为什么肥胖的遗传风险因素会因出生年而异?

28. 在驯养的狗中,大小具有高遗传力,并且性状仅由少数基因决定。相比之下,超过180个QTL的遗传变异只能解释人类高度遗传率的很小一部分。什么可以解释人类缺失的遗传性?你怎么能测试你的假设解释?

29. 假设GWAS调查发现特定的LD块与人们对巧克力或香草冰淇淋的偏好有关。你如何识别基因组区域内的特定基因,其等位基因有助于确定这种偏好吗?

30. 2008年，《时代》杂志将23andMe公司开发的个人基因组学服务评为年度发明。客户将唾液样本寄给该公司，该公司随后对位于整个基因组的大约100万个SNP进行基因型分析，并将数据与客户进行在线交流，同时还对各种特征的潜在风险进行了所谓的"仅供参考"的评估。然而，2013年11月22日，美国食品药品监督管理局（FDA）命令23andMe停止营销其个人基因组学服务，因为其SNP基因分型和风险预测尚未被证实在医学上有足够的准确性。FDA担心人们可能会根据未经临床批准的测试信息做出严肃的医疗决定。这项禁令的一些内容在2015年和2017年得到了缓解，但DNA检测服务仍然受到限制，不能向客户提供禁令前的所有预测。定义这些限制仍然是一个有争议且尚未解决的问题。

   a. 你从个人基因组服务获得的信息能否告诉你是否患有孟德尔遗传病？请说明。

   b. 你从个人基因组服务中获得的信息能否告知你患有某种复杂特征的疾病的可能性？请说明。

   c. 2013年12月，《纽约时报》的一名记者报道，她将自己的DNA样本送到三家不同的公司（其中一家是23andMe），但这三家公司对各种复杂特征的风险估计差异很大。这些估计差异的可能原因是什么？

   d. 你是否认为新的科学发展有助于在不久的将来解决这些问题？

基因命名指南

在遗传学各个分支中某些术语存在不一致性，部分原因是因为科学家们使用不同的模式生物或在各自不同的领域中制定了自己的规则。以下指导原则适用于本书的所有章节。

一般规则

- 基因名称为斜体字（*lacZ*，*CDC28*）。
- 蛋白质名称为常规（罗马）字体，首字母大写（LacZ，Cdc28）。
- 染色体：性染色体用一个罗马字母的大写字母（X，Y）表示。常染色体由基数表示（1，2，21，22）。
- 不同染色体上的基因符号用分号分隔（*y*；*bw*；*st*）。除非表明为杂合性，否则假定为纯合性。
- 在二倍体中，同源染色体上的不同等位基因的符号由斜线分隔（*th¹ st²/th² st¹*）。

不同生物体的具体规则

- **细菌**：基因名称为小写字母斜体（*lac*，*ara*），在一个通路或操纵子中添加一个大写字母指定具体基因（*lacZ*，*lacA*，*araB*）；特定等位基因（*trpC2*，*hisB2*）添加数字（而不是上标）；野生型等位基因添加上标（+）号，突变型等位基因添加上标（−）号（*lacZ⁺*，*lacZ⁻*）。细菌表型被指定为常规（罗马）字体，以大写字母缩写开始，其后是描述性上标（Lac⁻不能在仅含有乳糖作为碳源的培养基上生长；Arg⁺可以在没有精氨酸供给的培养基上生长；Strʳ是链霉素抗性）。
- **酵母菌**：野生型等位基因均为大写字母（*CDC28*），突变型等位基因均为小写字母，并用一个基数表示特定的突变（*cdc28-1*）。

- **拟南芥**：野生型等位基因均为大写字母（*LEAFY*，缩写*LFY*）；突变型等位基因（*lfy*）均为小写字母。
- **线虫**：基因和野生型等位基因为小写字母斜体（*dpy-10*）；突变型等位基因用括号表示，后面接基因名称〔*dpy-10*（*e128*）〕。
- **果蝇**：许多基因是以首次发现它们的突变表型命名的。如果首次揭示该基因的突变为显性的，则基因名称的起始字母大写（*Deformed*，缩写为*Dfd*）；如果第一次揭示该基因的突变是隐性的，则基因名称全部是小写字母（*white*，缩写为*w*；*wingless*，或*wg*）。基因名称经常由首次揭示该基因的等位基因引起的突变表型来描述。
- **小鼠**：基因是由他们编码的蛋白质命名的，表示为首字母大写；然后是任何字母或数字的组合（例如，*Tcp1*是指T复合蛋白1的基因）；等位基因由上标表示。对于多个野生型等位基因，上标可以是*a*，*b*，*c*，或*1*，*2*，*3*（*Tcp1ᵃ*，*Tcp1ᵇ*）；一些野生型等位基因由（+）号上标表示（*Kit⁺*）。对于突变等位基因，上标常用于描述产生的表型（*Kitʷ*突变等位基因引起白斑）。
- **斑马鱼**：基因名称都是小写字母（*pdgfra*）；突变等位基因有一个字母和一个数字，其中字母表示等位基因是在哪里产生或发现的，数字用来计算来自该位置的等位基因（*pdgfraᵇ¹⁰⁵⁹*）。有时野生型等位基因由上标（+）号表示，突变等位基因由上标（−）号表示。纯合或杂合的基因型表示一次基因名（*pdgfraᵇ¹⁰⁵⁹/ᵇ¹⁰⁵⁹*或*pdgfraᵇ¹⁰⁵⁹/⁺*）。
- **人类**：基因的名称或这些基因的突变等位基因的名称所有字母大写（*HD*，*CF*）；野生型等位基因由上标（+）号表示（*HD⁺*，*CF⁺*）。有时突变等位基因用上标（−）号表示，强调这些是功能缺失型等位基因。

词汇表

A

| 癌基因 | oncogene | 在癌细胞中发现的一种显性功能获得突变等位基因；原癌基因的突变等位基因，其正常的细胞作用是促进增殖。 |

| 氨基酸 | amino acid | 蛋白质的组成部分。 |

| 氨酰tRNA合成酶 | aminoacyl-tRNA synthetasese | 催化tRNA与相应氨基酸结合的酶，形成负载tRNA。 |

| 氨酰位/A位 | aminoacyl (A) site | 一个负载tRNA首先结合于核糖体上的位点。 |

B

| 八分体 | octad | 由于减数分裂完成后出现了一轮有丝分裂，脉孢菌产生的子囊含有8个孢子。 |

| 巴氏小体 | Barr body | 一种不活跃的X染色体，在间期可见为深染色的异染色质团块。 |

| 摆动 | wobble | 反密码子的5'碱基与一种以上密码子的3'端配对的能力；有助于解释遗传密码的简并性。 |

| 斑块 | plaque | 细菌菌苔上的一块清晰的区域，没有活的细菌细胞，含有单一噬菌体的、基因完全相同的后代。 |

| 半保留复制 | semiconservative replication | DNA复制的一种机制，在这种机制中，母体双螺旋的每一条单链都充当其互补物的合成模板。结果产生两个子代双螺旋结构，每个都包含一个完整的（保守的）原始DNA链和一个全新的链。 |

| 半不育 | semisterility | 繁殖后代的能力至少减少一半的情况。 |

| 半合子 | hemizygous | 描述在其他二倍体生物中只有一个拷贝存在的基因的基因型，如雄性的X连锁基因。 |

| 伴X染色体的 | X-linked | 由X染色体携带。 |

| 胞质分裂 | cytokinesis | 细胞分裂的最后阶段，从后期开始，直到末期后才结束。在这个阶段，在末期出现的子细胞核被打包成两个独立的子细胞。 |

| 胞质杂种 | cybrid (cytoplasmic hybrid) | a cytoplasmic hybrid。一种细胞，从一个来源获得细胞核DNA，从另一个来源获得线粒体DNA。 |

| 保守的（DNA序列） | conserved (DNA sequence) | 描述在许多不同物种中具有同源性的DNA序列。 |

| 保守置换 | conservative substitution | 替代蛋白质中一个氨基酸的突变，突变的氨基酸与原氨基酸不同但有相似的化学性质。 |

| 报告基因 | reporter gene | 一种基因的蛋白质编码区，与重组DNA分子和公认的DNA调控元件结合在一起。在细菌转化或将报告基因植入有机体的基因组后，报告基因通过表达蛋白质来"报告"假定的调控元件的活性。 |

| 臂间倒位 | pericentric inversion | 染色体倒位，包括着丝粒。 |

| 臂内倒位 | paracentric inversion | 染色体倒位，不包括着丝粒。 |

| 边界元件 | barrier element | 阻止异染色质扩散的DNA元素。 |

| 变构蛋白 | allosteric protein | 与另一分子（效应物）结合时，构象发生可逆变化的蛋白质。 |

| 变性 | denaturation (denature, denatured) | 大分子中氢键的破坏。大分子通常使用氢键来维持其结构和功能。氢键可以被高温、极端的pH条件或接触化学物质（如尿素）所破坏。当正常可溶性蛋白质变性时，它们会去折叠并暴露它们的非极性氨基酸，这可能导致它们不溶。当DNA变性时，双链分子分裂成两条。 |

| 标记 | marker | 一个染色体上可识别的物理位置，其遗传可被监测。标记可以是基因或任何具有变体形式的DNA片段，这些变体可追踪。 |

标记基因	marker gene	一个基因与一个转基因一起插入到基因组中，该基因的表达表明转基因的成功整合。
表观遗传现象	epigenetic phenomenon	基因表达中的可遗传改变，不是由于碱基对序列的突变引起的。
表现度	expressivity	一种特定基因型表现为表型的程度或强度。
表型	phenotype	一个可以观察到的特征。
表型频率	phenotype frequency	种群中具有特定表型的个体的比例。
表型值	phenotypic value	描述数量性状的特定表达强度的数值；也叫特性值。
并发系数	coefficient of coincidence	实验中观查到的双交换的实际频率与在独立概率的基础上所期望的双交换的数量之比。
病原体	pathogen	在宿主体内引起疾病的病原体，如微生物。
波动测试	fluctuation test	Luria-Delbrück实验，确定细菌耐药性的起源。不同培养皿中生长的耐药菌落数量的波动表明，耐药不是由接触杀菌剂引起的。
不等交换	unequal crossing-over	由同源染色体不齐引起的错误重组，其中一个同源染色体以获得一个重复结束，而另一个同源染色体留下一个缺失。
不分离现象	nondisjunction	细胞分裂时染色体分离失败，染色单体或同源染色体没有正确分离。
不完全显性	incomplete dominance	一个基因的两个等位基因之间的关系，杂合子在两个纯合子之间存在表型中间体。
不稳定的三核苷酸重复	unstable trinucleotide repeat	带有3bp重复单元的SSR位点。在非常罕见的情况下，这些位点在一个基因内，在DNA复制过程中扩增重复数量，导致疾病等位基因。
部分二倍体	merodiploid	部分二倍体，其中一些基因存在两个拷贝。

C

操纵基因位点	operator site	启动子附近的一段短DNA序列，能被抑制蛋白识别，抑制蛋白与操纵子的结合阻断了基因的转录。
操纵子	operon	由两个或多个基因组成的DNA单元，在单个启动子和操作子的控制下转录为多顺反子mRNA。
操纵子学说	operon theory	该模型解释了大肠杆菌中基因的抑制和诱导。
测交	testcross	通过与具有隐性表型的个体交配来确定具有显性表型的个体的基因型的杂交。
插入	insertion	在一个DNA分子中加入一个或更多核苷酸对。
插入序列	insertion sequence (IS)	小的细菌转座子，不包含可选择的标记物。
产前基因诊断	prenatal genetic diagnosis	胎儿细胞的基因分型，以确定疾病位点的等位基因。
长散在核元件	long interspersed nuclear element (LINE)	反转录转座子的两大类之一。从结构上看，LINE类似于哺乳动物的mRNA。
常见变异	common variant	多态基因的高频等位基因。
常染色体	autosome	不涉及性别决定的染色体。二倍体人类基因组包含46条染色体：22对常染色体，以及1对性染色体（X染色体和Y染色体）。
常染色质	euchromatin	许多基因转录活跃的、松散浓缩的染色体区域。
超螺旋	supercoiling	在解旋过程中复制叉的移动导致DNA分子的额外扭曲。
超形态突变（或等位基因）	hypermorphic mutation (or allele)	一个突变的等位基因，产生比野生型等位基因更多的蛋白质或更有效的蛋白质。
沉默	silencing	通过DNA甲基化实现对转录的长期抑制。
沉默突变	silent mutation	不影响表型的突变；通常点突变会改变密码子中的三个碱基之一，但由于遗传密码的简并性，不会改变指定的氨基酸。
成对规则基因	pair-rule gene	在果蝇中，这些受精卵分节基因编码转录因子，这些转录因子在胚胎中以七条带的形式表达，具有两段周期性；也就是说，每两段有一条条纹。成对规则基因的突变导致了每一个替代片段中相似模式元素的缺失，这些片段对应于基因正常表达的区域。
乘法规则	product rule	两个或多个独立事件同时发生的概率是每个事件单独发生的概率的乘积。
乘客突变	passenger mutation	由于癌细胞突变率的增加而发生的癌细胞的DNA改变，但对癌症表型没有影响。
程序性细胞死亡	programmed cell death (PCD)	细胞凋亡；DNA降解和细胞核凝结的过程；细胞随后可能被邻近的细胞或吞噬细胞吞噬。
重复	duplication	一种染色体重排，在该重排中某一特定染色体区域的拷贝数增加。

重复和分化	duplication and divergence	创造基因家族的过程。产生一个基因的拷贝，释放两个基因拷贝中的一个来积累突变，有可能获得一个新的功能。
重构复合物	remodeling complex	一种蛋白质复合物，能去除启动子-阻断核小体或将其与基因重新定位，帮助准备基因转录。
重排断点	rearrangement breakpoint	重排引起染色体DNA序列的不正常排列；识别重新排列的染色体片段开始和结束的精确碱基对。
重组	recombination	子代产生不同于双亲的等位基因组合的过程；新等位基因组合的产生。在高等生物中，这可以通过自由组合和交换发生。
重组DNA分子	recombinant DNA molecule	利用重组DNA技术将不同起源的DNA分子结合在一起。
重组级	recombinant class	在亲代中不存在的等位基因的重新组合。
重组节	recombination nodule	在I期粗线期出现的结构。在重组节处，非姐妹染色单体之间的一部分发生交换。
重组酶	recombinase	一种执行位点特异性重组的酶。
重组频率	recombination frequency (RF)	重组子代的百分比；可作为染色体上任意两个位点分离的物理距离的指示。
重组热点	recombination hotspot	小的DNA区域重组频率远高于平均水平。
重组体	recombinant	①携带来自不同同源染色体的混合等位基因的染色体；②不从同一亲本遗传的等位基因组合的配子；③重组质粒。
重组型	recombinant type	表型反映了在配子形成过程中发生的一种新的基因组合。
出口位/E位	exit (E) site	核糖体中三个tRNA结合位点之一。在肽转移酶的作用下，tRNA与氨基酸断开连接之后，到核糖体释放tRNA之前，E位点被tRNA占据。
初级卵母细胞/精母细胞	primary oocytes/spermatocyte	发生减数分裂I的生殖系细胞。
初级转录物	primary transcript	转录产生的RNA单链。
触角足复合体	Antennapedia complex (ANT-C)	在果蝇中，含有几个同源基因的区域，指明了头部和胸前的副体节。
串联重复	tandem duplication	一个染色体区域的重复，彼此相邻，顺序相同或顺序相反。
垂直基因转移	vertical gene transfer	基因从一代传递到下一代的过程，特别是在有性繁殖过程中。
纯合的	homozygous	描述一种基因型，在这种基因型中，决定一种特定性状的基因的两个拷贝是相同的等位基因。
纯合子	homozygote	对特定基因或基因座具有相同等位基因的个体。
纯种繁育（系）	pure-breeding (line)	产生具有特定亲本特征的后代的生物体家族，世代保持不变。
雌雄嵌合体	gynandromorphy	一种罕见的基因嵌合体，含有一些男性组织和一些女性组织，通常数量相等。
次级卵母细胞/精母细胞	secondary oocyte/spermatocyte	发生减数分裂II的生殖系细胞。
从性性状	sex-influenced trait	一种性状，可以出现在两性中，但由于荷尔蒙的差异在两性中表达不同。
粗线期	pachytene	前期I的子阶段，从染色体联会完成开始，包括交换。
促分裂原	mitogen	促进细胞增殖的生长因子。
错义突变	missense mutation	一种基因突变，将一个氨基酸的密码子改变为编码另一个氨基酸的密码子。

D

大沟	major groove	在一种空间填充表示的DNA双螺旋模型中，由于两条主干线的垂直位移而导致的两个沟槽之间变宽。
单倍数	*n*	配子中的染色体数目。
单倍体	haploid	描述包含一组染色体的细胞，如二倍体的配子。
单倍体不足	haploinsufficiency	二倍体中一种基因的特性，即需要两个野生型（功能性）基因拷贝；野生型等位基因和单倍体不足的功能缺失型等位基因杂交产生的个体表现出异常表型，因为基因活性水平不足以产生正常表型。
单倍型	haplotype	连锁基因的一种特殊组合。
单倍型块	haplotype block	基因组DNA的延伸，其中不同位点的等位基因簇显示连锁不平衡。这样的DNA序列块周围是重组热点。也称为LD块。
单核苷酸多态性	single nucleotide polymorphism (SNP)	一个单核苷酸位点，用一个单碱基对替代定义两个自然存在的等位基因。SNP位点作为遗传连锁分析的DNA标记是非常有用的。

单基因杂种	monohybrid	对于单个性状有两个不同的等位基因的个体。
单基因杂种杂交	monohybrid cross	只有一种特性不同的父母之间的杂交。
单交换	single crossover (SCO)	减数分裂发生于某一特定基因对之间的一次单交换。
单亲遗传	uniparental inheritance	细胞器基因通过父母之一传播。大多数物种通过母体传递线粒体DNA和叶绿体DNA。
单顺反子mRNA	monocistronic mRNA	仅包含一个基因编码区域的mRNA。
单态的	monomorphic	只有一个野生型等位基因的基因。
单体	monosomic	描述一个个体缺少该物种二倍体数目中的一条染色体。
蛋白激酶	protein kinase	在蛋白质底物中添加磷酸基团的酶。
蛋白质	protein	由数百到数千个氨基酸以特定的线性顺序串联在一起形成的大型多聚体。蛋白质是身体细胞、组织和器官的结构、功能和调节所必需的。
蛋白质结构域	protein domain	蛋白质独立的功能区域。
蛋白质组	proteome	由基因组编码的一整套蛋白质。
倒位	inversion	染色体部分相对于染色体其余部分的180°旋转。
倒位环	inversion loop	倒位杂合子的染色体上形成的一个DNA环，此时倒位区域或其非倒位的对应区域通过旋转与其同源物中的相似区域配对。
等基因系	isogenic line	完全的纯合子菌株，其中每个个体由于同系繁殖而具有相同的基因型。
等位基因	allele	单个基因的替代形式。
等位基因频率	allele frequency	在给定等位基因型群体中，一个基因所有拷贝的比例。
等位基因特异性寡核苷酸	allele-specific oligonucleotide (ASO)	仅与一对等位基因中的一个基因杂交的短寡核苷酸序列，仅由一个碱基的差异区分。
等位基因异质性	allelic heterogeneity	一种由同一基因中各种不同的突变引起的遗传疾病。
等位基因优势比	allelic odds ratio	一种特定的SNP等位基因引起的疾病风险的平均增加。
第二次分裂分离模式	second-division (MII) segregation pattern	一种真菌四分体，其中子囊孢子的排列表明一个基因的两个等位基因在第二个减数分裂中彼此分离。
第一次分裂分离模式	first-division (MI) segregation pattern	一种四分体，子囊孢子的排列表明一个基因的两个等位基因在第一个减数分裂中彼此分离。
点突变	point mutation	一个或几个碱基对的突变，或DNA中的一个小缺失或插入。
定位克隆	positional cloning	研究人员利用连锁分析获得基因克隆的过程。
定向诱变	targeted mutagenesis	使科学家能够改变基因组中任何特定碱基对的技术；包括基因打靶和CRISPR/Cas9。
动基体	kinetoplast	线粒体内的环状DNA网络，包括基因组拷贝（maxicircle）和用于RNA编辑的DNA编码指导RNA（minicircle）。
动粒	kinetochore	一种特殊的染色体结构，由DNA和蛋白质组成，是染色体附着在纺锤丝上的部位。
动粒微管	kinetochore microtubule	有丝分裂纺锤体的微管，在染色单体的中心体和动粒之间延伸。在细胞分裂过程中，染色体沿着动粒微管运动。
毒力岛	pathogenicity island	致病细菌中的DNA片段，它们编码参与发病过程的几个基因。毒力岛似乎是通过不同物种间的水平基因转移进入细菌中的。
毒素	toxin	一种来自植物或动物的毒素，以低浓度引起疾病。
毒性噬菌体	virulent bacteriophage	总是进入溶解周期的噬菌体，快速繁殖并杀死宿主。
读长	read	在单个DNA测序过程中，构成新合成DNA的A、C、G和T序列的数字化文件。
端粒	telomere	真核生物染色体上的特殊终端结构，确保每个线性染色体两端的维持和精确复制。
端粒蛋白复合体	shelterin	一种蛋白质复合物，与端粒结合并保护它们不受酶活性的影响。
端粒酶	telomerase	一种对染色体末端端粒复制成功至关重要的酶。
短散在核元件	short interspersed nuclear element (SINE)	哺乳动物反转录转座子的两大类之一；其结构类似于mRNA。

多倍体	polyploid	携带三组或三组以上完整染色体的整倍体物种。
多蛋白	polyprotein	翻译产生的多肽，可被蛋白酶分解成两个或两个以上单独的蛋白质。
多核糖体	polyribosome	由多个核糖体同时翻译单个mRNA分子而形成的结构。
多基因的	polygenic	描述由多个基因控制的性状。
多基因杂种杂交	multihybrid cross	双亲杂合在三个或更多基因之间的杂交。
多聚谷氨酰胺疾病	polyQ disease	生殖细胞系中CAG重复的扩增引起的人类神经系统疾病。CAG重复序列是在三核苷酸重复基因中指定谷氨酰胺（Q）氨基酸的密码子。
多聚体	polymer	形成较大分子的重复亚基链；DNA是一种多聚体。
多顺反子mRNA	polycistronic mRNA	包含一个以上蛋白质编码区域的mRNA；通常是细菌细胞中操纵子的转录产物。
多态的	polymorphic	描述一个群体中具有两个或多个不同等位基因的位点。
多肽	polypeptide	由肽键以线性方式连接的数百到数千个氨基酸的多聚体。
多体	multimer	一个蛋白质由一个以上的多肽组成；多体蛋白中的每个多肽被称为亚基。
多位点人工接头	polylinker	克隆载体中含有几种不同限制性内切核酸酶识别位点的合成DNA序列，可用于插入DNA分子。
多效的	pleiotropic	描述一种在几种不同途径中起作用的基因。
多效性	pleiotropy	一种现象，在这种现象中，一个基因决定了许多明显的、看似无关的特征。
多因素性状	multifactorial trait	由多种因素决定的性状，包括多个基因的相互作用、一个或多个基因与环境的相互作用。

E

恶性细胞	malignant cell	一种癌细胞。
二倍体	diploid	描述携带两组一致染色体的细胞；表示为$2x$。
二级结构	secondary structure	多肽链局部区域的几何特征，如α螺旋或β折叠。
二价体	bivalent	在减数分裂前期的一对突触同源染色体。

F

发夹环	hairpin loop	由于同一分子中不同区域之间的互补碱基对作用而使单链RNA自我折叠形成的结构。又称茎环。
发育遗传学	developmental genetics	利用遗传学来研究多细胞生物的受精卵如何成为成年人的科学。
翻译	translation	mRNA携带的密码子根据遗传密码从氨基酸直接合成多肽的过程。
翻译后修饰	posttranslational modification	翻译完成后发生在多肽上的磷酸化等变化。
反密码子	anticodon	tRNA分子上的一组三核苷酸，它们通过互补碱基配对和摆动来识别mRNA上的密码子。
反式	*trans*	描述一种蛋白质或RNA的作用，它能与细胞内任何DNA或RNA上的目标位点结合。
反式构型	*trans* configuration	在不同的DNA分子上。
反效突变（或等位基因）	antimorphic mutation (or allele)	阻断同一基因的野生型等位基因的活性，即使在杂合子中也会导致功能丧失（显性负突变的同义词）。
反义RNA	antisense RNA	调控RNA与它们所调控的mRNA序列互补，因为它们是用相反的DNA链作为模板转录的。反义RNA可以阻断目标mRNA的转录或翻译。
反转录	reverse transcription	反转录酶合成与RNA模板互补的DNA链的过程。反转录的产物是cDNA分子。
反转录病毒	retroviruse	将遗传信息保存在单个RNA链中的病毒，同时携带反转录酶在宿主细胞内将RNA转化为DNA。
反转录病毒载体	retroviral vector	基因治疗载体，含有治疗基因的部分反转录病毒基因组；治疗基因可以稳定地整合到体细胞的基因组中。
反转录酶	reverse transcriptase	一种反转录病毒RNA依赖的DNA聚合酶，合成与RNA模板互补的DNA链。
反转录转座子	retrotransposon	通过RNA中间产物的反转录来移动的遗传原件。一类可转座元件。
泛基因组	pangenome	一种细菌的核心基因组加上在某些菌株中发现的所有基因，但其他菌株没有。

放射环-骨架模型	radial loop-scaffold model	非组蛋白循环和聚集DNA的模型，导致有丝分裂时染色体高度浓缩。
非保守置换	nonconservative substitution	用具有不同化学性质的另一种氨基酸代替蛋白质中的某一氨基酸的突变。
非编码RNA	noncoding RNA (ncRNA)	一种缺乏开放可读框和RNA分子功能的转录物。
非编码基因	noncoding gene	转录而不翻译的基因。
非串联重复	nontandem duplication	染色体畸变，一个基因组区域存在多余的拷贝，且与原始区域不相邻；复制的拷贝可以位于同一条染色体上，也可以位于与原始区域不同的染色体上。
非多聚谷氨酰胺疾病	non-polyQ disease	由生殖细胞系扩展三核苷酸重复序列引起的人类单基因神经系统疾病。扩展的三核苷酸虽然在开放可读框之外，但影响基因表达。
非孟德尔遗传	non-Mendelian inheritance	一种不遵循孟德尔定律的遗传模式，也不会在各种杂交后代中产生孟德尔比率。
非匿名DNA多态性	nonanonymous DNA polymorphism	影响基因功能的基因组DNA序列的差异。
非亲代双型	nonparental ditype (NPD)	一种真菌四分体，含有四个重组孢子。
非同源末端连接	nonhomologous end-joining (NHEJ)	由双链断裂形成的两端重新连接在一起的机制。NHEJ依赖于与断裂DNA链末端结合并使其紧密结合的蛋白质。
非同源染色体	nonhomologous chromosome	单个基因组中的染色体不是同源的，它们没有相似的DNA序列，在减数分裂期间也不会配对。
非整倍体	aneuploid	描述染色体组不全的细胞或有机体。
非自主元件	nonautonomous element	有缺陷的转座元件，除非基因组中含有非缺陷的自主元件，能够提供必要的功能，如转座酶，否则无法移动。
非组蛋白型蛋白质	nonhistone protein	除了组蛋白之外的染色质成分，具有广泛的功能。
分级策略	hierarchical strategy	一种基因组测序的方法，其中一小部分基因组文库克隆首先排列产生一个最小的镶嵌序列，然后对每个重组克隆的基因组DNA进行测序。
分解代谢途径	catabolic pathway	复杂分子被分解的代谢途径。
分解代谢抑制	catabolite repression	糖代谢操纵子的转录抑制，如在葡萄糖或其他优选的代谢物存在时，*lac*操纵子的转录抑制。
分离	segregation	配子形成过程中等位基因的分离，每个基因的一个等位基因进入一个配子。
分离定律	law of segregation	孟德尔第一定律，它指出每个性状的两个等位基因在配子形成过程中分离，然后在受精时随机联合，每个亲本一个。
分裂间期	interkinesis	减数分裂 I 和减数分裂 II 之间的短暂间期。
分支迁移	branch migration	在重组过程中，Holliday连接相互远离的过程，从而扩大了它们之间的异质区域。
分支线图	branched-line diagram	一种列出多种杂交组合的预期结果的系统。
分支位点	branch site	内含子中RNA核苷酸的特殊碱基序列，有助于形成RNA剪接所需的套索中间体。
分子伴侣	chaperone	一种帮助其他蛋白质折叠成其天然三级结构的蛋白质。
分子克隆	molecular cloning	从复杂的DNA分子混合物中纯化单个DNA片段，然后放大成大量相同拷贝的过程。
分子钟	molecular clock	一种假说，认为可以假设氨基酸或核苷酸以一个固定比率发生取代，作为确定生物系谱的方法。
辅阻遏物	corepressor	一种与阻遏物结合并有助于阻止转录的蛋白质。
负载tRNA	charged tRNA	一种tRNA分子，由氨酰tRNA合成酶将相应氨基酸连接其上。
附加体	episome	质粒，如F质粒，可以整合到宿主基因组中。
复合杂合子（反式杂合子）	compound heterozygote (*trans*-hetero-zygote)	同一基因的两个不同突变等位基因的杂合子。
复杂性状	complex trait	由多个基因控制的性状；复杂的性状也会受到不同等位基因之间的相互作用、环境的变化，以及基因与环境之间的相互作用的影响。
复制叉	replication fork	在复制过程中，由两条未缠绕的DNA链组成的Y形区域，分支成未配对的（但互补的）单链。
复制泡	replication bubble	复制过程中原DNA双螺旋的解开区域。

复制起点	origin of replication	DNA复制开始的核苷酸短序列。
复制子（复制单元）	replicon (replication unit)	DNA从一个复制起点运行到端点，并与相邻复制叉的DNA合并。
副体节	parasegment	果蝇身体在AP轴上的单元，其特性由同源基因控制。

G

感受态细胞	competent cell	经过处理的细胞可以从培养基中提取DNA。
冈崎片段	Okazaki fragment	在DNA复制过程中，约1000个碱基的小片段，在合成后连接起来形成后随链。
高频重组体	high frequency of recombinant (Hfr)	在交配实验中产生高频率染色体基因重组体的细菌，因为它们的染色体包含一个完整的F质粒。
功能获得突变（或等位基因）	gain-of-function mutation (or allele)	改变基因功能而不是使其失效的罕见突变。
功能缺失突变（或等位基因）	loss-of-function mutation (or allele)	一种减少或消除基因活性的突变。
共激活蛋白	coactivator	一种与转录激活因子结合并在增加转录水平中起作用的蛋白质。
共显性	codominant	描述一个基因的两个等位基因之间的关系，其中杂合子具有两个纯合子的特性。
共线性	collinearity	基因中核苷酸序列与多肽中氨基酸序列之间的平行关系。
共转导	cotransduction	通过转导将不同的细菌基因用一个噬菌体转移。
共转化	cotransformation	两个或多个基因同时转化。
供体	donor	在细菌的基因转移中，向受体提供DNA的细胞。
孤雌生殖	parthenogenesis	由未受精的雌性产生后代的生殖方式；常见于蚂蚁、蜜蜂、黄蜂、某些种类的鱼和蜥蜴。
固定	fixation	一个基因座的一个等位基因成为一个种群中唯一的等位基因的过程。
寡核苷酸引物	oligonucleotide primer	短单链DNA分子，与DNA或RNA模板杂交；其3′端可以被DNA聚合酶或反转录酶延长。
关联作图	association mapping	通过分析表型值与分子标记物的相关性来识别QTL。
光合作用	photosynthesis	叶绿体中的一种代谢途径，其中光能储存在碳水化合物的化学键中。
光谱核型分析	SKY (spectral karyotyping)	一种荧光原位杂交技术，能将24条人类染色体标记为不同的颜色。
广义遗传力	broad-sense heritability (H^2)	一种遗传性量度，包括遗传变异（V_G）的三个组成部分：加性效应（V_A）、显性效应（V_D）和等位基因在不同位点的相互作用效应（V_I）。通常在同卵双胞胎的研究中测量。
规律成簇间隔短回文重复	CRISPR	clustered regularly interspaced short palindromic repeats的缩写。许多细菌基因组中对病毒感染具有免疫力的区域。CRISPR机制已被生物技术学家用于高等生物的基因组编辑。

H

哈迪-温伯格比例	Hardy-Weinberg proportion	哈迪-温伯格平衡种群中某一特定位点的基因型频率。
哈迪-温伯格平衡	Hardy-Weinberg equilibrium (HWE)	描述等位基因和基因型频率不随世代变化的群体；理想的群体状态，服从哈迪-温伯格定律的假设。
含氮碱基	nitrogenous base	核苷酸的组成部分。在DNA中，四个不同的碱基是鸟嘌呤、胞嘧啶、腺嘌呤、胸腺嘧啶；在RNA中，尿嘧啶代替胸腺嘧啶。
合胞体	syncytium	有两个或多个核的动物细胞。
合胞体囊胚	syncytial blastoderm	在果蝇胚胎中，大多数合胞体核迁移到胚胎皮层的发育阶段。
合成代谢途径	anabolic pathway	从简单分子合成复杂分子的生化途径。
合成染色体	synthetic chromosome	染色体的DNA成分是由DNA合成机器合成的。
合子分割基因	zygotic segmentation gene	在果蝇中，从受精卵的基因组中转录出的一组基因，该基因组将机体分成一系列相同的片段。合子分割基因的三个亚群是：间隙基因、成对规则基因和片段极性基因。

核苷酸	nucleotide	一种DNA或RNA的亚单元，由一个含氮碱基（DNA中是腺嘌呤、鸟嘌呤、胸腺嘧啶或胞嘧啶；RNA中是腺嘌呤、鸟嘌呤、尿嘧啶或胞嘧啶）、一个磷酸基和一个糖（DNA中是脱氧核糖；RNA中是核糖）组成。
核酶	ribozyme	能作为酶催化特定化学反应的RNA分子。
核膜	nuclear envelope	围绕真核细胞细胞核的两层膜。
核仁	nucleolus	一种大的球形细胞器，用光学显微镜观察，在真核细胞间期的细胞核内可见；核糖体生物合成的场所。
核酸杂交	nucleic acid hybridization	通过DNA或RNA单链互补碱基对形成双链分子。
核糖	ribose	在RNA中发现的五碳糖。
核糖核酸	ribonucleic acid (RNA)	在细胞核和细胞质中发现的核糖核苷酸的多聚体；它在蛋白质合成中起着重要的作用。有几种RNA分子，包括信使RNA（mRNA）、转移RNA（tRNA）、核糖体RNA（rRNA）、miRNA、piRNA和siRNA。
核糖核酸	RNA	核糖核酸；核苷酸的多聚体。不同的RNA在蛋白质合成和基因表达调控中起着重要作用。
核糖开关	riboswitche	与小分子效应物结合以控制基因表达的变构RNA先导体。
核糖体	ribosome	由核糖体RNA和蛋白质组成的细胞质结构；蛋白质合成的场所。
核糖体RNA	ribosomal RNA (rRNA)	核糖体的RNA成分，由rRNA和蛋白质组成。
核糖体结合位点	ribosome binding site	原核生物mRNA上既包含起始密码子，又包含SD框的区域；核糖体与这些元件结合开始翻译。
核糖体图谱	ribosome profiling	在mRNA上印迹核糖体的技术。对核糖体保护的mRNA片段进行高通量测序，可以通过揭示被翻译的不同mRNA的种类及其翻译频率来提供有关翻译调控的信息。此外，通过提供mRNA上核糖体的位置信息，可以识别翻译起始和终止位点及暂停位点。
核心基因组	core genome	某一个种的所有菌株共享的基因。
核心组蛋白	core histone	构成核糖体核心的蛋白质：H2A、H2B、H3和H4。
核型	karyotype	生物体一个细胞内完整染色体组的视觉描述；通常以显微照片的形式呈现，染色体以标准格式排列，显示每一种染色体的数目、大小和形状。
宏基因组学	metagenomics	源于自然微生物群落的基因组DNA的集体分析。
后发性的	late-onset	描述了一种遗传特征，其症状在出生时不存在，但在出生后表现出来。
后期	anaphase	有丝分裂阶段，姐妹染色单体的连接被切断，使染色单体被拉到相反的纺锤极上。
后期Ⅰ	anaphase Ⅰ	在减数分裂Ⅰ期，交叉连接的同源染色体解散，使母系和父系同源染色体向相反的纺锤极移动；着丝粒不分离，因此向两极移动的染色体各由两个染色单体组成。
后期Ⅱ	anaphase Ⅱ	在减数分裂Ⅱ期，分裂的黏连蛋白复合体允许姐妹染色单体移动到相反的纺锤极。
后随链	lagging strand	在复制过程中，DNA链不连续地复制，从5'到3'方向远离Y形复制叉，形成小的冈崎片段，最终连接成一条连续的链。
互变异构化	tautomerization	两个相似形式或互变异构体之间碱基的相互转换。
互变异构体	tautomer	分子相似的化学形式，如DNA中的碱基，可以互换。
互补	complementation	两个不同基因的功能缺失突变隐性等位基因杂合后产生正常表型的过程。
互补表	complementation table	一种对数据进行整理的方法，它可以帮助我们形象化大量突变体之间的关系（哪对突变互补）。
互补测试	complementation test	发现两个突变是否在相同或分开的基因中的方法。两个具有相同突变表型的突变株被杂交。如果子代均为野生型（发生互补），则菌株在不同的基因中具有突变；如果这些后代都是突变体（没有发生互补），那么这些菌株在同一基因中有突变。

互补DNA	cDNA	以mRNA为模板合成的DNA分子；是信使RNA的双链DNA形式。
互补碱基对	complementary base pair	A-T和G-C在DNA双螺旋结构中被氢键结合在一起。
互补碱基配对	complementary base pairing	在DNA复制过程中，互补链与母链上暴露的碱基反向对齐互补碱基，形成新DNA链的核苷酸序列；A-T和G-C之间的氢键，将DNA双螺旋结构的两条反向平行链连在一起；也能形成RNA：DNA或RNA：RNA双链（在RNA中A与U配对）。
互补性	complementarity	DNA的性质，即双螺旋中两条链的碱基序列互为反向互补；A与T互补，G与C互补。
互补组	complementation group	互相之间不互补的突变的集合。通常与基因同义。
花斑位置效应	position-effect variegation	基因在一群细胞中的可变表达，由在高度致密的异染色质附近的基因位置引起。
滑动错配	slipped mispairing	在通过重复区域进行DNA复制时，一条DNA链相对于另一条的滑动。这个过程也被称为打滑，可以导致SSR重复数量的扩张或收缩。
化疗	chemotherapy	用杀死癌细胞的药物治疗患者。
环境方差	environmental variance (V_E)	在群体中，由于外部的、不可遗传的因素的影响，引起表型值与平均值的偏差。
回复突变	reverse mutation	使突变体变回野生型的突变。逆转的同义词。
活性焦点	focus of action	细胞中，一个基因必须活跃才能使动物正常发育和发挥功能。
霍利迪连接体	Holliday junction	重组中间体中两个非姐妹染色单体的连锁区域。

J

基础因子	basal factor	一种蛋白质（转录因子），可以直接与基因组中所有启动子的DNA序列结合；也包括其他的蛋白质，在启动子上结合转录因子并帮助招募RNA聚合酶。启动子上需要一种包含基础因子的复合物启动RNA聚合酶转录。
基因	gene	在染色体的一个离散区域内的特定DNA片段，通过编码特定的RNA或蛋白质作为功能单位。
基因编辑	gene editing	描述各种技术，包括CRISPR/Cas9，这些技术允许在不使用ES细胞的情况下创建敲入和敲除动物基因。
基因表达	gene expression	将一个基因的信息转化成RNA，然后（蛋白质编码基因）转化成多肽的过程。
基因超家族	gene superfamily	一大组相关基因被分割成小的组或家族，每个家族的基因彼此之间的关系比超家族的其他成员更密切。组成超家族的基因可以位于不同的染色体位置。编码珠蛋白和*Hox*基因的基因家族是基因超级家族的例子。
基因打靶	gene targeting	依赖同源重组将DNA插入基因组的方法；该DNA的目标是通过序列相似性插入到基因组的特定位置。
基因剂量	gene dosage	一个给定基因在细胞核中出现的次数。
基因家族	gene family	一组功能稍有不同的密切相关的基因，很可能是由一系列的基因复制事件引起的。
基因库	GenBank	含有注释DNA序列的NIH数据库。
基因扩增	gene amplification	从正常的一个基因的两个拷贝增加到数百个拷贝；通常是由于p53的突变，破坏了G_1到S的检查点。
基因内抑制	intragenic suppression	基因功能的恢复通过一个突变来抵消同一基因中另一个突变的影响。
基因枪转化	biolistic transformation	利用基因枪产生转基因叶绿体。
基因敲除小鼠	knockout mouse	在靶向基因中引入突变的小鼠纯合子；突变破坏了基因的功能。
基因敲入小鼠	knockin mouse	通过定向诱变改变基因的小鼠。这种改变可以是点突变，也可以是大的DNA插入。
基因沙漠	gene desert	基因组中基因贫乏的区域。
基因渗入	introgression	一个物种中的小段基因组区域存在于另一个不同的物种中。
基因型	genotype	存在于个体中的等位基因。
基因型类别	genotypic class	由一组相关基因型定义的分类，它们将产生一种特定的表型。该术语适用于描述包含完全显性的双杂交或多杂交后代；例如，在AaBb个体之间的杂交中，基因型类别是A-B-、A-Bb、aaB-和aabb。

基因型频率	genotype frequency	在群体中，具有特定基因型的所有个体的比例。
基因型优势比	genotypic odds ratio	特定SNP等位基因的杂合或纯合所带来的疾病风险的平均增加。
基因治疗	gene therapy	操纵基因组以治疗疾病。
基因转换	gene conversion	在一个杂合子中，由于重组过程中异源双链的形成和错配修复，将一个等位基因的碱基序列改变为其他等位基因的碱基序列。
基因组	genome	在一个特定的细胞或有机体中遗传信息的总和。
基因组不稳定性	genomic instability	在癌细胞中，点突变的积累和染色体重排导致异常的核型。
基因组当量	genomic equivalent	指带有特定大小的不同数量DNA插入片段克隆，可携带特定基因组中每个序列的单一副本。
基因组岛	genomic island	大的DNA片段从一个菌种转移到另一个菌种。
基因组文库	genomic library	一组DNA克隆，它们共同携带一个特定生物体基因组中每个DNA序列的代表性拷贝。
基因组学	genomics	研究整个基因组的科学。
基因组印记	genomic imprinting	基因表达依赖于传递它的亲本的现象；由性别特异的DNA甲基化引起。
基因座	locus (单数, loci)	染色体上的指定位置；有时指的是一个基因。
基因座控制区	locus control region (LCR)	顺式作用调控元件（一组增强子），调节基因复合体中单个基因的转录，如α-globin复合体。
基因座异质性	locus heterogeneity	描述一种性状，两种或两种以上基因中的任何一种发生突变导致同一突变表型。
激活因子	activator	一种转录因子，它与增强子元件中的特定DNA序列结合，并增加附近启动子的转录水平。
极体	polar body	卵母细胞在卵子发生过程中由减数分裂Ⅰ或减数分裂Ⅱ产生的细胞，分化为初级或次级卵母细胞。
极性	polarity	有不同末端的特性。
极性微管	polar microtubule	起源于中心体并指向细胞中央的微管；从相反的中心体产生的极性微管在细胞赤道附近交叉，并在后期将纺锤体两极分开。
疾病基因	disease gene	突变等位基因导致人类遗传疾病的基因。
剂量补偿	dosage compensation	平衡X连锁基因表达水平的机制，不依赖于X染色体上基因的拷贝数；在哺乳动物中，剂量补偿机制为X染色体失活。
加法规则	sum rule	两个或两个以上相互排斥的事件发生的概率是它们各自概率的总和。
甲基定向错配修复	methyl-directed mismatch repair	一种DNA修复机制，可以纠正复制中的错误，利用亲本链上的甲基基团区分新合成的链和亲本DNA链。
甲基化帽	methylated cap	在真核mRNA的5′端的结构，由限制酶和甲基转移酶的作用形成；这对有效地将mRNA翻译为蛋白质至关重要。
假常染色体区域	pseudoautosomal region (PAR)	X染色体和Y染色体两端的同源区域。
假基因	pseudogene	无功能的基因；基因复制和分化的结果，在这种情况下，一个原本具有功能的基因的拷贝发生了突变，以致不再起作用。
假连锁	pseudolinkage	相互易位的杂合子的一种特性，位于易位断点旁边的基因表现得好像它们是连锁的，即使它们起源于非同源染色体。
间接阻遏物	indirect repressor	一种干扰激活因子功能的蛋白质，不需要结合于DNA。
间期	interphase	细胞分裂之间的周期。
间隙基因	gap gene	在果蝇中，这些基因是第一个被转录的受精卵分裂基因；它们编码转录因子。胚胎纯合子在间隙基因中的突变显示了由于间隙基因正常表达的片段缺失而导致的分割模式的"间隙"。
兼性异染色质	facultative heterochromatin	染色体区域（甚至全染色体）在某些细胞中为异染色质的，在同一生物体的其他细胞中为常染色质的。
检查点	checkpoint	阻止细胞继续进入细胞周期的下一阶段的机制，直到前面的步骤被成功地完成，从而保护基因组的完整性。

减数分裂	meiosis	配子祖细胞中连续两次细胞分裂的过程。在第一次分裂中，同源染色体对分离到两个不同的子细胞中；在第二次分裂中，每个同源染色体的染色单体分离到两个不同的子细胞中。一个二倍体细胞（2×）通过减数分裂产生4个单倍体配子（1×）。
减数分裂	reduction(al) division	减少染色体数目的细胞分裂，通常通过将同源染色体分离到两个子细胞中。减数分裂Ⅰ是一种减数的分裂。
减数分裂Ⅰ	meiosis Ⅰ (division Ⅰ of meiosis)	当母核分裂成两个子核时，在减数分裂Ⅰ期，先前复制的同源染色体分离到不同的子细胞中。
减数分裂Ⅱ	meiosis Ⅱ (division Ⅱ of meiosis)	当减数分裂Ⅰ产生的两个子核中的每一个分裂产生两个核时，每个同源染色体的染色单体分离到不同的子细胞中。
减数分裂不分离	meiotic nondisjunction	减数分裂时染色体分离失败，此时染色单体或同源染色体没有正确分离。
剪接供体	splice donor	核苷酸序列，位于内含子和上游外显子边界处的初级转录物中；需要RNA剪接。
剪接受体	splice acceptor	核苷酸序列，位于内含子和下游外显子边界处的初级转录物中；需要RNA剪接。
剪接体	spliceosome	一种执行RNA剪接的复杂核内机器。
简并	degenerate	描述在结构上不同，执行相同功能的元素的能力，如遗传密码中的情况:几个不同的密码子可以指定相同的氨基酸，一个tRNA反密码子可以识别几个不同的密码子。
简单序列重复	simple sequence repeat (SSR)	由一个或几个碱基组成的基因组位点，串联重复100次。不同的等位基因具有不同的重复数。人类基因组包含约10万个SSR位点。也被称为微卫星位点。
碱基	base	核苷酸的组成部分。在DNA中，四个碱基分别是鸟嘌呤、胞嘧啶、腺嘌呤和胸腺嘧啶；在RNA中，尿嘧啶代替胸腺嘧啶（也称为含氮碱基）。
碱基类似物	base analog	在化学结构上与DNA中正常的含氮碱基非常相似的致变物，复制机制可以将它们整合到DNA中，取代正常的碱基。它们的结合可以导致在下一轮DNA复制中合成的互补链上的碱基置换。
建立者效应	founder effect	基因漂移的一种变异，发生在少数个体从一个较大的群体中分离出来，并建立一个脱离原始群体的新的群体，导致新的群体中等位基因频率的改变。
交叉	chiasmata (单数, chiasma)	同源染色体的非姐妹染色单体交换的可观察区域。
交叉抚养	cross-fostering	随机地将后代转移到其他父母的照料下，通常在动物研究中进行，以随机化环境对结果的影响。
交叉遗传	crisscross inheritance	一种遗传模式，在这种模式中，儿子从母亲那里继承一种性状，而女儿从父亲那里继承这种性状。
交互隐性上位	reciprocal recessive epistasis	两个不同基因的等位基因之间的相互作用，其中每个基因的纯合隐性基因型阻止另一个基因的显性等位基因的表型表达。
交换	crossing-over	在减数分裂过程中，一个母系和一个父系染色单体的断裂，导致DNA相应片段的交换和染色体的重新连接。这个过程可以导致染色体间等位基因的交换。
交换抑制子	crossover suppressor	当与正常同源染色体杂合时的倒位染色体，因为配子没有功能，重组子代不成活是可能的。
酵母人工染色体	yeast artificial chromosome (YAC)	用于克隆长度可达400kb 的DNA片段的载体。YAC是由酵母细胞复制所需的端粒、着丝粒和复制起始序列组成的。
接触抑制	contact inhibition	细胞间的一种信号机制，通常在培养中将细胞生长限制为单层。
接合	conjugation	细菌将基因从一个菌株转移到另一个菌株的机制；供体携带一种特殊的质粒，当它与受体接触时，它可以直接传递DNA。接受者被称为接合后体。
接合后体	exconjugant	基因转移产生的受体细胞，转移中携带特殊质粒的供体细胞与受体建立联系并将DNA转移到受体。
接合质粒	conjugative plasmid	启动接合的质粒，因为它们携带着允许供体将基因传递给受体的基因。
接头DNA	linker DNA	连接一个核小体和下一个核小体的一段约40碱基对的DNA。
结构异染色质	constitutive heterochromatin	在所有细胞中大多数时间仍在异染色质中浓缩的染色体区域。
结构域框架	domain architecture	蛋白质功能结构域的数量和顺序。

截断选择	truncation selection	人工选择的一种形式，一种植物育种者使用的人工选择，在这种人工选择中，只有表型值高于或低于特定截断值的个体被培育出来，以产生下一代。
姐妹染色单体	sister chromatid	在DNA复制后立即存在的染色体的两个相同的拷贝。姐妹染色单体由称为内聚蛋白的蛋白复合体连接在一起。
解离酶	resolvase	在交换的过程中，在Holliday节点断裂并连接DNA链以分离非姐妹染色单体的酶。
紧邻1分离模式	adjacent-1 segregation pattern	在减数分裂 I 期中，同源染色体的正常分离导致的两种分离模式之一。同源着丝粒分离，使一个易位染色体和一个正常染色体分别去往两极。
紧邻2分离模式	adjacent-2 segregation pattern	由不分离导致的一种分离模式，其中同源着丝粒在减数分裂 I 期去往同一极。
进化	evolution	在连续世代中，生物种群遗传性状的变化。
近等基因系	nearly isogenic line (NIL)	除一小部分基因组区域外，其他基因完全相同的菌株；也称为同类系。
近端着丝粒的	acrocentric	描述了一条着丝粒接近一端的染色体。
近亲交配	consanguineous mating	在拥有共同祖先的基因亲属之间交配。
茎环	stem loop	由于同一分子中不同区域之间的互补碱基对作用而使单链RNA自我折叠形成的结构。又称发夹环。
精细结构作图	fine structure mapping	同一基因突变的重组图。
精原细胞	spermatogonia	睾丸中的二倍体生殖细胞。
精子	sperm	减数分裂产生的雄性配子（人类的精子是单倍体的）。
精子发生	spermatogenesis	精子的生成。
精子细胞	spermatid	在减数分裂末期产生的单倍体细胞，将来发育成精子。
聚合	polymerization	子单元的连接形成一个多单元链。例如，在DNA复制中，核苷酸的聚合是通过DNA聚合酶形成磷酸二酯键而发生的。
聚合酶链反应	polymerase chain reaction (PCR)	当两端的短序列已知时，一种快速且廉价的复制DNA序列的方法；基于重复循环，它放大了前一轮复制的产物。
绝缘子	insulator	真核生物中的一种转录调控元件，它阻断了一端的增强子与另一端的启动子之间的相互作用。
均等分裂	equational division	细胞分裂不减少染色体数目，而是将姐妹染色单体分配给两个子细胞。有丝分裂和减数分裂都是均等分裂。
均匀染色区	homogeneously stained region (HSR)	染色体上的一个区域，由于基因扩增而包含一个基因的多个串联重复序列，作为一个放大的区域在显微镜下可见。
菌落	colony	一堆基因完全相同的细胞，它们都来源于一个细胞。

K

卡方检验	chi-square (χ^2) test	一种统计测试，用来确定观察到的偏离预期结果的概率，这种概率完全是偶然发生的。
抗交换解旋酶	anticrossover helicase	一种酶，能帮助把入侵的链从非姐妹染色单体中分离出来，从而中断了霍利迪连接的形成并防止交换。
抗终止子	antiterminator	一种RNA的茎环结构，用来阻止终止子的形成。
拷贝数变异	copy number variant (CNV)	由大范围（10bp到1Mb）的重复或删除引起的一种遗传变异。
可变剪接	alternative splicing	通过连接不同的外显子组合，从同一原始转录物中产生不同的成熟mRNA。
可读框	open reading frame (ORF)	在同一阅读框中有长串密码子的DNA序列，不受终止密码子的干扰。
克隆载体	cloning vector	将外源DNA导入宿主细胞的载体，在那里DNA可以被大量复制；一种DNA分子，可以将另一个合适大小的DNA片段整合在一起，而不丢失载体的复制能力。

L

| 厘摩 | centimorgan (cM) | 重组频率的测量单位。一厘摩等于在一个世代中由于交换使得一个遗传位点上的标记与另一个位点上的标记分离的概率为1%（图距单位的同义词）。 |
| 离散性状 | discrete trait | 一种遗传性状，表现出明显的非此即彼的特性（即紫色与白色的花）。不连续性状的同义词。 |

连锁不平衡	linkage disequilibrium (LD)	位于不同位点的特定等位基因（如标记等位基因和疾病等位基因）彼此关联的频率显著高于偶然性预期。
连锁的	linked	描述基因的等位基因通常是一起遗传的；连锁的基因通常位于同一染色体上的相近位置。
连锁平衡	linkage equilibrium	同一染色体上不同位点的特定等位基因随机关联。
连锁群	linkage group	由连锁关系连接在一起的一组基因。
连续性状	continuous trait	具有许多中间形式的一种遗传性状；由许多不同基因的等位基因决定的一种性状，这些等位基因相互作用，可能还包括环境作用、产生的表型。也称为数量性状。
联会	synapsis	同源染色体排列和浓缩的过程；发生在前期 I 的偶线期。
联会复合体	synaptonemal complex	在减数分裂 I 的前期，帮助同源染色体排列的结构。
链入侵	strand invasion	在重组过程中，一个单链DNA取代了非姐妹染色单体上的相应链。
两侧连接loxP	floxed	描述转基因生物的一个基因，其中一个外显子两侧有loxP位点；该基因可以在表达Cre重组酶的细胞中有条件地被敲除。
裂解物	lysate	噬菌体在消化循环结束时从宿主细菌释放出的一群噬菌体粒子。
裂解周期	lytic cycle	噬菌体感染细胞的细菌周期，导致细胞分裂和子代噬菌体的释放。
磷酸二酯键	phosphodiester bond	共价键将一个核苷酸连接到另一个形成DNA主干的核苷酸。
零假设	null hypothesis	要检验的统计假设，或接受或拒绝，以支持另一种选择。
孪生斑	twin spot	与周围组织表型不同的相邻组织块；可由有丝分裂重组产生。
卵原细胞	oogonia (单数, oogonium)	卵巢中的二倍体生殖细胞。
卵子	ovum	单倍体雌性生殖细胞（卵细胞）。
卵子发生	oogenesis	雌配子（卵）的形成。
罗伯逊易位	Robertsonian translocation	由两条顶着中心染色体的着丝粒断裂引起的易位。断裂部位的相互交换产生一个大的、具有中间着丝粒的染色体和一个很小的染色体。
螺旋-转角-螺旋	helix-turn-helix (HTH)	转录因子DNA结合结构域；例如，Lac阻遏物是一个螺旋-转角-螺旋蛋白，Hox蛋白的同源域是一个螺旋-转角-螺旋结构域。

M

曼哈顿图	Manhattan plot	来自GWAS的数据显示，类似于曼哈顿天际线。对于基因组中的每一个SNP（x轴），与所怀疑的性状之间有所联系被偶然观察到的概率的负对数标示在y轴上。
蒙特卡罗模拟	Monte Carlo simulation	一种计算机模拟，使用一个随机数字生成器在一个预先定义概率规则的动态系统中选择概率事件的一种结果；允许分代序列并行。
密码子	codon	一种核苷酸三联体，表示在翻译过程中插入在生长的氨基酸链中特定位置的具体的氨基酸。密码子存在于mRNA和RNA转录的DNA中。
嘧啶	pyrimidine	一种化学基团，包括含氮碱基的胞嘧啶、胸腺嘧啶和尿嘧啶。
免疫监视	immune surveillance	人体免疫系统识别并攻击异物的过程。
灭绝	extinction	从种群中失去一个等位基因。
模板	template	一条DNA或RNA链，作为DNA聚合酶、RNA聚合酶或反转录酶的模型，以产生新的互补的DNA或RNA链。
模板链	template strand	双螺旋的链与RNA样DNA链和mRNA互补，DNA链作为转录的模板。
末期	telophase	有丝分裂的最后阶段，即子染色体到达细胞相反的两极，细胞核重新形成。
末期 I	telophase I	减数分裂的 I 期，移向两极的染色体周围形成核膜；每个初始细胞核包含原母核中染色体数目的一半，但每个染色体都由两个由内聚蛋白复合体结合在一起的姐妹染色单体组成。
末期 II	telophase II	减数分裂 II 的最后阶段，在此期间，围绕四个细胞核形成膜，细胞分裂将每个核置于一个单独的细胞中。
母体效应基因	maternal effect gene	编码母体成分的基因（由母体提供给卵子），使她的后代得以发育。
母体效应突变	maternal effect mutation	母体效应基因的突变。携带这种突变的母亲的后代有一个突变的表型——突变的母亲本身没有。

母系遗传	maternal inheritance	卵细胞质中细胞器基因组向子代的转移。

N

内共生学说	endosymbiont theory	认为叶绿体和线粒体起源于自由生活的细菌被原始的有核细胞吞噬。
内含子	intron	在基因的DNA中发现的序列，是从原始转录物中剪接出来的，因此在成熟的mRNA中没有发现。
拟表型	phenocopy	由环境因素引起的表型变化，类似于一个基因中的一个突变的影响。拟表型是不遗传的，因为它们不是由基因的变化引起的。
拟核	nucleoid	一种折叠的细菌染色体。
逆转	reversion	使突变体变回野生型的突变。回复突变的同义词。
匿名DNA多态性	anonymous DNA polymorphism	基因组DNA序列的差异对基因功能没有影响。
黏性末端	sticky end	限制酶消化后，断裂DNA分子两条链的偏移位置上的磷酸二酯键而得到的结果，产生的双链DNA分子在两端各有一条突出的单链，长度通常为1~4个碱基。
黏着素	cohesin	一种多亚基蛋白复合物，它与真核细胞中的姐妹染色单体结合，并将染色单体结合在一起直到后期；在着丝粒和染色体臂上都可以找到。
凝胶电泳	gel electrophoresis	根据DNA片段、RNA分子或多肽的大小来分离它们的过程。电泳是通过琼脂糖或聚丙烯酰胺凝胶传递电流来完成的。作为对电流的反应，分子在凝胶中迁移，其速度取决于它们的大小。
凝缩蛋白	condensin	真核细胞中蛋白质的多亚基复合体，在有丝分裂期间使染色体紧密。
农杆菌介导的T-DNA转移	*Agrobacterium*-mediated T-DNA transfer	一种产生转基因植物的方法，其中含有重组质粒的细菌感染植物，质粒中含有转基因的部分整合到植物基因组中。
浓缩	condensation	染色质浓缩的细胞过程，使单个染色体可见。

O

偶线期	zygotene	前期 I 的子阶段，此时同源染色体在联会中浓缩在一起。

P

庞纳特方格	Punnett square	一种简单的方法，用于在给定的杂交中可视化受精事件。
旁系同源基因	paralogous gene	在同一物种内，通常在同一染色体内，通过复制而产生的基因；旁系同源基因通常构成一个基因家族。
胚胎干细胞	embryonic stem cell (ES cell)	培养的胚胎细胞连续分裂而不分化，并能成为任何细胞类型。
配对末端测序	paired-end sequencing	一种确定全基因组碱基对序列的策略，对单个BAC克隆的两端约1000bp进行测序。已知这两个序列是连接在一个BAC插入物上，可以进行基因组组装，尽管存在重复的元素。
配子	gamete	特殊的细胞（卵子和精子），在世代之间携带基因。
配子发生	gametogenesis	配子的形成。
匹配概率	match probability	两个不同的人有相同的二倍体基因型，用于一组特定的分子标记的概率，如SSR。
片段极性基因	segment polarity gene	在果蝇中，一组以14条条纹表示的合子分割基因，它们沿着AP轴以单一的周期性重复出现。这些基因的突变导致与表达该基因的细胞相对应部分的缺失，通常伴随着其余部分的镜像复制。片段极性基因编码细胞通讯蛋白质，并决定在每个片段中重复的特定模式。
嘌呤	purine	一种化学基团，包括含氮碱基的腺嘌呤和鸟嘌呤。
平端	blunt end	一种双链DNA分子末端，没有5′和3′突出部分。
平衡染色体	*Balancer* chromosome	一种用于遗传调控的特殊染色体；防止交换染色体的恢复，从而保持染色体包含多个突变。由于平衡染色体出现两个拷贝时会导致致命性或不育症，因此它们也有助于维持携带命突变的染色体杂合子。
平衡选择	balancing selection	在群体中积极保持一个基因的多个等位基因的一种选择作用。
普遍性转导	generalized transduction	一种转导（噬菌体介导的基因转移），可导致任何细菌基因在相关菌株之间的转移。

Q

启动子	promoter	转录起始位点附近吸引RNA聚合酶的基因序列。
起始	initiation	DNA复制、转录或翻译的第一阶段，需要在延伸过程中为添加核苷酸或氨基酸构建模块奠定基础。
起始密码子	initiation codon	核苷酸三联体，标记了一个mRNA核苷酸序列中的精确位点，即特定多肽编码开始的位置：AUG。
起始因子	initiation factor	常用于蛋白质的一种术语，在翻译的第一阶段，起始因子用于帮助促成核糖体、mRNA和起始tRNA的联合。
迁移	migration	个体在群体之间的移动。
前导链	leading strand	在复制过程中，DNA链连续复制，从5′到3′向着解除Y形复制叉的方向。
前期	prophase	细胞周期的一个时期，以染色质未分化块中出现单个染色体为标志，表明有丝分裂的开始。
前期 I	prophase I	减数分裂最长、最复杂的时期，由若干阶段组成。
前期 II	prophase II	减数分裂 II 的第一个时期；如果染色体在分裂间期去收缩，它们就会重新收缩。在前期 II 结束时，核膜破裂，纺锤体重新形成。
前中期	prometaphase	核膜刚破裂后的有丝分裂或减数分裂阶段，染色体连接到纺锤体上并开始向中期板移动。
嵌合分析	mosaic analysis	观察嵌合组织以确定一个基因的作用焦点。
嵌合体	chimera	由两个或多个不同生物体的细胞组成的胚胎或动物。
嵌合体	mosaic	一种含有不同基因型细胞的生物体。
嵌入剂	intercalator	一种由扁平的平面分子组成的化学诱变剂，它们可以将自己夹在连续的碱基对之间，扰乱DNA复制的机制，从而导致突变。
切除	excision	从较大的DNA分子中去除一段DNA。
切除	resection	在同源重组过程中，外切核酸酶切割双链位点后产生单链DNA 5′端的过程。
亲代	parental (P) generation	后代被用于研究特定性状的个体。
亲代级	parental class	在原始的亲代中出现的等位基因的组合。
亲代双型	parental ditype (PD)	一种四分体，包含四个亲代级单倍体细胞。
亲代型	parental type	在配子形成过程中保留的等位基因的亲本组合。
氢键	hydrogen bond	弱静电键导致反应基团间氢原子部分共享。
驱动突变	driver mutations	导致癌症表型的癌细胞的DNA改变。
全基因组关联研究	genome-wide association study (GWAS)	分析一个种群中多个个体的全部基因组，以识别与特定表型相关的SNP等位基因；这样的SNP位点与该性状的数量性状位点连锁。
全基因组鸟枪策略	whole-genome shotgun strategy	一种确定整个基因组序列的方法，在这种方法中，随机重叠的基因组DNA片段被测序，序列被计算机组装，直到整个基因组序列完成。
全能的	totipotent	描述早期胚胎发育的一种细胞状态，在这种状态中，细胞尚未分化，并保持产生发育中的胚胎和成年动物中发现的每一种细胞的能力。
全外显子组测序	whole-exome sequencing	只对与外显子相对应的基因组DNA进行测序。
缺失	deletion	DNA分子中一个或多个核苷酸对的缺失。
缺失插入多态性	InDel (或 DIP)	由插入或缺失引起的基因组DNA多态性；在人类中，每10kb的DNA中就会出现一次。
缺失环	deletion loop	一种正常染色体的未配对的凸起，对应于从其配对的同原物中删除的区域。
群体感应	quorum sensing	细菌探测它们的种群密度的一种通讯系统。
群体遗传学	population genetics	关于发生在整个群体中的遗传事件的科学学科。

R

染色单体	chromatid	DNA复制后立即存在的两个染色体拷贝之一。
染色体	chromosome	细胞核中含有基因、能自我复制的DNA/蛋白质复合物。

染色体丢失	chromosome loss	一种导致非整倍性的机制，在这种机制中，特定的染色单体或染色体在细胞分裂过程中不能合并到子细胞中。
染色体干涉	chromosomal interference	交换不独立发生的现象。
染色体基数	basic chromosome number (x)	组成一个完整集合的不同染色体的数目。
染色体重排	chromosome rearrangement	沿着一条或多条染色体的碱基序列顺序的变化。
染色体组型图	ideogram	在显微镜下观察到的由明暗带（G带）转变而来的染色体的黑白图。
染色质	chromatin	在细胞核中发现的形成染色体的DNA和蛋白质的复合体。
染色质免疫共沉淀测序	chromatin immuno precipitation-sequencing (ChIP-Seq)	一种寻找特定转录因子的靶基因的方法，该方法涉及使用该转录因子的抗体来纯化与DNA结合的蛋白质。
人工选择	artificial selection	为下一代选择父母而有目的地控制交配。
人工转化	artificial transformation	一种将基因从一个细菌株转移到另一个细菌株的过程，利用实验室程序削弱细胞壁，使细胞膜能够渗透DNA。
人类基因组计划	Human Genome Project	确定人类基因组的完整序列并分析这些信息的计划。
人类孟德尔遗传在线数据库	Online Mendelian Inheritance in Man (OMIM)	位于互联网上的人类基因及其调控特征数据库（www.omim.org）。这个数据库包括已知的基因变异，以及它们导致的疾病或其他特征。
人类微生物组计划	Human Microbiome Project	该计划旨在识别所有与人类共生的微生物物种，并将微生物种群的差异与表型差异和疾病状态联系起来。
人内源性反转录病毒	human endogenous retrovirus (HERV)	在人类基因组中结构类似于反转录病毒的反转录转座子。
溶原菌	lysogen	携带噬菌体的细菌细胞。
溶原循环	lysogenic cycle	噬菌体作为原噬菌体整合到细菌宿主基因组中，对细胞没有立即的伤害。
融合蛋白	fusion protein	由一个以上基因组成的开放读码框编码的蛋白质。
融合基因	fusion gene	由两个或多个不同基因组成的基因。
冗余基因	redundant gene	在通路上产物具有相同功能的基因；只有当两个基因产物都不存在时，才能观察到突变表型。
冗余基因作用	redundant gene action	在一个通路中需要两个基因中的一个或另一个的显性功能等位基因的现象。

S

三倍体	triploid	描述具有三套完整染色体的细胞或生物。
三级结构	tertiary structure	多肽的终极三维形状。
三体	trisomic	描述除了正常的二倍体外还有一条额外染色体的个体。
筛选	screen	研究人员对大量生物体进行检测，并识别出具有突变表型的罕见个体的过程。
扇形	sector	一个生长中的微生物菌落的一部分，与菌落的其他部分有不同的基因型。
上位性	epistasis	一种基因相互作用，等位基因在一个基因上的作用掩盖了另一个基因上等位基因的作用。
上游	upstream	当沿着基因移动时，与RNA方向相反的运动；朝向基因的5′端。
上游激活序列	upstream activating sequence (UAS)	酵母中类似于增强子的顺式控制元件；与增强子不同的是，UAS不能作用于启动子的下游，而且它们对于启动子的方向很重要。
生化途径	biochemical pathway	细胞内有序的一系列化学反应，在这些反应中分子逐步转化为最终产物。
生物信息学	bioinformatics	利用计算方法（专门的软件）破解生物体内信息的生物学意义的科学。
生物学祖先	biological ancestor	任何人遗传其基因的个体；如父母、祖父母、曾祖父母等。
生长因子	growth factor	刺激或抑制细胞增殖的细胞外激素和细胞结合配体。
生长因子受体	growth factor receptor	细胞表面的蛋白质，结合生长因子并触发信号转导级联反应。
生殖克隆	reproductive cloning	通过将一个个体体细胞的细胞核插入到已被移除细胞核的卵细胞中而产生的克隆胚胎。杂交卵子受到刺激后开始胚胎细胞分裂，产生的克隆胚胎被移植到养母的子宫中，允许发育。
生殖细胞	germ cell	特殊的细胞，结合到生殖器官中，在那里它们最终经历减数分裂，从而产生配子，将基因传递给下一代。

生殖细胞系	germ line	两性繁殖生物中所有的生殖细胞。在动物体内，在胚胎发育过程中，生殖细胞系区别于体细胞。生殖细胞系中的生殖细胞通过有丝分裂的分离产生一组特殊的二倍体细胞，然后通过减数分裂产生单倍体细胞或配子。生殖细胞系包括配子的前体（如卵母细胞、精原细胞、初级和次级卵母细胞）、初级和次级精母细胞及配子。
实际遗传力	realized heritability	作为对选择的响应而测量的遗传力值。
适应性	fitness	相对于同一位点上的其他基因型，某一特定基因型对群体成员繁殖的相对优势或劣势。
适应性成本	fitness cost	一种有害等位基因的作用。
释放因子	release factor	识别终止密码子并帮助终止翻译的蛋白质。
噬菌体	bacteriophage	一种天然宿主是细菌的病毒；字面意思是细菌捕食者。
噬菌体	phage	bacteriophage的缩写；一种病毒，其自然宿主为细菌细胞；字面意思为细菌捕食者。
收缩环	contractile ring	由肌动蛋白微丝组成的临时细胞器，排列在分裂动物细胞赤道的周围；纤维的收缩使细胞一分为二。
受精卵	zygote	在有性生殖过程中，卵子通过精子受精而形成的细胞；在人类中，卵子和精子是单倍体，受精卵是二倍体。
受体	recipient	在细菌的基因转移过程中，接受DNA的细胞。
数量性状	quantitative trait	具有多种中间形态的遗传性状；由许多不同基因的等位基因决定，这些基因通过相互作用及与环境作用产生表型。连续性状的同义词。
数量性状基因座	quantitative trait loci (QTL)	控制连续性状表达的基因。
衰减作用	attenuation	一种基因调控，在形成完整的mRNA转录物之前，一个基因的转录在RNA先导序列处终止；包括RNA主导序列的茎环与翻译机器之间的相互作用。
衰减子	attenuator	一些细菌基因的RNA先导序列的一部分，形成依赖于与翻译机器相互作用的可变茎环结构。在一种构象中，茎环（终止子）终止转录；在另一种构象中，形成不同的茎环（抗终止子）继续转录。
双二倍体	amphidiploid	一种特殊的异源多倍体，由两个不同的二倍体亲本交配产生；包含两个二倍体基因组，每个基因组来自不同物种的亲本。
双交换	double crossover (DCO)	在给定的基因对之间发生两次交换的减数分裂。
双亲遗传	biparental inheritance	来自双亲的细胞器的遗传。在单细胞酵母和一些植物中发生。
双突变体	double mutant	基因组中含有两个不同基因突变的生物体。
双脱氧核苷三磷酸	dideoxynucleotide triphosphate	双脱氧核糖核酸含有三个磷酸盐：ddATP、ddGTP、ddCTP、ddTTP。双脱氧核糖核苷三磷酸的同义词。
双脱氧核糖核苷三磷酸	dideoxyribonucleotide triphosphate (ddNTP)	双脱氧核糖核酸含有三个磷酸盐：ddATP、ddGTP、ddCTP、ddTTP。
双脱氧核糖核苷酸	dideoxyribonucleotide	核苷酸类似物缺乏3'羟基基团，对磷酸二酯键的形成是至关重要的。双脱氧核糖核苷酸是最常见的DNA测序方法的关键成分。
双微粒	double minute	缺乏基因扩增产生的着丝粒和端粒的小染色体样结构。
双线期	diplotene	前期I的子阶段，同源染色体的区域被稍微分开，但排开的每个二价体的同源染色体仍然紧密地合并在交叉染色体上。
双胸复合体	bithorax complex (BX-C)	在果蝇中，一组同源基因控制着腹部和后胸的副体节。
双因子杂种	dihybrid	在两个不同的基因上杂合的个体。
双着丝粒染色单体	dicentric chromatid	有两个着丝粒的染色单体。
水平基因转移	horizontal gene transfer	从无亲缘关系的个体或来自不同物种的DNA引入和整合。
顺反子	cistron	有时用作互补组或基因的同义词。这个词来源于Benzer的顺反式测试，该测试将一个基因定义为互补组。
顺式	cis	描述一个DNA位点或一个RNA分子的作用，它只作用于与它有物理联系的DNA或RNA上。

顺式构型	*cis* configuration	在同一个DNA分子上。
四倍体	tetraploid	描述具有四套完整染色体的细胞或有机体。
四分体	tetrad	①在一些真菌中，单个子囊内由减数分裂形成的四个子囊孢子的集合；②减数分裂Ⅰ前期的一对联会同源染色体，又称二价体。
四级结构	quaternary structure	多聚蛋白质亚基的三维结构。
四型	tetratype (T)	一种真菌子囊，携带四种孢子（或单倍体细胞）：两种不同的亲代型和两种不同的重组型。

T

肽键	peptide bond	在蛋白质合成过程中连接氨基酸的共价键。
肽酰位/P位	peptidyl (P) site	起始tRNA首先与核糖体结合的位点，在此位点上，携带生长多肽的tRNA在伸长过程中被定位。
肽酰转移酶	peptidyl transferase	核糖体的酶活性，负责在连续的氨基酸之间形成肽键。
探针	probe	用放射性同位素或荧光染料标记的寡核苷酸，通过杂交的方式来识别互补序列。
特异性转导	specialized transduction	噬菌体介导的一些位于细菌染色体上的原噬菌体附近的少量细菌基因的转移。
特异性转导噬菌体	specialized transducing phage	一种噬菌体，主要携带噬菌体DNA，但也有一个或几个细菌基因位于噬菌体插入位点附近。它们可以将这些基因转移到另一种细菌，这种过程被称为特殊转导。
体内基因治疗	*in vivo* gene therapy	直接传递治疗基因到体细胞。
体外基因治疗	*ex vivo* gene therapy	将患者的体细胞移除、将治疗基因导入培养的细胞、将培养细胞重新导入患者体内的过程。
体细胞	somatic cell	除了配子及其前体以外的生物体中的细胞。
体细胞核移植	somatic cell nuclear transfer	生殖克隆方法；体细胞的细胞核取代了卵母细胞的细胞核，卵母细胞随后在体外受精，受精卵被引入代孕母亲的子宫。
条件性基因敲除小鼠	conditional knockout mouse	具有浮动基因的转基因小鼠；在特定的组织中，这种基因可以通过部分缺失而失去功能。
条件致死	conditional lethal	一种等位基因，只有在特定条件下才会致死。
同类系	congenic line	除其基因组的小部分区域外，在基因上相同（同基因）的菌株。也叫NIL。
同卵双生双胞胎	monozygotic (MZ) twins	从单个受精卵分裂成两个单独的受精卵的同卵双胞胎；也叫identical twins。
同配性别	homogametic sex	两个性染色体完全相同的物种的性别；在人类中，女性是同配性别，因为她们有两个X染色体。
同线的	syntenic	描述位于同一染色体上的两个或多个位点的关系。
同线片段	syntenic segment	在两个基因组的比较中，大量DNA序列的特性、顺序和转录方向几乎完全相同。
同线区域	syntenic block	基因组内的连锁基因座块。
同源多倍体	autopolyploid	来自同一物种的所有染色体组的多倍体。
同源二聚体	homodimer	由两个相同的多肽组成的蛋白质复合物。
同源基因	homeotic gene	在发育过程中给原本相同的细胞群赋予个体身份的基因。
同源框	homeobox	存在于包含同源域的转录因子编码的同源基因中，编码同源域的DNA同源区域（通常长度为180 bp）。同源域是DNA结合区域。
同源染色体	homologous chromosome (homolog)	一对染色体，含有相同的线性基因序列，每一对染色体都来自一个亲本。
同源突变	homeotic mutation	一种突变，使细胞错误地解读其在身体模式中的位置，并在不适当的位置成为正常的器官。
同源物	homolog	同源的染色体；也指基因或调控DNA序列，由于从一个共同的祖先序列遗传下来，在不同物种中相似。
同源性	homology	描述相似的DNA或氨基酸序列，因为它们来自相同的祖先序列。
同源域	homeodomain	转录因子上保守的DNA结合区域，由同源基因的同源框编码。

同源重组	homologous recombination (HR)	或交换；减数分裂时，非姐妹染色单体的断裂和重新结合，导致相应DNA片段的交换。在修复断裂的染色体时，姐妹染色单体也可以交换。
同质的	homoplasmic	一个细胞的细胞器组成的基因组，特征是由单一的细胞器DNA组成。
突变	mutation	DNA序列的遗传改变。
突变型等位基因	mutant allele	①一个等位基因或DNA变体，在群体中其频率小于1%；②一个等位基因导致群体中一种很少见的表型。
突变前等位基因	pre-mutation allele	一种不稳定的三核苷酸重复基因的正常功能等位基因，其重复区域扩展到一个位点，从该位点进一步扩展将到达疾病等位基因，这是一个高频事件。
突变热点	mutation hotspot	一个基因内部位点，比其他部分突变频繁，无论是自发突变，或是在一种特殊诱变剂处理后。
突变筛选	mutant screen	研究人员检测了大量的诱变生物，并鉴定了感兴趣的突变表型的罕见个体的过程。
图距单位	map unit (m.u.)	重组频率的测量单位。一个图距单位相当于1%的概率，在一个遗传位点上的一个标记由于一个世代的交换，与第二个位点上的一个标记分离。厘摩的同义词。
退火	anneal	探针及其互补DNA序列之间的碱基配对。杂交的同义词。
脱氨作用	deamination	从正常DNA中去除一个氨基（—NH_2）。
脱嘌呤	depurination	从脱氧核糖-磷酸骨架中水解出嘌呤碱基（A或G）的DNA改变。
脱氧核苷三磷酸	deoxynucleotide triphosphate	DNA的构建块：dATP、dGTP、dCTP和dTTP。每个都包含一个脱氧核糖核酸分子、四个含氮的碱基之一和三个磷酸盐。脱氧核糖核苷三磷酸的同义词。
脱氧核糖	deoxyribose	类似核糖的分子，除了2′碳含有氢而不是一个羟基。
脱氧核糖核苷三磷酸	deoxyribonucleotide triphosphate (dNTP)	DNA的构建块：dATP、dGTP、dCTP和dTTP。每一个都含有一个脱氧核糖核酸、四个含氮碱基中的一个和三个磷酸盐。
脱氧核糖核酸	deoxyribonucleic acid (DNA)	编码遗传信息的遗传分子。

W

外切核酸酶	exonuclease	从DNA分子末端去除核苷酸的酶。
外显率	penetrance	在群体中，具有特定基因型的个体比例，表现出相关的表型。
外显子	exon	在基因的DNA和相应的成熟mRNA中都发现的序列。
外显子组	exome	基因组中的外显子部分；在人类中，外显子组占基因组的大约2%。
微同源介导的末端连接	microhomology-mediated end-joining (MMEJ)	一种DNA双链断裂修复过程，与NHEJ相似，只是DNA末端被切除，导致重新连接的DNA出现小的缺失。
微卫星	microsatellite	一个SSR位点。此概念源自一个事实，含有SSR位点的基因组DNA片段与没有重复序列的片段在密度梯度离心实验中会分开。
微小RNA	micro-RNA (miRNA)	一种RNA分子，长21～24个碱基，由生物体的基因组编码，通过互补碱基配对，以特定的mRNA为目标进行破坏或阻断其翻译。
卫星DNA	satellite DNA	重复的非编码序列块，通常围绕着着丝粒；与其他染色体区相比，这些染色体块具有不同的染色质结构和不同的高阶包装。该术语来源于以下事实：在密度梯度离心实验中，含有重复序列的基因组DNA片段与没有重复序列的片段分离。
位点特异性重组	site-specific recombination	由于重组酶的作用，两种特定的短DNA序列之间发生的交换。
温度敏感突变	temperature-sensitive (ts) mutation	基因突变（通常是错义突变）使等位基因对温度敏感。
温和噬菌体	temperate bacteriophage	既可以进入裂解周期，也可以进入其他溶源周期的噬菌体。
无定形突变	amorphic mutation	由于突变，取消由野生型等位基因编码的基因产物的功能。这种突变要么阻止蛋白质和RNA的合成（这是一些遗传学家独有的严格定义），要么促进蛋白质或RNA的合成，而这些蛋白质或RNA无法发挥任何功能。无效突变的同义词。
无交换	no crossover (NCO)	一种减数分裂，发生在特定基因对之间而没有交换。
无细胞胎儿DNA分析	cell-free fetal DNA analysis	为了对胎儿进行基因分型，对孕妇血液中的DNA进行分析的过程。包括从破裂的胎儿细胞中释放并流入母体血液的DNA。

无效突变（或等位基因）	null mutation (or allele)	取消由野生型等位基因编码的基因产物功能的突变。这种突变要么阻止蛋白质和RNA的合成（这是某些遗传学家专门使用的严格定义），要么促进无法执行任何功能的蛋白质或RNA的合成。无定形突变的同义词。
无序四分体	unordered tetrad	酵母中的四分体，其中四个子囊孢子随机排列在子囊内。
无义突变	nonsense mutation	一种突变，使氨基酸的密码子转变为终止密码子，从而形成截断的蛋白质。
无义抑制因子tRNA	nonsense suppressor tRNA	突变tRNA，含有能识别终止密码子的反密码子，通过在多肽中插入氨基酸来抑制无义突变的影响，无论是否存在终止密码子。
无着丝粒片段	acentric fragment	缺少着丝粒的染色单体片段；通常由反转环交换后产生。
物理标记	physical marker	在细胞学上可见的异常，使我们能够从一代到下一代跟踪特定的染色体部分。
物种参考序列	species reference sequence (RefSeq)	一个物种的注释完整的基因组序列。

X

系谱	pedigree	一个家族相关遗传特征的有序图表，延续尽可能多的世代。
细胞凋亡	apoptosis	程序性细胞死亡；一种DNA降解和细胞核凝结的过程；细胞随后可能被邻近的细胞或吞噬细胞吞噬。
细胞结合信号	cell-bound signal	需要细胞间直接接触传递的信号。
细胞克隆	cellular clone	来自同一个祖先细胞的一组细胞。
细胞囊胚	cellular blastoderm	在果蝇胚胎中，由合胞囊胚细胞化产生的单层细胞的上皮层。
细胞外信号	extracellular signal	可以在细胞之间或通过细胞间接触传递的信号，包括类固醇、多肽或蛋白质。
细胞质分离	cytoplasmic segregation	在有丝分裂期间，异质细胞中所有的同种细胞器DNA随机分布到单个子细胞中。
细胞周期	cell cycle	细胞生长、遗传物质复制和有丝分裂的重复模式。
细胞周期蛋白	cyclin	结合细胞周期依赖性激酶的蛋白家族，从而决定激酶的底物特异性。通过将激酶定位到特定底物，细胞周期蛋白帮助调节细胞通过细胞周期。各种细胞周期蛋白的浓度在整个细胞周期中上升和下降。
细胞周期蛋白依赖性激酶	cyclin-dependent kinase (CDK)	蛋白激酶，依赖于细胞周期蛋白将其活性作用于特定底物。CDK通过磷酸化激活或灭活靶蛋白以调控G_1到S和G_2到M的转变。
细菌接合	bacterial conjugation	细菌将基因从一个菌株转移到另一个菌株的机制之一；在这种情况下，供体携带一种特殊的质粒，当它与受体接触时，它可以直接传递DNA。接受者被称为接合后体。
细菌染色体	bacterial chromosome	一个细菌基因组；通常是一个双螺旋DNA的圆形分子。
细线期	leptotene	前期 I 的第一个可定义子期，在此期间，长而薄、已复制的染色体开始变厚。
狭义遗传力	narrow-sense heritability (h^2)	仅包括遗传变异（VG）的加性成分（VA）的可遗传性度量。
下游	downstream	RNA聚合酶从启动子移动到终止子的方向；朝着基因的3'端。
显性上位	dominant epistasis	一种现象，显性等位基因在一个基因上的作用掩盖了等位基因在另一个基因上的作用。
显性失活突变（或等位基因）	dominant-negative mutation (or allele)	突变等位基因，阻断同一基因野生型等位基因的活性，即使在杂合子中也会导致功能丧失（反效等位基因突变的同义词）。
显性性状	dominant trait	一种性状，出现在F_1杂交种（杂合子）中，由纯种亲本株之间的交配而产生，出现拮抗的表型。
限性性状	sex-limited trait	一种性状，涉及一种结构或过程，这种结构或过程只在一种性别中存在，而在另一性别中不存在。
限制	restriction	细菌限制病毒生长的能力。
限制条件	restrictive condition	阻止含有条件致死等位基因的个体生存的环境条件。
限制性内切核酸酶	restriction enzyme	细菌蛋白质可以识别特定的短核苷酸序列，并在这些位点切开DNA骨架。
限制性片段	restriction fragment	限制酶作用产生的DNA片段。
线粒体	mitochondria	细胞器，将来源于营养分子的能量转化为ATP；线粒体有自己的基因组。
线粒体基因治疗	mitochondrial gene therapy	将带有突变线粒体的卵母细胞的细胞核转移到带有正常线粒体的去核卵细胞中。

腺相关病毒载体	adeno-associated viral (AAV) vector	一种基因治疗载体，其重组单链DNA基因组包含一个治疗基因，该基因不整合到患者染色体中。
相对适应性	relative fitness (W)	一个世代中，一个特定基因型的存活后代的平均数量与一个竞争基因型的存活后代的平均数量相比较。
相关系数	correlation coefficient (r)	相关线的斜率。
相关线	line of correlation	子代表型值与双亲中值的最优拟合线；其斜率估计了该性状的遗传力。
相互易位	reciprocal translocation	染色体重排，当两条染色体中的一条断裂时，产生的DNA片段会互换位置并与另一条染色体相连。
相间分离模式	alternate segregation pattern	在减数分裂期间，同源染色体的正常分离导致的两种分离模式之一。两个易位染色体进入一个极点，而两个正常的染色体移动到相反的极点，导致配子平衡。
消化	digestion	复杂的生物分子（DNA、RNA、蛋白质或复合碳水化合物）被分解成更小的成分的酶解过程。
小RNA	sRNA	小的RNA分子，通过与mRNA上的位点碱基配对来反式调节翻译，可以隐藏或暴露核糖体结合位点。
小干扰RNA	small interfering RNA (siRNA)	短RNA（21~24nt），由双链RNA加工产生，通过互补碱基对摧毁特定RNA靶点。这个过程称为RNA干扰，siRNA引导RISC复合物结合到mRNA目标。通过RITS复合物结合，siRNA也在特定DNA区域的异染色质中起作用。
小沟	minor groove	在一种空间填充表示的DNA双螺旋模型中，由于两条主干线的垂直位移而导致的两个沟槽之间较窄的一条。
效应物	effector	与变构蛋白或RNA结合并引起构象变化的小分子。
携带者	carrier	正常表型的杂合个体具有某一性状的隐性等位基因。
新生型等位基因	derived allele	通过突变产生的等位基因。
新形态突变（或等位基因）	neomorphic mutation (or allele)	由于产生具有新功能的蛋白质或由于蛋白质异位表达而产生新表型的罕见突变。
信号转导器	signal transducer	在细胞内传递信号的细胞质蛋白。
信号转导级联	signal transduction pathway (cascade)	分子通讯的一种形式，蛋白质与细胞表面受体结合形成一个信号，通过一系列中间步骤转化为最终的细胞内调节反应，通常是激活或抑制靶基因转录。
信使RNA	messenger RNA (mRNA)	作为蛋白质合成模板的RNA。
星状微管	astral microtubule	短而不稳定的微管，从中心体延伸到细胞外周以稳定有丝分裂纺锤体。
形态发生素	morphogen	以浓度依赖的方式定义不同细胞命运的物质。
性逆转	sex reversal	男性为XX或女性为XY的现象。
性染色体	sex chromosome	在人类中，决定个体性别的X染色体和Y染色体。
性状值	trait value	描述数量性状的特定表型的数值；又称表型值。
胸腺嘧啶二聚体	thymine dimer	DNA中相邻胸腺嘧啶残基之间可引起突变的共价连锁。
修饰	modification	在限制性宿主上生长改变了噬菌体的现象，从而使后代在同一宿主上更有效地生长。
修饰基因	modifier gene	对表型产生微妙、次要影响的基因。主基因和修饰基因之间没有正式的区别，而是影响程度的连续体。
修饰酶	modification enzyme	向特定DNA序列中添加甲基基团的酶，阻止特定限制酶对DNA的作用。
修饰筛选	modifier screen	在引起突变表型的特定基因的突变背景下进行的突变筛选。研究人员寻找那种突变表型的变化，这些突变表型是由另一个基因的额外突变引起的；第二个突变可以识别第二个基因，它与第一个基因的作用路径相同。
选择	selection	一个过程，建立只有期望的突变体才能生长的条件；在群体遗传学中，该过程使等位基因授予有机体最高适应性，使其成为群体中最常见的。
选择性标记	selectable marker	载体基因，使识别含有重组DNA分子的细胞成为可能。
血管发生	angiogenesis	血管向细胞生长。

Y

亚基，亚单位	subunit	一条多肽，是多聚蛋白质的一个组成部分。

亚效突变（或等位基因）	hypomorphic mutation (or allele)	一种等位基因，其产生的野生型蛋白较少，或产生突变蛋白具有较弱但可检测的功能。
延伸	elongation	DNA复制、转录或翻译的阶段，核苷酸或氨基酸被依次添加到生长的大分子中。
延伸因子	elongation factor	帮助翻译延伸阶段的蛋白质。
羊膜穿刺术	amniocentesis	一种医学方法，从孕妇身上取出羊水样本，以确定未出生婴儿的核型。
氧化磷酸化	oxidative phosphorylation	一种由线粒体进行的代谢途径，其中营养素氧化释放的能量被用来产生ATP。
样本	sample	在群体遗传学中，一个有限数量的个体用来推断整个群体。
野生型等位基因	wild-type allele	①在群体中频率超过1%的等位基因或DNA变体；②在群体中最常见表型的等位基因。野生型等位基因通常由上标+号（+）来指定。
叶绿体	chloroplast	植物细胞器，捕获太阳能并通过光合作用将其储存在碳水化合物的化学键中。
叶绿体转基因植物	transplastomic plant	含有转基因叶绿体的植物。
一倍体	monoploid	指只有一组未配对染色体的细胞、细胞核或生物。对于二倍体生物，monoploid和haploid是同义的。
一级结构	primary structure	多肽内氨基酸的线性序列。
一致性	concordance	描述两个不同的个体共享一个离散性状的程度。在对双胞胎的研究中，当其中一个双胞胎有这种性状时，他们的频率就会有问题。
一致序列	consensus sequence	蛋白质中的一段氨基酸序列（或DNA或RNA中的碱基），在所有已知的具有相同功能的蛋白质结构域（或DNA或RNA区域）中最常见。
医药农场	pharming	利用转基因动植物生产蛋白质药物。
移码突变	frameshift mutation	碱基对的插入或缺失，改变密码子中的核苷酸的分组。
遗传	heredity	基因将生理特征、身体特征和行为特征从父母传给后代的方式。
遗传背景	genetic background	生物基因组中所有基因的等位基因；一组未知的修饰基因，它们影响控制表型特定方面的已知基因的作用。
遗传标记	genetic marker	通过表型变异可识别的基因，可作为参考点，确定特定后代是否为重组的结果。
遗传的染色体学说	chromosome theory of inheritance	染色体是基因的载体的观点。
遗传方差	genetic variance (V_G)	在群体中，表型值与可遗传因素导致的平均值的偏差。
遗传力	heritability	在一个种群中，总表型变异的比例可归因于遗传变异。
遗传连锁	genetic linkage	简称为linkage；在垂直或水平基因转移过程中，基因的特定等位基因倾向于一起移动的现象。
遗传密码	genetic code	核苷酸序列，沿着mRNA编码成三联（密码子），决定蛋白质中氨基酸的序列。
遗传漂变	genetic drift	由于随机抽样而非自然选择导致的不可预测的等位基因频率的偶然波动。
遗传嵌合体	genetic mosaic	含有不同基因型组织的有机体。
遗传相关性	genetic relatedness	个体共享的所有基因座上的共同等位基因的平均比例，因为他们从共同的祖先那里继承了这些等位基因。
遗传学	genetics	研究遗传的科学。
遗传祖先	genetic ancestor	由生物学祖先遗传的基因组DNA片段（等位基因）。
异卵双生双胞胎	dizygotic (DZ) twins	两个不同的胚胎，每个来自不同的合子，在一个子宫中一起发育；也叫异卵双胞胎。
异配性别	heterogametic sex	两个性染色体不同的物种的性别；例如，男性是人类种的异配性，因为他们有一个X和一个Y染色体。
异染色质	heterochromatin	高度浓缩的染色体区域，其中的基因通常转录不活跃。
异体受精	cross-fertilization	将一株植物的花粉刷到另一株植物的雌性器官上。
异位表达	ectopic expression	在基因正常表达的细胞类型、组织或时间之外发生的基因表达。
异源多倍体	allopolyploid	多倍体杂交种，其中染色体组来自两个或两个以上不同但相关的物种。
异源二聚体	heterodimer	由两种不同的多肽组成的蛋白质复合物。

异源双链	heteroduplex	双链DNA的一个区域，其中的两条链有不同的（尽管相似）序列。异源双链区通常作为中间体出现在交换过程中。
异质的	heteroplasmic	一个细胞的细胞器组成的基因组，特征是由细胞器基因组混合而成。
异质性状	heterogeneous trait	一种表型，由许多不同基因之一的突变引起。
易位	translocation	当一条染色体的一部分移动到另一个染色体时发生的重排。
疫苗	vaccine	一种病原体的抗原，刺激对某种外来物质的免疫反应。
引发酶	primase	在DNA复制过程中合成RNA引物的酶。
引物	primer	一种短的、预先存在的DNA寡核苷酸或RNA分子，可以通过DNA聚合酶在其上添加核苷酸。
隐性上位	recessive epistasis	一种基因互作，隐性等位基因对一个基因的作用掩盖了另一个基因的作用。
隐性性状	recessive trait	一种性状，杂交F_1代（杂合子）由于纯繁殖亲本株之间的交配而表现出的拮抗表型，保持隐性；这种隐性性状通常在子代（F_2）中再次出现。
隐性致死等位基因	recessive lethal allele	一种阻止纯合子出生或存活的等位基因，尽管携带该等位基因的杂合子能够存活。
印记控制区	imprinting control region (ICR)	DNA中的大片段，含有基因，可调节附近基因的性别特异性甲基化。
荧光原位杂交	fluorescence *in situ* hybridization (FISH)	一种物理作图方法，用荧光标记检测核酸探针与染色体杂交。
营养缺陷型	auxotroph	一种突变微生物，只有在被一种或多种非野生型菌株所需要的营养物质补充后，才能在基础培养基上生长。
影印培养法	replica plating	将母板上的菌落挑到绒面上，然后转移到其他培养皿中的培养基上以测试表型的过程。
优势系列	dominance serie	在一条线性顺序上排列的所有可能的等位基因对的优势关系。
有害突变	deleterious mutation	破坏重要基因功能的突变。
有丝分裂	mitosis	细胞分裂的过程，其产生的子代细胞在基因上彼此相同，也与亲代细胞相同。
有丝分裂不分离	mitotic nondisjunction	有丝分裂后期两个姐妹染色单体未能分离。在二倍体中，分别产生相应的含有三条染色体和一条染色体的子细胞。
有丝分裂纺锤体	mitotic spindle	由三种微管（着丝粒微管、极性微管和星状微管）组成的结构。有丝分裂纺锤体为细胞分裂期间染色体的运动提供了一个框架。
有序四分体	ordered tetrad	真菌中的四分体，如脉孢菌，其中子囊中的子囊孢子顺序反映减数分裂的几何结构。
有益突变	beneficial mutation	对生物体或种群具有选择性优势的罕见突变。
诱变剂	mutagen	任何使突变频率高于自发速率的物理或化学试剂。
诱导	induction	信号引起一个基因或一组基因表达的过程。
诱导调节	inducible regulation	基因控制转录只在有诱导物的情况下发生。
诱导物	inducer	引起一个基因或一组基因转录的小分子。
阈值效应	threshold effect	野生型细胞器DNA的特定部分足以构成正常表型的现象。
原癌基因	proto-oncogene	一种能突变为癌基因的基因——一种导致细胞癌变的等位基因。
原肠胚形成	gastrulation	在胚胎形成早期细胞层的折叠；通常在囊胚发育阶段之后立即发生。
原发新基因	*de novo* gene	除了近亲物种以外，缺少同源基因的基因被认为是从基因间的DNA序列进化而来的。
原核	pronuclei (pronucleus)	哺乳动物受精后，精子和卵子的细胞核在同一个细胞质中。
原核生物基因调控	prokaryotic gene regulation	通过增加或减少特定基因或一组基因的转录或翻译机制控制细菌细胞中的基因表达。
原核注射	pronuclear injection	一种产生转基因哺乳动物的方法，在受精后将DNA注入原核。
原噬菌体	prophage	一个噬菌体基因组整合到细菌宿主基因组中。
原养型	prototroph	能在基本培养基上生长的微生物（通常为野生型）。
阅读框	reading frame	在一个固定的起始点上划分三核苷酸基团，这样每个随后的三联体密码子的顺序翻译产生了多肽链中氨基酸的顺序。
允许条件	permissive condition	有条件致死等位基因的个体存活的一种环境条件。

Z

杂合的	heterozygous	描述一种基因型，其中一个基因的两个拷贝是不同的等位基因。
杂合性丢失	loss-of-heterozygosity	一种现象，其中一些罕见事件可以导致一个细胞原本杂合的肿瘤抑制基因突变成为纯合。
杂合子	heterozygote	一个特定基因或基因座具有两个不同等位基因的个体。
杂合子优势	heterozygote advantage	杂合子比任何一个纯合子都具有更高适应性的情况。
杂交	hybridization (hybridize)	探针与其互补的DNA序列之间的碱基配对。
杂种	hybrid	基因不同的父母的后代；常用作杂合子的同义词。
增强子	enhancer	调节附近启动子转录的顺式作用因子。增强子的功能是作为转录因子的结合位点，负责转录的时空特异性。
着丝粒	centromere	一种特殊的染色体区域，姐妹染色单体连接在该区域，在细胞分裂过程中纺锤状纤维连接到该区域。
真核生物基因调控	eukaryotic gene regulation	真核生物细胞基因表达的控制。
整倍体	euploid	描述只包含完整染色体组的细胞。
整合	integration	把一个DNA分子插入另一个。
整合和接合元件	integrative and conjugative element (ICE)	致病岛，也包括调节接合作用的蛋白质基因。
正反交	reciprocal cross	在两个方向进行的交配，雄性和雌性的性状彼此相反，从而控制一个特定的性状是来自雄性配子还是雌性配子。
正态分布	normal distribution	一组数据点，散布在中心平均值（平均）周围，没有左右偏差；相同数量的数据点落在平均值上下。正态分布的数据可以用钟形曲线表示，其中x轴是表型值，y轴是种群中显示特定表型值的个体数量。数量性状的表型值通常呈正态分布。
正向突变	forward mutation	一种突变，将一种野生型等位基因改变成另一种等位基因。
直接QTL定位	direct QTL mapping	通过控制杂交识别数量性状位点（QTL）。
直系同源基因	orthologous gene	两个不同物种的序列相似的基因，来自于两个物种共同祖先的相同基因。
植入前胚胎诊断	preimplantation embryo diagnosis	人类卵子在子宫内植入前体外受精并对特定疾病等位基因进行基因分型的过程。
质粒	plasmid	小的环状双链DNA，能独立于细菌染色体在细菌细胞中复制；常用作克隆载体。
治疗基因	therapeutic gene	用于治疗疾病的克隆基因，被引入患者的体细胞中。
置换	substitution	当DNA分子中的一个碱基对被其他三个碱基对中的一个取代时发生的突变。
中期	metaphase	有丝分裂或减数分裂的阶段，在此期间染色体沿细胞赤道平面排列。
中期 I	metaphase I	减数分裂I阶段，当同源染色体的着丝粒附着了来自相反纺锤体极点的微管时，将二价体定位在纺锤体的赤道上。
中期 II	metaphase II	减数分裂II的第二阶段，姐妹染色单体的着丝粒附着在纺锤体两端的微管纤维上。减数分裂II与有丝分裂对应的时期有两个区别：①同一物种中，染色体数量是有丝分裂中期的一半；②在大多数染色体中，由于减数分裂I中发生的交换重组，两个姐妹染色单体不再是相同的。
中期板	metaphase plate	假想的细胞赤道，在中期染色体向该赤道移动。
中心粒	centriole	帮助组织微管的短圆柱形结构。两个相互成直角的中心粒构成中心体的核心。每个中心体作为有丝分裂纺锤体的一极。
中心体	centrosome	微管组织中心在纺锤体的两极。
中性突变（或等位基因）	neutral mutation (or allele)	与原等位基因相比，无选择性优势或劣势的等位基因。
中着丝粒染色体	metacentric chromosome	描述一个染色体的着丝粒位于或靠近中间。
终变期	diakinesis	前期I的子阶段，在此期间染色体浓缩到每个由四个单独的染色单体组成的四分体的端部；在这个子阶段的末尾，核膜破裂，纺锤体的微管开始形成。
终止	termination	使多肽合成停止的翻译阶段。

终止密码子	stop codon	与氨基酸不对应，相反，提供转录终止信号的三联体：UAA、UGA、UAG。
终止子	terminator	RNA转录物中导致RNA聚合酶停止转录的序列；RNA先导序列中的茎环结构阻止RNA下游的转录。
肿瘤进展	tumor progression	随着时间的推移，癌症肿瘤生长得更快，变得更具侵袭性的现象。
肿瘤抑制基因	tumor-suppressor gene	功能缺失突变等位基因导致细胞癌变的基因。
种群	population	在同一时间，居住在同一空间的同一物种的一群异种交配个体。
种群瓶颈	population bottleneck	一种现象，在一个群体中有很大一部分个体死亡，通常是由于环境的干扰，导致幸存者基本上相当于一个创始者群体。
注释	annotation	分析基因组以确定DNA序列中的基因位置和基因功能。
转导	transduction	细菌将基因从一个菌株转移到另一个菌株的机制之一，供体DNA被包装在噬菌体的蛋白外壳内，当噬菌体颗粒感染受体时，供体DNA被转移到受体上。受体细胞被称为转导子。
转导子	transductant	噬菌体介导的基因转移产生的细胞。
转化	transformation	细菌将基因从一个菌株转移到另一个菌株的机制之一；该机制发生在当来自供体的DNA被添加到细菌生长培养基中，然后由受体从培养基中取出时。受体细胞被称为转化子。
转化子	transformant	接受供体DNA的细胞。
转基因	transgene	研究人员在生物体基因组中插入的任何外来DNA片段。
转基因生物	transgenic organism	携带转基因的个人。
转基因作物	genetically modified crop (GM crop)	含有转基因的农业植物。
转录	transcription	将DNA编码的信息转换为其RNA编码的等效信息。
转录泡	transcription bubble	RNA聚合酶解旋的DNA区域。
转录物	transcript	一种RNA分子，是转录的产物。
转录因子	transcription factor	一种蛋白质，根据DNA序列特异性结合到顺式控制元件上，调节特定基因转录的时间、位置或水平。功能类别包括基础因子、激活因子和抑制因子。
转录组	transcriptome	在单个细胞、细胞类型或生物中表达的一群mRNA。
转录组测序	RNA-Seq	一种分析生物体转录组的方法，其中数百万个cDNA被测序。也被称为cDNA深度测序。
转移	metastasis	癌细胞通过血流传播到远处组织定植。
转移DNA	T-DNA	土壤农杆菌Ti质粒的一部分，整合到宿主植物基因组中。T-DNA被用作产生转基因植物的载体。
转移RNA	transfer RNA (tRNA)	一种小的RNA接合分子，通过与mRNA中的密码子的互补碱基配对，将特定的氨基酸放置在核糖体的一条生长多肽链的正确位置。
转移起点	origin of transfer	在细菌接合过程中，F质粒上DNA从供体向受体细胞复制转移的起始位置。
转座	transposition	转座元件在基因组中从一个位置转移到另一个位置的运动。
转座酶	transposase	一种由DNA转座子编码的蛋白质，它与转座子的反向重复序列结合并催化移动。
转座因子	transposable element (TE)	在基因组中移动的DNA片段，不管机制如何。
转座子	transposon	DNA片段，在基因组中从一个地方移动到另一个地方，没有RNA中间产物。DNA transposon的同义词。
子二代	second filial (F_2) generation	在一系列受控交配中，F_1代个体之间的自交或互交产生的后代。
子囊	ascus	某些真菌的囊状结构，包含减数分裂的四个单倍体产物。
子囊孢子	ascospore	在某些真菌中，减数分裂产生的单倍体细胞。也称为单倍体孢子。
子一代	first filial (F_1) generation	在受控制的一系列杂交中亲代的后代。
自分泌刺激	autocrine stimulation	许多肿瘤细胞对自己发出的分裂信号作出反应的过程。
自然选择	natural selection	在自然界中，逐渐淘汰适应度低的个体，选择适应度高的个体生存下来并成为下一代的父母的过程。

自然转化	natural transformation	一些细菌通过自发接受环境中的DNA，将基因从一种菌株转移到另一种菌株的过程。
自体受精（自交）	self-fertilization (selfing)	受精过程中，卵子和花粉都来自同一植物或动物。
自由度	degree of freedom (df)	实验中独立变化参数的数量。
自由组合	independent assortment	配子形成过程中不同基因的等位基因的随机分布。
自由组合定律	law of independent assortment	孟德尔第二定律，它指出不同基因的等位基因彼此独立地分离到配子中。
自主元件	autonomous element	完整的转座元件可以自己在基因组中从一个地方移动到另一个地方。
综合征	syndrome	一起出现的一组症状。
总表型方差	total phenotype variance (V_P)	种群变异量的一种度量，用每个个体的性状值与群体的平均性状值之间的平均平方差来计算；遗传方差（V_G）和环境方差（V_E）的总和。
阻遏调节	repressible regulation	一种基因调控，转录只在没有抑制因子的情况下发生。
阻遏物	repressor	一种转录因子，能与特定的顺式作用因子结合，从而减少或阻止转录。阻遏物结合原核生物的启动子和真核生物的增强子（或沉默子）。
组成型突变体	constitutive mutant	总是合成某种酶的菌株，不论环境条件如何。
组蛋白	histone	小的DNA结合蛋白，具有基本的、带正电荷的赖氨酸和精氨酸的优势。组蛋白是核小体的基本蛋白质成分。
组蛋白甲基转移酶	histone methyl transferase (HMTase)	甲基化组蛋白尾部赖氨酸和精氨酸的酶，从而影响染色质结构。
组蛋白去甲基化酶	histone demethylase	从组蛋白尾部赖氨酸中去除甲基的酶，从而影响染色质结构。
组蛋白脱乙酰化酶	histone deacetylase	从组蛋白尾部赖氨酸中去除乙酰基的酶，从而关闭染色质。
组蛋白尾部	histone tail	组蛋白的N端，其氨基酸残基被酶修饰以影响局部染色质结构。
组蛋白乙酰转移酶	histone acetyl transferase (HAT)	乙酰化组蛋白尾部赖氨酸的酶，导致染色质开放。
祖先型等位基因	ancestral allele	由两个物种最近的共同祖先携带的等位基因。
最近共同祖先	most recent common ancestor (MRCA)	一个基因组DNA特定片段（一个等位基因）最近发生的事件，该片段被给定的一群个体完全继承，包括突变形式；一个特定基因组DNA片段最近的共享遗传祖先。

其他

2倍数	2n	在正常二倍体细胞中的染色体数目。
3′端	3′ end	RNA或DNA分子的最后一个核苷酸。
5′端	5′ end	RNA或DNA分子的第一个核苷酸。
5′和3′非翻译区	5′ and 3′ untranslated regions (UTR)	位于甲基化帽之后，正好在多腺苷酸尾之前的序列；由外显子编码，不包括密码子。
Ames实验	Ames test	筛选引起细菌细胞突变的化学物质。
B型DNA	B-form DNA	最常见的DNA形式，双螺旋向右旋转。
Cas蛋白	Cas protein	CRISPR-相关蛋白质。细菌内切酶，是CRISPR复杂分子被分解的代谢途径。免疫系统的一部分。Cas蛋白可以裂解病毒DNA，导致其降解。
cDNA深度测序	cDNA deep sequencing	分析一个生物的转录组的方法，测序数以百万计的cDNA。也叫RNA-Seq。
cDNA文库	cDNA library	一大批cDNA克隆，代表由特定细胞类型、组织、器官或生物表达的mRNA。
CpG岛	CpG	一些真核基因的调控元件，通常富含5′ CpG 3′二核苷酸。CpG岛的C残基甲基化可以抑制基因转录。
Cre/LoxP重组系统	Cre/loxP recombination system	将Cre重组酶蛋白从P1噬菌体和其结合的loxP DNA位点进行位点特异性重组的转基因生物；通常用于小鼠，只用于删除特定组织中的部分基因。类似于FLP/FRT重组系统。
CRISPR/CAS9系统	CRISPR/Cas9 system	一种基因工程版本的幽门链球菌免疫系统，用于基因组编辑。研究者设计的一种sgRNA将Cas9内切核酸酶带到基因组中的目标位点。Cas9在DNA中产生双链断裂，通过DNA修复，可以导致敲除或敲入。
C端	C terminus	含有游离羧酸基团的多肽链的末端。

DNA标记	DNA marker	染色体上的一个可识别的物理位置，具有DNA序列的变体，其遗传可以被监测。
DNA多态性	DNA polymorphism	一个位点有两个或多个等位基因。DNA多态性的序列变化可能发生在染色体的任何位置，可能会（非匿名多态性），也可能不会（匿名多态性）对表型有影响。
DNA甲基化	DNA methylation	酶催化在DNA中加入甲基。在人类基因组中，在5′ CpG 3′双核苷酸中的胞嘧啶残基通常被甲基化。
DNA甲基转移酶	DNA methyl transferase (DNMT)	催化甲基加入到DNA碱基中的酶。
DNA解旋酶	DNA helicase	解开双螺旋的酶。
DNA聚合酶	DNA polymerase	一个复杂的酶，在复制过程中形成一个新的DNA链，通过一个接一个地添加反向互补于模板的核苷酸到生长链的3′端。
DNA聚合酶 I	DNA polymerase I	也被称为pol I；DNA复制过程中用DNA取代RNA引物的酶。
DNA聚合酶III	polymerase III	又称pol III；在复制过程中，在合成一条新的DNA链时起主要作用的复杂酶。
DNA克隆	DNA clone	含有大量相同DNA分子的纯化样本。
DNA连接酶	DNA ligase	在DNA片段之间形成磷酸二酯键的酶。
DNA酶敏感位点	DNase hypersensitive site	DNA上含有少量核糖体（如果有的话）的位点；这些位点容易被DNA酶切割。
DNA拓扑异构酶	DNA topoisomerase	一组酶，通过切割一条或两条链来帮助放松DNA螺旋的超级卷曲结构，使链相对于彼此旋转。
DNA微阵列	DNA microarray	附着在固体表面的寡核苷酸的集合。
DNA指纹	DNA fingerprint	通过检测SSR基因座产生的多位点模式。
DNA转座子	DNA transposon	可简化为transposons；DNA片段从基因组的一个地方移动到另一个地方，而不需要一个RNA中间体，当它们插入新的染色体位置时，有时会导致基因功能的改变。
F′质粒	F′ plasmid	F质粒变体，携带大多数F质粒基因和一些细菌基因组DNA；在遗传互补研究中尤其有用。
FLP/FRT重组系统	FLP/FRT recombination system	用于转基因生物中来自酵母的FLP重组酶及其结合的FRT DNA位点进行位点特异性重组。果蝇中的一种用途是引起有丝分裂重组，用于嵌合体分析。类似于Cre/loxP重组系统。
F菌毛	F pilus	空心的蛋白管，突出于F⁺、Hfr或F′细菌细胞并结合于F⁻细胞的细胞壁。收回纤毛将两个细胞拉在一起准备进行基因转移。
F质粒	F plasmid	一种接合质粒，携带许多DNA转移所需的基因。携带F质粒的细胞叫做F⁺细胞；没有该质粒的细胞被称为F⁻细胞。
G带	G bands	用吉姆萨染色法染色后的明暗相间的染色体片段（1～10Mb）。
G_1期	G_1 phase	细胞周期的一个阶段，从一个新细胞的诞生到S期染色体复制开始。
G_2期	G_2 phase	细胞周期的一个阶段，从染色体复制完成到细胞分裂开始。
*Hox*基因	*Hox* gene	果蝇和人类中编码同源框转录因子的基因超家族。*Hox*基因使果蝇和人类在发育过程中沿AP体轴发育。
*lac*操纵子	*lac* operon	大肠杆菌中的单个DNA单元，由*lacZ*、*lacY*和*lacA*基因连同启动子（*P*）和操纵基因位点（*O*）组成，能够同时调控三种结构基因应对环境变化。
LD块	LD block	基因组DNA的延伸，其中不同基因座的等位基因簇显示连锁不平衡。这样的DNA序列块侧翼是重组热点，也称为单倍型块。
Lod分数	Lod score	log of odds；用于分析人类连锁数据的统计数值。对于一个特定的数据集，这个统计数值决定了在给定的RF值下，两个位点连锁的可能性比它们不连锁的可能性大多少。
M期	M phase	细胞周期的一部分，发生有丝分裂和细胞分裂。
N端	N terminus	多肽链的末端，它包含一个游离氨基，不与任何其他氨基酸相连。
N-甲酰甲硫氨酸	*N*-formylmethionine (fMet)	一种修饰的甲硫氨酸，其氨基端被甲酰基团封闭；fMet是由专门的tRNA携带，只在核糖体的翻译起始位点起作用。

Piwi蛋白相互作用RNA	Piwi-interacting RNA (piRNA)	通过加工从人类基因组转录的长RNA而产生的小RNA。PiRNA将Piwi蛋白复合物引入基因组DNA转座元件位点,防止TE移动。
poly-A尾	poly-A tail	真核mRNA的3′端,由100~200个A残基组成,稳定mRNA,并增加翻译起始的效率。
P元件转化	P element transformation	一种将含有转基因和标记基因的重组P元件注入胚胎的转基因果蝇的产生方法;重组转座子整合到一个生殖细胞的染色体中。
*p*值	*p* value	一组观察到的实验结果的数值概率与某一特定假设预测值的偶然偏差。
RNA编辑	RNA editing	转录完成后RNA分子内携带的碱基序列的特定改变。
RNA干扰	RNA interference (RNAi)	由21~24个核苷酸的siRNA分子对真核基因表达进行序列特异性调控。通过与目标mRNA的互补碱基配对,siRNA将RISC复合物带到mRNA中,导致其降解。
RNA加工	RNA processing	真核生物中将初级转录物转化为mRNA的修饰过程。修饰包括外显子剪接(去除内含子)、在3′端添加多腺苷酸尾和5′端的甲基化帽。
RNA剪接	RNA splicing	删除内含子并将相邻的外显子连接在一起,形成只有外显子组成的成熟mRNA的过程。
RNA聚合酶	RNA polymerase	将DNA序列转录成RNA转录物的酶。真核生物有三种RNA聚合酶:聚合酶Ⅰ、聚合酶Ⅱ和聚合酶Ⅲ,它们负责转录不同种类的基因。
RNA前导序列	RNA leader sequence	mRNA的5′端非翻译区(5′UTR)。
RNA温度计	RNA thermometer	一种RNA先导体,通过其稳定性依赖于温度的茎环结构来响应温度调节翻译。
RNA样链	RNA-like strand	双螺旋DNA分子的一条链,与mRNA有相同的核苷酸序列(除了T取代U),与模板链互补。
RNA依赖的DNA聚合酶	RNA-dependent DNA polymerase	合成与RNA模板互补的DNA链的酶。
RNA引物	RNA primer	在DNA复制过程中启动DNA合成的一小段RNA。
RNA原位杂交	RNA *in situ* hybridization	在整个生物体或组织中确定特定mRNA表达模式的实验方法。标记与该基因mRNA相对应的cDNA序列,用来作为mRNA的探针,用于制备薄切片组织,或在某些情况下用于整个生物体或组织。通过杂交保留的探针信号表明细胞中含有该基因的mRNA。
SD框	Shine-Dalgarno box	mRNA中由6个核苷酸组成的序列,是构成核糖体结合位点的两个元素之一(另一个元素是起始密码子)。
SOS系统	SOS system	细菌的紧急修复系统,依赖于易错的DNA聚合酶;这些特殊的SOS聚合酶允许DNA受损的细胞分裂,但是子细胞携带许多新的突变。
S期	S phase	细胞周期中染色体发生复制的时期。
TATA框	TATA box	在一些真核生物基因中,转录起始位点上游约25nt的启动子序列被TBP结合,TBP是将基础复合物和RNA聚合酶Ⅱ带到启动子中的转录因子。
Tn元件	Tn element	一种细菌转座子,携带转座酶和被IS包围的耐药基因。
X染色体失活	X chromosome inactivation	哺乳动物剂量补偿的一种机制,其中细胞基因组中的所有X染色体只有一个在发育早期通过形成异染色质巴氏小体而失活。
X染色体失活特异性转录物	*Xist* (X inactive specific transcript)	从X染色体的XIC转录的ncRNA,成为巴氏小体;*Xist* ncRNA与X染色体结合并介导X染色体失活。
X染色体再激活	X chromosome reactivation	哺乳动物体内的一种机制,通过这种机制,被灭活的X染色体在卵原体中重新激活,使生殖系中的单倍体细胞都有一个活跃的X染色体。
X失活中心	X inactivation center (XIC)	X染色体上的一个区域(约450kb),介导剂量补偿。
Y染色体性别决定区	*SRY* (sex determining region of Y)	决定哺乳动物雄性特征的Y连锁基因。
Z型DNA	Z-form DNA	在DNA中,核苷酸序列使结构呈锯齿状,这是由于螺旋向左转。这种DNA结构变异的意义尚不清楚。